藍海文化

Blueocean

www.blueocean.com.tw

教學啟航・知識藍海

HTML5 完美風暴 III

呂高旭 著

藍海文化

BO4701

HTML5 完美風暴(第三版)

國家圖書館出版品預行編目(CIP)資料

HTML5完美風暴 / 呂高旭作. -- 三版.
-- 新北市 : 藍海文化, 2015.02
面; 公分
ISBN 978-986-6432-26-2(平裝附光碟片)
1.HTML(文件標記語言) 2.網頁設計 3.全球資訊網
312.1695 104001791

版次：2015年2月三版一刷

作　　者　呂高旭
發 行 人　楊宏文
總 編 輯　蔡國彬
責任編輯　林瑜璇
封面設計　余旻禎
版面構成　徐慶鐘
出 版 者　藍海文化事業股份有限公司
地　　址　234新北市永和區秀朗路一段41號
電　　話　(02)2922-2396
傳　　真　(02)2922-0464
購書專線　(07)2265-267轉236
法律顧問　林廷隆 律師
Tel : (02)2965-8212

第三版 序

《HTML5 完美風暴》第一版於 2012 年五月推出以來，獲得了市場的正面迴響與肯定，經過兩年多的時間，HTML5 終於在 2014 年十月完成標準制定，而在這段期間，網路科技產業的面貌亦發生了翻天覆地的變化。

隨著規格底定，HTML5 從簡單的網頁定義標籤，擴展為跨裝置的通用技術，同時適用於手機、筆記型電腦、電視等所有數位裝置，因為遵循共同標準，網路應用發展不受特定廠商制肘，開發成本因此得以降到最低，觸及使用者的最後一哩路，從特定廠商手裏完全釋放出來，進一步促使全球攜手推動 HTML5 技術平台向前邁進。

網路科技經過幾個世代的發展終於成熟，瀏覽器的進化、行動科技的崛起、雲端時代的來臨，HTML5 正在全球形成一場完美的科技風暴，《HTML5 完美風暴》直擊 HTML5 技術核心，從 HTML 標籤的進化與擴充、CSS3 的設計整合到各種 JavaScript API，全方位剖析這門新時代技術。

2015 年開春，我們完成了這本書的全新改版，希望協助即將進入、或是已在 HTML5 技術領域努力的公司組織與技術人員，快速理解 HTML5 核心，並將其運用在實際的開發工作上面。

呂高旭

- **本書內容**

《HTML5 完美風暴》的主要目標，是針對 W3C 公佈的 HTML5 規格進行討論，透過 JavaScript 進行各種功能的實作示範說明，同時涵蓋 CSS3 最新規格，要注意的是，除了純粹的 HTML、CSS 與 JavaScript ，本書並未涉及任何協力廠商開發的套件或是開源技術框架，例如 jQuery。

- **適合對象**

本書僅針對 HTML5 進行討論，除了少數章節舖陳需要，並沒有特別針對 HTML、CSS 與 JavaScript 入門設計的內容，適合具備相關基礎的技術人員，基本的 CSS 與 JavaScript 程式撰寫能力是必要的。

- **瀏覽器**

由於對 HTML5 各項規格的支援表現較為出色，書中的範例與技術討論以 Chrome 為預設瀏覽器，少數 Chrome 不支援的特定規格，則以其它瀏覽器進行示範。

必須注意的是，各瀏覽器對 HTML5 規格的支援是一個持續變動的過程，本書僅針對功能進行示範說明，不會在瀏覽器的功能支援上特別作說明，若要瞭解瀏覽器對特定規格的最新支援狀況，可以至 Can I use（http://caniuse.com/）網站進行查詢。

- **支援**

本書後續服務，包含勘誤、擴充範例資源還有相關課程資訊，將持續公佈於本公司網站，以下列舉相關網址與作者聯絡信箱。

  - 康廷數位：http://www.kangting.tw
  - 作者信箱：sean@kangting.tw

目錄簡表

目　錄 contentes

第一篇　概觀

1 第一課

2 HTML5 殿堂初探

3 標籤元素改良與擴充

第二篇　網頁介面設計

4 表單

5 事件處理與互動式網頁介面

6 HTML5 結構元素與版面設計

7 CSS3 樣式設計

8 動態 CSS3

第三篇　視覺影像資料處理

9 Canvas 與 2D 繪圖

10 Canvas 影像與動畫效果處理

11 SVG

12 Video 與 Audio

13 地理資訊

第四篇 API - 儲存

14 離線瀏覽與快取

15 Web 儲存

16 檔案系統

17 沙箱與檔案系統作業

18 Indexed Database

第五篇 API - 通訊

19 通訊作業

20 瀏覽器多執行緒

21 伺服器推播技術

22 WebSocket

23 XMLHttpRequest

附錄 A

範例索引 Example of an index

2 HTML5 殿堂初探

3 標籤元素改良與擴充

4 表單

5 事件處理與互動式網頁介面

6 結構元素與版面設計

7 CSS3 樣式設計

8 動態 CSS3

9 Canvas 與 2D 繪圖

10 Canvas 影像與動畫效果處理

11 SVG

12 Video 與 Audio

13 地理資訊

14 離線瀏覽與快取

15 Web 儲存

16 檔案系統

17 沙箱與檔案系統作業

18 Indexed Database

19 通訊作業

20 瀏覽器多執行緒

21 伺服器推播技術

22 WebSocket

23 XMLHttpRequest

第一篇
概觀

HTML5 的範圍相當龐大，第一篇將利用三章的篇幅列舉並且說明必要的概念，介紹 HTML5 導入的新特性，針對 W3C 界定的 HTML5 技術項目與相關文件介紹，從簡短的發展歷史，到整個 HTML5 新增的內容，提供快速導覽與範例實作說明，讀者將在這一篇初步探索 HTML5 的世界，瞭解 HTML5 相較於 HTML4 的改良與本質。

第一章

第一課

正式討論 HTML5 的技術內容之前，本書第一章提供讀者 HTML5 的概念性內容。

1.1 進入 HTML5 之前必須瞭解的事實

智慧型手機的崛起，行動科技正風起雲湧，而這個世界不斷的朝向更移動更開放的方向發展，沒有一個行動平台或是單一廠商的技術可以掌握絕對的優勢，跨平台與開放特性成了未來發展最重要的關鍵，而 HTML5 正是唯一具相關特質且一致獲得所有廠商支持的技術。

- **無外掛**

僅管 Flash 依然在 PC 領域佔有絕對的優勢，但是不支援 Flash 的裝置與平台正不斷的增加，包含未來的 Windows 8 Metro UI ，市場正在快速的離它遠去，以 HTML5 替代 Flash 發展的應用實作正鋪天蓋地席捲網路，從 Amazon 的 Kindle 閱讀器，到微軟的行動版 Bing 瀏覽器，包含 Silverlight 與 Flash 等外掛技術，都將因為 HTML5 與網頁無縫銜接的優勢而快速被取代。

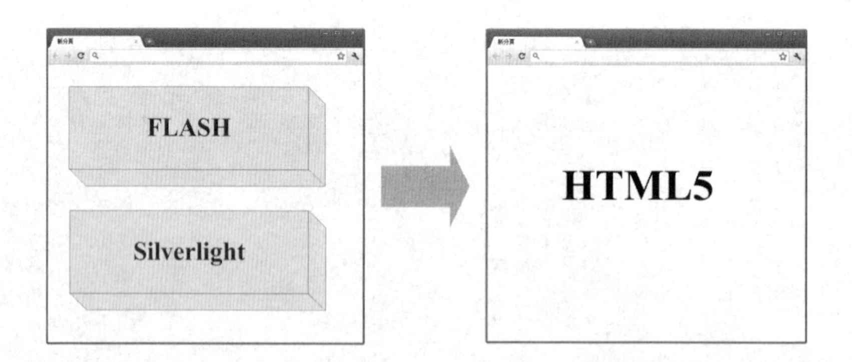

- **沒有疆界**

iPhone 引領的智慧型手機，已然成為全球科技業最火紅的產品，而其延伸出來的軟體平台，甚至各種數位裝置，包含平板電腦以及數位電視，都將取代傳統 PC 深入人類的生活，如今一項網路服務，使用的技術能否順利滲透至各種裝置是首要的考量，而唯有 HTML5 打造的服務，能夠突破限制，相容於所有的數位裝置，僅管相較於原生程式，HTML5 的功能發展還有所不及，然而此一全球科技巨擘與標準組織共同發展的標準正以驚人的速度發展，無論遊戲或是商業應用，相關的實作正不斷的出現，以 HTML5 技術為基礎的網路服務時代已然正式來臨。

- **動畫、遊戲之外，還有企業應用**

動畫與遊戲經常是開發人員初次接觸 HTML5 的第一印象，事實上除了 Flash 之類的網路遊戲，HTML5 在企業市場的應用同樣具備無限的潛力，無論 Facebook 或是 Salesforce ，均全力擁抱 HTML5 可以作為借鏡，Windows 8 的 Metro UI 平台甚至直接支援 HTML5/JavaScript ，等同於其唯一支援的原生技術 XAML/C# ，這些正在發生的事實，宣告了熟悉 HTML5 將是任何開發人員未來生存必備的基本技能。

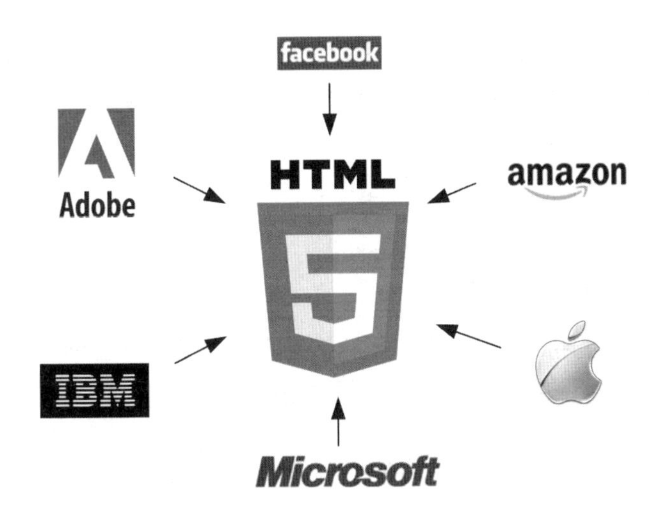

- **2014 年**

2014 年 10 月 28 日 ，HTML5 發表正式規格。

- **改變並非一蹴可及**

HTML5 不可能一夕之間就滲透整個網路世界，這個改變並不會一天就完成，但你不能因此拒絕擁抱未來，尤其 Adobe 在 2011 年宣佈放棄了行動版 Flash 的開發之後，網路世界加速向 HTML5 轉移，扮演網路發展關鍵角色的各種瀏覽器早已展開 HTML5 的支援競賽，而這更進一步催化 HTML5 開發環境的成熟，改變不會在一夕之間，但卻無時無刻在進行，無論規格制訂的進程如何，我們正見證歷史的全新起點。

1.2 HTML5：一段簡短的歷史

這一個小節我們將簡要描述 HTML5 發展的歷史，這有助於讀者對於 HTML5 的認識。

- **1990 年－ HTML 初現**

英國人 Tim Berners-Lee 於 1990 年定義了最原始的 HTML，而 IETF 透過簡化的 SGML（標準通用標示語言）語法，進一步實作出 HTML，交由全球資訊網協會（W3C）維護，並成為國際標準。

- **1999 年－ HTML 進化至第 4 版，停止更新**

一開始 HTML 的語法相當鬆散，後來陸續經過幾次重要的改版而漸趨嚴格，不過瀏覽器因為考慮向後相容的問題，還是持續支援不符標準的語法，HTML 一直到 1999 年 12 月發展到 4.01 版，因為 W3C 著手發展 XHTML，因此再也沒有更進一步的改版，而 HTML 4.01 也就一直沿用至今，成為建構網頁所使用的主要 HTML 版本。

- **2000 年－ XHTML 現身**

HTML 因為被廣泛使用，先天架構以及語法的問題基於相容性的考量，一直無法透過版本的演進而獲得改善，這促使 W3C 決定根據嚴格的 XML 語法，發展不相容舊版 HTML 的全新版本，並打算以此取代 HTML，終於在 2000 年 1 月發表的這一套 HTML 版本，稱之為 XHTML，版本號 1.0，這兩套標準各自獨立，同時並存於網路平台至今。

- **2003 年－ HTML5 曙光乍現**

2003 年一個名為 XForms 的新技術被提出，它著眼於 Web 表單介面的革新，沉寂多年的 HTML 革新議題也在此時被喚起，因此 W3C 置換 HTML 改推 XHTML 的計畫開始遭到質疑，由於 HTML 被廣泛接受，針對 HTML 4 就地升級的主張因此被提出，而這個主張的提案被送到 W3C 即被否決，不久 Apple、Mozilla 與 Opera 聯合組成了 WHATWG 持續推展 HTML 升級的工作，HTML5 草案於 2004 年正式由 WHATWG 提出。

- **2007 年－ W3C 與 WHATWG 聯手催生 HTML5**

W3C 不同意 WHATWG 的作法最主要的原因，是如此一來將違背其推廣 XHTML 成為取代 HTML 的目標，一直到 2006 年，XHTML 的推展不如預期順利，直接升級 HTML 的需求遠超過以 XHTML 取代 HTML ，W3C 終於改變之前的態度，表明將參與 HTML5 規格的製訂工作，2007 年正式成立工作小組與 WHATWG 合作發展 HTML5，而 WHATWG 亦將 HTML5 版權公開授予 W3C ，由其接下 HTML5 的發展重任。

HTML5 最早是由 WHATWG 於 2004 年製訂的 Web 應用程式規格發展而來，一開始的名稱是 Web Applications 1.0 ，早期僅是單純的將 XForms 的功能導入原來的 HTML 表單規格之中，避免這些功能因為 XFomrs 的發展導致與目前的 HTML 無法相容。

- **2010 年－ HTML5**

儘管 HTML5 的發展因為 W3C 的支持逐漸邁向坦途，然而這個新世代的 HTML 版本一直到 2010 年 4 月，因為賈伯斯發表對 Flash 與 HTML5 看法（Thoughts on Flash）的演講，並排除了 iPhone 等行動裝置對 Flash 的支援，HTML5 至此才正式廣為世人所注意，並為 HTML5 時代的來臨正式拉開了序幕。

Thoughts on Flash 原文網址：
http://www.apple.com/hotnews/thoughts-on-flash/
Thoughts on Flash 中文翻譯網址：
http://www.techbang.com.tw/posts/2405-steve-jobs-thoughts-on-flash-full-translation

- **現況**

W3C 將規格制定流程大致分成四個階段，列舉如下：

1. Working Draft (WD)
2. Candidate Recommendation (CR)
3. Proposed Recommendation (PR)
4. W3C Recommendation (REC)

第一項是草案階段，在這個階段的規格還未底定，針對各界對規格制定提出的意見進行審查，而最終審查將決定草案進入建議階段的正式規格。

接下來的三項屬於建議階段，這個階段主要在於發展根據規格的實作，第一個 CR 階段接受實作之後的意見回饋，然後逐步完成各建議階段，最後公佈正式建議規格，完成整個規格的制定工作。

HTML5 於 2011 年 5 月下旬，開始正式進入 W3C 的最終審查草案階段，核心規格則於 2012 年 12 月 17 日 正式進入 CR 階段，表示此版本功能已經底定，根據規格的實作與實作之後的回應修正亦正式展開。

2014 年 10 月 28 日 這一天，HTML5 核心規格終於釋出了 Recommendation 正式版本，無論如何，近幾年因為行動裝置的崛起以及雲端技術的推波助瀾，相較於 Windows 稱霸的 PC 時代，相容多平台的單一實作技術需求大量出現，原來進度緩慢的 HTML5 規格制定與相關實作，也得到快速的推展，到目前為止，各大瀏覽器對於 HTML5 規格支援均已完成相當的實作，本書討論的內容，幾乎都能在各主流瀏覽器完整無誤的執行。

1.3 HTML5 很好，但瀏覽器的支援呢？

HTML5 開創了全新的網路應用發展，但現實是現階段網路充斥大量不支援 HTML5 規格的瀏覽器（特別是主要瀏覽器 IE），當然，這些情形在未來會逐漸被解決，但至少在目前，當你考慮開始導入 HTML5 之前，面對這些狀況必須有因應的對策，讓你的網頁在舊版瀏覽器能正常的呈現，因此編寫以 HTML5 為基礎的網頁，必須注意相容性檢查。

繼續往下討論之前，先介紹一個專門偵測各種版本瀏覽器對 HTML5 支援程度的網站「THE HTML5 TEST」，以下是網址：

```
http://html5test.com/
```

當你進入這個網站，它會針對你目前所使用的瀏覽器進行評分，檢視其中的各項指數，你可以從中瞭解各種瀏覽器對 HTML5 的支援程度。以下為筆者於 Windows 7 透過 Chrome 與 Firefox 瀏覽器檢視此網頁的結果畫面，將其往下拉可看到各種 HTML5 技術規格的支援程度。

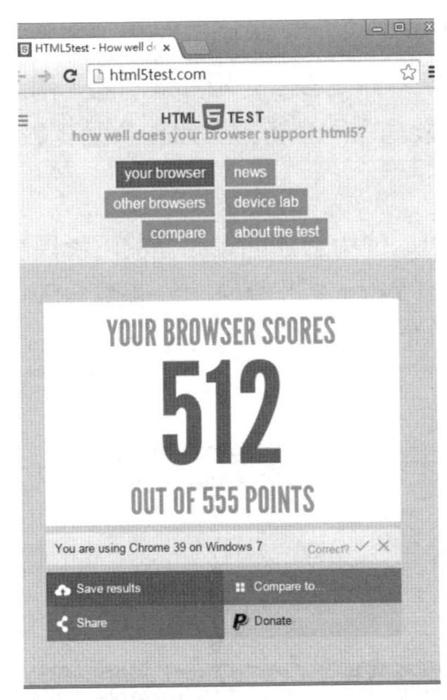

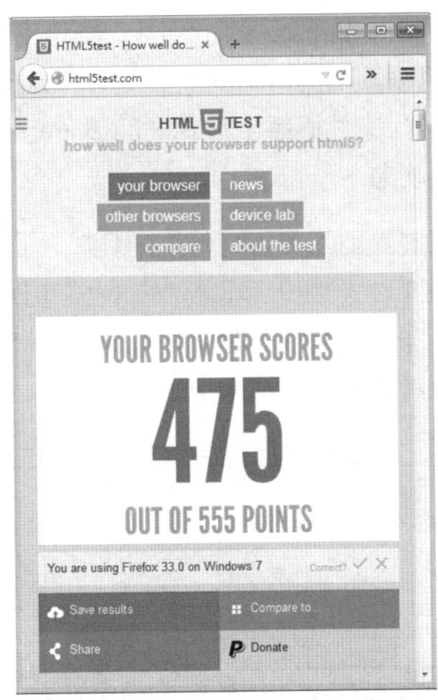

基本上你可以在實作的網頁，針對不支援 HTML5 新規格的瀏覽器進行相容性的調整，視你的網站所要提供的服務而定。

> **TIPS**
>
> 瀏覽器相容性是個不小的議題，網路上已經有針對 HTML5 相容性需求而發展的套件，甚至針對不同的裝置均有對應的函式庫可以使用，不過礙於篇幅本書僅專注在 HTML5 技術的功能討論，只有在特定的標籤或是 API 解說時觸及相關的設定示範。

1.4 開始 HTML5 之前必須釐清的事

- **HTML5 技術以及 HTML5 語法，還有 XHTML**

前述討論 HTML5 時曾經提及 XHTML ，原來是 W3C 發展用以取代 HTML 的標準，儘管後來 W3C 接手 HTML5 標準的制訂工作，XHTML 還是持續的被發展，不過這兩者的名詞與其意涵經常容易令人混淆。W3C 的 HTML5 規格文件上很明白的定義了 HTML5 與 XHTML 的關係，這段說明連結網址如下：

```
http://www.w3.org/TR/html5/introduction.html#html-vs-xhtml
```

HTML5 技術並不等同於 HTML5 語法，本書所談的是 HTML5 技術，當然，涵蓋了運用 HTML5 的 HTML5 語法。HTML5 技術本身定義了一組抽象語言，用以描述新一代 Web 文件與應用程式，而這一組抽象語言同時支援與操作介面互動所需 API 的調用能力。

通常我們談到的 HTML5 與 XHTML，是可以運用上述抽象語言的兩種具體語法，當一份文件透過 HTML MIME 格式（例如 text/html）傳送，是使用 HTML 語法，HTML5 則是其最新的版本，如果是 XML MIME 格式（例如 application/xhtml+xml），則表示其使用 XHTML 語法。

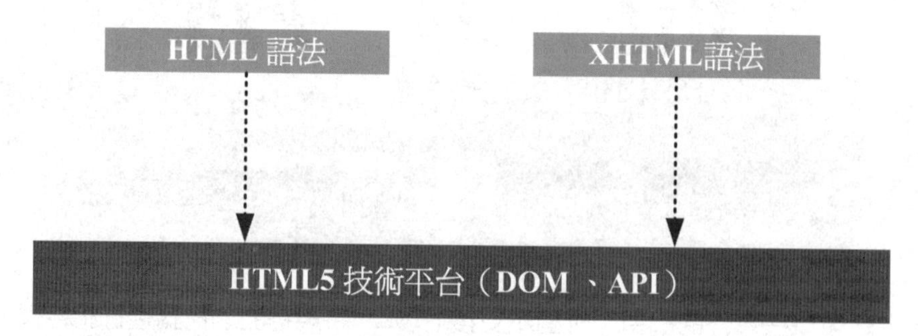

一個開發設計人員，必須透過 HTML5 語法（或是 XHTML）運用 HTML5 技術，並且透過各種 API 的調用，與經由 DOM 定義的文件或是應用程式介面進行溝通，而 DOM 本身在 HTML5 技術規格裡面則進一步升級為 DOM5 HTML。

HTML5 與 XHTML 兩種語法是完全獨立的，甚至不相容。某些語法，例如 HTML 無法表示命名空間，而 XHTML 無法使用 noscript 的功能等等，本書所專注的將是透過 HTML5 語法來使用 HTML5 技術，不會觸及任何與 XHTML 相關的議題。

- **HTML5 標準與技術文件**

HTML5 因為多平台行動裝置的崛起，Flash、Silverlight 等 Web 技術的跨平台障礙，成為發展 Web 應用開發人員關注的重點技術，另外一方面，它的業界標準地位亦令其快速成為所有競爭廠商力拱的明星技術，這也導致了 HTML5 技術的邊界快速模糊，事實上，某些被稱為 HTML5 的技術，並非明確的被定義為 HTML5 規格的一部分，只是這些技術被 W3C 納入廣泛的 HTML5 標準同步發展，例如 XMLHttpRequest Level 2、整合地理資訊功能的 Geolocation API 等等。

在討論 HTML5 的 Web 應用程式開發時，無可避免的將帶出這些主題，無論如何，對於開發人員來說，是不是 HTML5 不是重點，關鍵在於如何能夠適切的整合這些技術，應用在真正的開發與設計實作上，而且 HTML 與相關的 API 還在不斷的發展當中，未來 HTML 技術會更進一步擴展至各種應用領域，而不同的瀏覽器對特定技術規格的支援程度也需要開發人員持續進一步去瞭解。

HTML5 到底包含哪些內容，從功能面的邏輯上很難去作真正的釐清，不過我們可以透過 W3C 公佈的文件為依據作討論。理論上 HTML5 有一定的範圍，確實被定義屬於 HTML5 規格的核心內容，都在以下這份 W3C 的規格書中：

```
http://www.w3.org/TR/html5
```

讀者可以連結至此網頁，快速瀏覽其中的內容，將畫面往下拉，讀者會看到 HTML5 技術內容大綱。

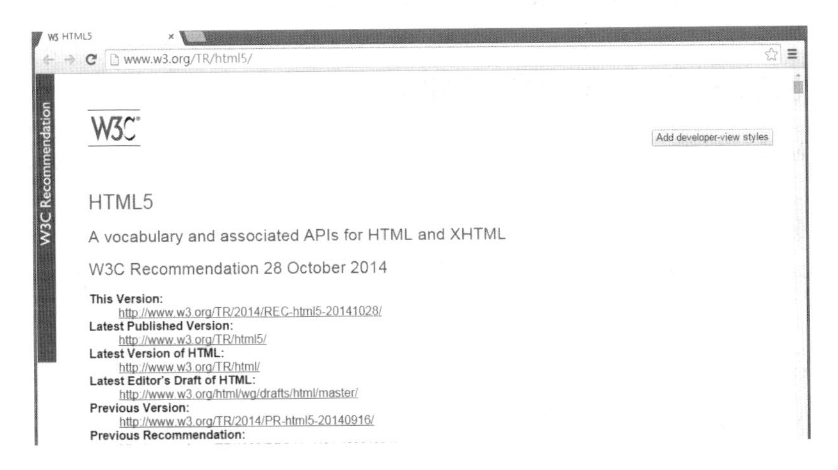

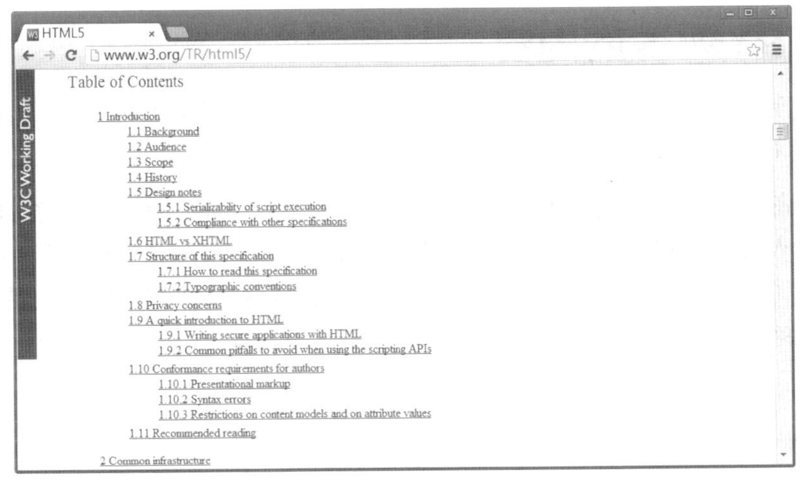

而除了這份文件列舉的主要 HTML5 技術規格，還有一系列獨立文件的相關技術，本書都將一併作討論，附錄 A 進一步列舉相關技術的文件連結，有興趣的讀者可以嘗試開啟特定連結進行閱讀。

- **HTML4 與 HTML5 的差異**

HTML5 並非全新的技術，它來自於 HTML4 的改良，並且相容於舊版的 HTML ，不過這個新的版本是相當大的革新，而其中的改變，我們可以從 HTML5 differences from HTML4 這份技術文件看到新的完整內容規格，以下為連結網址：

```
http://www.w3.org/TR/html5-diff/
```

其中比較重要的內容，後續的章節將逐一作討論。

1.5 HTML5 – 從這裡開始

開始 HTML5 很簡單，打開文字編輯器，建立一個文字檔，敲下這一行程式碼：

```
<!DOCTYPE html>
```

完成之後存檔，你就建立一個 HTML5 網頁了，此行程式碼宣告這是一個 HTML5 網頁。

使用最簡單的文字編輯器－例如記事本，即可編輯 HTML5，不過目前包含了 Visual Studio 、NetBeans 等最新版的開發工具，均支援了 HTML5 的語法編輯功能。

1.6 HTML5 的內容

HTML5 規格所涵蓋的範圍相當廣泛，除了基礎的 HTML 標籤、CSS 樣式設定以及 JavaScript 程式語法之外，還有大量的 API 。

無論讀者學習 HTML5 的目的、想要達到的目標為何，你必須瞭解的是，HTML5 技術是 W3C 制訂開放式 Web 平台標準最重要的基石，而為了掌握這門技術，根據 W3C 的建議，你必須認識並且進一步瞭解的內容被明確的歸納為八項，W3C 同時針對這八項技術設計了對應的 logo ，下頁列舉說明。

1. HTML5 語意標籤（SEMANTICS）

全新的語意標籤（涵蓋 RDFa、microdata 與 microformats 技術），提供機器可理解的資訊，方便機器辨識資料內容，開發人員據以建立以資料導向為中心，更容易使用的網頁服務。

2. 離線與儲存（OFFLINE & STORAGE）

支援應用程式快取（App Cache）、區域儲存（Local Storage）、區域資料庫（IndexDB），以及檔案系統 API，由於這些機制在客戶端的電腦上執行並儲存資料，使用者因此可以在離線的狀態下使用應用程式，同時有更好的效能。

3. 裝置存取（DEVICE ACCESS）

自動偵測使用者裝置設備的應用服務開發，包含提供地理定位資訊支援的 Geolocation API，麥克風以及攝影裝置的存取等等，提供使用者豐富的裝置設備感知使用體驗。

4. 連結性（CONNECTIVITY）

透過 WebSocket 與伺服器推播技術（Server-Sent Events），支援客戶端與伺服器端的即時資料傳輸，開發人員得以據此建立更即時、更快速，具高質量溝通品質的遊戲以及通訊軟體服務。

5. 多媒體（MULTIMEDIA）

直接內建支援 audio 與 video 標籤，不需第三方外掛程式即可建立支援影音視訊檔案播放的網路服務應用程式。

6. 3D 圖形與特效（3D, GRAPHICS & EFFECTS）

包含各種 3D 以及 2D 圖形描繪與視覺效果實作技術，包含 SVG、Canvas、WebGL、以及 CSS3 的 3D 功能，支援這些功能的瀏覽器能夠不透過其它外掛輔助直接在網頁以原生方式呈現各種驚人的視覺效果。

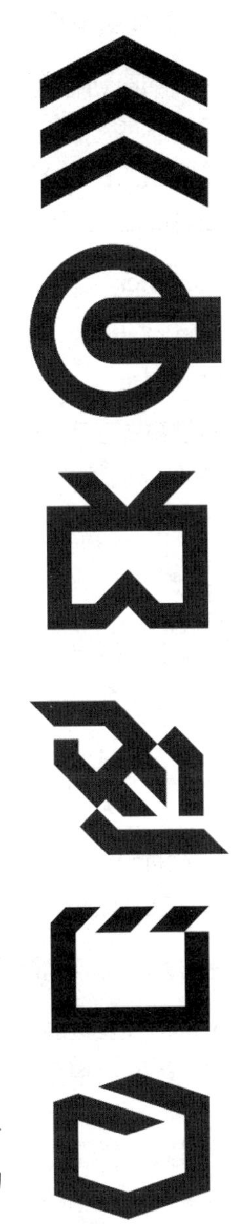

7. 效能與整合性（PERFORMANCE & INTEGRATION）

提升網頁動態內容的呈現效能，縮短甚至避免內容呈現過程的等待狀態，包含透過 Web Workers 支援網頁多工執行特性，以及經由改良的 XMLHttpRequest 2 提升使用者客戶端與伺服器端往返間的良好操作體驗。

8. CSS3

從標籤的語意結構當中抽離出呈現的功能，避免破壞網頁結構並且進一步提升內容的呈現效能，另外一方面，各大主流的瀏覽器亦支援了 Web 開放字型格式（Web Open Font Format - WOFF），提供更彈性的排版需求支援，同時進一步優化網頁的字型呈現。

這列舉的八項特性，是目前 HTML5 技術標準裡面，比較有具體成果且規格也比較穩定的部分，至於瀏覽器的支援則不一。另外一方面，本書亦無法收錄所有的內容，特別是有關視覺效果的部分，包含 SVG 與 WebGL 等等。

1.7 HTML、CSS 與 JavaScript

對於開發人員來說，運用 HTML5 實際會接觸的具體內容，主要有 HTML 標籤元素、CSS 以及 JavaScript ，來看看它們之間的關係。

- **HTML 元素**

HTML5 支援功能強大的新標籤，例如配置以下的 video 標籤，設定 src 屬性為指定的教學影片檔案 ebook.mp4：

```
<video src="ebook.mp4" controls="controls" />
```

接下來開啟瀏覽器，會得到下頁的輸出結果：

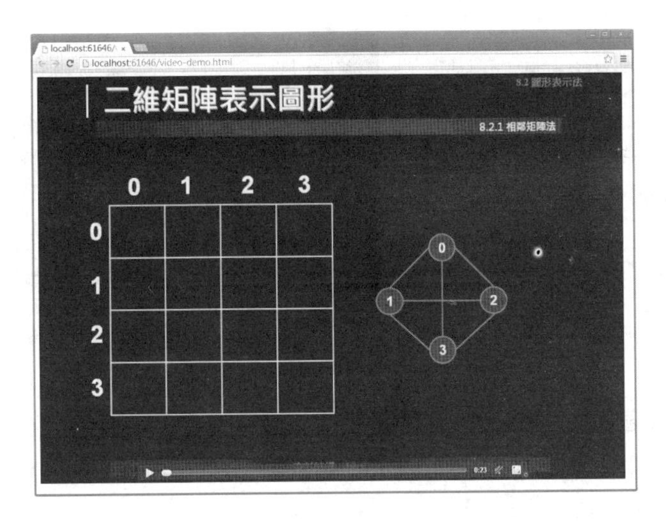

你還可以藉由 canvas 元素的支援，於網頁上描繪圖形，甚至進行圖片的編輯。而除了新元素，舊的 HTML 元素依然存在，不需要為了學習新東西而拋棄舊事物，過去的投資一樣可以適用，更進一步的，你可以利用新特性將原來的網頁作進一步的改良，例如 input 元素，過去只能配置簡單的文字方塊，現在你可以更進一步的選擇各種 type 的輸入控制項，以支援數字、日期或是顏色等特定格式的輸入，甚至提供資料驗證的支援。

- **HTML 標籤屬於 HTML5，但不是全部，JavaScript 才是主角**

HTML5 是 HTML 的最新版本，結合 JavaScript DOM API 驅動標籤元素，將原來以文件呈現為目的的 HTML ，提升為 Web 應用程式開發平台。除此之外，HTML5 導入的新元素不是只有標籤這麼簡單，還有針對這些元素公開的 DOM API ，以支援 JavaScript 的程式化控制。

JavaScript 也不是單純的控制 DOM 元素而已，HTML5 導入龐大完整的應用程式 API ，透過 JavaScript 調用這些 API 建構應用程式，才是開發人員面對 HTML5 最需關注的地方。

- **CSS 負責 HTML5 應用程式的展現，為獨立規格**

相較早期版本，HTML5 以 HTML 元素定義介面內容與組成架構，透過 CSS 呈現，兩者的關係如下頁：

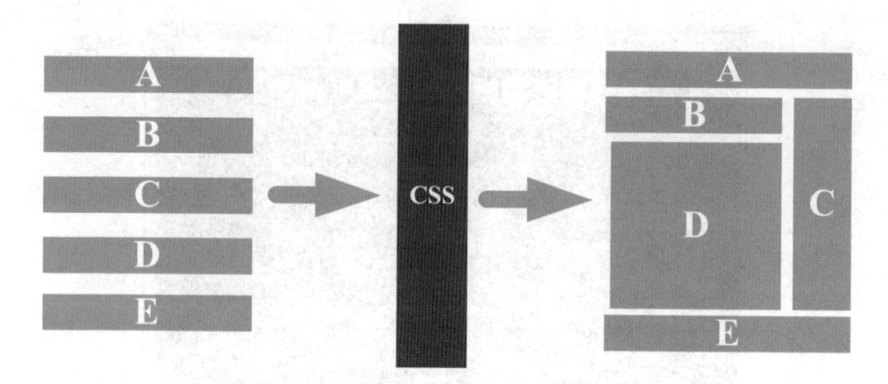

CSS 的規格是獨立的，HTML5 將舊版 HTML 中與視覺化呈現有關的屬性與元素移除，完全交由 CSS 進行控制，而 HTML 元素則完全聚焦於內容的定義，包含內容的架構與輸出。

CSS 定義 HTML 內容於瀏覽器所呈現的外觀，最新的 CSS3 版本支援大量的新功能，搭配 HTML5 可輕易的創造出驚人的網頁視覺效果，由於 HTML5 全數移除了 HTML 標籤原有關於視覺樣式的屬性，因此我們必須完全仰賴 CSS 進行網頁外觀的設計。

1.8 寫在下一課之前

第二章開始，我們將從 HTML5 最基礎的語法宣告與標籤定義開始討論，而後續的課程中，則是進一步探討其它的相關細節，包含新的 HTML5 規格標籤、CSS3 運用等等，最後便是特定的主題，例如繪圖與動畫處理、通訊、資料儲存等應用程式開發議題，下頁圖分類列舉相關的課程議題。

概觀	視覺影像資料處理	API - 資料儲存
概觀	Canvas 繪圖與應用	網頁快取機制
HTML標籤改良	SVG	Web 資料存儲
HTML5 新元素	影音－Audio / Video	區域檔案系統
	地理資訊	Indexed Database

網頁介面設計	API - 通訊
表單	網頁通訊
互動設計	多執行緒
版面配置	伺服器推播技術
CSS3	Web Socket
	XMLHttpRequest

本書分成五個篇章，涵蓋上述圖示的列舉條目，讀者將在完成本書的研讀之後，瞭解這些相關的議題，並且具備相關技術的能力，除此之外，讀者可以將此視為 HTML5 技術的學習地圖，對於入門 HTML5 的技術人員而言，相關部分的技術內容至少都必須涉獵且略知一二，在需要用到時，才能快速建立必要的技能，進一步運用在開發實作上面。

SUMMARY

第一章針對 HTML5 的概念進行了簡要的說明，下一章將從 HTML5 的第一行宣告開始逐步討論各種 HTML5 的技術細節。

第二章

HTML5 殿堂初探

第一章針對 HTML5 的背景、發展現況與相關特性，作了概括性的討論，而接下來這一章，我們要正式進入 HTML5 的語法說明，包含網頁宣告以及 head 部分的說明，還有部分通用的語法格式，例如屬性的寫法以及省略標籤設計等等。

2.1 開始 HTML5

根據以下的步驟，建立 HTML5 網頁。

1. 開啟文字編輯器。
2. 於其中輸入以下的內容：

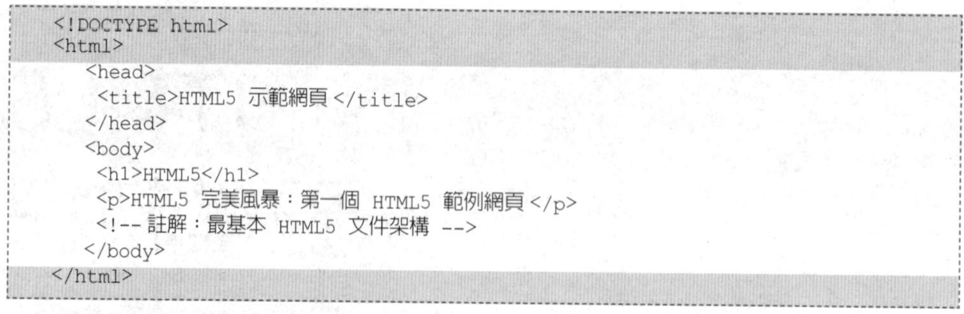

```
<!DOCTYPE html>
<html>
   <head>
    <title>HTML5 示範網頁 </title>
   </head>
   <body>
    <h1>HTML5</h1>
    <p>HTML5 完美風暴：第一個 HTML5 範例網頁 </p>
    <!-- 註解：最基本 HTML5 文件架構 -->
   </body>
</html>
```

3. 將其存檔為 first-html5.html。
4. 於瀏覽器開啟，得到以下的執行畫面：

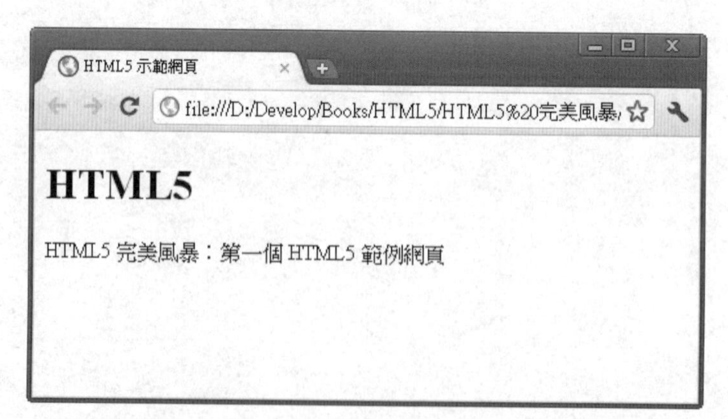

乍看之下，這個網頁檔案的內容與呈現的結果，相較於傳統的 HTML 網頁並沒有什麼差異，其中並無配置任何新元素或新的屬性設定，不過請注意灰階標示的部分，第一行是文件的宣告，HTML5 於 DOCTYPE 只需要指定為 html 即可，如下頁式：

```
<!DOCTYPE html>
```

在 HTML5，DOCTYPE 宣告是必要的，同時不區分大小寫，瀏覽器會根據這個宣告，決定是否以 HTML5 標準描繪網頁內容。相較於傳統的 HTML ，通常需要標示以下的內容：

```
<!DOCTYPE html PUBLIC "-//W3C//DTD XHTML 1.0 Transitional//EN"
      "http://www.w3.org/TR/xhtml1/DTD/xhtml1-transitional.dtd">
<html xmlns="http://www.w3.org/1999/xhtml">
…
</html>
```

完成第一行的宣告，接下來就可以進入 html 根元素，開始撰寫 HTML5 網頁的內容了。

2.2 文件物件模型

一份 HTML5 文件，由 HTML 元素組成，這些元素是 DOM 的實作，每一種元素具有專屬的意義，開發設計人員透過不同的元素整合，建構整份文件的架構，以稍早 2.1 節提及的第一個 HTML5 範例網頁為例，其中形成的階層架構如下：

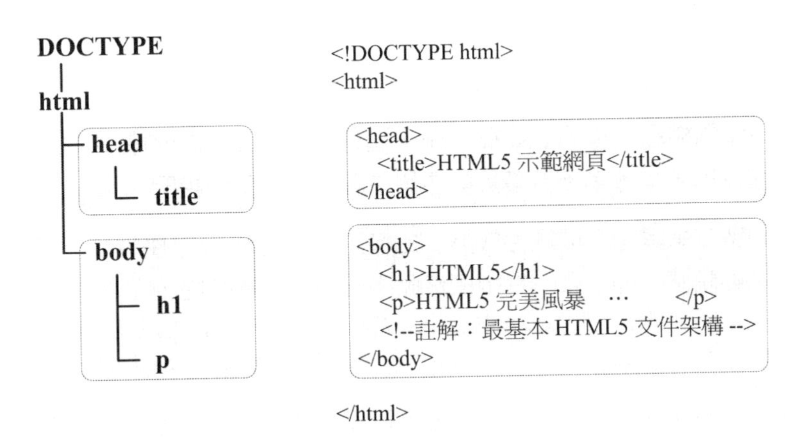

除了第一行的 <!DOCTYPE html> 宣告，緊接著 html 是整份文件的根元素，與最後的 html 結束標籤形成 HTML 文件的內容區域，真正的內容則含括於其中，包含兩個子元素，分別是 head 與 body。

head 元素包含描述網頁內容的元素與相關資訊，body 元素為網頁的內容主體，所有與網頁有關的內容都寫在這個區塊裡面。

如你所見，當瀏覽器解譯一個 HTML 檔案，其內容會被轉換成為對應的 DOM Tree（文件物件模型樹）儲存於記憶體中，其中的元素標籤，以巢狀的方式建立前後關聯，形成樹狀結構，這種結構稱之為 DOM Tree ，每一個 HTML 元素，在 DOM Tree 中均是一個程式物件，存在對應的物件 API ，因此當 HTML 內容轉換成為 DOM Tree 之後，就可以透過 JavaScript 之類的腳本語言進行其中元素的存取控制，而 HTML5 便是針對這些程式物件進行大幅擴充與改良，以支援全方位的 Web 應用程式建立工作。

網頁內容即是由 DOM Tree 的元素節點所組成，而每一種元素均有其對應的程式物件，可以透過 JavaScript 進行操作，因此瞭解各種元素的特性，以及如何適當的配置並且控制這些元素相當重要。

2.3 html 根元素

DOCTYPE 宣告之後便是 html 元素，表示整份網頁文件開始的根節點，它有兩個屬性，而 HTML5 另外新增了 manifest 屬性，用來指定網頁快取清單的 URL 網址支援離線應用程式的快取機制，例如：

```
<html manifest="cache_html.manifest">
```

manifest 的屬性值可以是絕對或相對網址，指向一份列舉支援快取的檔案清單，並且以 manifest 副檔名作命名，如此一來，這個清單中所列舉的資源將可以在離線的狀況下被使用，本書第十五章針對這個主題會有完整的說明。

html 元素同時支援其它全域屬性成員，比較常見的便是 lang 屬性，它設定網頁文件使用的主要語言，如下式，其中標示此網頁使用的是英文：

```
<html lang="en" >
```

當然，如果你的服務只專注在國內市場，直接設定為中文即可，如下式：

```
<html lang="zh-TW" >
```

全域屬性在 HTML5 亦進行了擴充，下一章討論 HTML5 新元素的內容當中，會有進一步的說明。

2.4 head 元素與中介資料（metadata）

所謂的中介資料（metadata）是用來描述資料的資料，每一個 HTML 文件均有描述資料內容的中介資料，其中包含描述外部 CSS 檔案的 link 元素，外部腳本檔案的 script 與網頁標題的 title ，根元素 html 接下來的 head 元素、即是用來表示這些中介資料的集合，其中透過各種子元素進行網頁相關資訊的描述，這一節逐項進行討論。

2.4.1 關於中介資料內容

最簡單的 head 元素內容可能只有 title 子元素，用來描述網頁內容主題或是相關性質的標題，例如以下的配置：

```
<!DOCTYPE HTML>
<html>
   <head>
    <title>HTML5 規格示範網頁 </title>
   </head>
   <body>
       …
</body>
<html>
```

除此之外，比較複雜的網站會組織各種網頁共用的文件檔案，並且將其獨立出來，包含樣式表以及腳本檔案，然後透過中介資料的描述建立外部檔案與網頁的關聯，例如以下的網頁設定：

```
<!DOCTYPE HTML>
<html>
   <head>
    <title>HTML5 規格示範網頁 </title>
    <link rel="stylesheet" href="default.css">
    <script src="myscript.js"></script>
   </head>
   <body>
       …
</body>
<html>
```

其中的 head 元素範圍裡，除了 title 之外，另外還包含了 link 以及 script ，支援外部檔案的匯入，除此之外，還有其它的中介資料元素，下頁表列舉可用的中介資料元素：

中介資料元素	說　明
title	網頁文件識別標題。
base	網頁文件基準網址URL字串。
style	網頁文件的 CSS 樣式設定來源。
link	網頁文件的外部資源。
script/noscript	網頁文件的腳本程式碼來源。
meta	表示 title、base、link、style 與 script 元素之外的其它網頁文件中介資料。

2.4.2 title

title 表示網頁文件的標題或是名稱，它通常作為識別用途，以其為名稱儲存於我的最愛中，或是在網頁瀏覽歷程中，甚至搜尋結果，不過內容與整個網頁中的第一個標題，也就是 h1 標示的標題無關。

一份網頁文件的 head 元素中，只能有一個 title 標題，由 document.title 所定義，你不能在一份網頁文件中配置一個以上的 title ，但是可以透過此取得一份網頁文件所定義的 title 內容文字，或是將一個特定的字串設定給它，如下式：

```
document.title = xtitle;
```

這一行程式碼直接透過 document.title 重設其內容為 xtitle 變數內容。

範例 2-1 title 元素設定

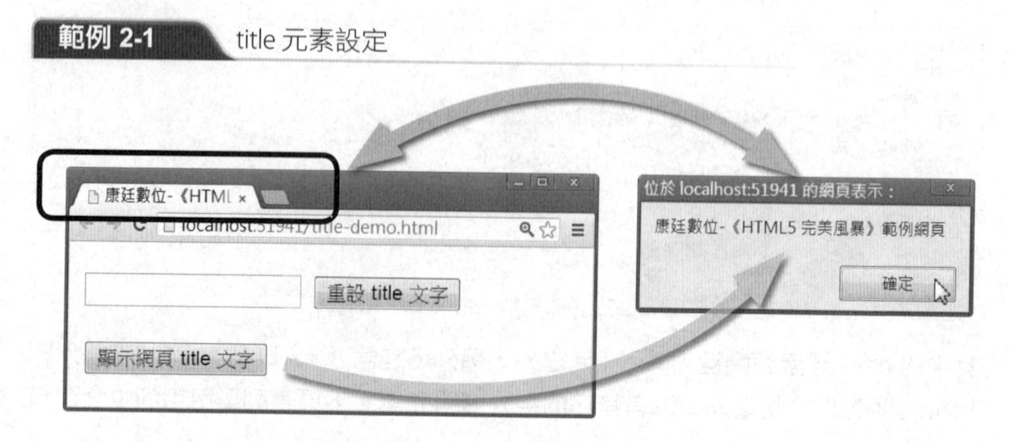

於網頁中按一下「顯示網頁 title 文字」按鈕，則會顯示一個文字訊息方塊，其中顯示目前網頁的標頭，也就是 title 元素的內容。

於文字方塊輸入指定名稱，然後按一下「重設 title 文字」按鈕，此時標題被改變成為 HTML5 。

title-demo.html

```
<!DOCTYPE html >
<html >
<head>
        <title>康廷數位 -《HTML5 完美風暴》範例網頁</title>
        <script>
            function showTitle() {
                var xtitle = document.title ;
                alert(xtitle);
            }
            function setTitle() {
                var xtitle = document.getElementById('title').value ;
                document.title = xtitle;
            }
        </script>
</head>
<body>
        <p><input type="text" id="title"/>
        <button onclick="setTitle()">重設 title 文字</button></p>
        <button onclick="showTitle()">顯示網頁 title 文字</button>
</body>
```

函式 showTitle() 中，透過 document.title 取得 title 元素值，將其顯示在畫面上。

而另外一個函式 setTitle() ，取得畫面上使用者輸入文字方塊的新 title 名稱，然後將其設定給 document.title ，完成網頁標題的更新動作。

2.4.3 base

base 元素支援網頁文件的基準網址（document base URL），此類型 URL 被用來解析相對網址的完整網址字串。假設網站的預設首頁網址如下：

```
<base href="http://www.kangting.tw/html5/">
```

其中的 href 屬性值被視為基準網址，當你將這個 URL 設定給 base 元素，接下來在網頁中指定了一個如下的連結：

```
<a href="new_element.html">HTML5 新元素 </a>
```

當使用者按下「HTML5 新元素」這個超連結時，會連結到如下的網址：

```
http://www.kangting.tw/html5/new_element.html
```

base 有兩個屬性，除了上述提及的 href ，另外一個便是 target ，href 為基準 URL ，而 target 屬性則必須是 _blank、_self、_parent 或是 _top 這幾個常數字串，指定連結網頁開啟的相對位置。一份網頁文件只能存在一個 base 元素，而 href 與 target 這兩個屬性必須至少擇一設定，或是同時設定。

base 元素會影響網頁文件中的 URL 設定，因此必須在所有與 URL 相關設定的元素之前配置，唯一的例外是根元素 html 的 manifest 屬性，不會受 base 影響。

範例 2-2 示範 base 元素

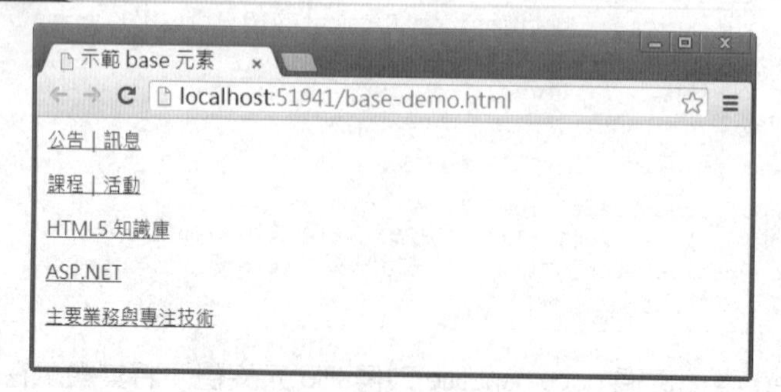

畫面上配置數個超連結以測試 base 元素的設定，每一個連結均指向筆者 Blog 的對應文章，由於基礎 URL 均是 http://www.kangting.tw/p/ ，因此將其設定為 base 元素的 href 屬性，讀者請自行操作以檢視其效果。

base-demo.html

```
<!DOCTYPE >
<html>
<head>
      <title>示範 base 元素</title>
      <base href="http://www.kangting.tw/p/"  target="_parent" />
</head>
<body>
      <p><a href="blog-page_6.html">公告 | 訊息</a></p>
      <p><a href="blog-page_2873.html">課程 | 活動</a></p>
      <p><a href="html5.html">HTML5 知識庫</a></p>
      <p><a href="aspnet-mvc.html">ASP.NET</a></p>
      <p><a href="blog-page_22.html">主要業務與專注技術</a></p>
</body>
</html>
```

其中的 base 元素設定了 href 以及 target 屬性，因此在 body 主體中的 a 元素，只需設定文件的連結網址即可。

2.4.4 style 元素

style 元素支援在文件中直接嵌入樣式資訊，表示一段樣式語法，如下式：

```
<style>
     body { color: blue; }
     em { font-style: normal; color: silver; }
</style>
```

style 元素通常不需指定屬性，儘管如此，除了全域屬性之外，它本身還是有三個主要的屬性，分別是 type 、media 以及 scoped。

其中 type 屬性的預設型態是 text/css ，由於是預設值，因此不需特別指定。另一個 media 屬性表示此樣式將套用的媒體型態，預設值是 all ，表示適用所有媒體。

scoped 則是一個 boolean 型態屬性，這是 HTML5 導入的新屬性，若指定了這個屬性，表示樣式僅套用於此元素的父元素與其所有子元素，也就是 style 元素所套用的區塊中，否則的話則套用於整份文件，不過目前沒有瀏覽器支援這個屬性。

2.4.5 link 元素

定義網頁文件與外部資源檔案的連結，最普遍的用途在於指定所要連結的 CSS 文件，例如：

```
<link  rel="stylesheet"   href="style/style.css"
```

這一行設定中的 rel 屬性設定為 stylesheet ，表示此網頁文件將連結至外部的樣式表檔案 style.css ，href 表示檔案所在位置的位址。link 元素定義數個屬性，列舉如下表：

屬　性	說　明
href	表示文件所要連結的外部資源的 URL ，這個值必須指定。
rel	表示連結資源的型態。
sizes	外部連結檔案的大小。
type	連結資源的性質。
hreflang	表示連結資源所使用的語言。
media	所示所要套用的媒體。

href 指向所要連結的資源 URL ，可以是外部資源（external resources）或是超連結（hyperlinks），這兩者的差異在於前者連結的內容將成為目前網頁文件的一部分，後者則是導致瀏覽器針對此連結執行瀏覽或下載作業，至於是何種型態，則由 rel 屬性值來辯識。

- **rel**

描述連結型態的關鍵字，一個 link 元素必須指定 rel 屬性，而 stylesheet 是其中最常見的設定，以下是可能的關鍵字列表：

Link type	套用的元素與所屬 href 種類		描　述
	link	a and area	
alternate	Hyperlink	Hyperlink	目前文件的替代顯示內容。
author	Hyperlink	Hyperlink	指向目前網頁的設計開發人員。
bookmark	*not allowed*	Hyperlink	連結至最近的父元素區塊。
help	Hyperlink	Hyperlink	Provides a link to context-sensitive help.

(續)

Link type	套用的元素與所屬 href 種類		描　述
	link	a and area	
icon	External Resource	*not allowed*	從外部匯入一個 icon 到目前文件。
license	Hyperlink	Hyperlink	目前文件的版權資訊。
next	Hyperlink	Hyperlink	表示目前文件是一系列文件的一部分，而且其中的下一份文件是參考文件。
nofollow	not allowed	Annotation	表示目前文件的原始作者或是出版者並不對其參考文件背書。
noreferrer	not allowed	Annotation	瀏覽器針對此超連結的使用者，不傳送 HTTP Referer 標頭欄位。
prefetch	External Resource	External Resource	表示目標資源應該優先快取。
prev	Hyperlink	Hyperlink	表示目前文件是一系列文件的一部分，而且其中的前一份文件是參考文件。
search	Hyperlink	Hyperlink	一組經由目前文件與相關頁連結至特定資源的搜尋。
stylesheet	External Resource	*not allowed*	匯入一份樣式表。
tag	*not allowed*	Hyperlink	給予一組套用至目前文件的標籤。

由於 link 與一般的連結元素 a 還有影像地圖 area 的屬性性質一致，因此這個列表同時標示了 a 與 area 兩個元素的適用性，下一章針對這一部分會進一步的討論。

- **sizes**

如果 rel 指定的外部資源是 icon ，則上述表示的最後一個屬性 sizes 只是簡單的提示所需的 icon 大小，如此一來，當瀏覽器在面對多組 icon 時可以決定要下載哪一組 icon 。

- **type**

屬性指定了連結資源的 MIME 型態，這個屬性的功能僅是單純的提醒瀏覽器，避免擷取非支援型態的資源，如果是 CSS 樣式表，則其 type 指定為 text/css ，不過在 HTML5 ，這是預設值，因此如果連結的是 CSS 樣式表則不需再指定。

- **hreflang**

純粹只是標記，提示連結資源所使用的語言。

- **media**

表示資源所套用的媒體，預設值是 all，若忽略，表示連結將套用至所有的媒體。

2.4.6 script 元素與腳本語言

HTML5 除了元素的升級，另外一項最重要的進化，便是導入大量可以透過 JavaScript 調用的 API，實現全方位的 Web 應用程式開發平台，而 JavaScript 經由調用 API 以建立各種應用程式功能，並利用 script 元素嵌入 HTML 網頁中。

JavaScript 是一種輕量級的腳本語言，支援建構 HTML 網頁的程式化功能，而 script 元素負責將寫好的 JavaScript 程式碼嵌入網頁，除此之外，特定的資料區塊同樣可以藉由 script 導入網頁中。

script 元素與其它元素最大的差異，在於它負責導入動態資源，無論是從網頁外部引用或是直接嵌入，而一般 HTML 元素的主要功能則是負責視覺化內容的呈現。

屬　性	說　明
src	導入外部檔案。
async	以非同步方式執行。
defer	以延遲方式執行。
type	使用的 MIME type 。
charset	設定所使用的字元編碼。

上表列舉 script 元素的屬性成員，來看看這些屬性的特性。

- **src**

script 元素支援兩種型式的資源導入作業，分別是嵌入（embedded）或是內含（inline）模式，嵌入模式會將外部資源導入，成為目前網頁的一部分，內含模式則直接將腳本或是資料寫入網頁中。

嵌入模式是大型網站服務開發經常使用的模式，資料或是 JavaScript 腳本被寫成獨立的檔案，透過 src 屬性指向此外部檔案即可將其整合進目前網頁中。

- **async 與 defer**

async 與 defer 這兩個屬性控制 script 元素透過 src 屬性導入外部資源的執行時機，

均是 boolean 型態屬性，因此直接指定屬性名稱即可，如果不是導入外部資源而是以內含的方式直接寫入程式碼，則不可以設定這兩個屬性。

針對透過 src 屬性導入網頁的外部資源，如果設定了 async 屬性，表示以非同步的方式執行外部資源，外部資源的執行程序將與目前網頁分開處理，而 defer 則表示延遲執行，在網頁全部載入解析完成之後才會執行。

async 與 defer 如果都沒有設定，則 script 元素會根據其出現的位置即時執行。以下的範例，說明 defer 行為。

範例 2-3 示範 defer

除了測試網頁，另外建立 hello_a.js 與 hello_b.js 等兩個檔案驗證 defer 載入時機，以下列舉檔案內容：

defer/hello_a.js

```
alert('hello_a 訊息：HELLO A');
```

defer/hello_b.js

```
alert('hello_b 訊息：HELLO B');
```

這兩個檔案分別輸出不同的訊息，其中的 hello_b.js 這個檔案將於網頁被解析完成之後執行，現在於網頁中引用這兩個檔案如下：

defer/async-defer-demo.html

```
<!DOCTYPE html >
<html>
<head>
      <title></title>
      <script src="hello_a.js" ></script>
      <script src="hello_b.js"  defer></script>
</head>
<body>
      <p> 網頁載入 …</p>
</body>
</html>
```

其中透過兩個 script 元素，設定 src 屬性導入 hello_a.js 與 hello_b.js 這兩個外部檔案，而在 HTML 部分的 body 區塊內，包含所要呈現的訊息文字。

執行這個範例，首先會出現空白網頁與一個訊息文字方塊，如下頁左圖，右圖則是一開始顯示的訊息方塊，為第一個 script 元素載入 hello_a.js 檔案執行結果：

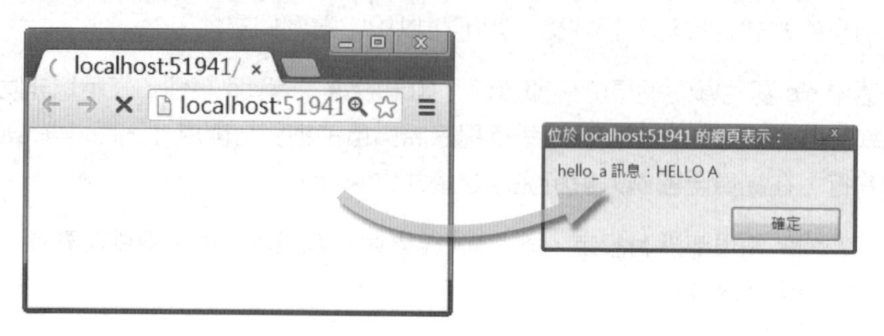

當網頁解析到第一個 script 元素，其中 src 指定 hello_b.js 檔案會馬上執行並跳出相關的訊息。

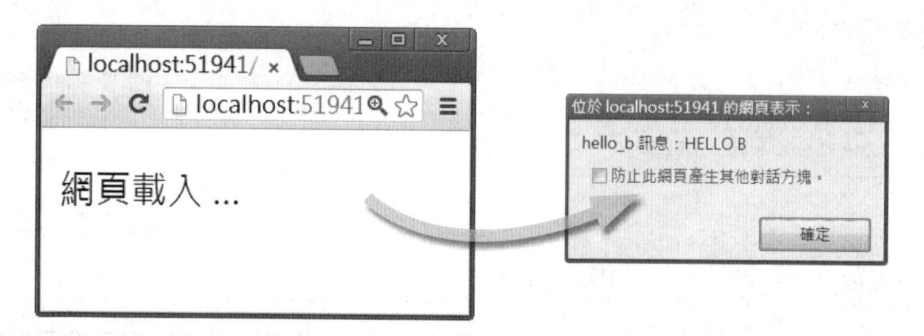

接下來網頁載入解析完成顯示訊息，然後開始執行設定為 defer 延遲載入的 hello_b.js ，跳出其中指定的訊息文字方塊。

若是將其中的 defer 屬性移除，讀者可以發現執行的過程中，只有當兩個訊息方塊均出現並且關閉之後，網頁才會載入並且顯示畫面上的訊息文字。

另外還有一個 async 屬性，這是 HTML5 新導入的屬性，它以非同步的方式執行 src 屬性指向的來源程式碼，所謂的非同步，表示 src 指定的來源檔案，其執行程序將與網頁分開處理。

範例 2-4 測試 src 元素的 async 屬性

這個範例很簡單，於網頁中嵌入前述範例的 hello_a.js 檔案，並指定以 async 模式執行，網頁的內容程式碼如下頁：

defer/async-demo.html

```
<!DOCTYPE html >
<html>
<head>
      <title>測試 src 元素的 async 屬性</title>
      <script src="hello_a.js" async ></script>
</head>
<body>
<script>
      document.writeln('Hello, 這是非同步輸出訊息 !');
</script>
</body>
</html>
```

在 head 區塊中的 script 元素，指定了 async 執行模式，而接下來的 body 區塊中，執行動態訊息輸出作業。以下是執行結果：

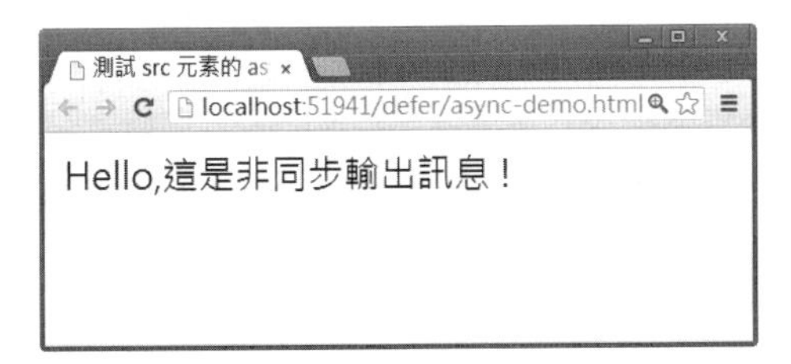

在預設的情形下，hello_a.js 檔案會先執行，待使用者關掉跳出來的訊息方塊，網頁才會再繼續往下執行，輸出訊息，但是其中指定了 async 模式，因此即便沒有在訊息方塊上按下「確定」按鈕，網頁不會等待 script 檔案執行完畢，即會繼續接下來解譯的程序，直接在網頁上輸出預先指定的訊息文字。

開發設計人員必須非常清楚整個 scrpipt 元素運作的順序，基本上，它會在出現的地方開始執行，除非指定了 async 或是 defer 屬性，因此當你嘗試取得網頁中的任何元素參考時，必須特別注意網頁未完全載入而發生的錯誤。

- **type**

HTML 網頁可指定使用各種合法的 MIME type 格式語言，最普遍的便是 JavaScript，你可以將 type 屬性指定為 text/javascript，表示 script 內容是 JavaScript 型態腳本，以下列舉部分可參考的 MIME type 字串：

- application/ecmascript"
- application/javascript"
- application/x-ecmascript"

- application/x-javascript"
- text/ecmascript"
- text/javascript"
- text/javascript1.0"
- text/javascript1.1"
- text/javascript1.2"
- text/javascript1.3"
- text/javascript1.4"
- text/javascript1.5"
- text/jscript"
- text/livescript"
- text/x-ecmascript"
- text/x-javascript"

type 屬性的預設值是 text/javascript ，因此若是 JavaScript ，這個屬性可以直接省略，這是與 HTML4 差異的地方。

- **charset**

charset 屬性提供外部 script 檔案的字元編碼設定，用來指定外部腳本檔案所使用的字元編碼格式，這個屬性必須搭配 src 才能進行設定，如果直接於 script 元素中撰寫程式碼而非透過 src 連結外部檔案，則不需要指定這個屬性。

2.4.7 noscript

某些執行環境為了安全議題會停用 script 功能，如此一來將導致 script 元素的內容無法運作，在這種情形下，可利用 noscript 元素實作替代內容，這個元素並非 HTML5 的新增功能，不過因為 JavaScript 是 HTML5 最重要的靈魂，因此這裡還是交代一下這個元素。

當你設定了 noscript 元素，在 script 元素可以順利執行的正常情形下，noscript 本身不會有任何動作，否則的話則執行 noscript 的內容。考慮下頁的程式片段：

```
<script>
      // script 內容 …
</script>

<noscript>
      //  script 區塊無法執行的替代內容 …
</noscript>
```

其中 script 與 noscript 兩個區塊的內容，會依瀏覽器的 JavaScript 支援而選擇執行。

範例 2-5 示範 noscript 效果

左邊的畫面是正常執行的 JavaScript 輸出內容，右邊則是關閉 JavaScript 功能。

noscript-demo.html

```
<!DOCTYPE html >
<html >
<head>
      <title>示範 noscript 效果</title>
</head>
<body>
<script>
      document.writeln('Hello JavaScript !');
</script>
<noscript>
      此瀏覽器不支援 JavaScript
</noscript>
</body>
</html>
```

這段列舉的程式碼中，同時配置了 script 與 noscript 區塊，瀏覽器則自動根據 JavaScript 支援的狀況執行。

2.4.8 meta 元素

網頁中的某些中介資料，無法透過預先定義的 title、base、link、style 與 script 這些子元素作表示，可以透過 meta 元素進一步說明 meta 元素以「鍵 / 值」對（key/value pairs）格式表示這些額外的中介資料，下表列舉其屬性：

屬　性	說　明
name	表示網頁文件的中介資料項目名稱。
http-equiv	表示網頁文件的某種狀態意義。
content	描述 name 或 http-equiv 屬性內容。
charset	網頁文件使用的字元集編碼。

要特別注意的是 HTML4 中 meta 元素原有的 scheme 屬性已經不再支援。而表列的屬性當中，你只能針對 name 、http-equiv 以及 charset 三者擇一指定，而 name 屬性則搭配 content 作設定。例如以下是 meta 元素的設定方式：

```
<head>
      <meta name="description" content="HTML 範例" />
      <meta name="keywords" content="HTML5,HTC,APPLE,GOOGLE,MS" />
      <meta name="author" content="呂高旭" />
      <meta charset="UTF-8" />
</head>
```

當你設定了 name 屬性，則搭配 content 描述其內容，或是單獨設定 charset 以表示文件所套用的字元編碼，不然就是 http-equiv 。

- **name**

name 屬性用來表示文件的中介資料項目名稱，屬性 content 則表示中介資料項目的內容，例如以下的設定：

```
<meta name="generator" content="Free-HTML5 1.5">
```

其中的 name 屬性值 generator ，表示這組 meta 用來描述建立此網頁文件的工具，而接下來的 content 屬性值則表示工具的名稱，一個名為「Free-HTML5 1.5」的 HTML5 開發工具。

meta 元素定義了數個標準的 name 屬性值，以支援特定的 meta 元素設定：

name 屬性值	說　明
application-name	任意字串表示，表示呈現網頁的 Web 應用程式名稱，每一份網頁文件不能有一個以上 name 屬性設為此值的 meta 元素。
author	任意字串表示，表示網頁文件的作者。
description	任意字串表示，每一份網頁文件不能有超過一個 meta 元素設定 name 屬性值為 description 。
generator	任意字串，表示用來產生文件的軟體工具，這個值不適用於純粹手動而非工具打造的網頁。
keywords	表示一連串與網頁有關的關鍵字，關鍵字必須以逗點分隔串連成為一個字串。

表列最後一個 keywords 要特別說明一下，考慮底下的設定：

```
<meta name="keywords" content="Microsoft,Apple,Google,facebook,Adobe,HTC">
```

其中的 name 屬性設定為 keywords ，表示這裡將標示與網頁內容有關的一些關鍵字（例如各大科技公司名稱），而使用者可以透過這些關鍵字進行網頁的搜尋，content 屬性則是關鍵字的內容，每一個關鍵字以逗號（,）隔開即可。

你可能在網路上看到類似以下的中介資料設定：

```
<meta property="og:title" content="HTML5 完美風暴 "/>
```

其中使用的屬性名稱是 property 關鍵字而非 name 。 property 這個屬性由 RDFa 技術規格所導入，支援特定資料的標記，特別是 XHTML 網頁。目前這個屬性被廣泛的應用在 Facebook 專頁的 OGP 技術當中，其藉由這個屬性將Facebook 專頁預設識別的屬性寫在 meta 元素的 content 裡面，方便 Facebook 分析並擷取網頁資訊。

meta 元素另外還有兩個屬性，分別是 http-equiv 以及 charset ，這裡進一步來瞭解。

- **http-equiv**

http-equiv 是一個列舉型態的屬性，將其設定為預先定義的關鍵字以表示某些特定狀態的意義，下頁表列舉可能的關鍵字與其對應的狀態：

http-equiv 屬性關鍵字	意　義
content-type	編碼宣告。
default-style	預設樣式。
refresh	更新。

http-equiv 的設定與 name 相同，你必須指定一個特定的關鍵字，然後再將對應至此關鍵字的內容描述，設定給 content。

- **http-equiv="content-type"**

content-type 與 charset 屬性相同，它用來指定網頁文件所使用的字元編碼，例如以下的設定：

```
<meta http-equiv="content-type" content="text/html; charset=UTF-8">
```

由於 HTML5 導入了 charset 屬性，因此現在只需直接設定 UTF-8 這個編碼值即可，後續討論 charset 屬性時作說明。

- **http-equiv="default-style"**

default-style 表示預設的替代樣式表名稱，例如以下的設定：

```
<meta http-equiv="default-style" ... >
```

- **http-equiv="refresh"**

最後是 refresh ，如果 http-equiv 屬性設為此關鍵字，表示網頁本身會自動更新，content 屬性則指定其更新的時間間隔長度，例如以下的設定：

```
<meta http-equiv="refresh" content="30" >
```

這一行 meta 設定網頁在 refresh 的狀態下，每半分鐘重新載入一次。

除此之外，透過分號（;）可以進一步指定 content 的額外資訊，例如以下的設定：

```
<meta http-equiv="refresh" content="30;URL=pagenext.html" >
```

其中的 content 設定，將導致網頁於 30 秒後，重新導向至下一個 URL 指定的網址。

要特別注意網頁文件中，meta 元素僅能設定一種 http-equiv 型態。

- **charset**

charset 比較單純，它表示網頁文件所使用的字元編碼，這是 HTML5 導入的新屬性，可以用來替代上述的 http-equiv 設定，考慮以下的程式碼：

```
<meta charset="utf-8">
```

其中指定編碼格式為 UTF-8 ，這也是預設的編碼格式，使用非 UTF-8 格式的編碼可能將導致表單傳送時資料格式的問題。

在舊版的 HTML ，如果要達到相同的效果，必須經由 http-equiv 作設定如下：

```
<meta http-equiv="content-type" content="text/html; charset=UTF-8">
```

這在上述討論 http-equiv 時已經作了說明，再度提醒讀者以方便作比較。

2.5 屬性

HTML 中的每一種元素，均有其專屬的屬性成員，設定這些屬性可以控制 HTML 元素的行為，下一章將針對這些屬性進行詳細的討論，而這一節先來談談一些屬性的通用規則。

2.5.1 屬性語法

屬性本身有一個名稱與一個對應的值，如下式：

```
type="text"
```

其中的 type 為屬性名稱，而 text 則是這個屬性的值。當你在設定屬性值的時候，有三種可能的寫法，分別是直接指定屬性值，以單引號或是雙引號標示，都是正確的寫法，如下式：

```
<input type=radio />
<input type='radio' />
<input type="radio" />
```

接下來的屬性必須與前一個屬性以空白分隔，如下式：

```
<input  type=radio id="x-radio"  />
```

如果屬性值包含了空白字元，則必須透過引號進行標示，否則會導致無法解析的錯誤。

2.5.2 Boolean 型態的屬性設定

如果屬性本身是 boolean 型態，可能的屬性值將只有 true 與 false ，若屬性值是 false ，直接忽略屬性即可；如果是 true ，則直接指定屬性名稱。考慮以下的 HTML 設定：

```
<label><input type=checkbox name=house checked disabled> House</label>
```

這是一個 checkbox 型態的 input 元素，其中指定了 checked 與 disabled 兩個屬性，因此屬性值均為 true ，如此一來，將建立一個已核取（checked）且失效（disabled）的核取方塊。

除了直接指定屬性名稱，你也可以指定一個空字串或是屬性名稱字串，效果與直接指定屬性相同，都表示為 true ，例如以下的設定：

```
<label>
      <input type=checkbox name=house checked=checked disabled=disabled >House
</label>
```

checked 屬性值被設定為屬性名稱字串 checked ，而 disabled 屬性值則被設定為屬性名稱字串 disabled ，如此表示這兩個屬性值均是 true 。你還可以進一步指定空字串作為屬性值，它們的效果相同，如下式：

```
<label>
     <input type=checkbox name=house checked="" disabled=""> House
</label>
```

當然，你可以混用不同格式的寫法。

範例 2-6 true/false 屬性

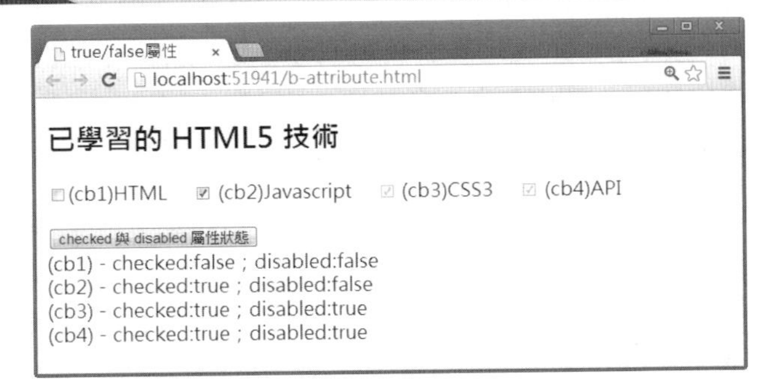

畫面中的四個核取方塊，分別針對 checked 以及 disabled 這兩個屬性進行了不同的屬性值設定，按一下畫面中間的按鈕，取得屬性值列舉於畫面下方。

b-attribute.html

```
<!DOCTYPE html >
<html >
<head>
      <title>true/false 屬性 </title>
      <style>
      label{padding-right:16px;}
      </style>
      <script>
          function clickHandler() {
              var message = '';
              message =
                  '(cb1) - checked:' +
                   document.getElementById('cb1').checked +
                  ';disabled:' +
                   document.getElementById('cb1').disabled + '<br/>';
              message +=
                  '(cb2) - checked:' +
                   document.getElementById('cb2').checked +
                  ';disabled:' +
                   document.getElementById('cb2').disabled + '<br/>';
              message +=
                  '(cb3) - checked:' +
                   document.getElementById('cb3').checked +
                  ';disabled:' +
                   document.getElementById('cb3').disabled + '<br/>';
              message +=
                  '(cb4) - checked:' +
                   document.getElementById('cb4').checked +
                  ';disabled:' +

                   document.getElementById('cb4').disabled + '<br/>';
              document.getElementById('msg').innerHTML = message;
```

(續)

```
            }
        </script>
</head>
<body>
        <h2>已學習的 HTML5 技術</h2>
        <p><input id="cb1" type="checkbox" /><label>(cb1)HTML</label>
        <input id="cb2" type="checkbox" checked   />
        <label>(cb2)Javascript</label>
        <input id="cb3" type="checkbox" checked=""  disabled=disabled />
        <label>(cb3)CSS3</label>
        <input id="cb4" type="checkbox" checked=checked  disabled="" />
        <label>(cb4)API</label>
        </p><button onclick="clickHandler()">
        checked 與 disabled 屬性狀態</button>
        <div id='msg'></div>
</body>
</html>
```

針對四個 checkbox 的 checked 與 disabled 屬性，指定各種不同的值，並且於按鈕的 click 事件回應函式中，引用這兩個屬性，取出其值。就如同上述的執行結果，你可以發現，除非完全沒有設定屬性，否則一律是 true 。

2.5.3 關於列舉屬性（enumerated attribute）

有一種屬性的屬性值是由一群分別代表特定意義的常數字串所表示，每一個常數分別代表一種特定的屬性狀態，例如在 input 標籤中有一個 dir ，用來決定使用者輸入資料時的呈現方向，考慮以下的設定：

```
<input  type="text" dir="ltr" />
```

```
<input  type="text" dir="rtl" />
```

dir 屬性有兩個可能的值，分別是 ltr 與 rtl ，你只能指定這兩個值的其中一個作為 dir 屬性的屬性值，這兩行設定會出現以下的結果：

其中的 ltr 表示輸入的字元從左至右排列，反之 rtl 則是從右至左排列。在運用 HTML 進行相關的屬性設定時，讀者針對這一類的屬性必須特別注意其列舉值的內容，並且正確的設定。

2.6 忽略標籤設計

在編寫 HTML 文件時，某些特定的標籤可以被完全忽略，例如 <html> 、<head> 以及 <body> 等等，如果這些元素的內容是空值，你甚至可以不需要在網頁中配置它們，但即便如此，這不代表它們就不存在，相反的，一份 HTML 文件一定存在這些標籤，當你沒有明確的配置它們，這些標籤將會以隱含的方式配置於文件中，以下利用一個範例進行說明。

範例 2-7 忽略標籤

為了測試效果，這個網頁並未配置 <html> 、<head> 以及 <body> 等固定結構標籤，當你在瀏覽器檢視這個網頁的時候，會出現以下的結果畫面：

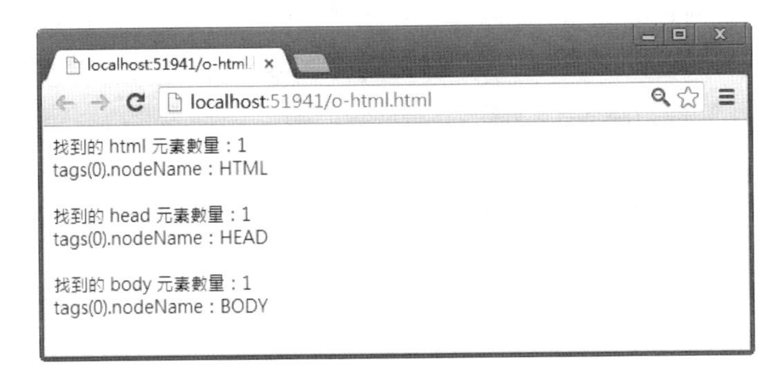

如你所見，透過 JavaScript 依然可以取出上述忽略配置的標籤。

o-html.html

```
<!DOCTYPE html >

<div id='msg' ></div>
<script>

      var tags = document.getElementsByTagName('html');
      var msg =
          '找到的 html 元素數量：'+tags.length.toString()+'<br/>'+
          'tags(0).nodeName：' + tags[0].nodeName + '<br/>' + '<br/>';

      tags = document.getElementsByTagName('head');
      msg += '找到的 head 元素數量：' + tags.length.toString() + '<br/>' +
          'tags(0).nodeName：' + tags[0].nodeName + '<br/>' + '<br/>';

      tags = document.getElementsByTagName('body');
      msg += '找到的 body 元素數量：' + tags.length.toString() + '<br/>' +
          'tags(0).nodeName：' + tags[0].nodeName;

     document.getElementById('msg').innerHTML = msg ;
</script>
```

其中配置了三段程式碼，分別調用 document.getElementsByTagName() 嘗試取出 html 、head 以及 body 元素，並且經由引用 nodeName 屬性，取得元素的名稱輸出於畫面。

某些標籤在特定的狀況下被允許僅提供起始標籤，如描繪表格的 <table> 便是這一類典型的標籤。

建立 table 結構的相關標籤，包含 <tbody> 、<tfoot> 以及 <thead> 、<tr> 、<td> 以及 <th> 等，結束標籤均能忽略，不過前提是它們的後面必須緊接著下一個相關結構標籤。

省略的標籤	
</thead>	thead 元素後面緊接著一個 tbody 或是 tfoot 。
</tbody>	tbody 元素後面緊接著一個 tbody 或是 tfoot 。
</tfoot>	tfoot 元素後面緊接著一個 tbody 。
</tr>	tr 元素後面緊接著一個 tr 。
</td>	td 元素後面緊接著一個 td 或是 th 。
</th>	th 元素後面緊接著一個 td 或是 th 。

<tbody> 可以直接被忽略，如果 <table> 標籤內容的第一個元素是 tr 元素，省略的 tbody 會自動隱含建立，例如以下的設定：

```
<table>
        <tr>
            <td>
                    康廷數位
            </td>
        </tr>
</table>
```

這段 HTML 在網頁上建立一個單行單列的表格，其中 tr 直接嵌入 table 元素當中，我們利用一個範例討論此結構的內容。

範例 2-8 省略 tbody 元素

瀏覽這個範例，會出現以下的訊息方塊：

其中顯示一個 tbody 元素名稱，表示在 table 元素裡面，找到這個子元素，以下列舉這個範例的程式碼。

table-tr.html

```
<!DOCTYPE html >
<html>
<head>
      <title>省略 tbody 元素</title>
      <script>
          window.onload = function () {
              var table = document.getElementById('kt');
              var tags = table.childNodes;
              alert(tags[0].nodeName);
          }

      </script>
</head>
<body>
      <table id='kt'><tr><td>康廷數位</td></tr></table>
</body>
</html>
```

其中配置了一個 <table> ，在這個標籤內部，直接配置了 <tr> 而不是 <tbody> 。網頁載入完成之後，取出 table 元素，並進一步檢視其內部的第一個子元素。

從這個範例的執行結果，讀者可以再一次看到，當你直接省略標籤時，瀏覽器還是會自動幫我們完成標準的配置。

支援清單列舉的項目標籤 <li> 同樣可以忽略結束標籤的配置，如果它的後面緊接著是另外一個 <li> 標籤，或是它的父標籤已經有其它的內容，考慮下頁兩段設計：

```
<!-- 完整 li 標籤 -->
<ul>
      <li>HTML</li>
      <li>JavaScript</li>
      <li>CSS</li>
</ul>

<!-- 忽略 li 標籤 -->
<ul>
      <li>HTML
      <li>JavaScript
      <li>CSS
</ul>
```

其中配置了兩組 <ul> 標籤，內容完全相同，不過第二組的 <li> 一律省略了結束標籤 </li> 。

與 li 元素相同的還有 optgroup 與 option 元素，考慮以下兩段的設計：

```
<!-- 忽略 li 標籤 -->
<select>
     <optgroup label=" 手機應用 ">
      <option >Windows Phone</option >
      <option >iOS</option >
      <option >Android</option ></optgroup>
    <optgroup label="RIA 應用 ">
      <option >HTML5</option >
      <option >Silverlight</option >
      <option >Flash</option ></optgroup>
</select>

<!-- 完整 li 標籤 -->
<select>
     <optgroup label=" 手機應用 ">
      <option >Windows Phone
      <option >iOS
      <option >Android
    <optgroup label="RIA 應用 ">
      <option >HTML5
      <option >Silverlight
      <option >Flash
</select>
```

這兩組設計完全相同，其中第二組省略了結束標籤的設計。與這一組標籤類似的還有另外一組 <colgroup> 標籤，結束標籤的省略同樣被允許。

其它如 dt 還有 dd 這一組標籤，同時適用上述的省略標籤規則，請讀者自行嘗試。

最後還有定義文句段落的 p 元素，如果這個元素後方緊接著以下的元素：

```
address, article, aside, blockquote, dir, div, dl, fieldset, footer, form,
h1, h2, h3, h4, h5, h6, header, hgroup, hr, menu, nav, ol, p, pre, section,
table, ul
```

在這個情形下，p 元素的結束標籤同樣可以被省略。

SUMMARY

本章針對 HTML5 文件的撰寫，從第一行的宣告，標頭的設定到屬性的寫法以及忽略標籤的設計均作了相關的介紹，讓讀者從頭開始認識 HTML5 的撰寫格式以及相關語法。下一章我們將開始進入 HTML5 新元素與相關運用的討論。

第三章

標籤元素改良與擴充

HTML5 針對舊版 HTML 進行改良與擴充，同時導入各種 API ，透過 JavaScript 驅動，支援應用程式功能的開發與建置，本章針對 HTML 各類標籤元素的擴充與改良進行討論，例如新增的元素，特定的元素調整，以及元素的屬性變革等進行說明，除此之外，某些新增元素牽涉的議題相當龐大 - 例如 Canvas ，則保留至後續章節進行個別討論，本章從新增的 HTML 元素列表開始，討論 HTML5 的進化。

3.1 新增的 HTML 元素

HTML5 進一步導入全新的元素以支援更豐富且更容易架構的網頁視覺化設計，這些元素可以分成兩大類，分別是建構文件綱要的架構元素與其它特定功能元素，下表列舉說明：

元　素	說　明
video	支援多媒體視訊檔案內容的播放，開發人員透過專屬 API 的調用，可以自行設計視覺化操作介面。
audio	支援音效檔案內容播放，同 video ，可以透過專屬 APIE 建立自訂的播放介面。
source	搭配 video 或是 audio ，支援多格式的影音串流檔案。
track	提供 video 元素的 text tracks 。
embed	嵌入外掛內容。
mark	支援文件標註功能，以突顯某部分內容或是提供參照位置。
progress	表示某項可預期連續作業的進度狀態，例如典型的下載作業。
meter	表示可量測內容的比例，例如呈現某個磁碟使用空間。
time	表示一組時間或是日期資料。
ruby/rt/rp	支援亞洲文字的讀法呈現。
bdi	（未支援）
wbr	強制呈現斷行效果，例如為連續字元插入斷行設定。
canvas	支援動態點陣圖描繪。
com-mand	表示一個使用者能夠調用的指令。
details/summary	details 與 summary 兩組元素搭配使用，其中 summary 定義 details 元素內容的標題，而 details 元素表示一段特定網頁內容。

(續)

元　素	說　　明
datalist	建立資料項目的群組清單，作為 input 元素的 list 屬性來源，並且成為下拉式選單的資料清單。
keygen	產生一組包含私密以及公開之加密金鑰，並將公開金鑰隨著表單傳送出去。
output	表示某種型態的輸出內容，例如某個程式計算結果。
menu	支援功能選單製作，HTML 4.01 棄置，HTML5 重新定義此元素。

表列的 HTML5 新增元素有其適用的場合與專屬的功能特性，本書後續於適當的章節進行討論，接下來針對其中幾組功能獨立元素進行說明。

- **mark**

當你想要強調網頁中某個部分的內容，可以透過 mark 進行標示，例如以下的標籤設計：

```
<p> 網頁技術很多，但是 <mark>HTML5</mark> 是唯一可以跨所有平台的技術 </p>
```

其中的 HTML5 被 mark 標示，因此會被強調顯示，我們來看一個範例。

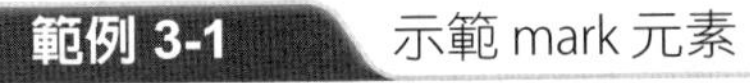
範例 3-1　示範 mark 元素

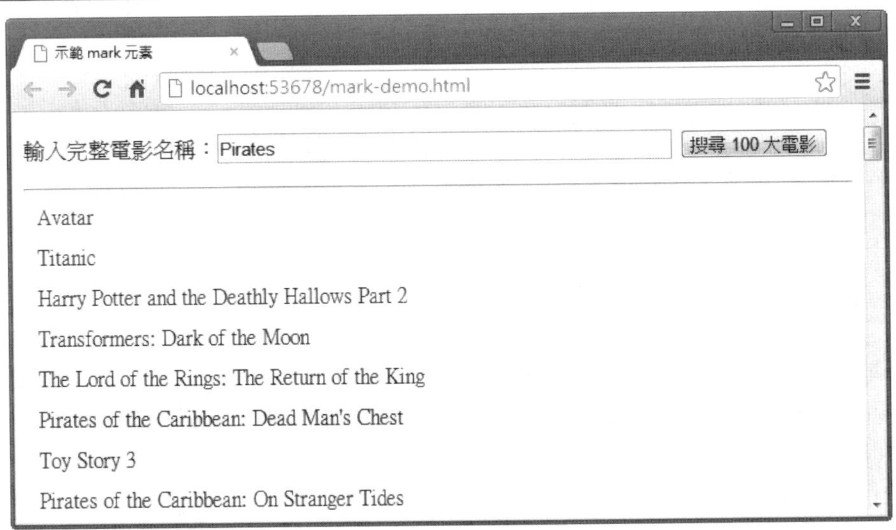

於最上方的文字方塊中，輸入欲查詢的完整電影名稱，按下右邊的「查詢 100 大電影」按鈕，如果這個電影名稱出現在網頁中的清單，則會被強調以標示出來。

mark-demo.html

```
<!DOCTYPE html >
<html >
<head>
    <style>
    span{margin:10px;display:block;}
    </style>
    <script>
        var allmovies;
        window.onload = function () {
            allmovies = document.getElementById('hmovies').innerHTML;
        };
        function search() {
            document.getElementById('hmovies').innerHTML = allmovies;
            var movie = document.getElementById('searchtxt').value;
            var movies = document.getElementsByTagName('span');
            for (var key in movies) {
                if (movies[key].innerHTML.indexOf( movie)>-1) {
                    movies[key].innerHTML =
                        '<mark>' + movies[key].innerHTML + '</mark>';
                    break;
                }
            }
        }
    </script>
</head>
<body>
<p>輸入完整電影名稱：<input id="searchtxt" type="text" />
<button onclick="search()">搜尋 100 大電影</button></p><hr/>
<div id="hmovies">
<span>Avatar</span>
<span>Titanic</span>
<span>Harry Potter and the Deathly Hallows Part 2</span>
<span>Transformers: Dark of the Moon</span>
<span>The Lord of the Rings: The Return of the King</span>
<span>Pirates of the Caribbean: Dead Man's Chest</span>

…
</div>
</body>
</html>
```

HTML 的部分包含全球票房收入前 100 強的電影完整英文名稱，而在一開始的地方另外配置文字方塊，讓使用者輸入欲查詢的電影名稱，按鈕則執行 search() 函式，搜尋其中的電影清單。在這個函式中，每一次當使用者按下搜尋按鈕時，會取出文字方塊輸入的電影名稱，然後逐一將其與所有 span 元素中的文字相互比對，如果相同，則將其以 mark 元素標示。

- **ruby**

ruby 元素支援亞洲文字的呈現方式，搭配 rt 與 rp 元素以進行相關的設計，考慮以下的配置：

```
<ruby>
康 <rt> ㄎㄤ </rt>
</ruby>
```

其中以 ruby 呈現「康」與注音「ㄎㄤ」，並且將注音配置於 rt 元素中，在支援 ruby 元素的瀏覽器中，會顯示以下的結果：

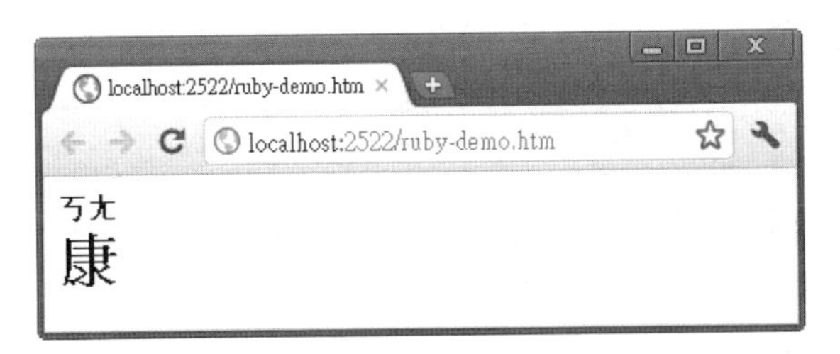

<ruby> 標籤將注音符號顯示在「康」的上方，這是預設的顯示，而對於不支援 ruby 的瀏覽器，其顯示畫面如下：

為了避免不支援 ruby 元素的瀏覽器呈現問題，可以進一步透過 rp 元素設定，將上述的設定修改如下：

```
<ruby>
康 <rp>(</rp><rt> ㄎㄤ </rt><rp>)</rp>
</ruby>
```

這裡分別以 Chrome 與 Opera 瀏覽器呈現網頁，得到下頁的結果，左邊是正常的狀況，rp 元素對其沒有任何影響，而右邊是不支援 ruby 所呈現的結果。

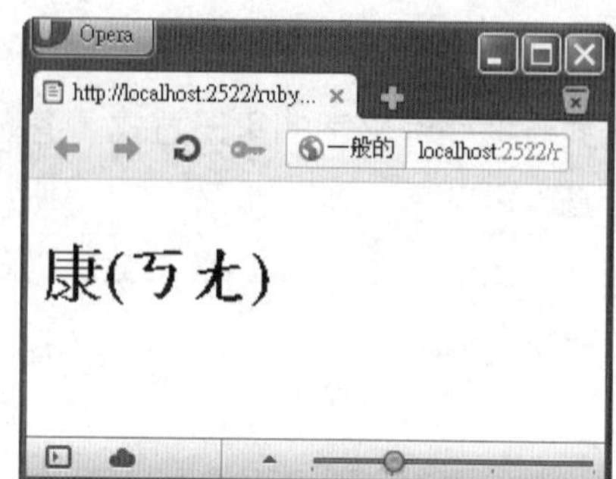

ruby 元素只是單純的定義規格，你可以透過 CSS 的設定以改變文字顯示的行為，例如設定以下的 CSS ，將其套用至 rt 元素：

```
rt{display:inline; font-size:60% ;}
```

如此一來注音符號便會改以在右邊呈現，除此之外，還會縮小其大小為原來的 60% ，以搭配國字呈現，右圖呈現相關的效果。

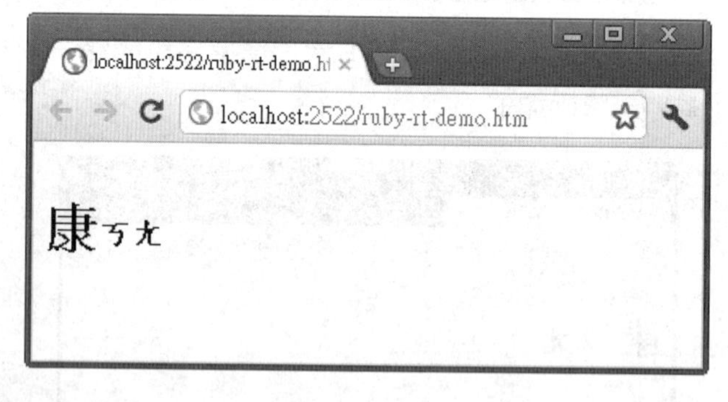

範例 3-2 示範 ruby 元素

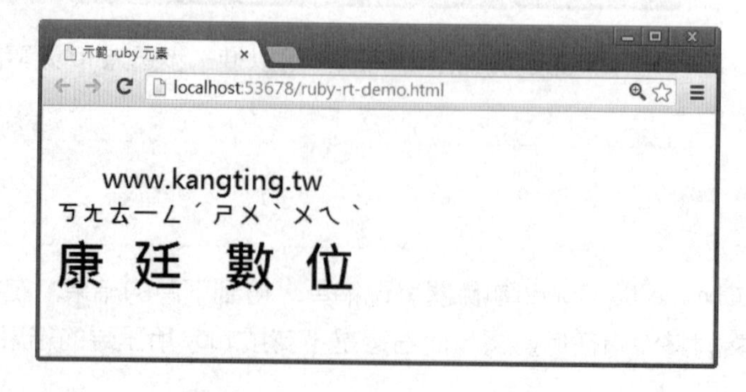

這個畫面顯示的是以 ruby 元素呈現的內容，由於要以三層的方式呈現工作室的網址以及名稱，因此套用了巢狀式的 ruby 設計。

ruby-rt-demo.html

```
<!DOCTYPE html >
<html >
<head>
      <title>示範 ruby 元素</title>
      <style>
      p{font-size: xx-large; font-weight: 900 ;}
      </style>
</head>
<body>
<p>
<ruby>
      <ruby>
          康<rp>(</rp><rt>ㄎㄤ</rt><rp>)</rp>廷<rt>ㄊㄧㄥˊ</rt>
          數<rt>ㄕㄨˋ</rt>位<rt>ㄨㄟˋ</rt>
      </ruby>
      <rt>www.kangting.tw</rt>
</ruby>
</p>
</body>
</html>
```

如你所見，其中最外層的 ruby 元素包含所有的內容，而接下來內層則是另外一個 ruby ，而最下方的 rt 元素則於內層 ruby 元素的最上方呈現。

讀者要注意的是，ruby 元素目前為幾個主要的瀏覽器所支援，但它還無法直接呈現真正的繁體中文注音標示格式，在實用上還是有一段距離，目前只需瞭解並注意其發展即可。

- **details/summary**

這兩組元素標籤合併使用，語法如下：

```
<details>
      <summary>標題</summary>
      隱藏內容 …
</details>
```

details 支援特定內容的動態隱藏效果，summary 則作為標示 details 內容的標題，點擊標題則會展開 details 的內容，如果想要直接顯示 details 的隱藏內容，則設定其 open 屬性即可。

範例 3-3 示範 details/summary 元素

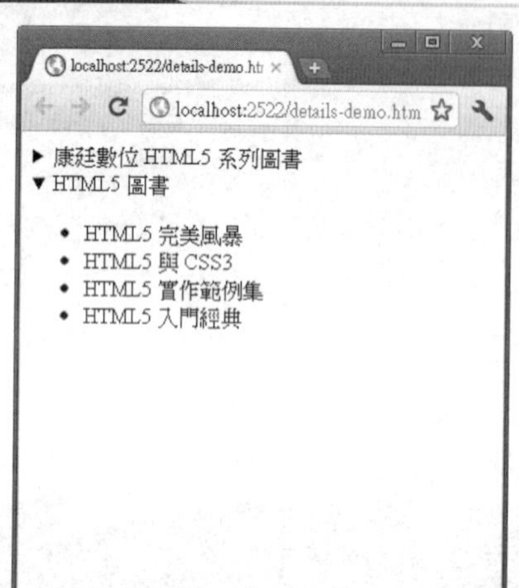

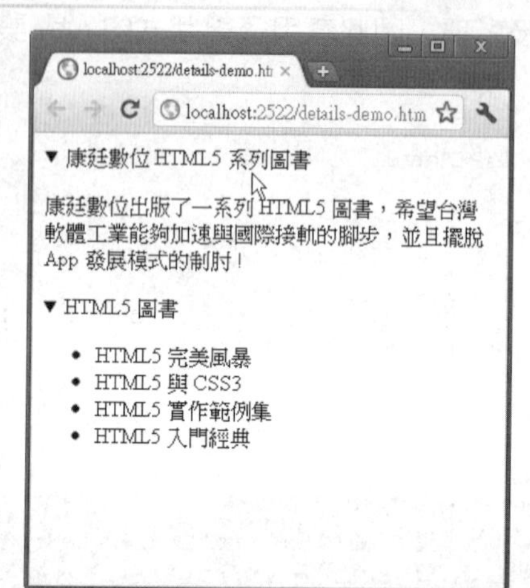

左圖是網頁第一次載入的畫面，由兩組 details 元素定義，其中第一組是預設狀態，僅顯示 summary 定義的標題，左邊呈現一個三角型圖示，第二組則設定了 open 屬性，直接展開標題的內容，標題左邊的三角型圖示則向下表示展開。右圖則點擊第一個標題將其展開。

details-demo.html

```
<!DOCTYPE html >
<html >
<head>
      <title>示範 details/summary </title>
</head>
<body>
<details>
<summary>康廷數位 HTML5 系列圖書 </summary>
<ul>
      <p> 康廷數位出版了一系列 HTML5 圖書 … 擺脫 App 發展模式的制肘 ! </p>
</ul>
</details>
<details open>
<summary>HTML5 圖書 </summary>
<ul>
      <li>HTML5 完美風暴 </li>
      <li>HTML5 與 CSS3</li>
      <li>HTML5 實作範例集 </li>
      <li>HTML5 入門經典 </li>
</ul>
</details>
</body>
</html>
```

畫面上兩組 details 元素，各配置一組 summary 元素，其中第二組 details 同時設定了 open 屬性，反映上述執行畫面中的兩組文字區塊。

- **wbr**

wbr 表示一個斷行的可能時機，例如在網頁中顯示一段連續長字串，在預設的情形下，超出瀏覽器邊界的部分不會被呈現出來，你可以在想要斷行的地方配置 wbr ，如此一來當字串超出邊界時，便會自動在 wbr 元素配置的位置斷行。

範例 3-4 示範 wbr 元素

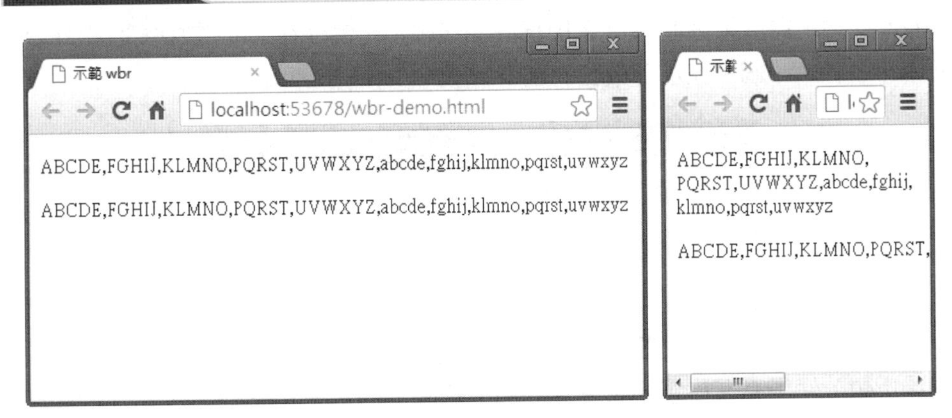

左圖是網頁載入的畫面，第一組英文字母組成的長字串中，每個逗點分隔的部分，均配置了一個 wbr 元素，第二組英文字母則未配置，當瀏覽器畫面縮小之後，第一組字串會在逗點的部分適當的斷行，第二組字串則完全沒有改變。

wbr-demo.html

```
<!DOCTYPE html >
<html >
<head>
      <title>示範 wbr </title>
</head>
<body>
      <p>ABCDE,<wbr>FGHIJ,…,<wbr>uvwxyz</p>
      <p>ABCDE,FGHIJ,…,uvwxyz</p>
</body>
</html>
```

以灰階標示的部分配置了 wbr 元素以支援斷行的字串，呈現斷行效果。從這個範例中，讀者可以很清楚的理解 wbr 的使用時機，另外，如果你希望網頁可以針對特定文句進行斷句，也可以使用這個元素。

• keygen

keygen 元素支援金鑰的建立，它會建立一組金鑰，其中包含一個私密金鑰以及一個公開金鑰。前者被保留在使用者電腦儲存，後者隨著表單資料一併傳送至伺服器，過去以 web 平台為基礎的安全驗證機制，必須依賴如 Java Applets 等外掛程式才能建立，現在可以直接透過 keygen 元素在網頁提供所需的支援。考慮以下的 HTML 配置：

```
<keygen name="security" />
```

keygen 必須配置於某個 form 元素所構成的表單中，當你在 form 當中配置此 keygen 元素，會顯示一個金鑰加密長度的選單：

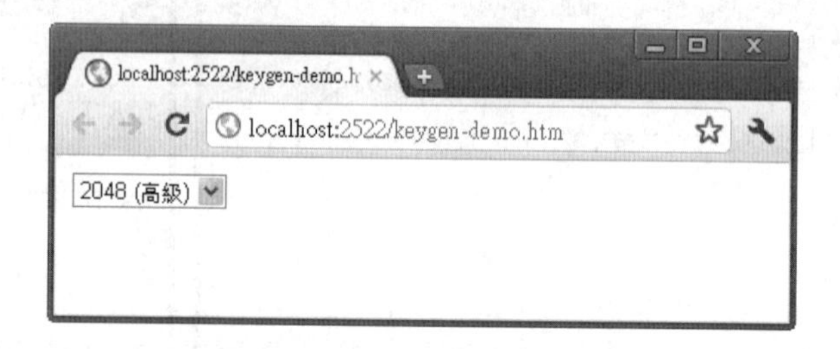

透過選單，使用者可以選擇它需要的加密長度，而表單一旦被傳送出去，最後伺服器就會接受到一個指定長度的加密金鑰，開發人員經由 keygen 的 name 屬性名稱取得此公開金鑰，就如同一般的表單欄位，然後進一步撰寫處理安全憑證所需的功能。

示範 keygen 元素

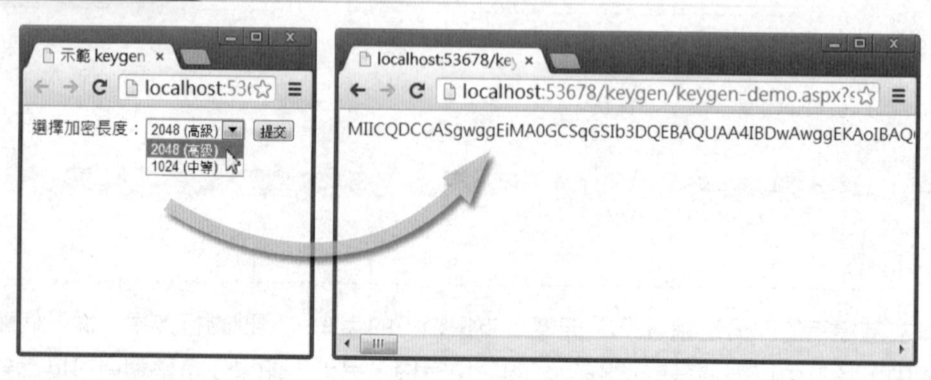

左圖是一開始網頁載入的畫面，於其中選取加密長度，按一下「送出」按鈕，伺服器取得金鑰並且將其回傳顯示在網頁上。

keygen/keygen-demo.html

```
<!DOCTYPE html >
<html>
<head>
    <title>示範 keygen 元素</title>
</head>
<body>
<form action="keygen-demo.aspx" method="get">
    選擇加密長度：<keygen name="securitykey" />
    <input type="submit" />
</form>
</body>
</html>
```

其中配置了 keygen ，並且指定了 name 屬性為 securitykey ，這個元素配置於 fom 元素中，其 action 屬性的目標伺服器網頁則設定為 keygen-demo.aspx 。最後配置一個 submit 型態的 input 按鈕，以方便使用者送出網頁資料。

keygen/keygen-demo.aspx

```
protected void Page_Load(object sender, EventArgs e)
{
    Response.Write(Request.QueryString[0].ToString() );
}
```

此為伺服器端接收 keygen 傳送的公開金鑰值，其中取得第 1 個 get 參數值，也就是 keygen 的值，然後調用 Response.Write 將其輸出於網頁上。keygen 提供數個屬性，列舉如下表：

屬 性	說 明
challenge	隨著公開金鑰一併傳送的字串，預設為空字串。
form	keygen 所屬表單的 id 名稱，如果配置於表單內容，則省略這個屬性。
keytype	產生的金鑰加密型態，預設值是 RSA ，另外還可以指定為 DSA 或是 EC 。
name	控制項於表單中的識別名稱，隨表單資料被傳送至網路。

你可以額外指定 challenge 屬性字串，另外指定其它的加密格式，若是沒有指定的話，RSA 是預設值，還可以指定 DSA 與 EC 。

keygen 在實作上的應用並不常見，主要在於其介面設計要求使用者自行決定加密的相關細節，而這通常應該要由應用程式處理，因此讓 keygen 的實用性打了一些折扣。

另外一方面，keygen 亦無提供處理憑證效力期限的機制，使用者必須在每一次使用網頁所提供的憑證服務時重新產生金鑰。

- **output 元素**

output 代表一個計算式的輸出結果，如果你需要在網頁上輸出某個特定的運算結果，例如兩個數的加減乘除運算，可以選擇使用 output 這個元素，配置如下：

```
<output id=op></output>
```

將一個指定的值設定給它的 value 屬性，如下式：

```
op.value = somevalue ;
```

其中的 op 為 output 元素，somevalue 則是要透過 output 元素顯示在畫面上的值。

範例 3-6 示範 output 元素

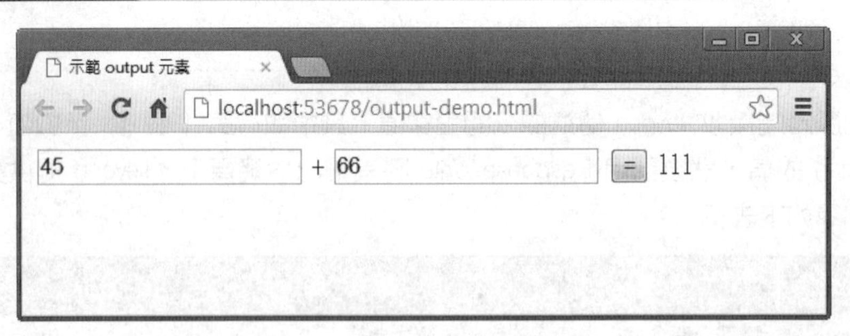

於文字方塊中，分別輸入進行加法運算的數字，按一下 = 按鈕，輸出加總的結果。

output-demo.html

```
<!DOCTYPE html >
<html >
<head>
      <title>示範 output 元素</title>
      <script>
          function calc() {
              x=document.getElementById('x').value ;
```

(續)

```
                y=document.getElementById('y').value ;
                document.getElementById('op').value =parseInt(x)+parseInt(y);
            }
        </script>
</head>
<body>
   <input id=x type=text value=0> +
   <input id=y type=text value=0> <button onclick="calc()">=</button>
   <output id=op></output>
</body>
</html>
```

於 body 元素中配置 output 元素，並且將其識別 id 設定為 op 。而 calc() 函式於使用者按下 = 按鈕時執行，將文字方塊裡的兩個值相加，最後將結果設定給 output 元素的 value 屬性。

這一節僅針對幾個比較單純的新元素進行討論，並且提供相關的範例說明，其它未觸及的元素比較複雜，本章後續以及其它的章節將有進一步的說明，接下來我們要針對屬性的部分作討論。

3.2 HTML5 全域屬性成員（global attributes）

HTML5 支援更多的屬性，包含現有元素的屬性擴充，或是全新的屬性，這一節開始，我們從全域屬性針對 HTML5 新增調整的部分討論。全域屬性適用於所有的元素，這裡分成兩個部分作介紹，一種是 HTML 4 升級的全域屬性，另外一種則是 HTML5 全新導入的全域屬性。

3.2.1 HTML 4.01 元素擴充全域屬性

HTML5 將某些特定元素專屬的屬性，提升成為全域屬性，列舉如下表：

擴充屬性	說　明
accesskey	鍵盤的快速鍵。
class	設定元素的類別識別名稱。
dir	文字在容器中呈現的方向。
id	標籤元素的唯一識別名稱。
lang	指定元素優先使用的語言，如果忽略則以其父元素的設定為主。
style	設定元素的樣式內容。

(續)

擴充屬性	說　明
tabindex	駐點索引。
title	描述元素的關聯提示資訊。

在 HTML5 ，表列的屬性是全域性的，因此所有的元素均能設定這些屬性，以下逐一列舉說明。

- **accesskey**

這個屬性用以建立元素專屬的鍵盤快速鍵，方便使用者透過鍵盤操作，直接來看範例。

範例 3-7 設定 accesskey 屬性

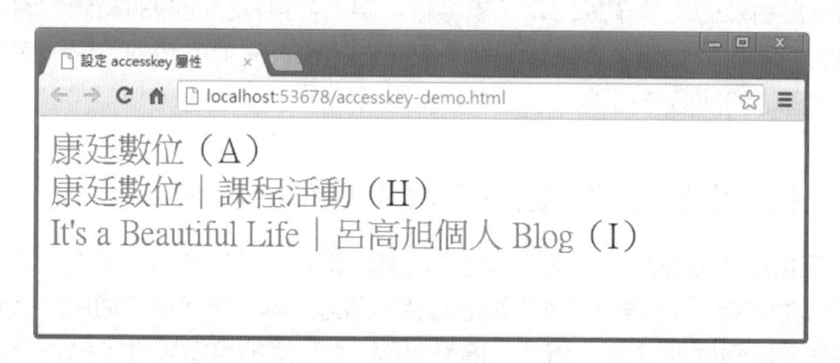

在這個畫面中有三個超連結，分別連結至筆者的工作室網站以及個人 Blog ，其中針對每個連結設定了快速鍵，只要同時按下 Alt 與小括弧中底線標示的字元鍵，就可以直接跳到連結網址所指向的網頁。

accesskey-demo.html

```
<!DOCTYPE html >
<html>
<head>
      <title>設定 accesskey 屬性</title>
      <style>…</style>
</head>
<body>
      <div>
           <a href="http://www.kangting.tw" accesskey="A">
                康廷數位</a> (<span
                class="style1">A</span>)
      </div>
```

(續)

```
        <div>
           <a href="http://www.kangting.tw/p/blog-page_2873.html"
                     accesskey="H">
                     康廷數位 | 課程活動 </a>
                     (<span class="style1">H</span>)
        </div>
        <div>
            <a href="http://kthtml5.blogspot.tw/" accesskey="I">
                It's a Beautiful Life | 呂高旭個人 Blog</a> (<span
                class="style1">I</span>)
        </div>
</body>
</html>
```

其中的三個超連結 <a> 均設定了 accesskey 屬性以方便使用者進行連結操作。

- **id 屬性**

HTML 文件中，id 代表特定元素的唯一識別名稱，沒有兩個元素可以擁有相同的 id 屬性，它必須包含至少一個字元，且不能有空白字元。JavaScript 可以透過指定 id 屬性，針對特定物件進行程式化的存取操作，考慮以下的程式碼：

```
document.getElementById(id)
```

其中的 id 是元素的 id 屬性值，透過這一行程式碼，可以讓我們取得元素的參照，對其進行操作。

範例 3-8 操作 id 屬性

畫面中四個項目括弧的名稱為其 id 屬性值，於文字方塊中輸入此 id 值，按一下「顯示內容文字」按鈕，會取出其內容文字。

id-attribute.html

```
<!DOCTYPE html >
<html>
<head>
      <title>操作 id 屬性</title>
      <script>
          function getContent() {
              var idstring = document.getElementById('idstr').value;
              alert(document.getElementById(idstring).innerHTML);
          }
      </script>
</head>
<body>
      <div style="padding: 10px">
          <input id="idstr" type="text" />
          <button onclick="getContent()">
              顯示內容文字</button></div>
      <div style="padding: 10px">
          <label>
              (kname) </label><label id='kname'>康廷數位</label><br />
          <label>
              (kurl) </label><label id='kurl'>html5.kangting.tw</label><br />
          <label>
              (bname) </label><label id='bname'>藍海文化</label><br />
          <label>
              (burl) </label>
              (<label id='burl'>www.blueocean.com.tw</label><br />
      </div>
</body>
</html>
```

畫面上配置了 label 元素顯示指定的文字內容，並分別設定了 id 屬性，於按鈕的 click 事件回應處理程序中，透過 id 屬性取得對應的 label 並經由 innerHTML 取出其內容。

CSS 樣式同樣可以經由此屬性針對特定元素進行樣式的程式化控制，稍後討論 style 時進一步作說明。

- **title 屬性**

表示特定元素的相關描述說明資訊，在不同的元素設計上，title 具有不同的意義，通常表示元素的標題或是描述其關聯提示資訊，後文討論各種元素時會有進一步的說明。

如果 title 屬性值被設定為空字串，則表示此元素沒有設定 title 資料，如果忽略了 title 屬性，則會直接關聯於結構上最近的父元素 title 屬性。

如果 title 屬性值包含了一個 LINE FEED(LF) 字元，則內容將會以此字元斷行。

- **dir 屬性**

指定文字在容器中呈現的方向，這個屬性有三個可能的值，分別是 ltr 、rtl 或是 auto ，其中 ltr 表示從左至右，而 rtl 表示由右至左，至於 auto 則由瀏覽器根據容器自動決定。

範例 3-9 設定 dir 屬性

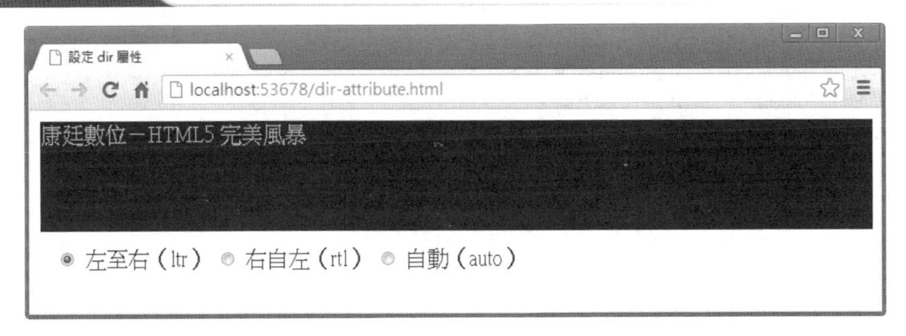

這是網頁一開始載入的畫面，其中包含一段文字的黑色區塊是預先配置的 div 示範區域，預設的定位是左上角，現在點選下方的選項按鈕，可以改變字串的位置，如下圖：

這一次指定了由右自左的文字配置方式，相較於前一個畫面，此次文字變成靠右配置，相關的效果是透過 dir 屬性的設定來完成的，來看看其中的程式碼。

dir-attribute.html

```
<!DOCTYPE html >
<html>
<head>
      <title>設定 dir 屬性</title>
      <script>
          function changeHandler(o) {
              if (o.checked = true)
                  document.getElementById('msg').dir =
                  o.getAttribute('id');
          }
      </script>
</head>
<body>
      <div id="msg"
          style="width: 620px; …">
          康廷數位－ HTML5 完美風暴</div>
      <div style="padding: 10px">
          <input id="ltr" type="radio" name='dir'
          onchange="changeHandler(this)" checked />
          <label>
              左至右 (ltr) </label>
          <input id="rtl" type="radio" name='dir'
          onchange="changeHandler(this)" />
          <label>
              右自左 (rtl) </label>
          <input id="auto" type="radio" name='dir'
          onchange="changeHandler(this)" />
          <label>
              自動 (auto) </label>
      </div>
</body>
</html>
```

畫面中的三個 radio 選項控制按鈕，分別設定了 onchange 屬性，並且在使用者改變選項的點選操作時，執行 changeHandler() ，其中取得目前使用者選取的選項按鈕，並且取出其 id 屬性值，直接將其設定給 div 元素的 dir 屬性，改變文字的預設配置。

- **class 屬性**

所有的 HTML 元素，都會有一個 class 屬性，表示這個元素所屬的 CSS 類別，透過 DOM 物件支援的 getElementsByClassName() 方法，可以取得指定 class 名稱的元素。

- **style 屬性**

所有的 HTML 元素，都有一個 style 屬性，用來表示所設定的樣式內容，其接受一段特定樣式的 CSS 規格語法，而 style 屬性值的內容，可以被集中至 style 元素中，或是建立外部獨立檔案再將其含進文件內。

範例 3 -10 style 屬性設定

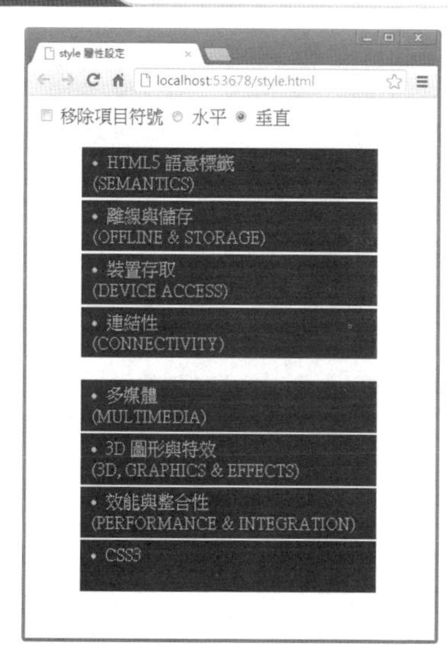

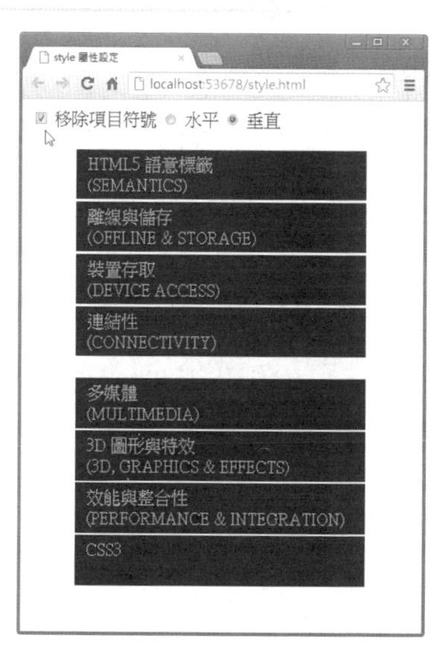

左圖是一開始網頁載入的畫面，由兩組各四個代表 HTML5 技術項目的條目名稱所組成，若是勾選左上角的「移除項目符號」時，每個項目左邊的圓點項目符號被移除，如果取消勾選又會出現。在預設的情形下，這些技術項目以垂直方向呈現，點選「水平」項目，則會重新配置如下：

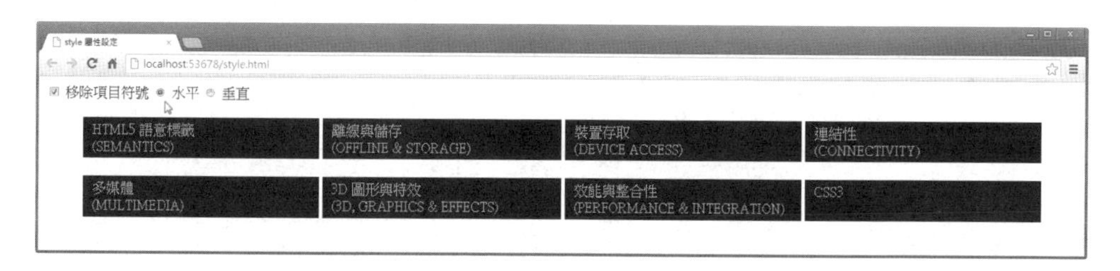

上述的各種項目符號以及配置方向，均透過 style 屬性以及 class 屬性進行調整來達到所要的效果。

style.html

```
<!DOCTYPE html >
<html>
<head>
      <title>style 屬性設定</title>
      <style>
          ul
          {
              list-style-position: inside;
              overflow: hidden;
          }
          li
          {
              background: black;
              color: silver;
              width: 260px;
              margin: 2px;
              height: 38px;
              padding: 4px;
          }
          .titem_h
          {
              float: left;
              padding-left: 10px;
          }
          .titem_v
          {
              padding-left: 10px;
          }
      </style>
      <script>
          function changeHandler(o) {
              var technology_list_1 = document.getElementById(
                                      'h_technology_1');
              var technology_list_2 = document.getElementById(
                                      'h_technology_2');

              if (o.id == 'ltype') {
                  if (o.checked == true) {
                      technology_list_1.style.listStyleType = 'none';
                      technology_list_2.style.listStyleType = 'none';
                  } else {
                      technology_list_1.style.listStyleType = 'disc';
                      technology_list_2.style.listStyleType = 'disc';
                  }
              } else if (o.id == 'hor') {
                  var lis = document.getElementsByTagName('li');
                  if (o.checked == true) {
                      for (var key in lis)
                          lis[key].setAttribute('class', 'titem_h');
                  } else {
                      for (var key in lis)
                          lis[key].setAttribute('class', 'titem_v');
```

(續)

```
            }

                } else if (o.id == 'ver') {
                    var lis = document.getElementsByTagName('li');
                    if (o.checked == true) {
                        for (var key in lis)
                            lis[key].setAttribute('class', 'titem_v');
                    } else {
                        for (var key in lis)
                            lis[key].setAttribute('class', 'titem_h');
                    }
                }
            }
        </script>
</head>
<body>
        <div>
            <input id="ltype" type="checkbox"
                onchange="changeHandler(this)" />
            <label>
                移除項目符號 </label>
            <input id="hor" type="radio" name='hv'
                onchange="changeHandler(this)" />
            <label>
                水平 </label>
            <input id="ver" type="radio" name='hv' checked
                onchange="changeHandler(this)" />
            <label>
                垂直 </label>
        </div>
        <ul id="h_technology_1">
            <li class="titem_v">HTML5 語意標籤 <br />
                (SEMANTICS)</li>
            <li class="titem_v"> 離線與儲存 <br />
                (OFFLINE & STORAGE)</li>
            <li class="titem_v"> 裝置存取 <br />
                (DEVICE ACCESS)</li>
            <li class="titem_v"> 連結性 <br />
                (CONNECTIVITY)</li></ul>
        <ul id="h_technology_2">
            <li class="titem_v"> 多媒體 <br />
                (MULTIMEDIA)</li>
            <li class="titem_v">3D 圖形與特效 <br />
                (3D, GRAPHICS & EFFECTS)</li>
            <li class="titem_v"> 效能與整合性 <br />
                (PERFORMANCE & INTEGRATION)</li>
            <li class="titem_v">CSS3</li>
        </ul>
</body>
</html>
```

在 HTML 的部分配置了測試樣式效果的 <ul> 與 <li> 標籤，其中 li 元素設定 class 屬性以統一樣式的設定，另外配置支援動態改變樣式設定的 checkbox 與 radio 控制項，同時設定其 onchange 屬性為 changeHandler() 函式，監控使用者的操作。

一開始的 <style> 標籤區域中，除了 ul 以及 li 兩個預設樣式，還有 .titem_h 這個類別，設定向左浮動對齊的樣式，而 .titem_v 則不改變，維持原來的配置方向。回到 changeHandler() 函式，由於 checkbox 與 radio 控制項均共用此函式，因此其中首先判斷使用者點選的控制項，如果是核取方塊，表示要調整 style 屬性中的 listStyleType ，移除或是配置項目圓點符號，如果是 radio ，則改變 li 元素的 class 屬性，調整配置方向。

3.2.2 HTML5 導入的全域屬性

下表列舉的項目是 HTML5 導入的全域屬性：

屬　性	說　明
contenteditable	表示元素本身是一個可編輯區域。
contextmenu	結合全域屬性 contextmenu 將 menu 元素轉換成容器選單。
data-*/data-	元素自訂資料屬性。
draggable/ dropzone	支援拖曳操作的 API 。
hidden	表示某個元素是不可見的。
spellcheck	指示針對內容進行拼字檢查。

其中的 draggable/dropzone 支援拖曳操作，這一組屬性比較複雜，於第五章進行討論，以下針對其它幾個屬性作討論。

- **contenteditable**

這個屬性的設定將 div 或是 p 等元素所定義的區塊，轉換成為可編輯區域，考慮以下的配置：

```
<p contenteditable>有一種愛情叫作遺憾</p>
```

其中 p 形成的區域因為指定了 contenteditable ，因此現在變成了可以編輯的區域，如下頁圖：

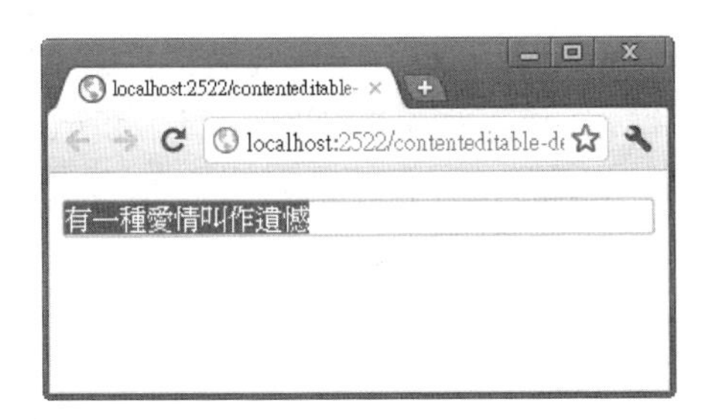

畫面中 <p> 元素構成的區塊由於設定了 contenteditable 屬性，因此可以進行編輯，例如將其反白、刪除或是輸入等等。你也可以取得其中的內容，就如同一般的文字方塊。

範例 3-11　示範 contenteditable 屬性

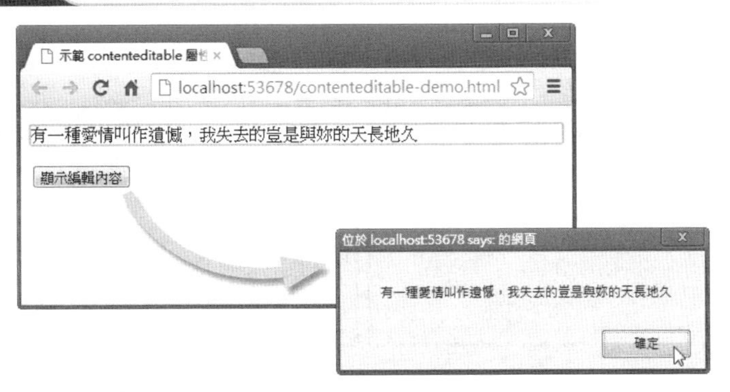

於 <p> 構成的可編輯區域中，輸入特定文句內容，按一下「顯示編輯內容」，使用者輸入 <p> 的文字內容即被取出，並且顯示在訊息方塊上。

contenteditable-demo.html

```
<!DOCTYPE html >
<html >
<head>
      <title>示範 contenteditable 屬性</title>
      <script>
          function showMsg() {
              alert(document.getElementById('msgp').innerHTML);
          }
      </script>
</head>
<body>
<p id="msgp" contenteditable>有一種愛情叫作遺憾</p>
<button onclick="showMsg()">顯示編輯內容</button>
</body>
</html>
```

於 p 元素中，設定了 contenteditable 屬性，以支援文字編輯作業，而 showMsg() 函式於使用者按下「顯示編輯內容」按鈕時執行，其中顯示使用者於其中輸入的文字內容。同樣的，當 div 元素設定了 contenteditable 屬性，整個 div 區塊會被轉換成為可編輯狀態，讀者可以自行嘗試看看。

- **hidden**

當你要在網頁中隱藏某個元素的內容，直接設定其 hidden 屬性即可，例如以下的配置：

```
<p hidden>ABC</p>
```

其中 p 元素的 ABC 內容會被隱藏。

範例 3-12 示範 hidden 屬性

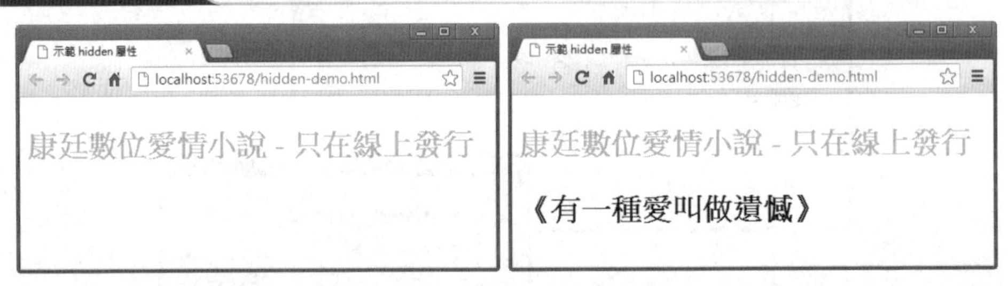

左圖是一開始網頁載入的畫面，其中出現一行文字，在上面按一下會出現隱藏的內容，再按一下便會消失。

hidden-demo.html

```
<!DOCTYPE html >
<html >
<head>
      <title>示範 hidden 屬性</title>
      <style>
      p{ font-size:xx-large; font-weight:900;color:Silver}
      p:hover{ cursor:pointer;color:Black }
      p#title{color: Black}
      </style>
      <script>
          function showTitle() {
              var t = document.getElementById('title');
              if (t.hidden )
                  t.hidden = null;
              else
```

(續)

```
                t.hidden = 'hidden' ;
          }
      </script>
</head>
<body>
<p onclick="showTitle()">康廷數位愛情小說 - 只在線上發行</p>
<p id="title" hidden >《有一種愛叫做遺憾》</p>
</body>
</html>
```

第二個 p 元素設定了 hidden 屬性將這個元素的內容隱藏，而當使用者按下第一個 p 元素時，執行 showTitle() 函式，其中切換 hidden 屬性，呈現動態隱藏與重新顯示的效果。

- **spellcheck**

在可編輯區域中，包含 input 元素、textarea 元素以及上述設定了 contenteditable 屬性的可編輯區塊，你可以在其中設定 spellcheck 以支援拼字檢查，這是一個 Boolean 值，例如以下的設定：

```
<textarea  spellcheck="true" ></textarea>
```

這一行 textarea 配置指定 spellcheck 為 true ，因此會針對輸入 textarea 的文句進行拼字檢查，同樣的，以下這一行亦有相同的效果。

```
<p contenteditable spellcheck="true" ></p>
```

在 p 形成的可編輯區域中，輸入的字句同樣會進行拼字檢查。

範例 3-13 示範 spellcheck 屬性

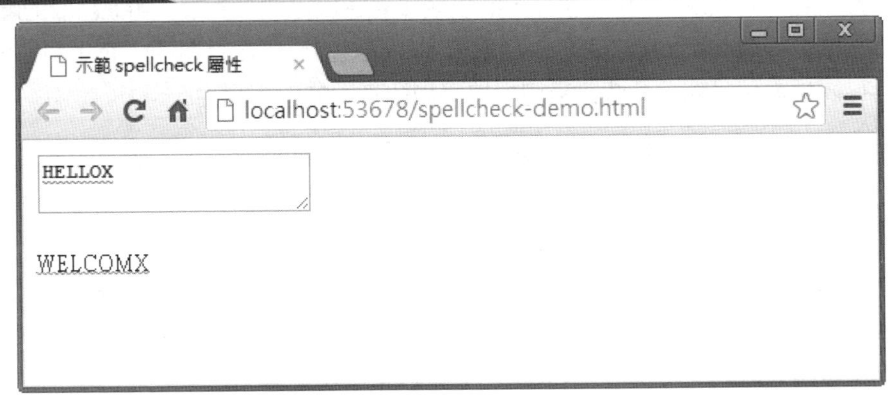

畫面中有兩個輸入方塊，分別是 textarea 與可編輯的 p 元素所組成，其中針對輸入的英文字詞進行拼字檢查。

spellcheck-demo.html

```
<!DOCTYPE html>
<html>
<head>
      <title>示範 spellcheck 屬性</title>
</head>
<body>
<div contenteditable="true">
      <textarea  spellcheck ></textarea>
      <p contenteditable spellcheck ></p>
</div>
</body>
</html>
```

如你所見，這個範例針對 <textarea> 與 <p> 兩個標籤元素同時設定了 spellcheck 屬性以支援拼字檢查。

- **draggable/dropzone**

draggable/dropzone 這一組屬性是 HTML5 所導入的一組重要屬性，提供物件的拖曳操作支援，這是一個複雜的議題，於第五章討論互動式介面的程式設計時，針對這個議題有進一步完整的說明。

- **data-*/data-**

HTML5 允許自訂資料屬性，針對指定的元素建立其專屬的附加資料，並透過 JavaScript 進行存取。

自訂資料屬性必須以 data- 為字首，然後緊接著連接符號 - 後方，加上自訂的屬性名稱，例如 data-title ，用來表示一個儲存 title 資料的自訂資料屬性，而 title 則被作為存取屬性對應名稱，一個元素可以接受數個不同的自訂屬性。

若要經由 JavaScript 存取這個自訂屬性，須透過 dataset 進行引用，語法如下：

```
element.dataset
```

其中的 element 為設定資料屬性的元素，接下來進一步引用 dataset 回傳物件，指定自訂的屬性名稱，例如上述提及的 title ，即可取得屬性值。假設我們要建立一個展示書籍資料的 div 元素，於其中自訂資料屬性如下頁：

```
<div id="book"
      data-price=900
      data-title="HTML5 完美風暴 ">
</div>
```

針對這一段自訂屬性的設定，假設取得 div 元素物件為 dbook ，可以取得以下的結果：

```
dbook.dataset.price // 回傳 900
dbook.dataset.title // 回傳「HTML5 完美風暴」
```

自訂資料屬性可以透過連接符號建立複合式名稱，考慮以下的設定：

```
data-english-title
```

這是合法的資料屬性名稱，透過 JavaScript 存取時，必須忽略第二個連接符號字元，然後將其轉換成為駝峰格式字型 englishTitle 。

範例 3-14 示範自訂資料屬性

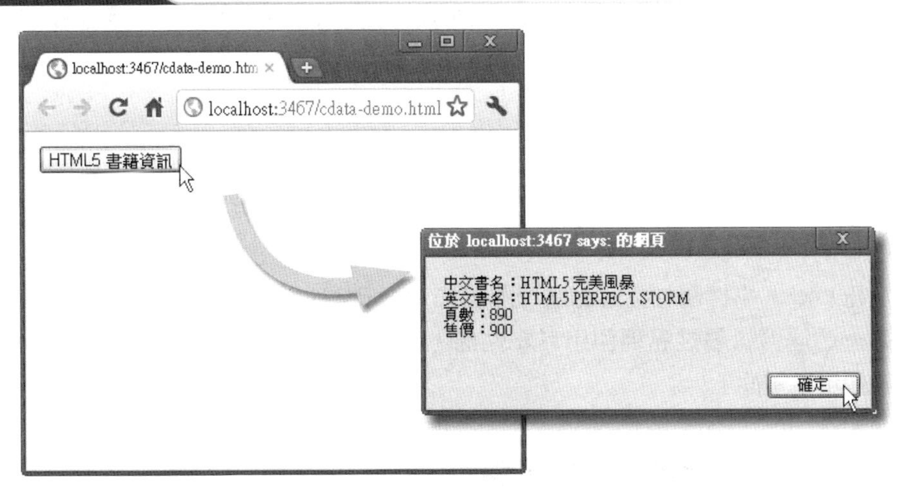

按一下畫面上的按鈕，會顯示一個訊息對話方塊，其中顯示從自訂資料屬性萃取的屬性值。

cdata-demo.html

```
<!DOCTYPE html >
<html >
<head>
      <title></title>
      <script>
          function showBookInfo() {
              var book_data =
                  document.getElementById('book').dataset;
              var message =
              '中文書名：' + book_data.title + '\n' +
              '英文書名：' + book_data.englishTitle + '\n' +
              '頁數：' + book_data.pages + '\n' +
              '售價：' + book_data.price;
              alert(message);
          }

      </script>
</head>
<body>
<div id="book"
      data-price=900
      data-pages=890
      data-title="HTML5 完美風暴"
      data-english-title="HTML5 PERFECT STORM" >
      <button onclick="showBookInfo()">HTML5 書籍資訊</button>
</div>
</body>
</html>
```

HTML 的部分，配置了一個 div 元素，其中設定了四個自訂資料屬性，分別是 data-price、data-pages、data-title 與 data-english-title。

而按鈕 onclick 事件屬性指定的處理器函式 showBookInfo()，首先取得 div 物件，並且逐一透過資料屬性名稱引用其屬性值，合併成為一組斷行字串，最後以 alert() 函式顯示在畫面上。

3.2.3 特定元素的新增屬性

接下來這一節我們來看看 HTML5 導入的新屬性成員，與前述提及全域屬性不同的地方在於這裡所列舉的屬性，是針對 HTML 4.01 存在的元素所進行的屬性成員擴充。HTML5 的新屬性成員眾多，接下來列舉這些屬性以及適合套用的元素。

屬　性	適用元素	說　明
media	a area	提供與 link 元素一致的 media 屬性成員。
hreflang/type	area	提供與 a 以及 link 元素一致的 hreflang 與 type 屬性成員。
target	base	提供與a 元素一致的 target 屬性成員。
charset	meta	指定文件的字元編碼。
autofocus	input select textarea button	支援適用元素以宣告的方式，於表單載入時設定控制項駐點，當 input 元素的 type 為 hidden 時不適用。
placeholder	input textarea	於文字輸入控制項空白狀態下，顯示輸入提示文字。
form	input output select textarea button label object fieldset	設定適用元素控制項對應至某個特定的表單元素，甚至允許非表單元素的關聯。
required	input select textarea	指定表單傳送前必須填值的必要欄位。
disabled	fieldset	允許鎖住 fieldset 中所有的子元素功能，切換至失效的狀態。
name	fieldset	支援 JavaScript 的程式化控制項存取。
autocomplete min max multiple pattern step	input	autocomplete:：自動完成提示 min：允許輸入的最小值 max:：允許輸入的最大值 multiple：允許多重選取 pattern：指定輸入樣式規則運算式 step：值變更單位
list	input	搭配 datalist 元素支援下拉式選單。
width/height	input/ type=image	設定圖片的寬與高等維度。
dirname	input textarea	內容方向排列屬性值。
maxlength wrap	textarea	maxlength：允許控制項資料輸入的最大長度。 wrap：支援文句折行。

(續)

屬　性	適用元素	說　明
novalidate	form	停止表單傳送之前的驗證作業，設定這個屬性將允許表單不經過驗證直接傳送。
formaction formenctype formmethod formnovalidate formtarget	input button	當 input/button 設定了這些屬性之後，將會覆寫 form 元素中相對的屬性：action、enctype、method、novalidate，以及 target。
type label	menu	結合全域屬性 contextmenu 將 menu 元素轉換成容器選單。
scoped	style	表示樣式僅套用至元素的父元素以及子元素，不適用於整份文件。
async	script	切換至非同步執行狀態。
manifest	html	搭配離線應用 API 指向一個應用程式快取。
sizes	link	當 rel=icon 可以使用這個屬性指定 icon 的大小。
reversed	ol	以降冪規則排列清單項目。（目前沒有瀏覽器支援）
sandbox seamless srcdoc	iframe	允許沙箱內容。

表列的屬性當中，某些已經在前一章討論 HTML5 的主體架構時作了說明，例如 meta 元素的屬性，其中有的屬性牽涉到後續要討論的主題，屆時將一併說明，接下來針對其中幾個屬性進行說明。

3.2.4 a 元素的連結屬性

元素 a 在網頁上呈現一組特定 URL 的超連結，它新增了 media 與 type 等兩個屬性，但是某些屬性已經棄置了，列舉如下表：

屬　性	說　明
charset	HTML5 不支援。
coords	HTML5 不支援。
href	目標連結文件的 URL 。
hreflang	Specifies the language of the linked document。
media(*)	只定針對連結文件進行最佳化的媒體裝置。
name	HTML5 不支援。

（續）

屬 性	說 明
rel	指定目前文件與連結文件兩者之間的關聯。
rev	HTML5 不支援。
shape	HTML5 不支援。
target	指定如何開啟連結文件。
type(*)	指定開啟連結文件的 MIME type 。

接下來針對其中 HTML5 新增的兩個屬性－ media 以及 type 進行討論。

- **media**

表示針對目標 URL 進行最佳化處理的媒體或裝置，例如智慧型手機或是輸出列印裝置等等，它是由代表特定裝置的關鍵字與指定的值構成，例如以下的設定：

```
media="screen and (color)"
```

其中的 screen 表示電腦螢幕裝置，而 and 將後續的條件值套用至 screen，color 表示彩色螢幕，也就是這個連結的目標 URL 針對彩色電腦螢幕進行了最佳化，會有最好的呈現效果。

當你將一個值設定給 media 屬性時，必須是 Media Queries 規格定義的合法值，這個值有兩個部分，分別是裝置（device）與裝置的規格值（value），以下列舉說明。

- **devices**

值	描 述
all	預設值，適合所有裝置。
aural	語言合成裝置。
braille	點字裝置。
handheld	手持裝置（小螢幕、限制頻寬）。
projection	投影機。
print	列印預覽模式。
screen	電腦螢幕。
tty	電傳打字機與固定寬度字型顯示的類似終端裝置。
tv	低解析電視裝置，電視遊樂器。

- **values**

值	描 述
width	指定輸出裝置目標顯示區域的寬度，搭配 min- 字首表示最小寬度，字首max- 表示最大寬度。 例如：media=" print and (min-width: 300px) "
height	指定輸出裝置目標顯示區域的高度，搭配 min- 字首表示最小高度，字首max- 表示最大高度。 例如：media=" print and (min- height: 400px) "
device-width	指定輸出裝置呈現的表面寬度，搭配 min- 字首表示最小寬度，字首max- 表示最大寬度。 例如：media=" screen and (device-width: 800px) "
device-height	指定輸出裝置呈現的表面高度，搭配 min- 字首表示最小高度，字首max- 表示最大高度。 例如：media=" screen and (device- height: 600px) "
orientation	輸出裝置的目標顯示方向，可能的值有 portrait 或是 landscape，如果高度大於等於寬度，則是 portrait 否則 landscape 。 例如：media=" all and (orientation: landscape) "
aspect-ratio	指定輸出裝置目標顯示區域的 width/height 比例，搭配 min- 字首表示最小寬度，字首max- 表示最大寬度。 例如：media=" screen and (aspect-ratio:16/9) "
device-aspect-ratio	指定輸出裝置呈現的表面 device-width/device-height 比，搭配 min- 字首表示最小寬度，字首max- 表示最大寬度。 例如：media=" screen and (aspect-ratio:16/9) "
color	指定輸出裝置單位顏色分量的位元組數目，搭配 min- 字首表示最小數目，字首 max- 表示最大數目，指定為 0 表示非彩色裝置。 例如： media="screen and (color:2)"
color-index	輸出裝置支援的顏色檢視表（color lookup table）的顏色索引，如果套用的裝置沒有使用色表，這個值將會是零。
monochrome	指定一個 monochrome frame buffer 單位像素的位元組數目，套用 min- 與 max- 表示最小與最大值。 例如：media="screen and (monochrome:2)"
resolution	指定輸出裝置的解析度(dpi 或是 dpcm) ，套用 min- 與 max- 表示最小與最大值。 例如：media="print and (resolution:600dpi)"
scan	指定電視輸出裝置的掃描方式，搭配 min- 字首表示最小解析度，字首max- 表示最大解析度。 例如： media="tv and (scan: progressive)"
grid	指定輸出裝置是grid 或是 bitmap，如果是 grid 指定為 1 ，如果是其它則指定為 0。 例如：media="handheld and (grid)"

表列的裝置與其對應的值，必須利用 and 、not 或是 逗號（,）連接，其中的範例語法可以看到相關的設定。

- **type**

你可以在 a 元素中，指定 type 屬性，這是一個表示特定 MIME type 名稱的字串。

- **rel**

由於後續緊接著還有 rel 屬性的相關議題，因此這裡一併作討論，這個屬性表示如果要指出目前文件與 a 元素指向文件之間的關聯，設定 rel 屬性可以達到這個目標，可能值列舉如下：

Value	Description
alternate	連結至替代版本的文件，例如套用列印格式的列印頁或是鏡像。
author	連結至文件作者資訊。
bookmark	適用於標記的永久性 URL 。
help	連結至輔助文件。
license	連結至文件的版權資訊。
next	下一份文件。
nofollow	連結至一個未簽署背書的文件。
noreferrer	定瀏覽器不應該傳送 HTTP referrer 標欄位。
prefetch	指定目標文件應該被快取。
prev	前一份文件。
search	連結至文件的搜尋工具。
tag	表示目前文件的一個關鍵字。

另外一個支援影像地圖定義的元素 area ，其 img 元素呈現的圖片中某個區塊的連結，在 HTML5 針對這個元素新增了數個屬性，列舉如下：

屬　性	說　明
hreflang	指定目標 URL 所使用的語言。
media	指定目標 URL 所要最佳化的媒體或裝置。
rel	指定目前文件與連結文件兩者之間的關聯。
type	指定開啟連結文件的 MIME type。

表列的屬性定義，同前述 a 元素中的同名屬性，只是這些屬性在 HTML5 被導入成為新的屬性。

3.2.5 textarea

textarea 元素定義支援多行文字輸入控制項，並且透過 cols 與 rows 兩個屬性來決定呈現的行數與列數，當然，你可以經由 CSS 的 width 與 height 屬性進行設定。HTML5 針對 textarea 的屬性進行了擴充，下表列舉其屬性清單（以 * 標示者為 HTML5 新增）：

屬　性	說　明
autofocus(*)	網頁載入時自動取得駐點。
cols	指定文字區域的可視寬度。
disabled	指定文字區域不可使用。
form(*)	指定所屬的表單。
maxlength(*)	指定文字區域允許輸入的最多字元數目。
name	指定文字區域的名稱。
placeholder(*)	指定一段簡短的提示文字描述文字區域接受的輸入值。
readonly	指定文字區域是唯讀的。
required(*)	指定文字區域必須輸入。
rows	指定文字區域的可視列數。
wrap(*)	form指定文字傳送時如何被 wrapped 。

如你所見，其中數個 HTML5 新增的屬性，這些屬性提供 textarea 控制項更友善的輸入介面，由於各項屬性的意義相當容易理解，我們直接來看範例。

範例 3-15 示範 textarea 新屬性

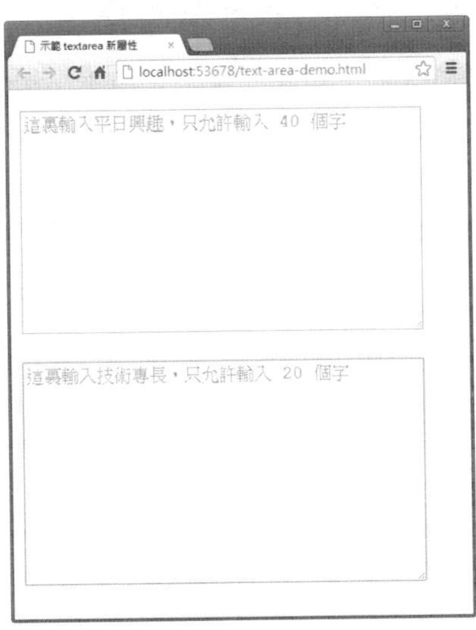

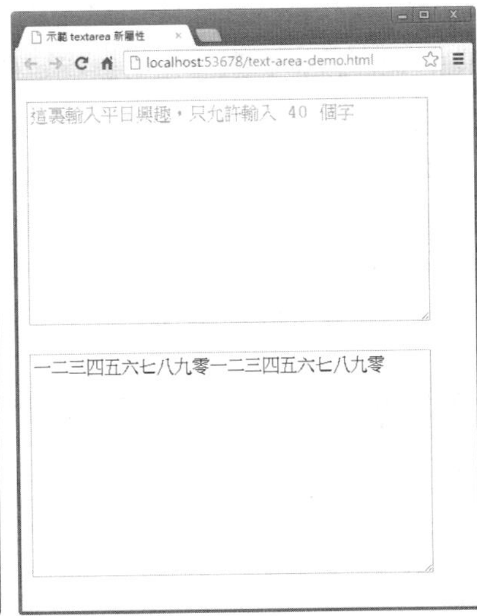

左圖是一開始網頁載入的畫面，包含兩個 textarea 元素，上方設定了 autofocus ，因此其中出現游標可以直接輸入，右邊的圖則是於第二個文字方塊輸入，由於設定了 maxlength 為 20，因此只能輸入二十個字元。

text-area-demo.html

```
<!DOCTYPE html >
<html >
<head>
      <title>示範 textarea 新屬性</title>
      <style>
      textarea
      {
          width:300px ;
          height:160px ;
      }
      </style>
</head>
<body>
<p><textarea autofocus required maxlength=40
             placeholder="這裡輸入平日興趣，只允許輸入 40 個字" >
</textarea></p>
<p><textarea  required  maxlength=20
             placeholder="這裡輸入技術專長，只允許輸入 20 個字" >
</textarea></p>
</body>
</html>
```

其中的 HTML 配置了兩個 textarea ，請自行比對上述的說明。在這個範例中還有兩個新增的屬性沒提到，包含 form 以及 wrap ，緊接著下來看這兩個屬性。

當你配置一個 textarea 元素，可以指定所屬表單，如此一來，這個表單的資料被傳送回傳伺服器時，textarea 的文字區域內容將一併回傳，由於其中的文字可能超過一行，你可以設定是否將新行訊息一併回傳，這可以透過 wrap 屬性進行設定，可能的屬性值有 soft 與 hard ，前者不會包含斷行資訊，這是預設值，後者同時將造成斷行效果的新行字元一併回傳，要特別注意的是，如果指定了 hard 這個屬性值，必須同時設定 cols 屬性。

範例 3-16 示範 textarea 的 wrap 屬性

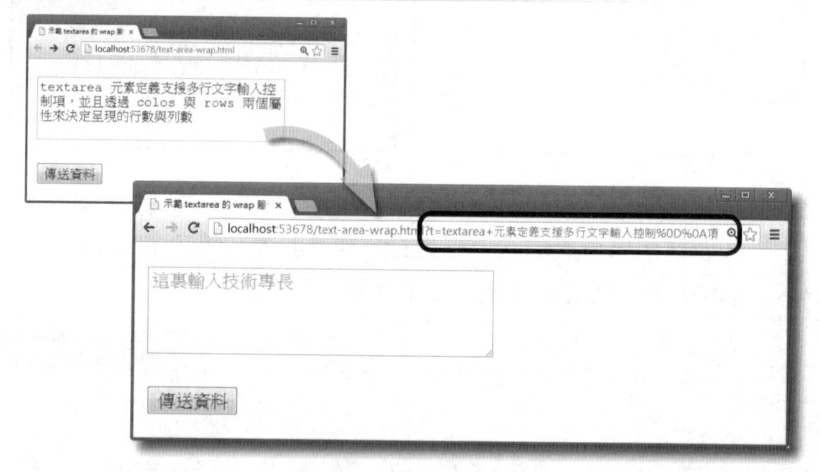

網頁載入之後，於其中的 textarea 輸入測試文字，按一下「傳送資料」按鈕，此時資料附加於網址列回傳，其內容如下：

```
textarea+ 元素定義支援多行文字輸入控制 %0D%0A 項，並且透過 +colos+ 與 +rows+ 兩個屬
性 %0D%0A 來決定呈現的行數與列數
```

讀者可以發現文字方塊中折行的位置，也就是「制」與「項」之間，以及「性」與「來」兩個字之間，回傳的值是「%0D%0A」，強制加上歸位換行字元。

text-area-wrap.html

```
<!DOCTYPE html >
<html >
<head>
      <title>示範 textarea 的 wrap 屬性</title>
</head>
<body>
<form  >
<p><textarea placeholder="這裡輸入技術專長"
             name="t" cols=30 rows=4 wrap="hard"  >
</textarea></p>
<input id="Submit1" type="submit" value="傳送資料" />
</form>
</body>
</html>
```

其中 textarea 的 cols 屬性設定值為 30 ，然後設定了 wraps 屬性為 hard ，因此加上換行歸位字元每 30 個字元便會折行。讀者可以嘗試拿掉 wrap 屬性，會發現並沒有插入「%0D%0A」，結果如下：

```
textarea+ 元素定義支援多行文字輸入控制項，並且透過 colos+ 與 +rows+ 兩個屬性來決定呈現的行數與列數
```

如你所見，其中折行的位置不再配置歸位換行字元，而且直接將連續文字回傳。

結束這個小節的討論之前，讀者請特別注意，textarea 定義多行文字的輸入控制項，除此之外，另外一個元素 input則支援各種格式的資料輸入，下一章將針對這一部分進行討論，而這裡的所提及的屬性同樣可以適用。

3.3 不再支援的元素

很快的繼續來看看存在於 HTML4，而 HTML5 不再使用的元素，因為相容性的問題，這些元素未來還是會持續被瀏覽器支援，開發人員使用這些元素事實上也不會有太大的問題，不過為了遵循 HTML5 規範與一致性的設計考量，都不建議使用。

舊的元素不再被支援的原因不盡相同，首先來看看以下幾種元素：

- basefont
- big

- center
- font
- strike
- tt

這幾種元素純粹提供外觀樣式的設定支援，HTML5 完全透過 CSS 進行樣式處理，因此均已被棄置不再使用。

其它三個元素，包含 frame、frameset 以及 noframes 亦不再被含括在 HTML5 的規格中，因為這三種元素很容易破壞可用性。

另外還有幾個元素亦不再支援，它們被棄置的原因純粹只是因為這些元素本來就很少被使用，除了造成混淆之外，它們的功能亦能由其它的元素取代，下表列舉被棄置的元素與建議替代元素：

棄置元素	建議替代元素
applet	embed/object
acronym	abbr
isindex	form 控制項結合 text 欄位
dir	ul

3.4 不再支援的屬性

HTML5 棄置的屬性不少，同樣的，其中有一類是因為 HTML5 不支援樣式設定，完全改由 CSS 處理，這類屬性在 HTML4 提供特定樣式呈現所需的設計支援，列舉如下：

棄置屬性	所屬元素
align	caption, iframe, img, input, object, legend, hr, div, p h1, h2, h3, h4, h5, h6 col, colgroup, table, tbody, td, tfoot, th, thead, tr
alink link text vlink	body
background	body

(續)

棄置屬性	所屬元素
bgcolor	table tr/td/th body
border	object
cellpadding cellspacing	table
char charoff	col/colgroup tbody th/td/tr tfoot/thead
clear	br
compact	menu dl, ol, ul
frame	table
frameborder	iframe
height	td, th
hspace vsapce	img object
marginheight marginwidth	iframe
noshade	hr
nowrap	td, th
rules	table
scrolling	iframe
size	Hr
type	li, ol, ul
valign	col, colgroup tbody th, td, tr tfoot, thead
width	hr table th, td col, colgroup pre

接下來列舉的是另外一類特定元素的屬性，這些屬性在 HTML5 直接以更合適的屬性取代。

棄置屬性	所屬元素	建議替代屬性
rev charset	link a	rev 以 rel 屬性取代。 Charset 以連結資源中的 HTTP Content-Type 標頭取代。
shape coords	a	以 area 取代 a。
longdesc	img iframe	使用 a 元素連結至描述，或是使用影像地圖。
target	link	不需要，直接忽略。
nohref	area	直接省略 href 屬性即可，nohref 會被忽略。
profile	head	宣告 meta 項目時直接忽略。 以 link 取代以觸發瀏覽器的特定行為。
version	html	不需要，直接忽略。
name	img	id
scheme	meta	每個欄位僅使用一個 scheme ，或是宣告為值的一部分。
archive, classid, codebase, codetype	object	使用 data 與 type ，param 用以設定參數。
declare	object	資源被重複使用時直接重覆 object 元素。
valuetype type	param	使用 name 與 value 屬性，不需宣告數值型態。
axis abbr	td th	使用 scope 屬性替代 axis 屬性。 以 title 屬性取代 abbr 。
summary	table	透過表格描述資訊說明取代。

SUMMARY

經過本章課程的閱讀，讀者應該可以嘗握 HTML5 在標籤元素這一部分的改變與進化的狀況，同時大致上瞭解新的標籤以及屬性成員，下一章的主題將圍繞在 <input> 標籤的改良以及表單驗證這兩個主要的議題上面。

第二篇
網頁介面設計

第二篇開始，我們將逐步針對各項 HTML5 議題進行討論，此篇相關課程主要集中在網頁的視覺化介面設計，包含表單 Input 元素的改良、Canvas 繪圖與 CSS3 等三個主題。

第四章

表單

表單是建構 Web 應用程式最重要的 HTML 標籤，也是 HTML5 支援 Web 應用程式開發最重要的進化之一，新版的表單支援豐富且多樣化的資料格式輸入，包含數字、日期與顏色等等，同時內建資料格式驗證機制，這一章的焦點將針對表單輸入的相關議題進行討論。

4.1 表單 input 元素一般屬性

撰寫與伺服器互動的 Web 應用程式中，input 元素扮演相當重要的角色，透過此元素，可以將網頁上的資料，回傳至伺服器進行處理，然後取得伺服器回傳的結果。HTML5 在 input 元素部分作了幅度相當大的改良，而其中最重要的便是 type 屬性的擴充，不同的 type 屬性值，會在網頁上呈現不同型式的資料輸入控制項，也會導致不同型式的輸入功能，除此之外還有其它通用屬性，例如 value、max 與 min 等等。

屬　性	說　明
autocomplete	自動完成輸入，可能值為 on 或是 off。
dirname	傳送 dir 屬性。
list	預先定義的建議輸入選項。
readonly	boolean 型態的屬性，指定使用者是否可以編輯控制項的值。
size	表示控制項顯示內容字元長度，這個值必須是大於零的正整數。
maxlength	限制控制項允許輸入的字元長度，這個值必須是大於零的正整數。
required	boolean 型態的屬性，指定這個 input 元素是否為必要。
multiple	boolean 型態的屬性，指定使用者是否可以設定一個以上的值。
pattern	驗證控制項輸入值的正規運算式（regular expression）。
min/max	允許輸入的最小與最大值。
step	輸入值每一次改變的間距。
placeholder	表示一段輔助輸入的簡短暗示文字。

以下針對表列的屬性逐一作說明。

• autocomplete

HTML5 導入了新的 autocomplete 屬性，這個屬性可以讓你控制表單中輸入欄位的自動完成功能。

範例 4-1 autocomplete 屬性

輸入字元 H ，文字方塊出現下拉式選單，列舉可能的項目，點選符合的項目，即可完成輸入的操作。

autocomplete-demo.html

```
<!DOCTYPE html >
<html>
<head>
      <title>autocomplete 屬性 </title>
</head>
<body>
      <form method="get">
      <input type="text" name="username" />
      <button type="submit">
          傳送 </button>
      </form>
</body>
</html>
```

每一次使用者按下「傳送」按鈕將資料傳送出去時，這個輸入的值會被文字方塊記錄下來，下一次使用者進行輸入時，出現下拉式選單，其中列舉可能的相關選項清單。

現在重新調整設定，關掉自動完成的功能，如下頁式：

```
<input type="text" name="username"  autocomplete="off" />
```

其中 autocomplete 屬性指定了 off 屬性值，因此不會再自動出現關聯資料清單，你也可以明確的設定此屬性值為 on ，重新開啟此功能，不過在預設的情形下，這個屬性的屬性值是 on ，不需設定即有此功能。

- **dirname**

第三章討論 HTML5 擴充的全域屬性時，曾經提及用來控制文字呈現方向的 dir 屬性，如果你在 input 元素裡面設定了 dirname 這個屬性，它會在回傳伺服器時同時一併將 dirname 屬性值回傳伺服器。

範例 4-2 dirname 屬性

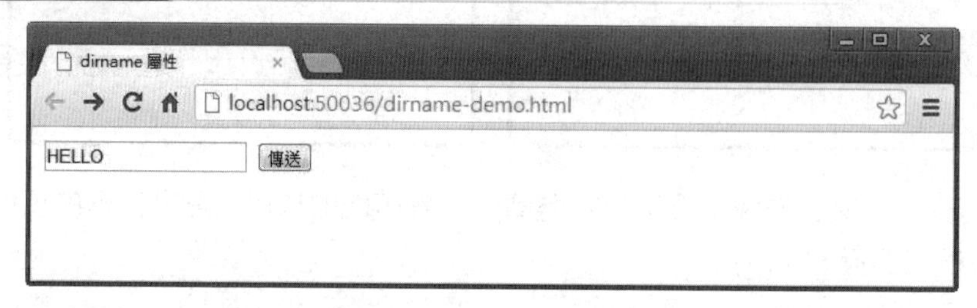

這張截圖是網頁一開始載入的畫面，請特別注意它的網址列，只有單純的網址路徑，於文字方塊輸入欲傳送的字串，按一下「傳送」按鈕將其傳送出去。

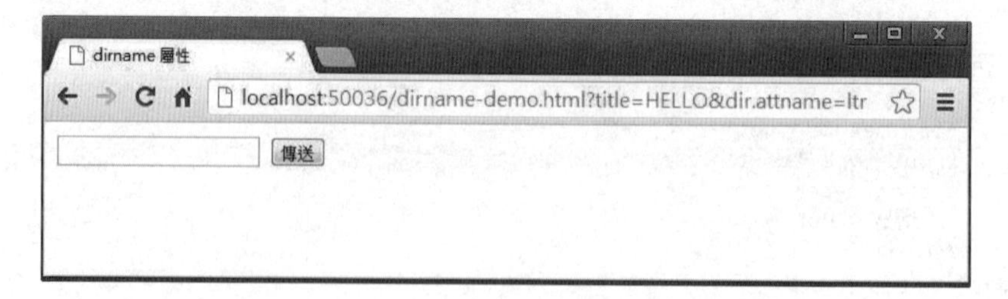

文字方塊的 name 屬性設定為 title ，因此在網址列出現了 title=HELLO 的參數，除此之外，讀者還可以發現，它的後面連結另外一組參數 dir.attname=ltr ，來看看此範例的程式碼。

dirname-demo.html

```
<!DOCTYPE html >
<html >
<head>
      <title>dirname 屬性 </title>
</head>
<body>
<form method=get>
      <input type="text" name="title"   dirname = "dir.attname"   />
<button type="submit"> 傳送 </button>
</form>
</body>
</html>
```

其中的 input 屬性，設定了 dirname 的屬性值為 dir.attname ，因此這一個值變成了另外一個參數項目回傳，而其對應的參數值則為 ltr ，這是 dir 屬性的預設值，如果你在其中設定了 dir 這個屬性，則傳送出去時的 dirname 屬性值會是設定的 dir 屬性，現在將其修改如下：

```
<input type="text" name="title" dirname = "dir.attname"  dir=rtl  />
```

其中設定了 dir 屬性，並將其指定為 rtl ，此時重新執行網頁，會看到以下結果：

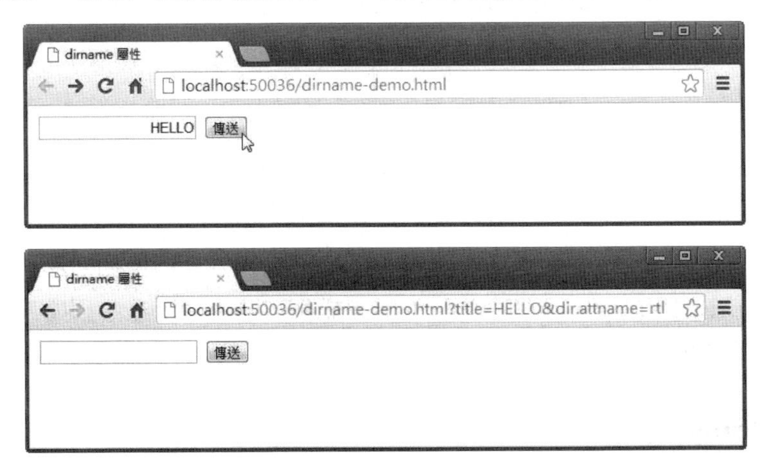

如你所見，第一張截圖中使用者輸入文字時，呈現的方向是從右到左（rtl），當按下「傳送」按鈕將其傳送出去時，參數 dir.attname 的值也變成了 rtl 。

- **size 與 maxlength**

這兩個屬性均用以控制 input 控制項的內容字元長度，size 表示視覺可見的長度，而 maxlength 則表示可以輸入的長度，例如下頁的屬性設定：

```
<p><input size=12 /></p>
<p><input maxlength=6  /></p>
```

ABCDEFGHIJKL

ABCDEF

第一個文字方塊只會顯示 12 個字元的長度，但不限制輸入長度，而第二個文字方塊則只允許輸入六個字元長度的文字，如右圖。

size 屬性在設計上也有需要注意的地方，它會影響文字方塊在網頁呈現的寬度，與透過 CSS 設定 width 樣式屬性類似，而 size 定義的長度剛好是使用者輸入字數所需長度，width 則純粹表示文字方塊的外觀長度，請特別注意這兩者的區別，如果你設定了 width ，則文字方塊根據此值呈現寬度，不足的 width 將無法完整呈現輸入的文字內容。

- **required**

當一個控制項為必要欄位時，可以直接設定這個屬性，考慮以下這一行程式碼：

```
<input type=text required >
```

這是一個 text 型態的 input 控制項，其中設定了 required 屬性，在網頁中，它被強制要求輸入特定的值，否則的話表單將無法被傳送。

圖中顯示了設定 required 屬性的 input 欄位，在沒有輸入任何值的情形下按下「提交」按鈕，出現「請填寫這個欄位」的驗證訊息，要求使用者必須填入資料，同時停止表單的傳送。

- **readonly**

如果要讓文字方塊變成唯讀，只要直接設定 readonly 屬性即可，當你設定了這個屬性，會發現文字方塊不允許使用者選取或於其中輸入任何文字。

- **min/max 與 step**

min 與 max 這兩個屬性很容易理解，它們被應用於界定時間與日期格式輸入資料的輸入值範圍邊界，min 表示最小值，max 表示最大值，考慮下頁的兩行程式碼：

```
<input name=dday type=date max="1979-12-31">
<input name=dnumber type=number min=1 max=100>
```

第一行是日期格式的 input 控制項，其中指定了 max 屬性，只允許輸入 1980 年之前的日期，由於日期有各種不同的格式，請注意這裡所使用的格式。第二行是數字格式的 input 控制項，其中的 min 與 max 屬性，限定這個控制項只允許使用者輸入 1~100 之間（包含 1 與 100）的數字。

- **step**

step 屬性表示在允許範圍內的數值或是時間改變的量，例如以下兩組 input 設定：

```
<input type=number min=1 max=100 step=2>
<input type=number min=1 max=100 step=4>
```

第一組 input 允許輸入 1~100 的值，在預設的情形下，這個控制項中的數字每次調整的值是 2 的倍數，例如 2、4、6…等，第二組 input 由於 step 設為 4，因此每一次調整的值是 4 的倍數。另外，step 也接受小數點的設定，而改變的值則以此小數點的數值為單位，例如以下的設定：

```
<input type=number min=1 max=100 step=0.2>
```

這個控制項的值從 1 到 100 ，每一次調整的精確度是 0.2。step 另外還有一個可能值 any ，表示允許任何可能的精確度。

- **pattern**

pattern 屬性接受規則運算式（regular expression）格式規範，以其為基準，判斷是否使用者輸入的值符合指定的格式，如果沒有通過驗證，則不允許傳送資料，考慮以下的程式碼：

```
<input pattern="[A-Z]" />
```

這個 pattern 的屬性值 [A-Z] 表示輸入方塊中，只允許使用者輸入 A~Z 的 二十六個大寫字母中的任何一個字元，除此之外，其它的字元或是符號均不會被接受，此為最簡單的規則運算式。

規則運算式（也稱為正規運算式）可以表現相當複雜的格式，這需要一本書的份量才能完整討論，相關議題並非本書的目標，有興趣的讀者可以嘗試閱讀其相關的書籍。

不符合 pattern 的資料進行傳送時，會出現警告訊息，如果要加入自訂的訊息，可以進一步設定 title 屬性，例如以下這一行設定：

```
<input pattern="[A-Z]" title="只接受單一大寫字母"/>
```

其中的 title 提示訊息會在輸入值未通過驗證時顯示。

範例 4-3 示範 pattern 與 title 屬性

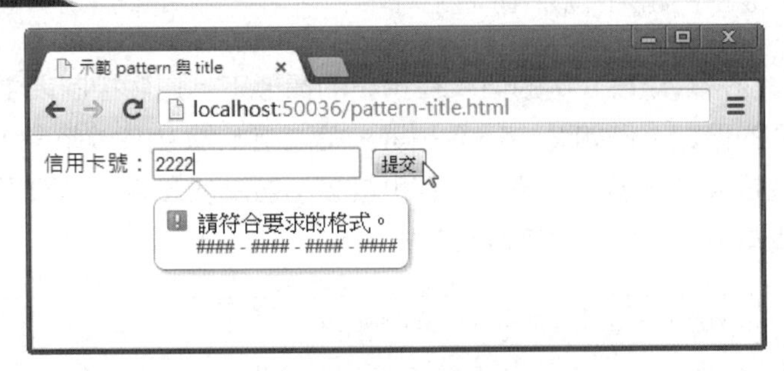

在這個範例中，設定了一個真實的信用卡卡號格式驗證，其中必須輸入四組由四個數字組成，並且以 - 分隔的資料，如果不是以此種格式輸入資料，會出現畫面上的訊息通知。

pattern-title.html

```
<form>
   <label> 信用卡號：<input
                  pattern="[0-9]{4}[-][0-9]{4}[-][0-9]{4}[-][0-9]{4}"
                  title="#### - #### - #### - ####"/>
          <input type="submit"   />
</form>
```

以灰階標示的部分，分別設定了 pattern 與 title ，相當容易理解，請讀者自行比對上述的說明。

- **placeholder**

在輸入控制項中，placeholder 會在沒有輸入任何內容時，顯示提示的文字，考慮下頁的程式碼：

```
<input type="text" name="fullname" placeholder=" 請輸入全名 ">
```

其中的 placeholder 提示使用者於文字方塊中，輸入使用者的全名，因此你會看到一個如下的文字方塊：

左邊是未輸入任何訊息的狀況，其中顯示了 placeholder 提示文字「請輸入全名」，右邊則是輸入特定的文字，placeholder 提示訊息文字會自動消失。

- **autofocus 屬性**

input 導入了新的屬性 autofocus ，讓網頁設計者可以指定網頁載入時預設的焦點控制項，使用者不需要再移動滑鼠點選，即能在預設控制項直接輸入，提供良好的網頁操作體驗，而這個屬性同時適用其它幾種輸入控制項，包含 textarea 以及 button 與 select 。這是一個 Boolean 型態的屬性，設定語法如下：

```
<input id="Text2" type="text" autofocus />
```

一旦設定了 autofocus 屬性，表示網頁載入時，這個控制項就會擁有駐點，第三章討論 textarea 的新屬性範例中，曾經設定了這個屬性，以下的範例來看文字方塊中的 autofocus 屬性設定效果。

範例 4-4 示範 autofocus 屬性

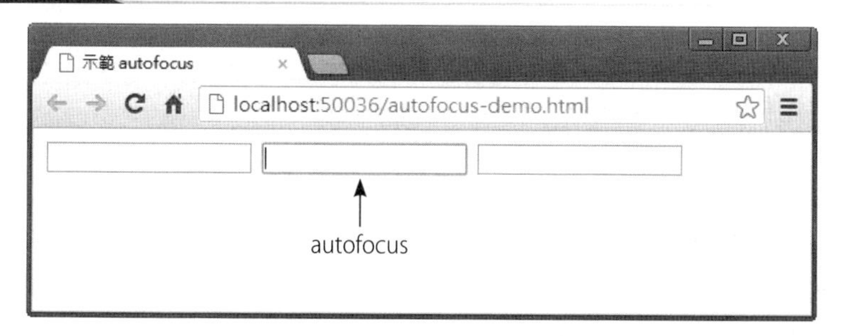

畫面中配置了三個文字方塊，當網頁載入完成，其中第二個文字方塊會直接顯示游標，表示這是目前的駐點控制項，可以直接於其中輸入資料，如果沒有透過

autofocus 屬性指定，則使用者必須自行設定，例如將游標移至此文字方塊。

autofocus-demo.html

```
<body>
      <input id="Text1" type="text"  />
      <input id="Text2" type="text" autofocus />
      <input id="Text3" type="text" />
</body>
```

網頁當中配置了三個 text 文字控制項，其中第二個文字方塊設定了 autofocus 屬性。設定這個屬性必須注意，只有一個控制項可以被設定這個屬性。

再次提醒讀者的是，除了第三章討論的 textarea 以及這裡看到的 type 為 text 的 input 元素，其它還有 select 與 button 均支援此屬性。

4.2 表單關聯行為屬性

HTML5 針對 input 元素擴充的屬性中，有一組與 form 元素有密切關係，列舉如下表：

屬　性	說　明
form	指定 input 所屬的一個或多個表單。
formaction	當 type 是 submit 或是 image 時，覆寫表單的 action 屬性，定義如何資料傳送的目標。
formenctype	當 type 是 submit 或是 image 時，覆寫表單的 enctype 屬性，定義資料被傳送之前如何編碼。
formmethod	當 type 是 submit 或是 image 時，覆寫表單的 method 屬性，定義 HTTP 傳送資料的方法。
formtarget	當 type 是 submit 或是 image 時，覆寫表單的 target屬性，定義表單資料被傳送的目標視窗。
formnovalidate	覆寫表單的novalidate 屬性，定義 input 元素的未驗證傳送。

表列的屬性均與 form 元素有關，以下逐一列舉說明。

- **form**

如果輸入控制項沒有配置於所屬的 form 元素形成的區域內，可以透過 form 屬性進行設定，例如有一個 form 元素的 id 屬性值為 myform ，將其設定給 form 屬性，則擁有此屬性值的 input 元素則與此 form 元素產生關聯，成為其內含元素。利用 form 屬性可以更彈性的配置表單控制項，使其不再受限於 form 元素的區域。

範例 4-5 示範 form 屬性

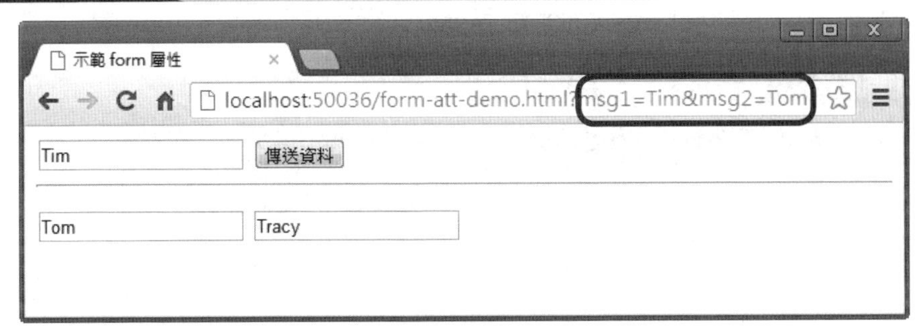

畫面中有三個文字方塊，第一個文字方塊 msg1 與傳送按鈕同時配置於 form 元素區域內，另外兩個文字方塊則配置於 form 元素區域外部，其中內容文字為 Tom 的文字方塊 msg2，其 form 屬性指定為 form 元素，因此當按下「傳送資料」按鈕時，只有 Tim 與 Tom 兩組字串隨著 URL 回傳伺服器。

第三個文字方塊 msg3 的內容文字 Tracy 因為不屬於表單，亦無設定 form 屬性進行關聯，因此沒有被傳送。

form-att-demo.html

```
<!DOCTYPE html>
<html >
<head>
      <title>示範 form 屬性</title>
</head>
<body>
<form id="sform"  action="form-att-demo.html" >

<input name="msg1" type="text"  value="Tim"/>
<input id="Button1" type="submit" value="傳送資料" />
</form><hr />
<p><input name="msg2" type="text"  value="Tom" form="sform"/>
<input name="msg3" type="text"  value="Tracy"/></p>
</body>
</html>
```

請特別注意其中以灰階標示的 input 元素，其 form 屬性設定為 sform ，而下一個 input 元素並沒有進行 form 的設定。

- **覆寫 form 行為**

當使用者按下 submit 按鈕時，表單中的資料會根據相關的屬性設定進行傳送，包含傳送的目標網址、方式以及目標視窗等等，以下這個範例針對 submit 按鈕覆寫 formaction、formmethod 以及 formtarget 等屬性的行為進行說明。

範例 4-6 示範表單行為覆寫

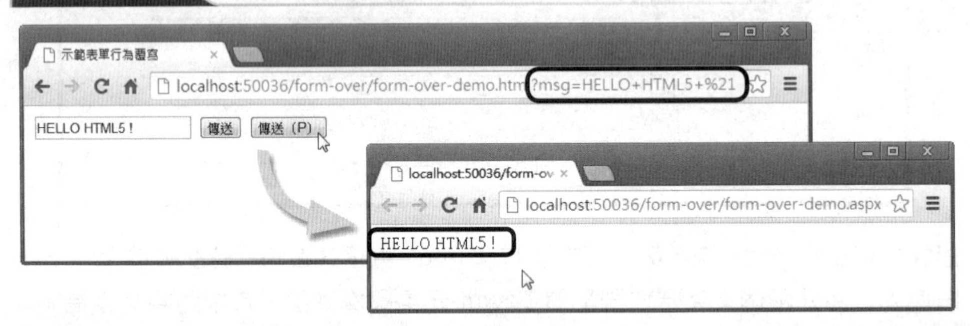

畫面中的兩個按鈕，第一個「傳送」按鈕按下時會將文字方塊的內容傳送至伺服器，由於其中的 form 元素沒有進行任何設定，因此在預設的情形下，文字方塊的訊息文字隨著 URL 網址傳送，並回到 form-over-demo.html 網頁，同時保留在目前的視窗頁。

按下第二個以 P 標示的按鈕，則會出現另外一個視窗，然後文字方塊中的訊息文字隨著表單傳送至另外一個網頁 form-over-demo.aspx ，並且顯示在畫面上。

form-over/form-over-demo.html

```
<form >
<input name="msg" type="text" value="HELLO HTML5 !"/>
<input id="Submit1" type="submit" value="傳送" />
<input id="Submit2" type="submit" value="傳送（P）"
       formaction="form-over-demo.aspx"
       formmethod="post" formtarget="_blank"/>
</form>
```

其中的第二個 input 元素當中，重設了 formaction、formmethod 以及 formtarget 等三個屬性，覆寫外部 form 元素的預設行為。

另外還有一個 formnovalidate 屬性，後續討論表單資料驗證時，將進一步說明。

4.3 資料輸入與 type 屬性

HTML5 大量擴充了 input 標籤的 type 屬性，支援更多樣化的格式資料輸入，包含日期時間、數字與其它特定格式資料，例如當你需要一個能自動檢查電子郵件格式資料的輸入文字方塊，只需透過以下的設定即可建立：

```
<input type="email" style="width: 230px"/>
```

這一行 input 設定會在畫面上呈現一個只允許輸入 email 格式的文字方塊控制項，如下圖：

左圖網頁畫面中包含一個 email 輸入欄位，當你輸入不正確的電子郵件格式，並且嘗試提交這份表單資料時，文字方塊會自動檢測輸入的內容，如果不符格式規則將會放棄傳送資料。下圖分類列舉所有新增的 type 屬性值以便於理解：

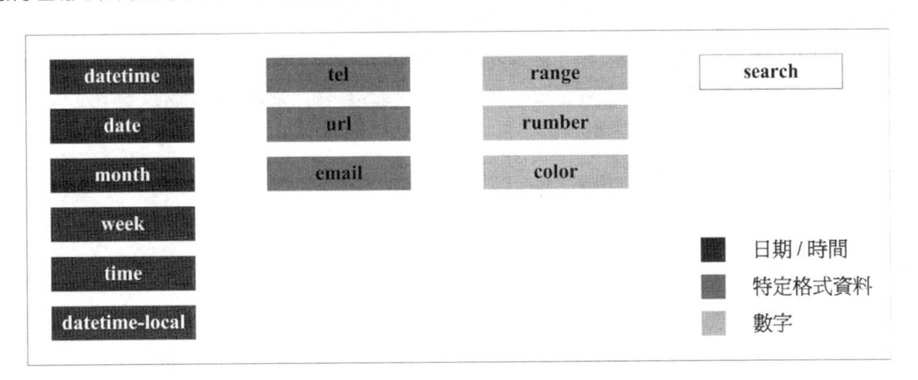

當你將 input 元素的 type 屬性設定為上圖中的任何一種型態名稱，會在網頁呈現一個專為此種型態資料設計的輸入控制項，下頁表列舉相關的說明：

type 屬性	功　能
datetime	支援日期時間格式的資料輸入。
date	支援日期格式的資料輸入。
month	支援日期格式中，月部分的資料輸入。
week	支援日期格式中，星期部分的資料輸入。
time	支援時間格式的資料輸入。
datetime-local	無時差調整資訊的區域日期時間資料輸入。
number	支援純數字格式的資料輸入。
range	支援特定範圍的純數字格式的資料輸入。
tel	呈現支援電話數字的輸入控制項，無特定格式。
url	呈現支援 URL 網址格式的輸入控制項。
email	呈現支援電子郵件格式的輸入控制項。
search	支援搜尋條件輸入，類似 text 所呈現的文字方塊，根據實作平台而呈現不同的外觀。
color	支援色彩值格式的資料輸入。

讀者必須注意的是，type 屬性的擴充是為了支援特定格式的資料輸入驗證，不過它們在不同的瀏覽器實作上，呈現的外觀與效果並不一致，甚至同一款瀏覽器經過改版之後，都還有可能發生變動，因此在實際的應用上不是那麼方便，你必須為跨平台的呈現進行適度的調整。

type 屬性經過擴充之後，能夠支援的格式輸入更為豐富，為了方便檢視，底下列表提供 type 屬性以及對應的資料與控制項型態對照。

type 屬性	狀　態	資料型態	控制項型態
hidden	Hidden	任意字串	n/a
text	Text	連續無斷行文字	文字欄位
search	Search	連續無斷行文字	搜尋欄位
tel	Telephone	連續無斷行文字	文字欄位
url	URL	絕對 URI	文字欄位
email	E-mail	一個 e-mail 或是一組 e-mail 清單	文字欄位
password	Password	包含敏感性資訊（例如密碼）的連續無斷行文字	密碼格式顯示資料輸入

(續)

type 屬性	狀　態	資料型態	控制項型態
datetime	Date and Time	日期與時間 (year, month, day, hour, minute, second, fraction of a second)	日期與時間資料輸入
date	Date	日期 (year, month, day)	日期資料輸入
month	Month	一年中的月份	月份資料輸入
week	Week	一年中的星期數	星期資料輸入
time	Time	時間(hour, minute, seconds, fractional seconds)	時間資料輸入
datetime-local	Local Date and Time	日期與時間(year, month, day, hour, minute, second, fraction of a second) 無時區	日期與時間資料輸入
number	Number	數字資料	一個可微調數字欄位
range	Range	不要精確的數字資料	滑桿或是類似的輸入控項
color	Color	一組由 8 位元紅綠藍三元色組成的 sRGB 顏色	顏色選取
checkbox	Checkbox	一組預先定義的清單	核取方塊
radio	Radio Button	一組列舉值	選項按鈕
file	File Upload	MIME 型態的檔案	一個標籤與一個按鈕
submit	Submit Button	傳送資料	按鈕
image	Image Button	圖片檔案	可點擊的圖片或是按鈕
reset	Reset Button	n/a	按鈕
button	Button	n/a	按鈕

根據表列的屬性值，將其設定給 input 元素的 type 屬性，會在網頁上顯示對應的控制項，支援各種類型的資料型態輸入作業，其中某些比較單純，例如 text ，某些則相對的比較複雜，在使用上需要一些技巧，例如提供檔案選取功能的 file。

4.4 文字類型資料輸入控制項

這一節針對各種與資料輸入有關的控制項進行討論。

4.4.1 text 與 search

text 與 search 這兩種型態的 input 元素，均接受使用者輸入純文字的單行資料，其中的差異只在於特定瀏覽器對於 search 有不同外觀的實作，例如以下的標籤：

```
<input type="text"  value="純文字"  />
<input type="search"  value="搜尋" />
```

這兩行會在網頁上各建立一個文字方塊，並顯示其中 value 屬性設定的文字，以下分別為 Chorme 與 Firefox 呈現的外觀：

如你所見，type 設為 search 的文字方塊在 Chrome 瀏覽器會顯示一個 x 標示，按一下可以清除文字方塊的內容，而 Firefox 則是與 text 型態完全相同。

4.4.2 tel、url、email 與 password

接下來這一節討論四種 type 的 input 元素，同樣接受純文字資料輸入，只是它們分別代表特殊格式的資料，列舉說明如下頁表：

type	說　明
tel	一段純文字，代表電話資料輸入。
url	代表一段網址列格式文字，在輸入的過程中會自動判斷格式。
email	代表一段 e-mail ，在輸入過程中自動判斷格式。
password	以特定符號替代輸入文字。

以表列型態的 input 元素輸入資料，可以獲得格式檢查的好處，避免不符格式的資料進入系統之中。

範例 4-7 特定格式文字資料輸入

現在建立一個 format-text.html 網頁檔案，於其中配置四個 input 元素，分別將 type 設定為上表的四種型態，執行網頁如下圖：

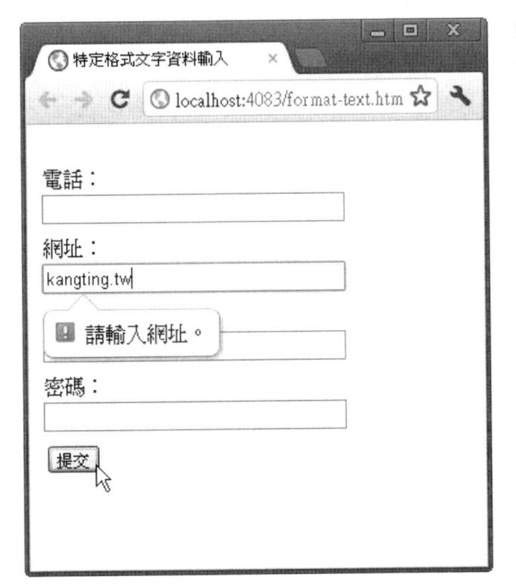

左邊的網頁於「網址」欄位輸入 kangting.tw ，由於不符 url 格式，因此按下「提交」按鈕時，會出現警告訊息，表單資料不會被傳送。修正格式之後，接下來輸入下一個 e-mail 欄位，同樣的，由於格式不符，因此出現另外一個警告訊息，如下頁所示：

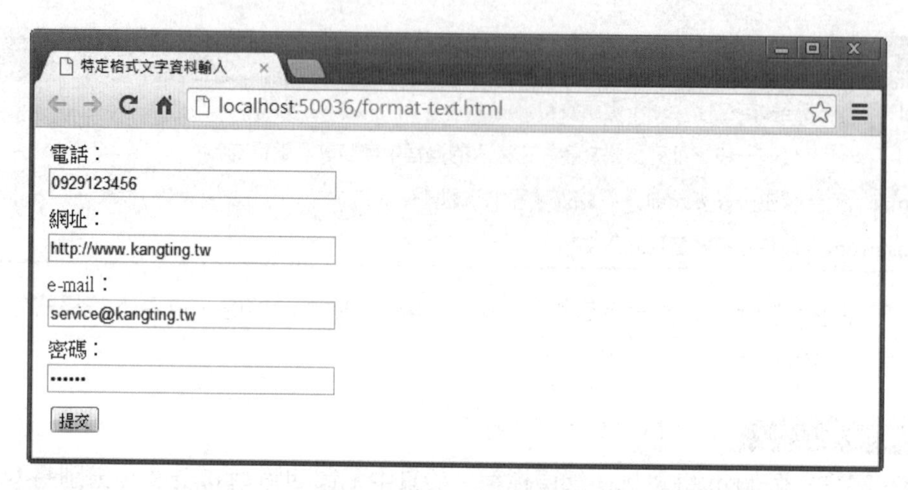

這個畫面完成了所有資料的填寫，如你所見，其中的「密碼」欄位以特定的符號取代輸入字元，至於型態設為 tel 的「電話」欄位則沒有特別的規則，在不同的瀏覽器於特定的行動裝置上呈現，則會有不同的效果。

最後只有在所有資料格式均正確無誤之後，按下「提交」按鈕才會被傳送出去。

format-text.html

```
<!DOCTYPE html >
<html >
<head>
      <title> 特定格式文字資料輸入 </title>
</head>
<body>
      <form>
      <table>
      <tr >
          <td> 電話：<br/><input type="tel" style="width: 230px"/></td>
      <tr/> <tr >
          <td> 網址：<br/><input type="url" style="width: 230px"/></td>
      <tr/> <tr >
          <td>e-mail：<br/><input type="email" style="width: 230px"/></td>
      <tr/> <tr >
          <td> 密碼：<br/><input type="password" style="width: 230px"/></td>
      <tr/> <tr >
          <td><input  type="submit"/></td></tr>
      </table>
      </form>
</body>
</html>
```

在 body 區塊中，配置了四個 input 元素，然後分別設定不同的 type 屬性值，以測試這些 input 元素的輸入資料檢核效果。另外，email 型態的控制項接受多個電子郵件的輸入，只要設定 multiple 屬性即可，來看另外一個範例。

範例 4-8 多 email 資料輸入

此範例只是在網頁上配置一個 email 型態的 input 元素，以測試 multiple 屬性效果。

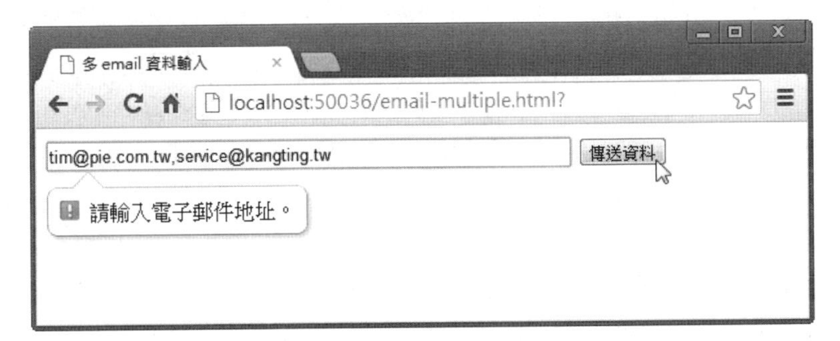

這是沒有設定 multiple 屬性的輸入畫面，由於只允許輸入一組 email 資料，因此無法通過驗證。

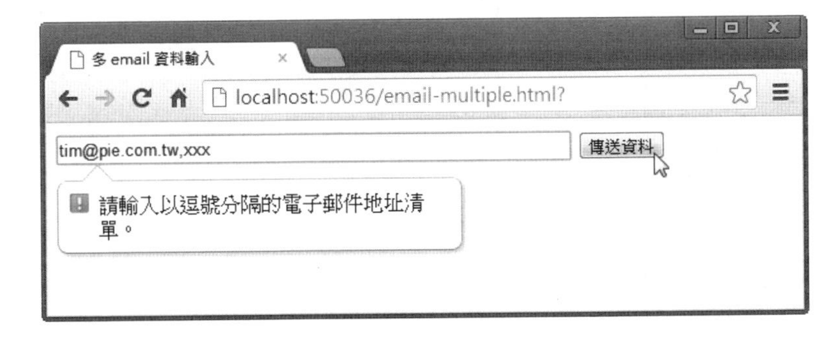

接下來這個畫面中的 input 元素設定了 multiple ，因此必須以逗號分隔輸入電子郵件帳號，如果不符合完整格式則會導致驗證失敗。

email-multiple.html

```
<form>
      <input id="email" type="email" list="maillist"  multiple />
      <input id="Submit1" type="submit"
          value=" 傳送資料 " />
</form>
```

其中配置的第一個 input 元素，設定了 multiple 屬性，讀者可以自行測試。除此之外，第十六章討論檔案作業時，讀者可以更進一步看到 multiple 屬性在檔案輸入的設定。

4.4.3 時間日期資料

相較於純文字，時間日期資料的格式要複雜許多，在所有的 type 屬性值當中，與日期時間有關的分別是 datetime 以及 datetime-local ，另外還有針對特定日期時間單位設計的，分別是 date、month、week 以及 time 。首先來看 datetime ，這種型態的 input 元素，支援完整日期時間的輸入，考慮以下的 HTML 配置：

```
<input type="datetime" />
```

這個配置會在畫面上提供日期時間資料的輸入控制項。datatime 這種型態的 input 元素在不同的瀏覽器實作上有一些差異，Opera 提供了最好的支援，如下圖：

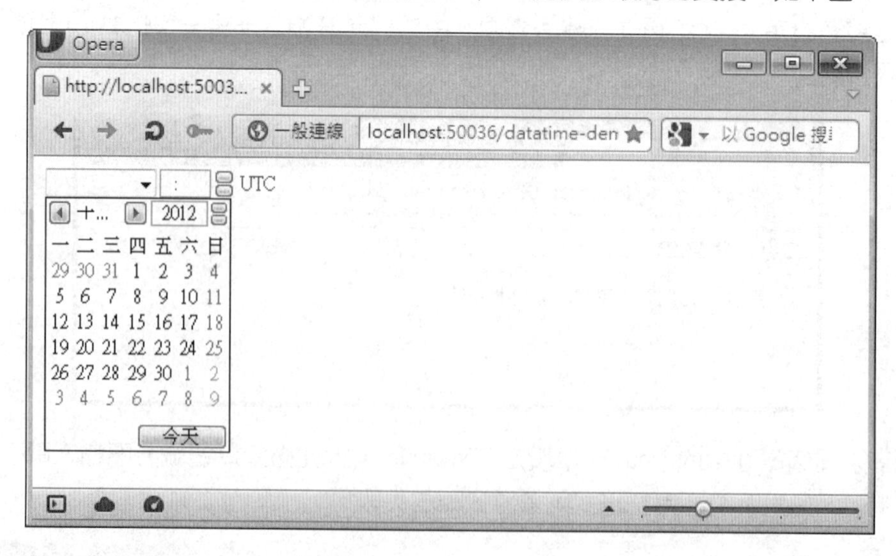

其中的日期時間格式包含了時區資訊 UTC ，如果不想理會 UTC 資訊，則使用 datetime-local 即可，標籤如下：

```
<input type="datetime-local" />
```

這個型態的 <input> 標籤於畫面上呈現的外觀如下頁：

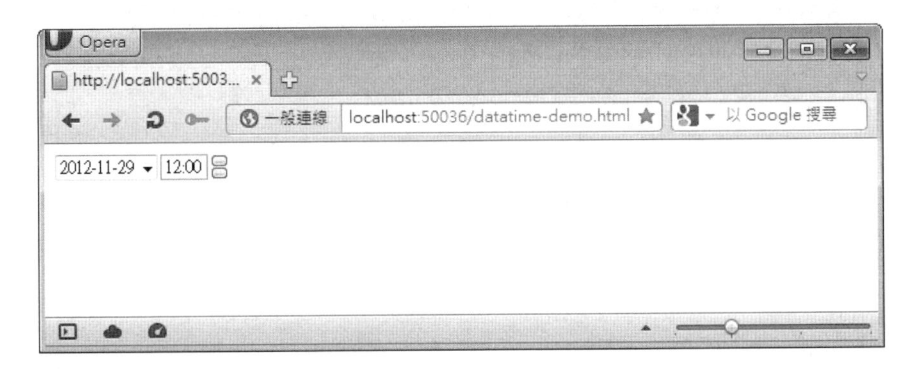

如你所見，畫面中的 UTC 標誌已經消失。

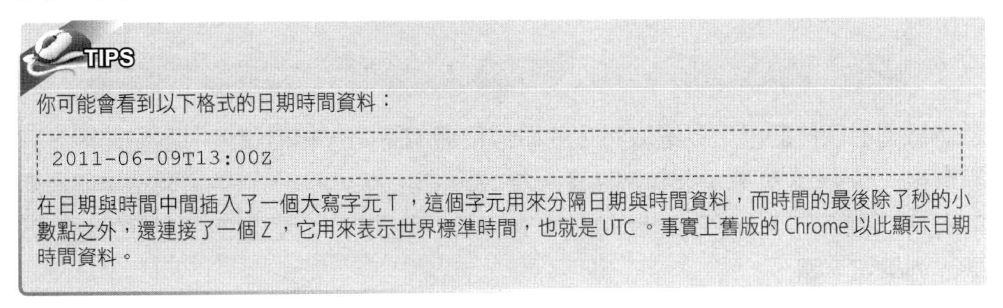
TIPS

你可能會看到以下格式的日期時間資料：

```
2011-06-09T13:00Z
```

在日期與時間中間插入了一個大寫字元 T，這個字元用來分隔日期與時間資料，而時間的最後除了秒的小數點之外，還連接了一個 Z，它用來表示世界標準時間，也就是 UTC。事實上舊版的 Chrome 以此顯示日期時間資料。

其它還有與日期有關的 date、time、month 以及 weektime 等四種型態的輸入控制項，考慮以下的標籤設計：

```
<p><label>date:<br /><input type="date"  /></label></p>
<p><label>time:<br /><input type="time"  /></label></p>
<p><label>month:<br /><input type="month"  /></label></p>
<p><label>week:<br /><input type="week"  /></label></p>
```

在瀏覽器中檢視其結果，如下頁圖：

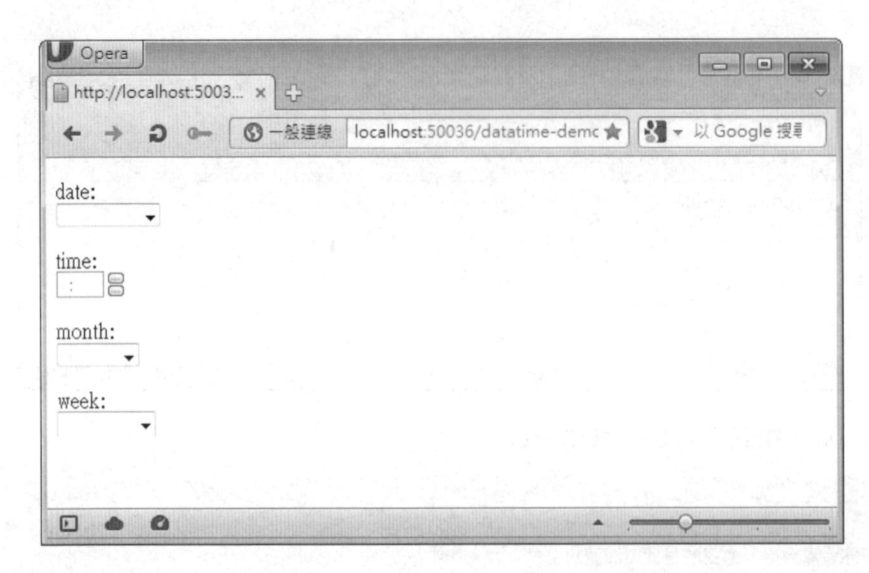

透過微調箭頭按鈕，可以選取特定的單位日期或時間，相信讀者很容易理解，只有最後一個 week 型態需要特別注意，當 type 指定為 week ，其中會顯示年與星期的資料，例如 2011-W22 表示 2011 年的第 22 個星期。針對這四種型態的輸入效果，列舉如下圖：

只要是牽涉日期的輸入，均會提供月曆面板，month 型態的輸入一次選取的是整個月的範圍，而 week 型態則是以週為選取單位，至於 time 則是簡單的 00:00 格式。由於其它的瀏覽器日期時間格式的輸入功能支援並不完整，因此這一節我們透過 Opera 作說明，讀者可以根據自己的需求，開啟其它的瀏覽器進行測試。

4.5 輸入文字選取控制

HTML5 針對文字的輸入導入數個相關的屬性與方法成員，用以取得使用者所選取的文字內容資訊，列舉如下：

成　員	說　明
selectionStart	一個整數值，表示選取文字的開始索引位置。
selectionEnd	一個整數值，表示選取文字的結束索引位置。
selectionDirection	文字的選取方向，以字串表示，如果是正向為 forward ，如果是反向則為 backward 。
select()	選取文字。
setSelectionRange(start, end, [optional] direction)	選取參數 start 與 end 所界定的範圍內文巾，第三個參數 direction 為選擇性的，指定文字的選取方向。

透過表列的屬性與方法成員，你可以取得目前使用者於文字方塊執行文字選取操作的相關資訊，包含選取的開始與結束位置索引，甚至指定選取的區域等等。

範例 4-9 選取文字

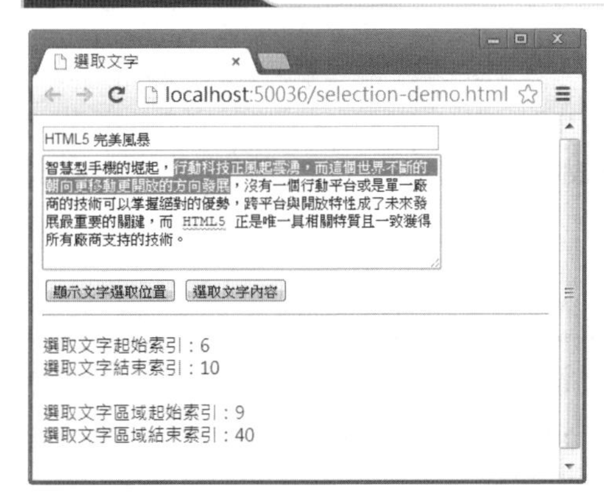

左圖是在兩個文字方塊中，分別選取部分的文字內容，然後按一下「顯示文字選取位置」按鈕，此時所選取的文字開始與結束位置索引便顯示了出來。右圖則是先按下「選取文字內容」按鈕，此時兩個文字方塊的內容文字均完整被選取，因此下方顯示的選取文字開始與結束位置，剛好是 0 與文字長度。

selection-demo.html

```
<!DOCTYPE html>
<html>
<head>
      <title> 選取文字 </title>
      <style>
          input{width:360px;}
          textarea{width:360px;}
      </style>
      <script>
          function checkSelectindex() {
              var a = document.getElementById('msga');
              var b = document.getElementById('msgb');
              var msg = '選取文字起始索引：' + a.selectionStart + '<br/>' +
                        '選取文字結束索引：' + a.selectionEnd + '<br/><br/>';
              msg += ('選取文字區域起始索引：' + b.selectionStart + '<br/>' +
                      '選取文字區域結束索引：' + b.selectionEnd + '<br/><br/>');
              document.getElementById('msgp').innerHTML = msg;
          }
          function  doselect(){
              var a = document.getElementById('msga');
              var b = document.getElementById('msgb');
              a.select();
              b.select();
          }
      </script>
</head>
<body>
      <div><input id="msga" type="text" /></div>
      <div><textarea id="msgb" cols="20" rows="6"></textarea></div>

      <button onclick="checkSelectindex()"    >顯示文字選取位置 </button>
      <button onclick="doselect()"    >選取文字內容 </button>
      <hr />
      <p id="msgp"></p>
</body>
</html>
```

函式 checkSelectindex() 透過引用 selectionStart 與 selectionEnd 兩個屬性來取得使用者選取的文字開始與結束位置。另外一個函式則調用 select() ，設定兩個文字方塊的內容被完整選取。

而方法 setSelectionRange() 允許你選取自訂範圍的文字，它可以指定選取範圍的開始與結束索引值，考慮以下的程式碼：

```
setSelectionRange(start, end);
```

當這一行程式碼執行完畢，從索引位置 start 開始到 end 的文字均會被選取，要特別注意的是，如果 end 大於文字長度，則選取的範圍將會涵蓋最後一個字，以下來看一個範例。

範例 4-10 自訂文字選取範圍

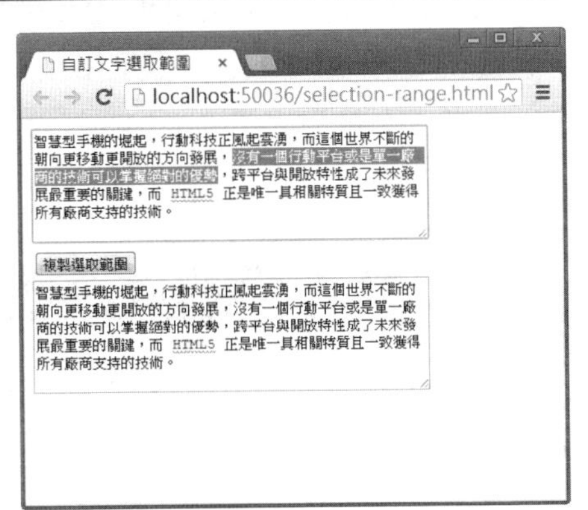

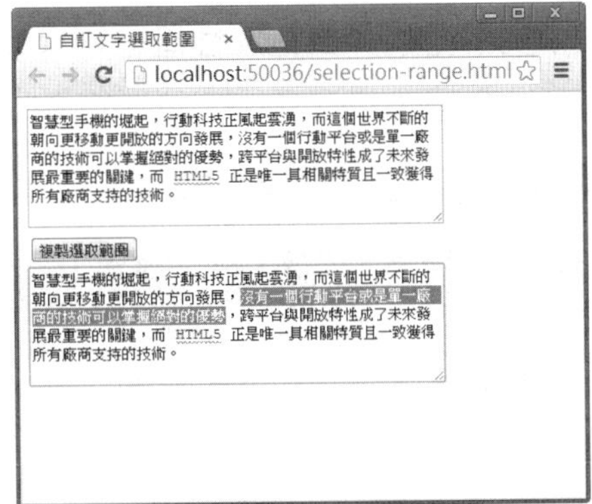

於上下兩個文字方塊中輸入兩段完全相同的文句，然後針對其中某個部分的段落進行選取，接下來按下「複製選取範圍」，下方文字方塊中呈現了相同的選取段落。

selection-range.html

```
<!DOCTYPE html >
<html >
<head>
      <title>自訂文字選取範圍</title>
      <style>
          textarea{width:360px;}
      </style>
      <script>
          function doscopy() {
              var a = document.getElementById('leftarea');
              var start = a.selectionStart;
              var end = a.selectionEnd;
              document.getElementById('rightarea').
                  setSelectionRange(start, end);
          }
      </script>
</head>
<body>
<div><textarea id="leftarea" rows=6>
</textarea></div>
<button onclick="doscopy()">複製選取範圍</button>
<div><textarea  id="rightarea" rows=6></textarea></div>
</body>
</html>
```

函式 doscopy() 於使用者按下按鈕時執行，其中透過 selectionStart 與 selectionEnd 的引用取得 leftarea 這個文字方塊的選取內容，然後以其值為參數，調用 setSelectionRange()，以程式化的方式選取下方的文字方塊內容。

最後還要討論另外一個屬性 selectionDirection ，它表示文字的選取方向，當你從左至右選取文字時，這個屬性值是 forward ，反之則是 backward ，以下直接來看範例。

範例 4-11 文字選取方向

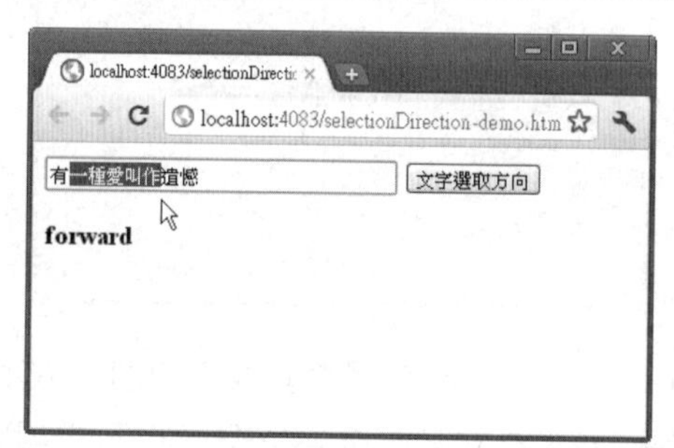

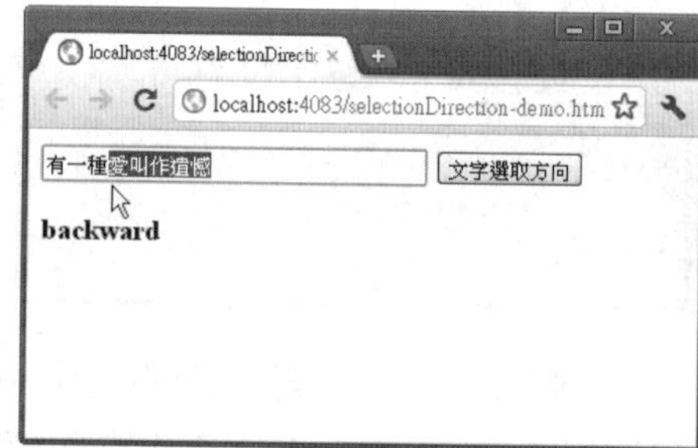

左圖是從左邊「一」開始往右選取，因此檢查選取方向為 forward ，反之右圖從「憾」這個字往左選取，因此顯示選取方向為 backward 。

selectionDirection-demo.html

```
<!DOCTYPE html >
<html >
<head>
      <title> 文字選取方向 </title>
      <script>
          function checkdirection() {
               document.getElementById('dirmsg').innerHTML =
                    document.getElementById('stext').selectionDirection ;
          }
      </script>
</head>
<body>
<input type="text" id="stext" />
<button onclick="checkdirection()" > 文字選取方向 </button>
<p id="dirmsg"></p>
</body>
</html>
```

這個範例相當簡單，其中直接引用 selectionDirection 以檢視目前的文字選取方向，並且將回傳的結果字串顯示在畫面上的 p 元素。

4.6 數值輸入

支援數值輸入的 input 元素有兩種型態，分別是 number 與 range ，前者適合輸入精確的數值，後者適合比較粗略的範圍值輸入，在畫面上呈現的基本外觀如下：

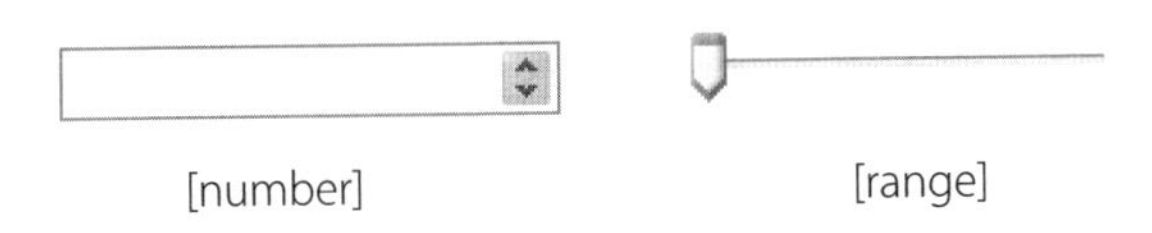

[number] [range]

左圖是 type 設為 number 的控制項外觀，右邊出現兩個箭頭，支援數值資料的輸入，右圖呈現的是一個滑桿，移動滑桿可以調整所要輸入的數字。這裡的截圖擷取 Chrome 瀏覽器的畫面，其它瀏覽器的輸入介面不盡相同，請讀者自行測試。

以下是 number 控制項的 input 元素設定語法：

```
<input type="number" min=-20 max=20 step=2 />
```

其中的 min 與 max 設定這個控制項接受的輸入值範圍，只允許輸入值大於等於 -20 或是小於等於 20 ，而 step 則指定每一次按下箭頭按鈕時遞增或是遞減的數值等於 2 ，若不設定這三個屬性，則 number 會從 0 開始以 1 的大小遞增或是遞減。

接下來是 range 控制項的設定語法：

```
<input type="range"  min=-20 max=20 step=2 />
```

其中屬性意義完全與上述 number 型態控制項相同，只是它以滑桿取代箭頭輸入。

範例 4-12 示範數字輸入

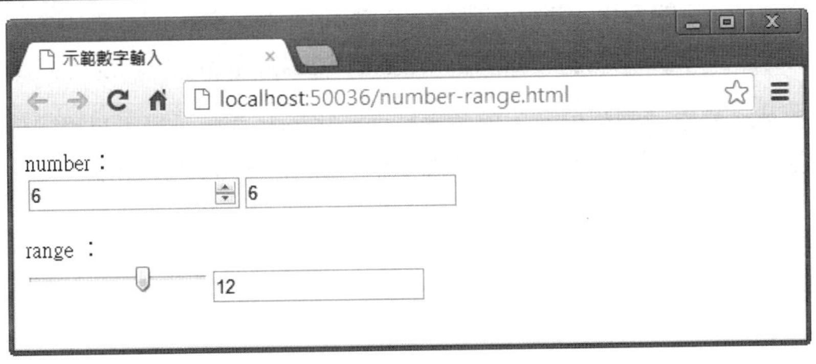

執行畫面中針對 number 以及 range 兩個控制項，配置了對應的文字方塊，當數字改變時，會將改變的值顯示在右邊對應的文字方塊中，由於這兩個文字方塊均設定了 min、max 以及 step 屬性，因此設定的值會落在指定的範圍內，而且以 step 屬性值的大小改變。

number-range.html

```
<!DOCTYPE html >
<html>
<head>
      <title>示範數字輸入</title>
      <script>
          function numberChange() {
              var n = document.getElementById('numberInput').value;
              document.getElementById('numberText').value = n;
          }
          function rangeChange() {
              var n = document.getElementById('rangeInput').value;
              document.getElementById('rangeText').value = n;
          }
      </script>
</head>
<body>
<p>number：<br />
<input type="number" id="numberInput"
      min=-60 max=60 step=2
      onchange="numberChange()"  />
<input id="numberText"/></p>
<p>range ：<br />
<input type="range"  id="rangeInput"
      min=-40 max=40 step=2
      onchange="rangeChange()"   />
<input id="rangeText"/></p>
</body>
</html>
```

HTML 以灰階標示的部分，分別是 number 以及 range 的設定，請自行與執行結果比對以瞭解其設定的效果。當使用者輸入的數值發生改變時，其中 onchange 事件屬性設定的函式會自動執行，取得輸入的數值，並且顯示在指定的文字方塊。

稍早討論 step 屬性時曾經提及，這個屬性亦支援 any 字串，表示其接受任意的精確度，現在將範例中 input 的 step 修改為 any ，得到下頁的執行結果。

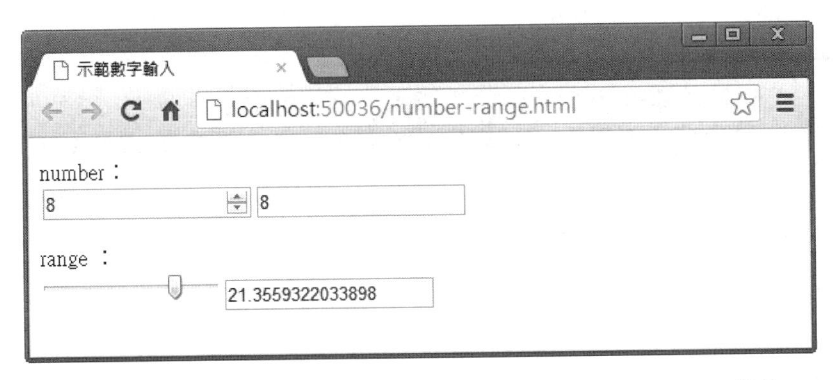

如你所見，第一個 number 無法調整其中的數值，而第二個 range 型態的 input ，每次移動滑桿所改變的值相當的細微。

控制數值變化間距的 step 屬性，可以進一步透過程式進行調整，方法 stepUp() 與 setDown() 支援相關功能的實作，以 setUp() 為例，此方法接受一個 n 參數，當方法被調用時，目前的數值會以 step 的屬性值乘上 n 所取得的結果值增加，考慮以下的程式碼：

```
<input id="x" type="number" min=0 max=200 step=2 />
```

針對這個 number 控制項，以如下的程式碼調用方法 stepUp()：

```
document.getElementById('x').stepUp(3);
```

由於控制項的 step 設定為 2，stepUp() 的參數為 3，當這一行程式碼執行完畢時，會導致目前控制項的值增加 2 x 3 = 6。

方法 setDown() 的運算邏輯意義相同，只是調用此方法會減少控制項目前的值，以接下來這一行程式碼為例：

```
document.getElementById('x').stepDown(3);
```

其中調用了 stepDown() ，因此控制項中的值這一次會減少 6 。

範例 4-13 示範 stepUp 與 setDown 方法

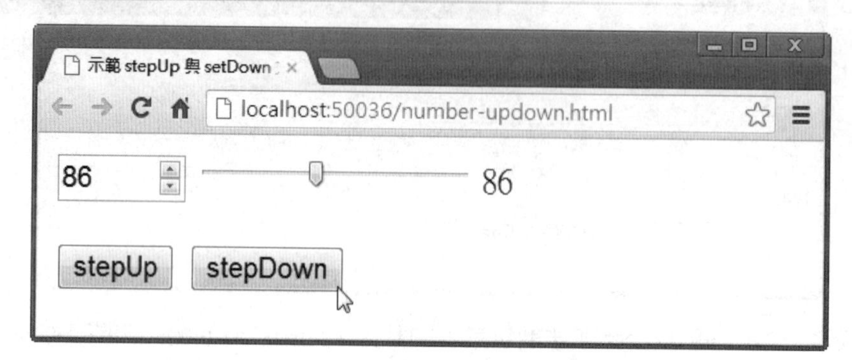

畫面上配置了一個 number 以及 range 控制項，下方兩個按鈕，stepUp 按一下會增加 input 控制項的值，而 stepDown 控制項則會減少其目前的值。

number-updown.html

```
<!DOCTYPE html >
<html>
<head>
      <title>示範 stepUp 與 setDown 方法</title>
      <script>
          function up() {
              document.getElementById('rangeInput').stepUp(3);
              document.getElementById('numberInput').stepUp(3);
              rangeChange();
          }
          function down() {
              document.getElementById('rangeInput').stepDown(5);
              document.getElementById('numberInput').stepDown(5);
              rangeChange();
          }
          function rangeChange() {
              var v = document.getElementById('rangeInput').value;
              document.getElementById('rangeValue').innerHTML = v;
          }
      </script>
</head>
<body>

<input id="numberInput" type="number" min=0 max=200 step=2 value="0"/>
<input id="rangeInput" type="range" min=0 max=200 step=2 value="0" />
<label id='rangeValue'></label>
<p>
<button id="upButton" onclick="up()">stepUp</button>
<button id="downButton" onclick="down()" >stepDown</button>
</p>
</body>
</html>
```

HTML 的部分，配置了兩個 input 元素，分別是 number 與 range 型態控制項，step 均為 2，接下來的兩個 button 控制項，其 onclick 事件屬性分別設定為 up() 與 down()。

在 JavaScript 的部分，函式 up() 針對 number 與 range 控制項，調用了 stepUp() 方法，進行目前數值的調整，增加控制項的值，而另外一個 down() 函式，則調用 stepDown() ，減少控制項的值。

最後，函式 range() 的功能則是當每一次 range 控制項的值改變時，於 label 元素中呈現改變後的新值。

4.7 color 控制項

當你要在網頁提供顏色值的輸入功能，可以將 input 型態設為 color ，如此一來就可以讓使用者輸入所要指定的顏色值。考慮以下的 input 元素設定：

```
<input type="color" />
```

Chrome 瀏覽器呈現以下的畫面

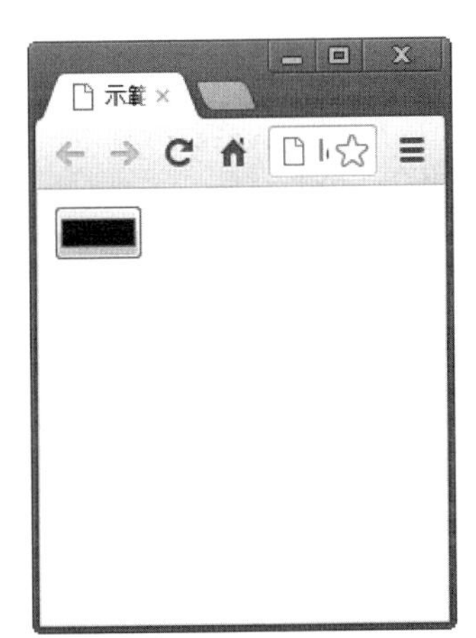

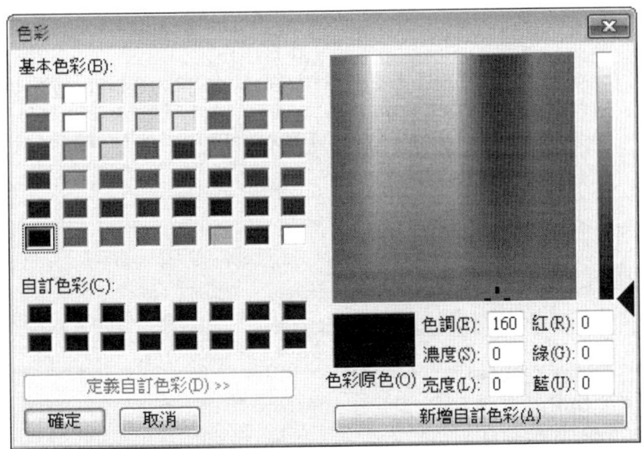

左邊是一開始網頁載入的畫面，其中顯示一個顏色選取按鈕，預設是黑色，按一下按鈕則會顯示一個色彩面板提供色彩的選取。

範例 4-14 示範 color 型態資料輸入

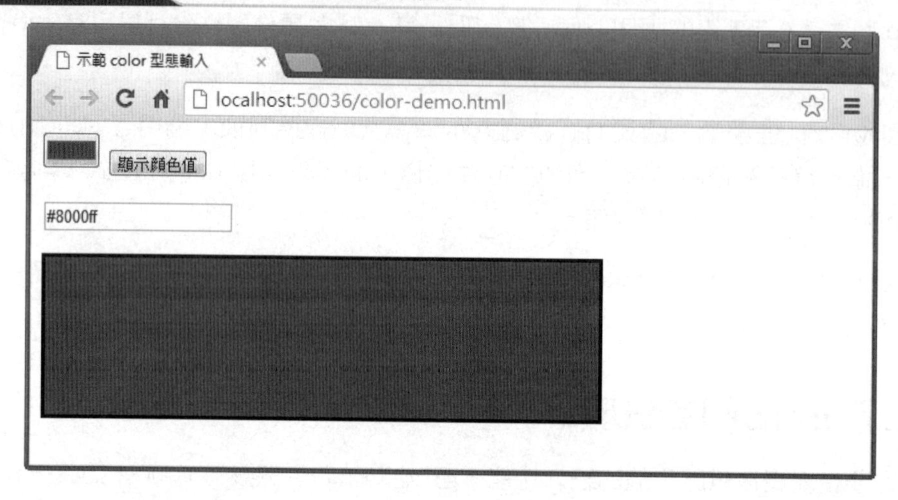

按一下左上角的色彩按鈕，於出現的色彩選取面板中，選取特定的顏色，對應的字串會顯示在文字方塊中，而下方的方塊區域顯示所選取的顏色。

color-demo.html

```
<head>
      <title>示範 color 型態輸入</title>
      <script>
          function showColor() {
              var color = document.getElementById('colorInput').value;
              document.getElementById('colorText').value = color;
              document.getElementById('colorPanel').style.background = color;
          }
      </script>
      <style type="text/css">
          #colorPanel
          {
              width: 447px;
              height: 123px;
          }
      </style>
</head>
<body>
<input type="color" id="colorInput" />
<button onclick="showColor()">顯示顏色值</button>
<p>
      <input id="colorText"/>
      <div id="colorPanel" style="border-style: solid" ></div>
</p>
</body>
```

其中的 showColor() 於使用者按下按鈕時執行，取得畫面上使用者輸入的色彩對應字串，然後將其顯示在 id 為 colorText 的 input 元素當中，另外將其值設定給 div 元素的 background 屬性值，呈現所選取的色彩。

4.8 使用進度列

有兩個支援程序進度或是比例資訊的視覺化呈現元素，一個是 progress ，另外一個則是 meter ，前者適用動態的進度展現，後者適於呈現某個範圍內一定比例的值，以下這一節針對此兩種控制項進行說明。

- **progress**

如果網頁執行一段長時間的程序，例如開啟一個大型檔案或是執行複雜的運算等等，在這種情形下通常會提供一個動態改變的進度列，讓使用者能夠清楚的瞭解目前程序執行的進度，progress 特別適合用來處理類似的狀況。考慮以下的基本設定：

```
<progress max="1.0" value="0.8">
      ProgressBar value=0.8
</progress>
```

這個元素設定會在網頁顯示一個進度列，max 屬性設定最大的值是 1.0 ，value 表示目前的值為 0.8 ，而其中的文字於不支援 progress 元素的網頁中呈現。

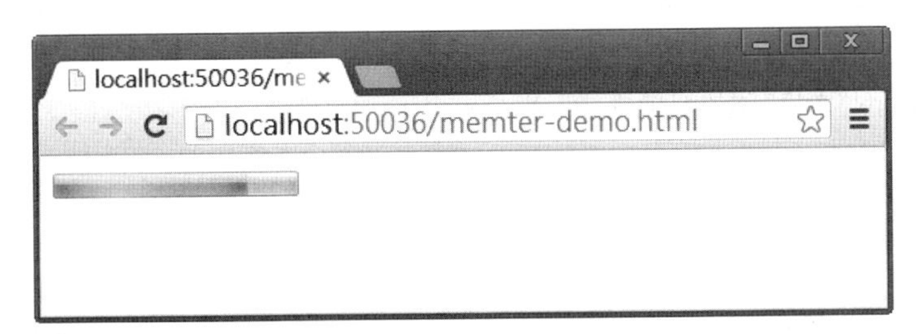

這是上述 HTML 所呈現的結果畫面，由於 value 屬性值固定設為 0.8 ，因此進度列長度固定，但顯示動畫效果，通常我們會在某種程序進行中，透過 JavaScript 設定其 value 屬性，如此一來進度列長度會隨著時間改變。

除了顯示動態效果，進度列經常會顯示代表程序執行進度的百分比，而 position 屬性可以讓我們取得 progress 的進度百分比值。

- **meter**

如果只是要呈現表示某個特定比例的靜態數值，meter 是合適的選擇，考慮以下的 HTML 元素設定：

```
<meter max="600" min="0" value="300"  >
      meter value=300
</meter>
```

其中的 max 是範圍數值中最大的可能值，而 min 則是最小的可能值，最後的 value 屬性則代表目前的值，在瀏覽器中，這一段設定將呈現以下的結果：

meter 元素在畫面上顯示一個表示特定比例值的長條圖，對於呈現如意見調查之類的相關資訊非常有用。

另外還有幾個屬性需要特別說明，包含 high、low 以及 optimum ，這三個值分別用來設定比例範圍中，高標、低標以及最佳值，例如底下是另外一段 meter 的設定，其中顯示了相關屬性的設定效果：

```
<meter max="600" min="0" value="580" high="550"></meter>
<meter max="600" min="0" value="100" low="150"></meter>
<meter max="600" min="0" value="300" optimum="300"></meter>
```

這三段設定中，第一個 meter 將 high 屬性設定為 550，一旦 value 超過這個值，表示比例過高，meter 將以不同的色彩呈現，接下來是 low 屬性，其值設為 150，value 低於這個值表示比例過低，而最後一個 meter 的 value 與 optimum 完全相同，表示這是最佳的比例。

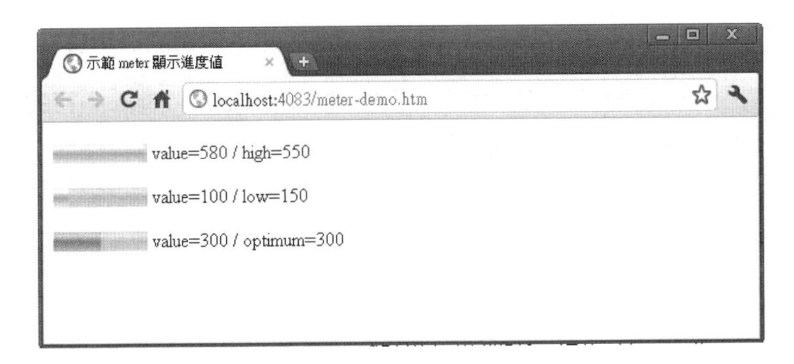

這張圖呈現上述的設定效果，本書為單色印刷，因此請自行於瀏覽器測試此範例網頁，其名稱為 meter-demo.htm 。

4.9 datalist 元素與 list 屬性

本章一開始曾經提及 autocomplete 這個屬性，它會自動記憶使用者曾經傳送的資料，並且提示相關資料清單協助使用者完成輸入工作，如果使用者沒有輸入資料內容，則無法呈現出來。

當你想要提供使用者一個預先設定好的清單，須進一步加工，相關的功能可以透過 input 元素支援的 list 屬性來完成，這個屬性支援資料清單的設定，其屬性值關聯至一個預先設定好的資料清單，當這個屬性完成設定，使用者於其中輸入資料時，清單就會顯示出來，而資料清單則由 datalist 元素負責處理，設定如下：

```
<datalist id="cityList">
      <option value=" 台北市 " >
      <option value=" 新北市 ">
      <option value=" 台中市 ">
      <option value=" 台南市 ">
      <option value=" 高雄市 ">
      … …
</datalist>
```

其中的資料項目由 option 元素表示，完成這個清單之後，還必須設定 id 屬性，這個屬性值被指定給 input 元素的 list 屬性，如此一來，此 datalist 當中的 option 項目將成為 input 預設的資料輸入清單，設定如下式：

```
<input type="text" list="cityList"  />
```

完成這裡的設定，其中的 input 元素就會在使用者輸入時，顯示可用的資料清單，另外當你輸入部分資料時，資料清單會自動過濾並顯示合適的提示資料。

datalist 還有另外一個 label 屬性，設定這個屬性值用以提示 option 內容的值，例如我們可以將上述的語法例子調整如下：

```
<datalist id="cityList">
      <option value="City-Taipei" label="台北市">
      <option value="City-New Taipei" label="新北市">
      <option value="City-Taichung" label="台中市">
      …
</datalist>
```

如此設定之後，選單中會顯示 label 的值，而 value 則是選取之後呈現在文字方塊中的內容。

範例 4-15 示範 Auto Complete 功能

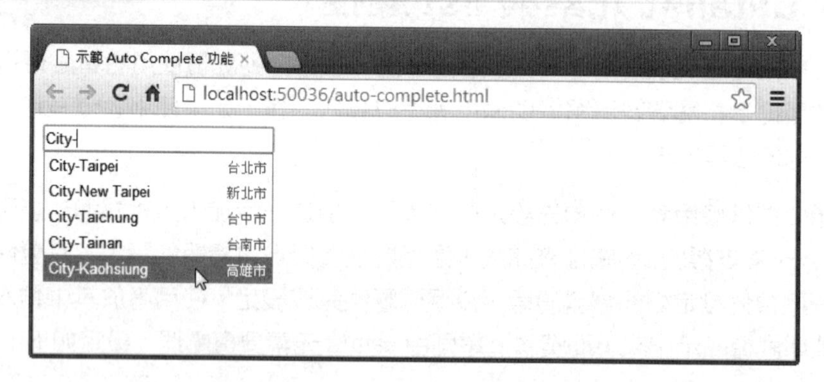

這個範例沒有特別的功能，僅示範自動完成的效果，當使用者選取完成之後，屬性 label 的值會顯示在文字方塊中。

auto-complete.html

```
<!DOCTYPE html>
<html >
<head>
      <title>示範 Auto Complete 功能</title>
</head>
<body>
<input type="text" id="cityText" list="cityList" />
<datalist id="cityList">
      <option value="City-Taipei" label="台北市">
      <option value="City-New Taipei" label="新北市">
      <option value="City-Taichung" label="台中市">
      <option value="City-Tainan" label="台南市">
```

(續)

```
        <option value="City-Kaohsiung" label="高雄市">
        <option value="Miaoli" label="苗栗">
        <option value="Hsinchu" label="新竹">
        …
</datalist>
</body>
</html>
```

其中的 input 元素，將 list 屬性設定為 datalist 元素 cityList ，而 datalist 中的 option 則同時設定了 value 與 label 屬性，為了節省篇幅，這裡僅列舉部分的 option 內容。

4.10 關於 formnovalidate 屬性

到目前為止，我們完成了各種型態的 input 控制項輸入討論，讀者看到了這些元素在表單傳送之前，自動執行驗證行為，如果不要觸發驗證機制可以透過屬性 formnovalidate 進行設定，稍早討論表單關聯屬性時並未針對這一部分進行說明，而現在我們具備了足夠背景知識，進一步來看看這個屬性的細節。考慮以下這一行程式碼，其中設定了 formnovalidate 屬性：

```
<input type="submit" formnovalidate></input>
```

在預設的情形下，如果使用者傳送表單時沒有填入符合 email 格式的資料，將會觸發驗證機制，由於其中設定了 formnovalidate 屬性，因此如果是經由這個按鈕送出表單，則驗證行為不會發生，即便輸入錯誤格式的 email 資料，還是會順利的傳送出去。

範例 4-16 示範 formnovalidate 屬性

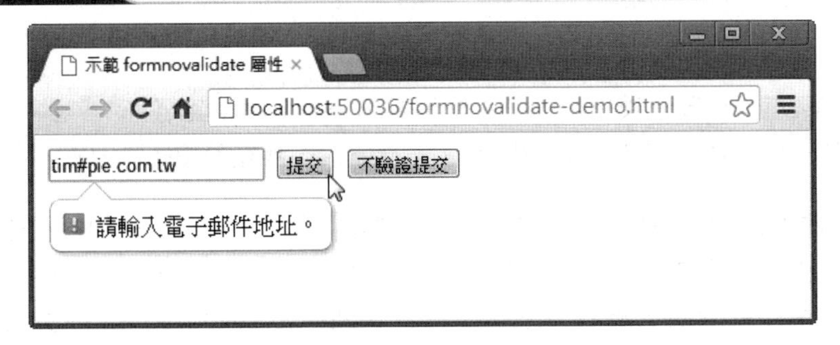

此範例僅簡單的配置一個 email 型態的 input 控制項，提交按鈕會驗證使用者輸入的資料是否符合電子郵件格式，如果按下「不驗證提交」按鈕，則控制項的輸入

內容不會經過任何驗證即傳送出去。

formnovalidate-demo.html

```
<!DOCTYPE html >
<html >
<head>
      <title>示範 formnovalidate 屬性</title>
</head>
<body>
<form  >
<input type="email" />
<input type="submit" />
<input type="submit" value="不驗證提交" formnovalidate />
</form>
</body>
</html>
```

在第二個 submit 型態的按鈕控制項中，設定了 formnovalidate 屬性，因此這個按鈕執行的送出作業不會有任何的驗證行為。

HTML5 為 form 元素導入一個 novalidate 屬性，當你設定了這個屬性，表單中的 input 元素在傳送之前亦不會再驗證，而如果你設定了 novalidate 屬性，同時也在 input 元素中設定 formnovalidate 屬性，則它會覆寫 form 元素的 novalidate 屬性，效果相同。

範例 4-17 示範 novalidate 屬性

novalidate-demo.html

```
<form novalidate >
      <input type="email" />
      <input type="submit" />
      <input type="submit" value="不驗證提交" formnovalidate />
</form>
```

這個範例與前一個範例幾乎相同，只是其中的 form 元素設定了 novalidate 屬性，因此無論哪一個按鈕按下時，表單中 input 元素資料均會立即被傳送出去。

表單驗證是開發 Web 網頁應用相當重要的議題，開發人員除了針對各種類型的資料輸入提供合適的控制項之外，還必須支援相關的格式驗證，而到目前為止本章所提及的驗證機制均是 input 元素內建的，它們在表單執行 submit 作業時發生作用，這種基本的功能並沒有辦法滿足應用程式的開發需求，接下來在這些基礎上面，我們更進一步的，深入討論表單相關驗證的程式化控制實作。

4.11 表單驗證

通常針對表單的資料輸入，必須提供適當的驗證機制，以防止使用者輸入錯誤格式資料或是漏填必要欄位，本章到目前為止，針對各種型態的 input 控制項，討論了支援表單欄位驗證的內建屬性，除此之外，透過 JavaScript 操作 input 元素的程式化驗證機制，可以進一步建立更彈性的驗證功能。

4.11.1 input 元素驗證 API（constraint validation）

HTML5 導入新型態的 input 元素，支援各種格式的資料輸入作業，同時在表單的資料傳送過程中提供基本的格式驗證，不過此種機制必須搭配表單的 submit 動作才能有驗證的效果，當資料不是經由此種方式傳送出去時，驗證機制就不會啟動，而現今 Web 應用程式為了強化使用者體驗，愈來愈多的網頁採用 Ajax 模式，於背景完成資料的傳送作業，也因此無法啟動 input 元素的預設驗證機制，如此一來使用新型態的 input 元素就變得沒有意義了，而針對此種狀況，可以經由調用 input 元素驗證 API ，以程式化控制的方式，達到驗證的目的。下表列舉相關的成員：

驗證方法成員	說　明
willValidate	假如表單傳送出去之前會進行驗證則回傳 true ，否則回傳值為 false 。
setCustomValidity (message)	設定一個自訂的錯誤驗證，當驗證失敗時，將 message 回傳給使用者。
checkValidity()	如果元素的輸入值沒有問題，則回傳 true ，否則回傳值為 false 。
validity	回傳一個代表元素驗證狀態的 ValidityState 物件。

首先來看 willValidate 屬性，你可以透過這個屬性以瞭解是否某表單中的某個 input 元素傳送出去之前會進行驗證的行為。

範例 4-18 示範 willValidate

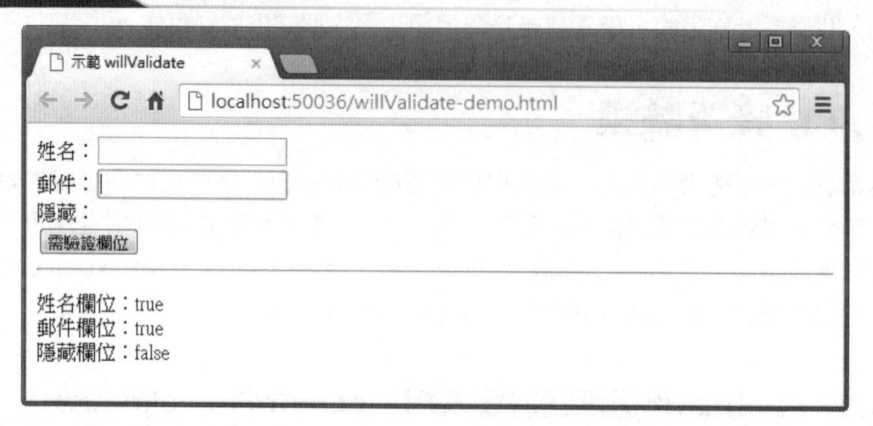

一開始載入時，畫面上有兩個文字方塊欄位，以及一個隱藏欄位，按一下「需驗證欄位」，對這三個欄位進行 willValidate 屬性檢查，其中隱藏欄位並不會被驗證，因此回傳值為 false。

willValidate-demo.html

```
<!DOCTYPE html>
<html>
<head>
      <title>示範 willValidate</title>
      <script>
          function wvalidate() {
              var message = '';
              message = '姓名欄位：' +
                  document.getElementById('name').willValidate +
                  '<br />';
              message += '郵件欄位：' +
                  document.getElementById('email').willValidate +
                  '<br />';
              message += '隱藏欄位：' +
                  document.getElementById('hiddenmsg').willValidate +
                  '<br />';
              document.getElementById('msg').innerHTML = message;
          }
      </script>
</head>
<body>
<form >
<label>姓名：</label><input id="name" type="text"  required  /><br />
<label>郵件：</label><input id="email" type="email"   /><br />
```

(續)

```
<label>隱藏：</label><input id="hiddenmsg"  type=hidden  />
</form>

<button onclick="wvalidate()">需驗證欄位</button>
<hr />
<p id="msg" ></p>
</body>
</html>
```

JavaScript 的部分，逐一調用畫面上所有元素的 willValidate ，並且合併成結果字串輸出。

針對必須驗證的 input 控制項，可以進一步透過 checkValidity() 方法的調用，直接檢視其輸入內容是否符合驗證規則，以下示範相關的應用。

範例 4-19 示範 checkValidity()

畫面顯示一個接受郵件格式資料的輸入欄位，於其中輸入任意郵件資料，按一下「驗證欄位」按鈕，如果輸入格式不符者，會顯示錯誤提示訊息。

checkValidity-demo.html

```
<!DOCTYPE html >
<html>
<head>
      <title>示範 checkValidity()</title>
      <script>
          function cValidity() {
              var message = '';
              if (document.getElementById('email').value.length !='' ) {
```

(續)

```
                    if (!document.getElementById('email').checkValidity())
                        message += '郵件資訊錯誤<br/>';
                    else
                        message = '資料完全正確';
                } else {
                    message = '請輸入郵件資訊！';
                }
                document.getElementById('msg').innerHTML = message;
            }
        </script>
</head>
<body>
        <form>
        <label>
            郵件資訊：</label><input id="email" type="email" /><br />
        </form>
        <button onclick="cValidity()">
            驗證欄位</button>
        <hr />
        <p id="msg">
        </p>
</body>
</html>
```

當使用者按下「驗證欄位」按鈕，執行其中的 cValidity() 函式，然後調用郵件資訊欄位的 checkValidity() 函式，檢視輸入的資料是否符合驗證格式需求，並根據檢視結果進行輸出。

自訂驗證必須進一步搭配 setCustomValidity() 方法與 ValidityState 物件屬性，才能發揮最大功能，而接下來的課程，我們持續介紹相關的設計應用。

4.11.2 ValidityState 物件屬性與驗證結果

引用 validity 屬性將回傳一個 ValidityState 物件，表示此 input 元素的驗證狀態，ValidityState 介面定義了許多的屬性值，分別代表不同的驗證狀態資訊，其中的 valid 如果是 false，表示驗證失敗，反之為 true，表示通過了驗證，接下來的範例針對此屬性進行說明。

範例 4-20 示範 validate

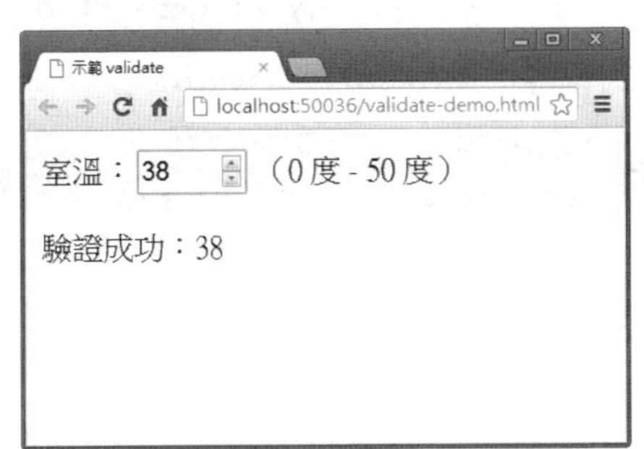

左圖數值方塊中的值落在 0 ~ 50 的範圍內，因此顯示了驗證失敗的訊息，右圖則相反，直接輸入 88，因此出現失敗的驗證訊息。

validate-demo.html

```
<!DOCTYPE >
<html>
<head>
      <title>示範 validate </title>
      <script>
          function validate(number) {
              if (number.validity) {
                  var t = document.getElementById('temp').value;
                  var msg =
                      (number.validity.valid == true ?
                      '驗證成功：' + t :
                      '驗證失敗：' + t);
                  document.getElementById('message').innerHTML = msg ;
              }
          }
      </script>
</head>
<body>
室溫：<input id='temp' type="number" rrequired value="25"
               min="0" max="50" step="1"
               oninput="validate(this)">
<label> (0 度 - 50 度) </label>
<p id="message"  ></p>
</body>
</html>
```

在 HTML 部分配置的 input 元素中，設定了 min/max 屬性限制輸入值的範圍，然後在 oninput 事件屬性指定的回應處理器中，if 判斷式首先檢視 validity 物件，確定其回傳物件之後，進一步檢視 valid 屬性是否為 true ，並且根據其結果輸出相關的訊息。

這個範例簡化驗證的程序，僅檢視回傳的 ValidityState 物件其 valid 屬性值，如果是 false ，我們必須檢視 ValidityState 物件其它的屬性值，才能更精確的瞭解錯誤的原因，針對各種狀況，ValidityState 均有對應的屬性可供檢視，列舉如下：

ValidityState 列舉	說　明
valueMissing	設定 required 屬性的控制項沒有輸入值。
typeMismatch	Email 或是 url 型態控制項的輸入值不符格式。
patternMismatch	輸入值與樣式不符。
tooLong	輸入字元超出 maxlength 長度。
rangeUnderflow	輸入值小於 min 屬性值設定。
rangeOverflow	輸入值超出 max 屬性值設定。
stepMismatch	控制項的值調整不符 step 設定。
customError	自訂的驗證訊息字串。
valid	表示有其它的驗證錯誤狀況。

表列的各種屬性成員，分別代表不同的錯誤狀況，在 valid 屬性值為 false 的狀況下，對應驗證失敗原因的屬性值將會是 true ，假設於其中輸入超過 50 的溫度值，則會導致驗證失敗，因此回傳的 ValidityState 物件其 rangeOverflow 屬性值將會是 true ，表示目前的輸入值已經超過 max 屬性的設定值，同理，如果輸入的值小於 0，則 rangeUnderflow 屬性值將會是 true 。

範例 4-21 示範 validate 屬性與驗證失敗原因判斷

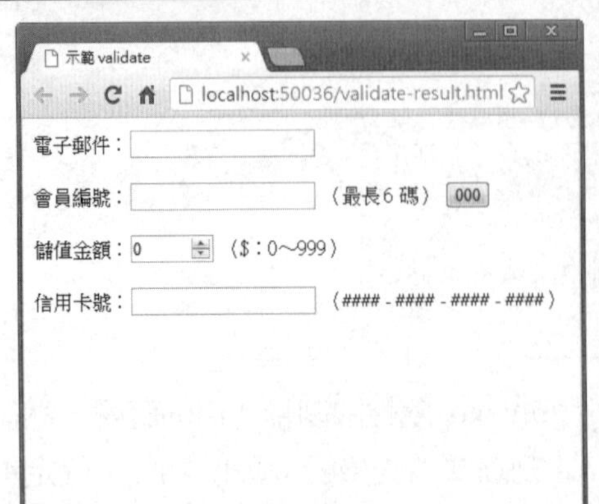

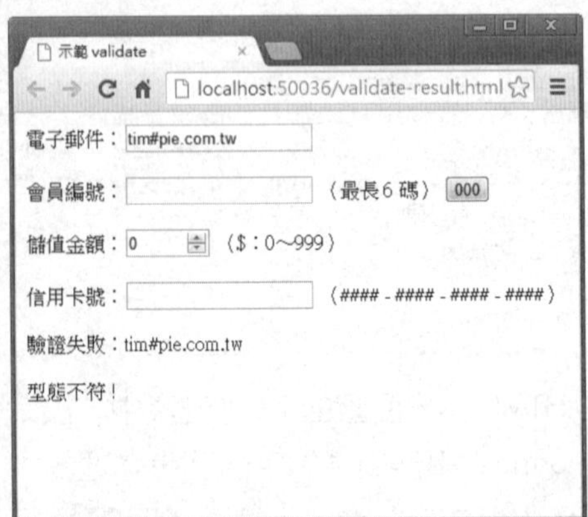

左邊是網頁一開始載入的畫面，右邊則是「電子郵件」格式不符的結果畫面，下方為顯示的驗證訊息。

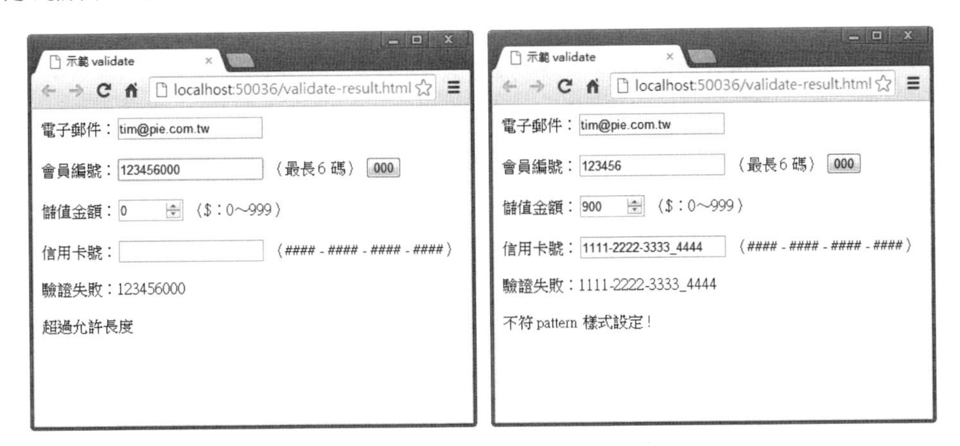

接下來左邊的畫面，是「會員編號」文字方塊輸入超過 6 碼長度的字元，由於設定了 maxlength 屬性，因此無法輸入超過長度的字元，而旁邊的「000」按鈕按一下會補上三個 0 ，如此一來再進行編輯則出現畫面下方的驗證訊息。

最後右邊的畫面則是「信用卡號」文字方塊中，未輸入符合樣式設定的字串，出現樣式設定不符的驗證結果。

validate-result.html

```
<!DOCTYPE >
<html>
<head>
      <title>示範 validate </title>
      <script>
          function validate(number) {
              if (number.validity) {
                  var t = number.value;
                  var msg =
                      (number.validity.valid == true ?
                      '驗證成功：' + t :
                      '驗證失敗：' + t + '<br/><br/>' +
                      checkVState(number.validity));
                  document.getElementById('message').innerHTML = msg;
              }
          }
          function checkVState(v) {
              var msg = '';
              switch (true) {
                  case v.valueMissing:
                      msg = '不可空白';
```

(續)

```
                    break;
                case v.typeMismatch:
                    msg = '型態不符 !';
                    break;
                case v.patternMismatch:
                    msg = '不符 pattern 樣式設定 !';
                    break;
                case v.tooLong:
                    msg = '超過允許長度';
                    break;
                case v.rangeUnderflow:
                    msg = '小於範圍最小允許值 !';
                    break;
                case v.rangeOverflow:
                    msg = '大於範圍最大允許值 !';
                    break;
                case v.stepMismatch:
                    msg = '不符 step 設定 !';
                    break;
            }
            return (msg);
        }
        function add() {
            document.getElementById( "itext").value += "000";
        }
    </script>
</head>
<body>
<p>
電子郵件：<input  type="email"
                  required
                  oninput="validate(this)"
              />
</p>
<p>
會員編號：<input id="itext" type="text"
                  maxlength=6
                  required
                  oninput="validate(this)"
              /><label>(最長 6 碼)</label>
<button onclick="add()"  >000</button>
</p>
<p>
儲值金額：<input  type="number"
                  value="0"
                  min="0" max="999" step="100"
                  oninput="validate(this)"
              /><label>($：0 ~ 999)</label>
</p>
<p>
信用卡號：<input pattern="[0-9]{4}[-][0-9]{4}[-][0-9]{4}[-][0-9]{4}"
                 title="#### - #### - #### - ####"
                 oninput="validate(this)"/>
                <label>(#### - #### - #### - ####)</label>
</p>
<p id="message"  ></p>
</body>
</html>
```

HTML 配置四個不同型態的 input 控制項，分別測試驗證的結果，其中 oninput 事件屬性均設定了 validate() 函式，因此可以共用此事件監聽器。

HTML 控制項中，電子郵件的 input 元素，導致一個 typeMismatch 驗證結果，除了控制項本身型態的特性，另外分別設定了 required 屬性來產生 valueMissing 的驗證結果。會員編號的 input 元素，其中設定的 maxlength 於輸入的資料長度大於 6 時導致 tooLong 驗證結果。

儲值金額的 input 元素，其中的 min 屬性因為小於此屬性值的輸入導致 rangeUnderflow 結果，max 則導致 rangeOverflow 結果，step 屬性導致 stepMismatch 結果。假設你輸入一個具小數點的非整數，而 step 等於 100 時不可能出現如此的值，在這種情形下 stepMismatch 的情況便會出現。最後信用卡號的 input 元素，設定的 pattern 屬性，則導致樣式的 patternMismatch 驗證結果。

回到上述列表，你會發現在這個範例中，還有一個屬性 customError 沒有測，這個屬性必須搭配另外一個支援自訂驗證的方法 setCustomValidity() 進行說明，我們繼續往下看。

4.11.3 自訂驗證

如果是非前述的制式驗證，必須透過自訂驗證的方式建立專屬的驗證邏輯，方法 setCustomValidity() 支援相關的實作。

自訂驗證的過程不是那麼直觀，首先必須建立一個函式，於其中設計驗證邏輯，並且建立驗證失敗的結果訊息，最後將訊息字串當作參數，調用 setCustomValidity() 之後傳入，考慮以下的程式片段：

```
function validate() {

        // 驗證邏輯運算
        // 驗證訊息 vresult 被當作參數傳入
        // input.setCustomValidity(vresult);
}
```

在這段程式碼中，validate() 為自訂驗證函式，而驗證結果訊息 vresult 被當作參數，最後傳入 setCustomValidity() 中，接下來在需要此驗證運算的時機點調用 validate() 即可，一旦 setCustomValidity() 調用之後其結果為 false ，則表單的傳送將會失敗，並且以 vresult 作為提示訊息顯示。

要注意的是，一旦驗證的結果合法，必須再次調用 setCustomValidity()，以空字串為參數傳入，表示驗證已經通過，否則的話表單的傳送依然無法進行。另外，傳入 setCustomValidity() 的驗證訊息字串 vresult，透過 validationMessage 即可直接取出。

範例 4-22 示範 setCustomValidity() 自訂驗證

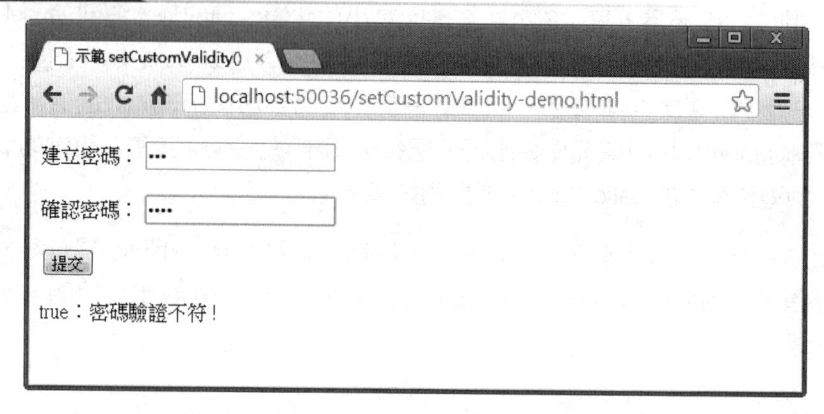

上圖畫面中兩個文字方塊的內容不符時無法通過驗證，按一下「提交」按鈕嘗試送出表單時會失敗，並且顯示自訂的驗證訊息，為了方便比較說明，畫面下方同時顯示了自訂的訊息文字。如果兩個內容均相同將完成驗證，按下「提交按鈕」表單便成功傳送。

setCustomValidity-demo.html

```
<!DOCTYPE html >
<html >
<head>
      <title>示範 setCustomValidity() 自訂驗證</title>
      <script>
          function validate(input) {
              var pwd1 = document.getElementById('pwd1');
              var pwd2 = document.getElementById('pwd2');
              var vresult ;
              if (pwd1.value != pwd2.value) {
                  vresult = '密碼驗證不符 !';
                  input.setCustomValidity(vresult);
                  document.getElementById('message').innerHTML =
                      input.validity.customError + ':' +
                      input.validationMessage;
              } else {
```

(續)

```
                    document.getElementById('message').innerHTML = '';
                    input.setCustomValidity('');
                }
            }
        </script>
</head>
<body>
    <form>
    <p><label >建立密碼：</label>
    <input id="pwd1" type=password  /></p>
    <p><label >確認密碼：</label>
    <input id="pwd2" type=password  oninput="validate(this)"/></p>
    <input type="submit"   />
    <p id="message"></p>
    </form>
</body>
</html>
```

針對第二個 input 元素，設定其 oninput 事件屬性，其中的 validate() 這個函式會在每一次輸入第二個密碼時被執行，判斷兩個密碼欄位否相等，如果不相等，會透過 pwd2 這個 input 調用 setCustomValidity() ，並且傳入自訂的驗證訊息，另外，引用 validationMessage 取出此訊息。

最後如果驗證通過，同樣的再次調用 setCustomValidity() ，只是傳入空字串，如此一來才能順利讓接下來表單的動作執行。

4.11.4 關於驗證在網頁上的實作注意

到目前為止，我們看到了各種型式的輸入驗證，從控制項內建的屬性，到自訂驗證邏輯，必須注意的是，這些驗證功能的支援，只應該用來協助使用者輸入正確的資料，建立良好的網頁操作體驗，千萬不要依賴這些機制進行真正的資料輸入控管，特別是這些資料被送回伺服器時，必須再經由伺服器進行最後的確認以保證資料的安全。

SUMMARY

表單是 Web 應用程式介面設計的第一步，讀者經由本章的課程討論，瞭解了 HTML5 針對傳統表單 input 標籤進行的大幅擴充，具備在網頁介面運用新功能建立網頁表單輸入介面的基本能力，下一章我們將進一步就 HTML5 所導入的程式化互動功能作介紹。

第五章

事件處理與互動式網頁介面

繼前述章節的元素與屬性討論之後，這一章我們要進一步討論事件處理的相關議題，包含各種事件的捕捉以及回應函式設定等等，瞭解這些程式化設計的議題，對於具備高度互動特性的 Web 應用程式建立至關重要。從傳統的滑鼠與鍵盤事件，到 HTML5 全新支援的拖曳事件，還有網頁瀏覽歷程偵測的 History API ，都將在這一章裡面進行說明。

5.1 輸入 input 事件

針對商業應用程式的開發，表單元素扮演相當重要的角色，它支援大量的新事件，開發人員因此可以利用這些特性，建構具備高度互動特性的視覺化操作介面，我們從 HTML5 導入的 input 事件開始進行討論，這個事件針對使用者的輸入操作提供精準的回應。

在 HTML5 之前，為了支援使用者的按鍵操作，於資料輸入時同步取得其輸入值，通常透過 onkeyup 事件屬性來達到這個目的，考慮以下這段程式碼：

```
input.onkeyup = function () {
      // 引用 input.value 取得使用者輸入的值
}
```

這一段程式設定 onkeyup 屬性，其中的 input 表示一個輸入控制項，例如文字方塊，經由引用 input.value 可以即時取得使用者輸入的字元。

onkeyup 事件屬性的問題在於使用者輸入操作與資料完成擷取的時間差，當使用者完成輸入且按鍵被放開彈起時才會觸發 onkeyup 事件屬性函式，此時資料才會被擷取，這對於單一鍵的輸入影響不大，如果使用者持續按住按鍵連續輸入同一個字元，則無法觸發此事件，如此一來使用者輸入的字元無法即時被取得。

範例 5-1 onkeyup 事件

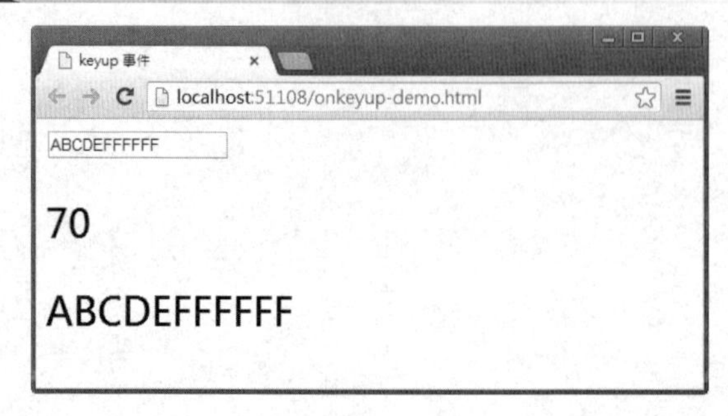

於文字方塊中，按下任意按鍵輸入文字資料，當按鍵被放開時，下方會出現此按鍵的字元碼，再下一行則是輸入的內容，如果連續按下按鍵，則只有在按鍵放開時內容才會改變。

onkeyup-demo.html

```
<!DOCTYPE html >
<html>
<head>
      <title> keyup 事件 </title>
      <style>
      p{font-size:xx-large; font-weight:900;}
      </style>
      <script>
          window.onload = function () {
              var txt = document.getElementById('key');
              txt.onkeyup = function (e) {
                  document.getElementById('msg1').innerHTML =
                      e.keyCode;
                  document.getElementById('msg2').innerHTML =
                      this.value;
              };
          };
      </script>
</head>
<body>
<input id="key" type="text" />
<p id="msg1"></p>
<p id="msg2"></p>
</body>
</html>
```

將測試用的文字方塊其 id 識別設定為 key ，而接下來的兩個 p 元素則呈現使用者按鍵的結果。在 Script 的部分設定其 onkeyup 屬性，其回應函式中，取得 keyCode 以及目前文字方塊的內容呈現於畫面上。

另一個屬性 onkeydown 則是使用者按下按鍵時被觸發，同樣來看一段程式碼：

```
input.onkeydown = function () {
      // 引用 input.value 取得使用者輸入的值
}
```

這段程式碼與上述的 onkeyup 類似，不過它在使用者按下鍵盤按鍵時即被觸發，但是這個事件有時間延遲的問題，如此一來會導致無法取得正確的輸入資料，我們來看另外一個範例。

範例 5-2 onkeydown 事件

與前述範例完全相同，只是其中將 onkeyup 屬性改成設定 onkeydown 屬性，如下：

onkeydown-demo.html

```
<script>
      window.onload = function () {
          var txt = document.getElementById('key');
          txt.onkeydown = function (e) {
              document.getElementById('msg1').innerHTML =
                  e.keyCode;
              document.getElementById('msg2').innerHTML =
                  this.value;
          };
      };
</script>
```

執行這個範例時，讀者會發現，每一次按下按鍵輸入資料時，會抓到使用者輸入的字元碼，不過當你嘗試取得整個文字方塊的內容時，就會出現落差如下圖：

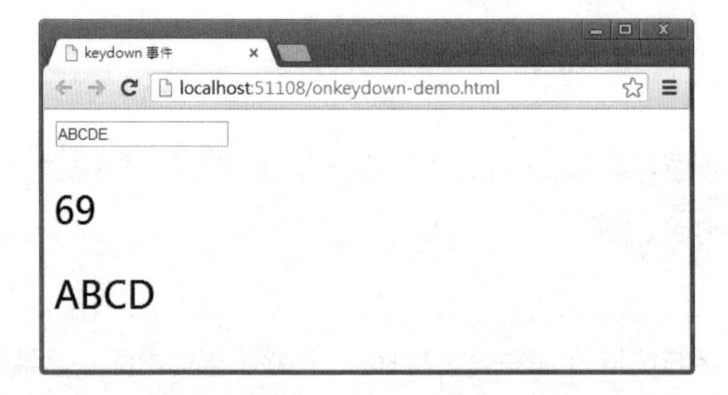

其中文字方塊輸入的是 ABCDE ，而下方顯示的是 ABCD 。

如你所見，無論 onkeydown 或是 onkeyup ，都無法讓我們精準的處理輸入資料的擷取功能，而捕捉 input 事件則能輕易解決上述的問題，當使用者進行輸入動作時，每一個輸入的字元資料都可以被精確的擷取並且捕捉。

範例 5-3　onkeyup 、onkeydown 與 oninput

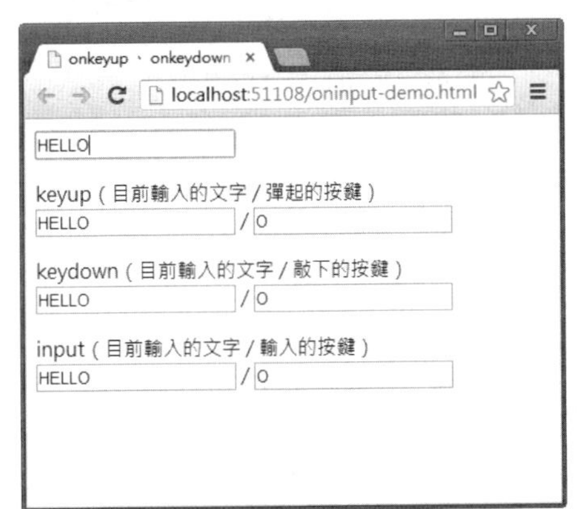

左圖是正常輸入的畫面，於畫面最上方的文字方塊中輸入任意文字，其中 keyup 下方左邊的文字方塊於每一次使用者放開按鍵時顯示目前使用者輸入的全部文字，右邊的文字方塊則顯示最後一個輸入的文字。keydown 則是因為觸發時間的關係，只顯示使用者輸入之前的文字方塊內容。最後一組 input 文字方塊，於使用者完成任何輸入時，即時顯示輸入的內容。

右圖是連續輸入的情形。

從這兩種操作的過程中，讀者可以看到只有 input 事件可以反映完全正確的狀況。

oninput-demo.html

```
<!DOCTYPE html>
<html >
<head>
      <title>onkeyup 、onkeydown 與 oninput</title>
      <style>
      /* 樣式設定 */
      </style>
      <script>
          window.onload = function () {
              var msg = document.getElementById('msgsource');
              msg.onkeyup = function () {
                  document.getElementById('up').value = this.value;
                  document.getElementById('ups').value =
                      this.value.charAt(this.value.length - 1);
              }
              msg.onkeydown = function () {
                  document.getElementById('down').value = this.value;
                  document.getElementById('downs').value =
                      this.value.charAt(this.value.length - 1);
```

(續)

```
                }
                msg.oninput = function () {
                    document.getElementById('input').value = this.value;
                    document.getElementById('inputs').value =
                        this.value.charAt(this.value.length - 1);
                }
            }
        </script>
</head>
<body>
        <input id="msgsource" type="text" />
        <p><label id="msgup" >keyup (目前輸入的文字 / 彈起的按鍵) </label>
            <input id="up" type="text" /> /
            <input id="ups" type="text" /></p>
        <p><label id="msgdown">keydown (目前輸入的文字 / 敲下的按鍵) </label>
            <input id="down" type="text" /> /
            <input id="downs" type="text" /></p>
        <p><label id="msginput">input (目前輸入的文字 / 輸入的按鍵) </label>
            <input id="input" type="text" /> /
            <input id="inputs" type="text" /></p>
</body>
</html>
```

最下方 HTML 區域配置的文字方塊，其 id 設定為 msgsource ，其它則是畫面中三組不同的文字方塊，分別設定 id 以進行識別。script 的部分於網頁載入之後，設定文字方塊 msgsource 的 onkeyup 、onkeydown 以及 oninput 等三個事件屬性，分別於回應函式中，取得目前使用者輸入的資訊。

讀者可以在這個範例中，明顯的看出三種事件觸發時機的差異，並且瞭解它們之間本質上的差異，而當你想要精確取得使用者的輸入資料，設定 oninput 屬性是最好的選擇。

oninput 事件屬性在建立敏捷回應的表單輸入操作應用上特別有用，例如最常被示範的簡單計算功能，我們來看另外一個範例。

範例 5-4 表單的 input 事件

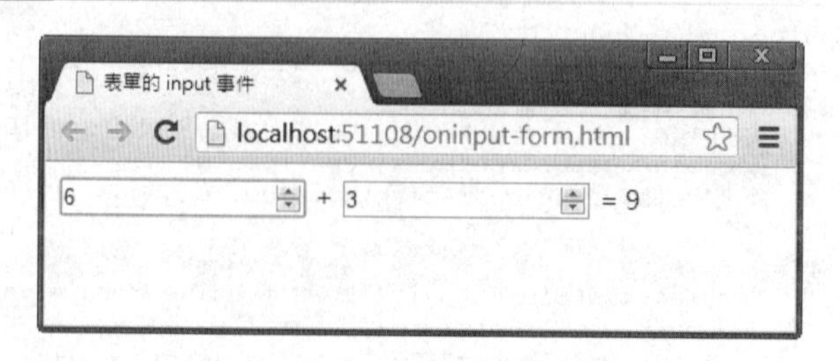

畫面上有兩個數字文字方塊，輸入任意數值將即時顯示結果。

oninput-form.html

```
<!DOCTYPE html >
<html >
<head>
      <title>表單的 input 事件</title>
      <script >
          window.onload = function () {
              document.forms[0].oninput = function () {
                  this.elements.o.value =
                      document.forms[0].elements.x.valueAsNumber +
                      document.forms[0].elements.y.valueAsNumber;
              };
          };
      </script>
</head>
<body>
<form onsubmit="return false" >
   <input name=x type=number step=any value=0> +
   <input name=y type=number step=any  value=0> =
   <output name=o></output>
</form>
</body>
</html>
```

HTML 的部分配置了 form 元素以支援表單的 input 事件，其中包含了兩個 input 元素，分別作為加數與被加數的輸入欄位，並且命名為 x 與 y ，而另外一個 output 元素則負責即時顯示 x 與 y 欄位的加總結果。在網頁載入完成時，設定表單的 oninput 事件屬性以支援 input 事件，這個事件於每一次使用者改變畫面上兩個欄位資料值的時候被觸發，取得新的加數與被加數並且顯示加總結果。

在實務的應用上，例如購物表單，你可以設定其中 form 元素 oninput 屬性，建立回應的函式，以即時反應使用者修改的產品數量與購物金額。

5.2 滑鼠 onmousewheel 事件

HTML5 內建了偵測滑鼠滾輪的 mousewheel 事件，只需針對物件的 onmousewheel 事件進行設定，指定其回應函式，即可對使用者操作滾輪的動作作出回應。Firefox 與 Chrome 對滾輪事件的支援有些許差異，前者必須設定的事件名稱是 DOMMouseScroll ，而 Chrome 則是 mousewheel 。

而事件的回應函式中，透過 MouseWheelEvent 參數，取得 wheelDelta 的值以判斷使用者的操作，如下頁式：

```
function wheelHandler(){
        // 判斷使用者操作滑鼠的方向
        // 如果這個判斷式成立表滾輪往前滑
        // e.wheelDelta == 120 || e.detail > 0
}
```

其中的 e. wheelDelta 是非 Firefox 的瀏覽器支援的語法，e.detail 則是 Firefox 支援的語法，只要其中一個成立表示目前使用者操作滾輪的動作是往前滑動。

範例 5-5 示範 mousewheel

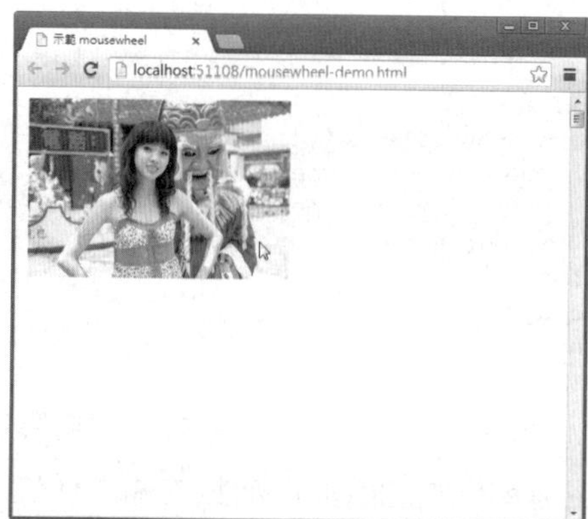

這個範例配置了數張圖片，當滑鼠游標移至圖片區域範圍時，只要滑動滾輪就可以連續變更所呈現的圖片，點擊圖片切換至縮放模式，此時滑動滾輪會針對目前圖片進行大小縮放，再次點擊圖片則會再切換至更新相片功能狀態。

mousewheel-demo.html

```
<!DOCTYPE html >
<html >
<head>
      <title>示範 mousewheel </title>
      <style>
          body{height:8600px; }
      </style>
      <script>
          var otype = 'change' ;
          window.onload = function () {
              var imgs = ["girl0.JPG", "girl1.JPG", "girl2.JPG",
                  "girl3.JPG", "girl4.JPG", "girl5.JPG",
                  "girl6.JPG", "girl7.JPG"];
              var slide = document.getElementById("imgx");

              //支援 FireFox
```

(續)

```
            var mousewheel = (/Firefox/i.test(navigator.userAgent)) ?
                "DOMMouseScroll" : "mousewheel" ;
                slide.addEventListener(mousewheel, changeimage, false);

            var nextindex = 0;
            function changeimage(e) {
                if (otype == 'zoom') {
                    var w = slide.width;
                    if (e.wheelDelta == 120 || e.detail > 0)
                        w > 800 ? w += 0 : w += 20;
                    else
                        w < 300 ? w -= 0 : w -= 20;
                    slide.width = w;
                    e.preventDefault();
                } else {
                    if (e.wheelDelta == 120 || e.detail>0 )
                        nextindex++;
                    else
                        nextindex--;

                    if (nextindex == imgs.length) nextindex = 0;
                    if (nextindex < 0) nextindex = imgs.length - 1;
                    slide.src = 'images/' + imgs[nextindex];
                    e.preventDefault();
                }
            }
            slide.onclick = function () {
                otype == 'zoom' ? otype = 'change' : otype = 'zoom';
            }
        };
    </script>
</head>
<body >
<img id='imgx'  src="images/girl0.JPG"  width="560px"/>
</body>
</html>
```

其中根據瀏覽器種類選擇所設定的事件名稱，分別是 DOMMouseScroll 或是 mousewheel ，而回應事件函式 changeimage() 則檢視 wheelDelta 與 detail 這兩個屬性值，根據其結果判斷使用者滾輪操作的方向。如果目前的狀態是 zoom ，表示要調整圖片大小，反之則是要調整索引值，並且將 img 元素的 src 屬性設定為新的索引值相片，更換其顯示的內容。

5.3 剪貼簿

現在你可以透過 W3C 制訂的 Clipboard API 實作剪貼簿的操作支援，這組 API 支援 cut 、copy 以及 paste 等三種事件，當使用者於網頁上執行內容剪下、複製或是貼上操作時，會即時觸發這些事件，設定回應函式即可進行相關的處理，以下針對這三個事件的觸發時機與相關的應用進行說明。

- **copy/oncopy**

當使用者嘗試複製網頁內容的時候被觸發，例如按下 Ctrl+C 組合鍵，或是從滑鼠右鍵選單中點選複製功能，所需的回應函式語法與一般的事件無異，列舉如下：

```
ele.oncopy = function (ev) {
      // ev.clipboardData …
};
```

回應 copy 的事件處理函式中，可以透過參數調用 clipboardData 取得使用者複製的資料進一步作處理，其中的 ele 為支援此操作的元素。

- **cut/oncut**

cut 原理同上述的 copy ，觸發的時機則是使用者按下 Ctrl+X 組合鍵，或是從滑鼠右鍵選單中點選剪下功能，語法亦同，列舉如下：

```
ele.oncut = function (ev) {
      // ev.clipboardData …
};
```

同樣，你可以透過參數調用 clipboardData 取得使用者剪下的資料，進一步作處理。

- **paste/onpaste**

此事件觸發的時機在於使用者按下 Ctrl+V 組合鍵，或是從滑鼠右鍵選單中點選貼上功能：

```
ele.onpaste = function (e) {
      // ev.clipboardData …
}
```

這三個事件，也可以透過調用 addEventListener() 進行回應函式的設計。

支援上述事件的回應以操作剪貼簿通常有幾個目的，阻止使用者複製內容是最為常見的，或是針對使用者儲存至剪貼簿的內容進行調整，另外一個很重要的原因是因應 HTML5 時代人性化介面的設計需求，例如支援使用者透過剪貼操作存取檔案。

如果要取消使用者的剪貼簿操作，只要於事件處理函式中回傳 false 這個值即可，例如下頁這一段程式碼：

```
ele.oncopy = function (e) {
      // 複製作業處理
      return false;
};
```

此行程式碼會導致網頁的複製功能失效，copy 與 paste 兩個事件的原理相同。

剪貼資料的處理必須透過參數 e 調用 clipboardData 取得 DataTransfer 型態物件 clipboardData，其中封裝了剪貼資料，並定義存取資料所需的屬性與方法成員：

```
interface clipboardData : DataTransfer {
      attribute DataTransferItems items;
      attribute DOMStringList types;
      DOMString getData (in DOMString type);
      boolean   setData (in DOMString type, in DOMString data);
      boolean   clearData ([Optional] in DOMString type);
};
```

執行「貼上」作業觸發 paste 事件，回應函式調用 getData() 以取得剪貼簿的資料，並以參數 type 所指定的格式回傳資料。

如果是「複製」或「剪下」操作，則於其觸發的 copy 或是 cut 事件中調用 setData 方法，將資料配置於剪貼簿中，而其中的參數 type 為所要配置的資料格式，data 則是所要配置的資料內容主體。

最後一個方法 clearData() 則支援剪貼簿的資料清空，當這個方法被調用執行完畢，則剪貼簿中的資料會被清空。

範例 5-6 剪貼簿存取

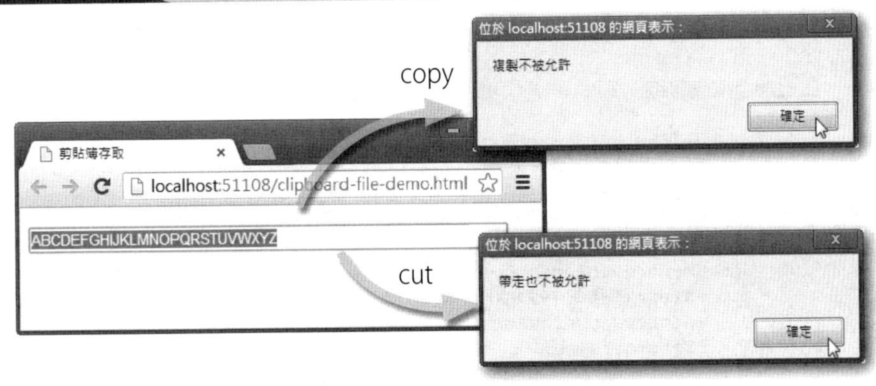

網頁中僅配置一個文字方塊，其中預設一段 A~Z 等 26 個字母組成的長字串，將其反白並進行複製，會出現右上方的「複製不被允許」的訊息，如果嘗試將這段文字剪下，則會出現右下方的「帶走也不被允許」的訊息。

接下來，任意從外部複製文字內容至剪貼簿，如下圖：

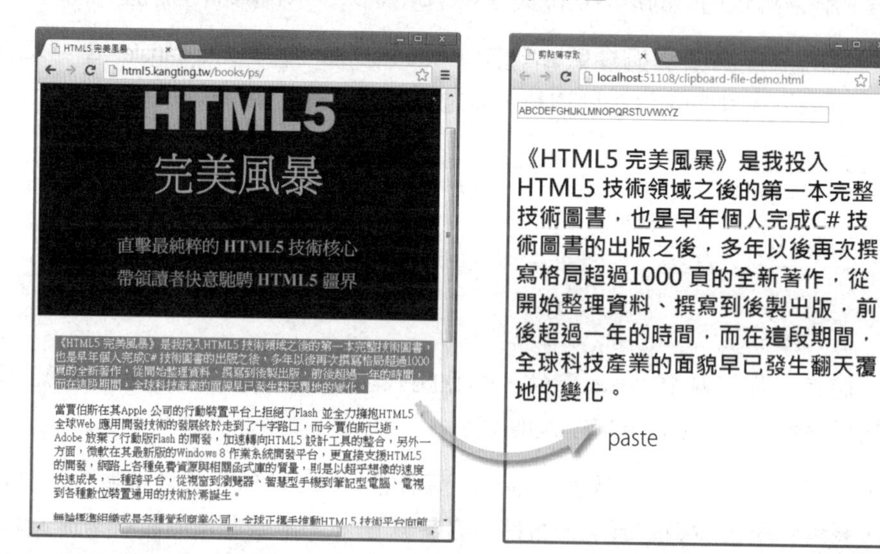

左圖是筆者的部落格網站內容，將其中的一段文字反白並複製，然後於此範例網頁上，按下 Ctrl+V 組合鍵，這段文字即被貼上網頁預先配置的 p 元素區塊中。當然，你可以剪貼任意文字檔或其它檔案的文字內容，然後將其貼上這個網頁。

clipboard-file-demo.html

```
<!DOCTYPE html >
<html>
<head>
    <title>剪貼簿存取</title>
    <script>
        window.onload = function () {
            document.body.onpaste = function (e) {
                document.getElementById('msg').innerHTML =
                    e.clipboardData.getData("Text");
            };
            document.getElementById('cutsec').oncopy = function (e) {
                alert('複製不被允許');
                e.preventDefault();
                return false;
            };
            document.getElementById('cutsec').oncut = function (e) {
```

(續)

```
                alert('帶走也不被允許');
                e.preventDefault();
                return false;
            };
        };
    </script>
</head>
<body>
    <p><input id="cutsec" type="text" value="ABCDE…" /></p>
    <p id="msg" style=" font-size:xx-large ; font-weight:900 ;"></p>
</body>
</html>
```

網頁中配置了文字方塊，其 id 設定為 cutsec ，而用來顯示貼上文字內容的則是 p 元素，其 id 屬性設定為 msg 。

script 的部分針對文字方塊 cutsec 設定了 oncopy 以及 oncut 屬性，當使用者進行複製或是剪下操作時，這兩個事件回應函式被執行，取消操作並且顯示相關訊息。另外則是針對整個文字主體 body 元素，設定其 onpaste 事件屬性，因此在網頁的任何一個地方貼上剪貼簿文字，透過 getData() 的調用，將其中的內容取出，並且設定給 p 元素顯示在畫面上。

5.4 拖曳與置放 Drag and Drop

Ajax 技術問世，行動裝置開始流行，拖曳效果已經成為人性化設計不可或缺的基本要素，更是擺脫滑鼠與鍵盤制肘最重要的輸入操作模式，HTML5 內建相關的支援，讓拖曳功能的設計變得相當方便。

5.4.1 拖曳與置放概觀

所謂的拖曳與置放－ Drag And Drop（DND），是在網頁上透過滑鼠將選取某個元素按住滑鼠鍵，將其拖曳至某個位置，然後於放開滑鼠之後令其落在新的位置。

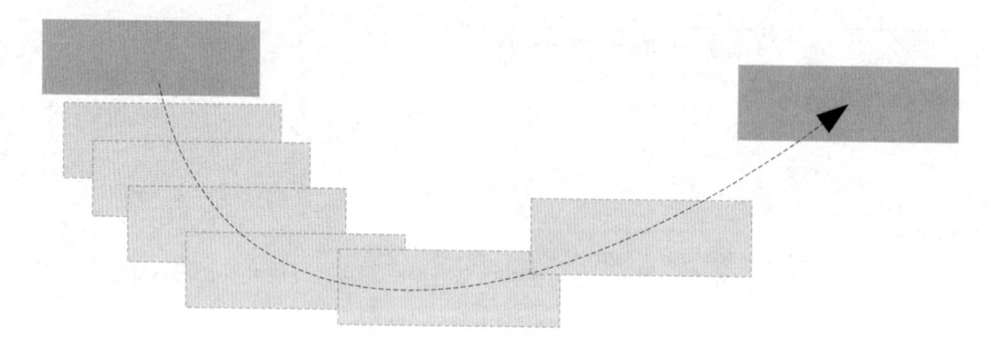

要建立支援拖曳效果的元素，必須經由網頁元素的 draggable 屬性作設定，當這個屬性被設定為 true 時，表示此元素支援拖曳操作，如果是 false 則表示元素無法被拖曳。而除了屬性之外，建立拖曳效果最重要的便是事件的處理，在元素拖曳的過程中，會觸發一連串的事件，建構相關事件處理器才能實現拖曳的效果。

事　件	說　明
dragstart	開始拖曳操作時被觸發。
drag	拖曳操作的過程中被觸發。
dragenter	拖曳進入目標元素時被觸發。
dragleave	拖曳離開目標元素時被觸發。
dragover	拖曳經過目標元素時被觸發。
drop	拖曳並且置放至目標元素時被觸發。
dragend	結束拖曳操作時被觸發。

最簡單的拖曳功能並不需要完成全部事件的實作，有三個主要的事件必須處理，分別是 dragstart、dragover 與 drop。考慮以下的圖示：

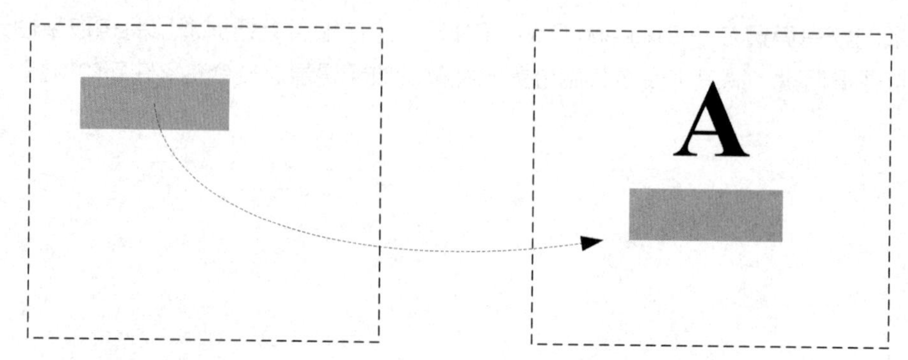

當使用者將畫面左邊的矩形拖曳至右邊虛線標示的 A 區域中，此時被拖曳的矩形物件其 dragstart 事件被觸發，拖曳操作完成之後，使用者放開滑鼠鍵，矩形物件被放置虛線範圍內的 A 區域中，而 A 區域觸發 drop 事件。

包含 dragstart 與 drop 事件，都必須建立其事件回應處理器，才能在這些事件被觸發時進行回應，另外還有一個必須處理的 dragover 事件，當滑鼠拖曳經過某個網頁元素時，這個事件被觸發，例如上述的 A 區域。

5.4.2 DataTransfer 與 DragEvent 事件

DataTransfer 物件負責處理操作過程中拖曳的資料內容，此物件於拖曳操作的相關事件處理器中，透過參數 DragEvent 物件的 dataTransfer 屬性取得，至於 DragEvent 物件則會在任何與拖曳有關的事件被觸發時，傳入其對應的事件處理器中。考慮以下的 dragstartHandler 事件處理器：

```
function dragstartHandler(event) {

          // 透過 event.dataTransfer 取得 DataTransfer 物件 …
}
```

當使用者開始拖曳某個物件，其中的 dragstart 事件被觸發，dragstartHandler() 被執行，參數 event 是 DragEvent 物件，dataTransfer 為 DragEvent 介面所定義的屬性，回傳值則是 DataTransfer 物件。以下是 DragEvent 介面定義：

```
interface DragEvent : MouseEvent {
    readonly attribute DataTransfer dataTransfer;

   void initDragEvent(in DOMString typeArg, in boolean canBubbleArg,
       in boolean cancelableArg, in any dummyArg,
       in long detailArg, in long screenXArg,
       in long screenYArg, in long clientXArg,
       in long clientYArg, in boolean ctrlKeyArg,
       in boolean altKeyArg, in boolean shiftKeyArg,
       in boolean metaKeyArg, in unsigned short buttonArg,
       in EventTarget relatedTargetArg,
       in DataTransfer dataTransferArg);
};
```

方法 initDragEvent 初始化一個新的拖曳事件，唯讀屬性 dataTransfer 回傳 DataTransfer 物件。接下來列舉的是 DataTransfer 介面：

```
interface DataTransfer {
            attribute DOMString dropEffect;
            attribute DOMString effectAllowed;

    readonly attribute DataTransferItems items;

    void setDragImage(in Element image, in long x, in long y);
    void addElement(in Element element);

    /* old interface */
    readonly attribute DOMStringList types;
    DOMString getData(in DOMString format);
    void setData(in DOMString format, in DOMString data);
    void clearData(in optional DOMString format);
    readonly attribute FileList files;
};
```

其定義的成員中，首先必須注意的是 getData、setData 以及 clearData 這三個方法。

當拖曳作業開始執行時，所謂的拖曳資料存儲（drag data store）會儲存使用者拖曳資料的相關資訊，要讓整個過程能夠順利進行，必須在一開始拖曳時調用 setData() 方法將資訊設定至資料存儲當中，而當使用者結束 DND 操作時調用 getData() 方法取出資訊。

另外，為了確認每一次 DND 作業確實儲存了目前的拖曳資料，可以在設定資訊之前，調用 clearData() 方法，清空存儲中的所有內容。

範例 5-7 簡單拖曳與置放功能實作

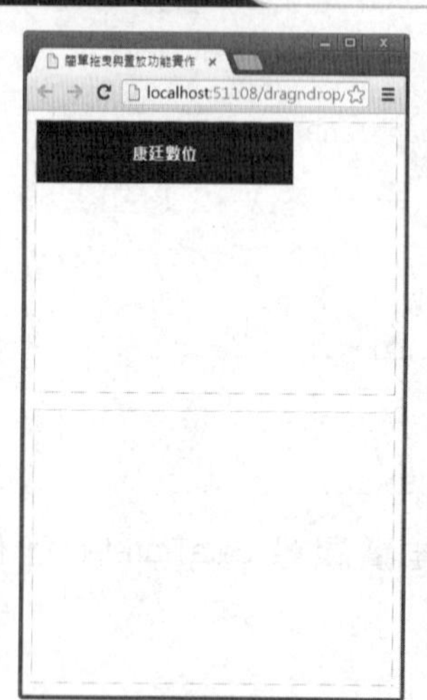

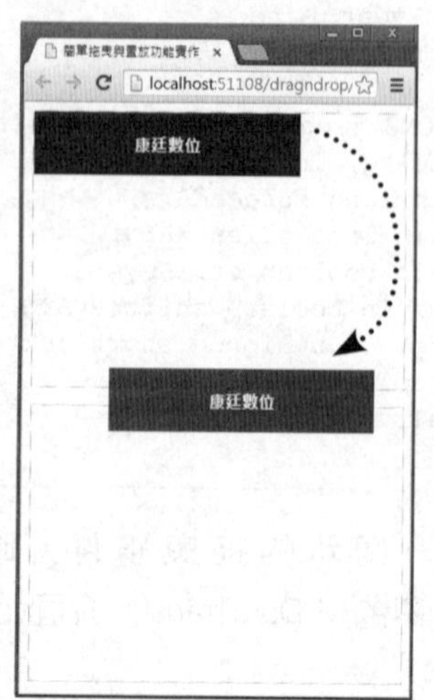

左圖是網頁一開始載入的情形，畫面上兩個以虛線標示的矩形區域提供拖曳置放操作，選取「康廷數位」方塊按下滑鼠左鍵，將其拖曳至下方的虛線區域，中間的截圖是拖曳過程的情形，右圖是放開滑鼠左鍵的結果，此時方塊出現在下方的矩形區域中。

dragndrop/drag-drop-demo.html/html

```
<body>
<div style="border: 1px dotted #C0C0C0; height: 260px; width: 360px">
      <div id="kt"  draggable="true"
          style=" border-width: 1;…"
          ondragstart="kt_dragstart(event)">
          <strong>
           <br /> 康廷數位
          </strong>
      </div>
</div>
<p></p>
<div  style="border: 1px dotted #C0C0C0; width: 360px; height: 260px;"
        ondragover="kt_dragover(event)"
        ondrop="kt_drop(event)" >
</div>
</body>
```

其中 id 設為 kt 的 <div> 為被拖曳的目標元素，因此其 draggable 屬性被設定為 true ，另外這個標籤的 ondragstart 事件處理器屬性為 kt_dragstart(event) ，以回應使用者對其執行拖曳操作一開始觸發的 dragstart 事件。

在這段 HTML 當中，作為 kt 的這個 <div> 標籤容器內部還有一個外部巢狀 <div> ，而另外一個 <div> 標籤允許使用者將 kt 直接拖曳至其中，為了支援相關的拖曳操作，因此設定 ondragover 與 ondrop 這兩個事件處理器。

dragndrop/drag-drop-demo.html/JavaScript

```
<script >
      var internalDNDType = 'text';
      function kt_dragstart(event) {
          event.dataTransfer.clearData();
          event.dataTransfer.setData(internalDNDType, event.currentTarget.id);
      }
      function kt_dragover(event) {
          event.preventDefault();
      }
      function kt_drop(event) {
          var did = event.dataTransfer.getData(internalDNDType);
          var d = document.getElementById(did);
          event.currentTarget.appendChild(d);
      }
</script>
```

首先設定 internalDNDType 變數指定拖曳的資料是純文字型態。

kt_dragstart 回應 kt 標籤一開始被拖曳時所觸發的 dragstart 事件，其中首先調用 clearData() 方法清除資料，然後透過調用 setData() 記錄所要拖曳的元素識別 id 。

kt_drop 函式則透過 getData() 取得拖曳的元素，然後取出其 id ，透過此 id 取得對應的元素，最後引用 appendChild() 將其加入到置放此拖曳元素的目標區域中。

另外還有一個 dragover 事件，其中調用了 preventDefault() 方法，讓目標區域能夠允許配置拖曳過來的元素。

為了簡化說明，因此這個範例僅實作了一半的功能，你會發現一旦「康廷數位」方塊被拖曳至下方的 <div> 區域，就沒辦法重新拖曳回原來的 <div> 區域，要解決這個問題很簡單，由於接受拖曳元素置放的區域必須處理 dragover 與 drop 事件，因此同樣的設定其事件處理器即可。

將原來的 HTML 調整如下：

```
<div style="border: 1px dotted #C0C0C0; height: 260px; width: 360px"
      ondragover="kt_dragover(event)"
      ondrop="kt_drop(event)"
>
      <div id="kt"  draggable="true" …>
          <strong>
           <br />康廷數位
          </strong>
      </div>
</div>
```

請注意其中灰階標示的區塊，由於所需的程式碼均相同，因此同樣指定相同的函式即可。接下來重新執行範例，你會發現拖曳置放作業可以在兩個 <div> 區域之間重複操作。

HTML5 針對拖曳功能的支援跨越瀏覽器的範圍，我們甚至可以直接從桌面的檔案總管裡面，將檔案物件拖曳至網頁上，下一節討論相關的操作。

5.4.3 拖曳外部檔案物件

善用拖曳支援可以讓我們打造更友善的檔案操作介面，例如從網頁開啟作業系統中的檔案，典型的作法是透過 file 控制項公開操作介面，讓使用者點選所要操作的檔案，雖然可以達到所要的功能，但是如果能夠支援拖曳行為，使用者就能夠以更直觀的方式完成相同的操作。

從外部區塊將檔案拖曳至網頁，必須經過兩個階段，除了前述討論的拖曳事件處理，另外便是呈現檔案的相關資訊，包含檔案特性以及檔案的內容，不過這一部分牽涉到 File 物件的運用，這在第十七章開始討論檔案作業時進一步作說明，下一個範例我們來看看簡單的實作。

範例 5-8 拖曳外部圖檔

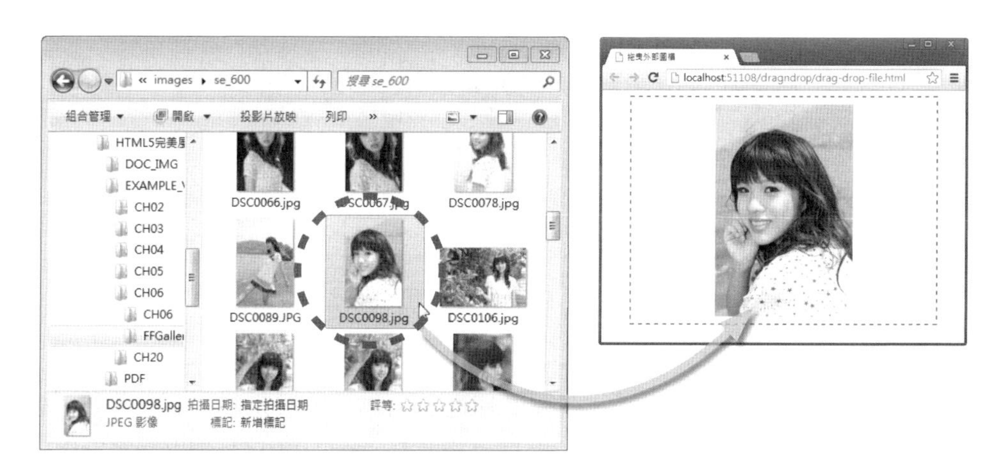

右圖是設計畫面，其中有一個矩形虛線區塊，為圖檔物件的拖曳置放區，將一個圖檔從檔案總管拖曳至此區塊範圍內，放開滑鼠按鈕，圖檔會顯示在畫面中。

dragndrop/drag-drop-file.html

```
<!DOCTYPE html >
<html >
<head>
    <title> 拖曳外部圖檔 </title>
    <style>
      …
    </style>
    <script>
        var fileReader;
        function dragoverHandler(event)
        {
            event.preventDefault();
        }
        function dropHandler(event)
        {
            event.preventDefault();
            var file = event.dataTransfer.files[0];
```

(續)

```
                fileReader = new FileReader();
                if (file.type == 'image/jpeg')
                {
                    fileReader.onload = openfile;
                    fileReader.readAsDataURL(file);
                }
                else
                {
                    alert("僅支援 jpg 格式檔案!");
                }
            }
            function openfile(event)
            {
                var img = event.target.result;
                document.getElementById('imgx').src = img;
            }
        </script>
</head>
<body>
        <div id="dropZone"
            ondragover="dragoverHandler(event)" ondrop="dropHandler(event)">
            <p><img id="imgx" /></p>
        </div>
</body>
</html>
```

設計原理與一般拖曳操作相同，只是這裡拖曳的物件被設定為 jpg 格式圖形檔案，因此網頁中配置一個 img 元素，將其 id 指定為 imgx ，用以呈現使用者拖曳進來的檔案，而包含此元素的 div 元素則設定了 ondragover 與 dropHandler 事件屬性。

於 dropHandler() 函式當中，取得使用者選取並拖曳的檔案，然後透過 FileReader 物件調用其 readAsDataURL() 方法進行讀取，讀取完成之後，調用非同步執行 openfile() 函式，其中取得圖檔所在位置路徑資訊，然後將其設定給畫面中 img 元素的 src 屬性，顯示出來。

這個範例牽涉到檔案物件的操作，並且透過其功能將檔案呈現在網頁上，進一步的細節將於第十七章討論檔案物件操作時進行說明。

5.5 History API

本章最後要討論的是使用者操作網頁的過程中，瀏覽歷程的程式化控制，這對於需要自行控制網頁內容並同步瀏覽歷程記錄的設計相當有用，例如電子書的翻頁效果等等，而相關的功能由 History API 提供所需的支援。

5.5.1 使用 History API

HTML5 現在允許你透過 JavaScript 控制使用者的上一頁與下一頁操作，這些功能可以輕易的利用 History API 來作到，而其中的關鍵則是 window.history 物件，調用其提供的 forward() 或 back() 方法，會讓網頁往下一頁或是上一頁移動，考慮以下的程式片段：

```
window.history.forward();
window.history.back();
```

當網頁執行第一行時，會將使用者帶往曾經瀏覽過的下一頁，執行第二行則會將使用者帶往目前網頁的前一頁。

範例 5-9 示範 History API

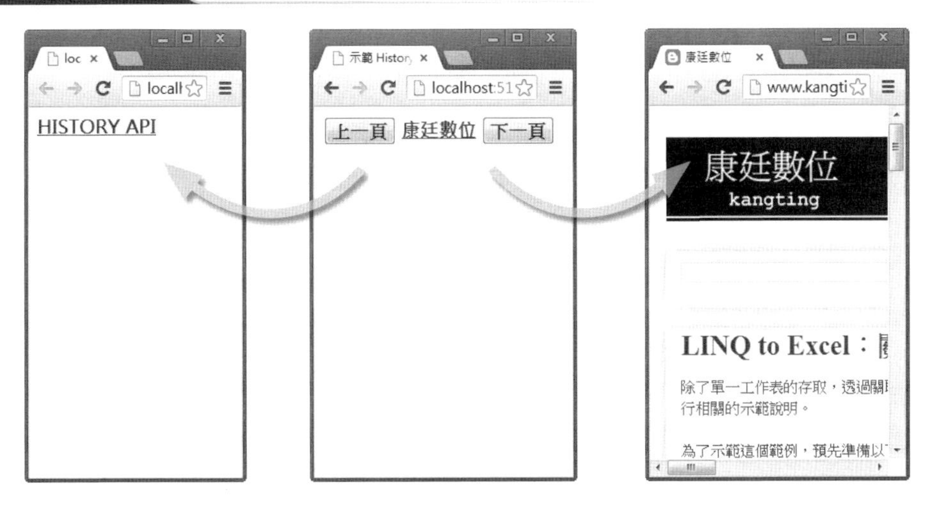

左邊的截圖是一開始預先瀏覽的網頁 history-f.html ，這個網頁只有一個超連結，其連結網頁為 history-demo.html ，按一下會連結至這個網頁，也就是中間的截圖，其中有上一頁與下一頁的按鈕，中間還有一個「康廷數位」連結，如果現在按一下此連結，則會連接至筆者工作室網站的首頁，按一下左上角的上一頁按鈕回到 history-demo.html ，此時這個網頁的上一頁與下一頁按鈕，分別會將使用者導向左邊與右邊的網頁。

history/history-demo.html

```
<!DOCTYPE html >
<html >
<head>
      <title>示範 History API</title>
      <style>
      a,button
      {
          font-size:large;
          font-weight:600;
      }
      </style>
</head>
<body>
<button onclick="window.history.back();">上一頁</button>
<a href="http://www.kangting.tw">康廷數位</a>
<button onclick="window.history.forward();">下一頁</button>
</body>
</html>
```

上一頁按鈕的 onclick 事件屬性中，設定了調用 back() 方法的 JavaScript 程式碼，而下一頁按鈕的 onclick 事件屬性中則調用 forward()，來達到所需的效果。

除了提供上一頁 / 下一頁的瀏覽效果，你還可以透過調用 go() 這個方法，將目前的網頁導向曾經瀏覽過的任何一個網頁，考慮以下的程式碼：

```
window.history.go(pageindex);
```

其中 go() 方法的 pageindex 參數是一個索引值，表示要跳到某一個曾經瀏覽過的網頁。當使用者透過瀏覽器瀏覽各種網頁時，每進入一個網頁，這個網頁就會被放入所謂的瀏覽歷程堆疊中，例如當你從網頁 PageA 開始逐步瀏覽，經過以下的歷程：

```
PageA -> PageB -> PageC -> PageD  -> PageE -> PageF
```

其中包含了四個不同的網頁，這些網頁依序被放入堆疊中，最後 PageF 變成你目前正在瀏覽的網頁，如果回上一頁瀏覽，則將回到 PageE，依此類推，而上一頁或是下一頁的操作，則會根據你目前網頁在堆疊中的位置，往前或往後移動。而特定網頁在這個歷程堆疊中的位置可以透過索引存取，這個索引以目前使用者瀏覽網頁的相對位置作表示，假設你目前回到 PageD，則此頁的位置索引是 0，如果想跳到 PageF，則調用 go(2) 即可，如果要跳到 PageB，則調用 go(-2)，以此類推。

範例 5-10 示範 go() 方法與特定網頁瀏覽

為了示範 go() 的效果，這個範例總共建立了七個示範網頁，配置於本章資料夾中的 history-n 子資料夾，並且以編號識別，歸納為兩組，列舉如下表：

history-n1.html history-n2.html history-n3.html history-0.html	history-p1.html history-p2.html history-p3.html（瀏覽起始頁）

為了示範 go() 的用法，這個範例從 history-n3.html 開始瀏覽執行，結果如下最左邊的截圖，其中標示為 Page-3：

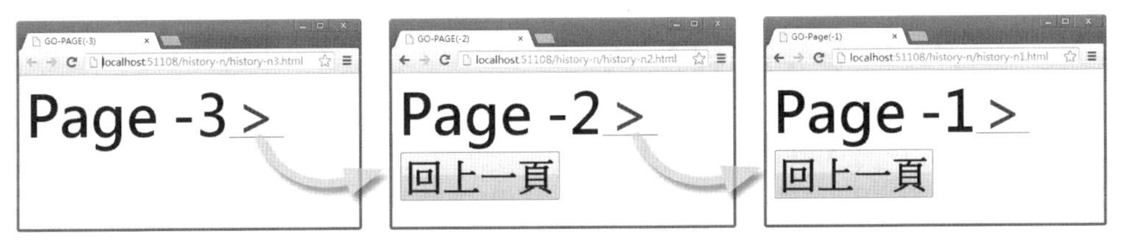

按一下其中的 > ，會導向下一個網頁 history-n3.html ，「上一頁」按鈕按一下可以回到上一頁，如果按一下 > 則會跳至下一頁 history-n1.htm ，標示為 Page -1，如果繼續按 > 則會來到網頁 history-0.htm ，畫面如下圖：

畫面下方除了「回上一頁」按鈕，還有一個文字方塊，讓使用者輸入所要瀏覽的歷程網頁索引，按一下 GO 按鈕則會前往此網頁，例如輸入 –2 則會跳到上述的 Page-2 這個網頁，也就是往前返回兩個位置，繼續按下 > 依序出現下頁兩個網頁：

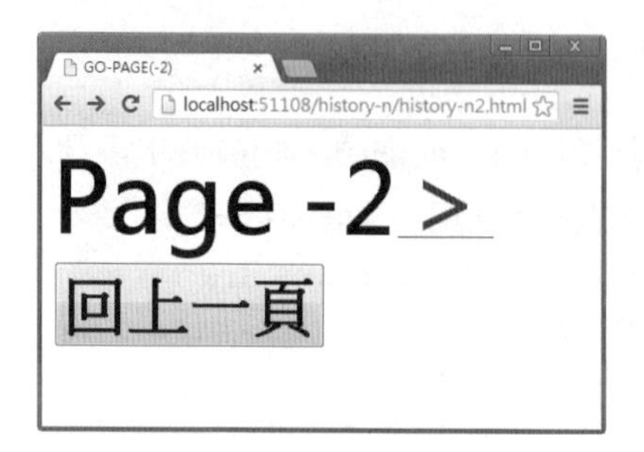

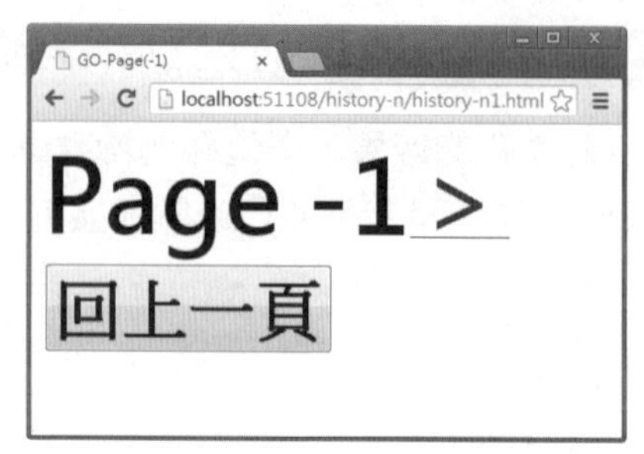

接下來持續按下 > 將再度來到 Page 0 這個網頁，再持續按下 > 移至最後一個網頁 Page 3 ，如下圖：

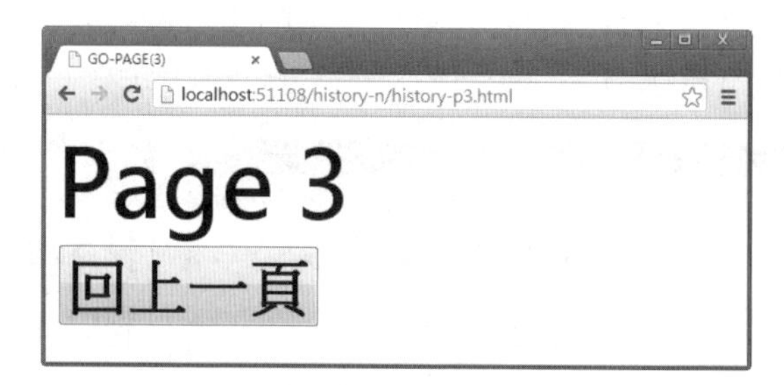

這是範例中的最後一頁，按一下「回上一頁」的按鈕，回到 Page 0 ，現在於瀏覽歷程中往前有三頁記錄，於其中輸入索引數值，例如 2 ，可以跳至指定頁 Page 2。

這個範例的七個網頁中，中間標示為 Page 0 這個網頁 history-0.html ，調用了 go() 方法，因此可以跳至任何一個位置，來看它的內容。

history-n/history-0.html

```
<!DOCTYPE >
<html>
<head>
      <title>GO-Page(0)</title>
      <link rel="Stylesheet" href="Style.css" type="text/css">
      <script>
          function go_page() {
              var pageindex = document.getElementById('hindex').value;
              window.history.go(pageindex);
          }
      </script>
</head>
<body>
      <span>Page 0<a href="history-p1.htm"> > </a></span>
      <div>
          <button onclick="window.history.back();">
              回上一頁 </button>
```

(續)

```
        <input id="hindex" type="text" />
        <button onclick="go_page()">
            GO</button></div>
</body>
</html>
```

按鈕 GO 的 Click 事件回應函式 go_page() 當中，調用 go() 重新跳至指定索引 pageindex 所對應的網頁。

以上的範例是簡單的 History API 應用，我們還可以進一步控制使用者在網頁上的操作，特別是運用了 XMLHttpRequest 這類技術的網頁，因為無換頁導致網頁本身內容的改變無法同步反映至瀏覽歷程堆疊，繼續往下討論之前，還有一個觀念必須先說明，當使用者進行網頁瀏覽操作的過程中，每一個網頁對應的網址都會被記錄至瀏覽歷程中，你可以透過以下的語法瞭解目前歷程中所記錄的數量。

5.5.2 程式化控制瀏覽歷程

Ajax 技術大幅提升了使用者的網頁操作體驗，但是也改變了網頁的運作模式，原來透過上一頁與下一頁的瀏覽操作在網頁沒有置換的情形下變得不可行，這對習慣了網頁操作模式的使用者來說是個很大的困擾。以電子書為例，使用者閱讀書籍內容的過程中所進行的翻頁動作，只是改變其中的內容，但是並沒有置換網頁，假設你想要透過上一頁或是下一頁的按鈕回到閱讀的頁數就變得不可行。另外想像一下，假設使用者看到了某頁精彩的內容，因此將電子書的網址分享給朋友，當這位朋友點選網址連結到這本電子書的網頁時，所看到的將只是第一頁的內容，而非你想要分享的網頁。

透過 window.history 程式化控制的方式，調用 pushState() 方法可以改善上述的狀況，定義如下：

```
pushState(state, title, url)
```

這個方法將一筆記錄新增至瀏覽器的瀏覽歷程中，並且更新瀏覽器的 URL 位址，但是並沒有改變瀏覽器所呈現的網頁內容，其中的 state 是一個 JavaScript 物件，它關聯至此方法新建立的瀏覽歷程紀錄，與另外一個 popstate 事件有密切的關係，稍後作說明。

第二個參數被保留作往後的擴充用途，它接受一個空字串，或是你可以指定一個特定字串的內容給它。

第三個參數 url 表示所建立的新瀏覽歷程紀錄 URL 字串，這個字串所代表的目標資源，並不會隨著 pushState() 方法的執行同步載入，而是方法執行完畢後續才會被載入。

接下來的範例建立實際的瀏覽連結，示範 pushState() 方法的執行效果。

範例 5-11 示範 pushState 功能

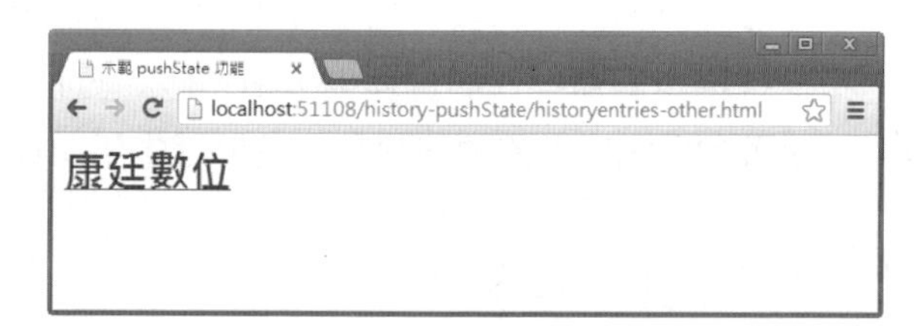

這個範例有兩個網頁，首先第一個載入的是 historyentries.html ，但是請注意網址列顯示的是 historyentries-other.html ，此網頁只有一個超連結，按一下超連結會轉向至筆者的工作室網站，如下左截圖：

緊接著按一下瀏覽器的回上一頁按鈕，此時瀏覽器顯示真正的 historyentries-other.html 網頁內容，顯示一張圖片，如以上右截圖。

要注意的是，如果透過 Firefox 執行上述的瀏覽操作，返回時網頁依然會呈現一開始戴入的內容，必須重新載入一次才會呈現圖片的結果，讀者請自行嘗試。

history-pushState/historyentries.html

```
<!DOCTYPE html >
<html >
<head>
      <title>示範 pushState 功能 </title>
      <style>
      a{ font-size:xx-large; font-weight:900;}
      </style>
      <script>
          var stateObj = { historyentries: "historyentries-other" };
          history.pushState(stateObj, "page 2", "historyentries-other.html");
      </script>
</head>
<body>
<a href="http://www.kangting.tw" >康廷數位 </a>
</body>
</html>
```

當網頁一開始載入時，定義一個 JSON 格式資料物件，然後調用 pushState() 調整瀏覽歷程中的資料。至於另外一個檔案 historyentries-other.htm 僅作測試用途，其中只有一張圖片。

讀者從這個範例看到了 pushState() 方法的實際運作，當每一次 pushState() 執行時，指定的狀態物件與網址資訊會被放入瀏覽歷程堆疊中，就如同瀏覽網頁時，每一個被瀏覽的網頁關聯網址資訊被放到瀏覽歷程堆疊的意思相同，不過，pushState() 並不會自動呈現網址的對應網頁，它只是執行網址列的導覽行為，網頁內容的部分則不會去更動，回頭看一下這個範例的第一張截圖：

讀者可以發現，事實上網頁的內容並沒有改變，但是網址列已經是新的網址，回上一頁箭頭也出現啟用的狀態，這表示瀏覽器在網頁載入之後，便已經自動的從目前的網頁 historyentries.htm 移動至 historyentries-other.htm ，若現在按一下回上一頁的按鈕，網頁本身沒有改變，但是網址列將回到正常的 historyentries.htm ，如下頁截圖：

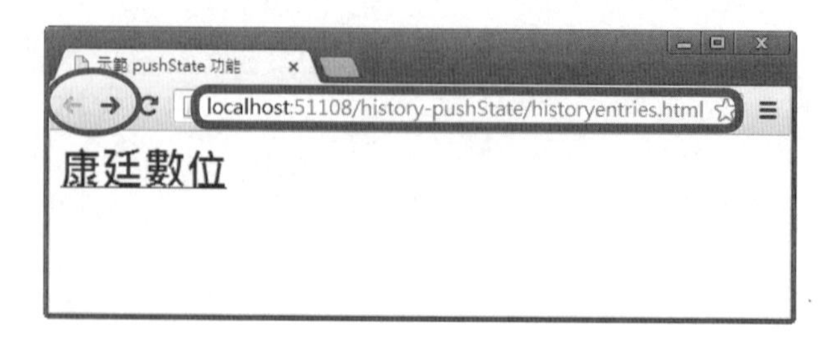

現在換成到下一頁按鈕啟用，同樣的，按一下到下一頁按鈕依然是網址列改變，而內容完全相同，此時如果按下重新載入此頁，你會發現真正的 historyentries-other.htm 這個網頁被載入了，如下圖：

從上述的試驗過程中我們可以發現，事實上導覽行為與網頁真正內容的呈現是分開處理的，當一般使用者瀏覽網頁時，瀏覽器會自動管理這些行為，從歷程堆疊中取出對應的網址，調整上一頁與下一頁按鈕狀態，並且呈現網址的對應網頁內容。要注意的是，調用 pushState() 方法所作的只是單純改變瀏覽歷程堆疊的內容，調整 URL 網址列舉上一頁下一頁按鈕的狀態，並不會改變所呈現的網頁內容。

5.6 選擇器與 Selectors API

選擇器（Selector）被廣泛使用於 CSS ，而現在透過 HTML5 支援的 Selectors API ，我們可以直接利用 JavaScript 操作選擇器，此節將完整討論這一組 API ，並且示範於實作的應用。

5.6.1 關於選擇器

選擇器是一種樣式語法，用來選取網頁當中某個要對應的元素，最早 CSS 第一版的時候，便支援選擇器的語法了，而在 CSS3 則進一步擴充提供更廣泛的支援，特別是以冒號（:）起始的虛擬類別語法，讓元素的選取更為彈性。

最簡單的選擇器有三種，分別是針對特定元素（element）、特定類別（class）屬性以及特定識別編號（id）屬性的選取操作，考慮以下的設定：

```
div
{
      /* 套用所有的 div 元素 */
}
div#idname
{
      /* 套用的 div 元素其 id 屬性等於 idname  */
}
div.classname
{
      /* 套用的 div 元素其 class 屬性等於 classname  */
}
```

這段 CSS 設定，分別設定了三組不同的選擇器，其中第一組指定了 div 這個元素的名稱，因此套用此樣式的網頁當中，所有的 div 元素都將套用其中所設定的樣式屬性。第二組選擇器名稱 div#idname ，其中的 div 表示這一組屬性將套用至 div 元素，而緊接著 # 表示尋找 id 屬性等於 idname 的元素，套用其中設定的樣式屬性。最後一組選擇器以 . 表示要套用此樣式的元素，必須是 class 屬性值等於 classname 的 div 元素。

範例 5-12 測試選擇器

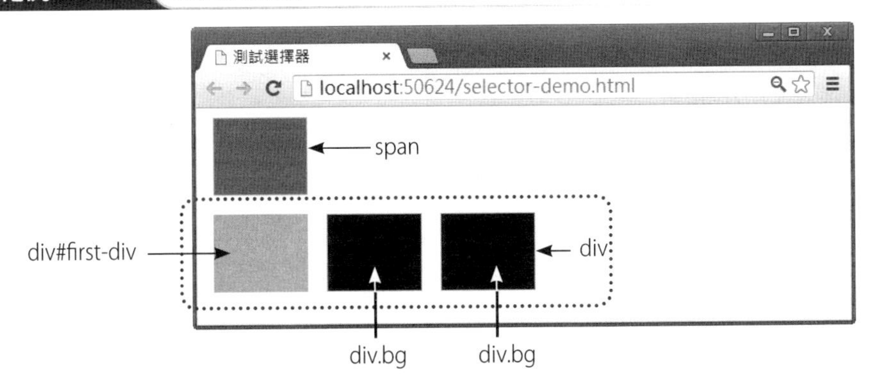

畫面中包含四個方塊，每一個方塊均根據選擇器設定其外觀樣式，左上方的第一個是 span 元素，而接下來的三個則是 div 元素。

selector-demo.html

```
<!DOCTYPE html >
<html>
<head>
      <title> 測試選擇器 </title>
      <style>
          span
          {
              width: 100px;
              height: 80px;
              border: 1px solid silver;
              margin: 10px;
              display: block;
              background: gray;
          }
          div
          {
              width: 100px;
              height: 80px;
              border: 1px solid silver;
              margin: 10px;
              float: left;
          }
          div#first-div
          {
              background: silver;
          }
          div.bg
          {
              background: black;
          }
      </style>
</head>
<body>
      <span></span>
      <div id="first-div">
      </div>
      <div id="second-div" class="bg">
      </div>
      <div id="third-div" class="bg">
      </div>
</body>
</html>
```

<style> 標籤中配置了四組選擇器，分別設定 span 與 div 元素的樣式，因此出現在這個網頁中的 span 元素均套用第一組樣式，而所有的 div 元素則會套用第二組樣式，接下來第三組樣式選取器表示 id 屬性設定為 first-div 的元素，將會套用 div#first-div ，其背景顏色將被設定為 silver ，而最後一組樣式選擇器表示 class 屬性設定為 bg 的 div 元素，背景將被設定為 black 。

近年因為 jQuery 的堀起，讓選擇器的使用更普及，幾乎成為 JavaScript 的元素標準選取方法，也因此 HTML5 開始針對選擇器導入了對應的 API ，透過相關的方法，我們可以經由指定的選擇器來取得任何網頁上的元素，另外一方面，因為選擇器的樣式語法相當彈性，也讓元素的操作更為方便。

5.6.2 利用 querySelector 擷取特定元素

方法 querySelector() 支援選擇器的元素選取操作，考慮以下的程式碼：

```
var d = document.querySelector('div#first-div');
```

這一行程式碼透過 document 調用了 querySelector() ，並且指定所要使用的選擇器名稱字串 div#first-div ，當這一行程式碼執行完畢，會將其中 idname 屬性設定為 first-div 的 div 元素取出，並且儲存於 d 變數中，接下來就可以藉由引用 d 操作此 div 元素。

範例 5-13 透過 id 存取元素

左圖是範例一開始的載入畫面，於其中黑色的區域按一下，會出現右圖的畫面，上方的「康廷數位｜ kgngting.tw」被取出，然後寫入此區域中。

selector-id.html

```
<!DOCTYPE html >
<html>
<head>
      <title>透過 id 存取元素</title>
      <style>
          div#kangting
          {
              font-size: xx-large;
              font-weight: 900;
          }
          div#msg
          {
              font-size: xx-large;
              font-weight: 900;
              color: Silver;
              background: black;
              width: 380px;
              height: 70px;
              margin-top: 20px;
              padding:60px;
          }
      </style>
      <script>
          function clickHandler() {
              document.getElementById('msg').innerHTML
                  =document.querySelector('div#kangting').innerHTML;
          }
      </script>
</head>
<body>
      <div id="kangting">
          康廷數位 | kangting.tw
      </div>
      <div id="msg" onclick="clickHandler()">
      </div>
</body>
</html>
```

在 <body> 標籤中，配置了兩組 div 元素，並且分別設定了 id 屬性以提供識別用途。而 <style> 的部分，透過選擇器的設定分別調整兩個 div 的外觀與呈現的字型。而在第二個 div 元素中，設定了 onclick 事件回應函式 clickHandler() ，其中首先調用 getElementById() 指定 msg 的 id 名稱取得第二個 div 元素，然後再調用 querySelector() 取得 id 名稱為 kangting 的 div 元素，也就是畫面上的第一個 div ，將其內容文字設給第二個 div 元素，成為其內容。

範例 5-14 示範 querySelector

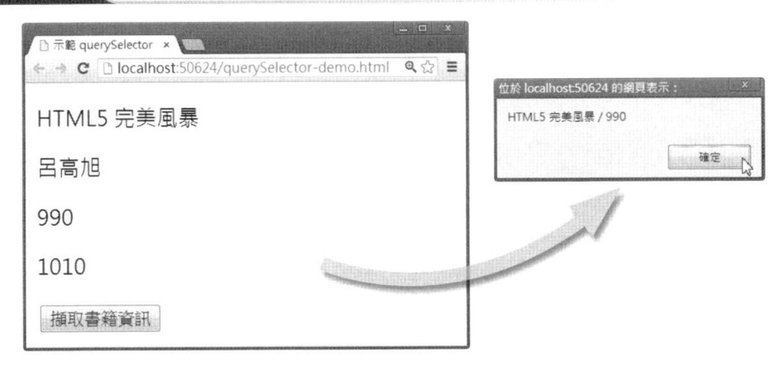

網頁上顯示了一本書籍的書名以及作者、售價與頁數等資訊，按一下按鈕，取得其中書名以及售價資訊，顯示訊息方塊。

querySelector-demo.html

```
<!DOCTYPE html >
<html>
<head>
      <title>示範 querySelector</title>
      <script>
          function onSelect() {
              var title = document.querySelector('p.title');
              var price = document.querySelector('p.price');
              alert(title.innerText + ' / ' + price.innerText);
          }
      </script>
</head>
<body >
<p class="title">HTML5 完美風暴 </p>
<p class="author">呂高旭 </p>
<p class="price">990</p>
<p class="pages">1010</p>
<button onclick="onSelect()">擷取書籍資訊 </button>
</body>
</html>
```

HTML 部分配置了四個 p 元素，且分別設定了 class 名稱以支援選擇器的讀取。

在 onSelect() 函式裡面，直接調用 querySelector() 函式，指定選擇器字串，分別擷取 class 等於 title 以及 price 的元素，最後取其元素的內容文字合併成為一個字串，顯示在畫面上。

如你所見，只要根據傳入的選擇器樣式字串參數，即可取得所要操作的元素，相較於稍早提及的 getElementById() 的方法，符合 querySelector() 方法參數的元素可能不只一個，例如相同的 class 屬性元素，而此方法只會取出第一個符合樣式元素，並且將其回傳。如果想要一次取出所有符合選擇器樣式條件的元素，就必須考慮使用 querySelectorAll() ，我們繼續往下看。

5.6.3 利用 querySelectorAll() 擷取所有符合的元素集合

如果要將所有符合選擇字串的元素全部回傳，可以調用 querySelectorAll() 這個方法，它會根據指定的選擇器字串，找出所有符合的元素，然後將其合併至一個陣列當中回傳，只要解析結果陣列，即可將所有符合選擇器的元素取出，考慮以下這一行程式碼：

```
var all = document.querySelectorAll(selct-style);
```

其中的參數 selct-style 是選擇器樣式名稱字串，all 則是符合此條件的所有元素，利用迴圈可以全部將其取出，語法如下：

```
for (var i = 0; i < all.length; i++) {

      // all[i] 取出每一個元素
}
```

由於 all 是一個陣列，因此根據其 length 屬性，透過 for 迴圈將其逐一取出即可。

範例 5-15 示範 querySelectorAll

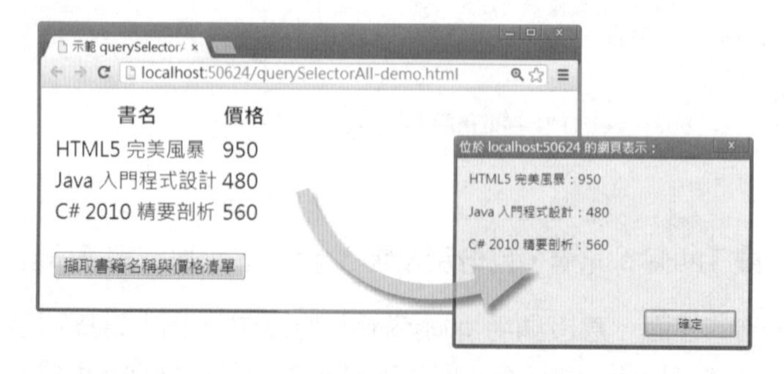

載入的網頁畫面中，顯示了一個書籍清單表格，按一下畫面下方的按鈕，調用 querySelectorAll() 方法取得全部的元素內容，並且顯示在訊息方塊中。

querySelectorAll-demo.html

```
<!DOCTYPE html >
<html>
<head>
      <title>示範 querySelectorAll</title>
      <script>
          function onSelect() {
              var title = document.querySelectorAll(
                  "#book_price>tbody>tr>td:nth-of-type(1)");
              var price = document.querySelectorAll(
                  "#book_price>tbody>tr>td:nth-of-type(2)");
              var msg='';
              for (var i = 0; i < price.length; i++) {
                  msg += (title[i].innerText + ' : ' +
                          price[i].innerText  +'\n\n');
              }
              alert(msg);
          }
      </script>
</head>
<body >
<table id="book_price">
    <thead>
      <tr>
        <th>書名<th>價格
    <tbody>

      <tr>
        <td>HTML5 完美風暴<td>950
      <tr>
        <td>Java 入門程式設計<td>480
      <tr>
        <td>C# 2010 精要剖析<td>560
</table>
<p><button onclick="onSelect()">擷取書籍名稱與價格清單</button></p>
</body>
</html>
```

HTML 的部分配置了一個 table 元素，其中記錄了數本書籍的書名與價格資訊。

而在 onSelect() 函數中，調用 querySelectorAll() 指定了擷取表格中出現的 td 元素內容文字，並且合併成為文字訊息字串輸出，由於有一個以上的 td 內容是我們想要的，因此再經由迴圈逐一取出即可。

從前面的討論中，讀者看到了 querySelector() 與 querySelectorAll() 搭配選擇器的應用，這兩個方法並不困難，運用的關鍵則在選擇器，它的威力相當強大，只需透過簡單的語法即可解析網頁中的任何元素。

SUMMARY

這一章針對幾項 HTML5 新功能進行討論，透過這些功能的支援，應用程式開發人員可以實作更先進的互動式網頁介面，下一章將討論網頁版面的切割設計，介紹 HTML5 另外一組新導入的結構元素標籤。

第六章

結構元素與版面設計

為了讓網頁區塊內容的意義更容易被理解，HTML5 導入了一組結構元素（structural elements）語義標籤，支援版面區塊切割的設計需求，本章針對這一組新元素與網頁設計相關議題進行說明。

6.1 HTML5 結構語意元素

考慮以下的狀況，老張在 A 書局工作，負責書籍分類，而這間書局採用以下的分類表：

A	商業理財	E	電腦
B	文學	F	語言
C	藝術	G	生活
D	科普	H	考試用書

某天他可能離職到另外一家 B 書局工作，而 A 與 B 這兩間書局所使用的分類條目並不一致，假設 B 書局採用的是以下的分類表：

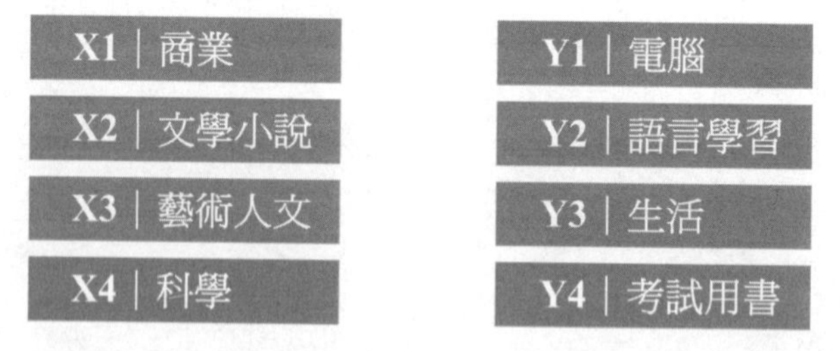

由於兩間書局採用的分類條目不一致，因此導致老張必須再重新學習 B 書局的分類條目才能進行分類工作。假設現在有一套全球書局共同遵循的標準書籍分類條目如下：

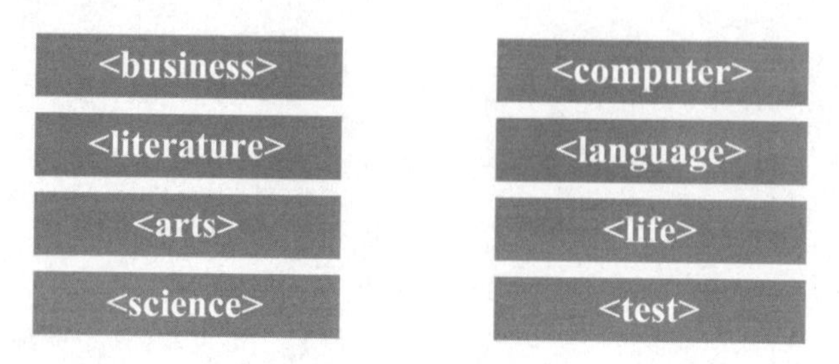

任何受過訓練的工作人員，無論到哪一家書局工作，只要遵循這個標準即可進行分類的工作，因為所有書局所採用的分類條目全部一致，而這也是 HTML5 導入結構語義標籤最重要的意義。

網頁內容由一個以上的區塊所組成，一般均是透過 div 元素來定義這些區塊，考慮以下的圖示：

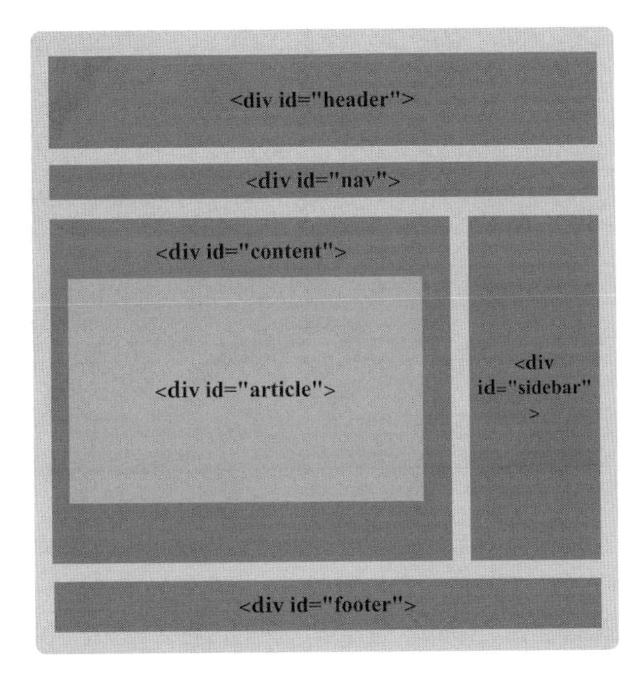

這是一張網頁版面切割的示意設計圖，其中利用 div 元素進行網頁內容區塊的切割設計，並且透過 class 或是 id 屬性定義區塊的意義，對照上述討論的書籍分類情境，我們就會發現這種設計方式隱藏的問題，除了原設計者之外，其它人很難理解這些區塊代表的精確意義，同樣的，每一位網頁的設計者可能都有自己的一套命名邏輯，這使得區塊切割的設計理念無法流通共享，而第三方設計的程式亦無法精確解析你的網頁內容。

HTML5 提供一組用來取代 div 的全新語意標籤，包含 section、nav、article、aside 等等，支援區塊的切割定義，來看另外一張圖示：

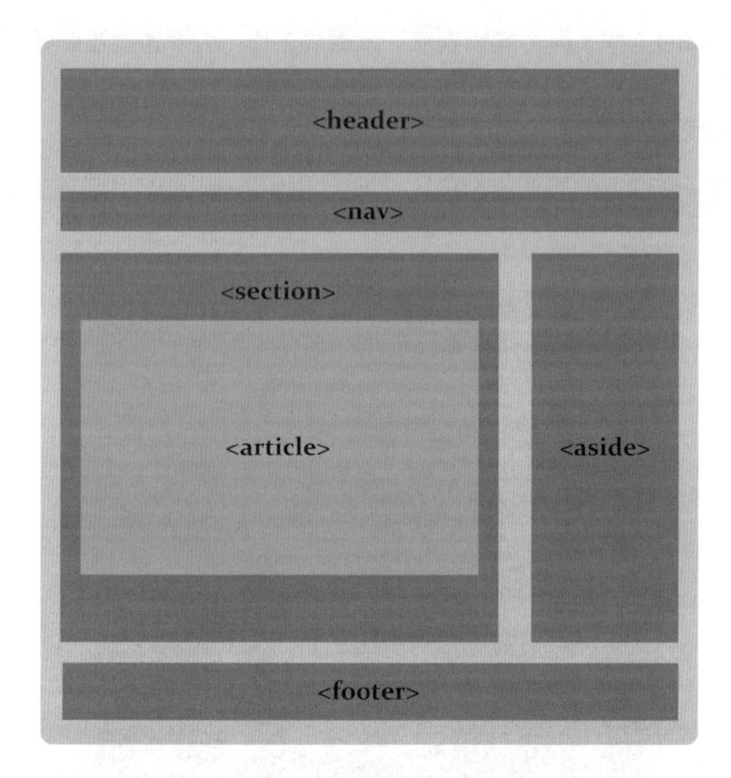

此圖捨棄了 div 改以 HTML5 支援的語意標籤建立網頁的區塊架構，如此作的好處在於所有以 HTML5 標準實作的網頁均遵循統一的標準元素設計，除了方便維護管理，同時有利於爬蟲程式之類的軟體理解網頁的內容，讓文件內容更易於被程式處理，設計人員因此可以透過此類元素建立易於理解的高度結構化文件。

下表列舉這些元素並簡要進行說明：

元　素	說　明
section	表示文件中的某個特定區塊，搭配 h1、h2、h3、h4、h5 與 h6 等級別元素以設定識別文件的結構。
article	表示文件中與其它內容沒有關聯的獨立區塊，通常是一段文字內容。
aside	表示文件中與其它內容具有輕度關聯的區塊，通常用以標示如網頁的側欄區塊。
header	頁首或區塊首區域，表示一份文件中，特定封閉區塊內容的標題區域。
hgroup	表示區塊內容的標題區域，由一群 h 元素組成，主要的功能是包裝多個標題成為單一標題區塊。

(續)

元　素	說　明
footer	表示一個特定封閉區塊的尾部區域，而常用以配置作者或是版權資訊等等。
nav	表示一個配置導覽功能的區塊。
figure	將一個圖像內容包裝成單一項目，同時建立專屬的標題。
figcaption	figure 元素區塊的標題。

TIPS

使用區塊元素建構網頁必須特別注意，此類元素有一個相當重要的特性，它們可以建立內容的標頭同時支援大綱的輸出。上述提及 HTML5 導入的結構元素中，只有 article 、aside 、 nav 以及 section 屬於這一類，而區塊元素所構成的區塊內容，通常會利用 h1 ~ h6 或是 hgroup 等元素建立描述此區塊內容意義的標題，應用程式會直接抓取這些區塊中的標題，進一步解析輸出成為相關文件的大綱。

6.2 舊版瀏覽器的新元素支援

繼續討論新元素的相關議題前必須提醒讀者的是，舊版瀏覽器（例如早期的 IE 版本）並沒有辦法理解這些新的結構元素，你可以在網頁一開始的地方配置以下的 script：

```
document.createElement("article");
document.createElement("aside");
document.createElement("figcaption");
document.createElement("figure");
document.createElement("footer");
document.createElement("header");
document.createElement("hgroup");
document.createElement("section");
```

如此一來，網頁會自動建立這些元素，讓舊版瀏覽器支援這些元素，不過讀者要注意的是，這僅是讓舊版瀏覽器認識這些元素，對於某些需要進一步程式化支援的功能並沒有作用，而本章所討論的語意元素，只需要瀏覽器能夠識別標籤即可達到需要的效果。

具備了區塊元素的概念，接下來我們將從 body 元素開始，逐一討論構成網頁結構的各項細節。

6.3 body 元素與網頁區塊設計

一份符合規格的 HTML 文件結構，由 body 定義其主體內容，整份文件只能有一個 body 元素，而在 HTML5 ，除了支援全域屬性以及 on 字首格式的事件屬性之外，所有早期版本的 body 屬性已經全部移除，除此之外，body 元素在 HTML5 的意義並沒有太大的差異，不過 body 的內容因為導入前述的區塊元素，讓文件的內容更容易被解析。

你可以直接透過 document.body 存取文件中的唯一 body 元素，並且進行相關的操作，以下的範例進行相關的說明。

範例 6-1 存取 body 元素

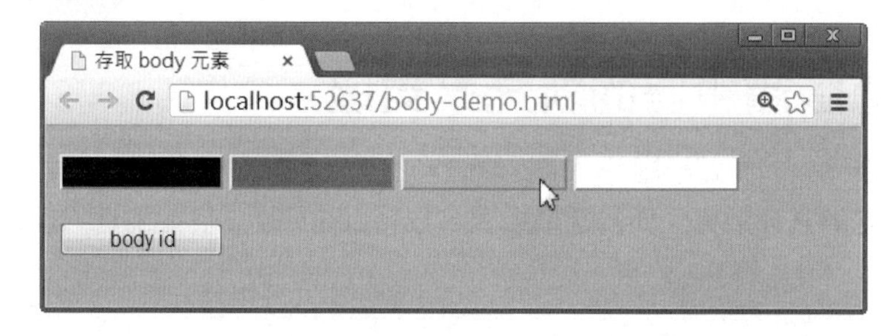

這個網頁配置了四個不同顏色的按鈕，按鈕被按下時，會將整個網頁的 body 元素背景顏色調整與按鈕相同，而最後一個標示為 body id 按鈕，按下則會顯示 body 元素的 id 屬性。

body-demo.html

```
<!DOCTYPE html >
<html>
<head>
      <title> 存取 body 元素 </title>

      <script>
          function showid()
          {
              alert(document.body.id);
          }
          function changeBgColor(bgcolor)
          {
              document.body.style.background = bgcolor;
          }
```

(續)

```
        </script>
</head>
<body id="main">
<p>
<button onclick="changeBgColor('black')"
              style="background:black; width:100px" ></button>
<button onclick="changeBgColor('gray')"
              style="background:gray; width:100px"></button>
<button onclick="changeBgColor('silver')"
              style="background:silver; width:100px"></button>
<button onclick="changeBgColor('white')"
              style="background:white; width:100px"></button>
</p>
<button onclick="showid()" style="width:100px"> body id </button>
</body>
</html>
```

在一開始的 script 部分，其中的 showid() 函式取得 body 然後直接引用 id 取得 body 元素的 id 屬性值 main 。另外一個 changeBgColor() 函式，將指定的 CSS 顏色值，設定給 body 元素。

body 的內容則由各種元素定義，包含內文、超連結以及圖片等等，依其特性，我們可以將這些元素進一步區分為「塊級元素」與「行內元素」。

- **塊級元素（block-level elements）**

顧名思義，這一類的元素會在網頁中形成一個方塊區域，作為容納其它元素或是內容的容器，同時包含框線以及寬度與高度等相關的設定，例如 div 與 p 均是典型的塊級元素。

- **行內元素（inline elements）**

與塊級元素類似，行內元素會在網頁中形成方塊區域，不過行內元素的主要功能是定義塊級元素的內容，例如某段文字的超連結，或是設定粗體，包含 a 、span 與 strong 等等，均屬於行內元素。

以呈現的效果來看，兩者的差異主要在於寬度與高度的表現，塊級元素表示一個特定的水平區塊，它的寬度由父元素所定義，也就是在父元素中擴展至最大可能寬度佔據一個獨立的行，同時可以進一步定義其高度，而每一個塊級元素預設會在空間中形成一個新行，多個塊級元素會由上往下並排，行內元素則不具備寬度與高度特性，它只佔據所包圍的內容區域，例如一段文字。

如果從定義來看，塊級元素主要用以建立文件的呈現結構，而行內元素，則用以表示特定內容的呈現與功能定義。

一般而言，塊級元素可以容納各種內容、包含其它的塊級元素或是行內元素，如果是行內元素，則僅能容納網頁內容或是其它的行內元素。考慮以下的語法：

```
<body>
<div style="background:gray;">
<a style="background:black;color:White "
      href="http://www.kangting.tw">
           康廷數位
         </a>
</div>
</body>
```

這段 HTML 配置的輸出畫面如下：

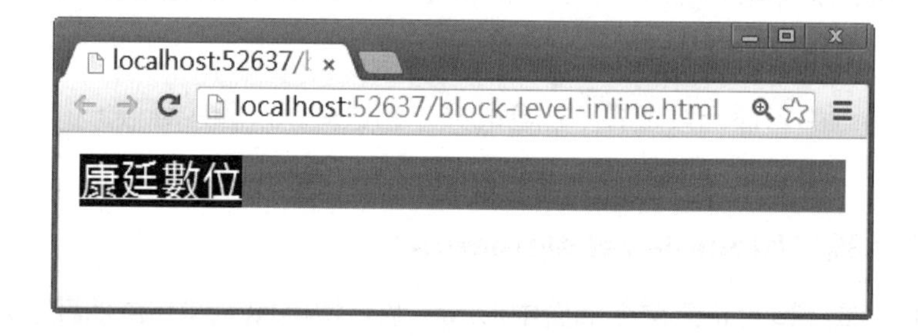

div 是一個塊級元素，以灰色背景表示，因此佔據一個新行且延伸填滿整個外部容器的長度區域，而 div 中的 a 元素，屬於行內元素，以黑色背景表示，因此僅佔據超連結文字的範圍。現在定義 div 元素的高度樣式屬性，修改如下：

```
<body>
      <div style="background:gray; height:60px;" >
          <a style="background:black;color:White "
              href=http://www.kangting.tw  >
              康廷數位
          </a>
      </div>
</body>
```

其中新增了 height 屬性設定 div 區域的高度，得到以下的結果，灰色背景的 div 區塊高度增加，如果嘗試定義 a 元素的高度，則完全沒有效果。

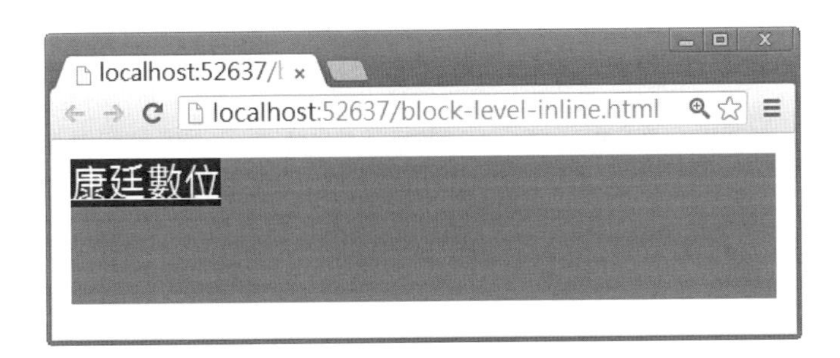

以下另外檢視一個範例語法，假設有兩段文句，分別以塊級元素 p 與行內元素 sapn 作表示，原始碼如下：

```
<p>《HTML5 完美風暴》是我投入 HTML5 …</p>
<p>當賈伯斯在其 Apple 公司的行動裝置平台上…</p>
<span>無論標準組織或是各種營利商業公司…</span>
<span>HTML5 的出現，Web 應用程式…</span>
```

其中包含兩組元素與四個段落，p 為塊級元素，因此其中兩個段落會形成兩個獨立行的段落，而 span 是行內元素，兩個段落會連結在一起，如下圖：

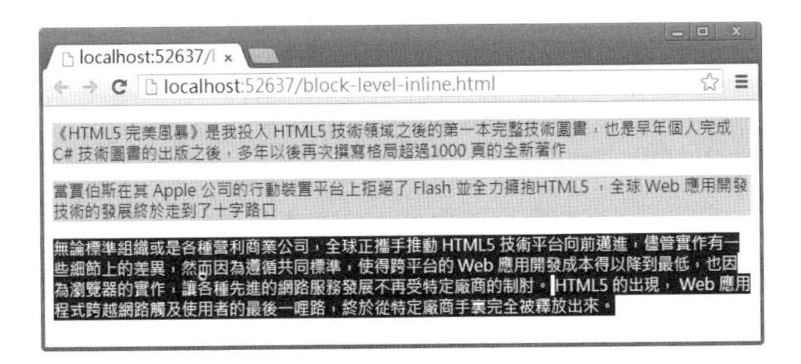

淺灰色是 p 元素構成的區塊，黑色背景則是 span 元素構成的區塊。

讀者現在應該可以理解塊級元素與行內元素的差異，瞭解相關的原理非常重要，網頁設計師透過這些元素進行適當的網頁結構設計，並展示各種特定的內容。

到了 HTML5 ，塊級與行內元素被進一步切割成數種不同的型態元素，同時導入所謂的 section 元素，標準化網頁結構的區塊設計，以解決 HTML4 的網頁內容結構設計問題。

HTML5 不再強調塊級元素與行內元素的差異，不過瞭解元素的差異，以及 HTML5 導入新元素與這兩種類型的關聯，對於熟悉 HTML4 的網頁設計人員過渡至 HTML5 將有很大的助益。

具備塊級元素以及行內元素的觀念，接下來我們可以開始討論 HTML5 所導入的新元素了。

6.4 HTML5 元素分類

HTML5 將元素分成幾種類型，而其中的 sectioning content 則是全新的類型元素，被用來取代原來塊級元素 div 的功能，深入討論此類型元素之前，以下先來看看這些分類的內容。

分　類	說　明
Metadata content	中介資料內容，包含base、command、link、meta、noscript、script、style、title。
Flow content	幾乎大部分文件的內容元素均屬於此類。
Sectioning content	表示文件中的一個區段，對應文件目前的大綱，此類元素有 article、aside、nav 與 section 等四種。
Heading content	定義區段（section）標題，包含h1、h2、h3、h4、h5、h6 與 hgroup 等。
Phrasing content	文件文字內容標示標籤，包含 a（僅含描述文句）、abbr、area（僅適用 map 元素的子代）audio、b、bdi、bdo、br、button、canvas、cite、code、command、datalist、del（僅含描述文句）dfn、em、embed、i、if-rame、img、input、ins（僅含描述文句）kbd、keygen、label、map（僅含描述文句）、mark、math、meter、noscript、object、output、progress、q、ruby、s、samp、script、select、small、span、strong、sub、sup、svg、textarea、time、u、var、video、wbr、text。
Embedded con-tent	支援外部匯入內容至目前網頁，包含audio、canvas、embed、iframe、img、math、object、svg、video。
Interactive content	支援與使用者互動設計的元素，包含 a、button、details、 <embed、if-rame、keygen、<label>、<select>與<textarea>等等。

表列項目是由 HTML5 重新定義的分類，其中一個元素可能同時屬於一個以上的分類，它們的關係可以從 W3C 公開文件中的示意圖清楚表示如下頁圖：

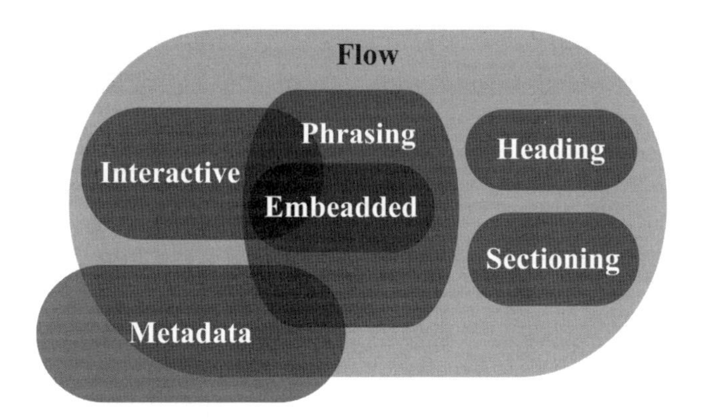

各類型元素大部分在 HTML4 時代即已存在，而其中 HTML5 新增元素則於後續章節進一步說明，現在我們將重點放在 sectioning content 與 heading content 這兩種類型元素上面。

本書一開始提及的 HTML5 新增元素，包含 <article>、<aside>、<nav> 與 <section> 等四種，提供div 元素的另外一種比較好的選擇，它們均是 sectioning content 類型的元素，同樣可以歸類為塊級元素。

6.5 Sectioning Content

除了上述的分類，最關鍵性的更新便是 sectioning content 與 heading content 這兩組元素，其最大的意義在於支援網頁結構的描述，網頁設計師將能夠透過一致性的標準描述網頁的組成區塊架構。在 HTML5 之前，網站一般透過 div 元素進行區塊切割與排版設計，而 table 元素更被濫用在區塊的定義設計，儘管同樣可以達到設計的目的，但是網站的內容卻不容易被理解，尤其不利搜尋引擎之類的應用程式解析網頁內容，甚至導致瀏覽器的網頁解析效能低落。考慮下頁的網站頁面截圖：

在 HTML4，若要建立此種配置的網頁版面，通常會利用 div 定義構成內容的區塊架構，負責切割出版面的各個區塊，如下左圖，除了網頁作者，這些區塊均由 div 元素所定義，其意義無法被理解，不同的作者可能使用任何名稱為 div 作命名。

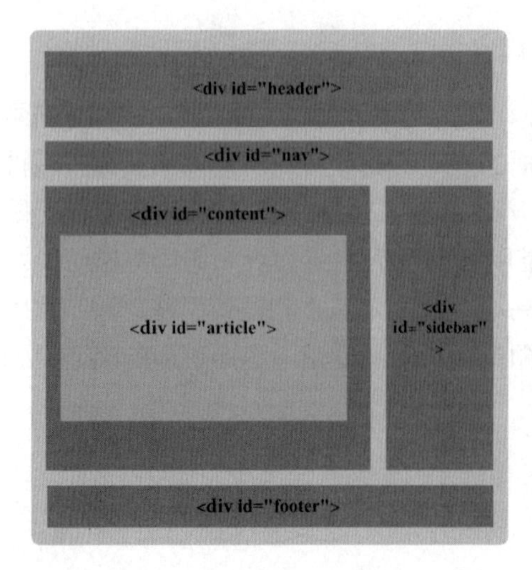

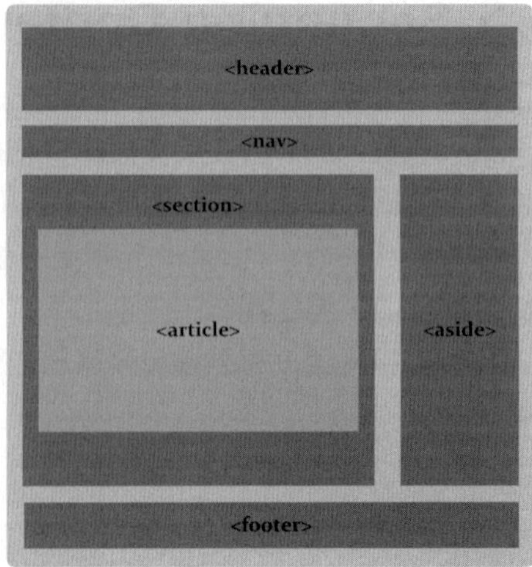

而在 HTML5，藉由套用標準的 sectioning content 元素，所有的網頁設計師均遵循相同的規則，導覽列的部分以 <nav> 定義，內容的分組定義區塊則是 <section> 等

等。右上圖以 HTML5 重新定義上述的網頁結構，你可以發現原來的 div 區塊被以不同的元素取代，並根據其特性配置於對應的區域，由於這些元素均有其專屬的意義，因此所有遵循 HTML5 元素規則實作的網頁結構，其內容區塊的意義可以被輕易的辨識。

HTML5 的 sectioning content 類型元素，即被設計用以取代 div 定義網頁結構，這一類的元素有四個，列舉如下表：

結構元素	說　明
<nav>	網站導覽功能區塊。
<article>	網頁具特定意義的內容區塊，例如部落格文章主體內容區域。
<section>	定義某個特定的區塊，特別是需要配置標題的區塊。
<aside>	相對於主內容的區塊，配置於中央主區塊位置以外的其它區域，例如邊欄區塊。

這四個元素會在網頁中建立一個區塊，而這個區塊潛在的包含一個標題並且會輸出為大綱的一部分，現在仔細的來看看其中的細節。

6.6 <section> 元素

<section> 元素用來定義網頁上一個具特定功能的內容區塊，實際的用途相當廣泛，例如新聞網站首頁提供最新消息的清單區塊，就可以利用 section 定義。

假設我們要製作一個電子相簿網頁，用以展示作者外拍攝影作品，網頁必須包含所要展示的相片縮圖清單，以及使用者點選的圖片展示，同時還有參與攝影的工作人員資訊，下頁是規畫的草圖。

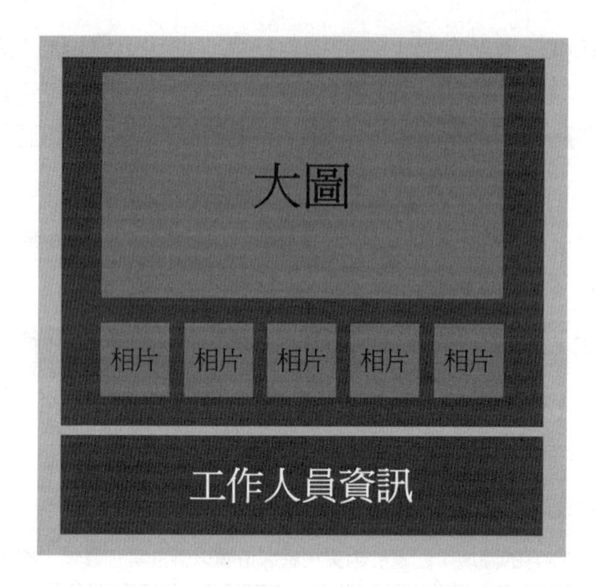

接下來我們建立一個範例實現這個頁面，利用 section 元素，定義圖片展示區塊以及工作人員資訊區塊。

攝影作品集

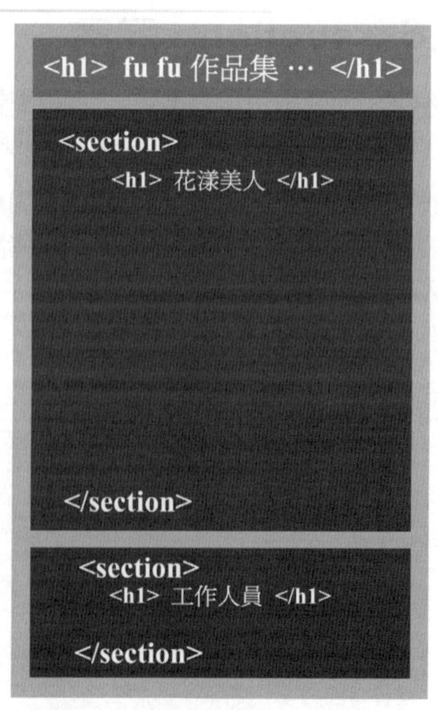

左上圖是範例畫面，右上圖則是構成網頁的 section 元素配置示意圖，其中以 section 元素定義相片展示區以及工作人員資訊區。

section-demo.html

```
<!DOCTYPE Html>
<Html>
      <Head>
          <Title>fu fu 作品集 </Title>
          <style>img{margin:10px;}</style>
          <script>
              function showImg(o)
              {
                  document.getElementById('imgx').src = o.src;
              }
          </script>
      </Head>
      <Body>
          <H1>
              fu fu 作品集 | 外拍系列
          </H1>
          <Section>
              <H1> 花漾美人 </H1>
                  <p>
                  <img id="imgx" width="240px" src="images/girl_1.JPG"/>
                  </p>
                  <img id="img1" width="60px"
                        src="images/girl_1.JPG"
                        onclick="showImg(this);" />
                  …
          </Section>
          <Section>
              <H1>
                  工作人員
              </H1>
              <Ul>
                  <Li> 攝影：Fu</Li>
                  <Li> 助理：Tim</Li>
                  <Li> 彩妝：Mary</Li>
                  <Li>Model：Emma</Li>
              </Ul>
          </Section>
      </Body>
</Html>
```

其中 section 分別切割出作品圖檔的展示區，以及拍攝此作品的主要工作人員清單。

在這個範例中，我們看到了 div 的效果，你可能無法體會使用 section 與 div 的區別，還有使用此元素能得到什麼好處，請特別注意的是，每一個 section 元素區塊的第一個 h1 元素，定義了 section 區塊的標題，這個元素是使用 section 的關鍵，它為整份網頁文件建立所需的大綱。

HTML5 導入 section 元素並非用來取代 div ，它最大的意義在於為網頁建構並支援大綱輸出，這也是使用 sectioning content 類型元素最重要的意義，亦是 HTML5 導入這些元素的關鍵。

而在 HTML5 時代，div 依然相當重要，當網頁上某些區塊需要透過樣式套用以建立一致性的外觀，或是支援共同的腳本語言操作，類似的情形建議利用 div 支援所需的設定。

初次利用區塊元素建構網頁的設計人員可能感到困擾，HTML5 新增的區塊元素，相關的配置原則只是建議而非強制的規定，因此不當的配置經常發生，為了儘量避免這種情形的發生，這一節開始，針對每一個區塊元素的討論結束之前，列舉此元素的適用場合。

- **section 元素的用途**
  - 針對需要大綱編排輸出的層級設定。
  - 網頁中的分組區塊定義。
  - 長篇網頁文章中的分章定義。
  - 以上定義的區塊中必須配置對應大綱的標題時。

6.7 <article> 元素

article 同樣用以表示一塊具特定內容的區塊，例如定義網誌中某篇特定文章內容，便是使用 article 元素最典型場合，而某篇文章回應的內容，例如 Yahoo 新聞網站之類的網頁，同樣可以透過 <article> 標籤定義。以下是使用 article 元素的範例：

```
<body>
<h1>康廷愛情故事 - 只在線上發行</h1>
<article>
        <h1>有一種愛情叫作遺憾</h1>
        <p>你的冷默就像一種懲罰 … </p>
        <p>從我回來到現在，一個月過去了 …  </p>
</article>
</body>
```

其中的 article 元素，定義了一個區塊，展示一段內文，這會得到下頁結果：

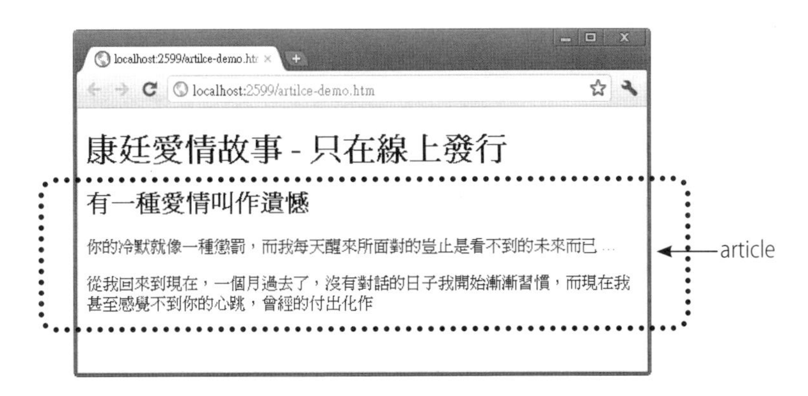

article 或是 section 區塊在必要時可以搭配使用，你可能利用 section 來群組數個 article 區塊，或是在 article 區塊中配置一個 section 來標示某個應用程式專用的動態內容區塊，如果沒有辦法明確辨識是否應該用 article 或是 section 區塊，有兩個原則可以遵循。首先，article 適合定義內容完整的獨立區塊，例如一份網誌的貼文，當你將這份文章從網站抽離出來時並不會影響內容，此時便是使用 article 的最佳時機。另外便是需要組織一連串內容區塊時，使用 article 也比 section 適合，例如開放討論的 blog 文章網頁，經常可以看到一篇文章下方有一則以上的評論，你可以利用 article 配置評論內容區塊，而這些評論可以利用 section 進一步包裝，形成專屬的評論區塊。

針對比較複雜的版面配置，article 也可以透過巢狀結構來呈現，以網誌的完整文章呈現為例，考慮下頁文章的內容：

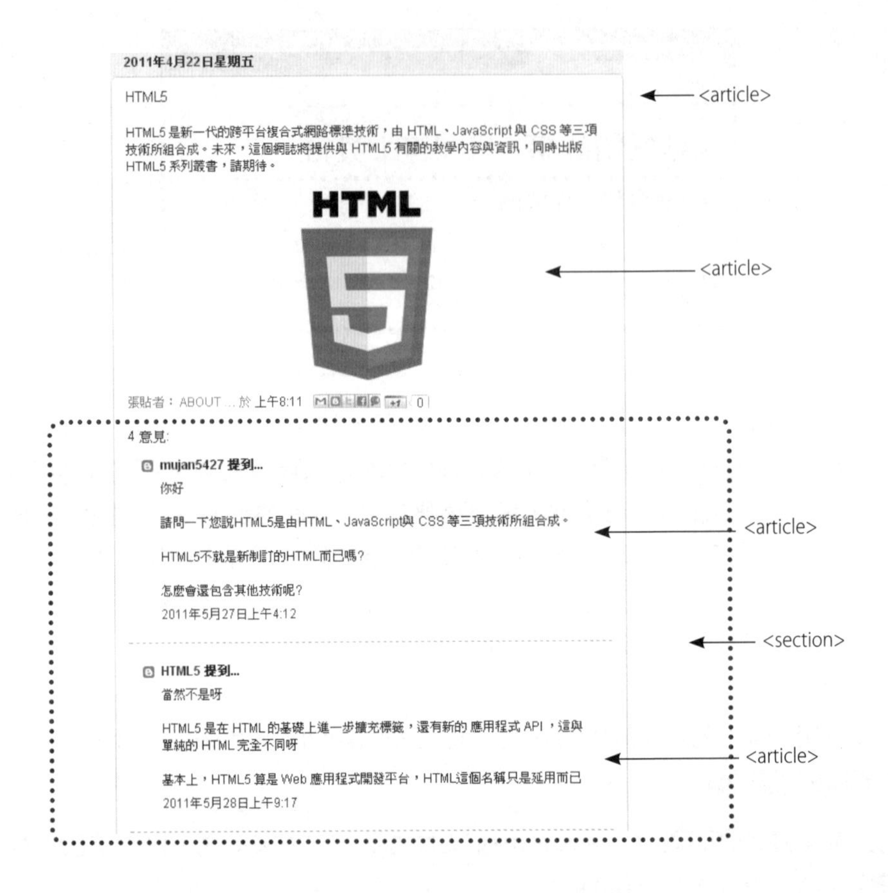

圖中顯示文章的完整內容，包含意見欄，這一整個區塊以一個大的 article 元素作表示，而內文部分則是以巢狀 article 元素作表示，除了本文之外，每一則意見也是一個 article 。

範例 6-3 示範 article 元素

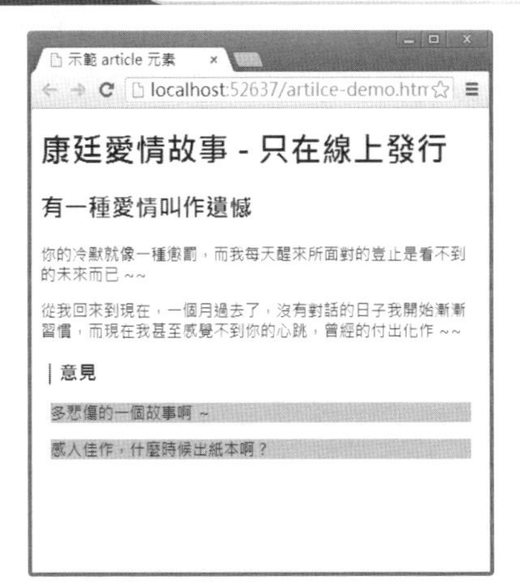

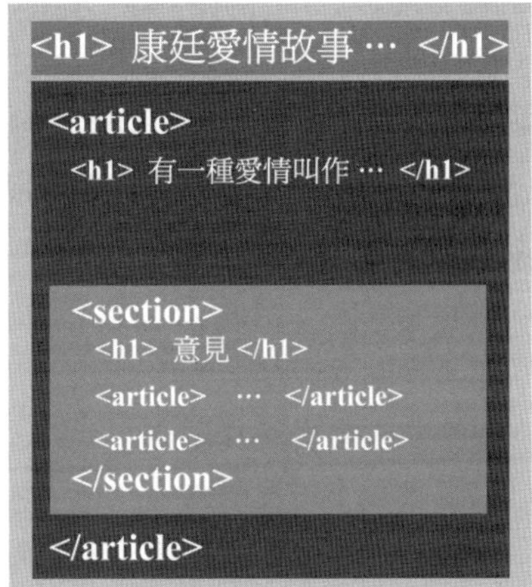

左圖是執行結果畫面，右圖則列舉其中所套用的 article 結構，如你所見，文章的內容顯示在 article 區塊，文章部分的意見則合併呈現於 section 區塊內容，其中的每一則留言，則進一步再以巢狀式的 article 作定義。

artilce-demo.html

```
<!DOCTYPE html >
<html >
<head>
      <title>示範 article 元素</title>
      <style>
          article.comments{margin:10px; background:silver}
      </style>
</head>
<body>
<h1>康廷愛情故事 - 只在線上發行</h1>
<article>
      <h1>有一種愛情叫作遺憾</h1>
      <p>你的冷默就像一種懲罰 ~~ </p>
      <p>從我回來到現在 ~~ </p>
      <section>
        <h1> | 意見</h1>
        <article class="comments">
         <p>多悲傷的一個故事啊 ～  </p>
        </article>
        <article class="comments">
         <p>感人佳作，什麼時候出紙本啊 ? </p>
        </article>
      </section>
</article>
</body>
</html>
```

對照上述的結構示意圖，讀者可以很清楚 article 在這裡的用法，而除了 article 之外，其中另外嵌入了一個 section 元素，以區隔文章內容主體與針對文章閱讀的回應內容。

從這裡讀者也可以看到，section 與 article 在用途上的差異，不過它們並沒有所謂的主從關係，你可以在 section 裡面巢狀配置 article ，反之亦同。

- **article 元素的用途**
  - 新聞報導內文區塊。
  - 部落格貼文區塊。
  - 回應討論意見貼文區塊。
  - 網頁側欄小工具區塊。
  - 類似以上可以單獨切割出來的獨立區塊，同時必須配置一個對應的標題。

6.8 <nav>

導覽列是提供使用者瀏覽網站內容所需的連結點，nav 元素所定義的區塊專門用以配置網頁中的導覽列。以下是最典型的應用，假設有一個導覽提供瀏覽攝影師作品集的分類連結，這種情形可以將其配置於 nav 元素內。

```
<nav>
      <a href="…" > 首頁 </a>
      <a href="…" >A 連結 </a>
      <a href="…" >B 連結 </a>
      …
      <a href="…" > 關於我們 </a>
</nav>
```

以此方式配置連結除了方便管理，也讓網頁結構中屬於連結的部分更易被辨識。

範例 6-4 示範 nav 元素

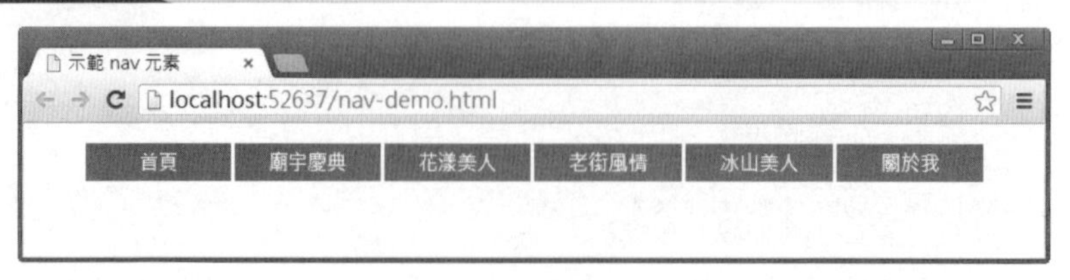

這是一個常見的選單實作，其中每一個方塊是一個 a 元素的連結，而所有的連結則配置於 nav 元素中，並且透過 CSS 設定動態效果。

nav-demo.html

```
<!DOCTYPE html>
<html>
<head>
      <title>示範 nav 元素</title>
      <style>
      .gallery ul{list-style: none;}
      .gallery li { float: left; width: 120px; …}
      .gallery a { display: block; text-align: center; …  }
      .gallery a:hover {  background-color:#333 ;   }
      .gallery a:active { background-color:#333 ; color: silver;  }
      </style>
</head>
<body>
<nav class="gallery">
<ul >
      <li><a href="nav-demo.html" ">首頁</a></li>
      <li><a href="nav-demo-1.html">廟宇慶典</a></li>
      <li><a href="nav-demo-2.html">花漾美人</a></li>
      <li><a href="nav-demo-3.html">老街風情</a></li>
      <li><a href="nav-demo-4.html">冰山美人</a></li>
      <li><a href="nav-demo-5.html">關於我</a></li>
</ul>
</nav>
</body>
</html>
```

其中以 li 元素配置每一個連結，然後將整組 ul 配置於 nav 元素內容，並設定了 gallery 樣式，而 <style> 的部分請自行參考完整的檔案程式碼。

以上是 nav 元素最典型的應用，除此之外，針對同一頁的相同連結，同樣可以將其配置於 nav 元素以方便進行設定，原理相同。

並非所有的連結都需要包裝於 nav 元素當中，例如常見的頁尾版權宣告連結：

```
<footer>
    <p>南泰電腦 版權所有 © 2011</p>
    <p><a href="about.html">關於我們</a> -
       <a href="contact.html">與我們連絡</a></p>
</footer>
```

類似此種資訊的宣告連結通常與網頁主體無關聯，並不需再利用 nav 進行包裝。

讀者必須理解的是，我們可以利用 nav 包裝一系列的導覽節點，但這不表示 nav 元素就只能這樣使用，相反的，任何地方只要有連結需要管理配置，都是使用

nav 的場合，例如你可以將這個元素套用在一份文件當中，以區隔文件內含的導覽節點。

範例 6-5 網頁內文中配置 nav 元素

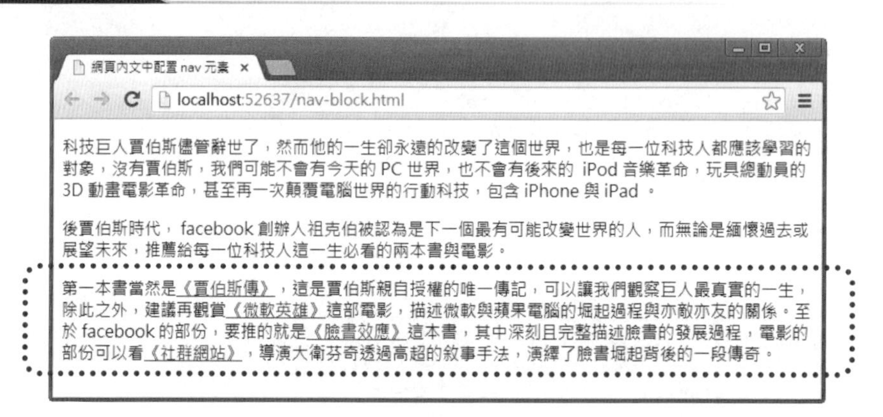

畫面中以框線標示的部分，是配置了 nav 元素所形成的區塊，其中包含了四個外部網頁連結。

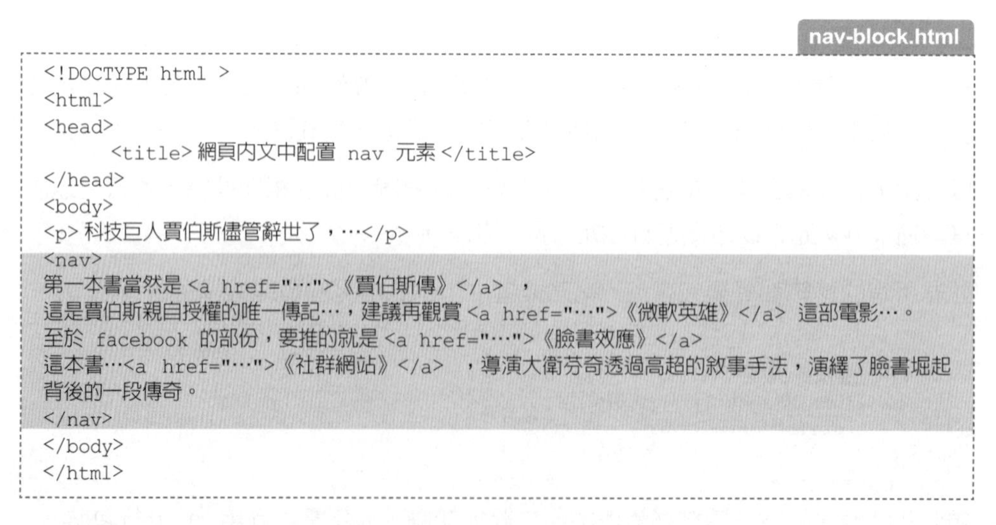

nav-block.html

```
<!DOCTYPE html >
<html>
<head>
      <title> 網頁內文中配置 nav 元素 </title>
</head>
<body>
<p> 科技巨人賈伯斯儘管辭世了，…</p>
<nav>
第一本書當然是 <a href="…">《賈伯斯傳》</a> ，
這是賈伯斯親自授權的唯一傳記…，建議再觀賞 <a href="…">《微軟英雄》</a> 這部電影…。
至於 facebook 的部份，要推的就是 <a href="…">《臉書效應》</a>
這本書…<a href="…">《社群網站》</a> ，導演大衛芬奇透過高超的敘事手法，演繹了臉書堀起背後的一段傳奇。
</nav>
</body>
</html>
```

由於最後一段文句當中包含了四個連結，因此將此段文句配置於 nav 當中。

- **nav 元素的用途**
  - 網站導覽區塊。
  - 網頁內容瀏覽節點。

6.9 <aside>

相較於 article 或是 section 元素，aside 功能比較明確，它被設計支援頁面中特定的內容，最典型的是側欄製作，除此之外，對於數個 nav 元素建構的導覽列可以透過 aside 進行群組，原則上，aside 元素所定義的區塊，適合配置與主內容切割的隔離內容，以筆者個人的技術部落格為例，如下圖：

其中的右側邊欄以 aside 配置其內容，而此區塊的內容並不會影響左邊的文章內容。另外，於新聞網站長篇報導中常見的引言（pull-quote），亦相當適合利用 aside 來表現。

範例 6-6 以 aside 顯示引言樣式

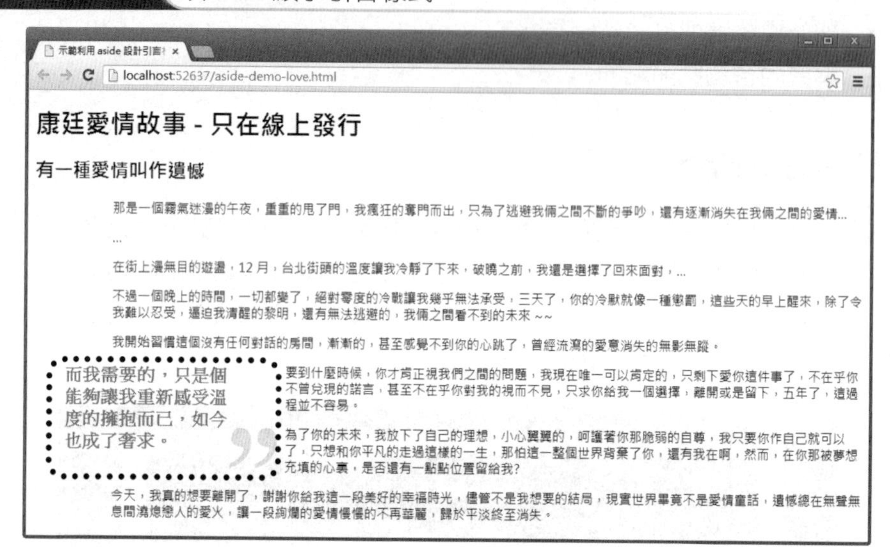

圖中以框線標示的部分，是 aside 配置的引言效果。

aside-demo-love.html

```
<!DOCTYPE html>
<html >
<head>
      <title> 示範利用 aside 設計引言樣式 </title>
      <style>
      #p_quote
      {
          clear: left;float: left;
          padding:0px 60px 20px 0px;
          font-weight:bold ;
          font-size:22px;font-family:arial ;
          color: gray;width: 210px;
          margin-left:40px ;margin-right:10px ;
          background: url('images/quote_mark.gif') 100% 100% no-repeat;
      }
      p{margin-left:100px ;}
      </style>
</head>
<body>
<h1> 康廷愛情故事 - 只在線上發行 </h1>

<article>
      <h1> 有一種愛情叫作遺憾 </h1>
      <p> 那是一個霧氣迷漫的午夜，…</p>
      <p>…</p>
```

(續)

```
        <p> 在街上漫無目的遊盪，…</p>
        <p> 不過一個晚上的時間，…</p>
        <aside id="p_quote">
         而我需要的，只是個能夠讓我重新感受溫度的擁抱而已，如今也成了奢求。
        </aside>
        <p> 要到什麼時候，你才肯正視我們之間的問題，</p>
        <p> 為了你的未來，我放下了自己的理想，小心翼翼的，</p>
        <p> 今天，我真的想要離開了，</p>

</article>
</body>
</html>
```

引言內部的文句，是由 aside 配置，必須特別注意的是，aside 僅是定義作為引言的內容區塊，必須進一步透過樣式選擇器 #p_quote 的設定才能達到畫面上呈現的效果。

除了一般的邊欄設計，以及上述的引言效果，在部落中常見的廣告聯播區塊，或是友站連結區塊，都很適合利用 aside 元素進行實作。

- **aside 元素的用途**
  - 與網頁內容沒有深度關聯的區塊。
  - 網站側邊欄區塊。
  - 網頁內文意見區塊。
  - 網頁註腳。
  - 頁尾詞彙區塊。
  - 引言區塊。
  - 忠告或提示區塊。

6.10 <header> 與 <footer>

從名稱的意義很容易可以瞭解 header 元素的用途，它用來定義區塊的標題區域或是網頁的頁首，通常用以呈現網頁的標題，當然還可以配置其它元素，例如網站識別 logo 等等。如果是針對特定的區塊，例如網誌（Blog）的文章內容區塊，header 通常配置的便是文章標題，或是其它與文章有關的介紹資訊，例如發表的時間等等。

另外還有一個與 header 元素有關的 hgroup ，這個元素用來建立以 h1 ~ h6 等級別元素所標示的標題群組，這與另外一個重要的議題「大綱」有很大的關聯，後文將作完整的說明。

footer 定義網頁的頁尾或是特定區塊的區塊尾，最常見的便是配置網站創辦人、公司名稱、聯繫資訊、相關文件連結以及版權宣告等資訊。它通常配置於某個塊級元素內部成為其巢狀子區塊。考慮以下的網誌文章配置：

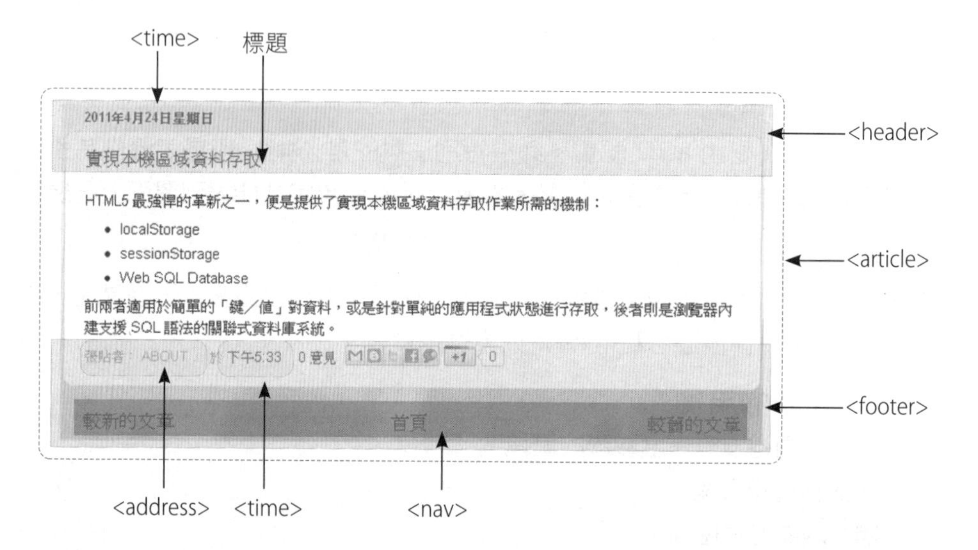

除了本文之外，還有幾組重要的資訊，包含標題、文章作者以及發佈時間，甚至前後發佈的文章連結，這些資訊依其位置配置於 <header> 以及 <footer> 標籤中。

header 區塊中同時配置了 time 元素，以顯示此文章的發表日期（不包含時間），另外一項重要的資訊則是文章的標題。另外於 footer 區塊，以 address 配置網誌作者等相關資訊，而文章的發佈時間區塊（確實的時間資訊），則需以 time 定義配置於 footer 定義的區塊中 。

讀者要注意是，上述的配置方式並沒有強制性，只是一般的設計通則，你可以根據自己的需求建構網頁架構，儘量遵守上述討論的原則有助於你設計結構良好的網頁。

關於 footer 所屬區塊的聯繫資訊內容，例如作者個人介紹連結通常配置於 address 元素，後續針對此元素進行說明，address 元素本身則配置於 footer 內部。

6.11 使用 figure 配置圖像內容

HTML5 針對獨立的圖像內容，例如插畫或是圖片檔案、統計圖表相關元素的配置，提供了專屬的 figure 區塊，使用這個元素可以為專屬的圖片切割出獨立的區塊，以下利用一個範例進行說明。

範例 6-7 示範 figure 元素

這個網頁示範筆者個人的介紹頁內容，其中配置了一張大圖，由 figure 元素進行配置，展示由筆者個人歷年著作封面合成的書牆，接下來則為筆者個人的介紹。

figure-demo.html

```
<!DOCTYPE html >
<html>
<head>
      <title>示範 figure 元素</title>
</head>
<body>
      <figure>
          <img src="images/kt_books_w.jpg" />
      </figure>
      <section>
          <h1>關於我</h1>
          <p>
              我是一名軟體工程師…</p>
          …

      </section>
</body>
</html>
```

其中負責展示圖檔 kt_books_w.jpg 的 img 元素配置於 figure 元素當中。

讀者必須注意的是，如果是網頁內容中的某個圖檔，只要利用 img 元素直接嵌入其中即可，而如果它是主要的內容區塊，就如同這個範例，其中的書牆負責呈現筆者的作品內容，因此將其獨立出來與其它的介紹文字內容作切割，成為主要的區塊之一。

當然，你也可以配置一組以上的圖片檔案，例如商業應用程式常見的數位儀表板經常由一個以上的圖表所組成，在這種情形下便可以透過 figure 元素組織這些圖表檔案。

範例 6-8 示範 figure 元素－多圖表

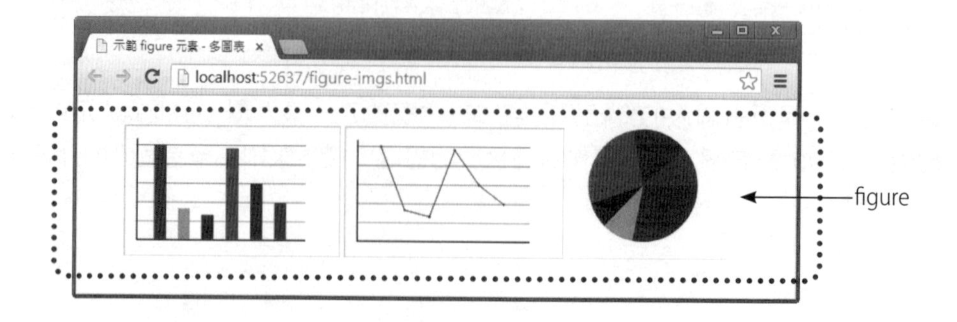

這個範例簡單的示範了如何在一個 figure 元素中，配置多個 img 圖片檔案元素，其中沒有任何功能，以下列舉配置內容。

figure-imgs.html

```
<!DOCTYPE html >
<html>
<head>
     <title> 示範 figure 元素 - 多圖表 </title>
</head>
<body>
     <figure>
         <img src="images/cht1.jpg" width="220" />
         <img src="images/cht2.jpg" width="220"  />
         <img src="images/cht3.jpg" width="160"  />
     </figure>

</body>
</html>
```

如你所見，與前述範例的差異僅在 <figure> 標籤內配置了三個 <img> 來展示圖表內容，除此之外，這個範例想要說明的是 figure 元素不一定侷限於圖片檔案的呈現，其中呈現的三個圖表，是本書第十章 Canvas 範例擷取預先配置的數據資料所描繪出來的圖形。

未來當你嘗試建立數位儀表板或是圖形化報表時，網頁的內容並不會是靜態圖形檔案，而是透過資料運算並且以 canvas 之類的元素即時輸出的結果，而針對這些動態圖表，就如同此範例展示的，同樣可以利用 figure 元素進行配置。 figure 另外一個適用的場合，是描述與技術有關的文章常用的程式碼列舉配置，下頁以另外一個範例作說明。

範例 6-9 示範 figure 元素與程式碼列舉

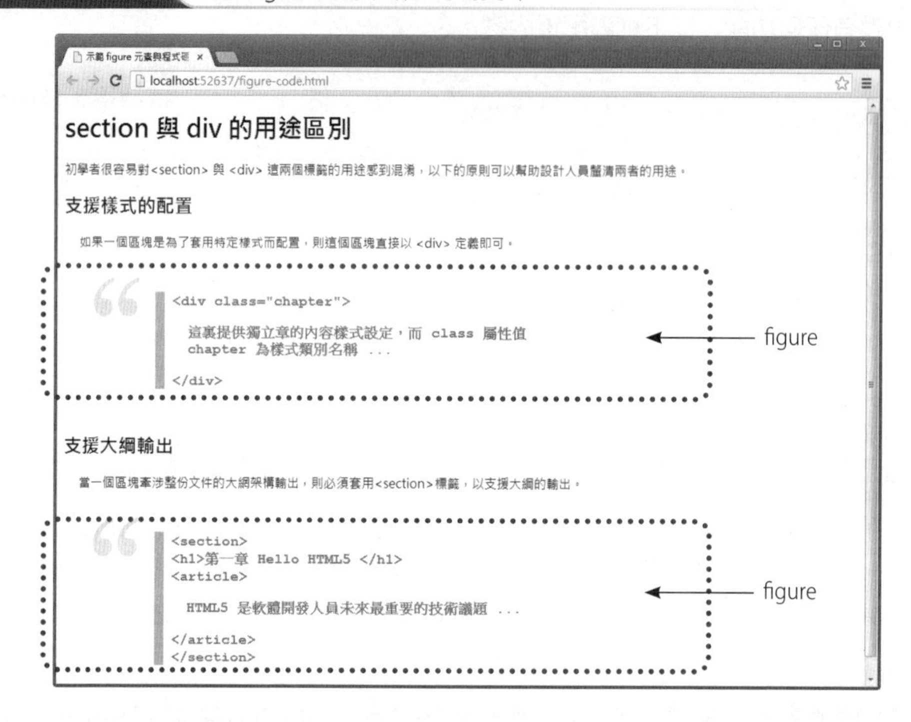

網頁上的這篇文章討論 section 與 div 兩種元素的區別，其中的程式碼列舉區塊內容，以 <figure> 進行配置。

figure-code.html

```
<!DOCTYPE html >
<html>
<head>
      <title>示範 figure 元素與程式碼列舉</title>
      <style>
          // 樣式設定
      </style>
</head>
<body>
      <h1>
          section 與 div 的用途區別</h1>
      初學者很容易對 &lt;section&gt; 與 &lt;div&gt; …
      <section>
          <h1>
              支援樣式的配置</h1>
          <p>
              如果一個區塊是為了套用特定樣式而配置…</p>
```

(續)

```
        <figure class="p_quote">
            <blockquote>
                <code>&lt;div class=&quot;chapter&quot;&gt;<p>
                    這裡提供獨立章的內容樣式設定 ... 
                </p>
                    &lt;/div&gt;</code>
            </blockquote>
        </figure>
    </section>
    <section>
        <h1>
            支援大綱輸出 </h1>
        <p>
            當一個區塊牽涉整份文件的大綱架構輸出…</p>
        <figure class="p_quote">
            <blockquote>
                <code>&lt;section&gt;<br />
                    &lt;h1&gt; 第一章 Hello HTML5 &lt;/h1&gt;<br />
                    &lt;article&gt;<p>
                        HTML5 是軟體開發人員未來最重要的技術議題 ...</p>
                    &lt;/article&gt;<br />
                    &lt;/section&gt;</code>
            </blockquote>
        </figure>
    </section>
</body>
</html>
```

畫面中以引言樣式呈現的兩段程式碼列舉內容，透過 figure 元素進行配置，同時經由樣式設定的套用呈現所要的視覺效果。

與 figure 有關的，另外還有一個 figcaption 元素，這個元素搭配 figure 使用作為其內容的標示說明，現在回到前述的「範例 6-7：示範 figure 元素 」，將其中的內容調整如下：

```
<figure>
    <img src="img/kt_books_w.jpg" />
    <figcaption> 呂高旭歷年著作 </figcaption>
</figure>
```

重新瀏覽網頁，將出現下頁的結果：

如你所見，圖片下方出現了「呂高旭歷年著作」的說明文字。

- **figure 元素的用途**
  - 具獨立內容的圖像呈現。
  - 具獨立意義的圖表輸出，例如數位儀表板。
  - 程式碼列舉。

6.12 關於大綱（outline）

到目前為止，我們介紹了 HTML5 導入的結構語義元素，而它們存在最重要的目的，在於為網站架構的建立提供明確的規範，讓網站內容能夠更容易組織並且被應用程式理解，甚至進一步擷取其內容條目輸出網站的架構大綱，同時更利於搜尋引擎之類的程式解析網站內容，稍早針對每一個元素的意義作了討論，現在這一節我們就來看看大綱與結構元素的設計關聯。

6.12.1 大綱與區塊內容的意義

所謂的大綱，就如同一本書的目錄，以讀者目前正在閱讀的本書為例，每一章有數量不同的節與小節，萃取這些章節條目，便形成本書的大綱目錄，同樣的，網站的內容其實可以視為一本書，每一個區塊就如同書本中的章、節等區塊內容，當你在區塊中以 h1 ~ h6 級別元素或是 hgroup 元素標示區塊標題，這些標題就會被抽取出來變成大綱。

不過並非所有以 h 級別元素標示的標題都可以抽取出來成為綱要條目，只有當這些標題存在所謂的內容區塊元素或是根區塊元素之類的區塊當中，才能形成條目。例如當我們配置了如下的網頁內容：

```
<body>
        <h1>書籍分類</h1>
        <p>各類技術圖書</p>

        <h2>HTML5</h2>
        <p>HTML5 動畫 | HTML5 應用程式開發</p>
        <h2>ASP.NET</h2>
        <p>ASP.NET 設計樣式 | 大型 ASP.NET 網站開發</p>

</body>
```

在 body 元素中包含了三個分別由 h1、h2 等元素所定義的標題，這會導致兩個不同的子區塊被建立，並且形成大綱條目，如下圖：

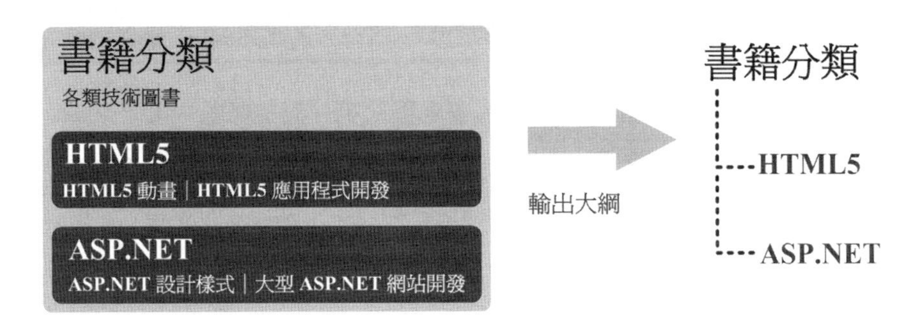

第一個 h1 元素與 p 元素屬於 body 區塊，接下來的兩 h2 元素雖然存在於 body 元素，但是瀏覽器會針對 h 級別類型的兩個元素，另外建立其專屬的隱含巢狀子區塊並且包含 h2 緊接著的 p 元素內容，最後萃取其中 h 元素的內容輸出成為大綱。

讀者必須特別注意這項特性，由於每一個區塊只能允許一個 h 元素的定義作為其標題，除了第一個 h 元素，瀏覽器會針對第二個 h 類型元素開始，逐一建立其專屬的隱含區塊，這些區塊因此成為第一個 h 標題所屬區塊的子區塊。

瞭解這個原理有助於正確的萃取網頁結構大綱，而聰明的讀者應該也想到了，為每個區塊建立其專屬的 h 元素標題，避免讓瀏覽器隱含建立，是建立良好的網頁結構相當重要的原則。

6.12.2 使用 <hgroup>

一旦在區塊中配置了 h 級別元素，這些元素便會被視為大綱條目進行萃取，但是在某些情形下，例如你可能想要建立副標題，但是不希望成為大綱的一部分，此時就必須利用 hgroup 元素將同一個區塊中的所有標題全部包裝成為標題群組。

網頁標題經常存在一個以上的子標題，考慮以下的網站頁面標題區域：

其中包含了三個標題，除了「HTML5 完美風暴」第一個主標題，接下來還有兩個子標題，在這種情形下，如果以三個 h 元素進行標示將會產生兩個子區塊。為了避免隱含子區塊被建立，可以透過 hgroup 元素包裝一個以上的標題，例如以下的配置：

```
<hgroup>
      <h1>HTML5 完全風暴 </h1>
      <h2>HTML5 = HTML+JavaScript+CSS </h2>
      <h3> 這個網站記錄關於 …</h3>
</hgroup>
```

談到這裡，相信讀者對於大綱與網頁的結構關係應該有了具體的概念，而大綱的概念也是使用 HTML5 區塊元素最重要的關鍵。

在 HTML5 之前，div 主要支援結構元素的功能，現在我們有了專為網頁區塊定義而設計的全新結構元素，原來的 div 元素將純粹提供樣式區域的配置功能，例如網頁中有某個特定應用程式的執行區塊，這個區塊不需要任何標題，也就是不需萃取大綱資訊，同時沒有特定的意義，這種狀況就很適合使用 div ，反過來說，當你需要針對各種區塊擷取大綱資訊，透過具有特定意義的區塊元素配置會是比較好的選擇。

6.12.3 適當的配置標題與區塊

區塊中除了主標題，如果還有其它子標題，利用 hgroup 包起來是一種方法，否則你也以另外建立一個區塊，例如以下的配置：

```
<body>
      <h1> 書籍分類 </h1>
      <section>
          <h3>HTML5</h3>
      </section>
      <section>
          <h3>ASP.NET</h3>
      </section>
      <p> 康廷數位圖書 </p>
</body>
```

其中包含三個標題，除了第一個 h1 的標題之外，還有兩個 h3 標題，而這裡明確的分別將其配置於 section 區塊當中，形成一個主區塊以及兩個巢狀子區塊，如下圖：

由於明確的配置巢狀區塊，因此其中最後一個 p 元素，它將屬於 body 元素區塊中的內容。子區塊裡面配置一個以上的 h 元素，同樣會形成更深一層的隱含巢狀區塊，在這種情形下，最好明確的配置子區塊元素，以上述的配置為例，現在進一步擴充其內容如下：

```
<body>
      <h1> 書籍分類 </h1>
      <section>
          <h3>HTML5</h3>
          <h4>XMLHttpRequest</h4>
      </section>
      <section>
```

(續)

```
        <h3>ASP.NET</h3>
        <section>
            <h4>ASP.NET MVC</h4>
        </section>
    </section>
    <p> 康廷數位圖書 </p>
</body>
```

其中第一個 section 元素裡面，設定了一個 h4 層級的標題，而第二個 section 中的 h4 標題則配置於子 section 裡面，當這段設定配置於網頁被解譯，與底下的 HTML 配置事實上是相同的：

```
<body>
    <h1> 書籍分類 </h1>
    <section>
        <h3>HTML5</h3>
        <section>
            <h4>XMLHttpRequest</h4>
        </section>
    </section>
    <section>
        <h3>ASP.NET</h3>
        <section>
            <h4>ASP.NET MVC</h4>
        </section>
    </section>
    <p> 康廷數位圖書 </p>
</body>
```

這兩種配置都將形成以下的結果：

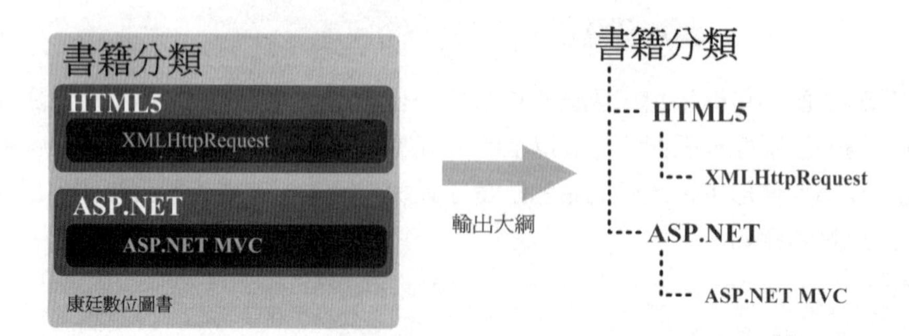

當然，其中第二種配置比較好理解，也有利於網頁維護作業。除了為每個標題配置相關的區塊之外，另外針對 section 區塊中的標題，更好的作法，是將每一個區塊的標題均從 h1 開始配置，以提供更方便的維護，考慮下頁的配置：

```
<body>
      <h1> 康廷圖書 </h1>
      <section>
          <h2>HTML5 完美風暴 </h2>
          <p> 討論 HTML5 議題與實作專案 <p>
      </section>
      <section>
          <h2>ASP.NET 商業級資料庫網站開發 </h2>
<p> 討論 ASP.NET 的商業級網站分層架構設計與實際開發運算 </p>
      </section>
</body>
```

這段配置包含兩個 section ，顯示兩本書的簡介，每一個 section 中的標題均設定為 h2 ，這是很直覺的設計，因為外層 body 元素中的標題是設定為 h1 ，很直覺的接下來巢狀區塊中的 section 依序設定為 h2 ，如果有更進一步的巢狀區塊，則依序往下設定。

這種設計讓巢狀結構的內外層之間產生相依性，對於固定的內容沒什麼問題，如果這個區塊有可能移動，甚至透過程式動態產生，這種設計就會變得很麻煩，原來在第一層的巢狀區塊，可能移動至內層，此時就須改變其標題的層級設定。

比較好的作法是在每一區塊開始的標題，均以第一級的 h1 作設定，因此我們可以將其修改如下：

```
<body>
      <h1> 康廷圖書 </h1>
      <section>
          <h1>HTML5 完美風暴 </h1>
          <p> 討論 HTML5 議題與實作專案 <p>
      </section>
      <section>
          <h1>ASP.NET 商業級資料庫網站開發 </h1>
          <p> 討論 ASP.NET 的商業級網站分層架構設計與實際開發運算 </p>
      </section>
</body>
```

其中兩個 section 元素裡面的標題，均已經設定為 h1 ，因此它與外部 body 區塊之間就不存在相依性了，即便移動也不會有調整的問題。而除了維護的問題，比較先進的瀏覽器更會自動針對不同區塊裡的 h1 元素進行樣式的預設配置，讓文件在視覺上能夠直接呈現出結構化設計的效果。

範例 6-10 h 級別元素配置

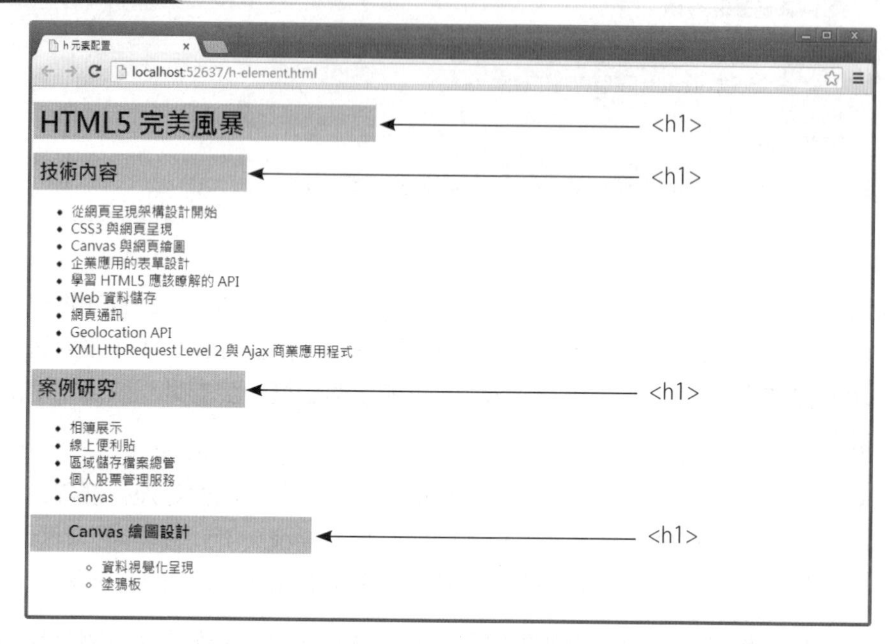

構成這個畫面的結構，形成三層的巢狀區塊，最外層的是網頁的 body 元素，因此其中的 <h1> 內容顯示最大的字型。接下來的內容則是配置於 <section> 標籤，其中同樣以 <h1> 顯示「技術內容」以及「案例研究」等兩個標題，因為配置於內層的 <section> 區塊，因此字型相較於 <body> 中的 <h1> 小，而最後的「Canvas 繪圖設計」則是 <section> 區塊內部配置的另外一個 <section> 子區塊中的 <h1> ，如你所見，這是第三層結構，因此字型是三個 <h1> 最小的。

h-element.html

```
<!DOCTYPE html >
<html>
<head>
      <title>h 元素配置 </title>
</head>
<body>
      <h1>
          HTML5 完美風暴 </h1>
      <section>
          <h1>
              技術內容 </h1>
          <ul>
              <li> 從網頁呈現架構設計開始 </li>
```

(續)

```
            <li>CSS3 與網頁呈現 </li>
            ...
    </section>
    <section>
        <h1>
            案例研究 </h1>
        <ul>
            <li> 相簿展示 </li>
            <li> 線上便利貼 </li>
            <li> 區域儲存檔案總管 </li>
            <li> 個人股票管理服務 </li>
            <li>Canvas
                <section>
                    <h1>
                        Canvas 繪圖設計 </h1>
                    <ul>
                        <li> 資料視覺化呈現 </li>
                        <li> 塗鴉板 </li>
                    </ul>
                </section>
            </li>
        </ul>
    </section>
</body>
</html>
```

以灰階標示的是三個 <section> 元素，其中前兩組屬於同一個層級，最後一組則是第二組的內層 <section> ，除了 <body> 下方的 <h1> 標籤，每一組 <section> 下方均配置了相關的 <h1> 。從這個範例中，讀者可以很清楚的看到 h 元素與各種巢狀結構元素的搭配效果。

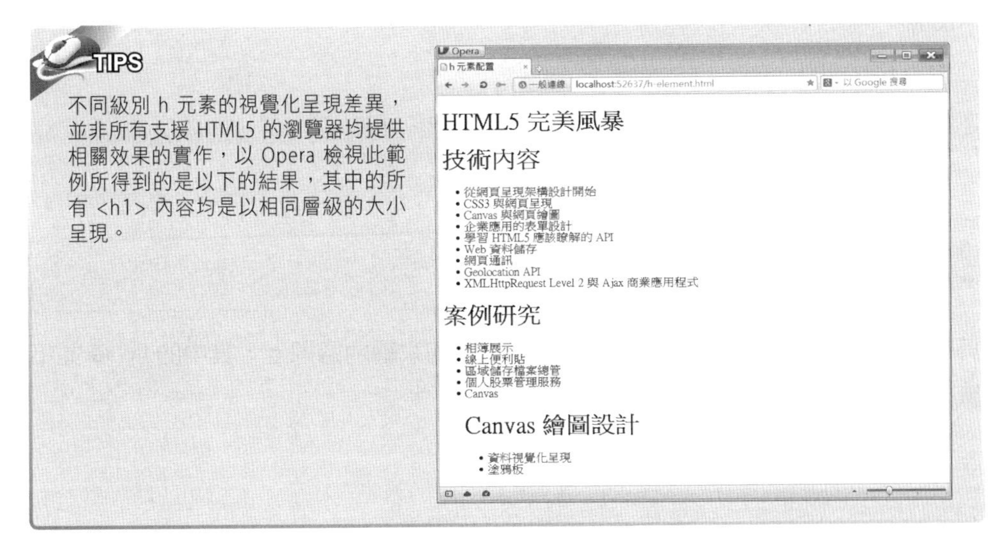

6.12.4 區塊根元素與大綱輸出

大綱的輸出是 HTML5 導入的四個區塊元素最關鍵的特質，包含 section 、article 、aside 以及 nav ，當你在網頁配置這四個標籤，每一個標籤都會有一個對應的大綱條目，既使你沒有在其中配置 h 級的標題元素。

另外有一組區塊根目錄元素（sectioning roots），這一組元素本身亦會輸出自己的大綱，不過這些大綱並不會成為上述四個區塊元素輸出大綱的一部分，這一組元素包含 blockquote 、body 、details 、fieldset 、figure 以及 td 。

考慮以下的配置，右邊的結構為其輸出的大綱條目：

```
<body>
    <section>
        <article>
            <h1>HTML 完美風暴 </h1>
        </article>
    </section>
    <aside>
        <nav><h1> 目錄 </h1></nav>
    </aside>
</boby>
```

```
Untitled
 |
 '--- Untitled Section
 |     |
 |     '--- HTML 完美風暴
 |
 '--- Untitled Aside
       |
       '--- 目錄
```

其中的 body 與 section ，還有 aside 都沒有配置 h 級別元素，因此它的大綱是隱含存在的，但是同樣會輸出此一大綱條目，現在我們修改其中的內容，調整配置如下圖：

```
<body>
    <section>
        <article>
            <h1>HTML 完美風暴 </h1>
            <figure></figure>
        </article>
    </section>
    <aside>
        <nav><h1> 目錄 </h1></nav>
    </aside>
</boby>
```

其中配置了一個 figure 元素，而這段設計輸出的大綱內容同上，其中的 figure 並不會將自己的大綱輸出成為主體的一部分。

6.13 關於 <address> 元素

address 元素的主要功能，是提供一個區塊用來配置此區塊內容創作者的聯繫資訊，這是 address 的唯一功能，一切與聯繫資訊無關的內容，都不建議放在這個區塊當中，除非與作者的連繫資訊有關。

address 元素通常配置於 footer 元素所定義的區塊中，就如同上一個小節討論的 article 配置，如下圖：

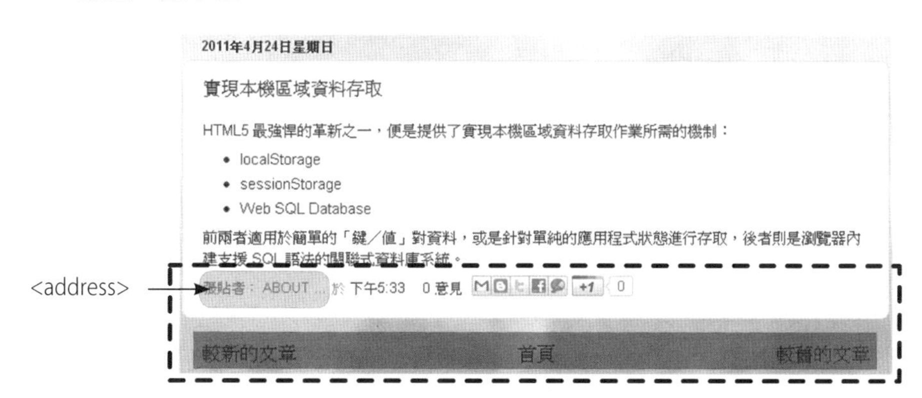

在虛線標示的 footer 元素區塊中，其中的「張貼者 ABOUT…」這個區塊即是作者的聯繫資訊超連結設定。

address 通常配置於某個區塊中成為其巢狀子區塊，例如這裡是 article 元素的子區塊，而它的資訊套用至所屬的外層區塊，在上述的圖示中，表示這份文件的作者聯繫資訊，如果 address 本身配置於 body 之類的區塊內成為其子區塊，則其中的資訊則適用於全體網頁。

6.14 相簿網站樣板

最後利用一個相簿網站樣板的雛形，示範如何使用區塊元素，你將會從這個樣板的實作討論過程中，看到相關元素的應用。此範例名稱為 ffGallery-template ，只有一個網頁 index.html ，於本章範例資料夾將其開啟執行，首先會看到下頁的畫面：

這個畫面架構切成幾個部分如下：

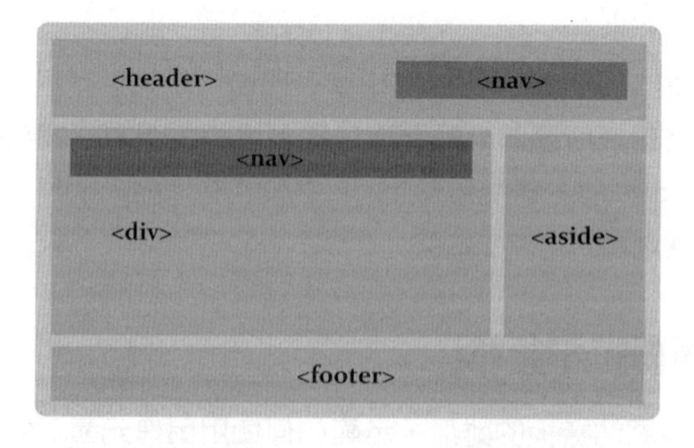

其中將網頁切割成上、中、下三個區塊，先來看比較單純的部分。

最上方網頁開頭的部分以 <header> 定義，其中包含一個標題列，以及一個導覽列，預留未來完整案例中將持續擴充的功能網頁連結，包含四個連結，全部配置於 <nav> 定義的區域中。接下來則是相片顯示與導覽圖示，還有圖片的製作相關資訊。

這一塊區域以 div 切割出來之後分成左邊與右邊兩個區域，左邊配置所要呈現的單一圖片，右邊則是所有的圖片選單以及圖片製作資訊。

左邊比較單純，上方的導覽列讓使用者點選欲觀賞的圖片類別，由於是導覽性質，因此以 <nav> 定義，接下來則是呈現主要圖片的區域，用來顯示使用者所點選的圖片，要注意的是這一整個區塊以 div 定義連結樣式設定。右邊圖片資訊以及圖片導覽列，配置於 <aside> 定義的邊欄區域，切割如下頁：

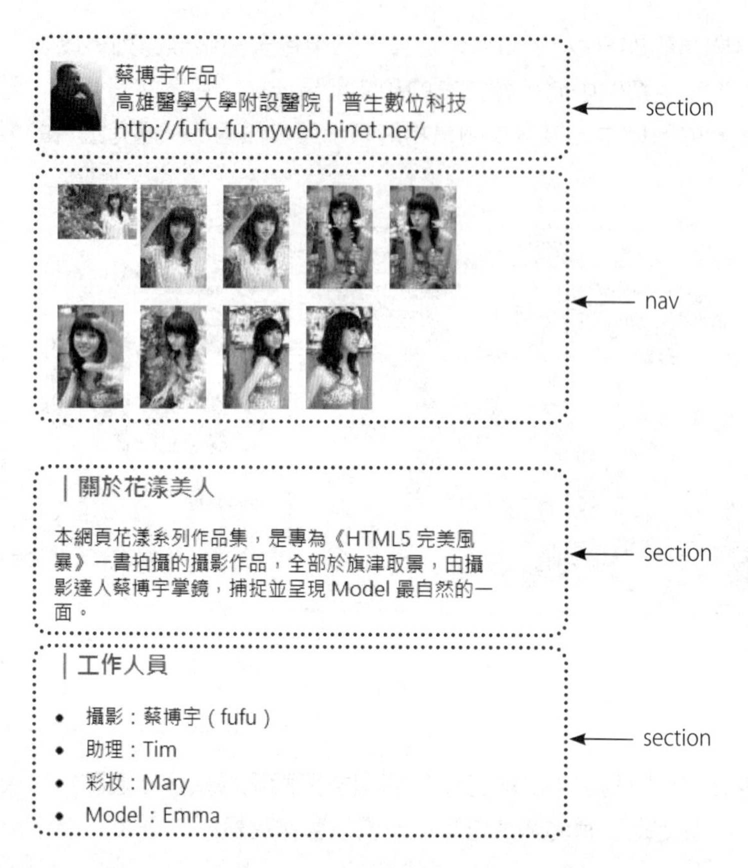

在這個區域中，由上至下總共切割成四個部分，主要配置此一系列圖片的相關製作與攝影人員資訊，由 <section> 定義資訊區塊，第二個區塊由於是圖片導覽圖示，因此以 <nav> 定義，接下來的兩個區塊則是配置 <section> ，這兩個區塊配置了 <h1> 以顯示其標題。最後是網頁最下方的配置：

這是一個 <footer> 區塊，配置本頁的設計者資訊，其中的「康廷數位」連結則是以 <address> 區隔其內容。

SUMMARY

讀者從本章的課程中，瞭解如何利用 HTML5 全新導入的結構語意元素建立各種網頁區塊，同時亦學習到了如何在不同的狀況下，適當的利用合適的配置定義需要的區塊，而這些知識，是利用 HTML5 建構網站介面首先必須理解的事。

除了結構的定義，瞭解 CSS 才能精準並且正確的展現所定義的網站內容，下一章開始，我們將用兩章的篇幅討論 CSS3 與 HTML5 的相關議題。

第七章

CSS3 樣式設計

第六章的課程讓我們瞭解了 HTML5 的區塊元素，知道如何使用不同的標籤配置各種型式的內容，但這只是完成了內容在網頁上的定義，另外還必須進行視覺化呈現的設計，相關工作則由 CSS 負責，而隨著 HTML5 釋出，CSS 則進化至 CSS3，本章針對這一部分作討論。

7.1 關於 CSS3

HTML5 將 HTML 標籤當中大部分與視覺呈現有關的屬性全數移除，交由 CSS 負責，明確的切割內容定義與視覺呈現的設計工作，CSS 與網頁本身的關係如下圖：

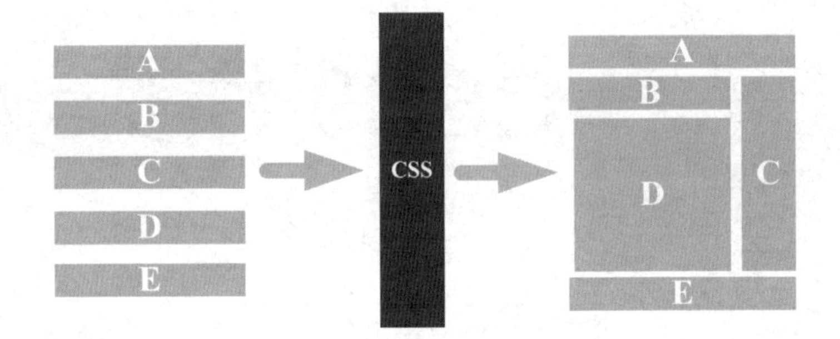

配置於網頁中的內容，在預設的情形下會根據原始檔中的位置，由上往下排列，然後設計人員根據所要呈現的視覺外觀，設計對應的 CSS 樣式表，將其套用至 HTML 原始檔，最後呈現右圖的結果。

CSS 可以作到視覺呈現效果的精細控制，而隨著 HTML5 的革新，CSS 亦進化至第三版，也就是 CSS3，其中新增了大量的設定樣式，包含方塊模型、支援各種動畫、多欄配置等先進的樣式設計，下表簡要列舉說明：

CSS3 特性	說　明
方塊模型（Flexible Box）	頁面排版樣式，以方塊佈局支援全方位的物件配置定義。
背景（Backgrounds）	支援各種背景設定，包含背景的栽切與背景圖片的大小設定。
邊框（Borders）	特殊框線效果的設計。
多欄配置（Multiple Column Layout）	支援以多欄格式呈現網頁內容。
文字特效（Text Effects）	支援包含文字陰影以及斷行的相關效果。
選擇器（Selectors）	取得套用樣式的特定元素語法。
轉換與動畫（Transformations and Animations）	支援各種轉換，包含縮放、旋轉以及偏移等形狀轉換效果以及動畫呈現。

表列的內容將以兩章的篇幅逐一作討論，本章的重點在 CSS3 新增特性的討論，而第八章則專注在各種動態設計的相關議題上。

7.2 Flexible Box

CSS3 在網頁排版部分的革新之一，便是導入了可彈性配置的方塊模型－ Flexible Box ，支援網頁佈局排版的設計支援，這一節我們來看看何謂方塊模型，同時說明如何利用這個模型來達到物件配置的效果。

7.2.1 關於 flex 樣式

CSS3 規格中新增了 flex 樣式項目，當一個容器設定了此樣式值，其中的子元素將自動伸展填滿容器，考慮以下的配置：

```
<div style="width:800px;height:200px;border:3px solid black;">
      <img src="images/island0.jpg"  />
</div>
```

一張圖片被放置於 div 形成的容器中，在預設的情形下，這張圖片會以原尺寸往左上角靠齊，

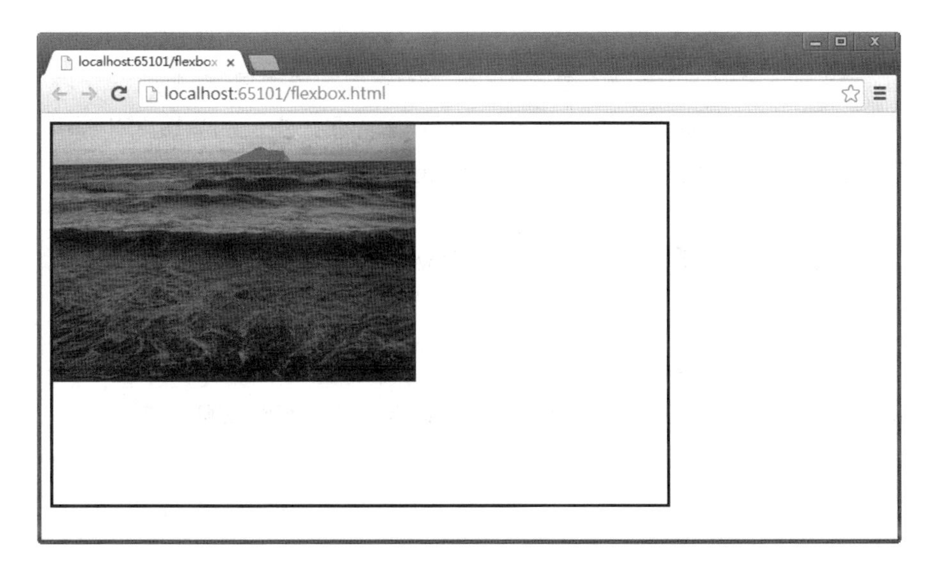

現在調整其配置如下頁：

```
<div style="width:800px;height:200px;border:3px solid black;display:flex;">
```

此次設定了 div 樣式為 display:flex ，如此一來其中的圖片將伸展高度以填滿整個容器區域。

CSS3 規格製訂過程中，flex 樣式經過了數次的修訂，最早是 display:box ，然後調整為 display:flexbox ，最新的修訂是 display:flex ，而各大主流的瀏覽器亦提供了樣式支援，善用此樣式可以快速建立彈性配置的網頁版面。

7.2.2 設定元素配置 – justify-content

一個作為容器的元素設定了 display: flex 樣式，接下來可以進一步設定 justify-content 樣式，以調整其中元素配置的對應位置，可能的值有 flex-end 、center 、space-between space-around。為了方便理解，我們利用一個範例作說明。

範例 7-1 示範 justify-content

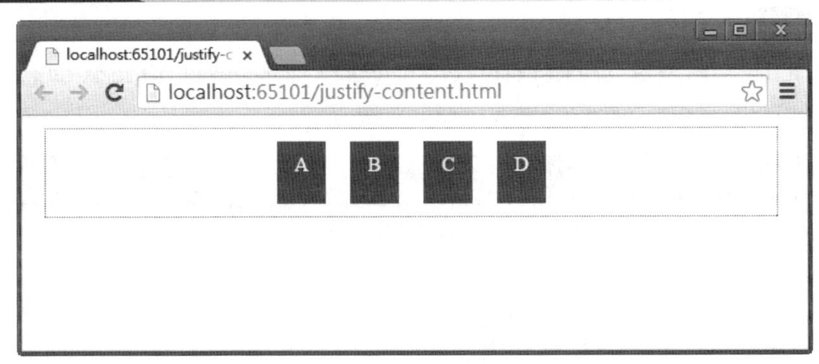

在一個 div 元素中配置四個子 div 元素，並且設定 justify-content: flex-end 樣式以呈現水平置中。

justify-content.html

```
<!DOCTYPE html>
<html >
<head>
      <title></title>
      <style>
          .flexcontainer {
              border: 1px dotted blue;
              margin: 10px;
              width: 600px;
              display: flex;
              justify-content: center;
              -webkit-justify-content: center;
          }
          .flexcontainer div {
              …
          }
      </style>
</head>
<body>
<div class="flexcontainer” >
      <div>A</div>
      <div>B</div>
      <div>C</div>
      <div>D</div>
</div>
</body>
</html>
```

其中針對外部 div 元素設定 flex 樣式如灰階標示內容，其 justify-content 則指定為

center ，如你所見，一旦設定了此樣式，如 div 之類的塊級元素將以水平配置，center 則會置中。

目前 Chrome 瀏覽器以 -webkit-justify-content 支援 justify-content ，Firefox 與最新的 IE 則支援此標準。下表列舉相關樣式項目的意義。

justify-content	說　明
flex-start	元素以起始位置為基礎配置。
flex-end	元素以結束位置為基礎配置。
center	元素置中配置。
space-between	平均分配元素配置。
space-around	平均分配元素配置，第一個元素之前與最後一個元素之後，各保留元素間距的一半寬度。

讀者可以自行修改上述的範例，以檢視方塊配置的結果，以下是另外一個範例，將所有可能的值列舉於畫面上。

範例 7-2 justify-content 樣式列表

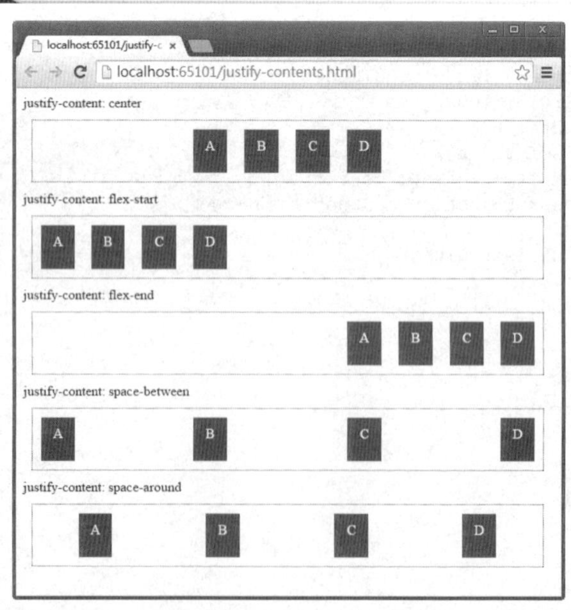

畫面中呈現的五組方塊，在樣式的設計上指定了不同的 justify-content 樣式值，請自行檢視本章範例資料夾中的 justify-contents.html ，這裡不再作說明。

7.2.3 垂直 / 水平配置樣式

當你設定了 display: flex ，便能進一步設定其它相關的樣式，讓其中的子元素進行彈性的排列，最基本的便是 flex-direction 樣式，它決定了元素應該水平配置或是垂直配置，如果指定為 row ，會將元素配置於同一列，指定為 column 則是將元素配置於同一欄。例如以下的配置：

```
<div class="flexcontainer">
      <div class="ele">
          A
      </div>
      <div class="ele">
          B
      </div>
</div>
```

以下為其樣式：

```
.flexcontainer {
    border: 1px dotted blue;
    height: 160px;
    width: 600px;
    margin: 20px;
}
.ele {
    background-color: gray;
    color: white;
    text-align: center;
    padding: 10px;
}
```

這兩組樣式設定了 div 的外觀以方便觀察，在沒有設定任何 flex 樣式的預設情形下，呈現的結果如下：

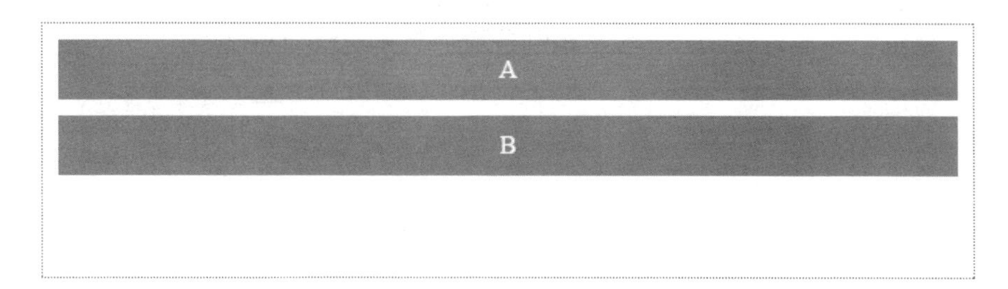

內部兩個 div 以垂直方向上下排列配置。而針對外部 div 樣式類別 flexcontainer ，我們可以進一步設定 flex 樣式如下頁：

```
.flexcontainer {
      border: 1px dotted blue;
      height: 160px;
      width: 600px;
      margin: 20px;
      display: flex;
      flex-direction: column;
}
```

除了 display:flex 樣式設定，另外指定了 flex-direction:column ，這一組樣式會將容器中的元素以同一欄進行配置，如果是 flex-direction:row ，則容器中的元素以水平列的方向呈現。

範例 7-3 示範 flex-direction

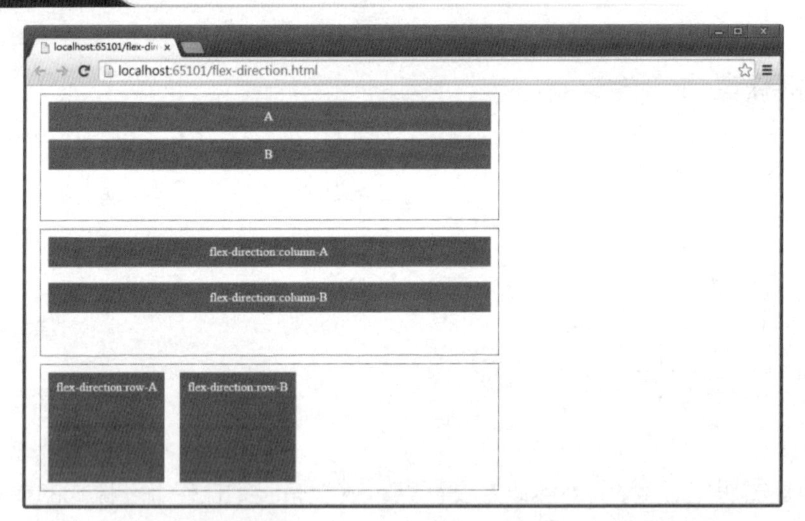

畫面以三組 div 元素進行配置示範，第一組是預設結果，第二組則將其外部 div 容器設定為 flex-direction:column ，第三組則是設定為 flex-direction:row。

flex-direction.html

```
<!DOCTYPE html>
<html>
<head>
      <title></title>

      <style>
          #fc div {
              margin: 10px;
```

(續)

```
            }
            .flexcontainer {
                border: 1px dotted blue;
                height: 160px;
                width: 600px;
                margin: 20px;
            }
            .ele {
                background-color: gray;
                color: white;
                text-align: center;
                padding: 10px;
            }
            #ca {
                display: flex;
                flex-direction: column;
            }
            #cb {
                display: flex;
                flex-direction: row;
            }
</style>

</head>
<body>
        <div id=" fc" >
            <div class=" flexcontainer" >
                <div class=" ele" >
                    A
                </div>
                <div class=" ele" >
                    B
                </div>
            </div>
            <div class=" flexcontainer" id=" ca" >
                <div class=" ele" >
                    flex-direction:column-A
                </div>
                <div class=" ele" >
                    flex-direction:column-B
                </div>
            </div>
            <div class=" flexcontainer" id=" cb" >
                <div class=" ele" >
                    flex-direction:row-A
                </div>
                <div class=" ele" >
                    flex-direction:row-B
                </div>
            </div>
        </div>
</body>
</html>
```

請特別注意灰階標示的部份，分別呈現 flex-direction:column 與 flex-direction: row 兩組樣式的配置效果。

前一個小節提及的 justify-content 樣式，如果同時搭配了這裏的 flex-direction 樣式設定，則會以指定的水平 / 垂直方向進行呈現。

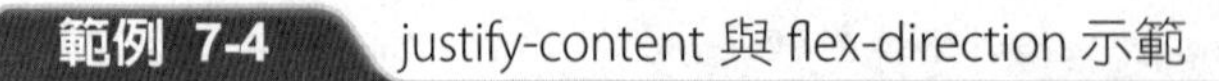

範例 7-4 justify-content 與 flex-direction 示範

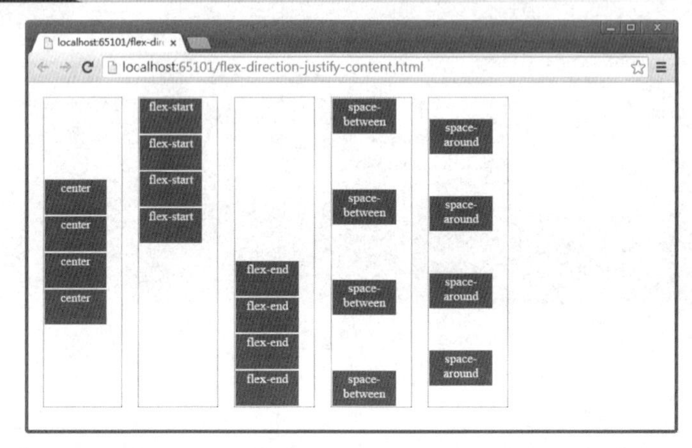

其中配置了五組 div 元素，其外部容器 div 元素均設定了 display: flex ，並且指定為 flex-direction:column ，然後分別依序指定不同的 justify-content 樣式值。

flex-direction-justify-content.html

```
<!DOCTYPE html>
<html>
<head>
        <title></title>
        <style>
            .flexcontainer_justify {
                border: 1px dotted blue;
                margin: 10px;
                display: flex;
                flex-direction: column;
                width: 100px;
                height: 380px;
                float:left;
            }
            .center {
                -webkit-justify-content: center;
                justify-content: center;
            }
            div.flexStart {
                -webkit-justify-content: flex-start;
```

(續)

```
            justify-content: flex-start;
        }
        …
        .flexcontainer_justify div {
            margin: 1px;
            height: 42px;
            width: 80px;
            background-color: royalblue;
            color: white;
            text-align: center;
            padding-top: 1px;
        }
    </style>
</head>
<body>
    <div >
        <div class=" flexcontainer_justify center" >
            <div>center</div><div>center</div>
            <div>center</div><div>center</div>
        </div>
        <div class=" flexcontainer_justify flexStart" >
            <div>flex-start</div><div>flex-start</div>
            <div>flex-start</div><div>flex-start</div>
        </div>
…
    </div>
</body>
</html>
```

由於原理均相同，因此這裡只列舉其中部分內容，請讀者自行檢視。

7.2.4 排列子元素－ align-items

當一個容器以 display:flex 樣式配置，flex-direction 樣式進一步決定其中子元素以水平或是垂直排列，而 justify-content 則以指定的基準決定子元素在容器空間中的配置，接下來，你還能指定 align-items 樣式，決定子元素彼此之間以何種方式排列對齊。現在建立一個容器，於其中配置五個 div 元素，並設定了每一個元素的高度與寬度。

```
<div class=" flexcontainer" >
    <div>default</div>
    <div>default</div>
    <div>default</div>
    <div>default</div>
    <div>default</div>
</div>
```

容器的類別樣式 flexcontainer 設定如下頁：

```
div.flexcontainer {
        border: 1px dotted blue;
        margin: 10px;
        display: flex;
        width: 1000px;
        height:300px;
    }
```

其中的 div 元素分別設定了不同的高度與背景顏色，在預設的情形下，會呈現以下的結果，子元素以頂端為對齊基準排列：

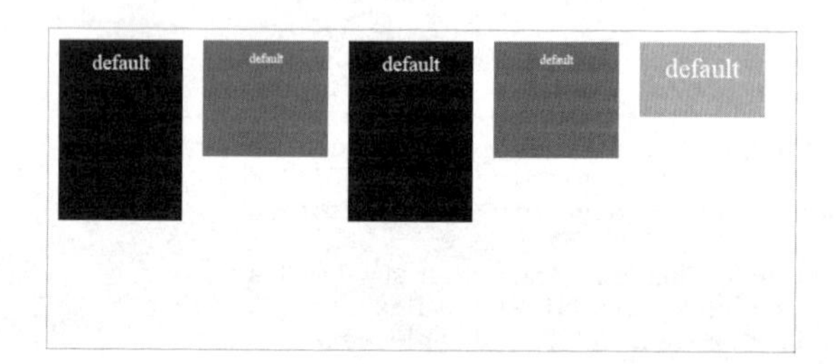

其中包含 5 個不同高度與顏色的 div 方塊，並且設定 div 容器的樣式 display:flex ，因此以水平方向排列。現在只要改變容器的 align-items 樣式值，即能調整其中子元素的對齊方式，可能的值有以下幾種：

align-items	說　明
center	以子元素的中央為對齊基準。
flex-start	以子元素的頂端為對齊基準。
flex-end	以子元素的底部為對齊基準。
baseline	以子元素中的內容基底為對齊基準。
stretch	伸展子元素以對齊。

例如指定 align-items: center ，得到以下的結果，所有元素垂直置中對齊。

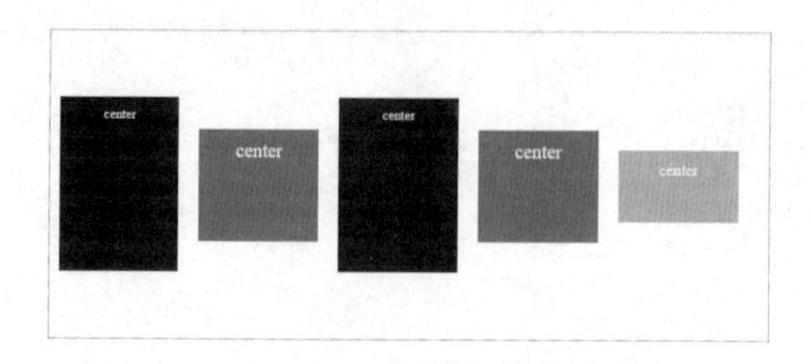

現在透過另外一個範例，配置五組 div 元素完整指定其它五個樣式值，比較最後呈現的排列結果。

範例 7-5 示範 align-items

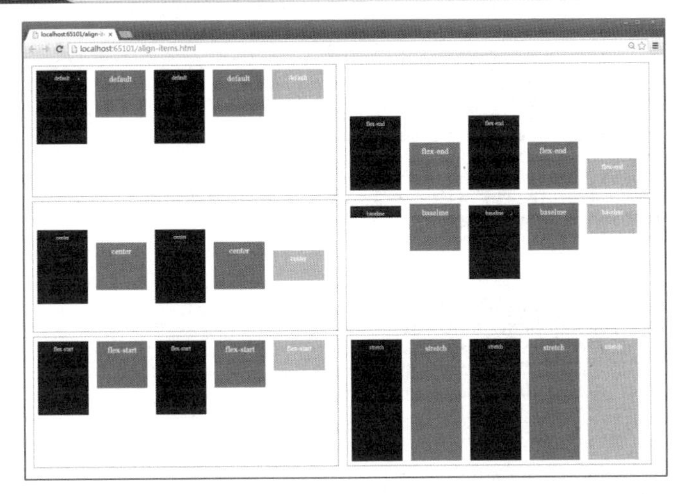

其中 baseline 會以內容的基線為基礎進行排列，因此方塊以文字的底部為基線進行對齊排列。另外最後一組 align-items: stretch 樣式效果，搭配子元素 height：auto 樣式，如此一來會自動延伸擴展至填滿容器 。

align-items.html

```
<!DOCTYPE html>
<html>
<head>
      <title></title>
      <style>
          .flexcontainer {
              border: 1px dotted blue;
              margin: 10px;
              display: flex;
              width: 720px;
              height: 300px;
          }
              .flexcontainer div {
                  margin: 10px;
                  width: 120px;
                  color: white;
                  text-align: center;
                  padding-top: 10px;
              }
                  .flexcontainer div:nth-child(odd) {
                      height: 160px;
                      background-color: black;
                      font-size: 0.8em;
                  }
                  .flexcontainer div:nth-child(even) {
                      height: 99px;
                      background: gray;
                      font-size: 1.2em;
```

(續)

```
                }
                .flexcontainer div:nth-last-child(1) {
                    height: 60px;
                    background: silver;
                    font-size: 1em;
                }
            div.center {align-items: center;}
            div.flexStart {align-items: flex-start; }
            div.flexEnd {align-items: flex-end; }
            div.baseline {align-items: baseline; }
            div.stretch {align-items: stretch; }
            div#stretch div {height: auto;}
        </style>
</head>
<body>
        <div style="float:left;">
            <div class="flexcontainer">
                <div>default</div>
                <div>default</div>
                <div>default</div>
                <div>default</div>
                <div>default</div>
            </div>
            <div class="flexcontainer center">
                <div>center</div><div>center</div><div>center</div>
                <div>center</div><div>center</div>
            </div>
            <div class="flexcontainer flexStart">
                <div>flex-start</div><div>flex-start</div><div>flex-start</div>
                <div>flex-start</div><div>flex-start</div>
            </div>
        </div><div style="float:left;">
            <div class="flexcontainer flexEnd">
                <div>flex-end</div><div>flex-end</div><div>flex-end</div>
                <div>flex-end</div><div>flex-end</div>
            </div>
            <div class="flexcontainer baseline">
                <div>baseline</div><div>baseline</div><div>baseline</div>
                <div>baseline</div><div>baseline</div>
            </div>
            <div class="flexcontainer" id="stretch">
                <div>stretch</div><div>stretch</div><div>stretch</div>
                <div>stretch</div><div>stretch</div>
            </div>
        </div>
</body>
</html>
```

為了方便作比較展示，其中的 div 元素切割為兩大組，並以浮動配置，讀者請自行參考

7.2.5 多行自動配置 – flex-wrap

設定為 flex 模式顯示時，當容器內的子元素排列超出可容納的邊界範圍，為了完整呈現，所有子元素的大小將會依容器的空間動態壓縮，配置 HTML 如下頁：

```
<div class=" flexcontainer" >
      <div class=" ele" >wrapA</div>
      <div class=" ele" >wrapB</div>
      <div class=" ele" >wrapC</div>
      <div class=" ele" >wrapD</div>
      <div class=" ele" >wrapE</div>
      <div class=" ele" >wrapF</div>
</div>
```

外部 div 元素設定為固定寬度並指定 display:flex ，呈現的結果如下：

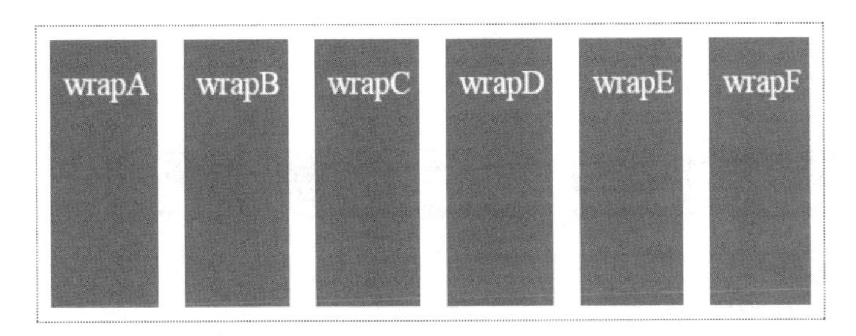

如你所見，容器的內容被動態縮減以完整呈現子元素，現在進一步設定 flex-wrap 樣式為 flex-wrap:wrap ，無法容納的子元素將以新行呈現。

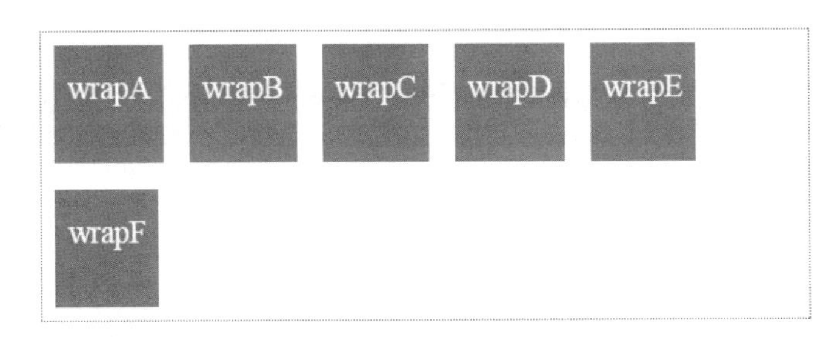

flex-wrap 另外有一個樣式值 wrap-reverse ，設定為此值將要求子元素逆向排列，因此最後一列會先排，結果如下：

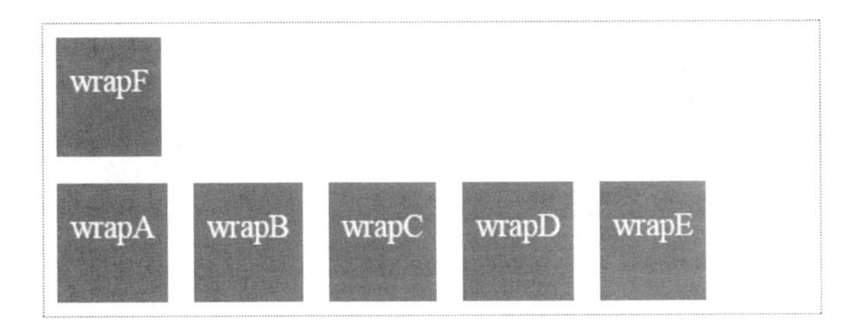

如果空間足夠容納子元素則 wrap-reverse 沒有影響。更進一步的，wrap-reverse 可以搭配 align-content 樣式進行設定，調整其中子元素的配置，例如設定以下的樣式：

```
display: flex;
flex-wrap:wrap;
align-content:flex-end;
```

得到的結果如下：

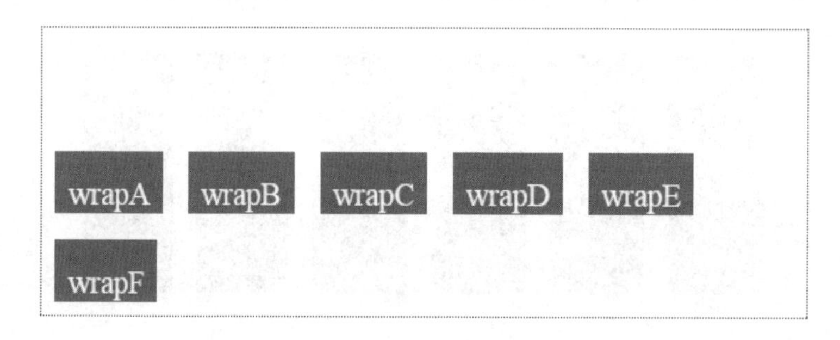

將容器的 align-content 樣式設定為 flex-end ，子元素會往下對齊配置，大小以能夠容納內容為主，不會自動展開，你可以根據自己的需求，指定其它不同的樣式值，可用的值如下：

align-content	說　明
center	以子元素的中央為對齊基準。
flex-start	以子元素的頂端為對齊基準。
flex-end	以子元素的底部為對齊基準。
space-between	子元素於容器內平均散佈，第一組會靠齊最上部，最後一組靠齊最下部。
space-around	子元素於容器內平均散佈。
stretch	伸展子元素以對齊。

7.2.6 子元素空間配置比例 – flex

在預設的情形下，display:flex 的樣式設定會平均分配其中的子元素，我們可以透過在子元素中指定 flex 樣式值來改變預設行為。

範例 7-6 空間配置比例樣式

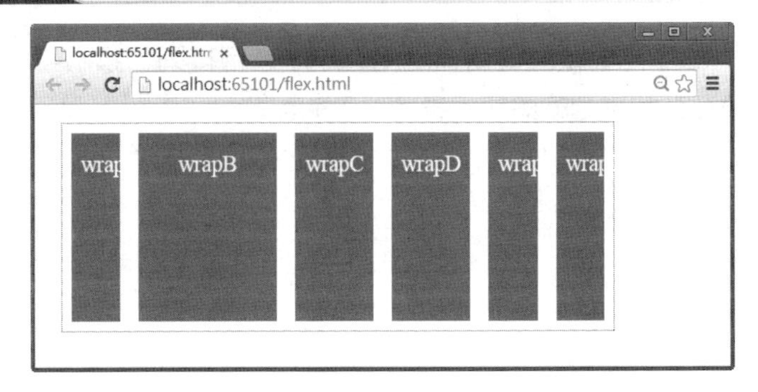

畫面中配置了六個 div 元素，並且分別指定這些元素的 flex 樣式，以不同寬度比例呈現。

flex.html

```
<!DOCTYPE html>
<html>
<head>
      <title></title>

      <style>
          div.flexcontainer {
              border: 1px dotted blue;
              height: 220px;
              width: 600px;
              margin: 20px;
              display: flex;
          }
          .ele {
              元素樣式設定 …
          }
      </style>
</head>
<body>
      <div class="flexcontainer">
          <div class="ele" style="flex:1 ; " >wrapA</div>
          <div class="ele" style="flex:4 ; ">wrapB</div>
          <div class="ele" style="flex:2 ; ">wrapC</div>
          <div class="ele" style="flex:2 ; ">wrapD</div>
          <div class="ele" style="flex:1 ; ">wrapE</div>
          <div class="ele" style="flex:1 ; ">wrapF</div>
      </div>
</body>
</html>
```

同樣的，這個範例將外部 div 元素設定為 display: flex ，然後依序指定其中的 div 子元素的 flex 樣式值，呈現不同的比例寬度。

7.2.7 子元素排列順序 – order

flex 樣式容器中的子元素預設會依標籤配置順序進行排列，我們可以透過子元素的 order 樣式設定調整排列的順序。考慮以下的配置：

```
<div>
      <div>A</div>
      <div>B</div>
      <div>C</div>
      <div>D</div>
      <div>E</div>
</div>
```

其中的五個 div 子元素由左排列依序是 A,B,C,D,E,F ，如果想要調整此排列順序，可以設定如下的 order 樣式：

```
<div>
      <div style=" order:4;" >A</div>
      <div style=" order:3;" >B</div>
      <div style=" order:2;" >C</div>
      <div style=" order:1;" >D</div>
      <div style=" order:0;" >E</div>
</div>
```

這一組元素會依據 flex 樣式值，從 0 開始由小到大，從畫面的左邊開始往右排列。

配置順序樣式

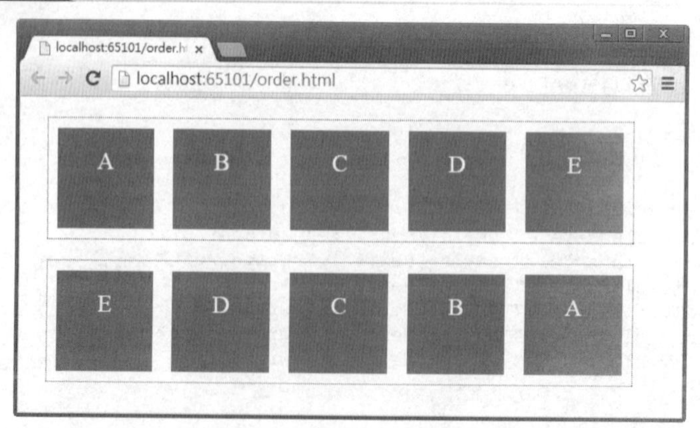

第一組元素未設定 order 樣式，因此預設以標籤配置的順序呈現，第二組元素則設定了 order 樣式值，因此根據樣式值由小到大依序配置。

order.html

```
<body>
      <div class=" flexcontainer" >
          <div class=" ele" >A</div>
          <div class=" ele" >B</div>
          <div class=" ele" >C</div>
          <div class=" ele" >D</div>
          <div class=" ele" >E</div>
      </div>
      <div class=" flexcontainer" >
          <div class=" ele" style=" order:4;" >A</div>
          <div class=" ele" style=" order:3;" >B</div>
          <div class=" ele" style=" order:2;" >C</div>
          <div class=" ele" style=" order:1;" >D</div>
          <div class=" ele" style=" order:0;" >E</div>
      </div>
</body>
```

如你所見，第二組元素的 order 樣式對應上述的輸出結果，其它的樣式請自行參考檔案內容。

7.3 邊框樣式（CSS3 Borders）

過去要建立非直角的標準矩形邊框相當麻煩，現在只要直接套用專屬的樣式屬性，無論圓弧形邊框或是陰影效果，甚至以特定圖片為素材的特殊邊框，均能輕易的實作出來。

7.3.1 非典型邊框效果

這一節將介紹支援非典型邊框效果實作的三種屬性，列舉如下表：

屬　性	說　明
border-radius	建立具圓角邊框。
box-shadow	為矩形邊框加上陰影。
border-image	以特定的圖片建立邊框。

其中第一個屬性 border-radius 支援非直角圓弧型邊框，如下圖：

第二個屬性 box-shadow 支援邊框的的陰影效果：

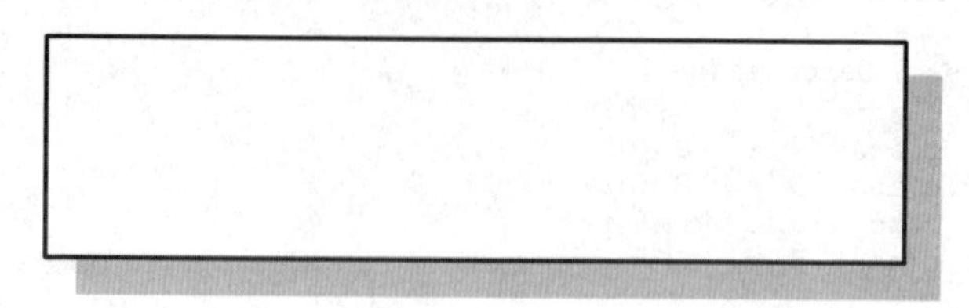

最後一個屬性 border-image ，以指定圖片為樣式建立框線：

瞭解這些屬性的設定原理，即可輕易建立上述各種特殊效果的邊框，以下從如何建立圓弧形邊框開始，我們來看看非典型邊框設計。

7.3.2 圓弧形邊框

圓弧形邊框效果的樣式主要透過 border-radius 屬性支援，其中的半徑參數指定邊框圓角的形式，語法如下：

```
border-radius:length|%;
```

你可以經由長度或是百分比來指定圓角所要呈現的大小，例如以下的樣式設定：

```
div
{
       border-style:solid ;
       height:200px;width:600px;
       border-radius:30px ;
}
```

這個樣式直接套用至網頁中的 div 元素，其中的 border-radius 屬性值為 30px ，表示圓角的彎曲程度，並形成下頁的外觀：

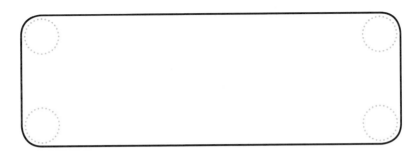

這就如同在矩形的四個角各配置一個圓形並以其 1/4 圓弧取代原來矩形的直角，border-radius 屬性值則是這個圓形的半徑，在這裡是 30px ，而除了明確的指定長度值，你也可以透過百分比來作設定，對於特殊的圓角設計會比較方便，以下的範例說明幾種不同外觀的圓角。

範例 7-8 圓角邊框設計

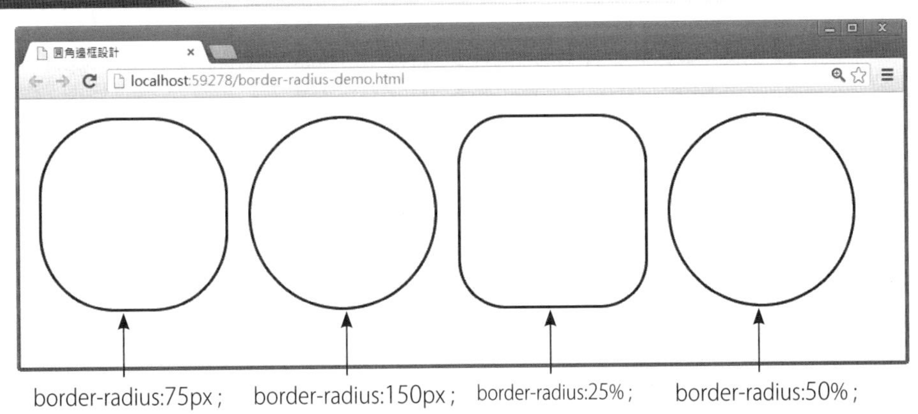

執行畫面中顯示四個長寬各為 300px 的 div 矩形，分別指定不同的圓角長度與百分比，當圓角的比例達到長度的一半時，就成為一個圓形。

border-radius-demo.html

```
<!DOCTYPE html >
<html >
<head>
      <title> 圓角邊框設計 </title>
      <style type="text/css">
          .div1
          {
              border-style:solid ;height:180px;width:180px;
```

(續)

```
            border-radius:75px ;
            margin:10px ;float:left;
        }
        .div2
        {
            border-style:solid ;height:180px;width:180px;
            border-radius:150px ;
            margin:10px ;float:left;
        }
        .div3
        {
            border-style:solid ; height:180px;width:180px;
            border-radius:25% ;
            margin:10px ;float:left;
        }
        .div4
        {
            border-style:solid ; height:180px;width:180px;
            border-radius:50% ;
           margin:10px ;float:left;
        }
    </style>
</head>
<body>
<div class="div1" ></div>
<div class="div2"></div>
<div class="div3"></div>
<div class="div4"></div>
</body>
</html>
```

HTML 中的四個 div 元素，分別套用了四種不同的樣式，以呈現大小程度不一的圓角造型。

如你所見，只要經由簡單的屬性設定即可為邊框建立圓弧角，而除了這裡所示範的 div 元素之外，其它如 img 元素，甚至 button 控制項可以透過此屬性的設定，改變預設樣式，而 JavaScript 亦支援相關的呼叫，原理相同。

範例 7-9 圓弧邊圖片

左圖是網頁一開始載入的畫面，其中圖片的 border-radius 屬性設定為 50% ，右圖是操作下方的滑桿，將 border-radius 屬性設定為 4% ，讀者可以很清楚的比較其中的變化。

border-radius-img.html

```
<!DOCTYPE html >
<html >
<head>
    <title> 圓弧邊圖片 </title>
    <style>
        img
        {
            border-radius:50% ;
            width:360px;
        }
        input{width: 610px;}
        p
        {
            text-align:center  ;
            font-size:xx-large;
        }
    </style>
    <script>
        function rangeChange(o) {
            var r = o.value;
            var d = document.querySelector('img');
            d.style.borderRadius = r + '%';
```

(續)

```
            document.querySelector('#msg').value = r;
        }
    </script>
</head>
<body>
    <p><img src="images/girl_cs5.jpg " /></p>
    <p>
        <input type="range" min=0 max=50 value=50
                onchange="rangeChange(this)" />
    </p>
    <p>
        border-radius: <output id="msg" >50</output>%
    </p>
</body>
</html>
```

這個範例針對 img 進行圓弧角的效果測試，其中 img 樣式將其 border-radius 屬性初始化為 50% 。

在 HTML 的部分，配置的 range 控制項，其 min 屬性設定為 0，而 max 屬性設定為 50 ，每一次使用者操作此控制項時，觸發 change 事件，執行 onchange 事件屬性指定的 rangeChange() 函式，其中透過 JavaScript 取得目前 range 控制項的 value 值，然後將其設定給 img 元素的 borderRadius 樣式屬性，達到變更 border-radius 屬性的動態效果。

7.3.3 框線陰影 – box-shadow

我們可以透過 box-shadow 屬性的設定，為邊框加上陰影效果，以下是這個屬性的語法：

```
box-shadow: h v blur spread color inset;
```

下表列舉參數的意義：

參　數	說　明
h	表示陰影與框線的水平偏移距離長度，如果是正值則往右偏移，負值則往左偏移。
v	表示陰影與框線的垂直偏移距離長度，如果是正值則往下偏移，負值則往上偏移。
blur	可省略，表示陰影的模糊半徑長度，不接受小於 0 的值，值愈大陰影愈模糊，如果設定為 0 則陰影完全沒有模糊的效果。

(續)

參　數	說　明
spread	可省略，表示陰影擴散距離長度，如果是正值陰影會往外擴散，負值則往內收斂。
color	表示陰影的顏色。
inset	關鍵字 inset 將預設的外部陰影切換成為內部陰影。

接下來列舉一段最簡單的 box-shadow 樣式：

```
border-style:solid ;
width:400px;height:260px;
box-shadow: 40px 30px silver  ;
```

將這一段樣式套用至 div 元素將呈現以下的效果：

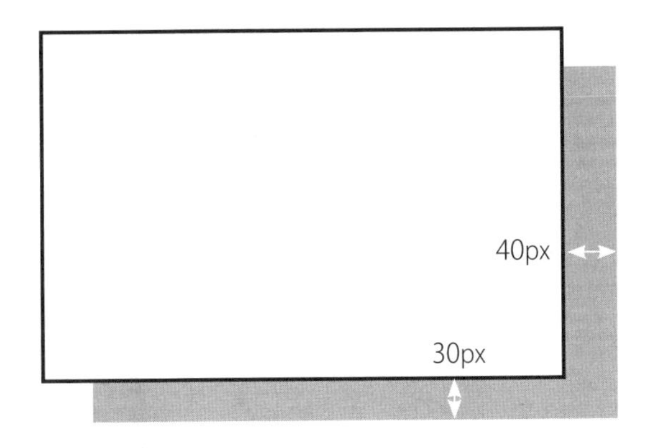

你可以將陰影想像成一塊位於 div 元素後方，長寬（width:400px;height: 260px;）完全相同的 silver 背景方塊，而這個方塊往右邊偏移 40px ，往下偏移 30px。

設定 blur 可以進一步為陰影加上模糊效果，例如將其中的參數設定如下：

```
box-shadow: 40px 30px 20px silver  ;
```

陰影的邊框會出現模糊效果，如下頁圖左，仔細檢視造成此效果的 blur 參數與陰影的關係，其中的 20px 是模糊效果的擴散長度。

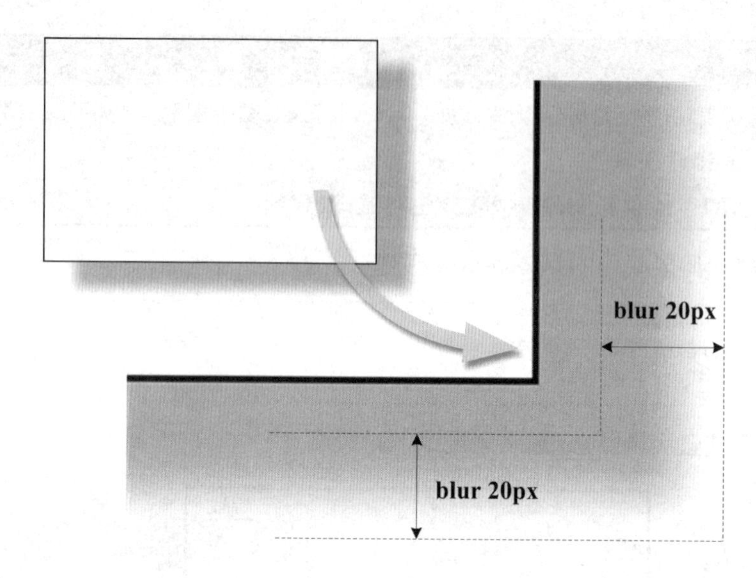

如果要等比例擴大影陰的範圍，可以指定第四個參數，這個參數會造成陰影的長寬以指定的數值延展。

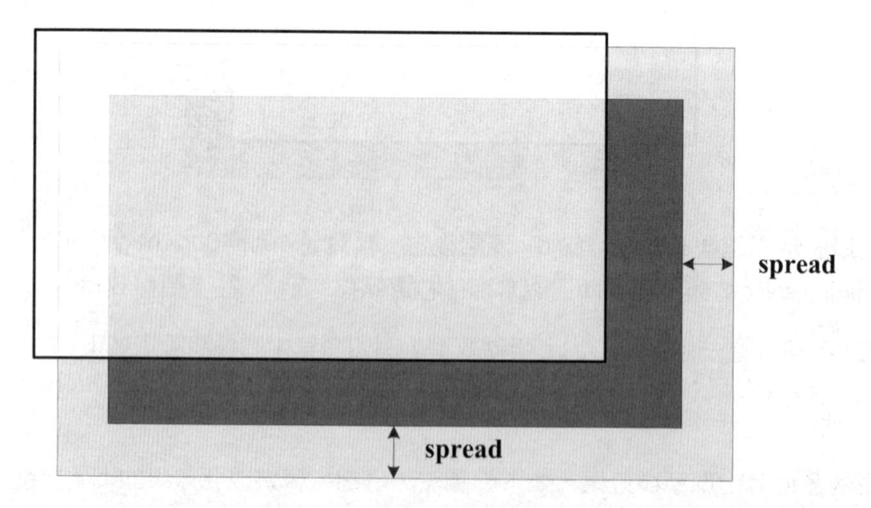

box-shadow 還有一個屬性 inset ，直接指定這個關鍵字，則陰影會變成內嵌在方塊內部，如下頁右圖，左圖則是未指定 inset 的狀態。

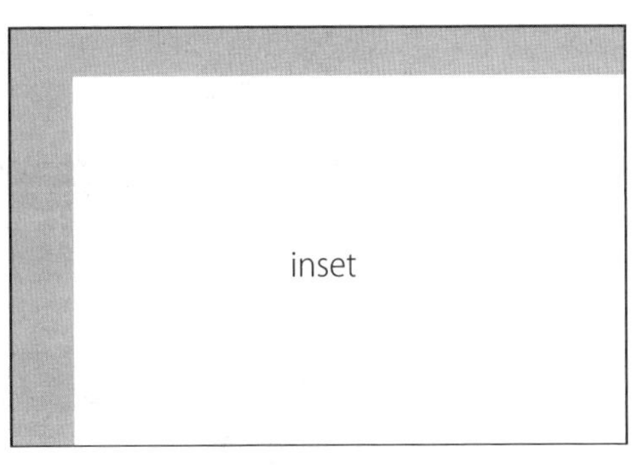

設定 box-shadow 時，必須注意四個長度參數的順序，至於 color 與 inset 關鍵字原則上可以放在四個長度參數的前方或後方，考慮以下的樣式設計：

```
box-shadow: 10px 10px silver inset ;
box-shadow: inset 10px 10px silver;
box-shadow: silver 10px 10px inset;
box-shadow: inset silver 10px 10px  ;
```

以上四組樣式的設定意義均相同，會產生一個水平以及垂直偏移為 10px 的 silver 內縮陰影，不過經由測試的結果，原則上 inset 與 color 連接在一起時，如果配置於數字後方，必須以 inset 結束，如果配置於開始的地方，則需以 inset 開始。

範例 7-10　邊框陰影設計

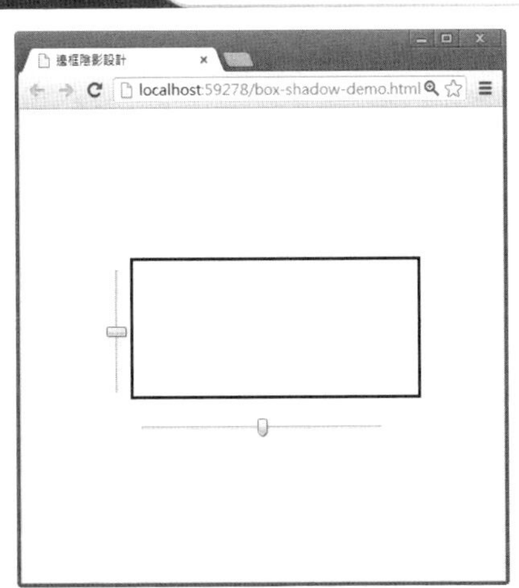

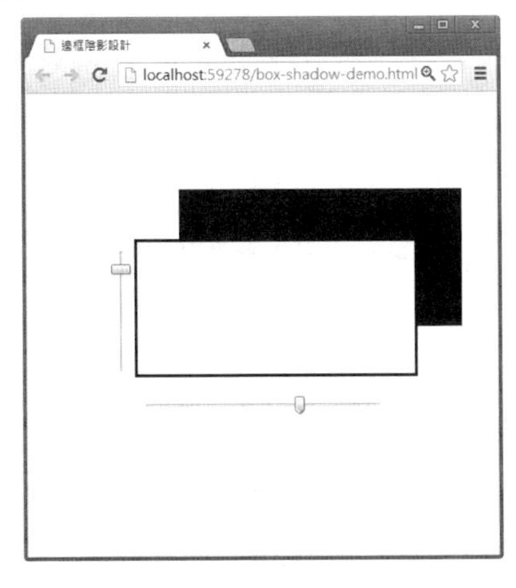

左上圖是一開始載入的畫面，拖曳下方的水平滑桿會改變陰影左右偏移的效果，左邊的垂直滑桿則會改變陰影上下偏移的效果，如右邊的圖示。若是在中央的方

塊區域按住滑鼠，則會導致陰影模糊擴散，按住愈久擴散寬度愈大，直到超過 60px ，重新回復為 0 的預設值。

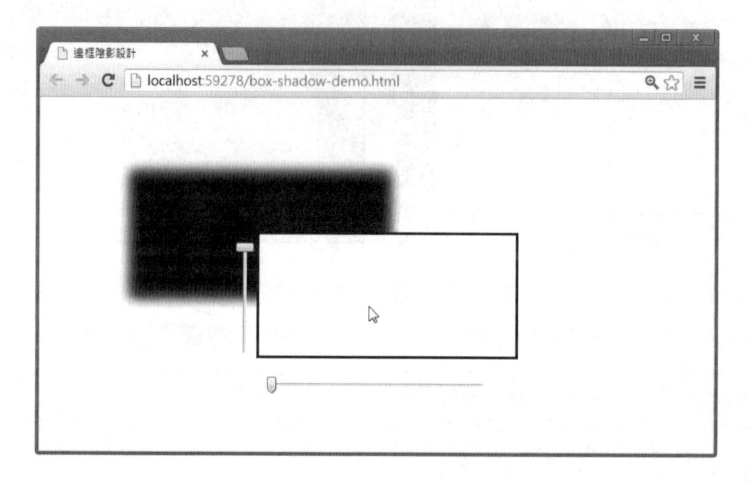

box-shadow-demo.html

```
<!DOCTYPE html >
<html >
<head>
      <title> 邊框陰影設計 </title>
      <style type="text/css">
          div#box
          {
           // …
          }
          div#shadow
          {
               border-style:solid ;
               width:260px;height:120px;
               box-shadow: 0px 0px 0px black ;
          }
          #v_range
          {
               appearance: slider-vertical;
               -webkit-appearance: slider-vertical;
               -moz-appearance: slider-vertical;
               width:20px;
               height:110px;
          }
          #h_range{width: 220px; }
          p{text-align:center; }
      </style>
      <script>
```

(續)

```
            function rangeChange() {
                xchange();
            }
            var timer;
            var blur=0;
            function changeBlur() {
                timer = setInterval(ablur,50);
            }
            function stopChangeBlur() {
                clearInterval(timer);
            }
            function ablur() {
                blur++;
                if (blur > 60) blur = 0;
                xchange();
            }
            function xchange() {
                var d = document.querySelector('#shadow');
                var h = document.querySelector('#h_range').value;
                var v = document.querySelector('#v_range').value * -1;
                d.style.boxShadow = h + 'px ' + v + 'px ' + blur + 'px black';
            }
        </script>
</head>
<body >
    <div id="box">
        <input type="range" id="v_range"
               min="-60" max="60" step="1" value="0"
               onchange="rangeChange()"/>
        <div id="shadow"
             onmousedown="changeBlur()"
             onmouseup="stopChangeBlur()">
        </div>
    </div>
    <p>
         <input type="range" id="h_range"
                min="-130" max="130" step="1" value="0"
                onchange="rangeChange()"/>
    </p>
</body>
</html>
```

HTML 的部分配置了兩個 range 控制項以支援陰影的偏移操作，其中的 onchange 事件屬性函式 rangeChange() ，於使用者移動滑桿時，調用 rangeChange() ，執行 xchange() 重設畫面上 div 元素的 boxShadow 屬性，達到改變陰影偏移的效果。

div 元素設定了 onmousedown 與 onmouseup 事件屬性。

onmousedown 屬性值 changeBlur() 函式當使用者於 div 元素方塊區域中按住滑鼠時被執行，其中調用 setInterval ，每 50 毫秒執行一次 ablur() 函式，修正 blur 這個變數值，最大值為 60 ，然後歸零，這個值被設定給 boxShadow 屬性中的模糊參數。

onmouseup 屬性值 stopChangeBlur() 函式於使用放開滑鼠的時候被執行，其中調用 clearInterval() 函式停止執行 ablur() 函式。

7.3.4 border-image

border-image 屬性允許你指定一個參考特定圖檔的 URL 字串，作為建立框線樣式的來源，這個屬性有一些複雜度，我們來看最簡單的用法，語法列舉如下：

```
border-image: source slice stretch|repeat|round | space;
```

其中 source 表示圖片的來源，slice 則是指定圖片邊框的裁切尺寸，最後一個參數有四個可能值，表示圖片呈現的模式，包含延展（stretch）、循環（repeat）、循環擴展（round）以及循環分佈（space）。

考慮以下的圖示：

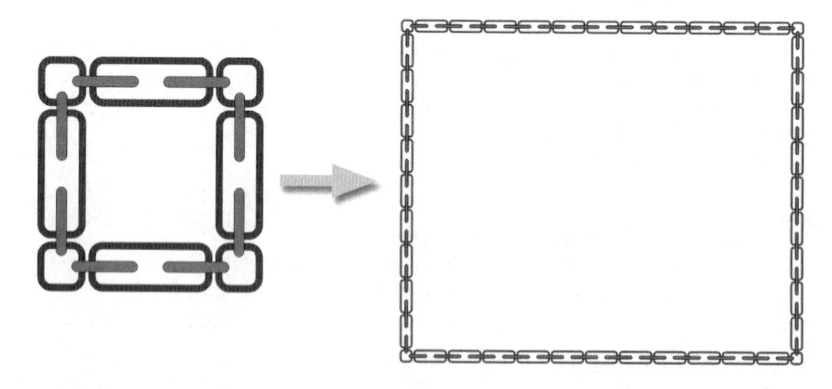

以左邊的圖片為基礎進行 border-image 屬性設定，將其進行切割，最後形成右圖中的方塊框線，以下為所需的樣式設定：

```
border-image:url("border.png") 20 repeat ;
```

第一個參數指定所要使用的圖片來源，第二個參數設定為 20 指定圖片將從上（top）、右（right）、下（bottom）、左（left ）各往內裁切 20px ，以作為建構框線的素材，最後的 repeat 則指定以重複的方式呈現裁切的圖片，形成框線的外觀。

原始圖片經過其中第二組參數指定的尺寸裁切之後會變成九塊，以這裡指定的 20 為例，切割之後的結果如下：

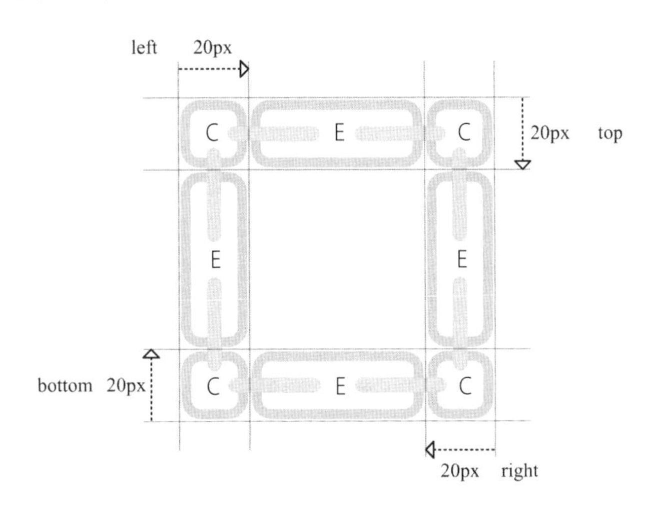

與 margin 屬性的設定順序相同，從上邊界開始往內縮 20px 裁切，形成九 個區塊，其中標示為 C 的區塊分別被用來作為框線的四個角，E 的區塊則是框線的部分，如果框線長度超過取出的長度，則根據上述 border-image 的第三組參數，決定是要直接將其延展，或是以循環重複拼貼的方式呈現，上述的框線圖示中，由於指定了 repeat ，因此以重複拼貼的方式填滿邊框。

當你指定了 slice 參數，圖片將依序從 top 、right 、bottom 、left ，分別往內裁切指定的長度，當這個參數只有一個數值，例如稍早說明的例子指定為 20 ，則四個邊均以相同的寬度 20 進行裁切，因此得到四個相同的角與四個相同的邊，你可以各別指定這四個值，並以空白隔開，如下式：

```
top right bottom left
```

如此一來會得到大小不同的九個區塊，如下頁圖：

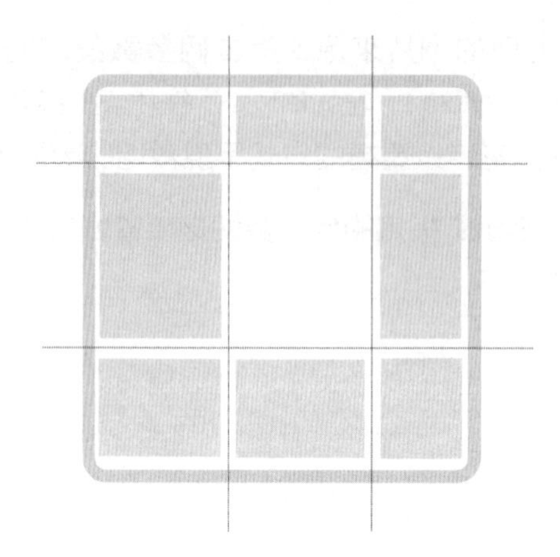

另外，也可以透過百分比（%）來指定裁切的長度，以下兩種型式的設定均合法：

```
10 20 25 15
10% 20% 25% 15%
```

slice 決定裁切的上下左右四個尺寸，然後根據目標方塊區域進行擴展，置於方塊區域的邊框上，取代其預設的邊框樣式，如下圖所示：

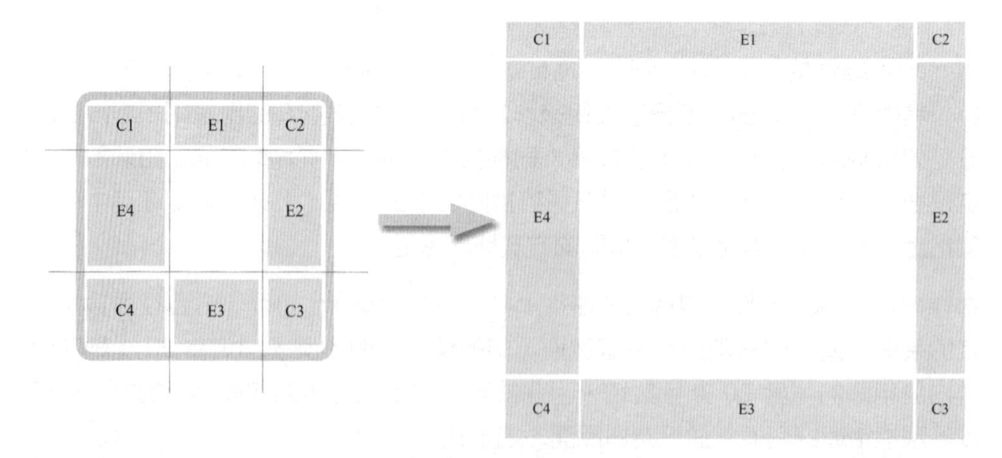

其中四個角，C1 ~ C4 成為方塊區域的四個角落的樣式，然後配合所要套用的方塊區域直接縮放 E1 ~ E4 ，這是預設的行為，或是你也可以指定 stretch 以達到此種效果。

E1 ~ E4 會在延展的過程中發生變形，將其設定為 repeat 則會直接以原尺寸建立邊框的框線，長度不足則重複循環配置直到邊框被填滿為止，如下頁圖：

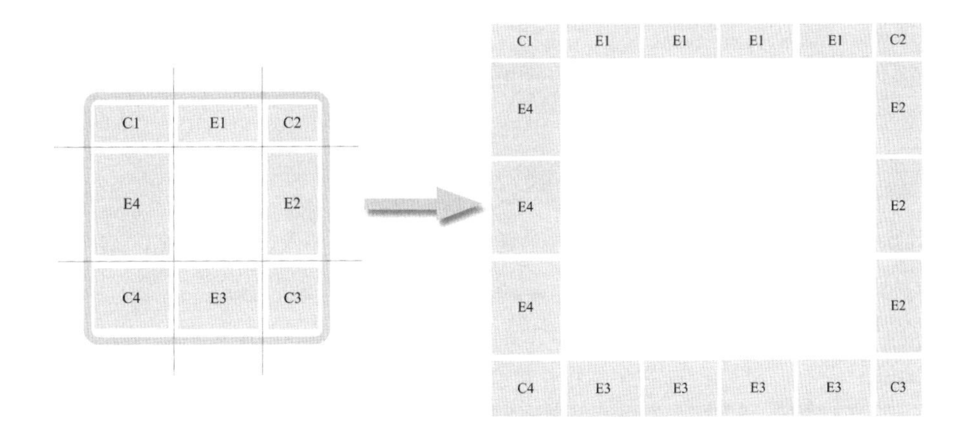

範例 7-11 以圖片製作框線效果

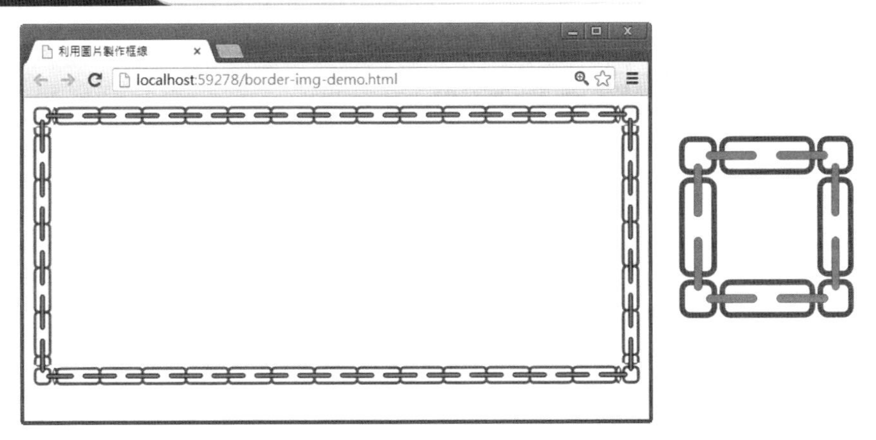

網頁當中，呈現一個以圖片為邊框的矩形，右圖則是描繪此矩形框線所採用的原始圖片來源。

border-img-demo.html

```
<!DOCTYPE html >
<html >
<head>
      <title>利用圖片製作框線</title>
      <style type="text/css">
          div
          {
              border-width:20px;
              border-style:solid;
              width:550px;
```

(續)

```
            height:225px;
            border-image:url("images/border.png") 22 round;
        }
        img
        {
            width:550px;
        }
    </style>
</head>
<body>
<div >
   </div>
</body>
</html>
```

其中的內容相當簡單，針對 div 元素，設定 border-image 樣式，並且指定所要套用的圖片來源與切割的方式。

7.3.5 方塊長寬與邊框結構

在預設的情形下，display:flex 的樣式設定會平均分配其中的子元素，我們可以透過在子元素中指定 flex 樣式值來改變預設行為。

範例 7-12 空間配置比例樣式

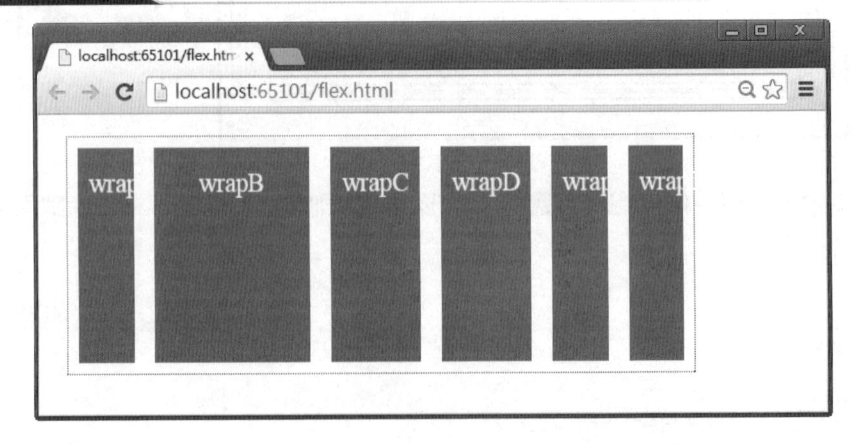

畫面中配置了六個 div 元素，並且分別指定這些元素的 flex 樣式，以不同寬度比例呈現。

flex.html

```
<!DOCTYPE html>
<html>
<head>
      <title></title>

      <style>
          div.flexcontainer {
              border: 1px dotted blue;
              height: 220px;
              width: 600px;
              margin: 20px;
              display: flex;
          }
          .ele {
              元素樣式設定 …
          }
      </style>
</head>
<body>
      <div class=" flexcontainer" >
          <div class=" ele" style=" flex:1 ;" >wrapA</div>
          <div class=" ele" style=" flex:4 ;">wrapB</div>
          <div class=" ele" style=" flex:2 ;">wrapC</div>
          <div class=" ele" style=" flex:2 ;">wrapD</div>
          <div class=" ele" style=" flex:1 ;">wrapE</div>
          <div class=" ele" style=" flex:1 ;">wrapF</div>
      </div>
</body>
</html>
```

同樣的，這個範例將外部 div 元素設定為 display: flex ，然後依序指定其中的 div 子元素的 flex 樣式值，呈現不同的比例寬度。

7.4 多欄樣式設定

CSS3 支援多欄配置（multi-column layout）樣式，傳統多欄版面配置通常藉由 Table 實作，而利用 CSS3 的多欄位屬性進行版面配置，可以讓內容配置更具彈性。

7.4.1 多欄屬性

在討論多欄屬性之前，先來看一個範例，其中展示多欄網頁配置所呈現的外觀。

範例 7-13 多欄位設定

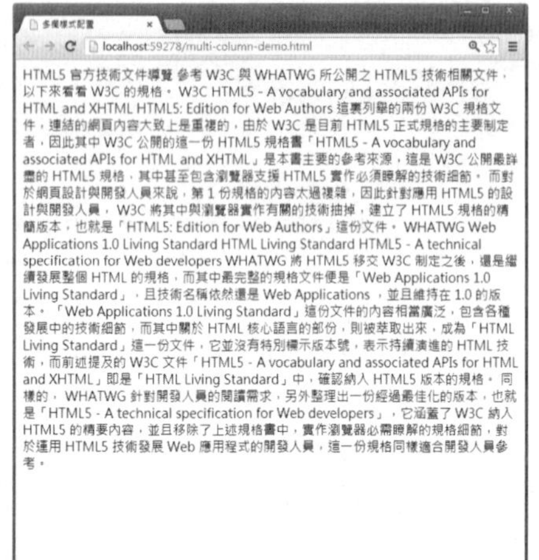

這兩個畫面展示相同的文章內容，左圖設定了多欄樣式，文章的內容以多欄位展現，而右邊則沒有作任何設定，因此沒有分欄由左至右呈現。

multi-column-demo.html

```
<!DOCTYPE html >
<html >
<head>
      <title> 多欄位設定 </title>
      <style type="text/css">
          body
          {
              column-width:150px;
              /* Safari , Chrome */
              -webkit-column-width:150px;
              /* Firefox */
              -moz-column-width:150px;
          }
      </style>
</head>
<body>
HTML5 官方技術文件導覽
參考 W3C 與 WHATWG 所公開之 HTML5 技術相關文件
…
…
</body>
</html>
```

以灰階標示的程式區塊便是多欄屬性 column-width 的樣式設定，其中設定每一欄最多僅有 150px 的寬度，如此一來瀏覽器會根據所能呈現的畫面寬度，進行多欄配置。HTML 部分的 body 內容是大量的示範文字，為了節省篇幅這裡僅列舉少許內容。

CSS3 中的多欄屬性規格，不同的瀏覽器同樣以專屬的字首區隔實作，在應用的實務上，直接指定其支援的字首即可。

相較於經常被用於切割版面的表格元素，多欄支援讓內容在網頁中的流動更為容易，設計上也比較彈性，它根據版面自動呈現最合適的欄位配置，另外一方面，利用 CSS 屬性設定，將樣式從內容抽離出來，讓 HTML 專注在內容的定義，而不需考慮呈現的問題，這讓內容更容易在各種不同的裝置上呈現。

下表列舉 CSS3 所導入的各種多欄屬性：

屬　性	說　明
column-count	指定一個元素要切割成幾欄。
column-fill	指定填滿欄位內容的樣式。
column-gap	指定欄位之間的間隔寬度。
column-rule	所有 column-rule-* 屬性的簡要寫法。
column-rule-color	指定欄位分隔線的顏色。
column-rule-style	指定欄位分隔線的樣式。
column-rule-width	指定欄位分隔線的寬度。
column-span	指定要跨越的欄位數目。
column-width	指定欄位寬度。
columns	設定 column-width 與column-count 屬性的簡要屬性寫法。

以上表列的內容，現階段必須針對 Firefox 補上 -moz- 字首。

7.4.2 欄寬 – column-width

屬性 column-width 表示所要呈現的欄寬，以此欄寬為基準，將畫面切割成數欄，並且依畫面寬度自動調整，資料則從第一個欄位開始呈現，然後流動至下一欄，直到內容結束為止，以前一個小節的範例為例，如果調整瀏覽器的大小，則你會看到其中欄位的變化：

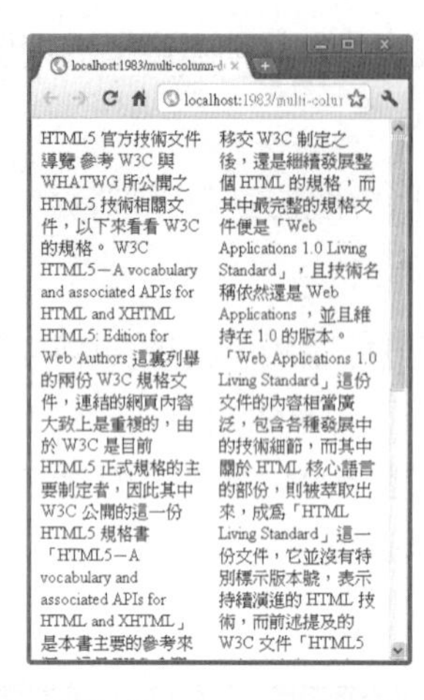

讀者需注意的是，真正的欄寬會根據實際的空間而有所調整，這個屬性值只是定義了最小可能的欄寬，例如這個範例畫面的設定是 column-width:150px ，因此其中的欄寬以 150px 為基準作切割，不足 150px 的空間將被分配至所有欄，因此實際的欄寬將大於等於 150px ，如果畫面小於 150px ，則只呈現單欄，並且縮減其欄寬。

範例 7-14 示範 column-width

畫面中呈現三個分別以 black 、gray 以及 silver 背景呈現的 div 區塊，透過設定不同的 width 以及 column-width 屬性呈現相同的文字內容。

column-width-demo.html

```
<!DOCTYPE html>
<html >
<head>
      <title>示範 column-width </title>
      <style type="text/css">
          .scolumn {
            width: 60px;
            -webkit-column-width: 110px;
            background:black;
            color: white;
            float:left;

          }
          .dcolumn {
            width: 440px;
            -webkit-column-width: 110px;
            -webkit-column-gap: 0;
            background:gray;
            color: white;
            float:left;
          }
          .mcolumn {
            width: 549px;
            -webkit-column-width: 110px;
            -webkit-column-gap: 0;
            background:silver;
            color: white;
            float:left;
          }
      </style>
</head>
<body>
<div class="scolumn" >
HTML5 官方技術文件導覽
參考 W3C 與 WHATWG 所公開之 HTML5 技術相關文件，以下來看看 W3C 的規格。

...
</div>


<div class="dcolumn" >
HTML5 官方技術文件導覽
參考 W3C 與 WHATWG 所公開之 HTML5 技術相關文件，以下來看看 W3C 的規格。

...
</div>
<div class="mcolumn" >
HTML5 官方技術文件導覽
參考 W3C 與 WHATWG 所公開之 HTML5 技術相關文件，以下來看看 W3C 的規格。

...
</div>
</body>
</html>
```

HTML 中 <body> 標籤裡配置了三個 div 元素，其中的 class 分別指定了不同的樣式，將其整理如下：

div 區塊樣式	樣式值設定
scolumn	width: 60px;column-width: 110px; background:black;
dcolumn	width: 440px;column-width: 110px; background:gray;
mcolumn	width: 549px;column-width: 110px; background:silver;

第一個 div 元素其背景為 black ，由於寬度只有 60px ，無法提供所需的 110px 寬度，因此這個 div 只有一欄且被縮減至 60px 。

第二個 div 元素背景為 gray ，寬度是 440 px ，剛好是單一欄寬 110px 的四倍，因此以四欄呈現內容文字。

最後一個 div 元素，其背景為 silver ，寬度是 549 px ，若要配置五欄需要 550px ，寬度還少 1px ，因此還是維持四欄，而多出來的 109px 則被平均分散配置，因此相較於第二個 div 中的欄位寬。

檢視各樣式類別的設定中，會發現其中還設定了 column-gap 這個屬性值為 0 ，因為當版面超過一個欄位，欄位與欄位之間預設將保留一定距離（建議值為 1 em），這會影響容納欄位空間所需的寬度，為了精準呈現 width 與 column-width 的關係，因此將其設定為 0 ，後文針對 column-gap 會有進一步說明。

column-width 屬性值若是沒有設定，則被認定為 auto ，這個值也可以明確的指定，如下式：

```
column-width: auto
```

當這個屬性被設定為 auto ，表示欄位數由其它的屬性決定，例如搭配 column-count 屬性的狀況，我們繼續往下看。

7.4.3 欄數 – column-count

屬性 column-count 表示所要呈現的欄位數目，例如以下的設定：

```
column-count: 6
```

這個屬性設定表示指定的內容將以六欄呈現。

範例 7-15 示範 column-count

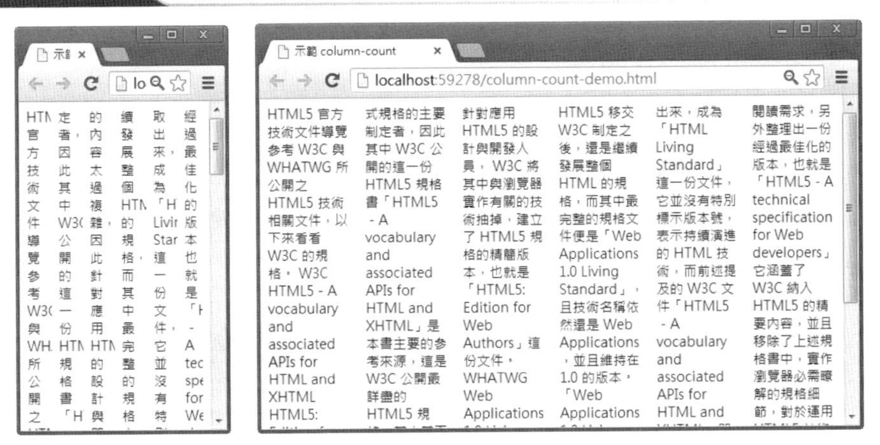

以上兩張截圖是同一個網頁，只是調整了瀏覽器的寬度，如你所見，無論在何種情形下一律以六欄格式呈現文件內容。

column-count-demo.html

```
<!DOCTYPE html>
<html >
<head>
      <title>示範 column-count </title>
      <style type="text/css">
          div {
              columns: 5 100px;
              -webkit-columns: 5 100px;
              -moz-columns: 5 100px;
          }
      </style>
</head>
<body>
<div >
HTML5 官方技術文件導覽
參考 W3C 與 WHATWG 所公開之 HTML5 技術相關文件，以下來看看 W3C 的規格。
…
</div>
</body>
</html>
```

其中的 div 樣式設定為 column-count: 6，div 的內容一行以六欄樣式呈現。

column-count 若是沒有設定，則自動預設為 auto ，同樣的你也可以明確設定為 auto ，如此一來會根據其它的屬性決定所要展現的欄位數量，單一的 column-count 設定相當容易理解，比較需要注意的是同時設定 column-width 與 column-count 的狀況，在這種情形下，則以 column-count 屬性值為可能的欄位數最大值，例如以下的樣式：

```
column-count: 4 ;
column-width: 200px ;
```

其中的 column-count 屬性值為 4，因此呈現的內容最多只能以四欄呈現，如果空間不足以呈現四欄，也就是不足 800px 的寬度，則以小於四欄的版面呈現。

範例 7-16 示範 column-width 與 column-count

由於同時設定了 column-count 與 column-width ，當畫面空間不夠以 column-width 指定的寬度展現四欄的內容，則縮減欄的數量，一旦瀏覽器畫面的寬度大於或等於四個 column-width 屬性指定寬度欄所需的空間，則一律以四欄呈現。

column-count-width.html

```
<!DOCTYPE html>
<html >
<head>
      <title>示範 column-width 與 column-count </title>
      <style type="text/css">
          div
          {
            column-count: 4 ;
            column-width: 200px ;
            -webkit-column-count: 4 ;
            -webkit-column-width: 200px ;
            -moz-column-count: 4 ;
            -moz-column-width: 200px;
          }
      </style>
</head>
```

(續)

```
<body>
<div >
HTML5 官方技術文件導覽
…
</div>
</body>
</html>
```

其中的樣式設定 column-count 等於 4，因此最多僅能呈現四欄，而 column-width 設定為 200px ，一旦達到這個寬度便將內容平均分配流動至下一欄。

7.4.4 columns

column-count 與 column-width 屬性可以利用 columns 屬性簡化敘述，以下是所需的語法：

```
columns:column-width  column-count ;
```

代表欄寬與欄數的值直接成為 columns 屬性的值，並且以空白分隔，如果省略的話，則被視為 auto 。

回到前一個小節所討論的「範例 7-16」，將其樣式修改如下，結果完全相同：

```
columns:100px 5 ;
-webkit-columns:100px 5 ;
-moz-columns:100px 5 ;
```

以下的樣式設定亦合法：

```
columns: 100px;       /* column-width: 100px; column-count: auto */
columns: auto 100px; /* column-width: 100px; column-count: auto */
columns: 5;           /* column-width: auto; column-count: 5 */
columns: 5 auto;     /* column-width: auto; column-count: 5 */
columns: auto;       /* column-width: auto; column-count: auto */
columns: auto auto; /* column-width: auto; column-count: auto */
```

7.4.5 欄分隔線

在預設的情形下，欄與欄之間會以一定寬度（1em）作分隔，我們可以經由屬性的設定調整分隔的寬度，甚至在兩欄之間插入分隔線，以下逐一列舉相關的屬性。

• column-gap

指定 column-gap 屬性可以控制欄位之間的分隔寬度，如下式：

```
column-gap:2em ;
```

這一段樣式會在兩欄之間插入寬度 2em 的分隔空白，如果指定 0 的話，則會導致欄與欄之間連結在一起。如果要在欄之間插入分隔線，則必須透過 column-rule-color 、column-rule-style 以及 column-rule-width 等三個屬性進行設定。

• column-rule-color

此屬性用以指定分隔線的顏色，將代表某個顏色的值指定給這個屬性即可，如下式：

```
column-rule-color:black ;
column-rule-color:#000000
```

這兩行均是合法的設定，將分隔線設定為黑色，下表列舉一般常見的顏色：

顏　色	值	顏　色	值
栗色	maroon(#800000)	紅	red (#ff0000)
橘色	orange (#ffA500)	黃	yellow(#ffff00)
橄欖	olive (#808000)	紫	purple(#800080)
紫紅	fuchsia (#ff00ff)	白	white(#ffffff)
灰白	lime (#00ff00)	綠	green (#008000)
海藍	navy (#000080)	藍	blue (#0000ff)
水綠	aqua(#00ffff)	水藍	teal(#008080)
黑	black(#000000)	銀	silver (#c0c0c0)
灰	gray (#808080)		

• column-rule-style

這個屬性指定分隔線的樣式，例如實線或是虛線，如下式：

```
column-rule-style: solid;
column-rule-style: dashed;
```

第一行指定以實線為分隔線的樣式，第二行則是指定為虛線，其它可用的樣式名稱列舉如下頁表：

樣式名稱	說　明
none	不顯示。
hidden	同 none ，不過在 collapsing border 模式，會隱藏其它的邊框。
dotted	一系列點構成的虛線。
dashed	一系列短線節點構成的虛線。
solid	單一實線。
double	雙實線，剛好填滿 column-gap 所指定的寬度。
groove	嵌入的邊框效果。
ridge	突出的邊框效果。
inset	內嵌的邊框效果。
outset	外突的邊框效果。

- **column-rule-width**

就如同其名稱，此屬性決定分隔線的寬度。

範例 7-17 示範欄分隔效果

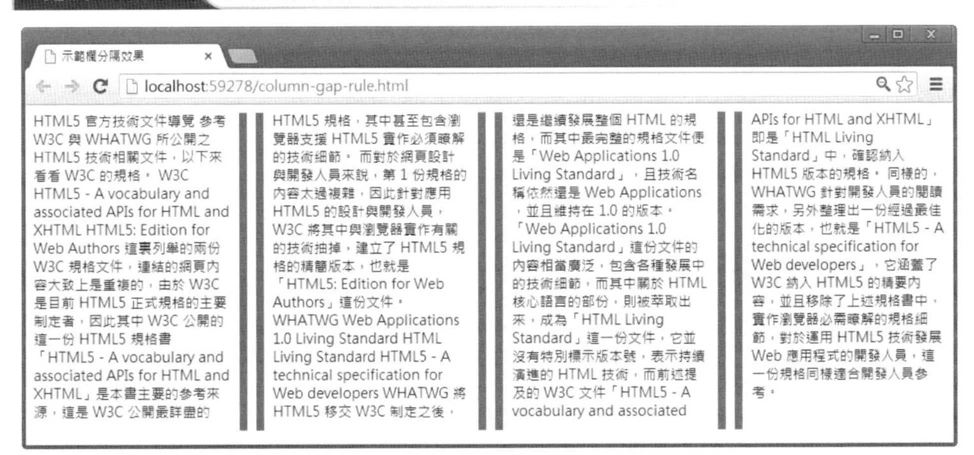

其中以四欄呈現文章內容，欄彼此之間均以雙實線分隔。

column-gap-rule.html

```
<!DOCTYPE html>
<html >
<head>
      <title>示範欄分隔效果 </title>
      <style type="text/css">
          div
          {
              column-count: 4 ;
              column-gap: 3em ;
              column-rule-color: gray ;
              column-rule-width: 2em ;
              column-rule-style: double;
              /* Chrome,Safari */
              …
              /* Firfox */
              …
          }
      </style>
</head>
<body>
<div >
HTML5 官方技術文件導覽
參考 W3C 與 WHATWG 所公開之 HTML5 技術相關文件，以下來看看 W3C 的規格。
   …
</div>
</body>
</html>
```

div 樣式的部分，設定以四欄呈現文件內容，並指定欄之間的分隔寬度為 3em ，然後定義所需的分隔線樣式。

7.5 動態調整元素呈現

CSS3 針對物件在網頁中呈現的外觀，提供了各種呈現效果的支援，包含大小的動態改變、內容裁剪甚至透明度的改變等等，這一節來看看如何運用屬性的設定來達到外觀的改變。

7.5.1 動態縮放大小

CSS3 支援 resize 屬性，透過這個屬性的設定，可以讓使用者隨意調整元素的大小，語法如下頁：

```
div
{
      resize:both;
      overflow:auto;
}
```

套用此樣式的 div 方塊，將允許使用者動態調整其大小，如下圖，其中的右下角會出現可調整樣式，將滑鼠游標移至此處按住拖曳即可改變其大小。

要達到此效果除了 resize 屬性的設定之外，另外必須搭配 overflow 屬性，這個屬性不可以是預設值 visible 。下表列舉 resize 屬性的可能值：

屬性值	Description
none	無法調整元素大小。
both	元素支援長寬大小的調整操作。
horizontal	元素僅支援寬度大小的調整操作。
vertical	元素僅支援高度大小的調整操作。

你可以選擇讓元素僅支援長度或是寬度的調整，或是同時允許長寬的操作。resize 屬性同時適用於 textarea 這個支援大量文字輸入的元素，下頁的範例來看看這個屬性設定的效果。

範例 7-18 示範 resize 屬性

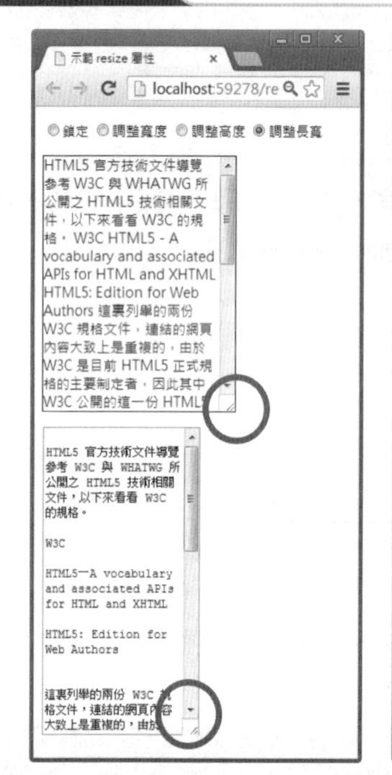

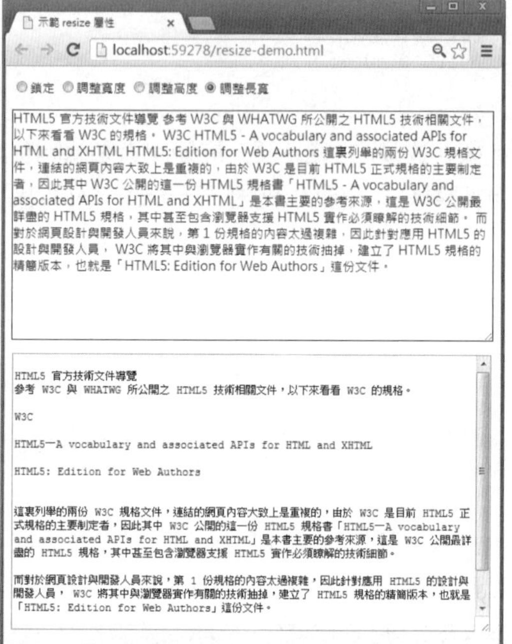

左圖是一開始網頁載入的畫面，上方是 div 元素，下方則是 textarea ，右圖則是拖曳右下角改變長寬的結果，畫面上方的四個 radio 輸入元素，按一下可以切換 resize 屬性值，使用者可以點選任一 radio 元素，只允許調整長、寬，或是兩者，如果點選「鎖定」則無法調整。

resize-demo.html

```
<!DOCTYPE html >
<html >
<head>
      <title>示範 resize 屬性</title>
      <style>
      div
      {
          width:220px;height:280px;
          border:1px solid;
          resize:both;
          overflow:auto;
      }
      </style>
      <script>
          function cresize(o){
              var d = document.querySelector('div');
```

(續)

```
            var tr = document.querySelector('textarea');
            switch (o.id) {
                case 'r1':
                    d.style.resize = 'none';
                    tr.style.resize = 'none';
                    break;
                case 'r2':
                    d.style.resize = 'horizontal';
                    tr.style.resize = 'horizontal';
                    break;
                case 'r3':
                    d.style.resize = 'vertical';
                    tr.style.resize = 'vertical';
                    break;
                case 'r4':
                    d.style.resize = 'both';
                    tr.style.resize = 'both';
                    break;
            }
        }
    </script>
</head>
<body>
<p>
    <input id="r1" name="resize" type="radio"
          onclick="cresize(this)" /> 鎖定
    <input id="r2" name="resize" type="radio"
          onclick="cresize(this)" /> 調整寬度
    <input id="r3" name="resize" type="radio"
          onclick="cresize(this)" /> 調整高度
    <input id="r4" name="resize" type="radio"
          onclick="cresize(this)" checked /> 調整長寬
</p>
<div>
HTML5 官方技術文件導覽…
</div>
<p></p>
<textarea  cols="20" rows="20"  >
HTML5 官方技術文件導覽 …
</textarea>
</body>
</html>
```

HTML 配置了示範用的 div 元素以及 textarea 元素，同時另外配置四個用以調整 resize 屬性的 radio ，其 onclick 事件回應函式 cresize() ，根據使用者點選的 radio ，改變畫面上元素的 resize 屬性。

一開始將 div 樣式 resize 直接設定為 both ，因此當網頁載入時便能同時調整長寬，而 textarea 本身預設即能調整，後續可以透過點選 radio 進行調整。

7.5.2 overflow-x 與 overflow-y

CSS2 提供了一個 overflow 屬性，當所要呈現的內容區域超出容器邊界，可以透過此屬性值的設定，以決定是否要裁剪超出的內容，考慮以下的圖示：

空白矩形方塊中，包含以灰色背景表示的內容，由於內容太大因此無法完全容納進來，在預設的情形下，內容會超越容器邊界完整的顯示出來，考量版面設計，我們可能會想要裁剪超出邊界的內容，並且進一步根據需求提供捲軸以支援超出邊界的內容檢視操作。

而現在 CSS3 則進一步提供 overflow-x 與 overflow-y 兩個屬性以支援更彈性的裁剪操作，屬性 overflow-x 支援水平方向的裁剪設計，而屬性 overflow-y 支援垂直方向的裁減設計。overflow-x 與 overflow-y 相互搭配會有數種不同的效果，而被裁剪的部分同 overflow 屬性，可以進一步選擇性的提供捲軸以支援超出邊界的內容檢視操作。

overflow-x 與 overflow-y 這兩個屬性可能的屬性值均相同，列舉如下：

屬性值	說　明
visible	不裁減超出邊界的部分，完整呈現超出容器部分的內容。
hidden	裁減超出邊界的部分，僅顯示容器部分的內容，且不提供捲軸。
scroll	裁減超出邊界的部分，僅顯示容器部分的內容，並提供捲軸以支援檢視。
auto	裁減超出邊界的部分，視情況提供捲軸。
no-display	如果內容不適合容器呈現，則移除整個方塊容器。
no-content	如果內容不適合容器呈現，則隱藏內容。

範例 7-19 示範 overflow 屬性

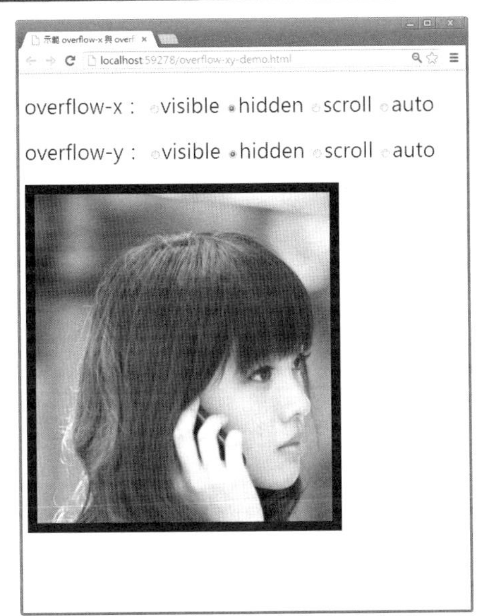

左圖是 overflow-x 與 overflow-y 均設定為 hidden 的狀態，圖片超出垂直與水平邊界的內容均被裁剪；右圖則是設定為 visible 的狀態，超出的部分被呈現出來，這是兩個極端的設定，而當你指定 auto 或是 scroll ，方塊容器會根據設定選擇性的出現捲軸以支援內容的檢視操作。

試著點選不同的屬性值時，會發現只有當兩個屬性均設定為 visible 時，圖片才不會被裁剪，否則的話，當一個屬性被設定為 hidden ，則另外一個設定為 visible 的屬性方向會出現捲軸。

至於另外兩個屬性值，auto 不會出現捲軸，scroll 則會出現捲軸。如果內容沒有超出邊界，只有選定 auto 時會出現無作用捲軸，其它的屬性值設定均無任何差異。

overflow-xy-demo.html

```
<!DOCTYPE html >
<html >
<head>
      <title>示範 overflow-x 與 overflow-y</title>
      <style >
          div
          {
              text-align:center;
              width:480px ; height:520px  ;
              border:16px solid black  ;
              overflow-x:hidden;
              overflow-y:hidden;
          }
          p{font-size:xx-large  ;}
      </style>
      <script>
          function radioClick(o) {
              var d = document.querySelector('div#ofbox');
              switch (o.name) {
                  case 'ofx':
                      d.style.overflowX = o.value;
                      break;
                  case 'ofy':
                      d.style.overflowY = o.value;
                      break;
              }
          }
      </script>
</head>
<body>
<p>overflow-x：
      <input name="ofx" type="radio" value="visible"
          onclick="radioClick(this)"  />visible
      <input name="ofx" type="radio" value="hidden"
          onclick="radioClick(this)" checked />hidden
      <input name="ofx" type="radio" value="scroll"
          onclick="radioClick(this)"  />scroll
      <input name="ofx" type="radio" value="auto"
          onclick="radioClick(this)"  />auto
     </p>
<p>overflow-y：
      <input name="ofy" type="radio" value="visible"
          onclick="radioClick(this)"  />visible
…
</p>
<div id="ofbox">
      <img src="boxg1.jpg"/>
</div>
</body>
</html>
```

HTML 的部分配置了兩組 radio 控制項，分別支援 overflow-x 與 overflow-y 的屬性設定，由於內容相同，因此僅列舉第一組，而這兩組的 name 屬性分別是 ofx 以及 ofy ，共用 onclick 事件屬性函式 radioClick() ，其中根據觸發此事件的控制項 name

屬性，決定設定的屬性。而在一開始的 div 樣式中，overflow-x 與 overflow-y 這兩個屬性均設定為 hidden ，因此一開始網頁載入時的圖片已經過裁剪。

7.5.3 outline 偏移 – outline-offset 屬性

CSS2 定義的 outline 屬性，會在方塊區域的邊界外，配置一個指定大小、顏色以及樣式的輪廓框線，如下圖：

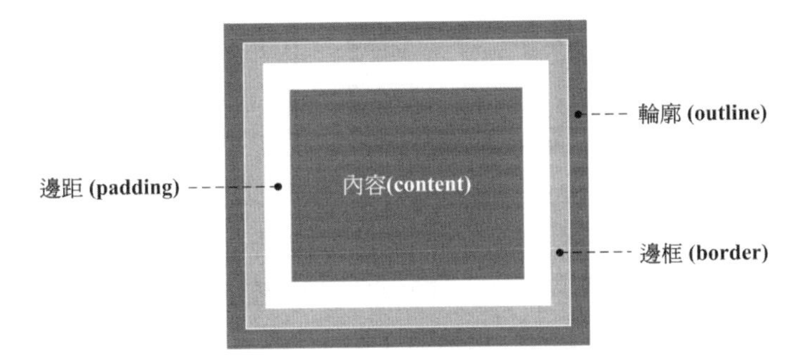

在預設的情形下，outline 的輪廓框線會緊密的套在邊框上（上圖為了方便理解因此保留了一點空白），現在我們可以透過 outline-offset 屬性的設定，在輪廓框線與邊框之間加上偏移空間，如下圖：

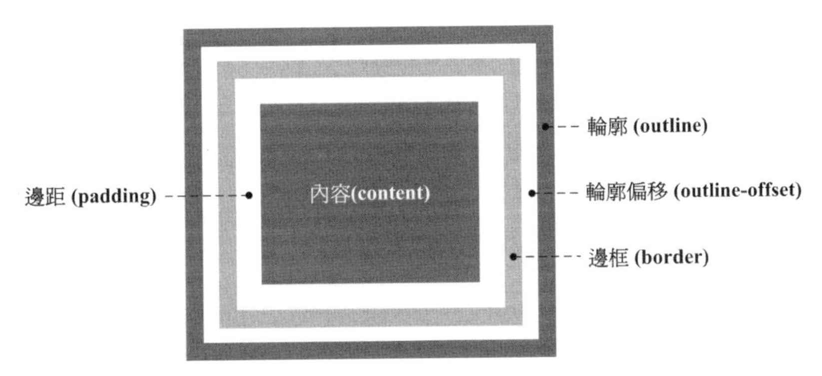

隔離邊框與輪廓間的空白，即是 outline-offset 屬性所造成的效果，預設值是 0 ，因此若未設定此屬性，則會如前述說明圖示，邊框與 outline 設定的輪廓緊密結合。

範例 7-20 示範 outline-offset 屬性

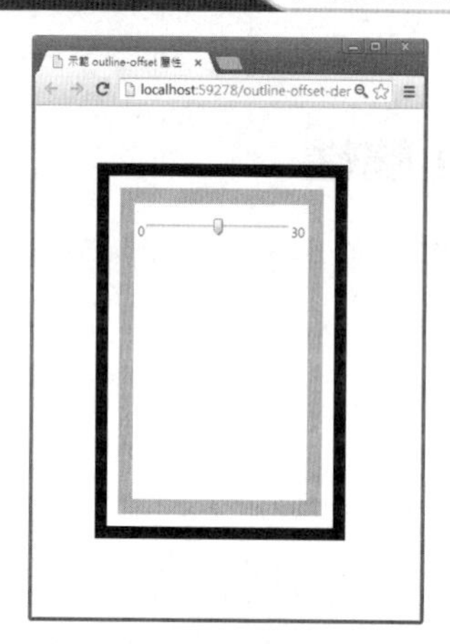
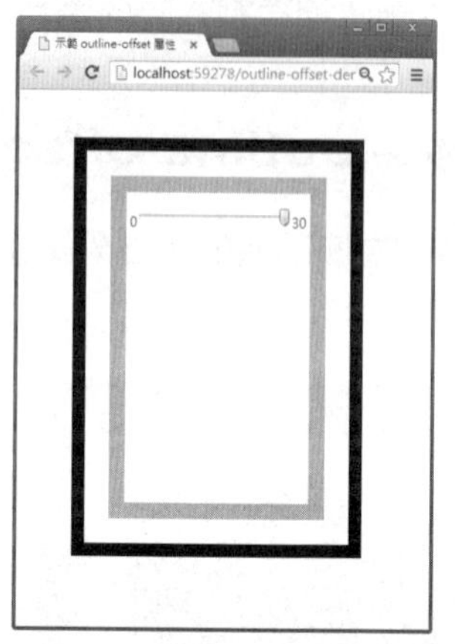
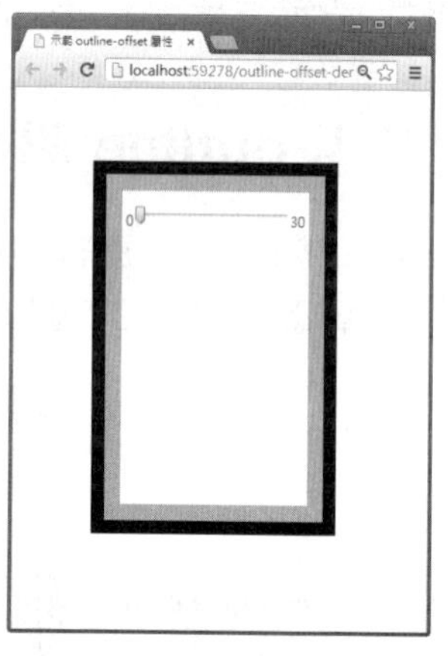

左圖是一開始網頁載入時的畫面，最外圍的黑色框線是 outline 屬性所設定的輪廓框線，內圍灰色框線則是邊界，而其中的滑桿可以調整兩組框線之間的偏移距離，最大值為 30px ，最小值為 0px ，中間的圖與右圖分別是調整為最大與最小值的情形。

outline-offset-demo.html

```
<!DOCTYPE html >
<html>
<head>
      <title> 示範 outline-offset 屬性 </title>
      <style>
          div
          {
              text-align:center;
              width:220px;height:360px;
              margin:100px;
              border: 20px solid silver ;
              outline:black solid 16px ;
              outline-offset:15px;
          }
          #os{width: 180px;}
      </style>
      <script >
          function rangeChange() {
              var d = document.querySelector('#os').value;
              document.querySelector('div').style.outlineOffset = d + 'px';
          }
      </script>
</head>
<body>
```

(續)

```
        <div>
        <p>0<input id='os'  type=range
                max=30.0  min=0.0 step=0.1 value=15.0
                onchange="rangeChange()"/>30</P>
        </div>
</body>
</html>
```

range 控制項讓使用者輸入所要指定的偏移距離，最大值設定為 30 ，然後在每一次改變時，執行回應函式 rangeChange() ，其中並將取得的值設定給指定元素的 outlineOffset 屬性，單位設為 px 。一開始的 div 樣式則將其 outline-offset 屬性初始值設為 15 px 。

7.5.4 透明度 – opacity

你可以透過 opacity 屬性的設定，以不同程度的透明狀態呈現指定的物件，CSS 屬性語法如下：

```
opacity:0.5 ;
```

opacity 屬性值的大小範圍是 0 ~ 1 ，預設值是 1 ，表示不透明，值愈小透明度愈高，以下直接來看範例。

範例 7-21 示範 opacity 屬性

圖片下方的滑桿支援透明度調整，最左邊是一開始載入的畫面，透明度設定為 0.5 ，接下來兩張截圖分別是調整為 0.19 與 0.98 所呈現的透明效果。

opacity-demo.html

```
<!DOCTYPE html />
<html >
<head>
      <title>示範 opacity 屬性</title>
      <style>
          p
          {
              font-size:xx-large;
              font-weight:bolder;
          }
          img
          {
              width:360px;
              opacity:0.5 ;
          }
          p{text-align:center; }
          #ropacity{width: 350px;}
      </style>
      <script>
          function rangeChange() {
              var n = document.querySelector('#ropacity').value;
              document.querySelector('img').style.opacity = n;
              document.querySelector('#opvalue').innerHTML = n  ;
          }
      </script>

</head>
<body>
      <p><img src="images/boxg1.jpg " /></p>
      <p><input id='ropacity'  type=range
              max=1.0  min=0.0 step=0.01 value=0.5
              onchange="rangeChange()"/></P>
      <p >透明度：<label id="opvalue">0.5</label></P>
</body>
</html>
```

range 控制項的範圍值根據 opacity 的屬性值作設定，其中 min 設定為 0.0 ，而 max 設定為 1.0 ，在其 onchange 事件回應處理函式 rangeChange() 當中，取得目前使用者所設定的值，然後將其設定為畫面上 img 元素的 opacity 屬性。一開始的 img 樣式裡面，將 opacity 屬性設定為 0.5 。

7.6 背景設計

在 CSS3 你可以透過屬性設定來調整背景設計，相關的屬性列舉如下表：

屬　性	說　明
background-clip	根據指定的位置裁切背景圖片。
background-origin	設定背景圖片配置相對於方塊位置的位置。
background-size	調整背景圖片的高度與寬度。

• background-clip

background-clip 可能的屬性值列舉如下表：

屬性值	說　明
padding-box	背景以方塊邊距（padding）為參考相對位置進行裁切。
border-box	背景以方塊邊框（border）為參考相對位置進行裁切，此為預設值。
content-box	背景以方塊內容（content）為參考相對位置進行裁切。

當你指定了其中任何屬性值，作為方塊背景的素材（圖片或背景顏色），將會完整充填屬性對應的參考位置範圍，如下圖：

最左邊的圖指定了 border-box 屬性值，表示背景的充填必須包含邊界，超過邊界的部分才會被裁切掉，其它兩個屬性值原理相同。

- **background-origin**

當你指定了 background-clip 屬性的任何一個屬性值，背景素材將會根據此值所表示的參考位置開始充填，可能的屬性值如下：

屬性值	說　明
padding-box	背景以方塊邊距（padding）為相對起始位置開始進行充填，此為預設值。
border-box	背景以方塊邊距（border）為相對起始位置開始進行充填。
content-box	背景以方塊內容（content）為相對起始位置開始進行充填。

如你所見，這三個屬性值與前述 background-clip 屬性的三個屬性值意義相同，不過要注意兩者的分別，如果單純的以背景顏色（background-color）填充，將只有 background-clip 屬性的差別，若是以圖片為填充背景，除了填滿 background-clip 屬性所指定的對應位置，開始填充的位置則以 background-origin 屬性為基準，以下表示 background-origin 三個屬性值的差異：

圖中黑色框線表示邊界（border），灰色框表示邊距（padding），如果指定為 border-box 則圖片將從最左上角覆蓋邊界的方式開始充填，如果指定為 padding-box 則只覆蓋邊距，content-box 則表示從內容區域的左上角開始充填。

範例 7-22 背景裁切與充填

為了示範 background-clip 與 background-origin 兩個屬性，以 div 配置一個虛線邊框的方塊區域，以指定的圖片為背景，並將邊框與邊距分別設定為 20px 與 30px 。

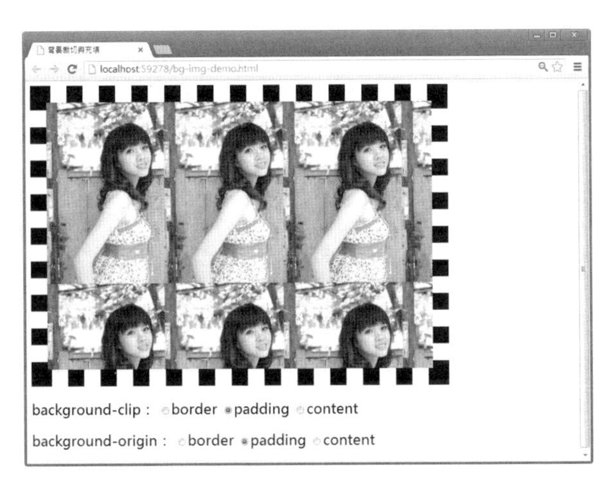

此圖為一開始載入時的畫面，其中的 background-clip 與 background-origin 兩個屬性均被設定為 padding ，因此圖片會從邊距的左上角開始充填 div 方塊背景。

讀者可以自行操作此範例，例如將 background-clip 設定為 content ，而 background-origin 設定為 padding ，雖然同樣從邊距的左上角開始充填，但是邊距的部分會被裁切掉，如下圖：

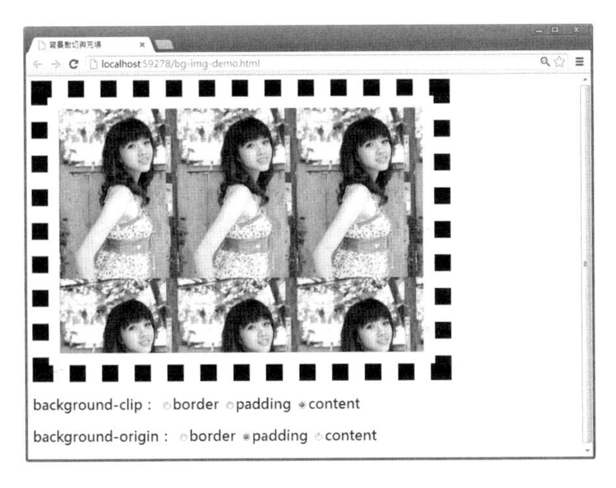

其它幾種設定的組合原理相同，請自行操作，體驗不同的設定所造成的效果差異。

bg-img-demo.html

```
<!DOCTYPE html >
<html>
<head>
      <title>背景裁切與充填</title>
      <style>
          div
          {
              background-image:url('images/sg2.jpg'');
              width:640px;
              height:420px;
              padding:20px;
              border:30px dotted black ;
              background-clip:padding-box;
              background-origin:padding-box;
          }
          p
          {
            font-size:x-large  ;
            font-weight:bold;
          }
      </style>
      <script>
          function radioClick(o) {
              var d = document.querySelector('div');
              if (o.name == 'clip') {
                  d.style.backgroundClip = o.value;
              } else {
                  d.style.backgroundOrigin = o.value;
              }
          }
      </script>
</head>
<body>
      <div></div>
      <p>background-clip：
          <input name="clip" type="radio" value="border-box"
              onclick="radioClick(this)"  />border
          <input name="clip" type="radio" value="padding-box"
              onclick="radioClick(this)"  checked />padding
          <input name="clip" type="radio" value="content-box"
              onclick="radioClick(this)"  />content
      </p>
      <p>background-origin：
          <input name="origin" type="radio" value="border-box"
              onclick="radioClick(this)"  />border
          <input name="origin" type="radio" value="padding-box"
              onclick="radioClick(this)" checked />padding
          <input name="origin" type="radio" value="content-box"
              onclick="radioClick(this)"  />content
      </p>
</body>
</html>
```

<body> 標籤內配置了一個無任何內容的 div 元素以測試背景充填的效果，設定了背景圖以及長寬樣式，同時將 background-clip 與 background-origin 屬性設定為 padding-box ，也就是一開始網頁載入所呈現的背景效果。

畫面中每一個 radio 控制項，均設定了對應的 value 屬性為對應的屬性值，其 onclick 事件屬性的回應函式中，取得 div 元素參照，並且根據使用者點選的屬性值設定其相關屬性來達到背景圖片的充填效果。

- **background-size**

最後來看 background-size 屬性，支援背景圖片的大小設定，可能的屬性值列舉如下表：

屬性值	說　明
cover	以等比例縮放背景圖片至最小可能的高度與寬度，儘量令其能夠覆蓋容器的區域。
contain	以等比例縮放背景圖片至最大可能的高度與寬度，令其剛好能夠放進容器的區域。
length	設定背景圖片的高度與寬度，第一個值設定寬度，第二值設定高度，省略的值則自動設定為 auto 。
percentage	以相對於背景圖片上層容器元素長寬的百分比，設定背景圖片的高度與寬度，第一個值設定寬度，第二個值設定高度，省略的值則自動設定為 auto 。

- **cover 與 contain**

cover 與 contain 均是常值，直接指定即可，前者會在比例不變的前提下，儘量調整圖片大小以覆蓋方塊區域，後者則是儘量完整呈現背景圖片。考慮以下的圖示，這是設定了 background-size 屬性的結果，其中的虛線框是 div 元素形成的區域，而標示為 background-image 的灰色方塊則被指定為背景圖片。

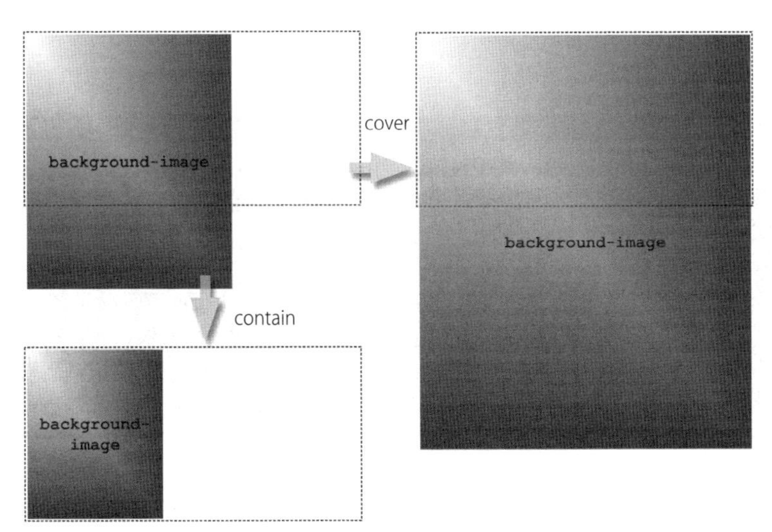

上頁左上圖是在原始設定的情形下，圖片的呈現關係，上頁左下圖則是將屬性設為 contain ，圖片會縮放至可以完全在 div 區塊內部呈現為止。上頁右圖是將 div 元素的 background-size 屬性設定為 cover ，則圖片會縮放至最小可能的尺寸，以使其能完全覆蓋整個矩形區域，而超出的部分會被裁切掉。

- **length 與 percentage**

絕對長度的設定，則分別以絕對單位指定圖片的長度與寬度，如下式：

```
background-size:75px 75px;
```

第一個值是寬度，第二個值則是高度，省略的部分則自動設定為 auto ，以下均是合法的設定：

```
background-size:auto 75px;
background-size:75px auto;
background-size:75px ;
background-size:auto auto;
background-size:auto
```

其中第二行與第三行的設定完全相同，而第四行與第五行的設定完全相同。最後，利用百分比為單位設定寬度與高度亦是合法的，如下式：

```
background-size:%50 %50;
```

你也可以省略其中的值或是將其指定為 auto 。

範例 7-23 背景大小調整

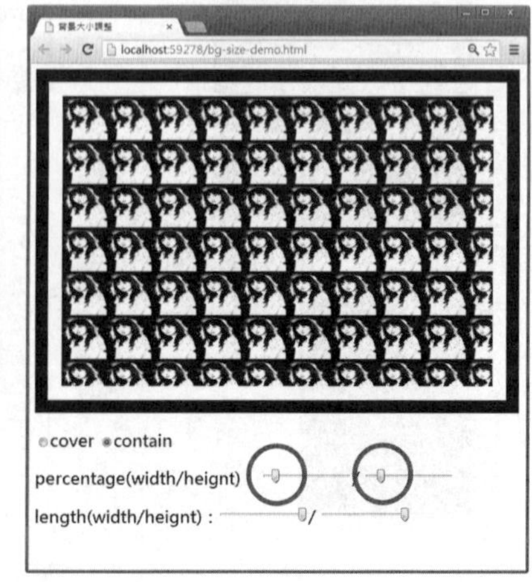

上頁左圖是網頁一開始載入的畫面，其中預設 background-size 屬性值為 contain ，因此背景圖片完整顯示於方塊區域中，如果點選 cover 則會放大覆蓋整個區域。畫面下方的兩個滑桿，進行調整時，會以百分比或是絕對長度來縮放圖片，如上頁右圖。

如果只是調整單一滑桿，則會導致背景圖片變形，請讀者自行嘗試。

bg-size-demo.html

```
<!DOCTYPE html >
<html>
<head>
      <title> 背景大小調整 </title>
      <style>
          div
          {
              background-image:url('images/cgirl2.png');
              width:640px;
              height:420px;
              padding:20px;
              border:20px solid black ;
              background-size:contain ;
              background-clip:content-box;
              background-origin:content-box;
          }
          p
          {
            font-size:x-large  ;
            font-weight:bold;
          }
      </style>
      <script>
          function radioClick(o) {
              var d = document.querySelector('div');
              d.style.backgroundSize = o.value;
          }
          function rangeChange(o) {
              var d = document.querySelector('div');
              if(o.id== 'pw' || o.id== 'ph'){
                  d.style.backgroundSize =
                      document.querySelector('input#pw').value + '% ' +
                      document.querySelector('input#ph').value + '% ' ;
              }else{
                  d.style.backgroundSize =
                      document.querySelector('input#lw').value + 'px ' +
                      document.querySelector('input#lh').value + 'px ' ;
              }
              document.querySelector()
          }
      </script>
</head>
```

(續)

```
<body>
      <div></div>
      <p> <input name="size" type="radio" value="cover"
              onclick="radioClick(this)"  />cover
          <input name="size" type="radio" value="contain"
              onclick="radioClick(this)"  checked />contain
      </p>
      <p>
          percentage(width/heignt):
          <input id="pw"  type="range"
              min="0.1" max="100.0"  step="0.2" value="100.0"
              onchange="rangeChange(this)"  />/
          <input id="ph"  type="range"
              min="0.1" max="100.0"  step="0.2" value="100.0"
              onchange="rangeChange(this)"  />
      </p>
      <p>
          length(width/heignt):<input id="lw" type="range"
              min="0" max="400"  step="0.2" value="400"
              onchange="rangeChange(this)"  />/
          <input id="lh" type="range"
              min="0" max="400"  step="0.2" value="400"
              onchange="rangeChange(this)"  />
      </p>
</body>
</html>
```

示範背景圖片呈現的 div 樣式一開始的 background-size 屬性設定為 contain ，因此會完整呈現背景圖片。

接下來畫面上配置的 radio 控制項於其 onclick 事件屬性所指定的回應函式中，調整 div 樣式中的 background-size 屬性，而 range 控制項則調整寬度與高度的屬性值。

7.7 轉換效果（Transform）

CSS3 導入了元素的轉換（transform）效果支援，所謂的轉換，是針對指定的物件元素，進行包含座標位置、長寬大小等比例縮放的轉變操作，或是以一定的角度旋轉，甚至對其外觀執行扭曲變形操作。

7.7.1 關於轉換

CSS3 導入 transform 屬性，提供元素的變形轉換等相關效果的支援，包含轉移（transition）、旋轉（rotate）、縮放（scale）與斜切（skew）變形等等，設定語法如下頁：

```
transform: none|transform-functions;
```

如果指定 none ，表示沒有套用任何變形轉換效果，否則的話，根據所要執行的效果，指定適當的轉換函式（transform-functions）即可，以下是可用的函式列表：

類　型	屬性值	說　明
位移	translate(x,y)	定義一個 2D 位置轉移效果。
	translateX(x)	定義一個改變 X 座標軸的位置轉移效果。
	translateY(y)	定義一個改變 Y 座標軸的位置轉移效果。
縮放	scale(x,y)	定義一個 2D 縮放效果。
	scaleX(x)	定義一個改變 X 座標軸的縮放變形效果。
	scaleY(y)	定義一個改變 Y 座標軸的縮放變形效果。
旋轉	rotate(angle)	定義一個 2D 旋轉效果。
	rotateX(angle)	定義一個水平 3D 旋轉效果。
旋轉	rotateY(angle)	定義一個垂直 3D 旋轉效果。
	rotateZ(angle)	定義一個 2D 旋轉效果。
斜切	skew(x-angle,y-angle)	定義一個 2D 斜切變形效果。
	skewX(angle)	定義一個基於 X 座標軸的斜切變形效果。
	skewY(angle)	定義一個基於 Y座標軸的斜切變形效果。
其它	none	不定義任何轉換。
	matrix(n,n,n,n,n,n)	定義一個 2D 矩陣轉換。

表列的變形轉換效果主要有四種，分別是改變元素位置的位移、改變大小的縮放、旋轉以及斜切變形等等，直接將樣式套用至指定的元素，即可達到所要的轉換效果，以 translate() 為例，所需的語法如下：

```
transform: translateX(10px);
```

假設有一個 div 元素，套用此樣式會造成以下的結果，其向右水平位移 10 個像素的距離：

幾個主要的瀏覽器，對於 CSS 轉換效果並沒有直接的支援，必須加上專屬的字首，列舉如下：

IE9	Firefox	Chrome/Safari	Opera
-ms-	-moz-	-webkit-	-o-

後文將討論的動畫效果同樣沒有直接的支援，因此讀者必須注意這一方面的相容設定，本書以 Chrome 為主要的測試瀏覽器，因此程式碼僅提供 -webkit- 字首的寫法以節省篇幅，各瀏覽器的支援逐漸完善中，因此這裡的說明僅參考即可。

7.7.2 位移轉換

位移轉換會根據指定轉換其座標位置，造成物件的移動，屬性 translate 支援相關的設定，其接受兩個值，分別代表物件移動後的 x 與 y 座標，所需語法如下：

```
transform:translate(x,y);
```

其中第一個參數 x 表示水平移動 x 像素，第二個參數 y 表示垂直移動 y 像素，這個函式會同時改變水平位置與垂直位置座標，如果想要物件純粹水平或是垂直移動，可以將其中的 x 或是 y 參數設為 0 。

另外還有一組 translateX() 與 translateY() ，這兩個位移轉換的屬性值，只接受一個參數，前者表示水平移動的距離，後者表示垂直移動的距離，如下式：

```
transform:translateX(x);
transform:translateY(y);
```

第一行表示將物件水平移動 x 像素的距離，而第二行表示將物件垂直移動 y 像素的距離。

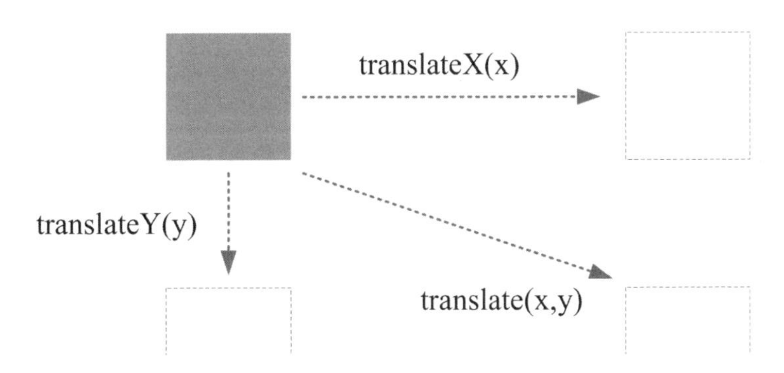

上圖表示三組屬性值所造成的效果，以下來看一個簡單的範例。

範例 7-24 位移轉換

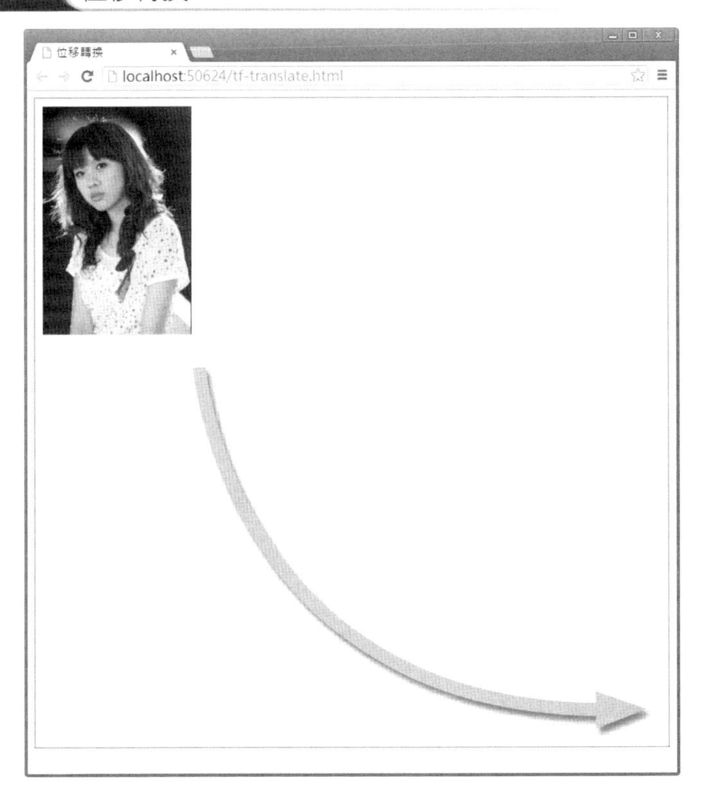

點擊畫面上的圖片，會造成圖片向右下角位移。

tf-translate.html

```
<!DOCTYPE html >
<html >
<head>
      <title> 位移轉換 </title>
      <style>
      div
      {
          width:800px; height:800px;
          border:1px dotted black ;
      }
      #imgx
      {
          -webkit-transform: translate(10px,10px);
      }
      </style>
      <script>
          var x = 10;var y = 10; var b = true;
          function changeXY() {
              if(x>500){x = 10;}
              if(y>500){y = 10;}
              var imgx = document.querySelector('img#imgx');
              x += 30;y += 30;
              imgx.style.WebkitTransform =
                  'translate(' + x + 'px,' + y + 'px)';

          }
      </script>
</head>
<body >
<div>
      <img id="imgx"  src="images/cgirl1.jpg" onclick="changeXY()"/>
</div>
</body>
</html>
```

HTML 的部分配置了示範用的 img 元素，並設定其 onclick 事件屬性為 changeXY() 函式，當使用者點擊圖片時執行此函式，如果超過 500 則重設為 10 ，接下來調整 x 與 y 兩個變數的值，然後設定其 transform 屬性為 translage() 屬性，指定 x 與 y 為位移參數。

7.7.3 縮放

縮放轉換相當容易理解，針對指定元素物件，進行寬度、高度或是寬高同時以指定的比例縮放，以下是所需的語法：

```
transform: scale(x,y) ;
```

其中的 x 與 y 參數，表示要將套用此樣式的元素，分別以 x 與 y 的比例縮放，除此之外，如果只是要縮放寬度，則指定 scaleX() ，若是想要縮放高度，則指定 scaleY() ，如下式：

```
transform: scaleX(n) ;
transform: scaleY(n) ;
```

其中的參數 n 為縮放的比例值，以下的圖示說明這三組縮放屬性的效果。

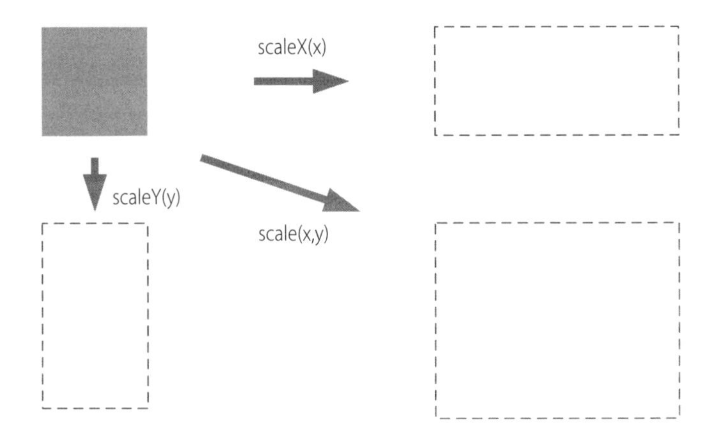

範例 7-25 縮放元素

左圖是圖片一開始載入的畫面，其中顯示一張預先套用 scale 屬性縮小的圖，右邊則是連續點擊圖片逐步放大的圖。

tf-scale.html

```
<!DOCTYPE html >
<html >
<head>
      <title>大小縮放</title>
      <style>
      #imgx
      {
          -webkit-transform: scale(0.2,0.2) ;
      }
      </style>
      <script>
          var x = 0.2; var y = 0.2;
          function changeXY() {
              if (x > 2) { x = 0.2; }
              if (y > 2) { y = 0.2; }
              var imgx = document.querySelector('img#imgx');
              x += 0.2; y += 0.2;
              imgx.style.WebkitTransform =
                  'scale(' + x + ',' + y + ')';
          }
      </script>
</head>
<body >
<div>
      <img id="imgx"  src="images/girl_cs3.jpg" onclick="changeXY()"/>
</div>
</body>
</html>
```

其中一開始的樣式，設定了 transform 樣式的 scale 屬性，分別指定圖片針對 x 與 y 方向縮小至原來的 0.2 倍，圖一開始以此比例呈現。如果點擊圖片，則會逐步放大，每一次放大的比例是 0.2 ，並且重設其 transform 樣式的 scale ，達到縮放的效果。

7.7.4 旋轉

旋轉是以物件中心為圓心，以順時鐘或是逆時鐘方向轉動特定的角度，語法很簡單，只需將轉動角度指定給 rotate() 屬性函式當作參數即可，如下式：

```
transform: rotate(xdeg);
```

套用此屬性的元素物件將順時針方向轉動 x 度，除此之外，你可以指定 rotateX()

或是 rotateY() ，前者會造成 3D 水平翻轉效果，後者是 3D 垂直翻轉效果，這是 CSS3 少數被支援的 3D 效果屬性，語法相同。

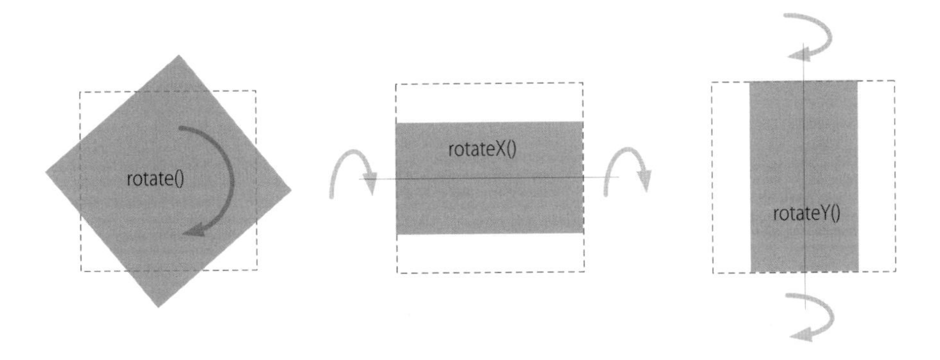

左圖是 rotate() 平面旋轉的效果，物件以其為中心進行旋轉，中間的圖示則是 rotate() 的效果，以穿過物件中心的水平線為軸心進行翻轉，右邊的圖示則是以穿過物件中心的垂直線為軸心進行翻轉。

範例 7-26 旋轉轉換

網頁載入完成之後，指定任何一個選項，點擊圖片即可持續以指定的形式旋轉，以上是平面旋轉的情形，讀者可以自行執行範例，觀察水平與垂直旋轉的效果。

tf-rotate.html

```
<!DOCTYPE html >
<html >
<head>
      <title> 旋轉轉換 </title>
      <style>
      p{ margin-left:120px ;}
      #imgx
      {
           width:300px;
           margin-left:120px ;
           -webkit-transform: rotate(0deg);
      }
      </style>
      <script>
          var r = 0;
          function changer() {
              var rxy = '';
              r += 20;
              if (document.querySelector('#rx').checked)
                  rxy ='rotateX(' + r + 'deg)';
              else if (document.querySelector('#ry').checked)
                  rxy ='rotateY(' + r + 'deg)';
              else if (document.querySelector('#rn').checked)
                  rxy = 'rotate(' + r + 'deg)';
              var imgx = document.querySelector('img#imgx');
              imgx.style.WebkitTransform = rxy ;
          }
      </script>
</head>
<body >
<div>
<p>
      <input name="rotate" id="rx" type="radio" /> 水平翻轉
      <input name="rotate" id="ry" type="radio" /> 垂直翻轉
      <input name="rotate"  id="rn" type="radio" checked /> 平面翻轉
</p>
      <img id="imgx"  src="images/girl_cs5.jpg " onclick="changer()"/>
</div>
</body>
</html>
```

於畫面配置三個 radio 控制項，img 元素中的 click 事件屬性函式 changer()，根據使用者點選圖片時指定的選項，分別套用垂直、水平或是平面翻轉，圖片每次的點擊均會改變旋轉的角度。img 元素樣式一開始的 rotate() 屬性初始化值則設為 0。

7.7.5 斜切

斜切是一種變形轉換，設定 skewX() 將物件從水平方向扭曲，skewY() 則從垂直方向扭曲，skew() 則同時支援水平與垂直方向的扭曲。

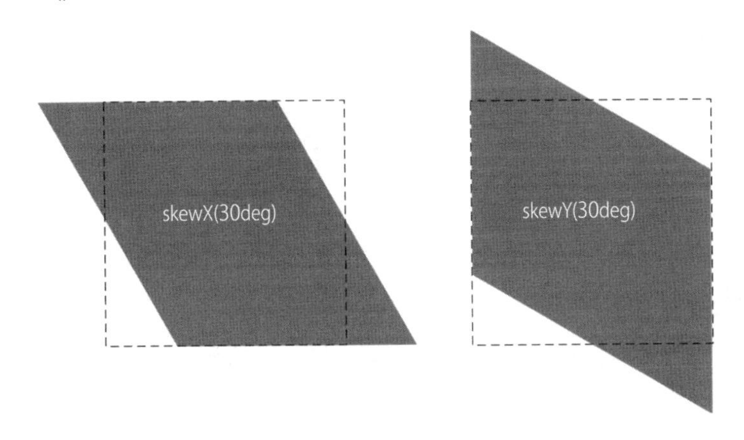

左圖是指定 skewX(30deg) 所得到的效果，虛線正方形是原來未偏移的形狀，右圖則是 skewY(30deg) 的效果。

你可以將 skewX() 的垂直斜切轉換，想成物件中央存在一根虛擬垂直搖桿，當搖桿以物件中央為圓心，往左或往右轉動，則物件左右邊與垂直搖桿成平行方向扭曲變形，如下圖，而 skewY() 的原理相同。

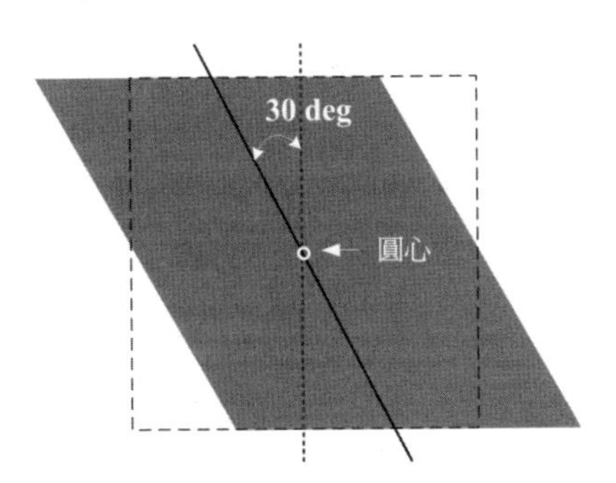

接下來這個圖示則是設定為 skew(30deg,30deg) ，同時套用垂直與水平方向的斜切偏移變形轉換。

範例 7-27 斜切轉換

持續點擊畫面上的圖片，會重覆設定 skew() ，並且不斷的改變其中水平與垂直偏移角度，畫面最上方則是改變的值，這會造成圖片立體翻轉的效果。

tr-skew.html

```
<!DOCTYPE html>
<html>
<head>
	<title>斜切轉換</title>
	<style>
		div
		{
			// 子元素置中
		}
		img
		{
			width: 100px;
			-webkit-transform: skew(0deg,0deg);
		}
		p
		{
			height: 60px;
			text-align: center;
			font-size: xx-large;
		}
	</style>
	<script>
		var x = 0, y = 0;
		function cskew(o) {
			x += 3.1; y += 3.1;
			o.style.WebkitTransform = 'skew(' + x + 'deg,' + y + 'deg)';
			document.querySelector('p').innerHTML =
				'X:' + Math.round(x) + ',Y:' + Math.round(y);
		}
	</script>
</head>
<body>
	<p>
	</p>
	<div><img id="imgx" src="images/girl_1.jpg" onclick="cskew(this)" />
</div>
</body>
</html>
```

於 <body> 標籤中配置 img 元素以展現 skew() 的設定效果，初始樣式將其 x 與 y 參數均設定為 0deg 。接下來於圖片的 click 事件處理程序 cskew() 當中改變 x 與 y 兩個變數值，將其設定給 skew() ，然後進一步指定給 WebkitTransform 屬性，改變圖片的偏移值。

SUMMARY

本章針對 CSS3 全新支援的樣式項目進行了初步的討論，內容集中在靜態樣式設定，下一章的重點還是 CSS3 ，不過我們將進一步討論動態的樣式效果，包含轉場與動畫，還有響應式設計。

第八章

動態 CSS3

本章持續針對 CSS3 的議題進行討論，包含轉場、@keyframes 動畫以及跨裝置開發最重要的媒體查詢技術，均有完整的說明。

8.1 CSS3 動畫（Animations）

實現網頁動畫可以經由 CSS3 的 Animations 機制實作，或是透過 JavaScript 動態控制 Canvas 呈現，這一節討論 CSS3 的部分，至於 Canvas 的作法，則於下一章進行討論。

8.1.1 Keyframes

CSS3 動畫效果由 Keyframes 定義，透過 CSS3 為立動畫效果有個兩主要的步驟，首先設定 @keyframes 屬性，定義所要呈現的動畫影格內容，並賦于此動畫識別名稱，然後就是透過識別名稱引用需要的 @keyframes 影格效果，執行動畫。

建立 Keyframes 定義所需的語法如下：

```
@keyframes kfname {
      // 動畫定義內容…
}
```

定義語法的內容由 @ 加上 keyframes 關鍵字開始，緊接著 kfname 為此動畫效果的自訂名稱，而接下來的大括弧內容，則是描述所要呈現的動畫效果語法敘述。

Keyframes 中文直譯「關鍵影格」，不過為了便於理解，同時符合習慣用法，本書一律以原文標示。

8.1.2 Animation 屬性與動畫

完成 keyframes 定義，當需要此動畫效果時，只需透過 CSS 的 animation 系列屬性進行設定，並以上述的 @keyframes 屬性識別名稱指定所要套用的 Keyframes 定義即可，以下表列舉 CSS3 導入支援動畫呈現的 animation 屬性：

Property	Description
@keyframes	Specifies the animation。

(續)

Property	Description
animation	套用以下屬性的簡短語法，不適用於 animation-play-state 屬性。
animation-name	@keyframes 動畫效果識別名稱。
animation-duration	指定動畫執行時間區段長度。
animation-timing-function	指定動畫的速率曲線。
animation-delay	指定動畫始執行的時間。
animation-iteration-count	指定動畫重複執行的次數。
animation-direction	指定動畫重複執行的行為。
animation-play-state	指定動畫繼續執行或是暫停。

除了 @keyframes 之外，其它幾個屬性的設定語法與一般 CSS 屬性相同，於呈現動畫效果的元素中直接指定即可。

假設有一個預先定義的 @keyframes 名稱為 slide ，要將這個動畫效果套用在 img 元素，則須設定如下的 CSS 樣式：

```
img
{
      animation-name: 'slide';
      animation-duration: 5s;
}
```

其中第一行 animation-name 指定要套用的 @keyframes ，第二個屬性則定義這個動畫必須在五秒的時間內跑完。

有了基礎觀念，很快的來看一個簡單的範例，至於進一步的 Animation 屬性與相關設定細節，後文進一步說明。

範例 8-1 簡單 CSS 動畫示範

網頁載入時，呈現一張往左邊滑動的圖片，在五秒內，移動至左邊界停止。

animation-demo.html

```
<!DOCTYPE html >
<html>
<head>
      <title></title>
      <style type="text/css">
          img
          {
              animation-name: 'slide';
              animation-duration: 5s;
          }
          @keyframes 'slide' {
              from {
                  margin-left: 100%;
              }
              to {
                  margin-left: 0%;
              }
          }
      </style>
</head>
<body>
      <img src="girl.jpg" />
</body>
</html>
```

HTML 的部分配置一個 img 元素，示範動畫效果。

以灰階標示的區塊是定義動畫效果的 @keyframes 內容，將其命名為 slide ，其中的 from{} 與 to{} 表示動畫開始到結束，套用此動畫的元素其 margin-left 屬性，在動畫執行期間，從 100% 變化至 0% ，這會導致 img 元素從畫面的最右邊出現，在指定的時間內滑動至最左邊。

由於我們要以一個 img 元素呈現動畫效果，因此設定 img 元素的樣式屬性，其中第一行 animation-name 指定所要套用的動畫效果為 slide ，也就是上述定義的 @keyframes ，然後第二行指定 animation-duration 屬性值為 5s ，表示在五秒的時間區間內，完成此動畫定義的效果。

運用 CSS 動畫同樣必須特別注意瀏覽器的支援情形，在未完全支援這些功能之前，你必須將樣式設定修改如下頁：

```
img
{
      -webkit-animation-name: slide;
      -moz-animation-name: slide;
      -webkit-animation-duration: 5s;
      -moz-animation-duration: 5s;
}
@-webkit-keyframes slide {
      from {
          margin-left: 100%;
      }
      to {
          margin-left: 0%;
      }
}
@-moz-keyframes slide {
      from {
          margin-left: 100%;
      }
      to {
          margin-left: 0%;
      }
}
```

其中分別針對不同的瀏覽器重設專屬前置詞的 animation 屬性，當瀏覽器開始解析這段 CSS 設定，遇到不認識的屬性會直接跳過，如此一來相關的瀏覽器均能提供此範例的動畫支援。

動畫效果的設定，還可以經由 animation 這個屬性簡化其語法，從前面的範例介紹中，我們看到相關屬性的設定敘述相當冗長，可以將其調整如下：

```
img
{
      -webkit-animation:slide 5s;
      -moz-animation: slide 5s;
}
```

這一段程式碼將各屬性的值以空白分隔，直接設定在 animation 屬性之後，效果完全相同。

8.1.3 控制動畫行為

經過屬性的設定，我們可以進一步調整動畫的行為，來看看各屬性對動畫行為的影響。

- **animation-duration**

這個屬性指定動畫從開始到結束所需的時間，s 表示以秒為單位，ms 表示以毫秒為單位，如果沒有指定這個屬性，則它的值是 0 ，小於 0 的值一律被視為 0 。

- **animation-iteration-count**

表示動畫重複執行的次數，預設值為 1 ，如果指定為 infinite 表示動畫將無限次數重複執行。

- **animation-direction**

表示動畫執行的方向，你可以指定為 normal 或是 alternate ，其中 normal 是預設值，動畫將根據定義依序完成，若是指定為 alternate ，則動畫重複執行時將反向呈現。

如果將動畫設定為重複執行，並且將 animation-direction 屬性指定為 alternate ，則第二次執行時，圖片接下來直接滑動至畫面的右邊。

- **animation-delay**

這個屬性設定動畫開始執行的延遲時間，預設值為 0 ，如果指定為小於 0 的負值，則 animation-duration 屬性指定的動畫時間會扣掉這個負值，一直到這個時間點到達時，直接從扣掉的時間點繼續執行。

- **animation-timing-function**

描述動畫如何完成一個循環的過程，例如以線性等比速率執行，或是快速開始、慢速開始，甚至慢速開始，逐漸加快，最後結束前降速等等。

8.1.4 處理事件

CSS 動畫支援三種動畫事件，分別於動畫開始、結束以及新的動畫循環開始時，列舉如下：

事　件	說　明
animationstart	動畫開始時被觸發。
animationend	動畫結束時被觸發。
animationiteration	animation-iteration-count 屬性設定超過一次，每一次動畫重新開始的時候被觸發。

表列的三個事件，在動畫執行的不同階段觸發，假設有一個動畫設定 animation-iteration-count = 4 ，則事件觸發的順序如下：

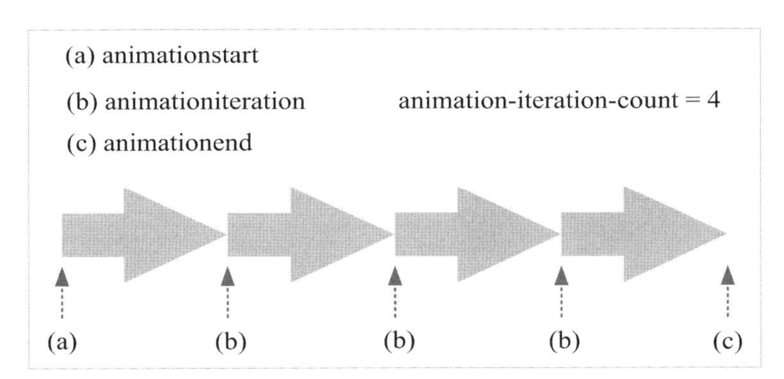

最左邊表示動畫開始，因此 animationstart 被觸發，接下來每一次動畫開始時，觸發 animationiteration 事件，最後動畫結束時，則觸發 animationend 事件。

animationEvent 介面提供動畫事件的關聯資訊，列舉如下表：

屬性 / 方法	說　明
elapsedTime	具有小數點的浮點數，表示此事件的觸發時間點。
animationName	回傳 animation-name 屬性值，表示觸發事件的動畫名稱。

假設有一個套用動畫樣式的元素 E ，透過以下的程式進行事件的監聽：

```
E.addEventListener(ani-event, listener, false);

function listener(e) {
       // e.elapsedTime
       // e.animationName
}
```

其中調用 addEventListener 定義事件監聽器，第一個參數 ani-event 為所要監聽的事件名稱，第二個參數 listener 則是回呼函式 listener 。

回呼函式中，透過其回傳參數 e 引用事件屬性以取得相關的事件資訊。

本書撰寫期間，Chrome 還未正式支援動畫事件，必須透過 webkit 字首的設定才能完成觸發，請參考 animation-event-demo.html 檔案內容。

範例 8-2 捕捉動畫事件

當每一次動畫重複執行時，畫面下方會出現動畫重覆的次數，以及最近一次動畫開始的秒數，直到最後動畫結束，顯示結束的時間。

animation-event-demo.html

```
<!DOCTYPE html >
<html>
<head>
      <title> 捕捉動畫事件 </title>
      <style type="text/css">
          img
          {
              animation-name: slide;
              animation-duration: 2s ;
              animation-direction: alternate;
              animation-iteration-count :5  ;

             /* Chrome,Safari */

              /* Firefox  */
          }
          @keyframes slide {
              from {
                  margin-left: 100%;
              }
              to {
                  margin-left: 0%;
              }
          }
          /* Chrome,Safari */
          @-webkit-keyframes slide {
              //
          }
```

(續)

```
        /* Firefox  */
        @-moz-keyframes slide {
            //
        }
    </style>
    <script>
        var count = 0;
        function init() {
            var imgx = document.getElementById("imgx");
            imgx.addEventListener("animationstart", listener, false);
            imgx.addEventListener("animationend", listener, false);
            imgx.addEventListener("animationiteration", listener, false);
        }
        function listener(e) {
            var s = 0;
            switch (e.type) {
                case "animationstart":
                    break;
                case "animationend":
                    alert('結束秒數：' +Math.floor( e.elapsedTime ));
                    break;
                case "animationiteration":
                    count++;
                    s =Math.floor( e.elapsedTime);
                    break;
            }
            document.getElementById("msgx").innerHTML =
                '重複第 ' + count + ' 次動畫 <br/>'  + '此次開始秒數：'+ s ;
        }
    </script>

</head>
<body onload=init()>
    <img id="imgx"  src="images/girl.jpg" />
    <hr />
    <p style="text-align: center; …;"
        id="msgx"></p>
</body>
</html>
```

<body> 標籤當中配置了一個 p 元素，以呈現事件被觸發的訊息。當網頁載入時執行 init()，其中取得畫面上的 img 元素，逐一設定其三個動畫事件監聽器 listener 。

在 listener () 這個事件回應函式中，引用參數 e 的 type 屬性取得其事件型態，根據所觸發的事件執行相關的回應，一開始動畫觸發的 animationstart 事件不作任何回應，接下來每一次重新執行動畫觸發 animationend 事件時，取得目前執行的次數以及執行時間等資訊，顯示在畫面上，最後當動畫結束，調用 alert() 顯示相關的訊息。

在這個範例中的動畫開始時 animationstart 並不會有反應，主要在於載入的過程中，img 元素在完成事件監聽器之前，便直接套用預設的 CSS 樣式，我們可以經由動態指定樣式類別來完成動畫樣式的配置，並且觸發 animationstart 事件。

8.1.5 動態指定動畫樣式

動畫樣式與一般的 CSS 樣式設定原理相同，因此你可以將一組特定的動畫樣式，設計成專屬的類別，然後在需要的時候，透過 className 屬性設定給要套用此樣式的元素。考慮以下的動畫樣式：

```
aniclass
{
      // animation-name: xxx ;
      // …
}
```

其中的 aniclass 為樣式的名稱，透過 JavaScript 將其指定給元素的 className 即可完成動畫樣式的設定。

範例 8-3 示範動態設定動畫樣式

網頁載入時畫面除了一張圖片還有兩個按鈕，左圖是按下「縮放」按鈕時的執行狀況，其中顯示所執行的動畫名稱為 scale ，圖片動態縮小至消失，然後回復放大。右圖是按下「滑動」按鈕，執行的動畫樣式名稱為 slide ，圖片開始往右邊滑動，最後回到最左邊。

animation-classname.html

```
<!DOCTYPE html >
<html>
<head>
      <title>示範動態設定動畫樣式</title>
      <style type="text/css">
          .slide
          {
              animation-name: slide;
              -webkit-animation-duration: 2s ;
              -webkit-animation-direction: alternate;
              -webkit-animation-iteration-count : 2    ;

              /* Chrome,Safari */

              /* Firefox  */

          }
          /* Chrome,Safari */
          @keyframes slide {
              from {
                  margin-left: 0%;
              }
              to {
                  margin-left: 100%;
              }
          }
          /* Chrome,Safari */

          /* Firefox  */

          .scale
          {
              /* Chrome,Safari */
              animation-name: scale ;
              animation-duration: 2s ;
              animation-direction: alternate;
              animation-iteration-count : 2    ;

              /* Chrome,Safari */

              /* Firfox */
          }
          @keyframes scale {
              from {
                  width: 446px ;
                  height:297px ;
              }
              to {
                  width: 0px;
                  height:0px ;
```

(續)

```
            }
        }
        /* Chrome,Safari */

        /* Firfox */

        }
    </style>
    <script>
        function onScale() {
            document.getElementById('imgx').className = 'scale';
        }
        function onSlide() {
            document.getElementById('imgx').className = 'slide';
        }
        function init() {
            var imgx = document.getElementById("imgx");
            imgx.addEventListener("animationstart", listener, false);
        }
        function listener(e) {
            var msg = e.animationName;
            document.getElementById("msgx").innerHTML =' 執行動畫：' + msg;
        }
    </script>
</head>
<body onload=init()>
    <p style="text-align: center">
    <button onclick="onScale()" style="font-size: xx-large" >縮放</button>
    <button onclick="onSlide()" style="font-size: xx-large" >滑動</button>
    <p style="text-align: center ;font-size: xx-large" id='msgx' ></p>
    <hr />
    <img id="imgx" src="images/girl.jpg" />
</body>
</html>
```

這個範例當中，配置了 slide 與 scale 等兩個不同的動畫樣式，分別指定了所要執行的 keyframes ，其中名稱為 slide 的動畫改變物件的 margin-left 屬性達到滑動的效果，而 scale 動畫改變物件的 width 與 height 屬性，達到縮放效果。

HTML 部分，其中的「縮放」按鈕執行 onScale() 函式，將 img 元素的 className 屬性設定為 scale ，另外一個「滑動」按鈕則是設定為 slide 。

由於每一次重設 className 之後會載入動畫樣式並開始執行，因此將觸發 animationstart 事件，而此事件的回應函式 listener() 則引用 animationName 屬性，取得目前套用的動畫樣式。

透過 JavaScript 動態切換，同時結合前述討論的轉換，可以實作出更為複雜的動畫效果，底下以另外一個範例作說明。

範例 8-4 動態結合轉換效果動畫樣式設定

這個範例在相同的座標位置上，以不同的 z-index 屬性配置了五張圖片，同時合併轉換效果，透過事件處理，以達到圖片移動效果，在圖片上按一下，其中的圖片逐一滾動至右邊，你可以看到其中疊放的圖片內容。

animation-transform.html

```
<!DOCTYPE html >
<html >
<head>
      <title>動態結合轉換效果動畫樣式設定</title>
      <!-- 此範例只有 firefox 支援 -->
      <style type="text/css"   >
      img
      {
          position: absolute;left:100px;width:200px ;
      }
      img#girl1{z-index:10 ;}
      img#girl2{z-index:20 ;}
      img#girl3{z-index:30 ;}
      img#girl4{z-index:40 ;}
      img#girl5{z-index:50 ;}
      .girl
      {
          -moz-animation-name: slide;
          -moz-animation-duration: 2s ;
          -moz-animation-direction: alternate;
     }
      @-moz-keyframes slide
      {
          from {
              -moz-transform: rotate(0deg);left:100px;
          }
```

(續)

```
            to {
                -moz-transform:rotate(360deg);left:940px;
            }
        }
        </style>
        <script>
            var i = 4;
            var imgx;
            function imgclick(o) {
                imgx = o ;
                o.className = 'girl';
            }
            var count = 0;
            function init() {
                var imgs = document.getElementsByTagName('img');
                for (var i = 0; i < imgs.length;i++ ) {
                    imgs[i].addEventListener('animationend', listener, false);
                }
            }
            function listener(e) {
                this.style.left = '940px';
            }
        </script>
</head>
    <img id="girl1" src="images/girl_1g.jpg" onclick="imgclick(this)"/>
    <img id="girl2" src="images/girl_2g.jpg" onclick="imgclick(this)"/>
    <img id="girl3" src="images/girl_3g.jpg" onclick="imgclick(this)"/>
    <img id="girl4" src="images/girl_4g.jpg" onclick="imgclick(this)"/>
    <img id="girl5" src="images/girl_5g.jpg" onclick="imgclick(this)"/>
</html>
```

網頁上配置了的五張示範用的圖片，於樣式區域中設定每一張圖片的 z-index 屬性值，然後定義所需的動畫效果樣式。每一個圖片的 img 元素設定了 onclick 屬性，當使用者按下圖片時，執行 imgclick() 函式，

8.1.6 非等速率動畫呈現

除了 from 與 to 屬性的設計，你也可以選擇透過指定百分比來切割影格播放的時間，如此可以進一步的實作不規則呈現的動畫效果，來比較兩者的語法：

- **from-to**

```
@keyframes mykeyframe {
      from {
        // 動畫開始的狀態…
      }
      to {
        // 動畫結束的狀態…
      }
}
```

- **百分比**

```
@ keyframes mykeyframe
{
      0%   { // 動畫開始的狀態…  }
      25%  { // 動畫執行時間經過 25% 的狀態… }
      50%  { // 動畫執行時間經過 50% 的狀態…}
      100% { // 動畫執行時間經過 100% 的狀態…}
}
```

其中以百分比表示的語法，可以自由指定每一個特定時間點物件的變化狀態，如此一來，動畫效果將根據指定，隨著不同的時間點以非線性的方式呈現，除此之外，其它的動畫原理。

範例 8-5 以百分比切割動畫時間

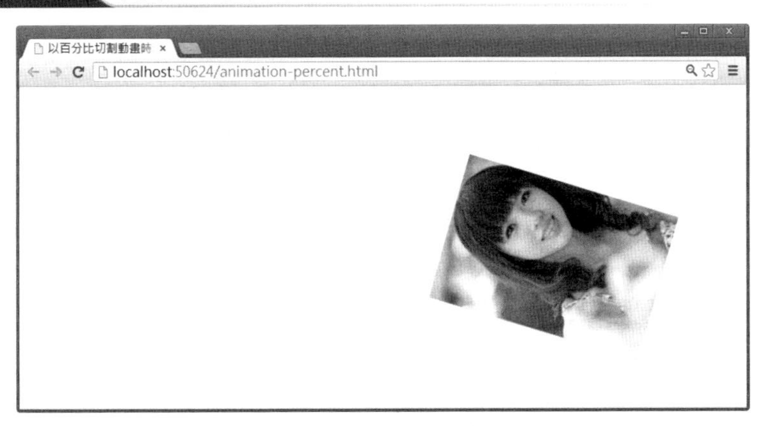

這個範例的畫面只有一張圖，載入時，會以不規則形態旋轉移動至畫面右邊 900px 距離的地方停止。

animation-percent.html

```
<!DOCTYPE html >
<html >
<head>
      <title>以百分比切割動畫時間</title>
<style>
      div
      {
          margin-top:160px;
      }
      img
      {
```

(續)

```
        /* Chrome,Safari */
        position: absolute;left:900px;
        -webkit-animation-name: rotate_move ;
        -webkit-animation-duration: 2s ;
        -webkit-animation-direction: alternate;
    }
    @-webkit-keyframes rotate_move /*  Chrome,Safari */
    {
        0%   { -webkit-transform: rotate(0deg);left:0px;}
        25%  { -webkit-transform: rotate(30deg);left:100px;}
        50%  { -webkit-transform: rotate(10deg);left:280px;}
        100% { -webkit-transform: rotate(360deg);left:900px;}
    }
</style>
</head>
<body>
<div>
<img src="images/girl_cs5.jpg" />
</div>
</body>
</html>
```

其中設計的 keyframes 命名為 rotate_move ，透過百分比進行時間狀態的設定，除了開始與結束的時間點，另外指定了 25% 以及 50% 總共四個時間點的物件狀態，套用此動畫的 img 元素則顯示非線性執行的效果。

8.1.7 動畫暫停與執行

動畫一旦開始執行，可以經由設定 animation-play-state 樣式屬性，切換暫停狀態，如下式：

```
E.style.WebkitAnimationPlayState = 'paused' ;
```

其中 paused 表示要暫停動畫效果，另外你可以設定 running 表示要開始執行動畫。

範例 8-6 切換執行狀態

畫面載入之後，圖片不斷的重複左右滑動，按下「暫停」按鈕可以停止滑動行為，按下「執行」按鈕則動畫會重新執行。

animation-pause-run.html

```
<!DOCTYPE html >
<html>
<head>
      <title> 切換執行狀態 </title>
      <style type="text/css">
          img
          {
              animation-name: slide;
              animation-duration: 2s ;
              animation-direction: alternate;
              animation-iteration-count : infinite   ;
              /* Chrome,Safari */
              /* Firefox  */
          }
          /* Chrome,Safari */
          @keyframes slide {
              from {
                  margin-left: 70%;
              }
              to {
                  margin-left: 0%;
              }
          }
```

(續)

```
        /* Chrome,Safari */
        /* Firefox  */
    </style>
    <script>
        function onPause() {
            document.getElementById('imgx').
                style.WebkitAnimationPlayState = 'paused';
            document.getElementById('imgx').
                style.MozAnimationPlayState = 'paused';
        }
        function onRunning() {
            document.getElementById('imgx').
                style.WebkitAnimationPlayState = 'running' ;
            document.getElementById('imgx').
                style.MozAnimationPlayState = 'running'  ;
        }
    </script>

</head>
<body onload=init()>
    <img id="imgx"  src="images/girl.jpg" />
    <hr />
    <p style="text-align: center">
        <button onclick="onPause()"
                style="font-size: xx-large">暫停</button>
        <button onclick="onRunning()"
                style="font-size: xx-large">開始</button></p>
</body>
</html>
```

其中的「暫停」以及「開始」按鈕，分別透過 style 調用 WebkitAnimation PlayState 與 MozAnimationPlayState ，針對不同的瀏覽器，設定其屬性值，以切換不同的暫停狀態。

為了測試，因此在一開始的動畫樣式設定中，animation-iteration-count 屬性值等於 infinite 以令其持續執行。

8.2 轉場效果（Transition）

CSS3 定義一系列的 transition 屬性，支援轉場效果，以下列舉這些屬性：

屬　性	說　明
transition	其它四個 transition 屬性的簡化語法。
transition-property	套用轉場效果的 CSS 屬性名稱。

(續)

屬　性	說　明
transition-duration	指定轉場效果完成所需的時間秒數，時間單位可以指定為秒（s）或是毫秒（ms）。
transition-timing-function	指定執行轉場效果所需的速率曲線。
transition-delay	指定執行轉場效果開始所需的時間。

有了前述動畫的實作經驗，相對的這裡討論的 transition 屬性應該很容易理解，套用此屬性的元素，會針對特定的元素樣式屬性，在指定的時間內完成屬性值的變化。

假設畫面上有一個 div 形成的矩形，我們想要在使用者點擊這個矩形的時候，透過改變 width 與 height 放大矩形，所需的樣式屬性設定如下：

```
<style type="text/css">
      div{ width:160px;height:240px; background:gray ;}
      div:active{width:320px;height:480px;  }
</style>
```

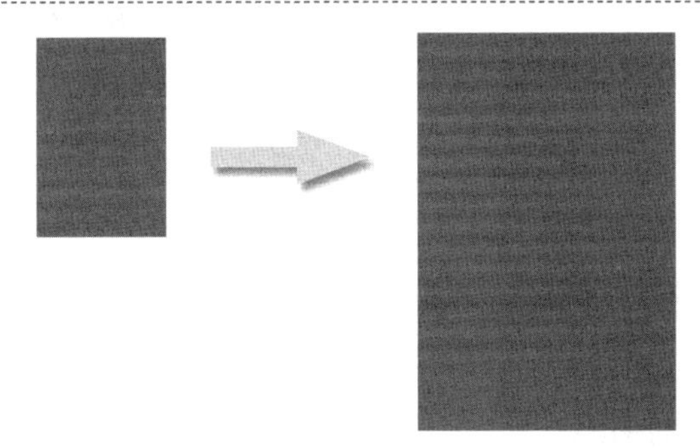

一開始的 div 樣式，在畫面上描繪出一個寬等於 160px ，長等於 240px 的灰色矩形方塊，而第二個樣式 div:active 於使用者點擊畫面上的 div 矩形方塊時，將其長寬放大兩倍。

當你嘗試點擊以此樣式設定的 div 方塊，它會在使用者的游標位於矩形區域，按住滑鼠右鍵時瞬間放大兩倍，而透過 transition 屬性的設定，可以改善轉換過程的視覺效果，如下頁式：

```
div
{
      width:160px;height:240px; background:gray ;
      transition-property: width,height;
      transition-duration: 2s;
}
```

其中第二行表示要套用轉場效果至 width 與 height 屬性，以過渡轉場的效果呈現這兩個屬性的變化，第三行表示變化完成的時間長度，因此當使用者點擊 div 區塊，放大的過程漸進式的呈現出來，也就在開始與結束之間，加入過場的效果。

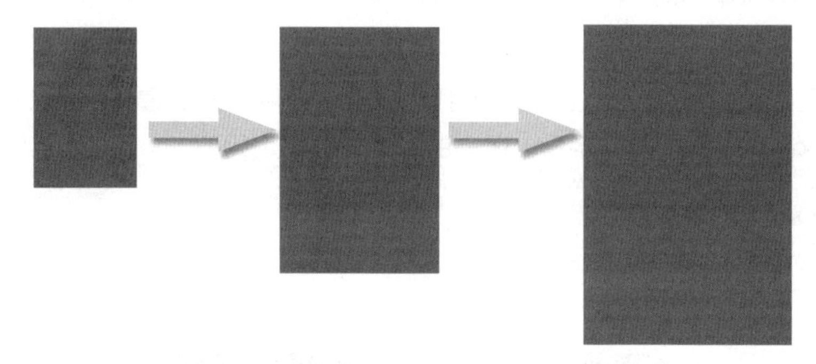

過場效果透過一系列的 transition 屬性的設定即可輕易完成，以下簡述這些屬性的意義。

- **transition-property**

轉場效果所要用的屬性，你可以指定任何屬性值，超過一個以上的屬性，以須以 , 分隔，指定為 none 表示不套用轉場效果，如果指定為 all ，則支援所有的屬性。

- **transition-duration**

轉場效果花費的時間長度，s 表示以秒為時間單位，ms 則以毫秒為單位。

- **transition-delay**

表示轉場效果開始套用之前的時間長度，如果沒有設定這個屬性，則轉場效果會馬上開始，否則經過指定的時間長度之後才開始進行效果的轉換。

- **transition-timing-function**

指定轉場效果變化過程的速率變化，可能的值列舉如下頁表：

屬性值	說　明
linear	轉場效果從開始到結束維持相同的的速率。
ease	轉場效果以較慢的速度開始，然後加速，最後再慢慢減速一直到結束。
ease-in	轉場效果以較慢的速度開始。
ease-out	轉場效果在結束的時候減速。
ease-in-out	轉場效果以緩慢的速度開始與結束。
cubic-bezier(n,n,n,n)	以貝茲曲線定義轉場過程的變化速率。

其中的 cubic-bezier() 透過貝茲曲線，提供自訂執行速率的支援，透過此屬性中的參數設定，轉場過程的變化速率將更彈性細膩，其中包含四個數值參數 n，可能值為 0~1 。

貝茲曲線可以透過下圖表示：

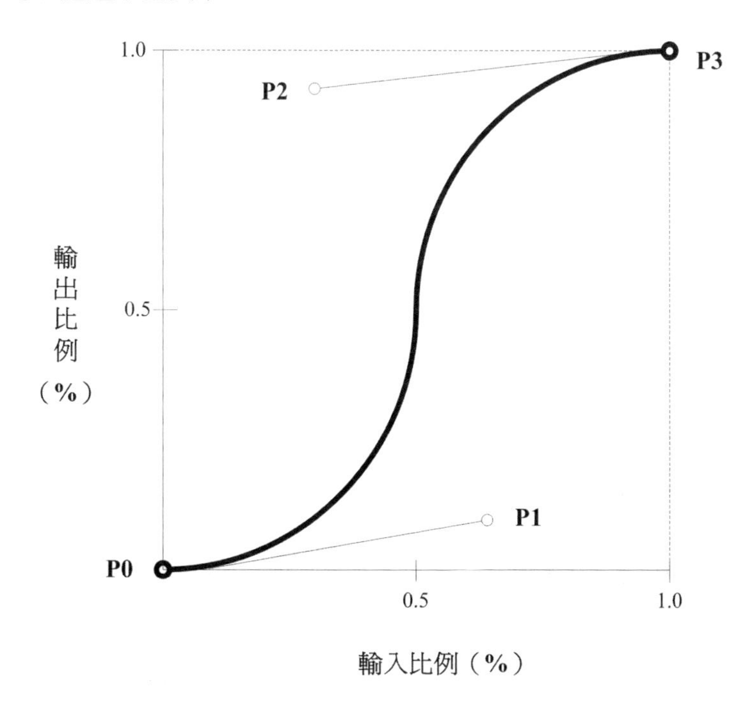

其中標示的四個座標點（P0,P1,P2,P3）定義貝茲曲線，以水平軸代表輸入比例，表示 transition-duration 屬性所設定的時間長度百分比，垂直軸代表輸出比例，表示轉場效果目前轉換的比例，P1 與 P3 是固定值，P1 與 P2 兩個控制項，則由特定的輸入比例與輸出比例所表示，形成的貝茲曲線則表示轉場的速率變

化，只要改變 P1 與 P2 ，即可調整速率曲線。

cubic-bezier() 中的四個參數，用來指定兩個控制點，假設這兩個控制點的座標值分別為 P(x1,y1) 與 P2(x2,y2) ，則必須指定為 cubic-bezier(x1,y1,x2,y2) 。

表列的屬性值，均能透過 cubic-bezier() 表示如下：

屬　性	cubic-bezier() 對應值
linear	cubic-bezier(0.0, 0.0, 1.0, 1.0)
ease	cubic-bezier (0.25, 0.1, 0.25, 1.0)
ease-in	cubic-bezier(0.42, 0, 1.0, 1.0)
ease-out	cubic-bezier(0, 0, 0.58, 1.0)
ease-in-out	cubic-bezier (0.42, 0, 0.58, 1.0)

考慮以下的樣式設計：

```
transition-timing-function:cubic-bezier(0.0, 0.0, 1.0, 1.0);
transition-timing-function: linear;
```

這兩行設定完全相同，會以線性等速率完成轉場變換。你可以直接透過 transition 屬性簡化其它屬性的設計，語法如下：

```
transition: property duration timing-function delay
```

其中四個設定項目，分別表示上述分開設定的屬性值。最後，這個屬性必須注意瀏覽器的支援程度指定專屬的字首。

範例 8-7 示範 transition-property

當滑鼠移到圖片上，會在兩秒內平滑的放大至 600px 的寬度。

transition-demo.html

```
<!DOCTYPE html >
<html >
<head>
      <title>示範 transition-property </title>

      <style>
      div{text-align: center;}
      img:hover{width:800px;}
      img
      {
          width:350px;
          transition-property: width;
          transition-duration: 2s;
          transition-timing-function:cubic-bezier(0, 0, 0.38, 1.0);
          /* Firefox 4 */
          -moz-transition-property: width;
          -moz-transition-duration: 2s;
          -moz-transition-timing-function:cubic-bezier(0, 0, 0.38, 1.0);
          /* Safari and Chrome */
          -webkit-transition-property: width;
          -webkit-transition-duration: 2s;
          -webkit-transition-timing-function:cubic-bezier(0, 0, 0.38, 1.0);
          /* Opera */
          -o-transition-property: width;
          -o-transition-duration: 2s;
          -o-transition-timing-function:cubic-bezier(0, 0, 0.38, 1.0);
      }
      </style>
</head>
<body>
<div>
      <img src="images/girl_s.jpg" />
</div>
</body>
</html>
```

HTML 的部分只配置了一個示範用的 img 元素，然後設定 img:hover 樣式，當滑鼠進入到 img 元素時，改變其 width 屬性為 600px 。

由於要改變的是 img 元素所呈現的圖寬度，因此在 img 樣式中，將其初始寬度設為 350px ，然後設定 transition-property 為 width ，接下來就是指定這個寬度要轉換至 800px 的時間長度為二秒，最後設定 cubic-bezier() ，讓一開始的控制點在 0,0 的位置，如此一來，圖片放大時會先快後慢。

同樣的，這裡必須同時設定各種字首屬性以支援各家瀏覽器。

另外須注意的地方是透過 CSS 改變屬性的操作，例如這裡所示範的 img:hover ，或是如 img:active 等樣式設定所觸發的過場效果在執行結束時會自動返回，而透過 JavaScript 控制即可避免此種狀況。

接下來回到上述的 transition-timing-function 屬性，我們透過另外一個範例，說明屬性值 cubic-bezier 與其它幾個常數值的過場效果比較。

範例 8-8 示範 timing-function 與 cubic-bezier

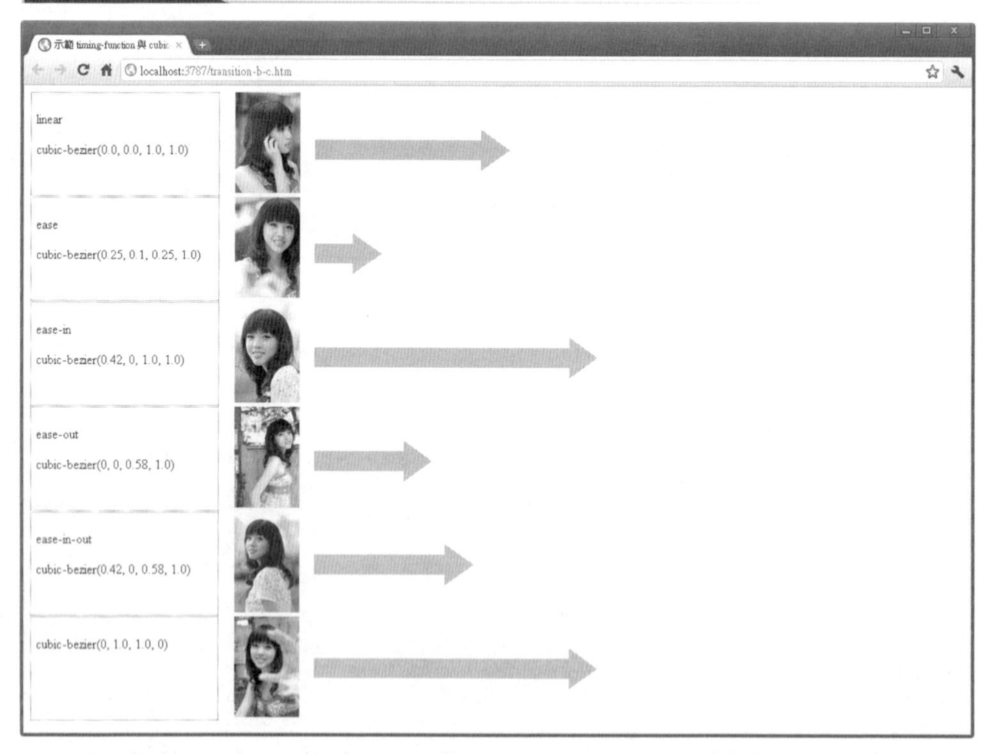

畫面中配置了六張圖片，分別套用不同的 transition-timing-function 屬性值，同時標示其對應的 cubic-bezier() 參數設定，任意在空白處按一下滑鼠，會觸發轉場效果，在相同的區間內，同時間開始，不同的速率將圖片移動至畫面最右邊，同時間到達。

轉場結束再按一下則會返回，讀者可以觀察每一種屬性值造成的速率變化差異。

transition-b-c.html

```
<!DOCTYPE html >
<html>
<head>
      <title>示範 timing-function 與 cubic-bezier()</title>
      <style>
      div.ibox
      {
          width:220px ;height:110px ;
          border:1px dotted gray;
          float:left; padding:6px;
      }
      /* Safari and Chrome */
      img
      {
          height:120px ; margin-left:20px ;
          -webkit-transition-property: margin-left;
          -webkit-transition-duration: 4s;
      }
      img#cs6
      {-webkit-transition-timing-function:linear;}
      img#cs5
      {-webkit-transition-timing-function:ease;}
      img#cs4
      {-webkit-transition-timing-function:ease-in;}
      img#cs3
      {-webkit-transition-timing-function:ease-out;}
      img#cs2
      {-webkit-transition-timing-function:ease-in-out;}
      img#cs1
      {-webkit-transition-timing-function:cubic-bezier(0, 1, 1, 0);}

      </style>
      <script>
          var r = true;
          function b_click() {

              var imgs = document.querySelectorAll('.imgx')
              for (var i = 0; i < imgs.length; i++) {
                  if(r)
                      imgs[i].style.marginLeft = '800px';
                  else
                      imgs[i].style.marginLeft = '20px';
              }
              r = !r;
          }
      </script>
</head>
<body onclick="b_click()">
      <div>
      <div class="ibox">
          <p>linear</p>
          <p>cubic-bezier(0.0, 0.0, 1.0, 1.0)</p>
      </div>
```

(續)

```
        <img id="cs6" class="imgx" src="images/girl_cs6.jpg" /></div>
        <div>
        <div class="ibox">
            <p>ease</p>
            <p>cubic-bezier(0.25, 0.1, 0.25, 1.0)</p>
        </div>
        <img id="cs5" class="imgx" src="images/girl_cs5.jpg" />
        </div>
        // 以下略 …
</body>
</html>
```

HTML 部分配置了六張圖片，由於原理相同因此僅列舉兩個 div 區塊，為了設定不同的 transition-timing-function 屬性樣式，每一個 img 元素均設定不同的 id。

在 style 樣式區段，設定了所有 img 元素共用的 transition-property 樣式屬性為 margin-left ，針對此屬性值的變化套用過場效果，緊接著透過 id 屬性，逐一設定每一個 img 元素專屬的 transition-timing-function ，以套用特定的速率值。

body 元素的 onclick 事件屬性被指定為 b_click() ，當使用者按下網頁中的任何地方將執行此函式，其中取得所有 class 屬性設定為 imgx 的元素，並改變其 margin-left 屬性，如此一來將會觸發預先設定的過場效果。

在這個範例中我們可以很清楚的看到，各種不同的 cubic-bezier() 設定所導致的不規則速率變化。

8.3 響應式設計 – Viewport

隨著行動裝置的普及，現代網頁設計必須能夠自動在各種尺寸的螢幕上正確的呈現，響應式設計的技巧為了滿足這一方面的需求應運而生，而成功的響應式網頁，關鍵在於 CSS3 的媒體查詢樣式設計，這是一個不小的議題，這一節從最基礎的 Viewport 開始，針對相關的設計技巧進行討論。

8.3.1 關於 Viewport

由於螢幕尺寸的差異，以桌機螢幕為基礎設計的網頁，在預設的情形下並沒有辦法適當的在行動裝置螢幕上適當的呈現，首先透過一個簡單的範例作說明。

範例 8-9 viewport 設定

viewport.html

```
<!DOCTYPE html>
<html>
<head>
        <title></title>
</head>
<body>
      <h1> 有一種愛叫作遺憾 </h1>
      <p>
         遺憾，沒有一對戀人希望遇見…
      </p>
      <img src="images/DSC0116.jpg" />
</body>
</html>
```

這個網頁內容呈現一段文案與一張圖片，在一般桌機瀏覽器上很容易檢視，以下是呈現的結果畫面：

小尺寸手機上開啟呈現的內容如右：

通常我們利用像素（px）描述螢幕解析度，過去網頁設計只需考慮桌機電腦尺寸（例如流行一段時間的 1024×768 標準網頁尺寸），像素作為螢幕解析度不是問題，螢幕解析度同時也是裝置用來呈現網頁內容的解析度，一個 1024×768 的螢幕很明確的便是以 1024×768 的尺寸顯示網頁內容，而麻煩的是，行動裝置並非如此。

以 iPhone 為例，第 1 代 iPhone 上市時採用的螢幕解析度是 320×480，但是從 iPhone 4 之後，則是 640×960，iPhone 5 之後則進一步升級為 640×1136。

行動裝置呈現畫面的尺寸通常比內建螢幕解析度要大得多，例如 iPhone 的預設寬度是 800px，瀏覽器（Opera、Firefox 與 Chrome 等）一般均是以 980px 為寬度呈現網頁內容，以下列表是 iPhone 的尺寸。

iPhone系列	螢幕尺寸（英吋）	解析度（像素）	螢幕密度	瀏覽器
iPhone	3.5	320×480	1	980px
iPhone3	3.5	320×480	1	
iPhone4	3.5	640×960	2	
iPhone5	4	640×1136	2	

在預設的情形下，小尺寸手機於 4 吋大小的螢幕空間裡呈現 980px 寬度的內容，導致內容不易閱讀，因此我們必須透過 Viewport 的設定強迫瀏覽器以手機的實際尺寸呈現網頁內容。為了讓小螢幕行動裝置能夠正確顯示內容，現在於 head 元素區塊範圍內加以下的 viewport 設定：

```
<head>
<meta charset="utf-8"/>
<meta name="viewport" content="width=device-width"  >
      <title></title>
</head>
```

viewport 必須於 meta 元素中，指定 name = “viewport”，而 width=device-width 表示以以裝置寬度為基礎呈現網頁。4 吋左右的螢幕在垂直配置的狀況下，比較適合呈現內容的寬度大約落在 320px ，經過前述的 Viewport 設定實作說明，如你所見我們得到了想要的結果。

當網頁在 iPhone 3 以下的裝置呈現，width=device-width 以螢幕的解析度為寬度顯示網頁內容，但是從 iPhone 4 開始，螢幕的解析度設在 640px ，這個寬度是 320px 的兩倍，不過你依然可以看到 320px 的呈現結果，會造成這種結果的主要原因在於所謂的螢幕密度。以 iPhone 4 為例，其密度為 2，設定 Viewport 時是以螢幕解析度除以螢幕密度所得到的值為顯示的螢幕寬度，計算式如下：

```
640/2 = 320
```

最後使用者得到一個適當呈現的網頁內容。

針對實作，設計人員其實不需深究其中的原理，無論瀏覽器的預設呈現寬度，或是裝置螢幕的解析度或密度，最重要的原則是必須以裝置的真實尺寸為依據，提供使用者良好的瀏覽操作體驗。

8.3.2 設定 Viewport 參數

除了標準的 device-width ，viewport 還提供了其它數個參數供進一步的設定。

參　數	說　明
width	螢幕所能呈現的寬度，device-width 表示以裝置本身的設計實體寬度為基準。
height	螢幕所能呈現的高度。

(續)

參　數	說　明
user-scalable	指定使用者是否可以利用兩指縮放網頁內容，yes表示可以，no則不行。
initial-scale	網頁初始載入的寬度倍率。
minimum-scale	網頁允許縮小的最小寬度倍率。
maximum-scale	網頁允許放大的最最大寬度倍率。

儘管有不同的選項支援相關的的設定，如果沒有特殊的需求，contet 屬性通常設定如下即可：

```
<meta name="viewport" content="width=device-width,initial-scale=1"  >
```

- **initial-scale**

指定顯示畫面時所要放大畫面的倍率，以逗點隔開的第二組參數將 initial-scale 設定為 2，表示畫面將放大兩倍呈現。

```
content="width=device-width,initial-scale=2"
```

現在建立一另外一個範例，其中透過不同的 initial-scale 設定檢視網頁在行動裝置上的呈現的差異。

範例 8-10 網頁縮放設定

viewport_iscale.html

```
<!DOCTYPE html>
<html>
<head>
      <meta name="viewport" content="width=device-width,initial-scale=1" />
      <title> 縮放設定 </title>
</head>
<body>
      <p>width=device-width</p>
      <p>initial-scale=1</p>
      <p>300px</p>
      <img src="images/cover_ch09s.jpg" />
</body>
</html>
```

在一般的瀏覽器中，網頁的內容呈現不會因為任何調整有所差異，但是如果以行動裝置檢視，會出現以下左邊截圖的畫面，由於 initial-scale=1 表示網頁內以原尺寸縮放，因此與未設定任何 initial-scale 的情形相同。

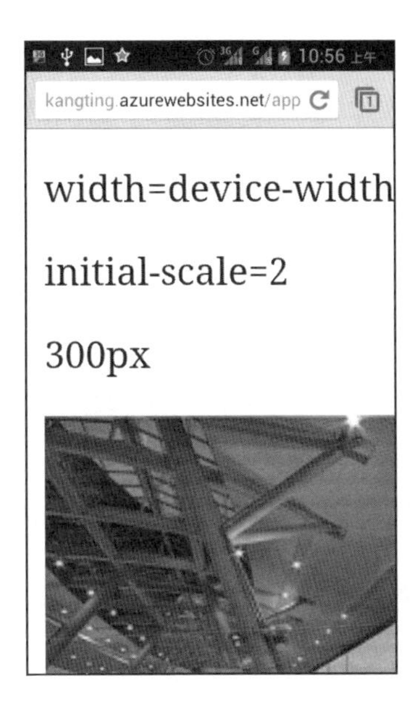

右載圖則是重新調整為 initial-scale=2，表示以兩倍大小載入網頁，因此我們可以看到，其中的內容已經被放大。

- **user-scalable**

除了設定螢幕畫面的呈現，在預設的情形下，使用者可以透過兩指操作縮放螢幕畫面，例如將放大的畫面重新縮小至完整呈現圖片內容的大小：

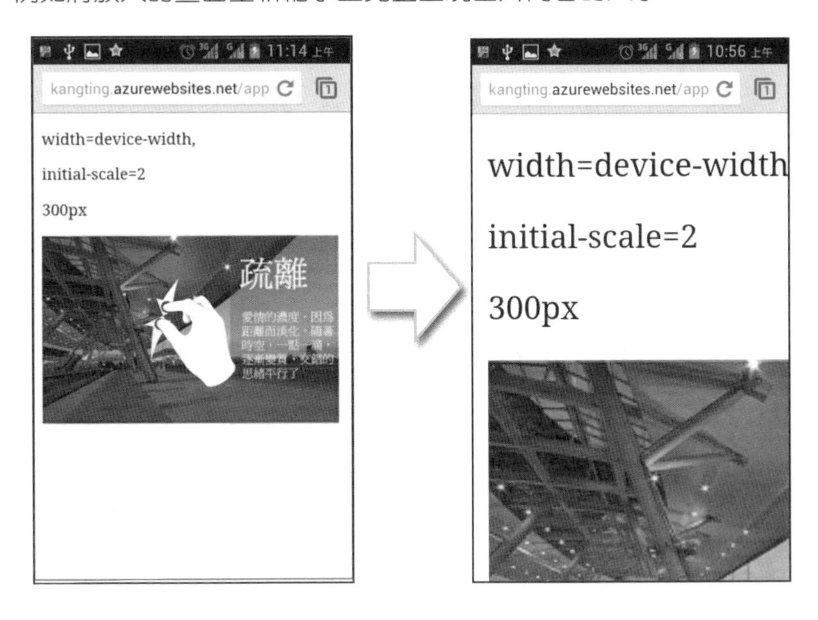

若是想要固定畫面避免使用者進行縮放操作，可以設定 user-scalable 這個參數，yes 表示可以讓使用者縮放，反之為 no ，例如以下的設定：

```
<meta name="viewport"
      content="width=device-width,initial-scale=1,user-scalable=no" >
```

想要確切的在使用者的手機裝置上顯示所要呈現的畫面比例，並且不希望使用者縮放畫面，設定 user-scalable=no 即可。

• width －指定固定呈現尺寸

如果要固定螢幕的呈現尺寸，可以直接以像素為單位進行指定，例如 width=600 表示手機螢幕將會呈現 600px 寬的內容。

範例 8-11 指定固定尺寸輸出

viewport_width.html

```
<!DOCTYPE html>
<html>
<head>
      <meta charset="utf-8" />
      <meta name="viewport" content="width=device-width,
                                    initial-scale=1,user-scalable=no">
      <title></title>
      <style>
          div {
              width: 50px;
              height: 50px;
              color: white;
              float: left;
              text-align: right;
              font-size:24px
          }
      </style>
</head>
<body style="margin: 0px; padding: 0px">
      <div style="background-color: red;">50</div>
      <div style="background-color: orange;">100</div>
      <div style="background-color: yellow;">150</div>
      …
      <div style="background-color: #442299;">1450</div>
      <div style="background-color: red;">1500</div>
</body>
</html>
```

配置數個 div 元素構成的色塊，並且指定寬度樣式為 50px ，用以標示網頁的寬度，每一個色塊中標示的數字，表示色塊右邊界在螢幕上目前的位置，以下是在寬度 1680px 的螢幕上呈現的外觀。

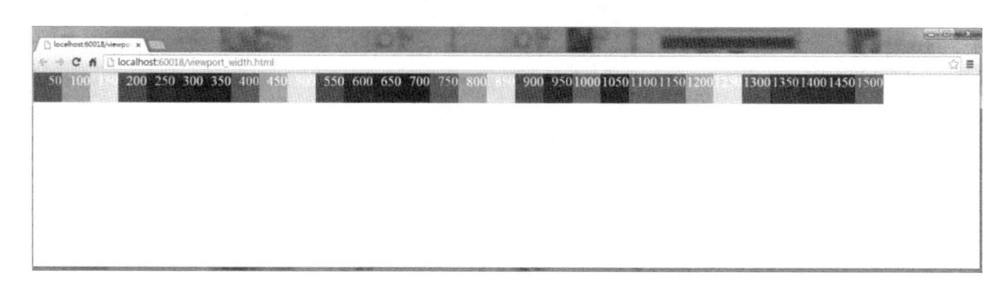

如你所見，這個螢幕寬度足夠容納所有的 div 色塊。如果在手機上檢視這個範例，會得到以下的結果：

筆者手機內建預設為 980px 寬，因此最右邊的色塊為 950px ，剩下的 30px 空間不足以容納下一個色塊，1000px 的色塊被擠到下一行。現在進行以下的調整：

```
<meta name="viewport"
      content="width=device-width,initial-scale=1,user-scalable:no"  >
```

其中的 width=device-width 要求以裝置的真實尺寸為根據呈現網頁內容，而 initial-scale=1 表示以正常倍數載入網頁，user-scalable=no 不允許縮放。

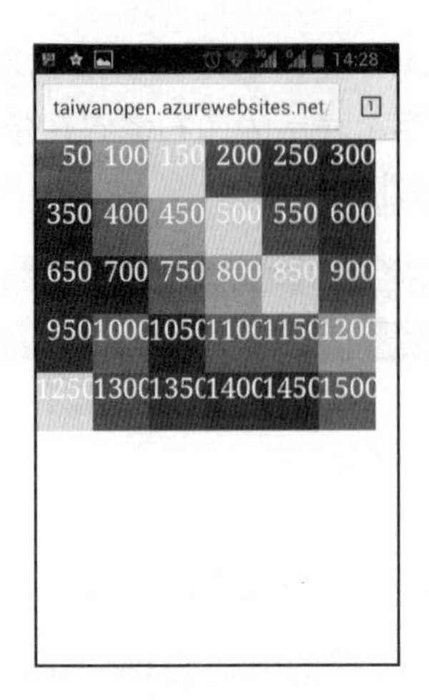

320px 是筆者手機的真正寬度，此圖將 width 屬性設定為 device-width ，因此以螢幕寬度呈現內容，最多只呈現至 320px ，標示為 350 的色塊則被擠到下一行。除了以裝置寬度設定，也可以指定為固定寬度。

```
<meta name="viewport"  content="width=550,initial-scale=1,user-scalable:no" >
```

調整 width 參數的設定會導致裝置以此為呈現寬度，因此可以在一個水平寬度呈現 550px 的內容，例如以下的截圖：

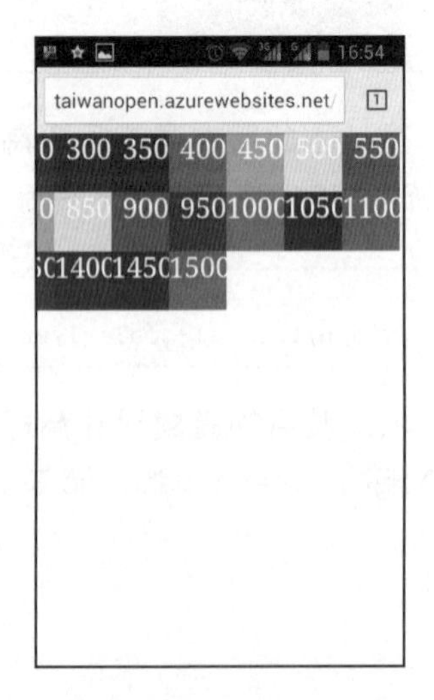

由於裝置螢幕僅能呈現 320px ，因此無法完整呈現 550px 的內容，這張截圖是將畫面拉至最右邊的結果。現在重新調整 viewport 設定，如下頁式：

```
<meta name="viewport"
      content="width=640,initial-scale=0.5,user-scalable=no">
```

此次的 width=640 剛好是裝置預設寬度的兩倍，但是 initial-scale=0.5 的設定，將內容縮小為 0.5 倍輸出，剛好可以在水平方向完整呈現 640px 的內容。

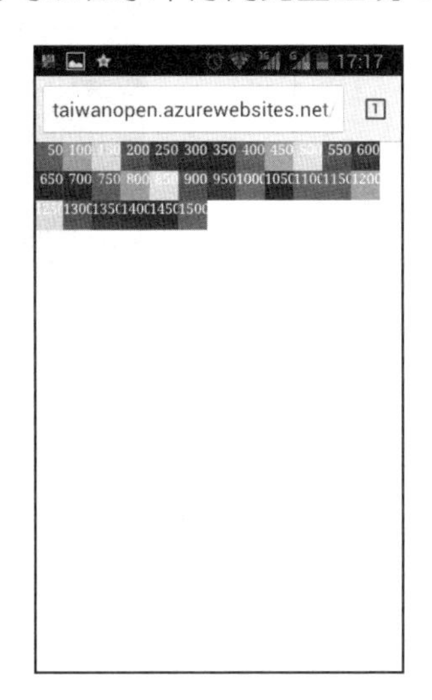

- **minimum-scale 與 maximum-scale**

當網頁一開始載入時，瀏覽器會根據 viewport 中的 width 參數為基準，以 initial-scale 指定的倍數呈現網頁，除此之外，畫面比例的縮放還可以進一步作彈性的設計，允許使用者作有限度的縮放，相關的支援參數為 minimum-scale 與 maximum-scale ，前者是允許的最小縮放倍率，後者是允許的最大縮放倍率。

考慮以下的 viewport 設定：

```
<meta name="viewport"
      content="width=device-width,initial-scale=4.0,
          maximum-scale =6.0, minimum-scale=2.0">
```

其中的 width=device-width 表示以螢幕寬度為基準尺寸顯示，而 initial-scale=4.0 表示以螢幕寬度的正常尺寸顯示，maximum-scale =6.0 表示最大可以將網頁的內容放大至 6 倍，minimum-scale=2.0 表示最小可以縮小至 2 倍。以筆者的 4 吋手機為例，螢幕真正的寬度為 320px ，width 的設定值 device-width 表示以此寬度為基準，若是沒有經過任何設定，呈現的畫面如下頁左圖，其中顯示了 320px 寬度的內容。

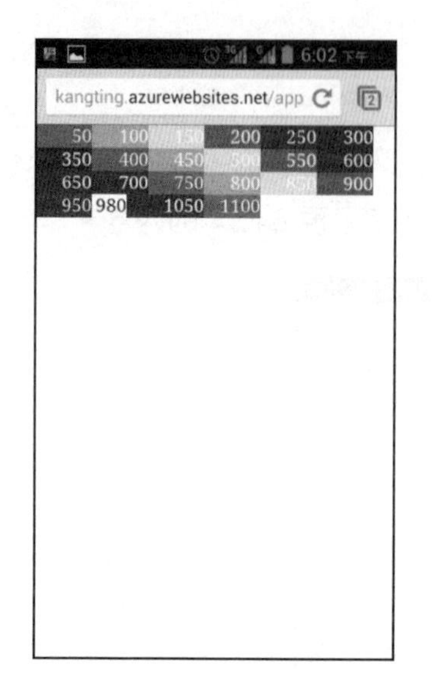

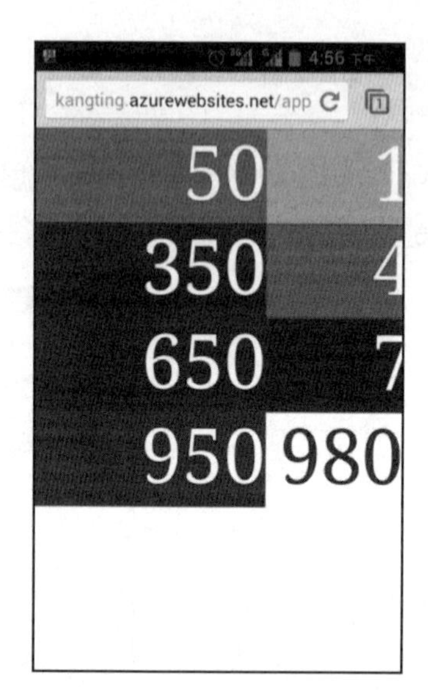

由於 initial-scale 參數值設定為 4，表示網頁的內容第一次載入時要以 width 的 4 倍大呈現，因此手機裝置第一次載入時呈現的是上述的右截圖，網頁上的色塊顯示螢幕寬度只能呈現 80px 寬度的內容，也就是 320px 的 1/4。現在嘗試將其放大，最大只能到 maximum-scale 參數指定的 6 倍如下：

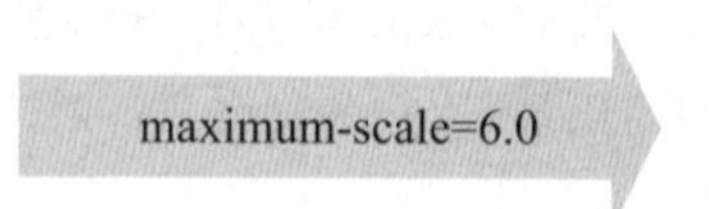

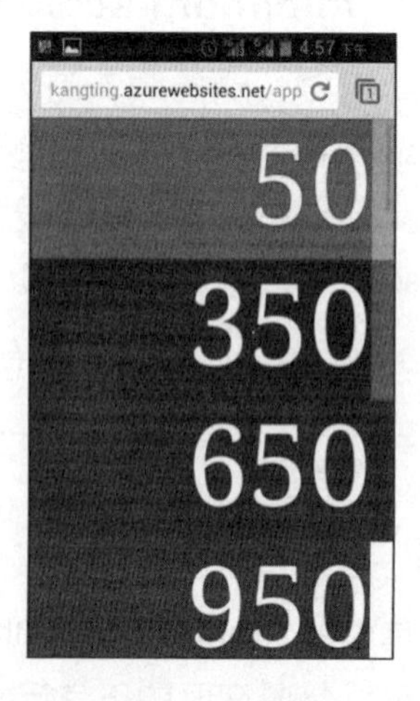

由於放大了 6 倍，因此只能呈現 320px 的 1/6 大約是 53px。現在將其縮小，minimum-scale 參數指定為 2，僅能到縮小至原始寬度的 2 倍，呈現的內容則是 320px 的 1/2，也就是 160。

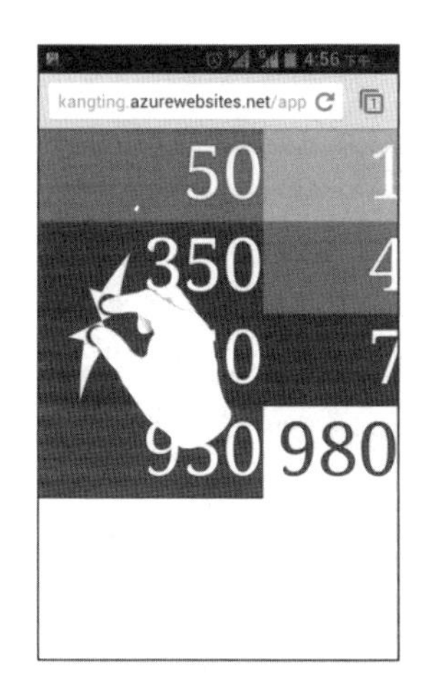

minimum-scale=2.0

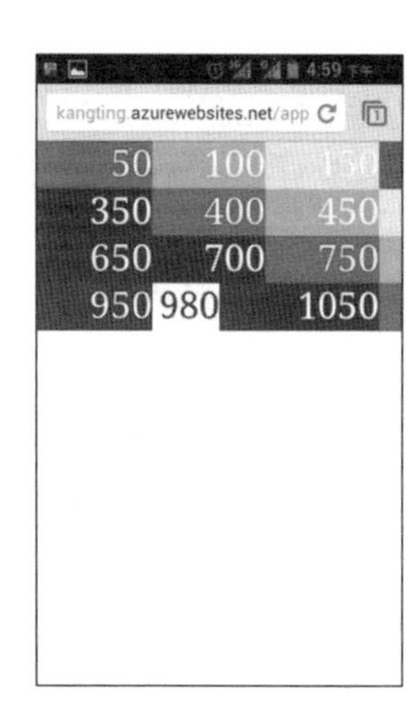

initial-scale 、maximum-scale 與 minimum-scale 會相互影響，縮放操作以 initial-scale 為基準，maximum-scale 指定的縮放倍數必須大於 initial-scale ，如果小於 initial-scale 則會以 maximum-scale 的倍數為初始值，同理，minimum-scale 必須小於 initial-scale ，否則因為允許的最小放大倍數比初始倍數小，因此一開始即會以 minimum-scale 為準呈現，initial-scale 失效。

8.4 響應式設計－佈局技巧與媒體查詢

瞭解 Viewport 之後，接下來這一節要進入響應式設計最關鍵的部分－佈局技巧與媒體查詢，這是網頁響應式設計最關鍵的部分，透過相關的技術我們就可以建立適用於自動針對特定尺寸裝置進行最適化呈現的網頁內容。

網頁內容透過區塊切割進行配置，也就是所謂的內容佈局，過去網頁的主要呈現環境是桌上型電腦的瀏覽器，因此佈局實作只要以固定尺寸進行配置即可，行動裝置發達的今日，為了確保網頁內容在任何尺寸的裝置螢幕中都能適當呈現，佈局就變得有些複雜。而接下來從固定佈局開始這一連串的議題。

8.4.1 固定版型

一開始我們透簡單的圖片配置內容，進行固定佈局的討論。

範例 8-12 固定佈局示範

點選下方的任何一張小圖，畫面上方便會呈現完整的大圖，要完成這個功能，必須準備三張大圖（1680 600）與三張小圖（420 157），小圖是大圖的部分內容，配置於網頁下方，大圖則於網載入時呈現第一張，然後根據使用者點擊，呈現其對應的大圖。

layout.html

```
<!DOCTYPE html>
<html>
<head>
      <title></title>
</head>
<body>
      <div>
           <div id="lpic">
                <img id="viewimg" src="images/1-abcxyz.jpg" />
           </div>
           <div id="spic">
                <div>
                     <figure>
                         <img data-src="1-abcxyz" src="images/5-1-abcxyz.jpg" />
                          <figcaption><span> 藍天白雲 </span></figcaption>
                     </figure>
                </div>
                <div>
                     <figure>
```

(續)

```
                    <img data-src="2-abcxyz" src="images/5-2-abcxyz.jpg" />
                    <figcaption><span> 十六石山 </span></figcaption>
                </figure>
            </div>
            <div>
                <figure>
                    <img data-src="3-abcxyz" src="images/5-3-abcxyz.jpg" />
                    <figcaption><span> 遠眺十六石山 </span></figcaption>
                </figure>
            </div></div></div>
    <script>
        var imgs = document.querySelectorAll('#spic img');
        for (var i = 0; i < imgs.length; i++) {
            //
            imgs[i].addEventListener('click', function () {
                var src = 'images/' + this.dataset.src + '.jpg';
                document.getElementById('viewimg').src = src;
            }, false);
            //
        }
    </script>
    </body>
</html>
```

這是最基本的網頁內容，還未進行任何的樣式配置，所有的圖片預設以全尺寸呈現並且垂直呈現排列，如下圖：

現在嘗試將下方三個小圖的 div 區塊往左浮動，並將最外層的 div 元素寬度固定為 1600px。

```
<head>
      <title></title>
      <style>
          #spic>div{
              float:left;
          }
      </style>
</head>
<body>
      <div style="margin:0 auto;width:1600px;" >
       ...
      </div>
</body>
```

完成樣式配置之後，網頁內容的寬度固定為 1600px ，無法根據螢幕大小動態縮放，小圖的 div 區塊將往左浮動。現在我們得到一個固定佈局的網頁，也就是範例一開始的截圖。

固定佈局的好處是設計單純，但是一旦螢幕寬度小於 1600px 時，超過螢幕寬度的內容將被隱藏，畫面的下方將出現水平捲軸，如以下的截圖：

固定佈局因為無法根據螢幕動態調整內容，僅能在特定裝置上完整呈現，無法適應裝置多樣性的現代環境，因此必須進一步導入響應式設計的技巧。

8.4.2 流動佈局

流動佈局利用百分比取代固定尺寸所使用的絕對單位，如此一來網頁區塊內容即會根據裝置螢幕尺寸自動縮放。

範例 8-13 流動佈局示範

左截圖是一般桌上型電腦瀏覽器呈現的畫面，右截圖則是將瀏覽器寬度縮小的畫面，如你所見，網頁內容無論螢幕寬度均會自動縮放以完整呈現。

layout-flow.html

```
<!DOCTYPE html>
<html>
<head>
      <meta charset="utf-8" />
      <title></title>
      <style>
          body, figure {
              margin: 0px;
              padding: 0px;
          }
          #lpic {
              text-align: center;
          }
          img {
              height: auto;
              max-width: 100%;
              cursor: pointer;
          }
          #spic {
              margin: 0 auto;
              width: 80%;
          }
              #spic > div {
```

(續)

```
                float: left;
                width: 31.3%;
                padding: 1%;
                text-align: center;
            }
    </style>
</head>
<body>
    <div id="lpic">
        <img id="viewimg" src="images/1-abcxyz.jpg" />
    </div>
    <div id="spic">
        <div>
            <figure>
                <img data-src="1-abcxyz" src="images/5-1-abcxyz.jpg" />
                <figcaption>藍天白雲</figcaption>
            </figure>
        </div>
        <div>
            <figure>
                <img data-src="2-abcxyz" src="images/5-2-abcxyz.jpg" />
                <figcaption>十六石山</figcaption>
            </figure>
        </div>
        <div>
            <figure>
                <img data-src="3-abcxyz" src="images/5-3-abcxyz.jpg" />
                <figcaption>遠眺十六石山</figcaption>
            </figure>
        </div>
    </div>
    <script>
        …
    </script>
</body>
</html>
```

與固定版型的差異在於流動佈局主要透過百分比設定所需的寬度樣式，如此一來網頁內容即會根據螢幕寬度以百分比呈現，相關的設定均於樣式中指定，也就是灰階標示的部分。

選擇器 #spic 為容納大圖的 div 元素，其 width 設定為 80% ，動態根據螢幕尺寸呈現內容，另外一組選擇器 #spic > div 則是容納小圖的 div 元素，將其設定為 31.3% ，如此一來便能在可視水平區域內呈現三張圖片，不會出來橫向捲軸，最後還有一個 img 選擇器，指定 max-width: 100% ，如此一來每一張圖片均能依據容器寬度縮放。

8.4.3 導入媒體查詢

流動佈局有其極限，特別是小尺寸裝置螢幕，流動內容會變得不容易檢視，因此當螢幕寬度縮減到一定尺寸以下，就必須考慮導入媒體查詢，讓網頁的內容自動判斷螢幕寬度再重新配置。

回到前一個小節流動佈局範例中的圖片網頁，為了能夠在小螢幕上適當的呈現內容，比較好的作法是動態的將圖片垂直排列並且置中填滿橫向空間，因此必須移除其中的 float 樣式，並且將 width 樣式放大至 90% ，如右圖。

要達到這個目的，關鍵在於斷點的設定，所謂的斷點表示某個特定的值，顯示網頁的瀏覽器以此值為依據，選擇所要套用的樣式，在不同的斷點範圍，套用不同的樣式，上述討論的案例中，當螢幕寬度小於 600px 時，便不適合橫向排列小圖，因此於 600px 設定一個斷點，重新調整樣式以垂直配置小圖示區塊。

範例 8-14 媒體查詢設計

這個網頁會有兩種樣式配置，以 600px 螢幕寬度為依據，大於這個寬度的螢幕套用一組樣式，如左截圖，反之則套用另外一組樣式，如右截圖。

layout-mq.html

```
<!DOCTYPE html>
<html>
<head>
      <meta charset="utf-8" />
      <title></title>
      <style>
        body, figure {
             margin: 0px;
             padding: 0px;
         }
         #lpic {
             text-align: center;
         }
         img {
             height: auto;
             max-width: 100%;
             cursor: pointer;
         }
         #spic {
             margin: 0 auto;
             width: 80%;
         }
             #spic > div {
                 text-align: center;
                 padding: 1%;
             }
         @media only screen and (min-width:601px) {
             #spic > div {
                 float: left;
                 width: 31.3%;
             }
         }
         @media only screen and (max-width:600px) {
             #spic > div {
                 width: 90%;
             }
         }
      </style>
</head>
<body>
      <div id="lpic">
          <img id="viewimg" src="images/1-abcxyz.jpg" />
      </div>
      <div id="spic">
        …
      </div>
      <script>
        …
      </script>
</body>
</html>
```

與前述的範例比較，這個範例將原來樣式中的 float 移除，並且加入以 @media 設定的兩組媒體查詢樣式，以灰階標示，為了方便說明，列舉如下：

```
@media only screen and (min-width:601px) {
    #spic > div {
          float: left;
          width: 31.3%;
      }
}
```

以上這組樣式只有在螢幕寬度大於 600px 時會被套用。

```
@media only screen and (max-width:600px) {
    #spic > div {
          width: 90%;
      }
}
```

這組樣式要求當螢幕寬度等於或是小於 600px 寬度時套用。以 @media 為字首的樣式即為媒體查詢，每一組 @media 為一組斷點，來看它的語法：

```
@media only screen and (max-width:600px) {
      ...
}
```

其中 screen 表示這組樣式適用於螢幕媒體類型，only screen 表示只適用於 screen 類型，接下來的 and 連接其它的特性，小括弧裡面的項目表示所要套用的媒體特性，min-width 表示裝置螢幕寬度大於等於此寬度時套用，也就是可以套用的最小寬度，如果 max-width 則表示最大的寬度。

- **關於斷點**

繼續往下討論之前，必須提醒讀者的是，斷點的設定並沒有一定規則，完全根據內容而定，一部分則取決於經驗，後續討論的課程內容當中，此點請務必謹記在心，以下列舉設定原則：

- 斷點的設計並沒有一定的規則，裝置推陳出新，多樣性無法預測，設計斷點應該以內容為主要的考量而非特定裝置尺寸，儘可能擺脫網頁內容呈現與裝置的耦合性。
- 斷點增加設計複雜度，小心增加斷點。
- 最簡單的方式以特定裝置的尺寸為斷點依據。

螢幕寬度	說　明
320px	iPhone/一般性的小螢幕手機垂直寬度
480px	iPhone/一般性的小螢幕手機橫向寬度
760px	iPad 垂直寬度
1024px	iPad 橫向寬度

8.4.4 媒體查詢規格

CSS3 規格書中另外定義了其它幾種媒體型態以支援不同類型的裝置輸出，包含印表機、投影機等等。

類　型	裝置類型
all	適用所有類型
braille	適用點字反饋裝置
embossed	適用點字印表機
handheld	手持行動裝置
print	適用印表機
projection	適用投影機
screen	適用電腦螢幕
speech	適用語音瀏覽裝置
tty	適用固定字元寬度
tv	適用電視裝置

如果要讓設定的媒體查詢可以同時適用其它的類型，必須根據裝置的關鍵字以逗號分隔進行設定，例如：

```
media="screen and (…),print and (…)"
```

這段設定提供螢幕（screen）與印表機（print）輸出的專屬樣式設定。

決定了裝置類型，接下來就必須針對這些類型設定媒體特性，除了已經在前述範例中提及的 width 之外，還有其它數種不同的媒體特性可供設定，以期在合適的特性下套用適當的樣式，列舉如下頁表：

特　性	說　明
width	目標顯示區域的寬度，搭配字首max- 表示適用的最大寬度，字首min-表示適用最小寬度。
height	目標顯示區域的高度，搭配字首max- 表示適用的最大高度，字首min-表示適用最小高度。
device-width	目標顯示裝置的寬度，搭配字首max- 表示適用的最大寬度，字首min-表示適用最小寬度。
device-height	目標顯示裝置的高度，搭配字首max- 表示適用的最大高度，字首min-表示適用最小高度。
orientation	目標顯示裝置螢幕畫面的方向。 orientation:portrait（垂直方向） orientation:landscape（水平方向）
aspect-ratio	目標顯示區域的寬度 / 高度比例，可選擇性的搭配字首max- 或min- 。
device-aspect-ratio	目標顯示裝置的裝置寬度 / 裝置高度比例，可選擇性的搭配字首max- 或min- 。
color	目標顯示裝置的bpc (bits per color)，可選擇性的搭配字首max- 或min- 。
color-index	目標顯示裝置所能處理的色彩數，可選擇性的搭配字首max- 或min- 。
monochrome	單一單色影格緩衝區每個像素的位元組，可選擇性的搭配字首max- 或min- 。
resolution	目標顯示裝置的像素密度，可選擇性的搭配字首max- 或min- 。
scan	電視螢幕的掃描方式。
grid	是否輸出裝置為grid或是bitmap，1是grid，0是其它。

表列特性目前比較實用的為 width 與 orientation ，另外必須特別注意 device-width 與 width 的差異，通常在實際的設定上，我們透過 width 判斷螢幕的寬度，因為在不同類的型的裝置上，device-width 有不同的意義。

在標準的桌上型電腦，device-width 表示實體螢幕顯示區域的寬度，而 width 則是瀏覽器顯示網頁內容的寬度。如果是行動裝置，width 表示 viewport 設定的寬度，而 device-width 在不同的裝置則有不同的意義，如果以 device-width 為樣式設定依據將導致網頁顯示的問題。

orientation 特性表示行動裝置螢幕方向，設定值為 landscape/portrait ，指定為 landscape 表示樣式將套用於裝置水平方向配置時，portrait 則是垂直方向。

範例 8-15 裝置方向斷點設計

這個範例透過 Firefox 的「適應性設計檢視模式」功能進行測試，左截圖為直向畫面所呈現呈現內容，右截圖則是橫向配置的畫面內容。

layout-lp.html

```
<!DOCTYPE html>
<html>
<head>
      <title></title>
      <meta name="viewport" content="width=device-width,initial-scale=1.0" />
      <style>
          div {
              font-size: 1.2em;
          }
          @media screen and (orientation:portrait) {
              div {
                  color: red;
              }

                  div::after {
                      content: "portrait（垂直）";
                  }
          }
          @media screen and (orientation:landscape) {
              div {
                  color: blue;
              }

                  div::after {
```

(續)

```
                        content: "landscape（水平）";
                    }
            }
        </style>
</head>
<body>
        <div>媒體類型特性 - </div>
</body>
</html>
```

其中僅配置一個 div 元素呈現測試內容，而樣式的部分配置了兩組 @media ，分別套用於行動裝置垂直（portrait）與水平（landscape）置放的情形，當使用者改變裝置的垂直 / 水平配置，網頁的內容會動態改變，並且加上說明標示。

8.4.5 外部匯入設計

除了直接嵌入 CSS 樣式內部，媒體查詢內容也可以寫成外部獨立檔案，再利用 @import 或是 link 標籤設定檔案來源將其匯入。以上述的 layout-lp.html 為例，將其中兩組 @media 設定內容移至另外兩個外部的 CSS 檔案。

檔　案	適用的媒體查詢設定
portrait.css	@media screen and (orientation:portrait)
landscape.css	@media screen and (orientation:landscape)

加入一個 css 資料夾，分別於其中建立表列的兩個樣式檔，內容如下：

portrait.css

```
div {
        color: red;
}
        div::after {
            content: "portrait（垂直）";
        }
```

landscape.css

```
div {
        color: blue;
}
        div::after {
            content: "landscape（水平）";
        }
```

這兩個檔案的內容同之前被嵌入網頁中的相關樣式，現在以外部獨立的 CSS 檔建立其內容，接下來就可以將原來的 @media screen and (orientation:portrait) 與 @media screen and (orientation:landscape) 這兩段移除，再利用 link 標籤連結如下：

```
<link href="css/portrait.css" rel="stylesheet"
      media="screen and (orientation:portrait)" />
<link href="css/landscape.css" rel="stylesheet"
      media="screen and (orientation:landscape)" />
```

link 標籤中的 href 屬性表示所要套用的 CSS 檔案路徑，media 屬性內容則是適用的媒體查詢設定值。而除了 link 之外，也可以透過 @import 進行匯入：

```
<style>
      @import url(css/portrait.css) screen and (orientation:portrait);
      @import url(css/landscape.css) screen and (orientation:landscape);

      /* 其它樣式 */

</style>
```

在 style 標籤一開始的位置，透過 @import 將所需的外部 CSS 檔案匯入，url 為要套用的檔案路徑，接下來則與 @media 設定語法相同。

8.4.6 媒體查詢的程式化控制－ matchMedia

在某些情形下，我們會希望透過 JavaScript 進行媒體查詢的控制，例如圖片的呈現便是常見的應用，底下透過一個範例作討論。

範例 8-16 媒體查詢與圖片呈現

這個範例配置了一張圖片，並且設定三個不同的斷點，當寬度小於 600px ，顯示最左邊的小圖，如果寬度介於 600px~1200px ，則呈現畫面上的中型尺寸呈現圖片，當螢幕寬度大於 1200px ，呈現大圖。

以上的截圖則是寬度大於 1200px 呈現的結果。

layout-pic.html

```
<!DOCTYPE html>
<html>
<head>
      <meta charset="utf-8" />
      <meta name="viewport" content="width=device-width" />
      <title></title>
     <style>
          body,civ,img{margin:0;padding:0;}
          .container{width:90%;text-align:center;margin:0 auto;}
          @media only screen and (max-width:600px) {
               img{width:96%;}
             .container {
                 width:100%;
                 background-color:silver ;
             }
          }
          @media only screen and (min-width:601px) {
               img{width:86%;}
               .container {
                 background-color:gray ;
             }
          }
          @media only screen and (min-width:1201px) {
```

(續)

```
                img{width:70%;}
                .container {
                    background-color:black ;
                }
            }
        </style>
</head>
<body>
        <div class="container" >
            <img src="images/match/IMGP0403.jpg" />
        </div>
</body>
</html>
```

樣式區段設定了三組媒體查詢，第一組配置在螢幕小於 600px 時套用，第二組則是大於 600px 時套用，第三組則是大於 1200px 時套用。這個範例使用單一圖片透過不同的比例設定在各種寬度的螢幕上適當的呈現，此種方式可以滿足範例的說明，但是為了效率的考良，真正的線上系統開發，通常會針對不同的斷點提供對應的圖片，以避免手機之類的小螢幕裝置載入大型圖檔。

JavaScript 支援 window.matchMedia() 方法，可以透過程式化的方式，判斷載入的瀏覽器視窗符合的媒體查詢斷點，並且執行其中的程式碼，利用此種特性，就可以根據需求載入需要的圖檔。

範例 8-17 matchMedia 說明

此範例調整上述的 layout-pic.html 內容，移除預先配置好的 img 元素，改由 window.matchMedia() 方法判斷，並動態載入合適的圖片檔案。

```
<body>
        <div id="imgContainer" class="container" >

        </div>
        <script>
            var img = new Image();
            var src = "images/match/";
            if(window.matchMedia("(min-width:1201px)").matches) {
                img.src = src + "IMGP0403.jpg";
            }else if (window.matchMedia("(min-width:601px)").matches) {
                img.src = src + "IMGP0403_1000.jpg";
            }else if (window.matchMedia("(max-width:600px)").matches) {
                img.src = src+"IMGP0403_400.jpg";
            }
            img.onload = function () {
                document.getElementById('imgContainer').appendChild(img);
            };
        </script>
</body>
```

這個範例檔案使用的樣式完全相同，只是加上一段 script ，其中調用 window.matchMedia() 方法，這個方法接受一個參數，為所要比對的媒體查詢內容，如果目前裝置螢幕寬度符合，則回傳 true ，執行其中的圖片下載作業。

為了測試這段程式碼，另外準備兩張圖片，並且分別標示合適的螢幕寬度，你可以看到在不同的螢幕寬度下所載入的圖片並不相同。

8.4.7 行動優先

行動裝置的功能發展已經相當強大，同時更為人性化，能夠提供不同於傳統桌機電腦的使用者體驗，尤其手機等小螢幕裝置近幾年的暴炸性成長，成為上網的主流裝置，因此網頁的設計，應該以行動裝置為優先考量。採用行動優先策略，開發人員一開始可以將重心放在網頁內容的開發上面，專注行動裝置的呈現環境，簡化網頁佈局設計，後續再針對大尺寸裝置漸進增強內容。

範例 8-18 行動裝置響應式設計

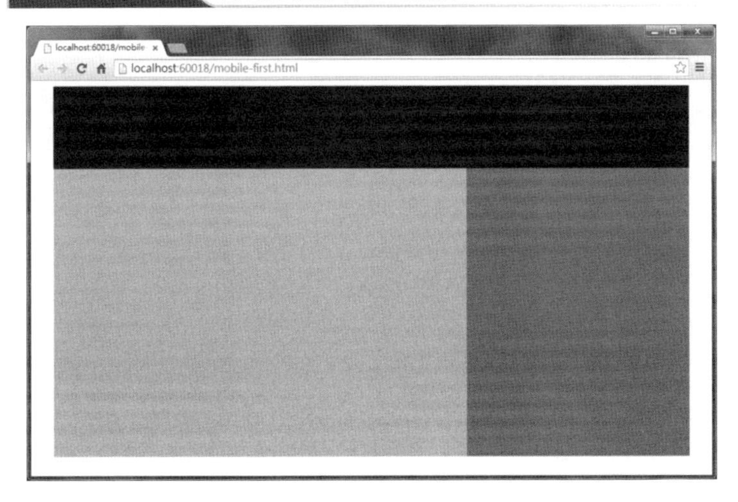

此範例呈現一個兩欄式的佈局，並且透過百分比動態調整其內容配置寬度，當螢幕縮小時，會自動縮放內容。

mobile-rwd.html

```
<!DOCTYPE html>
<html>
<head>
      <title></title>
      <style>
          #container {
              margin: auto;
              width: 100%;
              background-color: #f8f8f8;
          }
          header {
              margin: auto;
              width: 95%;
              height: 120px;
              background-color: black;
          }
          #main {
              width: 65%;
              float: left;
              background-color: silver;
              height: 420px;
          }
          #aside {
              width: 35%;
              float: right;
              background-color: gray;
              height: 420px;
          }
      </style>
</head>
<body>
      <div id="container">
          <header></header>
          <div id="content" style="margin:auto ; width:95%;">
              <div id="main">
              </div>
              <div id="aside">
              </div>
          </div>
      </div>

</body>
</html>
```

其中的 #main 與 #aside 為呈現左右兩欄內容的主要樣式，如此的設定可以滿足大螢幕裝置的呈現需求，如果想要在小螢幕行動裝置也能有良好的呈現效果，必須進一步修改樣式內容如下頁：

```
<style>
        #container {
            margin: auto;
            width: 100%;
            background-color: #f8f8f8;
        }
        header {
            margin: auto;
            width: 95%;
            height: 120px;
            background-color: black;
        }
        #main {
            /*width: 65%;
            float: left;*/
            background-color: silver;
            height: 420px;
        }
        #aside {
            /*width: 35%;
            float: right;*/
            background-color: gray;
            height: 420px;
        }
        @media screen and (min-width:601px) {
            #main {
                width: 65%;
                float: left;
            }
            #aside {
                width: 35%;
                float: right;
            }
        }
        @media screen and (max-width:600px) {
            #main, #aside {
                width: 100%;
                float: none;
            }
        }
</style>
```

將原來 #main 與 #aside 樣式中的 float 與 width 其移除，然後另外針對 600px 設定斷點，建立兩組媒體查詢，如此一來當螢幕寬度小於 600px 時，畫面中水平配置的兩欄會成為垂直配置。

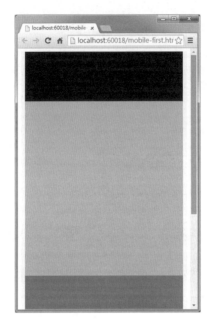

如你所見，為了小螢幕裝置的適應性問題，在樣式的設計上會變得比較複雜，我們可以透過行動優先策略簡化媒體查詢的複雜性，現在建立另外一個範例，重新設定上述的內容。

範例 8-19 行動優先設計

這裡的內容與上述的 mobile-rwd.html 完全相同，只是調整其中的樣式內容如下：

mobile-first.html

```
<style>
        #container {
            margin: auto;
            width: 100%;
            background-color: #f8f8f8;
        }
        header {
            margin: auto;
            width: 95%;
            height: 120px;
            background-color: black;
        }
        #main {
            background-color: silver;
            height: 420px;
        }
```

(續)

```
        #aside {
            background-color: gray;
            height: 420px;
        }
        @media screen and (min-width:601px) {
            #main {
                width: 65%;
                float: left;
            }
            #aside {
                width: 35%;
                float: right;
            }
        }
</style>
```

行動優先策略假設使用者主要透過行動裝置瀏覽網頁，因此原始樣式並不需要針對 #main 與 #aside 進行特別的設定，讓網頁內的區塊由上而下依序垂直配置即可。接下來針對呈現寬度超過 600px 以上的螢幕提供一組專屬的媒體查詢樣式即可。

讀者請自行於瀏覽器檢視呈現結果，會發現與前述範例全相同，從這個簡單的示範我們可以看到行動優先設計帶來的好處，在複雜專案的開發中，這種好處可以大幅降低設計的複雜度，並且為行動裝置優先佈局關鍵內容。

完成行動優先技巧的討論，響應式設計的討論將告一段落，礙於篇幅，這裡僅針對媒體查詢進行入門討論，不過到目前止所討論的內容，均是網頁的行動裝置呈現優化最關鍵的 CSS3 技巧，有了足夠的概念，讀者接下來可以在這個基礎上持續深入，建立專業的響應式設計能力。

8.5 關於測試

網頁的開發階段，測試是相當重要的一環，特別是 RWD ，由於必須橫跨各種尺寸的裝置進行呈現，想要保證所有裝置均能提供使用者完美的體驗是不可能的任務，不過至少要能確保網頁能夠適當的呈現，因此除了針對幾種主流品牌的數位裝置進行各種瀏覽器的實機測試之外，我們還可以利用現有的工具或是網路服務，簡化測試作業。

- **Firefox**

Firefox 瀏覽器內建了 RWD 測試工具，按一下右上角的選單按鈕如下頁：

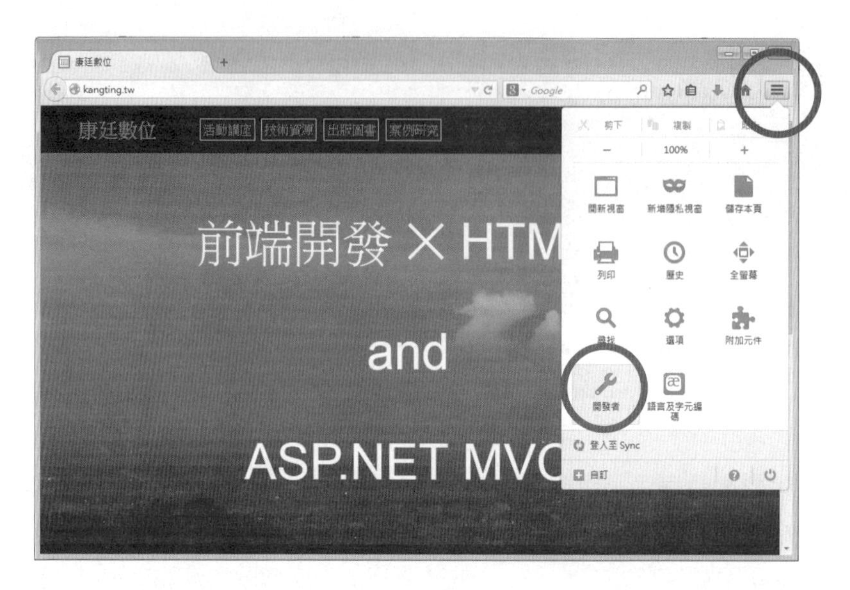

於展開的開發者工具面板中，按一下左下角的開發者功能選項，於接下來出現的選單中，點選適應性設計檢視模式，即可開啟 RWD 測試模擬器。

模擬器畫面最上方的數字選單中，列舉了數種常見的數位裝置尺寸，將其展開可以選取所要檢視的尺寸，讀者請自行測試。

除了瀏覽器內建的測試工具，讀者也可以選擇其它線上服務，例如 Screenfly 即是不錯的另外一款測試工具。

- **Screenfly**

Screenfly 是一款 RWD 線上測試服務，提供包含平板、手機與一般桌機螢幕測試環境，以下為服務網址：

```
http://quirktools.com/screenfly/
```

進入網站之後，畫面中央有一個文字輸入方塊：

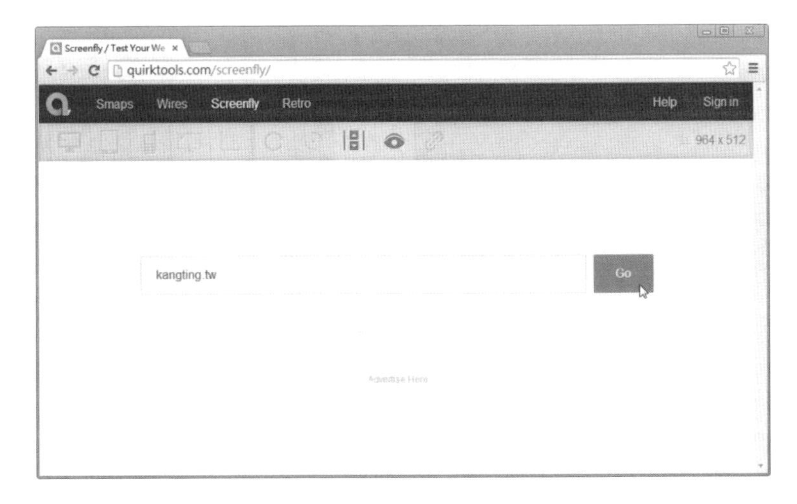

輸入欲測試的網址，按一下 Go 按鈕即會以預設視窗展示欲測試的網頁。

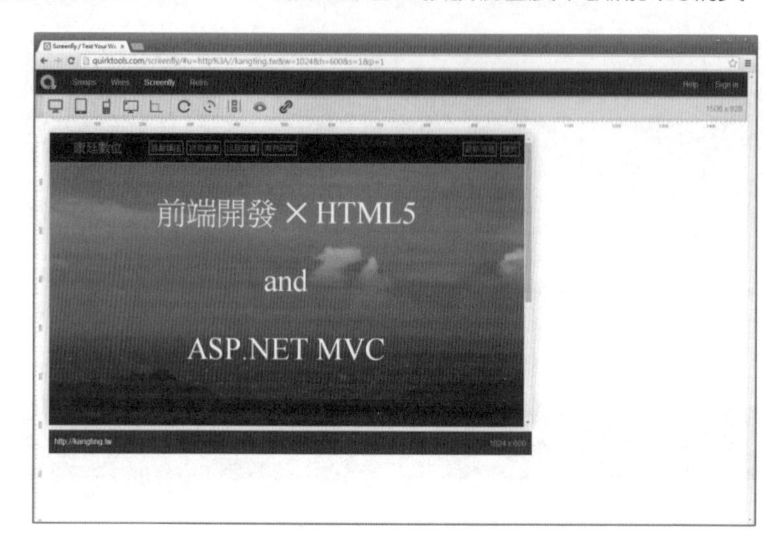

視窗左上角是工具列，分別表示不同類型的裝置，點擊任何裝置可以展開此裝置目前支援的尺寸清單，例如按一下手機圖示將其展開，其中包含 iPhone 5 在內的數種裝置，點選 Apple iPhone 5，切換至此裝置模擬畫面。

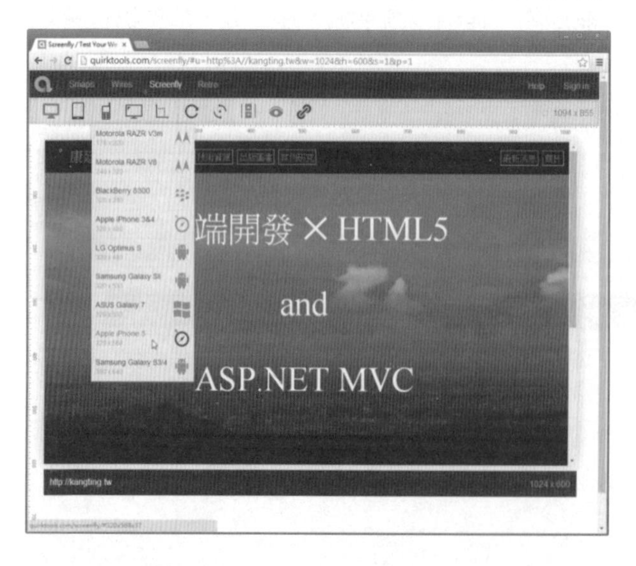

如你所見，網頁上所設定的媒體查詢發揮作用並重新調整版面。另外工具列亦提供旋轉功能按鈕 ，按一下便能切換至橫向展示。

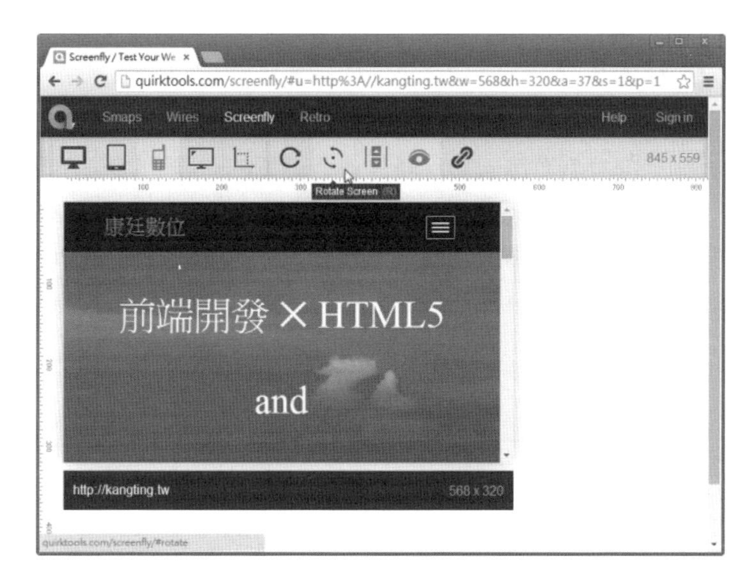

如果內建的裝置沒有特別合適的，可以按自訂按鈕，指定所要觀察的尺寸，按一下 Apply 進行視窗調整。

RWD 正逐漸成為網頁設計的主流技術，隨著時間不斷的演進，相關的服務與測試工具也會愈來愈多，這一節僅針對本書撰寫期間比較常用的兩款工具進行說明，讀者可以根據自己的需求，在實際的開發過程中自行測試，並發掘其它更好用的服務來強化測試程序。

SUMMARY

本章同樣針對 CSS3 的新特性進行討論，專注於動態效果處理與少數 JavaScript 的程式化互動，同時亦針對響應式設計議題作了精要的討論。CSS3 的議題在 RWD 的討論之後，於本章告一段落，下一章開始將進入 HTML5 最引人注目的議題之一，Canvas 與 SVG 繪圖功能實作，讀者也將在其中再一次看到 HTML 元素變形與動畫設計。

第三篇
視覺影像資料處理

2D 繪圖與視頻播放等與視覺影像資料處理有關的技術，是 HTML5 最受矚目的新功能，這一篇將透過五章的篇幅進詳細討論，亦包含地理位置資訊擷取 API。

第九章

Canvas 與 2D 繪圖

HTML5 內建 <canvas> 標籤讓網頁直接支援繪圖能力，更能進一步透過 JavaScript 調用相關方法，建立流暢的動畫效果。由於這個主題內容不少，因此拆成兩章進行討論，這一章的焦點放在 canvas 元素的基本功能討論，下一章則進一步示範如何利用 JavaScript 搭配 canvas 元素實作動畫效果。

9.1 初探 <canvas> 標籤

<canvas> 定義一塊特定大小的繪圖區域，你可以將其視為網頁支援圖形描繪功能的一塊畫布，在繪製任何圖形之前，必須建立此標籤並且設定其大小等相關屬性，完成之後再取得此塊區域的參照，接下來即可透過 JavaScript 引用繪圖 API，將所要繪製的圖形呈現出來。考慮以下的 canvas 標籤設定：

```
<canvas id="pcanvas"
        width="400" height="260"
        style="…">

    -- 瀏覽器不支援 canvas 標籤 --

</canvas>
```

以上的 canvas 元素會以網頁的左上角為原點，往右延伸 400 個像素，往下延伸 260 個像素的空間形成一塊矩形繪圖區域，這塊區域將支援各種繪圖功能，如果在元素中插入說明文字，會在不支援 canvas 元素的瀏覽器中顯示出來，以下的範例示範最簡單的 <canvas> 標籤應用。

範例 9-1 Canvas 繪圖區域

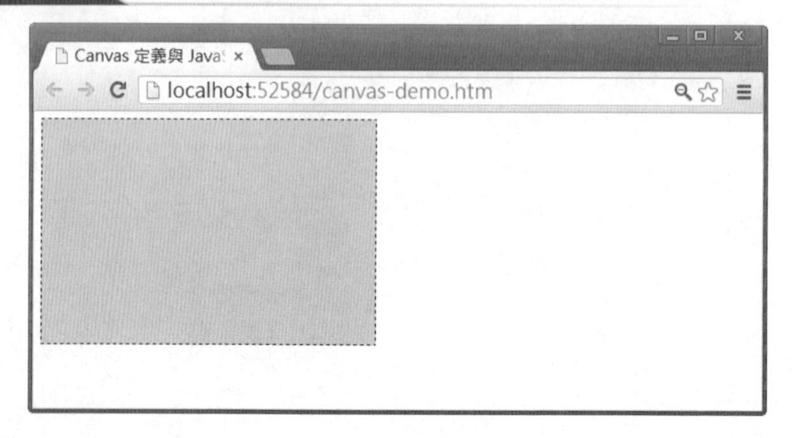

此範例於支援 canvas 的瀏覽器中執行，會看到其中顯示一塊由 canvas 定義，套用指定樣式的繪圖區塊。上圖中的虛線灰色區域，即是 Chrome 瀏覽器呈現的 <canvas> 區塊效果。

而接下來的這張截圖則是於 IE8 瀏覽器檢視相同的網頁所呈現的結果，由於不支援 canvas 元素，因此顯示指定的替代說明文字。

canvas-demo.html

```
<!DOCTYPE html />
<html >
<head>
      <title>Canvas 定義與 JavaScript 繪圖</title>
</head>
<body>
<canvas id="pcanvas"
          width="400" height="260"
          style="border:1px dashed black;background:lightgray">
-- 瀏覽器不支援 canvas 標籤 --
</canvas>
</body>
</html>
```

以灰階標示的 <canvas> 標籤內容構成所要描繪的矩形區域，其中 width 與 height 指定了矩形區域的寬度與長度，style 中的屬性以 1px 寬度的黑色（black）虛線（dashed），以及淺灰色（lightgray）背景來呈現矩形。

在進一步討論如何繪製圖形之前，還有一點相當重要的是，讀者必須瞭解 <canvas> 的座標系統，這與一般我們所熟悉的座標系統不太一樣，考慮下頁兩種座標系統：

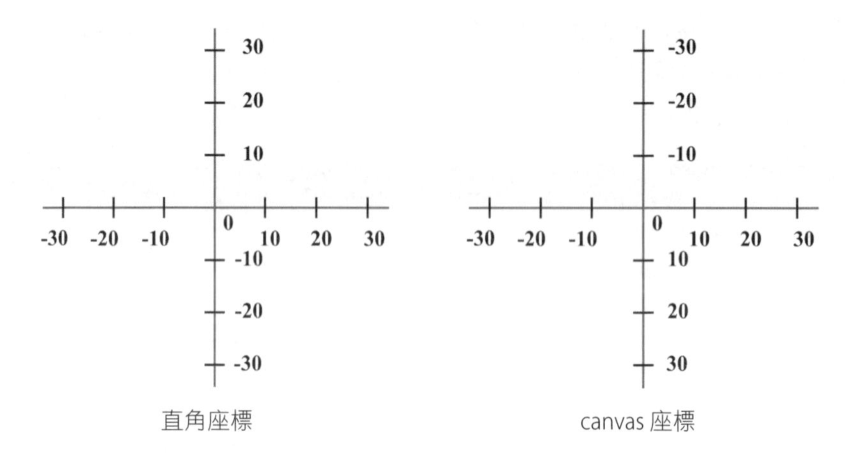

直角座標　　　　　　　　　canvas 座標

左圖是直角座標，右圖則是 canvas 元素採用的座標系統，其中的差異在於 canvas 元素的 Y 軸垂直座標在水平軸下方是正數並且往下遞增。除此之外，典型的繪圖作業採用直角（迪卡兒）座標系統，以畫布的中心點為座標原點，而 <canvas> 則是以左上角為原點座標。

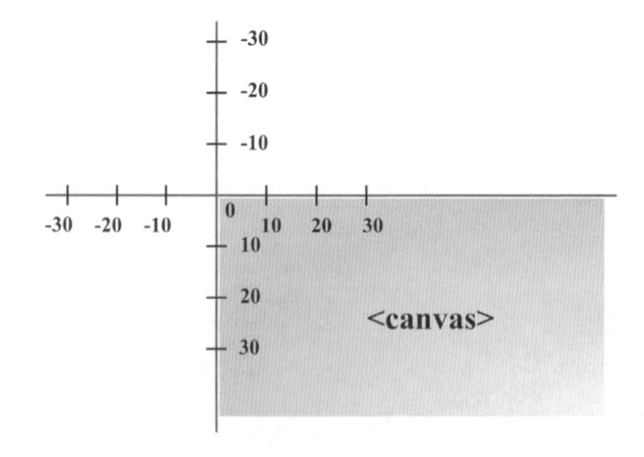

如圖所示，於 canvas 描繪圖形時，必須以左上角為原點進行定位，瞭解原理之後，接下來就可以開始討論各種圖形的描繪了。

9.2 CanvasRenderingContext2D 物件

透過 canvas 元素，我們可以取得一個 CanvasRenderingContext2D 物件，這個物件支援一組相當複雜的 API ，透過 JavaScript 即可於 canvas 元素所形成的網頁區塊中，描繪各種向量圖形，而這個過程需要兩個步驟：

- 取得 <canvas> 標籤的參照。
- 引用相關的繪圖 API 。

假設有一個 <canvas> 標籤配置如下：

```
<canvas id="myCanvas" ></canvas>
```

接下來必須取得此 canvas 物件的參照，我們需要以下的程式碼：

```
var canvas = document.getElementById("myCanvas");
var context = canvas.getContext("2d");
```

第一行取得了 canvas 元素的參照，接下來調用其 getContext() 方法，並且指定 2d 字串參數，即可取得 CanvasRenderingContext2D 物件參照，並將其儲存至 context 變數，透過 context 變數就可以調用相關的 API 進行圖形的繪製。

CanvasRenderingContext2D 介面定義了大量豐富的繪圖功能，從簡單的直線、矩形，到複雜的曲線，甚至色彩與漸層效果，均提供了相關的支援，下一節從路徑等圖形描繪基礎原理與最簡單的直線開始，逐一進行討論。

9.3 路徑描繪

當你想要描繪特定圖形，例如弧形、曲線等等，甚至一些特定的不規則形狀，透過路徑（path）進行描繪是最典型的方式，這一節從路徑的原理與相關的 API 開始作討論。

9.3.1 關於路徑與繪圖 API

所謂的路徑（path）就如同其名稱，用來表示一條路線，此路線可能是條直線、弧線或是任意曲線，當你嘗試描繪任何圖形時，只需將構成此圖形所需的的路線定義出來，並且進行具體描繪，最後即可形成指定的圖形。

要透過路徑描繪各種圖形之前，必須瞭解其提供的 API ，因此很快的來看一下相關的方法成員：

方法成員	說　明
beginPath()	重設目前描繪的路徑。
closePath()	將目前描繪的路徑關閉，重新開啓一段新的路徑。
moveTo()	建立一個新的座標點，並且移至此座標點，開始建立一個新的子路徑。
lineTo()	建立一個新的座標點，從前一個座標點開始描繪直線連接至此座標點。
quadraticCurveTo()	建立一個新的座標點，從前一個座標點開始，透過一個指定的控制點描繪二次貝茲曲線，最後連接至此座標點。
bezierCurveTo()	建立一個新的座標點，並且從前一個座標點開始，透過兩個指定的控制點描繪二次貝茲曲線，最後連接至此座標點。
arcTo()	根據指定的控制點與半徑，將一個弧線加入至目前的路徑，並且以一條直線連接至前一個座標點。
arc()	描繪弧形。
rect()	將一個封閉矩形，加入至目前的子路徑。
fill()	以指定的樣式充填子路徑構成的區域。
stroke()	以目前的樣式，描繪子路徑。
clip()	裁切圖形區域。
isPointInPath()	判斷是否指定的座標點位於目前的子路徑區域。

表列 API 的方法成員支援各種子路徑的定義，經過相關的設定之後，最後則調用 stroke() 方法將定義好的路徑描繪出來，有了初步的認識，下一個小節來談談如何調用表列的方法成員於網頁上描繪各種圖形。

9.3.2 透過路徑定義描繪圖形

路徑 API 的使用相當簡單，即便是最簡單的直線描繪，也是直接透過路徑描繪來完成，我們來看它的原理，考慮以下的圖示：

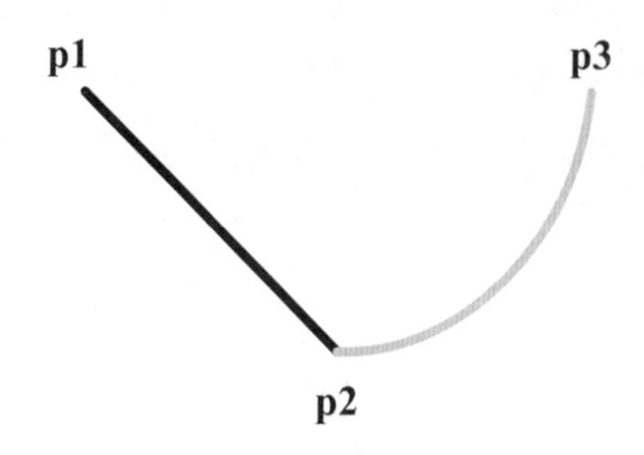

此圖示由一條直線與一條弧線組成，p1p2 是構成圖形的直線，而 p2p3 則是其中的弧線，有不同的方式可以完成這個圖形，我們來看比較典型的作法，以 p1 為起點開始，描繪直線連接至 p2，然後再從 p2 開始，描繪一條曲線並連接至 p3，最後完成圖形。

在這個過程中，你必須完成三個座標點的定位，分別是 p1、p2 與 p3，透過這三點的連接，描繪出一條直線與一條曲線，這是運用路徑描繪圖形的典型步驟。首先調用 moveTo() 移動至第一個座標點 p1 ，也就是圖形的起點，然後假設我們已經取得前一個小節敘述的 context 物件，以下這一行程式碼調用 moveTo() 方法將其將定位至 p1：

```
context.moveTo(x1,y1);
```

其中的 (x1,y1) 是 p1 的座標點。

接下來從 p1 的位置開始，描繪至 p2 的直線，這需要調用 lineTo() 方法，以下為所需的程式碼：

```
context.lineTo(x2,y2);
```

完成上述兩行程式碼，即可建立 p1p2 直線的定義，此時的座標點來到 p2 ，接下來則是調用描繪曲線的方法，描繪曲線至 p3 。至此我們便完成了所要描繪的圖形定義，最後就是調用 stroke() 方法，將定義的圖形整個描繪出來，語法如下：

```
context.stroke();
```

當這一行執行完畢之後，一條從 p1 到 p2 的直線，然後從 p2 連接至 p3 的弧線圖形即完成。瞭解路徑 API 描繪圖形的原理之後，接下來透過最簡單的直線繪製實作開始，示範各種圖形的繪製。

9.3.3 繪製單一直線

直線是最簡單的路徑，它由兩個座標點所構成，如下圖：

p1 到 p2 連接形成一條直線，代表一條從 p1 到 p2 的路徑，因此只要建立這兩個座標點的定義，即可完成直線的描繪。

範例 9-2 描繪直線

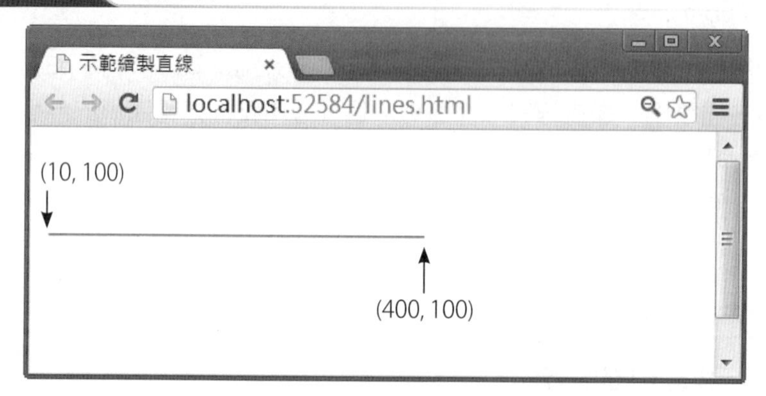

執行畫面中出現了一條連接兩個指定座標點而形成的水平直線，這兩個座標點分別是直線起點座標 (10, 100) 與結束端點座標（400,100）。

lines.html

```
<script>
      function init() {
          var canvas = document.getElementById('lineCanvas');
          var context = canvas.getContext('2d');
          context.moveTo(10, 100);
          context.lineTo(400, 100);
          context.stroke();
      }
</script>
<body onload="init()">
      <canvas id="lineCanvas" width="480"  height="270"></canvas>
</body>
```

首先取得參照建立了 CanvasRenderingContext2D 物件的 context 變數，然後呼叫必要的程式碼，完成直線的描繪，請特別注意調用 moveTo() 以及 lineTo() 兩個方法所指定的座標，由於 y 軸同樣是 100 ，因此描繪出來的是一條水平線。

你可以持續調用 lineTo() 方法，描繪出通過特定座標點的曲線，例如下頁的圖形：

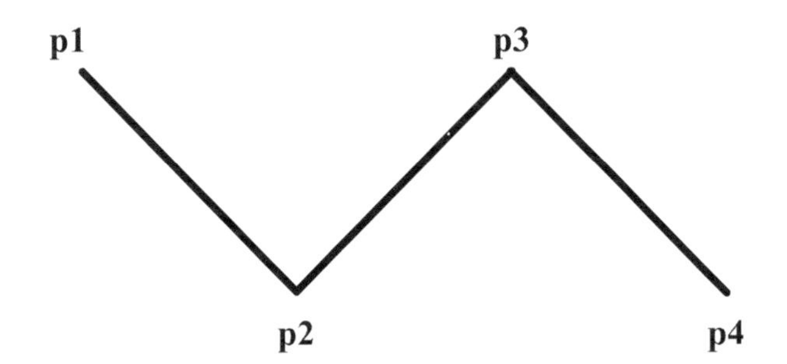

此圖形曲線總共通過四個座標點，除了第一個座標點，接下來只要持續調用 lineTo() 方法，定義通過座標點的路徑即可。

範例 9-3 描繪多座標點定義路徑

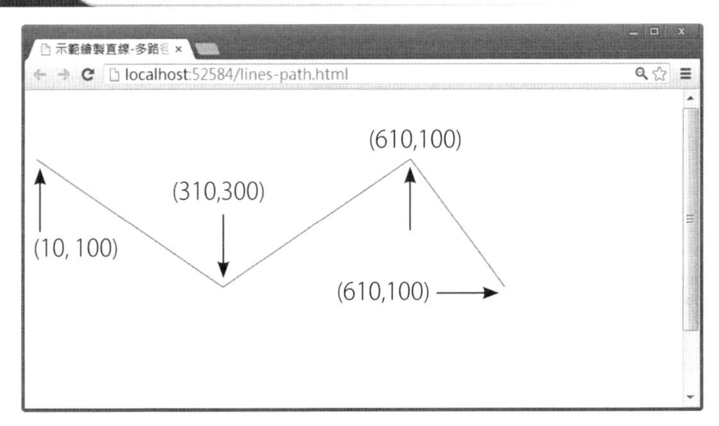

畫面呈現一條連接四個座標點所定義出來的路徑，形成一個曲線，這四個座標點如圖所示。

lines-path.html

```
<script>
    function init() {
        var canvas = document.getElementById('lineCanvas');
        var context = canvas.getContext('2d');
        context.moveTo(10, 100);
        context.lineTo(310, 300);
        context.lineTo(610, 100);
        context.lineTo(760, 300);
        context.stroke();
    }
</script>
```

為了順利描繪出上述圖中的路徑除了 moveTo() 之外，另外連續調用三次的 lineTo() 完成其它三個座標點的定義，最後的 stroke() 將通過這幾個座標點的路徑描繪出來。

你可以定義密集的座標點以描繪更複雜的線條或是曲線，甚至各種不同的圖形，而這需要搭配其它的方法，我們繼續往下看。

9.3.4 beginPath() 與 closePath()

在預設的情形下，每一個調用 lineTo() 方法定義出來的直線，均會與前一個座標點連接，繼續描繪接下來的路徑，形成完整路徑下的一段子路徑。每一段子路徑的定義都會儲存在構成路徑的清單中，當你想要描繪下一組獨立的路徑，此時就必須將清單中所記錄的子路徑清空，否則的話，瀏覽器將接續目前的路徑往下繪製新的子路徑，如此一來會導致路徑之間的干擾。

將清單中的子路徑清空，必須調用 beginPah() ，一旦執行這個方法，所有的子路徑均會被清空，而接下來就能夠開始定義新的路徑，如果第一次定義路徑，則不需要調用此方法，也因此在前述的範例，並沒有任何相關的程式碼。

示範 beginPath

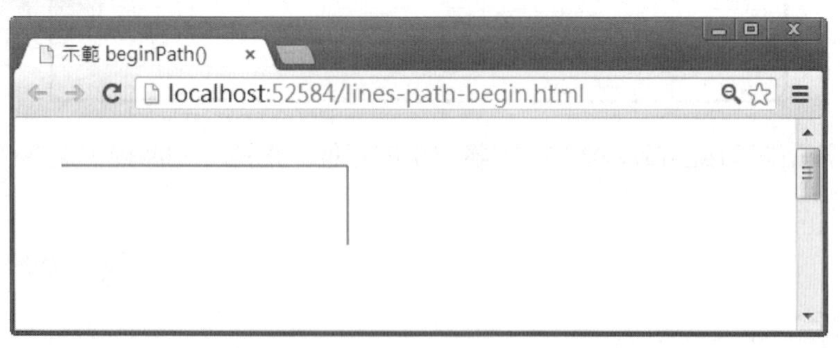

這個畫面是兩個子路徑被連續描繪出來的結果，來看看其中的程式碼。

lines-path-begin.html

```
<script>
      function init() {
          var canvas = document.getElementById('lineCanvas');
          var context = canvas.getContext('2d');
          context.moveTo(40, 40);
          context.lineTo(340, 40);
          context.lineTo(340, 120);
          context.stroke();
      }
</script>
```

其中調用了兩次 lineTo() 進行兩個路徑的描繪，因此得到上述的結果，現在作個實驗，於第二個 lintTo() 之前，插入調用 beginPath() html 的程式碼如下：

```
context.moveTo(40, 40);
context.lineTo(340, 40);
context.beginPath();
context.lineTo(340, 120);
```

在第二個 lineTo() 方法調用之前，呼叫了 beginPath() ，因此之前的子路徑會被清除掉，重新執行會發現沒有任路徑被輸出。

與 beginPath() 有關的是另外一個 closePath() 方法，調用這個方法的方式，也會大大的影響路徑的描繪，此方法會將路徑形成的圖形缺口封閉，從最後一個定義的座標點連接至第一個座標點，接下來利用一個範例進行說明。

範例 9-5 示範 closePath

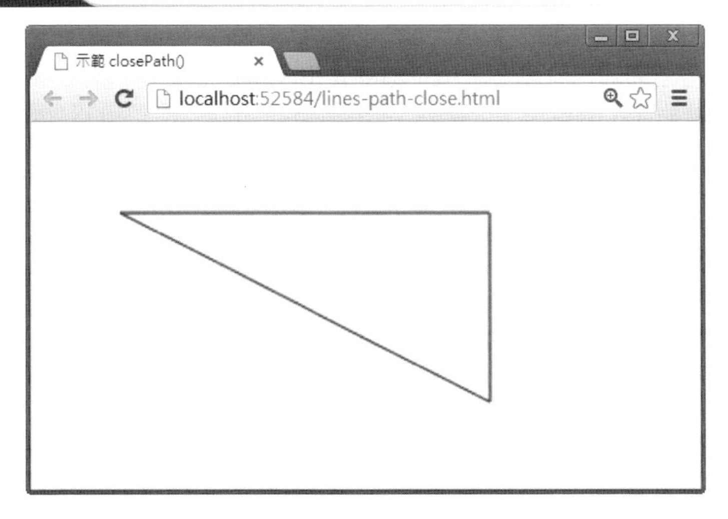

畫面中是兩個路徑圖，描繪圖形的程式碼均相同，只是左邊的路徑圖最後封閉，形成一個直角三角形。

lines-path-close.html

```
<head>
    <title>示範 closePath()</title>
</head>
<script>
    function init() {
        var canvas = document.getElementById('lineCanvas');
        var context = canvas.getContext('2d');
        context.moveTo(40, 40);
        context.lineTo(240, 40);
        context.lineTo(240, 140);
        context.closePath();
        //
        context.moveTo(340, 40);
        context.lineTo(540, 40);
        context.lineTo(540, 140);
        context.stroke();
    }
</script>
```

其中兩組程式碼，分別描繪兩個不同的路徑，差別在於第一組程式碼於繪製完成之前，調用 closePath() 關閉路徑。

9.3.5 描繪矩形

如果你要描繪單純的矩形，除了連接指定的路徑直線之外，與路徑有關的 API 當中，有一個 rect() 方法，直接支援矩形的描繪，調用此方法定義所要描繪的矩形，然後將其描繪出來即可。此方法所定義的矩形，是以左上角為起點座標，然後分別設定其長寬而成，考慮以下的圖示：

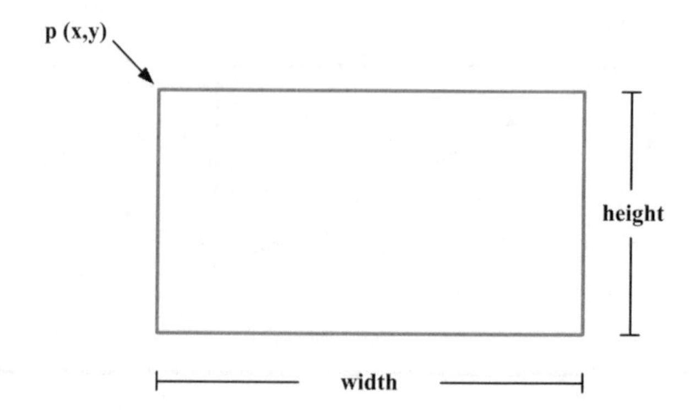

左上角的 p 是矩形開始的起點座標點，而 width 與 height 則分別定義矩形的長與寬等資訊，根據此原理，以下是 rect() 的定義：

```
void rect(in double x, in double y, in double w, in double h);
```

其中的 x 與 y 參數表示矩形的左上角座標，而 w 與 h 則是所要描繪的矩形寬度與長度，指定所需的參數之後，就完成了矩形的定義，接下來直接調用 stroke() 將其輸出即可。

範例 9-6 示範矩形輸出

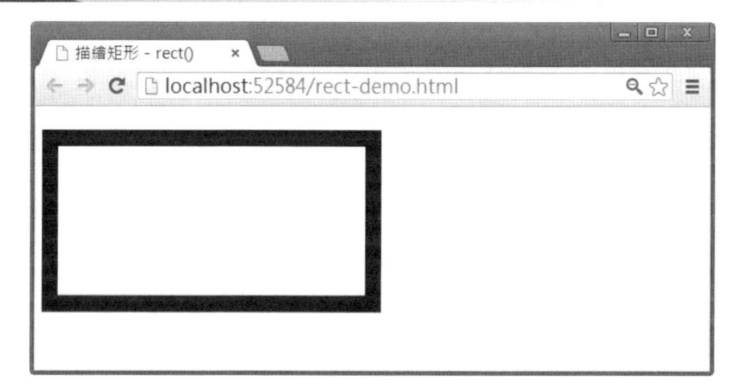

這個畫面調用 rect() 輸出一個指定的矩形。

rect-demo.html

```
<script>
      function init() {
          var canvas = document.getElementById("lineCanvas");
          var context = canvas.getContext("2d");
          context.lineWidth = 20;
          context.rect(10, 30, 400, 200);
          context.stroke();
      }
</script>
```

為了突顯矩形，其中設定了 lineWidth 為 20 ，然後調用了 rect() 完成矩形定義，最後調用 stroke() 描繪矩形。

9.3.6 設定路徑線條特性

前述範例所繪製的直線並沒有設定任何線條特性，因此以預設的樣式描繪。事實上你可以進一步設定線條的樣式屬性，包含粗細、開始與結尾樣式，甚至兩條線接合處的樣式，列舉如下表：

樣式屬性	說　明
lineWidth	線條寬度，預設值是 1 。
lineCap	線條開始與結尾樣式，可能值有 butt 、 round 、 square 等三種，寬度，預設值是 butt 。
lineJoin	兩個線條的接合處樣式，可能值有 round 、 bevel 、 miter 預設值是 miter 。
miterLimit	

第一個屬性 lineWidth 很容易理解，它支援線條寬度的設定，如果沒有設定，則直接以 1 為其預設值，畫出來的結果便是一條細線，我們在前面的範例已經看過了，稍後的範例你會看到不同寬度的實作，來看看其它三個屬性。

- **lineCap**

支援線條開頭與結尾的樣式設定，可供設定的可能值當中，butt 是預設值，以直角截面表示線條的開頭與結尾，round 則是會在線條的開頭與結尾加上一個直徑等於線條寬度的半圓形，最後的 square 則是加上長度等於線條寬度而寬度等於線條寬度一半的矩形。

範例 9-7 示範線條樣式－ lineCap

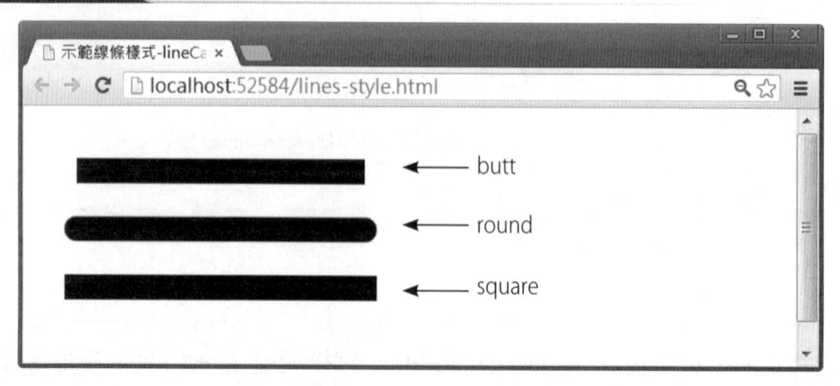

畫面中，呈現三條寬度設為 20 的直線，並且分別將其 lineCap 屬性設定為三種不同的樣式。

lines-style.html

```
<script>
      function init() {
          var canvas = document.getElementById('lineCanvas');
          var context = canvas.getContext('2d');
          context.lineWidth = 30;
          context.lineCap = 'butt';
          context.moveTo(60, 70);
          context.lineTo(420, 70);
          context.stroke();
          //
          context.beginPath();
          context.lineCap = 'round';
                    context.moveTo(60, 140);
                    context.lineTo(420, 140);
                    context.stroke();
                    //
                    context.beginPath();
          context.lineCap = 'square';
                    context.moveTo(60, 210);
                    context.lineTo(420, 210);
                    context.stroke();
      }
</script>
```

首先取得 context 之後，緊接著設定其 lineWidth 為 30 ，以方便效果的呈現。

接下來是三段描繪線條的程式碼，第一條將 lineCap 設為 butt ，這是預設值，然後調用 stroke() 將其繪製出來。

其餘的程式碼完成另外兩條直線的描繪，其中只是改變 lineCap 屬性設定以比較不同屬性值的效果，其中在一開始調用 beginPath() 清空已經存在的子路徑，避免影響接下來的線條描繪

- **lineJoin**

當兩條線連接時，lineJoin 屬性用來設定線條接合處的樣式，其中三個可能的設定值，bevel 呈現斜角樣式，round 則是圓角樣式，而最後 miter 是預設值，以直角呈現。

範例 9-8 示範線條樣式－ lineJoin

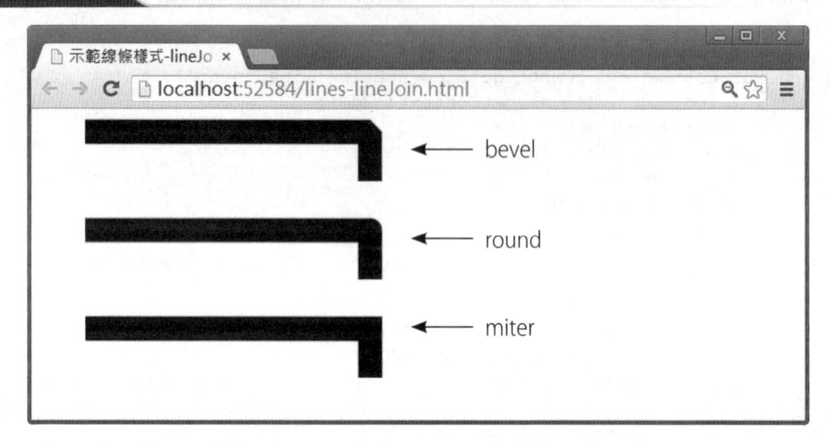

同樣的，這個範例呈現三個線條，不過這裡展示的是兩條直線的接合處效果，呈現三種不同的折線樣式。

lines-lineJoin.html

```
<script>
      function init() {
          var canvas = document.getElementById('lineCanvas');
          var context = canvas.getContext('2d');
          context.lineWidth = 30;
          context.beginPath();
          context.lineJoin = 'bevel';
          context.moveTo(60, 20);
          context.lineTo(420, 20);
          context.lineTo(420, 80);
          context.stroke();

          context.beginPath();
          context.lineJoin = 'round';
          context.moveTo(60, 140);
          context.lineTo(420, 140);
          context.lineTo(420, 200);
          context.stroke();

          context.beginPath();
          context.lineJoin = 'miter';
          context.moveTo(60, 260);
          context.lineTo(420, 260);
          context.lineTo(420, 320);
          context.stroke();
      }
</script>
```

三組描繪折線的程式碼分別設定不同的 lineJoin 屬性值，為了展現效果，因此每一組程式碼均調用了兩次 lineTo() 方法，達到連接兩條直線的目的。

- **miterLimit**

當 lineJoin 屬性值設定為 miter 時，可以進一步設定 miterLimit 屬性表示內外角的距離：

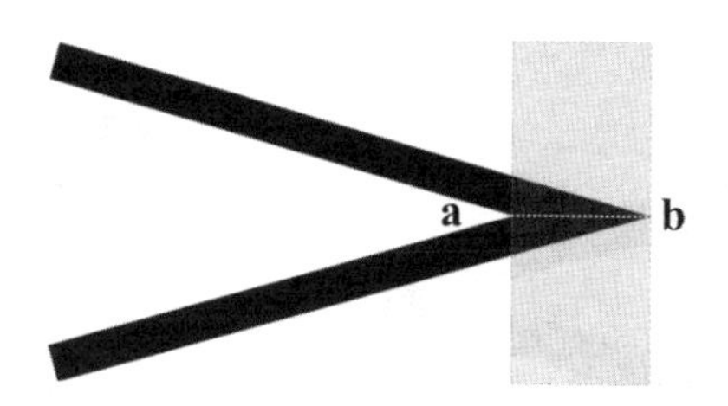

當兩條直線形成夾角，從內角 a 處到外角端點 b 的距離會隨著角度的變大而縮小；相反的，當夾角愈大時，ab 直線距離會愈大，如下圖：

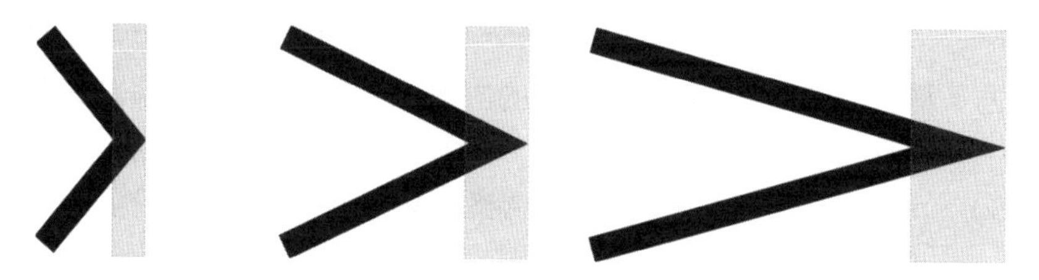

一旦這個距離長度超過所設定的 miterLimit 屬性值時，便會以 bevel 型態呈現轉角圖形，如下圖：

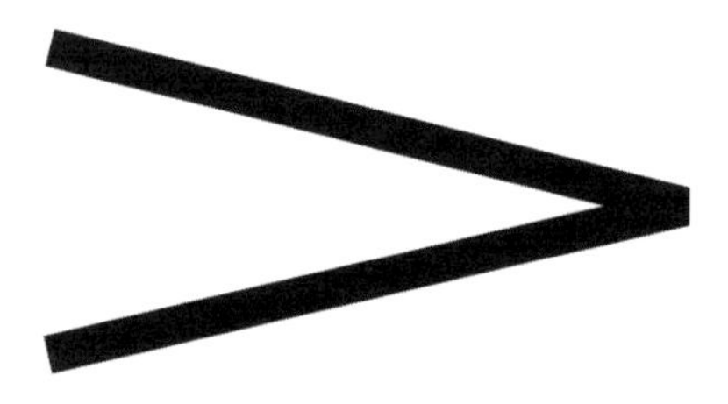

miterLimit 屬性的預設值是 10 ，當角度形成的端點距離超過這個值，便會呈現如此的結果，而透過這個屬性的設定，我們可以指定以 bevel 型態呈現轉角樣式的夾角長度。

範例 9-9 示範線條樣式－ miterLimit

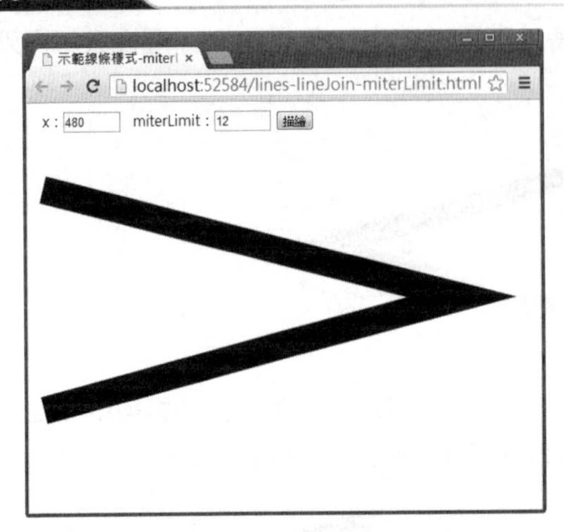

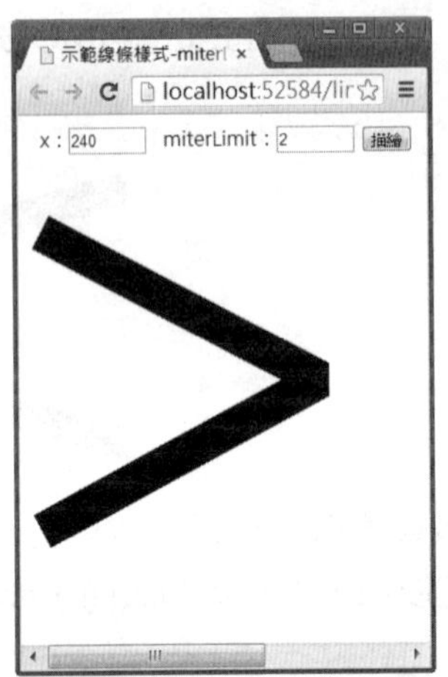

畫面上方 x 欄位為夾角角度在 x 軸出現的位置，數值愈小，夾角離左邊愈近，角度愈大，miterLimit 即為 miterLimit 屬性值，左圖為一開始載入的畫面，其中 x 預設值為 480 ，miterLimit 為 12 ，右圖則是調整這兩個值，按下「描繪」按鈕的輸出結果。

lines-lineJoin-miterLimit.html

```
<!DOCTYPE html >
<html>
<head>
      <title>示範線條樣式 -miterLimit</title>
</head>
<script>
      function init() {
          draw();
      }
      function draw() {
          var x = document.getElementById('x').value
          if (isNaN(x))
              alert(' 請指定 x 軸數值 !');
          else {
              var canvas = document.getElementById('lineCanvas');
              var context = canvas.getContext('2d');
              context.clearRect(0, 0, canvas.width, canvas.height);
              context.lineWidth = 30;
              var miterLimit = document.getElementById('miter').value
              context.miterLimit = miterLimit ;
              context.beginPath();
              context.moveTo(10, 60);
```

(續)

```
                context.lineTo(x, 180);
                context.lineTo(10, 300);
                context.stroke();
            }
        }
</script>
<body onload="init()">
      <label>x：</label>
          <input id='x' type="text" value="480" />
          <label>miterLimit：</label>
          <input id='miter' type="text" value="12" />
      <button onclick="draw()">
          描繪 </button>
      <div>
          <canvas id="lineCanvas" width="680" height="320">
          </canvas>
      </div>
</body>
</html>
```

函式 draw() 負責取得畫面上兩個文字方塊的值，根據這兩個值，描繪夾角圖形，而 HTML 的部分配置所需的標籤，其中的按鈕 click 事件則設定為 draw()。一開始網頁載入完成，執行 draw() 在預設的情形下描繪圖形。

從這個範例執行的過程中，讀者可以很清楚的看到 miterLimit 屬性對夾角圖形呈現的影響，透過屬性的調整，你可以改變預設的夾角形狀。另外要特別注意的是其中調用了 clearRect() 這個函式，於每一次使用者按下「描繪」按鈕時清空整個畫面並且進行重繪，後續的範例將會持續在必要的時候使用這個方法。

9.3.7 描繪矩形

除了路徑之外，針對矩形另外還有一個專屬的方法成員 strokeRect() ，可以不需要透過路徑 API 直接定義矩形，所需的語法如下：

```
context.strokeRect(x, y, width, height);
```

其中的前兩個參數（x,y）表示所要描繪的矩形左上角座標，width 則是矩形的寬度，height 則是矩形的高度，根據此原理指定所需的資訊，調用此方法即可於畫面上描繪出指定的矩形。

範例 9-10 描繪矩形

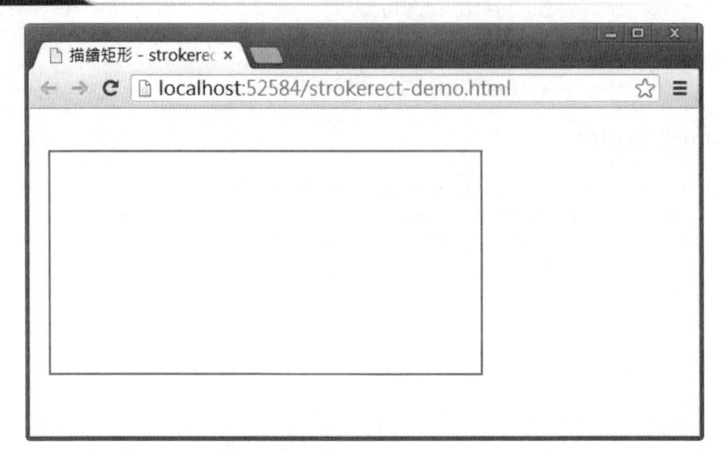

畫面中呈現一個預設樣式，指定長寬的矩形。

strokerect-demo.html

```
<script>
function init() {
var canvas = document.getElementById("lineCanvas");
        var context = canvas.getContext("2d");
        context.strokeRect(10, 30, 400, 200);
    }
</script>
```

其中調用 strokeRect() 方法描繪矩形，設定矩形左上角的座標為 (10,30) ，長與寬則分別是 400 與 200 。

這是描繪矩形最簡單的方法，由於沒有其它設定，因此以預設樣式呈現，基本上，前述討論線條描繪時的樣定設定方法，同樣可以被用在矩形的描繪，包含 lineWidth 與 lineJoin 等等，分別描述構成矩形線條寬度與四個角的樣式。

範例 9-11 描繪矩形－設定樣式

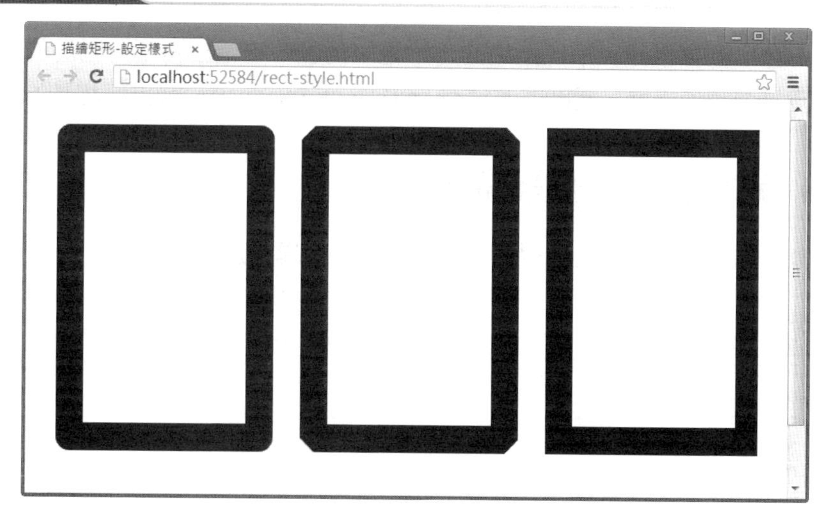

畫面中呈現三個不同的矩形，分別設定了線條寬度以及四個角的樣式。

rect-style.html

```
<script>
      function init() {
          var canvas = document.getElementById("lineCanvas");
          var context = canvas.getContext("2d");
          context.lineWidth = 30;
          context.lineJoin = 'round';
          context.strokeRect(40, 40, 210, 320);

          context.lineJoin = 'bevel';
          context.strokeRect(310, 40, 210, 320);

          context.lineJoin = 'miter';
          context.strokeRect(580, 40, 210, 320);
      }
</script>
```

其中調用了三次的 strokeRect() 方法，描繪出三個矩形，除了一開始將 lineWidth 屬性設定為 30 ，其它則逐一設定不同的 lineJoin 屬性，以呈現其效果。

到目前為止我們討論了簡單的直線與矩形描繪，緊接著進一步來看非直線的描繪，包含以圓為基礎的弧線以及特定的曲線。

9.4 弧線與曲線

弧線是一種以圓為基礎，根據指定的起始結束角度，描繪出其部分圓周的曲線，Canvas 支援弧線的描繪，相關的方法有 arc() 與 arcTo() ，這一節進行相關的討論。

9.4.1 透過 arc() 描繪弧線

描繪弧線最典型的作法便是調用 arc() 方法，它的定義如下：

```
void arc(
      in double x,
      in double y,
      in double radius,
      in double startAngle,
      in double endAngle,
      in optional boolean anticlockwise);
```

x 與 y 定義圓的中心原點座標，radius 則是圓的半徑，startAngle 是圓開始的角度，而 endAngle 是圓結束的角度，anticlockwise 表示弧線將以順時鐘或是逆時鐘方向延伸，false 表示順時鐘方向。考慮以下的圖示，其中標示了各種參數在一個圓形中的意義：

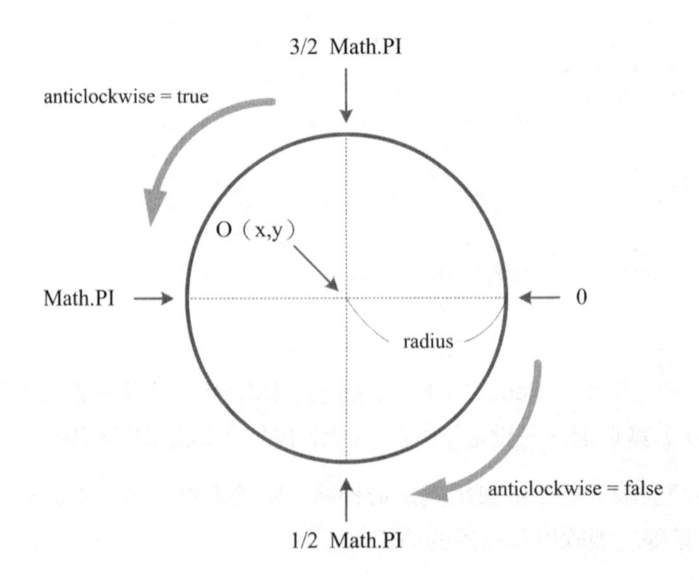

原點 O 由 x 與 y 定義，而半徑 radius 決定圓的大小，從 x 軸正值的方向開始是 0 度，然後沿著圓周旋轉，整個圓則是 2π ，而 π 這個值可以透過 JavaScript 的

Math.PI 作表示，旋轉的方向則以順時針或是逆時針來決定。透過此定義，你可以經由參數的設定決定所要擷取的任何一段弧線，考慮以下這一段程式碼：

```
context.arc(x, y, r, 0, Math.PI * 3 / 2, true);
```

其中以座標 (x,y) 為圓心，r 為半徑，3/2 個半圓的弧度描繪線，因此以水平線為起始點開始進行描繪，圖示如下：

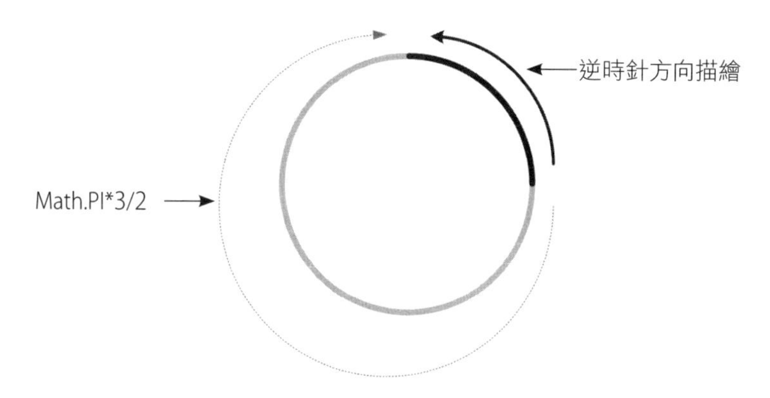

以順時針方向旋轉 3/2 個半圓之後，由於最後一個參數是 true ，表示要以逆時針的方向描繪，因此最後所顯示的圖形是右上半部的 1/4 圓形弧線。

範例 9-12 示範弧線描繪

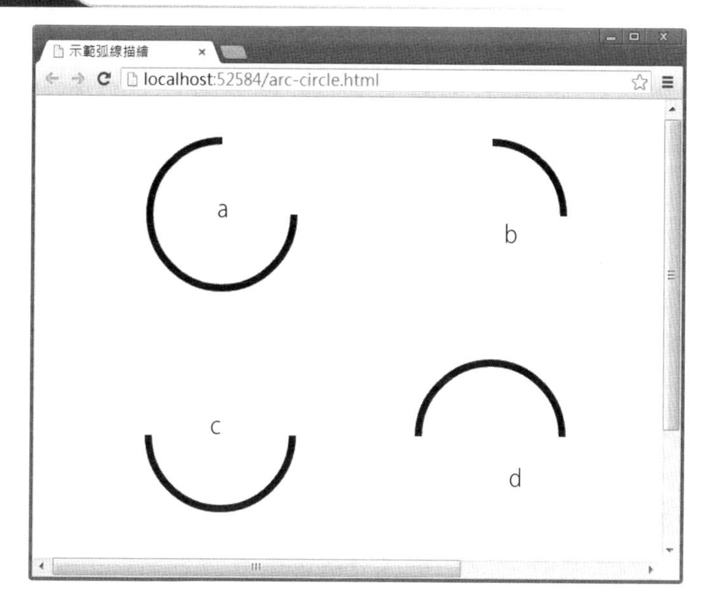

這個範例畫了兩組弧線，其中 a 與 b 指定了幾乎完全相同的參數，差異只在於 a 以順時針方向描繪，b 則是以逆時針方向描繪，另外一組 c 與 d 亦指定了相同的參數，而 c 以順時針方向描繪，d 則是以逆時針方向描繪。

arc-circle.html

```
<script>
      function init() {
          var canvas = document.getElementById("pCanvas");
          var context = canvas.getContext("2d");
          context.lineWidth = 8;
          // a
          context.arc(200, 120, 80, 0, Math.PI * 3 / 2, false);
          context.stroke();
          // b
          context.beginPath();
          context.arc(500, 120, 80, 0, Math.PI * 3 / 2, true);
          context.stroke();
          // c
          context.beginPath();
          context.arc(200, 360, 80, 0, Math.PI, false);
          context.stroke();
          // d
          context.beginPath();
          context.arc(500, 360, 80, 0, Math.PI, true);
          context.stroke();
      }
</script>
```

以灰階標示的四行程式碼，分別定義畫面上的四個弧線，其中 a 與 b 的參數均相同，弧線描繪的起始角度為 0 ，一直到 3/2π ，而 a 的最後一個參數設定為 false ，以順時針方向描繪，因此得到一個缺了 1/4 缺口的圓弧，b 的最後一個參數設定為 ture ，因此它從反時針方向描繪，剛好是 a 缺的 1/4 圓弧。

接下來的 c 與 d 原理相同，只是這兩個弧線所描繪的角度是 0~1/2π，剛好是半圓，而根據不同的方向，分別形成下半圓弧與上半圓弧。

此範例解釋了調用 arc() 方法的弧線描繪操作，讀者應該能夠理解，這個方法可以被用來描繪圓形，所需的程式碼如下：

```
context.arc(x, y, r, 0, Math.PI*2,  false);
```

這行程式碼會以座標點（x,y）為圓心，r 為半徑描繪弧線，由於最後的角度是 2π，因此整個弧線封閉成為一個圓形。

9.4.2 弧線與 translate 初探

弧線是以圓為基礎而描繪的，因此圓心座標便成為描繪弧線的參考點，特別是當你想要以弧線為基準描繪其它圖形時，圓心座標經常被設定為相對座標，由於作為圓心的座標點通常並非 (0,0) ，要根據圓心算出其它的座標點不太方便，在這種情形下，可以考慮以相對座標的模式描繪圖形，將圓心座標轉換成為 (0,0) 然後以其為基準描繪其它圖形。

轉換座標必須調用 translate() ，以下為其定義：

```
void translate(in double x, in double y);
```

第一個參數 x 是在轉換過程中，要平移的 x 座標值，y 則是要平移的 y 座標值，當你調用了 translate() 方法，它會根據指定的參數值，分別向 x 軸與 y 軸平移對應的長度，平移完成之後的座標點就成了新的原點，考慮以下的圖示：

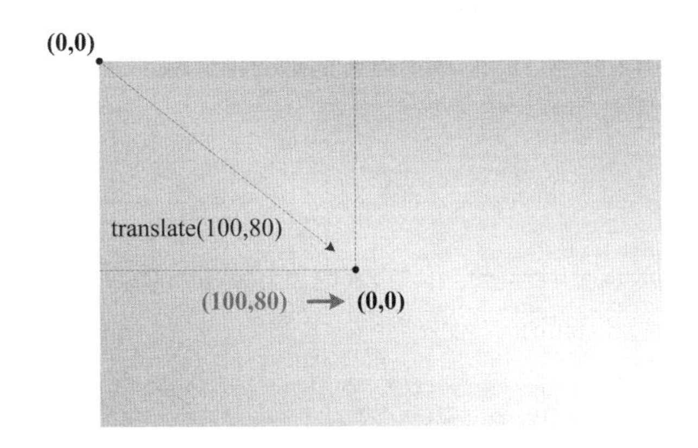

其中的 translate(100,80) ，表示 x 軸要往右平移 100 ，而 y 軸往下平移 80 ，完成後，原來的座標 (100,80) 變成新的原點。

範例 9-13 示範 translate

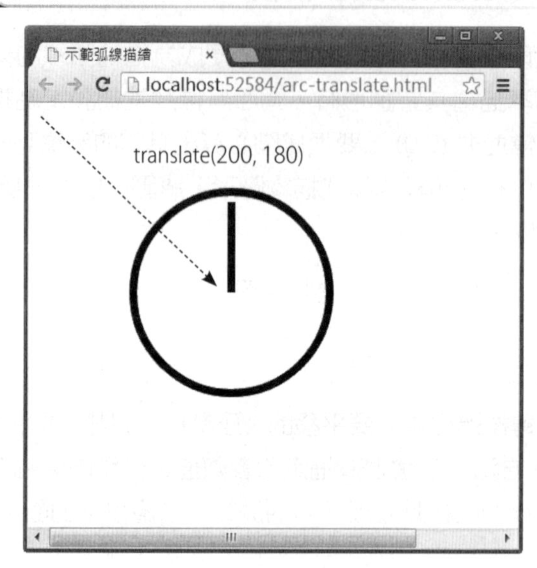

圖形中間的圓形內，包含了一個標示垂直指針的粗直線，這條直線以圓心為相對起始座標描繪。

arc-translate.html

```
<script>
      function init() {
          var canvas = document.getElementById("pCanvas");
          var context = canvas.getContext("2d");
          context.lineWidth = 8;
          context.arc(200, 180, 100, 0, Math.PI*2, false);
          context.translate(200, 180);
          context.moveTo(0, 0);
          context.lineTo(0,-90)
          context.stroke();
      }
</script>
```

一開始調用 arc() 描繪 0 ~ 2π 的弧形，形成一個圓，緊接著調用 translate() 將圓心平移至座標 (200,180) ，這剛好是圓心的位置，此時的座標點變成 (0,0)。接下來調用 moveTo() 與 lineTo() ，定義指針的示意直線，調用 stroke() 將圖形描繪出來。

translate 是相當重要的議題，對於圖形描繪時的座標配置有相當大的影響，下一章針對這一部分會有完整的解說。

9.4.3 arcTo()

與弧形描繪相關的還有一個 arcTo() 方法，它的定義如下：

```
context.arcTo(x1, y1, x2, y2, radius)
```

此方法以目前的座標（x0, y0）為起點，連接指定的兩個座標點（x1, y1）與（x2, y2）形成一個角，此角以（x1, y1）為頂點，並作為描繪弧形的基礎，如下圖：

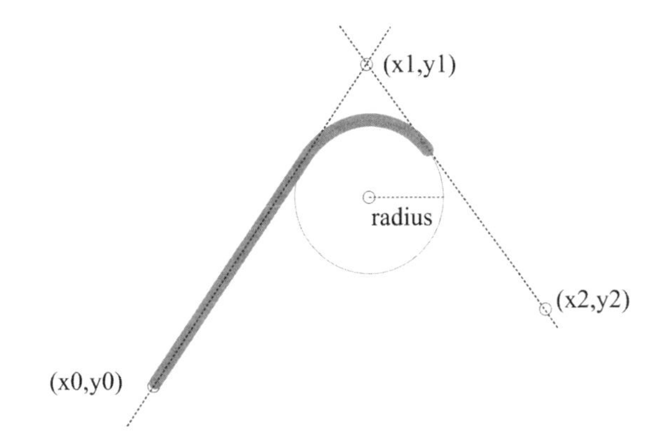

最後一個參數 radius 則定義圓形的半徑長度，將此圓形移至角形區域內，三個座標點形成的兩條直線則成為經過圓形的切線，最後從（x0, y0）開始到連結兩個切點形成圓弧切線則是 arcTo() 函式所描繪出來的結果，也就是圖中灰色實心曲線。

範例 9-14 示範 arcTo 函式

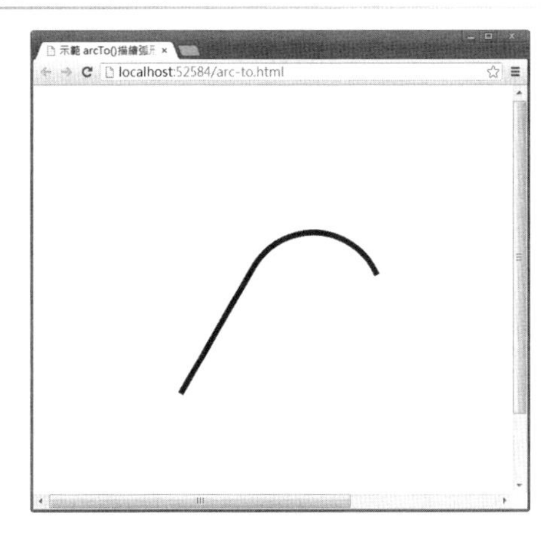

如你所見，這個範例從指定的起點座標，根據切線的交會點座標描繪出一根拐杖形狀的曲線。

arc-to.html

```
<!DOCTYPE html >
<html >
<head>
      <title>示範 arcTo() 描繪弧形 </title>
      <script>
          function init() {
              var canvas = document.getElementById("pCanvas");
              var context = canvas.getContext("2d");
              context.lineWidth = 8;
              context.beginPath();
              context.moveTo(200, 420);
              context.arcTo(400, 80, 500, 300, 100);
              context.stroke();
          }
      </script>
</head>
<body onload="init()">
<canvas id="pCanvas" width="1000"  height="660"></canvas>
</body>
</html>
```

首先調用 moveTo() 將起始參考座標移至 (200, 420) ，然後緊接著調用 arcTo() 設定角形空間的頂點座標（400,80）與另外切線的終點座標（500, 300），並且指定所要描繪的弧線其對應的圓形半徑為 100 。此範例簡單的示範說明 arcTo() 的效果，並描繪出上述討論的基本 arcTo() 函式圖形，而這只是最典型的效果，根據設定座標的差異，最終描繪的弧線圖形會有很大的差異，考慮以下的示意圖：

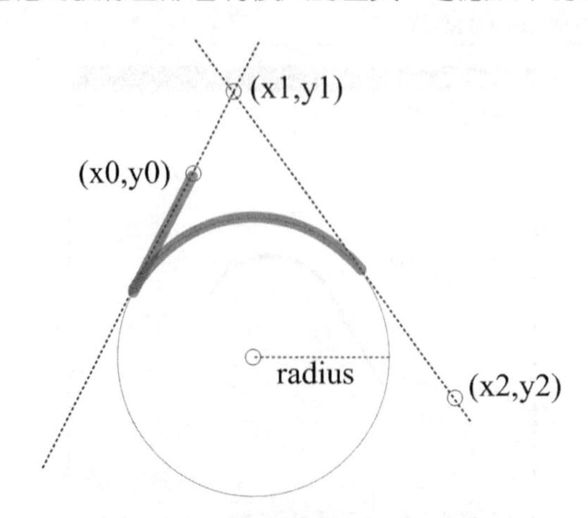

無論起始點或是 arcTo() 函式中所指定的兩個座標點，均只是描繪弧線時的參考位置座標，形成的兩條切線會無限的延伸，既使超出了座標點的範圍，而在這種情形下，描繪的弧形曲線將有很大的差異，如圖所示，它會反向延伸形成一個倒勾圖形，弧線將一律從起始座標開始描繪。

範例 9-15 示範 arcTo 描繪弧形切線

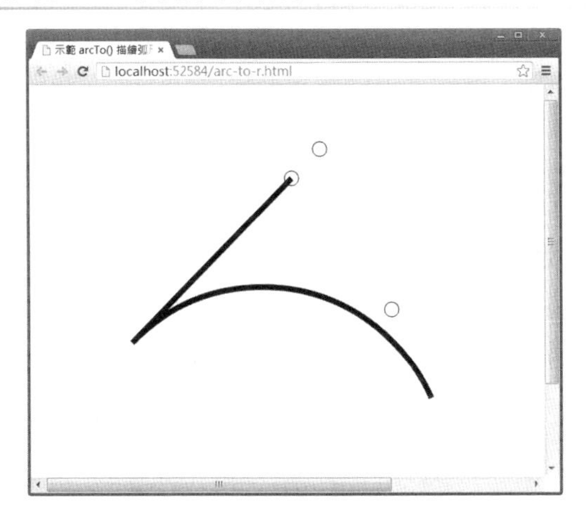

為了方便理解，特別將三個座標點以圓圈標示出來，讀者透過其中連接的輔助線可以很清楚的看到弧線的成型原理。

arc-to-r.html

```
<!DOCTYPE html >
<html >
<head>
      <title>示範 arcTo() 描繪弧形切線 </title>
      <script>
          function init() {
              var canvas = document.getElementById("pCanvas");
              var context = canvas.getContext("2d");

              context.beginPath();
              context.arc(360, 120, 10, 0, Math.PI * 2, false);
              context.translate(360, 120);
              context.stroke();
              …
              context.translate(-500, -300);
              context.beginPath();
              context.lineWidth = 8;
              context.beginPath();
              context.moveTo(360, 120);
              context.arcTo(400, 80, 500, 300, 260);
```

(續)

```
            context.stroke();
        }
    </script>
</head>
<body onload="init()">
<canvas id="pCanvas" width="1000"  height="660"></canvas>
</body>
</html>
```

程式碼與前述「範例 9-14」大致相同，只是其中增加了描繪圓圈標記的程式碼，同時調整了三個座標點，得到上述的輸出結果。

9.4.4 貝茲曲線

熟悉繪圖的技術人員應該對貝茲曲線相當瞭解，不過本書的目標著重在應用程式開發人員，因此討論支援貝茲曲線描繪功能的 API 之前，簡單的複習一下相關的理論。貝茲曲線透過定位與控制座標點來定義曲線，如下圖：

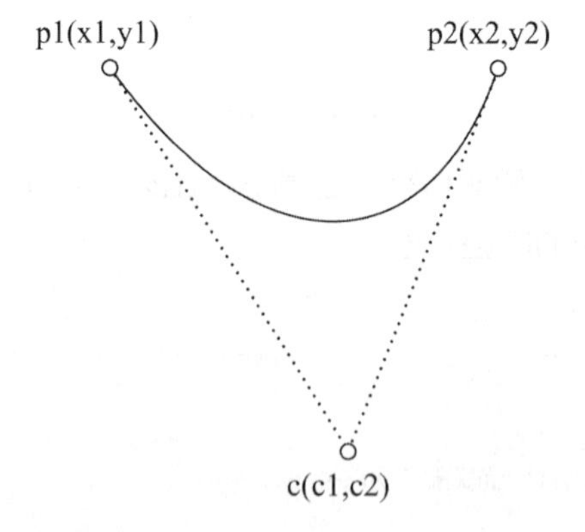

從 p1 開始，結束於 p2 座標點的曲線，由第三個座標點 c 控制其彎曲程度，而圖中從 p1 以及　p2 開始的兩條虛線，延伸並交會於 c 座標點形成的角形空間，便成為定義曲線弧度的依據，因此只要移動 c 點的座標位置就可以決定彎曲的形狀弧度。描繪貝茲曲線所需的語法如下：

```
context.moveTo(x1,y1);
context.quadraticCurveTo(cx,cy,x2,y2);
```

調用 moveTo() 移動至曲線的起點座標 (p1x,p1y) ，緊接著調用 quadraticCurveTo() 方法，分別於參數中指定曲線的控制點座標 (cx,cy) 與終點座標 (p2x,p2y)。

完成上述的設定之後，接下來直接調用 stroke() 就可以將曲線描繪出來。

範例 9-16 示範貝茲曲線

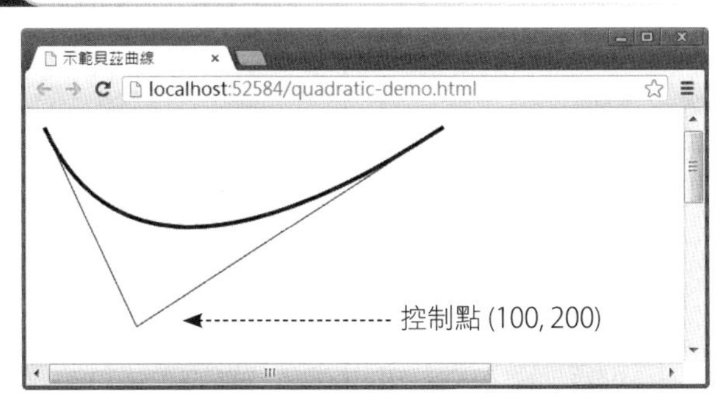

其中粗黑的曲線是最後完成描繪貝茲曲線，為了方便理解，這裡同時描繪了輔助線，分別從曲線兩個端點開始，最後連在一起，其接合處便是曲線的控制點座標，改變這個座標點可以調整曲線的彎曲形狀。

quadratic-demo.html

```
<script >
      function init() {
          var canvas = document.getElementById("pCanvas");
          var context = canvas.getContext("2d");
          context.lineWidth = 4;
          context.moveTo(10,10);
          context.quadraticCurveTo(100, 200, 400, 10);
          context.stroke()

          context.beginPath();
          context.lineWidth = 1;
          context.moveTo(10, 10);
          context.lineTo(100, 200);
          context.stroke()
          context.beginPath();
          context.moveTo(400, 10);
          context.lineTo(100, 200);
          context.stroke()
      }
</script>
```

以灰階標示的程式區塊描繪貝茲曲線，首先 moveTo() 移至曲線的起始點，然後調用 quadraticCurveTo() ，指定所需的控制點與曲線終點座標。接下來其餘的程式碼，則依序描繪兩條輔助線。

貝茲曲線於繪圖的應用相當廣泛，例如經常可見的電子書翻頁效果即可透過貝茲曲線實作描繪而成，以下來看看這一部分的示範。

範例 9-17 貝茲曲線翻頁效果

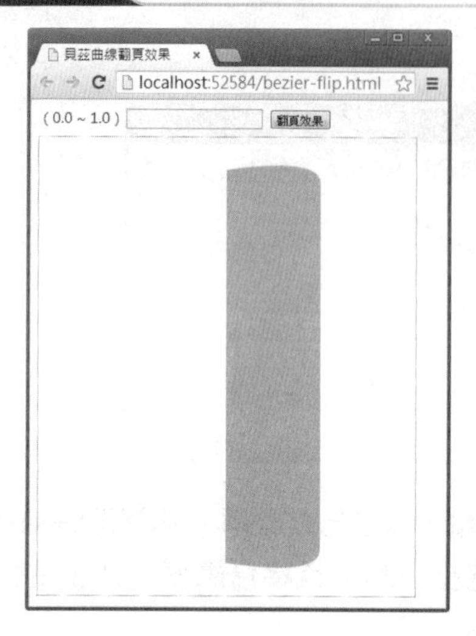

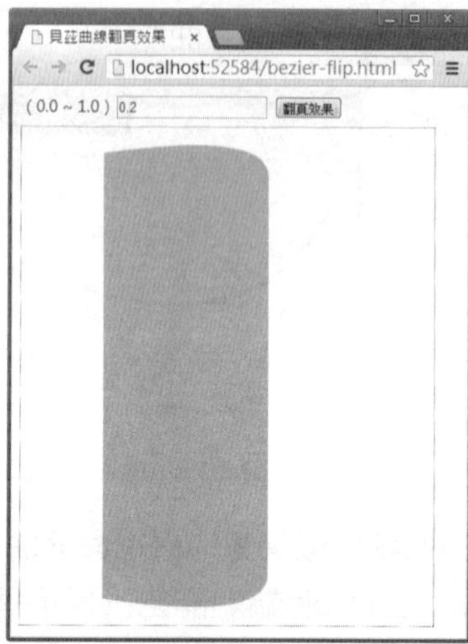

左圖是一開始網頁載入的預設畫面，其中顯示一個摺頁效果圖示，於上面的文字方塊中輸入 0.0 ~ 1.0 的數值，摺頁的幅度則會根據輸入值的大小改變，輸入 0 的摺頁幅度最大，輸入 1 則沒有摺頁效果。

bezier-flip.html

```
<!DOCTYPE html >
<html>

<head>
      <title>貝茲曲線翻頁效果</title>
      <style>
      canvas{ border:1px dotted gray; z-index:100 ;
              top:40px; position:absolute;}
      </style>
      <script>
          var dragdown = false;
          var context;
          var PWIDTH = 420;
          var PHEIGHT = 394;
          var cwidth, cheight;
          //游標目前位置到頁左緣的距離比例，最外邊頁緣為 1
          var centerd = 1;
          var offy = 50;

          window.onload = function () {
              cwidth = document.getElementById('flippage').width;
              cheight = document.getElementById('flippage').height;
                 context = document.getElementById('flippage').getContext('2d');
```

(續)

```
            centerd = 0.5 ;
            drawFoldpage();
        }
        function drawFoldpage() {

            var foldpagewidth = PWIDTH *(1- centerd)/2 ;
            var foldleftx = PWIDTH * centerd + foldpagewidth ;
            var outx = 30 * (1 - centerd);
            var p = new Array();

            p[0] = [foldleftx, offy];
            p[1] = [foldleftx, PHEIGHT + offy];
            p[2] = [[foldleftx, PHEIGHT + (outx * 2) + offy],
                    [foldleftx - foldpagewidth, PHEIGHT + outx + offy]];
            p[3] = [foldleftx - foldpagewidth, -outx + offy];
            p[4] = [[foldleftx, -outx * 2 + offy], [foldleftx, offy]];
            context.clearRect(0, 0, cwidth, cheight);
            context.beginPath();
            context.fillStyle = 'silver';

            context.moveTo(p[0][0], p[0][1]);
            context.lineTo(p[1][0], p[1][1]);
            context.quadraticCurveTo(
                p[2][0][0], p[2][0][1],
                p[2][1][0], p[2][1][1]);
            context.lineTo(p[3][0], p[3][1]);
            context.quadraticCurveTo(
                p[4][0][0], p[4][0][1],
                p[4][1][0], p[4][1][1]);
            context.fill();
        }
        function clickHandler() {
            centerd = document.getElementById('center-d').value;
            drawFoldpage();
        }
    </script>
</head>
<body>
 (0.0 ~ 1.0) <input type="text" id="center-d"   />
<button onclick='clickHandler();' >翻頁效果</button>
<div id="book">
    <canvas id="flippage" width="420"  height="494" ></canvas>
</div>
</body>
</html>
```

描繪摺頁的是 drawFoldpage() 函式，其中需要四個座標點，座標點之間的關係如右圖，首先調用 moveTo() 將起始座標移至 a ，然後調用 lineto() 描繪 ab 垂直線，接下來則是取得 b1 作為描繪 bc 貝茲曲線的輔助座標，調用 context.quadraticCurveTo() 將其描繪出來。

接下來的另外兩個邊原理相同，逐一將其描繪出來，最後即可完成摺頁效果圖形。

這是最簡單的摺頁效果模擬描繪，在這個基礎上，你可以進一步經由重繪的動畫技巧，製作回應使用者操作的動態摺頁行為。

9.4.5 三次貝茲曲線

如果要繪製比較複雜的貝茲曲線，可以使用兩個控制點，如下圖：

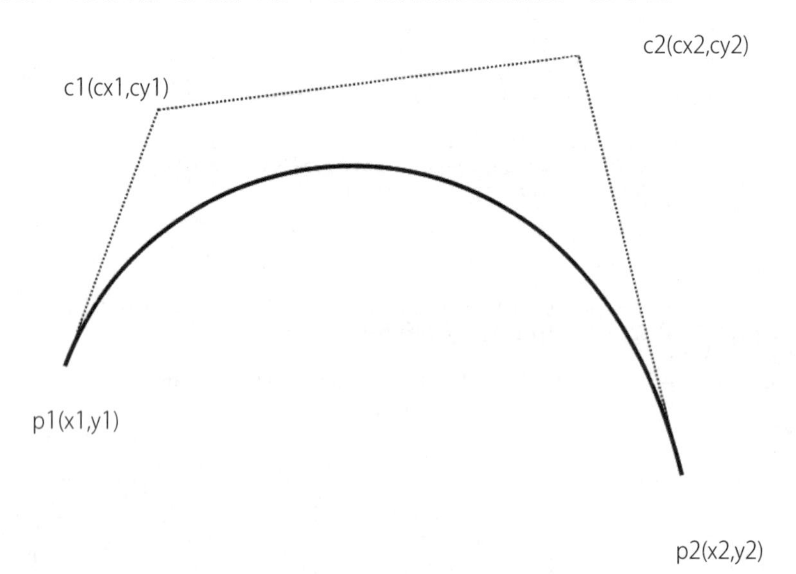

使用一個控制點稱為二次貝茲曲線，前一節討論的方法 quadraticCurveTo() 支援此種類型的貝茲曲線，而使用兩個控制點則稱為三次貝茲曲線，另外一個方法 bezierCurveTo() 提供描繪此種曲線所需的支援，下頁為調用此方法所需的語法：

```
context.moveTo(x1,y1);
context.bezierCurveTo(cx1,cy1, cx2,cy2,x2,y2);
```

由於三次貝茲曲線需要兩個控制點，因此其中 bezierCurveTo() 方法的前兩組座標參數指定這兩個控制點，最後一組座標參數則是貝茲曲線的終點座標。緊接著底下的範例實作三次貝茲曲線的描繪。

範例 9-18 示範三次貝茲曲線

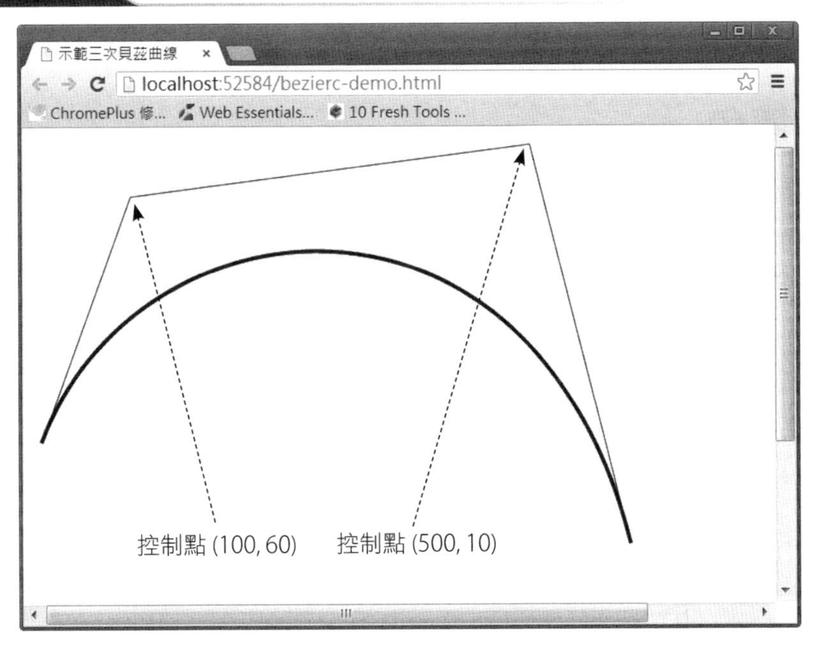

畫面中輸出的粗黑線是三次貝茲曲線，由左上角以及右上角兩個控制線進行曲度的控制。

bezierc-demo.html

```
<script >
      function init() {
          var canvas = document.getElementById("pCanvas");
          var context = canvas.getContext("2d");
          context.lineWidth = 4;
          context.moveTo(10,300);
          context.bezierCurveTo(100, 60, 500, 10, 600, 400);
          context.stroke()

          context.beginPath();
```

(續)

```
            context.lineWidth = 1;
            context.moveTo(10, 300);
            context.lineTo(100, 60);
            context.lineTo(500, 10);
            context.lineTo(600, 400);
            context.stroke();
        }
</script>
```

其中調用 bezierCurveTo() 指定兩個控制點與曲線的端點，描繪三次貝茲曲線。同樣的，接下來的程式碼連接曲線的兩個端點與控制項，描繪輔助線。

9.5 填色

顏色配置是圖形描繪過程相當重要的一環，Canvas 所描繪的圖形，可以透過樣式屬性的設定，定義描繪線條與充填圖形所要使用的顏色。另外一方面，顏色本身則由 CSS 的 color 屬性值所定義，這一節說明如何運用相關屬性與 color 設定。

9.5.1 CSS 的 color 值定義

針對顏色的定義，CSS 支援數種不同格式的字串表示式，分別有「名稱」、「十六進位」以及「十進位」的 RGB 數值，以標準的幾組顏色為例，考慮以下的圖表：

名　稱	十六進位	十進位
black	#000000	0,0,0
silver	#C0C0C0	192,192,192
gray	#808080	128,128,128
white	#FFFFFF	255,255,255
maroon	#800000	128,0,0
red	#FF0000	255,0,0
purple	#800080	128,0,128
fuchsia	#FF00FF	255,0,255
green	#008000	0,128,0
lime	#00FF00	0,255,0
olive	#808000	128,128,0

(續)

名　稱	十六進位	十進位
yellow	#FFFF00	255,255,0
navy	#000080	0,0,128
blue	#0000FF	0,0,255
teal	#008080	0,128,128
aqua	#00FFFF	0,255,255

CSS 規格書中，提供了這張 CSS 基礎顏色的三種表示式對照表圖表，你可以利用其中任何一種格式表示所要定義的顏色，它們都是字串，以紅色為例，在 CSS 當中可以如下設定：

```
em { color: red }
em { color: #ff0000 }
em { color: rgb(255,0,0) }
```

以上的三行設定同樣都代表紅色，第一行是代表此顏色的關鍵字，第二行則是十六進位表示式，注意其中的 # 是必要的，最後一行則是以三組十進位數字格式作表示，這三組數字以 , 分隔，並且必須包在 rbg() 構成的小括弧中。

十進位表示式中，每一組數字的範圍是 0~255，你不可以指定超出這個範圍的值，超出的值會自動被調整為邊界值，小於 0 的值一律被視為 0，大於 255 的值則一律被視為 255。十六進位表示式中，由左至右，每兩個字元對應至十進位表示式中的一組數字，因此上述表示紅色（color: red）的式子中，ff 等於 rgb 表示式中的 255，接下來的兩組 00 則分別表示 0。

如果是相同的字元，十六進位表示式可以進一步簡化為三個數字，例如 #ff0000 與 #f00 完全相同，如果是白色，則可以將 #ffffff 表示為 #fff ，其它類推。

另外，還有一種 RGBA 表示式，它的格式如下：

```
em { color: rgba(255,0,0,1)
```

其中以 rgba() 包含四組數字，相較於 RGB 的設定，最後多出來的一組數字，用來表示顏色的透明度，數字範圍是 0.0~1.0，同樣的，超出範圍的值將被限縮至允許的數值範圍內，而 1 相當於 RGB 的預設值。

除了這裡的基礎顏色對照表，CSS 規格書中同時還附上更豐富的擴充顏色對照表，請自行參考，網址如下：

```
http://www.w3.org/TR/css3-color/
```

瞭解基本的 color 定義之後，下一節我們繼續討論如何將這些 color 定義運用在圖形的描繪設計當中。

9.5.2 設定線條與圖形顏色

canvas 元素有兩個主要的屬性，提供呈現特定顏色所需的支援，分別是 strokeStyle 與 fillStyle ，前者支援線條顏色的設定，後者支援圖形背景顏色的設定，這一節先討論 strokeStyle ，fillStyle 必須搭配 fill() 方法，稍後作說明。

在預設的情形下，方法 stroke() 以黑色線條描繪程式所定義的圖形，如果想要指定不同的顏色，只需透過 CanvasRenderingContext2D 設定 strokeStyle 屬性，將一個代表特定顏色的字串指定給這個屬性之後，接下來調用的 stroke() 將會以此顏色描繪所定義的圖形。

```
context.strokeStyle = 'silver';
context.stroke();
```

其中的 strokeStyle 屬性被設定為 silver ，接下來的 stroke 以 silver 為線條顏色描繪所定義的圖形。

範例 9-19 設定 strokeStyle 指定線條顏色

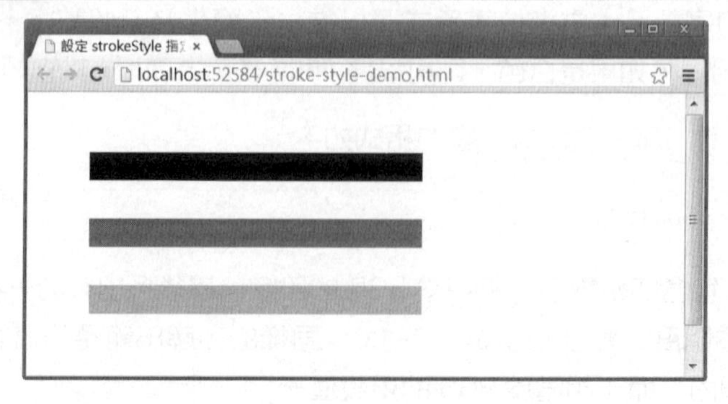

畫面中描繪了三條直線，分別以黑色、灰色以及銀色呈現。

stroke-style-demo.html

```
<head>
      <title>設定 strokeStyle 指定線條顏色</title>
</head>
<script>
      function init() {
          var canvas = document.getElementById('lineCanvas');
          var context = canvas.getContext('2d');
          //
          context.lineWidth = 30;
          context.moveTo(60, 70);
          context.lineTo(420, 70);
          context.strokeStyle = 'black';
          context.stroke();
          //
          context.beginPath();
          context.moveTo(60, 140);
          context.lineTo(420, 140);
          context.strokeStyle = 'gray';
          context.stroke();
          //
          context.beginPath();
          context.moveTo(60, 210);
          context.lineTo(420, 210);
          context.strokeStyle = 'silver';
          context.stroke();

      }
</script>
```

其中的三段程式碼負責描繪執行結果畫面上的三條直線，分別透過 strokeStyle 設定所要使用的顏色。

根據前一個小節的說明，strokeStyle 的值，除了直接指定為顏色的名稱，以十六進位或十進位格式表示同樣是合法的，以下三組 strokeStyle 設定完全相同。

```
// 顏色名稱
context.strokeStyle = 'black';
context.strokeStyle = 'gray';
context.strokeStyle = 'silver';
// 十六進位
context.strokeStyle = '#000000';
context.strokeStyle = '#808080';
context.strokeStyle = '#C0C0C0';
// 十進位
context.strokeStyle = 'rgb(0,0,0)';
context.strokeStyle = 'rgb(128,128,128)';
context.strokeStyle = 'rgb(192,192,192)';
```

直接指定 RGB 色彩單位值是最彈性的作法，這對於需要透過運算取得描繪顏色的情形相當有用，下頁利用一個範例進行說明。

範例 9-20 計算並描繪 RGB 值

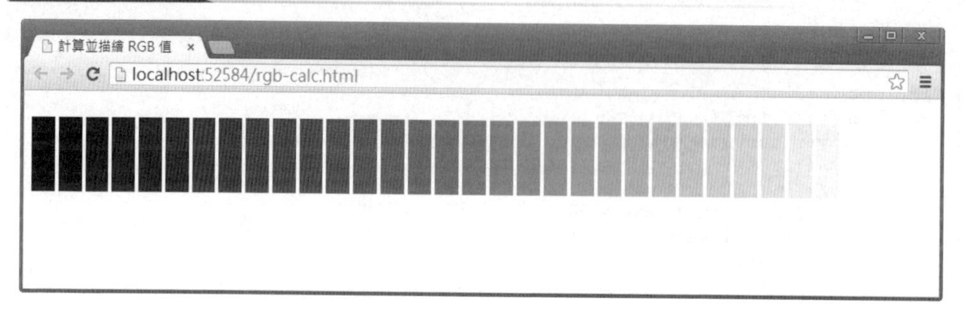

透過 RGB 值的改變，網頁呈現一系列由黑到白的漸層效果色塊。

rgb-calc.html

```
<script>
      var linep = 10;
      var context;
      var canvas;
      function init() {
          canvas = document.getElementById("pCanvas");
          context = canvas.getContext("2d");
          context.lineWidth = 80;
          drawLine();
      }
      function drawLine() {
          var rgb;
          for (var i = 0; i <= 30; i++) {
              rgb = Math.floor(255 / 30 * i);
              context.strokeStyle =
                  "rgb(" + rgb + "," + rgb + "," + rgb + ")";
              context.beginPath();
              context.moveTo(30 * i, 60);
              context.lineTo(30 * i + 26, 60);
              context.stroke();
          }
      }
      </script>
```

這個範例透過迴圈運算決定描繪圖形過程中所指定的顏色，其中將 256 切割成三十等份依序加總遞增，然後分別組合成為 RGB 的三個值，並且設定給 strokeStyle 屬性以定義接下所要描繪的顏色，以一個 for 迴圈將三十組不同顏色的線條逐一條描繪出來。讀者可以發現，每一次為 RGB 加上固定值會導致顏色往淺色調發展，這個原理可以用來模擬圖片的亮度調整，後續討論圖片像素編輯時將有相關的應用。

9.5.3 設定透明度

除了 RGB 三種參數的色彩單元資料，另外你還可以利用 RGBA 進一設定線條的透明度，例如以下的程式碼：

```
context.strokeStyle = 'rgb(0,0,0,0.5)';
```

完成這一行程式碼的設定，接下來調用 stroke() 時，便會以黑色、透明度 0.5（不透明預設值為 1 ）的線條描繪圖形。

範例 9-21 設定 RGBA 改變透明度

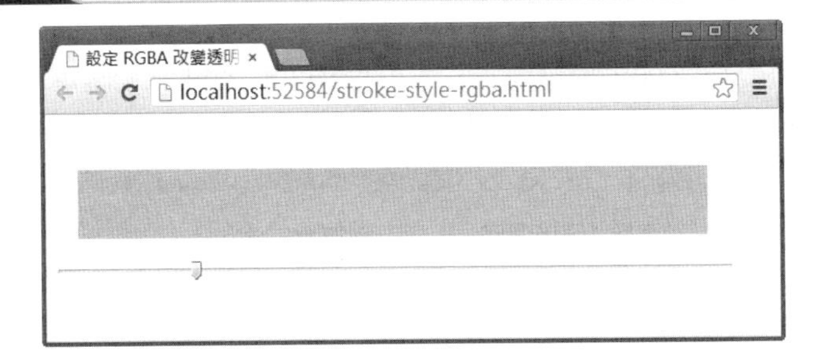

畫面中所呈現的是一條寬度設為 60 的粗直線，下方配置了一個 range 型態的 input 元素，拖曳滑桿會改變直線的透明度，滑桿移至最左邊代表透明度為 0 ，移至最右邊則代表透明度為 1 。

stroke-style-rgba.html

```
<!DOCTYPE>
<html >
<head>
      <title>設定 RGBA 改變透明度</title>
      <script>
          var canvas ;
          var context;
          function init() {
              canvas = document.getElementById('lineCanvas');
              context = canvas.getContext('2d');
              drawLine();
          }
          function drawLine() {
              context.clearRect(0, 0, canvas.width, canvas.height);
              context.lineWidth = 60;
              context.moveTo(20, 70);
              context.lineTo(580, 70);
              var o = document.getElementById('opcity').value;
              context.strokeStyle = 'rgba(0,0,0,' + o + ')';
```

(續)

```
                context.stroke();
            }
            function opcitychange() {
                drawLine();
            }
        </script>
</head>
<body onload="init()">
     <p> <canvas id="lineCanvas" width="600" height="100"  />
     </p>
     <p>
     <input type="range" id="opcity" min="0.0" max="1.0"
             onchange="opcitychange()"
             step="0.02" value="1.0" style="width:600"  />
     </p>
</body>
</html>
```

HTML 的部分配置了 range 型態 input ，其 max 與 min 屬性分別設定為 1.0 與 0.0 ，表示 RGBA 透明度 A 的最大與最小值，而 step 設為 0.2 可以讓滑桿的移動比較流暢，預設值將 value 設為 1，onchange 事件屬性設定為 opcitychange() ，每一次使用者操作滑桿改變其 value 屬性值的時候，執行此函式。

在 Script 的部分，函式 opcitychange() 於每一次滑桿移動時執行 drawLine() 進行直線的描繪，請特別注意這個函式一開始的第一行，其中調用了 clearRect() 函式，從座標點（0,0）開始清除長寬等於 Canvas 的 2D 繪圖區域，再根據新的 RGBA 值重繪圖形，這一部分讀者先理解即可，後續討論動畫時會有完整的說明。

緊接著完成直線的定義，取得滑桿目前位置所代表的值，合併成完整的 RGBA 值，然後將其設定給 strokeStyle ，調用 stroke() 方法以指定的透明度描繪直線。

如你所見，只要調整 strokeStyle ，就可以描繪各種顏色的線條，甚至改變其透明度，相同的原理，透過另外一個 fillStyle 屬性的設定，調用 fill() 方法就可以進一步描繪特定背景顏色的實心圖形。

9.5.4 fillStyle 與 fill() 方法

strokeStyle 定義線條的顏色，而 fillStyle 則定義填充圖形背景的顏色，這個屬性搭配 fill() 方法，以指定的顏色填滿所描繪的圖形封閉區域。

fillStyle 的設定原理與 strokeStyle 完全相同，只是必須調用 fill() 方法進行圖形描繪，而 fillStyle 屬性值所代表的顏色將被用來充填描繪出來的形狀。

```
context.fillStyle = 'black';
context.fill();
```

這兩行程式碼指定以黑色（black）為填充圖形的顏色，第二行調用 fill() 將黑色實心圖形描繪出來。

範例 9-22 設定 fillStyle 指定圖形顏色

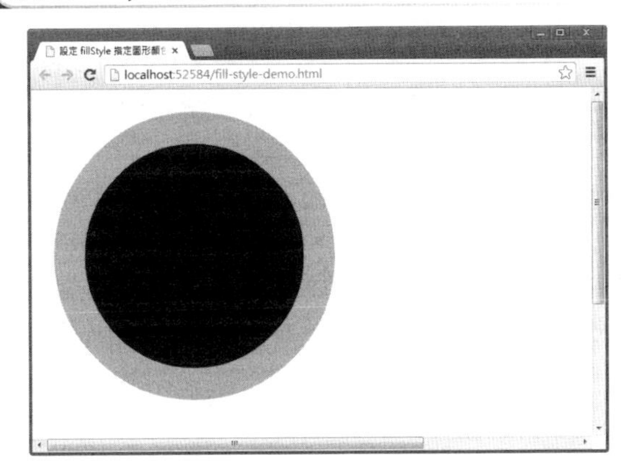

執行畫面中呈現兩個同心圓，外圈是一個線條寬度 40 ，並且以 silver 描繪的空心圓，內部則是一個黑色的實心圓。

fill-style-demo.html

```
<!DOCTYPE html >
<html>
<head>
     <title>設定 fillStyle 指定圖形顏色</title>

     <script>
         function init() {
             var canvas = document.getElementById("pCanvas");
             var context = canvas.getContext("2d");
             // 以黑色背景描繪圓形
             context.arc(200, 200, 160, 0, Math.PI * 2, false);
             context.fillStyle = 'black';
             context.fill();
             // 以銀色線條描繪圓形
             context.lineWidth = 40;
             context.arc(200, 200, 160, 0, Math.PI * 2, false);
             context.strokeStyle = 'silver';
             context.stroke();
         }
     </script>
```

(續)

```
</head>
<body onload="init()">
<canvas id="pCanvas" width="1000"  height="660"></canvas>
</body>
</html>
```

JavaScript 分別調用 arc() 定義兩個完全相同的圓形弧線，第一個圓形設定其 fillStyle 為 black ，然後調用 fill() 將其描繪出來；第二個圓形則設定 strokeStyle 為 silver ，然後調用 stroke() 描繪圓形，不過所指定的線條寬度為 40 。

讀者可以從這個範例中看到 fillStyle/fill 與 strokeStyle/stroke 這兩組屬性 / 方法的差異。

9.6 漸層效果

到目前為止所討論的 API 僅侷限於某個特定的顏色值呈現，除此之外，還有更複雜的 API 支援漸層效果，透過相關 API 的調用，我們可以為網頁創造更豐富的色彩配置。

9.6.1 漸層

Canvas 的 2D 繪圖 API 除了支援單一顏色的配置，同時亦支援色彩的漸層轉換配置，而所謂的漸層，是透過一個以上的顏色彼此間進行轉換得到的色彩效果，例如以下的矩形：

這個矩形由黑白兩色交互轉換而成，最左邊是黑色，往右邊則逐步轉換成為白色，形成黑白漸層，這是最簡單的漸層。除此之外，漸層的組成也可以包含一個以上的顏色，甚至顏色之間也不一定就是水平方向轉換。

漸層由 CanvasGradient 物件定義，有兩種型式的漸層物件，分別是線性漸層以及輻射漸層，考慮下頁的圖示：

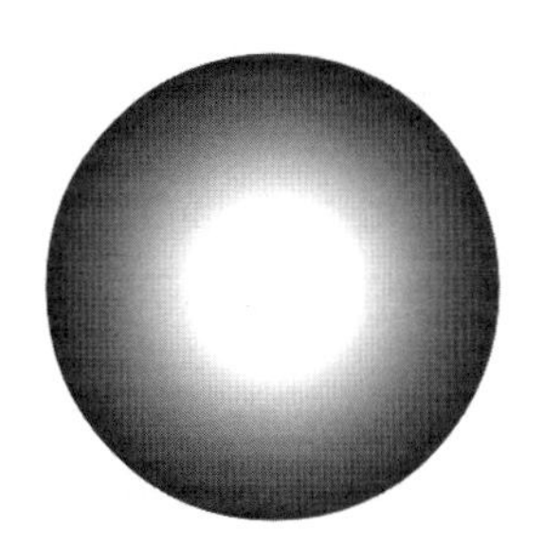

左邊是線性漸層，開始轉換的顏色會從某個方向逐漸過渡到另外一個顏色；右邊則是輻射漸層，顏色之間的轉換是以某個中心點往外擴散形成。無論何種漸層，當你想要描繪漸層時，必須利用 CanvasGradient 物件，以下從線性漸層開始，討論如何實作漸層的描繪。

9.6.2 線性漸層

想要描繪線性漸層必須提供幾種資訊，首先是形成漸層的顏色種類，每一種顏色最終出現的位置，還有根據漸層的類型，指定轉換的方向，以底下的圖示作說明。

首先定義漸層開始與結束的座標位置，假設開始的位置座標是（x0,y0），而結束的位置是（x1,y1），接下來以（x0,y0）為整個漸層區域開始的相對位置，其值為 0 ，而（x1,y1）則表示結束的相對位置，其值為 1 。

以相對位置為基準配置，指定每一種顏色出現的位置，如此一來負責描繪漸層的物件便會在指定位置顯示顏色，然後在兩個顏色之間呈現轉換過渡的效果。而在上述的圖示中，位置 0 是黑色出現的位置，位置 1 則是白色出現的位置，0 與 1 之間則呈現漸層過渡的效果。

CanvasGradient 物件支援漸層的描繪，Canvas 的 2D 繪圖物件則提供取得此物件的方法，有兩組不同的方法分別用來取得描繪線性漸層以及輻射漸層的 CanvasGradient 物件，如果要描繪線性漸層，必須調用 createLinearGradient() 取得 CanvasGradient 物件，如果是輻射漸層則必須調用下頁的程式碼用來取得描繪線性漸層的 CanvasGradient 物件：

```
var gradient = context.createLinearGradient(x0, y0, x1, y1);
```

gradient 是調用 createLinearGradient () 所回傳的線性漸層物件，其中第一組參數 x0,y0 是漸層開始的座標點，第二組參數 x1,y1 則是漸層結束的座標點。

取得 CanvasGradient 物件接下來就是設定組成漸層的顏色，而顏色的指定，則是進一步透過所取得的漸層物件，進行 addColorStop() 方法調用來完成，這個方法定義漸層區域中呈現此顏色的相對位置，也就是此指定顏色出現的終點（stop），以下為調用此方法定義：

```
addColorStop(offset, color)
```

其中需要兩個參數，offset 代表漸層中的相對位置，範圍值為 0~1，color 則是所要呈現的顏色，考慮稍早提及的黑白漸層，想要呈現此種漸層效果，必須指定黑色（black）與白色（white）兩個顏色，因此需要調用兩次的 addColorStop() 方法，如下式：

```
gradient.addColorStop(0, 'black');
gradient.addColorStop(1, 'white');
```

其中第一行指定了相對位置 0 的顏色為黑色，而第二行指定了相對位置 1 呈現的顏色為白色，形成一個黑白漸層。

範例 9-23 示範描繪漸層區塊

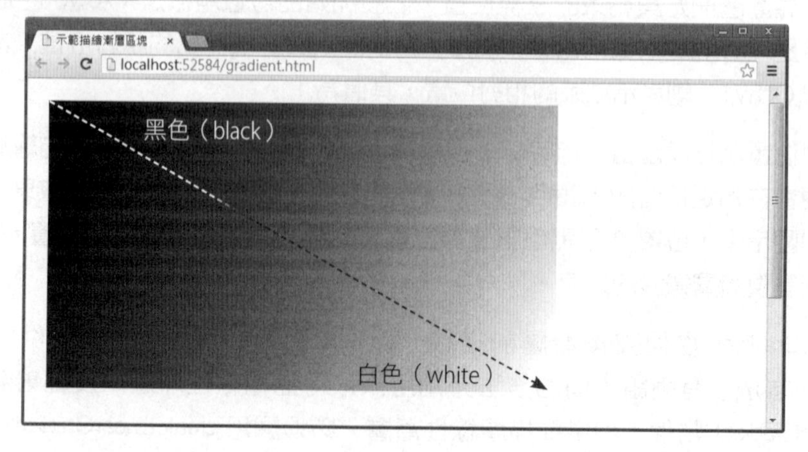

網頁載入之後，畫面中顯示一個背景為漸層圖的矩形，這是最單純的漸層，由黑（black）與白（white）兩個顏色轉換而成，不過這個漸層從左上角逐步轉換至右下角的白色。

gradient.html

```
<script>
      function init() {
          var canvas = document.getElementById('pCanvas');
          var context = canvas.getContext("2d");
          var linearGradient =
          context.createLinearGradient(20, 20, 660, 360);
          linearGradient.addColorStop(0, 'black');
          linearGradient.addColorStop(1, 'white');
          context.fillStyle = linearGradient;
          context.fillRect(20, 20, 660, 360);
          context.stroke();
      }
</script>
```

首先調用 createLinearGradient() 建立一個線性漸層物件 linearGradient ，然後指定漸層開始與結束的顏色，接下來將此物件設定給 fillStyle 屬性。

最後調用 fillRect() 方法，以此漸層為背景進行矩形描繪。

9.6.3 輻射漸層

輻射漸層以圓形為基礎，與線性漸層的原理相同，只是漸層開始與結束的位置以圓形作標示，並且透過調用 createRadialGradient() 方法來取得描繪漸層所需的 CanvasGradient 物件，這個方法的定義如下：

```
createRadialGradient(x0, y0, r0, x1, y1, r1)
```

其中第一組參數（x0, y0, r0）表示第一個圓，這個圖的圓周位置代表漸層的相對位置 0，而第二組參數（x0, y0, r0）則表示第二個圓，其圓周位置代表漸層的相對位置 1 ，透過 addColorStop() 方法所指定的顏色在指定的相對位置呈現，而相鄰的顏色之間則呈現漸層的過渡效果。

範例 9-24 示範描繪輻射漸層區塊

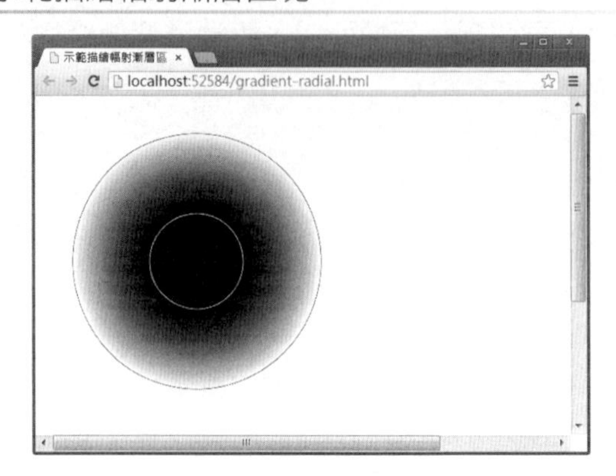

執行畫面中呈現的是一個輻射漸層，為了方便識別，其中以兩個圓形弧線作標示，內部的小圓，其圓周區域是漸層開始的位置，以黑表示；外部大圓的圓周區域則是漸層結束的位置，此白色表示。

gradient-radial.html

```
<!DOCTYPE html>
<html>
<head>
      <title>示範描繪輻射漸層區塊</title>
      <script>
          function init() {
              var canvas = document.getElementById('pCanvas');
              var context = canvas.getContext("2d");
              context.arc(200, 200, 160, 0, Math.PI * 2, false);
              context.stroke();

              var radialGradient = context.createRadialGradient(
                  200, 200, 60, 200, 200, 160);
              radialGradient.addColorStop(0, 'black');
              radialGradient.addColorStop(1, 'white');
              context.fillStyle = radialGradient;
              context.fill();

              context.beginPath();
              context.arc(200, 200, 60, 0, Math.PI * 2, false);
              context.strokeStyle='white';
              context.stroke();
          }
      </script>
</head>
<body onload="init()">
<canvas id="pCanvas" width="880"  height="660"></canvas>
</body>
</html>
```

首先調用 arc() 描繪出定義漸層結束位置的圓形弧線，緊接著調用 createRadialGradient() ，定義漸層物件，並且將此物件設定給 fillStyle 屬性，然後調用 fill() 將漸層描繪出來，此漸層的第二組參數與前述 arc() 方法所定義的圓心座標與半徑完全相同，因此同時描繪出漸層的結束位置。

最後再調用 arc() 描繪內部圓形弧線，指定的圓心座標與半徑同上述方法 createRadialGradient() 中所設定的第一組參數，如此一來描繪出來的圓形弧線剛好是漸層開始的位置。

9.7 描繪文字

除了圖形，你也可以將指定的文字透過描繪的方式輸出，有兩組相關的方法可用，分別是 fillText() 以及 strokeText() ，這兩組方法功能相同，只是輸出格式的差異，假設想要輸出一段文字「QWERT 123」，則這兩組方法的輸出結果差異如下：

QWERT 123　　QWERT 123

fillText　　strokeText

左邊是調用 fillText() 輸出的樣式，右邊則是調用 strokeText() 輸出的樣式，原理同圖形描繪，因此左圖的文字線條是以實心的樣式呈現，右圖則僅是描繪文字線條。當你調用的是 fillText() ，可以搭配 fillStyle 屬性改變文字所呈現的顏色，如果是 strokeText() ，則搭配 strokeStyle 屬性進行設定，改變文字線條的顏色。

描繪文字與一般圖形的差異在於專屬的字型屬性設定，有三個屬性可供設定，分別是 font 、textAlign 與 textBaseline ，以下列舉說明之。

- **font**

font 屬性支援字型的設定，它接受一組 CSS 字型樣式字串，例如上述的圖示輸出採用了以下的設定：

```
context.font = '48pt Arial';
```

你也可以修改如下：

```
context.font = '48pt Courier New';
```

這一行設定會得到以下的輸出樣式：

QWERT 123　　QWERT 123

你也可以設定更複雜的樣式，如下式：

```
context.font = 'italic 400 46pt Unknown Font, sans-serif';
```

除了 inherit 之類的 CSS 關鍵字之外，font 屬性只要遵循 CSS 規則即可，而其中 font-weight 參數如果沒有指定則直接以預設值 400 進行設定，如果 font 屬性沒有設定，則預設值是 '10px sans-serif' ，其餘請讀者自行測試，稍後的範例會有相關的示範。

- **textAlign**

設定輸出文字的對齊方式，可能的值有 start 、end 、left 、right 以及 center ，意義與 CSS 的 text-align 相同，其中 start 是預設值。

- **textBaseline**

textBaseline 屬性用來設定文字描繪所根據的各種基線，可能的值如下：

屬性值	說　明
top	文字框（em square）的頂部。
hanging	懸掛基線（hanging）基線。
middle	文字框（em square）的中央。
alphabetic	拼音（alphabetic）字型基線，此為預設值。
ideographic	表意（ideographic）字型基線。
bottom	文字框（em square）的底部。

表列的屬性值只是定義文字輸出的相對起始點，來看看其中幾項名詞的意義。所謂的文字框（em square）意指文字印刷輸出時所佔據的空間，文字框必須可以容納最大的字元，基本上你可以將其視為 CSS 的 font-size 樣式。

世界存在各種不同系統的文字與符號，一般可以將其分類成拼音（alphabetic）與表意（ideographic）兩種類型。拼音類型的文字由少數字母所組成，例如歐美使用的拉丁語系文字，表意類型文字則是亞洲使用的象形文字，如中文、日文或韓文，這一類的文字由大量字元所組成，每一個字元均有其獨立的意義，特定字型的基線可以透過 alphabetic 以及 ideographic 兩個屬性進行設定。

考慮以下的圖示，其中呈現各種屬性值對於文字輸出相對起始點所代表的意義：

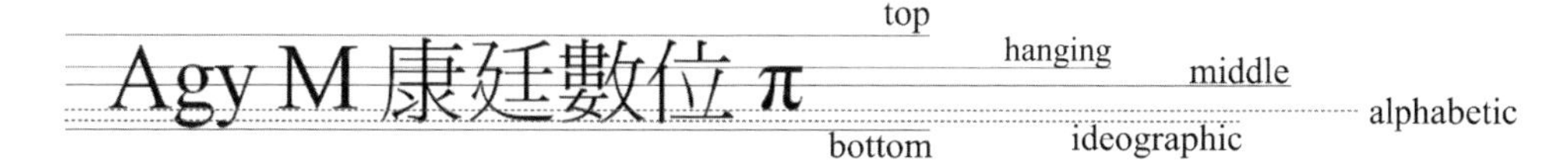

當你指定了任意一個屬性值，則以此值為參考基準，文字將緊貼著其表示的基準線輸出。

範例 9-25 描繪文字

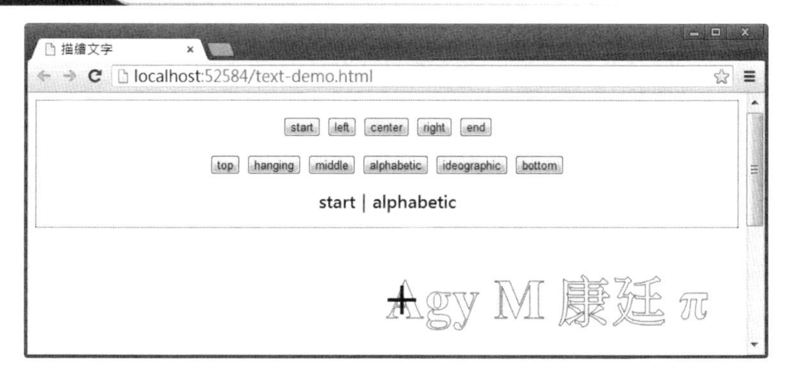

畫面上方有兩組按鈕，分別支援 textAlign 與 textBaseline 屬性的設定，按鈕接下來的文字顯示目前的設定值，文字描繪區域中，以 + 標示文字的預設輸出位置，並以此位置為基準顯示預設文字。

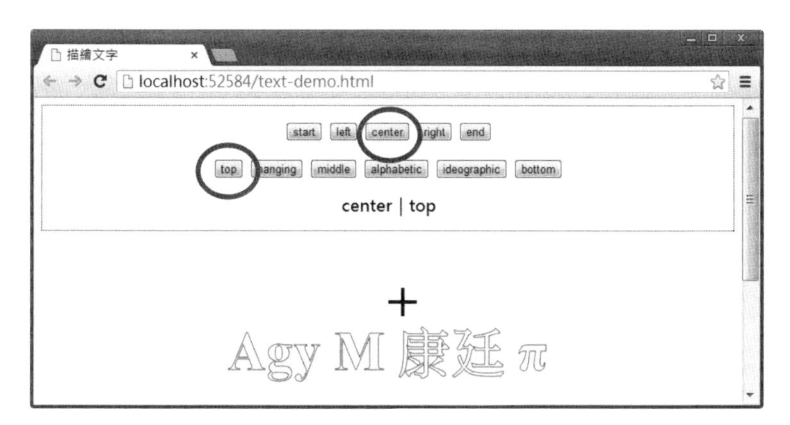

這個畫面是按下 center 以及 top 按鈕的結果，此時文字以指定屬性值的參考位置重新描繪。

text-demo.html

```
<!DOCTYPE html>
<html>
<head>
      <title> 描繪文字 </title>
      <style >
          output{font-weight: bold; font-size: 14pt;}
      </style>
      <script>
          var canvas, context;
          var x = 400, y = 100;
          var testmsg = 'Agy M 康廷 π';
          var galign, gbaseline;

          function init() {
              canvas = document.getElementById("pCanvas");
              context = canvas.getContext("2d");
              galign='start';gbaseline='alphabetic';
              showText(galign, gbaseline);
          }
          function change_Align(o) {
              galign = o.value;
              showText(galign, gbaseline);
          }
          function change_Baseline(o) {
              gbaseline = o.value;
              showText(galign, gbaseline);
          }
          function showText(align, baseline) {
              context.clearRect(0, 0, canvas.width, canvas.height);
              context.font = 'bold 46pt Times New Roman';

              context.strokeStyle = 'gray';
              context.textAlign = align;
              context.textBaseline = baseline;
              context.strokeText(testmsg, x, y);

              context.fillStyle = 'black';
              context.textAlign = 'start';
              context.textBaseline = 'alphabetic';
              context.fillText('+', x, y);

              document.getElementById('msg').value =
              align + ' | ' + baseline;
          }
      </script>
</head>
<body onload="init()">
```

(續)

```
<div style="width:800px;border:1px dotted;text-align:center">
<p>
   <input id=" Button1" type=" button"
       value=" start" onclick=" change_Align(this)" />
   <input id=" Button2" type=" button"
       value=" left" onclick=" change_Align(this)" />
   …
   <input id=" Button7" type=" button" value=" hanging"
       onclick=" change_Baseline(this)"  />
   <input id=" Button8" type=" button" value=" middle"
       onclick=" change_Baseline(this)"  />
   …
</p>
      <p><output id="msg"></p>
</div>
<canvas id="pCanvas" width="800"  height="400"></canvas>
</body>
</html>
```

函式 showText() 根據所接收的參數，設定 textAlign 與 textBaseline 屬性，然後依據此屬性輸出指定的文字，緊接著將屬性重設為預設值，然後輸出 + 以標示基準位置。

change_Align() 於使用者按下第一組 textAlign 屬性的選項按鈕時執行，其中取得所要設定的屬性值，當作參數調用 showText() ，重新描繪輸出文字。另外一組 textBaseline 屬性的選項按鈕任一按鈕被按下時，執行 change_Baseline() ，原理同 change_Align() 。

9.8 資料的視覺化設計

從簡單的圖形描繪到複雜的繪圖、甚至遊戲動畫處理，canvas 元素均提供了足夠的支援能力，透過這些技術，我們可以直接建立純粹基於網頁的應用服務，而這一節要討論常見的資料視覺化設計，將數據資料轉換成視覺化圖表進行呈現，由於我們已經具備了相關的知識，因此直接來看範例。

範例 9-26 資料的視覺化呈現

這個範例有數個檔案，為了方便檢視，所有檔案均配置於本章範例資料夾中的 vdata 子資料夾中，其中建立三個 HTML 檔案，功能列舉如下表：

檔　案	功　能
column-charts.htm	長條圖呈現資料。
line-charts.htm	折線圖呈現資料。
pie-doughnut.htm	圓餅圖呈現資料。

以下列舉這三個檔案在瀏覽器所呈現的結果。

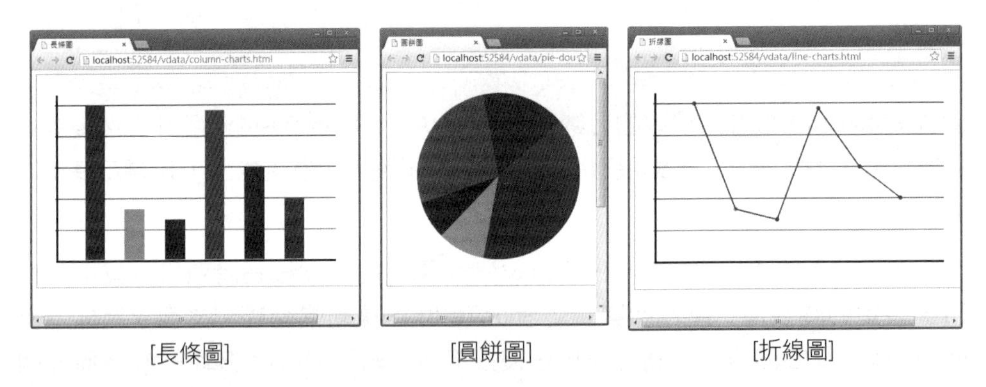

[長條圖]　[圓餅圖]　[折線圖]

這三個檔案以不同型式的圖表呈現同一份資料，資料寫在以下的 JavaScript 檔案中：

vdata/charts-data.js

```
var xy = [
      ['北區', 300, '#930000'],
      ['中區', 100, '#FF8000'],
      ['南區', 80, '#5E005E'],
      ['東區', 290, '#AE00AE'],
      ['其它', 180, '#003D79'],
      ['X', 120, '#006000']];

var len = xy.length;
var total = 0;
for (var key in xy) {
      total += xy[key][1];
}
```

其中定義六組資料，並且以陣列格式儲存其內容，表示某項商品於某個區域的銷售量，以及圖表呈現此資料時所套用的顏色值，接下來的程式碼，取得所有資料項目值的總合，並且儲存於 total 變數。緊接著是三個 HTML 檔案，首先來看長條圖。

vdata/column-charts.html

```
<!DOCTYPE html>
<html >
<head>
      <title>長條圖</title>
      <link rel="stylesheet"  type="text/css" href="style.css"   />
      <script src="charts-data.js"></script>
      <script>
          function init()
          {
              var canvas = document.getElementById('columnCanvas');
              var context = canvas.getContext('2d');
              //垂直軸
              context.lineWidth =4;
              context.moveTo(40, 40);
              context.lineTo(40, 360);
              context.lineTo(600, 360);
              context.stroke();
              // 水平線與水平軸
              context.lineWidth = 0.5;
              for (var i = 0; i < 6; i++)
              {
                  context.moveTo(36, 60*(i+1));
                  context.lineTo(600, 60 * (i + 1));
                  context.stroke();
              }
              //資料
              var space = 560 /( len+1) ;
              for (var i = 0; i < len; i++)
              {
                  context.beginPath();
                  context.lineWidth = 40;
                  context.strokeStyle = xy[i][2];
                  var xvalue = space  * (i + 1) + 36;
                  context.moveTo(xvalue, 360-3);
                  context.lineTo(xvalue,360-xy[i][1]);
                  context.stroke();
              }
          }
      </script>
</head>
<body onload="init()">

<div id="charts"  >
      <canvas id="columnCanvas" width=700 height=400 >
      </canvas>
</div>
</body>
</html>
```

HTML 的部分配置一個 canvas 以支援圖表的描繪呈現。網頁載入結束後，執行 init() 函式，其中首先描繪水平與垂直軸，同時為了方便檢視，因此描繪五條水平線。最後透過 for 迴圈逐一取出陣列中的資料，調用 stroke() 將其描繪出來。

接下來的折線圖原理相同，僅列舉其中的重點程式碼：

vdata/line-charts.html

```
<!DOCTYPE html>
<html >
<head>
      <title> 折線圖 </title>
      <link rel="stylesheet"  type="text/css" href="style.css"   />
      <script src="charts-data.js">    </script>
      <script>
          function init()
          {
              var canvas = document.getElementById('columnCanvas');
              var context = canvas.getContext('2d');
              //
              …
              // 水平線
              …
              // 資料
              …
              for (var i = 0; i < len; i++)
              {
                  context.beginPath();
                  context.lineWidth = 2;
                  context.fillStyle = xy[i][2];
                  var xvalue = space * (i + 1) + 36;
                  linepx[i] = xvalue ;
                  linepy[i] = 360 - xy[i][1];
                  context.arc(xvalue,
                      360 - xy[i][1], 4 ,0,
                      Math.PI *  2 , false);
                  context.fill();
              }
              context.beginPath();
              context.strokeStyle = 'blue';
              for (var i = 0; i < len; i++)
              {
                  if (i == 0)
                      context.moveTo(linepx[i], linepy[i]);
                  else
                      context.lineTo(linepx[i], linepy[i]);
                  context.stroke()
              }         }
      </script>
</head>
<body onload="init()">
<div id="charts"  >
      <canvas id="columnCanvas" width=700 height=400 ></canvas>
</div>
</body>
</html>
```

同樣的，預先完成水平與垂直軸的描繪，接下來取得構成折線圖的六個資料項目座標，並且在其上調用 arc() 描繪對應的圓形作為標示，這些資料完成之後，再利用一個迴圈，描繪連接六個座標點的折線。

vdata/pie-doughnut.html

```
<!DOCTYPE html>
<html >
<head>
      <title> 圓餅圖 </title>
      <link rel="stylesheet"  type="text/css" href="style.css"  />
      <script src="charts-data.js"></script>
      <script>
          function init()
          {
              var canvas = document.getElementById("pCanvas");
              var context = canvas.getContext("2d");
              context.lineWidth = 2;
              var start = 0;
              for (var key in xy)
              {
                  context.beginPath();
                  context.fillStyle = xy[key][2];
                  var to = xy[key][1] / total;
                  //
                  context.arc(220, 200, 160,
                      Math.PI * start *2,
                      (Math.PI * start *2+ Math.PI * to *2), false);
                  context.lineTo(220, 200);
                  context.closePath();
                  context.fill();
                  //
                  start += to;
              }
          }
      </script>

</head>
<body onload="init()">
<div id="charts"  >
<canvas id="pCanvas" width="800"  height="800"></canvas>
</div>
</body>
</html>
```

這一段程式碼是圓餅圖的描繪，其中將六筆資料依比例調用 arc() 描繪對應的弧線，然後再將弧線的兩個端點與圓心座標進行連結，最後以每一筆資料項目對應的顏色填滿所描繪的區域，形成一個完整圓形的圓餅圖。

9.9 捕捉滑鼠游標軌跡

這一章結束之前，我們最後來看看透過 Canvas 的功能，建立一個能夠捕捉滑鼠游標軌跡的網頁程式。

範例 9-27 捕捉滑鼠游標軌跡

畫面上以虛線標示的矩形區域支援滑鼠游標的軌跡捕捉，在這個區域裡面按下滑鼠拖曳，即會將使用者拖曳過程所產生的軌跡，以線條描繪輸出。

paints.html

```
<!DOCTYPE html>
<html >
<head>
      <title> 捕捉滑鼠軌跡 </title>
      <style>
          canvas
          {
              border:1px dotted ;
              cursor:pointer;
          }
          button{width:200px;}
      </style>
```

(續)

```
    <script>
        var paintpoints = new Array();
        var paintpoints_content = new Array();
        var canvas;
        var context;
        var paint = false;
        function init() {
            canvas = document.getElementById("pCanvas");
            context = canvas.getContext("2d");
        }
        function mousedownandler(e) {
            var x = e.clientX;
            var y = e.clientY;
            context.beginPath();
            context.lineWidth = 12;
            context.moveTo(x, y);
            paint = true;
        }
        function mousemoveandler(e) {
            if (paint) {
                var x = e.clientX;
                var y = e.clientY;
                context.lineTo(x, y);
                context.stroke();
            }
        }
        function mouseupHandler(e) {
            paint = false;
        }
        function clearCanvas() {
            context.clearRect(0, 0, canvas.width, canvas.height);
        }
    </script>
</head>
<body onload = "init()">
<canvas id="pCanvas" width=800;  height=620;
        onmousedown="mousedownandler(event)"
        onmousemove="mousemoveandler(event)"
        onmouseup="mouseupHandler(event)" >
</canvas>
<hr />
<button onclick="clearCanvas()">清空</button>
</body>
</html>
```

其中的 canvas 設定了三個滑鼠事件的回應處理函式，當使用者按下滑鼠鍵時，執行 mousedownandler() 函式，其中取得使用者滑鼠游標的座標位置，然後調用 moveTo() 移動至此座標位置準備描繪滑鼠移動的軌跡。接下來當滑鼠移動時，執行 mousemoveandler() 函式，取得目前的座標位置，調用 lineTo() 將線條描繪出來。最後當滑鼠鍵放開時，變數 paint 被設定為 false ，因此不再捕捉滑鼠軌跡。

SUMMARY

本章針對 HTML5 最為人矚目的新功能 － Canvas 繪圖支援，進行了初步的介紹，包含各種線條的描繪以及圖形色彩的配置，建立使用 Canvas 進行網頁繪圖的基礎，下一章繼續延伸相同的主題，更進一步討論各種未觸及的圖形描繪效果等進階議題，包含圖形的重疊、變形以及轉換等等，另外還會針對圖片檔案的處理與動畫效果的實現進行探討。

第十章

Canvas 影像與動畫效果處理

第九章完成了 Canvas 繪圖技術的基礎說明，本章持續在這個議題上作討論，包含圖形裁切、圖片檔案處理以及動畫技巧的相關應用實作說明。

10.1 裁剪圖形

裁切是針對圖形進行部分內容的切割，並且只描繪切割的部分，例如：

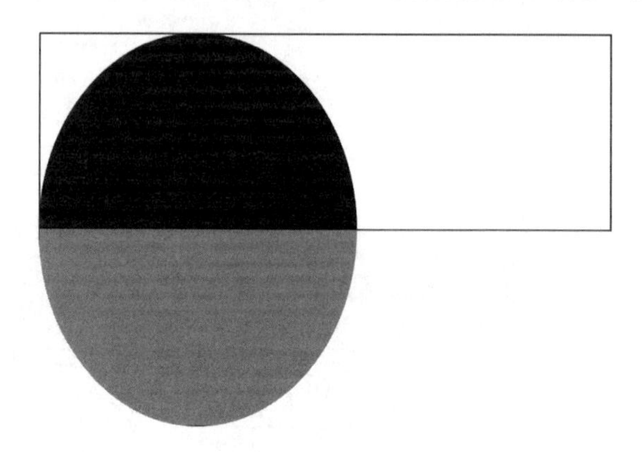

在預設的情形下，於 Canvas 區域描繪的圖形會完整的顯示出來，由於其中預先定義了矩形裁剪區域，因此只有落在這個區域中的部分圖案會顯示出來，也就是圓形中黑色的部分，而灰色的部分則不會顯示出來。 如果要針對描繪的圖形進行裁剪，可以調用 clip() 方法執行相關作業，以下為其定義：

```
context.rect(100, 100, 400, 80);
context.clip();
```

第一行定義裁剪區域，這一部分與調用 stroke() 所需的圖形定義完全相同，接下來則是以 clip() 取代 stroke() ，即可定義出所要的裁剪區域。

範例 10-1 示範裁剪效果

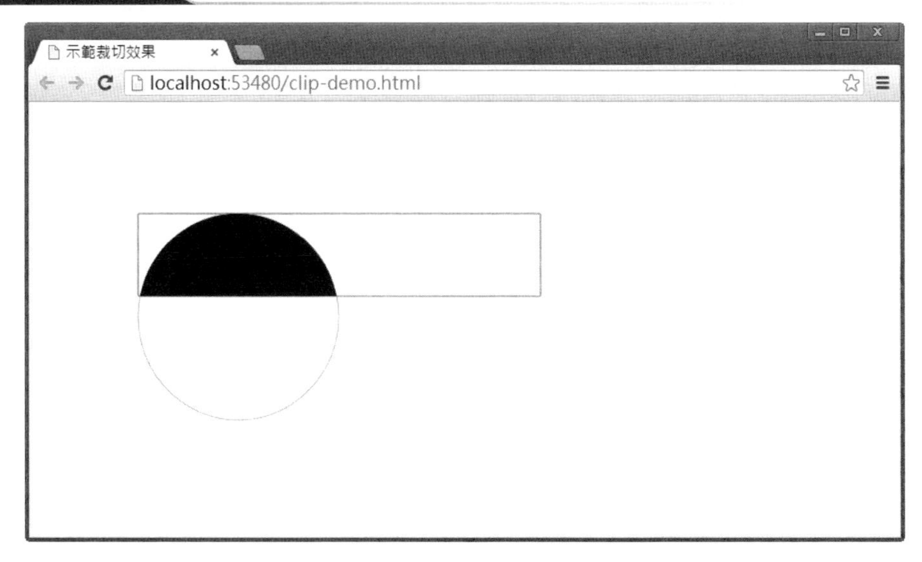

畫面中的矩形是預先定義的裁切區域，接下來所描繪的黑色圓形圖案，只有位於裁切區域的部分顯示出來。

clip-demo.html

```
<!DOCTYPE html>
<html >
<head>
      <title> 示範裁切效果 </title>
      <script>
          function init() {
              var canvas = document.getElementById("pCanvas");
              var context = canvas.getContext("2d");
              // 標示裁切區域
              context.beginPath();
              context.rect(100, 100, 400, 80);
              context.strokeStyle = "gray";
              context.stroke();
              // 標示所要描繪的圓形
              context.beginPath();
              context.arc(200, 200, 100, 0, Math.PI * 2, false);
              context.strokeStyle = "silver";
              context.closePath();
              context.stroke();
              // 定義裁切區域
              context.beginPath();
              context.rect(100, 100, 400, 80);
```

(續)

```
                context.clip();
                //描繪實心圓形
                context.beginPath();
                context.arc(200,200, 100, 0, Math.PI * 2, false);
                context.closePath();
                context.fillStyle = "black";
                context.fill();
            }
        </script>
</head>
<body onload="init()">
<canvas id="pCanvas" width="600" height="400"></canvas>
</body>
</html>
```

裁切區域與圓形部分的程式碼讀者已相當熟悉，比較需要注意的是其中裁切區域的定義，設定為所標示的矩形區域，最後將實心圓形描繪出來。

10.2 圖形重疊行為

當你重複在 canvas 區域描繪圖形，在預設的情形下，後來描繪的圖形會疊在先前描繪的圖形上，考慮以下的圖示：

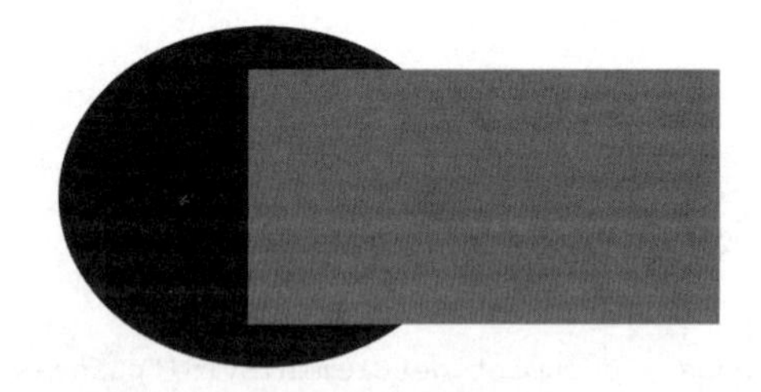

左邊的圓形首先被描繪出來，接下來是右邊的矩形，它蓋住了與圓形重疊的部分，我們可以透過調整 globalCompositeOperation 屬性來改變這種行為，不同的屬性值會產生不同的重疊效果：

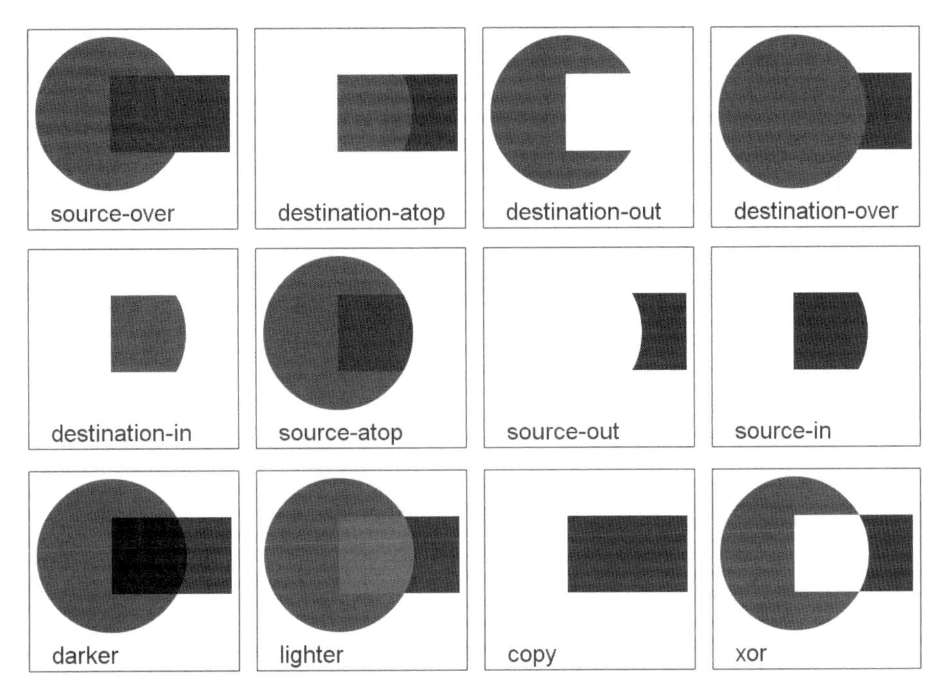

接下來的範例實作上述各種屬性值的設定結果輸出顯示。

範例 10-2 利用裁剪功能實作圖片重疊檢視

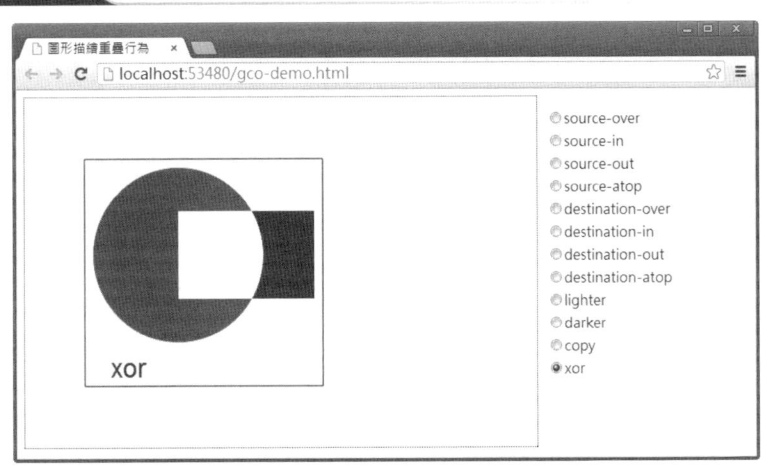

畫面右邊列舉所有可能的屬性值，點選任何一個選項按鈕，左邊會顯示兩個圖形於此屬性值下的重疊效果。

gco-demo.html

```
<!DOCTYPE html >
<html >
<head>
      <title> 圖形描繪重疊行為 </title>
      <style>
          div{float:left;}
          p{ height:10px;margin-left:10px;}
          canvas{border:1px dotted;}
      </style>
      <script>
          var canvas, context, image;
          function paint(gco) {
              //圓形
              context.beginPath();
              context.fillStyle = "green";
              context.arc(180, 180, 100, 0, Math.PI * 2, false);
              context.fill();
              context.globalCompositeOperation = gco;
              //矩形
              context.beginPath();
              context.fillStyle = "blue";
              context.rect(180, 130, 160, 100);
              context.fill();

              context.globalCompositeOperation = 'source-over';
              context.beginPath();
              context.rect(70, 70, 280, 260);
              context.strokestyle = "black";
              context.stroke();

              context.font = '24pt Arial';
              context.fillText(gco, 100, 320);
          }
          function init() {
              canvas = document.getElementById("pCanvas");
              context = canvas.getContext("2d");
              paint('source-over');
          }
          function change_gco(o) {
              context.clearRect(0, 0, canvas.width, canvas.height);
              paint(o.value);
          }
      </script>
</head>
<body onload="init()">
<div >
<canvas id="pCanvas" width="600"  height="400" >
</canvas>
</div>
<div style="float:left">
      <p><input id="Radio1" type="radio" name="gco"  value="source-over"
```

(續)

```
                onclick="change_gco(this)" checked="checked"  />
source-over</p>
      <p><input id="Radio2" type="radio" name="gco"  value="source-in"
onclick="change_gco(this)"  />source-in</p>
    …
</div>
</body>
</html>
```

由於選項按鈕的配置大同小異，因此僅列舉其中前兩組項目作說明，第一個 source-over 為預設值，因此設定了 checked 屬性，第二個開始則不需要設定此屬性，所有的 radio 控制項將 onclick 屬性設定為 change_gco() 並傳入觸發關聯 click 事件的控制項來源，再將其對應的重疊屬性 globalCompositeOperation 屬性值傳入。

在 change_go() 函式中，調用另外一個 paint() 函式，其中描繪重疊的矩形與圓形，並根據指定的參數，設定 globalCompositeOperation 屬性，如此一來將得到特定的重疊效果。最後還必須描繪一個矩形外框，重新將 globalCompositeOperation 屬性設定為預設值以正確描繪框線。

10.3 轉換與變形

接下來討論圖形轉換的相關議題，相較於到目前為止討論的 Canvas 主題內容，這一部分要複雜許多，主要涵蓋兩個面向，包含圖形輸出位置的轉換以及圖形本身的變形，同樣的，這裡從相關的 API 列舉與對應的作業項目種類開始作說明。

10.3.1 關於轉換與變形

轉換與變形（Transforms）是一種針對圖形物件進行旋轉、縮放、扭曲，或是平移等相關作業的操作，CanvasRenderingContext2D 支援此類型操作的 API ，底層透過矩陣運算，計算圖形的轉換，基本上你不需要了解這些數學上的細節，便可以直接透過相關方法的調用完成轉換操作，但是對於轉換前後的變化狀態，具備清楚概念是必要的，如此才能完成適當的圖形轉換作業。

> **TIPS**
>
> 相較第八章討論的 CSS 動畫效果， Canvas 實作的轉換效果意義相同，不過它與 CSS 之間彼此是獨立的，這裡的討論亦不會觸及 CSS 。

下表列舉的方法成員支援圖形的轉換與變形操作：

方　法	說　明
scale	依指定的 x 與 y 比例，進行圖形的縮放。
rotate	依指定的角度旋轉圖形物件。
translate	依指定的 x 與 y 值，平移圖形。
transform	矩陣轉換。
setTransform	重置矩陣轉換。

表列的前三個方法執行簡單的轉換作業，最後兩個方法則適合用來實作比較複雜的轉換操作，緊接著依序討論這幾個方法套用於圖形的轉換效果。

10.3.2 圖形平移

當你想要將一個圖形平移至畫面上的某個座標位置，可以調用 translate() 方法來達到這個目的，此方法定義如下：

```
void translate(in double x, in double y);
```

其中以目前位置的原點座標為參考點，水平移動 x 長度的距離與垂直平移 y 長度的距離。

```
context.fillRect(0, 0, 200, 80);
```

這段程式碼會在 canvas 區域的左上角，座標（0,0）的位置，描繪長度 200 ，寬度 80 的矩形方塊，現在調用 translate() 將其中的圖形平移之後再行描繪輸出，如下式：

```
context.translate(canvas.width / 2, canvas.height / 2);
```

此行程式碼將所要描繪的圖形預先水平往右平移 canvas 區域寬度一半的距離，再往下平移 canvas 區域寬度一半的距離，剛好是 canvas 區域的中心點，因此原點座標（0,0）現在轉移至（canvas.width / 2, canvas.height / 2）座標點，並且以此為矩形的左上角座標點進行描繪。

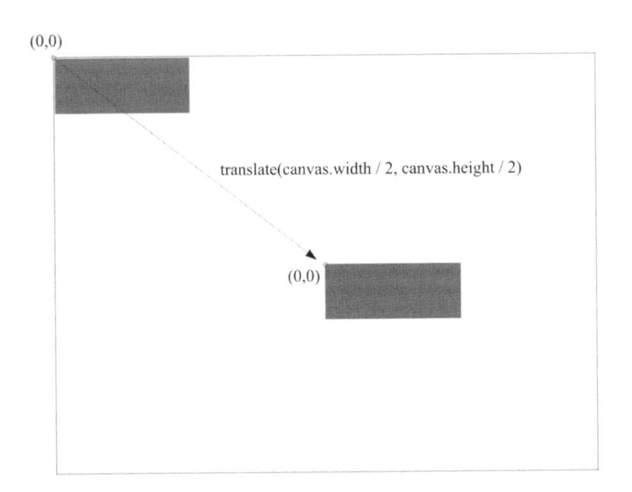

要注意的是，translate() 導致的平移會影響整個 Canvas ，考慮以下的圖示：

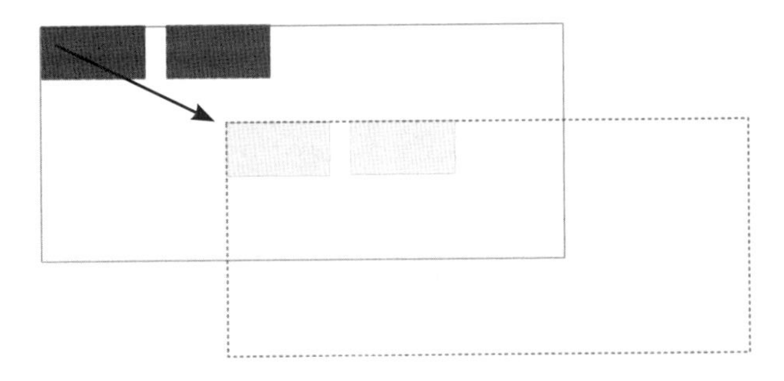

左上方的矩形是原始的 Canvas 區域，右下方的虛線是平移轉換之後的 Canvas 區域，由於整個區域發生轉移，因此位於其中的兩個矩形隨著 Canvas 移動產生平移的效果。

範例 10-3 示範平移轉換

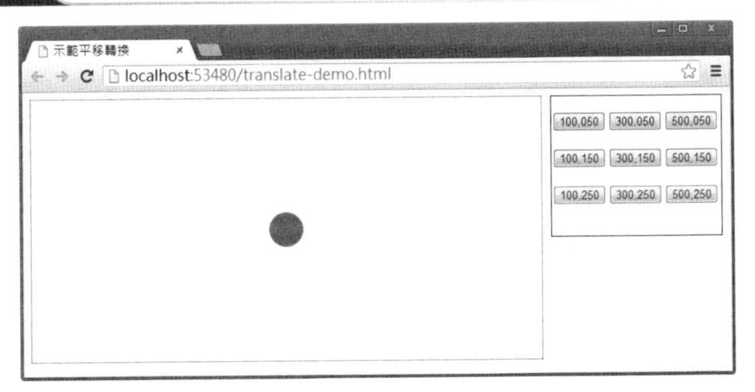

畫面左邊的虛線矩形框是 canves 區域，網頁載入之後，首先位移至中央位置，然後以座標（0,0）為圓心描繪一個圓形。右上方是九個標示特定座標位置的按鈕，按下任一按鈕，將以其標示的座標進行位移，然後重新以座標（0,0）為圓心描繪一個圓形。讀者請自行執行網頁操作以檢視平移之後圓形重繪的位置，而其中的按鈕以座標相對應的位置配置。

translate-demo.html

```
<!DOCTYPE html >
<html >
<head>
      <title>示範平移轉換</title>
      <script>
          var canvas = document.getElementById("pCanvas");
          var context = canvas.getContext("2d");
      </script>
      <script>
          var canvas;
          var context;
          function init() {
              canvas = document.getElementById("pCanvas");
              context = canvas.getContext("2d");
              drawarc(canvas.width / 2, canvas.height / 2);

              var buttons = document.getElementsByTagName('button');
              for (var key in buttons) {
                  var b = buttons[key];
                  b.addEventListener('click', function () {
                      var cp = this.value.split(',');
                      var x = cp[0]; var y = cp[1];
                      drawarc(x, y);}
                  );
              }
          }
          function drawarc(x, y) {
              canvas.width = canvas.width;
              context.translate(0, 0);
              context.translate(x, y);
              context.arc(0, 0, 20, 0, Math.PI * 2, false);
              context.fillStyle = 'gray';
              context.fill();
          }
      </script>
</head>
<body onload="init();"  >
<div style="float:left;">
<canvas id="pCanvas" width="600px" height="300px"
style="border:1px dotted;"></canvas>
</div>
```

(續)

```
<div style="…"  >
<p><button value="100,50" >100,050</button>
…
<button  value="500,250"  >500,250</button></p>
</div>
</body>
</html>
```

函式 drawarc() 根據參數 x 與 y 取得新的平移座標點，先調用 translate() 將座標位置歸零，然後進行平移，接下來則以座標（0,0）為圓心描繪圓形。由於畫面上有九個按鈕，逐一設 click 事件相當麻煩，因此在網頁載入之後，利用迴圈調用 addEventListener() 為每個按鈕加掛 click 事件處理函式，使用者按下任何一個按鈕時，均能自動執行 drawarc() 函式。

瞭解本節所討論的平移技巧相當重要，在所有的轉換中，都牽涉到參考點的應用，而平移可以讓我們改變預設原點座標 (0,0) 的參考點設計，這一部分在下一節討論圖形縮放議題時將有更進一步的說明，另外一方面，稍後將討論的旋轉效果，亦能透過平移轉換的參考快速定義旋轉軸心的參考座標。

10.3.3 圖形縮放

如果要針對指定的圖形進行縮放，必須調用 scale() 以支援此種轉換操作，以下為此方法的定義：

```
void scale(in double x, in double y);
```

其中的參數 x 為水平方向要放大的倍數，y 則是垂直方向要放大的倍數。

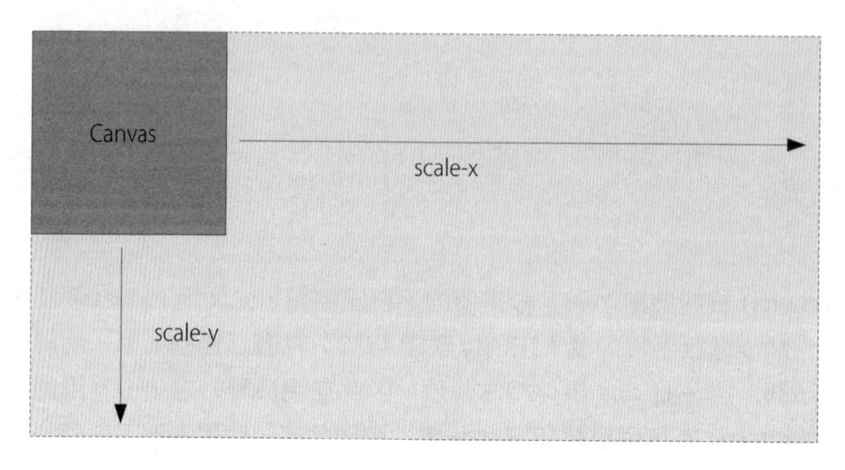

左上方實心方塊是原始的 Canvas 區塊，調用 scale() 之後，整個 Canvas 長寬根據指定的 x 與 y 被縮放，而 Canvas 中的圖形，無論位置或本身的大小亦等比例縮放，如下圖：

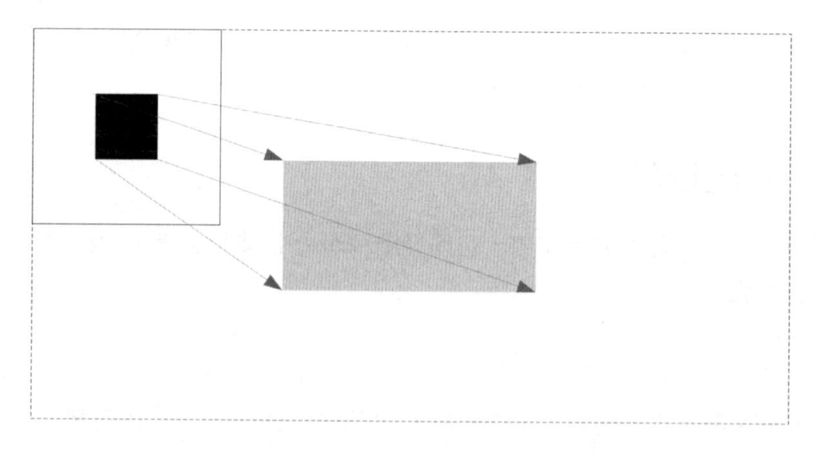

原始 Canvas 區域中的黑色實心方塊，相對於左上角原始圖形進行長寬等比例的放大效果。

範例 10-4 縮放矩形

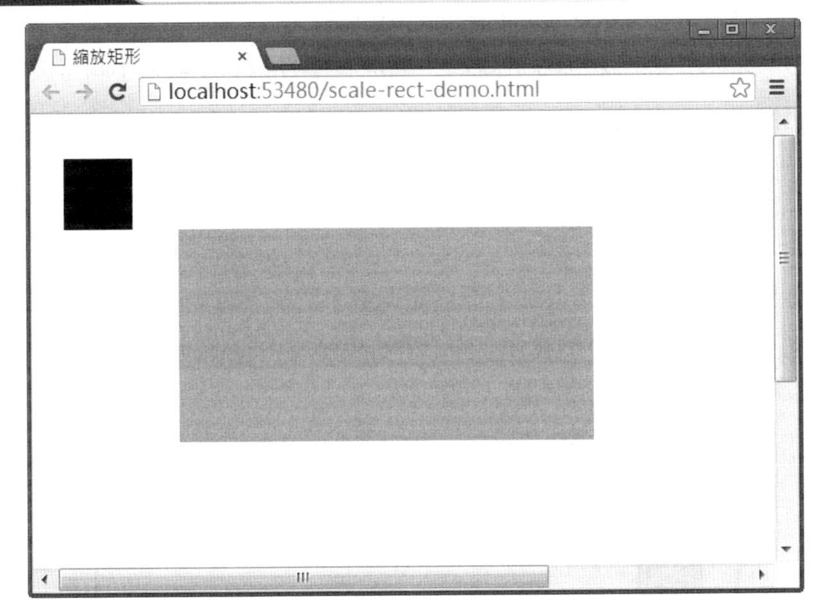

畫面中呈現了兩個矩形，左上角黑色實心正方形是原始的圖形，而中央的灰色方塊為黑色方塊放大之後呈現的結果，如你所見，除了圖形本身的大小，甚至所在的位置都已經調整。

scale-rect-demo.html

```
<!DOCTYPE html>
<html >
<head>
      <title>縮放矩形</title>
      <script>
          function init() {
              var canvas = document.getElementById("pCanvas");
              var context = canvas.getContext("2d");
              context.fillStyle = 'black';
              context.fillRect(20, 30, 60, 60);
              context.scale(6,3);
              context.fillStyle = 'silver';
              context.fillRect(20, 30, 60, 60);
          }
      </script>
</head>
<body onload="init()">
<canvas id="pCanvas" width="900"  height="600"></canvas>
</body>
</html>
```

網頁載入之後調用 fillRect() 於座標（20,30）描繪一個矩形，然後引用 scale() 水平放大六倍，垂直放大三倍，緊接著重新引用 fillRect() 於相同位置重新描繪相同大小的矩形。如你所見，就如同前述說明，圖形配置距離與本身大小同時被放大。

在這個範例中，canvas 元素的長寬設定為 900×600 ，因此放大之後還在 canvas 的範圍內，嘗試將其調整如下：

```
<canvas id="pCanvas" width="320"  height="180"></canvas>
```

這一次將長寬縮減為 320×180 ，你會發現放大之後，其中圖形的內容便超出了 Canvas 區域，因此到以下的結果，這裡為了方便識別，因此設定樣式將 Canvas 區域以虛線標示出來。

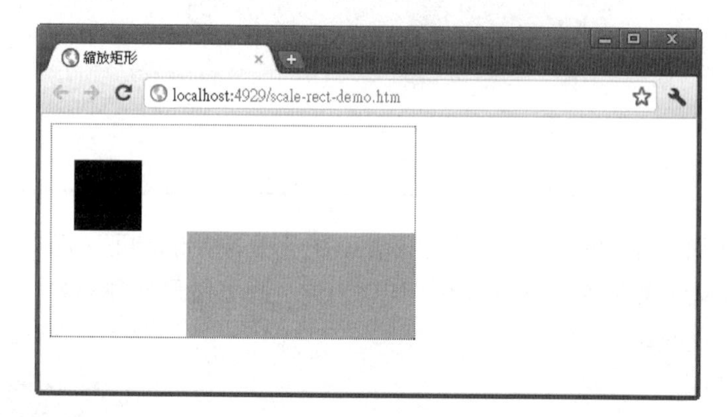

接下來，我們來看另外一個範例，針對圖像進行縮放，你會發現除非等比例縮放否則將導致圖片出現變形。

範例 10-5 圖像縮放

這張圖片首先調用 scale() 方法，於 x 軸方向放大兩倍，然後引用 drawImage() 將指定的圖片檔案描繪出來，由於僅針對水平方向放大，因此導致圖片內容橫向放大的變形效果。

scale-image.html

```
<!DOCTYPE html>
<html>
<head>
      <title> 縮放圖像 </title>
      <script>
          function init() {
              var canvas = document.getElementById("pCanvas");
              var context = canvas.getContext("2d");
              var image = new Image();
              image.src = "image/girl.jpg";
              image.onload = function (event) {
                  context.scale(2, 1);
                  context.drawImage(image, 20, 20);
              }
          }
      </script>
</head>
<body onload="init()">
<canvas id="pCanvas" width="1000"  height="660"></canvas>
</body>
</html>
```

請特別注意其中以灰階標示的程式區塊，首先調用 scale() 放大，然後再引用 drawImage() 描繪圖片。由於這個範例要示範非等比例的縮放效果，因此調用了 drawImage() 描繪圖形以呈現失真的效果，本章稍後針對 drawImage() 會有完整的討論。

圖形縮放的原理並不困難，不過運用相關技巧時會遭遇一些問題，包含線條的縮放以及相對位置的調整等等，先來看下頁的範例。

範例 10-6 示範圖形轉換－縮放

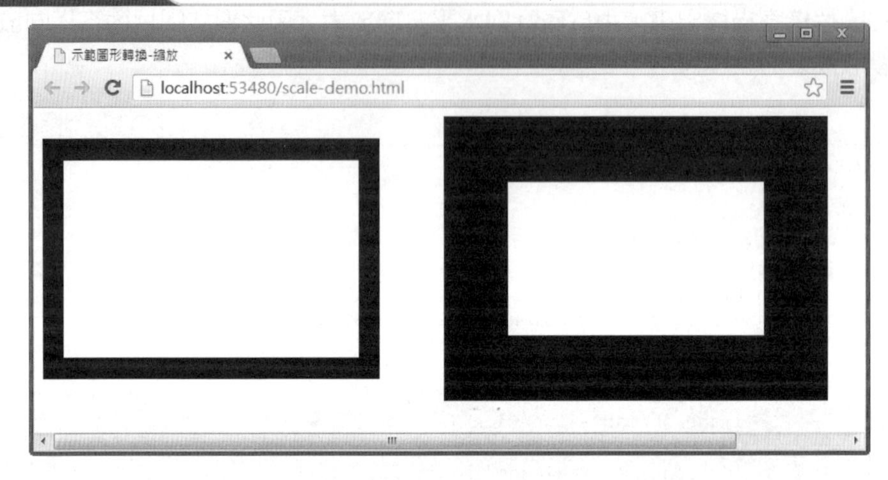

左邊是正常的矩形，右邊則是透過調用 scale() 方法，將矩形線條放大三倍的結果。

scale-demo.html

```
<script>
      function init() {
          var canvas = document.getElementById("lineCanvas");
          var context = canvas.getContext("2d");
          context.lineWidth = 20;
          context.rect(10, 30, 300, 200);
          context.stroke();
          context.beginPath();
          context.rect(410, 30, 300, 200);
          context.scale(3, 3);
          context.stroke();
      }
</script>
```

這段程式碼描繪兩個矩形進行比對，第一個矩形於正常的狀況下描繪，第二個矩形在描繪之前，調用 scale() ，預先將長寬各放大三倍然後再描繪出來。

比較前後兩個範例，讀者要注意的是進行縮放轉換時，圖形本身的縮放與圖形框線的縮放這兩者操作並不相同，最後呈現的效果也有很大的差異，如果調用 stroke() 描繪圖形，則 scale() 方法進行縮放的將是構成圖形的線條而非圖形本身。由於此範例調用的是 stroke() 方法，因此從這個輸出畫面當中可以看到被放大的是構成矩形的線條而非矩形本身。

縮放另外可能遇到的問題是相對位置的設定，由於是針對整個 Canvas 區域所作的轉換，因此你可以透過前述討論的平移技巧，藉由調整參考點改變縮放操作的參考點，變更預設的縮放效果，我們利用另外一個範例作說明。

範例 10-7 縮放參考位置

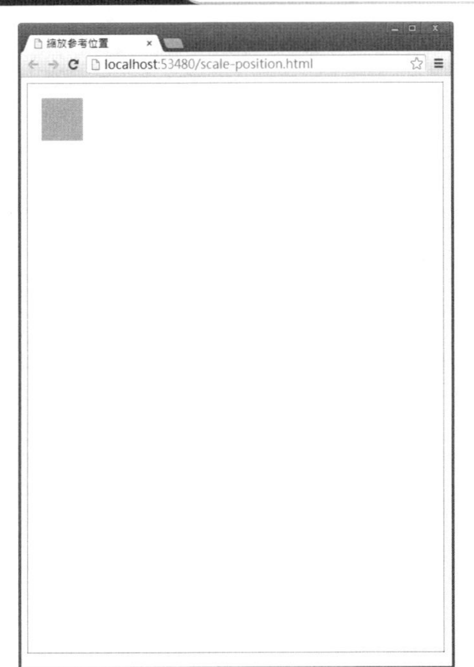

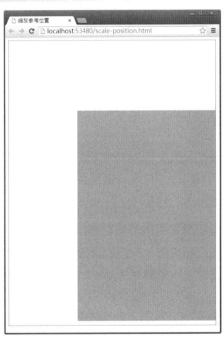

左圖是一開始網頁載入的畫面，外部的虛線方塊表示 Canvas 的區域範圍，於其中點擊滑鼠左鍵，灰色方塊會逐漸放大並遠離左上角原點位置，如右圖。

scale-position.html

```
<!DOCTYPE html>
<html>
<head>
      <title> 縮放參考位置 </title>
</head>
<style>
canvas{border:1px dotted;}
</style>
      <script>
          var canvas;
          var context;
          function init() {
```

(續)

```
            canvas = document.getElementById("pCanvas");
            context = canvas.getContext("2d");
            context.fillStyle = 'silver';
                  context.fillRect(20, 20, 60, 60);
        }
        function doscale() {
            context.clearRect(0, 0, canvas.width, canvas.height);
            context.scale(1.1, 1.1);
            context.fillRect(20, 20, 60, 60);
        }
    </script>
</head>
<body onload="init()">
<canvas id="pCanvas" width="1000"  height="800" onclick= "doscale()">
</canvas>
</body>
</html>
```

canvas 元素中的 onclick 事件屬性設定為 doscale() 函式，每一次點擊滑鼠左鍵時此函式被執行，其中重繪整個 canvas ，緊接著調用 scale() 函式放大 1.1 倍，最後描繪矩形。

由於矩形本身與位置距離同步被放大，因此每一次點擊放大的矩形亦逐步遠離左上角原點位置，要改變這種行為，只需在每一次調用 scale() 之前，平移 canvas 的位置即可，調整其中 doscale() 函式內容如下：

```
function doscale() {
      context.clearRect(0, 0, canvas.width, canvas.height);
      context.translate(-2,-2)
      context.scale(1.1, 1.1);
      context.fillRect(20, 20, 60, 60);
}
```

於 scale() 執行之前，預先調用 translate() ，將每一次放大的距離校正回來，以 x 軸為例，最後一行 fillRect() 描繪矩形的 x 軸起始點座標位置是 20 ，乘上 1.1 變成 22 ，比原來的距離多了 2 ，因此 translate() 只需指定 -2 即可重新歸位，如此一來矩形放大之後依然會固定在座標位置（20,20），如下頁圖：

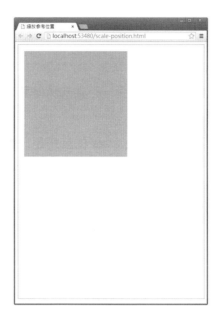

10.3.4 圖形旋轉

所謂的旋轉，是設定一個參考點當作軸心，然後圖形以此參考點為依據，進行旋轉的轉換動作，考慮以下的圖示：

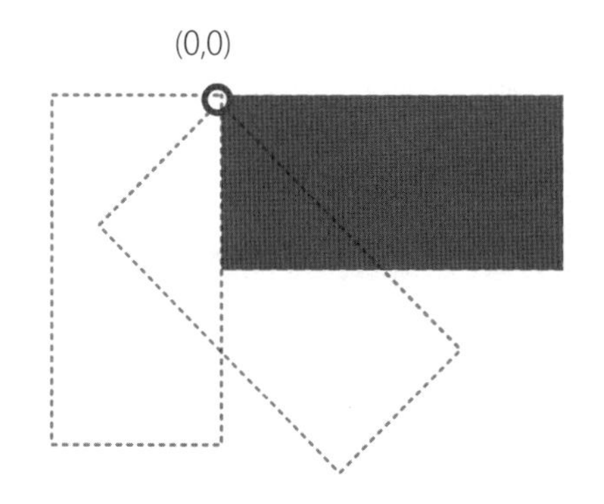

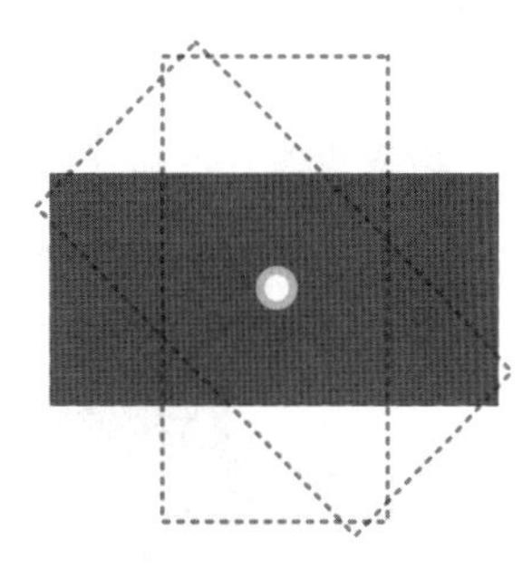

左圖以物件左上角（0,0）為旋轉的參考點，右圖則是以中央座標點（x,y）為旋轉的參考點，當你確定好旋轉的參考點，接下來透過調用 rotate() 方法，指定物件旋轉的角度，就可以將圖形以指定角度旋轉之後輸出，此方法定義如下：

```
void rotate(in double angle);
```

其中的 angle 為所要旋轉的角度，這個值可以直接以 Math.PI 進行設定，如下式：

```
context.rotate(Math.PI / 4);
```

Math.PI 表示將圖形旋轉 180 度，因此這一行程式碼指定旋轉的角度是 180/4 等於 45 度。

同前述討論平移轉換的原理，實際上 rotate 的旋轉是以整個 Canvas 區域而非描繪圖形為旋轉的轉換參考，在預設的情形下，Canvas 左上角，也就是座標位置（0,0）被設定為參考點進行旋轉，如下圖：

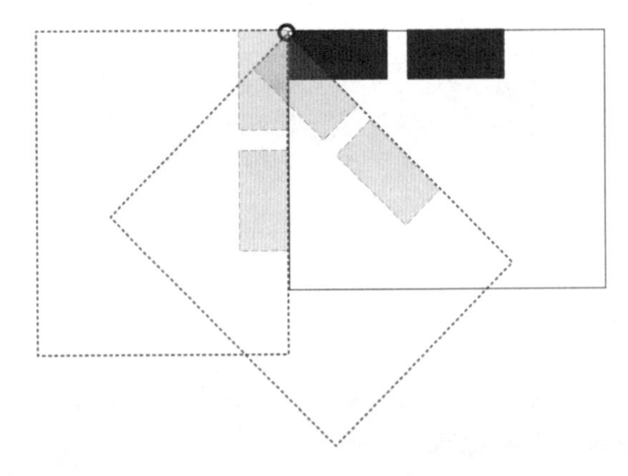

水平實線框與其中兩個實心矩形方塊是未旋轉之前的 canvas 內容，調用 rotate() 會導致整個 Canvas 區域發生旋轉，而其中的矩形則隨著產生旋轉效果。

範例 10-8 旋轉圖形

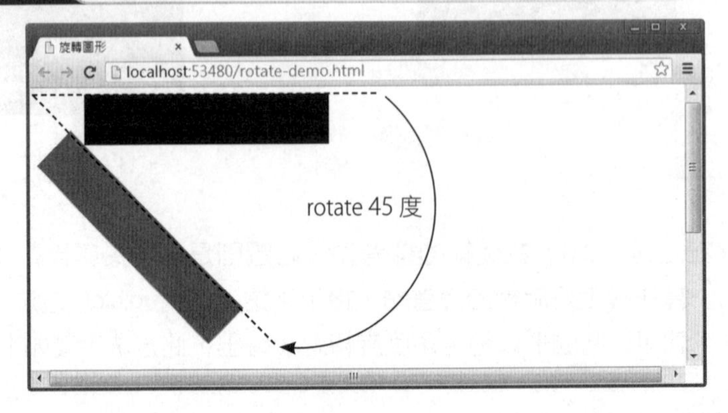

畫面中水平黑色實心矩形沒有經過任何旋轉，灰色矩形則旋轉了 45 度之後再行輸出，左上角原點則是旋轉軸心。

rotate-demo.html

```
<!DOCTYPE html >
<html >
<head>
      <title> 旋轉圖形 </title>
      <script>
          function init() {
              var canvas = document.getElementById("pCanvas");
              var context = canvas.getContext("2d");
              //
              context.fillStyle = "black";
              context.fillRect(60, 0, 300, 60);
              //
              context.rotate(Math.PI / 4);
              context.fillStyle = "gray";
              context.fillRect(60, 0, 300, 60);
          }
      </script>
</head>
<body onload="init()">
<canvas id="pCanvas" width="800"  height="600"></canvas>
</body>
</html>
```

第一個矩形直接調用 fillRect() 進行輸出，而描繪第二個矩形之前，預先調用 rotate() 進行旋轉，因此得到旋轉 45 度的矩形。

讀者從這個範例看到了旋轉圖形的效果，由於旋轉行為是透過改變 canvas 元素的配置角度來完成的，因此通常搭配平移技巧調整 Canvas 的原始參考點座標（0,0）來達到特定位置的旋轉效果，原理同上述討論縮放技巧時針對參考位置調整所作的說明。由於矩形左上角距離原點 60 像素，而旋轉是以左上角為基準，因此最後灰色矩形旋轉後的位置不是以黑色矩形的左上角為基礎。

圖形旋轉通常不會以畫面的左上角為圓心，在一般的情形下，我們會指定某個特定的座標點進行圖形旋轉操作，相關的設定可以藉由調用的 translate() 移動參考座標點來完成。

範例 10-9 設定旋轉軸心座標

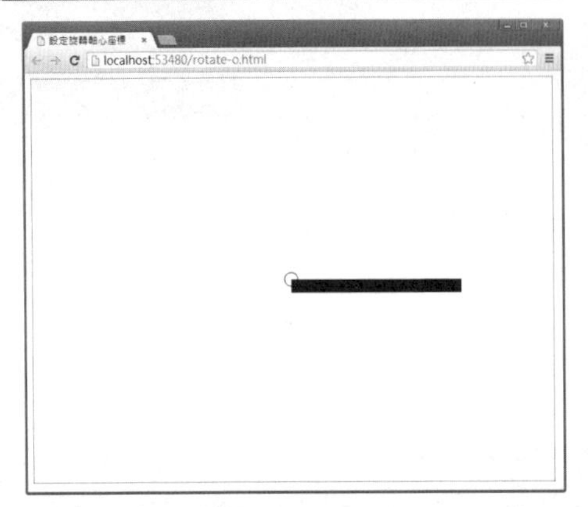

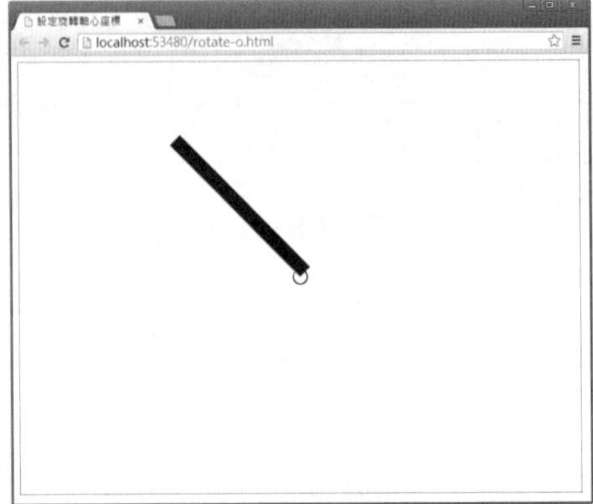

左圖是範例的載入畫面，中間的圓圈是旋轉軸心，於矩形虛線框所標示的 Canvas 區域中點擊滑鼠左鍵，畫面中央的黑色實心矩形會根據軸心順時鐘方向旋轉 15 度。

rotate-o.html

```
<!DOCTYPE html >
<html >
<head>
      <title> 設定旋轉軸心座標 </title>
      <style>
      canvas{border:1px dotted;}
      </style>
      <script>
          var canvas;
          var context;
          function init() {
              canvas = document.getElementById("pCanvas");
              context = canvas.getContext("2d");
              context.fillStyle = "black";
              context.translate(400, 300);
              context.fillRect(0, 0, 260, 20);
              context.arc(0, 0, 10, 0, Math.PI * 2, true);
              context.stroke();
          }
          function dorotate() {
              context.clearRect(-1, -1, canvas.width, canvas.height);
              context.rotate(Math.PI / 8);
              context.fillRect(0, 0, 260, 20);
              context.stroke();
              context.arc(0, 0, 10, 0, Math.PI * 2, true);
          }
```

(續)

```
    </script>
</head>
<body onload="init()">
<canvas id="pCanvas" width="800"  height="600"
        onclick="dorotate()"></canvas>
</body>
</html>
```

在 init() 函式中，調用 translate() 函式將整個座標參考點移動至（400,300）的位置，然後描繪網頁載入時所要顯示的長矩形。函式 dorotate() 於每一次使用者點擊畫面時被執行，首先清空整個畫面，然後旋轉 15 度之後，再重繪矩形與標示軸心，請注意其中的 clrearRect 指定（-1,-1）的座標點，避免邊緣的線條殘留。

讀者可以嘗試調整 translate() 座標點至矩形方塊的中間座標，如此一來便以中間為軸心進行旋轉。

10.4 矩陣轉換

接下來這一個小節討論比較複雜的矩陣轉換，當你瞭解如何利用矩陣轉換，本章到目前為止所討論的圖形轉換與變形效果，都可以直接透過矩陣轉換運算來達到，由於矩陣轉換是純粹的數學運算，因此相當彈性，直接經由矩陣轉換進行處理，可以建立更複雜的圖形轉換。

10.4.1 支援矩陣轉換實作

支援矩陣轉換實作的 API 中，提供兩組相關的方法，分別是 transform() 與 setTransform()，定義如下：

```
void transform(
      in double a, in double b, in double c, in double d,
      in double e, in double f);
void setTransform(
      in double a, in double b, in double c, in double d,
      in double e, in double f);
```

第一組方法 transform() 以指定的引數套用轉換，而第二組方法 setTransform() 則是以指定的引數直接進行轉換，這兩者的差別在於矩陣轉換的操作如果連續執行一次以上，transform() 會套用先前的轉換狀態，因此描繪出來的圖形狀態會累積之前改變的狀態，後者 setTransform 則是一次性的，無論之前執行任何轉換，對其不會有任何影響，所執行的轉換將會以最原始的狀態為轉換來源依據。

範例 10-10 矩陣轉換

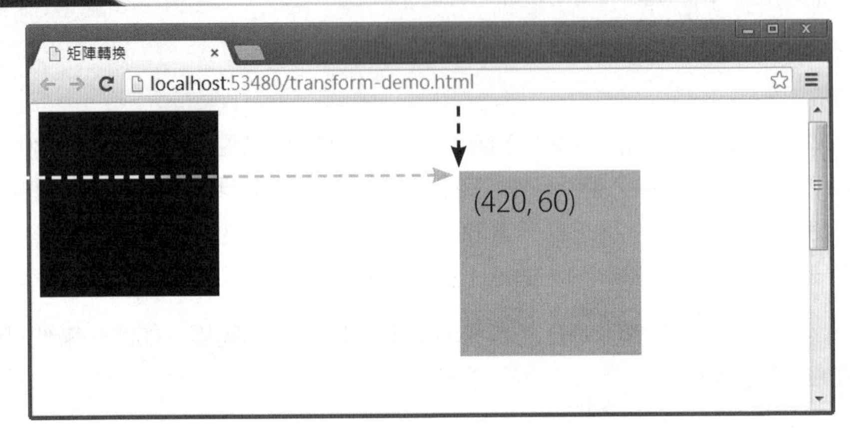

這個範例調用了 setTransform() 以矩陣轉換的方式，進行平移轉換，左邊黑色實心矩形是原始位置的輸出，右下方的灰色矩形則是完成轉換之後的輸出結果，它將原來的矩形水平往右平移 420 個像素，往下垂直平移 60 個像素位置。

transform-demo.html

```
<!DOCTYPE HTML>
<html>
<head>
<title>矩陣轉換</title>
<script >
      function drawShape() {
          var canvas = document.getElementById('pCanvas');
          var context = canvas.getContext("2d");
          context.fillStyle = "black";
          context.fillRect(0, 0, 180, 180);
          context.setTransform(1, 0, 0, 1, 420, 60);
          context.fillStyle = "silver";
          context.fillRect(0, 0, 180, 180);
      }
</script>
</head>
<body onload="drawShape();">
    <canvas id="pCanvas" width="600" height="600"></canvas>
</body>
</html>
```

首先於座標 (0,0) 的位置描繪黑色的矩形方塊，緊接著調用 setTransform() 進行轉換，接下來調整所要描繪的圖形顏色，然後指定相同的座標點與矩形長寬，重新描繪。調用 setTransform() 所使用的參數，決定最後轉換的效果，以此為例，當前四個參數為 1, 0, 0, 1，便會執行平移轉換，接下來的兩個參數則分別表示位移的 x 軸以及 y 軸距離，參數的部分後文會有進一步的討論。

如你所見，一旦套用矩陣轉換，我們可以得到指定參數的轉換效果，這個範例透過調用 setTransform() 來達到轉換的目的，如果改成調用 transform() ，則效果完全相同，如下式：

```
context.transform(1, 0, 0, 1, 420, 60);
```

而 setTransform() 與 transform() 的差異，在於第二次調用之後的結果，如果是 setTransform() ，每一次的轉換將以原始狀態重新套用，而且每一次的套用都不會累積之前的改變狀態，以下利用另外一個範例進行說明。

範例 10-11 矩陣轉換重置

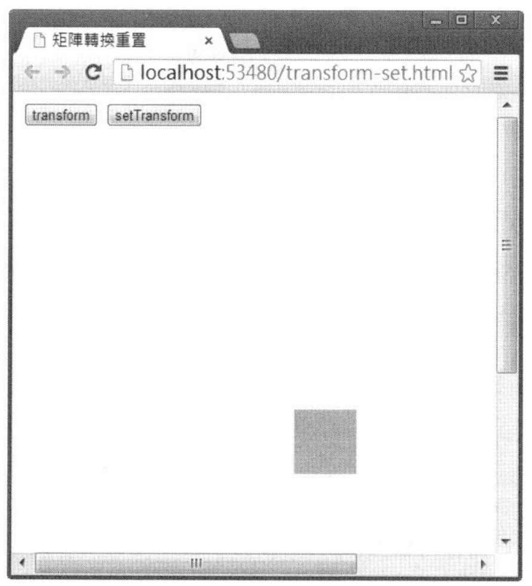

左圖是範例一開始載入之後的畫面，其中預設描繪一個矩形黑色方塊，表示一開始圖形描繪的位置，上面的兩個按鈕分別根據按鈕名稱標示，執行 transform() 與 setTransform() 轉換，右圖是持續按下 transform 按鈕的執行結果，由於每一次 transform() 方法會根據前一次的狀態進行轉換，因此轉換狀態將持續被累積，重繪的方塊逐步往右下方向輸出。

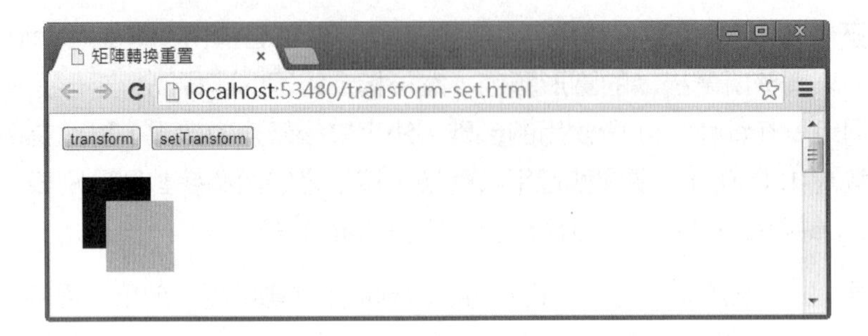

現在重新執行網頁，並且持續按下 setTransform 按鈕，讀者可以發現，黑色的矩形方塊並沒有消失。由於每一次的轉換均重新配置，因此轉換之後輸出的方塊出現在同一個位置，接下來測試另外一種狀況，如下圖：

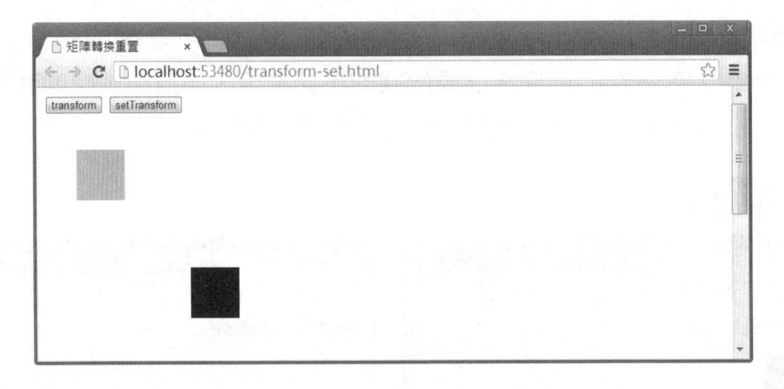

首先連按數次的 transform 按鈕，每一次描繪的方塊逐步往右下出現，然後按一下 setTransform 按鈕，讀者會發現，整個 transform() 方法轉換的效果全部回到預設值，然後重新輸出。

transform-set.html

```
<!DOCTYPE HTML>
<html>
<head>
<title>矩陣轉換重置</title>
<script >
        var canvas;
        var context;
        function drawShape() {
            canvas = document.getElementById('pCanvas');
            context = canvas.getContext("2d");
            context.fillStyle = "black";
            context.fillRect(0, 0, 60, 60);
        }
```

(續)

```
        function do_transform() {
            context.fillStyle = "black";
            context.fillRect(0, 0, 60, 60);
            context.clearRect(0, 0, canvas.width, canvas.height);
            context.transform(1, 0, 0, 1, 20, 20);
            context.fillStyle = "silver";
            context.fillRect(0, 0, 60, 60);
        }
        function do_setTransform() {
            context.fillStyle = "black";
            context.fillRect(0, 0, 60, 60);
            context.setTransform(1, 0, 0, 1, 20, 20);
            context.fillStyle = "silver";
            context.fillRect(0, 0, 60, 60);
        }
</script>
</head>
<body onload="drawShape();">
<button onclick="do_transform()" >transform</button>
<button onclick="do_setTransform()" >setTransform</button>
     <div style="padding:20px;" >
      <canvas id="pCanvas" width="600" height="600"></canvas></div>
</body>
</html>
```

範例的程式碼相當容易理解，兩個按鈕分別執行不同的函式，其中在同樣的位置描繪相同大小的矩形方塊，只是分別調用 transform() 與 setTransform() 完成矩陣轉換。經過測試讀者現在應該可以很清楚的分辨兩種方法的差異，針對一次性的轉換，調用任何一種方法基本上都是可行的，除非要考慮轉換前後的狀態差異，則 transform() 比較合適。

10.4.2 設定矩陣轉換參數

在傳統的數學領域中，經常利用 3x3 矩陣的運算來達到空間圖形的轉換效果，如下左圖：

$$\begin{matrix} a & b & c \\ d & e & f \\ g & h & i \end{matrix} \quad \longrightarrow \quad \begin{matrix} a & c & dx \\ b & d & dy \\ 0 & 0 & 1 \end{matrix}$$

左圖矩陣結構包含了三個直行與三個橫列，其中容納九個數值，而在 Canvas 轉換運算所需的矩陣僅需處理 xy 平面的轉換，因此第三列直接設定為 (0,0,1)，而右圖的六個值，以（a,b,c,d,dx,dy）的順序，分別對應轉換方法的六個參數，以上述的範例說明：

```
context.transform(1, 0, 0, 1, 420, 60);
```

當這段程式碼被執行，目前的圖形矩陣會被乘上以下參數所設定的矩陣進行轉換作業。

1	0	420
0	1	60
0	0	1

稍早本章所討論的各種轉換，同樣可以經由矩陣轉換來實現，前述的範例中讀者已經看到了平移轉換的範例，包含其它的轉換效果，以下列舉說明之。

- **平移**

平移轉換透過改變 x 軸與 y 軸座標值來實現，調用 transform() 所需的參數值如下：

```
context.transform(1, 0, 0, 1, x, y);
```

1	0	x
0	1	y
0	0	1

其中的前四個參數為固定值，最後的 x 與 y 則分別代表所要平移的 x 軸與 y 軸距離。

- **縮放**

圖形縮放是將 x 軸方向與 y 軸方向的值乘上指定的大小，調用 transform() 所需的參數值如下：

```
context.transform(x, 0, 0, y, 0, 0);
```

x	0	0
0	y	0
0	0	1

原理相同，其中的 x 值為圖形欲縮放的 x 軸方向倍數，y 值則為圖形欲縮放的 y 軸方向倍數，其它

的值則維持 0 即可。

- **旋轉**

圖形的旋轉在沒有其它轉換的前提下，以 canvas 元素定義區域的其左上角原點座標為軸心旋轉，所需的參數值如下：

$$
\begin{matrix}
\cos(a) & -\sin(a) & 0 \\
\sin(a) & \cos(a) & 0 \\
0 & 0 & 1
\end{matrix}
$$

```
context.transform
      (cos(a), sin(a), -sin(a), cos(a), 0, 0);
```

其中的 a 為所要旋轉的角度，並且以此值為參數引用三角函式。

範例 10-12 矩陣轉換－縮放、平移、旋轉

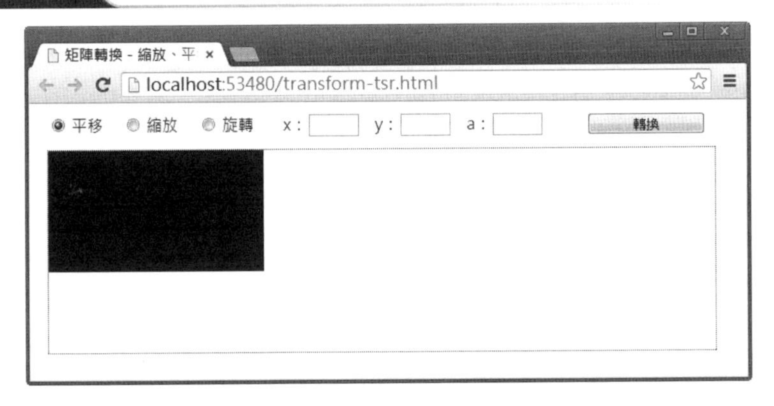

首先畫面呈現一個黑色實心的矩形，表示初始的圖形描繪狀態，上方可以點選要套用的效果，如果是平移或縮放，必須輸入 x 與 y 兩個值，如果選擇旋轉效果，則必須輸入 a 表示要旋轉的角度，如下圖：

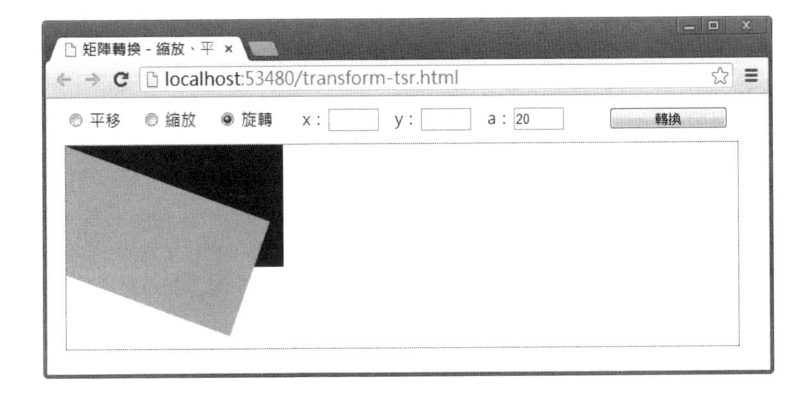

以上的圖示選取了旋轉效果，指定旋轉 20 度，按下轉換按鈕，出現旋轉 20 度的輸出結果，與原來的黑色背景方塊比較可以明顯看出偏移的角度。讀者可以自行操作其它的功能，以檢示轉換的效果，這個範例全部透過矩陣轉換來達到圖形轉換的目的。

transform-tsr.html

```
<!DOCTYPE html >
<html>
<head>
      <title>矩陣轉換－縮放、平移、旋轉</title>
      <style>
          /* ... */
      </style>
      <script>
          var canvas;
          var context;
          window.onload = function () {
              canvas = document.getElementById('pCanvas');
              context = canvas.getContext("2d");
              context.fillStyle = "black";
              context.fillRect(0, 0, 220, 120);
          }
          function doTrans() {
              context.clearRect(0, 0, canvas.width, canvas.height);
              canvas.width = canvas.width;
              context.fillStyle = "black";
              context.fillRect(0, 0, 220, 120);
              var x = document.getElementById('x').value;
              var y = document.getElementById('y').value;
              var a = document.getElementById('a').value;

              if (document.getElementById('translate').checked == true) {
                  context.setTransform(1, 0, 0, 1, x, y);
              } else if (document.getElementById('scale').checked == true) {
                  context.setTransform(x, 0, 0, y, 0, 0);
              } else if (document.getElementById('rotate').checked == true) {
                  var sin = Math.sin((Math.PI / 180) * a);
                  var cos = Math.cos((Math.PI / 180) * a);
                  context.setTransform(cos, sin, -sin, cos, 0, 0);
              }
              context.fillStyle = "silver";
              context.fillRect(0, 0, 220, 120);
          }
      </script>
</head>
<body>
      <div>
          <input id="translate" type="radio" name="rtsr" checked />
          <label class="tsr">
              平移</label>
          <input id="scale" type="radio" name="rtsr" />
          <label class="tsr">
```

(續)

```
            縮放 </label>
        <input id="rotate" type="radio" name="rtsr" />
        <label class="tsr">
            旋轉 </label>
        <label>
            x：</label><input id="x" type="text" size="3" />
        <label>
            y：</label><input id="y" type="text" size="3" />
        <label>
            a：</label><input id="a" type="text" size="3" />
        <button onclick="doTrans()">
            轉換 </button></div>
    <div>
        <canvas id="pCanvas" width="680" height="200">
        </canvas></div>
</body>
</html>
```

此範例重點在 doTrans() 這個函式，其中根據使用者點選的選項，決定所要套用的轉換矩陣參數，然後重新描繪矩形。

除了典型的轉換，透過不同的參數設定，可以實現其它的轉換效果，例如另外還有一種常見的斜切轉換同樣可以透過矩陣參數的設定來達到目的，考慮以下的圖示：

左圖中的透明平行四邊形是黑色實心矩形延著 y 軸歪斜 15 度的情形，右圖則是延著 x 軸歪斜 15 度的情形，要透過矩陣轉換達到這個效果，所需的參數設定如下：

```
context.setTransform(1, tan,0,  1, 0, 0);
context.setTransform(1, 0, tan, 1, 0, 0);
```

第一組參數實現 y 軸的歪斜轉換，tan 表示角度 a 的三角函式 tan(a) ，第二組參數實現 x 軸的歪斜轉換，對應的矩陣公式如下頁圖：

1	0	0		1	tan(a)	0
tan(a)	1	0		0	1	0
0	0	1		0	0	1

[y 軸]　　　　[x 軸]

範例 10-13 矩陣轉換－歪斜

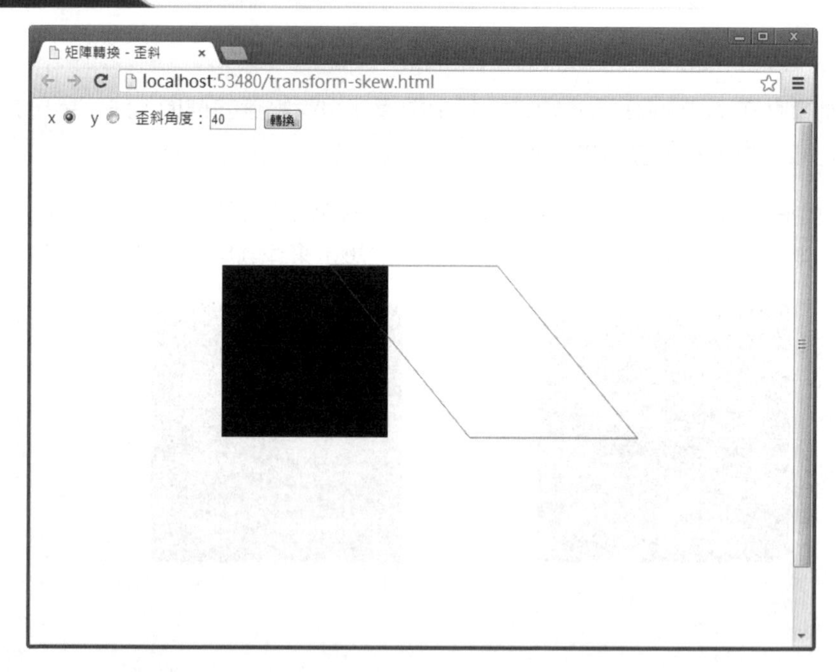

使用者可以在畫面的左上角，選擇以 x 或是 y 為轉換的依據，然後指定歪斜的角度，按下「轉換」按鈕，檢視轉換的效果。

transform-skew.html

```
<!DOCTYPE HTML>
<html>
<head>
        <title> 矩陣轉換 - 歪斜 </title>
        <style>
            label
```

(續)

```
            {
                padding-left: 10px;
            }
        </style>
        <script>
            function drawShape() {
                var canvas = document.getElementById('pCanvas');
                var context = canvas.getContext("2d");
                canvas.width = canvas.width;
                context.fillStyle = "black";
                context.fillRect(200, 140, 180, 180);
                var tan = Math.tan(
                    (Math.PI / 180) * document.getElementById('xy').value);

                if(document.getElementById('skew-x').checked==true)
                    context.setTransform(1, 0, tan, 1, 0, 0);
                else if (document.getElementById('skew-y').checked == true)
                    context.setTransform(1, tan, 0, 1, 0, 0);

                context.strokeStyle = "gray";
                context.strokeRect(200, 140, 180, 180);
            }
        </script>
</head>
<body onload="drawShape();">
        <div>
            <label class="tsr"> x</label>
            <input id="skew-x" type="radio" name="rtsr" checked />
            <label class="tsr"> y</label>
            <input id="skew-y" type="radio" name="rtsr" />
            <label>
                歪斜角度：</label><input id="xy" type="text" size="3" />
            <button onclick="drawShape()">
                轉換 </button></div>
        <canvas id="pCanvas" width="800" height="600">
        </canvas>
</body>
</html>
```

函式 drawShape() 根據使用者點選的項目，並取得畫面上輸入的偏移角度，然後設定正確的參數，調用 setTransform() 完成轉換。

完成轉換作業的討論，針對 Canvas 的圖形描繪功能介紹將告一段落，接下來我們要進一步討論其它各種與 Canvas 有關的特性與功能，包含圖片檔案的描繪，以及動畫效果的實作等等。

10.5 Canvas 的 Width 對 Height 屬性設定

Canvas 可以透過 Width 與 Height 屬性直接定義，或是經由 CSS 樣式直接設定，這兩種方式達到的效果不盡相同，當你嘗試於其中描繪圖形時，以 CSS 樣式設定 Canvas 大小，會影響圖形描繪時的外觀呈現。

範例 10-14 Canvas 長寬設定

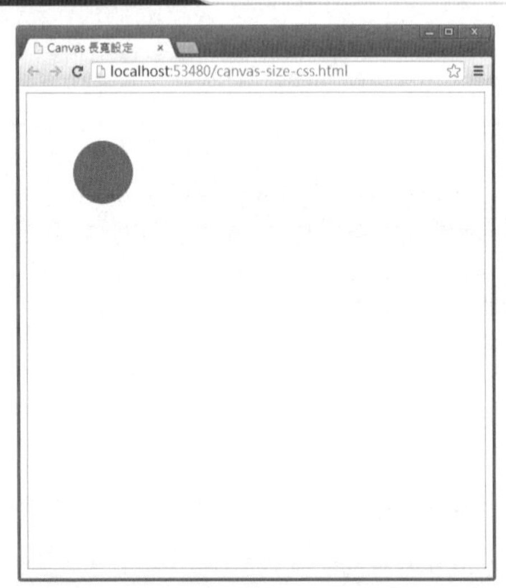

左邊是透過 Canvas 直接設定其 width 與 height 屬性呈現的結果，右圖則是於 CSS 當中設定相當的屬性，其中的虛線框則是設定後的 Canvas 矩形區域。

canvas-size-css.html

```
<!DOCTYPE html />
<head>
      <title>Canvas 長寬設定 </title>
      <style>
           canvas{border:1px dotted;}
      </style>
      <script>
          function init() {
              var canvas = document.getElementById("pCanvas");
              var context = canvas.getContext("2d");
              context.translate(100, 100);
              context.arc(0, 0, 40, 0, Math.PI * 2, false);
              context.fillStyle = 'gray';
              context.fill();
```

(續)

```
        }
    </script>
</head>
<body onload="init()" >
<canvas id="pCanvas" width=600 height=600  >
</canvas>
</body>
</html>
```

在 body 區塊中，canvas 設定了 width 與 height 屬性，以界定其範圍大小，而網頁載入完成執行 init() 函式，其中以（100,100）為圓心座標描繪了一個圓形。當這個網頁執行時會正常呈現，現在將 canvas 元素中的 width 以及 height 屬性拿掉，重新於一開始的 style 樣式標籤中進行設定，修改 canvas 屬性如下：

```
canvas{border:1px dotted;width:600px height:600px}
```

完成這一行設定之後，你會看到此範例一開始的展示結果，其中的圖形被延展放大，出現非預期的結果，比較兩者的輸出，讀者會發現在 CSS 的設定是直接將 Canvas 的內容作放大處理，而非放大顯示區域，這是兩者的差別。

10.6 設定 Canvas 背景

在很多情形下，你可能需要設定 Canvas 的背景，例如前述的範例中，我們必須在每一次使用者重新按下描繪按鈕時，清空整個 Canvas 內容，如果其中設定了背景內容亦需一併重繪。另外一方面，後文將討論 Canvas 的動畫設計，其中透過不斷重複清空畫面以及描繪圖形的原理，來達到視覺上的動態畫面效果，由於每一次重繪均須清空整個 Canvas 內容，對於作為背景的固定內容而言，不但沒有效率，亦不需要，而要避免背景重繪的情形，你可以透過 CSS 的背景樣式將指定的圖檔設定為 Canvas 的背景，如此一來，當你清空 Canvas 內容時，背景圖不會有任何影響，考慮以下的設定：

```
canvas
{
        background-image:url(window.jpg) ;
        background-size:contain ;
        background-repeat:no-repeat ;
}
```

如你所見，這與一般的 CSS 背景設定相同，其中指定了一張檔案名稱為 window.jpg 的圖片作為 canvas 區域的背景圖檔，並指定其大小與重複行為。

範例 10-15 canvas 背景設定

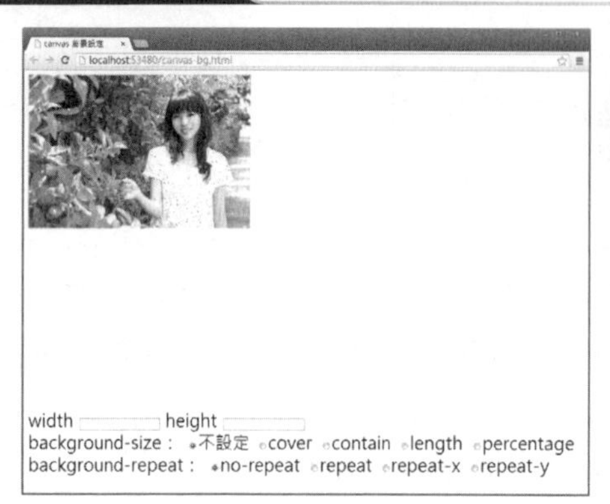

左圖是一開始載入網頁時的畫面，其中以 background-image 屬性設定了 canvas 的背景，並且顯示在左上角，畫面下方提供了 background-size 與 background-repeat 兩組不同的屬性設定選項，如果輸入 width 與 height ，可以指定長寬值或是比例為單位顯示一張圖片。

canvas-bg.html

```
<!DOCTYPE html >
<html >
<head>
      <title>canvas 背景設定 </title>
      <style>
      canvas{
          background-image:url(images/girl.jpg ) ;
          background-repeat:no-repeat  ;
      }
      input{ margin-left:12px;}
      div{ font-size:xx-large;}
      </style>
      <script>
          function change_repeat(o) {
              document.getElementById('pcanvas').
                  style.backgroundRepeat = o.value ;
          }
          function change_size(o) {
              var size = o.value  ;
              if (size == 'cover' || size == 'contain' || size=='')
                  document.getElementById('pcanvas').
                  style.backgroundSize = o.value;
              else {
                  var w = document.getElementById('width').value;
                  var h = document.getElementById('height').value;
                  var wh = '';
```

(續)

```
                if (size == 'length')
                    wh = w + 'px ' + h + 'px';
                else
                    wh = w + '% ' + h + '%';
                document.getElementById('pcanvas').
                    style.backgroundSize = wh ;
            }
        }
    </script>
</head>
<body>
<canvas id="pcanvas"  width=900  height=600   >
</canvas>
<div>
width<input type="text" id="width">
height<input type="text" id="height"> </div>
<div>background-size：
    <input type="radio" value="" name="size"
onclick="change_size(this)" checked /> 不設定
    …
</div>
<div> background-repeat：
    <input type="radio" value="no-repeat" name="repeat"   onclick="change_
repeat(this)" checked />no-repeat
    …</div>
</body>
</html>
```

一開始設定 Canvas 的背景樣式，當使用者按下畫面上的設定選項時，背景圖依據選項的關聯樣式進行設定。

Canvas 本身不僅僅能夠設定圖片背景，更重要的是同時支援了圖片檔案的編輯功能，除了簡單描繪複製輸出、裁切，甚至到組成圖片的像素分析等等，都能夠透過相關 API 的調用來建立所需的功能，我們繼續往下看。

10.7 影像處理

影像處理是相當普遍的功能，Canvas 在這一方面亦提供了強大的支援，這一節我們從最單純的圖片描繪複製開始，針對各種影像處理功能的實作進行討論。

10.7.1 描繪圖片檔案內容

Canvas 支援了 drawImage() 方法，透過此方法的調用可以輕易的建立圖片檔案的描繪輸出功能，此方法有幾種不同的版本，以下先來看最基礎的版本：

```
drawImage(image, dx, dy)
drawImage(image, dx, dy, dw, dh)
```

其中第一個參數 image 為所要描繪並且輸出的 img 元素，第一組方法中的 dx 與 dy 指定圖片檔案輸出的座標位置，第二組方法中的 dw 與 dh 則進一步指定輸出圖片的高度與寬度。

調用 drawImage() 描繪圖像的步驟，是將所要描繪的圖像來源檔案設定給 image 元素物件，然後將此物件當作第一個參數直接丟給 drawImage() 函式即可。

範例 10-16 示範圖像描繪輸出

左圖是一開始網頁載入的畫面，上方有一個比例縮放滑桿，操作滑桿可以重新描繪縮放的圖片檔案。

drawImage-demo.html

```
<!DOCTYPE html />
<html >
<head>
      <title>示圖像描繪輸出</title>
```

(續)

```
        <script>
            var canvas, context,image;
            function init() {
                canvas = document.getElementById("pCanvas");
                context = canvas.getContext("2d");
                image = new Image();
                image.src = "images/girl.jpg ";
                image.onload = function (event) {
                    context.drawImage(image, 20, 20);
                }
            }
            function rangeChange(o) {
                context.clearRect(0, 0, canvas.width, canvas.height);
                var s = document.querySelector('input#wh').value;
                context.drawImage(image, 20, 20,
                    image.width * s, image.height * s);

            }
        </script>
</head>
<body onload="init()">
<p> <input id="wh" type="range" max="2" min="0.5" step="0.02"
style="width:800px;" value=1 onchange="rangeChange(this)"  /></p>
<canvas id="pCanvas" width="1000"  height="800"    ></canvas>
</body>
</html>
```

網頁一開始載入時，直接調用 drawImage() 將指定的圖檔描繪出來。

HTML 的部分配置了 range 控制項，並且設定了 rangeChange 事件屬性 range Change()，而每一次使用者操作 range 控制項時，rangeChange() 函式中調用 drawImage() 重新描繪圖檔內容，並且將長寬乘上 range 控制項目前的比例值，設定為第三以及第四個參數，達到圖片的等比例動態縮放效果。

10.7.2 切割圖片檔案

drawImage() 方法另外還有一個版本，支援圖片的切割作業，先來看定義：

```
drawImage(image, sx, sy, sw, sh, dx, dy, dw, dh)
```

除了要描繪的 img 元素，其中有兩組對應的數據，假設下頁矩形為所要描繪的原始來源圖像：

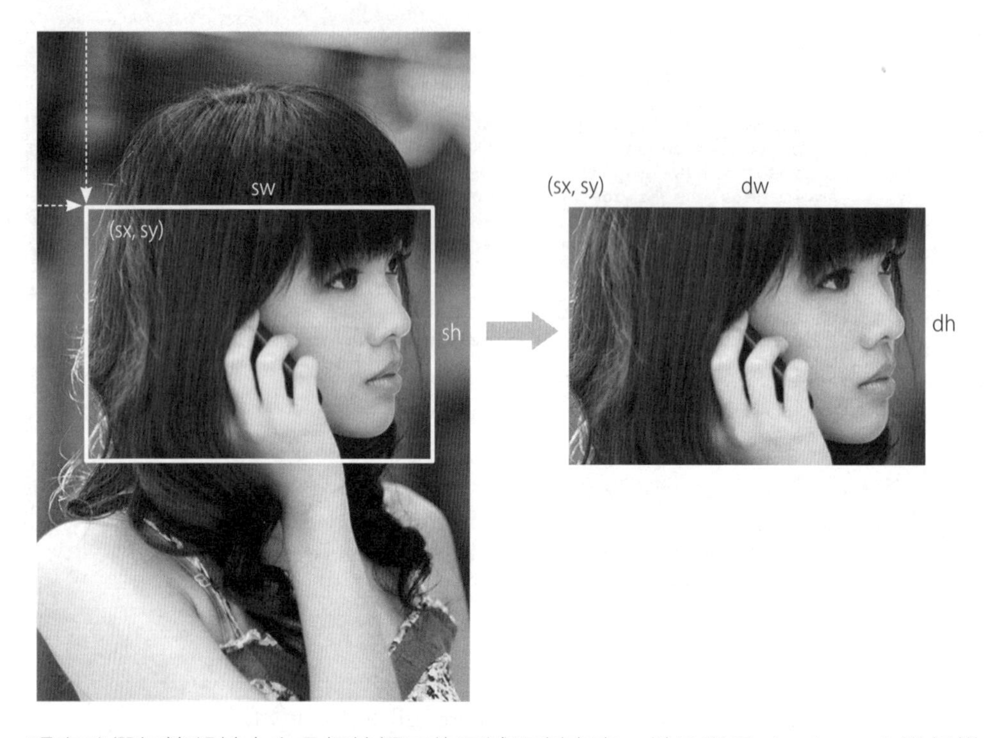

現在我們打算將其中白色框線標示的區域切割出來，並且調用 drawImage() 進行描繪，此時 sx 與 sy 表示切割區域的起始點相對於圖像左上角的座標，而 sh 與 sw 則是切割區域的長寬。取得切割區塊之後，接下來就可以將其描繪於指定的 canvas 區域，接下來的 dx 、dy 、dw 、dh 等四個參數意義與稍早討論的 drawImage() 基礎版本相同。

現在回到上述的「範例 10-16」網頁範例，調整其中網頁載入時調用的 drawImage() 方法如下：

```
context.drawImage(image, 100, 100, 200, 120, 20, 20, 200, 120);
```

這一行設定從 image 所對應的圖片中，座標點 (100,100) 的位置開始切割，取出長寬分別為 200 與 120 的部分內容，最後在 canvas 元素定義的區域中，從座標點 (100,100) 的位置開始描繪，描繪的長寬則是相同尺寸的 200 與 120 。現在重新執行範例，會得到下頁的結果：

左圖是經過裁切的輸出結果，右圖是原始圖片的完整輸出畫面。利用此 drawImage() 版本的功能，我們可以設計一支程式，讓使用者直接以滑鼠拖曳選取所要切割的圖片區域，以下的範例來看相關的實作。

範例 10-17　示範圖片檔案切割輸出

這個執行畫面有兩個部分，左邊是完整的圖像檔案，於其中任何一個位置，按下滑鼠左鍵拖曳出矩形區域，放開之後，拖曳的區域會以白色的矩形框標示，在右邊的方型框中按一下，則左邊矩形區域中的部分圖片內容會被複製一份貼至右邊的區域中。

drawImage-drag.html

```
<!DOCTYPE html />
<html >
<head>
    <title>示範圖片檔案的切割輸出</title>
    <style>
    div#imgarea
    {
        background-image:url(images/girl.jpg ) ;
        background-repeat:no-repeat;float:left;
    }
    canvas#pCanvas{ cursor:pointer;}
    canvas#cimage{ border:1px dotted;}
    </style>
    <script>
        var canvas, context, image, ccanvas, ccontext;
        function init() {
            ccanvas = document.getElementById("cimage");
            ccontext = ccanvas.getContext("2d");
            canvas = document.getElementById("pCanvas");
            context = canvas.getContext("2d");
            context.lineWidth = 6;
            context.strokeStyle = 'silver';
            image = new Image();
            image.src = "images/girl.jpg ";

        }
        var startx = 0,starty = 0;
        var stopx = 0;
        var stopy = 0;
        var cb =0;
        function clipstart(event) {
            startx = event.x;
            starty = event.y;
            cb = 1;
        }
        function clipstop(event) {
            stopx = event.x;
            stopy = event.y;
            cb = 0;
        }
        function onmove(event) {
            if (cb == 1) {
                context.clearRect(0, 0, canvas.width, canvas.height);
                var h = event.y - starty;
                var w = event.x - startx;
                context.strokeRect(startx, starty, w, h);
            }
        }
        function drawCImage(event) {
            ccontext.clearRect(0, 0, ccanvas.width, ccanvas.height);
            var h = stopy - starty;
            var w = stopx - startx;
            ccontext.drawImage(image, startx, starty, w, h,0, 0, w, h);
        }
```

(續)

```
        </script>
</head>
<body onload="init()">
<div>
        <div id="imgarea" >
        <canvas id="pCanvas" width="600"  height="400"
            onmousedown="clipstart(event)"
            onmouseup="clipstop(event)"
            onmousemove="onmove(event)" ></canvas></div>
      </div><div  >
      <canvas id="cimage" width="600"  height="400"
            onmousedown="drawCImage(event)"  ></canvas></div>
</body>
</html>
```

head 區塊中的 style 區段預先將要操作的圖片設定為背景圖，並針對左邊的 canvas 區塊設定了 onmousedown 、onmouseup 以及 onmousemove 事件屬性，這三組事件的回應處理函式分別補捉使用者按下滑鼠、拖曳以及放開滑鼠鍵的相關位置座標，最後於 mouseup 事件處理函式 clipstop() 中，記錄使用者推曳出的矩形區塊。

當使用者在右邊以虛線標示的 canvas 中按下滑鼠鍵，此時根據記錄的區塊範圍資訊，調用 drawImage() 描繪此區塊的部分內容，並且將其輸出在此 canvas 當中。注意一開始的 init() 函式，其中當網頁載入完成時，設定必要的物件資訊，同將建立所需的 image 物件，並且指定示範的圖片檔案來源。

除了基本的裁剪區域定義，你也可以利用此種方法實現圖片動態檢視功能，以下是另外一個範例。

範例 10-18 利用裁剪功能實作圖片檢視

類似前述切割圖片的範例，網頁一開始載入完成時，其中的圖檔以灰階呈現，而當使用者按下滑鼠左鍵於畫面上拖曳出矩形區塊，放開左鍵時矩形區域會顯示彩色內容。

clip-img.html

```
<!DOCTYPE html />
<html >
<head>
      <title>利用裁剪功能實作圖片檢視</title>
      <style>
      div
      {
          background-image:url(images/girl_gray.jpg ) ;
          background-repeat:no-repeat;
          width:1000px;height:600px;
      }
      canvas{cursor:pointer;}
      </style>
      <script>
          var canvas, context, image;
          function init() {
              canvas = document.getElementById("pCanvas");
              context = canvas.getContext("2d");

              image = new Image();
              image.src = "images/girl.jpg ";
          }
          var startx = 0,starty = 0;
          var stopx = 0,stopy = 0;
          var cb = 0;
          function clipstart(event) {
              startx = event.x;
              starty = event.y;
              cb = 1;
          }
          function clipstop(event) {
              stopx = event.x;
              stopy = event.y;
              var h = stopy - starty;
              var w = stopx - startx;
              //定義裁剪區域
              context.beginPath();
              context.rect(startx, starty, w, h);
              context.clip();
              context.drawImage(image,0,0);
              cb = 0;
          }
          function onmove(event) {
              if (cb == 1) {
                  canvas.width = canvas.width;
                  context.strokeStyle = 'red';
```

(續)

```
                var h = event.y - starty;
                var w = event.x - startx;
                context.strokeRect(startx, starty, w, h);
            }
        }
    </script>
</head>
<body onload="init()">
    <div id="imgarea" >
        <canvas id="pCanvas"
            onmousedown="clipstart(event)"
            onmouseup="clipstop(event)"
            onmousemove="onmove(event)" width=1000 height=600  >
        </canvas>
    </div>
</body>
</html>
```

一開始的 CSS 樣式中設定一張灰階圖片為底圖，實作動態呈現部分彩色區域的效果。於 canvas 中，捕捉使用者按下、拖曳與放開滑鼠鍵的事件，並逐一指定回應的函式名稱。對應的函式中，最後 clipstop() 於使用者放開滑鼠按鍵時，根據所記錄的矩形區域範圍，調用 clip() 設定裁剪區域，將指向彩色版相片檔案 image 物件的相對區域描繪出來，此 image 物件於一開始網頁載入完成時，設定動態描繪的彩色圖片來源。

除了圖片檔案內容的輸出，drawImage() 甚至允許輸出視頻內容，或描繪各種 Canvas 圖像元素，第十二章討論影音多媒體支援時，將針對這一部分進一步作討論。

下一小節同樣是關於影像的處理，而更進一步的，我們來看看如何萃取構成圖片內容的單位像素，進行更細膩的影像處理作業。

10.8 操作像素

針對 Canvas 輸出的圖形，我們還可以進一步調用 API 調整像素內容，改變圖形的屬性，包含圖像的亮度與灰階等專業修圖軟體所提供的功能。

10.8.1 關於圖形像素操作

當你要針對圖片進行編修，必須進一步取得圖片檔案中的像素資料，針對這些資料進行處理來達到所要的目的，canvas 支援三種相關的方法，列舉如下頁：

方　法	說　明
createImageData()	建立像素資料。
getImageData()	取出像素資料。
putImageData()	寫入像素資料。

透過上述列舉的三種方法即可輕易的操作像素資料，調整描繪的圖形外觀，甚至改變圖像的內容。而除了這些方法，另外一個必須瞭解的是 ImageData 物件，這個物件表示你要調用上述方法處理的圖片影像區域內容，考慮以下的圖示：

假如要針對其中以虛線框標示區域的影像進行處理，此時必須取出此區塊的像素內容逐一作調整，因此你須透過 getImageData() 取出這一塊區塊的所有像素單元並且封裝成 ImageData 物件回傳，接下來對這個物件的像素內容進行處理即可。

而方法 putImageData() 負責將調整好的 ImageData 物件資料回寫進 Canvas 物件當中，完成影像處理作業。至於 createImageData() 可以讓你建立一組空白的新 ImageData() 物件。

10.8.2 像素讀取與輸出

任何 Canvas 的內容均是由像素所組成，而每一種像素由 RGB 三種色彩元素以及表示透明度的 A 值，總共四種元素所組成，其中 R、G、B 是 0~255 的整數值，A 則是 0~1，因此 canvas 區塊當中一塊 100×100 單位像素的區域中，將會有 100×100×4=40000 個色彩單元，當我們要處理這塊區域的圖像內容，只要取出這 40000 個像素單元進行數值調整即可達到目的。取出像素單元必須調用 getImageData()，它的定義如下：

```
getImageData(sx, sy, sw, sh)
```

其中 sx 與 sy 參數代表開始取出的座標位置，而 sw 表示取出的寬度，sh 表示取出的高度，如下圖：

考慮以下這一行程式碼：

```
imgdata = context.getImageData(20, 20, 160, 80);
```

最後回傳的 imgdata 陣列變數中，儲存了從座標位置（20,20）開始，涵蓋寬 160 且高 80 的區域像素資料，從陣列索引值 0 開始，每四個陣列元素為一個像素單位，依序如下：

```
imgdata[0]=R
imgdata[1]=G
imgdata[2]=B
imgdata[3]=A
```

接下來的 imgdata[4] 為下一組像素的 R ，依此類推，總共 160*80=12800 組像素單位，如果檢視這裡的 imgdata 陣列長度，會得到總共 12800*4 = 51200 個涵蓋圖像區域內所有 RGB 與 A 元素的完整色彩單元。

範例 10-19 取得圖像 RGB 像素值

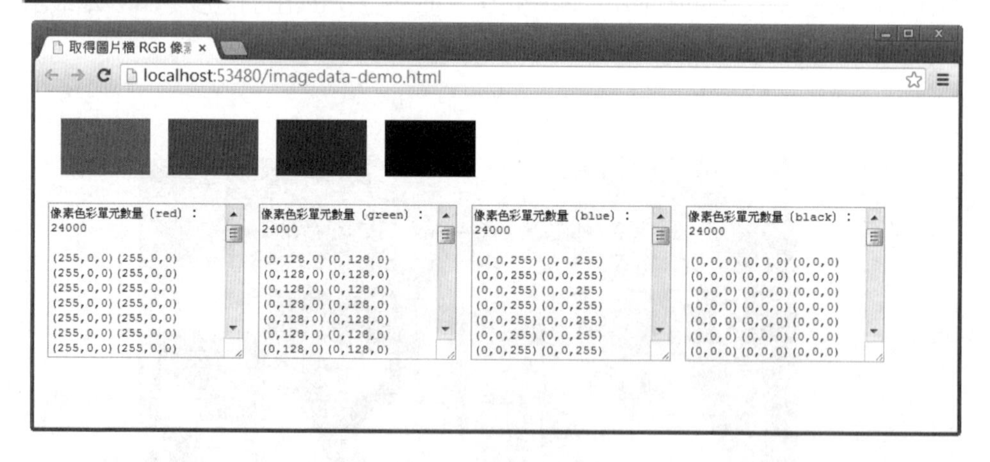

取出畫面中預先描繪的紅綠藍黑等四個矩形方塊的內容像素，讀者可以看到這四個色塊的像素組成。

imagedata-demo.html

```
<!DOCTYPE html>
<html>
<head>
      <title>取得圖像 RGB 像素值</title>
      <style >
```

(續)

```
        textarea{margin:6px;}
        </style>
        <script>
            function init() {
                var canvas = document.getElementById("pCanvas");
                var context = canvas.getContext("2d");
                var colors =['red', 'green', 'blue', 'black'];
                var xs = [20, 140, 260, 380];
                for (var cindex = 0; cindex < 4; cindex++) {
                    context.fillStyle = colors[cindex];
                    context.fillRect(xs[cindex], 20, 100, 60);
                    var imgdata = context.getImageData(xs[cindex], 20, 100, 60);
                    var pxs = imgdata.data;
                    var imgdatastring = '';
                    imgdatastring +=
                        '像素色彩單元數量 (' + colors[cindex] + '):\n' +
                        pxs.length + '\n\n';
                    for (var i = 0; i < pxs.length; i += 4) {
                        imgdatastring += ('(' + pxs[i] + ',' +
                            pxs[i + 1] + ',' + pxs[i + 2] + ')');
                    }
                    document.getElementById(colors[cindex]).value = imgdatastring;
                }
        </script>
</head>
<body onload="init()">
<div>
<canvas id="pCanvas"  width="1000" height="100"></canvas>
</div>
<textarea id="red" rows=10  cols=24 ></textarea>
<textarea id="green" rows=10 cols=24 ></textarea>
<textarea id="blue" rows=10 cols=24 ></textarea>
<textarea id="black" rows=10 cols=24  ></textarea>
</body>
</html>
```

網頁載入後，描繪所要呈現的色塊，然後調用 getImageData() 取得其中的色塊像素資料陣列，最後透過 for 迴圈，逐一取出所有的像素值，並且合併成為長字串，輸出預先配置的 textarea 。由於這個範例需要四個代表三原色的色塊以及一個黑色塊，因此利用 for 迴圈進行處理。

除了取出像素資料，我們也可以將特定的像素資料輸出於畫面，調用 context.putImageData() 方法可以達到這個目的。

10.8.3 調用 putImageData() 輸出圖像

調用 getImageData() 取得的像素資料，可以將其傳入 putImageData() ，轉換成為圖像資料重新輸出，來看看這個方法的定義：

```
putImageData(imagedata, dx, dy);
```

其中的參數 imagedata 為所要輸出的像素資料，表示你要將其在座標（dx,dy）的位置輸出。

範例 10-20 輸出像素資料

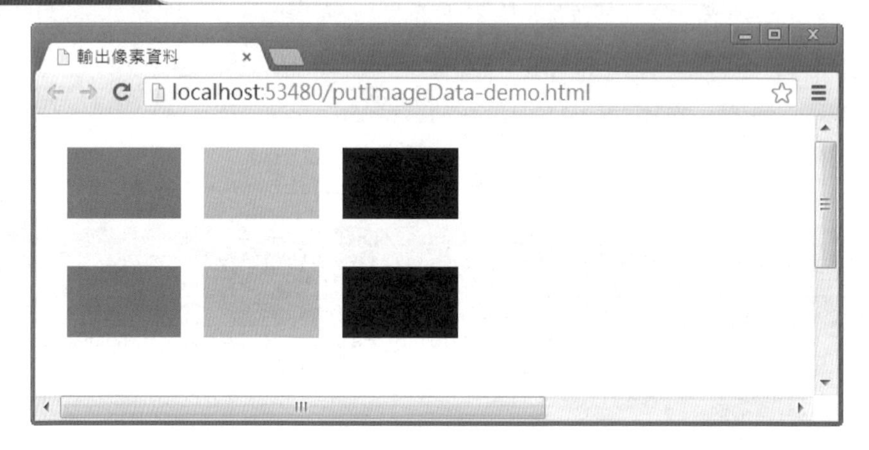

畫面上包含兩組顏色相同的色塊，第一組色塊直接調用 fillRect() 方法，指定不同的顏色逐一描繪，下方第二組色塊則取得第一組色塊的像素資料，調用 putImageData() 將其重新輸出。

putImageData-demo.html

```
<!DOCTYPE html >
<html >
<head>
      <title>輸出像素資料</title>
      <script>
          function init() {
              var canvas = document.getElementById("pCanvas");
              var context = canvas.getContext("2d");
              var colors = ['gray', 'silver', 'black'];
              var xs = [20, 140, 260, 380];
              for (var cindex = 0; cindex < 3; cindex++) {
                  context.fillStyle = colors[cindex];
                  context.fillRect(xs[cindex], 20, 100, 60);
                  var imgdata = context.getImageData(
                                xs[cindex], 20, 100, 60);
                  context.putImageData(imgdata, xs[cindex], 120);
              }
          }
      </script>
```

(續)

```
</head>
<body onload="init()">
<canvas id="pCanvas"  width="1000" height="400"></canvas>
</body>
</html>
```

在網頁載入時透過 for 迴圈依序描繪三個色塊，顏色分別是 gray 、silver 以及 black ，描繪完成之後，調用 getImageData() 取出像素資料 imgdata ，然後進一步調用 putImageData() 重新將其輸出。

10.8.4 像素處理實作範例

具備像素元素的存取能力，我們就能夠進行各種形式的圖像處理，包括灰階、互補色轉換、亮度調整，接下來利用一些範例進行說明，由於將利用圖片來展示相關功能的實作，因此這裡先來看看圖片檔案的影像資料存取。所需的技巧與一般的圖像處理相同，只是必須預先載入所要處理的圖片檔案，以下的範例進行示範說明。

範例 10-21 圖片檔案的像素存取

左圖描繪指定路徑下的圖片檔案，右圖則是取得左圖的像素資料將其直接輸出。

image-data-load.html

```
<!DOCTYPE html >
<html >
<head>
      <title> 圖片檔案像素資料輸出 </title>
      <script>
          function init() {
              var canvas = document.getElementById("pCanvas");
              var context = canvas.getContext("2d");
              var image = new Image();
              image.src = "images/girl.jpg ";
              image.onload = function (event) {
                  context.drawImage(image,20,20);
                  var imageData = context.getImageData(
                      20, 20, image.width,image.height);
                  context.putImageData(imageData, 510, 20);
              }
          }
      </script>
</head>
<body onload="init()">
<canvas id="pCanvas" width="1000"  height="660"></canvas>
</body>
</html>
```

為了取得圖片檔案的像素資料，首先建立一個 Image 元素，並且將其 src 屬性設定為所要解析的檔案，接下來於圖檔載入完成時，調用 drawImage() 於 Canvas 區域中描繪出圖片檔案，然後進一步調用 getImageData() 取得其像素資料，緊接著調用 putImageData() 重新描繪圖片。

這是直接透過像素資料重新描繪指定圖片的簡單範例，其中僅單純的輸出所取得的像素資料，由於我們已經可以取得所有的像素資料，並解析其中的色彩元素，因此藉由調整元素值，便能進行修圖編輯作業。比較普遍的編輯作業包含圖片的亮度與色調調整，後續將討論的功能列舉如下表：

效　果	說　明
亮度調整	提升或是降低相片的亮度，將 RGB 各加上一個相同的值，相片就會變亮，反之則變暗，例如： r=r+10 g=g+10 b=b+10

(續)

效　果	說　明
灰階	將 RGB 三個值加總再除以三取得平均值。 rgb=r+g+b r=r/3 g=g/3 b=b/3
互補色 （負片效果）	以 255 減去目前的 RGB 值，再重設給RGB 單元。 r=255-r g=255-g b=255-b

瞭解編輯圖片所需的運算原理，接下來就可以輕易的實作相關的功能，以下示範相關的實作。

範例 10-22 圖片編輯作業

畫面左邊是原始圖片，按下左邊圖片下方的功能按鈕，右邊圖片則呈現編輯後的結果，每按一下「調升亮度」則右邊圖片呈現亮度提升的效果，每按一下「調降亮度」則呈現亮度減少的效果。按一下「互補色」或是「灰階」按鈕則呈現對應效果圖片。這裡右圖示範的是按下「互補色」按鈕的效果。

bright-demo.html

```
<!DOCTYPE html>
<html >
<head>
      <title> 圖像亮度調整 </title>
      <style>
      input{width:480px}
      </style>
      <script>
```

(續)

```
    var canvas ;
    var context;
    var image;
    var imageData;
    var bright_complementary='c' ;
    function init() {
        canvas = document.getElementById("pCanvas");
        context = canvas.getContext("2d");
        image = new Image();
        image.src = "images/girl.jpg";
        image.onload = function (event) {
            context.drawImage(image, 20, 20);
            imageData = context.getImageData(
                20, 20, image.width, image.height);
        }
    }
    function changebright(bright) {
        if (bright_complementary == 'c') {
            imageData = context.getImageData(
                20, 20, image.width, image.height);
        }
        var bvalue;
        if (bright) bvalue = 6;
        else bvalue = -6;
        var pxs = imageData.data;
        var l = pxs.length;
        for (var i = 0; i < l; i += 4) {
            pxs[i] = pxs[i] + bvalue;
            pxs[i + 1] = pxs[i + 1] + bvalue;
            pxs[i + 2] = pxs[i + 2] + bvalue;
        }
        context.putImageData(imageData, 520, 20);
        bright_complementary = 'b';
    }
    function c_gray(cg) {
        imageData = context.getImageData(
                20, 20, image.width, image.height);
        var pxs = imageData.data;
        var l = pxs.length;
        for (var i = 0; i < l; i += 4) {
            if (cg == 0) {
                pxs[i] = 255 - pxs[i];
                pxs[i + 1] = 255 - pxs[i + 1];
                pxs[i + 2] = 255 - pxs[i + 2];
            } else {
                // 簡略的灰階轉換作法
                gp = (pxs[i] + pxs[i + 1] + pxs[i + 2]) / 3
                pxs[i] = gp;
                pxs[i + 1] = gp;
                pxs[i + 2] = gp;
            }
        }
        context.putImageData(imageData, 520, 20);
        bright_complementary = 'c';
    }
</script>
```

(續)

```
</head>
<body onload="init()">
<div>
<canvas id="pCanvas" width="1000" height="300"></canvas>
<p></p>
<button onclick="changebright(true);"   >調升亮度</button>
<button onclick="changebright(false);"   >調降亮度</button>
<button onclick="c_gray(0);" >互補色 </button>
<button onclick="c_gray(1);" >灰階</button>
</body>
</html>
```

body 區域中配置了四個 button 元素，其中調整相片亮度的 button 呼叫 changebright() 函式，執行相片的亮度調整運算，而互補色與灰階 button 則呼叫 c_gray() ，進行互補色與灰階效果轉換。根據上述的說明，當使用者按下任一按鈕時，即取出其中的像素資料進行所要建立的效果運算，然後再行輸出。

10.9 圖形輸出

當你建立一個 Canvas 物件，並且完成相關圖形的描繪，如果想要保留其內容，可以對其進行輸出，來看一下這個方法的介面定義：

```
interface HTMLCanvasElement : HTMLElement {
             attribute unsigned long width;
             attribute unsigned long height;

    DOMString toDataURL(in optional DOMString type, in any... args);
    void toBlob(in FileCallback? callback,
                in optional DOMString type, in any... args);

    object? getContext(in DOMString contextId, in any... args);
};
```

除了 getContext() 我們已經相當熟悉之外，其它還有兩個成員，第一個方法成員 toDataURL() 支援將 Canvas 內容轉換成為對應的 URL 路徑，如此一來這個路徑即可被設定給 image 元素呈現在網頁上，另外一個成員 toBlob() 支援將整個 Canvas 的內容轉換成為檔案操作，如此一來就可以將其回傳至伺服器，或是儲存在本機電腦中。

假設在網頁上配置一個 canvas 元素如下：

```
<canvas id="pCanvas" ></canvas>
```

透過 JavaScript 調用 canvas 元素的 toDataURL() 方法，即可取得此圖形轉換之後的目標圖檔 URL 字串，所需的程式如下：

```
document.getElementById('pCanvas').toDataURL();
```

此行程式碼回傳的是圖檔的字串，將其直接設定給 image 元素，即可呈現在畫面上。

範例 10-23 取得 canvas 圖檔 URL

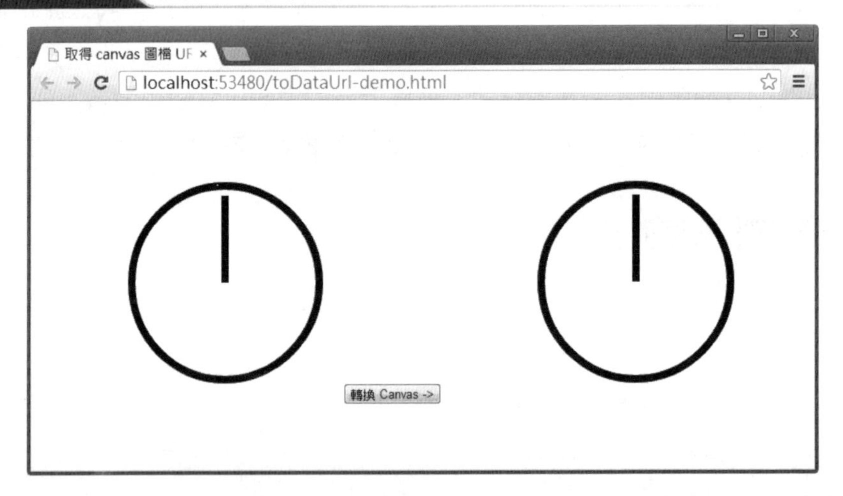

畫面中有兩個完全相同的圖形，左邊是透過 canvas 元素直接描繪出來的圖形，按一下畫面下方的「轉換 Canvas 」按鈕，此圖形被轉換成為對應的 URL 字串，設定給右邊預先配置好的 image 元素呈現出來。

toDataUrl-demo.html

```
<html >
<head>
      <title>取得 canvas 圖檔 URL</title>
      <script>
          function init() {
              var canvas = document.getElementById("pCanvas");
              var context = canvas.getContext("2d");
              context.lineWidth = 8;
              context.arc(200, 180, 100, 0, Math.PI * 2, false);
              context.translate(200, 180);
              context.moveTo(0, 0);
              context.lineTo(0, -90)
              context.stroke();
          }
```

(續)

```
        function toImgUrl() {
            document.getElementById('canvasImg').src =
                document.getElementById('pCanvas').toDataURL();
        }

    </script>
</head>
<body onload="init()">
    <span> <canvas id="pCanvas" width="320"  height="300"></canvas> </span>
    <span ><button  onclick="toImgUrl()"> 轉換 Canvas -> </button></span>
    <span> <img id="canvasImg"  alt="" /></span>
</body>
</html>
```

為了呈現轉換的效果，其中配置了 img 元素，並且設定其 id 以方便進行 src 的設定。而按鈕的 onclick() 事件處理器 toImgUrl() 中，調用 toDataURL() 將圖形 URL 字串設定給 img 元素的 src ，呈現圖形。

到目前為止，包含之前第九章的內容，我們完成了基本的 Canvas 功能討論，接下來這一章後續的內容，將繼續介紹動畫的實作，讀者將看到 Canvas 在這一方面的相關應用。

10.10 實現動畫

Canvas 的內容必須透過 JavaScript 進行描繪，它本身只能呈現靜態圖形，因此一旦完成輸出就無法改變，如果要建立動畫效果，則必須進一步經由 JavaScript 作控制，最簡單的作法，便是在固定時間的區間內完整重繪整個圖形，而這一節，我們要來看看如何利用 JavaScript 搭配 canvas 實現動畫。

重繪畫面最常見的方式便是調用 setInterval() ，語法如下：

```
setInterval(drawfun, ms);
```

第一個參數 drawfun 是要執行重繪功能的函式名稱，第二個參數 ms 則是重複的時間區隔，將重繪的程式碼寫在 drawfun() 函式裡面即可。

另外一個重點是在每一次重繪之前，必須清空整個 canvas 元素區塊，你可以調用 clearRect() 方法達到這個目的，以下是為其定義：

```
void clearRect(in double x, in double y, in double w, in double h);
```

調用此方法將會清空指定範圍的矩形區域，其中參數意義同上述描繪矩形路徑的 rect() 方法參數，如下的程式碼可以進行整個繪圖區域的清除作業：

```
context.clearRect(x, y, canvas.width, canvas.height);
```

其中的 context 是一個 CanvasRenderingContext2D 物件，而 canvas 則是定義繪圖區域的 Canvas 物件。清除畫面還有另外一種作法便是直接重設 canvas 的整個內容區域，這兩種方式會造成不同的效果，後文針對此部分有進一步的說明。

範例 10-24 示範動畫

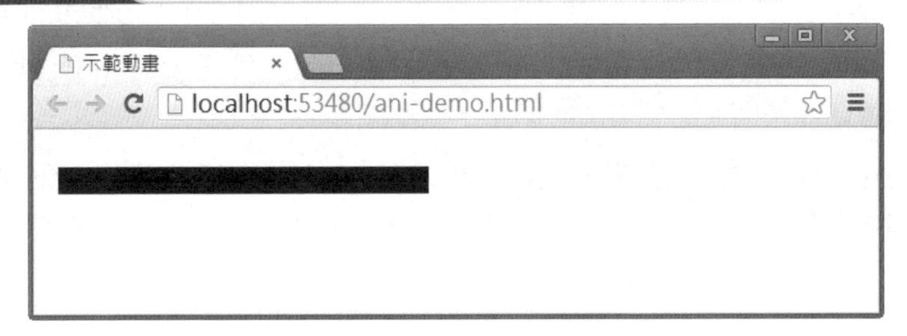

畫面中矩形的長度會不斷的往右變長，直到它超過 400px ，長度將歸零再重新開始出現。

ani-demo.html

```
<script>
      var linep = 10;
      var context;
      var canvas;
      function drawLine() {
          linep += 2
          if (linep > 400) linep = 10;
          canvas.width = canvas.width;
          context.beginPath();
          context.lineWidth = 20;
          context.moveTo(10, 30);
          context.lineTo(linep, 30)
          context.stroke();
      }
      function init() {
          canvas = document.getElementById("pCanvas");
          context = canvas.getContext("2d");
      }
      setInterval(drawLine, 10);
</script>
```

一開始執行的函式 init() 當中，取得所需的 canvas 元素參照物件以及繪圖容器。

接下來調用 setInterval() ，於每 10 毫秒執行一次 drawLine() ，在這個函式中，linep 被作為 lineTo() 的第一參數，也就是路徑描繪的終點，每一次重設 canvas 的 width 屬性，以達到清空整個 canvas 元素內容的目的，當然，你可以將這一行修改如下，效果相同。

```
context.clearRect(0, 0, canvas.width, canvas.height);
```

某些動畫效果並非隨著時間自動改變，而是根據與使用者的互動來完成，例如稍早所討論的摺頁效果即是典型的例子，此種動畫通常是經由捕捉使用者操作過程中滑鼠座標的改變，來達到互動式的翻頁效果，以下我們進一步改良前一章的「範例 9-17」。

範例 10-25 貝茲曲線翻頁效果－互動版

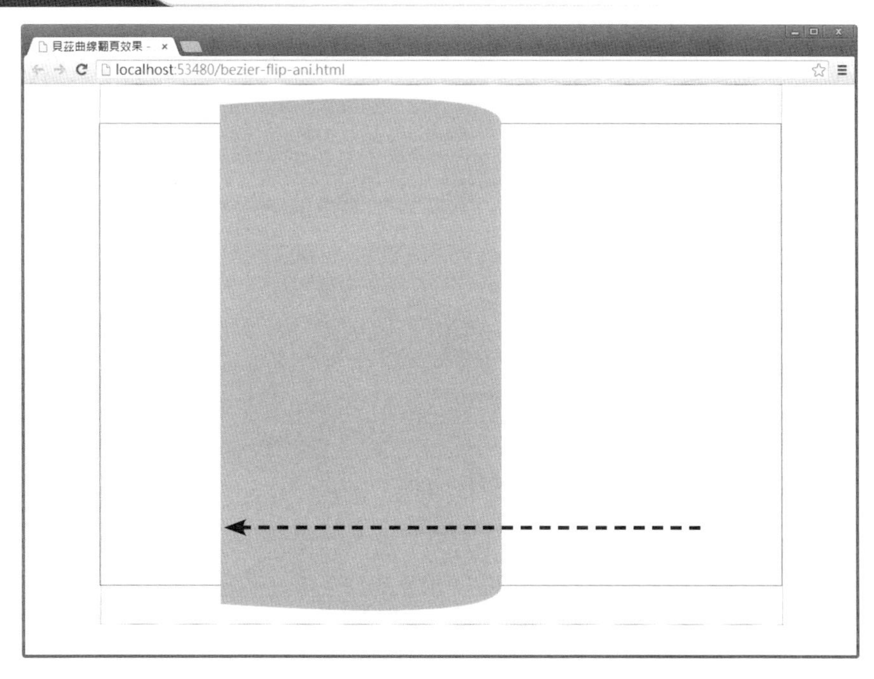

這一次的版本直接支援使用者的手動翻頁效果，按下滑鼠拖曳即會依據游標動態生成摺頁圖形。

bezier-flip-ani.html

```
<!DOCTYPE html >
<html>

<head>
      <title>貝茲曲線翻頁效果－互動版</title>
      <style>
          canvas{ border:1px dotted gray; z-index:100 ;
                  top:0px;position:absolute;}
          div{margin:50px auto ; border:1px solid gray;
              width:900px;height:594px;}
      </style>
      <script>
          var dragdown = false;
          var context;
          var PWIDTH = 900;
          var PHEIGHT = 594;
          var cwidth, cheight;
          //游標目前位置到書中線的距離比例，最外邊頁緣為 1
          var centerd = 1;
          var offy = 50;
          var offx;
          window.onload = function () {
              document.addEventListener("mousemove", mousemoveHandler, false);
              document.addEventListener("mousedown", mousedownHandler, false);
              document.addEventListener("mouseup", mouseupHandler, false);
              cwidth = document.getElementById('flippage').width;
              cheight = document.getElementById('flippage').height;
              context = document.getElementById('flippage').getContext('2d');
              offx = document.getElementById('book').offsetLeft;
          }
          function mousemoveHandler(event) {
              if (dragdown) {
                  if (window.event)
                      centerd = (event.clientX - offx) / PWIDTH;
                  else
                      centerd = (event.pageX - offx) / PWIDTH;
                  if (centerd > 1) centerd = 1;
                  drawFoldpage();
              }
          }
          function mousedownHandler() {
              dragdown = true;
          }
          function mouseupHandler() {
              dragdown = false;
          }
          function drawFoldpage() {
              // 描繪摺頁
          }
      </script>
</head>
<body>
      <p id="message"></p>
```

(續)

```
        <div id="book">
            <canvas id="flippage" width="900" height="694" ></canvas>
        </div>
</body>
</html>
```

其中的重點在於三個事件處理程序，包含 mousemove 、mousedownHandler 與 mouseupHandler ，當使用者按下與放開滑鼠鍵時分別設定 dragdown ，這個旗標值決定是否使用者拖曳滑鼠時調用 dragdown 進行摺頁的描繪操作，於 mousemove-Handler() 函式中，如果 dragdown 等於 true ，表示使用者按下了滑鼠鍵，因此取得目前的游標位置，然後調用 drawFoldpage() 將其描繪出來。

接下來我們再來看另外一個範例，這是最典型的動畫應用，於網頁端呈現的時鐘，透過 setInterval() 函式的調用，每一秒鐘重繪其中時、分、秒三個指針位置。

範例 10-26 HTML5 時鐘

當你在網頁上執行這個範例，會出現如上圖的時鐘，其中的時間與使用者的電腦時間同步改變。

dclock.html

```
<html >
<head>
        <title>HTML5 時鐘 </title>
        <style>
        canvas
        {
            background-image:url(clock1.jpg) ;
```

(續)

```
            background-size:contain ;
            background-repeat:no-repeat ;
        }
        </style>
        <script>
            var canvas;
            var context;
            function init() {
                canvas = document.getElementById("pCanvas");
                context = canvas.getContext("2d");
                setInterval(setClock, 1000);
            }
            function setClock() {
                canvas.width = canvas.width;
                context.translate(canvas.width / 2, canvas.height / 2);
                var hour =(new Date()).getHours() ;
                var min = (new Date()).getMinutes();
                var second = (new Date()).getSeconds();
                hour = hour + min / 60;

                if (hour > 12) hour = hour - 12;
                hour = (hour * 30-90 ) * (Math.PI / 180);
                context.rotate(hour);
                context.fillStyle = "black";
                context.fillRect(-24, -9, 80, 18);
                //
                context.rotate(-hour);
                min = (min* 6-90) * (Math.PI / 180);
                context.rotate(min);
                context.fillStyle = "gray";
                context.fillRect(-24, -8, 100, 16);
                //
                context.rotate(-min);
                second = (second * 6 - 90) * (Math.PI / 180);
                context.rotate(second);
                context.fillStyle = "silver";
                context.fillRect(-24, -4, 120, 8);
                context.arc(0, 0, 6, 0, Math.PI * 2, false);
                context.stroke();
            }
        </script>
</head>
<body onload="init()">
    <div>
      <canvas id='pCanvas'  width="300px" height="300px"  />
    </div>
    <p id="msg"></p>
</body>
</html>
```

由於必須每隔一秒便重繪指針，但是不想每一秒即重繪所有的內容，因此透過 CSS 設定於其中配置了一個時鐘背景圖。函式 setClock() 透過 setInterval() 設定每一秒重繪其中的指針。每一次 setClock() 執行時，首先清空其中的內容，然後將座標轉換至呈現時間的中間位置，取得目前的時間，並計算所要呈現的位置，根據時、分與秒數的比例值進行旋轉，將其描繪出來。

讀者必須注意的是，這個範例使用了如下的設定來清空其中的內容：

```
canvas.width = canvas.width;
```

如果你選擇調用 clearRect() ，由於每一次描繪時均已調用 translate() 進行位移調整，這會影響 clearRect() 的功能，導致非轉移區域的內容無法被清除，我們繼續往下看。

10.11 清除內容的問題

實作動畫必須反覆執行畫面的清除動作，如果描繪圖形的過程中牽涉圖形的轉換，則必須小心套用清除畫面的方式，否則會導致不想要的結果，來看以下的範例。

範例 10-27 清除 Canvas 內容

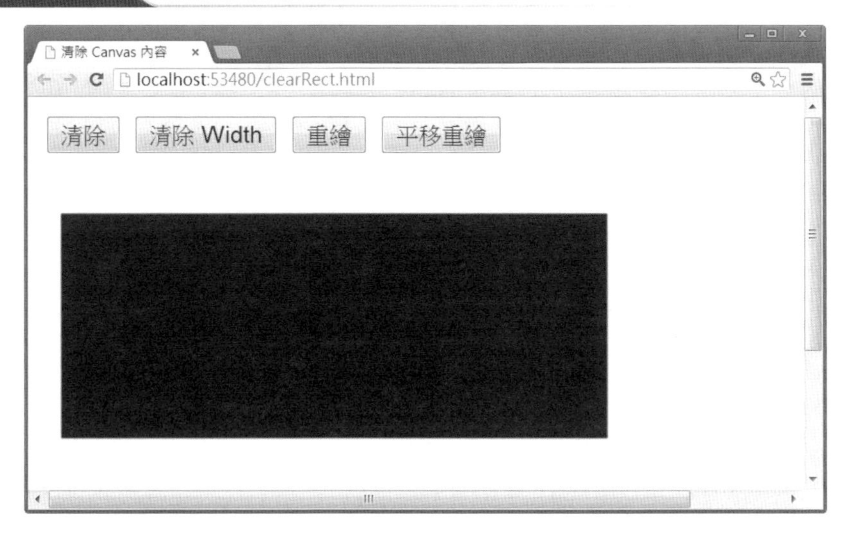

按下左邊任何一個清除按鈕會將畫面清除，按下「重繪」按鈕則會重新描繪出其中的黑色矩形。按下「平移重繪」按鈕，平移整個 canvas 區域，然後重繪，得到下頁的畫面：

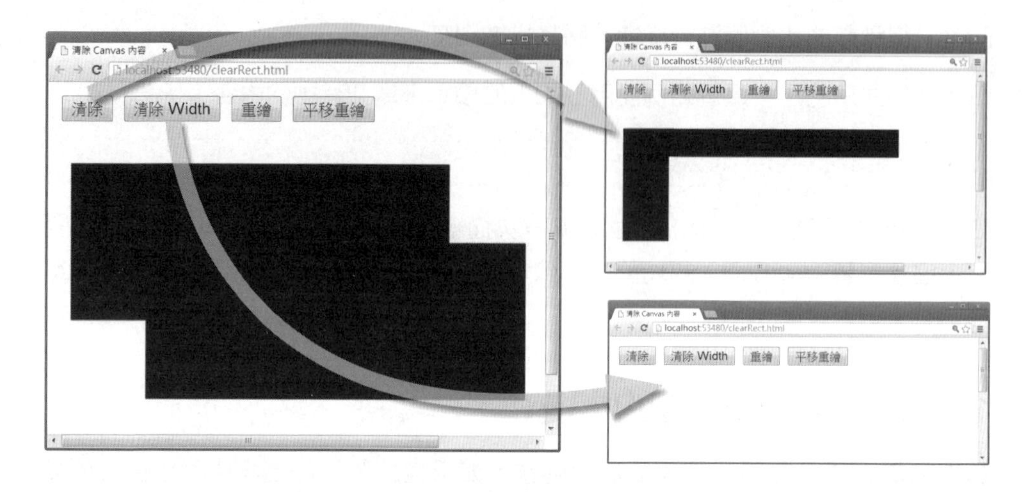

左圖是按下「平移重繪」按鈕之後出現的畫面，當你按下「清除」按鈕，會調用 clearRect() 方法，針對轉移之後的畫面進行清除，轉移之前的畫面不會改變，如果按下的是「清除 Width」按鈕，重設 canvas 的 width 屬性，如此一來畫面的內容將完全被清空。

clearRect.html

```
<!DOCTYPE html >
<html >
<head>
      <title>清除 Canvas 內容</title>
      <script>
          var canvas;
          var context;
          function init() {
              canvas = document.getElementById("lineCanvas");
              context = canvas.getContext("2d");
              context.fillStyle = 'balck';
              drawRect();
          }
          function drawRect() {
              context.rect(10, 30, 300, 120);
              context.fill();
          }
          function drawRect_t() {
              context.translate(60, 60);
              context.rect(10, 30, 300, 120);
              context.fill();
          }
```

(續)

```
            function clearCanvas() {
                context.clearRect(0, 0, canvas.width, canvas.height);
            }
            function clearCanvas_w() {
                canvas.width=canvas.width;
            }
        </script>
</head>
<body onload="init()">
        <div >
            <button onclick = “clearCanvas()"> 清除 </button>
            <button onclick = “clearCanvas_w()"> 清除 Width</button>
            <button onclick = “drawRect()" > 重繪 </button>
            <button onclick = “drawRect_t()" > 平移重繪 </button>
        </div>
        <canvas id="lineCanvas" width="480" height="270"></canvas>
</body>
</html>
```

這個範例的關鍵主要在於其中的兩個清除按鈕，清除畫面所調用的程式內容，讀者請自行檢視其中的差異即可。從這個範例的執行過程中我們可以發現，重設 canvas 的 width 屬性，會一併回復圖形轉換前的狀態，因此如果按下的是「清除 Width」這個按鈕，則下一次按下「平移重繪」按鈕時，會發現轉換從預設的狀態重新開始。

10.12 影格轉換動畫

動畫的原理是透過一張張靜態影格連續播放構成的，上述的範例中，我們看到了如何在固定的時間間隔內，重複描繪靜態畫面以達到動畫的效果，另外一方面，你也可以將構成動畫的連續圖片在一定的時間區間內快速的描繪出來，達到動態的效果。

範例 10-28 示範影格動畫

畫面的左下角是一個火柴人，隨著時間的變化，這個火柴人會重複往前走跳躍至右邊，再倒退回來，這個過程由二十張靜態圖片連續播放而成。

ani-frame.html

```
<!DOCTYPE html >
<html >
<head>
      <title>示範影格動畫</title>
      <script>
          var i = 0;
          var o = true;
          var c ;
          window.onload = function () {
              c = document.getElementById('canvas').getContext('2d');
              setInterval(drawimages, 1000 / 30 );
          }
          function drawimages() {
                  if (o == true) {
                      i++
                  } else {
                      i--;
                  }
                  if (i == 21) {
                      i--;
                      o = false;
                  }
                  if (i == 0) {
                      i++;
```

(續)

```
                    o = true;
                }
                var image = document.createElement('img');
                image.src = 'images_frame/walka' + i + '.jpg';
                image.setAttribute('width', 1680);
                image.setAttribute('height', 1050);
                image.onload = function (event) {
                    c.drawImage(image, 0, 0);
                };
        </script>
</head>
<body>
        <canvas id="canvas" width="1680" height="1020">
        </canvas>
</body>
</html>
```

為了方便程式撰寫，此範例使用的二十張圖片命名為 walka1.jpg ~ walka20.jpg ，以 walka 為字首加上流水號，變數 i 記錄目前所描繪的圖片流水號，而在 drawimages() 函式中，一開始判斷目前的流水號，如果已經超過二十則返回，反之則往前。緊接著建立描繪圖片所需的 img 物件，並且調用 drawImage() 將其描繪出來。

回頭檢視 setInterval() 方法，其中第二個參數設為 1000/30，表示一秒播放三十張圖片，這大約是製作流暢動畫所需的最低影格數量，數量愈多則動畫愈細膩。

從這個範例的執行過程中，我們看到了如何連續描繪一組靜態圖片實現動畫的效果，這裡的原理將會延續至第二十章討論影音檔案的處理時進一步應用。

10.13 setTimeout 與 setInterval 的問題

利用 canvas 製作動畫是透過不斷的重繪來模擬動態的畫面效果，因此必須每隔一段時間重複執行繪圖程式，而這個任務通常藉由調用 setInterval() 或是 setTimerout() 兩種方法其中之一來完成。

到目前為止本章範例均是調用 setInterval() 方法實現實現動畫效果，而 setTimerout() 這個方法同樣會在特定長度的延遲時間之後執行指定的函式，不同的是，它只會執行一次，考慮以下這一行程式碼：

```
setTimeout(draw, 500);
```

這一行程式碼會在 500 毫秒的延遲之後，執行 draw 函式，必須特別注意的是，draw 是所要執行的函式名稱，不可以加上小括弧，以下的寫法並不正確：

```
setTimeout(draw() , 500);
```

如此設定導致 setTimeout() 方法於 500 毫秒之後，嘗試執行 draw() 這個函式的回傳值。

現在來比較與 setInterval() 的差異，回到前一個小節的影格動畫範例，調用此方法調整程式碼如下：

```
window.onload = function () {
      c = document.getElementById('canvas').getContext('2d');
      setTimeout(drawimages, 3000 );
}
```

這一次灰階部分的程式碼改成調用 setTimeout() ，為了方便觀察，其中第二個參數設定為 3000，網頁於載入之後經過三秒才會執行一次 drawimages() 函式，而且只有一次，因此僅呈現第一張靜態圖片。由於執行一次的特性，若是想要實現動畫效果，必須透過遞迴來完成，再一次的，我們回到上述的影格範例，為了方便作比較，將其內容完整列舉並修改如下：

```
window.onload = function () {
      c = document.getElementById('canvas').getContext('2d');
      drawimages();
}
function drawimages() {

      if (o == true) {
          i++
      } else {
          i--;
      }
      if (i == 21) {
          i--;
          o = false;
      }
      if (i == 0) {
          i++;
          o = true;
      }
      var image = document.createElement('img');
      image.src = 'image/walka' + i + '.jpg';
      image.setAttribute('width', 1680);
      image.setAttribute('height', 1050);
      image.onload = function (event) {
```

(續)

```
            c.drawImage(image, 0, 0);
        };
        setTimeout(drawimages, 1000/30);
}
```

於 window.onload 事件函式中，呼叫一次 drawimages() ，然後在這個函式最後執行完畢時，調用 setTimeout() 形成遞迴，如此一來 drawimages() 便會循環執行，達到動畫效果。

在上述的影格動畫面範例中，調用 setTimeout() 與 setInterval() 形成的動畫效果相同，讀者若是將更早之前的幾個動畫範例改成 setTimeout() 遞迴來作，結果亦會相同，儘管如此，這兩種方法在執行程序上卻有很大的差異。

方法 setInterval() 本身獨立於動畫函式，例如上述的影格動畫範例，它在外部呼叫 drawinages() ，只要間隔的時間一到，便會再度呼叫 drawinages() ，想像一下，如果呼叫執行的是一個複雜的大型動畫函式，沒有辦法在指定重複執行的時間區段內執行完畢，setInterval() 在目前這個動畫函式未執行完畢之前還是會持續呼叫，後續被調用的這些函式的執行行程就會被阻塞，另外一方面，為了實現動畫效果，因此 setInterval() 設定的延遲時間均相當短暫，如此一來堆積在行程裡等待執行的函式數量便會將相當可觀。

透過遞迴呼叫函式調用 setTimeout() 方法的作法，不會有上述的情形發生，無論所要執行的動畫函式執行過程如何，只有在其確實執行完畢才會進行下一次的調用，如此一來我們便能確實的掌控程式的執行流程。

10.14 控制動畫

無論 setTimeout() 或是 setInterval () ，都會在執行之後回傳一個編號，因此在調用這兩個方法時，可以同時取出其回傳值，例如以下兩行程式碼：

```
t = setTimeout(drawimages, 1000);
t = setInterval(drawimages, 1000);
```

其中的 t 是一個整數值代表這一次調用 setTimeout() 或是 setInterval() 的識別碼，有了這個值之後，接下來就可以透過以下的程式碼將其此次調用的方法停止：

```
clearTimeout(t);
clearInterval(t);
```

如其方法名稱，clearTimeout() 停止 setTimeout() ，而 clearInterval() 中止 setInterval() 的調用，當然，這兩者依然存在差異，我們建立另外一個類似的影格動畫範例，進一步擴充其功能，看看如何控制動畫的播放。

範例 10-29 示範影格動畫控制

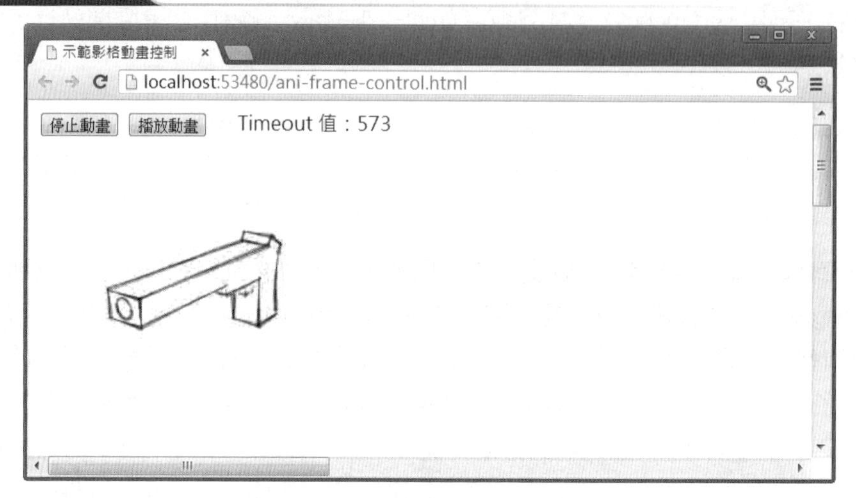

這個範例透過 Timeout 設定實現動畫，左上方的兩個按鈕分別控制動畫的停止與播放，而 Timeout 值會隨著每一次遞迴重新調用 setTimeout() 時顯示新值。

ani-frame-control.html

```
<!DOCTYPE html >
<html >
<head>
      <title> 示範影格動畫控制 </title>
      <script>

          var t;
          var i = 0;
          var o = true;
          var c ;
          window.onload = function () {
              c = document.getElementById('canvas').getContext('2d');
              drawimages();
          }
          function drawimages() {
              i++;
              if (i >= 146) {
                  i = 0;
              }
              image = new Image();
```

(續)

```
            image.src = "images_gun/gun (" + i + ").jpg";
            image.onload = function (event) {
                c.drawImage(image, 0, 0);
            };
            t = setTimeout('drawimages()', 1000/30);
            document.getElementById('message').value ='Timeout 值：' + t ;
        }
        function stop() {
            clearTimeout(t);
        }
        function play() {
            drawimages();
        }
    </script>
</head>
<body>
<button onclick="stop()">停止動畫</button>
<button onclick="play()">播放動畫</button>
<output id="message" style="margin-left:20px"></output>
<div >
<canvas id="canvas" width="1680" height="1020">
</canvas></div>
</body>
</html>
```

body 中配置的兩個 button 分別調用 stop() 與 play() 支援動畫的停止與播放。stop() 函式調用 clearTimeout() 停止 setTimeout() 的執行，而 play() 重新執行 drawimages()，進行 drawImage() 遞迴運算。

讀者可以自行修改這個範例，以 setInterval() 進行動畫面的實現。

本章最後，我們來看另外一個關於繪圖狀態的議題。

10.15 繪圖狀態資訊

對於大部分的動畫，特別是具複雜狀態設定的動畫而言，每一次細微的動作改變均重繪整個畫面相當不經濟，在這種情形下可以考慮調用 save() 與 restore() 這兩個 API 來達到重繪的目的。

10.15.1 儲存繪圖狀態資訊

通常描繪圖形的過程中會設定一些效果，例如陰影、線條粗細，甚至圖形顏色等等，這些效果均是圖形描繪過程的狀態資訊，在實現動畫面的過程中，必須重複進行設定來達到所要呈現的動畫效果，由於內容完全相同，因此可以將其儲存至狀態堆疊當中，在需要的時候再將其取出即可。

CanvasRenderingContext2D 物件支援所謂的狀態堆疊儲存，調用 save() 方法，就可以將目前所設定的各種圖形狀態進行保留，此時狀態資訊就會被儲存至堆疊中，當需要的時候，再直接從堆疊中取出即可。

支援狀態資訊儲存所需的方法為 save()，而取出狀態資訊的方法則是 restore()，考慮以下的圖示：

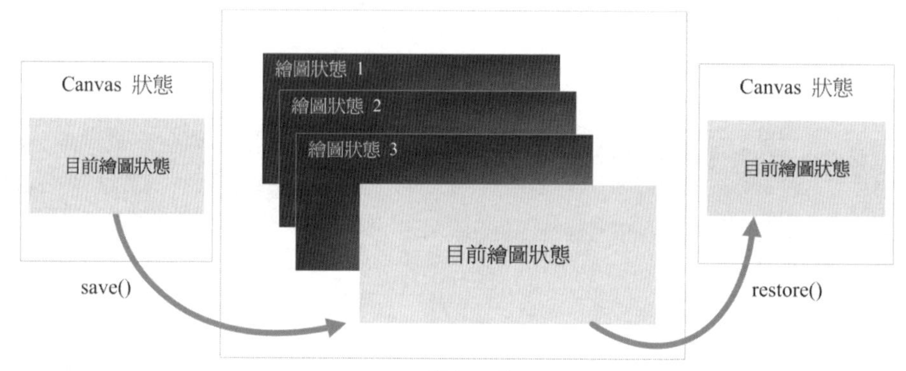

狀態堆疊

每一次調用 save() 時，會將目前的圖形狀態儲存至堆疊中，而 restore() 則取出最近一次存入堆疊的狀態資訊，你可以儲存一次以上的狀態，只是狀態與狀態之間是以後進先出的順序儲存，如果堆疊是空的，表示沒有任何狀態被儲存，在這種情形下，當 restore() 方法嘗試回復上一次所儲存的狀態時，不會有任何動作發生。

範例 10-30 示範動畫狀態設定

網頁載入之後呈現一個動態增長的矩形動畫，而這個矩形設定了一些狀態，包含圓角、陰影以及線條寬度等等，這些狀態於每一次矩形改變長度時被儲存，然後再被回復取出套用至新描繪的矩形。

ani-save-restore.html

```
<script>
      var linep = 10;
      var context;
      var canvas;
      function drawLine() {
          context.save();   // 儲存繪圖狀態
          context.clearRect(0, 0, canvas.width, canvas.height);
          linep += 2
          if (linep > 400) linep = 10;
          context.beginPath();
          context.rect(10, 10,linep,36);
          context.stroke();
          context.restore(); // 回復儲存的繪圖狀態
      }
      function init() {
          canvas = document.getElementById('pCanvas');
          context = canvas.getContext('2d');
          context.lineWidth = 16;
          context.lineJoin = 'round';
          context.shadowOffsetX = 8;
          context.shadowOffsetY = 8;
          context.shadowBlur =6 ;
          context.shadowColor = 'rgba(180, 180, 180, 0.6)';
          context.strokeStyle = '#FC1200';
          setInterval(drawLine, 10);
      }
</script>
```

網頁載入之後，其中的 init() 會設定所需的繪圖狀態，包含使用的線條寬度以及陰影設定等等，最後調用 setInterval() ，於每 10 毫秒呼叫 drawLine() 進行動畫的描繪。

每一次當 drawLine() 開始執行時，會先調用 save() 儲存目前的狀態然後清空畫面，重新定義所要描繪的內容，最後則調用 restore() 回復儲存的狀態資訊。

儘管每一次圖形的描繪僅定義所要呈現的矩形，但是透過狀態回復操作可以讓整個重新描繪的圖形直接回復到清空前的狀態。

10.15.2 儲存一次以上的繪圖狀態

一開始討論繪圖狀態的儲存回復機制時，我們透過圖示說明，你可以經由重複調用 save() 方法將一組以上的繪圖狀態儲存至堆疊，然後再依序調用 restore() 逐一將其取出，而每一組被儲存的狀態資訊依先進後出的堆疊順序進行存取。

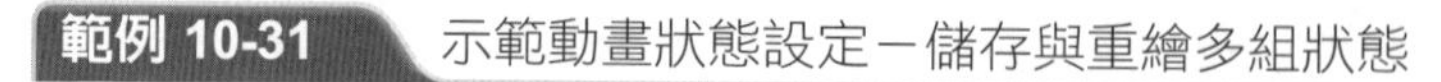

範例 10-31 示範動畫狀態設定－儲存與重繪多組狀態

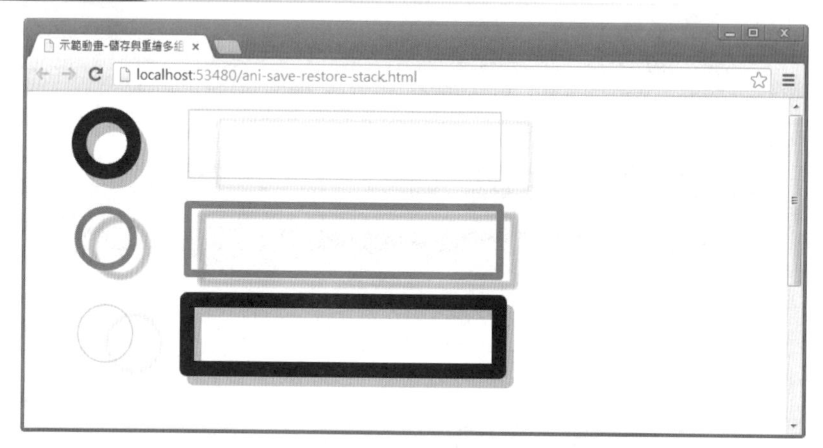

執行畫面中首先會出現三個靜態圓形，緊接著以動畫的形式由左至右重複描繪三個矩形。

圓形這一組是靜態圖形，從最上方第一個圓形開始，描繪之前預先儲存所要呈現的狀態，然後進行描繪，完成之後在下一個圓形描繪之前，同樣再將狀態作一次儲存，依序將三個圓形全部描繪完成，堆疊中依後進先出的順序，儲存了三個圓形的繪圖狀態。

接下來是矩形的部分，同樣的，從最上方開始逐一描繪三個矩形。每一次描繪矩形之前，會先取出堆疊中的繪圖狀態資訊進行套用，因此這三個矩形所呈現的效果順序與前述的圓形順序相反。

ani-save-restore-stack.html

```
<head>
      <title> 示範動畫 – 儲存與重繪多組狀態 </title>
      <script>
          var linep = 10;
          var context;
```

(續)

```
var canvas;
function drawLine() {
    context.clearRect(160, 0, canvas.width-160, canvas.height);
    // 設定三組狀態，逐一儲存至堆疊儲存繪圖狀態
    // 設定第一組狀態，描繪第一個圓，然後將狀態儲存
    setState('round', 16, 8, 10, 0, 'black');
    drawCircle(46);

    // 設定第二組狀態，描繪第二個圓，然後將狀態儲存
    setState('round', 8, 16, 10, 4, 'gray');
    drawCircle(146);

    // 設定第三組狀態，描繪第三個圓，然後將狀態儲存
    setState('round', 2, 32, 10, 8, 'lightgray');
    drawCircle(246);

    //設定欲描繪矩形長度
    linep += 2;
    if (linep > 400) linep = 10;

    //描繪第一個動態矩形
    drawRect(10, linep);

    //描繪第二個動態矩形
    drawRect(110, linep);

    //描繪第三個動態矩形
    drawRect(210, linep);
}
function init() {
    canvas = document.getElementById('pCanvas');
    context = canvas.getContext('2d');
    setInterval(drawLine, 20);
}
function setState(
    lineJoin,lineWidth,
    shadowOffsetX, shadowOffsetY, shadowBlur,
    strokeStyle) {
    context.lineJoin = lineJoin;
    context.lineWidth = lineWidth;
    context.shadowOffsetX = shadowOffsetX;
    context.shadowOffsetY = shadowOffsetY;
    context.shadowBlur = shadowBlur;
    context.shadowColor = 'rgba(180, 190, 210, 0.9)';
    context.strokeStyle = strokeStyle;
}
function drawCircle(y) {
    context.beginPath();
    context.arc(80, y, 30, 0, Math.PI * 2, false);
    context.stroke();
    context.closePath();
    context.save();
```

(續)

```
            }
            function drawRect(y,linep) {
                context.restore(); // 回復儲存的繪圖狀態
                context.beginPath();
                context.rect(170, y, linep, 72);
                context.closePath();
                context.stroke();
            }
        </script>
</head>
<body onload="init()">
<canvas id="pCanvas" width="600"  height="600"></canvas>

</body>
```

drawCircle() 根據傳入的參數，於指定的座標位置描繪圓形，每一次 drawCircle() 執行的過程中，最後會調用 save() 將所套用的狀態資訊儲存至堆疊中。

而 drawRect() 函式負責描繪矩形，在描繪之前，會先調用 restore() 取出堆疊中的狀態資訊，然後套用至所要描繪的矩形。

回到一開始的 drawLine() 函式，其中逐次調用 setState() 設定繪圖狀態，然後描繪圓形，最後逐一描繪矩形，輸出執行結果。

SUMMARY

結束了連續兩章 Canvas 的討論，相信讀者對於 Canvas 物件的基本內容應該有足夠的認識，包含各種圖形甚至動畫的描繪，這些知識足以讓我們實作一些簡單的應用了，當然，想要實作複雜的圖形或是動畫，還需要其它更多非程式設計本身的知識，讀者可以進一步閱讀研究。

11.1 關於 SVG

11.2 svg 元素與簡單圖形描繪

- 直線
- 矩形
- 圓形與橢圓形
- 多點連接圖形
- 不規則多邊形

11.3 路徑元素

11.4 描繪文字

- fill 與 stroke
- 字距空間
- 文字垂直配置

11.5 描繪圖片

11.6 動畫

11.6.1 設定狀態－ set 元素

11.6.2 animate 元素

11.6.3 串接動畫

11.6.4 animateTransform

11.6.5 animateMotion

11.7 SVG 元素操作與維護

SUMMARY

第十一章

SVG

SVG 與 Canvas 是兩組支援圖形描繪最主要的元素，其中 SVG 透過標籤配置完成圖形定義與呈現，是一種向量圖形，因此特別適合需要彈性縮放內容的設計需求，接下來這一章針對 SVG 進行詳細的討論。

11.1 關於 SVG

SVG 與 Canvas 同樣都能用來描繪圖形，不過 SVG 以標籤的形式進行圖形的配置，Canvas 則必須透過 JavaScript 進行運算，SVG 是 Scalable Vector Graphics（可縮放向量圖）的縮寫，不同於 Canvas 依賴 JavaScript 進行圖形描繪，向量圖形既使經過縮放都能維持一致的圖像品質，Canvas 一旦描繪完成解析度就固定了，圖形放大之後便會失真，這是兩種繪圖技術的主要差異。例如以下的輸出：

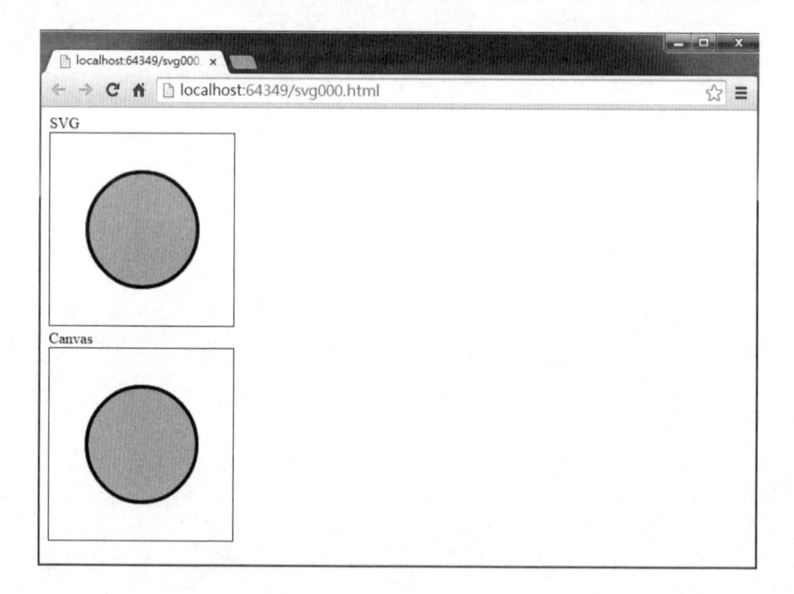

網頁中上方的圓形以 SVG 描繪，下方則是 Canvas ，在正常的尺寸下，兩個圓形外觀完全相同，現在將瀏覽內容放大，SVG 圓形呈現的結果如下頁：

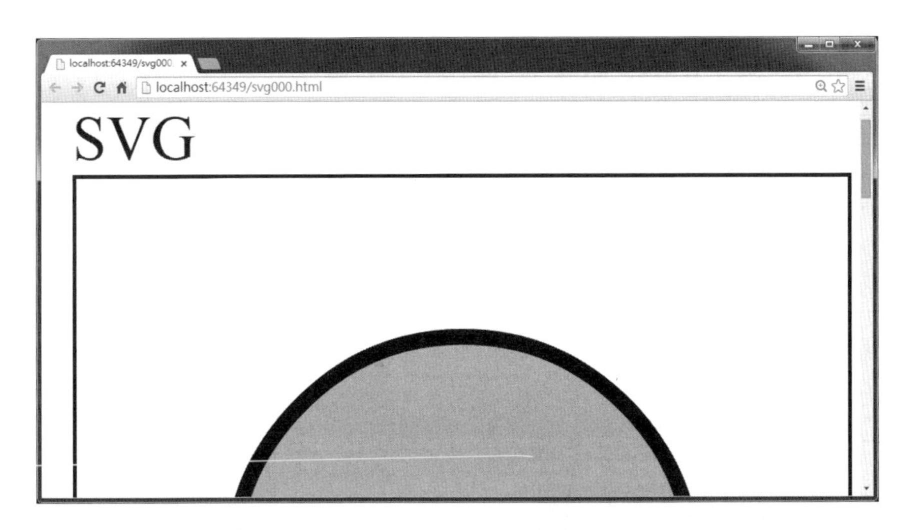

如你所見，SVG 的圓形線條依然保持圓滑。現在檢視 Canvas 圓形：

很明顯的 Canvas 圓形線條已經模糊。

除了不受圖形縮放影響，SVG 因為本身由標籤所定義，能夠輕易的嵌入網頁結構當中，結合 CSS 與 JavaScript 實作動態效果。

11.2 svg 元素與簡單圖形描繪

SVG 透過 svg 元素的配置支援繪圖作業。因此進行 SVG 繪圖前，首先必須在網頁配置一個 svg 標籤。

```
<svg style="background:dimgray;">
     svg 內容…
</svg>
```

此 svg 元素在網頁形成一塊預設大小的繪圖區城如下：

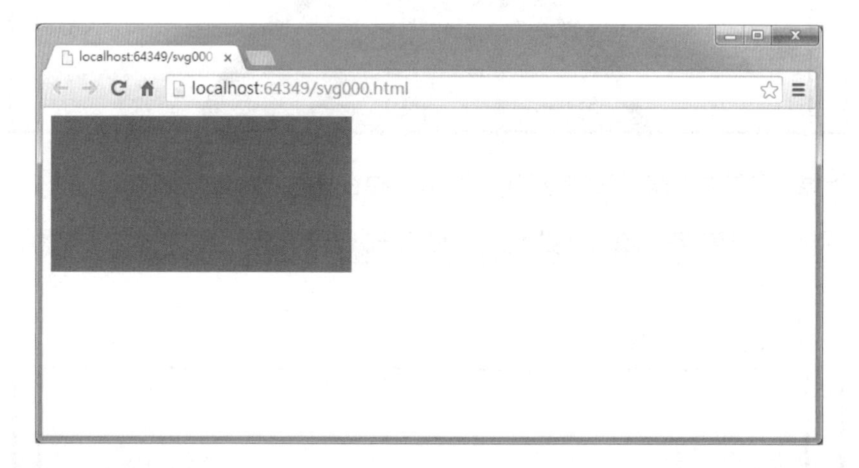

SVG 採用的座標系統與 Canvas 相同，svg 元素區域左上角為原點座標 (0,0) ，水平為 x 軸，垂直為 y 軸。

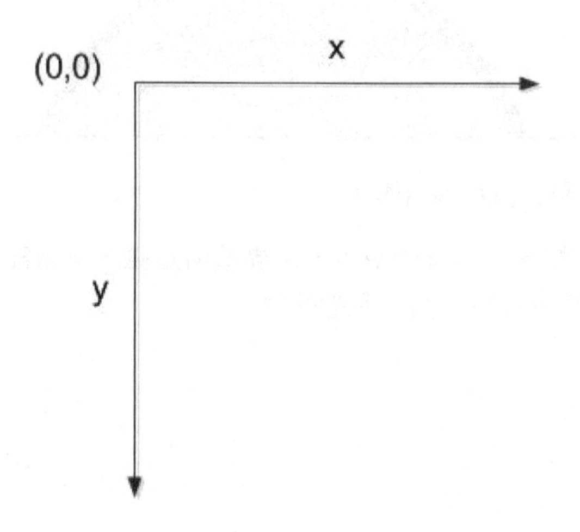

SVG 相關元素內建相當多的屬性以支援各種圖形的描繪，例如指定 width 與 height 屬性即可控制 svg 元素區域的大小，其中的設定將 svg 可繪圖區域擴張為寬 600 像素，高 360 像素。

```
<svg width="600" height="360" style="background:dimgray;">
</svg>
```

HTML5 之後，所有標籤內與視覺設計有關的屬性，幾乎全數移除改由 CSS 定義，然而 SVG 是一項 XML 格式定義的獨立技術，在視覺設定上有它一套自己專屬的屬性項目，不需依賴 CSS 直接設定即可完成圖形的描繪。

配置好 svg 元素就可以開始定義圖形，然後由瀏覽器將其描繪出來。直線是最簡單的圖形，因此我們先從直線開始，定義直線所需的元素為 line ，以下的配置構成一條直線。

```
<svg>
        <line x1="60" y1="60" x2="460" y2="60"
              stroke="red" stroke-width="6" />
</svg>
```

直線由兩組座標點構成，x1,y1 表示第一組座標，x1,y1 表示第二組座標，style 為樣式設定，表示所要描繪的線條樣式，stroke 表示線條的顏色，stroke-width 表示線條的寬度。這段 svg 配置會以 svg 區域的左上角為原點，從 (60,60) 開始描繪一條紅色水平直線至 (460, 60) ，線條寬度為 6px。

在網頁中使用 SVG 技術，除了透過屬性設定，亦支援 CSS 語法，就如同一般的 HTML 標籤，將前述的 line 元素修改如下：

```
<svg>
        <line x1="60" y1="60" x2="460" y2="60"
              style="stroke:#ff0000; stroke-width:6px;" />
</svg>
```

如你所見，包含線條顏色與粗細等與視覺呈現有關的屬性，可以直接移至 style 樣式屬性中，成為樣式項目的一部分，效果完全相同，style 元素或是外部 CSS 檔案的設計依然適用。屬性的設定，決定圖形最後的呈現結果，要特別注意的是，屬性有分大小寫，例如 stroke="red" 不可以寫為 Stroke="red" ，如果透過 CSS 樣式設定則沒有影響。

SVG 元素支援豐富的屬性，接下來針對各種簡單的圖形描繪進行討論。

- **直線**

前述討論對直線的描繪已完成說明，以下透過一個實例進行實作示範。

範例 11-1　SVG 直線描繪

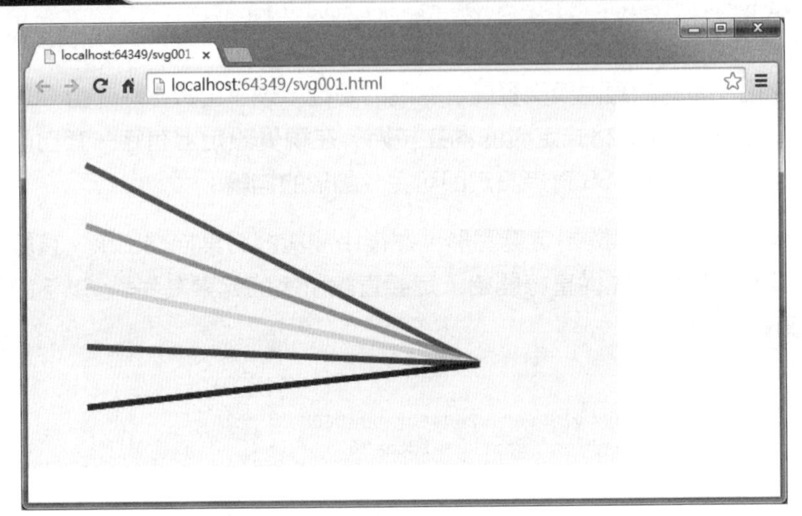

利用五個 line 元素，依序指定不同的座標與線條顏色，在網頁上將五條直線描繪出來。

line.html

```
<body>
      <svg width="600" height="360" style="background-color:#f7f7f7;">
          <line x1="60" y1="60" x2="460" y2="260"
              stroke="red" stroke-width="6" />
          …
      </svg>
</body>
```

為了節省篇幅，這裡僅列舉第一組 line 元素。

- **矩形**

矩形由 rect 元素所定義，以下是描繪矩形所需的元素配置。

```
<rect x="20" y="60" width="300" height="180"
      fill="silver" stroke="black" stroke-width="6" />
```

屬性 x,y 為矩形左上角頂點相對於 svg 區域左上角的座標位置，而 width 為矩形的寬度，height 為矩形高度，在 style 中透過 fill 樣式值的設定，可以指定填滿矩形內部的顏色，這段配置在畫面上輸出一個背景顏色為 silver 、框線為黑色且寬度等於 6 px 的矩形。stroke 與 fill 在沒有指定的情形下均以預設的顏色呈現，如果指定為 none ，則以透明呈現。

範例 11-2 SVG 矩形描繪

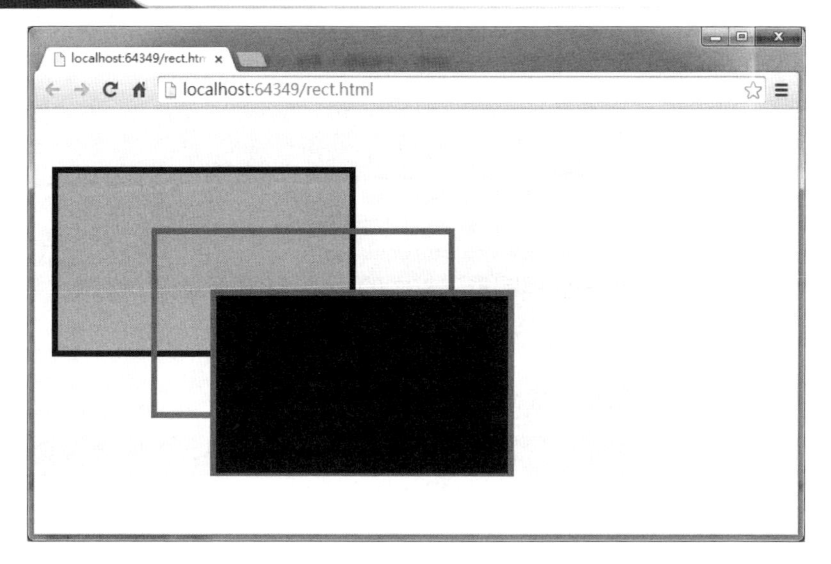

畫面上呈現三個重疊的方塊，第二個方塊將 fill 屬性設定為 none ，因此變成透明，第三個方塊則是沒有指定，因此以預設值呈現。

rect.html

```
<body>
      <svg style="background-color:#f7f7f7;width:600px;height:460px;">
          <rect x="20" y="60" width="300" height="180"
                fill="silver" stroke="black" stroke-width="6" />
          <rect x="120" y="120" width="300" height="180"
                fill="none" stroke="gray" stroke-width="6" />
          <rect x="180" y="180" width="300" height="180"
                fill="silver" stroke="gray" stroke-width="6"  />
      </svg>
</body>
```

其中配置的三組 rect 元素，均設定了不同的屬性值，依配置的順序重疊。

- **圓形與橢圓形**

描繪圓形需 circle 元素，下頁的配置描繪一個圓形。

```
<svg>
      <circle cx="300" cy="180" r="120"
           style="stroke:#000;stroke-width:4;fill:gray;" >
      </circle>
</svg>
```

一個 circle 元素會呈現一個圓形，其中的 cx,cy 為圓心坐標值，r 為半徑，這段配置會以座標點（300,180）為圓心，輸出一個半徑 120px 、4px 寬的黑框、灰色實心圓形。如果是橢圓形，則必須利用 ellipse 元素。

```
<svg>
      <ellipse cx="300" cy="180" ry="120" rx="220"
           style="stroke:#000;stroke-width:4;fill:gray;">
      </ellipse>
<svg>
```

每一個 ellipse 標籤會呈現一個橢圓形，其中的 cx,cy 為圓心坐標，rx 為水平半徑，ry 為垂直半徑。

範例 11-3 SVG 圓形與橢圓形

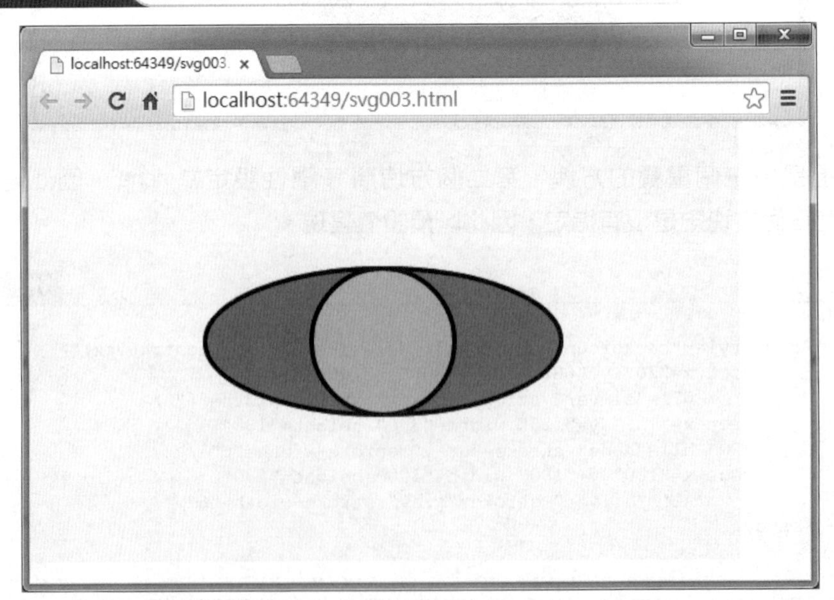

以相同的圓心與垂直半徑描繪圓形以及另外一個橢圓形，形成重疊輸出。

circle.html

```
<body>
      <svg style="background-color:#f7f7f7;width:600px;height:360px;" >
          <ellipse cx="300" cy="180" ry="60" rx="150"
                   style="stroke:#000;stroke-width:4;fill:gray;">
          </ellipse>
          <circle cx="300" cy="180" r="60"
                  style="stroke:#000;stroke-width:4;fill:silver;">
          </circle>
      </svg>
</body>
```

首先配置 ellipse ，然後才是 circle ，即可形成重疊的圖形，為了辨識，因此 circle 與 ellipse 的 fill 屬性分別設定為不同的顏色。

- **多點連接圖形**

當你需要將一組以上的座標點用直線連接起來，可以考慮使用 polyline 元素。

```
<polyline points="100,60 190,40 260,240  320,160 410,220   510,100"
          stroke="black" fill="silver" stroke-width="4" />
```

屬性 points 是描繪不規則圖形所需的座標點，以逗點連接的兩個數字表示一組 x,y 座標，每一組 x,y 座標以空白字元隔開，最後這些座標點依序連結成為所要描繪的圖形。

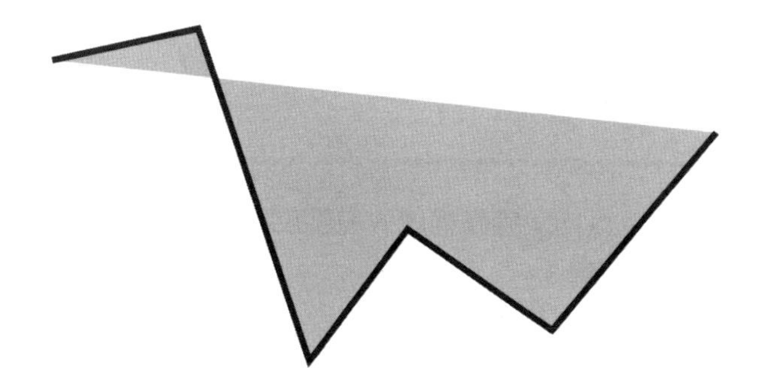

polyline 元素針對 points 屬性中的所有座標點進行連接，並且以 stroke 屬性值為線條顏色，最後以 fill 屬性值所指定的顏色，填滿連接線條覆蓋的封閉區域，也就是上圖中的灰色區域，如果沒有指定 stroke 或是 fill ，則是以預設的顏色填滿，例如下頁的圖形，是移除 stroke 與 fill 的結果。

由於未設定 stroke 與 fill ，因此以預設的顏色為線條顏色並且同時填滿封閉區域。我們可以利用 polyline 的特性實作封閉圖形，如果將 points 屬性中最後一個座標點與第一個座標點設為相同，則會形成一個封閉圖形。

範例 11-4 多點連接封閉圖形

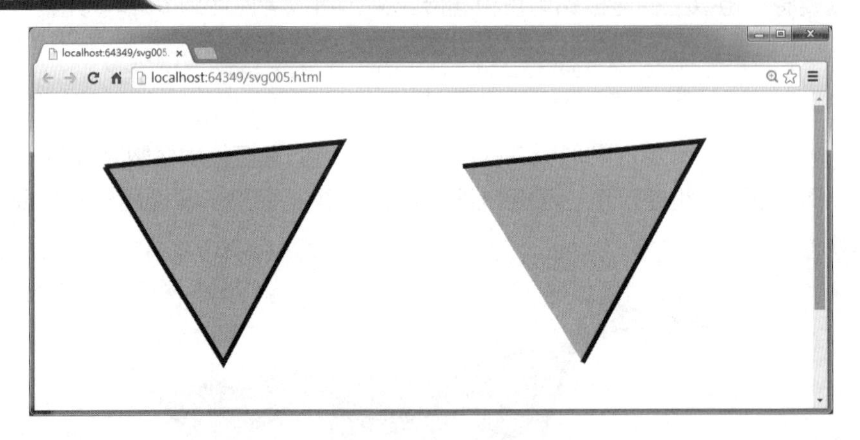

這兩組圖形利用 polyline 以 4px 線條描繪，左圖四個座標點，右圖三個座標點，讀者可以明確的看出其中差異。

polyline.html

```
<body>
      <svg style="width:600px;height:360px;">
          <polyline points="60,60  260,40  160,220 60,60"
                     stroke="black" fill="silver" stroke-width="4" />

          <polyline points="360,60  560,40  460,220 "
                     stroke="black" fill="silver" stroke-width="4" />
      </svg>
</body>
```

第一組 polyline 最後一個座標點與第一個座標點同樣是 60,60，因此形成一個封閉三角形。第二組則只有三組座標，形成一個開放式的三角形，少了最後一個邊。

- **不規則多邊形**

嚴格說來，polyline 只是線條圖形，以前述的三角形封閉圖形為例，如果將圖形放大來看，你會發現最後的線條接合處並沒有密合，SVG 只是將兩條線拉到同一個座標點。

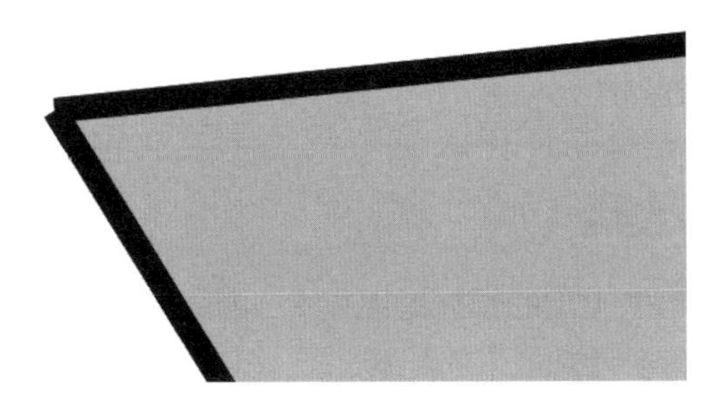

除了接合處，其它的轉角不會有這樣的問題。

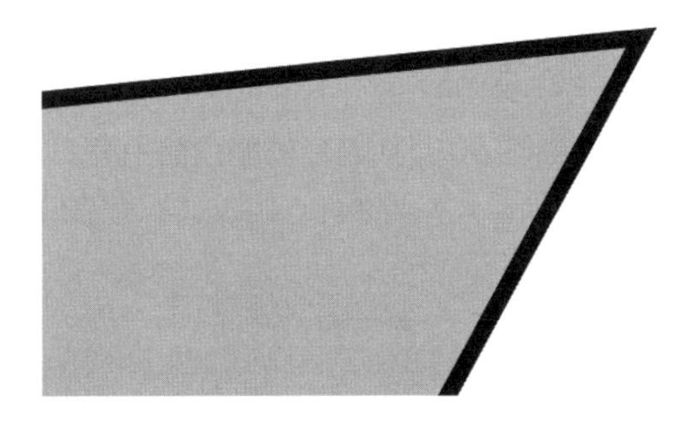

如果想描繪所有轉角均密合呈現的不規則多邊形，必須使用 polygon 元素，原理同上述 polyline 元素，只要將標籤名稱改為 ploygon 即可，無論最後的座標點為何，均會產生封閉圖形。

```
<polygon points="60,60  260,40  160,220 60,60"
         stroke="black" fill="silver" stroke-width="4" />

<polygon points="60,60  260,40  160,220 "
         stroke="black" fill="silver" stroke-width="4" />
```

這兩組 polygon 元素內容與上述 polyline 元素的屬性原理完全相同，第一組包含四個座標點，第二組則只有三組，但是最後得到是兩個完全相同的三角形。

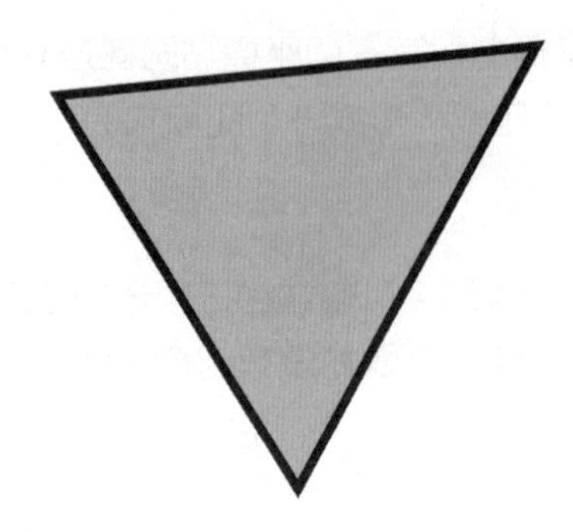

如果你確實想要描繪封閉幾何圖形，比較好的選擇是使用 polygon 取代 polyline。

11.3 路徑元素

path 元素透過各種可供設定的預先定義指令，描繪更複雜的不規則線條，包含弧線或是貝茲曲線等等。考慮以下的配置：

```
<path d="M50,150 L150,220 />
```

path 元素的 d 屬性提供了數種不同的指令，用來決定所要描繪的路徑內容。指令 M 表示移動到指定的座標點 50,150，接下來的 L 指令表示描繪一條直線到此座標點，最後 path 從 M 指令座標點 50,150 開始依序連結所有的座標點構成所要呈現的圖形，屬性 d 中的指令必須以 x,y 座標為一組，並以空白字元或斷行隔開。

範例 11-5 使用 path

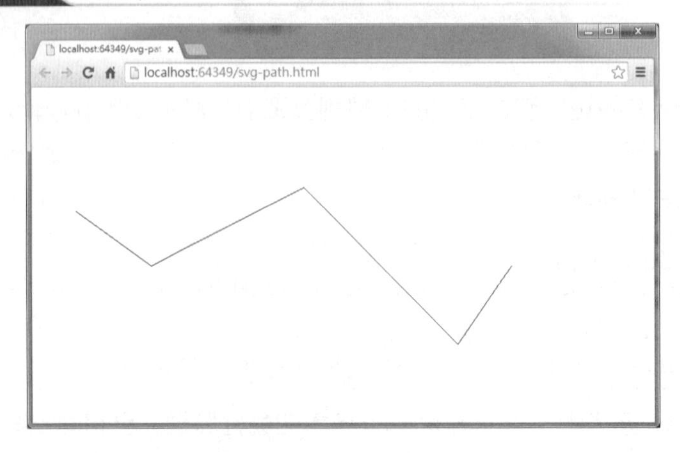

這個圖形透過 path 描繪多點連結曲線。

svg-path.html

```
<!DOCTYPE html>
<html>
<head>
      <title></title>
</head>
<body>
      <svg style="width:800px;height:360px;">
          <path d="M50,150
                L150,220
                L350,120
                L450,220
                L550,320
                L620,220"
                style="stroke:#000;fill:none;" />
          </svg>
</body>
</html>
```

path 元素透過 d 屬性描繪曲線，其中 style 屬性的樣式意義同前述說明，而 fill 樣式如果沒有設定為 none ，同樣會在封閉區域以黑色填滿，例如移除 fill 屬性值會得到以下的輸出結果。

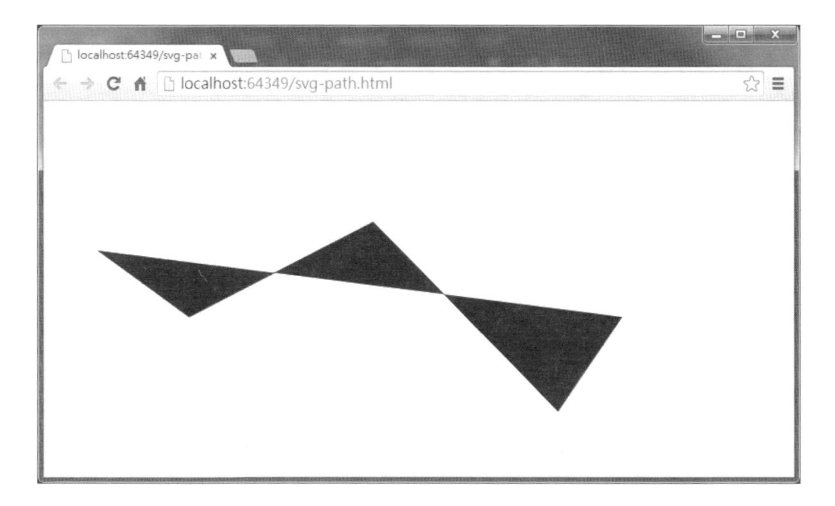

Path 元素中的 d 屬性，可以透過 z 指定封閉圖形，考慮以下的配置：

```
<path d="M100,200
                L200,50
                L300,200"
                style="stroke:#000;stroke-width:6;fill:silver;" />
</svg>
```

這會在畫面上描繪出以下左截圖的開放式三角形，只要在 d 屬性最後補上 z ，就會形成右截圖的封閉式三角形。

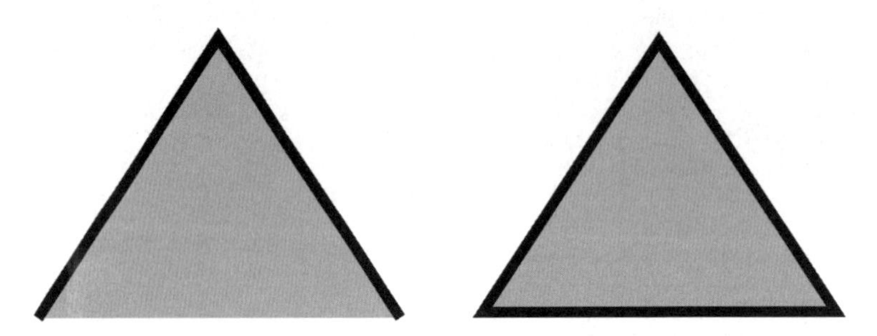

Path 元素另外亦支援貝茲曲線描繪，考慮以下的 d 屬性值：

```
d="Mx0,y0 Qc1,c2 x2,y2"
```

其中包含三組參數，用來描繪二次貝茲曲線，x0,y0 是第一組端點，c1,c2 是控制點，x2,y2 則是第二組端點，c1 前的 Q 則是二次貝茲曲線指令，如下圖：

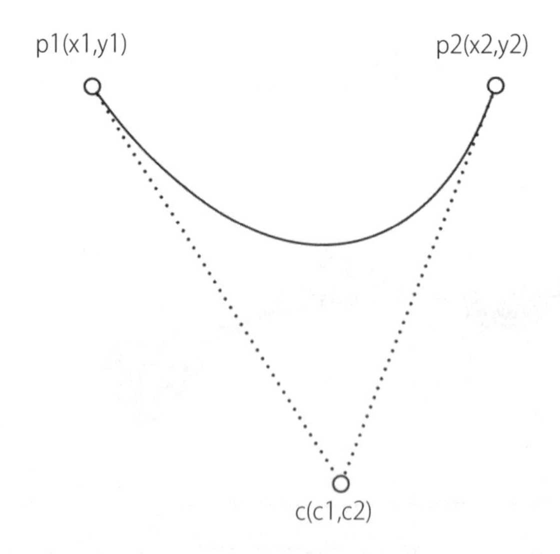

你也可以利用 q 指令取代大寫 Q ，表示相對於第一個端點的座標。

貝茲曲線原理同第九章討論，只需完成其中的座標定義即可描繪所需的貝茲曲線。至於三次貝茲曲線原理亦同，總共需要四個座標點，如下頁圖：

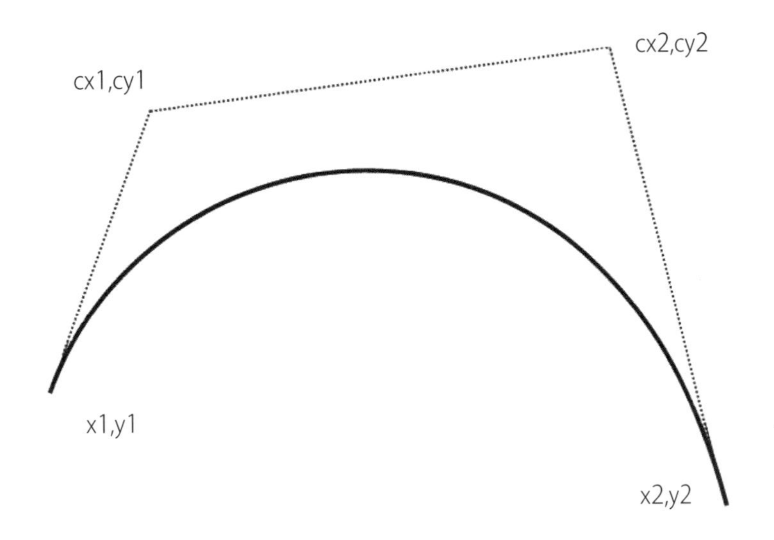

三次貝茲曲線需以指令 C 輸出，屬性設定如下：

```
d="Mx1,y1 Ccx1,cy1 cx2,cy2 x1,y2"
```

瞭解貝茲曲線的原理之後，很快的我們透過一個範例進行示範。

範例 11-6 描繪貝茲曲線

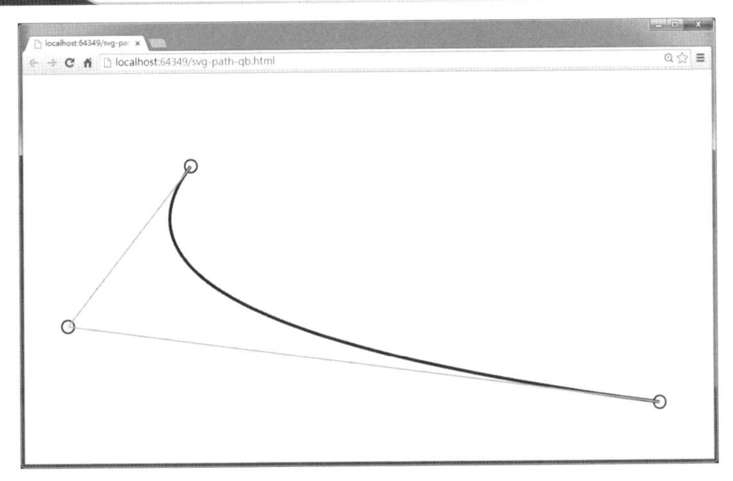

這個範例嘗試描繪二次貝茲曲線，並且呈現所需的座標點與連接的輔助線。

svg-path-qb.html

```
<!DOCTYPE html>
<html>
<head>
      <title></title>
</head>
<body>
      <svg style="width:420px;height:220px;">
            <path d="M100,50 Q20,150 400,200"
                  style="stroke:#000;stroke-width:2;fill:none;" />
            <circle cx="100" cy="50" r="4"
                    stroke="#000"fill="none" />
            <circle cx="20" cy="150" r="4"
                    stroke="#000" fill="none" />
            <circle cx="400" cy="200" r="4"
                    stroke="#000" fill="none" />
            <line x1="100" y1="50" x2="20" y2="150" stroke="silver" />
            <line x1="400" y1="200" x2="20" y2="150" stroke="silver" />
            </svg>
</body>
</html>
```

其中的設定並無特殊之處，只是經由 path 元素透過二次貝茲曲線將曲線描繪出來，並且逐一描繪其它的座標點與連線。

11.4 描繪文字

透過 text 元素可以在網頁上描繪出指定的文字內容。

```
<text x="100" y="100">康廷數位 RWD 專業課程</text>
```

這一行 text 元素以 100,100 座標為參考起點位置，描繪出其中的文字內容，x,y 座標是文字開始輸出的左下角端點位置，例如以下配置：

```
<svg style="width:600px;height:220px;">
          <text x="100" y="100" font-size="36">康廷數位 RWD 專業課程</text>
          <line x1="60" y1="100" x2="520" y2="100"
                stroke="#f00" Stroke-width:"1" />
</svg>
```

這段 text 元素的下方描繪一條輔助線，突顯 text 元素的 x,y 座標屬性與文字輸出的位置關係。

康廷數位 RWD 專業課程

text 元素支援某些格式化文字輸出的屬性，例如 text-anchor 屬性可以改變文字的輸出位置，考慮以下的配置：

```
<text x="300" y="40">康廷數位 RWD 專業課程</text>
<text x="300" y="80" text-anchor="start">康廷數位 RWD 專業課程 - start</text>
<text x="300" y="120" text-anchor="middle">康廷數位 RWD 專業課程 - middle</text>
<text x="300" y="160" text-anchor="end">康廷數位 RWD 專業課程 - end</text>
```

這四段文字的輸出位置參考不同的 text-anchor 屬性，這些 text-anchor 屬性值表示 x 座標值 300 將被視為為文字輸出的起點、中央點，或是終點。

text-anchor 屬性	說　明
text-anchor="start"	文字以x座標點為起始點開始輸出。
text-anchor="middle"	文字以x座標點為中央基準點輸出。
text-anchor="end"	文字以x座標點為結束點輸出。

以下為輸出結果：

康廷數位 RWD 專業課程

康廷數位 RWD 專業課程 - start

康廷數位 RWD 專業課程 - middle

康廷數位 RWD 專業課程 - end

畫面中間垂直線的 x 座標點為 300，在不同的 text-anchor 設定下可以看到文字的輸出位置差異，第一行文字為預設值。

- **fill 與 stroke**

text 元素亦支援 fill 與 stroke 屬性設定，例如以下的配置：

```
<svg style="width: 600px; height: 280px;">
          <text x="100" y="80" fill="none" stroke="black" font-size="42">
              康廷數位 RWD 專業課程
          </text>
          <text x="100" y="140" fill="black" stroke="none" font-size="42">
              康廷數位 RWD 專業課程
          </text>
          <text x="100" y="200" fill="silver" stroke="black" font-size="42">
              康廷數位 RWD 專業課程
          </text>
</svg>
```

三組 text 元素分別設定不同的 stroke 與 fill 樣式屬性，stroke 指定描繪文字的線條框線，fill 則填滿文字內部，指定為 none 則沒有顏色，以下的輸出結果，讀者可以比較其中的差異。

康廷數位 RWD 專業課程
康廷數位 RWD 專業課程
康廷數位 RWD 專業課程

另外，透過 stroke-width 樣式屬性的設定可以進一步調整 stroke 輸出的文字框線寬度，而 font-size 則是文字大小，讀者可以自行嘗試。

- **字距空間**

如果要調整文字的間距，可以透過 word-spacing 屬性進行設定。

```
<text x="60" y="40" font-size="14" >
      康廷數位 Responsive Web Design 專業課程
</text>
<text x="60" y="80" font-size="14" word-spacing="36">
      康廷數位 Responsive Web Design
</text>
```

第一行 text 元素並沒有指定 word-spacing 屬性，以預設間隔輸出，第二行則是以 36px 為距離。

康廷數位 Responsive Web Design 專業課程

康廷數位　　Responsive　　Web　　Design

- **文字垂直配置**

文字可以透過 writing-mode 樣式屬性的設定，以直書格式輸出，例如以下的配置：

```
<svg style="width:360px;height:420px;" writing-mode="tb">
     <text x="100" y="10" >君不見黃河之水天上來，奔流到海不復回</text>
</svg>
```

其中 writing-mode="tb" 讓文字以直行輸出，如下頁：

writing-mode 還有幾個可能的值，分別是 lr-tb, rl-tb, tb-rl, lr, rl 與 tb 等等，rl 表示由右到左，lr 則是由左到右，這些屬性值相互搭配以支援各種方向的文字輸出。

範例 11-7 正體中文詩詞輸出

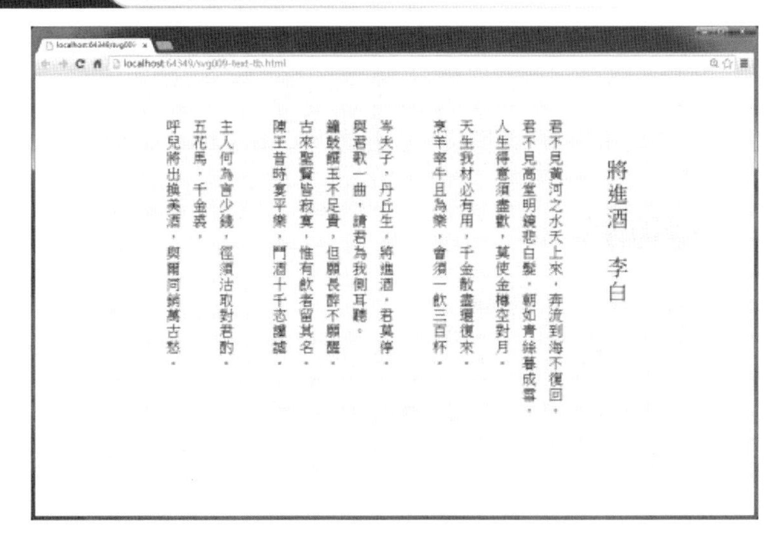

透過 writing-mode 屬性的設定，以直書的方式呈現詩詞內容。

text-tb.html

```
<!DOCTYPE html>
<html>
<head>
      <title></title>
      <style>
          body {
              border: 0;
              margin: 0;
              font-size: 100%;
              text-align: center;
          }
          text {
              font-size:16px;
              writing-mode: tb;
              -moz-writing-mode: tb;
          }
      </style>
</head>
<body>
      <svg style="background-color:#f7f7f7;width:700px;height:460px;">
          <text x="600" y="80" style="font-size:24px;">將進酒　李白</text>
          <text x="530" y="40">君不見黃河之水天上來，奔流到海不復回。</text>
           … …
          <text x="160" y="40">主人何為言少錢，徑須沽取對君酌。</text>
          <text x="130" y="40">
              五花馬，千金裘，
          </text>
          <text x="100" y="40">
              呼兒將出換美酒，與爾同銷萬古愁。
          </text>
      </svg>
</body>
</html>
```

由於「將進酒」這首詩詞的內容稍長，因此透過 CSS 進行設定會比較方便。

11.5 描繪圖片

SVG 透過 image 元素進行圖片描繪。

```
<image x="0" y="0" width="600" height="400" xlink:href="xxx.jpg" />
```

image 元素的 x 屬性與 y 屬性表示圖片左上角的位置座標，width 與 height 則是圖片描繪的寬度與高度，xlink:href 為圖片檔案路徑。這一段 img 元素以寬度 600 與高度 400 的大小，以左上角的 (0,0) 位置為此始點，將 xxx.jpg 描繪在 svg 元素的區域內。以下是一個比較具體的例子。

```
<svg style=" width:980px;height:620px;">
      <image x="70" y="80" width="840" height="460" xlink:href="images/rwd.jpg" />
</svg>
```

輸出結果如下：

指定的圖片被描繪在背景設定為黑色的 svg 區域內。利用 svg 描繪圖片，我們可以進一步結合其它繪圖功能進行圖片的加工，以下的範例進行說明。

範例 11-8 SVG 圖片輸出

除了原來的 image 元素，這個範例進一步透過四個 text 元素輸出特定的文字內容。

image.html

```
<svg style="background-color:#000;width:980px;height:620px;">
      <image x="70" y="80" width="840" height="460"
             xlink:href="images/rwd.jpg" />
      <rect x="130" y="240" width="360" height="40"
            style="fill:none;stroke:#FFFF00;" ></rect>
      <text x="310" y="265" text-anchor="middle"
            style="fill:#FFFF00;font-size:1.2em;">
          花蓮。十六石山 | 絕美的溫柔 </text>
      <text x="840" y="480" text-anchor="end"
            style="fill:#fff;">呂高旭 攝影作品集 | 2014.06.06</text>
      <text x="840" y="510" text-anchor="end" style="fill:#fff;">http://
            kangting.tw</text>
</svg>
```

image 元素輸出圖片時，會根據指定 width 與 height 屬性，儘可能將圖片完整呈現出來，因此若是 width 與 height 屬性的比例沒有依據原圖設定，將導致圖片以最小可能的尺寸輸出。

圖片檔案本身的解析度已經固定了，因此 svg 輸出之後依然維持原來的解析度，將其放大同樣會失真，當然，其中進一步透過 svg 輸出的內容則依然是向量格式，不會有失真的問題。

以上是將瀏覽器檢視比例放大的結果，其中的文字內容並沒有發生模糊的失真狀況，但圖片的解析度則降低了。

11.6 動畫

SVG 內建一套完整的動畫系統，本章最後針對動畫的部分進行討論。

11.6.1 設定狀態－ set 元素

動畫表示一連串的狀態改變，如果狀態的改變只有一次而且不需要轉場效果，可以使用 set 元素來達到目的。

```
<circle id="kcircle" cx="300" cy="300" r="10" />
<set xlink:href="#kcircle" attributeName="r" attributeType="XML"
      to="200"  begin="1s"/>
```

set 元素定義動畫的狀態規則，xlink:href 表示此動畫要套用的對象，#kcircle 表示第一行 circle 元素的 id ，attributeName 屬性表示 set 元素所要改變的對象其 r 屬性值，attributeType 屬性表示這是 XML 格式文字屬性，to 是狀態的結束值，begin 表示網頁載入完成後等待動畫開始的時間，s 表示以秒為單位，可設定的時間單位有 h（Hours）、min（Minutes）、s（Seconds）、ms（Milliseconds）。

這組設定會在網頁載入完成開始等待 1 秒之後執行，套用此設定的圓形半徑（r）將從 10（from）放大到至 200（to）。

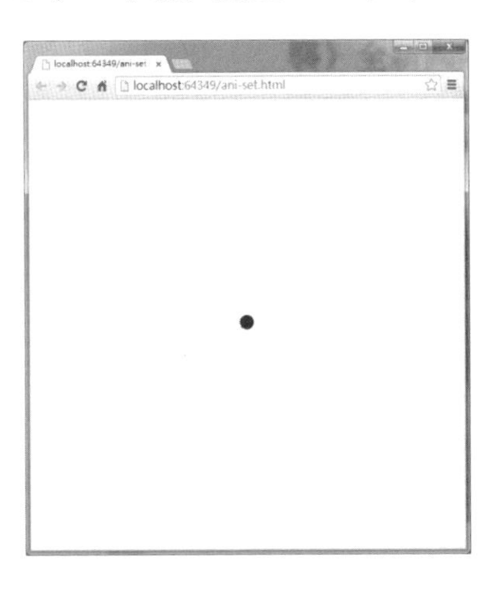

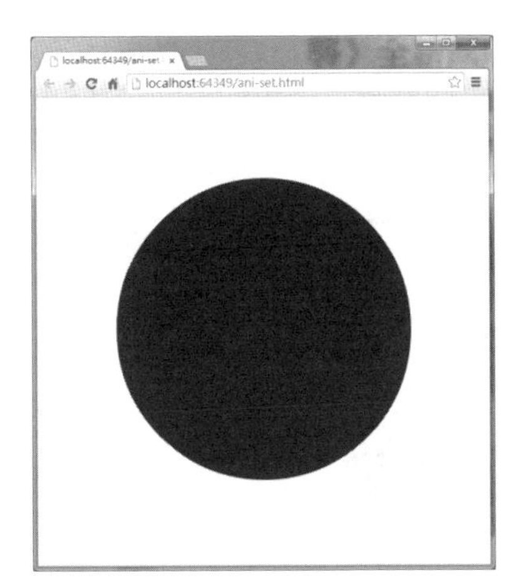

set 元素只是單純的將 attributeName 指定的屬性（r），從原來的屬性值轉換至 to 屬性所指定的結果值，因此在網頁上檢視上述的配置結果，會看到網頁載入經過 1 秒之後，圓從半徑 60 瞬間變成半徑 200。

你也可以將 set 嵌入至 circle ，變成它的子元素，如此一來就不需要設定其 xlink:href 屬性。

```
<circle id="kcircle" cx="300" cy="300" r="60">
             <set attributeName="r" attributeType="XML"
             to="200"
             begin="1s"/>
</circle>
```

set 元素定義的狀態改變是一次性的，如果要建立連續動畫，可以利用接下來要介紹的 animate 元素。

11.6.2 animate 元素

考慮以下的配置：

```
<circle cx="100" cy="120" r="60"  >
   <animate attributeName="fill" attributeType="XML"
                 from="black" to="silver "
                 begin="0s" dur="1s" />
</circle>
```

其中的子元素 animation 定義 circle 元素所要套用的動畫內容。attributeName="fill" 表示動畫所要改變的狀態是圓形的表面顏色，from 與 to 屬性表示從 black 變成 silver ，最後的 dur="1s" 表示動畫在 1 秒的時間長度內完成，由於 begin 屬性設定為 0 秒，因此載入之後動畫即刻執行，並從以下左邊畫面的狀態變成右邊畫面的狀態。

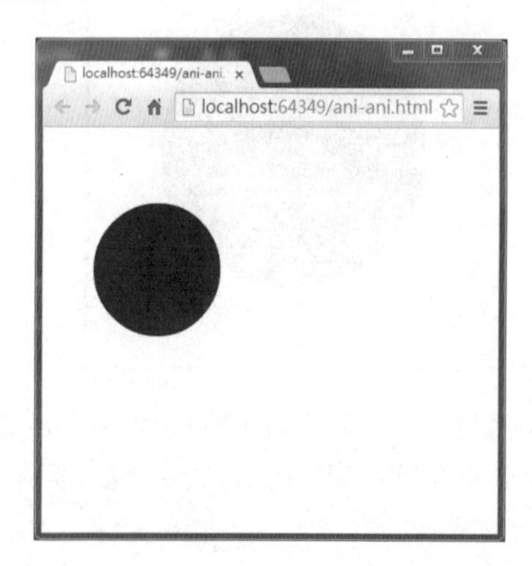

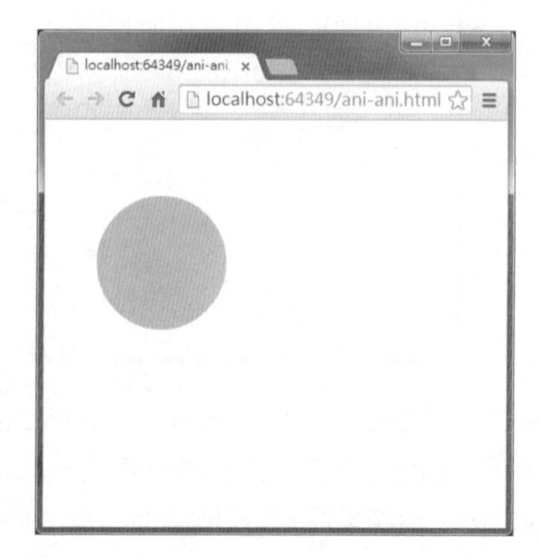

動畫一旦結束，在預設的情形下將回復至先來的狀態，也就是左圖的畫面，你可以設定 fill 屬性來改變這個預設行為，如果設定為 fill="freeze" ，則動畫結束會停留在最後的狀態，預設則是 fill="remove"。另外你可以指定 repeatCount 屬性，這是一個表示動畫重複次數的數字，例如 repeatCount="5" 表示動畫會重複五次，如果指定 indefinite 這個關鍵字，則動畫會無限次播放，repeatCount 可以搭配另外一個 repeatDur 屬性，表示允許動畫重複執行的時間長度，例如 repeatDur="5s" 表示重複的動畫行為將持續 5 秒。

repeatDur 同樣接受 indefinite 關鍵字，效果同 repeatCount。如果同時設定了 repeatDur 與 repeatCount ，只要其中一項符合停止的條件，動畫即會停止。

你可以在一個 svg 元素中，嵌入數個 animate 子元素，如此一來可以得到複合式的組合動畫。

範例 11-9 複合式動畫

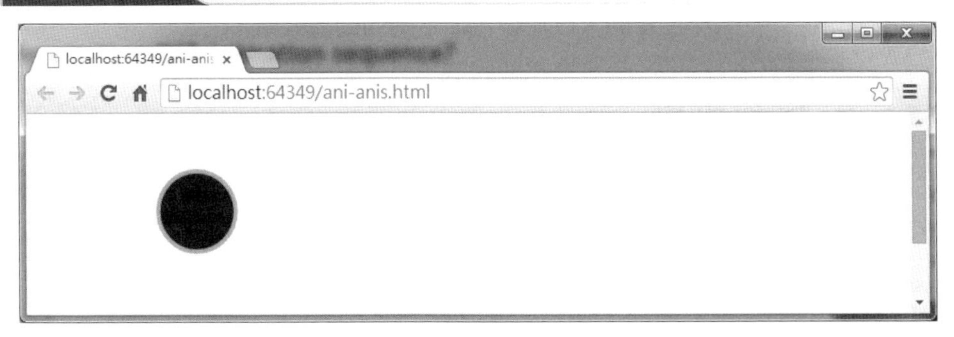

以上的畫面是一開始的狀態，其中的圓形會往右移動並且逐變改變顏色，最後變成以下的狀態。

這個範例設定了無限重複的動畫執行效果，因此其中圓形的動畫會反複執行。

ani-anis.html

```
<body>
      <svg width="800" height="240" >
          <circle cx="120" cy="80" r="36" stroke-width="4" >
              <animate attributeName="cx" attributeType="XML"
                       from="120" to="680"
                       begin="0s" dur="5s"
                       repeatCount="indefinite"  />
              <animate attributeName="fill" attributeType="XML"
                       from="balck" to="#f8f8f8"
                       begin="0s" dur="5s"
                       repeatCount="indefinite" />
              <animate attributeName="stroke" attributeType="XML"
                       from="silver" to="black"
                       begin="0s" dur="5s"
                       repeatCount="indefinite" />
          </circle>
      </svg>
</body>
```

circle 中的三段 animate 會同步執行，相較於單一 animate 可以得到更豐富的動畫效果，讀者可以自行調整標籤內容以檢視各種不同的動畫效果。

11.6.3 串接動畫

你可以設計數個動畫，然後將它們串接起，實作比較複雜的連續動畫，假設有有兩組 animate 元素如下：

```
<animate  …/>
<animate  …/>
```

將這兩個動畫配置於某個 svg 元素中，會形成複合式的動畫，就如同上述的說明，如果想要依序執行，完成以下的設定即可：

```
<animate id="a1"  …/>
<animate  begin="a1.end" …/>
```

第二組 animate 元素必須等待第一組 animate 執行完畢之後才會接續執行，因此設定第一組 id ，並且於第二組 animate 指定其 begin="a1.end" ，表示此組動畫必須等待第一組完成。

範例 11-10 串接動畫示範

ani-anis-l.html

```
<body>
      <svg width="800" height="240" >
          <circle cx="120" cy="80" r="48">
              <animate id="slide" attributeName="cx" attributeType="XML"
                       from="120" to="640"
                       begin="0s" dur="3s" fill="freeze"  />
              <animate id="two" attributeName="fill" attributeType="XML"
                       from="balck" to="#f8f8f8"
                       begin="slide.end" dur="5s" fill="freeze" />
          </circle>
      </svg>
</body>
```

這組動畫串接了兩組 animate ，當第一組動畫完成，circle 移動至右邊 640px 座標處便會停止，然後執行第二組動畫，改變圓形的顏色。

利用 animate 元素的串接特性，我們可以製作重複往返循環播放的動畫。

範例 11-11 動畫往返循環播放

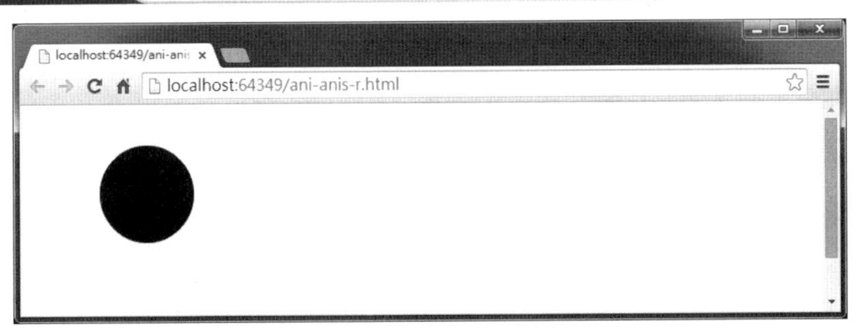

畫面上的實心圓形於網頁載入完成後 1 秒開始往右移動至右邊界然後重複往返。

ani-anis-r.html

```
<body>
      <svg width="800" height="240" >
          <circle cx="120" cy="80" r="48">
             <animate id="slide1" attributeName="cx" attributeType="XML"
                      from="120" to="640"
                      begin="1s;slide2.end" dur="2s" fill="freeze" />
               <animate id="slide2" attributeName="cx" attributeType="XML"
                      from="640" to="120"
                      begin="slide1.end" dur="0.2s" fill="freeze" />
          </circle>
      </svg>
</body>
```

往返效果的關鍵在 animate 元素的 begin 屬性設定，第二組設定為 slide1.end ，然後第一組設定為 slide2.end ，如此一來形成循環參照達到往返的效果，不過第一組 animate 必須進一步指定開始的時間，這裡設定為 1s 並利透過分號（;）與 slide2.end 分隔。

11.6.4 animateTransform

如果動畫牽涉圖形轉換可以改用 animateTransform 這一組元素，它支援包含位移、旋轉、縮放甚至扭曲的圖形轉換相關動畫，考慮以下的配置：

```
<rect x="80" y="20" width="20" height="30" fill="black">
      <animateTransform attributeName="transform"
                              attributeType="XML"
                              type="scale"
                              from="1"
                              to="4"
                              dur="2s"
                              fill="freeze" />
</rect>
```

animateTransform 元素有數個屬性，attributeName="transform" 表示針對 rect 定義了 transform 動畫，type 為 transform 的型態，type="scale" 表示進行縮放動畫，from 與 to 表示從原來的 1 倍等比例縮放至 4 倍。

type 屬性決定所要套用的 transform 種類，可用的有以下幾種：

type	說　明
translate	元素移動。
scale	元素縮放。
rotate	元素旋轉。
skewX	元素扭曲－以x軸為基準。
skewY	元素扭曲－以y軸為基準。

from 與 to 屬性值必須搭配不同的 type 作設定，以 type="scale" 為例，考慮以下的配置：

```
type="scale"
from="n1"
to="n2"
```

from 與 to 均只有一個數字值，表示目標元素以寬高等比例將從 n1 縮放至 n2，另外也可以指定如下頁：

```
type="scale"
from="x1 y1"
to="x2 y2"
```

from 與 to 分別指定了兩個數字，表示縮放的寬（x）、高（y）比例，目標元素最後的大小會以 x2 與 y2 指定的比例為依據。

如果是 translate 型態的轉換，原理同 scale ，只是 from 與 to 的數字表示移動的距離。rotate 表示旋轉轉換，from 與 to 的設定格式如下：

```
type="rotate"
from="d1 x1 y1"
to="d2 x2 y2"
```

d1 與 d2 為所要旋轉的角度，x1,y1 與 x2,y2 分別代表旋轉的圓心座標，這兩組數值可以省略，表示以 svg 原點為依據旋轉，否則的話，以指定的座標點為圓心進行旋轉。考慮以下的配置：

```
<rect x="0" y="0" width="460"  height="80" fill="black" >
        <animateTransform attributeName="transform"
                                    attributeType="XML"
                                    type="rotate"
                                    from="0"
                                    to="45"
                                    dur="6s"
          />
</rect>
```

其中的 rect 起始點為（0,0），animateTransform 元素中的 from,to 屬性指定了矩形將從 0 度旋轉至 45 度，如下左圖到右圖：

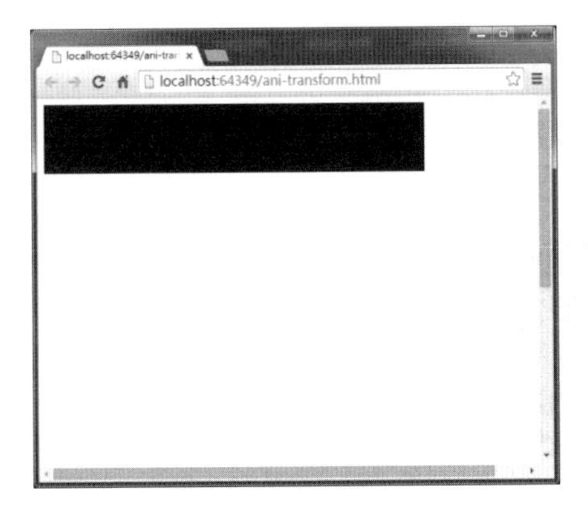

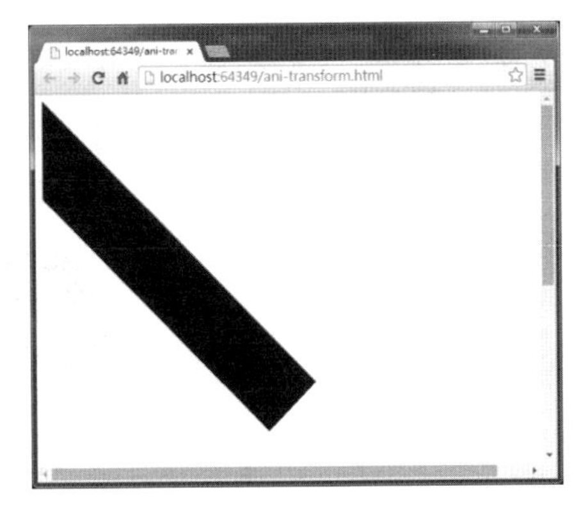

讀者可以嘗試調整 from,to 屬性檢視其旋效果。

skewX 與 skewY 支援圖形元素以 x 軸與 y 軸為基準進行扭曲轉換，例如以下的配置：

```
<rect x="100" y="100" width="260" height="260" fill="black">
        <animateTransform attributeName="transform"
                          attributeType="XML"
                          type="skewX"
                          from="0"
                          to="15"
                          dur="6s" />
</rect>
```

這段 animateTransform 指定 skewX ，則目標圖形 rect 將沿著 x 軸從 0 度扭曲至 15 度，如以下左圖至右圖。

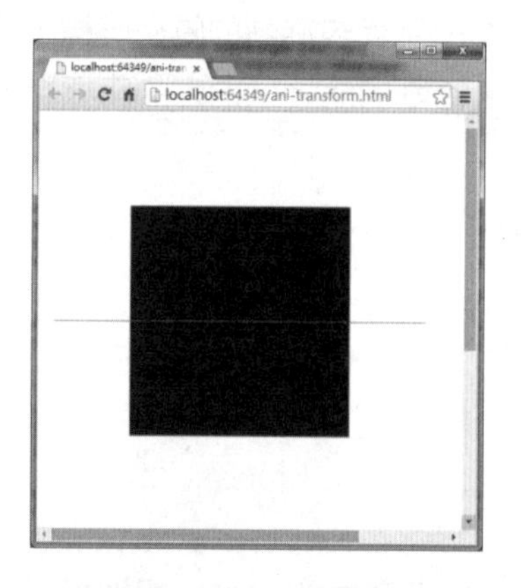

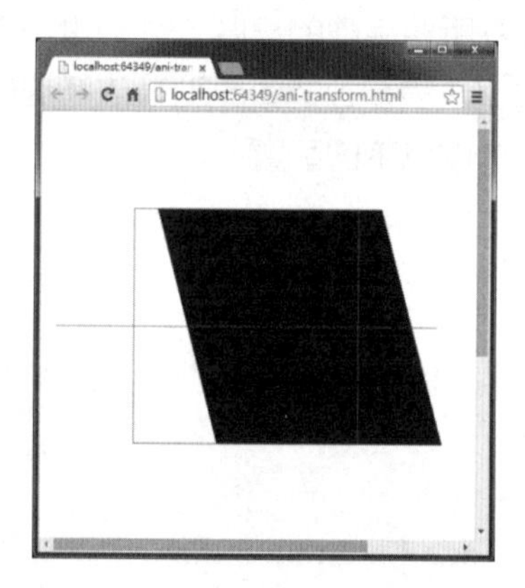

其中灰色線條標示矩形原來的形狀與位置，讀者可以看到扭曲後的變形結果，請自行測試 skewY 的轉換。

範例 11-12 SVG 碼錶

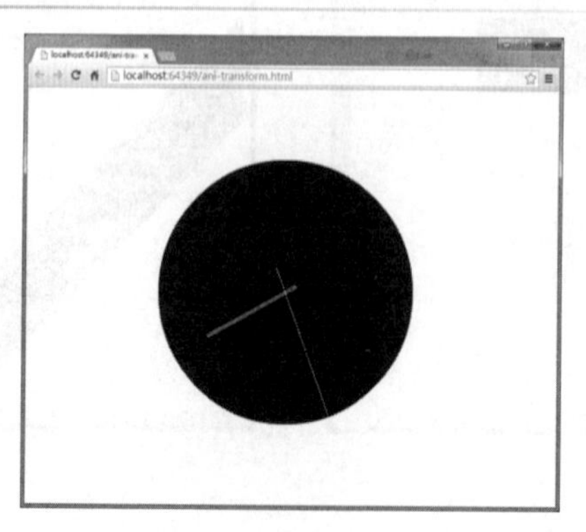

利用 SVG 描繪長短兩個指針，長針一秒跑一圈，短針則是一分鐘跑一圈。

ani-transform.html

```
<!DOCTYPE html>
<html>
<head>
      <title></title>
</head>
<body>
      <svg width="800" height="600" >
          <circle cx="400" cy="300" r="200"></circle>
          <line x1="380" y1="300" x2="540" y2="300"
               stroke="gray" stroke-width="6">
              <animateTransform id="s" attributeName="transform"
                                  attributeType="XML"
                                  type="rotate"
                                  from="0 400 300"
                                  to="360 400 300"
                                  begin="1s" fill="freeze" dur="60s"
                                  repeatCount="indefinite" />
          </line>
          <line x1="360" y1="300" x2="600" y2="300"
               stroke="#f8f8f8" stroke-width="1">
               <animateTransform id="ms" attributeName="transform"
                                  attributeType="XML"
                                  type="rotate"
                                  from="0 400 300"
                                  to="360 400 300"
                                  dur="1s" begin="0s" repeatCount="indefinite" />
          </line>
</svg>
</body>
</html>
```

先利用 circle 定義黑色圓形，長短指針則以兩組 line 元素定義，並且透過 rotate 型態的 transform 令其旋轉。這個範例很簡單，但是可以作出不錯的效果，其中比較需要注意的是裋針與長針的動畫區間設定，長針於 1 秒內跑完一圈，因此 dur="1s"，短針則是 dur="60s"，而兩組 line 均定為 repeatCount="indefinite"，如此一來可以無限旋轉。

11.6.5 animateMotion

最後我們討論一個特殊的動畫元素 animateMotion，它支援 path 作為元素的運動路徑，如此我們可以讓指定的元素在 path 定義的路徑上移動，考慮下頁的語法：

```
<rect >
      <animateMotion path="d" dur="3s" repeatCount="indefinite" rotate="auto" />
</rect>
```

rect 可以是任何其它 SVG 圖形元素，接下來的 animateMotion 定義動畫路徑，其中的 path 屬性需指定一個定義 path 元素 d 屬性的屬性值，接下來則是動畫元素所需的屬性，最後的 rotate 則指定元素是否在運動過程中隨著軌道旋轉。

由於我們已經具備所有必要的知識，接下來的範例直接組合需要的部分，透過 animateMotion 建立一個以貝茲曲線為運動軌道的矩形動畫。

範例 11-13 貝茲曲線運動

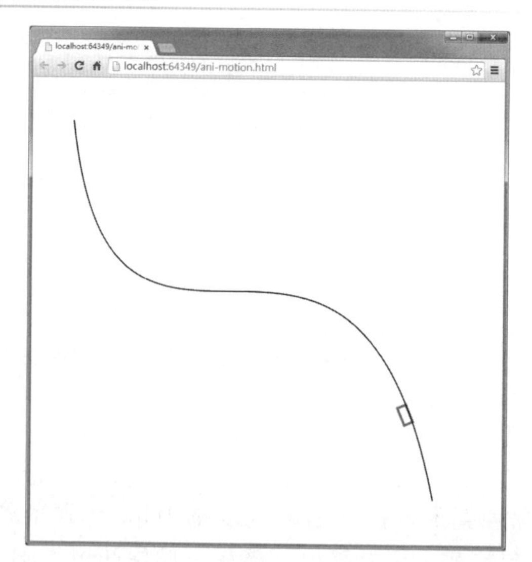

以三次貝茲曲線定義運動軌道，讓矩形沿著曲線由上往下重複移動。

ani-motion.html

```
<!DOCTYPE html>
<html>
<head>
      <title></title>
</head>
<body>
      <svg style="width:760px;height:680px;">
            <rect x="0" y="0" width="30" height="15"
                  stroke="gray" stroke-width="4" fill="none">
                <animateMotion path="M60,60 C120,620 520,20 650,660"
```

(續)

```
                             begin="0s" dur="3s" repeatCount="indefinite"
                             rotate="auto" />
        </rect>
        <path d="M60,60 C120,620 520,20 650,660"
              stroke="black" stroke-width="2" fill="none" />

    </svg>
</body>
</html>
```

Rect 元素中的 animateMotion 定義所需的運動軌道，而 path 屬性語法意義同 path 元素中的 d 元素。

到目前為止我們已經針對 SVG 的關鍵技巧進行了完整的說明，最後一個小節說明如何透過 JavaScript 操作 SVG 元素。

11.7 SVG 元素操作與維護

就如同 DOM 元素，SVG 元素可以透過 JavaScript 進行維護操作，寫法與一般的 DOM 元素無異，不過必須指定命名空間，因此無論元素的建立或是屬性的設定，都必須調用命名空間的版本。例如以下的程式片段：

```
var ns = "http://www.w3.org/2000/svg";
var circle = document.createElementNS(ns, "circle");
```

其中第一行指定了需要的命名空間字串資訊，第二行則調用 createElementNS() 方法建立一個 circle 元素，並且將命名空間字串當作參數傳入。以下先來看一個範例。

範例 11-14 程式化控制 SVG

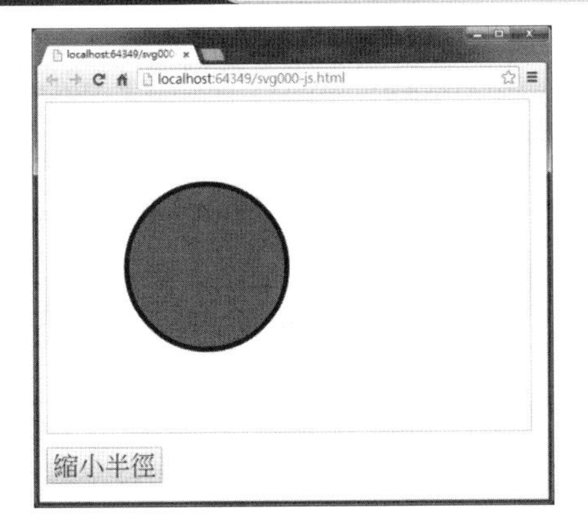

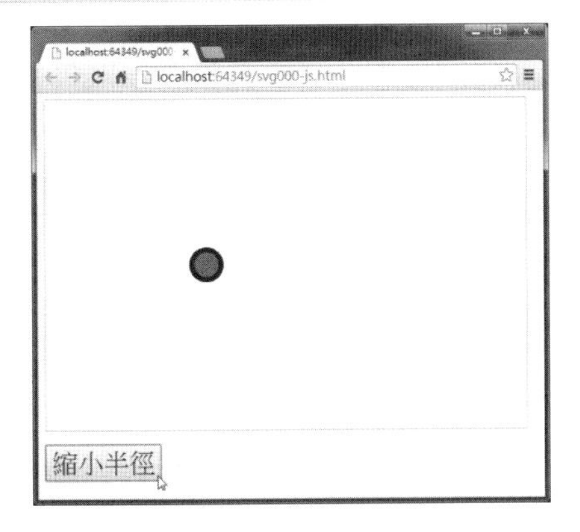

左截圖是網頁一開始的載入畫面，其中描繪一個半徑 100px 的圓形，下方提供一個「縮小半徑」按鈕，按一下便會縮減圓形，右圖是持續按的結果。

svg-js.html

```
<html>
<head>
      <title></title>
</head>
<body >
   <svg id="svg" style="width:600px;height:400px;border:1px solid silver;">
   </svg>
   <p><button id="subr" style="font-size:2em;"> 縮小半徑 </button></p>
   <script>
          var r=100 ;
          var ns = "http://www.w3.org/2000/svg";
          var circle = document.createElementNS(ns, "circle");
          circle.setAttributeNS(null, "cx", 200);
          circle.setAttributeNS(null, "cy", 200);
          circle.setAttributeNS(null, "r", r);
          circle.setAttributeNS(null, "style",
          "fill:#0094ff;stroke:#000;stroke-width:6;");
          document.getElementById("svg").appendChild(circle);
          document.getElementById("subr").onclick = function () {
               circle.setAttributeNS(null, "r", r-=2);
          }
      </script>
</body>
</html>
```

SVG 元素的操作與 DOM 元素完全相同，其中透過 document.createElementNS() 建立所需的 circle 元素，並且經由 setAttributeNS() 方法的調用逐一設定所需的各種屬性，最後將其附加至畫面上預先配置的 svg 元素。

最後於按鈕的 click 事件設定回呼函式，每次 click 事件觸發便重新調用 setAttributeNS()，調整其中的 r 屬性，以修正其半徑。

讀者要特別注意，SVG 元素必須額外指定所屬命名空間名稱，也就是一開始定義的 ns 字串，如此一來才能順利操控 SVG 元素。

SUMMARY

這一章針對 SVG 元素作了完整的入門討論，在 Canvas 的基礎上，我們很容易可以理解 SVG 的繪圖原理，甚至利用 SVG 取代 Canvas 執行所需的繪圖作業。

第十二章

Video 與 Audio

HTML5 直接納入了影音播放功能的支援，這是 HTML5 最重要的革新，透過關標籤的設定即可建立支援影音檔案播放的功能網頁，不需要任何第三方廠商的外掛支援，而這一章我們將就支援此新功能的標籤以及相關的 API 進行完整的討論。

12.1 使用 <video> 與 <audio>

HTML5 導入了 <video> 與 <audio> 兩個新元素以支援影音檔案的播放功能 ，其中 video 元素支援動態視訊檔案播放，而 audio 元素則支援純音訊檔案的播放，藉由進一步調用相關的 API ，甚至可以為網頁建立完整功能的多媒體檔案播放控制介面，從最簡單的標籤配置開始，我們來看看相關的應用。考慮以下的設定：

```
<video src="videox.mp4" controls ></video>
```

src 屬性表示所要播放的檔案路徑，controls 屬性表表示要提供控制面板，如果沒有設定，使用者將無法控制影片播放。透過此行標籤的設定，一個陽春版的媒體檔案播放器即建立完成。

如果要播放的是只有聲音的音訊檔，例如 mp3 或是 wav 格式的音樂檔，則必須配置 <audio> 這個標籤然後指定其 src 屬性為所要播放的音訊檔路徑，如下式：

```
<audio src="audiox.mp3" controls ></audio>
```

原理同前 <video> 標籤設定，以下直接來看範例。

範例 12-1 播放音效與視訊檔案

網頁上出現兩組播放器，左邊支援動態影片的播放，下方的控制列提供簡單的基本控制功能，例如播放、暫停以及音量調整等等。右邊的播放器則播放一段指定的音訊檔，當滑鼠移至右邊的擴音器圖示則會出現音量控制滑桿。

video-demo.html

```
<!DOCTYPE html >
<html >
<head>
      <title> 播放音效與視訊檔案 </title>
</head>
<body>
      <div>
          <video src="ebook.mp4" width="360" controls  ></video>
          <audio src="tears.mp3" controls  ></audio>
      </div>
</body>
</html>
```

如你所見，製作這樣的網頁不需動用到 JavaScript 或嵌入其它物件，只要設定好 <video> 與 <audio> 標籤即可，其中同時設定了 controls 屬性，因此提供了檔案播放的控制功能，若是想要開發自己的控制功能，拿掉 controls 即可，相關的作法後文會有進一步的說明。

12.2 關於瀏覽器的支援

與 HTML5 其它新導入的標籤相同，並非所有瀏覽器均支援這一組影音播放標籤，以本章一開始的「範例 12-1」為例，當你透過 IE8 瀏覽這個範例網頁的時候，會出現完全空白的畫面，因為這一款瀏覽器不支援這兩組標籤，如下圖：

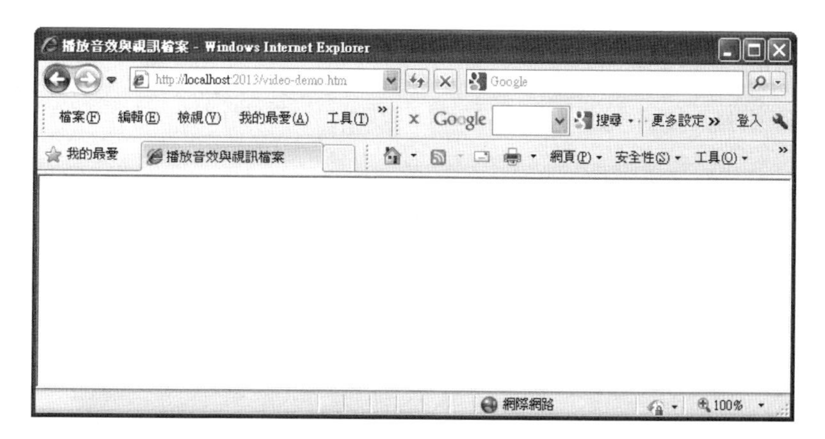

將標籤的設定修改如下：

```
<video src="ebook.mp4" controls >
      <p> 抱歉，您的瀏覽器不支援 video !</p>
</video>
<audio src="tears.mp3" controls >
      <p> 抱歉，您的瀏覽器不支援 audio !</p>
</audio>
```

當瀏覽器（例如 IE8）不支援此組標籤時，開始與結束標籤之間配置的內容會顯示出來，在正常的情形下，例如本書用來測試的主要瀏覽器 Chrome ，會顯示內建的播放器以支援影片的播放，以下是使用 IE8 瀏覽呈現的結果。

處理瀏覽器的支援問題，這僅是最簡單的方式，當你辛苦的建立了一個影音播放網頁，通常不會希望使用者因為瀏覽器的因素導致無法觀賞影片，針對這種情形，可以在 video 標籤中提供相容性的設定，包含各種格式的檔案，這是一個不小的議題，後文將有進一步的討論。

HTML5 只規範了影音檔案的播放標籤，至於支援何種格式的媒體檔案，則是由瀏覽器進行實作，不同的瀏覽器支援的媒體格式不盡相同，格式與瀏覽器支援的細節請參考「12.5 關於媒體檔案的編碼格式」。

12.3 設定 <video> 屬性

<video> 提供數個屬性成員，支援各種播放控制功能的設定，這些屬性都相當簡單，瞭解其意義即可直接套用，下頁表列舉說明。

屬　性	說　明
controls	播放控制列的顯示設定。
autoplay	是否在影片載入完成後自動播放影片。
loop	在影片播放完畢時，自動重複播放。
poster	替代顯示圖片。
muted	靜音。
width	播放影片的畫面寬度。
height	播放影片的畫面高度。

當網頁載入時，沒有任何設定的 <video> 並不會播放 src 屬性指定的影片，只會顯示指定檔案的單一靜態影格畫面，因此在本章一開始的範例中，設定了 controls 屬性以提供使用者播放功能的控制列，除此之外，還有其它幾個屬性可以讓你進一步控制檔案的播放行為。

- **autoplay**

如果要改變 <video> 的預設行為，讓影片一載入之後立即播放，直接指定 autoplay 屬性即可，有的時候你會想要在網頁載入後直接播放指定的影片，並且不提供使用者任何控制功能，在這狀況下可以選擇設定此屬性，同時取消 controls 屬性的設定 。

- **loop**

設定 autoplay 只會讓影片載入之後自動播放一次，設定屬性 loop 就可以讓影片以循環模式播放。考慮以下的標籤設定，其中列舉 autoplay 與 loop 的語法設定：

```
<video src="videox.mp4"  controls autoplay loop />
```

讀者可以據此重新調整範例的內容，檢視其中的效果，這一行設定會導致影片於載入完畢時直接進入循環播放並提供控制列，當然你可以取消 controls 屬性，如此一來除非使用者關掉網頁否則影片會一直重覆播放。

- **poster**

poster 屬性的用途是為影片提供替代顯示的圖片檔案，當影片完成載入之前，會根據 poster 屬性所指定的 url 字串，找到其對應的圖檔於播放器顯示，直到影片載入完全並開始播放，顯示的圖檔會自動消失。

- **muted**

設定這個屬性則會以靜音模式播放影片。

- **width / height**

除了影片播放的控制，<video> 可以透過 width 與 height 屬性的設定，調整影片呈現畫面的長寬尺寸，例如以下這一行設定：

```
<video src=” videox.mp4” autoplay loop width=” 60” height=” 1000” ></video>
```

播放面板會以寬度 800 、長度 400 的大小呈現，不過要注意的是，影片本身會依據合適的長寬等比例縮放呈現，不足的地方，則不會呈現任何內容。

以上所討論的屬性，都可以透過 JavaScript 進一步於執行期間進行動態的控制，接下來這個範例同時設定了表列的各種屬性，讀者可以從中看到相關的效果。

範例 12-2 設定 video 元素屬性

最左邊的截圖，是網頁一開始載入的畫面，由於還沒有開始播放，因此以一張指定的靜態圖片作表示，勾選左上角的「控制列」，控制列會在下方出現，開始播放影片之後，圖片便會消失，分別勾選其中的「循環」以及「靜音」功能可以改變影片的播放模式，如果按一下「+」會放大影片的播放尺寸，反之「-」按鈕則會縮小。

attributes-demo.html

```
<!DOCTYPE html >
<html>
<head>
      <title>設定 video 屬性</title>
      <style>
      button{margin-left:20px ; }
      </style>
      <script>
          function changeHandler(o) {
              var video = document.getElementById('ebook');
              switch(o.id){
                  case 'controls':
                      if(o.checked)
                          video.controls = true;
                      else
                          video.controls = false;
                      break ;
                  case 'loop':
                      if (o.checked)
                          video.loop = true;
                      else
                          video.loop = false;
                      break;
                  case 'autoplay':
                      if (o.checked)
                          video.autoplay = true;
                      else
                          video.autoplay = false;
                      break;
                  case 'muted':
                      if (o.checked)
                          video.muted = true;
                      else
                          video.muted = false;
                      break;
              }
          }
          function clickHandler(o) {
              var video = document.getElementById('ebook');
              switch (o.id) {
                  case 'enlarge':
                      video.width += 60 ;
                      video.height += 60 ;
                      break;
                  case 'narrow':
                      video.width -= 60;
                      video.height -= 60;
                      break;
              }
          }
      </script>
</head>
<body>
   <div>
       <input id="controls"  type=checkbox
           onchange="changeHandler(this)"   />控制列
```

(續)

```
        <input id="loop"  type=checkbox
            onchange="changeHandler(this)"    />循環
        <input id="muted"  type=checkbox
            onchange="changeHandler(this)"    />靜音
        <button id="enlarge" onclick="clickHandler(this)" > + </button>
        <button id="narrow" onclick="clickHandler(this)" > - </button>
    </div>
     <div><video id="ebook"  src="ebook.webm"
           width=420 height=460 poster="ebook_cover.jpg" ></video></div>

</body>
</html>
```

三個 checkbox 型態的 input 控制項於使用者改變其核取狀態時，執行 changeHandler() 函式，其中根據使用者操作的控制項，透過 switch 語法重設其對應的屬性值。接下來的兩個按鈕則是於使用者按下時，執行 clickHandler() ，這個函式動態改變 width 與 height 兩個屬性值，進行等比例縮放。

至於 video 元素本身則設定了 poster 屬性，指定替代圖片的路徑字串。

除了設定屬性，你甚至可以利用 JavaScript 直接動態建立所需的 video ，然後設定其相關屬性，最後將其附加至指定的元素當中。

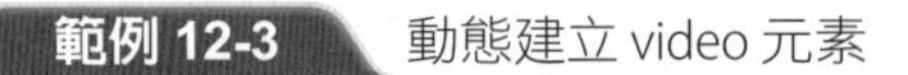

範例 12-3 動態建立 video 元素

畫面中播放視訊檔的 video 元素是透過 JavaScript 於網頁載入之後動態加入的，黑色部分是作為容器的 div 元素，video 建立之後被加入其中並於畫面上置中配置。

video-fly.html

```
<!DOCTYPE html >
<html >
<head>
      <title>動態建立 video 元素</title>
      <script>
          window.onload = function () {
              var video = document.createElement('video');
              video.width = 400;
              video.height = 360;
              video.src = 'ebook.webm';
              video.controls = true;
              var c = document.getElementById('container');
              c.appendChild(video);
          }

      </script>
</head>
<body>
<div id="container"
      style="background:black; text-align:center;
              width:660px;margin:0 auto;" >
</div>
</body>
</html>
```

window 物件的 onload 事件屬性函式中，首先建立一個 video 物件，並且逐一設定其相關屬性，包含指向播放檔案路徑的 src ，最後調用 appendChild() 將其附加為 div 元素的子元素。

由於 div 元素設定了數個樣式項目，其背景為 black ，並且將子元素置中，因此得到上述的網頁執行結果。

在預設的情形下，video 元素會根據影片的原始尺寸播放，你可以設定 width 與 height 以調整畫面的大小，除此之外，還有另外兩個屬性與影片尺寸有關，分別是 videoWidth 與 videoHeight ，這兩個屬性是唯讀的固定值，無法被更改，它代表影片來源檔案本身真正的尺寸，同樣以像素表示，下頁的範例說明相關的設定。

範例 12-4 取得影片尺寸

video-wh.html

```
<!DOCTYPE html >
<html>
<head>
      <title> 取得影片尺寸 </title>
      <style>
      p{font-size:xx-large;font-weight:400;}
      </style>
      <script>
          window.onload = function () {
              var video = document.getElementById('vplayer');
              var msg =
                  '影片檔寬：'+video.videoWidth+' (px)<br/>' +
                  '影片檔高：' + video.videoHeight + ' (px)<br/>';
                  document.getElementById('message').innerHTML = msg  ;
          }
      </script>
</head>
<body>
      <div >
          <video id="vplayer"  src="ebook.webm" controls
                width="600" height="260" ></video>
      </div>
      <p id="message"  ></p>
</body>
</html>
```

在 body 中配置的 video 元素，設定了 width 與 height 屬性，因此播放的影片會以最適尺寸於指定的空間內呈現。在 windows.onload 事件中，引用 video.videoWidth 與 video.videoHeight 取得原始尺寸，並且將其顯示在畫面上。

從執行結果中，讀者可以看到畫面下方所顯示的影片尺寸是原始檔案的真正尺寸，而非 video 設定的 width 與 height 屬性，瞭解這兩組屬性的差異才能正確的取得影片來源內容。

12.4 設定 source 元素

video 元素支援子標籤形式的 source 元素，你可以將要設定的 src 等屬性，改成在 souce 標籤裡面作設定，先來看簡單的 source 標籤語法：

```
<video controls  >
      <source  src="videox.mp4" type="video/mp4" />
</video>
```

其中的 source 元素提供 video 兩個重要的資訊，分別是 src 與 type ，前者為所要播放的來源檔案，與 video 元素屬性的設定相同，後者則是檔案的 MIME type 格式，其屬性值必須是合法的 MIME 格式字串。

一旦 video 標籤中，有超過一組以上的 source 標籤，瀏覽器會依序由上往下，尋找支援的格式，然後下載播放，這對於支援多重媒體格式播放的功能網頁實作相當有用。考慮以下的設定：

```
<video>
      <source src="videox.webm" type="video/webm" />
      <source src="videox.ogv" type="video/ogg" />
      <source src="videox.mp4" type="video/mp4" />
</video>
```

當你設定了三種不同檔案格式的 <source> 標籤，瀏覽器會從第一行開始根據 type 逐行檢查其 src 指定的檔案是否為自己所理解的格式，是的話則下載此檔案進行播放，其它則略過。

你可以不設定 type 屬性，在這種情形下，瀏覽器會直接下載來源檔案，檔案下載完成之後，如果瀏覽器不支援此種格式的影片，則播放的程序會失敗。而當你透過 source 元素設定 type 屬性，瀏覽器會預先檢查是否為支援的格式，是的話便開始下載，否則的話略過此程序。

由於 HTML5 標準僅制訂 <video> 規格，並沒有限定瀏覽器必須支援何種格式的影音檔案，因此每一種瀏覽器所支援的檔案格式不盡相同，為了儘可能讓所有瀏覽器均能順利播放影音檔案，比較好的作法是同時提供上述設定中三種格式的檔案，如此一來，除了完全不支援 <video> 的瀏覽器（例如 IE8）之外，其它的瀏覽器均能順利完成播放作業。

12.5 關於媒體檔案的編碼格式

視訊檔案是透過組合一連串靜態影格畫面形成的動態影片，而編碼作業則是組合靜態畫面的方式，編碼的方式有很多種，每一種編碼作業所產生的視訊檔案格式亦不同，目前各種瀏覽器支援的視訊檔案格式主要有三種，對應的編碼方式如下表：

格　式	編　　碼	副檔名	MIME type
MP4	H.264/MPEG-4 AVC	.mp4	video/mp4
Ogg	Theora	.ogg/.ogv	video/ogg
WebM	VP8	.webm	video/webm

在這三種檔案格式中，MP4 被接受的程度最為廣泛，包含各種主流的行動裝置，同時亦支援 Flash 播放器，Apple 的 i 系列產品（iPad 等等），你可以利用這個特性讓所有不支援 MP4 格式的瀏覽器順利播放影片，但此種格式的專利為私人公司所有，因此在商業用途上必須付費。 Ogg 則是開放格式，而 WebM 是最新的檔案格式，此種格式的專利由 Google 買下以免付費的方式開放提供所有人使用，它的第一版於 2010 年中才釋出，是相對比較新的格式。

你可以將格式想像成一個容器，所謂某種格式的檔案表示這種檔案被歸類在此種格式容器中，而在這種容器中的檔案，有可能使用不同的編碼方式，例如 WebM 格式中，視訊檔的編碼為 VP8 ，音訊檔的編碼則是 vorbis ，除此之外，其它格式檔案，甚至相同的視訊檔都可能有不同的編碼方式。

目前主流瀏覽器均支援 MP4，以下列舉幾個主要的瀏覽器對視訊格式支援。

瀏覽器	MP4	Ogg	WebM
FireFox	V	(3.5+)	(4+)
Safari	V	-	-
Chrome	V	(6+)	(6+)
Opera	V	(10.54+)	(10.6+)
IE	V	-	-

想要進一步提供舊版瀏覽器的支援，可以再利用嵌入式語法透過 Java Applet 或是 Flash 播放器支援 MP4 格式的視訊檔播放，如果不想麻煩的話，最簡單的方式便是直接提供 MP4 格式檔案，加上 Flash 播放器的嵌入式語法也可以滿足表列的所有瀏覽器。

由於各種瀏覽器還在不斷的快速發展中，未來，這些瀏覽器對特定格式的支援還會有所變動，為了避免相容性的問題，最好的方式就是提供各種格式的檔案，同時配置所需的標籤設定，如下式：

```
<source src="xvideo.mp4" type="video/mp4" />
<source src="xvideo.webm" type="video/webm" />
<source src="xvideo.ogv" type="video/ogg" />
```

其中的 src 指定了所要播放的各種格式影片檔案名稱，如此一來瀏覽器會自動偵測支援的格式，選擇適當的格式影片進行播放。

TIPS

你可以使用轉換工具將影片轉換成為瀏覽器支援的各種格式（MP4 、WebM、Ogg …），免費的開放原始碼工具Miro Video Converter ，是不錯的選擇，以下為此工具的下載網址。

```
http://www.mirovideoconverter.com/
```

音訊檔與視訊檔的情形類似，各種瀏覽器支援的格式主要有三種，分別是 MP3、Ogg 以及 WAV ，同時 WebM 格式亦支援音訊播放，列舉如下：

格　式	編　碼	副檔名	MIME
MP3		.mp3	audio/mpeg
Ogg	vorbis	.ogg/.oga	audio/ogg
WebM	vorbis	.webm	audio/webm
WAV	PCM	.wav	audio/wav

各瀏器對這些音訊格式的播放支援依然不太相同，下表列舉之：

瀏覽器	MP3	Ogg	WAV
FireFox	V	V	V
Safari	V		V
Chrome	V	V	V

(續)

瀏覽器	MP3	Ogg	WAV
Opera	V	V	V
IE	V	-	

同樣的，Chrome 支援所有的格式，而 MP3 獲得最多的支援。

除了 Chrome 之外，其它瀏覽器對影音檔格式的支援並不完全，而未來特定瀏覽是否擴充檔案格式的支援亦是未定數，因此上述的支援列表僅作為參考，讀者根據自己的需求提供所需的格式檔案即可。

瞭解檔案格式編碼的支援，我們再回到前一個小節所討論的 source 標籤，進一步來看看其中的編碼設定，特別是當你設定了 Ogg 格式的視訊檔時，最好於 type 屬性中進一步指定 codec 參數，提供所使用的編碼，例如以下這一行：

```
<source src="videox.ogv" type='video/ogg; codecs="theora, vorbis"'>
```

當 type 屬性中又設定了 codecs 參數，必須以雙引號將其包起來，因此最外層以單引號標示，這是必須注意的地方，以下列舉幾種常見的媒體格式其 type 屬性的設定字串。

- **H.264 / MPEG-4**

```
<source src='video.mp4' type='video/mp4; codecs="avc1.42E01E, mp4a.40.2"' >
<source src='video.mp4' type='video/mp4; codecs="mp4v.12.8, mp4a.40.2"' >
```

- **WebM**

```
<source src='video/webm; codecs="vp8, vorbis"' >
```

- **Theora**

```
<source src='video.ogv' type='video/ogg; codecs="theora, vorbis"' >
<source src='video.ogv' type='video/ogg; codecs="theora, speex"' >
```

12.6 Video 元素的程式化控制

你不一定需要透過標籤設定 video 元素，相關的 API 提供良好的程式化控制能力，當你想要進一步自行設計影片播放網頁，提供自製的播放器，透過 JavaScript 調用合適的 API 可以達到這個目的。

12.6.1 透過 JavaScript 控制 Video 元素

程式化控制影片的播放，是透過一組專門服務 video 元素的 DOM API 來實現的，這讓開發人員可以設計自己的播放器，考慮以下的 video 設計：

```
<video id="player" src="video.mp4"></video>
```

當我們要自訂播放器功能時，只需最簡單的播放介面即可，然後透過 JavaScript 取得 video 元素，調用其方法進行播放，以下的程式碼可以取得 video 元素：

```
var vedio = document.getElementById('player');
```

這一行程式碼取得的 video 物件被儲存至 jvedio 變數當中。另外，你也可以透過 getElementsByTagName 來取得，不過如此一來就必須進一步經由索引取得其所要操作的 video 元素：

```
var vedio = document.getElementsByTagName('video')[0];
```

當網頁上僅配置一個 video 元素，直接指定 0 的索引值即可取得此元素的參考，其中的 vedio 變數即表示一個網頁上所配置的 video 元素，來看看以下的程式碼：

```
vedio.play();
vedio.pause();
```

第一行調用 play() 方法，這會讓 video 元素進行影片的播放，第二行調用 pause() 方法，暫停影片播放程序。

範例 12-5 透過 JavaScript 控制 video 播放

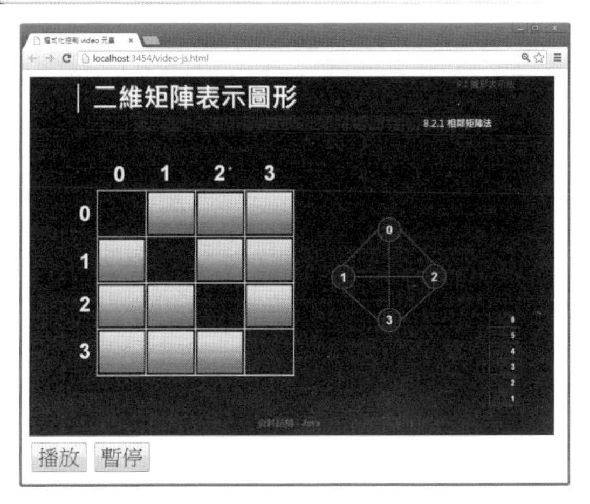

這個網頁只呈現最簡單的影片畫面，功能控制列則由自訂的按鈕提供，按一下「播放」按鈕開始影片的播放，按一下「暫停」按鈕，可以暫停正在播放的影片。

video-js.html

```
<head>
      <title>程式化控制 video 元素</title>
      <script>
          function playHandler() {
              var jvedio = document.getElementById('vplayer');
              jvedio.play();
          }
          function pauseHandler() {
              var jvedio = document.getElementsByTagName('video')[0];
              jvedio.pause();
          }
      </script>
</head>
<body>
      <video id="vplayer" src="darray-ds.mp4" width="400" height="400" ></video>
      <p>
          <button onclick="playHandler()" >播放</button>
          <button onclick="pauseHandler()" >暫停</button>
      </p>
</body>
```

body 所配置的 video 元素未設定 controls 屬性，維持最單純的外觀，另外配置了兩個按鈕，分別設定了 onclick 事件屬性，當使用者按下按鈕觸發 click 事件處理程序，處理器取得 video 元素，並且根據「播放」與「暫停」按鈕被按下，分別執行 play() 與 pause() 方法，控制 video 的播放。

12.6.2 處理 video 事件

video 提供了幾個相當重要的事件屬性，其中與播放有關的基本事件分別是 play 、pause 與 ended 。你可以經由設定事件屬性指定事件處理器以回應播放行為，其中 onplay 屬性回應播放影片時被觸發的 play 事件，onpause 屬性回應影片暫停被觸發的 pause 事件，最後還有一個 onended 事件屬性，一旦影片播放結束，ended 事件被觸發，此屬性相關的事件處理器將負責回應此事件。當然你也可以直接透過 addEventListener() 進行設定，下頁來看另外一個範例。

範例 12-6 處理 video 事件

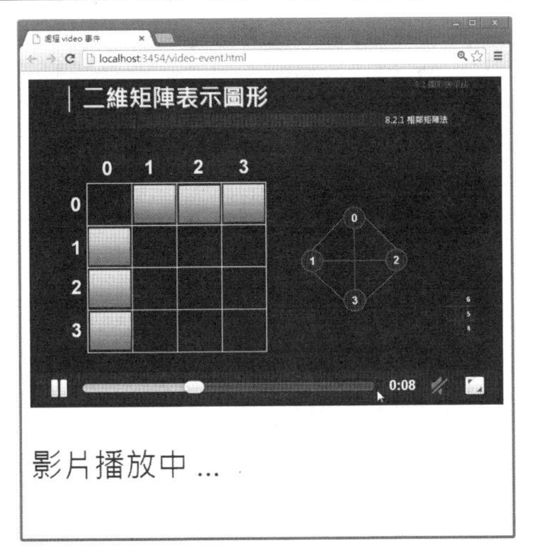

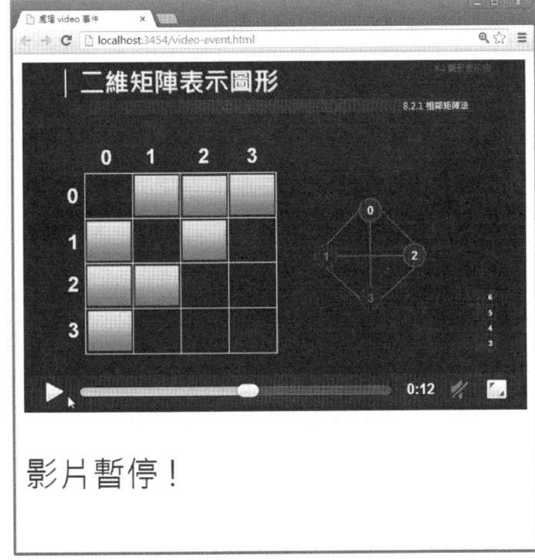

按下播放鍵，畫面下方會顯示影片播放的相關訊息，如果在任何時間按下暫停，則會顯示影片暫停的訊息，最後當影片播放完畢，顯示影片已停止的訊息。

video-event.html

```
<!DOCTYPE html >
<html >
<head>
      <title>處理 video 事件</title>
     <style>
      p{font-size:xx-large;font-weight:400;}
      </style>
      <script>
      function videoplayhandler(s){
          var msg ;
          switch(s){
              case 'play' :
                  msg = '影片播放中 … ' ;
                  break ;
              case 'pause' :
                  msg = '影片暫停 ！ ' ;
                  break ;
              case 'end':
                  msg = '影片已停止 ！ ';
                  break ;
          }
          document.getElementById('message').innerHTML = msg;
      }
      </script>
</head>
```

(續)

```
<body>
<div >
      <video id="vplayer" src="darray-ds.mp4" controls width="480"
                 onplay = "videoplayhandler('play')"
                 onpause="videoplayhandler('pause')"
                 onended="videoplayhandler('end')" ></video>
</div>
      <p id="message" > </p>
</body>
</html>
```

其中的 video 標籤，設定了 onplay 、onpause 以及 onended 等三組事件屬性，屬性值均為 videoplayhandler() 函式，回應使用者的影片操作行為，並且分別傳入不同的字串參數以識別觸發的事件來源種類，根據此參數顯示相關訊息。

12.6.3 提供進度搜尋列

影片播放的過程中，播放的時間點會持續改變直到影片播放結束為止，當每一次時間點改變時，會觸發 timeupdate 事件，由於播放行為是持續的，因此 timeupdate 事件會連續被觸發，設定 ontimeupdate 屬性以回應這個事件，可以製作隨著播放時間演進，改變狀態的進度列。

另外還有一個 duration 屬性，可以讓我們取得影片播放時間的相關資訊，考慮以下的程式碼：

```
var d  = video.duration;
```

當這一行程式碼執行完畢，其中的 d 將是載入的影片播放時間長度。

範例 12-7 程式化控制影片播放進度

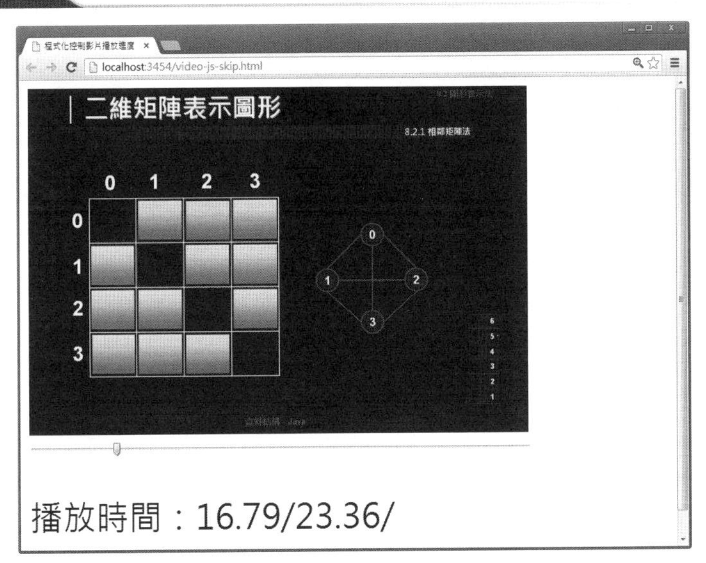

在這個網頁中，利用 range 型態的 input 元素，模擬播放器的進度列，你可以看到進度列隨著影片的播放同步前進，如果移動其中的滑桿，影片會隨著滑桿的位置改變目前的播放的進度。

video-js-skip.html

```
<!DOCTYPE html>
<html >
<head>
      <title>程式化控制影片播放進度</title>
      <style>
      p
      {
          font-size:xx-large ;}
      </style>
      <script>
          var jvedio, seekRange, msg;
           window.onload = function(){
              seekRange = document.getElementById('seekRange');
              jvedio = document.getElementById('vplayer');
              msg = document.getElementById('message');
          };
          function timeupdateHandler() {
              seekRange.value = jvedio.currentTime;
              msg.innerHTML = '播放時間：' +
                  jvedio.currentTime.toFixed(2) +
                  '/' + jvedio.duration.toFixed(2) + '/';
```

(續)

```
            }
            function loadeddataHandler() {
                seekRange.max = this.duration;
            }
        </script>
</head>
<body>
        <video id="vplayer" src="darray-ds.mp4"  width="760" height="400"
                ontimeupdate="timeupdateHandler()"
                onloadeddata="loadeddataHandler();"
                autoplay ></video>
        <div>
            <input type="range"  id="seekRange"
                    style="width:760px" value=0 min=0  step="0.1"  />
        </div>

        <p id="message"></p>
</body>
</html>
```

HTML 部分的 video 元素設定了 ontimeupdate 屬性以回應影片播放過程中持續觸發的 timeupdate 事件，另外配置了 range 型態的 input 元素 seekRange ，提供進度列的視覺效果。

JavaScript 的程式碼分別是前述提到的事件屬性處理器，首先是 timeupdateHandler() ，其中將取得的 duration 設定為 seekRange 控制項的最大值，如此一來進度列即可反應出影片的播放長度。另外就是 loadeddataHandler 事件，於影片檔載入完成之後被觸發，取得 video 的 duration 屬性值，設定給 range 控制項。

12.6.4 控制音量

控制音量是影片播放的基本功能，相關的設定有靜音切換以及音量調整。靜音切換比較單純，設定 muted 即可，這是一個 boolean 型態的屬性，如果是 true 則影片會變成靜音狀態，反之則會播放音效，一般的播放介面通常提供一個靜音按鈕以支援靜音切換操作，考慮以下的程式碼：

```
vedio.muted = !vedio.muted;
```

當使用者按下靜音按鈕，執行這一行程式碼，則 video 會在靜音與播放音效之間的狀態切換。

音量調整則透過 volume 屬性的設定來達到改變音量的目的，這是一個 double 型態的屬性，表示目前 video 播放的音量大小，這個值的範圍從 0.0 ～ 1.0 ，考慮以下的程式碼：

```
vedio.volume = 0.8 ;
```

這一行程式碼將音量的大小調整至 0.8 。

另外還有一個與音量有關的事件屬性 onvolumechange ，它關聯於 volumechange 事件，當影片的音量被改變，或是設定 muted 屬性時，這個事件都會被觸發，設定此屬性的事件處理器即可在音量改變時回應此事件。

範例 12-8 控制音量

網頁中配置了一個 range 型態的 input 標籤，用來控制音量的大小，同時提供「靜音」按鈕，支援靜音切換功能。

video-js-volumn.html

```
<head>
      <title> 示範音效設定 </title>
      <script>
          function changeHandler() {
              var jvedio = document.getElementById('vplayer');
              var seekRange = document.getElementById('volumeRange');
              jvedio.volume = seekRange.value;
          }
```

(續)

```
            function volumechangeHandler() {
                var jvedio = document.getElementById('vplayer');
                var seekRange = document.getElementById('volumeRange');
                if (jvedio.muted) {
                    muteButton.value = '音效';
                } else {
                    muteButton.value = '靜音';
                }
            }
            function muteHandler() {
                var jvedio = document.getElementById('vplayer');
                jvedio.muted = !jvedio.muted;
            }
        </script>
</head>
<body>
        <video id="vplayer" src="ebook.webm"
                onvolumechange="volumechangeHandler()"
                autoplay></video>
        <p>
            <input type="range"  id="volumeRange"
                    onchange="changeHandler()"
                    style="width:360px" step="any"
                    max="1" value="1" />
            <input id="muteButton" type="button" value="靜音"
                     onclick="muteHandler()" /></p>
</body>
```

第一個 input 標籤是 range 型態，其 onchange 事件屬性設定了事件處理器 changeHandler()，當使用者調整滑桿時重設音量，其最大值 max 設為 1，對應 video.volume 屬性的最大值。第二個 input 標籤則是一個 button ，click 事件處理器 muteHandler() 支援靜音功能。

而在 video 標籤中，設定了 onvolumechange 事件屬性，以回應使用者改變音量時所觸發的 volumechange 事件。

接下來是 JavaScript 的部分，函式 muteHandler() 於使用者按下「靜音」按鈕時被執行，其中切換 video 的靜音狀態。一旦音量被改變，volumechangeHandler() 被執行，其中根據目前是否為靜音狀態，切換按鈕的顯示文字。

當使用者移動 range 控制項的滑桿時，changeHandler() 被執行，將滑桿目前位置的值，設定給 video 的 volume 屬性，以達到改變音量的效果。

12.6.5 調整影片速率

影片播放的速率可以透過設定 playbackRate 屬性來調整，在預設的情形下，這個屬性的值是 1，值愈小播放速率愈慢，反之愈快，如果是 0 則會停止播放，考慮以下的程式碼：

```
vedio.playbackRate = 0.8
```

這一行程式碼將 playbackRate 的值設定為 0.8 ，因此影片將以 1 為基準的 8/10 倍速播放，其它的數值則類推，透過這個值的設定，我們可以為影片的播放介面建立調整播放倍數的功能。

範例 12-9 調整影片播放速率

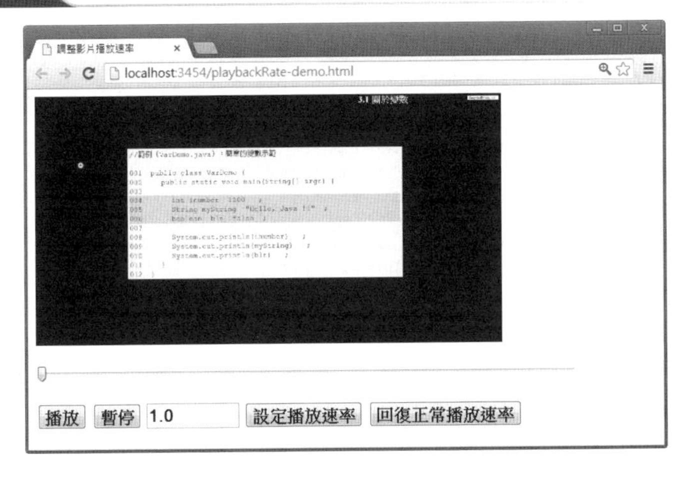

使用者可以在畫面下方的文字方塊中，輸入所要調整的速率，這是一個包含小數點的浮點數，完成之後，按一下「設定播放速率」按鈕，影片會以此速率播放，如果按一下「回復正常播放速率」按鈕，則回復預設值，讀者可以嘗試將範例開啟，執行其中的影片，在影片播放的過程中調整速率以改變影片播放速度。

playbackRate-demo.html

```
<!DOCTYPE html >
<html >
<head>
      <title> 調整影片播放速率 </title>
      <style>
      button,input{ font-size:large; font-weight:600;}
```

(續)

```
        input{width:100px;}
        </style>
        <script>
            var jvedio, seekRange;
            window.onload = function () {
                jvedio = document.getElementById('vplayer');
                seekRange = document.getElementById('seekRange');
            }
            function playHandler() {
                jvedio.play();
            }
            function pauseHandler() {
                jvedio.pause();
            }
            function clickHandler() {
                var rate = document.getElementById('videorate').value  ;
                jvedio.playbackRate = rate;
                alert('目前速率：' + jvedio.playbackRate );
            }
            function defaultHandler() {
                document.getElementById('videorate').value =
                    jvedio.defaultPlaybackRate;
                jvedio.playbackRate = jvedio.defaultPlaybackRate;
            }
            function changeHandler() {
                jvedio.currentTime = seekRange.value;
                var msg = document.getElementById('message');
                msg.innerHTML =
                    '播放時間：' + jvedio.currentTime.toFixed(2) +
                    '/' + jvedio.duration.toFixed(2);
                changeHandler.play();
            }
            function timeupdateHandler() {
                seekRange.max = jvedio.duration;
                seekRange.value = jvedio.currentTime;
                msg.innerHTML = '播放時間：' + jvedio.currentTime.toFixed(2) +
                    '/' + jvedio.duration.toFixed(2) ;
            }
        </script>
</head>
<body>
<video id="vplayer" src="var-set.ogv"
            ontimeupdate="timeupdateHandler()" width="520"></video>
<p>
        <input type="range" id="seekRange"
                    onchange="changeHandler()"
                    style="width:600px" value=0 min=0 step="0.1" max="10.65" />
</p>
        <button onclick="playHandler()" >播放</button>
        <button onclick="pauseHandler()" >暫停</button>
        <input id="videorate" type="text" value="1.0" />
        <button onclick="clickHandler()" >設定播放速率</button>
        <button onclick="defaultHandler()" >回復正常播放速率</button>
</body>
</html>
```

其中的播放與暫停功能在前述的範例中均已作了說明，為了方便觀察，因此配置了滑桿以利檢視播放速率的變化，這一部分相信讀者亦已經熟悉，重點在 clickHandler() 這個函式，當使用者按下「設定播放速率」按鈕時，會執行此函式，其中重設了 playbackRate 屬性，而「回復正常播放速率」按鈕被按下則執行 defaultHandler() 函式，其中將 playbackRate 屬性設定為預設值，也就是 defaultPlaybackRate 這個屬性的屬性值。

12.7 影片的動態播放

如果使用者想要改變播放的影片，同樣可以透過 JavaScript 動態設定，這是一個很方便的功能，可以讓我們製作具隨選功能的視訊播放網頁，考慮以下的程式碼：

```
vedio.src = 'videob.mp4';
```

執行這一行程式碼，video 便會棄置目前所播放的影片，重新播放 videob.mp4 這支影片，稍早示範動態建立 video 元素時已經看過相關的用法，現在針對 src 屬性的程式化設定進一步來說明。

範例 12-10 播放影片的動態切換

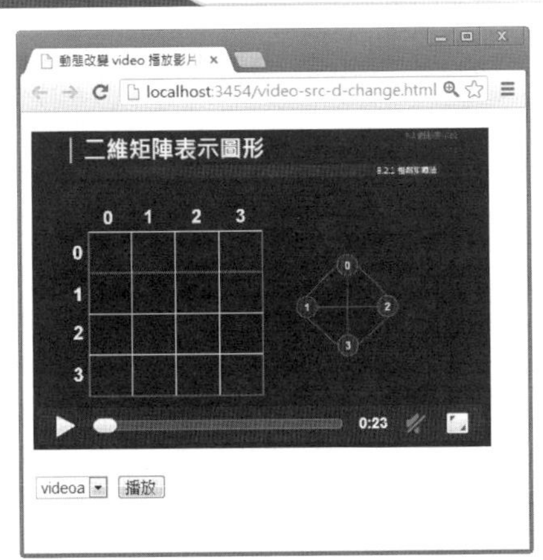

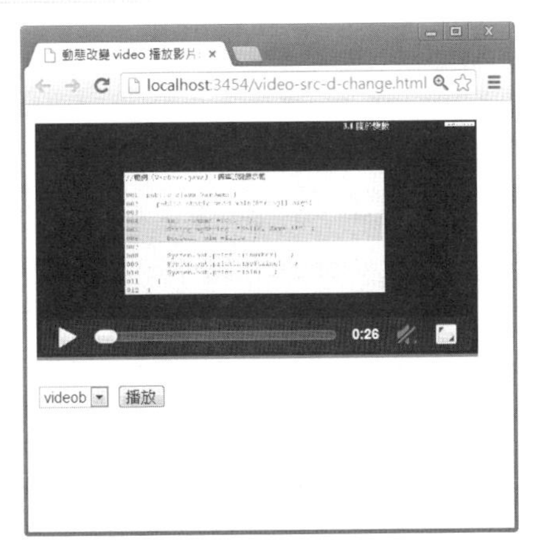

左圖是一開始載入的畫面，上方提供一個影片切換選單，選取所要播放的影片，然後按一下「載入」按鈕，選取的影片即會被載入網頁中。右圖是切換至第二段影片的畫面。

video-src-d-change.html

```
!DOCTYPE html >
<html >
<head>
      <title>動態改變 video 播放影片來源</title>
      <script >
          function clickHandler() {
              var jvedio = document.getElementById('vplayer');
              var vi = document.getElementById('videoSelect').selectedIndex;
              switch (vi) {
                  case 0:
                      jvedio.src = 'videoa.mp4';
                      break;
                  case 1:
                      jvedio.src = 'videob.mp4';
                      break;
              }
          }
      </script>
</head>
<body>
       <p>
      <video id="vplayer" src="videoa.mp4" controls width="400" ></video>
       </p>
      <p>
      <select id="videoSelect">
          <option>videoa</option>
          <option>videob</option>
      </select>
      <button onclick="clickHandler()" >播放</button>
      </p>
</body>
</html>
```

原始 video 元素中，將 src 設定為 var-set.ogv 這個影片檔，然後在按鈕的 onClick 事件屬性函式 clickHandler() 當中，根據使用者選取的影片，重設 video 元素的 src 屬性，達到動態切換的效果，其中根據使用者點選的影片對應索引值，利用 switch 進行辨識設定，改變 source 元素的 src 以及 type 屬性。

12.8 檔案格式的程式化偵測

本章前述討論檔案編碼格式的時候，列舉了各種主要瀏覽器的支援列表，但是這些列表隨著瀏覽器的升級可能會有所改變，如果你希望網頁能自行判斷瀏覽器對特定格式的媒體檔案是否支援，可以透過程式化的方式來偵測，調用 canPlayType() 方法可以達到這個目的，考慮下頁的程式碼：

```
audio.canPlayType('audio/ogg')
```

這一行程式碼調用 audio 的 canPlayType() 方法，檢視目前的瀏覽器對 audio/ogg 此種格式的音訊檔支援狀況，其中的參數必須是一個合法的 MIME type 格式字串，例如這裡的 audio/ogg 。此方法回傳一個字串型態的結果值，可能的值有三種，列表說明如下：

回傳值	說　明
空字串	不支援。
maybe	支援指定的容器格式，但是 codecs 的支援未知。
probably	支援指定的容器格式與 codecs 。

如果回傳值是 maybe 或是 probably 表示瀏覽器對指定的 MIME type 字串基本上是支援的，由於網路流通的格式與編碼種類相當複雜，因此這裡所提供的資訊僅表示或許或可能支援，特別是未明確指定 codecs 參數時。

範例 12-11 偵測檔案格式支援

此網頁會偵測目前瀏覽器對數種 video 與 audio 格式的支援狀況，這裡分別列舉 IE 與 Chrome 的畫面，讀者可以自行測試其它瀏覽器。

canPlayType-demo.html

```
<!DOCTYPE html>
<html >
<head>
      <title> 偵測檔案格式支援 </title>
      <style>
          h1{ font-size:18pt; font-family:'Times New Roman'; font-
              weight:600 ; }
          div{ font-size:14pt ;font-family:'Times New Roman'; }
      </style>
      <script>
          window.onload = function () {
              var video = document.createElement('video');
              var msg = '';
              msg = 'MP4：' +
                    video.canPlayType('video/mp4').toString() + '<BR/>';
              msg += ('Ogg：' +
                    video.canPlayType('video/ogg').toString() + '<BR/>');
              msg +=
                    ('WebM：' +
                    video.canPlayType('video/webm').toString() +
                    '<BR/><BR/>');
              document.getElementById('video_type').innerHTML = msg;
              var audio = document.createElement(audio);
              msg = '';
              msg += ('MP3：' +
                      audio.canPlayType('audio/mpeg').toString() + '<BR/>');
              msg += ('Ogg：' +
                      audio.canPlayType('audio/ogg').toString() + '<BR/>');
              msg += ('WebM：' +

                      audio.canPlayType('audio/webm').toString() + '<BR/>');
              msg += ('WAV：' +
                      audio.canPlayType('audio/wav').toString() + '<BR/>');
              document.getElementById('audio_type').innerHTML = msg;
          }
      </script>
</head>
<body>
<h1>video 格式支援 </h1>
<div id="video_type"></div>
<h1>audio 格式支援 </h1>
<div id="audio_type"></div>
</body>
</html>
```

以灰階標示的程式碼調用 canPlayType() ，指定所要偵測的格式並取得其結果，最後合併成訊息字串輸出。由於 canPlayType() 接受 MIME type 格式字串，因此你甚至可以將包含 codecs 參數的完整字串傳入以偵測其支援。下面的範例提供一個文字方塊讓使用者直接輸入所要偵測的 MIME Type 並回傳偵測結果。

範例 12-12　偵測特定媒體格式

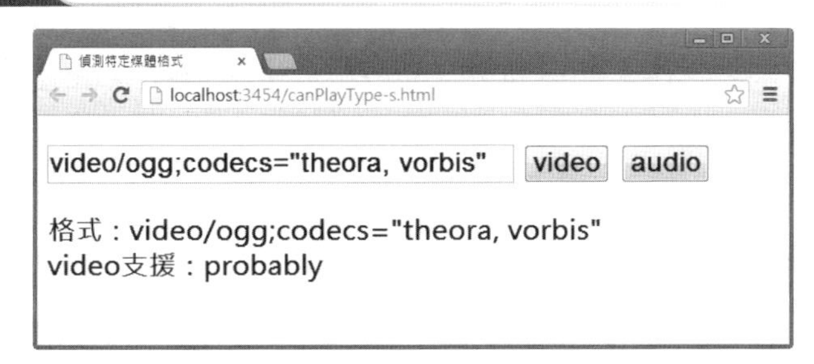

於文字方塊裡輸入所要偵測的 MIME type 字串，按一下 video/audio 按鈕，畫面下方顯示此種格式的支援狀況。

canPlayType-s.html

```
偵測特定媒體<!DOCTYPE html >
<html >
<head>
      <title>偵測特定媒體格式</title>
      <style type="text/css">
          #mimetype{width: 420px; }
          button,p,#mimetype{font-size:x-large; font-weight:600;}
      </style>
      <script>
          function clickHandler(o) {
              var mimetype = document.getElementById('mimetype').value;
              var media ;
              switch(o.id){
                  case 'video':
                      media = document.createElement('video');
                      break;
                  case 'audio' :
                      media = document.createElement('audio');
                      break;
              }
              var msg =
                  "格式：" + mimetype + '<br/>' +
                  o.id+'支援：'+ media.canPlayType(mimetype);
              document.getElementById('message').innerHTML = msg;
          }
      </script>
</head>
<body>
      <p>
          <input id="mimetype" type="text" />
          <button id="video" onclick="clickHandler(this)" >video</button>
          <button id="audio" onclick="clickHandler(this)" >audio</button></p>
      <p id="message"></p>
</body>
</html>
格式
```

當使用者按下任一按鈕，函式 clickHandler() 被執行，其中取得使用者輸入文字方塊的 MIME type 格式字串，並根據按下的按鈕，建立 video/audio 物件，然後調用 canPlayType() 檢視其偵測狀況，最後回傳偵測結果。

12.9 canvas 與 video 整合應用

video 元素提供了相當豐富的功能，透過其建立支援影音播放功能的網頁並不困難，除此之外，你還可以結合 canvas 元素，進一步實作具各種特殊效果的視頻播放功能，以下直接來看範例。

範例 12-13 透過 canvas 描繪靜態視訊內容

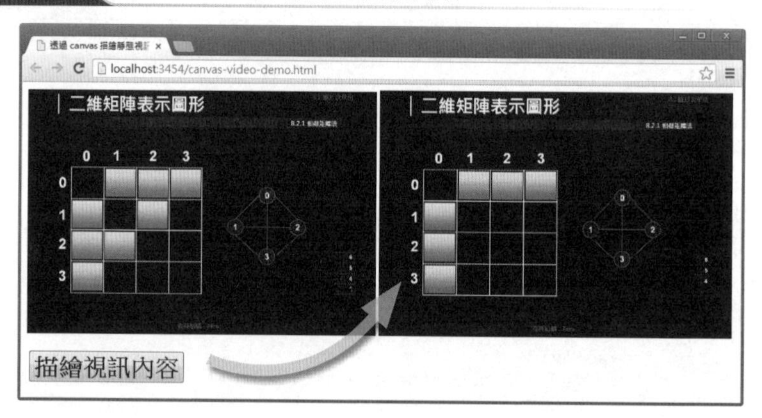

按一下描繪視訊內容，左邊正在播放的畫面會被截取出來，描繪在右邊。

canvas-video-demo.html

```
<!DOCTYPE html >
<html>
<head>
      <title> 透過 canvas 描繪靜態視訊內容 </title>
      <style >
      button{ font-size:xx-large  ; font-weight:600; }
      </style>
      <script>
          width =
          window.onload = function () {
               var video = document.getElementById('darray');
               video.addEventListener('loadedmetadata', function () {
                    var p = 0.4;
```

(續)

```
                var w = this.videoWidth;
                var h = this.videoHeight;
                this.width = w * p;
                this.height = h * p;
                var canvas = document.getElementById('canvas');
                var context = canvas.getContext('2d');
                canvas.width = w * p;
                canvas.height = h * p;
                context.scale(p, p);
            });
        };
        function clickHandler() {
            var context =
                document.getElementById('canvas').getContext('2d');
            var video =
                document.getElementsByTagName('video')[0];
            context.drawImage(video, 0, 0);
        }
    </script>
</head>
<body>
<video id="darray" src="darray-ds.mp4"   controls  >
</video>
<canvas id="canvas"  style ="border:1px solid ;" ></canvas>
<p><button onclick="clickHandler()"  >描繪視訊內容</button></p>
</body>
</html>
```

於 body 配置 video 與 canvas 兩個元素，呈現視訊影像的描繪效果。在網頁載入完成之後，當 <video> 標籤的 loadedmetadata 事件被觸發，取得影片的長寬並縮減成適當的大小，而 <canvas> 進行相同的縮放設定。

當使用者按下 button 控制項，執行 clickHandler() ，其中調用 drawImage() 以 video 為參數將其描繪出來。

如你所見，drawImage() 不僅支援圖片描繪，同時亦接受 video 物件描繪，只是輸輸出的結果畫面，它所描繪的是 drawImage() 方法執行當下的 video 靜態畫面，當然，我們可以透過連續執行 drawImage() 來同步改變 canvas 中的畫面以達到模擬播放的效果。

範例 12-14 透過 canvas 模擬視訊動態播放內容

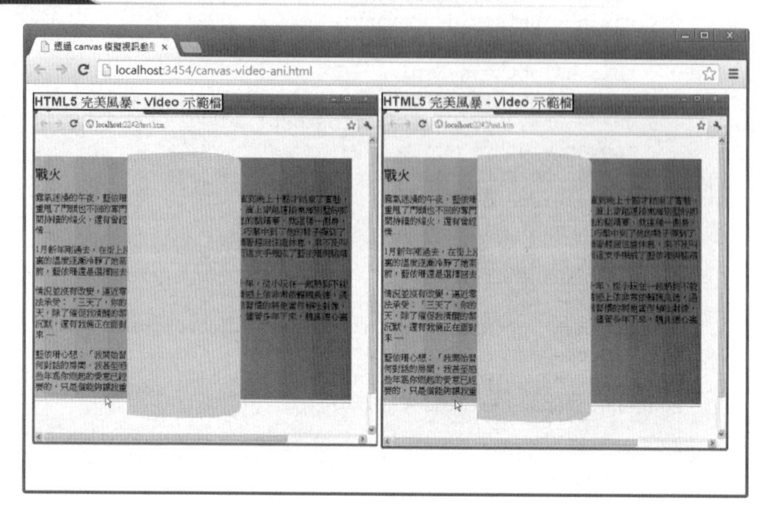

執行畫面中的影片，讀者會發現右邊同步動態輸出影片的播放內容。

canvas-video-ani.html

```
<!DOCTYPE html >
<html >
<head>
      <title>透過 canvas 模擬視訊動態播放內容</title>
      <script>
          function timeupdateHandler() {
              var canvas =
                  document.getElementById('canvas').getContext('2d');
              var video = document.getElementById('vplayer');
              canvas.drawImage(video, 0, 0,460,460);
          }
      </script>
</head>
<body>
      <video id="vplayer" src="ebook.webm"
              ontimeupdate="timeupdateHandler()"
              controls width="460" height="460"  ></video>
      <canvas id="canvas"  width="460" height="460" ></canvas>
</body>
</html>
```

由於每一次 drawImage() 執行時所描繪的是當下時間點的影片靜態畫面，因此在每一次影片播放時間點改變時，調用 drawImage() 將圖片描繪出來即可，將相關的功能程式碼配置於 timeupdate 事件回應函式 timeupdateHandler() 裡面，即可達到此效果。

你也可以將調用 drawImage() 方法的相關程式碼，封裝於獨立的函式中，再透過 setTimeout() 函式遞迴執行亦可以模擬出相同的效果，以下的範例示範此種作法。

範例 12-15 透過 canvas 描繪靜態視訊內容 – setTimeout 版

此範例的畫面同上述「範例 12-14」，以下直接來看程式碼。

canvas-video-timeout.html

```
<!DOCTYPE html >
<html >
<head>
      <title>透過 canvas 模擬視訊動態播放內容 - setTimeout 版</title>
      <script>
          window.onload = function () {
              drawAni();
          }
          function drawAni() {
              var canvas =
                  document.getElementById('canvas').getContext('2d');
              var video = document.getElementById('vplayer');
              if(!video.ended)
                  canvas.drawImage(video, 0, 0, 460, 460);
              setTimeout(drawAni,1000/30);
          }
      </script>
</head>
<body>
      <video id="vplayer" src="ebook.webm"
              ontimeupdate="timeupdateHandler()"
              controls width="460" height="460"  ></video>
      <canvas id="canvas"  width="460" height="460" ></canvas>
</body>
</html>
```

以灰階標示的 drawAni() 函式負責影片內容的描繪，最後調用 setTimeout() 遞迴重新執行 drawAni() 來達到無窮迴圈的描繪操作，由於影片不一定在播放狀態，因此執行 drawImage() 之前先判斷 video 是否處於 ended 的狀態。

由於 drawImage() 會擷取當下時間點的靜態影像圖片，因此我們可以藉由 canvas 支援的圖片處理功能，調整播放的影像內容，例如將彩色影片轉換成為黑白灰階播放，由於相關的技巧於第十章已經作了完整的討論，這裡直接來看範例。

範例 12-16 影片灰階播放效果

這個範例的執行畫面同「範例 12-14」，播放左邊的影片，右邊會以灰階格式同步播放相同的內容，由於本書為單色印刷，因此請自行執行範例檢視其效果。

canvas-video-effect.html

```
<!DOCTYPE html >
<html >
<head>
      <title>影片灰階播放效果</title>
      <script>
          function timeupdateHandler() {
              var canvas =
                  document.getElementById('canvas').getContext('2d');
              var video = document.getElementById('vplayer');
              var bcanvas = document.createElement('canvas').getContext('2d');
              bcanvas.canvas.width = 460 ;
              bcanvas.canvas.height = 460;

              bcanvas.drawImage(video, 0, 0, 460, 460);
              var bcanvas_data = bcanvas.getImageData(0, 0, 460, 460);
              var pxs = bcanvas_data.data ;
              var l = pxs.length;
              for (var i = 0; i < l; i += 4) {
                  // 灰階轉換
                  var gp = (pxs[i] + pxs[i + 1] + pxs[i + 2]) / 3
                  pxs[i] = gp;
                  pxs[i + 1] = gp;
                  pxs[i + 2] = gp;
              }
              bcanvas_data.data = pxs;
              canvas.putImageData(bcanvas_data, 0, 0);

          }
      </script>
</head>
<body>
      <video id="vplayer" src="ebook.webm"
              ontimeupdate="timeupdateHandler()"
              controls width="460" height="460"  ></video>
      <canvas id="canvas"  width="460" height="460" ></canvas>
      <p id="messgae"></p>
</body>
</html>
```

首先建立一個緩衝用途的 context 物件 bcanvas ，然後以此物件調用 drawImage() 描繪 video 物件，接下來是關鍵的部分，透過 for 迴圈，逐一調整像素值，將此張靜態影片圖格轉換成為灰階，最後調用 putImageData() 方法將調整好的圖片資料回寫至畫面上進行灰階影片模擬的 canvas 區域中。

除了調整播放的影片內容，我們甚至可以將影片分解成一張張獨立的靜態影格圖片，進行更細微的處理。

範例 12-17 擷取影格

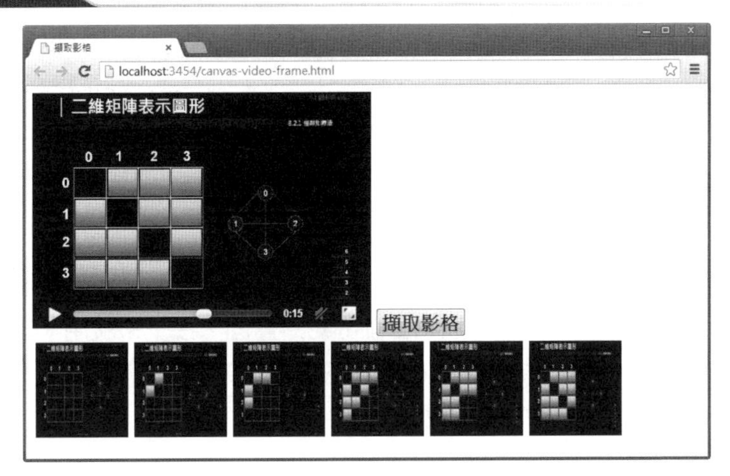

網頁左上方配置了一組影片，於影片播放期間，隨時按一下右邊的「擷取影格」按鈕，此時的影片畫面會被擷取下來並且轉換成為圖檔，畫面下方會即時產生一個 img 元素呈現所擷取的圖片，持續按下「擷取影格」按鈕，當下的畫面會不斷地被擷取出來。

canvas-video-frame.html

```
<!DOCTYPE html >
<html>
<head>
      <title> 擷取影格 </title>
      <script>
          function drawimg() {
              var c = document.createElement('canvas');
              c.setAttribute('width', 460);
              c.setAttribute('height', 460);
              var canvas = c.getContext('2d');
              var video = document.getElementById('vplayer');

              canvas.drawImage(video, 0, 0, 460, 460);
              var uri = c.toDataURL('image/png');
              var img = document.createElement('img');
              img.setAttribute('width', 120);
              img.src = uri;
              img.style.margin = '4px';
              document.getElementById('frame').appendChild(img);
          }
      </script>
</head>
<body>
```

(續)

```
        <div>
            <video id="vplayer" src="darray-ds.mp4" controls
                width="640" height="300">
            </video>
            <button onclick="drawimg()"  style=" font-size:x-large;
                    font-weight:800;" >擷取影格</button>
        </div>
        <div id=" frame" style=" width:820px; " ></div>
</body>
</html>
```

當使用者按下「擷取影格」按鈕時，開始執行 drawimg() 函式，這個函式建立 canvas 物件，然後調用 drawImage() 描繪目前的影片畫面，接下來調用 toDataURL() 取得轉換後的 PNG 圖片連結位址，後續的程式碼便是建立展現圖片的 img 元素，將其附加至畫面下方的 div 區域中呈現出來。

SUMMARY

這一章，我們體驗了 HTML5 最為人注目的新標籤－ <video> 與 <audio> ，為網頁提供影音內容的播放功能，同時更進一步的看到了 Canvas 的整合應用，示範視訊內容的解析功能實作，下一章我們將進一步討論地理資訊的相關應用。

第十三章

地理資訊

透過 HTML5 的 Geolocation 物件可以輕易的建立支援地理定位的功能網頁，如果進一步結合 Google Map 等網路地圖服務，將能打造直接經由瀏覽器進行檢視與操作的地圖應用，本章從 HTML5 的 Geolocation 物開始，逐一討論並且示範相關的功能實作。

13.1 關於 Geolocation

HTML5 導入 Geolocation 物件以及一組相關的 API ，提供地理座標定位功能的實作支援，經由 NavigatorGeolocation 物件調用其 geolocation 屬性即可取得此物件，所需的語法如下：

```
var geo=window.navigator.geolocation ;
```

變數 geo 為一 Geolocation 物件，其中 window.navigator 回傳的物件實作 Navigator 介面，同時亦實作 NavigatorGeolocation 介面，定義如下：

```
[NoInterfaceObject]
   interface NavigatorGeolocation {
     readonly attribute Geolocation geolocation;
   };
   Navigator implements NavigatorGeolocation
```

唯讀屬性 geolocation 可以讓我們進一步取得 Geolocation 物件，因此上述的程式執行完畢之後，接下來就可以透過 geo 調用其方法成員，實作支援地理資訊解析功能網頁，以下列舉的內容是 Geolocation 的定義：

```
[NoInterfaceObject]
   interface Geolocation {
     void getCurrentPosition(in PositionCallback successCallback,
                             in optional PositionErrorCallback errorCallback,
                             in optional PositionOptions options);

     long watchPosition(in PositionCallback successCallback,
                        in optional PositionErrorCallback errorCallback,
                        in optional PositionOptions options);

     void clearWatch(in long watchId);
};
```

透過相關成員的調用，可以完成使用者裝置所在位置的定位與監控。

Geolocation 只能單純的取得與追蹤地理位置資訊，必須搭配 Google Maps 這一類特定廠商提供的 API 才能建構具視覺化地圖功能的網頁，接下來我們針對

Geolocation 作討論，然後再進一步整合 Google Maps API 。

13.2 取得地理位置座標

Geolocation 成員當中，首先要討論的是 getCurrentPosition() 這個方法，它透過非同步的方式取得裝置 IP 位址所在位置的地理位置資訊，藉由函式的呼叫可以將此方法所回傳的地理資訊逐一取出，它有三個參數，包含一個必要參數與兩個選擇性參數，以下列舉說明之。

- **PositionCallback**

與地理位置有關的資訊，最基本的便是裝置所在位置的經緯度，Position 物件封裝此類資訊，一旦 getCurrentPosition() 方法成功，回呼方法 successCallback() 被調用並且同時回傳 Position 物件，透過其參數即可取得經緯度，以下是回呼函式的介面定義：

```
[Callback=FunctionOnly, NoInterfaceObject]
interface PositionCallback {
    void handleEvent(in Position position);
};
```

其中的 handleEvent 包含一個 Position 物件參數 position ，以下是 Position 的定義：

```
interface Position {
      readonly attribute Coordinates coords;
      readonly attribute DOMTimeStamp timestamp;
};
```

coords 屬性可以取得 Coordinates 物件，這個物件封裝了座標的經緯度資訊，它公開數個屬性成員以提供應用程式進行存取，定義如下：

```
interface Coordinates {
      readonly attribute double latitude;
      readonly attribute double longitude;
      readonly attribute double? altitude;
      readonly attribute double accuracy;
      readonly attribute double? altitudeAccuracy;
      readonly attribute double? heading;
      readonly attribute double? speed;
   };
```

第一個屬性 latitude 表示位置座標的經度，第二個屬性 longitude 則是位置座標的緯度，接下來的 altitude 屬性則表示位置的高度，以公尺（meter）為單位。

latitude 與 longitude 可以透過 accuracy 屬性表示其精確度，以公尺（meter）為單

位，這個值必須是非負數的實值，而 altitude 可以透過 altitudeAccuracy 表示其精確度，由於 altitude 並不一定會被實作，它可能傳回 null ，因此 altitudeAccuracy 在這種情形下也會是一個 null 。

heading 屬性表示目前裝置移動方向，以相對於北極順時針方向的角度表示，可能值的範圍是 $0° \leq$ heading $< 360°$ ，如果在靜止狀態，此值為 NaN ，如果沒有提供實作則此值為 null 。

最後一個屬性表示裝置於地表移動的速度，以「公尺 / 秒」為單位，如果是 0 表示靜止狀態，null 則表示沒有針對此屬性提供相關的實作。

altitude 屬性表示的高度是以 GPS 採用的橢圓球面高度為測量基準，以公尺為單位。

考慮以下的程式碼：

```
// 取得地理資訊
g.getCurrentPosition(succCallbackfun);
// 回呼函式
function succCallbackfun (position) {
          // event.coords.latitude 經度
          // event.coords.longitude 緯度
}
```

第一行的 g 是一個 Geolocation 物件，其中調用了 getCurrentPosition() ，並設定回呼函式的名稱，當這個方法執行完畢，取得地理資訊，接下來便會透過 event 參數，取回其封裝的經緯度資訊。

- **PositionErrorCallback**

getCurrentPosition() 如果沒有成功解析裝置的地理位置座標，一個封裝錯誤資訊的 PositionErrorCallback 回呼將會被執行，同樣的我們可以透過其中 PositionError 物件取得錯誤的資訊，定義如下：

```
[Callback=FunctionOnly, NoInterfaceObject]
   interface PositionErrorCallback {
     void handleEvent(in PositionError error);
   };
```

PositionError 物件是回呼函式的參數，封裝與失敗狀態有關的資訊，定義如下：

```
interface PositionError {
      const unsigned short PERMISSION_DENIED = 1;
      const unsigned short POSITION_UNAVAILABLE = 2;
      const unsigned short TIMEOUT = 3;
      readonly attribute unsigned short code;
      readonly attribute DOMString message;
};
```

屬性 code 表示失敗的狀況，三個可能的常數值如下：

常　數	值	說　明
PERMISSION_DENIED	1	不允許存取。
POSITION_UNAVAILABLE	2	位置資訊不適用。
TIMEOUT	3	超出設定的時間。

另外一個屬性 message 回傳相關的訊息說明文字。

PositionErrorCallback 回呼函式是選擇性的，當你需要瞭解錯誤資訊時再指定此回呼參數即可。

- **PositionOptions**

PositionOptions 同樣是選擇性的，有三個可能的屬性值，來看看相關的定義：

```
[Callback, NoInterfaceObject]
    interface PositionOptions {
      attribute boolean enableHighAccuracy;
      attribute long timeout;
      attribute long maximumAge;
    };
```

enableHighAccuracy 表示應用程式可能想要取得高精確度的回應結果，因此這可能導致長時間的緩慢回應，同時影響裝置的電池效率，若是沒有設定這個屬性，其預設值將是 false ，表示應用程式將不會進一步解析更精確的結果，如此一來可以避免裝置消耗大量的電力，對於依賴電池的裝置，例如 GPS 或是行動手機相當的有用。

第二個屬性 timeout 表示從 getCurrentPosition() 被調用開始一直到成功取得資訊，執行回呼方法 successCallback 之間的時間長度，如果這段時間內沒有成功取得所需的資訊，則表示錯誤的 errorCallback 回呼被調用，其 PositionError 物件的 code 屬性被設定為 TIMEOUT 。

timeout 的預設值是 Infinity ，如果指定一個負值則相當於 0 。

最後一個屬性 maximumAge 表示應用程式在指定的時間區間（毫秒）內，接受來自快取的位置資訊，如果這個屬性值是 0 ，應用程式會即刻重新擷取新的位置資訊，如果指定的值是 Infinity ，則位置資訊無論如何均會取自快取，除非沒有任何位置資訊可供讀取。

maximumAge 屬性的預設值是 0 。

如果要設定 PositionOptions 參數，可以使用以下的格式：

```
g.getCurrentPosition(succ,
                     errorCallback,
                     {timeout:1000, maximumAge:6000});
```

其中設定了 timeout 與 maximumAge 兩個值，而 enableHighAccuracy 則保留預設值。

範例 13-1 取得裝置所在位置的經緯度

網頁載入完成時，會跳出一個訊息方塊，其中顯示了目前的瀏覽器是否支援 Geolocation 物件，若結果是支援的話，於網頁上呈現座標資訊 。

基於安全的理由，裝置擷取地理位置座標的行為會出現警告訊息：

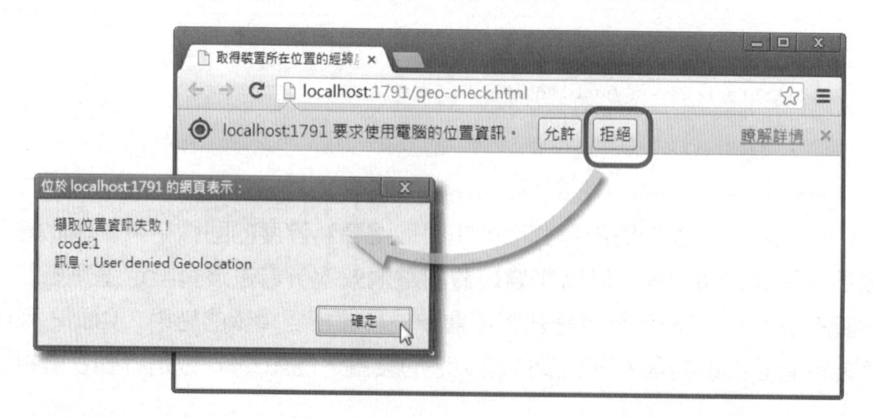

接下來嘗試讓瀏覽器拒絕存取地理位置資訊，按一下畫面上的「拒絕」按鈕，如此會導致資訊的擷取失敗，因此出現的訊息方法中，code 等於 1 ，包含拒絕存取的說明。下頁是按下「允許」按鈕之後的畫面：

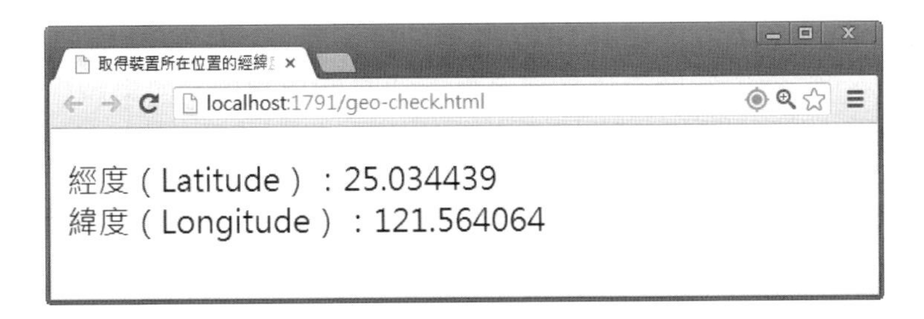

其中顯示使用者裝置目前所在位置的地理位置座標。

geo-check.html

```
<!DOCTYPE html>
<html>
<head>
      <title> 取得裝置所在位置的經緯度 </title>
</head>
<script>
      function init() {
          if (window.navigator.geolocation) {
              alert(" 支援 Geolocation ");
              var g = window.navigator.geolocation;
              g.getCurrentPosition(succ, errorCallback);
          } else
              alert(" 不支援 ");
      }
      function succ(event) {
          var l = event.coords.latitude;
          var y = event.coords.longitude;
          document.getElementById('message').innerHTML =
                  ' 經度 (Latitude)：' + l + ' <BR/> ' +
                  ' 緯度 (Longitude)：' + y;
      }
      function errorCallback(event) {
          alert(' 擷取位置資訊失敗 ! \n code:' +
                  event.code +
                  '\n 訊息：' + event.message);
      }
</script>
<body onload="init()">
<p id="message" ></p>
</body>
</html>
```

函式 init() 中的 if 判斷式，檢視是否支援 Geolocation ，是的話顯示指定的訊息方塊，然後取得 Geolocation 物件，緊接著調用 getCurrentPosition() 取得相關的資訊，這個方法接受兩個參數，執行成功時呼叫的回呼參數 succ ，以及錯誤發生時所執行的 errorCallback。

當 getCurrentPosition() 方法順利執行完畢，接下來 succ() 便開始執行，其中透過參數 arg 取得經緯度座標並且合併為訊息字串輸出。如果發生錯誤，則 errorCallback() 被執行，其中透過參數 event 取得 code 以及 message 的屬性值。

另外，此範例一開始的執行結果中提及 timeout 的設定，可以將程式碼調整如下：

```
g.getCurrentPosition(succ, errorCallback, {timeout:0});
```

第三個參數將 timeout 設定為 0 ，如此一來會導致地理資訊完全不被擷取，直接回傳 TIMEOUT 的結果，在實作上，應用程式面對如此的設定會直接擷取快取中的資訊。

另外可以嘗試修改前述討論的 getCurrentPosition() 方法中，第三個參數裡面的 timeout 屬性，將其設為 0 ，會得到以下的結果：

顯示的錯誤訊息代碼 是 3 ，而訊息則是 Timeout expired ，表示超過指示的時間沒有擷取到所需的資訊。

透過 timeout 與 maximumAge 這兩個參數屬性的調整，我們可以選擇性的強制要求瀏覽器回傳快取的內容，或是重新擷取新的地理資訊，根據上述的說明，下一個小節討論幾種不同的狀況。

13.3 呈現 Google 地圖

在地理資訊系統的相關應用實作上，僅取出地理位置的經緯度座標是不夠的，更進一步的，我們可以透過搭配 Google 提供的 Maps API（這並非強制性的，讀者也可以選擇其它廠商的地圖服務），建立視覺化的地圖網頁，將取得的經緯度在地圖上的相對位置標示出來，例如以下的截圖，顯示了紐約中央公園附近區域的地圖。

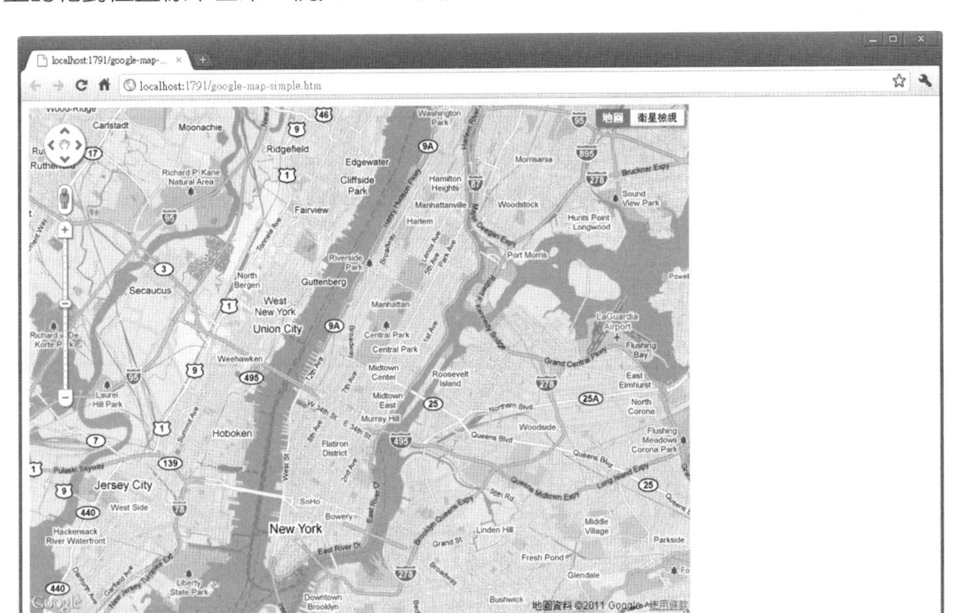

要在自已設計的網頁顯示這張地圖很簡單，利用 JavaScript 引用 Maps API ，並以紐約中央公園的地理座標為中心，即可建立此地圖。

使用 Google 地圖系統首先要取得封裝地圖資訊的物件，然後透過物件將特定範圍的地圖內容呈現在網頁上，要達到如此的效果，首先必須在網頁中引用 Google 提供的 JavaScript 檔案。

```
<script src="http://maps.google.com/maps/api/js?sensor=false" ></script>
```

其中 src 屬性網址列的 sensor 參數先將其設為 false 即可，完成這一行程式碼的配置之後，接下來即可透過 Google Maps API 建立需要的地圖物件，所需的程式碼如下：

```
var map = new google.maps.Map(area, option);
```

其中透過 new 建立一個 google.maps.Map 物件，當這一行程式碼執行完畢，一個 Map 物件 mapdisplay 被建立，然後特定範圍的地圖就會呈現在網頁中指定的位置區域，而參數指定了所要呈現的地圖內容以及在網頁中的位置。

參數	說明
area	指定網頁上呈現地圖的區塊範圍。
option	所要呈現的地圖資訊。

area 表示網頁提供呈現地圖的位置區塊，例如某個特定的 <div> 元素，option 則提供所要呈現的地圖資訊，包含地圖中心點座標、形式以及縮放倍數，而這份地圖最後將被呈現在 area 所表示的網頁區塊中。考慮以下的圖示：

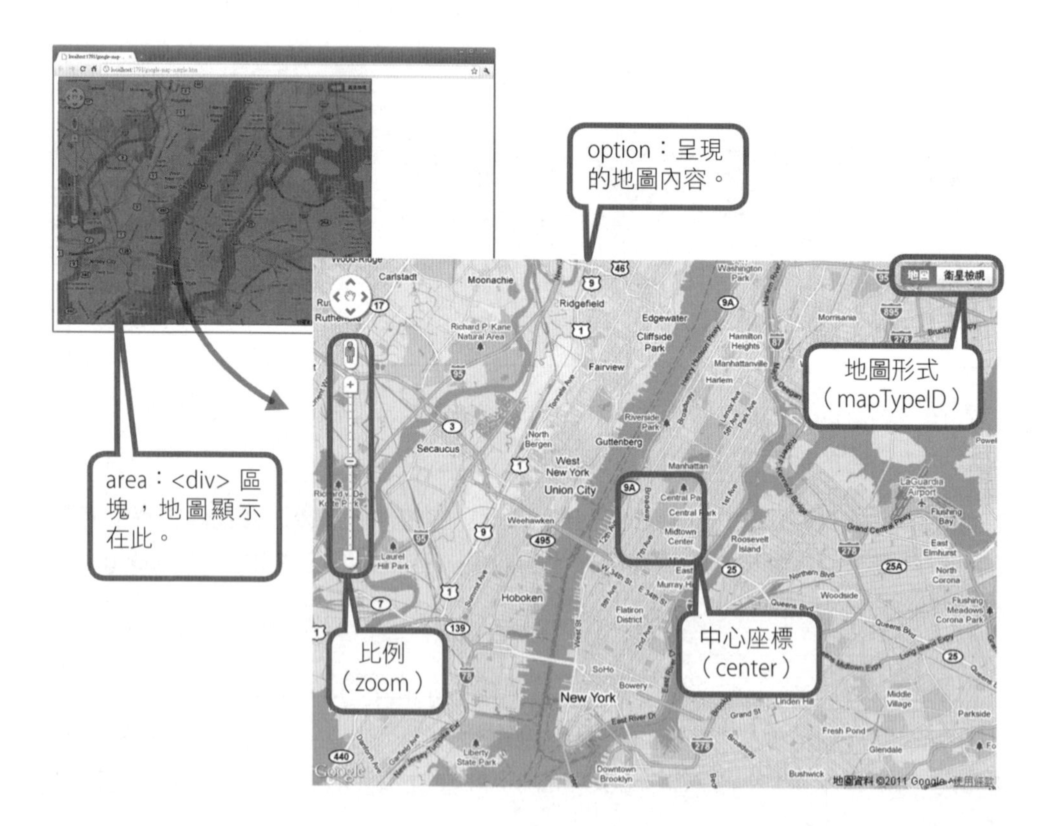

參數 area 比較單純，直接透過 document.getElementById 取得所要參考的 DOM 元素 <div> 即可，而 option 就比較複雜，它必須描述三項與地圖有關的資訊，分別是顯示比例（zoom）、中心座標（center）以及地圖形式（mapTypeID）。

地圖資訊	說　明
zoom	地圖的顯示比例。
center	地圖的中心座標，地圖的縮小或放大均以此為中心點。
mapTypeID	地圖的型式，例如以衛星圖或是街道圖顯示。

zoom 的數字愈大，顯示的地圖區域比例愈大，以中心座標為基準，能看到的地圖就愈清楚，相對的範圍就愈小。

center 以 google.maps.LatLng 物件作表示，此物件封裝構成中心座標的經度與緯度數據，如下式：

```
var latlng = new google.maps.LatLng(latitude,longitude);
```

其中的參數 latitude 代表地圖位置的經度，而 longitude 則是緯度，最後建立的 latlng 則是一個 google.maps.LatLng 物件，這個物件直接被當作 center 參數以表示地圖的中心座標。

最後的 mapTypeID 可以讓你指定地圖的形式，以「地圖」或是「衛星」模式顯示，你可以設定參數如下：

```
google.maps.MapTypeId.ROADMAP
```

這個參數表示要顯示預設的地圖，其中 ROADMAP 可以是下表中的任何一種：

參　數	說　明
ROADMAP	顯示 Google 地圖的正常、預設 2D 地圖方塊。
SATELLITE	顯示圖形地圖方塊。
HYBRID	會顯示圖形地圖方塊和特殊圖徵（道路、城市名稱）地圖方塊圖層的混合圖。
TERRAIN	會顯示實際起伏的地圖方塊，以展現地形高度和水域圖徵（山嶽、河流等）。

現在我們知道如何透過 HTML5 支援的 Geolocation 功能取得瀏覽網頁的使用者所在 IP 位址的座標，也瞭解如何以指定的座標為中心點，引用 Google Maps API 呈現特定範圍的地圖。

範例 13-2 使用 Google Maps API

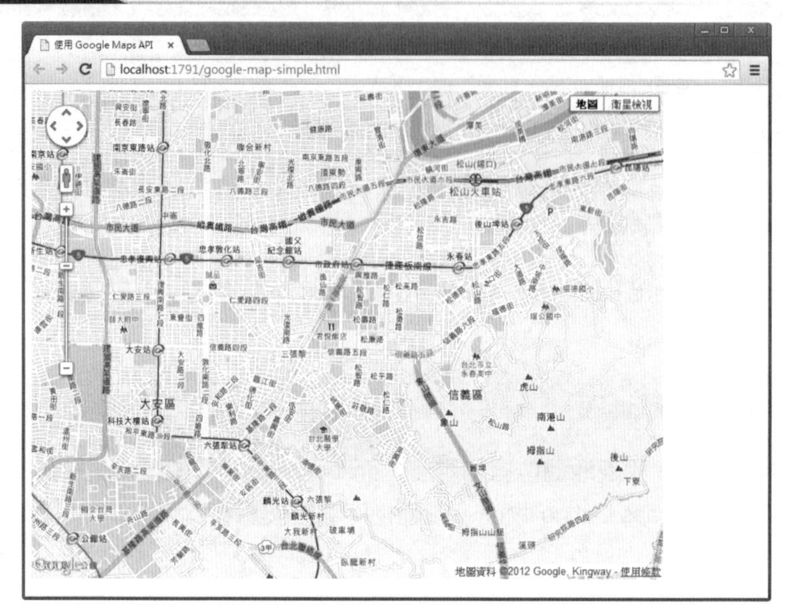

這個範例的執行結果，是臺北 101 大樓附近的地圖 ，這裡直接來看範例的內容：

google-map-simple.html

```
<html>
<head>
<title>使用 Google Maps API</title>

<script type="text/javascript"
          src="http://maps.google.com/maps/api/js?sensor=false">
</script>
<script type="text/javascript">
      function init(){
          var latlng = new google.maps.LatLng(25.034439, 121.564064);
          var myOptions = {
               zoom: 14,
               center: latlng,
               mapTypeId: google.maps.MapTypeId.ROADMAP
          };
          var map = new google.maps.Map(
                           document.getElementById("map_canvas"),
                           myOptions);
</script>
</head>
<body onload="init()" >
   <div id="map_canvas" style="width:800px; height:600px"></div>
</html>
```

一開始參考 Google 所提供的 API 檔案，然後設定所要呈現的地圖參數，包含座標位置物件 latlng ，最後將封裝參數內容的 myOptions 變數以及呈現地圖的 div 區塊直接傳送給 google.maps.Map 建立 Map 物件，於網頁上描繪指定座標點的地圖區域。

13.4 擷取並顯示裝置目前地圖位置

接下來只要搭配 Geolocation 物件取得目前裝置的地理位置座標，再透過 Google 的 API 整合即可將其對應的地圖顯示出來，以此範例為例，將其中設定的 latlng 調整為調用 getCurrentPosition() 取得的經緯度即可。

另外還有一個 Marker 物件必須注意，此物件會建立一個標記，然後應用程式就可以在地圖上以此標記標示指定的位置座標點，考慮以下的程式碼：

```
var marker = new google.maps.Marker(position: xy, map: mapdisplay });
```

其中建立一個 Marker 物件，並且在其建構函式中，指定兩個屬性參數，position 為地圖上所要標示的經緯度座標，指定一個封裝特定位置資訊的 google.maps.LatLng 物件當作其值即可，map 則是網頁上呈現的地圖內容，也就是稍早所討論的 google.maps.Map 物件。

範例 13-3　顯示裝置目前所在位置地圖

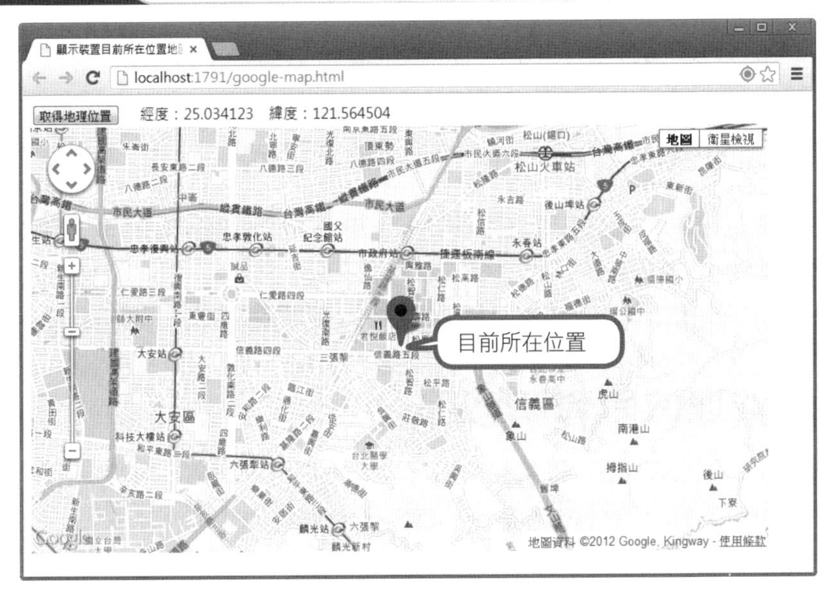

在這個網頁中，根據目前裝置所在的位置，以其為中心點顯示周圍的地圖，同時標示位置所在座標。

google-map.html

```
<html >
<head>
      <title>顯示裝置目前所在位置地圖</title>
      <script src="http://maps.google.com/maps/api/js?sensor=false" ></script>
      <script>
          function getposition() {
              var g = window.navigator.geolocation;
              g.getCurrentPosition(succ);
          }
          function succ(arg) {
              var l = arg.coords.latitude;
              var y = arg.coords.longitude;
              document.getElementById("position").innerHTML =
                  "  經度：" + l + "  緯度：" + y;
              var xy = new google.maps.LatLng(l,y);
              var maparea = document.getElementById("gmap");
              var option = {
                  zoom: 14,
                  center: xy,
                  mapTypeId: google.maps.MapTypeId.ROADMAP };
              var mapdisplay = new google.maps.Map(maparea, option);
              var marker = new google.maps.Marker(
                          { position: xy, map: mapdisplay });
          }
      </script>
</head>
<body>
<button  onclick="getposition()" >取得地理位置</button>
<label id="position"></label>
<div id="gmap" style="width:800px;height:450px"></div>
</body>
</html>
```

與前述「範例 13-2」的差異在於其中以灰階標示的程式區塊，首先調用 getCurrentPosition() 取得裝置目前所在位置的經緯度，然後建立 LatLng 物件 xy ，最後根據此物件顯示地圖，並且建立 Marker 物件，於地圖中標示目前的位置。

13.5 地理位置資訊應用

地理資訊的應用相當廣泛，從最簡單的行動裝置定位，到結合地圖進行資料分析的商業智慧應用，以下針對幾種簡單的應用進行示範說明。

尋找目前所在位置周圍商家資訊，是行動裝置的使用者經常會用到的地圖服務，透過本章所討論的 Geolocation API 結合 Google Map ，即可輕易的提供相關的服務。有幾個步驟你必須完成，以下列舉之：

1. 建立地圖資訊資料庫。
2. 取得使用者目前裝置所在位置經緯度資訊。
3. 根據位置資訊，從資料庫取得特定範圍內的商家座標資訊。
4. 將目標商家標示出來。

接下來的範例進行上述步驟的實作。

範例 13-4 商家地圖資訊

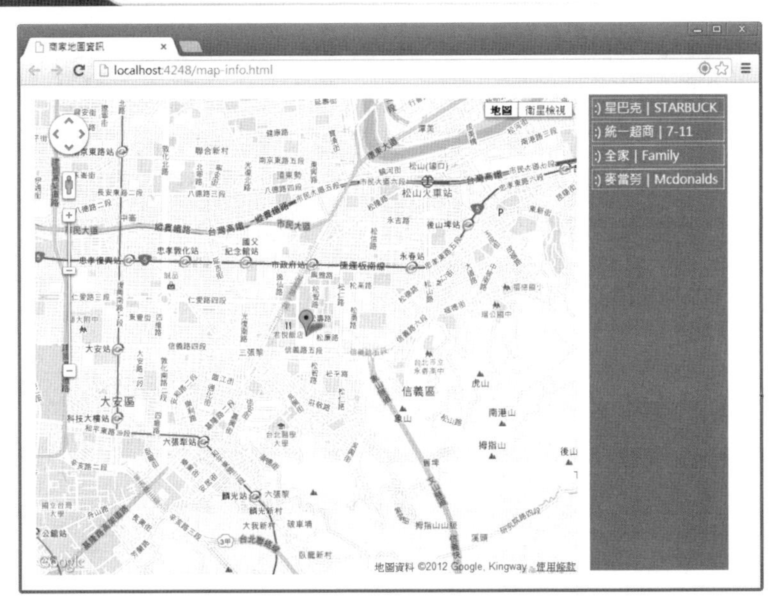

當此範例初次載入時，只在地圖中央標示了預先指定的參考目標位置，臺北 101 大樓地標，而右邊的選單中包含了四家知名連鎖企業，任意點擊任何一家公司，則畫面中的地圖會標示這些公司在 101 大樓附近的分店位置，如下圖是點選星巴克出現的畫面。

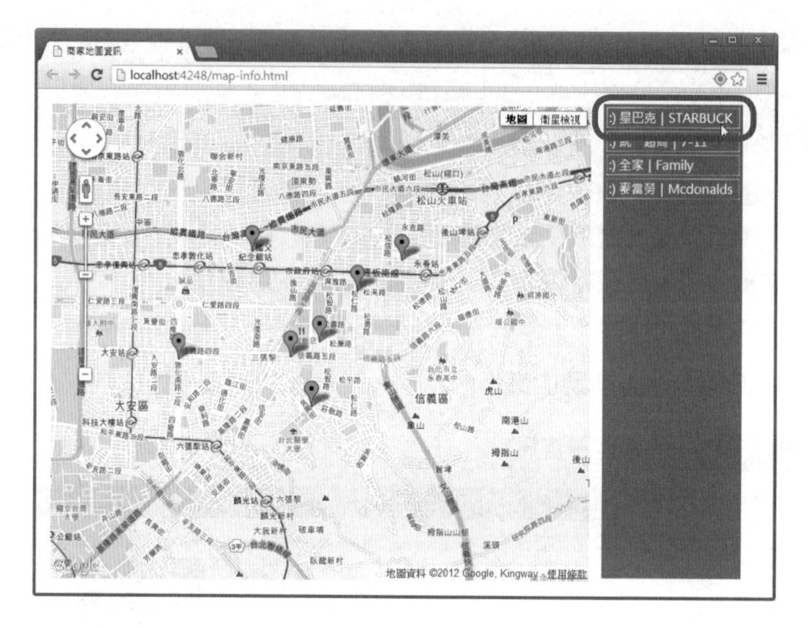

為了示範地圖標示，範例直接內建所要顯示的商家位置經緯度資訊，這些資料被儲存於獨立的 JavaScript 檔案，內容如下：

map-data.js

```
// 星巴克
var sb = ['25.0430,121.5570', '25.03265,121.561275',…];
//7-11
var se = ['25.036655,121.566124', '25.034711,121.557541', …];
// 全家
var family = ['25.033739,121.564096', '25.033263,121.558839',…];
// 麥當勞
var md = ['25.035605,121.566145', '25.041049,121.553721'];
```

其中根據所要呈現的商家，定義了四組儲存各商家地理位置資料的陣列，陣列中的每一個元素均表示特定公司的分店經緯度位置。

map-info.html

```
<!DOCTYPE html >
<html >
<head>
      <title> 商家地圖資訊 </title>
      <style>
          //  樣式設定 …
      </style>
      <script src="http://maps.google.com/maps/api/js?sensor=false" ></script>
      <script src="map-data.js" ></script>
```

(續)

```
<script>
    function init()
    {
        var g = window.navigator.geolocation;
        g.getCurrentPosition(succ);
    }
    var mapdisplay;
    function succ(arg)
    {
        //台北 101
        var l = 25.034123;
        var y = 121.564504;

        var xy = new google.maps.LatLng(l, y);
        var maparea = document.querySelector("div#maparea");
        var option = {
            zoom: 14,
            center: xy,
            mapTypeId: google.maps.MapTypeId.ROADMAP
        };
        mapdisplay = new google.maps.Map(maparea, option);
        var marker = new google.maps.Marker(
                    {position: xy, map: mapdisplay });
        marker.setTitle('目前位置');
    }
    function showInfo(o)
    {
        switch (o.id)
        {
            case 'sb':
                getLocation(sb, '星巴克（STARBUCK）');
                break;
            case 'se':
                getLocation(se, '統一超商（7-11）');
                break ;
            case 'family':
                getLocation(family, '全家');
                break ;
            case 'md':
                getLocation(md, '麥當勞');
                break ;
        }
    }
    var markers = new Array();
    function getLocation(as,title)
    {
        var i = 0;
        for (var k in markers)
        {
            markers[k].setVisible(false);
        }
        for (var k in as)
        {
            var l = as[k].split(',')[0];
            var y = as[k].split(',')[1];
            var xy = new google.maps.LatLng(l, y);
            var marker = new google.maps.Marker(
```

(續)

```
                        {position: xy, map: mapdisplay });
                    marker.setTitle(title);
                    markers[i]  = marker;i++ ;
                }
            }
        </script>
</head>
<body onload="init()">
<div id="box">
<div id="maparea"></div>
<div id="funlist">
        <div id="sb" class="listItem" onclick="showInfo(this)
">:) 星巴克 | STARBUCK </div>
        <div id="se" class="listItem" onclick="showInfo(this)
">:) 統一超商 | 7-11 </div>
        <div id="family" class="listItem" onclick="showInfo(this)
">:) 全家 | Family </div>
        <div id="md" class="listItem" onclick="showInfo(this)
">:) 麥當勞 | Mcdonalds </div>
</div>
</body>
</html>
```

網頁一載入完成執行 init() ，其中調用 getCurrentPosition() 取得裝置所在位置的地理資訊，然後執行 succ() 函式，由於這個範例僅作為概念說明，因此在 succ() 當中預設以臺北 101 地標位置為中心，讀者未來可以直接透過裝置定位以提供更友善的使用者體驗。

而在 HTML 的部分，其中 id 名稱為 maparea 的 div 元素區塊用以顯示所要呈現的地圖，而 id 名稱為 funlist 的 div 區域，則建立了四個 div 用以提供商家選單的功能，其中均設定了 onclick 事件屬性，當使用者按下任意一個 div 執行 showInfo() 顯示相關的店家資訊。

函式 showInfo() 透過 switch 判斷所選取的商家，然後調用另外一個函式 getLocation() ，其中根據傳入的對應陣列物件名稱，也就是之前列舉的 map-data.js 這個 JavaScript 檔案裡面預先儲存的陣列資料，取得相關店家的地理座標位置，最後引用 Google Maps API 將所取得的資料於地圖上呈現出來。

讀者必須注意的是，這個範例僅是概念性的示範，在真正的應用上，你必須以使用者裝置所在位置的座標為目前位置的真正資料，至於商家資訊，可進一步透過 JSON 格式進行程式化的轉換，JSON 格式資料的處理，於第二十三章進行討論。

SUMMARY

HTML5 針對地理資訊互動所導入的 Geolocation 物件，僅能單純的擷取地理坐標資訊，其它功能必須透過第三方軟體供應商提供的服務進行整合，本章所示範的 Google Map 即是其中一種，讀者可以根據自身需求選擇合適的服務。完成這一章的討論，本書第三篇將於此告一段落，下一篇開始，我們將重點放在各種 API 的討論。

第四篇
API－儲存

完成前三篇的討論，現在我們開始進入應用程式開發的相關技術議題，探討各種 HTML5 API 與 JavaScript 調用實作，示範特定應用程式功能的建立，此篇集中在網頁資料的儲存管理，包含快取、Web 存儲、檔案系統管理以及資料庫。

第十四章

離線瀏覽與快取

第二章討論 <html> 標籤時，曾經提及一個重要屬性 manifest ，這個屬性會指向一份特定的快取清單，瀏覽器根據這份清單擷取指定的檔案，將其儲存在使用者的電腦上，當使用者再次瀏覽網頁時，直接進行讀取而不需要再次跨越網路取得檔案，加速使用者的瀏覽體驗，這一章，我們從一個簡單的範例開始，說明相關的技術。

14.1 使用快取

快取非常有用，這讓 HTML5 應用程式在離線狀態下，依然能夠執行，正式討論相關的設定之前，首先透過一個範例進行快取機制的說明，示範如何利用此機制達到快取效果，然後我們會進一步討論快取資料的檢視，以及相關技術的運用。

示範離線應用

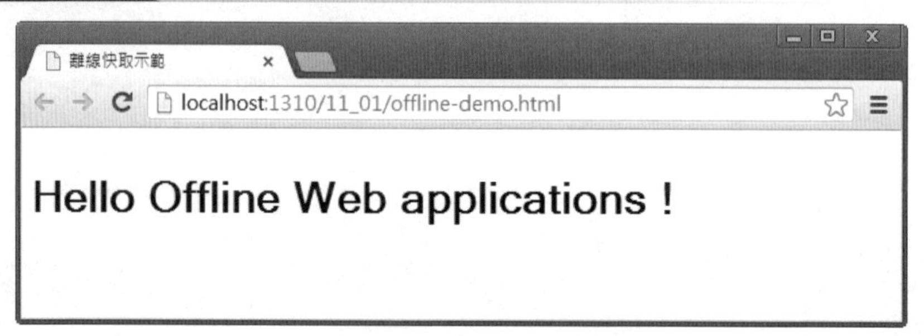

網頁上顯示一行由外部 JavaScript 輸出的訊息，並且由另外一個 CSS 樣式檔改變輸出文字的樣式。

offline-demo.html

```
<!DOCTYPE html >
<html>
<head>
      <title> 離線快取示範 </title>
      <link rel="stylesheet" href="offline-demo.css" />
      <script src="offline-demo.js"></script>
</head>
<body>
      <p id="msg"></p>
</body>
</html>
```

head 區塊中的 link 元素載入 offline-demo.css 樣式檔，而 script 元素則設定了所要載入的 JavaScript 檔案 offline-demo ，除此之外這個網頁並沒有任何內容。在正常的情形下，網頁 offline-demo.html 被載入瀏覽器，然後載入所需的樣式檔以及 JavaScript 檔案，輸出指定樣式的文字訊息。

offline-demo.css

```
p
{
      font-size:xx-large  ;
      font-weight:600 ;
      font-family:Microsoft Sans Serif;
}
```

offline-demo.js

```
window.onload=function(){
      document.getElementById('msg').innerHTML =
            'Hello Offline Web applications !';
};
```

以上列舉的是這個範例所使用的兩個外部檔案。由於必須依賴網路連線載入必要的檔案，因此網路斷線時將無法執行，在此種情形下瀏覽網頁，會得到以下的結果畫面：

讀者應該可以發現，此網頁所顯示的內容是固定的，並不需要於每次瀏覽時重新載入，在這種情形下，我們可以經由快取設定，於使用者的電腦上保留前一次正常連線時載入的檔案，如此一來便能讓使用者在離線的狀態下亦能瀏覽網頁。現在修改上述的範例令其支援離線瀏覽功能，於範例檔案相同的路徑位置底下，建立快取清單檔案：

offline-demo.manifest

```
CACHE MANIFEST
offline-msg-demo.html
offline-msg-demo.css
offline-msg-demo.js
```

快取清單是純文字檔，第一行的 CACHE MANIFEST 是必要的關鍵字，接下來則是使用者瀏覽這個網頁時所要快取的檔案清單，完成之後將其儲存。

回到網頁檔案，將一開始的 html 元素內容修改如下：

```
<!DOCTYPE html >
<html manifest="offline-demo.manifest">
…
<html>
```

這一段程式碼設定了 html 元素的 manifest 屬性，並指向下載快取清單檔案的伺服器檔案 offline-demo.manifest ，現在重新瀏覽網頁，支援離線功能的瀏覽器將會自動下載快取清單，然後根據清單的內容儲存其中列舉的檔案，包含 JavaScript 、CSS 檔案與網頁本身。

執行設定了 manifest 屬性的這個網頁，讀者會發現既使在斷線的狀態下還是可以正確的瀏覽網頁。

14.2 檢視離線儲存資料

一個設定了 manifest 屬性的網頁，會在使用者第一次瀏覽時，根據清單將指定的檔案下載至使用者的本機裝置，並儲存於應用程式快取（Application Cache）區域，以方便下一次使用，我們可以透過瀏覽器提供的功能檢視所儲存的網頁資料，以瞭解設定的效果，以 Chrome 為例，按下 Shift+Ctrl+I ，開啟開發工具視窗如下頁：

找到 Resources 頁籤點一下將其開啟，於左邊出現的資源清單中，點選 Application Cache 選項將其展開，會看到這個網頁的相關節點。由於這是第一次執行範例未設定快取清單的情形，因此你會看到其中顯示沒有任何可用的應用程式快取資訊。

接下來重新設定好快取清單，再一次瀏覽網頁，同樣的，將開發工具視窗開啟，這一次出現的結果畫面如下：

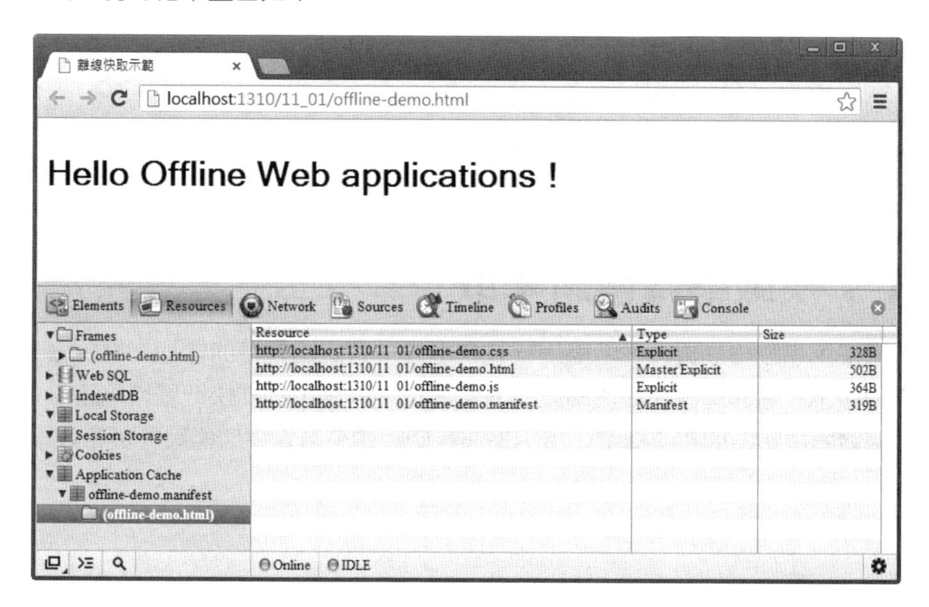

檢視畫面下方的列表可以發現與快取清單中列舉的檔案相同，除此之外，html 屬性所指定的泛型處理常式檔案 offline-demo.ashx 亦快取於其中。

如果要清空應用程式快取區的內容，按下 Ctrl+Shift+Delete 組合鍵，開啟以下的設定畫面：

如你所見，除了快取，你也可以選擇性的刪除其它暫存資料，勾選欲刪除的項目，按一下「清除瀏覽資料」按鈕，即可完成清除作業。

後續討論各項快取技術細節時，讀者可以透過這裡所討論的操作進行快取的清除工作。

本書預設以 Chrome 瀏覽器進行各種測試以及功能示範，某些 Chrome 不支援的功能才會以其它瀏覽器檢視效果，礙於篇幅，這裡僅列舉 Chrome 的操作方式。

14.3 快取網頁重新擷取

每次當使用者瀏覽網頁時，若應用程式快取區中有之前儲存的快取檔案，會預先被擷取顯示，除非修改快取清單或是清空瀏覽器的應用程式快取區域內容，才能強制瀏覽器重新擷取新的檔案，接下來這一個範例來看看快取檔案的更新效果。

範例 14-2 異動快取清單

為了方便說明，此範例僅配置一個圖片檔案 girl.jpg ，並在快取清單中指定其為快取資源，檔案如下：

manifest-m.html

```
<!DOCTYPE html>
<html manifest="manifest-m.manifest" >
<head>
      <title> 異動快取清單 </title>
</head>
<body>
<img src="girl.jpg"  />
</body>
</html>
```

除了所要呈現的圖片檔案，在 html 的 manifest 屬性指向的伺服器檔案會下載所需的清單，內容如下：

manifest-m.manifest

```
CACHE MANIFEST
girl.jpg
```

由於其中指定了 girl.jgp 這個圖片檔案，因此當使用者瀏覽網頁時，這個圖片檔案會被快取，儲存於使用者的電腦中，直到下次清單改變，每一次使用者所看到的都會是這個圖片檔案。讀者可以作個實驗，嘗試將 girl.jpg 以另外一張同名的圖片檔取代，並重新檢視，瀏覽器並不會將圖片更新。

現在於 HTML 網頁檔 manifest-m.html 中的 head 區域加入外部樣式表檔案連結如下：

```
<head>
      <title> 異動快取清單 </title>
      <link rel="stylesheet" href="manifest-m.css" />
</head>
```

在 head 區域另外參考一個外部 CSS 檔案 manifest-m.css ，其中設定了圖片的邊框，並且縮小圖片的邊長，下頁列舉此樣式檔的內容。

manifest-m.css

```
img
{
      border:8px solid;
      width:400px;
}
```

在正常的情形下，套用樣式檔前後的結果應該如以下截圖所呈現的樣子：

左圖是未連結樣式檔的網頁結果，右圖則是套用連結指定的外部樣式檔結果，如果只是完成 link 的設定，讀者會發現既使重新載入網頁，還是維持左邊的輸出，你必須同時調整快取清單檔案的內容如下：

manifest-m.manifest

```
CACHE MANIFEST
girl.jpg
manifest-m.css
```

快取清單的內容這一次新增了要快取的樣式檔名稱，由於清單的內容改變了，因此再一次瀏覽網頁時便會重新載入，因此得到如上右圖的輸出結果。

到目前為止，我們討論的是典型的快取更新過程，不過在實作上，除了網頁進行規模比較大的更新，否則通常快取清單會保持一致，僅是調整清單中某個特定快取檔案的內容，例如樣式檔的內容調整或是修正 JavaScript 檔案的程式碼，甚至是更換同檔名的圖片。在這種情形下，想要依賴快取清單的更新讓瀏覽器從伺服器重新載入網頁資源，就變得不可行。

普遍的作法是在快取清單中指定版本號碼，以區隔快取資源檔案的版本，一旦任何清單中的檔案發生改變，只要修改版本號碼，就可以讓清單檔案的內容發生改版，如此一來，伺服器便會自動重新載入檔案，達到更新的目的。至於版本號碼的設計，牽涉到快取清單格式的撰寫細節，我們繼續往下看。

14.4 快取清單（Cache manifest）

快取清單必須遵循一定的格式，從上一個小節的實際操作過程中，我們看到了最簡單的清單格式，這一節進一步來看看清單的語法格式。接下來列舉的內容，是快取清單定義規則。

1. 快取清單是純文字檔，並以 UTF-8 字元格式編碼。
2. 快取清單內容描述以行為基礎，每一個項目以單一行作表示，換行必須利用 LF(LINE FEED) 、CR(CARRIAGE RETURN) 或是 CR+LF 作表示，單一空白行將直接被忽略。
3. 清單的第一行必須是 CACHE MANIFEST。
4. 清單第一行之後是與快取規則有關的正式內容，有三種可能的型式：
   - 空白行，包含空白字元或是 tab 。
   - 註解，任意以 # 開頭的文字內容，包含空白字元，但是不包含 LF 與 CR 這兩字元。
   - 區段（section header）。

前兩項很容易理解，最後一項「區段」則描述與快取機制有關的 URL 清單，有三種不同類型的區段，每一種區段由區段標頭（section header）名稱的標示開始，後面緊接著冒號（:），接下來則逐行編寫快取資源檔案，最後於下一個區段標頭名稱出現時結束，如下式：

```
NETWORK:
comm.cgi
style/netstyle.css
```

而代表這三種類型的區段標頭分別是 CACHE 、FALLBACK 以及 NETWORK ，其中的 CACHE 是預設區段，如果沒有任何標示，則列舉的資源為所要快取的清單，也因此稍早提出的清單範例並沒有編寫任何區段標頭，同樣可以順利運作。

```
CACHE MANIFEST
# 此標示的內容是註解，第一行是必要的，表示這是一個快取清單
```

（續）

```
# 空白行與註都將被忽略
# 註解行允許空白，不可斷行

# 以下沒有任何標示的是快取檔案
# 也可以利用 CACHE: 標示，每一行只能表示一個檔案
images/myicon.png
images/mypic.png

# NETWORK 標示白名單 (whitelist) -- it isn't cached, and
# 白名單中的列舉的檔案不會被快取必須透過網路存取
NETWORK:
comm.cgi

# 標示為 CACHE 的檔案，與未標示者意思相同，均表示被快取檔案
CACHE:
style/default.css
```

如你所見，第一行以 CACHE MANIFEST 開始，接下以 # 開頭的均是註解，說明各種區段的內容，然後是不同的區段名稱以及與特定區段有關的 URL 清單，快取清單同時支援相對以及絕對格式的 URL 字串，例如以下的快取清單內容：

```
CACHE MANIFEST

/main/default
/main/app.js
/main/style.css
http://img.kangting.com/name.png
http://img.kangting.com/logo.png
http://img.kangting.com/bar.png
```

其中前三行是相對路徑，後三行則是完整的絕對路徑，它們均能合法被使用在清單中。

14.5 設定版本號碼

現在回到前述的「範例 14-2」，其中曾經提及透過版本號碼的調整強制快取資源更新的技巧，方法很簡單，只要透過 # 指定即可，以下重新調整範例中的快取清單內容如下：

```
CACHE MANIFEST

# v1.0

girl.jpg
manifest-m.css
```

其中插入了版本號碼的標示，除了快取資源清單項目沒有改變，只要調整版本號碼即可達到重新載入快取資源的目的。

14.6 定義快取區段

在此之前所討論的快取設定運作的很好，不過當你實際在專案中運用快取機制以支援離線瀏覽時會發現一些問題，特別是因為遺漏某些資源的設定而導致連結失效等相關的現象，它們與快取資源的設定有關。

14.6.1 設定區段標頭

一旦使用了快取機制，就必須在清單中指定此網頁所要使用的外部資源，因為瀏覽器預設會直接從本機裝置中尋找所需的資源而非從網路下載，不瞭解這個原理會導致網頁的設計出現問題。

這一節進一步討論路徑設定對快取機制的影響，先來看一個簡單的範例。

範例 14-3 未設定存取資源

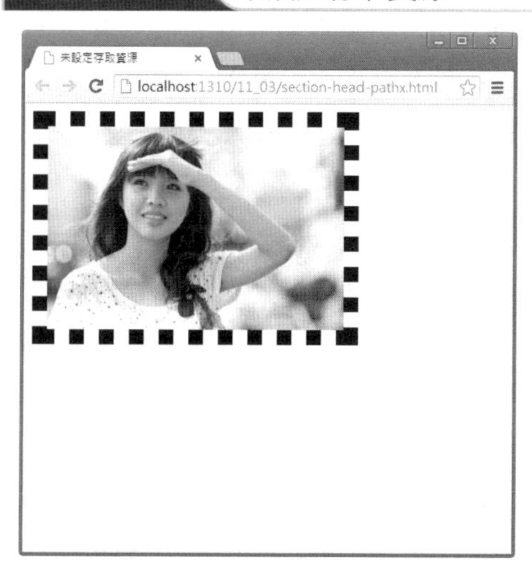

第一次執行範例時，畫面中會出現一張套用指定 CSS 樣式檔設定的相片圖檔，如果第二次瀏覽或是按一下「重新載入」按鈕，則其中的圖檔連結將失敗，但樣式檔還是成功套用，以下來看看相關的設定，首先列舉網頁內容。

section-head-pathx.html

```
<!DOCTYPE >
<html manifest="section-head-pathx.manifest" >
<head>
      <title>未設定存取資源</title>
      <link rel="stylesheet" href="section-head-pathx.css"
          type="text/css" />
</head>
<body>
<div>
      <img src="girl.jpg"  />
</div>
</body>
</html>
```

其中包含了一個外部連結的 CSS 檔案以及一個圖片檔案，並且設定了 manifest 屬性值，以支援離線瀏覽，此範例所套用的快取清單內容很簡單，列舉如下：

section-head-pathx.manifest

```
CACHE MANIFEST
section-head-pathx.css
```

這個清單只設定了樣式檔為快取資源。第一次瀏覽網頁時，樣式檔會下載至使用者的本機裝置中，但是圖片檔 girl.jpg 未在清單中，因此不會一併下載。第二次瀏覽網頁時，由於已經設定了快取清單，瀏覽器會自動從本機裝置中找尋所需的資源而非經由網路從伺服器下載，但是圖片檔並沒有被快取，如此一來導致找不到檔案的結果。

一旦網頁中設定了快取清單，即使這個清單是空的，除了第一次載入之外，除非清單發生改變或是應用程式快取區域被清空，否則一律根據清單中的記錄存取快取資源，因此開發人員必須明確的指定網頁中所要引用的外部資源，在第一次載入網頁時將相關的資源載入，才能讓使用者在重載或是下一次連線時正確的瀏覽，未在清單中指定的資源，瀏覽器將無法處理導致載入失敗。

快取清單可以進一步定義不同的區塊，以明確的指定要經由下載或是快取的方式運用外部資源。區塊的類型由區塊標頭定義，你可以進一步透過區段標頭的定義，決定網頁載入時所要存取的外部資源種類，有三種可能的設定：CACHE 、FALLBACK 以及 NETWORK ，我們繼續往下看。

設定了 manifest 快取清單的網頁，本身預設會被下載，因此快取清單中，不需要記錄網頁檔名。

14.6.2 區段定義

快取清單列舉三種型式的 URL 字串，並且以特定的區段標頭名稱表示，有三種可能的區段，對應的標頭名稱列舉如下表：

區　段	說　明
CACHE	開始描述快取資源URL 的區段。
FALLBACK	開始描述快取替代資源的 URL 區段。
NETWORK	開始描述禁止快必須直接從網路存取的資源 URL 區段。

表列的三種區段，構成快取清單的主要內容，以下來看看。

- **CACHE**

CACHE 名稱一旦出現，表示接下來列舉的 URL 清單為快取資源位址，只要比對符合此區段內容的 URL 資源，都會被瀏覽器快取下來，並且允許離線存取。由於 CACHE 是主要的區段，因此若是沒有指定任何區段標題，則將被視為 CACHE 進行快取。

- **FALLBACK**

當快取機制進行資源下載時，如果找不到指定的 URL ，則離線瀏覽將失敗，為了避免相關的錯誤，可以透過 FALLBACK 區段進行設定，將其導向至替代資源。

要注意的是，替代資源終究必須從伺服器下載，而且 FALLBACK 區段內容無論是連線或是離線狀態，均是有效的，如果在資源下載的過程中發生問題還是會轉向 FALLBACK 指定的替代資源。

- **NETWORK**

以 NETWORK 標示的區段，意義則與 CACHE 相反，這個區段內所記錄的 URL 資源是所謂的白名單（white-listed），其中指定的內容不允許快取必須直接透過網路進行存取。下頁是定義區段所需的語法：

```
CACHE MANIFEST

# 標示為 CACHE 的檔案，與未標示者意思相同，均表示被快取檔案
CACHE:
style/default.css

# NETWORK 標示白名單（whitelist）
# 白名單中的列舉的檔案不會被快取必須透過網路存取
NETWORK:
comm.cgi
```

前述討論快取清單語法時，已經看到相關的語法結構，如你所見，直接以上頁表格列舉的區段關鍵字進行設定，並且以冒號標示，接下來則是區段的內容，有效範圍則是一直延續至下一個區段關鍵字出現之前。

14.6.3 CACHE 與 NETWORK 的結合運用

接下來的範例，結合 CACHE 與 NETWORK 兩個區段，來看看設定的效果。

範例 14-4 示範 CACHE 與 NETWORK 區段差異

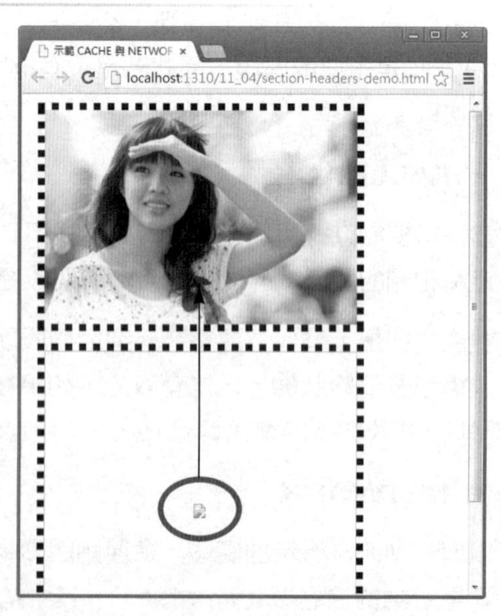

左圖是在網路連線的狀態下所顯示的畫面，右圖則是快取畫面，由於在快取清單中，下方的圖檔資源 girlx.jpg 被設定於 NETWORK 區段，因此這張圖不會被快

取，它必須直接透過網路存取，在離線狀態下無法呈現出來。

section-headers-demo.html

```
<!DOCTYPE html >
<html manifest="section-headers-demo.manifest" >
<head>
      <title>示範 CACHE 與 NETWORK 區段差異</title>
      <link rel="stylesheet"  href="section-headers-demo.css" type="text/css" />
</head>
<body>
<div><img src="girl.jpg" /></div>
<div><img src="girlx.jpg" /></div>
</body>
</html>
```

這個網頁需要三個外部檔案資源，分別是樣式表 section-headers-demo.css 以及畫面上所呈現的兩張圖片，girl.jpg 與 girlx.jpg ，而快取清單則指定從不同的來源取得這些資源，以下列舉此清單。

section-headers-demo.manifest

```
CACHE MANIFEST

# 指定快取資源清單
section-headers-demo.htm
section-headers-demo.css
girl.jpg

# 從網路存取資源清單
NETWORK:
girlx.jpg
```

其中的圖片檔案 girlx.jpg 設定於 NETWORK 區塊，因此不支援離線瀏覽，在斷線的情形下無法正常呈現。

而除了特定的檔案，你可以將某個路徑底下的所有資源，均設定至 NETWORK 區段，例如以下的設定：

```
NETWORK：
/HTML/
```

經過此設定，屬於 HTML 路徑底下的資源均需經過網路存取，如果指定「/」，表示相同 URL 來源的資源都必須透過網路存取。回到上述「範例 14-3」，將快取清單修改如下頁：

section-head-pathx.manifest

```
CACHE MANIFEST

section-head-pathx.css

NETWORK:
/
```

其中於 NETWORK 區段指定了符號「/」，因此每一次瀏覽網頁時，只要網頁連線正常便能正確的顯示網頁，否則的話，除了樣式檔之外，在離線的情形下都無法存取。

範例 14-5 特定路徑資源的網路存取

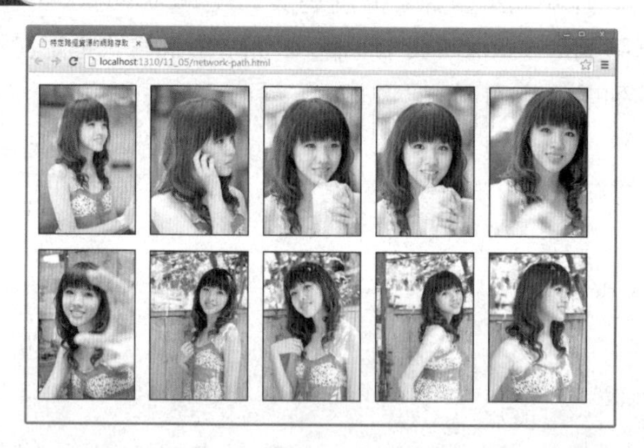

這是網頁初次載入的畫面，分成上下兩組圖片，上一組五張圖片透過快取載入，下一組五張圖片必須經由網路連線取得，一旦網路斷線，這五張圖片將無法顯示，如下圖：

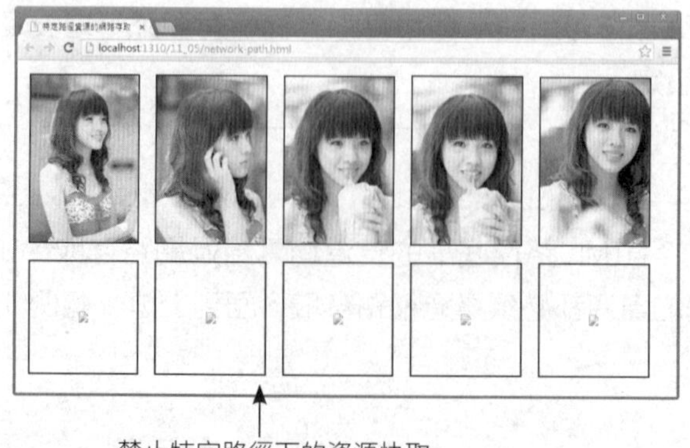

禁止特定路徑下的資源快取

network-path.html

```
<!DOCTYPE html >
<html manifest="network-path.manifest" >
<head>
      <title>特定路徑資源的網路存取</title>
      <link  rel="Stylesheet" type="text/css" href="network-path.css" />
</head>
<body>
<div>
      <img src="section-path/girla.jpg"    />
…
</div>
<div>
      <img src="section-path-network/sub/girl1.jpg"    />
…
</div>
</body>
</html>
```

第一組圖片配置於 /section-path/ 資料夾，第二組圖片則配置於路徑 / section-path-network/sub 資料夾，因此針對這兩組圖片進行不同的設定。

network-path.manifest

```
CACHE MANIFEST

CACHE:
network-path.css
/section-path/girla.jpg
/section-path/girlb.jpg
/section-path/girlc.jpg
/section-path/girld.jpg
/section-path/girle.jpg

NETWORK:
/section-path-network
```

CACHE 區段中指定了所要下載的資源，包含 section-path 資料夾中的所有圖片檔案，而 NETWORK 區段則指定了 section-path-network 資料夾，表示這個資料夾底下子資料夾的所有資源檔案均需透過網路直接存取。

NETWORK 與 CACHE 是相互抵觸的設定，後者強制存取的資源必須優先考慮快取，除非是第一次存取或是快取清單發生改變，因此當你設定 NETWORK 與 CACHE 時，必須避免兩者相互影響。

最後，你還可以為 NETWORK 指定 * 設定如下頁：

```
NETWORK:
*
```

這一段設定表示除了區段中的設定，其它資源都必須透過網路進行存取。

14.6.4 關於 FALLBACK

FALLBACK 提供替代資源的設定，這個區塊接受一個特定的網頁 URL ，一旦所要瀏覽的網頁資源不存在，則會顯示這個替代網頁。語法如下：

```
FALLBACK:
/ offlinepage.html
```

其中的 offlinepage.html 為無法找到資源時的替代網頁。

範例 14-6 示範 FALLBACK 效果

網頁一開始載入左圖的畫面，請注意其網址是「http://localhost:2089/fallback-demo.html」，現在任意輸入一個不存在的網頁重新瀏覽，例如 fallbackdemo.htmxxx ，會出現右邊的圖，由於找不到指定瀏覽的網頁，因此內容改以替代網頁 fallback-page.html 顯示，但網址是不存在的錯誤 URL 。

fallback-demo.html

```
<!DOCTYPE html >
<html  manifest="fallback-demo.manifest">
<head>
      <title>示範 FALLBACK 替代網頁</title>
      <style>
```

(續)

```
            img{width:180px;}
        </style>
</head>
<body>
<img src="girl.jpg"  />
</body>
</html>
```

網頁的內容相當簡單，只有一張圖片，同時一開始指定了 manifest 屬性，因此在網頁被瀏覽時進行指定的檔案快取。

fallback-demo.manifest

```
CACHE MANIFEST

FALLBACK:
/ fallback-page.html
```

其中僅設定了 FALLBACK 區段，並且指定替代網頁為 fallback-page.htm。這個網頁的內容很簡單，只有一行訊息文字，以下列舉相關的內容。

fallback-page.html

```
<!DOCTYPE html >
<html manifest="fallback-demo.manifest" >
<head>
        <title></title>
        <style>
        p{ font-size:xx-large; font-weight:900;}
        </style>
</head>
<body>
<P>THIS IS FALLBACK PAGE</P>
</body>
</html>
```

要注意的是，瀏覽的網頁其來源 URL 必須相同，否則的話瀏覽器不會將其視為同一個來源，因此無法導向替代網頁。而除了錯誤 URL ，如果是正常的網頁無法取得，同樣亦會以替代網頁為內容顯示，現在回到一開始的 fallback-demo.html 網頁中，修改其中的 img 為其建立一個網頁連結：

```
<a href="fallback-network.html"><img src="girl.jpg"  /></a>
```

連結網頁 fallback-network.html 是一個普通的網頁，現在重新瀏覽網頁會得到下頁的結果：

在網路連線的情形下，按一下其中的圖片會連線至 fallback-network.html 這個圖片說明頁，若是斷線則呈現替代網頁的內容。

結束本節的討論之前，還有一點提醒讀者，由於 FALLBACK 指定的網頁作為替代網頁，第一次瀏覽設定了 FALLBACK 快取的網頁時，替代網頁也會有連同快取資源一併被下載至客戶端，以 Chrome 為例，檢視其中的快取清單如下圖：

如你所見，fallback-page.html 這個網頁被下載儲存於應用程式快取區，而其 Type 為 Fallback 。

到目前為止的討論，我們可以看到快取機制實際上並不彈性，即便可以透過區段進行 NETWORK 或是 FALLBACK 的設定，然而一旦設定了快取，除非使用者清空瀏覽器儲存的快取檔案，或是等到快取清單發生變更，否則就只能根據清單設定的規則進行資源的存取，快取的內容將不會改變。為了讓整個快取機制更為人性化，開發人員可以進一步選擇調用快取 API ，以支援快取機制的程式化控制，下一節針對這一部分的議題進行討論。

14.7 快取機制的程式化控制

全域物件 ApplicationCache 支援快取機制的程式化控制作業，調用此物件可以動態指定下載快取程序，追蹤快取機制的各種狀態。

14.7.1 關於程式化控制

一旦設定了快取清單，只有在特定的狀態下，網頁才會重新連線擷取快取資源，首先是使用者清空了瀏覽器當中所儲存的快取資料，例如本章 14.2 的說明，第二種狀況是，快取清單的內容發生改變，例如更新了版本號碼。

除了上述兩種狀況，你可以進一步透過程式化控制的方式，強制網頁更新快取的內容，相關的方法有兩個，分別是 update() 以及 swapCache()。前者從伺服器取得快取內容，後者則將取得的快取資料正式更新至快取區中，接下來將討論這兩個方法，不過在此之前，先討論快取狀態以及事件相關議題。

14.7.2 快取狀態

applicationCache 支援 status 屬性，這個屬性回傳目前應用程式快取機制的狀態，可能的值如下：

常　數	值	說　明
UNCACHED	0	沒有快取。
IDLE	1	目前最新的快取狀態，未標示為 obsolete 。
CHECKING	2	檢查更新狀態。
DOWNLOADING	3	下載更新狀態。
UPDATEREADY	4	更新完成。
OBSOLETE	5	快取被標示為 obsolete ，不再使用。

隨著快取機制的進行，應用程式快取狀態會切換至各種不同的狀態，接下來的範例，我們來看看狀態的變化，這些狀態在不同的快取過程中會產生變化，直接引用 applicationCache.status 可以取得代表目前狀態的數值。

範例 14-7 應用程式快取狀態

執行畫面中的兩個圖檔列舉在快取清單中，下方顯示目前的快取狀態，由於一開始並沒有指定此網頁的快取清單，因此這個時候的快取狀態顯示為 0 ，也就是 UNCACHED ，如果指定了快取清單，就會出現其它狀態，例如右圖的 DOWNLOADING ，顯示瀏覽器根據指定的快取清單，下載更新的狀態中。如果在離線瀏覽的情形下，由於沒有網路連線，會出現 IDLE 狀態，表示已經沒有新的快取清單可以下載。

cache-status.html

```
<!DOCTYPE html >
<html >
<head>
      <title> 應用程式快取狀態 </title>
      <style type="text/css">
          …
      </style>
      <script >
          function init() {
              var cache = applicationCache;
              document.getElementById('msg').value = cache.status;
          }
      </script>
</head>
<body onload="init()">
<p ><img  src="chrome.jpg" /><img  src="person.png" /></p>
<p > 快取狀態：<output id="msg" ></output></p>
</body>
</html>
```

在 HTML 的部分，配置了一個 output 元素，以顯示目前應用程式的快取狀態。網頁載入解譯完成之後，引用 applicationCache 的 status 屬性，取得目前的快取狀態並且顯示於畫面上。

一開始的執行結果說明中，讀者已經看到了，快取狀態會隨著快取機制的運作，動態進行切換，實際測試網頁的執行，將發現快取狀態在不同的情形下會有所改變，如果要確實瞭解各種狀態，則必須透過相關的事件機制進行處理，下一節針對這一部分進行說明。

14.7.3 快取事件

應用程式執行網路資訊快取的過程中，會經過不同的階段，同時觸發相關的事件，下表列舉事件種類：

事 件	介 面	說 明
checking	Event	瀏覽器進行更新檢查，或嘗試第一次下載。
noupdate	Event	快取清單沒有改變。
downloading	Event	發現新的更新並且嘗試取得，或是第一次執行下載清單資源作業。
progress	ProgressEvent	執行下載清單資源作業。
cached	Event	快取清單資源完成下載。
updateready	Event	快取清單資源完成更新下載，並允許調用 swapCache() 進行快取更新。
obsolete	Event	無法取得快取清單。
error	Event	其它錯誤，包含無法取得快取清單、快取資源下載失敗或是快取清單的異動錯誤。

正常的情形下，快取作業的過程中會觸發一連串的事件，瀏覽器一開始根據快取清單檢查更新的資源，觸發 checking 事件，然後進行快取資源的下載，進一步觸發 downloading 或是 progress 事件，進行所需的下載作業，當整個下載作業完成，最後 cached 事件被觸發。

表列的事件中，除了 checking 、downloading 以及 progress ，其它的事件一旦被觸發，整個快取作業便結束，不會再引發下一個事件。

範例 14-8 觸發快取事件

這個範例純粹用以測試各種快取事件，除了設定快取檔案之外，沒有其它的內容，當網頁載入時，會逐步觸發各種快取事件，出現對應的訊息方塊，顯示目前的快取作業狀態。

event-demo.html

```
<!DOCTYPE html >
<html  manifest=cacheevent.manifest >
<head>
      <title>觸發快取事件</title>
      <script>
          applicationCache.onchecking = function () {
              showStatus('checking');
          }
          applicationCache.onnoupdate = function () {
              showStatus('noupdate');
          }
          applicationCache.ondownloading = function () {
              showStatus('downloading');
          }
          applicationCache.onprogress = function () {
              showStatus('progress');
          }
          applicationCache.oncached = function () {
              showStatus('cached');
          }
          applicationCache.onupdateready = function () {
              showStatus('updateready');
          }
          applicationCache.onobsolete = function () {
              showStatus('obsolete');

          }
          applicationCache.onerror = function () {
              showStatus('error');
          }
          function showStatus(event) {
              var status = applicationCache.status;
              alert(
                  '快取狀態：' + status + "\n" +
                  "事件：" + event);
          }
      </script>
</head>
<body>
</body>
</html>
```

此範例沒有任何視覺化內容，<html> 標籤設定了快取清單 caches.ashx ，另外設定了各種 applicationCache 事件屬性，以測試事件的觸發與相關作業。最後的 showStatus() 函式，於每一次事件觸發時被調用，其中取得狀態的數值，同時顯示觸發事件的名稱。

程式很簡單，現在我們進一步來看看這個範例執行過程中，相對應的事件觸發順序。

當網頁被載入，首先會進行快取清單與清單列舉的快取資源檢查，這個動作會觸發 checking 事件，此時快取狀態將切換至 2 ，接下來有幾種可能的模式，以下列舉說明之。

- **第一次載入快取**

首先進行快取資源的檢查，快取狀態進入 CHECKING（2），並觸發 checking 事件。

確認將執行第一次快取作業下載快取資源，觸發 downloading 事件表示開始下載程序，快取狀態進入 CHECKING（3）。

緊接著是一連串的 progress 事件，這個事件會在下載過程中不斷被觸發，直到下載程序結束為止，而快取狀態同樣維持在 CHECKING（3）。

最後當快取資源下載完成，觸發 cached 事件，表示快取作業完成。

- **無快取更新**

當第一次快取完成，除非清空瀏覽器快取資料或是清單內容改變，否則不會再進行快取資源的下載作業，於此情形下，完成檢查的步驟之後，接下來將直接觸發 noupdate 事件，快取狀態維持在 IDLE（1），表示快取清單沒有改變。

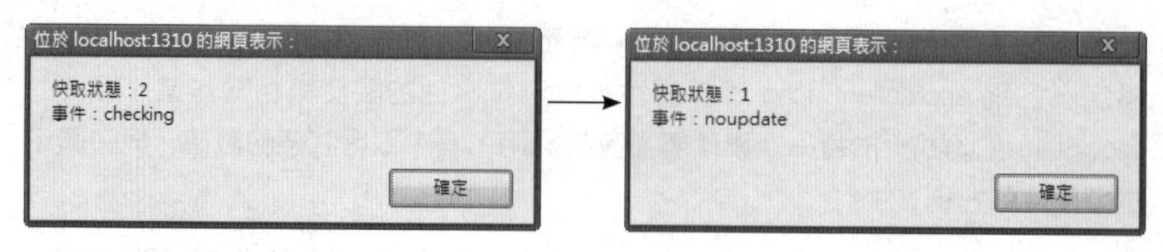

- **更新快取資源**

當快取機制經過檢查作業之後，發現快取清單內容已經改變，此時會重新執行快取資源的下載作業，快取狀態的改變以及觸發事件的順序，與第一次載入的情形大致相同，不過請注意最後一個訊息方塊顯示觸發的是 updateready 事件，表示更新完成，而快取作業至此結束。

- **錯誤發生**

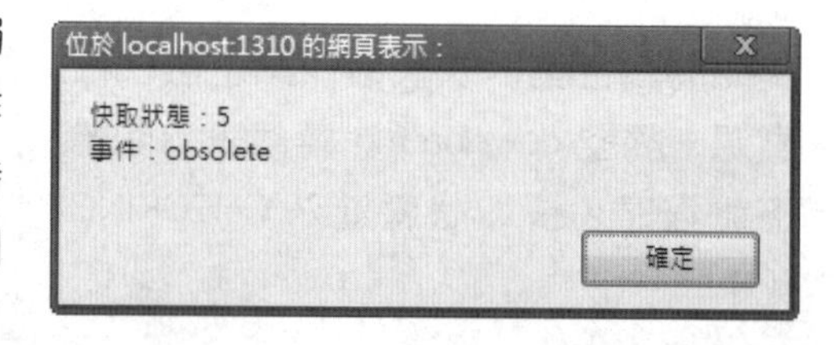

如果發生清單或是資源檔錯誤，則會觸發 error 或是 obsolete 事件，結束快取作業，error 事件在一般的錯誤狀況發生時被觸發，obsolete 事件比較特殊，當瀏覽器前次已經順利的儲存了快取資源，而再次瀏覽網頁進行快取檢查作業時，卻找不到原來的快取清單，即會觸發 obsolete 事件，而其狀態為 OBSOLETE（5）。

除了上述的狀況，其餘的異常將會觸發 error 事件，快取狀態切換至 UNCACHED（0），沒有任何快取。

針對 error 與 obsolete 事件觸發時機的差異，主要在於網頁快取清單檔案的比對，如果是在正常情形下的快取作業，之前已執行過快取作業，現在卻找不到 html 元素 manifest 屬性指定的快取清單則會觸發 obsolete ，除此之外，若之前完全沒有針對 manifest 屬性指定的快取清單進行快取資源的下載，卻找不到此清單，則會觸發 error 事件。

14.7.4 判斷「連線／離線」狀態

你可以為網頁加入連線狀態的判斷，以方便進一步控制快取資源，引用 window.navigator.onLine 可以取得目前的網路連線狀態，如果瀏覽器確定從網路離線，此屬性將回傳 false ，否則回傳 true ，要特別注意的是，true 並不保證網路一定處在連線狀態，它僅表示可能處於連線的網路狀態。

如果 window.navigator.onLine 屬性值發生改變，會觸發 online 與 offline 事件，網頁可以捕捉這兩個事件，在連線狀態改變時執行必要的操作。

範例 14-9 網路連線狀態

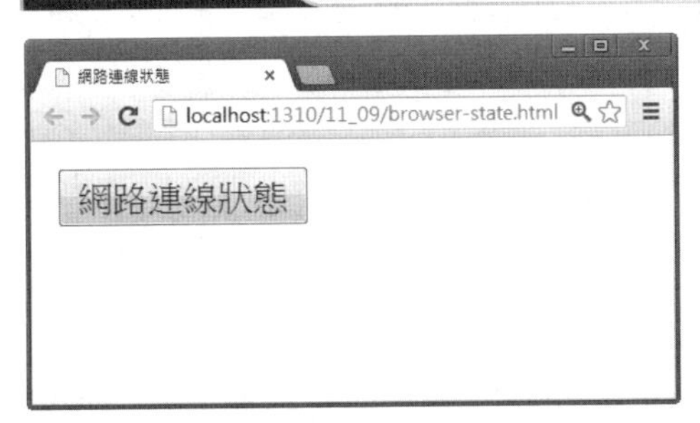

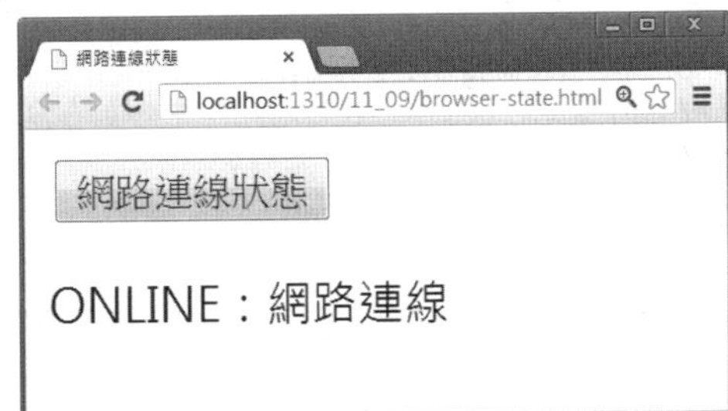

左圖是一開始網頁載入的畫面，其中只有一個「網路連線狀態」按鈕，按一下這個按鈕，會顯示目前網頁的連線狀態，讀者看到其中顯示的連線訊息。

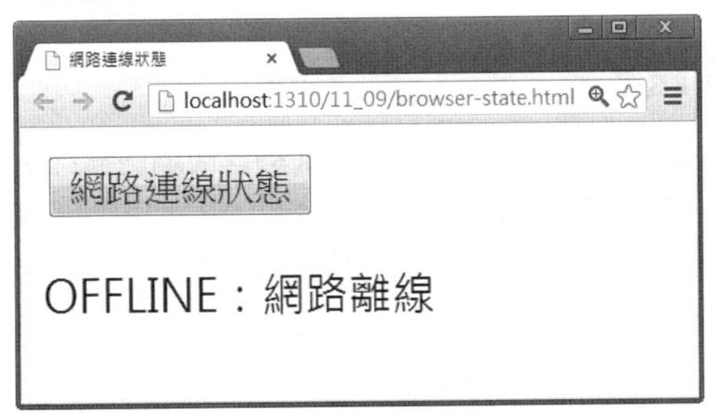

現在中斷網路連線，接下來瀏覽器偵測到連線狀態，觸發 offline 事件，自動切換顯示上述畫面中的「OFFLINE：網路離線」訊息。如果網路再度連線，則會觸發 online 事件，畫面上的訊息自動變成「ONLINE：網路連線」。

讀者可以手動將網路斷線以測試上述的結果，不過訊息會在切換之後稍待一下才會變更。在任何時候按下「網路連線狀態」按鈕，會顯示目前的連線狀態訊息。

browser-state.html

```
<!DOCTYPE html >
<html >
<head>
<title> 網路連線狀態 </title>
<script >
      function getState() {
          var msg = document.getElementById('connMsg');
          if (navigator.onLine)
              msg.innerHTML = 'ONLINE：網路連線 ';
          else
              msg.innerHTML = 'OFFLINE：網路離線 ';
      }
</script>
</head>
<body ononline="getState()" onoffline="getState()">
<button onclick="getState()" > 網路連線狀態 </button>
<p id="connMsg"></p>
</body>
</html>
```

HTML 部分除了 button 元素與 p 元素之外，在 body 元素設定了 ononline 與 onoffline 事件屬性，支援 online 與 offline 事件回應。

方法 getState() 引用 navigator.onLine 取得目前的連線狀態，並且根據 true/false 結果，顯示對應的說明訊息，其它的事件處理器方法分別回應按鈕以及 ononline 與 onoffline 事件。

SUMMARY

快取讓使用者即使在離線的情形下，還是能夠存取網頁進行瀏覽操作，而透過 API 的調用與事件處理機制，可以更進一步的控制快取機制，儘管如此，快取僅針對網頁的內容作初步的處理，一旦瀏覽器的暫存區被清空，所有快取資源就會消失，若是想要更進一步處理暫存資料，必須利用下一篇開始要討論的 Web Storage 機制。

第十五章

Web 儲存

本章持續討論網頁的本機儲存機制，透過 Storate 物件進行資料的存取設定，初次接觸 HTML5 的開發人員很容易將其與前一章探討的離線瀏覽快取機制混淆，它們是完全不同的一回事，完成這一章的學習，讀者將能使用 Web Storage 存取資料的技巧，並且瞭解其與快取機制的差異。

15.1 先來看 Cookie

想要在網頁中建立可以識別使用者資訊的功能有很多方式，如果只是單純的資料儲存，透過 JavaScript 設立 Cookie 變數即可，這是最常見的方式。

使用 Cookie

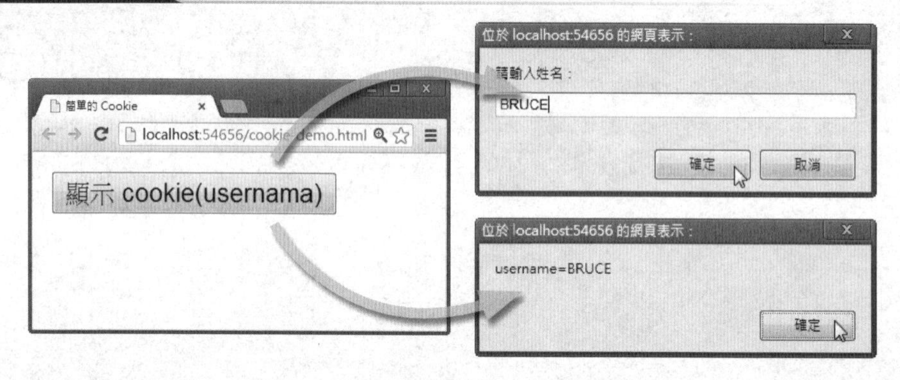

網頁初次載入時，第一次按下畫面上的按鈕會出現一個提示方框，要求使用者輸入姓名，完成輸入按下「確定」按鈕，輸入的姓名資料會被儲存至 cookie 並且命名為 username ，若是重新按下按鈕，則會顯示這一組 cookie 字串。

cookie-demo.html

```
<!DOCTYPE html >
<html >
<head>
      <title>簡單的 Cookie</title>
      <script>
          function showMsg() {
              if (document.cookie.substr(0, 8) != 'username') {
                  var uname = prompt('請輸入姓名：', '');
                  document.cookie = 'username=' + uname;
              } else {
                  alert(document.cookie);
              }
```

(續)

```
        }
    </script>
</head>
<body>
<button onclick="showMsg()">顯示 cookie(usernama)</button>
</body>
</html>
```

其中的 if 判斷檢視 cookie 的內容，如果沒有 username 這個 cookie 項目，則顯示提示訊息並進行設定，否則的話直接顯示 cookie 的內容。

在預設的情形下，當你關掉瀏覽器之後，再重新執行網頁可能發現 cookie 不見了，這會這導致網頁記錄功能的問題，當然你可以經由指定 cookie 到期日來處理。cookie 另外一個問題是對於簡單小量的資料儲存非常方便，但是對於比較大量的資料處理就會受限，同時存取也不方便。當然你也可以經由伺服器來作設定，如此作的好處是彈性比較大，甚至不受使用者操作瀏覽器視窗或是資料大小的限制，但是如果在離線狀態下，這種方式就沒有辦法發揮功用了。

HTML5 導入了 Storage 介面，透過 JavaScript 調用其公開 API ，可以讓我們輕易的在網頁端解決這些問題，上述相同的功能，我們利用 HTML5 的 Web 儲存機制進行簡單的實作。

範例 15-2 示範 Storage

這個範例實作上述的 cookies 功能，當使用者按下畫面上的顯示按鈕時，如果沒有 username 這個 key 對應的資料，則會出現對話方塊要求輸入所要儲存的資料，按下「確認」按鈕完成儲存之後，下一次再按下顯示按鈕則會顯示所儲存的資料。

session-storage-demo.html

```
<!DOCTYPE html>
<html >
<head>
      <title>示範 Storage </title>
      <script>
          function showMsg() {
              if (sessionStorage['username']==null ) {
                  var uname = prompt('請輸入姓名：', '');
                  sessionStorage['username']= uname;
              } else {
                  alert(sessionStorage['username']);
              }
          }
      </script>
</head>
<body>
<button onclick="showMsg()">顯示 cookie(usernama)</button>
</body>
</html>
```

執行畫面與上述的 cookie 範例幾乎完全相同，只是其中以 sessionStorage 進行設定，而最後直接取出 username 的對應值。如你所見，Storage 機制透過 key/value 格式儲存資料，因此可以很方便的針對特定資料進行存取，除此之外，它可以儲存的資料比 Cookie 要大許多，甚至還可以選擇另外一種型式的 Storage 進行跨頁的資料保存。

15.2 關於 Web 儲存

所謂的 Web 儲存是將資料儲存在使用者瀏覽網頁或是執行 Web 應用程式時所使用的本機裝置上面，同樣的網頁如果下次使用不同的電腦瀏覽，將不會出現相同的結果。

有經驗的 Web 程式設計師應該會感到熟悉，沒錯的，我們可以將 localStorage 與 sessionStorage 視為 Application 與 Session 物件，但是它們在網頁端執行，因此可以在離線的狀態下使用，這一點又與上述的 cookie 相同。Web 儲存的功能主要由 Storage 介面所定義：

```
interface Storage {
    readonly attribute unsigned long length;
    DOMString key(in unsigned long index);
    getter any getItem(in DOMString key);
    setter creator void setItem(in DOMString key, in any value);
    deleter void removeItem(in DOMString key);
    void clear();
};
```

相關儲存機制由實作此介面的 Storage 物件所支援，維護一份以 key/value 格式儲存的資料清單，而資料的內容可以透過其對應的鍵或是索引進行存取。只要是合法的字串，都可以作為鍵以識別其中所儲存的值，而儲存的值則可以是任何型態資料。

成　員	說　明
length	回傳資料儲存區中，資料清單所儲存的「鍵 / 值」數量。
key(n)	回傳清單中第 n 個索引位置的資料所對應的鍵名稱。
getItem(key)	回傳與參數 key 所應的資料值其結構複本，如果指定 key 不存在，則回傳 null 值。
setItem (key,value)	建立參數 value 的資料結構複本，如果參數 key 不存在目前所維護的資料清單中，則將新的一組 key/value 新增至資料清單中。
removeItem (key)	將參數 key 關聯的「鍵 / 值」資料從清單中移除，如果不存在任何與 key 有關的資料，則此方法不會執行任何動作。
clear()	清除清單中的所有「鍵 / 值」資料，如果其中沒有任何資料，則此方法不會執行任何動作。

實作 Storage 介面中的物件，均支援表列的方法與屬性成員，有兩種主要的實作物件，可以透過 localStorage 與 sessionStorage 這兩個瀏覽器層級的屬性取得。

localStorage 支援應用程式層級的資料存取操作，這一種物件所處理的資料儲存在瀏覽器，不會因為關閉網頁而改變，除非應用程式確實對其進行移除或是修改。sessionStorage 則支援 session 層級的資料存取，以連線為基礎存取資料，每一條不同的連線均有其獨立的 sessionStorage ，一旦結束 session 就不再有效，Window 物件的 localStorage 與 sessionStorage 屬性可以讓你決定使用何種類型的 Storage。

15.3 localStorage 與 sessionStorage 屬性

要實現 Web 儲存的功能，必須運用實作 Storage 介面的物件，調用 Window 物件的 localStorage 與 sessionStorage 屬性可以取得相關的物件。由於這兩個屬性是 Window 物件的成員，因此不需要任何物件參考即可直接調用。

以 localStorage 為例，這兩個屬性的定義如下：

```
[Supplemental, NoInterfaceObject]
interface WindowLocalStorage {
      readonly attribute Storage localStorage;
};
Window implements WindowLocalStorage;
```

WindowLocalStorage 介面定義了 localStorage 屬性，其回傳一個 Stroage 物件，而 Window 實作了此介面，因此具有此屬性。考慮以下的程式片段：

```
var storage = localStorage ;
```

其中的 storage 是一個實作 Storage 介面的物件，取得此物件之後，接下來就可以透過這個物件調用方法執行相關的操作，例如以下的程式碼：

```
storage.clear() ;
```

當這一行程式碼執行完畢，相關 Storage 物件中的資料將全部被清除。事實上，我們更常見到的，是直接透過屬性調用方法，例如以下這一行：

```
localStorage.clear() ;
```

sessionStorage 屬性的用法與 localStorage 完全相同，只是透過此屬性所建立的是一個 session 層級的 Storage 物件，以下列舉其定義：

```
[Supplemental, NoInterfaceObject]
interface WindowSessionStorage {
      readonly attribute Storage sessionStorage;
};
Window implements WindowSessionStorage;
```

至於 localStorage 與 sessionStorage 物件有何差異，我們來看看。

- **localStorage**

localStorage 物件表示一個存在於用戶端的永久性儲存區域，除非因為安全性的因素或是使用者對其進行異動（刪除或是更新），否則 localStorage 物件所儲存的資料將不會改變。

- **sessionStorage**

sessionStorage 物件是一個暫存性的儲存區域，其中的資料以 session 為基礎，每一個 session 有其專屬的儲存區域，除了使用者對其進行異動之外，其中的資料隨著 session 結束而終結，它的生命週期只存在於對應的 session 存活期間。

localStorage 與 sessionStorage 回傳的均是 Storage 物件，它們的用法均相同，接下來透過 localStorage 進行實作說明，兩者的差異比較則於本章最後討論。

15.4 存取儲存區資料

Storage 最重要的操作，便是針對儲存區域的資料清單進行資料存取，這節開始，我們將透過一些實作的範例進行說明。

15.4.1 存取 localStorage 資料

方法 getItem() 與 setItem() 支援 Storage 資料存取所需的功能，首先從 getItem() 功能開始討論相關的用法，所需的語法如下：

```
var item=storage.getItem(key);
```

其中的 storage 是 Sotrage 物件，而參數 key 則是所要取得的資料對應的鍵名稱，回傳值 item 則是資料清單中，對應 key 的資料值。setItem 指定一組「鍵 / 值」資料，將其儲存至儲存區域的資料清單中，例如以下這一行程式碼：

```
storage.setItem(key, value);
```

其中將 key/value 這一組資料儲存至 Storage 當中。除了資料的存取設定，當然你也可以刪除其中的資料，直接調用上一個小節所提及的 clear() 即可。

範例 15-3 Storage 資料清單存取

「鍵」與「值」兩個文字方塊，分別接受使用者輸入所要存取的「鍵 / 值」資料。

在「鍵」文字方塊右邊的兩個按鈕，分別根據使用者輸入的鍵名稱，從資料清單中取出或是刪除此鍵的相關資料。而「值」文字方塊右邊的「加入」按鈕，則將使用用輸入的「鍵 / 值」資料加入至儲存區資料清單中。

最後的「清除儲存區」按鈕，按一下則會完全清除資料清單的內容。

於「鍵」與「值」兩個文字方塊中，分別輸入欲加入清單中的資料，按一下「加入」按鈕，這組「鍵 / 值」資料被加入儲存區當中，接下來逐一加入其它的資料，為了測試，筆者加入了兩筆資料，分別是 CN1/kangting 與 CN2/HTML2 。

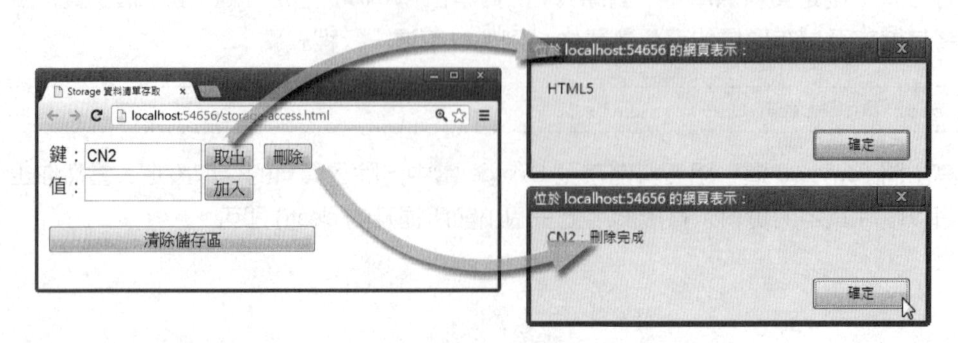

現在嘗試取出其中的資料，於「鍵」文字方塊中，輸入 CN2 ，按一下「取出」按鈕，此鍵所對應的值 HTML5 字串被取出顯示在畫面上。按一下「刪除」按鈕，則會將 CN2/HTML5 這一組資料從清單中刪除，如果重新按一下「取出」按鈕，則因為找不到這個鍵的資料，會導致一個 null 的結果。

最後，按一下畫面上的「清除儲存區」的按鈕，會將資料清單的內容完全清空。

storage-access.html

```
function storeageaccess(accessid) {
      var storage = localStorage;
      var key = document.getElementById("keyText").value;
      var value = document.getElementById("valueText").value;
      switch (accessid) {
          case 0:
              var item = storage.getItem(key);
              alert(item);
              break;
          case 1:
              storage.setItem(key, value);
              alert(key + "/" + value + "：新增完成");
              break;
          case 2:
              storage.removeItem(key);
              alert(key+"：刪除完成");
              break;
          case 3:
              storage.clear();
              alert("刪除資料清單完成");
              break;
      }
}
```

這是主要的程式碼，首先透過 localStorage 屬性取得 Storage 物件 storage ，然後取得使用者於畫面上輸入的鍵與值兩個文字方塊的內容，儲存至 key 與 value 變數。

接下來的 case 區塊，根據參數 accessid 分別執行不同的存取作業，以下列舉說明：

case 0：呼叫 getItem() 方法，取回鍵 key 的對應值。

case 1：呼叫 setItem() 方法，將 key/value 資料加入儲存區資料清單。

case 2：呼叫 removeItem() 方法，刪除鍵 key 的資料。

case 3：呼叫 clear() 方法，將儲存區的資料清空。

畫面中的每一個按鈕，分別呼叫 storeageaccess() ，並且傳入所要執行的動作代碼，完成相關的工作。

15.4.2 透過索引值取得鍵值資料

從上一節的「範例 15-3」中，我們看到了儲存區允許使用者加入不止一組的資料，除了透過索引鍵取得其對應的值，Storage 介面定義的方法 key() 接受一個代表索引位置的參數，並透過參數找到此位置取出其中的「鍵 / 值」資料。例如以下的程式片段：

```
var key = storage.key(index);
```

其中的 index 為索引值，key 則為資料清單中此索引位置的鍵，接下來透過此鍵即可取得其對應的值。

範例 15-4 示範透過索引取得鍵值操作

畫面上的文字方塊，讓使用者輸入索引值，按一下「取出索引資料」按鈕，即會顯示此索值對應的資料。

storage-acc-index.html

```
<script >
      var storage=localStorage ;
      function init(){
          storage.clear() ;
          for(i=0;i<10;i++){
              storage.setItem("CN"+i , "KT"+i);
```

(續)

```
            }
        }
        function getItembyIndex() {
            var index = document.getElementById('indexText').value;
            var key = storage.key(index);
            var value = storage.getItem(key);
            alert("索引 " + index + "：" + key + "/" + value);
        }
</script>
```

函式 init() 在一開始網頁載入完成之後，將十筆「鍵 / 值」資料加入至儲存區以提供測試之用。畫面上的按鈕「取出索引資料」呼叫 getItembyIndex() ，將文字方塊內的數字當作索引，傳入呼叫的 key() 方法，取得其對應的鍵，然後調用 getItem() 取得真正的值，相關的結果則以 alert() 輸出。

有了這個方法，我們可以搭配上述學到的技巧，配合迴圈一次取出儲存區中的所有資料，有兩種型式的迴圈可以使用，先來看第一種，透過 length 屬性取得儲存區的資料數量，如下式：

```
var len = storage.length;
```

其中的 storage 為一 Storage 物件，得到的 len 表示目前存在於儲存區裡面的「鍵 / 值」資料組數，接下來建立一個迴圈以 len 為執行次數即可取出所有資料。

範例 15-5 利用迴圈取得資料清單

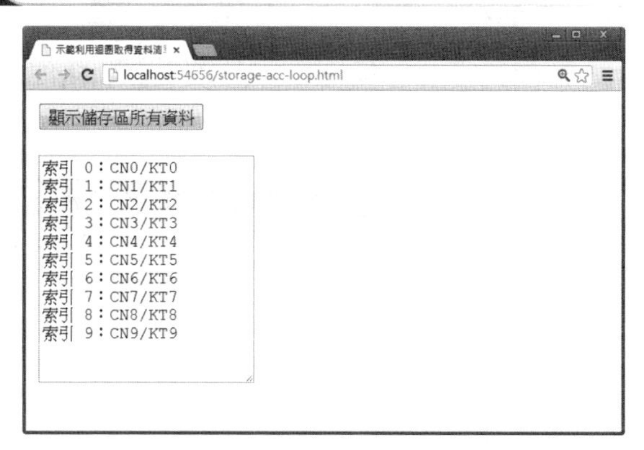

按一下畫面上的「顯示儲存區所有資料」，即會顯示目前儲存區中所有的資料清單。

storage-acc-loop.html

```
function getItemsbyIndex() {
      var message = "";
      var len = storage.length;
      for (i = 0; i < len; i++) {
          var key = storage.key(i);
          var value = storage.getItem(key);
          message += ('索引 ' + i + ':' + key + '/' + value  +"\n" );
      }
      document.getElementById('storagedata').value = message;
}
```

按鈕被按下時執行此 getItemsbyIndex() 函式，取得儲存區的資料數量，緊接著透過 for 迴圈逐一取出其中的「鍵 / 值」資料，合併至 message 變數。最後 message 變數的內容被設定給 <textarea> 標籤的 value 屬性，顯示在網頁上。

這個範例同樣在一開始的時候，預先清空儲存區的內容，然後建立十組測試資料。

我們可以也透過 for-in 敘述來取得資料清單，這種方式更為簡潔，不需要依賴 length 屬性獲取資料的長度，作法如下：

```
for (var key in storage) {
      var value = storage.getItem(key);
      message += (key + '/' + value + "\n");
}
```

將其中的 for 迴圈，以 for-in 替代，每一次迴圈直接取出其中的鍵，也就是一開始迴圈條件式中的 key ，然後透過此變數 key 取得其對應的值。

這段程式碼可以在範例中找到，執行結果如下，與上述的執行畫面比較，這一次沒有索引編號。

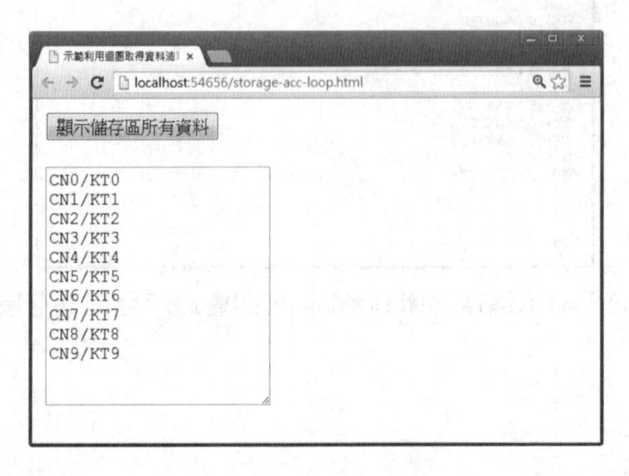

15.4.3 存取 localStorage 內容的簡易方式

透過 Storage 定義的方法存取儲存區域中的資料有些累贅，直接透過鍵識別名稱將其取出，是比較方便的作法。

Storage 資料清單的內容有不同的存取方式，最簡單者便是將其當作陣列操作，所需的語法如下：

```
localStorage[keyName] = value ;
var myValue = localStorage[keyName] ;
```

其中的 keyName 是一個字串，用來識別儲存資料 value ，第一行將 value 儲存至 keyName 所參考的儲存區空間，第二行則反向將資料取出。

範例 15-6 簡單的 loscalStorage 存取示範

左圖是一開始的執行畫面，中央區塊的訊息文字，表示此區將顯示 key 等於 CompanyName 的儲存值，右圖則是按一下「顯示公司名稱」按鈕的結果畫面，由於未定義 CompanyName ，因此顯示 undefined 。

左圖於文字方塊輸入所要儲存的字串，按一下「設定公司名稱」按鈕，此字串被

儲存至儲存區中，並且以 CompanyName 識別。接下來右圖中則是按一下「顯示公司名稱」按鈕，透過 CompanyName 從儲存區取出設定的字串，最後顯示在畫面中央，當這個畫面出現時，其中「康廷數位」這個值被儲存至使用者電腦中的儲存區，下次當你在相同的電腦中執行這個網頁，直接按一下「顯示公司名稱」按鈕，會出現同樣的值。

畫面最右邊的「清除公司名稱」按鈕支援清除儲存區資料的功能，按一下可以將其中的資料清除，經過這個動作之後，再按一下「顯示公司名稱」會出現 undefined 的結果。

storage-demo.html

```
<script>
      function getCName() {
          var cname = localStorage["CompanyName"];
          document.getElementById("message").textContent = cname;
      }
      function setCName() {
          var cname = document.getElementById("cnametext").value ;
          localStorage["CompanyName"] = cname  ;
      }
      function clearCName() {
          localStorage.removeItem("CompanyName");
      }
</script>
```

以上列舉的 script 包含三個函式，分別回應畫面中的三個按鈕，如下表：

函　式	對應按鈕
getCName	顯示公司名稱。
setCName	設定公司名稱。
clearCName	清除公司名稱。

函式 getCName() 與 setCName() 分別透過 CompanyName 存取儲存區中對應的資料，而 clearCName 則呼叫 removeItem ，並且將 CompanyName 當作參數傳入，清除此名稱對應的資料。

除了指定索引鍵，你甚至可以直接透過 . 運算子連接索引鍵的名稱進行存取，例如將 getCName() 函式取得 CompanyName 這個鍵值的程式碼修改如下：

```
var cname = localStorage.CompanyName ;
```

此行程式碼的效果完全相同。

15.5 localStorage 與 sessionStorage 的差異

localSorage 換成 sessionStorage 的差異在於存活的期間，透過 sessionStorage 儲存的資料，一旦瀏覽器關閉，其中的資料便會消失，而 localStorage 還會保留下來，以下利用一個範例進行說明。

範例 15-7 sessionStorage 與 localStorage 的差異

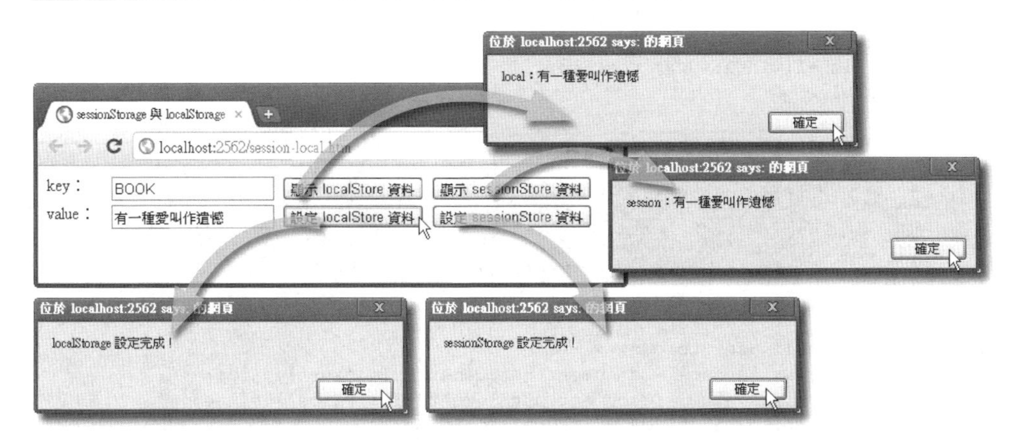

於畫面上左邊的 key 與 value 文字方塊欄位，輸入將儲存至 Store 的值，按一下「設定 localStore 資料」按鈕出現「localStorage 設定完成」訊息，表示資料被儲存進 localStorage ，另外按一下「設定 sessionStorage 資料」按鈕，出現「sessionStorage 設定完成」訊息，表示資料被儲存進 sessionStore 。接下來分別按下上方兩個顯示按鈕，根據 key 文字方塊取出 sessionStorage 與 sessionStorage 指定的 BOOK 對應的值。

將這個畫面關掉，開啟新的視窗重新瀏覽此網頁，此次於 key 文字方塊欄位輸入 BOOK ，不要設定任何值，直接按下「顯示 localStorage 資料」此時出現以下左邊的訊息方塊：

現在按下另外一個「顯示 sessionStorage 資料」按鈕，出現右邊的訊息方塊，如你

所見，原來儲存至 sessionStorage 的資料不見了，因為關閉了原來的視窗，因此原來設定 BOOK 的使用者 session 結束，其中的資料亦同時消失，而 localStorage 資料則會被儲存下來，除非將其清空。

session-local.html

```
<!DOCTYPE html >
<html >
<head>
      <title>sessionStorage 與 localStorage 的差異 </title>
      <style>
          label{width:60px; float:left;}
      </style>
      <script>
          function readStore(o) {
              var keyname = document.getElementById('key').value  ;
              if (o.className == 'local') {
                  alert('local：'+localStorage[keyname]);
              } else {
                  alert('session：' + sessionStorage[keyname]);
              }
          }
          function setStore(o) {
              var keyname = document.getElementById('key').value;
              var svalue = document.getElementById('value').value;
              if (o.className == 'local') {
                  localStorage.setItem(keyname, svalue);
                  alert('localStorage 設定完成 !');
              } else {
                  sessionStorage.setItem(keyname, svalue);
                  alert('sessionStorage 設定完成 !');
              }
          }
      </script>
</head>
<body>
<div>
      <label>key：</label><input id="key" type="text" />
      <button onclick="readStore(this)"  class="local" >
      顯示 localStore 資料 </button>
      <button onclick="readStore(this)"  class="session" >
      顯示 sessionStore 資料 </button>
</div>
<div>
      <label>value：</label><input id="value" type="text" />
      <button onclick="setStore(this)" class="local" >
      設定 localStore 資料 </button>
      <button onclick="setStore(this)" class="session" >
      設定 sessionStore 資料 </button>
</div>
</body>
</html>
```

網頁 body 區塊配置的按鈕，分別執行 setStore() 以及 readStore() 函式，並根據按下的按鈕分別透過 localStorage 或是 sessionStorage 進行指定 key/value 資料的存取。

15.6 sessionStorage 跨頁儲存

如果沒有關掉目前的網頁，或是另外啟動一個新的分頁，對於同一個網站的跨頁存取，sessionStorage 可以運作的很好，例如從網頁中的某個連結點跳至同網站中的另外一個網頁，sessionStorage 均能完整的保留下來，對於暫時性的儲存機制，這個特性非常好用，本章結束前將會利用這個特性實作一個簡易版的購物車，而在此之前，先來看一個範例。

範例 15-8 跨網頁的 sessionStorage 存取

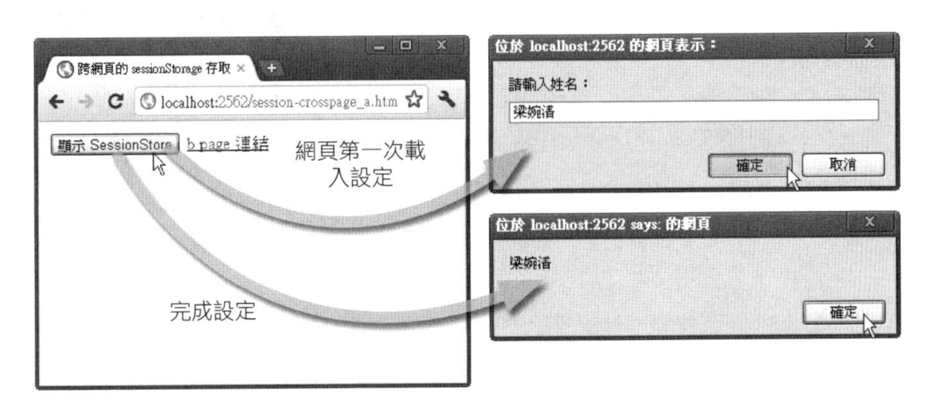

當網頁第一次載入時，按一下「顯示 SessionStorage」按鈕，由於這是一條新的 session ，因此內容是空的，出現要求輸入姓名的對話方塊，完成輸入之後，關掉對話方塊再按一次按鈕，出現方才設定的名稱，本章一開始的範例中，已經看到了相關的實作，不同的是這個範例另外提供了一個「b-page 連結」，按一下出現下頁的畫面：

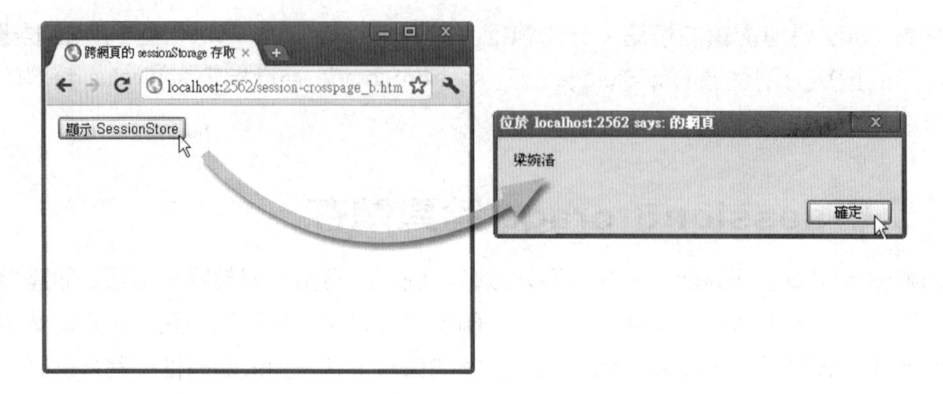

如你所見，這個網頁會在另外一個分頁出現，儘管是新的分頁，然而它與上述畫面屬於同一條 session ，因此其中設定的 sessionStorage 資料依然會保留下來，當使用者按下畫面上的按鈕時，以對話方塊顯示。

session-crosspage_a.html

```
<!DOCTYPE html >
<html >
<head>
      <title>跨網頁的 sessionStorage 存取</title>
      <script>
          function showMsg() {
              if (sessionStorage['username'] == null) {
                  var uname = prompt('請輸入姓名：', '');
                  sessionStorage['username'] = uname;
              } else {
                  alert(sessionStorage['username']);
              }
          }
      </script>
</head>
<body>
<button onclick="showMsg()">顯示 SessionStore</button>
<a href="session-crosspage_b.html"    > b page 連結</a>
</body>
</html>
```

這個範例的內容相信讀者應當已相當熟悉，其中的 body 區段配置了 session-crosspage_b.html 這個網頁檔案的超連結以作為測試，script 區段的部分，則支援 username 資料的設定。

session-crosspage_b.html

```
<!DOCTYPE html>
<html>
<head>
      <title>跨網頁的 sessionStorage 存取 </title>
      <script>
          function showMsg() {
              alert(sessionStorage['username']);
          }
      </script>
</head>
<body>
<button onclick="showMsg()">顯示 SessionStore</button>
</body>
</html>
```

這個網頁只是單純的呈現目前 sessionStorage 中的資料。

15.7 透過瀏覽器觀察 Storage 儲存資料

Chorme 的開發人員工具面板中，提供了 Storage 內容的視覺化操作介面支援，針對儲存區域所進行的資料存取操作，都可以在這個面板中即時看到變化。直接按下 Ctrl+Shift+I 即可開啟此面板，選取 Resources 頁籤，展開左邊的 Local Storage 或是 Session Storage 節點，可以看到上述範例的設定已經出現在其中。

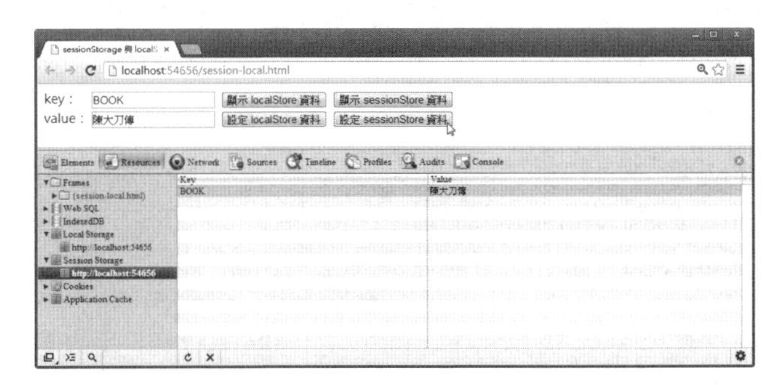

15.8 關於事件

每一次當儲存區中的資料發生異動時，一個名稱為 storage 的事件被觸發，要回應此事件，必須於 window 物件註冊此事件處理器，所需的程式碼如下：

```
window.addEventListener('storage', storageHandler, false);
```

第一個參數 storage 表示其為 Storage 事件，storageHandler 是回應此事件的函式名稱，第三個參數指定為 false 直接執行事件即可。

接下來完成 storageHandler 函式的建立，格式如下：

```
function storageHandler(event) {
      // 這裡是要回應 Storage 事件的程式碼 ..
}
```

事件 storage 被觸發時，使用了 StorageEvent 介面，其定義如下：

```
interface StorageEvent : Event {
      readonly attribute DOMString key;
      readonly attribute any oldValue;
      readonly attribute any newValue;
      readonly attribute DOMString url;
      readonly attribute Storage storageArea;

void initStorageEvent(
      in DOMString typeArg, in boolean canBubbleArg,
      in boolean cancelableArg, in DOMString keyArg,
      in any oldValueArg, in any newValueArg,
      in DOMString urlArg, in Storage storageAreaArg);
};
```

其中的幾個屬性，可以讓我們取得事件的相關資訊，以下列舉說明之。

成　員	說　明
key	被改變的鍵名稱。
oldValue	被改變的鍵其對應的原始值。
newValue	被改變的鍵其對應的新值。
url	被改變的鍵其原始的網頁位址。
storageArea	受變更的儲存區 Storage 物件。

透過上述事件處理器回呼函式 storageHandler 的參數 event ，可以直接引用這些屬性來取得資訊，例如以下的程式片段：

```
function storageHandler(event) {
      // event.newValue
}
```

其中引用 newValue 可以取得設定的新值。原則上 storage 事件在調用 setItem() 或是 removeItem() 等方法時被觸發，不過前提是這些方法必須對儲存區中的特定鍵 / 值資料造成改變。

事件 storage 的註冊與回呼函式必須與觸發事件的程序分屬不同的網頁，否則事件將不會被觸發，這是嘗試處理 storage 事件必須特別注意的事，另外 localStorage 以及 sessionStorage 兩種物件對於 storage 事件支援的效果也不太相同，以下先來看一個範例，瞭解事件的處理流程之後，再來解釋這兩種物件的差異。

範例 15-9 storage 事件處理

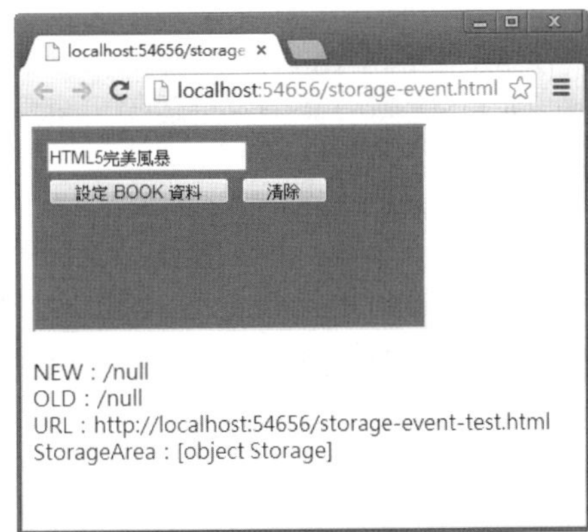

左圖是第一次的操作，於左上方輸入所要設定的書籍名稱，按一下「設定 BOOK 資料」按鈕，此時輸入的書籍名稱被儲存至 Storage 當中，而畫面下方呈現此次調整的相關訊息，由於一開始 Storage 並沒有對應 BOOK 的資料值，因此讀者可以看見其中 OLD 的部分，其 BOOK 值顯示為 null。接下來的 URL 則是觸發此事件的來源網頁 storage-event-test.html ，右圖是按下「清除」按鈕的結果，如你所見，其中無論 NEW 或是 OLD 值都是 null ，表示 BOOK 相關資料被清空。

執行畫面中的灰色區塊，是透過 iframe 將 storage-event-test.html 嵌入此測試網頁 storage-event.html ，如此一來才能觸發相關的事件，事件觸發來源是 storage-event-test.html ，也就是網頁下方事件資訊項目中的 URL 這個項目值。

storage-event.html

```
<!DOCTYPE html >
<html >
<head>
      <title>storage 事件處理</title>
      <style type="text/css">
          iframe {width: 460px;height:100px;}
      </style>
      <script>
```

(續)

```
        function storageHandler(event) {
            var p = document.getElementById('msg');
            p.innerHTML=(
                'NEW：'+event.key + '/' + event.newValue  +  '<br/>' +
                'OLD：' + event.key + '/' + event.oldValue + '<br/>' +
                'URL：' + event.url + '<br/>' +
                'StorageArea：' + event.storageArea ) ;
        }
        window.addEventListener('storage', storageHandler, false);
    </script>
</head>
<body >
<iframe src="storage-event-test.html"></iframe>
<p id='msg'></p>
</body>
</html>
```

其中配置了 iframe 元素並且指定 src 屬性值為此範例所要測試的功能網頁，storageHandler() 函式於 storage 事件觸發時被執行，其中引用 event 的屬性，取得相關的事件資訊，合併成為一個長字串輸出。而 storageHandler() 函式透過調用 addEventListener 設定為 storage 事件處理器。

storage-event-test.html

```
<!DOCTYPE html>
<html >
<head>
    <title>storage 事件處理 </title>
    <script>
        function add() {
            var title = document.getElementById('booktitle').value;
            localStorage.setItem('BOOK', title);
            alert("done");
        }
        function clearx() {
            localStorage.clear();
            alert("clear done");
        }
    </script>
</head>
<body style=" background:gray">
<input id="booktitle" type="text"  />
<button onclick="add()"> 設定 BOOK 資料 </button>
<button onclick="clearx()"> 清除 </button>
</body>
</html>
```

這個網頁配置了必要的文字方塊與兩個按鈕，並且設定了按鈕的 click 事件處理程序，分別調用 setItem() 以及 clear() 進行 storage 的資料設定與清除動作。

15.9 線上便利貼

利用 Storage 支援的 Web 儲存機制，可以實作一個簡易版的線上便利貼備忘程式，本章的最後一節，先來看一個簡單的案例。

線上便利貼

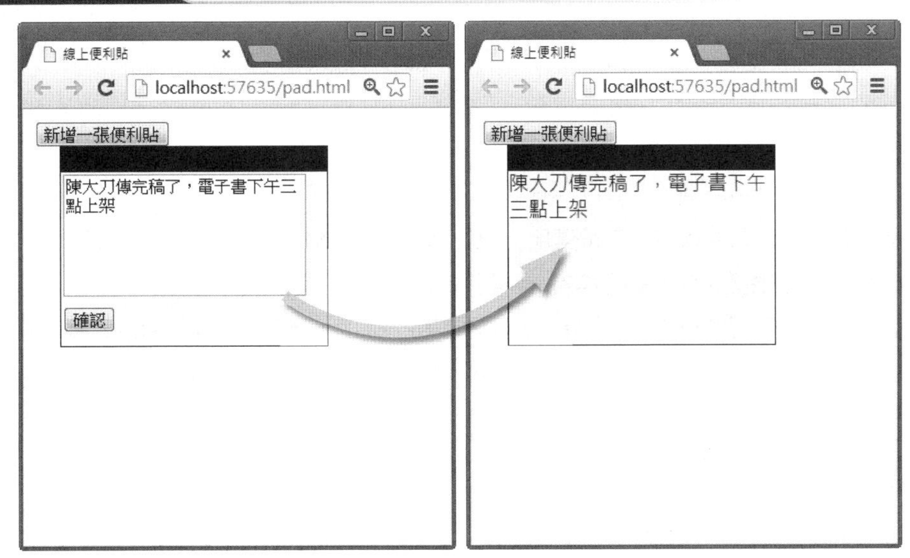

網頁一開始載入時，左上角有一個黃色方塊，使用者於其中點一下，出現一個可供輸入的文字方塊，便可以開始輸入文字，輸入完成之後，按一下「確定」按鈕即可完成一張備忘便利貼，按下黑色條狀區域可任意拖曳至其它位置。

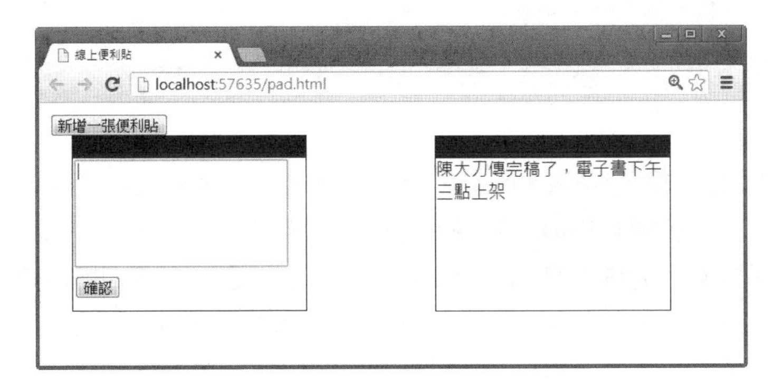

按一下「新增一張便利貼」即可另外建立一張新的便利貼紙，重複前述的操作，即可建立一筆新的備忘記錄。這個範例網頁是 pad.html ，位於其中的內容包含幾

段區塊，針對介面的部分，於網頁載入時預設配置一個便利貼區塊，方便使用者直接使用，內容如下：

Sticky/pad.html

```
<body>
      <div><button id='newPadButton' onclick="newpad()">
          新增一張便利貼 </button></div>
      <div id="padarea">
          <div id='pad0' class="stickypad">
              <section id="padbar" class="stickypadbar">
              </section>
</div>
</div>
</body>
```

便利貼是由 id 設為 pad0 的元素所定義，其 class 為 stickypad ，這個類別名稱將於使用者點擊便利貼時被用作為編輯區域的識別名稱，接下來 section 元素定義的區塊則是便利貼的內容。另外一開始配置的 button 按鈕中，其 onclick 事件屬性 newpad() 於使用者按下時新增一個新的便利貼物件，以下來看程式的部分。

```
var drag = false;
var x, y;
var dx, dy;
var o;
window.onload = function () {
      o = document.getElementById('pad');
      bar = document.getElementById('padbar');
      bar.addEventListener("mousedown", bmousedownHandler, false);
      bar.addEventListener("mouseup", bmouseupHandler, false);
      document.addEventListener("mousedown", mousedownHandler, false);
      document.addEventListener("mousemove", mousemoveHandler, false);
      if (sessionStorage['pad0'])
          sessionStorage['pad0'] = sessionStorage['pad0'];
      else
          sessionStorage['pad0'] = '' ;
}
```

首先是預先定義的六個變數，drag 表示目前為拖曳狀態，x 與 y 記錄拖曳位置座標，dy 與 dy 為座標偏移值，最後的變數 o 儲存正在進行操作的便利貼參考。這一段是網頁載入完畢後立刻執行的程式碼，其中註冊了數個必要的事件。由於每一個便利貼的內容均會儲存至專屬的 sessionStorage 當中，因此針對第一個 session 進行設定，識別名稱則是 pad 字首加上流水編號。

```
var padNO = 1;
function newpad() {
      try {
          var divpad = document.createElement('div');
          divpad.setAttribute('class', 'stickypad');
          divpad.setAttribute('id', 'pad' + padNO);
          divpad.className = 'stickypad';
          document.getElementById('padarea').appendChild(divpad);

          var barpad = document.createElement('section');
          barpad.setAttribute('class', 'stickypadbar');
          barpad.addEventListener("mousedown", bmousedownHandler, false);
          barpad.addEventListener("mouseup", bmouseupHandler, false);
          divpad.appendChild(barpad);
          sessionStorage['pad' + padNO] = '';
          padNO++;
      } catch (ee) {
          alert(ee);
      }
}
```

接下來這一段函式 newpad() 的內容，是使用者按下「新增一張便利貼」按鈕所執行的函式，其中新增一個 class 設定為 stickypad 的 div 元素，定義新的便利貼內容，然後建立配置內容的 section 區塊。一開始的 padNO 變數最後被加 1 ，提供下一張新的便利貼使用。

```
function bmousedownHandler(event) {
      drag = true;
}
function bmouseupHandler(event) {
      drag = false
}
function mousedownHandler(event) {
      if (window.event) {
          x = event.clientX;
          y = event.clientY;
      }
      else {
          x = event.pageX;
          y = event.pageY;
      }
      var src = event.target || event.srcElement;
      o = src.parentNode;
      if (o.style.pixelLeft) {
          dx = x - o.style.pixelLeft;
          dy = y - o.style.pixelTop;
      } else {
          dx = x - 20;
          dy = y - 20;
```

(續)

```
        }
        // 確定使用者是按下 pad 元素才新增
        var srcText = '';
        if (src.getAttribute('class') == 'stickypad') {
            if (src.getElementsByTagName('article').length > 0) {
                var article = src.getElementsByTagName('article')[0];
                src.removeChild(article);
            }
            if (src.getElementsByTagName('textarea').length == 0
                 && drag == false) {
                var txt = document.createElement('textarea');

                txt.rows = 6;
                txt.cols = 22;
                txt.noresize = true;
                txt.setAttribute('id', 'txt_' + src.id);

                txt.value = sessionStorage[src.id];
                var btn = document.createElement('button');
                btn.innerHTML = ' 確認 ';
                btn.addEventListener('click', clickHandler, false);
                btn.setAttribute('r_txt', 'txt_' + src.id);
                btn.setAttribute('class', 'okbutton');
                src.appendChild(txt);
                src.appendChild(btn);
            } else {
                // document.getElementById('pad').removeChild(txt);
            }
        }
}
```

接下來是滑鼠的相關事件處理函式，當使用者按下與放開便利貼的黑色列時，bmousedownHandler() 與 bmouseupHandler() 這兩個函式被執行，其中切換 drag 變數的 true/false 狀態，如果這個值是 true ，表示使用者正在拖曳便利貼，否則執行其它的動作。

函式 mousedownHandler() 於使用者按下滑鼠鍵的時候執行，取得目前滑鼠游標的位置座標，由於初始建立的便利貼位於（20,20）的座標位置，因此如果是第一次使用者嘗試拖曳便利貼，須將其 x 與 y 座標同時減去 20 ，否則的話則透過 pixelLeft 與 pixelTop 取得偏移值。

此事件回應函式註冊於 document ，使用者於任何元素的 Cliick 動作均會觸發，因此須判斷此事件的觸發元素其 class 屬性為 stickypad 才進行處理，同時檢視便利貼目前是否處於編輯狀態，如果存在 article 元素表示要進入編輯模式，因此將其移除。

接下來判斷若是沒有 textarea 元素，同時 drag 為 false ，則表示亦非拖曳狀態，此時配置需要的文字方塊與按鈕，以提供使用者編輯便利貼內容。

```
function mousemoveHandler(event) {
      if (window.event) {
          x = event.clientX;
          y = event.clientY;
      }
      else {
          x = event.pageX;
          y = event.pageY;
      }
      if (drag) {
          o.style.left = x - dx + 'px';
          o.style.top = y - dy + 'px';
      }
      event.preventDefault();
}
```

此函式於使用者拖曳便利貼的時候被執行，其中根據使用者按下滑鼠按鍵所取得的座標位置，經過偏移座標值 dx 與 dy 的校正，重設目前便利貼的座標位置來達到移動的效果。

```
function clickHandler() {
      // 移除文字方塊與按鈕
      try {
          var contentAreaText =
              document.getElementById(this.getAttribute('r_txt'));
          var activepad = contentAreaText.parentNode; //
          var padmsg = contentAreaText.value;
          sessionStorage[activepad.id.toString()] = padmsg ;
          padmsg = padmsg.replace(/\n/g, '<br>');

          activepad.removeChild(contentAreaText);
          activepad.removeChild(this);
          var memo = document.createElement('article');
          memo.setAttribute('class', 'memo');
          memo.innerHTML = padmsg;
          activepad.appendChild(memo);
      } catch (e) {
          alert(e);
      }
}
```

最後當使用者完成便利貼內容的編輯，按下確定按鈕則執行此函式，其中取得使用者輸入的文字，將其儲存至 sessionStorage 中，然後轉換斷行字元為
 ，移除文字方塊與按鈕，並且重新建立 article 元素，呈現使用者輸入的內容。

如你所見，此範例透過 sessionStorage 儲存便利貼的內容，因此只要使用者關掉網頁，其中的資料便會被刪除，當然這並不實用，方便我們簡化整個便利貼程式的實作，說明其中的概念。

15.10 購物車

本章所討論的 Storage 機制，可以用來實現純網頁端的購物車功能，典型的購物流程會經過以下的程序：

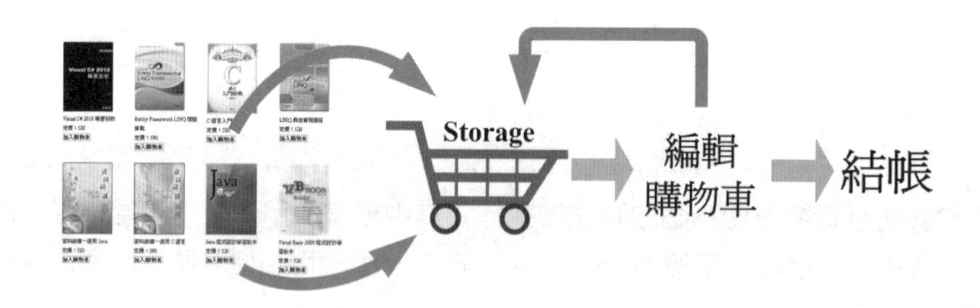

使用者從商品清單點選欲購買之商品，將其加入購物車，重覆此行為直到確認沒有進一步想要購買的商品，而在這中間，可以進行購物車內容檢視，重新修改購物車內容，或是將新的商品重新加入購物車，最後進行結帳。

操作過程當中，使用者的選購行為利用 sessionStorage 記錄下來，如此一來當進入購物車編輯介面時，就能取出這些資訊提供使用者進一步作編輯。

範例 15-11 購物車

此為一開始的載入畫面，於其中選取欲購買的書籍，按一下其下方的加入購物車按鈕，即可將此書加入購物車，如下圖：

當使用者將商品加入購物車當中，商品清單的上方會顯示目前最新加入的商品、小計金額與商品數量，如果想瞭解目前的購物車清單內容，可以按一下「編輯購物車內容」連結，即會出現購物車清單，其中提供數量與品項編輯功能。

由於這個範例僅著重於 sessionStorage 的使用，因此商品清單畫面中八本書的資訊直接以 HTML 靜態網頁呈現，請讀者自行開啟檔案檢視即可，以下逐步說明網頁所使用的 JavaScript 程式碼。

shopping-cart-list.html

```
<script>
    window.onload = function () {
        if (sessionStorage['additemlist'] == undefined) {
            sessionStorage['additemlist'] = '';
        }
        // 為每個購物車按鈕註冊 click 事件
        var spans = document.querySelectorAll('span.scbutton');
        for (var i = 0; i < spans.length; i++) {
            spans[i].addEventListener('click', function () {
                var bookinfo = document.querySelector(
                               '#' + this.id + ' input').value;
                addItem(this.id, bookinfo);
            });
        }
    }
```

(續)

```
    function addItem(itemid, itemvalue) {

        // 移除舊項目，顯示最新一筆購物車項目
        var newItem = document.getElementById("newItem");
        if (newItem.hasChildNodes()) {
            while (newItem.childNodes.length >= 1) {
                newItem.removeChild(newItem.firstChild);
            }
        }
        var img = document.createElement('img');
        img.src = 'image/' + itemvalue.split('：')[1];
        img.id = 'itemimageSelect';
        var title = document.createElement('span');
        title.innerHTML = itemvalue.split('：')[0];
        title.id = 'titleSelect';
        var sprice = document.createElement('div');
        sprice.innerHTML = '價格 ：' + itemvalue.split('：')[2];
        document.getElementById('newItem').appendChild(img);
        document.getElementById('newItem').appendChild(title);
        document.getElementById('newItem').appendChild(sprice);

        // true 表示這個項目已經選取過了，不再加入
        // 顯示訊息要求使用者至購物車進行編輯
        if (sessionStorage[itemid]) {
            alert('購物已包含此項目，請直接修改購物車品項數量 !');
        } else {
            sessionStorage['additemlist'] += (itemid + ',');
            sessionStorage[itemid] = itemvalue;
            //計算總合
            var total = 0;
            var itemstring = sessionStorage['additemlist'];
            var items = itemstring.substr(
                        0, itemstring.length - 1).split(',');
            for (var key in items) {
                var iteminfo = sessionStorage[items[key]];
                var price = parseInt(iteminfo.split('：')[2]);
                total += price;
            }
            document.getElementById('subtotal').innerHTML = total;
            document.getElementById('itemcount').innerHTML = items.length;
        }
        document.getElementById('cartmsg').innerHTML = '選購了一項商品 ';
    }
    function checkout() {
        alert('進行結帳匯款動作 …')
    }
</script>
```

當網頁載入時，判斷是否已建立了用來記錄使用者選購商品項目的 sessionStorage 物件 additemlist ，如果還沒有則定義一個並初始化其值，緊接著則是為畫面上每一個「加入購物車」按鈕註冊 click 事件，當使用者按下任何一項商品時，執行

addItem() 函式，將商品資訊加入至 sessionStorage 當中。

畫面左上角顯示目前使用者選取的商品項目，因此每一次執行 addItem() 函式時，必須先移除前一項選購的商品資訊，接下來根據使用者選取的項目資訊，判斷是否購物車當中已經存在此項品，是的話則不再加入，否則將其加入。

記錄購物資訊的相關 sessionStorage 有兩種，其中 additemlist 是一個長字串，由購物車中選購商品的識別編號名稱以點號分隔組成，另外每一項選購的商品均有一組以商品識別編號名稱命名的 sessionStorage ，記錄此商品的相關資訊。每次當使用者完成選購之後，便會針對這兩類 sessionStorage 進行編輯，將選購的商品識別編號加入至 additemlist 長字串中，然後針對此商品建立一個以其識別編號命名的 sessionStorage 。最後重新加總所有的商品售價，並且取得品項的數量，將其顯示於畫面上。

接下來是購物車編輯介面網頁，這個網頁根據上述的 sessionStorage 動態呈現其內容，其中包含幾組功能函式，列舉如下表：

函　式	功能說明
createCartlist()	建立購物車內容清單。
deleteHandler()	使用按下刪除按鈕時，刪除購物車項目。
inputHandler()	使用者修改商品數量時執行金額加總。
subtotal()	計算購物車商品總金額。

當網頁載入完成後，會根據上述購物清單網頁中所建立的 sessionStorage 物件，建立網頁內容，以下列舉載入函式的程式碼。

shopping-cart-edit.html/onload

```
<script>
      var newitem;
      var newitemtable;
      window.onload = function () {
          var total = 0;
          var itemstring = sessionStorage['additemlist'];
          var items = itemstring.substr(0, itemstring.length - 1).split(',');
          newitem = document.createElement('div');
          newitemtable = document.createElement('table');
          for (var key in items) {
              var iteminfo = sessionStorage[items[key]];
              createCartlist(iteminfo, items[key]);
          }
          subtotal();
      }
```

其中一開始解析 sessionStorage 內容，取出購物車內的所有商品，利用一個迴圈逐一呼叫 createCartlist()，於網頁呈現商品內容與所需的功能按鈕與文字方塊。

shopping-cart-edit.html/ createCartlist

```
function createCartlist(iteminfo, itemkey) {
    var total = 0;
    var itemtitle = iteminfo.split(':')[0]
    var imgurl = iteminfo.split(':')[1];
    var price = parseInt(iteminfo.split(':')[2]);
    total += price;

    //建立商品清單區
    var trx = document.createElement('tr');
    trx.setAttribute('class', 'item');
    newitemtable.appendChild(trx);
    //商品圖片
    var tdx_imgurl = document.createElement('td');
    tdx_imgurl.style.width = '120px';
    var bookimg = document.createElement('img');
    bookimg.setAttribute('src', 'image/' + imgurl);
    bookimg.width = 60;
    tdx_imgurl.appendChild(bookimg);
    trx.appendChild(tdx_imgurl);
    //商品名稱與刪除按鈕
    var tdx_title = document.createElement('td');
    tdx_title.style.width = '360px';
    tdx_title.setAttribute('id', itemkey);
    var p_title = document.createElement('p');
    p_title.innerHTML = itemtitle
    tdx_title.appendChild(p_title);

    var button = document.createElement('button');
    button.innerHTML = '刪除';
    button.onclick = deleteHandler;
    tdx_title.appendChild(button);
    trx.appendChild(tdx_title);
    //小計
    var tdx_price = document.createElement('td');
    tdx_price.style.width = '170px';
    tdx_price.innerHTML = price;
    trx.appendChild(tdx_price);
    //項目數量
    var tdx_item_count = document.createElement('td');
    tdx_item_count.style.width = '60px';
    var item_count = document.createElement('input');
    item_count.type = 'text';
    item_count.size = 4;
    item_count.value = 1;
    item_count.setAttribute('sprice', price);
    item_count.oninput = inputHandler;
    tdx_item_count.appendChild(item_count);
```

(續)

```
        trx.appendChild(tdx_item_count);
        newitem.appendChild(newitemtable);
        document.getElementById('cartlist').appendChild(newitem);
    }
```

一開始取出品項的內容，並逐一建立對應的元素，最後將其配置並且呈現在網頁上，配置刪除按鈕時必須註冊其 click 事件，於此事件被觸發時執行 deleteHandler() 將此按鈕所屬購物車品項刪除。

最後還要配置文字方塊提供使用者修改某特定商品的數量，並註冊其 onunput 事件，當使用者修改商品數量時，執行 inputHandler() 函式，重新計算商品總價。

shopping-cart-edit.html/inputHandler,deleteHandler,subtotal

```
    function inputHandler(event) {
        subtotal();
    }
    function deleteHandler() {
        var item_title = this.parentNode.getAttribute('id');
        sessionStorage['additemlist'] =
                sessionStorage['additemlist'].replace(item_title + ',', '');
        this.parentNode.parentNode.parentNode.removeChild(
                this.parentNode.parentNode);
        if (window.event) {
            event.cancelBubble = true;
        } else {
            event.stopPropagation();
        }
        subtotal();
    }
    function subtotal() {
        try {
            var subtotal = 0;
            var items = document.getElementsByTagName('input');
            for (var key in items) {
                if (items[key].type == 'text') {
                    subtotal += (
                    parseInt(items[key].getAttribute('sprice')) *
                      parseInt(items[key].value));
                }
            }
            document.getElementById('subtotal').value = subtotal;
        } catch (ex) {
            alert(ex);
        }
    }
```

第一個函式 inputHandler() 於使用者編輯特定商品數量時被調用，執行 subtotal() 重新計算加總金額，這個函式中透過迴圈逐一取出每個商品項目的價格並且乘上使用者所指定的項目數量，最後加總為必須付費的總金額。

函式 deleteHandler() 於使用者按下「刪除」按鈕時執行，其中將 sessionStorage 中此項商品的識別名稱編號移除，然後刪除畫面上的商品項目。

SUMMARY

本章討論網頁資料的暫存功能，說明了 Storage 使用方式，讀者也看到了具體的範例，下一章同樣將討論網頁的資料儲存功能，觸及的議題則是更複雜的檔案目錄系統。

第十六章

檔案系統

HTML5 導入了侷限性的區域檔案系統支援，從這一章開始連續兩章針對這一部分的相關機制進行討論，從單純的檔案讀取，到 Snadbox 模型的安全性檔案讀寫，進行詳細的討論，本章將重點放在比較單純的檔案操作，包含各種型態的檔案讀取、檔案拖曳操作與相關功能 API。

16.1 檔案作業與 File 介面

HTML5 提供一組 File API ，透過 JavaScript 進行調用即可開啟客戶端本機檔案。

考慮安全性的限制，File API 支援的檔案讀取功能與一般平台相較之下有所限制，只允許透過限定的控制項開啟檔案讀取其中的內容，這兩項工作由 File 以及 FileReader 介面定義所需的成員。

討論 File 介面之前，先來看另外一個 Blob 介面，它是 File 介面的基礎，表示一塊原始的資料內容，底下列舉此介面的定義：

```
interface Blob {
        readonly attribute unsigned long long size;
        readonly attribute DOMString type;
        Blob slice(in unsigned long long start,
                     in unsigned long long length,
                     optional DOMString contentType);
        void close();

};
```

屬性 size 代表資料的長度，而屬性 type 則代表資料的型態，最後的方法成員 slice() 則是以位元組為單位，從 start 開始的位置，切割總共 length 長度的資料，形成一組新的資料並且以 Blob 型態回傳。

通常我們不會直接處理 Blob 型態資料，不過瞭解它相當重要，與檔案資料內容處理有關的應用幾乎都必須處理這個型態，來看另外一個 File 介面，它繼承了 Blob 介面，定義如下頁：

```
interface File : Blob {
        readonly attribute DOMString name;
        readonly attribute DOMString lastModifiedDate;
};
```

File 是 Blob 的子介面，因此同時實作了上述 Blob 介面所定義的屬性以及方法成員，除此之外，它本身亦定義了 name 屬性，表示 File 物件的檔案名稱，而 lastModifiedDate 則是檔案最後修改的日期時間，下表簡要列舉說明之：

	成　員	說　明
屬　性	name	檔案名稱。
	lastModifiedDate	最後修改日期時間。（目前只有 Chrome 支援）
	size	檔案大小。
	type	檔案型態。
方　法	slice	切割檔案區塊。

Web 應用程式基於安全性的考量，無法如同 Windows 之類的應用程式支援完整的檔案作業，使用者只能經由特定的方式開啟檔案－ file 類型的 <input> 標籤，或是檔案拖曳操作，前者是最典型的作法。假設於網頁配置一個 type 屬性設為 file 的 <input> 標籤，內容如下：

```
<input type=file id="cfile" />
```

透過 cfile 參考此標籤，即可引用其 files 屬性，取得使用者所選取的檔案清單，例如以下這一行：

```
var files = document.getElementById("cfile").files ;
```

引用 files 屬性最後得到的是一個包含使用者選取檔案的 FileList 序列，以 File 型態儲存在變數 files 裡面，取出此變數的內容，即可透過 File 介面成員取得檔案資訊，例如：

```
var file = files[0] ;
```

這一行程式取出其中的第一個 File 物件，當然你也可以透過下頁這一行語法直接將其取出：

```
var file = document.getElementById("cfile").files[0] ;
```

若 <input> 設為允許多選的狀態，此時 files 屬性所回傳的檔案物件就不止一個，在這種情形下，就須進一步透過迴圈逐一巡覽以取得所有使用者選取的檔案。

範例 16-1 示範 File 介面操作

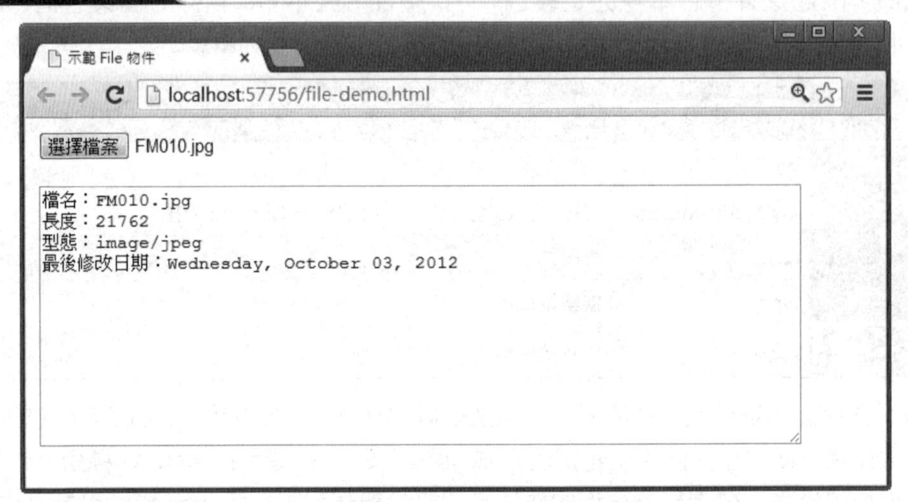

按一下「選擇檔案」按鈕，出現檔案開啟對話方塊，於其中點選任意檔案，對話方塊關閉之後，就會出現畫面上的結果，中央的 < textarea> 顯示檔案的相關資訊。

file-demo.html

```
function cfile_change() {
    var file = document.getElementById('cfile').files[0];
    if (file) {
        var message = '檔名：' + file.name + '\n';
        message += ('長度：' + file.size + '\n');
        message += ('型態：' + file.type + '\n');
        message += ('最後修改日期：' + file.lastModifiedDate + '\n');
        document.getElementById('fileContent').value = message;
    }
}
```

函式 cfile_change() 回應使用者變更檔案觸發的 onchange 事件，其中 file 為使用者所選取的檔案，if 判斷式檢視使用者是否選取了檔案，否則的話不執行任何動作。

接下來逐一引用 File 介面定義的各項屬性，取得此檔案的相關特性，最後合併成為字串，將其設定給 <textarea> 標籤的 value 屬性，顯示在網頁上。

你可以透過 multiple 屬性的設定，允許使用者一次選取多個檔案，然後透過迴圈取得所有選取的檔案資訊，例如以下的 <input> 設定：

```
<input type=file id="cfile"   onchange="cfile_change()"
      multiple="multiple" />
```

其中設定了 multiple 屬性，如此一來，即可選取多重檔案，使用者可以透過 Crtl 鍵選取一個以上的檔案，緊接著來看另外一個例子。

範例 16-2 多重檔案選取示範

按一下畫面上方的「選擇檔案」按鈕，於「開啟」對話方塊中，按下 Ctrl 鍵，點選四個檔案，由於設定了 multiple 屬性，因此可以進行多重選取，畫面下方的「檔名」欄位中，顯示了所選取的檔案，按一下「開啟」按鈕，所選定的四個檔案內容，會顯示在網頁上的 <textarea> 標籤中。

file-multiple-demo.html

```
function cfile_change() {
    var files = document.getElementById('cfile').files;
    if (files) {
        var message
        for (var i = 0; i < files.length; i++) {
            var file = files[i];
            message += ('檔名：' + file.name + '\n');
            message += ('長度：' + file.size + '\n');
            message += ('型態：' + file.type + '\n');
            message += ('最後修改日期：' + file.lastModifiedDate + '\n' + '//
                ' + '\n');
        }
        document.getElementById('fileContent').value = message;
    }
}
```

首先透過 files 屬性，取得包含所有使用者選取的檔案清單 files ，然後進一步根據清單的長度執行迴圈，逐一取出其中的檔案內容。

16.2 讀取檔案

當你開啟檔案之後，除了取得檔案的相關資訊，還可以進一步針對檔案的內容進行讀取，這一節討論支援檔案讀取的 API 以及相關的功能實作。

16.2.1 關於 FileReader

想要針對開啟的檔案進行內容讀取操作，必須藉助 FileReader 介面支援的功能，以下列舉此介面定義：

```
interface FileReader {

    // 非同步讀取方法
    void readAsArrayBuffer(in Blob blob);
    void readAsBinaryString(in Blob blob);
    void readAsText(in Blob blob, [Optional] in DOMString encoding);
    void readAsDataURL(in Blob blob);

    void abort();

    // states
    const unsigned short EMPTY = 0;
    const unsigned short LOADING = 1;
```

(續)

```
    const unsigned short DONE = 2;

    readonly attribute unsigned short readyState;

    // File 或 Blob 型態資料
    readonly attribute any result;
    readonly attribute FileError error;

    // 事件處理器屬性
    attribute Function onloadstart;
    attribute Function onprogress;
    attribute Function onload;
    attribute Function onabort;
    attribute Function onerror;
    attribute Function onloadend;
};
```

其中的成員可以歸納為幾類，以下列舉說明之。

- **非同步讀取方法**

這一組方法以非同步方式讀取檔案，將取得的資料以特定的格式存放，例如 readAsBinaryString 以二進位字串儲存所讀取的檔案資料，其中的 Blob 參數 blob 儲存所讀取的資料，其它幾個方法意思相同，只是以儲存資料的格式作命名。

方法成員	說　明
readAsArrayBuffer	讀取檔案內容，並且以陣列緩衝回傳讀取結果。
readAsBinaryString	讀取檔案內容，並且以二進位字串格式回傳讀取結果。
readAsText	讀取檔案內容，並且以字串格式回傳讀取結果。
readAsDataURL	讀取檔案內容，並且以字串格式位址回傳讀取結果。

另外還有一個 abort() 方法，呼叫此方法會中止讀取的程序。

- **狀態常數**

屬性 readyState 回傳值代表檔案的狀態，這個值由三個命名常數表示，分別是 EMPTY 、LOADING 以及 DONE ，意義如下：

常　數（值）	說　明
EMPTY（0）	物件被建立完成，沒有任何正在進行的讀取程序。
LOADING（1）	檔案讀取中。
DONE（2）	讀取被讀取完成並寫入記憶體，或是任何錯誤發生，或是 abort() 方法被呼叫造成的狀態。

- **事件處理器屬性**

FileReader 另外定義一組事件屬性，其對應的事件處理器回應檔案讀取過程中所觸發的事件，列舉如下：

事　件	說　明
loadstart	讀取程序開始。
progress	讀取並回報部分資料。
abort	讀取被中止，此事件於調用 abort() 方法時被觸發。
error	讀取程序失敗。
load	讀取完全成功。
loadend	程式的要求程序完成。

表列的事件均使用 ProgressEvent 介面。而在這些事件當中，load 事件在讀取作業成功時被觸發，因此在這個事件處理器的對應函式中，可以寫下取得讀取資料的程式碼。

16.2.2 讀取檔案文字內容

讀取檔案必須調用 FileReader 介面定義的檔案讀取方法，如果是單純的文字檔，調用 readAsText() 方法即可，所需的語法如下：

```
fileReader.readAsText(file, 'UTF-8');
```

其中的 file 為 file 控制項所取得的檔案物件，調用 readAsText() 針對檔案內容進行讀取，完成讀取之後，會觸發 load 事件，並且執行其 onload 事件屬性所設定的回應函式，樣式如下：

```
function openfile(event) {
     // event.target.result 取得檔案的內容讀取的結果
}
```

其中針對參數 event 引用其屬性即可取得檔案的內容。

範例 16-3 示範檔案讀取

畫面中間配置的「開啟檔案」按鈕，按一下會在畫面下方的 <textarea> 中，顯示所選取的檔案 ABCD.txt 的內容。

file-read.html

```
<!DOCTYPE html >
<html >
<head>
      <title> 示範檔案讀取 </title>
      <script >
          var file ;
          var fileReader ;
          function cfile_change() {
              file = document.getElementById('cfile').files[0];
              if (file) {
                  var message = '檔名：' + file.name + '\n';
                  message += ('長度：' + file.size + '\n');
                  message += ('型態：' + file.type + '\n');
```

(續)

```
                message += ('最後修改日期：' + file.lastModifiedDate + '\n');
                document.getElementById('filep').value = message;
                fileReader = new FileReader();
                fileReader.onload = openfile;
            }
        }
        function openfile(event) {
            document.getElementById('fileContent').value = event.target.result;
        }
        function readFileContent() {
             fileReader.readAsText(file, 'UTF-8');
        }
    </script>
    <style type="text/css">
        #cfile
        {
            width: 490px;
        }
    </style>
</head>
<body>
<input type=file id="cfile"   onchange="cfile_change()"   />
<p>
    <textarea id="filep" cols="68" rows="6"   ></textarea>
</p>
<button onclick="readFileContent()"  >開啓檔案</button>
<p>
    <textarea id="fileContent" cols="68" rows="18"   ></textarea>
</p>
</body>
</html>
```

為了支援檔案讀取，此範例宣告另外一個變數 fileReader ，然後在開啟檔案的過程中，設定其 onload 事件屬性 openfile 為函式 openfile()，在這個函式中，藉由引用 result 取得讀取的檔案內容，並且將其設定給名稱為 fileContent 的 <textarea> 標籤以顯示其內容 。

最後的函式 readFileContent() 調用 readAsText() 方法，讀取 file 檔案物件的內容，也就是使用者選取的檔案，當使用者按下「開啟檔案」按鈕，這個函式被執行，開始進行檔案讀取，一旦讀取完成，load 事件被觸發，openfile() 被執行，檔案的內容顯示在畫面上。

除了以文字格式讀取文字檔內容，你也可以透過其它兩組方法進行位元格式的資料讀取。方法 readAsText() 可以根據指定的編碼格式，正確的解析文字檔的內容，如果調用另外一個方法 readAsBinaryString() 進行讀取，則會以二進位字串格式解析文字檔內容，因此除了字元碼 0~127 的 ASCII 字元，其它的字元，包含中文字均無法被解析，現在修改其中的 readFileContent() 內容如下：

```
function readFileContent() {
      fileReader.readAsBinaryString(file);
}
```

完成調整之後，我們嘗試開啟一個包含一系列 ASCII 字元以及部分中文字元的文字檔 asciichar.txt ，內容如下：

檢視其內容，除了第一行字串，其它均是 ASCII 字元，現在開啟上述的範例，重新讀取內容會得到以下的結果：

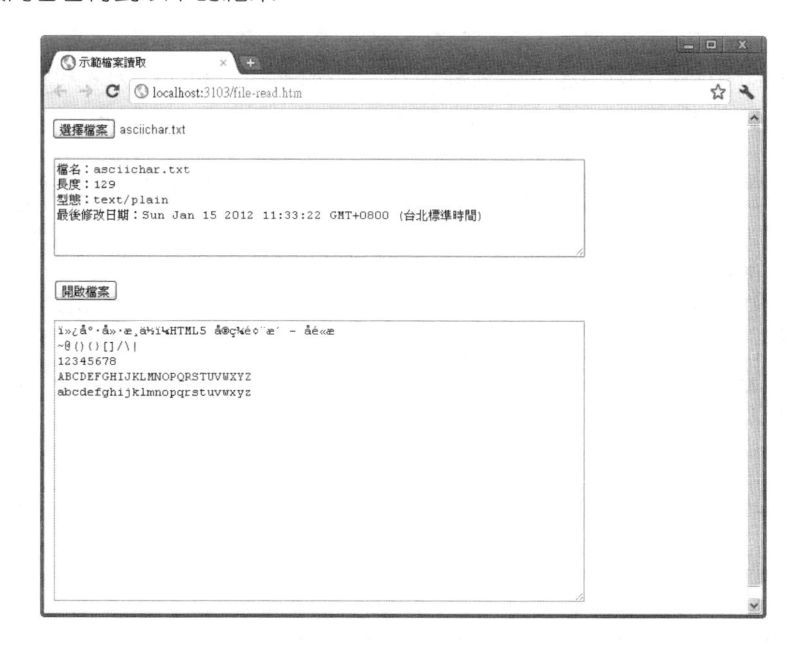

由於第一行是中文，除了其中的「 HTML5」之外，均呈現亂碼無法被解析，而接下來則是標準的 ASCII 字元，因此正常的顯示出來。

使用者上傳的檔案中，文字檔並非唯一的檔案型態，其它還有圖片或是影音視頻，針對不同類型的檔案必須調用適當的方法才能順利開啟，以下透過另外一個範例進行說明。

範例 16-4 示範檔案讀取－位元格式

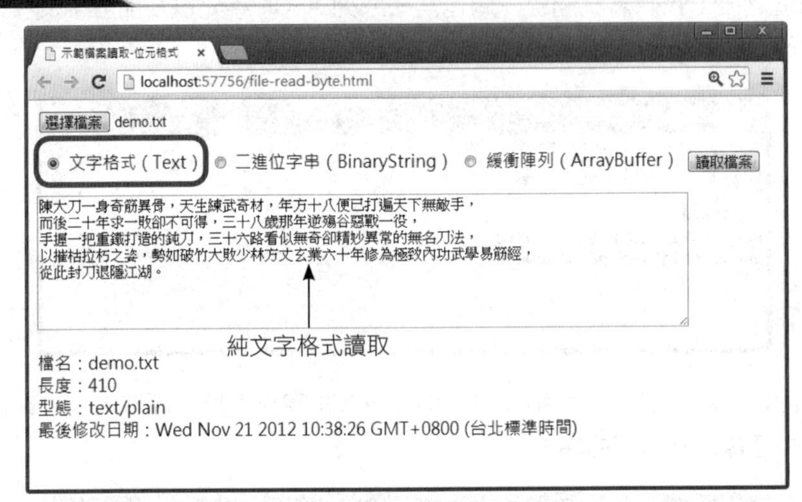

選擇要開啟的檔案，出現如上的截圖畫面，其中顯示所讀取的文字內容，同時提供不同格式的讀取方法，現在點選其它兩種格式進行讀取，輸出如下：

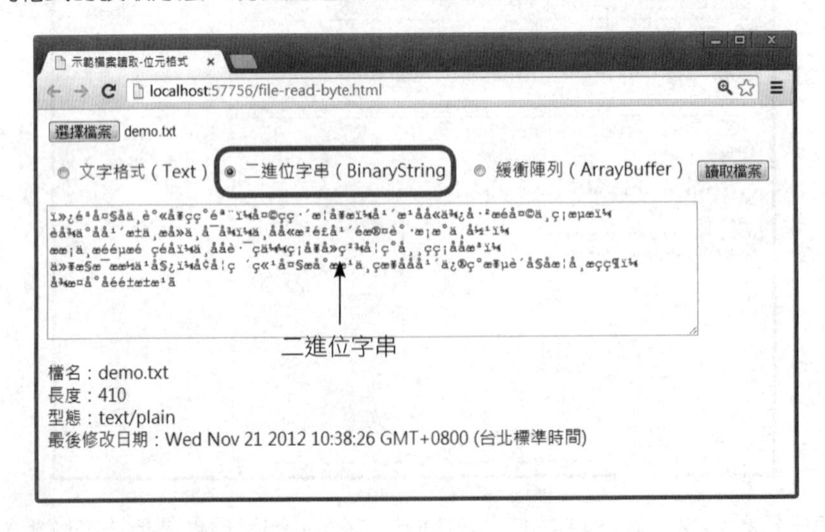

file-read-byte.html

```
<!DOCTYPE html >
<html>
<head>
      <title> 示範檔案讀取 - 位元格式 </title>
      <style>
          // 樣式設定 …
      </style>
      <script>
          function readfile(event) {
              file = document.getElementById('cfile').files[0];
              if (file) {
                  var message = ' 檔名：' + file.name + '<BR/>';
                  message += (' 長度：' + file.size + '<BR/>');
                  message += (' 型態：' + file.type + '<BR/>');
                  message += (' 最後修改日期：' + file.lastModifiedDate + '\n');
                  document.getElementById('msg').innerHTML = message;
                  fileReader = new FileReader();
                  fileReader.onload = openfile;
                  switch (true) {
                      case document.getElementById('Text').checked:
                          fileReader.readAsText(file, 'UTF-8');
                          break;
                      case document.getElementById('BinaryString').checked:
                          fileReader.readAsBinaryString(file);
                          break;
                      case document.getElementById('ArrayBuffer').checked:
                          fileReader.readAsArrayBuffer(file);
                          break;
                  }
              }
          }
```

(續)

```
        function openfile(event) {
            var msg = '';
            var buffer = event.target.result;
            if (document.getElementById('ArrayBuffer').checked == true) {
                var bytes = new Uint8Array(buffer);
                for (var i = 0; i < bytes.length; i++) {
                    msg += (bytes[i].toString() + ',');
                }
            } else {
                msg = buffer;
            }
            document.getElementById('fileContent').value = msg;
        }
    </script>
</head>
<body>
    <div class="">
        <input type="file" id="cfile" /></div>
    <div>
        <ul>
            <li>
                <input id="Text" type="radio" name="readType" checked />
                文字格式(Text)</li>
            <li>
                <input id="BinaryString" type="radio" name="readType" />
                二進位字串(BinaryString)</li>
            <li>
                <input id="ArrayBuffer" type="radio" name="readType" />
                緩衝陣列(ArrayBuffer)</li>
            <li>
                <button onclick="readfile()">
                    讀取檔案</button></li>
        </ul>
    </div>
    <textarea id="fileContent" cols="1" rows="1"></textarea>
    <p id="msg">
    </p>
</body>
</html>
```

檔案讀取的原理相同，只是這裡根據使用者指定的項目，分別調用不同的方法進行檔案的讀取，除了純文字格式的 readAsText() 方法，還有二進位格式字串的 readAsBinaryString() 以及緩衝陣列的方法 readAsArrayBuffer()。

檔案的內容一旦讀取完畢，如果是文字或是字串，則將其顯示在畫面上，若是陣列格式則必須進一步透過迴圈取出其中的整數內容。

16.2.3 讀取圖檔

配置 img 元素，然後設定其 src 屬性，是網頁呈現圖檔的典型方式，因此針對上傳的圖檔，如果想要將其呈現出來，我們要讀取的是圖檔轉換後的對應位址字串而非圖檔本身，方法 readAsDataURL() 支援相關的操作，它的定義如下：

```
void readAsDataURL(in Blob blob);
```

將所要讀取的檔案當作參數傳入這個方法即可，當它完成讀取時，會產生表示圖檔內容的字串資料，接下來只要如同讀取文字檔一般，透過 result 即可取得所需的位址字串，將其設定給 img 元素的 src 即可完成圖檔的呈現。

範例 16-5 示範圖檔讀取

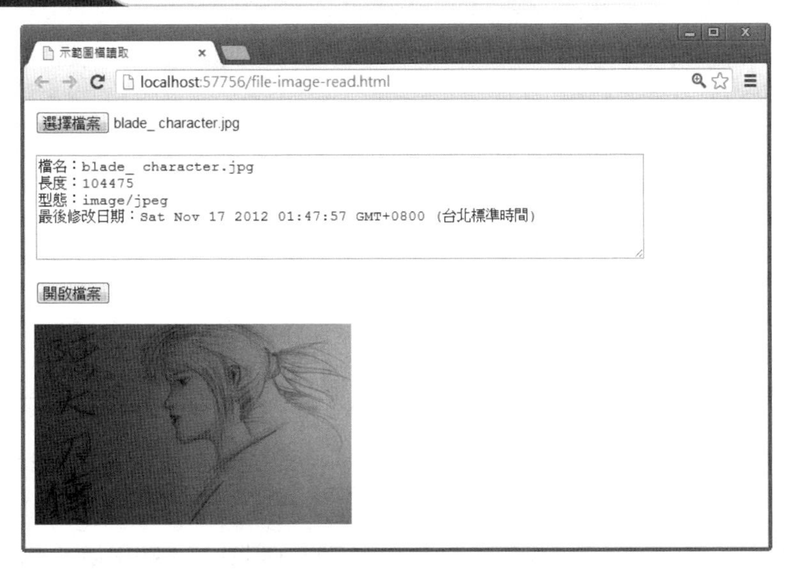

這個範例的內容與前述「範例 16-3」幾乎相同，而為了呈現圖檔，下方配置的是一個 img 元素，完成圖檔選取，再按一下「開啟檔案」按鈕，即可將圖片呈現出來。

file-image-read.html

```
<!DOCTYPE >
<html >
<head>
    <title> 示範圖檔讀取 </title>
        <script >
            var file;
            var fileReader;
            function cfile_change() {
                file = document.getElementById('cfile').files[0];
                if (file) {
                    // 選取檔案內容
                }
            }
            function openfile(event) {
                document.getElementById('imgx').src =
                                    event.target.result;
            }
            function readFileContent() {
                fileReader.readAsDataURL(file);
            }
    </script>
</head>
<body>
<input type=file id="cfile"  onchange="cfile_change()"  />
<p>
    <textarea id="filep" cols="68" rows="6"  ></textarea>
</p>
<button onclick="readFileContent()"  > 開啟檔案 </button>
<p><img id="imgx" width="300"/></p>
</body>
</html>
```

同樣的，程式原理完全相同，呈現檔案內容的程式碼請參考前述範例，而其中 readFileContent() 調用了 readAsDataURL() ，將檔案物件當作參數傳入，取得此檔案的表示字串，而 openfile() 於檔案載入完成後，將此表示字串設定給 HTML 中配置用來顯示檔案的 img 元素。

從這個範例的實作過程中，我們看到了 readAsDataURL() 方法的用途，不僅僅是圖檔，對於需要透過字串進行連結的檔案格式，都可以經由此方法的調用來達到檢視內容的目的。

稍微調整一下 openfile() 函式的程式碼，來看看取得的字串內容，如下式：

```
function openfile(event) {
    document.getElementById('imgx').src =
            event.target.result;
    alert(event.target.result);
}
```

右圖是調用 alert() 顯示所取得的圖檔內容字串。

位於 localhost:57756 的網頁表示：

data:image/jpeg;base64,/9j/
4AAQSkZJRgABAAEBLAEsAAD//
gAfTEVBRCBUZWNobm9sb2dpZXMgSW5jLiBWMS4wM
QD/
2wCEAAgFBgcGBQgHBgcJCAgJDBQNDAsLDBgREg4UH
RkeHhwZHBsgJC4nICIrIhscKDYoKy8xMzQzHyY4PDgyPC4
yMzEBCAkJDAoMFw0NFzEhHCExMTExMTExMTExMTEx
MTExMTExMTExMTExMTExMTExMTExMTExMTExMTEx
MTExMTExMf/
EAaIAAAEFAQEBAQEBAAAAAAAAAAABAgMEBQYHCAkK
CwEAAwEBAQEBAQEBAQAAAAAAAAECAwQFBgcICQoLE
AACAQMDAgQDBQUEBAAAAX0BAgMABBEFEiExQQYT
UWEHInEUMoGRoQgjQrHBFVLR8CQzYnKCCQoWFxgZ
GiUmJygpKjQ1Njc4OTpDREVGR0hJSlNUVVZXWFlaY2Rl
ZmdoaWpzdHV2d3h5eoOEhYaHiImKkpOUlZaXmJmao
qOkpaanqKmqsrO0tba3uLm6wsPExcbHyMnK0tPU1dbX
2Nna4eLj5OXm5+jp6vHy8/
T19vf4+foRAAIBAgQEAwQHBQQEAAECdwABAgMRBAU
hMQYSQVEHYXETIjKBCBRCkaGxwQkjM1LwFWJy0QoWJ
DThJfEXGBkaJicoKSo1Njc4OTpDREVGR0hJSlNUVVZXW
FlaY2RlZmdoaWpzdHV2d3h5eoKDhIWGh4iJipKTlJWWl5
iZmqKjpKWmp6ipqrKztLW2t7i5usLDxMXGx8jJytLT1NX

接著來看另外一個範例，其中調用 readAsDataURL() 示範視頻檔案播放功能的實作，考慮以下的程式片段：

```
xvideo.src = url;
xvideo.load();
xvideo.play();
```

其中的 xvideo 是一個 video 元素，第一行設定其 src，也就是所要播放的影音檔案來源路徑字串，這個字串的取得與前述討論的圖檔讀取時相同，調用 readAsDataURL() 方法即可。第二行以及第三行則分別調用 load() 與 play()，載入影片然後進行播放。

至於 video 元素的基本用法相當簡單，將其配置於網頁的 HTML 區塊中即可。

```
<video id="xvideo"></video>
```

video 元素的取得與一般的元素相同，底下來看另外一個範例。

範例 16-6 示範影音檔案讀取

這個範例與前述讀取圖片檔的範例原理完全相同，只是必須配置 video 元素以播放載入的影音檔。

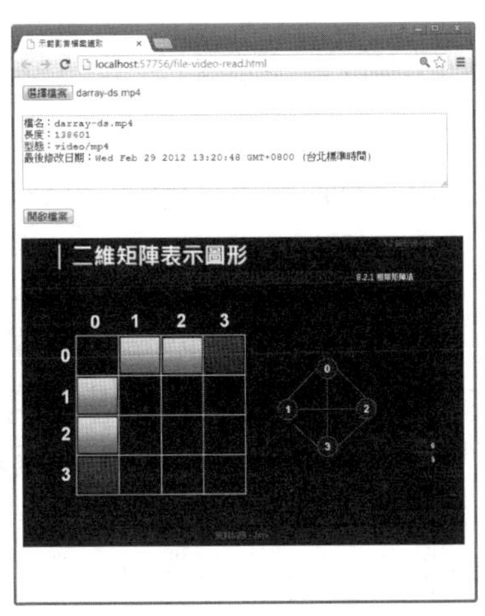

載入所要播放的影音檔案畫面，按一下畫面中央的「播放檔案」按鈕，則畫面下

方會開啟此教學檔案進行播放。

file-video-read.html

```
<!DOCTYPE html>
<html>
<head>
      <title>示範影音檔案讀取</title>
          <script >
              var file;
              var fileReader;
              function cfile_change() {
                  file = document.getElementById('cfile').files[0];
                  if (file) {
                      …
                  }
              }
              function openfile(event) {
                  var video = document.getElementById('xvideo');
                  video.src = event.target.result;
                  video.load();
                  video.play();
              }
              function readFileContent() {
                  fileReader.readAsDataURL(file);
              }
      </script>
</head>
<body><input type=file id="cfile"   onchange="cfile_change()"   />
<p>
      <textarea id="filep" cols="68" rows="6"   ></textarea>
</p>
<button onclick="readFileContent()"  >開啓檔案</button>
<p><video id="xvideo"></video></p>
</body>
</html>
```

以灰階標示的區塊是此次修改的部分，在 HTML 的部分配置了 video 元素，並且將其命名為 xvideo，而在 readFileContent() 這個函式中，取得 xvideo 的參照，然後將讀取的視頻檔案來源字串設定給 video 元素的 src 屬性，最後進行播放。

16.2.4 處理檔案讀取事件

FileReader 物件在檔案讀取的過程中會觸發許多事件，而每一個在讀取檔案過程中所觸發的事件，其事件處理器均會接收到一個 ProgressEvent 參數，經由此參數可以取得各種讀取過程的狀態資訊，包含觸發此事件的來源物件以及程序的進行程度，以前述討論的 load 事件為例，假設下頁為 onload 事件處理器：

```
function loadhandler(event) {
       // 透過 event.taget 取得事件觸發來源物件
}
```

其中透過 event 取得觸發此事件的來源物件，如果知道這個事件的觸發來源，直接引用來源物件即可，否則的話可以透過 event 取得，而當程式中不只一個 FileReader 觸發 load 事件，可以透過以下的程式碼來取得觸發事件的來源物件：

```
function openfile(event) {
       document.getElementById('fileContent').value =
       event.target.result ;
}
```

這一次利用 event.target 取代直接引用 FileReader 物件。除此之外，在不同的事件中，ProgressEvent 參數有進一步的應用，以下針對各事件的內容進行說明。

- **error 事件**

首先是 error ，當讀取作業失敗時，會觸發這個事件，而在這個事件當中，透過 error 屬性，即可取得一個表示錯誤內容的 FileError 物件，以下是 FileError 介面定義：

```
interface FileError {
     // File error codes
     // Found in DOMException
     const unsigned short NOT_FOUND_ERR = 1;
     const unsigned short SECURITY_ERR = 2;
     const unsigned short ABORT_ERR = 3;

     // Added by this specification
     const unsigned short NOT_READABLE_ERR = 4;
     const unsigned short ENCODING_ERR = 5;

     readonly attribute unsigned short code;
};
```

FileError 介面報告非同步讀取過程中的錯誤，其中定義了數個描述錯誤狀況的常數，從常數名稱很容易就可以理解這些常數的意義，下頁表列舉說明之：

常　數	代　碼	說　明
NOT_FOUND_ERR	1	找不到檔案。
SECURITY_ERR	2	安全問題導致的檔案讀取錯誤： 開啓不安全的檔案。 同時間大量的讀取要求。 當使用者選取檔案之後，檔案發生異動。
ABORT_ERR	3	讀取作業中止。
NOT_READABLE_ERR	4	因權限問題而導致的檔案無法讀取。
ENCODING_ERR	5	將檔案物件轉換成為對應的 URL 字串，其字串長度超過瀏覽器的限制。

最後還有一個屬性 code ，透過以下的程式碼可以取回錯誤的結果：

```
var errcode = fileReader.code ;
```

其中的 fileReader 是 FileReader 物件，回傳值 errcode 為上述表列的任何一種常數，在這個事件裡判斷 errcode 即可瞭解檔案讀取操作發生問題的原因。

- **progress 事件**

讀取程序進行的過程中，prograss 事件會被觸發，而在 onprograss 事件處理器中，透過 ProgressEvent 參數，即可取得目前程序的進度，以下是 ProgressEvent 介面定義，包含三個參數：

```
interface ProgressEvent : Event {
    readonly attribute boolean lengthComputable;
    readonly attribute unsigned long long loaded;
    readonly attribute unsigned long long total;
    void initProgressEvent(DOMString typeArg,
    boolean canBubbleArg,
    boolean cancelableArg,
    boolean lengthComputableArg,
    unsigned long long loadedArg,
    unsigned long long totalArg);
};
```

定義中的三個屬性意義列舉如下頁表：

屬　性	說　明
lengthComputable	如果讀取程序的總長度是可知的，回傳 true ，否則 false。
loaded	讀取程序目前的狀態值。
total	讀取程序完成的總長度值，如果未知則回傳 0 。

利用這三個屬性，可以實作反應讀取作業程序的動畫，這對於長時間的讀取操作相當有用，考慮以下的程式：

```
if (evevt.lengthComputable) {
      // evevt.loaded 代表目前載入的進度值
      // evevt.total 代表目載入完成的總進度值
      // 設計動態進度列…
}
```

這是製作動態進度列的典型程式碼，其中透過 loaded 取得目前程序進行的進度值，然後再透過 event.total 取得總進度值，就可以取得目前程序進行的程度比例，而進行這些運算之前，則透過 lengthComputable 屬性檢視是否支援相關的操作。

- **abort**

中止檔案讀取操作時，例如呼叫 abort() 方法，就會觸發 abort 事件，通常我們會在 onabort 屬性的事件處理器中，顯示中止作業的相關說明訊息。

範例 16-7 FileRedar 與檔案讀取事件

這個範例使用了 <progress> 標籤，於每一次觸發 progress 事件時執行函式改變其 value 屬性以顯示讀取檔案的動態效果，同時顯示目前的讀取進度。按一下「選擇檔案」按鈕選取所要開啟的檔案，然後按一下「開啟檔案」按鈕即可將檔案開啟。

要注意的是，這個範例必須讀取大型的檔案或是透過慢速網路讀取遠端儲存裝置上的檔案內容，才能有明顯的進度列效果，例如讀者現在看到的執行畫面，其中所讀取的文字檔有大約 6 MB ，而在讀取的期間，如果按下「中止讀取」按鈕，則會停止讀取，進度列會停在所讀取的進度位置，以下是中止檔案讀取程序時所顯示的訊息方塊：

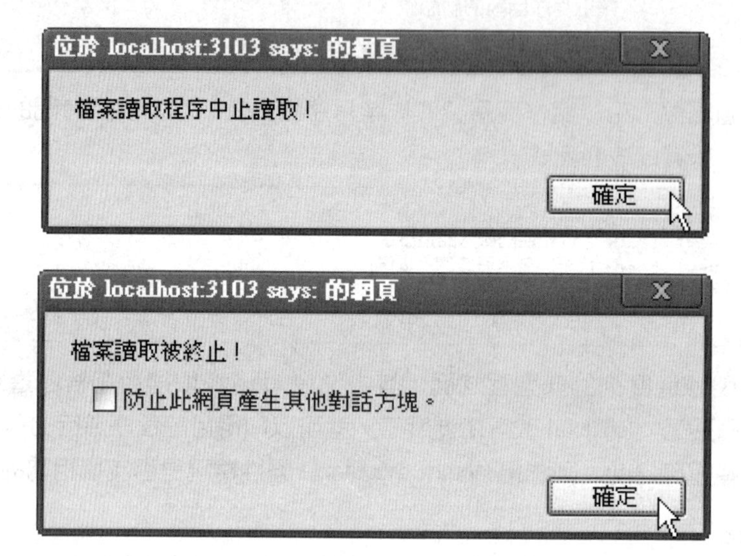

上圖是使用者按下「中止讀取」按鈕時所顯示的對話方塊，下圖則是讀取被終止時，error 事件被觸發，捕捉 ABORT_ERR 訊息常數，並且顯示相關的說明訊息。

file-event.html

```
<!DOCTYPE html >
<html >
<head>
      <title>示範檔案讀取</title>
      <style type="text/css">
           /* 樣式設定 */
      </style>
      <script >
          var file;
          var fileReader;
          function openfile(event) {
              progressBar.value = 100;
              document.getElementById('msg').innerHTML = '100%';
          }
          function errorHandler(event) {
              switch (event.target.error.code) {
                  case event.target.error.NOT_FOUND_ERR:
                      alert('找不到檔案 !');
                      break;
                  case event.target.error.NOT_READABLE_ERR:
```

(續)

```
                    alert('檔案無法讀取 !');
                    break;
                case event.target.error.ABORT_ERR:
                    alert('檔案讀取程序中止讀取 !');
                    break; // noop
                default:
                    alert('發生不明原因錯誤.');
            };
        }
        function abortHandler(event) {
            alert('檔案讀取被終止 !');
        }
        function readFileContent() {
            file = document.getElementById('cfile').files[0];
            if (file) {
                fileReader = new FileReader();
                fileReader.onload = openfile;
                fileReader.onerror = errorHandler;
                fileReader.onprogress = updateProgress;
                fileReader.onabort = abortHandler;
            }
             fileReader.readAsText(file, 'UTF-8');
        }
        function updateProgress(event) {
            var progressBar = document.getElementById('progressBar');
            if (event.lengthComputable) {
                var p = Math.round((event.loaded / event.total) * 100);
                if(p<=100)progressBar.value = p ;
            }
            document.getElementById('msg').innerHTML = p + '%' ;
        }
        function abort() {
            fileReader.abort();
        }
    </script>
</head>
<body>
    <input type=file id="cfile" />
    <button onclick="readFileContent()" >開啟檔案</button>
    <button onclick="abort()">中止讀取</button>
    <p><progress value=0 id="progressBar" max=100 >
       </progress><span id="msg" ></span></p>
</body>
</html>
```

HTML 的部分配置了一個 progress 元素，用來顯示檔案的讀取進度。

而在「開啟檔案」按鈕的 onclick 事件屬性處理程序 readFileContent()，其中設定 FileReader 物件的相關事件處理器，而最重要者為 onprogress 事件處理器，這個事件在檔案的讀取過程中，隨著讀取的進度，不斷的被觸發，updateProgress() 函式負責取得目前的處理進度並且計算百分比，更新 progress 控制項的 value 屬性達到動態呈現讀取進度的目的。

另外於檔案載入完畢時，onload 事件屬性設定的 openfile() 函式被執行，其中將 progress 控制項的 value 屬性值設為 100 表示完成檔案讀取。最後當使用者按下「中止讀取」按鈕時，abort () 函式被執行，其中調用了 abort() 中止整個檔案的讀取作業，而此時 abort 事件被觸發，執行 abortHandler() 函式，顯示相關的訊息。

這個範例僅是開啟檔案並且將其載入，讀者會發現操作過程相當流暢，如果我們在檔案載入之後，進行內容讀取會有什麼狀況？現在進一步調整程式內容來看看執行的效果。

於網頁配置一個 textarea 標籤，用來呈現所讀取的文字檔內容。

```
<p>
  <textarea id="fileContent" cols="56" rows="18" ></textarea>
</p>
```

切換至 openfile() 函式，修改其中的程式碼如下：

```
function openfile(event) {
        progressBar.value = 100;
        document.getElementById('msg').innerHTML = '100%';
        document.getElementById('fileContent').value =
            fileReader.result;
}
```

一旦檔案完成載入，便將其取出顯示在畫面上，當讀者執行修改後的網頁，會出現以下的結果：

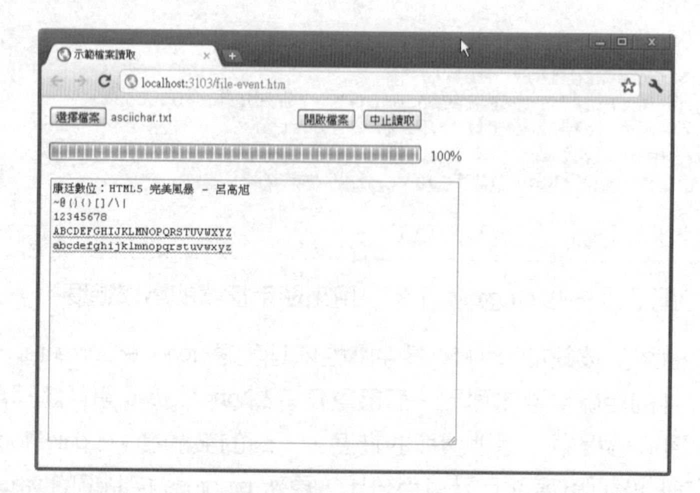

其中讀取的是一個名稱為 asciichar.txt 的小文字檔，讀取的過程相當順利，但是當你讀取大型檔案的時候，會發現這個網頁跑不動，甚至因為載入時間太長而當掉，在這種情形下，我們必須將檔案切割讓網頁能夠順利支援大型的檔案讀取。

16.2.5 切割檔案

針對讀取的檔案，可以進一步對其內容進行切割，方法 slice() 支援相關的操作，所需的語法如下：

```
sfile = file.slice(start, end);
```

方法 slice 接受兩個參數，start 為開始切割的位置索引，而 end 則是結束索引位置，最後這個方法回傳切割的結果，結果被儲存至 sfile 變數裡面。

範例 16-8 切割檔案

畫面中央有兩個文字方塊，讓使用者輸入所要取出的部分內容，分別是開始切割的索引位置與結束的索引位置，指定之後，按一下切割檔案按鈕，下方的文字方塊即出現切割的結果。

file-read-slice.html

```
<!DOCTYPE html >
<html>
<head>
        <title> 切割檔案 </title>
        <style>
```

(續)

```
        textarea
        {
            width: 620px;
            height: 100px;
            margin-bottom:6px;
        }
        ul
        {
            list-style: none;
            overflow: hidden;
            padding: 0px;
            margin-bottom:0px;
        }
        li
        {
            float: left;
            padding-left: 6px;
        }
    </style>
    <script>
      var slice = false;

        function readfile(event) {
            slice = false;
            var file = document.getElementById('cfile').files[0];
            if (file) {
                var message = '檔名：' + file.name + '<BR/>';
                message += ('長度：' + file.size + '<BR/>');
                message += ('型態：' + file.type + '<BR/>');
                message += ('最後修改日期：' + file.lastModifiedDate + '\n');
                document.getElementById('msg').innerHTML = message;
                var fileReader = new FileReader();
                fileReader.onload = openfile;

                switch (true) {
                    case document.getElementById('Text').checked:
                        fileReader.readAsText(file, 'UTF-8');
                        break;
                    case document.getElementById('BinaryString').checked:
                        fileReader.readAsBinaryString(file);
                        break;
                    case document.getElementById('ArrayBuffer').checked:
                        fileReader.readAsArrayBuffer(file);
                        break;
                }
            }
        }
        function readfile_slice(event) {
            slice = true;
            var file = document.getElementById('cfile').files[0];
            var fileReader = new FileReader();
            fileReader.onload = openfile;
```

(續)

```
                if (file) {
                    var sfile;
                    var start = document.getElementById('startIndex').value;
                    var end = document.getElementById('endIndex').value;
                    if (file.webkitSlice) {
                        sfile = file.webkitSlice(start, end);
                    } else if (file.mozSlice) {
                        sfile = file.mozSlice(start, end);
                    } else {
                        sfile = file.slice(start, end);
                    }
                    switch (true) {
                        case document.getElementById('Text').checked:
                            fileReader.readAsText(sfile, 'UTF-8');
                            break;
                        case document.getElementById('BinaryString').checked:
                            fileReader.readAsBinaryString(sfile);
                            break;
                        case document.getElementById('ArrayBuffer').checked:
                            fileReader.readAsArrayBuffer(sfile);
                            break;
                    }
                }
            }
            function openfile(event) {
                var msg = '';
                var buffer = event.target.result;
                if (document.getElementById('ArrayBuffer').checked==true) {
                    var bytes = new Uint8Array(buffer);
                    for (var i = 0; i < bytes.length; i++) {
                        msg += (bytes[i].toString() + ',');
                    }
                } else {
                    msg = buffer;
                }
                if (slice )
                    document.getElementById('fileContent-slice').value = msg;
                else
                    document.getElementById('fileContent').value = msg;
            }
        </script>
</head>
<body>
        <div class="">
            <input type="file" id="cfile"  /></div>
        <div>
            <ul>
                <li>
                    <input id="Text" type="radio"
                        name="readType" checked />
                    文字格式（Text）</li>
                <li>
                    <input id="BinaryString" type="radio"
                        name="readType" />
```

(續)

```
                二進位字串 (BinaryString) </li>
            <li>
                <input id="ArrayBuffer" type="radio"
                    name="readType" />
                緩衝陣列 (ArrayBuffer) </li>
                <li><button onclick="readfile()" > 讀取檔案 </button></li>
        </ul>
    </div>
    <div><textarea id="fileContent" cols="1" rows="1"></textarea> </div>
    <input id="startIndex" type="text"  size=4   /> -
    <input id="endIndex" type="text" size=4 />
    <button onclick="readfile_slice()"> 切割檔案 </button>
    <div><textarea id="fileContent-slice" cols="1" rows="1"></textarea> </div>
    <p id="msg">Index
    </p>
</body>
</html>
```

灰階標示的部分是其中的關鍵，針對不同的瀏覽器透過其專屬的 slice 物件，取得切割的檔案，然後根據使用者指定的格式進行讀取，最後將結果顯示在畫面上。這個範例的其它內容，都已經在前述的課程進行討論，請讀者自行檢視。

到目前為止，本章的課程完成了檔案作業的基礎討論，緊接著要來看另外一個拖曳操作的議題，由於 HTML5 內建了物件拖曳支援，不需要經由檔案 input 選取介面，直接從瀏覽器外部的檔案總管，將檔案拖曳至網頁上進行讀取同樣是可行的，有了上述討論的基礎，下一個小節進一步討論相關的功能實作。

16.3 拖曳檔案

考慮更人性化的操作，以拖曳操作取代檔案開啟介面是不錯的選擇，第五章討論互動式功能設計時，曾經示範圖檔的拖曳操作，而透過 File API 支援的設計，整合拖曳技巧並作一些調整即可達到開啟檔案的效果，接下來結合這兩種技巧，進一步討論如何建立支援檔案拖曳操作的功能網頁。

範例 16-9 檔案拖曳讀取

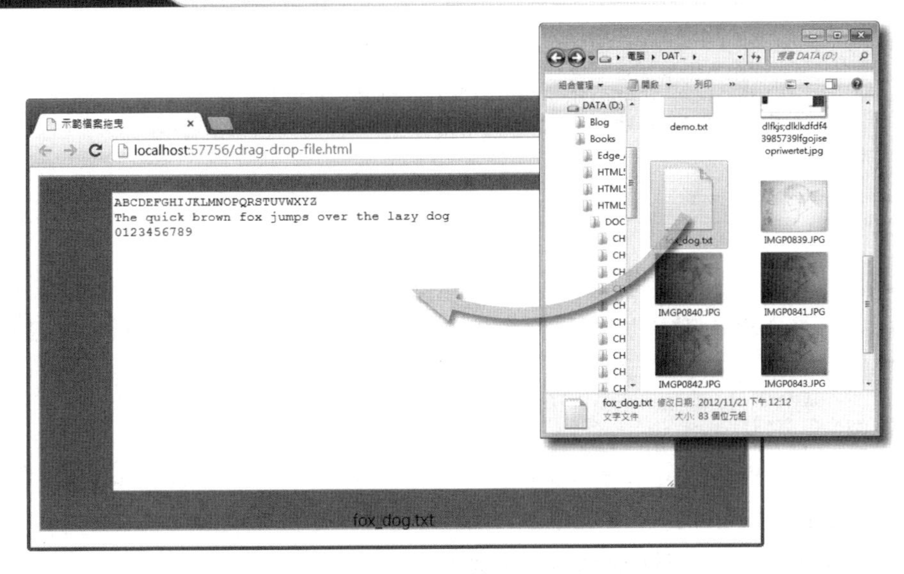

從檔案總管將指定的檔案拖曳至網頁中文字方塊的相關區域中，放開滑鼠左鍵會看到檔案的內容被讀進文字方塊裡面，畫面下方則顯示拖曳的檔案名稱。

drag-drop-file.html

```
<html >
<head>
      <title> 示範檔案拖曳 </title>
      <style type="text/css">
          …
      </style>
      <script>
          var fileReader;
          function dragoverHandler(event) {
              event.preventDefault();
          }
          function dropHandler(event) {
              event.preventDefault();
              var file = event.dataTransfer.files[0];
              document.getElementById('message').innerHTML = file.name;
              fileReader = new FileReader();
              var fileType = file.type;

              if (fileType.indexOf('text') != -1) {
                  fileReader.onload = openFileText;
                  fileReader.readAsText(file, "UTF-8");
              } else {
```

(續)

```
                    alert('請選取文字檔 ! ');
                }
            }
            function openFileText(event) {
                document.getElementById("fileContent").value =
                    event.target.result;
            }
        </script>
</head>
<body >
        <div
            id="drop_zone;"
            ondragover="dragoverHandler(event)"
            ondrop="dropHandler(event)" >
            <p> <textarea id="fileContent"></textarea></p>
            <p>  <output id="message"   /></p>
        </div>
</body>
</html>
```

為了支援拖曳，因此針對 div 元素，設定拖曳事件屬性 ondragover 與 ondrop ，分別為 dragoverHandler() 與 dropHandler() 函式。

在 dropHandler() 函式當中，取得所讀取的檔案，檢視其是否為文字格式檔案，是的話將其顯示在畫面上的文字方塊，由於這個函式回應使用者的置放操作，因此當使用者拖曳檔案於 div 區塊範圍內完成置放操作，文字檔的內容即會呈現在網頁上。

除了文字檔，其它如圖片以及影音視頻檔案，同樣可以透過拖曳操作完成顯示或是播放操作，與這裡實作的範例原理相同，只是必須在網頁配置相關的元素以及判斷檔案的型態，由於我們已經完成了所有必要的理論說明，以下緊接著透過另外一個範例作說明。

範例 16-10 檔案拖曳讀取－視頻與圖檔

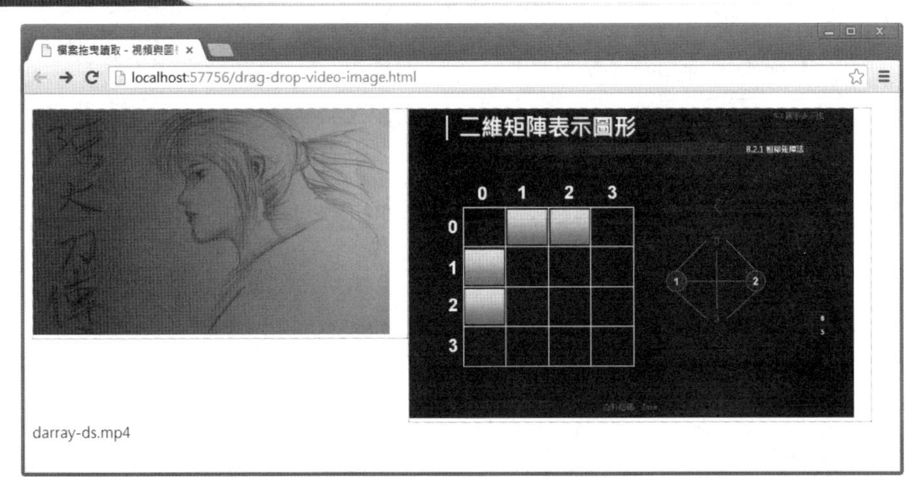

網頁載上配置了兩個區塊，將圖片推曳至左邊會直接顯示出來，將視訊檔拖曳至右邊，則會在其中開始播放。由於 video 標籤僅能支援特定格式的視訊檔，同時為了簡化範例的內容，因此這裡限定了支援拖曳的檔案格式，

drag-drop--video-image.html

```
<!DOCTYPE html >
<html>
<head>
      <title>檔案拖曳讀取－視頻與圖檔</title>
      <script>
          var fileReader;
          function dragoverHandler(event) {
              event.preventDefault();
          }
          function dropHandler(event) {
              event.preventDefault();
              var file = event.dataTransfer.files[0];
              document.getElementById('message').innerHTML = file.name;
              fileReader = new FileReader();
              var fileType = file.type;
              if (fileType == 'image/jpeg') {
                  fileReader.onload = openfile;
                  fileReader.readAsDataURL(file)
              } else if (fileType == 'video/mp4' ||
                          fileType == 'video/ogg' ||
                          fileType == 'video/webm') {
                  fileReader.onload = openFileVideo;
                  fileReader.readAsDataURL(file);
              } else {
```

(續)

```
                alert('只接受 jpg 圖片，或是 mp4、ogg、webm 視訊檔 ! ');
            }
        }
        function openfile(event) {
            var img = event.target.result;
            var imgx = document.getElementById('ximg');
            imgx.src = img;
        }
        function openFileVideo(event) {
            var v = document.getElementById('xvideo');
            v.src = event.target.result;
            v.load();
            v.play();
        }
    </script>
</head>
<body>
<div id="drop_zone;"
    ondragover="dragoverHandler(event)"
    ondrop="dropHandler(event)" >
    <div style="float:left;…" >
        <img id="ximg"   style="width:400px;"  />
    </div>
    <div style="float:left;…" >
        <video id="xvideo"  width=500px style=""  />
    </div>
    <p>    <output id="message"   /></p>
</div>
</body>
</html>
```

為了能夠呈現讀取的圖檔或視頻檔案，這裡的 HTML 各配置了一個 img 元素以及 video 元素，以呈現使用者拖曳的檔案內容，並且設定 div 元素支援拖曳作業。

在 JavaScript 的部分，根據使用者拖曳進來的檔案格式，進行圖片的展現，或是視訊檔案的播放，並且限定支援的檔案格式。

16.4 拖曳多重檔案

拖曳操作同樣支援一個以上的檔案拖曳行為，考慮以下這一段程式碼：

```
function dropHandler(event) {
    var file = event.dataTransfer.files[0];
    …
}
```

如你所見，其中取出的 file 物件，實際上只是從群組陣列中取出的第一個檔案，而事實上它預設使用者可能一次選取多個檔案，因此 files 陣列本身即包含了所有選取的檔案物件，而你要作的只是將其中的檔案全部取出即可。

接下來這個範例，直接調整第五章的「範例 5-7」中，drag-drop-file.html 這個檔案的功能，說明如何一次將多張圖片檔案同時拖曳進網頁呈現出來。

範例 16-11 選取拖曳多重檔案

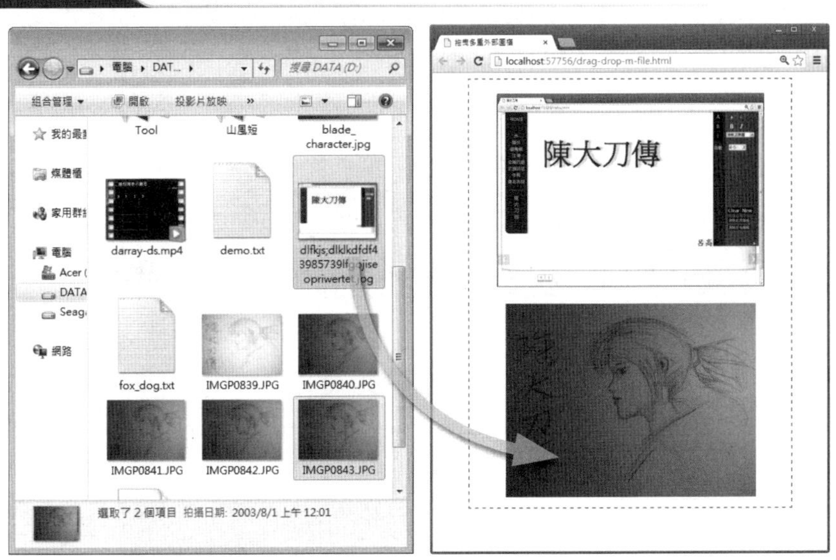

左圖是檔案總管，將其中三個選取檔案，直接拖曳至右邊的網頁介面虛線範圍中，三個檔案一次被取出顯示在網頁上。

drag-drop-m-file.html

```
<!DOCTYPE html >
<html >
<head>
      <title>拖曳多重外部圖檔</title>
      <style>
      …
      </style>
      <script>

          function dragoverHandler(event)
          {
              event.preventDefault();
          }
          function dropHandler(event)
          {
              event.preventDefault();
              var files = event.dataTransfer.files;
```

(續)

```
                for (var key in files)
                {
                    if (files[key].type == 'image/jpeg')
                    {

                        var fileReader = new FileReader();
                        fileReader.onload = openfile;
                        fileReader.readAsDataURL(files[key]);
                    }
                }
            }
            function openfile(event)
            {
                var img = event.target.result;
                var imgx = document.createElement('img');
                imgx.style.margin = "10px";
                imgx.src = img;
                document.getElementById('dropZone').appendChild(imgx) ;
            }
        </script>
</head>
<body>
        <div id="dropZone"
            ondragover="dragoverHandler(event)" ondrop="dropHandler(event)">
            <p></p>
        </div>
</body>
</html>
```

由於 img 元素根據使用者選取的圖片檔案數量動態建立，因此沒有預先配置於 HTML 中。

而在 dropHandler() 這個函式中，此次直接取出檔案陣列並儲存於變數 files ，然後利用一個 for 迴圈擷取其中所有的檔案，並且於每一個圖片檔案載入完成時執行 openfile() 函式，而在函式每一次執行時，動態建立 img 元素，並且將其加入 dropZone 這個 div 區塊中。

SUMMARY

讀者在這一章初步瞭解 FileReader 物件與檔案的讀取，並且看到了整合拖曳功能的操作，下一章，我們將在這個基礎上，進一步探討完整的檔案目錄系統功能。

第十七章

沙箱與檔案系統作業

前一章討論一般性的檔案讀取功能，而這一章開始我們要進一步來看看所謂的沙箱（SandBox）機制，也就是瀏覽器專屬的檔案系統 I/O 作業，就如同典型的視窗應用程式，HTML5 規格亦導入了專屬的區域檔案系統支援，由瀏覽器進行實作，然而因為網路的開放特性，此種類型的系統作業基於安全性考量，在 I/O 操作上有不小的限制，本章針對相關議題進行完整的討論。

17.1 關於檔案系統

網頁因為安全考量僅能透過 file 型態的控制項選取，或是經由拖曳操作讀取指定的檔案，除此之外，任何直接針對檔案的寫入或是讀取操作原則上都是禁止的，不過透過沙箱機制，在限定的條件下依然可以實作支援完整功能的檔案系統 。

17.1.1 檔案系統 API

沙箱（Sandbox）模型在使用者電腦上，規畫出一塊稱為沙箱的隔離區域，以支援完整的檔案目錄存取作業，沙箱是電腦上一塊封閉的區域，與主系統隔離開來，使用者於其中的任何操作，都不會對外界造成任何影響，同樣的，其中的功能亦無法存取電腦上的任何檔案系統。

檔案系統將目錄與檔案全部配置於沙箱形成的區域中，任何操作均是針對沙箱執行，而除了隔離的概念，沙箱與一般電腦作業系統中的檔案系統無異，API 主要針對檔案與目錄操作，提供所需的支援，列舉如下頁表：

作業種類	介　面	說　明
檔　案	Blob	檔案資料維護。
	File	檔案資料維護。
	BlobBuilder	Blob物件維護操作，最新規格已棄置，請直接使用Blob。
	FileReader	讀取檔案。
	FileWriter	寫入檔案。
	FileEntry	檔案物件。
目錄	DirectoryReader	讀取目錄。
	DirectoryEntry	目錄物件。
	LocalFileSystem	檔案系統介面，定義基本功能常數與方法。

表列的介面，定義支援檔案目錄功能的成員，檔案的部分，除了 FileWriter 與 FileEntry ，均已在前一章作過討論，後文將結合目錄功能，進行沙箱機制支援的檔案系統討論。

要提醒讀者的是，由於 API 設計的特性，後文討論的檔案系統作業，為了操作以及理解上的考量，將穿插檔案與目錄的操作，而非將其分開個別討論。

關於沙箱：沙箱是基於安全考量的一種隔離機制，定義一塊封閉區域，執行未受信任或是有安全疑慮的程式，這塊區域無法與外部作業系統溝通，因此即便是惡意程式亦無法跨越沙箱對作業系統造成破壞，你可以將沙箱想像成現實生活中，為了避免弄髒環境配置給小孩玩的玩具沙盒。

17.1.2 要求檔案系統

針對沙箱區域進行任何檔案作業之前，必須先要求一個檔案系統物件以執行資料檔案的存取維護，這可以藉由調用 window.requestFileSystem() 方法來完成，以下為此方法的定義：

```
void requestFileSystem (
      unsigned short type,
      unsigned long long size,
      FileSystemCallback successCallback,
      optional ErrorCallback errorCallback);
```

第一個 type 參數是列舉常數，表示所要求的檔案系統儲存空間是暫時性的還永久性的，可能的值有 TEMPORARY 或是 PERSISTENT ，這兩個設定差異的地方在於，如果是前者 TEMPORARY 的設定，瀏覽器基於某些磁碟空間利用的因素，其中的資料可能被刪除，而對於設為 PERSISTENT 所儲存的資料，除非有使用者的同意才會進行資料的刪除動作。

第二個參數 size 是應用程式需要的檔案儲存空間，以 long 型態表示的位元組（bytes）長度。

接下來兩個參數，是完成檔案系統作業調用之後的回呼函式，其中的 successCallback 於成功取得檔案系統之後呼叫，而 errorCallback 則是要求作業失敗，發生問題時被呼叫。successCallback 是 FileSystemCallback 介面型態，以下為其定義：

```
[NoInterfaceObject, Callback=FunctionOnly]
interface FileSystemCallback {
      void handleEvent (FileSystem filesystem);
};
```

事件處理器接受一個 FileSystem 型態的物件參數 filesystem ，當回呼方法被呼叫，即可透過此參數取得回傳的檔案系統物件，進一步執行檔案操作。

至於 errorCallback 是一個 ErrorCallback 型態，定義如下：

```
[NoInterfaceObject, Callback=FunctionOnly]
interface ErrorCallback {
      void handleEvent (FileError err);
};
```

事件處理器接受回傳的 FileError 物件參數，此物件封裝產生的錯誤資訊，以下為其定義：

```
interface FileError {
      const unsigned short NOT_FOUND_ERR = 1;
      const unsigned short SECURITY_ERR = 2;
      const unsigned short ABORT_ERR = 3;
      const unsigned short NOT_READABLE_ERR = 4;
      const unsigned short ENCODING_ERR = 5;
      const unsigned short NO_MODIFICATION_ALLOWED_ERR = 6;
      const unsigned short INVALID_STATE_ERR = 7;
      const unsigned short SYNTAX_ERR = 8;
      const unsigned short INVALID_MODIFICATION_ERR = 9;
      const unsigned short QUOTA_EXCEEDED_ERR = 10;
      const unsigned short TYPE_MISMATCH_ERR = 11;
      const unsigned short PATH_EXISTS_ERR = 12;
      attribute unsigned short code;
};
```

其中包含十二個列舉常數，分別代表可能的錯誤狀況，而透過此物件的 code 屬性，我們可以取得其回傳的狀態值以檢視錯誤發生的原因。考慮以下的程式片段，其中調用 requestFileSystem ，並且設定 successCallback 與 errorCallback 回呼函式：

```
window.requestFileSystem(
            PERSISTENT,
            5 * 1024 * 1024,
            onSuccess, errorHandler);
```

一旦成功完成檔案系統的要求，接下來就可以在 FileSystemCallback 回呼函式 onSuccess 中，進行特定的目錄檔案系統操作，而最重要的便是回傳的 FileSystem 物件，以上述的程式片段為例，你必須定義一個 onSuccess() 函式如下：

```
function onSuccess(fs) {
       // 參數 fs 表示回傳的 FileSystem 物件
}
```

其中的參數 fs ，封裝 requestFileSystem() 執行完畢之後回傳的 FileSystem 物件，FileSystem 支援檔案系統的目錄結構操作，它的定義很簡單：

```
[NoInterfaceObject]
interface FileSystem {
      readonly attribute DOMString name;
      readonly attribute DirectoryEntry root;
};
```

第一個屬性 name 表示檔案系統的名稱，這個名稱只作為識別並無特殊意義。

第二個屬性成員 root 則表示檔案系統的根目錄，這是一個 DirectoryEntry 型態物件，表示檔案系統中的某個特定目錄，此 root 屬性回傳的則是根目錄，通常從這個參數開始一連串的檔案系統作業操作。

有了基本的概念，接下來透過一個範例，說明 requestFileSystem 的調用。

範例 17-1 要求檔案系統

按一下畫面的按鈕，執行要求檔案系統成功，顯示訊息畫面，同時包含檔案系統名稱。

requestFileSystem.html

```
<!DOCTYPE html>
<html >
<head>
      <title>requestFileSystem 示範 </title>
      <script >
          window.requestFileSystem =
              window.requestFileSystem ||
              window.webkitRequestFileSystem;
          function onSuccess(fs) {
              alert(' 要求檔案系統成功：' + fs.name );
          }
          function errorHandler(fe) {
              alert(fe.code );
          }
          function request_file() {
              window.requestFileSystem(
                  PERSISTENT,
                  5 * 1024 * 1024,
                  onSuccess, errorHandler);
          }
      </script>
</head>
<body>
<button onclick="request_file()"  >要求檔案（requestFileSystem）</button>
</body>
</html>
```

按鈕的 Click 事件處理器函式 request_file() 中，調用 requestFileSystem ，第一個參數指定了 PERSISTENT ，因此這個檔案系統不會隨意被刪除，而第二個參數則是指定 5 MB 空間，最後設定所需的回呼函式。

onSuccess() 於要求成功之後執行，其中引用參數 fs.name 屬性取得其回傳的檔案系統名稱，另外 errorHandler() 則顯示錯誤的訊息。

17.2 DirectoryEntry – 從根目錄開始

這一節從 DirectoryEntry 開始，討論檔案目錄的操作，而根目錄則是我們選擇開始進入整個檔案目錄系統的地方，因此首先來看看如何取得根目錄的參考點。前述的「範例 17-1」，引用了回呼函式中 FileSystem 物件參數的 name 屬性以取得回傳的檔案系統名稱，如果直接引用另外一個 root 屬性，即可取得與這個檔案系統相關的 DirectoryEntry 物件，例如以下的程式片段：

```
function onSuccess(fs) {
      fs.root // 取得根目錄
}
```

其中的 fs.root 回傳的是一個 DirectoryEntry 物件，代表某個特定的目錄，而在這裡則是整個檔案系統中的根目錄，來看看它的定義，列舉如下：

```
[NoInterfaceObject]
interface DirectoryEntry : Entry {
      DirectoryReader createReader ();
      void getFile (DOMString path,
        optional Flags options,
        optional EntryCallback successCallback,
        optional ErrorCallback errorCallback);
      void getDirectory (DOMString path,
        optional Flags options,
        optional EntryCallback successCallback,
        optional ErrorCallback errorCallback);
      void removeRecursively (VoidCallback successCallback,
        optional ErrorCallback errorCallback);
};
```

其中包含四個方法成員，第一個成員 createReader 回傳的 DirectoryReader 物件，用來表示檔案系統中的目錄，接下來的兩個方法－ getFile() 與 getDirectory() ，分別支援各種檔案以及目錄的維護操作。DirectoryEntry 擴充自 Entry ，這個介面定義了與檔案目錄特性有關的成員，定義如下：

```
[NoInterfaceObject]
interface Entry {
      readonly attribute boolean isFile;
      readonly attribute boolean isDirectory;
      void getMetadata (MetadataCallback successCallback,
               optional ErrorCallback errorCallback);

      readonly attribute DOMString  name;
      readonly attribute DOMString  fullPath;
      readonly attribute FileSystem filesystem;
```

(續)

```
        void moveTo (DirectoryEntry parent,
                 optional DOMString newName,
                 optional EntryCallback successCallback,
                 optional ErrorCallback errorCallback);
        void copyTo (DirectoryEntry parent,
                 optional DOMString newName,
                 optional EntryCallback successCallback,
                 optional ErrorCallback errorCallback);
        DOMString toURL (optional DOMString mimeType);
        Void remove (VoidCallback successCallback,
                 optional ErrorCallback errorCallback);
        Void getParent (EntryCallback successCallback,
                 optional ErrorCallback errorCallback);
};
```

下表列舉其中的屬性意義：

屬　性	說　明
isDirectory	是否為目錄。
isFile	是否為檔案。
name	檔案/目錄名稱。
fullPath	完整的檔案/目錄路徑。
filesystem	表示檔案/目錄的FileSystem 物件。

接下來列舉其中方法成員的功能：

方法成員	說　明
moveTo	移動檔案 / 目錄。
copyTo	複製檔案 / 目錄。
remove	移除檔案 / 目錄。
getParent	取得父目錄。
toURL	回傳一個用來識別 Entry 的 URL。
getMetadata	檢視巡覽關於 Entry 的中介資料。

除了 DirectoryEntry ，後文還會進一步討論定義檔案功能的 FileEntry 介面，同樣擴充至 Entry ，因此讀者會發現這裡的屬性或是方法成員，可以透過 DirectoryEntry 或是 FileEntry 調用，它們同時適用於目錄與檔案的操作。

完整說明 DirectoryEntry 與 Entry 的成員需要不少的篇幅，繼續往下討論之前，我們先來看一個簡單的範例。

範例 17-2 DirectoryEntry 示範

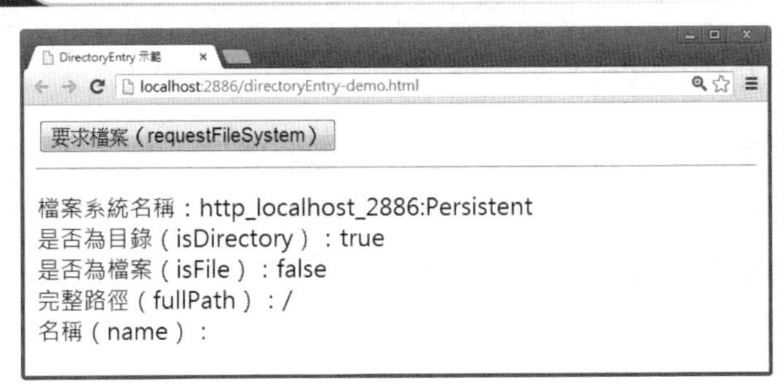

按一下「要求檔案」按鈕，取得要求的檔案系統，然後進一步透過要求成功的回呼函式參數，取得目前的檔案 / 目錄資訊，如你所見，其中顯示這是一個目錄，且其路徑為 / ，表示這是整個檔案系統中的根目錄。

directoryEntry-demo.html

```
<!DOCTYPE html>
<html >
<head>
      <title>DirectoryEntry 示範</title>
      <script >
          window.requestFileSystem =
              window.requestFileSystem ||
              window.webkitRequestFileSystem;
          function onSuccess(fs) {
              var msg =( '檔案系統名稱：' + fs.name+'<br/>');
              msg += ('是否為目錄（isDirectory）：' +
                         fs.root.isDirectory + '<br/>');
              msg += ('是否為檔案（isFile）：' + fs.root.isFile + '<br/>');
              msg += ('完整路徑（fullPath）：' + fs.root.fullPath + '<br/>');
              msg += ('名稱（name）：' + fs.root.name + '<br/>');
              document.getElementById('msg').innerHTML = msg;
          }
          function errorHandler(fe) {
              alert(fe.code);
          }
          function request_file() {
              window.requestFileSystem(
                  PERSISTENT,
                  5 * 1024 * 1024,
                  onSuccess, errorHandler);
          }
      </script>
</head>
<body>
<button onclick="request_file()"  >要求檔案（requestFileSystem）</button>
<hr />
<p id='msg'></p>
</body>
</html>
```

HTML 中的 p 元素用來顯示所取得的檔案 / 目錄資訊。而 onSuccess() 函式中透過引用 fs.root 屬性，進一步取得根目錄，並且檢視各項目錄資訊，最後將回傳的結果合併成長字串顯示在畫面上。

目錄與檔案允許使用者對其進行各種操作，包含建立新的目錄、刪除或是異動已經存在的目錄等等，我們已經知道如何進入根目錄，接下來就可以針對其中的檔案系統物件進行各種維護操作，包含子目錄與檔案的新增、刪除、複製與搬移，甚至重新命名等等。

17.3 檔案與目錄的建立

第一次取得根目錄，其中並沒有任何子目錄或是檔案，因此在接下來的討論之前，必須先於其中建立子目錄或是檔案，緊接著來看看相關的實作。

17.3.1 於根目錄建立新檔案

一旦調用 requestFileSystem() 成功，透過其回呼函式，便能取得目前檔案系統的根目錄，而在這個根目錄底下，可以開始執行建立檔案與子目錄等工作，先來看看檔案的操作，相關作業必須調用 getFile() 方法：

```
void getFile (DOMString path,
      optional Flags options,
      optional EntryCallback successCallback,
      optional ErrorCallback errorCallback);
```

此方法需要四個參數，第一個參數 path 為所要建立的檔案路徑，第二個 options 則是一個 Flags 型態參數，它用來設定接下來是要建立或是回傳一個現存檔案的操作，以下為其定義：

```
interface Flags {
      attribute boolean create;
      attribute boolean exclusive;
};
```

第一個屬性 create 如果設為 true 則指定系統建立一個新的檔案，如果指定的新檔案已經存在，且 exclusive 設為 true ，則會導致建立檔案作業失敗。指定 options 必須以下頁格式進行設定：

```
{create: true, exclusive: true}
```

其中 create 與 exclusive 均被設定為 true。getFile() 如果調用成功，則呼叫 successCallback 參數指定的回呼函式，否則呼叫 errorCallback。successCallback 是 EntryCallback 參數，它的定義如下：

```
[NoInterfaceObject, Callback=FunctionOnly]
interface EntryCallback {
      void handleEvent (Entry entry);
};
```

其中的事件處理器參數是一個 Entry 物件，透過這個物件可以取得回傳的檔案物件。

讀者要特別注意 EntryCallback，無論目錄或是檔案操作的回呼函式均由此介面所定義，其中的 entry 參數 FileEntry 或是 DirectoryEntry 物件，代表所要操作的檔案或是目錄，前者 FileEntry 表示檔案系統中的一個特定檔案，後者 DirectoryEntry 表示一個特定目錄。

範例 17-3 於根目錄建立檔案

於文字方塊中輸入欲建立的檔案名稱，按一下「建立檔案」按鈕，此時指定名稱的檔案被建立於根目錄，下方出現此新建立檔案的相關資訊。

directoryEntry-getfile.html

```
<!DOCTYPE html>
<html >
<head>
      <title>DirectoryEntry 示範 </title>
      <script >
          window.requestFileSystem =
              window.requestFileSystem ||
              window.webkitRequestFileSystem;
```

(續)

```
        function onSuccess(fs) {
            var msgx ;
            var file = document.getElementById('filename').value;
            fs.root.getFile(file, { create: true }, function (fileEntry) {
                msgx += ('是否為目錄 (isDirectory)：' +
                    fileEntry.isDirectory + '<br/>');
                msgx += ('是否為檔案 (isFile)：' +
                    fileEntry.isFile + '<br/>');
                msgx += ('完整路徑 (fullPath)：' +
                    fileEntry.fullPath + '<br/>');
                msgx += ('名稱 (name)：' +
                    fileEntry.name + '<br/>');
                document.getElementById('msg').innerHTML = msgx;
            }, errorHandler);
        }
        function errorHandler(fe) {
            alert(fe.code);
        }
        function request_file() {
            window.requestFileSystem(
                PERSISTENT,
                5 * 1024 * 1024,
                onSuccess, errorHandler);
        }
    </script>
</head>
<body>
檔案名稱：<input id="filename" type="text" />
<button onclick="request_file()"  >建立檔案</button>
<hr />
<p id='msg'></p>
</body>
</html>
```

HTML 部分的 input 元素讓使用者輸入所要建立的檔案名稱。

回呼函式 onSuccess() 中調用 fs.root.getFile() 以建立新的檔案，參數 file 為使用者指定的新檔案路徑名稱，由於這裡是根目錄，因此指定檔案名稱即可，第二個參數將 create 設定為 true ，第三個回呼函式於建立成功時，透過參數取得其回傳的 FileEntry ，並依序引用 Entry 定義的屬性，取得此新建立檔案的相關特性資訊，然後顯示於畫面上。

17.3.2 於根目錄建立子目錄

如果想要於根目錄建立新的子目錄，則必須透過根目錄物件，調用其 getDirectory () 方法，此方法的定義如下頁：

```
void getDirectory (DOMString path,
      optional Flags options,
      optional EntryCallback successCallback,
      optional ErrorCallback errorCallback);
```

如你所見，內容與 getFile() 方法完全相同，只要完成其中參數的設定即可，這裡不再說明，以下直接來看範例。

範例 17-4 建立新目錄

這個畫面與前述建立檔案的範例相同，只是其中建立的是目錄而非檔案，於文字方塊指定要建立的目錄名稱，按一下「建立目錄」按鈕，就會在根目錄建立名稱為 HTML 的子目錄。程式內容與建立檔案的範例「範例 17-3」幾乎相同，只是其中調用的是 getDirectory() 方法。

directoryEntry-getdir.html

```
function onSuccess(fs) {
      var msgx;
      var dir = document.getElementById('dirname').value;
      fs.root.getDirectory(dir, { create: true }, function (dirEntry) {
          msgx += (' 是否為目錄 (isDirectory)：' +
              dirEntry.isDirectory + '<br/>');
          msgx += (' 是否為檔案 (isFile)：' +
              dirEntry.isFile + '<br/>');
          msgx += (' 完整路徑 (fullPath)：' +
              dirEntry.fullPath + '<br/>');
          msgx += (' 名稱 (name)：' +
              dirEntry.name + '<br/>');
          document.getElementById('msg').innerHTML = msgx;
      }, errorHandler);
}
```

這裡僅列舉回呼函式，其中調用 getDirectory() 以建立新的目錄，除此之外，回呼函式中同樣可以直接取得其回傳代表新建目錄的 Entry 物件，引用各項屬性取得目錄特性。

無論 getFile() 或是 getDirectory() ，讀者可以發現，根目錄僅是檔案系統操作的起點，只要指定正確的路徑，你便可以在任何目錄底下，建立子目錄或是檔案，接下來我們來看看子目錄的內容建立。

17.3.3 建立特定目錄下的子目錄與檔案

前述的範例僅單純的討論了在根目錄下建立子目錄與檔案，而這一節透過一個範例說明如何在根目錄下建立新的目錄與檔案。

範例 17-5 於任意目錄建立子目錄與檔案

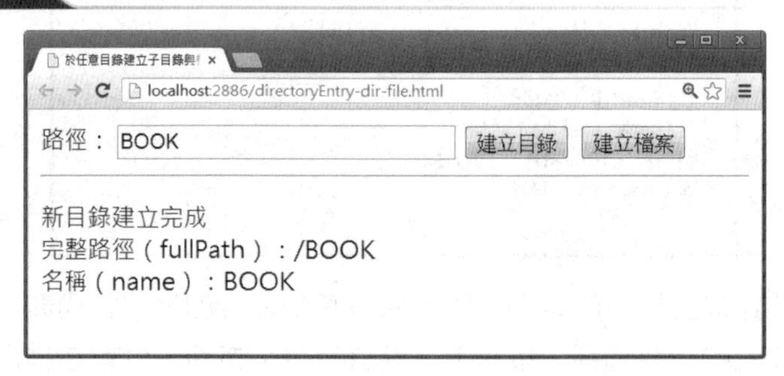

畫面中包含兩個按鈕，可以讓使用者選擇建立目錄或是檔案，文字方塊則接受所要建立的目錄或是檔案完整路徑，在這個畫面中，先建立一個測試目錄 BOOK ，由於只是單純的指定目錄名稱，因此這個目錄被建立於根目錄中。

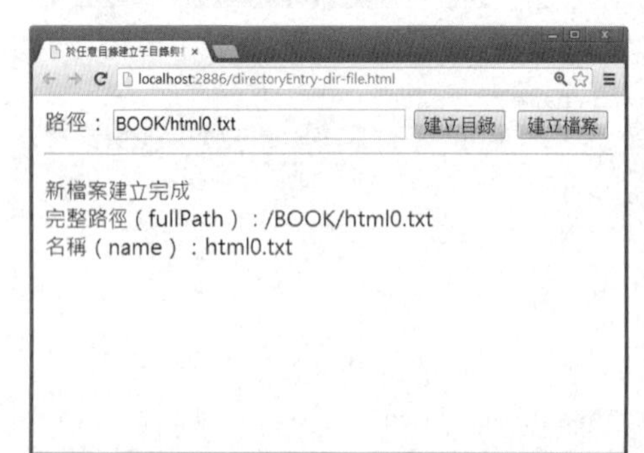

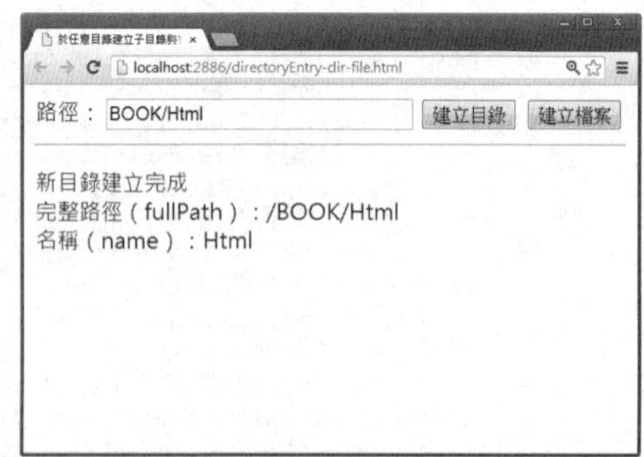

接下來我們要在 BOOK 目錄中建立一個文字檔，在左邊的畫面中指定完整的檔案路徑名稱，包含 BOOK 目錄名稱，然後按一下「建立檔案」按鈕，即可將指定的檔案建立在此目錄底下。右邊的畫面則是於 BOOK 目錄底下，再建立一個名稱為 Html 的子目錄。

directoryEntry-dir-file.html

```
<!DOCTYPE html >
<html >
<head>
      <title>於任意目錄建立子目錄與檔案</title>
      <script>
          var t;
          window.requestFileSystem =
              window.requestFileSystem ||
              window.webkitRequestFileSystem;
          function onSuccess(fs) {
              var msgx;
              var path = document.getElementById('path').value;
              if (t == 'dir') {
                  fs.root.getDirectory(path, { create: true },
                  function (dirEntry) {
                      msgx = '新目錄建立完成'+ '<br/>';
                      msgx += ('完整路徑 (fullPath):' +
                          dirEntry.fullPath + '<br/>');
                      msgx += ('名稱 (name):' +
                          dirEntry.name + '<br/>');
                      document.getElementById('msg').innerHTML = msgx;
                  }, errorHandler);
              } else {
                  fs.root.getFile(path, { create: true },
                  function (fileEntry) {
                      msgx = '新檔案建立完成'+ '<br/>';
                      msgx += ('完整路徑 (fullPath):' +
                          fileEntry.fullPath + '<br/>');
                      msgx += ('名稱 (name):' +
                          fileEntry.name + '<br/>');
                      document.getElementById('msg').innerHTML = msgx;
                  }, errorHandler);
              }
          }
          function errorHandler(fe) {
              alert(fe.code);
          }
          function request_dir_file(button) {
              t = button.getAttribute('id');
              window.requestFileSystem(
                  TEMPORARY,
                  5 * 1024 * 1024,
                  onSuccess, errorHandler);
          }
       </script>
</head>
<body>
    <label>路徑:</label>  <input id="path" type="text" style="width:220px" />
    <button id="dir" onclick="request_dir_file(this)" >建立目錄</button>
    <button id="file" onclick="request_dir_file(this)" >建立檔案</button>
    <hr />
<p id='msg'></p>
</body>
</html>
```

其中的程式碼已在前述的範例中討論，不過在這個範例當中，根據使用者按下的按鈕，分別建立檔案或是目錄，後續討論目錄檔案的讀取時，讀者可以直接輸入這裡所建立的目錄路徑，檢示其中所建立的檔案或是子目錄。

另外還有一點必須注意的是，你必須先建立 BOOK 這個子目錄，才能在這個子目錄中，進一步建立子目錄或是檔案，否則的話，瀏覽器將回傳代碼 1 的錯誤，表示找不到路徑。

從這一個小節的範例實作中，讀者對於路徑參考應該已經具備了清楚的概念，getFile() 與 getDirectory() 就如同其名稱，會根據路徑參數，取得指定的檔案或是目錄參考，如此一來，我們才能進一步透過此參考執行各種檔案與目錄操作，後續討論的檔案目錄操作，將運用同樣的原理。

17.4 目錄與檔案的存取

完成子目錄與檔案的建立，接下來就是內容的存取，如果對象是目錄比較單純，所要作的便是列舉其中的子目錄或檔案，如果是檔案，除了讀取其內容之外，還可能將資料寫入，這一節討論相關功能的實作。

17.4.1 讀取目錄內容

DirectoryEntry 介面中有一個 createReader() 方法成員，它回傳一個 DirectoryReader 物件，以支援目錄內容讀取作業，此介面定義如下：

```
[NoInterfaceObject]
interface DirectoryReader {
      void readEntries (
      EntriesCallback successCallback,
      optional ErrorCallback errorCallback);
};
```

其中的方法成員 readEntries() 進行目錄內容的讀取檢視操作，如果讀取成功，回呼函式 successCallback 被呼叫，這是一個 EntriesCallback 型態回呼函式，定義如下：

```
[NoInterfaceObject, Callback=FunctionOnly]
interface EntriesCallback {
      void handleEvent (Entry[] entries);
};
```

其中的事件處理器參數 entries 是一個 Entry 陣列，包含所有的目錄以及檔案，解析這個陣列的內容即可將其中的子目錄全部取出，當然，目錄裡面還包含檔案，你可以透過 isDirectory 與 isFile 這兩個屬性，檢視取出的是目錄或是檔案。

範例 17-6 DirectoryReader 與檔案讀取

於網頁上的「讀取根目錄」按鈕按一下，下方顯示目前根目錄中的子目錄以及檔案，筆者於其中新增了目錄與資料夾，因此你會看到其中顯示兩個分別以不同圖示顯示的節點。

directoryReader-demo.html

```
<!DOCTYPE html>
<html >
<head>
      <title>DirectoryReader 與檔案讀取 </title>
      <script >
          window.requestFileSystem =
              window.requestFileSystem ||
              window.webkitRequestFileSystem;
          function onSuccess(fs) {
              var dirReader = fs.root.createReader();
              dirReader.readEntries(function (entries) {
                  var dirs = '';
                  var files = '';
                  for (var i = 0; i < entries.length; i++) {
                      if (entries[i].isDirectory) {
                          dirs += '<li><img src="images/dir.jpg " >' +

                                  entries[i].name + '</li>';
                      } else {
                          files += '<li><img src="images/file.jpg ">' +
```

(續)

```
                                        entries[i].name + '</li>';
                            }
                        }
                        document.getElementById('msg').innerHTML =dirs + files ;
                    }, errorHandler);
                }
                function errorHandler(fe) {
                    alert(fe.code);
                }
                function request_file() {
                    window.requestFileSystem(
                        PERSISTENT,
                        5 * 1024 * 1024,
                        onSuccess, errorHandler);
                }
            </script>
</head>
<body>
<button onclick="request_file()"  >讀取根目錄 </button>
<hr />
<p id='msg'></p>
</body>
</html>
```

於回呼函式中，調用 createReader() 方法取得 DirectoryReader 物件，然後進一步調用其 readEntries() 方法，讀取其中的目錄與檔案，接下來的迴圈檢視回傳的參數 entries 內容，逐一引用 isDirectory 屬性，根據其結果值，分別取得目錄以及檔案的名稱，最後個別合併成為兩組清單，並分別配置圖示以區別目錄以及檔案。

除了取出根目錄中所有的子目錄與檔案，你還可以針對特定目錄進行存取，不過在此之前，必須先取得所要操作的目錄參考，就如同你必須先引用 root 取得根目錄參考才能對其進行操作。調用 DirectoryEntry 定義的方法成員 getDirectory() ，可以讓你取得特定目錄的參考，同前述討論子目錄與檔案的建立，只是這一次執行的是讀取操作。緊接著這個範例示範如何實作目錄讀取的功能。

範例 17-7 讀取特定目錄

網頁一開始載入時，提供一個文字方塊要求使用者輸入所要檢視的路徑字串，而按下「檢視子目錄」按鈕則會取出此路徑底下的目錄清單，並且將其名稱顯示在畫面上。左圖是直接按下按鈕的結果，由於沒有輸入任何路徑字串，因此直接取出根目錄中的子目錄，而右圖則是指定搜尋 BOOK 目錄底下的子目錄。

directoryReader-sub.html

```
<!DOCTYPE >
<html>
<head>
    <title>讀取特定子目錄</title>
    <script>
        window.requestFileSystem =
            window.requestFileSystem ||
            window.webkitRequestFileSystem;
        function onSuccess(fs) {
            var xpath = document.getElementById('dirpath').value;
            fs.root.getDirectory(xpath, {}, function (entries) {
                var dirReader = entries.createReader();
                dirReader.readEntries(function (entries) {
                    var dirs = new Array();
                    var files = new Array();

                    for (var i = 0; i < entries.length; i++) {
                        if (entries[i].isDirectory) {
                            var div_name = document.createTextNode(
                                                entries[i].name);
                            var dir = document.createElement('li');
                            dir.setAttribute('id', entries[i].name);
                            var img = document.createElement('img');
                            img.src = 'images/dir.jpg ';
                            dir.appendChild(img);
                            dir.appendChild(div_name);
                            dirs.push(dir);
                        }
```

(續)

```
                    if (entries[i].isFile) {
                        var file_name = document.createTextNode(
                                            entries[i].name);
                        var file = document.createElement('li');
                        file.setAttribute('id', entries[i].name);
                        var img = document.createElement('img');
                        img.src = 'images/file.jpg ';
                        file.appendChild(img);
                        file.appendChild(file_name);
                        files.push(file);
                    }
                }
                if (dirs.length > 0) {
                    var dirs_ul = document.createElement('ul');
                    for (var key in dirs) {
                        dirs_ul.appendChild(dirs[key]);
                    }
                    document.getElementById('dirsection').
                                    appendChild(dirs_ul);
                }
                if (files.length > 0) {
                    var files_ul = document.createElement('ul');
                    for (var key in files) {
                        files_ul.appendChild(files[key]);
                    }
                    document.getElementById('dirsection').
                    appendChild(files_ul);
                }
            }, errorHandler);
        }, errorHandler);        }
    function errorHandler(ex) {
        alert(ex.code);
    }
    function request_dir() {
     clearList() ;
        window.requestFileSystem(
            TEMPORARY,
            5 * 1024 * 1024,
            onSuccess, errorHandler);
    }
    function clearList() {
        var s = document.getElementById('dirsection');

        while (s.hasChildNodes() ) {
            s.removeChild(s.firstChild);
        }
    }    </script>
</head>
<body>
<section>
路徑：<input id="dirpath" type="text" style="width: 188px" >
<button onclick="request_dir()">檢視子目錄</button>
<hr />
<scetion id="dirsection"></scetion>
</section>
</body>
</html>
```

由於這個範例讓使用者重複取出特定目錄下的子目錄，因此必須在每次使用者按下按鈕時，執行 clearList() 清除畫面上前一次所取得的子目錄清單。

在 onSuccess() 函式中，取得使用者指定的路徑 xpath ，調用 getDirectory() 取得參照此路徑的 DirectoryEntry 物件 entries ，然後進一步調用 createReader() 取得 DirectoryReader 並且讀取其中的目錄內容，分別透過 isFile 與 isDirectory 屬性的引用，判斷所取出的是檔案或是目錄，將其加入至不同的陣列，最後各以一組 ul 元素將其呈現出來。

讀取特定路徑下的子目錄原理同根目錄的內容列舉，差異在於經由 getDirectory() 操作必須先取得指定路徑的目錄物件，然後才開始進行讀取。

17.4.2 檔案讀寫

我們體驗了目錄的讀取作業，並且取出其中的目錄與檔案，而檔案不同於目錄，它本身可以進一步被讀取，並且進行資料的寫入，這一個小節針對相關的資料讀寫操作進行討論。

- **讀取檔案**

無論進行何種類型的檔案操作，都必須先取得檔案，這一部分與稍早說明的原理相同，只是指定的參數差異，考慮以下的程式片段：

```
fs.root.getFile(file, {}, function(fileEntry){…}, errorHandler);
```

第二個參數是空值，其中的 Create 屬性值因此為 false ，表示在根目錄底下，並非要建立新的檔案或目錄，它將回傳第一個參數指定的檔案，而代表此檔案的 FileEntry 物件可以經由回呼函式取得。

進一步實作檔案讀寫功能，必須依賴另外兩個物件，分別是 FileReader 與 FileWriter ，搭配 FileEntry 才能完成相關的實作，以下是 FileEntry 的定義：

```
[NoInterfaceObject]
interface FileEntry : Entry {
   void createWriter (
     FileWriterCallback successCallback,
     optional ErrorCallback errorCallback);
   void file (
     FileCallback successCallback,
     optional ErrorCallback errorCallback);
};
```

createWriter() 方法用來取得實作寫入檔案所需功能的 FileWriter 物件，這一部分稍後作說明。

方法 file() 於 FileCallback 型態回呼函式 successCallback() 回傳 File 物件，表示目前此 FileEntry 所表示的檔案物件，以下為其定義：

```
[NoInterfaceObject, Callback=FunctionOnly]
interface FileCallback {
      void handleEvent (File file);
};
```

完成回呼設定，直接經由其事件處理器函式中的 file 參數進行讀取即可完成相關作業，如下式：

```
fileEntry.file(function (file) {
      …
      reader.readAsText(file);  // 針對 file 讀取其內容
      …
}, errorHandler);
```

接下來 FileReader 針對檔案內容的讀取功能進行實作，讀者於本章一開始便已經看到了相關的設計，只是稍早 FileReader 所讀取的檔案來源是由 input 元素取得，而現在則是針對參考至沙箱區域中特定檔案的 FileEntry 物件進行操作。

範例 17-8 FileEntry 與檔案讀取

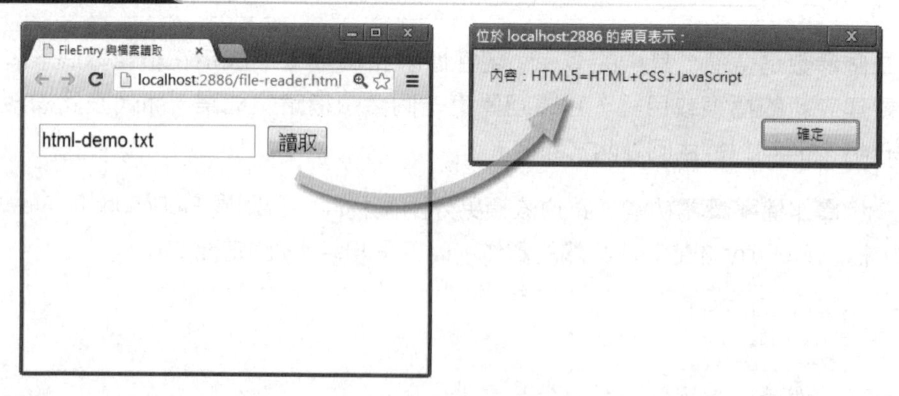

於文字方塊輸入要讀取的檔案完整路徑名稱，按一下「讀取」按鈕，便會顯示所讀取的內容，在這個畫面中，讀取根目錄裡面一個名稱為 html-demo.txt 的文字檔，由於在根目錄，因此直接指定檔案名稱即可。

file-reader.html

```
<!DOCTYPE html >
<html >
<head>
      <title>FileEntry 與檔案讀取 </title>
      <script >
          window.requestFileSystem =
              window.requestFileSystem ||
              window.webkitRequestFileSystem;
          function onSuccess(fs) {
              var file = document.getElementById('filename').value;
              fs.root.getFile(file, {}, function (fileEntry) {
                  fileEntry.file(function (file) {
                      var reader = new FileReader();
                      reader.onloadend = function (e) {
                          alert('內容：' + this.result);
                      };
                      reader.readAsText(file);
                  }, errorHandler);
              }, errorHandler);
          }
          function errorHandler(fe) {
              alert(fe.code);
          }
          function request_file() {
              window.requestFileSystem(
                  PERSISTENT,
                  5 * 1024 * 1024,
                  onSuccess, errorHandler);
          }
      </script>
</head>
<body>
<p><input id='filename'  type=text />
<button onclick="request_file()" >讀取 </button>
</body>
</html>
```

requestFileSystem 回呼事件中，調用根目錄的 getFile() 函式，將第二個參數設為空值 {} ，並且於其回呼函式中取得 FileEntry 物件 fileEntry 。接下來透過 fileEntry 調用 file() 方法，於回呼函式建立 FileReader 物件，針對參數 file 進行檔案資料的存取。

- **寫入檔案**

FileWriter 支援檔案寫入作業，在使用這個物件寫入資料之前，必須調用 FileEntry 的 createWriter() 方法來取得，以下是這個方法的定義：

```
void createWriter (
      FileWriterCallback successCallback,
      optional ErrorCallback errorCallback);
```

successCallback 是 FileWriterCallback 回呼函式，它的定義如下頁：

```
[NoInterfaceObject, Callback=FunctionOnly]
interface FileWriterCallback {
      void handleEvent (FileWriter fileWriter);
};
```

其中回傳的參數是一個 FileWriter 型態物件，支援資料寫入功能的實作，來看它的定義：

```
interface FileWriter : FileSaver {
      readonly attribute unsigned long long position;
      readonly attribute unsigned long long length;
      void write (Blob data) raises (FileException);
      void seek (long long offset) raises (FileException);
      void truncate (unsigned long long size) raises (FileException);
};
```

這個介面擴充了 FileSaver 的功能，下表列舉成員的意義：

類 型	成 員	說 明
屬 性	position	下一個寫入檔案的位置。
	length	檔案的長度。
方 法	write	將資料寫入檔案中的 position 位置。
	seek	設定下一個寫入檔案的位置。
	truncate	縮減檔案至指定的長度，並截斷超出的資料內容。

透過表列的方法，我們可以進行資料的寫入作業，甚至執行檔案的縮減操作。

從上述的定義中，可以看到 write() 方法支援 Blob 型態資料的寫入，在此之前，必須先將資料封裝成 Blob 物件如下：

```
var b = new Blob([data], { type: 'text/plain;charset=UTF-8' });
```

此行程式碼為 Blob 建構式，第一個參數是要寫入的字串陣列，第二個參數則是要寫入的資料型態。最後變數 b 是一個封裝資料的 Blob 物件，將其當作參數傳入 write() 方法，即可完成資料寫入作業。

範例 17-9 檔案讀取與寫入

於畫面上的文字方塊指定所要讀寫的檔案，接下來於下方的多行文字方塊中，輸入欲寫入文字檔的文字資料，按一下「寫入」按鈕，出現「資料寫入」訊息方塊，表示文字被寫入指定的文字檔 html-demo.txt。緊接著按一下「讀取」按鈕，寫入的文字被讀取出來，顯示在訊息方塊上。

file-reader-writer.html

```
<!DOCTYPE html >
<html>
<head>
      <title>檔案讀取與寫入</title>
      <script >
          window.requestFileSystem =
              window.requestFileSystem ||
              window.webkitRequestFileSystem;
          function onSuccess(fs) {
              var filepath = document.getElementById('filename').value;
              fs.root.getFile(filepath, {}, function (fileEntry) {
                  fileEntry.file(function (file) {
                      var reader = new FileReader();
                      reader.onloadend = function (e) {
                          alert( '內容：'+this.result);
                      };
                      reader.readAsText(file);
                  }, errorHandler);
```

(續)

```
            }, errorHandler);
        }
        function errorHandler(fe) {
            alert(fe.code);
        }
        function request_file() {
            window.requestFileSystem(
                TEMPORARY,
                5 * 1024 * 1024,
                onSuccess, errorHandler);
        }
        function onSuccess_w(fs) {
            var filepath = document.getElementById('filename').value;
            fs.root.getFile(filepath, {}, function (fileEntry) {
                fileEntry.createWriter(function (fileWriter) {
                    fileWriter.onwrite = function (e) {
                        alert('資料寫入 !');
                    };
                    fileWriter.onerror = function (e) {
                        alert('寫入失敗：' + e);
                    };
                    var content = document.getElementById
                    ('msg').value;
                    var b = new Blob(['DEMO：'+content],
                            { type: 'text/plain;charset=UTF-8' });
                    fileWriter.write(b);
                }, errorHandler);
            }, errorHandler);
        }
        function write_file() {
            window.requestFileSystem(
                TEMPORARY,
                5 * 1024 * 1024,
                onSuccess_w, errorHandler);
        }
    </script>
</head>
<body>
<p><input id='filename'  type=text />
<button onclick="request_file()" >讀取 </button>
<button onclick="write_file()">寫入 </button></p>
<p><textarea id='msg' rows=1 cols=1
            style="width:300px;height:120px;"></textarea></p>
</body>
</html>
```

這個範例同時納入了讀取檔案的功能程式碼 onSuccess() ，以方便使用者檢視寫入檔案的內容。另外一個函式 onSuccess_w() 則取得所要寫入的檔案參考 fileEntry ，以其為基礎，調用 createWriter() 函式，取得 fileWriter 以支援資料的寫入，並且將要寫入的資料，封裝於 Blob 物件 b ，最後透過 fileWriter 調用 write() 將資料寫入。

在預設的情形下，當你調用 write() 方法，資料會被寫入 position 屬性所表示的檔案位置，而透過 seek() 方法，我們可以改變這個位置，指定資料被寫入的位置之後，再調用 write() 即可。現在嘗試調整範例的內容，在寫入資料之前，執行以下的程式碼：

```
alert('fileWriter.position：' + fileWriter.position);
```

其中引用 position 取得寫入資料的索引位置，出現以下的訊息方塊：

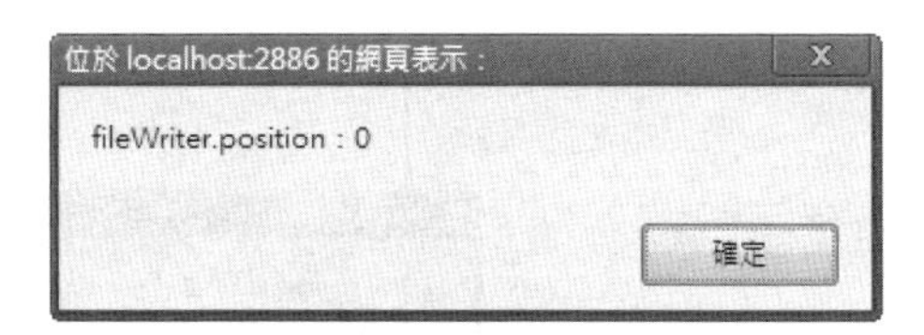

這個值預設是 0 ，因此每一次當你將資料寫入檔案時，會從檔案開頭的第一個位置開始，現在重新執行網頁，嘗試寫入 ABCDE ，如下圖：

完成寫入之後，重新按一下「讀取」按鈕，會發現 ABCDE 從檔案開始的第一個位置被寫入，覆蓋了前五個字元 。現在我們要進一步改變這種預設行為，讓使用者自行決定將資料寫入檔案的位置，要達到這個目的，需要調用另外一個方法 seek() ，這個方法接受一個代表寫入位置索引的參數，如下式：

```
fileWriter.seek(p);
```

其中的 p 為所要寫入的檔案位置索引，當 seek() 執行完畢，則 p 所代表的位置將是下一次檔案寫入資料的預設位置。

範例 17-10 指定檔案寫入位置

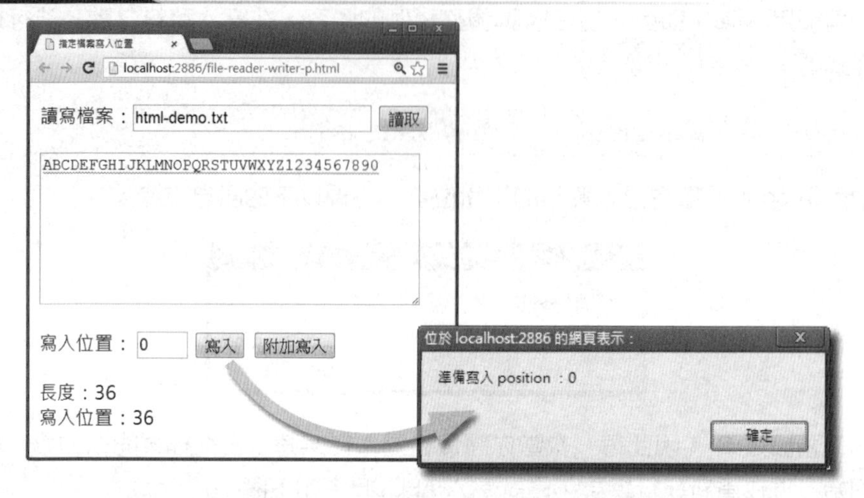

指定要寫入的檔案，然後於中間的文字方塊填入所要寫入的資料，按一下「寫入」按鈕，這個時候讀者會看到跳出的訊息方塊，其中顯示準備寫入的位置是 0 ，取消訊息方塊之後，畫面的下方，會顯示寫入的資料長度以及寫入完成後的位置。

按一下「讀取」按鈕，顯示被寫入 info.txt 內的文字，如下圖：

接下來嘗試寫入 @#$%& 等五個符號字元，並且按一下「附加寫入」按鈕，以附加的方式，寫入至檔案的最末端，因此這個時候出現開始寫入的位置是 36，最後檔案的長度是 41，如果按一下「讀取」按鈕，你會發現 @#$%& 這些文字顯示在文字檔的最後方。

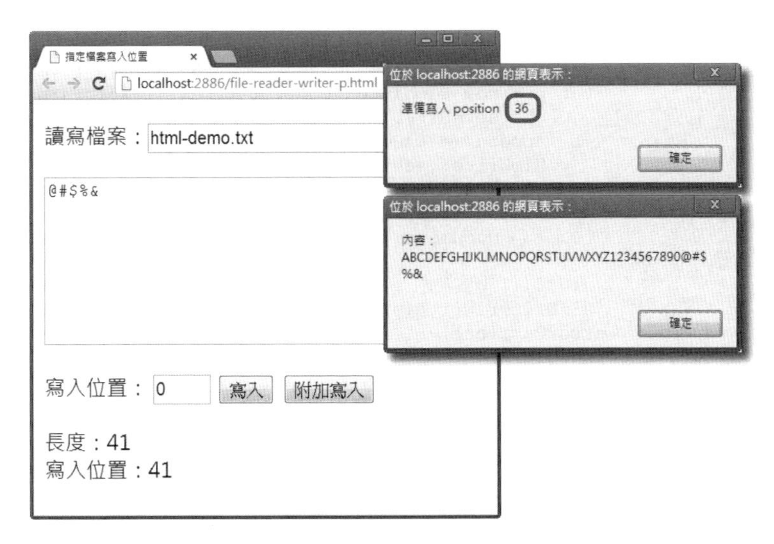

讀者可以自行嘗試，例如寫入另外三個連續字元 XYZ ，並且指定寫入的索引位置為 6 ，於寫入位置的文字方塊中輸入 6，按一下「寫入」按鈕，則 XYZ 會從最左邊第一個字元為起點，從 0 開始，往右推算至第六個索引位置寫入，取代原來的內容。

file-reader-writer-p.html

```
<!DOCTYPE html>
<html >
<head>
      <title>指定檔案寫入位置</title>
      <script >
          var append;
          window.requestFileSystem =
              window.requestFileSystem ||
              window.webkitRequestFileSystem;

          // 讀取檔案 …

          function onSuccess_w(fs) {
              var filepath = document.getElementById('filename').value;

              fs.root.getFile(filepath, {}, function (fileEntry) {
                  fileEntry.createWriter(function (fileWriter) {
                      fileWriter.onwrite = function (e) {
                          document.getElementById('writemsg').innerHTML =
                              '長度：' + this.length + '<br/>'+
                              '寫入位置：' + this.position  ;
                                          };
                      fileWriter.onerror = function (e) {
                          alert('寫入失敗：' + e);
                      };
```

(續)

```
                    var content = document.getElementById('msg').value;
                    var b = new Blob([content], { type: 'text/plain;
                        charset=UTF-8' });
                    if (append == true) {
                        fileWriter.seek(fileWriter.length);
                    } else {
                        fileWriter.seek(
                            document.getElementById('wposition').value);
                    }
                    alert( '準備寫入 position：' + fileWriter.position);
                    fileWriter.write(b);
                }, errorHandler);
            }, errorHandler);
        }
        function write_file(o) {
            if (o.id == 'write_append')
                append = true;
            else
                append = false;
            window.requestFileSystem(
                TEMPORARY,
                5 * 1024 * 1024,
                onSuccess_w, errorHandler);
        }
    </script>
</head>
<body>
<p><label>讀寫檔案：</label><input id='filename'  type=text
style="width:200px"  />
<button onclick="request_file()" >讀取</button></p>

<p><textarea id='msg' rows=1 cols=1
            style="width:320px;height:120px;"></textarea></p>
<p><label>寫入位置：</label>
    <input id='wposition' style="…"  type=text value=0  />
    <button id="write" onclick="write_file(this)">寫入</button>
    <button id="write_append"
onclick="write_file(this)">附加寫入</button></p>
<p id="writemsg" ></p>
</body>
</html>
```

大部分的程式碼均已在前述的範例中作了討論，因此這裡大致上僅列舉新增的部分，其中 HTML 的部分配置了兩個寫入的按鈕，執行 write_file() 函式。在這個函式中，根據使用者按下的按鈕，設定 append 變數，判斷資料以附加或是覆寫的方式寫入。

在資料真正寫入之前，根據 append 參數的設定，如果是 true ，表示使用者按下了「附加寫入」按鈕，因此調用 seek() 將寫入位置移動至等同於檔案長度的位置，也就是最後一個字元的下一個位置，以附加的模式將資料寫入。如果 append 是

false ，表示使用者指定了寫入的確切位置，因此以文字方塊的值作為參數，調用 seek() 移動寫入位置，最後將資料寫入。

17.4.3 縮減檔案

這個小節最後，我們還要來看另外一個方法 truncate() ，它支援檔案的縮減作業，考慮以下的程式碼：

```
fileWriter.truncate(l);
```

其中的參數 l 為檔案縮減完成後的長度，超出這個長度的資料內容都將在這個方法執行過程式中被擷取移除。而每一次 truncate() 執行完畢，均會觸發 writeend 事件，捕捉這個事件，並且在其回應處理函式中，我們可以檢視被縮減的檔案內容。接下來的範例進行此方法的示範說明。

範例 17-11 縮減檔案長度

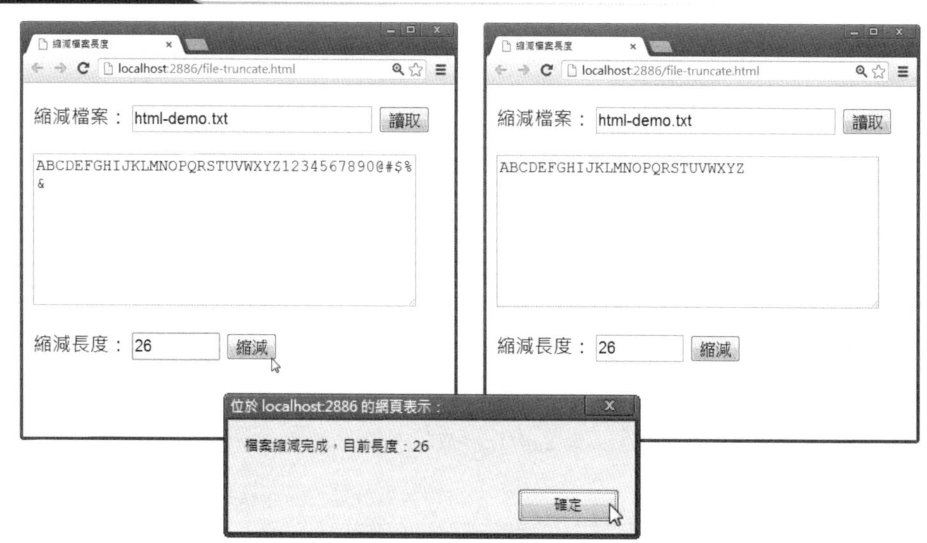

於畫面上方的文字方塊指定檔案 html-demo.txt ，按一下「讀取」按鈕，文字方塊會顯示目前的檔案文字內容，接下來於畫面下方輸入縮減完成後的長度為 26 ，如此一來只有第一行的前二十六個大寫英文字母會被保留下來，從 Z 後方開始，一直到檔案最後的內容則全數被刪除。重新按一下「讀取」按鈕，會顯示縮減後剩下的二十六 個英文字母。

file-truncate.htmll

```
<!DOCTYPE html>
<html >
<head>
      <title> 縮減檔案長度 </title>
      <script >
          window.requestFileSystem =
              window.requestFileSystem ||
              window.webkitRequestFileSystem;

          // 讀取檔案內容 …

          function onSuccess_w(fs) {
              var filepath = document.getElementById('filename').value;
              fs.root.getFile(filepath, {}, function (fileEntry) {

                  fileEntry.createWriter(function (fileWriter) {
                      fileWriter.onwriteend = function (e) {
                          alert(' 檔案縮減完成，目前長度：' + this.length);
                      };
                      var tlength = document.getElementById('tlength').value;
                      fileWriter.truncate(tlength);
                  }, errorHandler);
              }, errorHandler);
          }
          function truncate_file() {
              window.requestFileSystem(
                  TEMPORARY,
                  5 * 1024 * 1024,
                  onSuccess_w, errorHandler);
          }
      </script>
</head>
<body>
<label> 縮減檔案：</label>
<p><label> 縮減檔案：</label>
<input id='filename'  type=text  style="width:200px"  />
<button onclick="request_file()" > 讀取 </button></p>
<p><textarea id='msg' rows=1 cols=1
            style="width:320px;height:120px;"></textarea></p>
<p><label> 縮減長度：</label>
      <input id='tlength' style="width:60px;padding-right:10px"
          type=text value=0  />
      <button onclick="truncate_file()"> 縮減 </button>
</body>
</html>
```

最後的 HTML 配置了文字方塊與縮減按鈕以支援縮減功能，當使用者按下時，執行 truncate_file() 函式。首先取得 fileEntry ，建立所需的 fileWriter ，調用 truncate() 縮減檔案長度，然後在縮減完成後觸發的 writeend 事件回應函式中，顯示相關的訊息，並且提示目前檔案的長度。

17.5 檔案與目錄的刪除

刪除是比較單純的檔案 / 目錄操作，將一個已經存在的檔案 / 目錄從沙箱中的檔案系統移除，首先來看目錄的刪除，Entry 定義的 remove 支援此功能：

```
Void remove (
      VoidCallback successCallback,
      optional ErrorCallback errorCallback);
```

其中 VoidCallback 型態的回呼函式 successCallback ，於成功刪除目錄之後執行，定義如下，事件處理器並沒有任何參數，直接設定即可。

```
[NoInterfaceObject, Callback=FunctionOnly]
interface VoidCallback {
      void handleEvent ();
};
```

另外一個回呼函式 errorCallback 則是於刪除過程中遇到錯誤時被執行，它是 ErrorCallback 型態。

remove() 方法由 Entry 所定義，因此可同時適用於 DirectoryEntry 或是 FileEntry ，若是經由 DirectoryEntry 物件調用，它會刪除所代表的目錄，若是由 FileEntry 調用，則刪除的將是所代表的檔案。要特別注意的是，remove() 只能刪除空目錄，如果目錄本身包含了其它的子目錄或是檔案，則刪除作業會失敗，在這種情形下必須調用另外一個方法 removeRecursively() ，這一部分後續說明，以下先來看一個範例。

範例 17-12　刪除檔案目錄

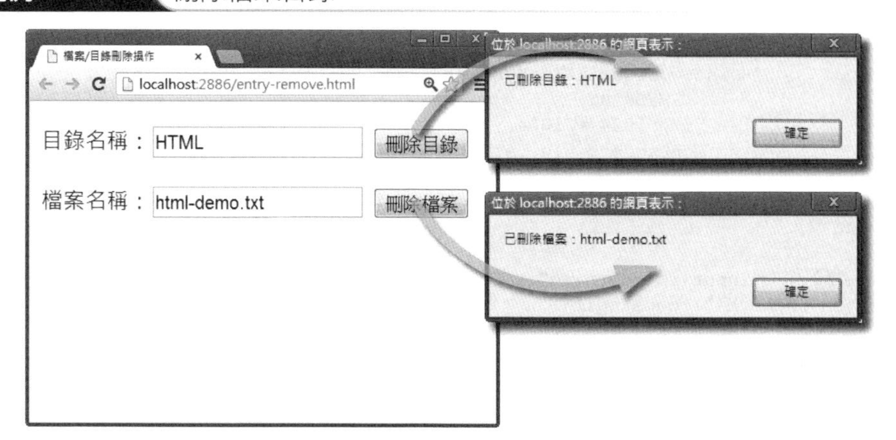

輸入所要刪除的目錄或是檔案名稱，分別按下對應的按鈕，出現刪除訊息，表示成功將目錄或是檔案刪除。

entry-remove.html

```
<!DOCTYPE html>
<html >
<head>
      <title>檔案 / 目錄刪除操作 </title>
      <script >
          window.requestFileSystem =
              window.requestFileSystem ||
              window.webkitRequestFileSystem;
          function errorHandler(fe) {
              alert(fe.code);
          }
          // 刪除目錄
          function onSuccess(fs) {
              var ddir = document.getElementById('dirname').value;
              fs.root.getDirectory(ddir, {}, function (dirEntry) {
                  dirEntry.remove(function () {
                      alert(' 已刪除目錄：' + ddir);
                  }, errorHandler);
              }, errorHandler);
          }
          function request_dir() {
              window.requestFileSystem(
                  TEMPORARY,
                  5 * 1024 * 1024,
                  onSuccess, errorHandler);
          }
          // 刪除檔案
          function onSuccess_file(fs) {
              var dfile = document.getElementById('filename').value;
              fs.root.getFile(dfile, {}, function (fileEntry) {
                  fileEntry.remove(function () {
                      alert(' 已刪除檔案：' + dfile);
                  }, errorHandler);
              }, errorHandler);
          }
          function request_file() {
              window.requestFileSystem(
                  TEMPORARY,
                  5 * 1024 * 1024,
                  onSuccess_file, errorHandler);
          }
      </script>
</head>
<body>
<p> 目錄名稱：<input id="dirname" type="text" />
<button onclick="request_dir()"  > 刪除目錄 </button></p>
<p> 檔案名稱：<input id="filename" type="text" />
<button onclick="request_file()"  > 刪除檔案 </button></p>
</body>
</html>
```

在 HTML 的部分，配置畫面上所需的按鈕與文字方塊，「刪除目錄」按鈕執行 request_dir() ，其中要求檔案系統，並於回呼函式中調用 getDirectory() ，取得指定的目錄，然後進一步調用 remove() 將目錄刪除。檔案的刪除功能原理完全相同，只是它調用 getFile() 取得所要刪除的檔案物件。

在這個範例中，如果輸入的檔案或是目錄不存在，則將回傳以下的訊息畫面：

這是 FileError 屬性 code 的回傳值，1 等於 NOT_FOUND_ERR ，表示找不到這個目錄或是檔案。調用 remove() 只能刪除空目錄，假設有一個目錄 Book ，其底下還有一個子目錄 HTML5 ，此時刪除 BOOK ，會出現以下的訊息畫面：

回傳值 9 表示 INVALID_MODIFICATION_ERR 的錯誤，這是一個不正確的操作，你必須先進行 Book/HTML5 這個目錄的刪除，然後再刪除 Book 。

如果確實要將目錄整個刪除掉，無論其中是否有其它子目錄或檔案，則必須調用另外一個方法 removeRecursively() ，這個方法由 DirectoryEntry 所定義，於稍早討論其定義時，可以看到這個方法的內容：

```
void removeRecursively (
      VoidCallback successCallback,
      optional ErrorCallback errorCallback);
```

其中的 VoidCallback 回呼函式 successCallback 於刪除完成時被執行，它的定義很簡單，同樣可以設定錯誤回呼函式，列舉如下：

```
[NoInterfaceObject, Callback=FunctionOnly]
interface VoidCallback {
      void handleEvent ();
};
```

調用 removeRecursively() 的過程與 remove() 相同，例如以下的程式片段：

```
dirEntry.removeRecursively (function () {
      // 刪除整個目錄，包含其子目錄以及檔案 …
}, errorHandler);
```

當你調用 removeRecursively() 方法，dirEntry 所表示的目錄會整個從檔案系統內移除，無論其中是否存在任何目錄或是檔案。

範例 17-13 刪除完整目錄操作

這個範例只示範目錄的操作，當你指定一個包含其它內容的目錄，可以成功刪除不會有任何問題，例如畫面中刪除的 Books 底下還有其它的子目錄，一樣可以順利刪除。

entry-remove-r.html

```
function onSuccess(fs) {
      var ddir = document.getElementById('dirname').value;
      fs.root.getDirectory(ddir, {}, function (dirEntry) {
          dirEntry.removeRecursively(function () {
              alert('已完整刪除目錄：' + ddir);
          }, errorHandler);
      }, errorHandler);
}
```

由於程式碼與前述刪除檔案目錄的範例幾乎相同，這裡僅列舉其中調用 removeRecursively() 函式的部分，請自行參考。

17.6 檔案與目錄的移動與更名

檔案與目錄的移動或是更名，由 Entry 定義的 moveTo() 方法支援所需的功能，兩者的原理相同，我們由檔案的操作進行說明，下頁列舉 moveTo() 方法的定義：

```
void moveTo (DirectoryEntry parent,
      optional DOMString newName,
      optional EntryCallback successCallback,
      optional ErrorCallback errorCallback);
```

第一個參數是 Entry 物件移動的目標路徑，第二個參數則是移動之後所要變更的新名稱，如果省略則維持原來的名稱。

接下來是兩個回呼函式，當 moveTo() 成功，EntryCallback 型態的 successCallback 函式被調用，它的定義如下：

```
[NoInterfaceObject, Callback=FunctionOnly]
interface EntryCallback {
      void handleEvent (Entry entry);
};
```

其中的 Entry 型態參數 entry 為移動成功的檔案或是目錄。

接下來透過一個範例，進行此方法的實際應用說明，為了簡化示範的過程，這裡針對檔案的搬移作討論。

範例 17-14 檔案移動與更名

在檔案系統的根目錄中，存在一個 Book 子目錄以及一個 info.txt 檔案，現在嘗試將 info.txt 搬移至 Book 子目錄，並且將其命名為 myinfo.txt 。

在這個執行畫面中，指定了所要更新的檔案，新的名稱以及移動的目標位置目錄，按一下「更新移動檔案」按鈕，顯示移動與重新命名的訊息。

entry-file-move.html

```
<!DOCTYPE html >
<html >
<head>
      <title>檔案移動與更名</title>
      <script>
          //修改檔案名稱
          window.requestFileSystem =
              window.requestFileSystem ||
              window.webkitRequestFileSystem;
          function errorHandler(fe) {
              alert(fe.code);
          }
          function moveSuccess(entry) {
              alert('新檔案：'+entry.name+
                    '\n新檔案路徑：' + entry.fullPath );
          }
          function onSuccess_file(fs) {
              var file = document.getElementById('filename').value;
              var newname = document.getElementById('newname').value;
              var dir = document.getElementById('dir').value;
              fs.root.getFile(file, {}, function (fileEntry) {
                  fs.root.getDirectory(dir, {}, function (dirEntry) {
                      fileEntry.moveTo(dirEntry, newname,
                                           moveSuccess, errorHandler);
                  }, errorHandler);
              }, errorHandler);
          }
          function request_file() {
              window.requestFileSystem(
                      PERSISTENT,
                      5 * 1024 * 1024,
                      onSuccess_file, errorHandler);
          }
      </script>
</head>
<body>
<p>來源檔案：<input id="filename" type="text" /></p>
<p>更新名稱：<input id="newname" type="text" /></p>
<p>更新位置：<input id="dir" type="text" />
<button onclick="request_file()" >更新移動檔案</button></p>
</body>
</html>
```

在回呼函式中，分別取得使用者於畫面上輸入的資訊，接下來是以灰階標示的部分，透過 getFile() 調用取得所要異動的檔案 fileEntry ，緊接著於其回呼函式中，調用 getDirectory() 取得所要移動的位置目錄，代表此位置目錄的 DirectoryEntry 物件 dirEntry ，最後透過 fileEntry 調用 moveTo() ，指定所要異動的目錄位置 dirEntry 與新的檔案名稱，完成異動操作。

如果檢視上述的定義，讀者可以發現，除了移動的目標目錄之外，其餘的參數均是選擇性的，若是只想單純移動檔案而不更改名稱，直接提供目錄位置的參數即可。

17.7 檔案與目錄的複製

複製是在某個特定位置，建立來源檔案或是目錄的複本，Entry 定義的 copyTo() 支援此操作，它的定義如下：

```
void copyTo (DirectoryEntry parent,
      optional DOMString newName,
      optional EntryCallback successCallback,
      optional ErrorCallback errorCallback);
```

如你所見，其中的參數與前述討論的 moveTo() 相同，它們的意義也一樣，甚至實作的邏輯也完全相同，不過 copyTo() 執行完畢之後，會保留原來的檔案或是目錄，而在目標位置建立新的複本。

範例 17-15 檔案複製與更名

這個範例與前述的「範例 17-14」幾乎相同，只是執行完畢之後，原來的檔案還是存在。

entry-file-copy.html

```
function onSuccess_file(fs) {
      var file = document.getElementById('filename').value;
      var newname = document.getElementById('newname').value;
      var dir = document.getElementById('dir').value;

      fs.root.getFile(file, {}, function (fileEntry) {
          fs.root.getDirectory(dir, {}, function (dirEntry) {
              fileEntry.copyTo(dirEntry, newname,
                          moveSuccess, errorHandler);
          }, errorHandler);
      }, errorHandler);
}
```

其中以灰階標示的程式碼，調用 copyTo() 進行檔案複製作業，讀者可以自行執行此範例與上述移動檔案的範例作比較，此範例完成複製作業，還是保留原始檔案。

17.8 Worker 與同步讀取

前述討論的檔案讀取作業有一個特性，它們都是在背景執行、讀取結果或是相關的執行狀況，都必須由其觸發的事件處理器進行回應，也就是非同步操作。前述實作的範例中我們看到了進行任何檔案作業之前，均須預先設定事件處理器，然後等待讀取作業完成，透過事件處理取得結果，或是在某個特定事件觸發的時機點，擷取檔案讀取程序的狀態。

你也可以選擇透過同步的方式進行檔案的讀取，FileReaderSync 支援相關的操作，與非同步作業的差異在於除了不需事件通知比較容易撰寫之外，最重要的是同步模式檔案讀取作業必須在 Worker 當中進行，由於 Worker 會隔離出背景執行緒，因此這讓同步作業達到與非同步作業相同的效果。

同步讀寫作業的功能由 FileReaderSync 介面所定義，內容如下：

```
[Constructor]
interface FileReaderSync {

    // Synchronously return strings
    // All three methods raise FileException

    ArrayBuffer readAsArrayBuffer(in Blob blob);
    DOMString readAsBinaryString(in Blob blob);
    DOMString readAsText(in Blob blob, [Optional] in DOMString encoding);
    DOMString readAsDataURL(in Blob blob);
};
```

如你所見，FileReaderSync 並沒有定義事件屬性，就如同前述說明的，由於是同步讀取，因此當你調用其中任何一組方法讀取檔案時，它便開始進行讀取作業，於作業完成之後會直接將結果回傳，不再需要透過事件處理器進行處理，因此這些方法均以 ArrayBuffer 或是 DOMString 型態定義其回傳值，而非 void 。

在同步讀取過程中，如果發生任何錯誤，這些方法將回傳 FileException 例外物件，介面定義如下：

```
exception FileException {

    const unsigned short NOT_FOUND_ERR = 1;
    const unsigned short SECURITY_ERR = 2;
    const unsigned short ABORT_ERR = 3;

```

(續)

```
    const unsigned short NOT_READABLE_ERR = 4;
    const unsigned short ENCODING_ERR = 5;

    unsigned short code;
};
```

這裡的內容與稍早提及的 FileError 相同，不再說明。FileReaderSync 物件的檔案讀取作業雖然是同步進行的，但事實上你無法直接運用這個物件來讀取，必須搭配 Worker 物件，這裡透過一個簡單的範例作說明

範例 17-16 檔案同步讀寫

執行畫面同前述的範例開啟指定的檔案，讀取內容顯示在畫面上。

read-sync.js

```
onmessage = function (event) {
      var fileReaderSync = new FileReaderSync();
      var filecontent = fileReaderSync.readAsText(event.data);
      postMessage(filecontent);
}
```

首先要看的是 JavaScript 檔案，其中透過 Worker 物件於背景執行，其中建立一個 FileReaderSync 物件，並且調用 readAsText 讀取指定的檔案，這個檔案會在建立 worker 物件時，透過調用 postMessage() 傳送進來，因此經由 event.data 取得。由於 worker 必須取得檔案物件，因此這段讀取檔案的程式碼，必須配置在 message 事件處理器中進行作業。

最後透過 postMessage() 將讀取的資料內容回傳。

fileReaderSync-demo.html

```
<head>
    <title> 檔案同步讀取 </title>
<script>
    function cfile_change() {
        var file = document.getElementById('cfile').files[0];
        var worker = new Worker('read-sync.js');
        worker.postMessage(file);
        worker.onmessage = function (event) {
            document.getElementById('fileTextarea').value = event.data;
        };
    }
</script>
</head>
<body>
    <input type=file id="cfile"   onchange="cfile_change()"/>
    <p></p>
    <textarea id="fileTextarea" cols="40"  rows="20" ></textarea>
</body>
```

網頁檔案的部分，只需在使用者選取所要讀取的外部檔案之後，建立 Worker 物件，然後將取得的檔案變數 file 當作參數，透過 postMessage() 傳遞過去即可。

接下來經由 onmessage 事件屬性所設定的事件處理器，引用 event.data 取得完成檔案讀取之後所回傳的檔案內容資料即可。

如你所見，同步讀取與非同步讀取除了寫法的差異，原理都是相同的，只是前者透過 Worker 物件支援的背景執行緒作業來達到非同步讀取的效果。

SUMMARY

本章是連續第二個章節討論與檔案系統作業有關的議題，而我們在這一章也體驗了完整的檔案系統操作，讀者可以利用其中提及的功能，建立一個瀏覽器專用，具圖形化使用者操作介面的檔案總管。

第十八章

Indexed Database

Indexed Database 是 HTML5 支援的客戶端資料庫系統，當你需要建立基於網頁的資料庫應用程式，必須使用這一章所討論的 ndexed Database API 進行相關的實作。

18.1 Indexed Database 與 Web SQL Database

Indexed Database 與 Web SQL Database 這兩組 API 均提供 Client 端的資料庫功能實作支援，而 Web SQL Database 被普遍接受，並且由各種瀏覽器進行了實作，但是 W3C 在 2010 年 11 月提出的規格中，已明確的擱置這項規格的發展，進入 W3C 的 Web SQL Database 規格文件網頁（http://www.w3.org/TR/webdatabase/），將網頁稍微往下拉找到摘要（Abstract）的部分，你會看到以下的內容：

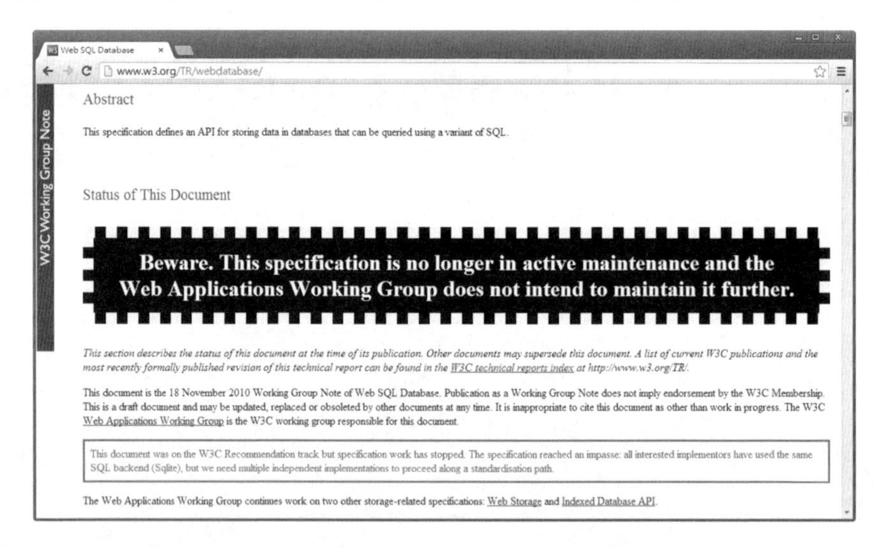

除了不再維護此規格之外，下方還有一個非常重要的說明，未來 HTML5 針對類似的 Web 儲存功能，將以 Web Storage 與 Indexed Database API 這兩組規格取代。

```
The Web Applications Working Group continues work on two other storage-
related specifications: Web Storage and Indexed Database API.
```

W3C 工作團隊不再針對 Web SQL Database 這項技術進行維護，它也不會成為 HTML5 的標準，這其中一個很重要的原因在於 SQL 本身就不是一項標準，儘管它被廣泛接受。一旦 Web SQL Database 被採用納入標準，將會導致跨瀏覽器的問題。基於前述理由，不再建議學習或使用 Web SQL Database ，這一部分的功能正被 Indexed Database 此組 API 所取代，而它也正持續發展演進中。

Indexed Database API 與傳統關聯式資料庫系統有很大的差異，特別是它完全不採用 SQL ，而是透過索引建立 cursor 以進行資料搜尋作業，因此這對於習慣以 SQL 為基礎的關聯式資料庫開發人員來說會相當不習慣。

從功能面考量，使用 Indexed Database API 所要處理的工作依舊是資料的新增、讀取、更新與刪除等相關操作，而在此之前，必須先建立目標資料庫連線，這與典型的 SQL 資料庫操作程序沒什麼不同，本章針對如何透過 API 規格實作資料維護功能進行詳細討論。

18.2 IDBFactory 與資料庫物件

資料庫（database）物件是 Indexed Database API 的基礎，被用來維護資料物件，下圖簡要說明資料庫的結構：

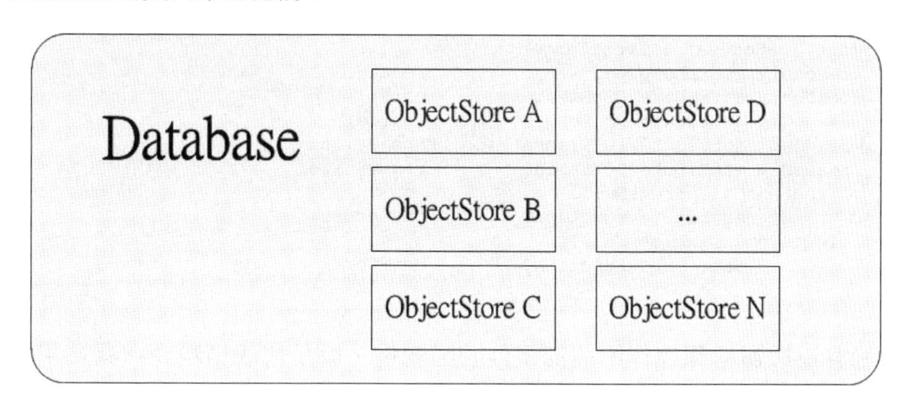

你可以建立一個以上的資料庫以進行各種資料的管理護作業，每一個資料庫包含一個以上的物件倉儲（object store），是資料真正儲存的地方，就如同關聯式資料庫中的資料表。

Indexed Database API 支援資料庫與物件倉儲操作所需的介面與方法成員，當你要進行資料維護工作，第一步便是建立資料庫連線，開啟資料庫之後，接下來取出所要操作的物件倉儲即可開始執行資料庫作業。

建立資料庫連線所需的方法，由 IDBFactory 定義，也是實作資料處理功能之前第一個必須瞭解的介面，下頁列舉其定義：

```
interface IDBFactory {
      IDBOpenDBRequest open (DOMString name,
          [EnforceRange] optional unsigned long long version);
      IDBOpenDBRequest deleteDatabase (DOMString name);
      short cmp (any first, any second);
};
```

其中 open() 執行開啟資料庫的操作，第一個參數 name 為所要開啟的資料庫名稱，而 deleteDatabase 則刪除指定的資料庫，參數 name 指定將刪除的資料庫名稱。最後一個 cmp 針對其中的兩個參數進行比較，如果 first 大於 second 回傳 1，反之則是 -1 ，兩個相等則是 0 。

無論 open() 或是 delete() 均以非同步方式執行，完成之後回傳一個實作 IDBRequest 介面定義的 IDBOpenDBRequest 物件，代表對資料庫提出非同步要求所得到的回應結果，IDBRequest 介面的定義如下：

```
interface IDBRequest : EventTarget {
      readonly attribute any              result;
      readonly attribute DOMError         error;
      readonly attribute Object           source;
      readonly attribute IDBTransaction transaction;
      readonly attribute DOMString        readyState;
      [TreatNonCallableAsNull]
               attribute Function?        onsuccess;
      [TreatNonCallableAsNull]
               attribute Function?        onerror;
};
```

成員包含支援資料庫操作所需的事件回應屬性，以及代表資料庫作業結果的屬性，列舉說明如下表：

屬性成員	說　明
result	資料庫操作完成之後回傳的結果。
error	發生的錯誤。
source	回傳操作要求來源。
transaction	回傳操作要求的物件。
readyState	操作未完成，回傳 pending 字串，否則回傳 done 結果字串。
onsuccess	操作成功之後，回應 success 事件的回應函式。
onerror	操作失敗之後，回應 error 事件的回應函式。

下一節從資料庫作業 open 開始，逐一針對 Indexed Database API 作討論。

18.3 建立資料庫連線

進行任何資料庫操作之前首先必須完成連線作業，IDBFactory 定義的 open() 方法支援此作業，不過特定的瀏覽器針對 IDBFactory 的實作並不相同，若是 Webkit 瀏覽器，必須透過 webkitIndexedDB 進行調用，而 Gecko 瀏覽器則透過 mozIndexedDB 進行調用。

TIPS

目前 Chrome 與 Firefox 等瀏覽器均可識別 window.indexedDB，IE 11 依然不支援，為了相容性，本章的範例程式碼還是維持原來的寫法。

考慮以下的程式碼，其中調用 open()，並指定所要開啟的資料庫名稱 KTMS：

```
var request = webkitIndexedDB.open('KTMS');
```

這一行程式碼適用於 Webkit 瀏覽器，如果要針對 Gecko 瀏覽器設計，則換成 mozIndexedDB 即可，以下為通用程式碼：

```
indexedDB = window.indexedDB ||
      window.mozIndexedDB ||
      window.webkitIndexedDB  ;
```

經過設定後，調用 open() 方法的程式碼便能修改如下：

```
var request = indexedDB.open('KTMS');
```

當以上的程式碼執行完畢，如果指定開啟的資料庫 KTMS 不存在，則會建立一個新的資料庫，如果已經存在，則會將其開啟。

open() 方法並不會立刻開啟資料庫，它回傳一個要求的 IDBRequest 物件，並且將其儲存於 request 變數，接下來設定這個物件的 onsueecss 與 onerror 事件屬性，如下式：

```
request.onerror = function (event) {
      // 處理錯誤訊息
};
request.onsuccess = function (event) {
      // event.target.result 取得連線的資料庫
};
```

在 onsuccess 事件屬性函式中，透過 event.target.result 取得連線成功的 IDBDatabase 資料庫物件，接下來就可以透過此物件，執行各種資料庫作業，包含物件倉儲的建立以及資料的維護，後文針對這一部分將有進一步的討論。

根據 IDBRequest 定義，其中的 readyState 表示開啟作業狀態，成功回傳 done ，否則的話為 pending 。

範例 18-1 開啟資料庫連線

這個範例的網頁檔案，沒有任何內容，主要為了測試開啟資料庫連線的程式碼，當網頁載入時，會直接開啟指定資料庫的連線，出現以下的訊息：

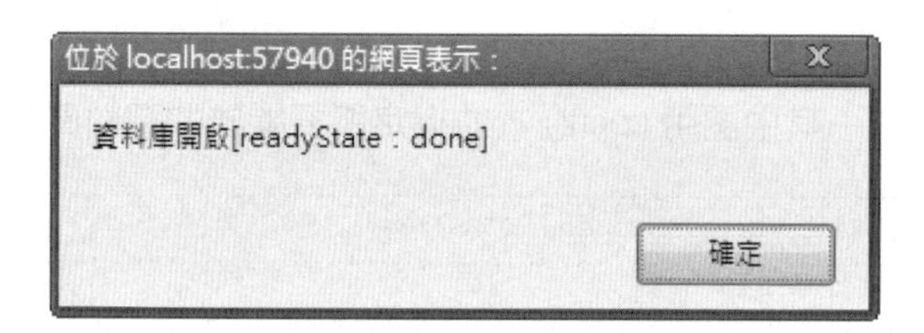

dbopen.html

```
<!DOCTYPE html>
<html>
<head>
      <title> 開啓與關閉資料庫連線 </title>
      <script>
          var db;
          var request = webkitIndexedDB.open('KTMS');
          request.onerror = function (event) {
              alert(event.target.errorCode);
          };
          request.onsuccess = function (event) {
              db = event.target.result;
              alert(' 資料庫開啓 [readyState：' + this.readyState + ']');
          };
      </script>
</head>
<body >
</body>
</html>
```

一開始網頁載入，調用 open() 方法開啟名為 KTMS 的資料庫，然後於 success 事件處理器中，取得資料庫物件並儲存於 db 變數，調用 readyState 屬性，顯示目前的狀態。

這個範例最重要的，在於其開啟資料連線，並且取得資料庫物件 db ，此物件由 IDBDatabase 所定義，接下來所有資料操作，都將從這裡開始。

18.4 關於 IDBDatabase 介面

IDBDatabase 物件支援物件倉儲的管理維護，以下為其定義：

```
interface IDBDatabase : EventTarget {
      readonly attribute DOMString            name;
      readonly attribute unsigned long long version;
      readonly attribute DOMStringList       objectStoreNames;
      IDBObjectStore createObjectStore (DOMString name,
          optional IDBObjectStoreParameters optionalParameters);
      void deleteObjectStore (DOMString name);
      IDBTransaction transaction (any storeNames, optional DOMString mode);
      Void close ();
      [TreatNonCallableAsNull]
               attribute Function?           onabort;
      [TreatNonCallableAsNull]
               attribute Function?           onerror;
      [TreatNonCallableAsNull]
               attribute Function?           onversionchange;
};
```

IDBDatabase 成員與後續討論的各種資料庫作業有很大的關聯，以下列舉其中的成員意義：

成 員	說 明
name	回傳目前的實體資料庫名稱。
version	建立的資料庫實體版本號。
objectStoreNames	取得目前連線資料庫中，存在的物件倉儲名稱清單，並且以DOM-StringList 型態物件回傳。
createObjectStore	建立一個新的的IDBObjectStore型態物件倉儲，並且將其回傳。
deleteObjectStore	刪除一個指定的物件倉儲。
transaction	以非同步方式建立一個交易。
close	關閉資料庫連線。
onabort	回應 abort 事件之註冊事件處理器。
onerror	回應 error事件之註冊事件處理器。
onversionchange	回應 versionchange 事件之註冊事件處理器。

屬性 objectStoreNames 回傳 DOMStringList 集合物件，包含目前資料庫中所有的物件倉儲名稱，經由迴圈列舉即可取得所有的物件倉儲。

方法成員 createObjectStore() 支援物件倉儲的建立，當你要建立一個新的物件倉儲，必須調用此方法並且指定倉儲名稱，執行完畢後將回傳一個指定名稱的

IDBObjectStore 型態物件，此型態定義了物件倉儲。

表列的最後一個方法成員 deleteObjectStore() 支援物件倉儲的刪除作業，只要指定的名稱即可將其刪除。

讀者要特別注意，createObjectStore() 與 deleteObjectStore() 等異動倉儲的相關方法，無法直接調用，它們必須在變更資料庫版本時觸發的交易事件中，註冊對應的處理器以支援相關的功能，後續將有完整討論。

而當資料庫不再使用時，可以調用其中的 close() 方法關閉此資料庫連線，定義如下：

```
void close();
```

調用此方法，會將開啟連線的資料庫關閉，不過在連線關閉之前，會先完成所有基於此連線執行的交易作業，然後才會正式關閉連線，而內部的 closePending 旗標會被標示為 true 。

一旦連線關閉完成，closePending 旗標的值被切換至 false ，無法建立任何新的交易，換句話說，當任何一項交易被建立之前，會預先檢查這個旗標值，是 true 的話表示資料庫連線已經關閉，新的交易無法建立並且產生例外。

18.5 物件倉儲與資料物件作業

資料庫包含許多不同作業，當我們建立一個新的資料庫連線，首先必須針對資料庫建立儲存與管理資料所需的物件倉儲，然後執行資料維護作業，而這些操作牽涉到資料庫版本的設定與交易作業，我們從資料庫版本設定開始作討論。

18.5.1 關於資料庫版本

IDBDatabase 介面定義了一個 version 屬性，引用此屬性可以取得資料庫的版本資訊，當你開啟一個新的資料庫，若是沒有特別指定，一個新建立的資料庫 version 屬性將是空值。

版本資訊是一組號碼，以 long 型態的數字作表示，這個值並非固定的，如果需要對其進行變更，於開啟連線時同時指定版本號碼即可，例如以下的程式碼：

```
var request = indexedDB.open('KTMS', n);
```

其中調用 open() 方法指定了第二個參數 n ，這個 n 將成為 KTMS 資料庫的最新版本號碼。

版本號碼的變更只能比目前資料庫的版本號碼大，這會觸發一個版本升級事件 upgradeneeded ，如果 n 與原來的資料庫版本相同，則會成功開啟資料庫連線，n 不能小於原來的版本號碼，否則會導致資料庫開啟過程的錯誤發生並且觸發 error 事件。

upgradeneeded 會在資料庫版本變更時被觸發，當你執行與資料庫物件結構改變有關的操作時－例如新增或是刪除物件倉儲，必須在這個事件處理器中執行，而其事件處理器參數同時提供了與版本資訊有關的屬性以支援存取操作，以下透過一個簡單的範例進行說明。

範例 18-2 資料庫版本

執行畫面中一開始顯示了目前取得的資料庫版本。

於「版本」文字方塊中，輸入欲調整的版本號碼，例如 62 ，由於小於目前的版本 65 ，按下「版本設定按鈕」畫面下方會顯示錯誤訊息，如下圖：

若是輸入大於目前版本的號碼，例如 66 ，則會進行新的版本設定，並出現下頁的訊息，左圖的訊息表示完成版本設定，右圖顯示目前的新版本號碼。

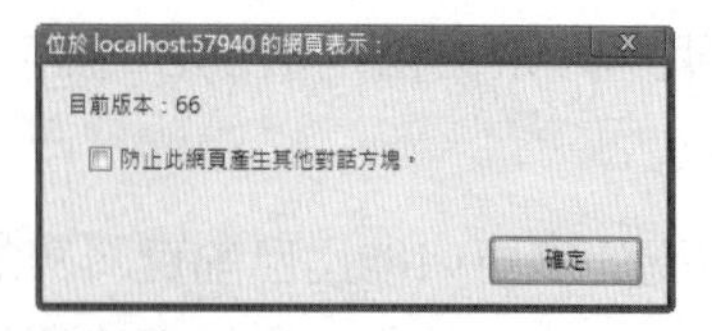

最後顯示如下圖的畫面，表示已經完成資料庫的版本設定並將其開啟。

首先完成以下的畫面內容標籤配置：

dbVersion-demo.html

```
<body>
      <div id="messagev"></div>
      <p>
          版本：<input type="text" id='version'   />
          資料庫：<input type="text" id='dbname' value ="KTMS" />
          <button onclick="click_handler()">版本設定</button>
      </p>
      <div id="message"></div>
</body>
```

一開始的 messagev 標籤用來顯示目前的資料庫名稱與版本，接下來提供版本輸入的 <input> 標籤 id 設定為 version ，而提供資料庫名稱輸入的則是 dbname ，預設名稱為 KTMS ，此為本章示範用的資料庫，後續一連串的範例均將開啟此資料庫進行操作示範，讀者可以自行調整所要建立的資料庫名稱。

於網頁載入之後執行的 onload 事件處理器中，輸入以下的程式碼：

```
window.onload = function () {
      requestName = document.getElementById('dbname').value;
      request = indexedDB.open(requestName);
      request.onsuccess = function (event) {
          db = event.target.result;
          document.getElementById('messagev').innerHTML =
               '資料庫：' + db.name + ' / 版本：' + db.version;
          db.close();
      };
};
```

這段程式碼開啟畫面中使用者指定的資料庫 ，並且於完成開啟之後，引用 name 與 version 兩個屬性項目，取得目前資料庫的名稱與版本顯示在畫面上。

```
function click_handler() {
      var version = parseInt(document.getElementById('version').value);
      request = indexedDB.open(requestName, version);
      request.onerror = function (event) {
          document.getElementById('message').innerHTML =
          '錯誤：' + event.target.errorCode;
      };
      request.onsuccess = function (event) {
          db = event.target.result;
          document.getElementById('message').innerHTML =
          ('資料庫開啓 /' + db.version);
      };
      request.onupgradeneeded = function (event) {
          alert('版本升級：' + event.oldVersion + '/' + event.newVersion);
          alert('目前版本：' + event.target.result.version);
      };
      db.close();
}
```

當使用者按下「版本設定」按鈕執行此段程式碼，其中調用 open() 以指定的版本 version 開啟資料庫，而當指定的版本號碼比原來資料庫的版本大的時候，便會觸發一個 upgradeneeded 事件，第二段反白的程式碼註冊此事件處理器，並且透過引用事件參數 event 的 oldVersion 取代原來的資料庫版本，而 newVersion 則是升級後的版本，這些資訊最後被整合顯示在畫面上。如果指定的版本出現問題，例如小於目前的版本號碼，則會觸發 error 事件，事件處理器將顯示相關的訊息。而在成功開啟資料庫之後，會執行 success 事件處理器。

此範例最重要的是 upgradeneeded 事件，請特別注意這裡所示範例的事件處理器設定與事件的觸發時機，後續討論物件倉儲的建立與刪除作業時，會需要這一部分的相關知識。

18.5.2 列舉物件倉儲

物件倉儲是資料真正儲存的地方，透過 IDBDatabase 資料庫物件，引用其 objectStoreNames 屬性成員，即可取得包含所有物件倉儲的名稱集合，以下為其定義：

```
readonly attribute DOMStringList objectStoreNames;
```

這個唯讀屬性回傳的是一個 DOMStringList 字串清單，利用迴圈將其中的資料逐一取出，即可獲得所有的物件倉儲名稱。

範例 18-3 列舉物件倉儲清單

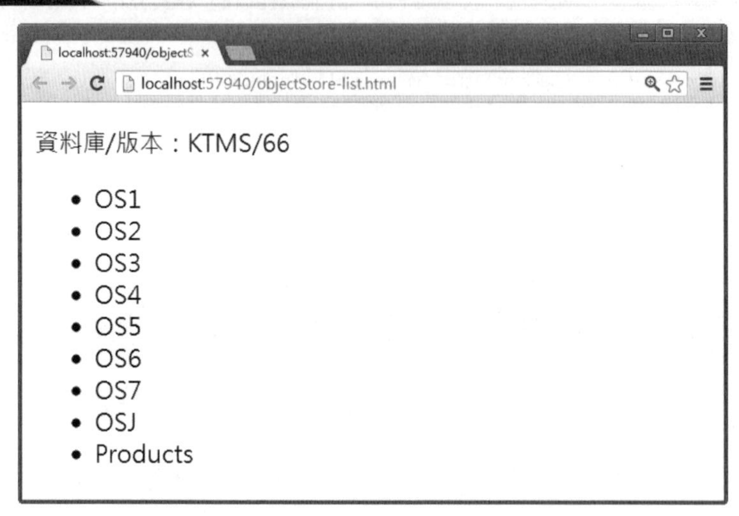

當網頁完成載入會顯示目前 KTMS 資料庫中所有的物件倉儲名稱清單，筆者事先已在指定開啟的資料庫 KTMS 中建立數個物件倉儲，第一次在瀏覽器中執行這個範例，將不會在這個畫面看到任何物件倉儲。

objectStore-list.html

```
<!DOCTYPE html>
<html xmlns="http://www.w3.org/1999/xhtml">
<head>
      <title></title>
      <script>
          var reuestName = 'KTMS';
          var version;
          var indexedDB = window.indexedDB ||
             window.mozIndexedDB ||
             window.webkitIndexedDB;
          function listObjectSore() {
              var request = indexedDB.open(reuestName);
              request.onsuccess = function (event) {
                  db = event.target.result;
                  var stores = db.objectStoreNames;
                  var length = db.objectStoreNames.length;
                  var storenames = '';
                  for (var i = 0; i < length; i++) {
```

(續)

```
                storenames += '<li>' + stores[i] + '</li>';
            }
            version = db.version;
            document.getElementById('message').innerHTML =
                '<p>資料庫 / 版本：' + db.name + '/' +
                db.version + '</p>' +
                '<ul>' + storenames + '</ul>';
            db.close();
        };
    }
    window.onload = function () {
        listObjectSore();
    };
  </script>
</head>
<body>
  <div id="message"></div>
</body>
</html>
```

網頁一載入，首先取得 KTMS 資料庫的參照變數 db ，引用 objectStoreNames 取得物件倉儲的清單，緊接透過 for 迴圈，取出每個名稱項目以 <ul> 元素呈現。

18.5.3 物件倉儲的建立與刪除

完成資料庫的開啟之後，必須進一步建立各種物件倉儲以支援資料的維護管理，新建立的資料庫並沒有任何物件倉儲，IDBDatabase 資料庫物件的方法成員 createObjectStore 支援所需的功能，它的定義如下：

```
IDBObjectStore createObjectStore (
    DOMString name,
    optional IDBObjectStoreParameters optionalParameters);
```

參數 name 為所要建立的物件倉儲名稱，optionalParameters 則是選擇性參數，如果需要提供進一步的資料－例如索引或是鍵值自動遞增等相關特性，可以在這個位置傳入，此方法調用若失敗，會觸發 DOMException 例外，可能的例外種類如下：

錯誤名稱	說 明
InvalidStateError	來源物件已被刪除或是移除，或是未從「versionchange」交易回呼函式中調用。
ConstraintError	連線資料庫中存在相同名稱的物件倉儲。
InvalidAccessError	autoIncrement 設為 ture ，但是 keyPath 是空值或是空字串陣列。

InvalidStateError 發生的原因，主要在於調用 createObjectStore() 建立新物件的行為，必須在改變資料庫版本的交易操作中，另外如果來源物件不存在，同樣會觸發此例外。

第二種錯誤 ConstraintError 表示其中第一個參數 name 指定新建立的名稱，已經存在連線的資料庫中，資料庫中的物件倉儲名稱不能重複，每一個識別名稱均是獨立的唯一值。

如果 createObjectStore() 方法調用成功，則回傳新建立的 IDBObjectStore 物件，透過此物件就可以進行資料的維護管理作業了。當你不需要某個資料庫中現存的物件倉儲，可以調用 deleteObjectStore() 方法，傳入要刪除的物件倉儲名稱即可，定義如下：

```
Void deleteObjectStore (DOMString name);
```

其中的 name 參數為所要刪除的物件倉儲名稱字串，同樣的，這個方法調用失敗時亦會觸發例外，可能的值列舉如下：

錯誤名稱	說 明
InvalidStateError	來源物件已被刪除或是移除，或是未從「versionchange」交易回呼函式中調用。
NotFoundError	在資料庫中找不到此物件倉儲名稱。

如果指定刪除的物件倉儲名稱不存在於資料庫中，則會觸發 NotFoundError 例外，至於 InvalidStateError 例外意義同上述的 createObjectStore() ，你必須在改變資料庫版本的交易作業中，進行此方法的調用。

接下來我們利用幾個範例逐步示範說明 createObjectStore() 與 deleteObjectStore() 兩個方法的調用。

範例 18-4 維護物件倉儲

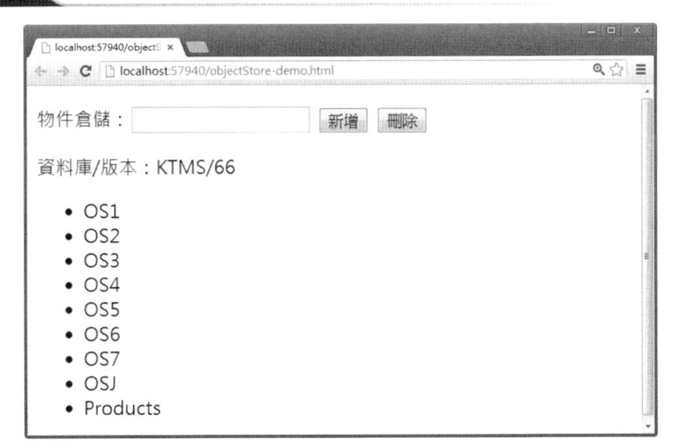

以上述「**範例 18-3：列舉物件倉儲清單**」為基礎，於其中加入新增與刪除物件倉儲的功能，文字方塊輸入的值，表示要建立或是刪除的物件倉儲名稱，按一下「建立」按鈕，即可根據指定的名稱，於開啟的資料庫中，建立新的物件倉儲，按一下「刪除」按鈕，則執行指定物件倉儲的刪除作業。

網頁於載入完成時，或是完成物件倉儲的增刪作業，均會在畫面的下方顯示目前的倉儲清單。

objectStore-demo.html

```
<!DOCTYPE html>
<html xmlns="http://www.w3.org/1999/xhtml">
<head>
      <title></title>
      <script>
          var requestName = 'KTMS';
          var version;
          var indexedDB = window.indexedDB ||
             window.mozIndexedDB ||
             window.webkitIndexedDB;

          function addOS() {
              version++;
              var db;
              var request = indexedDB.open(requestName, version);
              request.onupgradeneeded = function (event) {
                  try{
                      var osname = document.getElementById('osname').value;
                      db = event.target.result;
```

(續)

```
                    var objectStore = db.createObjectStore(osname);
                    alert('倉儲建立完成 !');
                } catch (e) {
                    alert(e.toLocaleString());
                } finally {
                    db.close();
                    listObjectSore();
                }
            }
        }
        function deleteOS() {
            version++;
            var db;
            var request = indexedDB.open(requestName, version);
            request.onupgradeneeded = function (event) {
                try {
                    var osname = document.getElementById('osname').value;
                    db = event.target.result;
                    db.deleteObjectStore(osname);
                    alert('倉儲刪除完成 !');
                } catch (e) {
                    alert(e.toLocaleString());
                } finally {
                    db.close();
                    listObjectSore();
                }
            }
        }
        function listObjectSore() {
            // 列舉物件倉儲清單 …
        }
        window.onload = function () {
            listObjectSore();
        };
    </script>
</head>
<body>
        <p>
        物件倉儲：<input type="text" id='osname' />
        <button onclick="addOS()">新增</button>
        <button onclick="deleteOS()">刪除</button>
    </p>
    <div id="message"></div>
</body>
</html>
```

首先來看的是 addOS() 函式，當「新增」按鈕按下時此函式被執行，其中調用 createObjectStore() 方法，根據指定的名稱建立新的物件倉儲，並且以 try-catch 捕捉可能的錯誤。接下來是「刪除」按鈕的 click 事件處理器 deleteOS()，透過調用 deleteObjectStore() 刪除指定的倉儲，同樣的，這裡以 try-catch 捕捉相關的錯誤。

另外，listObjectSore() 列舉物件倉儲清單的功能稍早已作了說明，這裡不再討論。

18.6 維護資料

資料由物件倉儲專屬的交易物件進行維護，包含新增、刪除、修改與查詢操作，這一節從 IDBObjectStore 定義開始，討論相關的功能實作。

18.6.1 IDBObjectStore 與資料庫作業

Indexed Database 採用所謂的物件倉儲（Object Store）進行資料的儲存與維護管理作業，資料真正儲存的地方是物件倉儲，一個資料庫必須建立一個或是一個以上的物件倉儲，以支援各類型資料的管理需求，它的角色就如同關聯式資料庫裡的資料表（Table）。而物件倉儲定義資料維護管理所需的方法成員，提供應用程式調用以進行資料維護功能實作。

資料維護的過程中，被新增至物件倉儲、從物件倉儲刪除，或是讀取其中的資料複本等等，而儲存於倉儲中的資料，我們將其稱為記錄（record），每一組資料是一筆紀錄，並且有其專屬的識別鍵值，同一個物件倉儲中，不能有重複的鍵值。

介面 IDBObjectStore 定義物件倉儲的功能，內容如下：

```
interface IDBObjectStore {
      readonly attribute DOMString      name;
      readonly attribute DOMString      keyPath;
      readonly attribute DOMStringList  indexNames;
      readonly attribute IDBTransaction transaction;
      readonly attribute boolean        autoIncrement;;
      IDBRequest put (any value, optional any key);
      IDBRequest add (any value, optional any key);
      IDBRequest delete (any key);
      IDBRequest get (any key);
      IDBRequest clear ();
      IDBRequest openCursor (optional any? range,
          optional DOMString direction);
      IDBIndex   createIndex (DOMString name, any keyPath, optional
          IDBIndexParameters optionalParameters);
      IDBIndex   index (DOMString name);
      void        deleteIndex (DOMString indexName);
      IDBRequest count (optional any key);
};
```

定義中的前五項成員是唯讀屬性，只能讀取無法寫入，以下簡要說明其意義。

- name：物件倉儲的名稱字串。

- keyPath：支援產生新 key 的鍵路徑（key path），可能是字串、字串陣列或 null 值。
- indexNames：物件倉儲中索引名稱清單。
- transaction：回傳此物件倉儲所屬的交易物件。
- autoIncremenent：物件倉儲的自動遞增旗標。

由於物件倉儲透過索引進行資料搜尋維護，因此介面成員中另外還定義了數種方法成員，為了方便理解將其歸納為兩大類，分別是針對資料與索引進行維護操作的方法，列舉如下表：

方法成員		說 明
資料	put()	建立參數 value 的結構複本，並複寫原來的值。
	add()	新增一筆記錄。
	delete()	刪除資料。
	get()	透過識別鍵讀取資料。
	clear()	清空倉儲所有記錄。
索引	createIndex()	建立索引。
	index()	取得索引。
	deleteIndex()	刪除索引。
其它	openCursor()	建立一個實作 IDBCursorWithValue 介面的 cursor 物件。
	count()	非同步計算物件倉儲中符合參數 key 的資料數量，並回傳相關的 IDBRequest 物件。

瞭解 IDBObjectStore 的定義之後，很快的我們要討論物件倉儲的操作，具備建立資料管理功能的能力之後，再進一步針對上述表列的相關成員進行討論。

18.6.2 交易與資料維護操作

前述討論中，我們透過 createObjectStore() 方法建立新的物件倉儲，而此方法成功執行完畢之後，便回傳一個支援資料維護作業的 IDBObjectStore 物件，不過我們無法直接針對此物件進行資料維護操作，必須另外透過 IDBTransaction 型態的交易物件進行處理，此物件經由引用 IDBDatabase 物件的 transaction() 方法取得，考慮以下的程式碼：

```
var transaction = db.transaction([objectStoreName]);
var store = transaction.objectStore(objectStoreName);
```

db 是開啟的資料庫，參數 objectStoreName 為此交易物件中所要操作的物件倉儲名稱清單，接下來就可以指定所要操作的特定物件倉儲 objectStoreName ，調用 objectStore() 方法取得此交易所屬之物件倉儲，針對其進行資料維護作業，詳細的作法稍後討論，這裡先來看 Transaction() 方法的定義，列舉如下：

```
IDBTransaction transaction (
      any storeNames,
      optional DOMString mode);
```

第一個參數為此方法取得的物件倉儲名稱，第二個參數是選擇性的，它表示允許的資料存取方式，有三個可能的值，列舉如下表：

常 數	說 明
readonly	唯讀模式。
readwrite	讀、寫模式。
versionchange	允許執行任何作業，包含建立新的物件倉儲以及索引等等。

transaction() 可能出現以下幾種例外：

例 外	說 明
InvalidStateError	調用 transaction() 方法的 IDBDatabase 物件已經執行了 Close() 方法關閉。
NotFoundError	指定參數中包含不存在的物件倉儲名稱。
TypeError	mode 參數值不正確。
InvalidAccessError	以空的物件倉儲名稱清單呼叫此方法。

資料維護作業包含「新增」、「刪除」、「修改」以及「查詢」等等，也就是討論資料庫技術最重要的 CRUD 四項基本操作，如稍早說明的，相關作業並非直接透過 IDBTransaction 物件實作，必須進一步取得所要操作的倉儲物件，調用其 objectStore() 方法可以達到這個目的，定義如下：

```
IDBObjectStore objectStore (in DOMString name)
```

由於資料儲存於特定的物件倉儲中，因此資料的維護操作是針對資料所在位置的倉儲進行的，調用此方法必須提供目標倉儲物件名稱 name ，將其當作參數傳入，如果指定的名稱 name 不存在，則會觸發一個 NotFoundError 例外。

objectStore() 一旦調用成功，將回傳一個 IDBObjectStore 物件，也就是稍早討論的物件倉儲，調用其定義的方法，包含 add() 或是 delete() 等等，即可進行資料的維護操作。

上述提及的四項基本資料操作中，「新增」、「刪除」與「修改」均牽涉到資料的異動，這些動作會改變資料庫儲存的資料內容，而「查詢」僅僅只是檢視資料的內容不會造成資料的變動。有了概念，接下來就可以正式討論資料的維護操作。

18.6.3 cursor 與資料走訪

有幾種不同模式的資料檢視方式，其中最單純的便是巡覽物件倉儲中的所有資料內容，Cursor 物件提供相關功能的實作，要取得此物件必須調用 IDBObjectStore 物件的 openCursor() 方法，以下為此方法的定義：

```
IDBRequest openCursor (
      optional any? range,
      optional DOMString direction)
```

調用此方法成功之後，會觸發 success 事件並且建立實作 IDBCursorWithValue 的 cursor 物件，於 success 事件處理器中，可以透過事件參數取得此物件，其介面定義如下：

```
interface IDBCursorWithValue : IDBCursor {
      readonly attribute any value;
};
```

value 屬性成員表示目前記錄的值，也就是儲存的資料，可能是特定型態的簡單資料，或是複雜物件，如果要取出此資料的對應鍵值，可以透過 IDBCursor 介面的 key 取得，以下是 IDBCursor 介面的定義：

```
interface IDBCursor {
      readonly attribute Object    source;
      readonly attribute DOMString direction;
      readonly attribute any       key;
      readonly attribute any       primaryKey;
      IDBRequest update (any value);
      void       advance ([EnforceRange] unsigned long count);
      void       continue (optional any key);
      IDBRequest delete ();
}
```

其中的 key 屬性回傳資料的對應鍵值，而另外一個要注意的是 continue() 方法，調用此方法將以非同步的方式再次執行一個要求並且重複調用 openCursor() 建立的 IDBRequest 物件，因此我們可以透過此方法，進行資料迭代操作，逐步列舉物件倉儲中儲存的資料內容。

範例 18-5 示範 cursor 與資料巡覽

畫面載入完成即顯示指定的資料倉儲中，所有儲存的資料，同時顯示鍵值與對應的資料值內容。

objectStore-data-list.html

```
<!DOCTYPE html>
<html>
<head>
<meta http-equiv="Content-Type" content="text/html; charset=utf-8"/>
      <title></title>
      <script>
          var reuestName = 'KTMS';
          var objectStoreName = 'OS1';
          var db;
          var indexedDB = window.indexedDB ||
             window.mozIndexedDB ||
             window.webkitIndexedDB;
          function list() {
              try {
                  var transaction = db.transaction([objectStoreName]);
                  var store = transaction.objectStore(objectStoreName);
                  var crequest = store.openCursor()
                  var message = '<ul>';
                  crequest.onsuccess = function (event) {
                      var cursor = event.target.result;
                      if (cursor) {
                          message += (
                              '<li>' + "key/value" + ' : ' +
                              cursor.key + "/" + cursor.value +
```

(續)

```
                        '</li>');
                            cursor.continue();
                        } else {
                            message += '</ul>'
                        }
                        document.getElementById('message').innerHTML =
                            message;
                    };
                } catch (e) {
                    alert(e);
                }
            }
            window.onload = function () {
                var request = indexedDB.open(reuestName);
                request.onsuccess = function (event) {
                    db = event.target.result;
                    list();
                };
            };
        </script>
</head>
<body>
        <div id="message"  ></div>
</body>
</html>
```

list() 函式中首先調用 openCursor() 建立 cursor ，於 success 事件處理器中，透過 event 參數取得 cursor 物件，引用 key 與 cursor 取得資料內容輸出於畫面。

由於這裡嘗試取回所有的資料，因此每一次完成資料的讀取，緊接著引用 continue() 方法，繼續下一筆資料讀取操作，而這會再次觸發 success 事件，直到所有的資料讀取完畢。

18.6.4 新增與刪除資料

新增資料必須調用 IDBObjectStore 物件的 add() 方法，定義如下：

```
IDBRequest add (any value, optional any key);
```

其中第一個參數 value 表示要新增至物件倉儲中的值，第二個參數則是要加入的識別鍵值，這是選擇性的，主要根據建立物件倉儲時是否定義此識別鍵值，這一部分後續有進一步的說明，讀者目前必須瞭解的是，加入物件倉儲中的每一筆資料，都必須有一個唯一識別鍵值，而這個鍵值可以特別指定或是定義自動產生。

另外，此方法會觸發以下列舉的相關例外：

例外狀況常數	說　明
TransactionInactiveError	交易未啓動錯誤。
ReadOnlyError	唯讀模式的物件倉儲。
DataError	錯誤 key 值。
InvalidStateError	來源物件已經被刪掉或移除。
DataCloneError	資料無法複製，儲存失敗。

利用 try-catch 語法，可以捕捉表列的錯誤，並且進行後續的處理，以保證資料新增程序能夠順利進行。

刪除資料必須調用 delete() 方法，相較於 add() 單純，此方法的定義如下：

```
IDBRequest delete (in any key)
```

此方法只有一個單一 key 參數，表示所要刪除的資料，也就是加入倉儲時指定或是自動產生的 key 值，這個方法可能會產生 TransactionInactiveError 或是 ReadOnlyError 例外，與前述 add() 方法觸發的例外相同。

以上所討論的兩組方法，無論 add() 或是 delete() 都必須在資料庫交易狀態進行，同時在取得交易物件操作時必須指定為允許寫入模式，接下來這個範例，結合前述的巡覽資料內容功能，說明新增與刪除資料功能的實作。

範例 18-6　新增與刪除資料

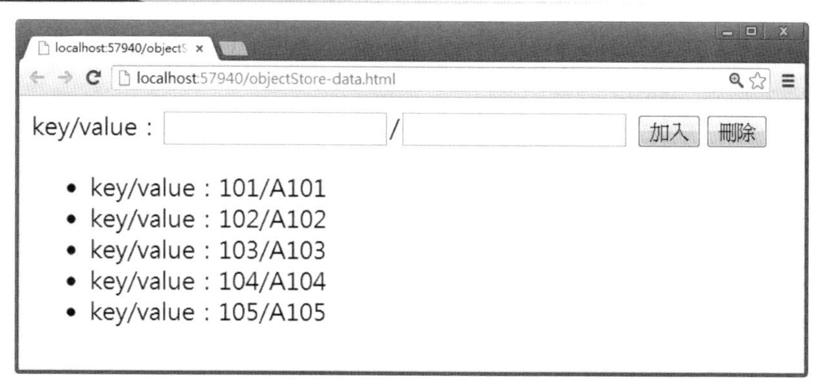

畫面載入完成即顯示目前儲存的資料與鍵值，於上方文字方塊輸入 key/value ，按一下「加入」按鈕，可以將一組新的鍵值資料加入指定的物件倉儲中，如果按下「刪除」按鈕，則會將第一個文字方塊指定的鍵值相關資料刪除。

每一次完成加入或刪除作業，畫面上會重新顯示目前最新的鍵值資料內容。

objectStore-data.html

```
<!DOCTYPE html>
<html>
<head>
<meta http-equiv="Content-Type" content="text/html; charset=utf-8"/>
      <title></title>
      <script>
          var reuestName = 'KTMS';
          var objectStoreName = 'OS1';
          var db;
          var indexedDB = window.indexedDB ||
             window.mozIndexedDB ||
             window.webkitIndexedDB;
          function delete_click() {
              try {
                  var transaction = db.transaction(
                      [objectStoreName], 'readwrite');
                  transaction.oncomplete = function (event) {
                      alert(' 資料異動完成 !');
                  };
                  transaction.onerror = function (event) {
                      alert(event);
                  };
                  var store = transaction.objectStore(objectStoreName);
                  var key = document.getElementById('key').value;
                  //刪除資料
                  var request = store.delete(key);
                  request.onsuccess = function (event) {
                      list();
                  };
                  request.onerror = function (event) {
                      alert(event);
                  };
              } catch (e) {
                  alert(e);
              }
          }
          function add_click(){
              try {
                  var transaction = db.transaction(
                      [objectStoreName], 'readwrite');
                  transaction.oncomplete = function (event) {
                      alert(' 資料異動完成 !');
                  };
                  transaction.onerror = function (event) {
                      alert(event);
                  };
                  // 新增資料
                  var store = transaction.objectStore(objectStoreName);
                  var value = document.getElementById('value').value;
```

(續)

```
                var key = document.getElementById('key').value;
                var request = store.add(value, key);
                request.onsuccess = function (event) {
                    list();
                };
                request.onerror = function (event) {
                    alert(event);
                };
            } catch (e) {
                alert(e);
            }
        }
        window.onload = function () {
            var request = indexedDB.open(reuestName);
            request.onsuccess = function (event) {
                db = event.target.result;
                list();
            };

        };
        function list() {
            // 資料巡覽
        }
    </script>
</head>
<body>
    key/value：
    <input type="text" id='key'  />/<input type="text" id='value'  />
    <button onclick="add_click()">加入</button>
    <button onclick="delete_click()">刪除</button>
    <div id="message"  ></div>
</body>
</html>
```

函式 add_click() 支援新增資料的功能，其中調用 add() 方法，並且取得使用者指定加入的鍵值資料當作參數，將其加入指定的物件倉儲中。delete_click() 函式支援資料的刪除功能，根據指定的 key 值，進行資料的刪除作業。

如你所見，相關的操作都在交易中進行，這是非常重要的觀念，一個交易代表一個完整的操作單元，此交易中所有的操作不是完全成功就是完全失敗。另外，取得交易物件時的模式參數必須注意指定為 readwrite。

如你所見，資料的新增必須同時指定一個對應的唯一鍵值，除此之外，你也可以要求自動產生鍵值，如此一來在新增資料的過程中，只需指定資料即可。有兩種方式可以自動產生鍵值，比較簡單的是指定自動遞增型態的鍵值，另外也可以指定特定資料欄位作為識別鍵值來源，先來看自動遞增鍵值，考慮下頁的程式碼：

```
var objectStore = db.createObjectStore(osname, {autoIncrement: true });
```

調用 createObjectStore() 函式時，指定第二個參數將 autoIncrement 的值設定為 true ，如此一來，為這個物件倉儲加入新的資料時，不需要指定鍵值，它會根據目前倉儲中的鍵值以自動遞增的形式產生新的鍵值。

接下來的範例，我們預先建立一個新的資料倉儲 OSAI ，並指定 {autoIncrement: true } 參數，來看看測試的結果。

範例 18-7 新增資料的鍵值自動遞增

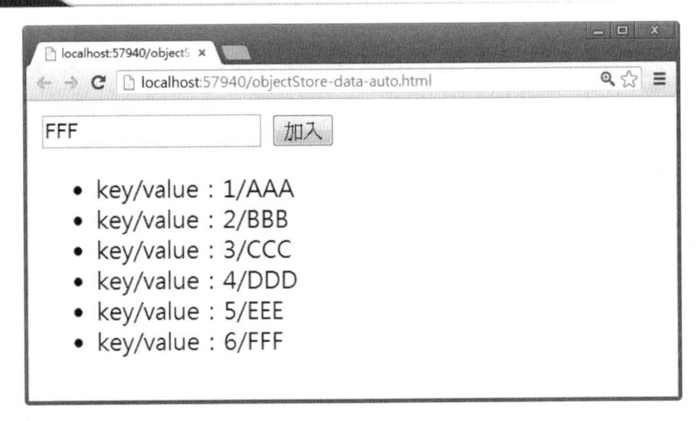

畫面列舉目前資料庫中已經新增的資料內容，其中鍵值從 1 開始以自動遞增形式逐一產生，每一次於文字方塊上輸入欲新增的資料值，按一下「加入」按鈕，即會顯示一筆新的資料。

objectStore-data-auto.html

```
<!DOCTYPE html>
<html>
<head>
<meta http-equiv="Content-Type" content="text/html; charset=utf-8"/>
      <title></title>
      <script>
          var reuestName = 'KTMS';
          var objectStoreName = 'OSAI';
          var db;
          var indexedDB = window.indexedDB ||
             window.mozIndexedDB ||
             window.webkitIndexedDB;
          function add_click(){
              try {
```

(續)

```
                    var transaction =
                        db.transaction([objectStoreName],
                        'readwrite');
                    // 新增資料
                    var store = transaction.objectStore(objectStoreName);
                    var value = document.getElementById('value').value;
                    var request = store.add(value);
                    request.onsuccess = function (event) {
                        list();
                    };
                    request.onerror = function (event) {
                        alert(event);
                    };
                } catch (e) {
                    alert(e);
                }
            }
            window.onload = function () {
                var request = indexedDB.open(reuestName);
                request.onsuccess = function (event) {
                    db = event.target.result;
                    list();
                };
            };
            function list() {
                // 列舉資料
            }
        </script>
</head>
<body>
        <input type="text" id='value'  />
        <button onclick="add_click()">加入</button>
        <div id="message"  ></div>
</body>
</html>
```

為了簡化說明，此範例僅討論資料的新增，以網底標示者為調用 add() 方法的程式碼，由於資料庫 OSAI 建立時指定為自動遞增資料鍵值，因此傳入單一參數即可，而每一次資料新增的同時，鍵值會自動建立。

另外一種鍵值資料的欄位指定，後文 18.7 節中，討論複雜資料的維護管理時會有進一步說明。

18.6.5 搜尋特定資料

搜尋是資料維護作業最基本的功能之一，最簡單的搜尋是根據指定的鍵值，找出對應的資料，而 get() 方法支援相關的操作，下頁為其定義：

```
IDBRequest get (any key);
```

其中的 key 為所要搜尋的資料鍵值，這個方法調用的過程中須注意指定正確的鍵值，否則會導致 DataError 的例外發生。

範例 18-8 搜尋指定資料

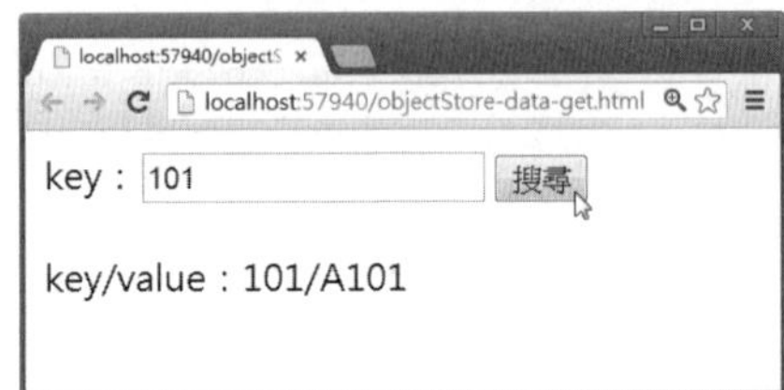

左邊截圖是一開始載入的畫面，於畫面最上方標示為 key 的文字方塊中，輸入所要讀取的資料鍵值，按一下「搜尋」按鈕，則會出現此鍵值對應的資料內容項目，如右邊截圖。

objectStore-data-get.html

```
<!DOCTYPE html>
<html>
<head>
      <title></title>
      <script>
          var reuestName = 'KTMS';
          var objectStoreName = 'OS1';
          var db;
          var indexedDB = window.indexedDB ||
             window.mozIndexedDB ||
             window.webkitIndexedDB;
          var request = indexedDB.open(reuestName);
          request.onsuccess = function (event) {
              db = event.target.result;
          };
          function search_click() {
              try {
                  var transaction = db.transaction([objectStoreName]);
                  var store = transaction.objectStore(objectStoreName);
                  var key = document.getElementById('key').value;
                  var request = store.get(key);
                  request.onsuccess = function (event) {
                      var value = request.result;
                      document.getElementById('message').innerHTML =
                          'key/value：' + key + '/' + value;
                  };
```

(續)

```
                    request.onerror = function (event) {
                        alert(event);
                    };
                } catch (e) {
                    alert(e);
                }
            }
        </script>
</head>
<body>
        key：<input type="text" id='key'  />
        <button onclick="search_click()">搜尋</button>
        <div id="message" style="margin-top:20px;" ></div>
</body>
</html>
```

反白標示的部分，是調用 get() 函式的程式碼，而 success 事件處理器中，透過參數取得指定鍵值的資料，並且將其顯示在網頁上。

18.7 複雜物件儲存與鍵值路徑

為了容易理解，目前為止的資料維護範例，僅以字串之類的單純型態資料進行示範，而在實際的應用當中，資料倉儲所儲存的資料通常複雜許多，最典型的例如 JSON 格式資料，而在我們繼續討論其它 indexed Database API 之前，針對複雜資料的維護，必須有進一步的認識，這一節來看看相關的議題。考慮以下的資料：

```
{
        ProductID: “1000001",
        ProductName: “USB 3.0 機殼",
        Category: "電腦週邊",
        UnitPrice: 1200
}
```

這是一組 JSON 格式的資料，其中包含四組資料，每一組資料的欄位表示某項商品儲存於資料庫中的特定識別資訊，意義如下：

欄 位	說 明
ProductID	商品編號。
ProductName	商品編號。
Category	商品分類。
UnitPrice	單價。

JSON 物件允許儲存各種型態的資料內容，因此只要將資料封裝成 JSON 格式物

件，就能將複雜型態的資料儲存至資料庫當中。

由於 JSON 格式資料可能包含一個以上的欄位，因此在建立儲存此類資料的物件倉儲時，可以指定某個特定的欄位資料作為鍵值，當然，這個資料欄位的值於資料倉儲中不可以重複。以上述商品資料為例，假設要將十組商品資料儲存至資料倉儲中，而每一組資料的 ProductID 欄位值均是唯一，因此我們可以指定 ProductID 為儲存資料時的鍵值，考慮以下這段程式碼：

```
var objectStore =
      db.createObjectStore('products',{keypath:ProductID});
```

createObjectStore() 方法中的第二個參數即為所謂的鍵值路徑，一旦此行程式執行完畢，會建立一個名稱為 products 的物件倉儲，而每一次將資料儲存至其中時，ProductID 欄位值將被自動指定為此資料的鍵值。

除了鍵值設定，由於每一個儲存至倉儲中的資料均是一個 JSON 格式資料物件，因此將其取出時亦是一個物件，必須進一步指定所要讀取的欄位值，才能取得其中的資料，或是將其轉換為對應的字串格式。

接下來示範資料的讀取，其中預先建立一個指定鍵值路徑 {keypath:ProductID} 的資料庫 Products ，並且預先儲存了三筆商品資料。

範例 18-9 讀取 JSON 格式資料

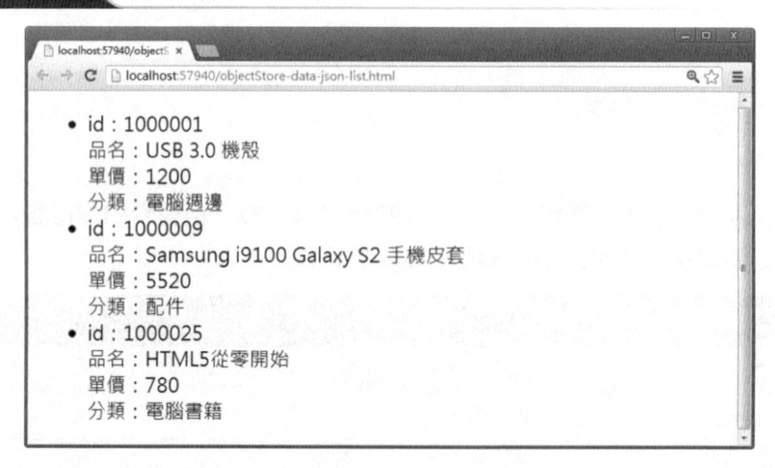

網頁載入完成後，取出資料庫中特定物件倉儲儲存的 JSON 格式資料，逐筆顯示在畫面上。

objectStore-data-json-list.html

```
<!DOCTYPE html>
<html>
<head>
      <title></title>
      <script>
          var reuestName = 'KTMS';
          var objectStoreName = 'Products';
          var db;
          var indexedDB = window.indexedDB ||
             window.mozIndexedDB ||
             window.webkitIndexedDB;
          function list() {
              try {
                  var transaction = db.transaction([objectStoreName]);
                  var store = transaction.objectStore(objectStoreName);
                  var crequest = store.openCursor()
                  var message = '<ul>';
                  crequest.onsuccess = function (event) {
                      var cursor = event.target.result;
                      if (cursor) {
                          message += ('<li>' + "id：" + cursor.key +
                              "<br/>品名：" + cursor.value.ProductName +
                              "<br/>單價：" + cursor.value.UnitPrice +
                              "<br/>分類：" + cursor.value.Category);
                          cursor.continue();
                      } else {
                          message += '</ul>'
                      }
                      document.getElementById('message').innerHTML = message;
                  };
              } catch (e) {
                  alert(e);
              }
          }
          window.onload = function () {
              var request = indexedDB.open(reuestName);
              request.onsuccess = function (event) {
                  db = event.target.result;
                  list();
              };
          };
      </script>
</head>
<body>
      <div id="message"  ></div>
</body>
</html>
```

此範例透過 cursor 物件，逐筆取出物件倉儲中的資料，其中以網底標示的部分為這一節所討論的重點，由於取出的是 JSON 格式資料，因此進一步透過欄位屬性的引用，取出其中的欄位資料。

讀者可以嘗試於每一次資料取出時，直接轉換成為字串如下：

```
message += ('<li>' + JSON.stringify(cursor.value));
```

最後取出以下的結果：

- {"ProductID":"1000001","ProductName":"USB 3.0 機殼","Category":"電腦週邊","UnitPrice":1200}
- {"ProductID":"1000009","ProductName":"Samsung i9100 Galaxy S2 手機皮套","Category":"配件","UnitPrice":5520}
- {"ProductID":"1000025","ProductName":"HTML5從零開始","Category":"電腦書籍","UnitPrice":780}

現在來看看，如何將這些資料加入指定的物件倉儲中，而在此之前，必須如稍早說明，預先建立鍵值路徑為 ProductID 的物件倉儲 Products 。

範例 18-10 新增複雜資料

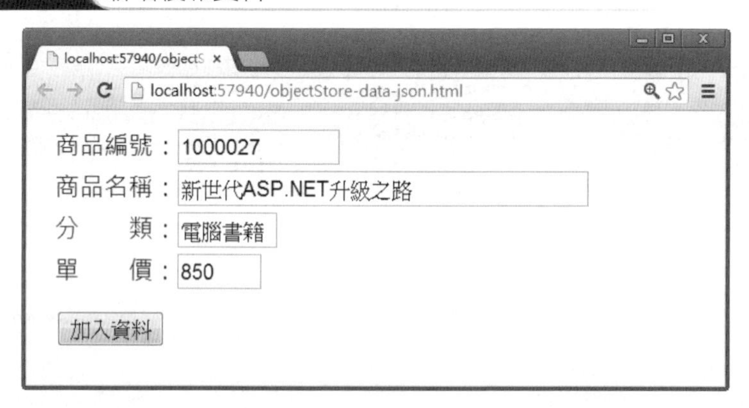

網頁上配置了四個欄位讓使用者輸入商品資料，按一下「加入資料」將其加入至指定的物件倉儲中。

objectStore-data-json.html

```
<!DOCTYPE html>
<html >
<head>
      <title></title>
      <style>
          div {margin:10px;width:400px;text-align:left; }
      </style>
      <script>
          var reuestName = 'KTMS';
          var objectStoreName = 'Products';
          var db;
          var indexedDB = window.indexedDB ||
             window.mozIndexedDB ||
```

(續)

```
            window.webkitIndexedDB;
        function add_click() {
            try {
                var transaction = db.transaction(
                    [objectStoreName], 'readwrite');
                transaction.oncomplete = function (event) {
                    alert('資料異動完成 !');
                };
                transaction.onerror = function (event) {
                    alert(event);
                };
                //
                var store = transaction.objectStore(objectStoreName);
                var data =
                     {
                         ProductID: document.getElementById('ProductID').value,
                         ProductName: document.getElementById('ProductName').
                             value,
                         Category: document.getElementById('Category').value,
                         UnitPrice: parseInt(
                             document.getElementById('UnitPrice').value)
}
                var request = store.add(data);
                request.onsuccess = function (event) {
                    alert('新增一筆資料完成!');
                };
                request.onerror = function (event) {
                    alert('新增失敗：'+event.message );
                };

            } catch (e) {
                alert(e);
            }
        }
        window.onload = function () {
            var request = indexedDB.open(reuestName);
            request.onsuccess = function (event) {
                db = event.target.result;
            };
        };
    </script>
</head>
<body>
    <div>
    商品編號：<input type="text" id="ProductID" style="width:100px;"/><br/>
    商品名稱：<input type="text" id="ProductName" style="width:260px;" /><br/>
    分　 類：<input type="text" id="Category" style="width:60px;" /><br/>
    單　 價：<input type="text" id="UnitPrice"  style="width:50px;" /><br/>
    </div>
    <div><button onclick="add_click()">加入資料</button></div>
</body>
</html>
```

在 add_Clilck() 函式中，調用 add() 方法之前預先取得畫面上使用者輸入的資料內容，依序建立 JSON 格式資料，儲存於 data 變數中，最後將其當作參數傳入，即可完成資料的新增作業。

到目前為止，我們瞭解如何將 JSON 格式的複雜資料儲存至物件倉儲，同時亦解釋了所謂的鍵值路徑，有了這些基礎，下一節進一步討論 Indexed Database API 最關鍵的內容要素－索引物件。

18.8 索引

索引主要應用於資料的搜尋，透過索引，應用程式可以針對物件倉儲內的資料，進行更有效率的搜尋操作，這一節從索引物件的定義開始，討論相關的議題。

18.8.1 關於索引

稍早的說明課程中，我們看到了如何透過識別鍵值尋找特定的記錄，而經由索引的定義，可以進一步根據特定的資料欄位執行更彈性的資料搜尋作業。

介面 IDBIndex 定義索引物件的功能，它支援的屬性以及方法成員，列舉如下表：

```
interface IDBIndex {
      readonly attribute DOMString      name;
      readonly attribute IDBObjectStore objectStore;
      readonly attribute DOMString      keyPath;
      readonly attribute boolean        multiEntry;
      readonly attribute boolean        unique;
      IDBRequest openCursor (optional any? range,
           optional DOMString direction);
      IDBRequest openKeyCursor (optional any?range,
           optional DOMString direction);
      IDBRequest get (any key);
      IDBRequest getKey (any key);
      IDBRequest count (optional any key);
};
```

下表說明成員的意義：

成 員	說 明
name	索引名稱。
objectStore	此索引物件所參考的物件倉儲實體。

(續)

成 員	說 明
keyPath	索引對應至物件倉儲中某個特定資料欄位的鍵值路徑。
multiEntry	索引的 multiEntry 旗標。
unique	索引的 unique 旗標。
openCursor	建立並回傳 cursor 物件以支援資料列舉。
openKeyCursor	建立並回傳鍵值 cursor 物件。
get	根據指定的識別鍵取得此索引對應的資料。
getKey	根據指定的識別鍵取得此索引資料。
count	回傳索引鍵值的對應資料數量。

以下從索引的列舉開始，我們透過幾個小節與實作範例進行索引物件的說明，而要提醒讀者的是，索引相關操作同樣必須在交易下進行。

18.8.2 列舉索引物件

倉儲中的索引，可以透過引用 IDBObjectStore 介面的 indexNames 屬性取得，定義如下：

```
readonly attribute DOMStringList  indexNames;
```

此屬性回傳包含所有索引名稱字串的集合，這是一個 DOMStringList 型態資料，經由迴圈即可將其中的索引全部取出。

範例 18-11 列舉倉儲索引物件

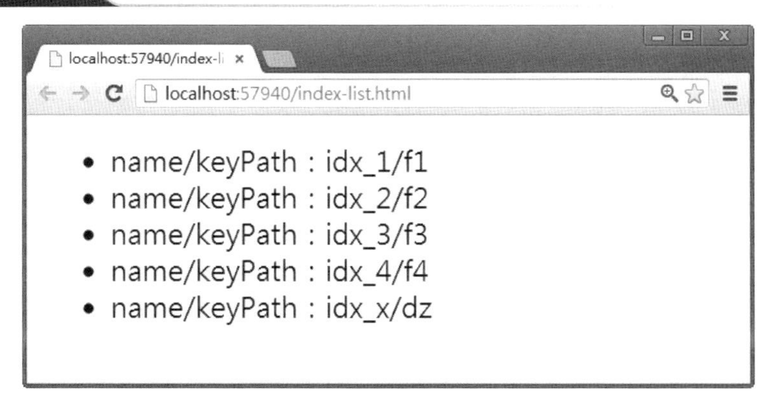

載入的畫面顯示指定的 KTMS 資料庫中，特定物件倉儲的索引清單，其中列舉的內容為索引名稱與鍵值相關路徑。

index-list.html

```
<!DOCTYPE html>
<html>
<head>
<meta/>
      <title></title>
      <script>
          var requestName= 'KTMS';
          var objectStoreName = 'Products93';
          var version;
          var db;
          var indexedDB = window.indexedDB ||
             window.mozIndexedDB ||
             window.webkitIndexedDB;
          window.onload = function () {
              var request = indexedDB.open(requestName);
              request.onsuccess = function (event) {
                  db = event.target.result;
                  version = db.version;
                  var transaction = db.transaction([objectStoreName]);
                  var store = transaction.objectStore(objectStoreName);
                  var indexes = store.indexNames
                  var msg = '<ul>';
                  var l = indexes.length;
                  if (l > 0) {
                      for (var i = 0; i < indexes.length; i++) {
                          msg +=
                              ('<li>' + indexes[i] + '/' +
                              store.index(indexes[i]).keyPath + '</li>');
                      }
                      msg += '</ul>'
                      document.getElementById('message').innerHTML = msg;
                  } else {
                      console.log('無任何索引 ! ');
                  }
                  db.close();
              };
          };
      </script>
</head>
<body>
      <div id="message" ></div>
</body>
</html>
```

首先開啟資料庫，並且於 success 事件處理器中，建立交易物件並取得所要操作的物件倉諸，緊接著引用 indexNames 取出所有的索引名稱的字串集合。

接下來判斷其回傳的內容長度是否為 0 ，大於 0 表示找到了索引物件，因此利用一個 for 迴圈將其逐一取出，最後顯示在網頁上。

18.8.3 索引建立與列舉

你必須為物件倉儲建立索引，如此一來才能在搜尋資料的過程中，透過索引擷取搜尋特定資料內容，如同資料維護作業，建立索引必須在資料庫版本設定過程中所觸發的版本異動交易作業裡進行設定。

IDBObjectStore 物件所定義的 createIndex() 方法支援索引物件的建立，定義如下：

```
IDBIndex createIndex (
    DOMString name,
    any keyPath,
    optional IDBIndexParameters optionalParameters);
```

參數 name 為所要建立的新索引名稱，第二個參數 keyPath 則是索引的資料欄位鍵值路徑，最後的參數 optionalParameters 是 IDBIndexParameters 型態的 dictionary 物件，其定義如下：

```
dictionary IDBIndexParameters {
    boolean unique = false;
    boolean multiEntry = false;
};
```

布林值 unique 預設值為 false ，如果 unique 被設定為 true ，強迫索引中沒有任何記錄有相同的鍵值，因為如此的限制，導致新增或是修正任何記錄時，要避免新的記錄產生與目前記錄相同的鍵值，否則會導致資料的儲存失敗。

建立索引必須在調整資料庫版本的交易事件中進行，因此調用 createIndex() 可能觸發 InvalidStateError 例外，這個例外也會在來源物件被刪除時發生，而另外還有一個 ConstraintError 例外，發生於嘗試建立相同名稱的索引物件。

你可以選擇在建立新的物件倉儲時，同時建立需要的索引物件，或是在已經存在的物件倉儲中，新增索引物件。

範例 18-12 建立索引物件

於畫面上輸入索引名稱與鍵值路徑，按一下「新增」按鈕，此網頁會開啟指定的資料庫，並且於 upgradeneeded 事件處理器裡，建立一個新的物件倉儲，新增索引物件。

index-createOS.html

```
<!DOCTYPE html>
<html>
<head>
      <title></title>
      <script>
          var requestName = 'KTMS';
          var objectStoreName = 'OS';
          var version;
          var indexedDB = window.indexedDB ||
             window.mozIndexedDB ||
             window.webkitIndexedDB;
          var db;
          function addIDX() {
              version++;
              var request = indexedDB.open(requestName, version);
              request.onupgradeneeded = function (event) {
                  try {
                      db = event.target.result;
                      var objectStore = db.createObjectStore(
                          objectStoreName + version.toString());
                      var name = document.getElementById('idxname').value;
                      var keyPath = document.getElementById('idxkeyPath').value;
                      objectStore.createIndex(name, keyPath);
                      alert('索引建立完成 !');
                  } catch (e) {
                      alert(e.toLocaleString());
                  } finally {
                      if (db) {
                          db.close();
                          console.log('資料庫關閉');
                      }
```

(續)

```
                }
            }
        }
        window.onload = function () {
            var request = indexedDB.open(requestName);
            request.onsuccess = function (event) {
                db = event.target.result;
                version = db.version;
                db.close();
            }
        };
    </script>
</head>
<body>
    <p>
        索引名稱：<input type="text" id='idxname' style="width: 100px" />
        鍵值路徑：<input type="text" id='idxkeyPath' style="width: 100px" />
        <button onclick="addIDX()" >新增</button>
    </p>
    <div id="message"></div>
</body>
</html>
```

網底標示的程式碼建立一個新的物件倉儲，接下來以此調用 createIndex()，根據畫面上使用者輸入文字方塊的索引名稱與鍵值路徑，建立一個新的索引物件。

為了簡化說明，此範例除了直接指定所要開啟的資料庫名稱，同時以 OS 字首加上版本號碼為新建立的物件倉儲名稱，讀者可以自行修改相關的設定。

我們很有可能在現有的物件倉儲中，建立新的索引物件，甚至刪除其中已經存在的特定索引物件，而這必須透過版本升級交易物件所取得的物件倉儲中，進行處理，刪除索引物件的方法如下：

```
void deleteIndex(DOMString indexName);
```

參數 indexName 為所要刪除的索引物件名稱，這個方法執行完畢之後，indexName 名稱的索引物件即從物件倉儲中被刪除。此動作同樣會觸發 InvalidStateError 與 ConstraintError 例外。

範例 18-13 新增刪除索引物件

畫面一開始載入指定物件倉儲中目前所存在的索引清單。

於畫面上方輸入所要新增的索引資料，包含名稱與鍵值路徑，按一下「新增」按鈕即可將其新增，此時畫面下方的清單會重新顯示最新的索引物件內容，新增的索引名稱與鍵值路徑即會顯示於其中。如果要刪除特定的索引，於索引名稱欄位輸入名稱，按一下「刪除」按鈕，此索引會被刪除。

index-deom.html

```
<!DOCTYPE html>
<html>
<head>
      <title></title>
      <script>
          var requestName = 'KTMS';
          var objectStoreName = 'Products';
          var version;
          var db;
          var indexedDB = window.indexedDB ||
             window.mozIndexedDB ||
             window.webkitIndexedDB;
          function list() {
              // 列舉索引清單
          }
          window.onload = function () {
              list();
          };
          function createIDX() {
              version++;
              var request = indexedDB.open(requestName, version);
              request.onupgradeneeded = function (event) {
                  try {
```

(續)

```
                        db = event.target.result;
                        var transaction = event.target.transaction;
                        var store = transaction.objectStore(objectStoreName);
                        var name = document.getElementById('idxName').value;
                        var keyPath = document.getElementById('idxKeypath').
                            value;
                        store.createIndex(name, keyPath);
                    } catch (e) {
                        alert(e);
                    } finally {
                        if (db) {
                            db.close();
                            console.log('資料庫關閉');
                        }
                        list();
                    }
                }
            }
            function deleteIDX() {
                version++;
                var request = indexedDB.open(requestName, version);
                request.onupgradeneeded = function (event) {
                    try {
                        db = event.target.result;
                        var transaction = event.target.transaction;
                        var store = transaction.objectStore(objectStoreName);
                        var name = document.getElementById('idxName').value;
                        store.deleteIndex(name);
                    } catch (e) {
                        alert(e.toLocaleString());
                    } finally {
                        if (db) {
                            db.close();
                            console.log('資料庫關閉');
                        }
                        list();
                    }
                }
            }
        </script>
</head>
<body>
        <p>
            索引名稱：<input type="text" id='idxName' style="width: 100px" />
            鍵值路徑：<input type="text" id='idxKeypath' style="width: 100px" />
            <button onclick="createIDX()" >新增</button>
            <button onclick="deleteIDX()">刪除</button>
        </p>
        <div id="message"  ></div>
</body>
</html>
```

以網底標示的程式碼實作索引的新增與刪除功能。

函式 createIDX() 於使用者按下「新增」按鈕時被執行，其中取得交易物件，並且透過此物件取得欲建立索引之物件倉儲，調用 createIndex() 方法完成新增作業。函式 deleteIDX() 則於使用者按下「刪除」按鈕時被執行，同樣的，透過交易物件取得物件倉儲，最後調用 deleteIndex() 方法進行索引刪除作業。

由於同一個物件倉儲中索引不能重複，因此當你嘗試輸入已經存在的索引名稱並且將其新增，會出現例外說明訊息畫面，相反的，若是指定不存在的名稱，但卻嘗試將其刪除，同樣會出現例外。

18.8.4 透過索引搜尋列舉資料

最後這個小節，說明如何經由預先建立的索引物件，進行資料的列舉搜尋操作。最簡單的方式是根據索引取出符合索引欄位條件的第一筆資料，這可以透過 IDBIndex 介面定義的 get() 方法來取得：

```
IDBRequest get (any key);
```

取得索引物件之後，指定所要搜尋的鍵值 key ，將其當作參數傳入 get() 函式，便能取得索引欄位中，符合此 key 值的資料內容，要注意的是，由於取回的索引資料不見得只有一筆，get() 只取回第一筆資料，也就是鍵值最小的第一筆資料。

接下來透過範例說明資料的搜尋與列舉操作，在此之前，我們要準備測試用的資料倉儲，以本章稍早討論 JSON 格式資料儲存的 Products 為例，建立索引物件 idx_cat ，並且指定 Category 為鍵值路徑，其中儲存的資料如下：

```
{ "ProductID":"1000001","ProductName":"USB 3.0 機殼 ",
"Category":" 電腦週邊 ","UnitPrice":1200}
{"ProductID":"1000003","ProductName":"USB 3.0 U3 系列蜂魔機殼 ",
"Category":" 電腦週邊 ","UnitPrice":1250}
{"ProductID":"1000009","ProductName":"Samsung i9100 Galaxy S2 手機皮套 ",
"Category":" 配件 ","UnitPrice":5520}
{"ProductID":"1000025","ProductName":"HTML5 從零開始 ",
"Category":" 電腦書籍 ","UnitPrice":780}
```

下頁的範例，示範 get() 方法取出其中的資料。

範例 18-14 示範 get()

同樣的，為了簡化說明，因此這個範例直接針對預先建立、並儲存了四筆資料的物件倉儲 Products 進行索引查詢，然後於網頁載入之後，直接顯示第一筆取得的資料。

index-get.html

```
<!DOCTYPE html>
<html>
<head>
<meta/>
      <title></title>
      <script>
          var requestName = 'KTMS';
          var objectStoreName = 'Products';
          var version;
          var indexedDB = window.indexedDB ||
             window.mozIndexedDB ||
             window.webkitIndexedDB;
          var db;
          function list() {
              try {
                  var transaction = db.transaction([objectStoreName]);
                  var store = transaction.objectStore(objectStoreName);
                  var idx = store.index('idx_cat');
                  idx.get('電腦週邊').onsuccess = function (event) {
                      var request = event.target;
                      if (request)
                          document.getElementById('message').innerHTML =
                              '第一筆電腦週邊類商品：' +
                              event.target.result.ProductName;
                  };
              } catch (e) {
                  alert(e);
              } finally {
                  if (db) {
                      db.close();
                      console.log('資料庫關閉！');
                  }
              }
```

(續)

```
            }
            window.onload = function () {
                var request = indexedDB.open(requestName);
                request.onsuccess = function (event) {
                    db = event.target.result;
                    list();
                };
            };
        </script>
</head>
<body>
        <div id="message" ></div>
</body>
</html>
```

以網底標示的程式碼，透過 index() 取得名稱為 idx_cat 的索引物件。緊接著引用 get() 取出索引值為「電腦週邊」的資料，因此於其 success 事件處理器中將資料取出。

如果要巡覽物件倉儲中的資料，可以透過 IDBIndex 定義的 openCursor() 方法，取得 cursor 物件來達到目的，以下的範例說明相關的實作。

範例 18-15 列舉索引資料

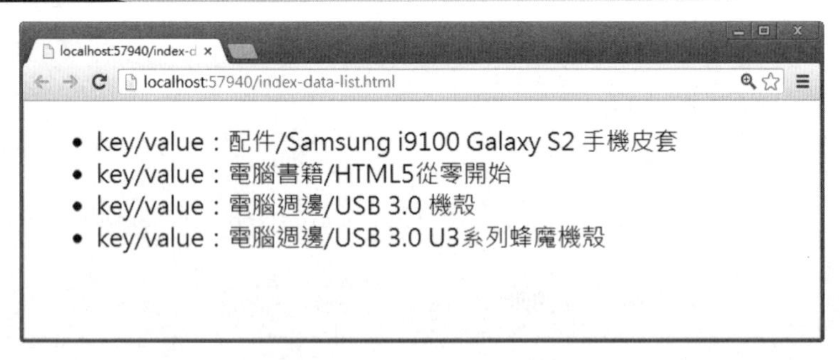

此範例載入網頁之後，透過索引取得其關聯 cusor 物件，然後逐一巡覽資料將內容取出。

index-data-list.html

```
<!DOCTYPE html>
<html>
<head>
<meta/>
        <title></title>
        <script>
```

(續)

```
            var requestName = 'KTMS';
            var objectStoreName = 'Products';
            var version;
            var indexedDB = window.indexedDB ||
               window.mozIndexedDB ||
               window.webkitIndexedDB;
            var db;
            function list() {
                try {
                    var transaction = db.transaction([objectStoreName]);
                    var store = transaction.objectStore(objectStoreName);
                    var idx = store.index('idx_cat');
                    var crequest = idx.openCursor();
                    var message = '<ul>';
                    crequest.onsuccess = function (event) {
                        var cursor = event.target.result;
                        if (cursor) {
                            message += (
                                '<li>' + "key/value" + ':' +
                                cursor.key + "/" + cursor.value.ProductName +
                                '</li>');
                            cursor.continue();
                        } else {
                            message += '</ul>'
                        }
                       document.getElementById('message').innerHTML = message;
                    };
                } catch (e) {
                    alert(e);
                }
            }
            window.onload = function () {
                var request = indexedDB.open(requestName);
                request.onsuccess = function (event) {
                    db = event.target.result;
                    list();
                };
            };
      </script>
</head>
<body>
      <div id="message" ></div>
</body>
</html>
```

請特別注意網底標示的部分，其中取得索引物件之後，調用 openCursor() 於 success 事件處理器中取得 cursor 物件，接下來同前述討論 cursor 的作法相同，讀者請自行嘗試。

索引物件另外支援特定範圍的資料存取，同樣的，這必須透過 openCursor() 方法，進一步來看看這個方法的定義：

```
IDBRequest openCursor (
      optional any? range,
      optional DOMString direction);
```

其中包含兩個選擇性的參數，range 是要取回的資料內容範圍，通常我們需要建立一個定義搜尋範圍的 IDBKeyRange 物件以作為 range 參數，此介面定義如下：

```
interface IDBKeyRange {
      readonly attribute any     lower;
      readonly attribute any     upper;
      readonly attribute boolean lowerOpen;
      readonly attribute boolean upperOpen;
      static IDBKeyRange only (any value);
      static IDBKeyRange lowerBound (any lower, optional boolean open);
      static IDBKeyRange upperBound (any upper, optional boolean open);
      static IDBKeyRange bound (
          any lower, any upper,
          optional boolean lowerOpen, optional boolean upperOpen);
};
```

其中的方法成員支援搜尋範圍的定義：

方法成員	說　明
only	索引欄位值確切為參數 value 的資料。
lowerBound	索引欄位值大於 lower 的資料，open 表示取出的資料是否包含 lower 本身，預設值為 false 表示包含，指定 true 則會排除。
upperBound	索引欄位值小於 upper 的資料，open 表示取出的資料是否包含 upper 本身，預設值為 false 表示包含，指定 true 則會排除。
bound	索引欄位值介於 lower 與 upper 之間的資料，lowerOpen 表示取出的資料是否包含 lower 本身，預設值為 false 表示包含，指定 true 則會排除，upperOpen 對應 upper 參數，意義相同。

另外一個字串參數 direction 表示 cursor 巡覽方向，可能值如下：

direction	說　明
next	Cursor 從來源物件資料開始的位置開啓，以鍵值遞增的方式往下讀取。
nextunique	同 next ，只是讀取不重複的資料。
prev	Cursor 從來源物件資料結束的位置開啓，以鍵值遞減的方式往上讀取。
prevunique	同 prev ，只是讀取不重複的資料。

將指定的範圍參數傳入，透過回傳的 cursor 物件，便可取得符合條件值的資料。

接下來的範例，首先示範最簡單的資料搜尋操作。

範例 18-16 搜尋特定條件資料

畫面上配置了一個文字方塊，於其中輸入所要尋找的資料分類，按一下「搜尋」按鈕，網頁載入預設顯示的是「電腦週邊」商品。

index-data-only.html

```
<!DOCTYPE html>
<html>
<head>
      <meta />
      <title></title>
      <script>
          var requestName = 'KTMS';
          var objectStoreName = 'Products';
          var version;
          var indexedDB = window.indexedDB ||
             window.mozIndexedDB ||
             window.webkitIndexedDB;
          window.IDBKeyRange = window.IDBKeyRange ||
              window.webkitIDBKeyRange ||
              window.msIDBKeyRange
          var db;
          function list() {
              try {
                  var transaction = db.transaction([objectStoreName]);
                  var store = transaction.objectStore(objectStoreName);
                  var skey = document.getElementById('key').value;
                  var keyRange = IDBKeyRange.only(skey);
                  var idx = store.index('idx_cat');
                  var crequest = idx.openCursor(keyRange);
                  var message = '<ul>';
                  crequest.onsuccess = function (event) {
                      var cursor = event.target.result;
                      if (cursor) {
                          message += (
```

(續)

```
                                '<li>' + "key/value" + ' : ' +
                                cursor.key + "/" + cursor.value.ProductName +
                                '</li>');
                            cursor.continue();
                        } else {
                            message += '</ul>';
                          document.getElementById('message').innerHTML = message;
                        }
                    };
                } catch (e) {
                    alert('error:' + e);
                }
            }
            window.onload = function () {
                var request = indexedDB.open(requestName);
                request.onsuccess = function (event) {
                    db = event.target.result;
                    list();
                }
            };
            function search() {
                list();
            }
        </script>
</head>
<body>
        <input id="key" value="電腦週邊"  />
        <button onclick="search()">搜尋</button>
        <div id="message"></div>
</body>
</html>
```

此範例網頁中，建立了一個 list() 函式以支援索引搜尋作業，其中關鍵程式碼以網底標示，取得畫面上使用者輸入的搜尋條件，將其當作參數傳入 IDBKeyRange.only() 取得需要的 IDBKeyRange 物件 keyRange ，再以此為參數調用 index() 方法取得 cursor ，完成搜尋資料的操作。

如果要搜尋某個特定範圍的資料，則調用 lowerBound 、upperBound 或是 bound 即可，由於原理相同，接下來修改上述的範例，以調用方法 bound() 進行說明。

範例 18-17 搜尋特定範圍資料

畫面中提供兩個文字方塊，讓使用者輸入所要搜尋的商品價格範圍，按一下「搜尋」按鈕，即可將位於此價格帶的商品資料取出。此範例內容原理同上述的「**範例 18-16：搜尋特定條件資料**」，為了節省篇幅列舉其中關鍵的程式碼如下：

index-data-range.html

```
function list() {
      try {
          var transaction = db.transaction([objectStoreName]);
          var store = transaction.objectStore(objectStoreName);
          var lower_value = parseInt(document.getElementById('lower').value);
          var upper_value = parseInt(document.getElementById('upper').value);
          var keyRange = IDBKeyRange.bound(lower_value, upper_value);
          var idx = store.index('idx_price');
          var crequest = idx.openCursor(keyRange);
          var message = '<ul>';
          crequest.onsuccess = function (event) {
              var cursor = event.target.result;
              if (cursor) {
                  message += (
                      '<li>' + "key/value" + ' : ' +
                      cursor.key + "/" + cursor.value.ProductName +
                      '</li>');
                  cursor.continue();
              } else {
                  message += '</ul>';
                  document.getElementById('message').innerHTML = message;
              }
          };
      } catch (e) {
          alert('error:' + e);
      }
}
```

這一次有兩個範圍值，也就是畫面上的兩個文字方塊，代表所要搜尋的商品最小與最大值範圍，並調用 bound() 方法取得 IDBKeyRange 物件。

另外要注意的是，由於搜尋的條件是針對價格欄位進行操作，因此必須預先對 UnitPrice 欄位建立索引物件，調用 index() 方法取得指定的 inx_price 索引。

SUMMARY

本章討論了 Indexed Databasse API 最基礎的入門內容，並提供實作範例解釋其中的關鍵功能，讀者將能利用此組 API 進行結構化的資料儲存維護操作。相較於本書前述章節討論的儲存機制，Indexed Databasse 適合執行更複雜的資料管理，實作更進階的應用，例如建構與伺服器端資料庫的同步機制。

下一章開始，我們將進入另外一個全新的篇章，討論 HTML5 支援的通訊機制，從網頁間彼此的溝通一直到跨越網路的 Web Socket 應用。

第五篇
API－通訊

資料通訊是 HTML5 API 另外一項重要的議題，相關的實作包含了網頁彼此間的通訊與資料交換，網頁與背景執行程序的溝通，進一步跨越網路的伺服器資料推播與支援雙向溝通的 WebSocket 技術等等，本篇將以五章的篇幅進行完整的討論，同時涵蓋 Ajax 議題。

第十九章

通訊作業

HTML5 導入了一組 Communication API ，支援跨文件、通訊埠，甚至跨網域的資料訊息通訊作業，相關的應用非常廣泛，從網頁彼此之間的通訊，到跨越網路的伺服器推播作業，都運用到接下來要討論的觀念，本章針對此組 API 的相關規格與實作應用進行討論。

19.1 關於通訊作業

所謂的通訊作業，泛指瀏覽器的網頁之間，或是網頁與伺服器之間，甚至透過 Socket 技術進行的資料傳送與接收行為，目前的 API 支援數種不同類型的通訊服務實作，從客戶端瀏覽器頁面之間單純的跨網頁溝通，到跨越網路向伺服器提出要求，取得伺服器資料的伺服器推播技術都是通訊作業的領域，HTML5 所釋出的 API 針對各種不同類型的服務，均提供了支援的機制，而在討論實際的應用之前，以下簡要列舉後續將討論的幾種通訊作業類型。

- **跨文件通訊**

這是最簡單的通訊作業，資料在兩個網頁之間彼此傳送，下圖是最典型的例子：

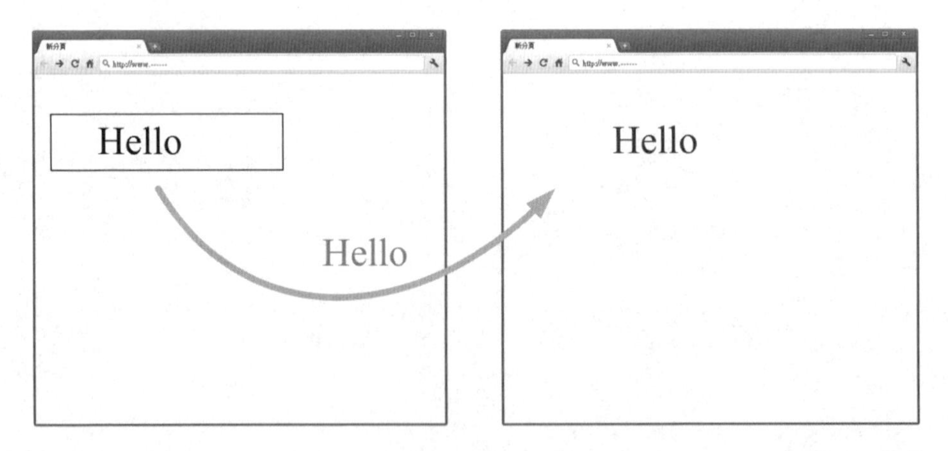

左邊是一個訊息發送網頁，右邊則是訊息接收網頁，當使用者於文字方塊輸入欲傳送的訊息文字，並將其傳送至右邊的網頁，這中間的過程，不需要透過伺服器即可處理。

跨文件通訊除了獨立網頁之間彼此的資料傳輸，也可以針對 iframe 的內容進行溝通，如下頁圖：

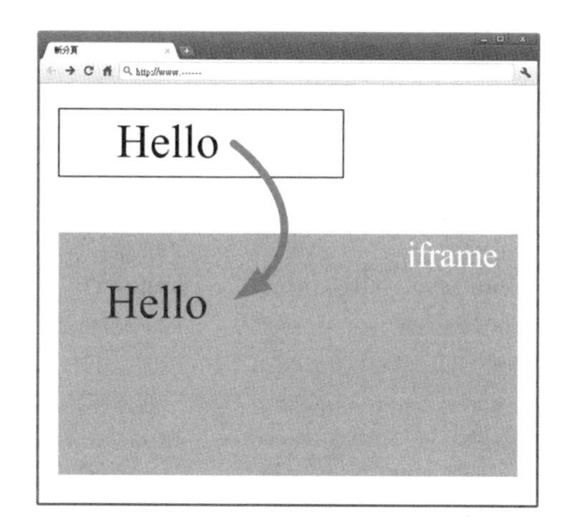

跨文件通訊是 HTML5 支援的數種通訊技術中最單純的，無論獨立網頁或是內嵌的 iframe 內容，只要針對目標進行資料的傳送，並且透過適當的事件處理器進行回應即可。

- **多執行緒網頁**

透過多執行緒機制，網頁可以針對外部獨立 JavaScript 檔案進行資料的傳送與接收行為，在 HTML5，這稱為 Web Workers ，相關功能的實作原理同上述的跨文件通訊，原來是網頁對網頁，現在則是網頁對 JavaScript。

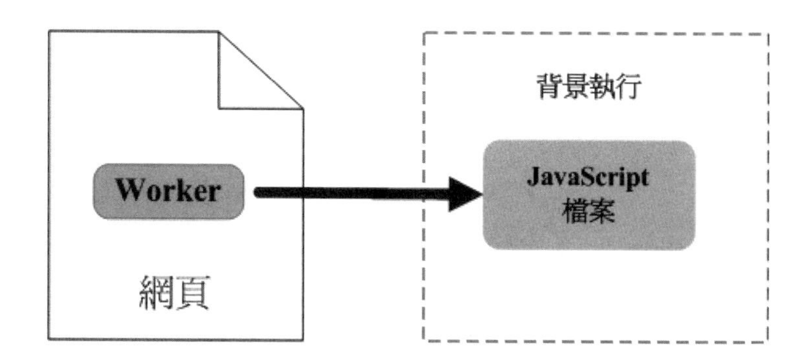

由於 JavaScript 檔案獨立於網頁之外，執行的過程中不會影響網頁本身的運作，因此被視為瀏覽器的多執行緒實現。

- **伺服器推播事件**

伺服器推播事件可以讓網頁持續性的，從指定 url 的 http 伺服器取得特定的資料內容，例如以下的示意圖：

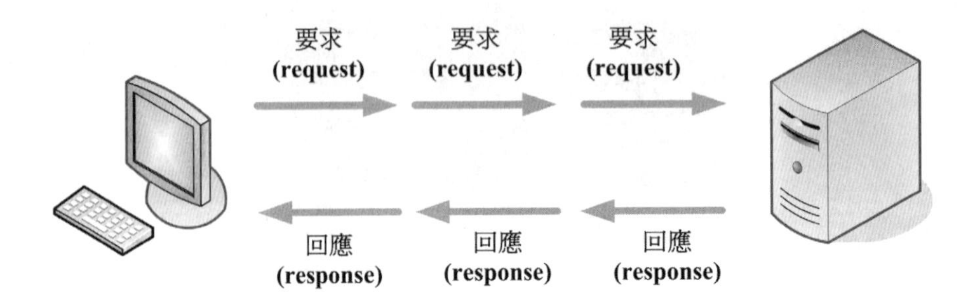

調用相關功能的 API 即可實現推播功能，透過 HTTP 或是其它專屬的協定技術，由伺服器將資料傳送至瀏覽器網頁。

此種類型的通訊作業，整個過程以非同步的方式在背景執行，因此網頁本身的運算不會被影響，同時不需要重新載入即可取得更新的網頁內容。

- **Web Sockets**

Web Sockets 將網路視為資料傳輸的管路，而管路兩端的 Socket 則支援資料的傳輸，應用程式只要銜接上 Socket 即可透過網頁進行資料的通訊作業，考慮以下的示意圖，資料透過 Socket 進入網路，同時從 Socket 取得資料。

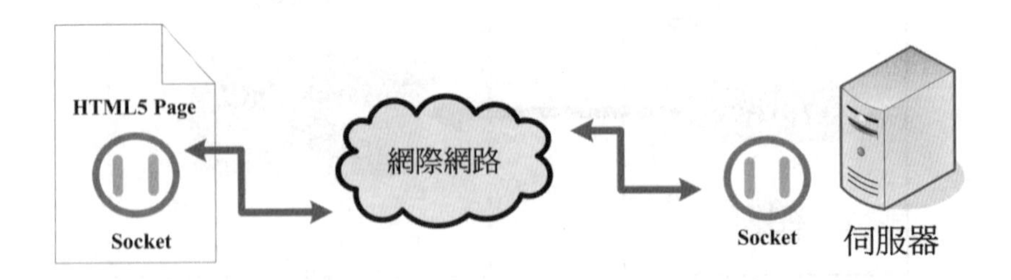

以上四種通訊技術，都會在本書進行討論，其中前兩種較單純，沒有牽涉到伺服器作業，本章與下一章進行說明，至於後兩項－伺服器推播與 Web Sockets ，必須搭配伺服端程式比較複雜，本書分別於第二十一章與第二十二章進行討論。

19.2 跨文件訊息傳遞

HTML5 Communication API 支援網頁之間的訊息傳遞與相關的通訊作業，考慮以下的圖示：

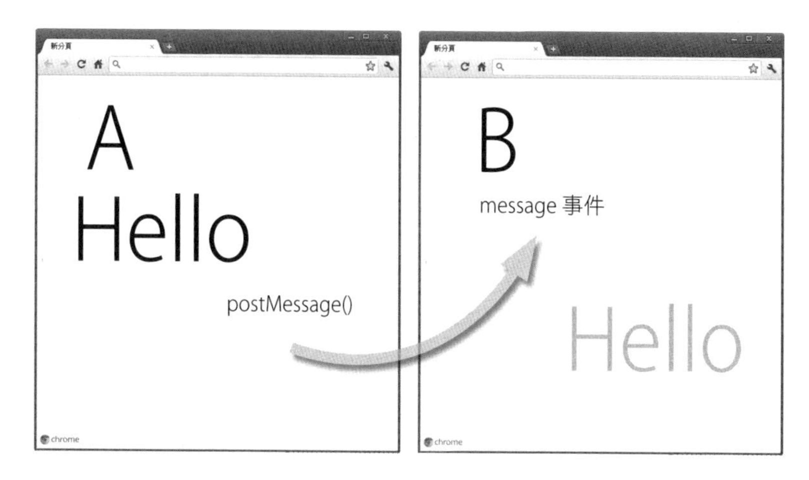

A 與 B 是兩個獨立的頁面，當載入網頁時，透過跨文件訊息傳遞技術，可以彼此交換資訊，例如將一個字串 Hello 從 A 傳送至 B 視窗。

要實作相關的功能，最簡單的作法便是直接調用 window 物件的 postMessage () 方法，此方法支援跨文件訊息通訊作業，是 window 介面定義的一員，內容如下：

```
void postMessage(
      in any message,
      in DOMString targetOrigin,
      in optional sequence<Transferable> transfer);
```

參數 message 為所要傳送的訊息資料，targetOrgin 為所要傳送的目標網頁 url ，這個值可以是一個 * ，或是一個 \ ，最典型的是代表傳輸目標的 url ，而最後的 transfer 則是序列化轉換的物件清單，可以直接忽略。

調用此方法必須先取得目標網頁的參照 window 物件，除了透過 window.open 取得，另外亦支援 iframe 元素，相關的實作於後續的範例中會有相關的示範。

postMessage () 方法的調用根據訊息所要傳遞的目標網頁，有不同的作法，最典型的是將訊息從目前的網頁傳遞至另外一個獨立的網頁，考慮以下的程式碼：

```
var newPage = window.open("Message.html");
newPage.postMessage("Hello post message ANOTHERPAGE !", locationurl);
```

首先取得目標網頁的參考變數 newPage ，其中的 Message.html 為訊息所要傳遞的目標網頁，假設它位於目前網頁相同的位置，因此直接調用 open 指定網頁檔案名稱將其開啟，然後透過 newPage 調用 postMessage () 將資訊傳遞過去即可。

完成了訊息的傳遞，接下來就是接收訊息的目標網頁，這一部分透過監聽 message 事件，並且藉由其事件處理器來獲取傳送過來的資料。

當 postMessage() 方法將資料傳送至目標網頁，此時將在目標 window 物件的文件上觸發 message 事件，設定事件處理器以回應事件，進一步處理其中的資料，註冊 message 事件所需的語法如下：

```
window.addEventListener("message", function (e) {
      // message 事件處理器內容 …
      // e.data 取得傳送的資料 …
}, false);
```

事件處理器裡面的參數 e 是一個 MessageEvent ，透過其屬性 data 可以取回傳遞的資料內容，要特別注意的是，MessageEvent 相當重要，它廣泛的出現在各種不同的通訊作業中，負責資料的傳送，目前讀者只需瞭解這裡提及的 data 屬性即可，後續針對 MessageEvent 介面將有更進一步的說明。

現在回到本節一開始的示意圖中，搭配上述的方法與事件處理器，可以得到下方的結果：

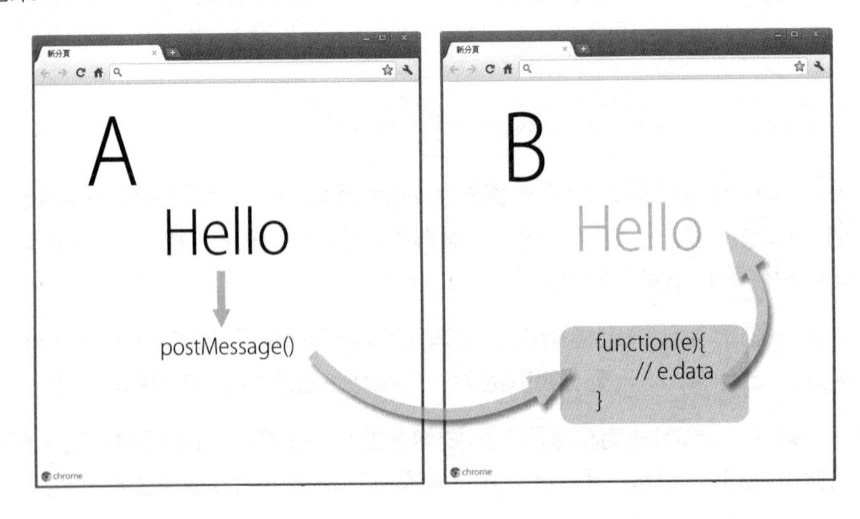

從這個示意圖中，讀者可以很清楚的看到如何調用 postMessage() 以及設定事件處理器以完成跨文件的訊息傳輸。

範例 19-1 網頁之間的訊息傳遞

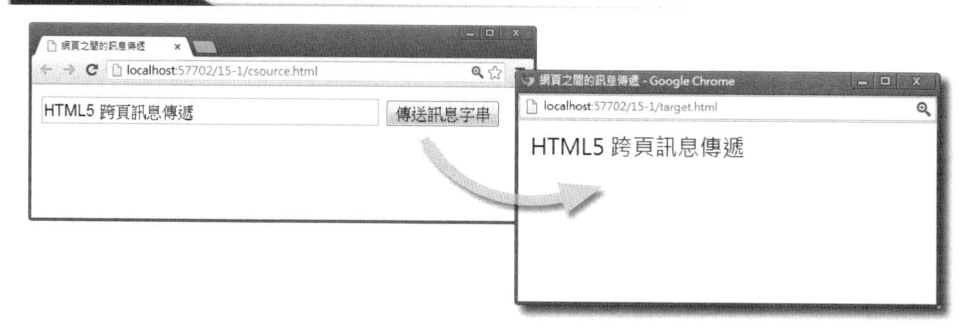

這個範例包含兩個網頁，分別是左圖的 csource.html 與右圖的 target.html ，瀏覽器載入 csource.html 網頁時，會同時開啟 target.html ，於 csource.html 輸入訊息文字，按一下「傳送訊息」按鈕，這一段訊息文字會被傳送至 target.html 。

csource.html

```
<head>
      <title>網頁之間的訊息傳遞</title>
      <script>
          var target = window.open("target.html","cwin");
          function sendMessage() {
              var locationurl = location.protocol + "//" + location.host;
              var message = document.getElementById("messageText").value;
              target.postMessage(message, locationurl);
          }
      </script>
</head>
<body>
<input id="messageText"  type="text" style="width:281px" />
<button onclick="sendMessage()">傳送訊息字串</button>
</body>
```

一開始調用 open() 開啟另外一個測試網頁 target.html ，取得其參照 target 。接下來於 sendMessage() 當中，取得網頁的協定以及主機資訊字串，然後擷取使用者輸入文字方塊中的資訊，透過 target 調用 postMessage() ，將資訊傳遞至 target.html 。

target.html

```
<script>
      var locationurl = location.protocol + "//" + location.host;
      window.addEventListener("message", function (e) {
          if (e.origin == locationurl)
              document.body.innerHTML = e.data;
      }, false);

</script>
```

這個檔案只有 JavaScript 程式碼，其中調用 addEventListener() 監聽 message 事件，一旦外部網頁透過 postMessage() 傳送資訊至目前網頁，其中經由 e.data 取得傳遞的相關資料，然後將其顯示在畫面上。

在這個範例中，我們透過其中 message 事件處理器的參數 e 取得傳輸的資料內容，其中的 e 是一個 MessageEvent 物件，由 MessageEvent 介面所定義，這是一個相當重要的介面，HTML5 數種重要的通訊機制都依賴這個介面進行資料的傳輸作業，後文針對此介面進一步作說明。

另外，請讀者特別注意取得資料之前，if 判斷式這一行程式碼的用途其目的在於檢核資料來源是否與目前的網頁檔案來源相同，是的話才會進行接下來的作業。

除了一般的字串格式資料，postMessage() 方法同時支援檔案型態的資料傳送，以下直接來看範例。

範例 19-2 傳送圖片檔案

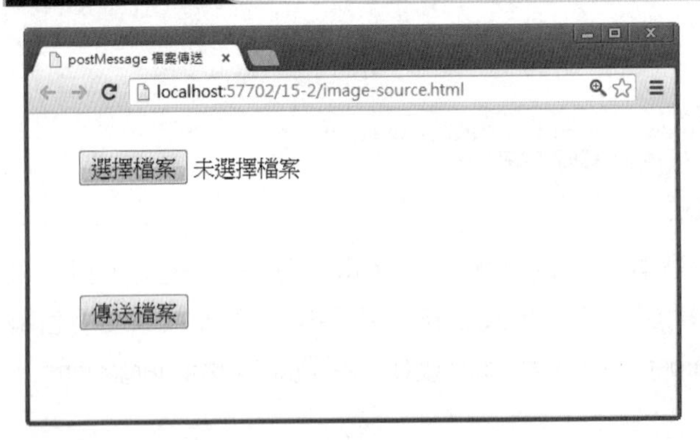

當網頁一開始載入時，同時出現兩個視窗，左邊的視窗讓使用者選擇所要傳送的檔案，右邊則呈現傳送過來的檔案，這個範例以圖片型態的檔案作示範，因此現

在於左邊視窗中的「選擇檔案」按鈕按一下選擇指定的圖片檔案，此時圖片檔案出現在其中，如下左圖：

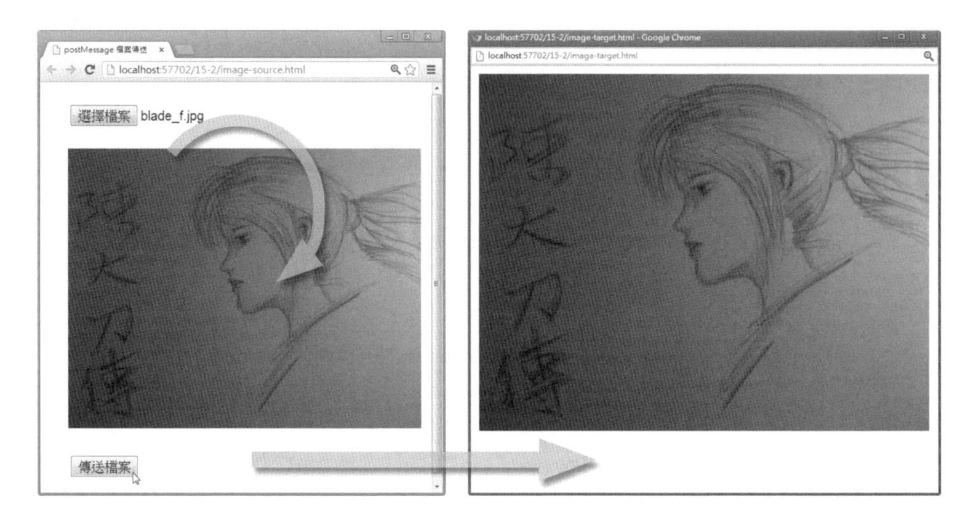

按一下畫面下方的「傳送檔案」按鈕，則這個檔案會被傳送至右邊的視窗，並且以全尺寸呈現。

image-source.html

```
<!DOCTYPE html>
<html >
<head>
      <title>postMessage 檔案傳送 </title>
      <style>
          img {
              width: 360px;
          }
          div {
              margin: 20px;
          }
      </style>
      <script>
          var imgobject;
          var target = window.open("imagetarget.html","cwin");
          function sendImage() {
              var locationurl = location.protocol + "//" + location.host;
              if (imgobject) {
                  target.postMessage(imgobject, locationurl);
              } else {
                  alert(' 請選取欲傳送的圖片的檔案！ ')
              }
          }
```

(續)

```
            function imgfile_change() {
                imgobject = document.getElementById('imgfile').files[0];
                if (imgobject) {
                    var fileReader = new FileReader();
                    fileReader.onload = function (event) {
                        document.getElementById('simage').src = event.
                            target.result;
                    };
                    fileReader.readAsDataURL(imgobject);
                }
            }
        </script>
</head>
<body>
        <div>
            <input type="file" id="imgfile" onchange="imgfile_change()" /></div>
        <div>
            <img id="simage" /></div>
        <div>
            <button onclick="sendImage()">傳送檔案</button>
        </div>
</body>
</html>
```

於 body 主體中，配置 file 型態的檔案選取控制項，並且在使用者完成檔案選取時執行 imgfi le_change() 函式，將使用者選取的檔案顯示畫面上。另外一個按鈕則執行 sendImage() ，將使用者選取的檔案傳送至另外一個視窗。

image-target.html

```
<!DOCTYPE html>
<html>
<head>
        <title></title>
        <script>
            var locationurl = location.protocol + "//" + location.host;
            window.addEventListener("message", function (e) {
                if (e.origin == locationurl) {
                    window.URL = window.URL;
                    var fileReader = new FileReader();
                    fileReader.onload = function (event) {
                        document.getElementById('targetimg').src =
                            event.target.result;
                    };
                    fileReader.readAsDataURL(e.data);
                }
```

(續)

```
            }, false);
      </script>
</head>
<body>
      <img id="targetimg" />
</body>
</html>
```

於 message 事件處理函式中，讀取取得的資料 e.data ，最後於 load 事件中將圖片取出顯示在畫面上。

19.3 取得目標網頁回傳訊息

我們已經看到了如何將資料傳遞給指定開啟的目標網頁，除此之外，反向的傳遞一樣是可行的，只需在目標網頁取得開啟它的上層網頁物件，然後透過相同機制的運用即可完成，至於如何取得上層網頁物件？直接引用 window 物件內建的 opener 屬性即可，以下直接利用一個範例作說明。

範例 19-3 取得目標網頁回傳訊息

左邊網頁一開始載入內容是空白的，它同時開啟右邊的網頁，於其中的文字方塊輸入文字訊息，按一下「傳送訊息字串」，文字方塊的內容會傳送至左邊網頁，經過整理之後呈現出來。

source-r.html

```
<!DOCTYPE html >
<html >
<head>
      <title>取得目標網頁回傳訊息</title>
      <script>
```

(續)

```
        var target = window.open("target-r.html", "cwin");
        window.addEventListener("message", function (e) {
            var data = e.data;
            document.getElementById('message').innerHTML =
                '接收目標網頁回傳資料：' + data ;
            }, false);
    </script>
</head>
<body>
<p id="message" style=" font-size:xx-large; font-weight:600;" ></p>
</body>
</html>
```

這個網頁一開始載入時，調用 open() 方法開啟目標網頁 target-r.html ，緊接著設定 message 事件的回應函式，其中取得目標網頁的回傳資料，將其輸出於網頁。

target-r.html

```
<!DOCTYPE html>
<html >
<head>
      <title></title>
          <script>

              function sendMessage() {
                  try {
                      var locationurl =
                           location.protocol + "//" + location.host;
                      this.opener.postMessage(
                          document.getElementById('message').value,
                          locationurl);
                  } catch (e) {
                      alert(e);
                  }
}
          </script>
</head>
<body>
      <input id="message" type="text" />
<button onclick="sendMessage()">傳送訊息字串</button>
</body>
</html>
```

透過 this.opener 調用 postMessage() 方法，將使用者於文字方塊中傳入的訊息文件回傳至來源網頁。

為了方便理解，這個範例簡化了網頁的內容，事實上你可以同時針對來源與目標網頁，設定傳遞與接收資料的功能。

19.4 關於安全

資料一旦跨越網路傳輸，伴隨而來的便是各種安全議題，因此撰寫這一類的程式要特別小心，避免惡意程式攔截傳輸的資料。而針對跨文件通訊，最基本的便是在調用 postMessage() 時要明確指定目標 URL ，還有除非你確定要接收傳送的資訊，否則不要隨意監聽 message 事件。

回到 postMessage() 方法的定義，我們曾經提及其中的第二個參數 targetOrigin ，除了 URL 之外，還可以接受萬用字元（*）或是斜線（/），以下說明這幾種參數的差異。

- **絕對 url**

如果指定了一段絕對 url 字串，則會以其為標準比對調用此方法的文件來源，如果不符則不會觸發任何事件。

- **斜線（/）**

如果此參數被指定為斜線，則調用此方法的文件所屬 window 物件與所要傳送的目標必須屬於相同的來源。

- **萬用字元（*）**

指定了 * 不會進行任何檢核的動作。

在這三種設定當中，只要指定了最後一個 * ，在資料的傳輸過程中，並不會檢查資料的來源，也因此導致安全上的問題，現在透過一個範例，來看看這中間的差異。

範例 19-4 示範 targetOrigin 參數設定

與「範例 19-1」相同，為了測試這個範例，另外建立一個專案 CommSec ，其中配置了一個完全相同的 target.html ，然後回到本章的範例專案建立另外一個 star_source.html 測試檔案。

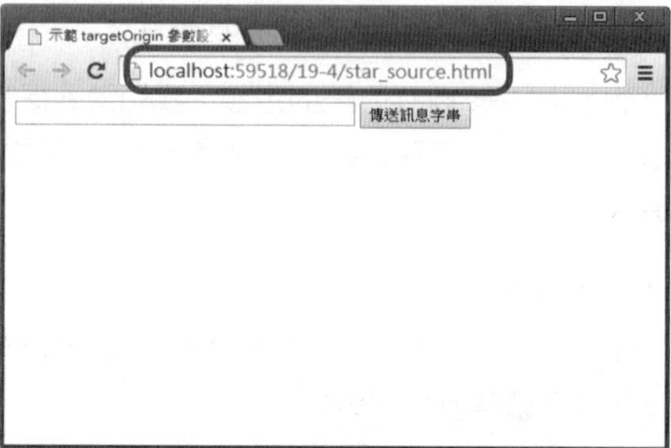

啟動 Communication 與 CommSec 兩個專案，於前者 Communication 專案中檢視 star_source.html ，此時會同時開啟 CommSec 專案中的 target.html ，在這個執行畫面中，請特別注意其中兩個網頁的 url ，雖然都在本機（localhost），但是它們的通訊埠編號並不相同，因此嘗試傳送訊息字串時，會發現訊息無法傳送過去，因為它無法通過來源 url 的檢核。

star_source.html

```
<!DOCTYPE html >
<html>
<head>
      <title>示範 targetOrigin 參數設定</title>
      <script>
          var locationurl = location.protocol + "//" + location.host;
          var target = window.open("http://localhost:2725/target.html", "cwin");
          function sendMessage() {
              var message = document.getElementById("messageText").value;
              target.postMessage(message, locationurl);
          }
      </script>
</head>
<body>
<input id="messageText"  type="text" style="width:281px" />
<button onclick="sendMessage()">傳送訊息字串</button>
</body>
</html>
```

其中調用 window.open() 取得所要開啟的文件所屬 window 參照 target ，指定的 url 是另外一個專案，調用 postMessage() 時，指定的 url 為目前專案的位址，這兩個 url 的通埠編號並不相同，因此在比對目標與來源檔案的差異之後，導致資訊的傳輸失敗。

現在調整其中的 postMessage() ，將第二個參數從 locationurl 改成 * 如下：

```
target.postMessage(message, '*');
```

重新執行網頁，由於它不會去檢核 url ，因此這一次的資料傳送便正常了。

除此之外，另外還有一種設定就是斜線（/），如果在其中指定了斜線，則只有當調用 postMessage() 與目標 window 物件具有相同來源位址時才會觸發事件。

除了於 postMessage() 方法指定來源 url ，另外於目標 window 文件中的 message 事件處理過程裏，可以進一步判斷訊息來源 url。

跨文件通訊潛藏著安全上的問題，如果沒有確認資料來源，惡意程式很容將有安全風險的資料傳送至網頁中，因此在接收資料之前，確認其來源相當重要，而 MessageEvent 提供的 origin 屬性提供相關操作所需的資訊，包含來源網域、主機與通訊埠等等。

使用的方式很簡單，在接受資料的 message 事件處理程序中，透過 MessageEvent 參數引用，將其與認可的 url 進行比對，例如以下的程式片段：

```
window.addEventListener('message', receiver, false);
function receiver(e) {
    if (e.origin == 'http://example.com') {
        //這裡進行 e.data 資料處理
    }
}
```

其中的 receiver 為 message 事件處理器，e.origin 取得此訊息資料的來源，藉由此判斷式即可阻絕惡意程式的攻擊，進一步提供更嚴格的安全控管。現在將兩個專案裡面的 target.html 內容修改如下：

```
window.addEventListener('message', function (e) {
      if (e.origin == locationurl)
          document.body.innerHTML = e.data;
      else
          document.body.innerHTML = '安全疑慮：跨來源資料 [ '+e.data + ' ]';
},    false);
```

其中加入了資料來源檢核，如果與目前的網頁來源相同，直接取出資料，否則的話，提供警告訊息。這一次在 star_source.html 網頁中，調用 postMessage() 時，指定第二個參數為 * ，然後分別針對同專案與不同專案的 target.html 進行訊息的傳送，重新執行 star_source.html 網頁，如果開啟同一個專案的 target.html ，將會顯示傳送的資料，否則的話，出現警告訊息，結果如下圖：

右邊兩張截圖中，上圖是開啟同一個專案中的 target.html ，下圖則是不同的專案來源，因此其結果為警告訊息。

另外，除了事件觸發來源，最好同時檢查 e.data 所回傳的資料格式是否符合需求，這可以進一步避免 XSS 之類的攻擊。

19.5 瞭解 MessageEvent 介面

在上述的範例中我們透過了 MessageEvnet 取得了通訊資料，而 MessageEvent 介面本身還定義了更進一步的功能，以下為其定義：

```
interface MessageEvent : Event {
    readonly attribute any data;
    readonly attribute DOMString origin;
    readonly attribute DOMString lastEventId;
    readonly attribute WindowProxy? source;
    readonly attribute MessagePort[] ports;
    void initMessageEvent(in DOMString typeArg,
        in boolean canBubbleArg,
        in boolean cancelableArg, in any dataArg,
        in DOMString originArg, in DOMString lastEventIdArg,
        in WindowProxy? sourceArg, in sequence<MessagePort> portsArg);
};
```

介面中的成員有數個不同的屬性，其中的 data 最為重要，前述範例透過此屬性取得資料，下頁列舉說明之。

- 屬性 data 表示訊息所傳送的資料內容。
- 屬性 origin 於伺服器推播事件或是跨網頁訊息傳遞作業中，表示傳送訊息的文件來源。
- 屬性 lastEventId 在伺服器推播事件中，為事件來源最後一次傳送的事件識別編號，這一部分於第二十一章進行說明。
- 屬性 source 表示跨網頁的訊息傳遞作業中，訊息的來源。
- 屬性 ports 表示跨文件訊息傳遞或是頻道通訊作業中，被傳送的訊息埠陣列。
- 最後還有一個 initMessageEvent 函式，負責初始化事件。

MessageEvent 牽涉的應用範圍相當廣泛，除了本章討論的跨網頁通訊息之外，第二十一章討論的伺服器推播技術與第二十二章的 WebSocket 都有密切的關聯，而其中的成員將在相關的章節進行討論，這一章我們將重點放在 data 屬性。

19.6 iframe 資訊傳遞

本章到目為止所討論的技巧，同樣可以跨越 iframe 進行資料的傳送，考慮以下的 iframe 元素，其 id 屬性設定為 targetframe：

```
<iframe id="targetframe" src="target.html">
```

target.html 負責接收來源網頁傳送過來的資訊。

以 iframe 為資料傳送對象的作業原理與獨立視窗網頁的作法相同，只是你必須取得 iframe 內容網頁的參照，例如以下這一行程式碼，其中在調用 postMessage() 之前，預先透過 contentWindow 取得參照，並以此調用 postMessage() 方法：

```
var target = document.getElementById("targetframe");
target.contentWindow.postMessage(message, locationurl);
```

同樣的，在 iframe 這一部分，一旦 postMessage() 方法被執行，會觸發 message 事件，透過 addEventListener 註冊其事件處理器，以回應此事件並且作進一步的處理，原理同跨網頁通訊，接下來建立另外一個範例，將之前範例中的 target.html 嵌入網頁中的 iframe ，說明 iframe 的資訊傳遞機制。

範例 19-5 iframe 網頁資訊傳遞

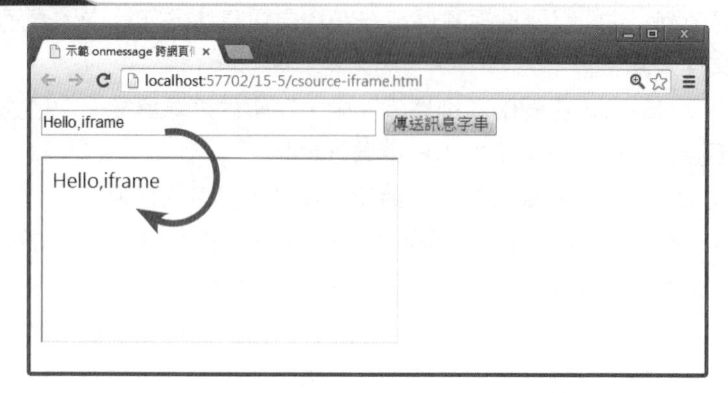

網頁中嵌入了一個 iframe ，其中的來源網頁是前述的 target.html ，在文字方塊裡面輸入一段訊息字串，按一下「傳送訊息字串」按鈕，這段字串就會被傳送至 target.html 當中，並且顯示在畫面上的 iframe 區塊裡面。

iframe 的來源網頁是前述範例的 target.html ，現在來看看這個範例網頁的內容。

csource-iframe.html

```
<!DOCTYPE html >
<html>
<head>
      <title>示範 onmessage 跨網頁傳遞資訊 - iframe</title>
      <script>
          function sendMessage() {
              var locationurl = location.protocol + "//" + location.host;
              var message = document.getElementById("messageText").value;
              var target = document.getElementById("targetframe");
              target.contentWindow.postMessage(message, locationurl);
          }
      </script>
</head>
<body>
<input id="messageText"  type="text" style="width:281px" />
<button onclick="sendMessage()">傳送訊息字串</button>
<p><iframe id="targetframe" src="target.html">
</iframe></p>

</body>
</html>
```

其中 iframe 的 src 設定為 target.html。

當按鈕被按下時，JavaScript 中的 sendMessage() 被執行，其中取得 iframe 的參照，然後針對其內容調用 postMessage() 方法，將訊息文字傳送進去，目標網頁的 message 事件處理器則針對傳送進來的資訊進行處理。

19.7 頻道

另外還有一種類型的通訊作業，其中透過預先建立的頻道進行訊息傳輸，原理與上述所討論的網頁通訊原理相同，這一節將重點放在頻道的建立及運用。

實作跨文件溝通，必須取得目標 window 物件的參照，然後再藉由觸發事件的處理器進行相關的回應與資料處理，這個過程雖然達到了通訊的目的，但是資料的傳輸則侷限於指定的來源與目標文件之間。

頻道通訊不需要預先指定通訊作業的來源與目標，它透過專屬的訊息頻道來完成資料的傳輸，訊息頻道由 MessageChannel 定義，每一個 MessageChannel 物件會有兩個通訊埠，由 MessagePort 所定義，分別負責資料的接收與傳送。

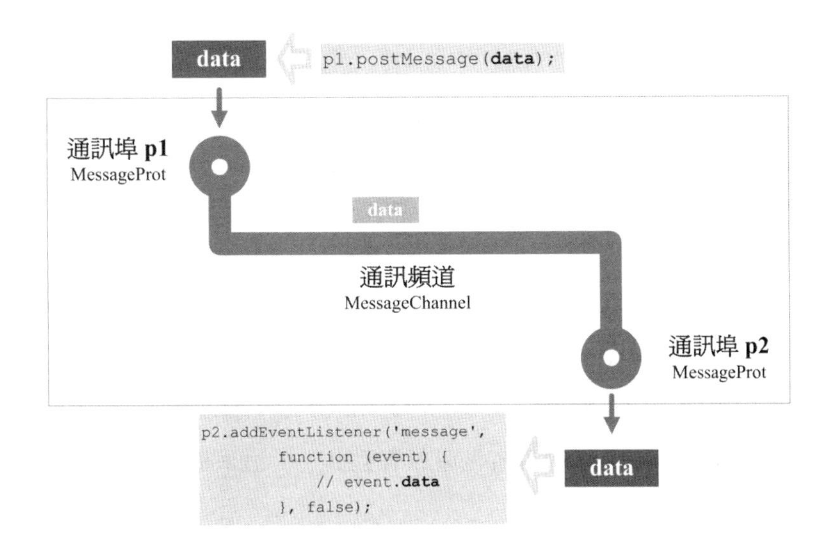

如你所見，其中負責通訊作業的是 MessageChannel 物件，只要取得頻道的通訊埠－ p1 與 p2，針對通訊埠進行資料的傳輸即可，相較於本章一開始所呈現的圖示，在這張圖示中進一步的標示了相關的方法成員，有了上述跨文件通訊的設計經驗，相信讀者對於其中的原理應該可以很容易理解。

進入實作之前，這裡先來看看 MessageChannel 的定義，列舉如下頁：

```
[Constructor]
interface MessageChannel {
    readonly attribute MessagePort port1;
    readonly attribute MessagePort port2;
};
```

MessageChannel 介面很簡單，只有兩個 MessagePort 型態的唯讀屬性，port1 與 port2 。要特別注意的是，MessageChannel 提供資料傳送所需的管道，而資料傳送與接收所需的真正功能，則由 MessagePort 支援，進一步來看看 MessagePort 介面定義：

```
interface MessagePort {
    void postMessage(in any message,
                     in optional sequence<Transferable> transfer);
    void start();
    void close();

    // event handlers
    attribute Function? onmessage;
};
MessagePort implements EventTarget;
MessagePort implements Transferable;
```

就如同 window 物件，MessagePort 介面的定義裡面，同樣有一個 postMessage() 成員，其中的 message 參數為所要傳送的資料，與 window 定義的 postMessage() 相較，讀者很容易可以理解，由於資料是傳送至另外一個 MessagePort ，因此這裡並不需要指定來源目標參數。

接下來的兩個方法是 start() 與 close() ，當 MessagePort 開始接收並且處理資料之前，必須預先調用 start() ，如果要中斷目前與 MessagePort 的連線，則只需調用 close() 即可，當這個方法被調用之後，通訊埠連線就不再作用。

另外，於 MessagePort 定義的下方，可以看到此一介面同時實作了 EventTarget 介面，定義如下：

```
interface EventTarget {
    void    addEventListener(in DOMString type,
                             in EventListener listener,
                             in boolean useCapture);
    void    removeEventListener(in DOMString type,
                                in EventListener listener,
                                in boolean useCapture);
    boolean    dispatchEvent(in Event evt)
                raises(EventException);
};
```

其中的 addEventListener() 支援事件註冊作業，透過這個方法，針對 MessagePort 進行 message 事件註冊，設定其中定義的 onmessage 事件處理器屬性，取得傳遞的資料，所需的語法如下：

```
port2.addEventListener('message',
          function (event) {
              // 透過 event.data 取得傳遞的資料…
          }, false);
```

port2 是頻道所屬的第二個通訊埠，如你所見，只需透過此 MessagePort 物件調用 addEventListener 註冊 message 事件。

範例 19-6 示範 Channel 資料傳遞

此範例透過通道傳遞訊息，輸入所要傳遞的資訊，按一下按鈕，訊息透過第一個通訊埠 port1 被傳送進通道，監聽通道 message 事件的第二個通訊埠 port2 ，此時從 port2 取得通道的資料將其顯示在畫面上。

csource-channel.html

```
<script>
      var channel = new MessageChannel();
      channel.port1.start();
      channel.port2.start();
      channel.port2.addEventListener('message',
          function (event) {
              alert(event.data);
          }, false);

      function sendMessage() {
          var message = document.getElementById('messageText').value;
          channel.port1.postMessage(message);
      }
</script>
</head>
<body>
<input id="messageText" type="text" />
<button onclick="sendMessage()">將資訊傳遞至通道</button>
</body>
```

在一開始的 script 當中，建立所需的 MessageChannel 物件 channel ，然後分別調用 start() 開啟 port1 與 port2 ，緊接著透過 addEventListener 監聽 message 事件，於資料被傳送進通道時，呼叫 alert() 顯示訊息方塊。

函式 sendMessage() 於使用者按下按鈕時被執行，其中取得使用輸入文字方塊中的訊息文字，透過 port1 調用 postMessage() ，將訊息送進通道。

SUMMARY

本章討論的議題包含兩個網頁之間的訊息傳遞，以及透過通訊頻道的資料傳送，讀者務必理解這裡所討論的原理，後續無論 Web Workers 、Web Sockets 或是網路推播技術均會運用到相關的技巧。

第二十章

瀏覽器多執行緒

HTML5 導入了 Web Workers 機制，支援多執行緒作業，將所要執行之特定 JavaScript 程式以背景模式執行，不影響目前的網頁，對於負擔繁重的長時間資料運算作業，例如大型檔案的讀取，是相當有用的解決方案，本章針對相關的支援進行完整的討論。

20.1 關於背景執行機制

討論 Web Workers 機制之前，先來看一個範例，其中展示一個長時間運算網頁執行過程。

範例 20-1 長時間執行網頁

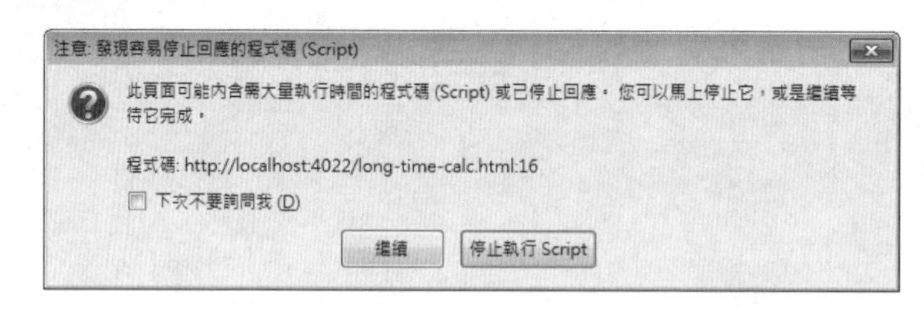

此範例的內容包含了一個無窮迴圈，如果持續任其執行會導致瀏覽器當掉，不同的瀏覽器執行的結果並不一樣，Chrome 會呈現空白無反應的網頁，而上圖為 Firefox 瀏覽器的警告畫面。

long-time-calc.html

```
<body>
      <output id="message" ></output>
      <script>
          var x = 1;
          var y = 1;
          var message = "";
          while (true) {
              y += 1;
              for (var i = 2; i <= Math.pow(y, 2); i += 1)
                  x++;
              document.getElementById("message").textContent = x;
          }
      </script>
</body>
```

while 迴圈被指定了一個 true 參數，導致無窮迴圈的效果，程式反覆執行無法跳出迴圈，整個網頁的載入過程將會陷在這個區段而無法結束，所有的網頁視覺化內容亦無法呈現，在這種情形下即使配置結束運算功能的按鈕，也完全無效。透過 HTML5 支援的 Web Workers 機制，可以輕易解決這一類的問題，我們繼續往下看。

20.2 Web Workers 機制

Web Workers 機制針對特定的運算作業，於背景開啟一條獨立的執行緒進行運算，將需要長時間運算的工作與網頁切割開來，彼此之間透過事件進行溝通，如此一來，長時間的運算作業就不會影響到目前網頁的工作。

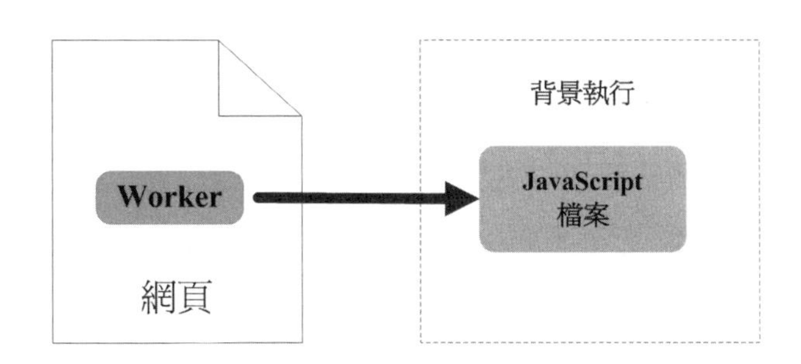

Web Workers 機制由 Worker 物件提供所需的功能支援，使用 Worker 物件的方法並不困難，將長時間作業的 JavaScript 程式寫在獨立的 JavaScript 檔案裡面，然後將參考此檔案的完整路徑名稱當作參數傳入建構式以建立 Worker 物件，即可於背景執行運算作業。以下列舉 Worker 介面的定義：

```
[Constructor(in DOMString scriptURL)]
interface Worker : AbstractWorker {
      void terminate();
      void postMessage(in any message,
          in optional sequence<MessagePort> ports);
      attribute Function? onmessage;
};
```

建構式需要一個字串參數，代表所要執行的 JavaScript 檔案位址。

介面定義中包含三個成員，其中 terminate() 終止 Worker 物件所執行的背景運算，如果想要中斷背景工作，調用這個方法即可將其中止。

若是要將資料從背景作業中回傳，調用 postMessage() 將資料當作參數傳入，當 postMessage() 於背景中執行，會觸發一個 message 事件，而上述定義中最後的事件屬性 onmessage ，用來設定 message 事件處理器以回應此 message 事件，透過其中的參數，我們就可以取得回傳的資料，下頁圖說明 Worker 運作的過程：

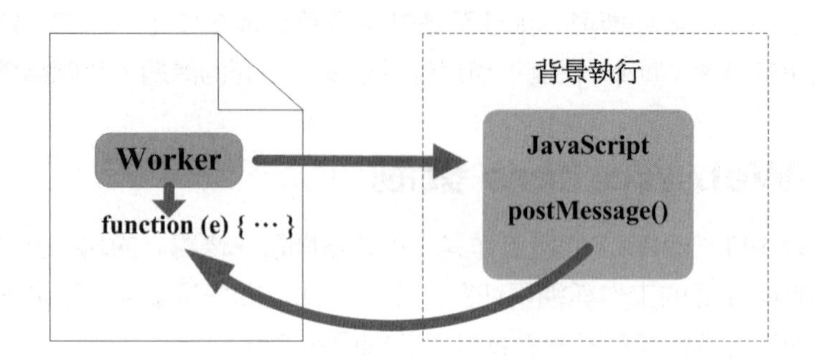

經過上一章跨網頁文件通訊的討論，讀者對於上述的圖示應該很容易理解，事實上它是前一章討論網頁彼此之間跨文件訊息傳遞機制的變形，當時我們利用以下的圖示進行說明：

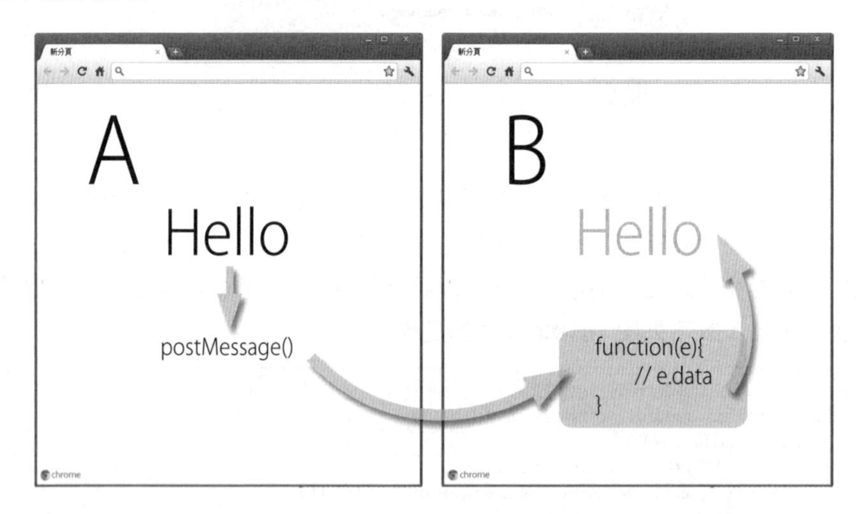

比較這兩者只是 postMessage() 與 message() 事件回呼函式執行位置的差異，而觀念完全相同，網頁建立一個 Worker 物件指向背景執行的 JavaScript 檔案，由此檔案執行 postMessage() 並且觸發 message 事件，網頁本身則監聽此事件，這個過程與跨文件通訊機制相反，下頁的圖示比較這兩者的運作：

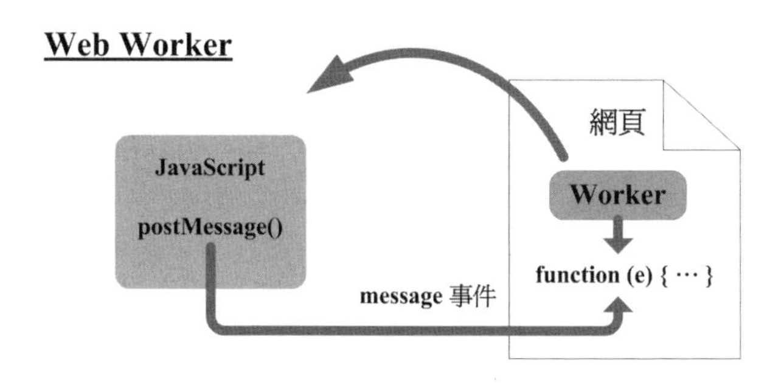

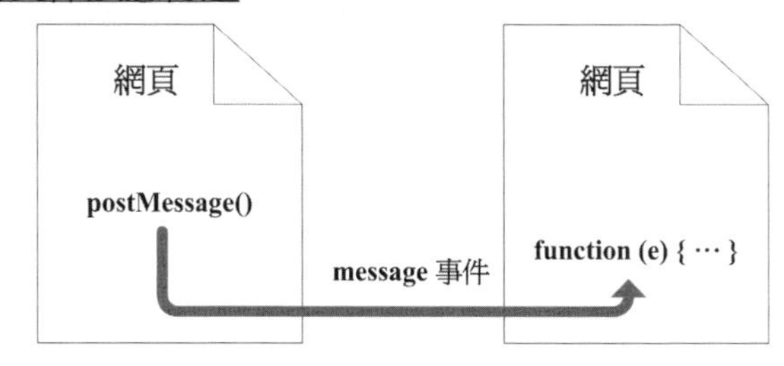

想要運用 Web Workers 機制，首先必須建立了一個 Worker 物件以產生新的執行緒，以下是建立 Worker 物件的程式片段：

```
var worker = new Worker(path) ;
```

其中的參數 path 表示將在背景執行的 JavaScript 檔案路徑名稱，worker 為參考此檔案的 Worker 物件，透過此物件，瀏覽器會另外建立一條獨立的執行緒於背景執行 path 參考的 JavaScript 檔案內容。

完成 Worker 物件的建立，網頁便能透過 onmessage 事件以及 postMessage() 方法，支援網頁與背景執行程序之間的雙向資料傳輸作業。以下這一行程式碼調用 postMessage() 方法，與前一章的網頁通訊機制相同：

```
postMessage(message);
```

其中的參數 meesage 為所要回傳的訊息。而在網頁的部分要接受此回傳的 message ，必須設定 onmessage 事件屬性，指定回應此事件的處理器函式，所需的程式碼如下頁：

```
worker.onmessage = function (event) {
        … event.data
};
```

其中的 worker 是一個 Worker 物件，註冊的函式必須接受一個事件引數，然後在函式中，透過引數的 data 屬性，取得其回傳的資料，也就是上述 postMessage 的 message 參數。

範例 20-2 示範 Web Workers 背景執行機制

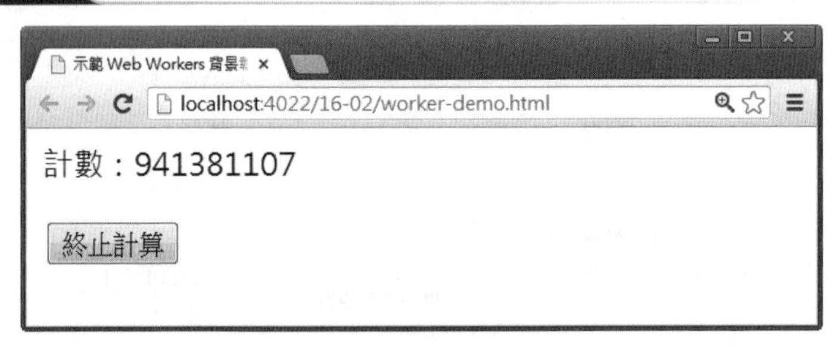

網頁載入後會在背景執行指定的 JavaScript 檔案 calc.js ，然後即時接收回傳的值顯示在畫面上，因此網頁載入之後，這個值會不斷的持續增加。按一下左邊的「終止計算」按鈕，可以停止 Worker 物件的背景執行作業，跳動的數字將會停止。

這個範例有兩個檔案，分別是示範背景運算的 JavaScript 檔案 calc.js 以及顯示執行結果的網頁檔案 worker-demo.html。

calc.js

```
var x = 1;
var y = 1;
var message = "";
while (true) {
      y += 1;
      for (var i = 2; i <= Math.pow(y, 2); i += 1)
          x++;
      postMessage(x);
}
```

當這個檔案被載入於背景執行，while 是一個無窮迴圈，其中的 for 迴圈每一次均會將 y 的平方值，作為執行迴圈的次數，因此導致不間斷的長時間運算，而呼叫 postMessage() 方法於每一次 while 結束時，輸出 x 的累計結果。

worker-demo.html

```
<!DOCTYPE html />
<html >
<head>
      <title>示範 Web Workers 背景執行機制</title>
</head>
<body>
<p>計數：<output id="message"></output></p>
<button onclick="terminateworker()">終止計算</button>
<script>
      var worker = new Worker("calc.js");
      worker.onmessage = function (event) {
          document.getElementById("message").textContent = event.data;
      };
      function terminateworker() {
          worker.terminate();
      }
</script>
</body>
</html>
```

首先建立一個支援背景作業的 worker 物件，並且指定其背景執行檔案為 calc.js，接下來設定 onmessage 事件，其中引用 event 的 data 取得背景作業中，呼叫 postMessage 方法回傳的訊息字串。名稱為 terminateworker 的 function 是「終止計算」這個按鈕的 onclick 事件處理程序，其中呼叫 terminate 終結背景作業。

20.3 捕捉錯誤

一旦於背景執行的 JavaScript 出現錯誤，它會觸發 Worker 物件的 error 事件，透過捕捉這個事件可以讓我們掌握錯誤的原因，有效的排除背景執行作業所發生的問題。

範例 20-3 Worker 錯誤處理

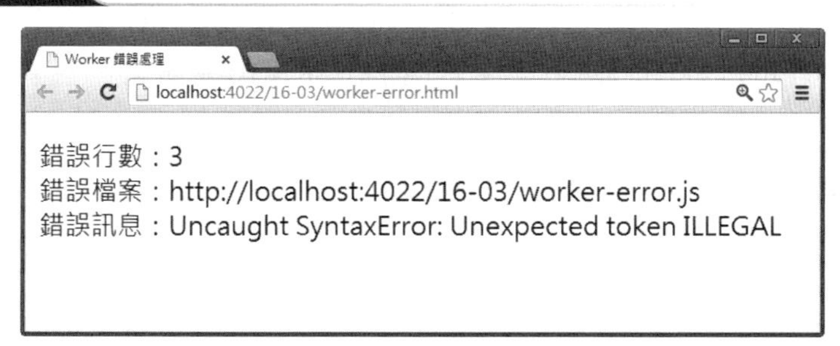

為了示範 Worker 作業所產生的錯誤，這個範例使用了一個錯誤的 JavaScript 檔案，當 Worker 物件於背景執行此 JavaScript 時觸發 error 事件，網頁捕捉錯誤的內

容，輸出相關的資訊，包含錯誤的檔案、行數以及說明訊息。以下列舉所執行的 JavaScript 檔案 worker-error.js 。

worker-error.js

```
var msg = '' ;
msg =  'Hello HTML5    ;
postMessage(msg);
```

這段程式碼的問題在於其中第二行字串少了一個單引號。

worker-error.html

```
<!DOCTYPE html >
<html >
<head>
      <title>Worker 錯誤處理 </title>
</head>
<body>
<p id="message"></output></p>

<script>
      var worker = new Worker("worker-error.js");
      worker.onmessage = function (event) {
          document.getElementById("message").textContent = event.data;
      };
      worker.onerror = function (event) {
          document.getElementById("message").innerHTML =
               '錯誤行數：' + event.lineno + '<br/>' +
               '錯誤檔案：' + event.filename + '<br/>' +
               '錯誤訊息：' + event.message ;
      };
</script>
</body>
</html>
```

以灰階標示的部分透過設定 onerror 屬性以回應可能觸發的 error 事件，分別透過引用 lineno 、filename 以及 message 屬性來取得相關的錯誤資訊。

20.4 網頁與背景執行緒的雙向溝通

執行背景作業的 JavaScript 可以將資訊傳遞給調用 Worker 物件的網頁，當然網頁也可以執行資料傳輸的反向作業，原理完全相同，此次換成於背景執行程序的 JavaScritpt 當中註冊 onmessage 事件，網頁則調用 postMessage() 方法傳送資訊至背景執行檔案，至於資料接收的方式則完全相同。

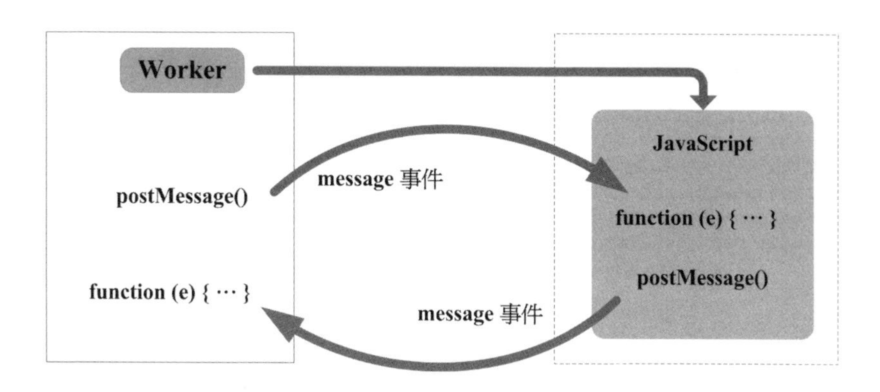

如圖所示，反向資料傳送只是將執行的程序反過來而已，以下透過另外一個範例進行說明。

範例 20-4 示範 Web Workers 背景執行機制 － 資料雙向傳輸

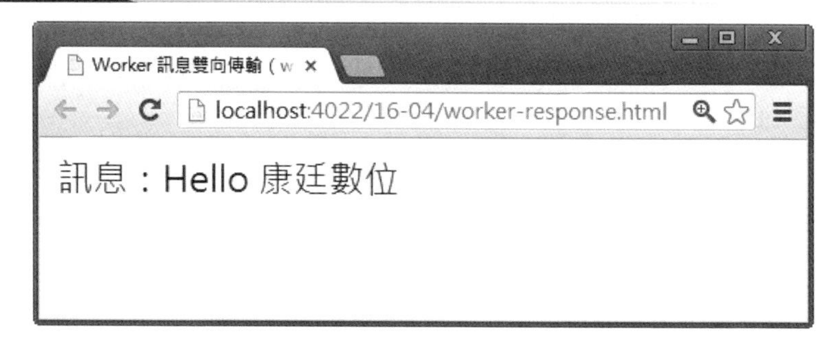

顯示的訊息「Hello 康廷數位」有兩個部分，「康廷數位」是網頁傳給背景執行緒中所執行的 JavaScript ，而 JavaScript 接收到這段字串將其加上 Hello 合併之後進行回傳。

hello.js

```
onmessage=function(event) {
      var data = event.data;
      postMessage('Hello '+data);
}
```

這是 onmessage 事件的回應處理程序，其中透過 event 的 data 屬性取得傳送過來的訊息字串，緊接著透過呼叫 postMessage ，將合併 Hello 的訊息字串回傳給網頁。

worker-response.html

```
<body>
<p> 訊息：<output id="message"></output></p>
<script>
      var worker = new Worker("hello.js");
      worker.postMessage(" 康廷數位 ");
      worker.onmessage = function (event) {
          document.getElementById("message").textContent = event.data;
      };
</script>
</body>
```

建立 worker 物件時，指定要執行的檔案為 hello.js ，然後呼叫 postMessage 將訊息字串「康廷數位」當作參數傳入 hello.js 中，由其中的 onmessage 事件回應處理程序接收並且進一步處理。接下來 onmessage 事件的回應處理程序中，透過 event.data 取得參數中所包含的 hello.js 回傳資料，並且將其設定給 <input> 標籤的 textContent 屬性，顯示於網頁上。

Web Workers 機制事實上是一種非同步執行的運算，此種運算透過事件處理器，於背景進行指定的資料處理作業，以避免干擾網頁的運作。

20.5 物件資料傳輸

除了單純字串資料，Worker 物件建立的背景執行環境支援其它型態的資料傳遞－例如物件，以下直接來看範例。

範例 20-5 Worker 物件資料傳遞

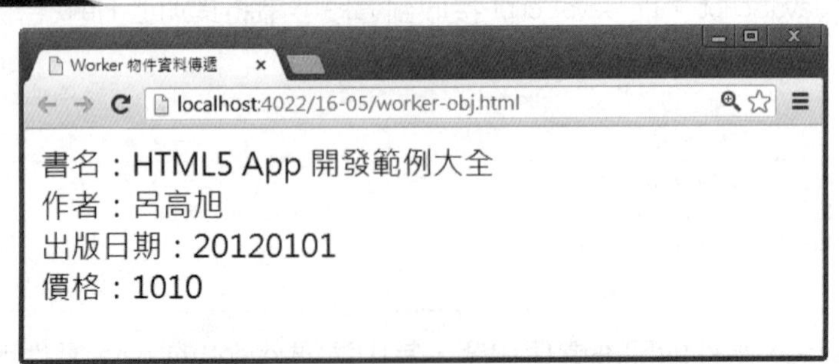

這個範例於背景執行機制運算的過程中傳送 JSON 格式資料，原始格式的資料被傳送至背景執行，然後於 JavaScript 中進行解譯，最後回傳至網頁端輸出，也就是

上述截圖的內容。由於 JSON 是 JavaScript 內建格式因此可以輕易被解讀，來看其中的程式碼。

worker-obj.html

```
<!DOCTYPE html />
<html>
<head>
      <title> Worker 物件資料傳遞 </title>
</head>
<body>
<p id="message"></p>
<script>
      var worker = new Worker('worker-obj.js');
      worker.postMessage(
          { 'title': 'HTML5 App 開發範例大全 ',
              'price': 1010,
              'author': ' 呂高旭 ',
            'p-date': '20120101' }
      );
      worker.onmessage = function (event) {
          var msg =event.data;
          document.getElementById('message').innerHTML = msg;
      };
</script>
</body>
</html>
```

灰階標示的程式碼，是以大括弧定義的 JSON 格式的資料，透過 postMessage() 將資料傳送至 Worker 背景執行的 JavaScript 檔案中。

worker-obj.js

```
onmessage = function (event) {
      var jsonobj = event.data;
      var message =' 書名：'+ jsonobj['title'] + '<br/>' ;
           message +=(' 作者：'+ jsonobj['author'] + '<br/>') ;
           message +=(' 出版日期：'+ jsonobj['p-date'] + '<br/>') ;
           message +=(' 價格：' + jsonobj['price'] + '<br/>');
      postMessage(message);
}
```

先透過參數引用 data 取得傳送過來的 JSON 資料，逐一萃取其中的各項資料內容，合併成容易理解的長字串 message ，最後經由 postMessage() 回傳。

20.6 背景執行動態建立的 JavaScript

只要能夠載入背景執行，事實上 Worker 物件並不一定非要指向獨立的 JavaScript 檔案，因此你也可以將一段 JavaScript 直接包裝起來丟給 Worker 物件，它同樣會在背景執行，這等於直接省略了 Worker 載入檔案的步驟。

即便動態建立的 JavaScript ，你還是必須將此段 JavaScript 所在位置的路徑傳送給 Worker 進行處理，因此先將 JavaScript 利用 Blob 物件包裝轉換成為路徑位址即可，所需的程式碼如下：

```
var bb = new Blob([jsstring], { type: "text/plain" });
var url = window.URL.createObjectURL(bb);
```

第二行的 jsstring 為 JavaScript 字串，將其加入至一個新建立的 Blob 物件中，然後透過 window.URL.createObjectURL() 取得其檔案位址字串 url ，接下來將這個 url 當作獨立的 JavaScript 檔案位址字串即可。這個過程相信讀者已經相當熟悉，底下透過一個範例進行說明。

範例 20-6 動態建立背景執行的 JavaScript

這個範例直接調整本章一開始的「範例 20-2」，將原來獨立的 JavaScript 檔案 calc.js 直接寫入 Worker 物件，但執行畫面相同。

worker-self.html

```
<!DOCTYPE html >
<html >
<head>
      <title>動態建立背景執行的 JavaScript </title>
      <script>
          window.URL = window.URL || window.webkitURL;
```

(續)

```
            var jsstring =
                'var x = 1, y = 1;'+
                'while (true) {'+
                    'y += 1;'+
                    'for (var i = 2; i <= Math.pow(y, 2); i += 1){'+
                        'x++;}'+
                    'postMessage(x);}'
            var worker;
            window.onload = function () {
                    var bb = new Blob([jsstring], { type: "text/plain" });
                    var url = window.URL.createObjectURL(bb);
                    worker = new Worker(url);
                    worker.onmessage = function (event) {
                        document.getElementById("message").textContent =
                        event.data;
            };
            function terminateworker() {
                worker.terminate();
            }
        </script>
</head>
<body>
<p>計數：<output id="message"></output></p>
<button onclick="terminateworker()">終止計算</button>
</body>
</html>
```

網頁一開始載入時直接建立所要執行的 JavaScript 程式碼內容，並且將其儲存至 jsstring 變數，接下來透過 Blob 物件封裝其內容並取得參考位址的 url 字串，接下來則於 onmessage 事件屬性所指定的處理器中，調用參數 event 的 data 取得 JavaScript 執行過程中調用 postMessage() 回傳的運算結果。

這個範例的效果與獨立的 JavaScript 檔案完全相同，同樣的，你也可以針對動態建立的 JavaScript 進行訊息傳遞的互動作業，以下來看另外一個範例，修改上述的「範例 20-4」，執行結果完全相同，因此直接來看程式碼。

範例 20-7 動態建立背景執行的 JavaScript － 資料雙向傳輸

worker-self-response.html

```
<!DOCTYPE html />
<html>
<head>
      <title>動態建立背景執行的 JavaScript - 資料雙向傳輸</title>
</head>
<body>
<p>訊息：<output id="message"></output></p>
<script>
      window.URL = window.URL || window.webkitURL;
```

(續)

```
    var jsstring =
        'onmessage=function(event) {' +
        'var data = event.data;' +
        'postMessage("Hello "+data);}';

    var bb = new Blob([jsstring], { type: "text/plain" });
    var url = window.URL.createObjectURL(bb);
    var worker = new Worker(url);
    worker.postMessage('康廷數位');
    worker.onmessage = function (event) {
        document.getElementById('message').textContent = event.data;
    };
</script>
</body>
</html>
```

JavaScript 的內容與原來的範例相同，只是透過 Blob 物件進行封裝，而當 postMessage() 被調用，JavaScript 接收到 message 事件，因此執行處理器的程式碼，而最後的 postMessage() 依然會觸發網頁本身的 message 事件，此時最後的 onmessage 事件屬性指定的處理器函式執行其中的程式碼於網頁輸出接收的訊息。

如你所見，即便動態建立的 JavaScript 字串，在丟入 Worker 物件之後依然可以運作的很好，這種技巧可以讓我們省去建立獨立 JavaScript 的麻煩。

20.7 匯入外部 JavaScript 檔案

Worker 允許於其中透過全域函式 importScripts() 匯入外部檔案，因此你不需要將所有在背景執行的程式碼全部塞在同一個 JavaScript 檔案裡面，當所要執行的程式碼太過複雜或是包含了其它程式共用的程式碼，透過適當的切割分成幾個不同的 JavaScript ，再經由 importScripts() 將其匯入是比較好的作法。以下是匯入作業所需的語法：

```
importScripts('myexscript.js');
```

其中的 myexscript.js 是要從外部匯入的 JavaScript 檔案路徑名稱。

範例 20-8 示範 importScripts

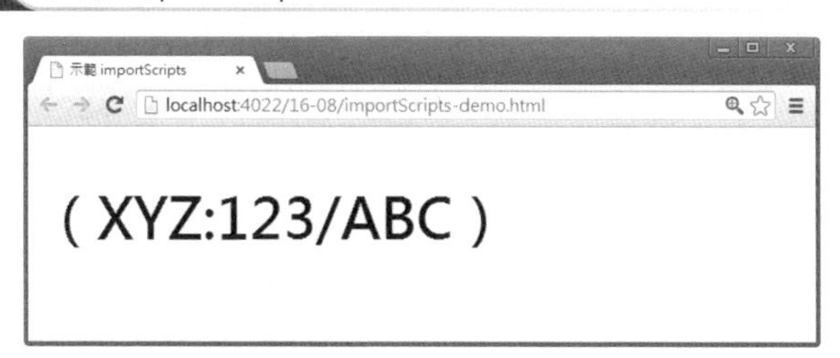

畫面輸出一段由 Worker 於背景執行 JavaScript 檔案回傳的結果字串，而 JavaScript 在執行期間另外匯入其它三個外部 JavaScript 檔案，分別取得 XYZ 、123 以及 ABC 等三個字串並且合成為畫面中顯示的長字串。

importScripts-demo.html

```
<!DOCTYPE html >
<html >
<head>
      <title>示範 importScripts </title>
</head>
<body>
<p id="message" style=" font-size:xx-large; font-weight:900;"></p>
<script>
      var worker = new Worker("importScripts-demo.js");
      worker.onmessage = function (event) {
          document.getElementById("message").innerHTML = event.data;
      };
</script>
</body>
</html>
```

這個網頁沒有特殊的地方，它只負責建立 Worker 物件於背景執行 importScripts-demo.js 這個 JavaScript 檔案。

importScripts-demo.js

```
var msg = '';
msg += ' (';
importScripts('importScript-c.js');
msg += ':';
importScripts('importScript-b.js');
msg += '/';
importScripts('importScript-a.js');
msg += ') ';
postMessage(msg);
```

其中調用了三次 importScripts() 方法，分別匯入三個指定的外部 JavaScript 檔案，這些檔案的內容很簡單，來看 importScript-c.js ，內容如下：

```
msg += 'XYZ';
```

其中將字串 XYZ 附加至字串變數 msg ，其它兩個檔案則是另外附加 123 與 ABC 兩個字串，而 importScripts-demo.js 這個檔案除了匯入三個外部 JavaScript ，另外於匯入的過程中，分別加入：與 / 等分隔字元，最後 postMessage() 將其回傳至網頁輸出。

調用 importScripts() 必須注意的是，每一個 importScripts() 載入外部 Java Script 檔案的順序不一定是程式碼出現的位置，不過執行的順序則是依程式碼出現的順序往下執行。

將所需的功能分散在不同的 JavaScript 檔案，於需於要時再動態載入，可以有效的降低單一 JavaScript 的複雜度，不過調用 importSripts() 會有一些問題，以下直接來看一個範例。

範例 20-9 動態載入 importScripts

這個範例的內容已在上述的「範例 20-8」作過討論，來看看其中關鍵的部分，列舉如下：

importScript-inline.html

```
<script>
      window.URL = window.URL || window.webkitURL;
      var jsstring =
          'var msg="XYZ：" ; ' +
          'importScripts("importScript-a.js");' +
          'postMessage(msg);';
      var worker;
      window.onload = function () {
          try {
              var bb = new Blob([jsstring], { type: "text/plain" });
              var url = window.URL.createObjectURL(bb);
              worker = new Worker(url);
              worker.onmessage = function (event) {
                  document.getElementById('message').textContent =
                  event.data;
              };
          } catch (e) {
              alert(e);
```

(續)

```
            }
        };
</script>
```

以灰階標示的部分是動態載入的 JavaScript ，這段程式碼同時調用了 importScripts() 方法，匯入指定的 importScript-a.js 檔案，當你執行這個網頁會發現沒有作用，主要的原因在於這個 JavaScript 檔案是透過 Blob 封裝之後再取得對應的 URL 之後丟給 Worker 物件，因此它解析出來的是 blob: 字首的字串，而非正常的 http:// ，如此一來當 importScripts() 被引用，由於匯入的 JavaScript 檔案路徑參數是相對位址，它將被解析成以 blob: 為字首的完整路徑字串，最後導致錯誤的結果。

為了解決上述的情形，我們必須將檔案的位址以絕對路徑格式字串指定給 importScripts() ，如此一來就可以得到正確的結果，將其修改如下：

```
var locationurl =
        location.protocol + '//' +
        location.host + '/20-09/importScript-a.js';

var jsstring =
        'var msg="XYZ：" ; ' +
        'importScripts("' + locationurl + '");' +
        'postMessage(msg);';
```

其中第一段程式碼取得 importScript-a.js 這個檔案的絕對位址，然後合併至 jsstring 字串。重新執行此範例，就可以在瀏覽器看到正常的輸出如下：

20.8 多 Worker 物件共用背景執行緒

Worker 物件可以在同一組背景執行緒中進行運算，SharedWorker 支援此共享功能，在單一 Worker 的基礎上，我們繼續討論共享機制。

20.8.1 共享 Worker 物件與 SharedWorker

如果想要讓網頁中一個以上的 Worker 物件，同時共享相同的背景執行緒，可以透過 SharedWorker 建構式建立 Worker 物件，這與前述討論的 Worker 運作有些差異。SharedWorker 物件透過連線關聯至特定的執行緒，而連線這個動作會觸發 connect 事件，然後在對應的事件處理器中執行背景運算，相互之間的溝通則透過 MessagePort 物件實現，這個物件在 connect 事件處理器的參數中取得。

以下是 SharedWorker 介面的定義：

```
[Constructor(in DOMString scriptURL, in optional DOMString name)]
interface SharedWorker : AbstractWorker {
    readonly attribute MessagePort port;
};
```

相較於 Worker ，SharedWorker 建構式多了一個 name 參數，它被用作 Worker 物件的識別名稱，以決定是否在相同的背景執行緒，執行同一個 scriptURL 指定的 JavaScript 檔案。其中唯一的屬性成員 port 是一個 MessagePort 物件，SharedWorker 物件透過 port 與背景執行緒進行溝通，這個物件相當重要，來看看它的介面定義：

```
interface MessagePort {
    void postMessage(in any message, in optional sequence<MessagePort> ports);
    void start();
    void close();

    // event handlers
    attribute Function? onmessage;
};
MessagePort implements EventTarget;
```

方法 start() 開始 MessagePort 物件上的訊息接收作業。而 Close() 結束與通訊埠的連線作業，停止所有的活動。

調用其中的 postMessage() 將參數訊息 message 傳遞出去，onmessage 事件處理器則監聽另外一個 MessagPort 傳遞過來的訊息。

而針對 start() 這個方法有一個必須特別注意的地方，通常我們有兩種方式可以設定 onmessage 事件處理器，比較直接的方式，是透過 onmessage 進行設定，如下式：

```
onconnect = function (e) {  // 回應 message 事件 … }
```

一旦 onmessage 首次被設定，就如同調用了 start()，MessagePort 即會開始監聽訊息的的傳送。除此之外，你也可以透過 addEventListener() 註冊 message 事件的回應函式，在這種情形下就必須調用 start()。

```
worker.port.addEventListener('message', function(e) {
      // 回應 message 事件 …
}, false);
worker.port.start();
```

一旦建立了 SharedWorker 物件，將會關聯至一個 SharedWorkerGlobalScope 物件，它的定義如下：

```
interface SharedWorkerGlobalScope : WorkerGlobalScope {
    readonly attribute DOMString name;
    readonly attribute ApplicationCache applicationCache;
             attribute Function? onconnect;
};
```

除了 name 屬性可以取得其識別名稱，請特別注意其中的 onconnect 事件屬性，此對應的事件處理器將在連線成功觸發 connect 事件執行，我們在其中執行背景運算，最後回傳結果。

範例 20-10 示範 SharedWorker

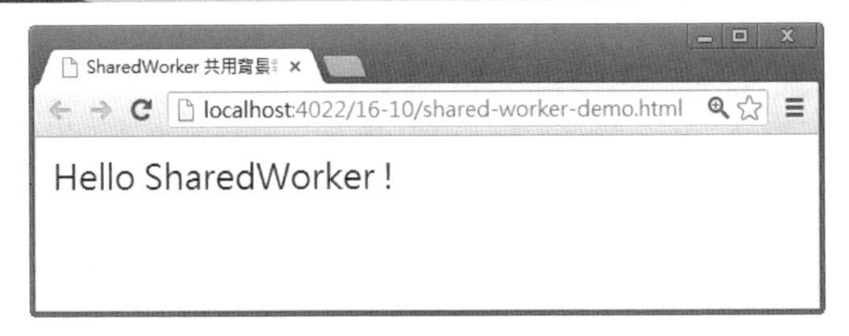

這是相當簡單的範例，透過 SharedWorker 物件於背景執行緒輸出指定的訊息，並且將其顯示在網頁上。

shared-worker.js

```
onconnect = function (e) {
      var port = e.ports[0];
      port.postMessage('Hello SharedWorker !');
}
```

JavaScript 很單純，請特別注意這裡與前述 Worker 物件的差異，其中設定了 connect 事件處理器，取得訊息通訊埠，調用其 postMessage() 方法，將指定的文字訊息回傳給 SharedWorker 物件。

shared-worker-demo.html

```
<head>
      <title>SharedWorker 共用背景執行緒 - 單一 SharedWorker</title>
      <script>
          function init() {
              var worker = new SharedWorker('shared-worker.js');
              var message = document.getElementById('message');
              worker.port.onmessage = function (e) {
                  message.value = e.data;
              }
          }
      </script>
</head>
<body onload="init()">
<output id="message" ></output>
</body>
```

於網頁載入時，建立以 shared-worker.js 為參數的 SharedWorker 物件，然後設定 onmessage 事件處理程序，其中經由 e.data 取得背景執行緒回傳的資料。

在這個範例中，我們示範了如何使用 SharedWorker 物件，但是並沒有看到多個 Worker 物件共用相同的背景執行緒，接下來的範例就來看看相關的效果。

範例 20-11 示範 SharedWorker 的共享 Worker 應用

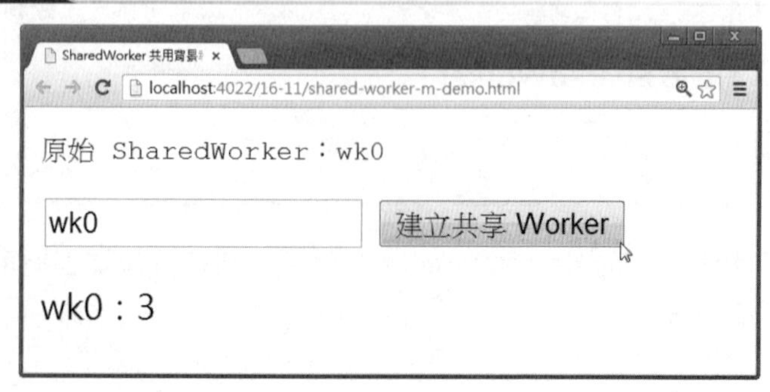

一開始範例執行時會建立一個參考至特定 JavaScript 檔案的 SharedWorker 物件，並且以 wk0 作命名。中間的文字方塊，可以讓使用者自訂名稱建立指向同一個 JavaScript 檔案 SharedWorker 物件，按一下「建立共享 Worker」即會執行。

畫面下方，顯示按下按鈕之後，SharedWorker 物件連接至背景執行緒．並且取得其回傳的訊息資訊，包含建立 SharedWorker 物件時所設定的名稱，你可以從這裡瞭解到目前連接至背景執行緒的是哪一組物件。

讀者可以嘗試於文字方塊中指定名稱，觀察回傳值的變化，相同名稱的回傳指數會不斷的累積，代表這些 Worker 連接至同一組背景執行緒，如果超過 10 之後，這個連線會被關閉，指數將歸零。

shared-worker-m.js

```
var t = 0;
onconnect = function (e) {
      t++;
      var port = e.ports[0];
      port.postMessage(name+'：'+t);
      if (t > 10) close(); // 必須關閉，否則會一直掛著不會結束
}
```

第一行的 t 是一個全域的變數，於 onconnect 事件處理器中逐次遞增，用來觀察背景執行緒的執行次數，而接下來 postMessage 將識別名稱以及 t 回傳，最後的判斷檢視 t ，一旦超過 10 即將其關閉，這一點要特別注意，若是未調用 close() ，將導致整個執行緒無法自動停止。

shared-worker-m-demo.html

```
<html>
<head>
      <title>SharedWorker 共用背景執行緒 - 多 SharedWorker</title>
      <script>
          var message;
          function init() {
              message = document.getElementById('message');
              var worker = new SharedWorker('shared-worker-m.js', 'wk0');
              worker.port.onmessage = function (e) {
                  message.value = e.data;
              }
          }
          function newSWorker() {
              var name = document.getElementById('workernameText').value;
              var worker = new SharedWorker('shared-worker-m.js', name);
              worker.port.onmessage = function (e) {
```

(續)

```
                    message.value =  e.data;
                }
            }
        </script>
</head>
<body onload="init()">
        <pre>原始 SharedWorker：wk0</pre>
        <input id="workernameText" type="text" />
        <input type="button" value="建立共享 Worker" onclick="newSWorker()"/>
        <p><output id="message" ></output></p>
</body>
```

網頁載入一開始會執行 init()，其中建立一個指定名稱為 wk0 的 SharedWorker 物件，並且透過 port 設定事件屬性 onmessage ，於背景執行緒回傳結果時，將其顯示在畫面上。

另外一個 newSWorker() ，於使用者按下按鈕時被執行，其中執行與 init() 相同的程序，只是 SharedWorker 建構式中的第二個參數，指定為使用者於文字方塊輸入的值。

在這個範例中，我們看到了多個新建立的 SharedWorker 連接至共用的背景執行緒，執行相同的運算，並透過一個全域變數顯示共用的效果。

20.8.2 SharedWorker 資訊傳遞

SharedWorker 同樣可以傳遞資訊，作法與 Worker 相同，只是必須利用 MessagePort 進行溝通，例如以下的程式片段：

```
worker.port.postMessage(message);
```

其中的 message 為所要傳遞的資訊，而這個方法同樣會在 JavaScript 程序中觸發 message 事件，透過 onmessage 事件處理器即可接收此傳遞的訊息。很快的，我們利用另外一個範例進行說明。

範例 20-12 示範 SharedWorker 的 MessagePort 溝通

調整上述的 shared-worker-m-demo.htm ，這一次透過 MessagePort 進行資訊息傳遞，第一個文字方塊讓使用者輸入識別名稱，並且於建立 SharedWorker 物件之後，將其傳入背景執行的 JavaScript 程式當中。

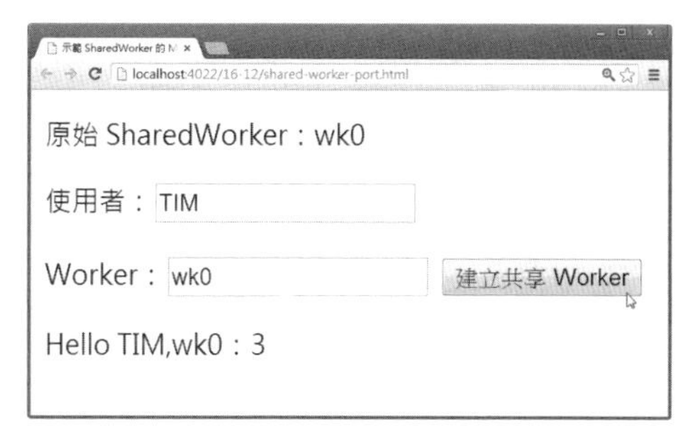

這一次按下「建立共享 Worker」按鈕，於背景執行運算完畢之後，將回傳包含使用者名稱的訊息，表示我們成功的將畫面的文字方塊內容傳遞至所執行的 JavaScript 。請特別注意，只要 Worker 的名稱維持相同，就會共用相同的背景執行緒，因此指數會累計，否則的話則分開，而使用者名稱只是示範資料的傳遞。

shared-worker-port.js

```
var t = 0;
onconnect = function (e) {
      t++;
      var message = '';
      var port = e.ports[0];
      port.onmessage = function (e) {
          message = 'Hello ' + e.data + ',' + name + ':' + t;
          port.postMessage(message);
      }
      if (t > 10) close();
}
```

這段 JavaScript 的 onmessage 事件處理器，接收到網頁傳遞過來的訊息執行其中的程式碼，透過 e.data 取得相關的資訊，也就是使用者的名稱，然後合併 name 以及全域變數回傳。

shared-worker-port.html

```
<head>
      <title>示範 SharedWorker 的 MessagePort 溝通</title>
      <script>
          var message;
          function init() {
              message = document.getElementById('message');
              var worker = new SharedWorker('shared-worker-port.js', 'wk0');
              worker.port.onmessage = function (e) {
                  message.value = e.data;
              }
          }
```

(續)

```
            function newSWorker() {
                var name = document.getElementById('workernameText').value;
                var user = document.getElementById('userText').value;
                var worker = new SharedWorker('shared-worker-port.js', name);
                worker.port.onmessage = function (e) {
                    message.value = e.data;
                }
                worker.port.postMessage(user);
            }
        </script>
</head>
<body onload="init()">
        <p> 原始 SharedWorker：wk0</p>
        </p> 使用者：<input id="userText" type="text" /></p>
        </p>Worker：<input id="workernameText" type="text" />
        <input type="button" value=" 建立共享 Worker" onclick="newSWorker()"/>
        </p>
        <p><output id="message" ></output></p>
</body>
```

這個網頁的內容相信讀者大部分已經理解，請特別注意其中灰階標示的程式碼，在 newSWorker() 函式裡面，首先取得使用者輸入 userText 文字方塊的內容，然後透過 MessagePort 調用 postMessage() 將其傳遞出去。

20.8.3 多網頁共用

SharedWorker 依據其識別名稱建立連線，因此如果多個網頁針對同一個 JavaScript 檔案以指定的名稱建立 SharedWorker ，即使跨越不同的網頁還是會共用同一個連線，接下來另外建立一個範例網頁來印證此原理。

範例 20-13 跨網頁共用 SharedWorker

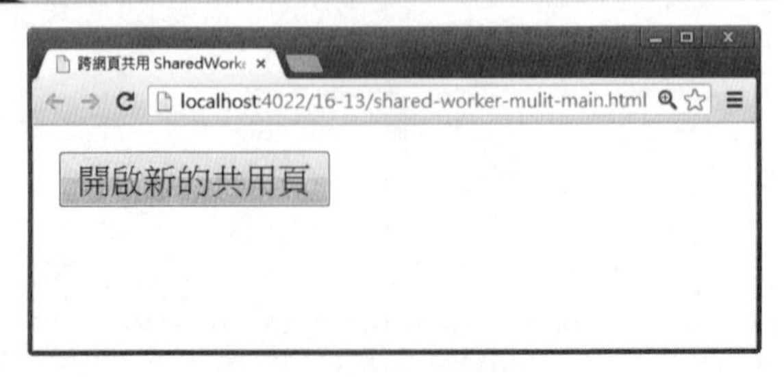

按下網頁中的按鈕，在新的分頁中，開啟前述範例中的 shared-worker-port.html 網頁，其中的內容如下頁：

shared-worker-mulit-main.html

```
<!DOCTYPE html >
<html >
<head>
      <title>跨網頁共用 SharedWorker</title>
</head>
<body>
<button onclick="window.open('shared-worker-port.html');">
      開啟新的共用頁
</button>
</body>
</html>
```

當使用者每一次按下畫面上的按鈕，就會顯示一個新的分頁，這裡連續按兩次，出現兩個分頁網頁，列舉如下：

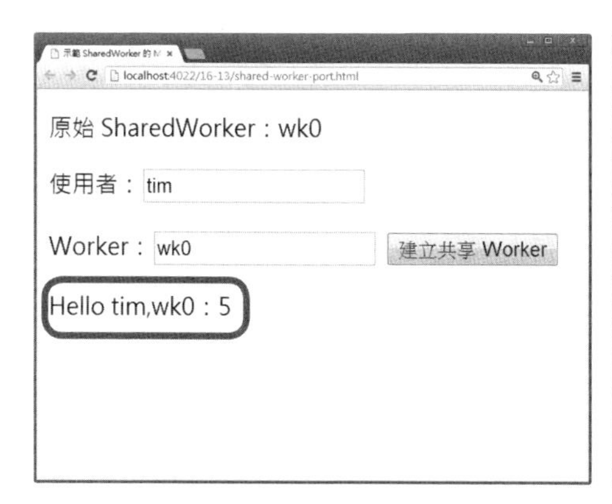

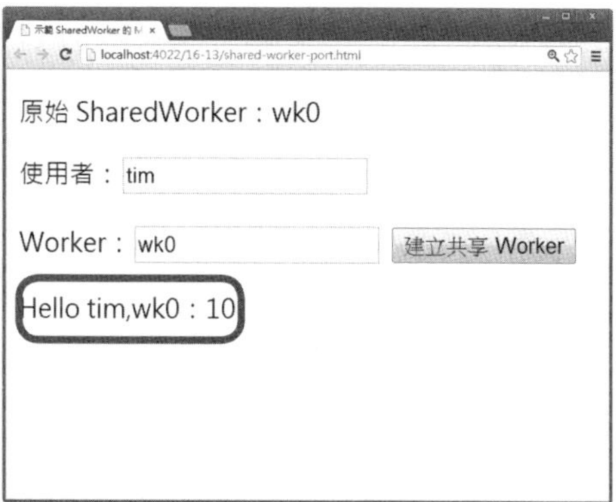

由於這兩個網頁會建立連接至相同 JavaScript 檔案的 SharedWorker 物件，因此於其中指定 Worker 名稱，按一下「建立共享 Worker」按鈕，出現 Worker 編號，接下來在另外一個頁面以相同的 Worker 名稱建立共享 Worker ，此時你會發現 Worker 編號還是持續遞增。

SUMMARY

讀者在本章所討論的多執行緒議題中，再一次體驗了網頁通訊原理的應用，同時更進一步瞭解共享執行緒的議題，下一章開始所要討論的主題，同樣與訊息資料的傳送有關，只是更一步的跨越本機與伺服器進行溝通。

第二十一章

伺服器推播技術

HTML5 導入了 Server-Sent Events 機制，支援資料從伺服器傳送至客戶端網頁的自動傳送作業，再一次的，其中運用了前兩章所討論的觀念，透過 message 事件接收資料，只是這一次由伺服器自動傳送。

21.1 關於伺服器推播技術

所謂的伺服器推播，是指透過 HTTP 或是其它專屬的協定技術，從伺服器將資料透過網路自動傳輸至客戶端瀏覽器網頁。伺服器在一般的情形下接受 Web 網頁的要求，然後送出回應，以提供即時投票結果服務的網頁為例，在開票期間，資料庫的欄位資料必須維持不斷的更新，網頁要獲取最新的資料，只要持續向伺服器提出要求，並取得回應即可。

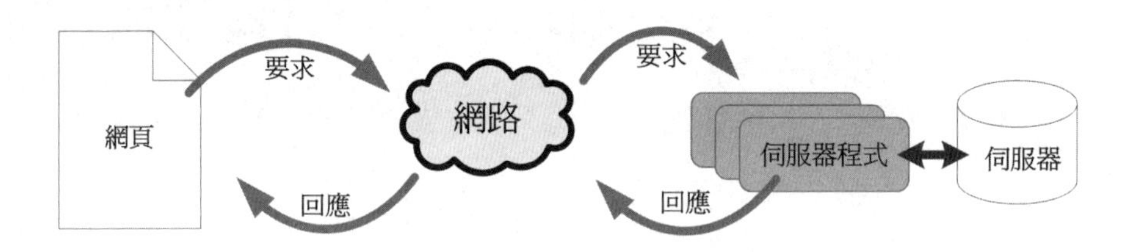

由於伺服器推播技術會自動處理伺服器資料傳送至網頁的過程，讓資料的要求與回應變得更有效率，這對於效能要求較為嚴苛的手持裝置特別有利。

同樣的，其中所需的技巧獨立於後端技術，也就是無論你使用 PHP 或 ASP.NET ，都不會有問題，伺服端只需專職資料的接收即可。

不同於傳統的網路要求 / 回應機制，伺服器推播過程中，資料接收與傳送程序均是以非同步型態於背景執行，網頁本身不會受到推播程序的影響。

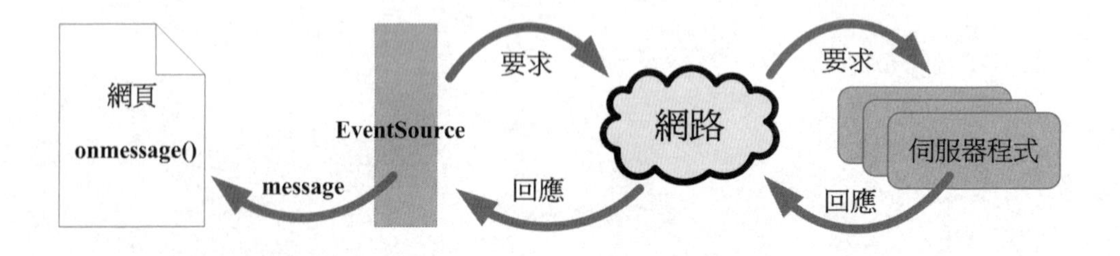

如同前述章節討論的數種訊息傳送技術，無論是網頁與後端程式，或是網頁彼此

之間，Server-Sent Events 亦支援此核心介面，透過 message 事件訊息系統進行資料的傳送，參考前一章討論 Web Workers 與跨文件通訊機制的說明示意圖：

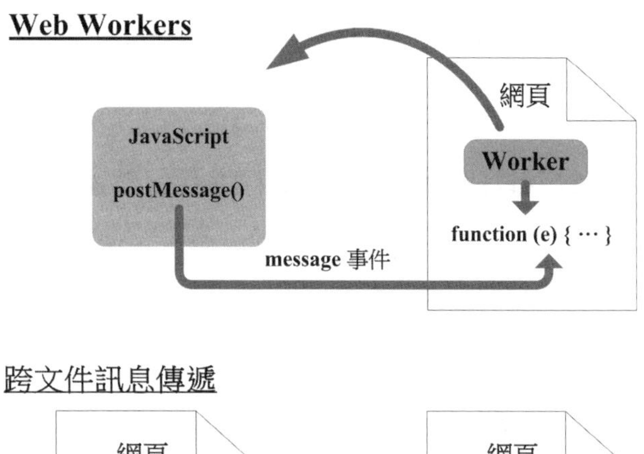

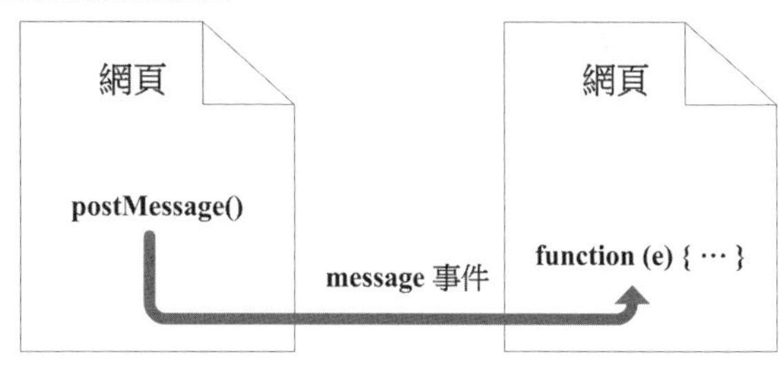

當訊息在網頁與其它目標之間傳送，如果對象是 JavaScript 檔案，必須建立 Worker() 物件以建立溝通管道，然後透過 postMessage() 與 message 事件進行溝通，這也就是 Web Workers 賴以運作的背景執行機制，如果對象同樣是網頁，則直接指定 URL 位址即可經由 postMessage() 與 message 事件完成溝通。而本章所要談的原理其實相同，只是這一次網頁溝通的對象變成在網路另外一邊的伺服器端程式，如下圖：

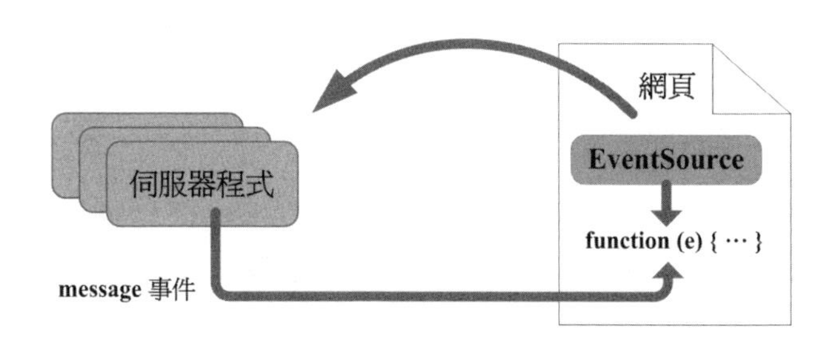

此圖示以另外一種方式表現伺服器推播技術，方便讀者與上述的兩組圖示作比較，如你所見，當伺服器端回傳資料訊息，網頁這一端同樣必須透過 message 事件回應函式進行處理，而與伺服器端程式的溝通管道則是由 EventSource 建立。伺服器端程式的訊息資料是定時自動發送的，不同於前述兩種機制必須透過 postMessage() 方法調用。

21.2 EventSource 與伺服器推播實作

伺服器推播技術由 EventSource 介面定義所需的成員，支援相關的實作，透過建立 EventSource 物件即可在網頁中運用推播技術，我們以實作的範例說明其中的技術細節。

21.2.1 一個簡單的伺服器推播實作

在網頁上運用伺服器推播技術必須同時處理兩個部分，分別是向伺服器提出資料要求的網頁程式，以及所要連線的後端伺服器資料推送程式，來看看所需的程式碼。首先在網頁上建立 EventSource 物件，並且指定連線要求的 URL 網址，如下式：

```
var es = new EventSource(url);
```

其中的 url 參數是一個 URL 字串，表示推送資料的來源網頁位址，當 es 建立之後，即會自動針對參數 url 對應的 URL 提出 Get 要求。

接下來要作的，就是在定期的 Get 要求之後，捕捉伺服器針對此要求的回應資料，這一部分在背景執行，必須透過 onmessage 事件屬性設定其事件處理器以支援相關的回應，於資料傳送過來之後，進行處理。

接下來是在伺服器這一端撰寫一個接受連線，並且推送資料至伺服器端的網頁程式，這可以藉由建立 ASP.NET 或是 PHP 等伺服器網頁來達到目的。同樣的，這裡以 ASP.NET 的泛型處理常式進行示範。

首先將其回應的 Content-Type 標頭指定為 text/event-stream 型態，然後將所要推送的資料，寫入網路資料流即可，下頁是相關的程式碼：

```
Response.AppendHeader("Content-type", "text/event-stream");
Response.Write(message);
```

第一行完成 Content-type 內容型態的設定，第二行則調用 Write 將 message 資料寫入，此時瀏覽器接收回應的網頁就會觸發 message 事件，透過事件處理器取得 message 作進一步的處理。

範例 21-1 示範簡單的伺服器推播技術

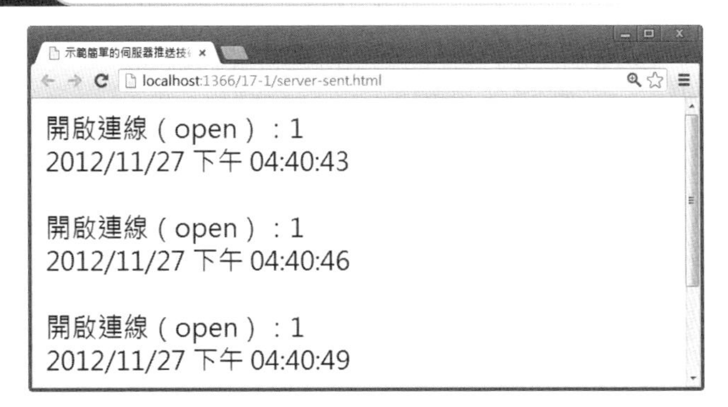

當網頁被載入瀏覽器，會不斷的顯示從伺服器傳送過來的資訊。這個範例包含兩個網頁 - 伺服器端執行的 server-sent.ashx 與接收推送資訊的網頁 server-sent.html ，前者從伺服器端推送測試用的資料，後者接收資訊，並且將其顯示在網頁上。

server-sent.ashx

```
public void ProcessRequest(HttpContext context)
{
      context.Response.AppendHeader("Content-type", "text/event-stream");
      context.Response.Write("data:" + DateTime.Now.ToString()+"\n\n");

}
```

ASP.NET 網頁比較單純，這是泛型處理常式的後置程式碼，其中只是簡單的送出預先指定的訊息以及當時伺服器的時間，以此測試伺服器的資料推送功能，請特別注意 ProcessRequest() 中的第一行，其中的 Content-type 設定必須設定為 text/event-stream 格式。

另外一個重點便是資料的傳送，必須以關鍵字 data 進行設定，前端網頁才會觸發相關的訊息事件，每一個 data: 代表一組傳送的資料。

server-sent.html

```
<!DOCTYPE html >
<html >
<head>
      <title>示範簡單的伺服器推送技術</title>
      <script>
          var es = new EventSource('server-sent.ashx');
          function init() {
              es.onmessage = function (event) {
                  document.getElementById('msg').innerHTML +=
                      (event.data.toString() + '<br/>');
              };
              es.onopen = function (event) {
                  document.getElementById('msg').innerHTML +=
                     ('開啓連線 (open):' +
                     this.readyState.toString() + '<br/>');
              };
          }
      </script>
</head>
<body onload="init()">
<div id="msg" ></div>
</body>
</html>
```

這個網頁只有 JavaScript 程式碼，函式 init() 於網頁載入之後執行，首先建立 EventSource 物件 es ，並且指定事件來源的目標伺服器網頁。

接下來設定 es 的 message 事件處理程序，當伺服器端推送訊息進來，message 事件被觸發，其中透過事件參數 event.data 取得推送資料。

另外，此段 JavaScript 亦設定了 open 事件處理器，此事件於連線開啟時被觸發，在事件處理器的回應函式中，透過 readyState 即可取得推播程序中的狀態資訊。

EventSource 介面是推播技術的核心，支援相關事件的定義，因此瞭解其介面定義對於如何善用推播技術相當重要，接下來針對這一部分進行詳細的說明。

21.2.2 EventSource 介面定義

前一個小節透過簡單的範例，快速的示範了伺服器推播技術的實作，現在進一步的來看看其中最重要的核心元素－ EventSource 介面定義：

```
[Constructor(in DOMString url)]
interface EventSource {
    readonly attribute DOMString url;

    // ready state
    const unsigned short CONNECTING = 0;
    const unsigned short OPEN = 1;
    const unsigned short CLOSED = 2;
    readonly attribute unsigned short readyState;

    // networking
    attribute Function? onopen;
    attribute Function? onmessage;
    attribute Function? onerror;
    void close();
};
EventSource implements EventTarget;
```

EventSource 建構式需要一個 URL 字串，透過此字串連線至提供伺服器推播服務的網頁。

其中的 readyState 屬性表示連線的狀態，接下來的三個常數為可能的值，分別代表不同階段的連線狀態，列舉如下表：

常　數	值	說　明
CONNECTING	0	連線未確定，瀏覽器處於要求連線狀態，或是連線失敗，重新開啓中。
OPEN	1	瀏覽器完成連線作業開啓連線，同時驅動連線。
CLOSED	2	連線未開啓，沒有任何連線作業，或是調用了 close() 關閉連線。

當一個 EventSource 物件被建立，其 readyState 被設定為 CONNECTING ，而當物件調用 close() 方法，會關閉連線，此時 readyState 被設定為 CLOSED ，而如果瀏覽器確認了連線，則 readyState 將被切換至 OPEN 狀態。

在每種狀態發生改變時，會觸發相對應的事件，並透過事件處理器進行回應。來看看事件屬性，其中分別回應不同的事件，列舉如下表：

事件屬性	事件處理器回應事件
onopen	Open
onmessage	Message
onerror	Error

Open 事件於 readyState 將被切換至 OPEN 狀態，連線確立時被觸發，而連線不成功將會觸發 error 事件。Message 事件於接收到伺服器推送訊息時被觸發，通常我們在此事件處理器中，取得伺服器傳遞過來的訊息內容。

21.2.3 關閉連線

執行「範例 21-1」時，其中的客戶端網頁會在固定的時間區段內，持續擷取伺服器推送過來的資料，如果想要中斷推送作業，可以調用 close() 方法，此時連線的狀態也會被改變。

範例 21-2 EventSource 物件的連線狀態改變

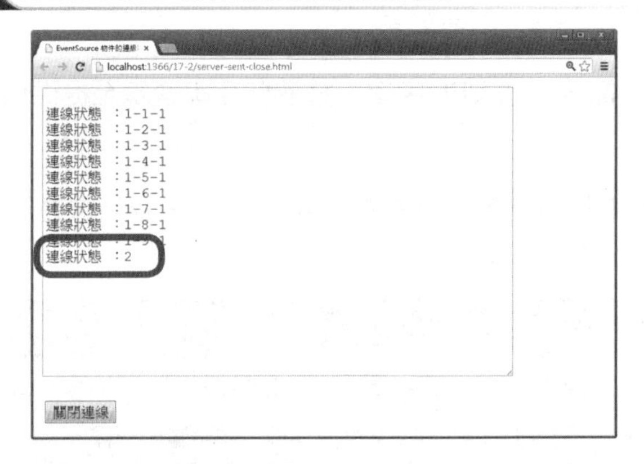

以一個 <textarea> 顯示目前連線狀態的內容，每一次擷取網路推播資料時，以訊息字串「連線狀態：x-y-z」表示相關的狀態，其中的 x 表示連線狀態，也就是 readyState 這個屬性值。按一下「關閉連線」按鈕，此時顯示一個訊息方塊提示連線被關閉，按一下「確定」按鈕，於畫面中顯示連線態變成 2 。

此範例同「範例 21-1」，建立 server-send.ashx 連線，這裡直接討論 html 檔案的內容。

server-sent-close.html

```
<head>
    <title>EventSource 物件的連線狀態改變 </title>
    <script>
        var es = new EventSource('server-sent.ashx ');
        var n=0;
        var x=0;
```

(續)

```
            function init() {
                n++ ;
                es.onmessage = function (event) {
                    x++;
                    document.getElementById('messageTextarea').value +=
                        '\n 連線狀態 ：' + es.readyState +
                        "-" + x.toString() + "-" + n.toString();
                }
             }
            function closeConn() {
                es.close();
                alert(" 關閉連線 ");
                document.getElementById('messageTextarea').value +=
                        '\n 連線狀態 ：' + es.readyState;
            }
        </script>
        <style type="text/css">
            #messageTextarea {
                height: 255px;
                width: 430px;
            }
        </style>
</head>
<body onload="init()" >
        <textarea id="messageTextarea"></textarea>
        <p></p>
        <input id="closeButton" type="button"
              value=" 關閉連線 " onclick="closeConn()"/>
</body>
```

首先是 onmessage 事件處理器，其中除了引用 readyState 取得目前的連線狀態，另外便是 n 與 x 這兩個變數，n 在 init() 執行時自動加 1 ，由於網頁只會載入一次，因此這個值便固定為 1 ，而 x 在每一次 message 事件被觸發，執行 onmessage 事件處理器時就加 1 ，因此這個值在每次擷取伺服器推播資料時，持續遞增。

變數 x 與 n 並沒有特別的意義，只是呈現 EventSource 物件執行伺服器推播機制時，網頁的變化情形。

最後的 closeConn() 則於每次使用者按下「關閉連線」按鈕時被執行，其中引用 close() 關閉連線，然後透過 readyState 取得連線狀態。

21.2.4 解析伺服器推播資料

EventSource 對於伺服器推送至瀏覽器的資料，有其專屬的解析格式，並且透過欄位名稱辨識其中的內容資訊，前述的範例中，我們已經看到代表資料主體的 data 項目，這是最重要的資料項目，如果沒有這一項，整個資料接收的 message 事件就不會被觸發，除此之外，還有幾個欄位名稱需要進一步解析，連同 data 一併列舉如下表：

欄位名稱	說　明
event	事件名稱，預設為 message 。
data	推送的資料本體。
id	最後的事件 ID，透過EventSource 的 lastEventId 可以取得這個值，它以Last-Event-ID 名稱隨著檔頭被送出。
retry	兩次提出要求期間的時間長度間隔，沒有設定的話，依瀏覽器的預設值為依據。

伺服器推送機制設計的相當彈性，除了所要傳送的資料本體資訊，表中同時包含幾個欄位，可以讓你自訂所要觸發的事件名稱、提出要求的間隔時間長度等等。

- **event**

在預設的情形下，當伺服器推送資料至前端的瀏覽器，此時會觸發 message 事件，透過 EventSource 上 onmessage 屬性所指定的事件處理器，可以對此事件進行回應，並取得推送的資料，這一部分在前述的範例當中，我們已經看到了相關的實作，而如果你在推送的資料中，指定了 event 欄位，則 message 會被這個名稱所取代，原來的 onmessage 處理器就不會有任何作用了。

為了讓重設的事件名稱可以作用，你必須改寫 onmessage 事件屬性的程式碼，以 onmessage 為例，考慮以下的程式片段：

```
eventSource.onmessage = function (event) {

      // 這裡配置回應 message 事件的功能程式碼 …
}
```

這是前述範例所使用的程式碼，其中的 eventSource 是 EventSource 物件，接下來改用 addEventListener() 進行設定，假設在推送的資料內容當中，將 event 欄位設定為 cs_message ，考慮以下的程式片段：

```
eventSource.addEventListener('message', function (event) {

      // 這裡配置回應 message 事件的功能程式碼 …
}
eventSource.addEventListener('cs_message', function (event) {

      // 這裡配置回應 cs_message 事件的功能程式碼 …
}
```

其中有兩段 addEventListener ，第一段是 message 事件的 addEventListener 寫法，第

二段則是配合 event 欄位的設定，將 message 改成 cs_message ，這時候就可以針對伺服器推送資料進行處理。

- **data**

代表資料主體，要推送的資料必須寫在這個欄位裡面：

```
data:message_data_string
```

冒號後方的 message_data_string 為伺服器資料推送過程中主要傳送的資料內容，你可以傳送一個以上的 data 資料，如果想要取得即時資料內容，將資料配置於此即可達到目的。

- **id**

辨識最後一次觸發事件的 ID 值，格式如下：

```
id:idstring
```

idstring 為識別的 ID 值，隨著檔頭以 Last-Event-ID 名稱傳送，表示最後一個事件的識別 ID ，這個值可以經由 lastEventId 屬性取得，例如以下的程式片段：

```
es.onmessage = function (event) {
        // event.lastEventId 取得 id 欄位值
}
```

如你所見，在 message 事件處理器中，直接透過 evet 參數進行存取即可。

- **retry**

重試的區間時間長度，以毫秒為單位，如下式：

```
retry:5000
```

這一行設定將間隔時間指定為 5000 ，因此每五秒才會重新要求伺服器取得新的推送資料。

瞭解欄位項目的意義之後，來看看完整設定格式，列舉如下：

```
event:cs_message
id:kangtin
data:server-message-B
retry:5000
```

其中依序設定了相關的欄位，接下來在網頁端可以透過 JavaScript ，調用 EventSource 物件進行解析。

範例 21-3 運用欄位

這個結果畫面有幾個重點，首先是每個訊息出現的時間間隔差距是五秒，而訊息的最下方是一個名稱為 Last-Event-ID 的 ID 識別值 kangting 。同樣的，這個範例包含兩個網頁，在伺服器端執行的 server-message-send-field.aspx 與接收推送資訊的網頁 server-send-field.htm ，以下先來看前者。

server-sent-field.ashx

```
public void ProcessRequest(HttpContext context)
{
      context.Response.AppendHeader("Content-type", "text/event-stream");
      context.Response.Write(
          "data:server-message-A" + "\n"
          );
      context.Response.Write("data:" + DateTime.Now.ToString() + "\n");
      context.Response.Write(
          "event:cs_message" + "\n" +
          "id:kangting" + "\n" +
          "data:server-message-B" + "\n\n" +
          "retry:5000" + "\n"
          );
}
```

這段程式碼包含三段呼叫 Response.Write() 的輸出，請特別注意第三段的內容，其中設定了上述的四個欄位值。

server-send-field.html

```
<script>
      var es = new EventSource('server-sent-field.ashx');
      function init() {
          es.addEventListener('cs_message', function (event) {
              var datas = event.data.split('\n');
              document.getElementById('msg').innerHTML += (
                  '<br/>datas[0]：' + datas[0]+ '<br/>' +
                  '<br/>datas[1]：' + datas[1] + '<br/>' +
                  '<br/>datas[2]：' + datas[2] + '<br/>' +
                  '<br/>Last-Event-ID：' + event.lastEventId + '<br/>' +
                  '<br/> // --------------------- ----------------------');
          }, false);
      }
</script>
```

這一段程式碼與稍早的範例沒有太大的差異，其中以灰階標示的部分是要注意的地方，首先是監聽 cs_mssage 事件，因為在上述的伺服端網頁裡面，event 欄位被設定為此名稱。

接下來是 event.lastEventId 取得事件的識別 ID 值。

瞭解如何解析伺服器所推送的資料，就可以更彈性的運用推播技術，指定監聽事件以及設定每一次要求資料的時間間隔。

21.2.5 關於 data 與 id

在設定推播資訊的欄位中，data 與 id 的設定必須特別小心，格式上的差異將導致相關事件觸發的問題，也會造成資料回傳結果的差異。首先來看比較單純的 id 欄位，典型的狀況下，會為每一個 data 欄位配置對應的 id ，例如以下的設定：

```
data: send-data-stream
id: 1
```

其中的 id 導致傳送的 Last-Event-ID 檔頭值被設定為 1 傳送出去，後續每一次 id 欄位均會覆蓋前一個 id 值，現在考慮以下另外一組設定：

```
data: first-send-data-stream
id: 1

data: second-send-data-stream
id
```

第二組 data 設定中的 id 欄位只有空值，因此被後一個 id 重設為空字串，如此一來導致沒有新的 Last-Event-ID 檔頭被傳送，Last-Event-ID 將變成空值。最後，假設 data 資料中沒有設定任何 id 欄位，如下式：

```
data: first-send-data-stream
id: 1

data: second-send-data-stream
id

data: 3rd-send-data-stream
```

這一段資料的第三組 data 完全沒有 id 欄位，因此只會傳送 data 資料。

範例 21-4 伺服器推播資料解析－ id

為了比較 id 欄位設定的差異，這個範例設計了兩組泛型處理常式，左邊的圖是連線 server-send-id-0.ashx 的結果，其中的 Last-Event-ID 固定為 1001，右邊的截圖則是連線 server-send-id-1.ashx 的結果，Last-Event-ID 這個部分是空值。

server-sent-id-0.ashx

```
public void ProcessRequest(HttpContext context)
{
      context.Response.AppendHeader("Content-type","text/event-stream");
      context.Response.Write(
          "data:first-message" + "\n" +
          "id:1001" + "\n" +
          data:second-message\n\n
          );
}
```

最後一行的第二組 data 之後就沒有設定 id 欄位，因此 Last-Event-ID 維持在第一次的設定，也就是 1001 。

server-sent-id-1.ashx

```
public void ProcessRequest(HttpContext context)
{
      context.Response.AppendHeader("Content-type","text/event-stream");
      context.Response.Write(
          "data:first-message" + "\n" +
          "id:1001" + "\n" +
          "data:second-message" + "\n" +
          "id:\n\n:"
          );
}
```

這段程式碼中，第二組的 data 之後，還設定了 id 欄位，只是它本身是一個空值。

server-sent-id.html

```
<script>
      var es = new EventSource('server-sent-id-0.ashx');
      function init() {
          es.addEventListener('message', function (event) {
              var datas = event.data.split('\n');
              document.getElementById('msg').innerHTML += (
                  '<br/>datas[0]：' + datas[0] +
                  '<br/>datas[1]：' + datas[1] +
                  '<br/>Last-Event-ID：' + event.lastEventId +
                  '<br/>' );
          }, false);
      }
</script>
```

此網頁測試以上兩組泛型處理常式的資料推播效果，其中分別取得第一組以及第二組的 data 資料，最後再輸出 Last-Event-ID 。

除了 id 欄位，另外 data 欄位值的設定還有需要討論的地方，考慮以下的設定：

```
: first-message
```

其中並沒有指定 data 欄位名稱，這會導致整個資料推播機制完全沒有作用，你必須確實的指定 data 欄位名稱才行。

data 緊接著冒號（:）後方的空白字元會被忽略，例如下頁兩行設定完全相同：

```
data:send-data-stream
data: send-data-stream
```

第二組 data 的冒號（:）與接續的資料之間隔了一個空白字元，這個字元不會影響後面的資料 send-data-stream 。

範例 21-5 伺服器推播資料解析－ data

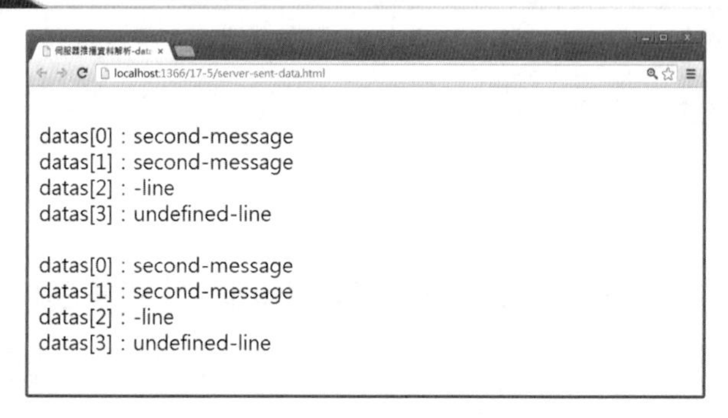

執行結果中只取得第一個以及第二個索引值的內容，其它兩個索引值是一個空行以及一個未定義的資料內容。

server-sent-data.ashx

```
public void ProcessRequest(HttpContext context)
{
      context.Response.AppendHeader("Content-type", "text/event-stream");
      context.Response.Write(
          ":first-message" + "\n" +
          "data:second-message" + "\n" +
          "data: second-message" + "\n" +
          "data\n\n"
          );
}
```

在這個泛型處理常式中，將一個包含三段 data 欄位資訊的資料寫入網路資料流，其中第一個 data 欄位之前是一段以 : 標示的資料內容，第一個以及第二個 data 欄位具有相同的值，不過第二個 data 資料在 : 後方有一個空白字元，最後一個 data 則沒有任何值。

server-sent-data.html

```
<script>
      var es = new EventSource('server-sent-data.ashx');
      function init() {
```

(續)

```
            es.addEventListener('message', function (event) {
                var datas = event.data.split('\n');
                document.getElementById('msg').innerHTML += (
                '<br/>datas[0]：' + datas[0] +
                '<br/>datas[1]：' + datas[1] +
                '<br/>datas[2]：' + datas[2] + '-line' +
                '<br/>datas[3]：' + datas[3] + '-line' +
                '<br/> ');
            }, false);
        }
</script>
```

由於上述的泛型處理常式有四段資料，因此這裡透過四個不同的索引值來取得其中的資料內容，最後兩個是空值，因此結尾均加上一個 line 字串以作識別。

21.3 伺服器時鐘

接下來透過一個伺服器時鐘的範例，進行伺服器推播技術的示範。

範例 21-6 伺服器時鐘

畫面中呈現一個電子時鐘，它擷取的是來自伺服器的時間，每經過一秒，這個網頁就會自動向指定的伺服器送出要求，並且取得目前伺服器的時間，然後重繪整個畫面。

左邊於網頁一開始載入時，按一下「開始連線」按鈕，畫面下方出現伺服器端傳送過來的時間訊息字串，由於要模擬時鐘效果，因此每一秒便擷取一次時間，並且重新將其輸出，讀者會看到輸出時間動態改變的效果，如果要停止伺服器時鐘，則按一下右邊的「停止連線」按鈕，出現相關訊息，而時間亦停止改變。

server-clock.ashx

```
public void ProcessRequest(HttpContext context)
{
      context.Response.AppendHeader(
          "Content-type", "text/event-stream");
      context.Response.Write(
          "data:" + DateTime.Now.Hour + "\n");
      context.Response.Write(
          "data:" + DateTime.Now.Minute + "\n");
      context.Response.Write(
          "data:" + DateTime.Now.Second + "\n\n" +
          "retry:1000" + "\n");
}
```

在伺服器檔案的部分，連續寫入三段與目前時間有關的資訊，分別是時、分與秒，最後的 retry 設定 1000 ，也就是一秒。

server-clock.html

```
<!DOCTYPE html >
<html>
<head>
      <title>伺服器時鐘</title>
      <script>
          var es;
          var canvas ;
          var context ;
          function init() {
              canvas = document.getElementById('clockc');
              context = canvas.getContext('2d');
          }
          function closeSend() {
              if (es) {
                  es.close();
                  document.getElementById('message').innerHTML =
                           '停止伺服器連線要求 !';
              }
          }
          function beginSend() {
              es = new EventSource('server-clock.ashx');
              es.addEventListener('message', function (event) {
                  var datas = event.data.split('\n');
                  var timestr =
                      datas[0] + ':' + datas[1] + ':' + datas[2];
                  context.clearRect(0, 0, canvas.width, canvas.height);
                  context.font = '72px "Comic Sans Ms"';
                  context.strokeText(timestr, 10, 100);
              }, false);
              addEventSource();
          }
          function addEventSource() {
              es.addEventListener('open', function (event) {
```

(續)

```
                document.getElementById('message').innerHTML = '連線開啓 !';
            }, false);
            es.addEventListener('error', function (event) {
                if (event.eventPhase == 2) {
                    // 表示 EventSource.CLOSED，關閉連線
                }
            }, false);
        }
    </script>
</head>
<body  onload="init()">
<p>
<button id="openButton" onclick="beginSend()"
      style="margin-left:10px">開始連線</button>
<button id="closeButton" onclick="closeSend()"
      style="margin-left:4px">停止連線</button>
<span id="message" style="margin-left:10px"></span>
</p>
<canvas id="clockc" width="800" height="160">
</canvas>

</body>
</html>
```

當使用者按下「開始連線」按鈕，接下來就會執行 beginSend() 函式，取得伺服器回傳的時間資料，並且對其進行剖析，最後調用 strokeText() 將時間描繪輸出。讀者可以參考第十章示範的 Canvas 時鐘，其中以 Canvas 描繪動態時鐘效果，這裡將焦點放在伺服器推播技術，展示的部分就不再說明。

21.4 即時檢視股市資料

伺服器推播技術將伺服器資料的存取操作自動化，除了單純的時間資料，這一節實作另外一個範例作說明，其中透過網路擷取股票資訊，並且即時回傳特定股票的股價等相關內容。

範例 21-7 股票即時資訊

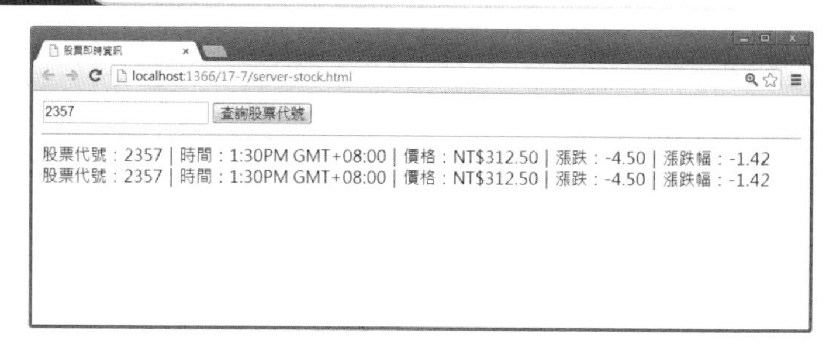

於左上方的文字方塊中，輸入所要查詢的股票代號，按一下「查詢股票代號」，下方開始持續顯示股票的最新資訊。

server-stock.ashx

```
public void ProcessRequest(HttpContext context)
{
        string sid = context.Request.QueryString[0];
        string url =
           "http://finance.google.com/finance/info?client=ig&q=TPE:"+sid  ;
        System.Net.WebClient webClient = new System.Net.WebClient();
        byte[] downloadData = webClient.DownloadData(url);
        string stockdata = System.Text.Encoding.UTF8.GetString(
           downloadData, 0, downloadData.Length);
        stockdata = stockdata.Replace("//", "");
        stockdata = stockdata.Replace("\n", "");

        string data = "data:" + stockdata + "\n\n" ;
        context.Response.AppendHeader("Content-type", "text/event-stream");
        context.Response.Write(data);
}
```

首先取得使用者指定要查詢的股票代號 sid ，接下來分成兩個部分，前半部至 google 提供的股票資訊網頁取得股票代號 sid 即時資料，最後的部分則調用 Write() 將其寫入網路。

server-stock.html

```
<!DOCTYPE html>
<html >
<head>
      <title>股票即時資訊</title>
      <script>
          var msg = '';
          var es ;
          function stockSearch() {
              var sidstring = document.getElementById('sid').value;
              es := new EventSource('server-stock.ashx?sid='+sidstring);
              es.onmessage = function (event) {
                  var stockjson = event.data;
                  var o = JSON.parse(stockjson);
                  msg = (
                      '股票代號：' + o[0].t +
                      '｜時間：' + o[0].ltt +
                      '｜價格：' + o[0].l_cur +
                      '｜漲跌：' + o[0].c +
                      '｜漲跌幅：' + o[0].cp + '<br/>' + msg);
                  document.getElementById('message').innerHTML = msg;
              }
          }
```

(續)

```
        </script>
</head>
<body onload="init()">
<input id="sid" type="text" /><button onclick = "stockSearch()" >查詢股票代號
</button>
<hr />
<div id="message"></div>
</body>
</html>
```

一開始首先取得使用者輸入的股票代號，將其當作參數一併傳入後端程式中，接下來的 onmessage 回應函式中，引用 event.data 取得伺服器回傳的處理結果，由於回傳的內容是一組 JSON 格式字串，將其剖析之後輸出。

這是一個很簡單的範例，讀者可以利用本書所討論的 Canvas 技術，為這個範例加上統計圖表，以產生視覺化的效果。

21.5 推播技術對效能的影響

讀者應該也意識到了，透過 XMLHttpRequest 或是 iframe 同樣可以模擬出相似的功能，不過就如同本章一開始所提及的，對於網頁需要持續向遠端 HTTP 伺服器提出資料要求時，運用推播技術會是比較好的選擇。

最主要的原因是每一次資料推送至網頁之後，當下一次推送作業開始之前，一旦瀏覽器偵測到網路進入沒有任何活動的閒置狀態，與伺服器的連線便會自動切斷，並且切換至暫停模式以節省電力。

當網路連線切斷之後，瀏覽器與遠端伺服器之間的連線由所謂的推播服務（push proxy）替代並且進行維護。

由於不會一直保持連線，對於需要持續針對 HTTP 伺服器提出要求的網頁而言，這種模式可以節省耗用的資源，同時也有助於降低行動裝置的電力消耗。

SUMMARY

本章是討論 HTML5 導入的新技術中，與通訊技術有關的第三章，讀者在這一章課程內容當中，看到了跨網頁與背景通訊技術，更進一步的被運用在跨越網路的資料傳輸作業上，而下一章持續探討更複雜的議題，跨越網路的雙向溝通－ Web Sockets 。

第二十二章

WebSocket

本章持續討論與通訊作業有關的議題，說明被廣泛應用於跨網路通訊的 Socket 相關技術，HTML5 所導入的 WebSocket API 針對這一部分提供了完整的支援，任何一款支援相關 API 實作的現代瀏覽器，都可以在網頁上實現 Socket 功能。

22.1 WebSocket 初探與 WebSocket 介面

WebSocket 技術支援網頁端的 Socket 連線作業，原理與前述三個章節中所討論的數種通訊技術相較而言複雜許多，但是最核心的資料傳輸作業，實作原理則類似，包含 message 事件的回傳資訊處理，以及調用 send() 方法傳送資料等等，其中的關鍵是 WebSocket 介面，此介面支援 Socket 功能實作，來看看介面定義，列舉如下：

```
[Constructor(in DOMString url, in optional DOMString protocols),
  Constructor(in DOMString url, in optional DOMString[] protocols)]
interface WebSocket {
    readonly attribute DOMString url;

    // ready state
    const unsigned short CONNECTING = 0;
    const unsigned short OPEN = 1;
    const unsigned short CLOSING = 2;
    const unsigned short CLOSED = 3;
    readonly attribute unsigned short readyState;
    readonly attribute unsigned long bufferedAmount;

    // networking
    attribute Function? onopen;
    attribute Function? onerror;
    attribute Function? onclose;
    readonly attribute DOMString extensions;
    readonly attribute DOMString protocol;
    void close([Clamp] in optional unsigned short code,
    in optional DOMString reason);

    // messaging
    attribute Function? onmessage;
    attribute DOMString binaryType;
    void send(in DOMString data);
    void send(in ArrayBuffer data);
    void send(in Blob data);
};
WebSocket implements EventTarget;
```

WebSocket 介面定義了不少成員，分類說明如下頁：

- **狀態常數**

目前網路的連線狀態，例如連線（CONNECTING）、開啟（OPEN）或是關閉（CLOSED）等等，透過屬性 readyState 取得對應的值。

- **網路作業**

包含開啟網路連線，關閉連線或是錯誤狀況的事件回應函式屬性，以及關閉連線的方法等等。

- **訊息溝通**

將資料傳送至伺服器的方法 send() 或是接收伺服器回傳資料的 message 事件處理函式。

如你所見，HTML5 支援的 WebSocket 功能並沒有很複雜，網頁本身所要處理的工作並不困難，讀者甚至對其中的 onmessage 事件屬性都已經相當熟悉，事實上探討 WebSocket 實作真正關鍵的部分在伺服器的交握資訊解析與資料的跨網路傳送程序，也因此本章接下來將涉及部分的伺服器程式碼實作，以下從最簡單的 WebSocket 連線開始說明。

22.2 建立 WebSoket 連線

實作 Socket 功能之前，首先必須透過建構式建立 WebSocket 物件，語法格式如下：

```
WebSocket(url, protocols)
```

第一個參數 url 是一個 url 字串，表示要連線的目標位址。

第二個參數 protocols 是選擇性的，代表的是連線目標的子協定，它是一個陣列，陣列中的每一個字串代表一個子協定名稱，你也可以直接指定一個單一字串給它，它會自動轉換成為單一字串陣列。

第二個參數中作為子協定識別名稱的字串，不可以包含任何空白或是控制字元，當你指定了這組參數，只要其中任一組子協定被選取，則與伺服器的連線將被確立。

WebSocket 物件一旦建立後，便會開始進行指定位址的 Socket 伺服器連線，此時伺服器會接收到連線要求，進行相關的處理。

接下來直接來看範例，由於要測試網頁的 Socket 連線功能，因此需要一個具伺服器功能的簡單 Socket 伺服器，這裡透過 C# 建立一個 Socket_Server 主控台應用程式專案，以支援所需的連線作業示範。

你也可以利用其它程式，例如 Java 等等，建立相同的伺服器程式，不影響本章範例的網頁功能，不過這裡的示範以 .NET 平台技術為主。

範例 22-1 WebSocket 與伺服器連線

網頁當中只有一個單一按鈕「連接 Socket 伺服器」，按下此按鈕會連線至右方等待連線的 Socket 伺服器，當接收到伺服器連線需求，此時伺服器畫面出現以下的訊息，顯示已接收網頁進來的連線。

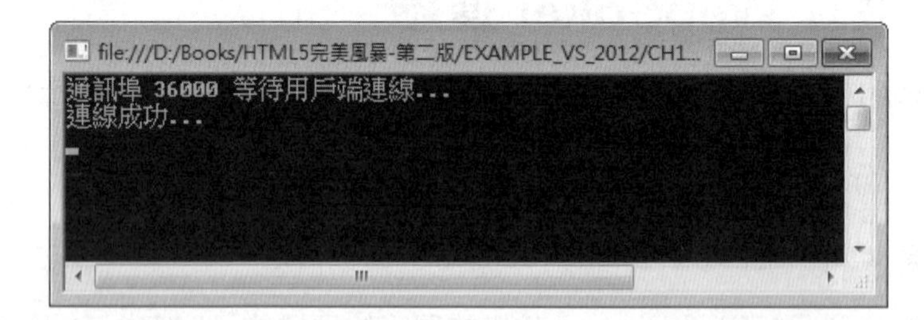

由於只是提供連線測試，因此這個範例的伺服器很簡單，後續會進一步演進其功能，以下列舉其中的程式碼：

WebSocket_Server/Program.cs

```
class Program
{
      static void Main(string[] args)
      {
          IPAddress ipAddress = IPAddress.Parse("127.0.0.1");
          TcpListener tcpListener = new TcpListener(ipAddress, 36000);
```

(續)

```
            tcpListener.Start();
            Console.WriteLine("通訊埠 36000 等待用戶端連線 ... ");
            Socket socket = tcpListener.AcceptSocket();
            Console.WriteLine("連線成功 ...");
            Console.ReadKey();
        }
}
```

其中透過 .NET 平台的 TcpListener 物件，調用 AcceptSocket() 方法，起始一個接收連線要求的服務，等待客戶端傳送連線要求。接下來是網頁的部分，列舉如下：

WebSocket/webSocket-demo.html

```
<head>
      <title>示範 Socket 伺服器連線</title>
<script>
       function beginConn() {
               var socket = new WebSocket(
                       'ws://localhost:36000/WebSocket_Server') ;
        }
</script>
</head>
<body>
       <button onclick="beginConn()" >連線 Socket 伺服器</button>
</body>
```

函式 beginConn() 於使用者按下「連線 Socket 伺服器」之後執行，其中建立 WebSocket 物件，並且指定所要連線的 Socket 伺服器位址 url ，向其傳送連線要求。一旦這個函式執行完畢，伺服器端便會接收到連線要求。

22.3 解析 WebSocket 傳送的交握資訊

當網頁透過 WebSocket 物件與伺服器端建立連線，必須完成交握資訊的來回傳送驗證，這是與傳統 Socket 應用程式最大的差異，這一節我們嘗試解析交握資訊的內容。

22.3.1 傳送交握資訊

WebSocket 跨越網路與遠端 Socket 伺服器進行溝通，它走的是一種類似 HTTP 的全雙工通訊協定，此種協定透過相容於 HTTP 的交握資訊傳遞，共享 HTTP 與 HTTPS 預設通訊埠（80 與 443），因此 WebSocket 可以經由 80 與 443 進行溝通。與傳統 Socekt 實作的差異是，當你利用 WebSocket 物件於網頁實作客戶端 Socket 功能，建立與伺服器端的連線之後，必須支援交握資訊的解析與傳送，完成相關程序才能進一步與 Socket 伺服器進行溝通，開始資料的傳送作業。

當 WebSocket 向伺服器送出連線要求時，會同時傳送必要的交握資訊，伺服器接收此資訊進一步剖析之後，重組資訊並回傳至網頁客戶端驗證無誤之後，最後連線才會真正的建立，而接下來透過 Sokcet 進行的資料傳送作業才能正常執行。

現在我們建立一支伺服器程式，觀察上述兩組資訊的傳遞。

範例 22-2 解析 WebSocket 傳送的交握資訊

這個範例會啟動兩支程式，分別是支援 WebSocket 功能的網頁與監聽網頁 Socket 連線要求的 WebSocket_Server 伺服器，前者的內容已經在「範例 22-1」進行了說明，請直接開啟檔案 WebSocket_handshake/webSocket-handshake.htm ，以下來看伺服器程式的部分。

WebSocket_Server/Program.cs

```
class Program
{
      byte[] receiveData = new byte[2048];
      Socket listenterSocket;
      Socket sendSocket;
      static void Main(string[] args)
      {
          Program p = new Program();
```

(續)

```
        p.listenterSocket = new Socket(
            AddressFamily.InterNetwork,
            SocketType.Stream, ProtocolType.IP);
        p.listenterSocket.Bind(new IPEndPoint(IPAddress.Loopback, 3600));
        p.listenterSocket.Listen(500);
        p.listenterSocket.BeginAccept(
            new AsyncCallback(p.AcceptComplete),
            null);
        Console.ReadKey();
    }
    void AcceptComplete(IAsyncResult result)
    {
        sendSocket = listenterSocket.EndAccept(result);
        sendSocket.BeginReceive(
            receiveData,
            0,
            receiveData.Length, 0,
            new AsyncCallback(ParseHandshake),
            null);
    }
    void ParseHandshake(IAsyncResult result)
    {
        ASCIIEncoding asciiEncoding = new ASCIIEncoding();
        string handshake = asciiEncoding.GetString(
            receiveData,
            0,
            receiveData.Length );
        string[] handshakes =
            handshake.Split(new string[] { "\r\n" },
            StringSplitOptions.RemoveEmptyEntries);
        // 解析來自網頁客戶端的 HandShake 資訊，逐行輸出
        for (int i = 0; i < handshakes.Length - 1; i++)
        {
            Console.WriteLine(handshakes[i]);
        }
        listenterSocket.Close();
        sendSocket.Close();
    }
}
```

在這個主控台程式中，一開始定義的兩個 Socket 物件，第一個 Socket 物件 listenterSocket 負責監聽網頁端的連線要求，而另外一個 Socket 物件 sendSocket 則負責傳送指定的訊息內容至網頁端。

主程式 main() 透過調用 listenterSocket 的 BeginAccept() 方法，監聽通訊埠 3600 來自網頁端的連線要求，其中第一個參數，設定非同步回呼監聽器 AcceptComplete ，這個函式於連線完成之後被執行。

連線一旦完成，AcceptComplete() 函式則進一步調用 EndAccept() 結束監聽並且將取得的參數 result 當作參數傳入，取得其回傳的 Socket 物件，這個物件負責接收網

頁端 WebSocket 物件傳送的資料內容，調用 BeginReceive() 執行非同步接收程序，開始接收資料，傳遞過來的資料會儲存在第一個參數 receiveData ，而其中最後第二個參數設定非同步回呼監聽器 ParseHandshake ，由於 WebSocket 進行 Socket 伺服器連線的過程中，會傳送交握資料，因此 ParseHandshake 於資料接收完畢之後，進行交握資訊的剖析。

透過 ASCIIEncoding 將接收到的位元組資料，轉換成為字串進行解譯，這段交握資訊以歸位斷行字元分隔其中的每一段資料，因此以 \r\n 為分割字元，轉換成字串，最後逐一輸出主控台，因此我們可以得到上述主控台介面中呈現的連線結果。

以上的範例印證了 WebSocket 物件進行連線作業時，同時將一段驗證交握資訊傳送至伺服器，並解析了其中的內容。接下來要作的便是進一步萃取交握資訊的加密內容，進行解密之後，建立合法的伺服器交握資訊，傳送至網頁端，網頁完成接收並且進行驗證運算之後，才能開始進行網頁與伺服器之間的 Socket 資料傳輸作業。

22.3.2 完成交握連線作業

伺服器接收到網頁傳送過來的交握資訊，藉由此資訊產生一組特定的雜湊值，另外合併一組預先定義的資料，傳送至網頁即可完成交握連線作業，現在來看這其中的實作，回頭檢視上述「範例 22-2」，網頁要求連線傳送進來的交握資訊如下：

```
GET /WebSocket_Server HTTP/1.1
Upgrade: websocket
Connection: Upgrade
Host: localhost:3600
Origin: http://localhost:2568
Sec-WebSocket-Key: A9OcAJKc+WZOeyvzVJG5uw==
Sec-WebSocket-Version: 13
```

其中包含幾組（key:value）形態的資料項目，由上往下找到 Sec-WebSocket-Key 這個識別 key 的對應值 A9OcAJKc+WZOeyvzVJG5uw== ，將這個值與指定的 GUID 識別碼合併之後，透過 SHA1 演算法取得其雜湊值，再進一步轉換成為位元組陣列，於 .NET 平台所需的 C# 程式碼如下：

```
SHA1 sha = new SHA1CryptoServiceProvider();
byte[] hash = sha.ComputeHash(
      Encoding.ASCII.GetBytes(webSocket_Key + guid));
```

第一行建立一個支援 SHA1 演算法的類別物件，然後將合併完成的字串轉換成為 ASCII 格式編碼的位組陣列當作參數，調用 ComputeHash() 轉換成為雜湊位元組陣列，而其中的 webSocket_Key 為上述的 Sec-WebSocket-Key 的對應值 A9OcAJKc+WZOeyvzVJG5uw== ，guid 直接套用以下的值即可：

```
258EAFA5-E914-47DA-95CA-C5AB0DC85B11
```

最後得到的 hash 進一步將其轉換成為字串，假設儲存於 acceptKey 變數，直接併入以下的資料當中：

```
HTTP/1.1 101 Switching Protocols
Upgrade: websocket
Connection: Upgrade
Sec-WebSocket-Accept:  + acceptKey
```

格式同上述網頁傳送至伺服器端的交握資訊，除了第一行之外，其它三行分別是（key:value）格式的資料，這段必須是一個長字串，以歸位斷行字元（\r\n）逐一合併，而最後的 Sec-WebSocket-Accept 這個 key 值則設定為上述經過運算取得的雜湊字串。

伺服器確實進行上述所討論的實作步驟，取得交握資訊字串並將其回傳，接下來網頁的 WebSocket 接收伺服器回傳的交握資訊完成驗證，緊接著就會觸發其 open 事件，設定此事件監聽器即可確認伺服器的連線狀態。

範例 22-3 處理伺服器交握資訊

按一下「連接 Socket 伺服器」按鈕向右邊的 Socket 伺服器應用程式提出連線要求，此時會出現左邊截圖畫面表示已經成功接受網頁的連線要求，最後將解析完成的交握資訊回傳至網頁並顯示連線成功資訊，如右邊截圖。

當伺服器出現連線成功的訊息，網頁端接收到伺服器端回傳的交握資訊，其中顯示連線作業完成，並且顯示目前的狀態碼為 1 。

這個範例同樣包含兩個部分，以下先來看網頁的內容。

HandShake-Send/WebSocket-handshake-server.html

```
<!DOCTYPE html >
<head>
      <title> 處理伺服器交握資訊 </title>
      <script>
          var socket;
          function beginConn() {
              try {
                  socket = new WebSocket(
                      'ws://localhost:3600/WebSocket_Server_Send');
                  socket.onopen = openServer;
              } catch (ex) {
                  alert(ex);
              }
          }
          function openServer() {
              var msgp = document.getElementById('message');
              msgp.innerHTML += (' 連線完成 ... <br/>');
              msgp.innerHTML += (
                  ' 狀態：' + this.readyState + '<br/><br/>');
          }
      </script>
</head>
```

(續)

```
<body>
<button onclick="beginConn()" >連線 Socket 伺服器</button>
<p id="message"></p>
</body>
</html>
```

當使用者按下按鈕，執行 beginConn() 函式，其中的 open 事件處理函式於連線成功開啟時，顯示相關的訊息與狀態資訊。如你所見，一旦成功完成交握資訊的解析與傳遞，建立與伺服器連線，open 事件即會被觸發。以下為伺服器部分的程式碼。

WebSocket_Server_Send/Program.cs

```
using System;
using System.Collections.Generic;
using System.Linq;
using System.Text;
using System.Security.Cryptography;
using System.Net;
using System.Net.Sockets;
namespace WebSocket_Server_Send
{
      class Program
      {
          byte[] receiveData = new byte[2048];
          Socket listenterSocket;
          Socket sendSocket;
          static void Main(string[] args)
          {
              Program p = new Program();
              p.listenterSocket = new Socket(
                  AddressFamily.InterNetwork,
                  SocketType.Stream, ProtocolType.IP);
              p.listenterSocket.Bind(
                  new IPEndPoint(IPAddress.Loopback, 3600));
              p.listenterSocket.Listen(500);
              p.listenterSocket.BeginAccept(
                  new AsyncCallback(p.AcceptComplete),
                  null);
              Console.ReadKey();
          }
          void AcceptComplete(IAsyncResult result)
          {
              sendSocket = listenterSocket.EndAccept(result);
              sendSocket.BeginReceive(
                  receiveData,
                  0,
                  receiveData.Length, 0,
                  new AsyncCallback(ParseHandshake),
                  null);
          }
```

(續)

```
        void ParseHandshake(IAsyncResult result)
        {
            try
            {
                // 接收的資料長度
                //int receiveData_length = (int)result.AsyncState;
                string webSocket_Key = "";
                ASCIIEncoding asciiEncoding = new ASCIIEncoding();
                string handshake = asciiEncoding.GetString(
                    receiveData,
                    0,
                    receiveData.Length - 8);
                string[] handshakes =
                    handshake.Split(new string[] { "\r\n" },
                    StringSplitOptions.RemoveEmptyEntries);

                // 解析來自客戶端網頁的 HandShake 資訊
                string wkey = "Sec-WebSocket-Key: ";
                foreach (string keystring in handshakes)
                {
                    if (keystring.Contains(wkey))
                        webSocket_Key = keystring.Replace(wkey, "");
                }
                string guid = "258EAFA5-E914-47DA-95CA-C5AB0DC85B11";
                SHA1 sha = new SHA1CryptoServiceProvider();
                byte[] hash = sha.ComputeHash(
                        Encoding.ASCII.GetBytes(webSocket_Key + guid));
                string acceptKey = Convert.ToBase64String(hash);
                string handshake_server =
                    "HTTP/1.1 101 Switching Protocols\r\n" +
                    "Upgrade: websocket\r\n" +
                    "Connection: Upgrade\r\n" +
                    "Sec-WebSocket-Accept: " + acceptKey + "\r\n\r\n";

                byte[] handshake_server_bytes =
                    Encoding.ASCII.GetBytes(handshake_server);
                Console.WriteLine("傳送伺服器交握資訊");
                sendSocket.BeginSend(handshake_server_bytes, 0,
                    handshake_server_bytes.Length, 0, sendComplete, null);
                Console.ReadKey();
            }
            catch (Exception ex)
            {
                Console.WriteLine(ex.ToString());
                Console.ReadKey();
            }
        }
        private void sendComplete(IAsyncResult status)
        {
            // 交握資訊傳送結束，傳送資料至 Client
            try
            {
                Console.WriteLine("連線成功！");
```

(續)

```
                Console.ReadKey();
            }
            catch (Exception ex)
            {
                Console.WriteLine(ex.Message);

            }
        }
    }
}
```

請特別注意灰階標示的程式片段，其中解析網頁傳送過來的交握資訊，然後合併指定的 GUID 字串，最後建立所需的交握資訊回傳網頁，相關的邏輯已在稍早作了說明，這裡的程式碼直接對其提供了示範實作。

在這個範例中，我們看到了如何進行交握資訊的傳輸作業，其中透過 open 事件的回應處理函式，取得伺服器回傳的資訊，並且確認了連線的建立，事件的處理在 Socket 連線過程相當重要，我們繼續往下看。

22.4 關於事件

WebSocket 物件必須根據指定的 URL 參數，開啟與遠端位址的連線，連線的過程中有各種不同的狀態，例如開啟或是關閉等等，屬性 readyState 則提供所需的連線狀態資訊，其中四個可能的屬性值列舉如下表：

狀態（值）	說　明
CONNECTING (0)	連線未確定。
OPEN(1)	連線已確定同時可進行溝通。
CLOSING(2)	連線正進行關閉交握確認。
CLOSED(3)	連線關閉並且無法開啓。

根據 readyState 屬性的回傳值，參照上表，我們就可以很清楚的瞭解目前 WebSocket 的連線狀態，在 Socket 連線以及資料傳送、最後連線關閉時，會觸發各種不同的事件，並且改變這些狀態，因此判斷 readyState 屬性值的改變可以讓我們瞭解目前應用程式的狀態並作出適當的回應處理。

開啟或關閉 Socket 連線的過程中，會觸發網路作業的相關事件，包含 open 與 close ，前者於開啟成功時被觸發，此時 readyState 轉變成 OPEN 狀態，後者則是於連線關閉，也就是切換至 CLOSED 狀態時被觸發。

當連線確立，並完成交握資訊的傳輸驗證，open 事件便被觸發，開發人員設定 onopen 事件屬性，定義事件監聽器，回應此事件進行連線開啟後的進一步作業，同樣的，onclose 事件監聽器則回應 close ，進行包含資源關閉等相關操作。接下來透過 C# 建立一支範例以示範相關的連線事件處理測試。

範例 22-4 示範 WebSocket 事件

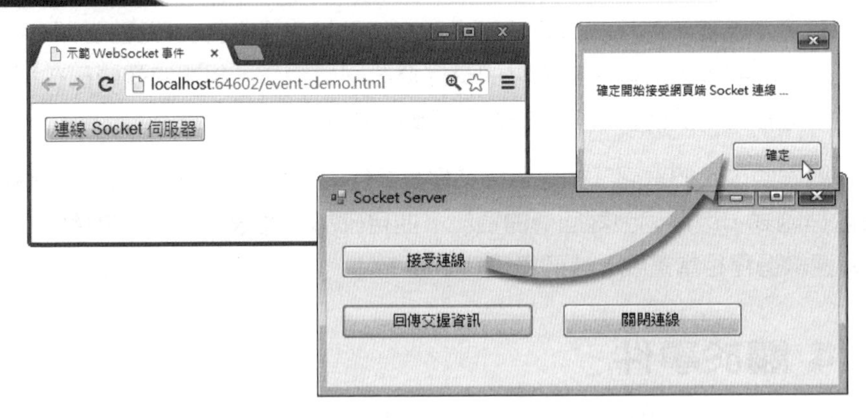

左邊的截圖是客戶端網頁，右邊則是一個視窗型態的伺服器程式，按一下「接受連線」按鈕會出現開始接受網頁端 Socket 連線的訊息方塊，按一下「確定」按鈕取消訊息方塊，並開始等待網頁的連線要求。現在回到網頁按一下其中的「連線 Socket 伺服器」按鈕則出現狀態值為 0 的嘗試連線訊息如下：

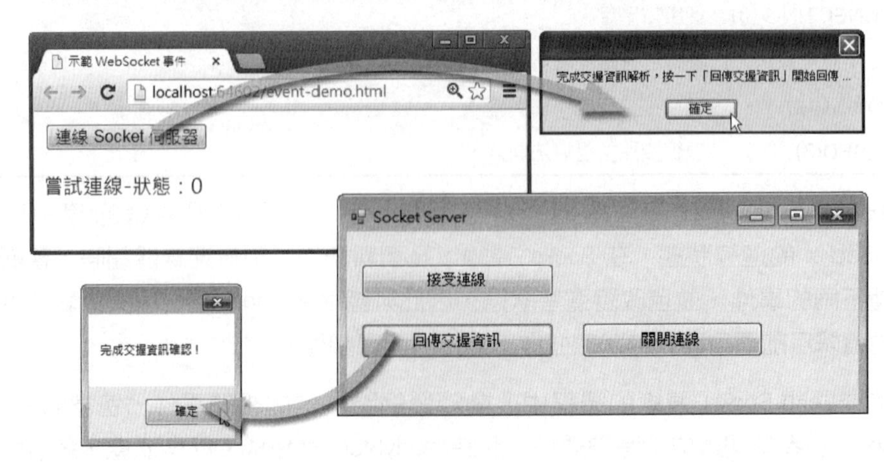

此網頁畫面表示傳送了連線要求至伺服器端，按一下「確定」按鈕結束訊息方塊，並依其說明，再按一下視窗程式中的「回傳交握資訊」按鈕，出現另外一個訊息方塊，表示完成交握資訊確認，網頁目前呈現以下的畫面：

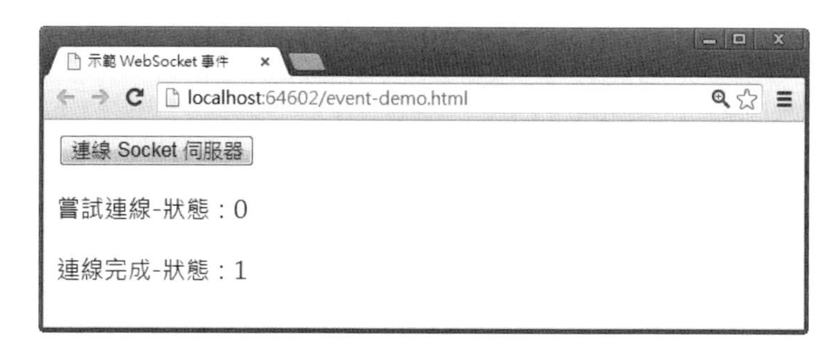

其中顯示了連線完成，而狀態值為 1 。最後按一下「關閉連線」按鈕，此時出現結束連線的訊息方塊，表示連線被結束，而此時網頁端觸發 close 事件，出現相關的訊息。

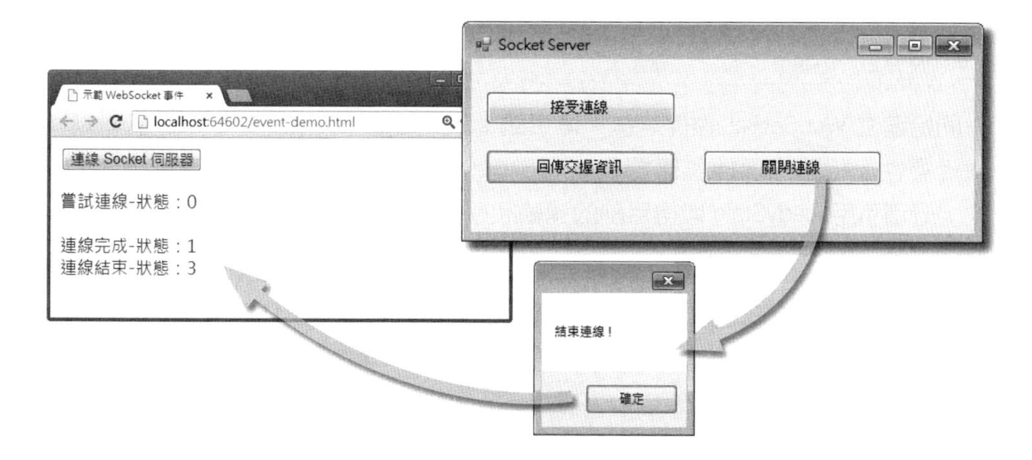

網頁端出現的訊息為狀態資訊等於 3 ，表示伺服器已經關閉連線。

WebSocket-Event/webSocket-event.html

```
<!DOCTYPE html >
<html >
<head>
      <title>示範 WebSocket 事件</title>
      <script>
          var msgp ;
```

(續)

```
            window.onload = function () {
                msgp = document.getElementById('message');
            }
            function beginConn() {
                var socket = new WebSocket(
                    'ws://localhost:3600/WebSocket_Server_Form');
                socket.onopen = openServer ;
                socket.onclose = closeServer;
                msgp.innerHTML += (
                    '嘗試連線 - 狀態：' + socket.readyState + '<br/><br/>');
            }
            function openServer() {
                msgp.innerHTML += (
                    '連線完成 - 狀態：' + this.readyState + '<br/>');
            }
            function closeServer() {
                msgp.innerHTML += ('連線結束 - 狀態：' +
                this.readyState + '<br/>');
            }
        </script>
</head>
<body>
<button onclick="beginConn()" >連線 Socket 伺服器</button>
<p id="message"></p>
</body>
</html>
```

一開始建立 WebSocket 物件之後，再透過 socket 變數，設定 onopen 以及 onclose 事件屬性，相關的事件監聽器為 openServer() 以及 closeServer() ，在這兩個函式中，分別引用 readyState 取得目前的連線狀態。

此範例的重點在事件的處理，網頁端的部分比較簡單，完成必要的事件處理程序設定即可，至於伺服器這一部分則與前述的範例大致相同，只是其中加入了視窗介面的設計以方便操作，請讀者自行開啟檢視即可，檔案是 WebSocket_handshake/WebSocket_Server_Form/Socket_Server_Form.cs 。

目前為止，我們僅是單純的討論伺服器接收網頁連線的要求作業，如果要執行資料的溝通與傳送作業，則必須進一步處理相關事件，這個過程並不單純，除了基本的連線，還有稍早交握資訊的處理，確認操作無誤，伺服器回傳訊息才能在網頁正確的觸發相關事件，而透過事件回應函式才能進一步針對通訊的內容進行處理。

交握資訊的傳遞是完成連線後首先要處理的問題，包含解析與驗證結果的回傳，後續我們將繼續調整擴充此範例的伺服器程式。

22.5 資料傳送

接下來這一節要進一步討論網頁與 Socket 伺服器之間的資料傳送，一旦完成交握資訊傳遞的程序，網頁上的 WebSocket 物件就能夠開始與 Socket 伺服器進行溝通並且進行資料傳輸交換，無論是從網頁傳送資料至伺服器，或是接收伺服器回傳的資料。

22.5.1 傳送資料至伺服器

相較於伺服器的處理，透過 WebSocket 將資料傳送至伺服器相較之下簡單許多，方法 send() 支援相關的操作。

提供 WebSocket 連線支援資料傳輸服務的伺服器應用程式相對的複雜許多，其中牽涉資料格式的解析，當網頁調用 send() 方法，跨越網路將資料傳送進伺服器，資料本身會進一步封裝成以下的格式：

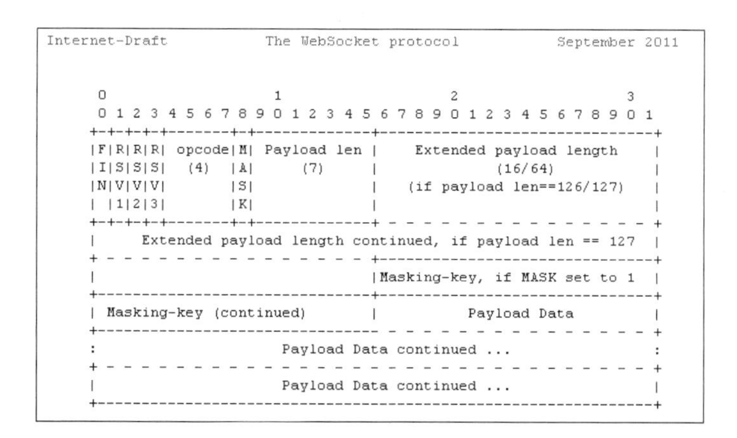

```
Internet-Draft           The WebSocket protocol          September 2011

      0                   1                   2                   3
      0 1 2 3 4 5 6 7 8 9 0 1 2 3 4 5 6 7 8 9 0 1 2 3 4 5 6 7 8 9 0 1
     +-+-+-+-+-------+-+-------------+-------------------------------+
     |F|R|R|R| opcode|M| Payload len |    Extended payload length    |
     |I|S|S|S|  (4)  |A|     (7)     |             (16/64)           |
     |N|V|V|V|       |S|             |   (if payload len==126/127)   |
     | |1|2|3|       |K|             |                               |
     +-+-+-+-+-------+-+-------------+ - - - - - - - - - - - - - - - +
     |     Extended payload length continued, if payload len == 127  |
     + - - - - - - - - - - - - - - - +-------------------------------+
     |                               |Masking-key, if MASK set to 1  |
     +-------------------------------+-------------------------------+
     | Masking-key (continued)       |          Payload Data         |
     +-------------------------------- - - - - - - - - - - - - - - - +
     :                     Payload Data continued ...                :
     + - - - - - - - - - - - - - - - - - - - - - - - - - - - - - - - +
     |                     Payload Data continued ...                |
     +---------------------------------------------------------------+
```

你可以在以下的網址找到此規格文件的完整說明：

```
http://tools.ietf.org/html/draft-ietf-hybi-thewebsocketprotocol-17#section-5.2
```

伺服器必須解析此格式，才能正確的解讀網頁傳送過來的資料，以下透過一個範例進行最基礎的說明。

範例 22-5 傳送資料至伺服器

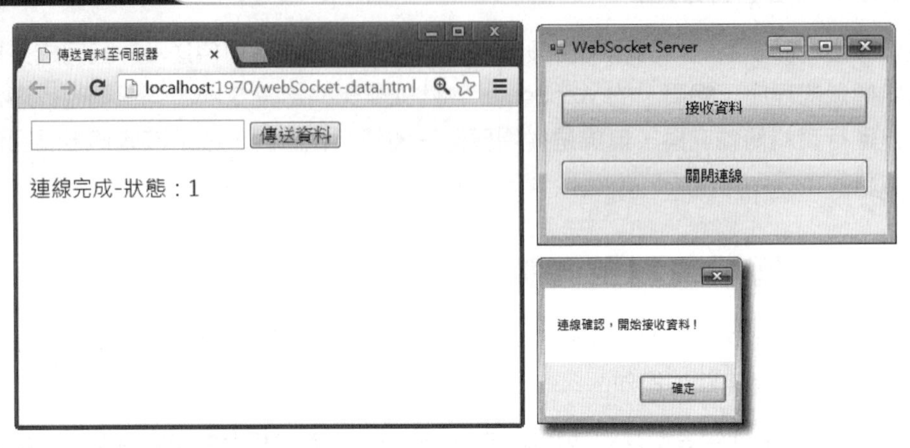

這個範例同時出現兩個畫面，右邊是負責伺服器功能的視窗，左邊則是網頁，當這兩個畫面完成載入，緊接著會顯示畫面右下方的訊息方塊，表示連線成功，網頁亦出現連線完成的訊息。接下來於伺服器視窗按一下「接收資料」，結果如下左圖：

此時視窗標題出現「接收網頁資料…」，然後於網頁輸入要傳送的字串，按一下「傳送資料」按鈕，字串被傳送至伺服器，擷取接收的資料，以訊息方塊顯示在畫面上。

WebSocket_Server_Data/WebSocket-Server.cs

```
private byte[] bteAccept = new byte[1024];
private byte[] bteSend = new byte[1024];
private void ReceiveBtn_Click(object sender, EventArgs e)
{
      sendSocket.BeginReceive(
                      bteAccept, 0, 1024, 0,
                      new AsyncCallback(ReceiveData),
                      sendSocket);
      this.Text = "接收網頁資料 … ";
}
private void ReceiveData(IAsyncResult pIAsyncResult)
{
      int datalength = sendSocket.EndReceive(pIAsyncResult);
      if (datalength > 0)
      {
          parseReceiveData(bteAccept.ToList<byte>());
      }
}
public void parseReceiveData(List<byte> data)
{
      var mask = data.Skip(2).Take(4).ToArray();
      var pldata =
          data.Skip(6).Take(data[1] & 127).Select(
          (d, i) => (byte)(d ^ mask[i % 4]));
      List<byte> readdata = new List<byte>();
      readdata.AddRange(pldata);
      MessageBox.Show("接收到的資料：" +
          Encoding.UTF8.GetString(readdata.ToArray()),
          "網頁回傳訊息");
}
```

當使用者按下「接收資料」按鈕時，ReceiveBtn_Click() 函式調用 BeginReceive() 接收網頁端傳送過來的資料，回呼函式 ReceiveData() 於接收完畢之後被執行，將接收到的資料內容進行 List 轉換，最後調用 parseReceiveData() 解析其中的格式，最後取出真正的資料內容。

WebSocket_Data/webSocket-data.html

```
<!DOCTYPE html >
<html >
<head>
      <title>傳送資料至伺服器</title>
      <script>
          var msgp;
          var socket = new WebSocket(
                  'ws://localhost:3600/WebSocket_Server_Data');
          window.onload = function () {
```

(續)

```
            msgp = document.getElementById('message');
            socket.onopen = openServer;
            socket.onclose = closeServer;
        }
        function openServer() {
            msgp.innerHTML += (
                '連線完成 - 狀態：' + this.readyState + '<br/>');
        }
        function closeServer() {
            msgp.innerHTML += ('連線結束 - 狀態：' + this.readyState + '<br/>');
        }
        function send() {
            var msg = document.getElementById('servermsg').value;
            socket.send(msg);
            msgp.innerHTML += (
                '傳送至伺服器資料：' + msg + '<br/>');
        }
    </script>
</head>
<body>
<input id="servermsg" type="text" /><button onclick="send()" >傳送資料</
button>
<p id="message"></p>
</body>
</html>
```

網頁的部分比較單純，如你所見，其中大部分的程式碼相信讀者均能理解，以灰階標示的程式碼，調用 send() 方法將網頁上文字方塊的訊息內容傳送至伺服器。

22.5.2 從伺服器接收資料

接收伺服器傳送過來的資料，必須實作 message 事件監聽器，設定給 onmessage 事件屬性，針對這一部分，第十九章討論「跨網頁通訊」時讀者已經有相關的經驗，原理與作法完全相同，差異只在於資料的傳送來源，從 window 物件的 postMessage() 變成遠端 Socket 伺服器，考慮以下的設定：

```
socket.onmessage = acceptData ;
```

其中將一個 acceptData() 函式設定給 WebSocket 物件的 onmessage 屬性，而這個函式的內容如下：

```
function acceptData (event) {
    // event.data 取得伺服器回傳的資料
}
```

透過 event 參數的 data 屬性，即可取得伺服器回傳的資料內容。

同樣的，從伺服器回傳的資料必須有一定的格式規範，必須先將資料以 UTF8 編碼轉換成為位元組之後傳送進網路，最後網頁的 message 事件被觸發，接下來於網頁處理此事件讀取資料即可。

範例 22-6　接收伺服器傳送資料

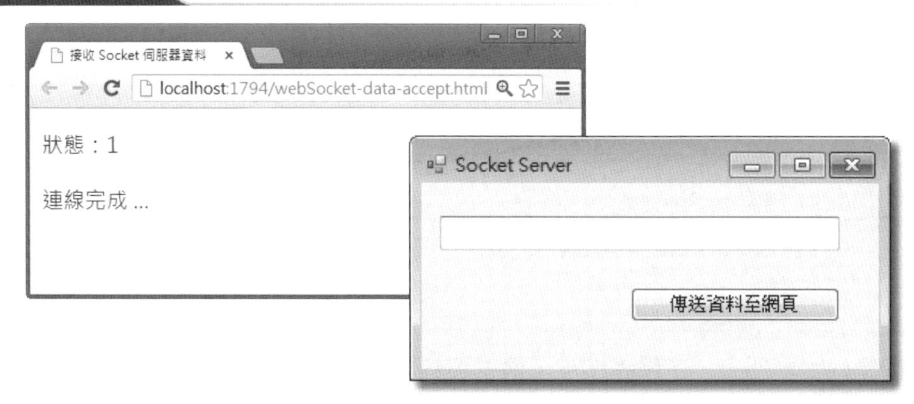

同樣的，這個範例會啟動兩個畫面，完成載入之後，左邊網頁畫面中會顯示連線的訊息，右邊是伺服器的畫面，於其中輸入所要傳送的訊息，按一下「傳送資料至網頁」按鈕，將資料傳送出去。

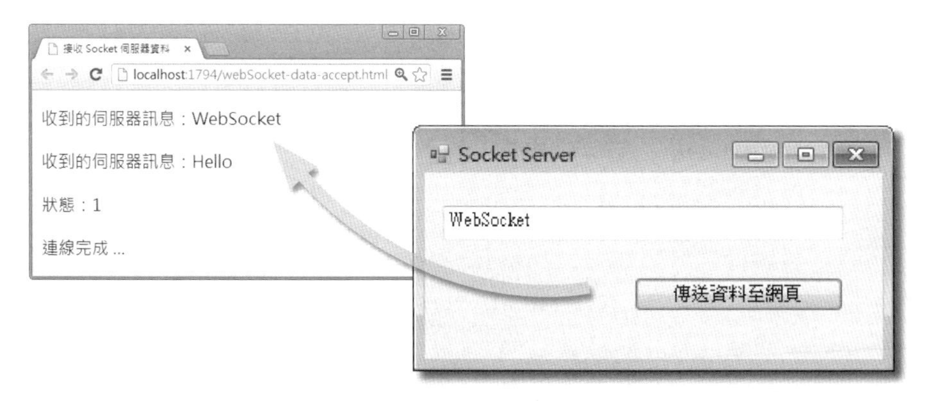

以上的畫面中，筆者傳送了兩次字串資料，每一次傳送之後，資料被網頁接收，並且顯示在畫面上。

WebSocket_Server/Form1.cs

```
private void sendButton_Click(object sender, EventArgs e)
{
      try
      {
          string msg = msgTextBox.Text;
          byte[] payload_data = Encoding.UTF8.GetBytes(msg);
          int payload_data_length = (byte)(payload_data.Length);
          var memoryStream = new MemoryStream();
          byte op = 129;
          memoryStream.WriteByte(op);
          memoryStream.WriteByte((byte)payload_data_length);
          memoryStream.Write(payload_data, 0, payload_data_length);
          byte[] datas = memoryStream.ToArray();
          sendSocket.Send(datas);
      }
      catch (Exception ex)
      {
          MessageBox.Show(ex.Message);
      }
}
```

這個是伺服器部分，使用者按下「傳送資料至網頁」按鈕所執行的程式碼，其中取得畫面上輸入的文字內容，將其轉換成 UTF8 格式的位元組陣列，同時合併一個控制碼位元資料以及傳送的資料長度，全部寫入記憶體串流，最後透過 Send() 方法的調用將其傳送出去。

WebSocket_Data_Accept/webSocket-data-accept.html

```
<!DOCTYPE html>
<html lang="zh-tw" >
<head>
      <title>接收 Socket 伺服器資料</title>
      <script>
          var socket;
          window.onload = function () {
               var msgp = document.getElementById('message');
               try {
                    socket = new WebSocket(
                              'ws://localhost:3600/WebSocket_Server');
                    socket.onopen = openServer;
                    socket.onmessage = function (event) {
                         msgp.innerHTML = '收到的伺服器訊息：'+
                              event.data+'<br/><br/>' +
                              msgp.innerHTML
                    };
               } catch (ex) {
                    alert(ex);
               }
          }
```

(續)

```
            function openServer() {
                var msgp = document.getElementById('message');
                msgp.innerHTML = ('連線完成 ... <br/>');
                msgp.innerHTML = (
                    '狀態：' + this.readyState + '<br/><br/>') + msgp.
                    innerHTML  ;
            }
        </script>
</head>
<body>
<p id="message"></p>
</body>
</html>
```

網頁並沒有特殊的地方，以灰階標示的部分設定了 onmessage 屬性，當伺服器傳送資料進來，透過 event.data 取得傳送過來的資料，最後將其顯示在畫面上。

完成這一部分的討論，WebSocket 的功能大致上均已作了完整的說明，讀者可以發現 WebSocket 在網頁部分的實作並不困難，比較麻煩的是在伺服器端程式的處理，而到目前為止的範例，讀者亦看到了部分的伺服器端實作，要特別注意的是，這些實作僅為示範用途因此作了相當大幅的簡化，只有單純的功能，無法真正應付上線的應用程式需求，而伺服器端的 Socket 服務並非本書的重點，不過我們討論了其中最為關鍵的部分，讀者未來在需要的時候可以參考上述 22.5.1 提及的規格書進行完整的伺服器功能實作。

SUMMARY

本章針對 WebSocket 機制進行討論，讀者從這一章的課程當中，瞭解如何搭配伺服器端程式，建立以網頁為溝通介面的 Socket 應用程式，而完成這一章的課程，HTML5 新功能中與通訊有關的機制都將告一段落，接下來本書最後一章，將討論支援跨網路溝通的 Ajax 技術 - XMLHttpRequest 物件。

第二十三章 XMLHttpRequest

Ajax 技術的出現，一時之間讓非同步網頁資料傳輸技術蔚為風潮，HTML5 針對 Ajax 核心物件 XMLHttpRequest 進行了改良，除了檔案、二進位等複雜格式的資料傳輸，同時支援網路上傳 / 下載作業的監聽機制。

23.1 HTML5 與 XMLHttpRequest

隨著此次 HTML5 規格發展的過程中，XMLHttpRequest 亦升級為 XMLHttpRequest Level 2，式進入 XMLHttpRequest 的討論之前，先來看看 Level 2 版本相較於之前版本的改良，如果你對 XMLHttpRequest 完全沒有概念，請直接跳至下一個小節「23.2 初探 XMLHttpRequest」。

XMLHttpRequest Level 2 新增數種關鍵功能，以支援更複雜的非同步作業，列舉如下：

- **支援跨域要求（cross-origin requests）存取**

考慮安全的因素，典型的預設情形下，XMLHttpRequest 並不允許跨域要求的存取作業，由於此種行為相當常見，XMLHttpRequest Level 2 透過名為跨域資源共享（Cross-Origin Resource Sharing）規範提供了相關的支援。

- **支援匿名要求**

要求不包含 refer 、來源與驗證資訊。

- **支援 progress 事件**

在資料傳輸過程中，觸發 progress 事件，透過事件屬性的設定，監控背景程序。

- **支援回應媒體型態（media type）與字元編碼的覆寫**

定義 overrideMimeType() 方法，針對回應覆寫其原來的媒體型態以及字元編碼。

- **設定要求到期時間（timeout）**

允許設定 timeout 時間，提出的要求如果在這段時間內未獲得伺服器回應則中止要求程序。

- **支援非文字型態資料物件**

支援 XML 文字格式之外的其它格式資料，包含 ArrayBuffer 、Blob 、File 以及 FormData 物件。

- **支援回應型態**

針對回應資料型態，可以透過 responseType 屬性的設定進行改變，另外亦支援 response 屬性，可以直接取得表示回應內容主體的文字字串。

上述列舉的 XMLHttpRequest Level 2 新功能，除了支援跨域執行的背景執行作業，最重要的在於它擴充了支援的檔案格式，這讓客戶端與伺服器之間的資料傳輸更為彈性。

23.2 初探 XMLHttpRequest

在網路的環境下，瀏覽器透過「要求 / 回應」模型與伺服器進行溝通，當傳送至瀏覽器的網頁想要執行某個伺服器端的運算，必須對執行此運算的檔案提出一個要求，此要求經由網路傳送至伺服器，伺服器接收此要求，找到指定的檔案，執行其中的運算，最後回傳運算結果，如下圖：

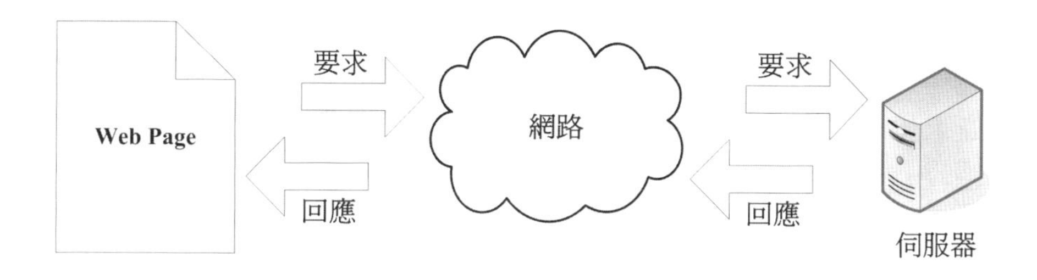

網路是一種無狀態的環境，客戶端網頁與伺服器的溝通，均須經由「要求」與「回應」來完成，網頁與伺服器根據事先開啟的連線，完成一組「要求」與「回應」的操作，網頁取得所要的結果之後，與伺服器之間不會存在任何連線，直到下次的溝通需求出現，訊息再度被送出，而伺服器則根據要求再度回應。

無狀態模式的溝通有其優點，因為不需保持連線，如此一來可節省大量頻寬，缺點是犧牲與使用者的互動，任何使用者的操作，都必須重新回傳伺服器進行處理以取得回應，也因此限制了以網頁為基礎的 Web 應用程式發展。

XMLHttpRequest 物件支援透過 JavaScript 調用，以程式化的方式經由 HTTP 協定連線與伺服器進行溝通，由於這個行為在背景完成，避免傳統網頁的翻頁更新行為，進一步催生了 Ajax 技術的出現，成為近代 Web 應用程式發展最重要的里程碑。

下頁的圖示，我們來看看 Ajax 與傳統靜態網頁程式的差異：

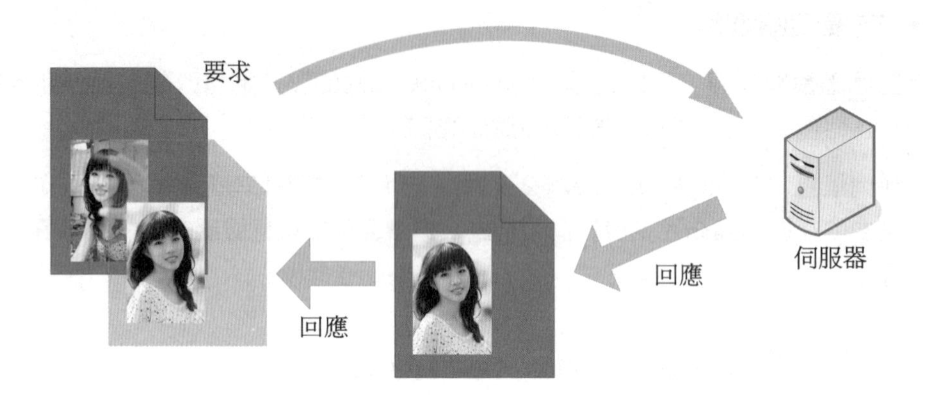

傳統的網頁直接將一個要求送回至伺服器，而伺服器根據這個要求進行運算，最後將結果網頁重新回傳至客戶端的瀏覽器，覆蓋掉原來的網頁。運用了 XMLHttpRequest 物件的網頁運作模式如下：

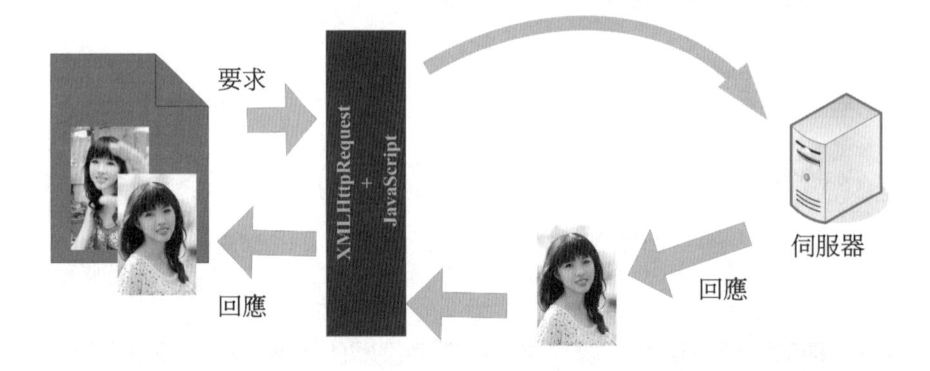

網頁透過 JavaScript 調用 XMLHttpRequest 物件送求出送，而伺服器僅回應異動結果，最後只有圖片被更新。

HTML5 針對 XMLHttpRequest 物件持續作改良，相關的規格稱為 XMLHttpRequest Level 2。相較於 HTML5 其它 API ，XMLHttpRequest 本身複雜許多，支援多樣化的伺服器溝通功能，以下列舉介面定義：

```
[NoInterfaceObject]
interface XMLHttpRequestEventTarget : EventTarget {
    // event handlers
             attribute Function onloadstart;
             attribute Function onprogress;
```

(續)

```
              attribute Function onabort;
              attribute Function onerror;
              attribute Function onload;
              attribute Function ontimeout;
              attribute Function onloadend;
};
interface XMLHttpRequestUpload : XMLHttpRequestEventTarget {

};

[Constructor]
interface XMLHttpRequest : XMLHttpRequestEventTarget {
    // event handler
    attribute Function onreadystatechange;

    // states
    const unsigned short UNSENT = 0;
    const unsigned short OPENED = 1;
    const unsigned short HEADERS_RECEIVED = 2;
    const unsigned short LOADING = 3;
    const unsigned short DONE = 4;
    readonly attribute unsigned short readyState;

    // request
    void open(DOMString method, DOMString url);
    void open(DOMString method, DOMString url, boolean async);
    void open(DOMString method, DOMString url, boolean async,
              DOMString? user);
    void open(DOMString method, DOMString url, boolean async,
              DOMString? user, DOMString? password);
    void setRequestHeader(DOMString header, DOMString value);
    attribute unsigned long timeout;
    attribute boolean withCredentials;
    readonly attribute XMLHttpRequestUpload upload;
    void send();
    void send(ArrayBuffer data);
    void send(Blob data);
    void send(Document data);
    void send([AllowAny] DOMString? data);
    void send(FormData data);
    void abort();

    // response
    readonly attribute unsigned short status;
    readonly attribute DOMString statusText;
    DOMString getResponseHeader(DOMString header);
    DOMString getAllResponseHeaders();
    void overrideMimeType(DOMString mime);
    attribute DOMString responseType;
    readonly attribute any response;
    readonly attribute DOMString responseText;
    readonly attribute Document responseXML;
};

[Constructor]
interface AnonXMLHttpRequest : XMLHttpRequest {
};
```

XMLHttpRequest 介面的組成包含了屬性以及各種方法成員，除了表示狀態的特定常數，其它的成員可以分成兩組，分別支援「要求 / 回應」作業功能需求。

完整執行「要求 / 回應」程序，基本上必須進行三項操作，列舉如下：

1. 開啟網路連線。
2. 網頁送出要求。
3. 接受伺服器回應。

支援這三個步驟的基本方法是 open() 、send() 以及 responseText()。

• open()

open() 會開啟指定的伺服器檔案連線，它有數種不同引數的定義，其中比較典型的一個版本如下：

```
void open(DOMString method, DOMString url, boolean async);
```

第一個引數 method 代表此次要求的 HTTP 方法，可能的值根據要求的方法有不同的設定，例如 GET 或是 POST 等等，要特別注意的是這兩個名稱必須是大寫字母。

第二個引數 url 為要求連線所要開啟的伺服器檔案 URL ，最典型的是一個伺服器動態網頁，例如 xxx.aspx 與其相對路徑字串，比較好的作法是設計一個泛型處理常式檔案，將所要執行的程序配置於其中，然後將 URL 指向此資源檔案。

最後一個引數 async 則是指定以同步或是非同的方式傳送，這個值如果被省略或是 true ，將以非同步的方式傳送要求，false 則表示以同步的方式向伺服器提出要求。

調用 open() 之後，如果沒有任何例外發生，伺服器會接受這個要求，並準備好接收瀏覽器傳送過來的資訊，執行 URL 指定檔案中的程序。

• send()

send() 傳送必要的資料至後端伺服器，這個方法接受數種不同格式的資料參數，相關的議題後續會有詳細的說明，如果只是要啟動指向 URL 檔案中的伺服器端程序，並不需要指定任何參數。

• responseText()

最後還有一個 responseText() ，一旦調用 send() 啟動伺服器端的程序執行完畢之後，如果伺服器回應的結果是字串資料，可以調用 responseText() 這個方法取得，除此之外，讀者從上述的介面定義中，也看到了其它幾種方法，分別支援不同格式的回傳資料，這一部分於後續作討論。

範例 23-1 透用 XMLHttpRequest 取得伺服器資訊

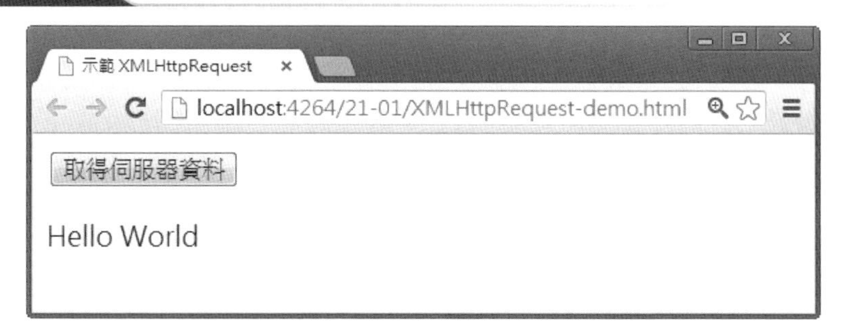

網頁載入時只有一個「取得伺服器資料」按鈕，按一下之後，網頁上會顯示從伺服器取得的一行字串 Hello World 。

預先建立一個 ASP.NET 的泛型處理常式型態網頁，提供 XMLHttpRequest 測試之用，為了簡化範例，這裡直接保留檔案預設建立的內容即可。

XMLHttpRequest-dat.cs

```
using System;
using System.Collections.Generic;
using System.Linq;
using System.Web;

namespace Ajax
{
      /// <summary>
      ///XMLHttpRequest_dat1 的摘要描述
      /// </summary>
      public class XMLHttpRequest_dat1 : IHttpHandler
      {
          public void ProcessRequest(HttpContext context)
          {
              context.Response.ContentType = "text/plain";
              context.Response.Write("Hello World");
          }
          public bool IsReusable
          {
              get
              {
                  return false;
              }
          }
      }
}
```

請特別注意其中以灰階標示的程式碼區塊，除了設定其回傳的內容型態為 text/plain ，緊接著將指定的字串寫入網路串流。

XMLHttpRequest-demo.html

```
<!DOCTYPE html >
<html>
<head>
      <title>示範 XMLHttpRequest </title>
      <script>
          function runRequest() {
              try {
                  var client = new XMLHttpRequest();
                  client.open('GET', 'XMLHttpRequest-dat.ashx', false);
                  client.send();
                  document.getElementById('message').innerHTML =
                                                     client.responseText;
              } catch (e) {
                  document.getElementById('message').innerHTML = e;
              }
          }

      </script>
</head>
<body>
<button onclick="runRequest()">取得伺服器資料</button>
<p id="message"></p>
</body>
</html>
```

首先建立 XMLHttpRequest 物件，然後調用 open() 方法，指定以 GET 模式，開啟上述的泛型處理常式檔案，由於配置於同一個目錄，因此直接將檔案名稱當作參數傳入即可。接下來調用 send() 傳送開啟指令，最後透過 responseText 屬性取得其回傳的資料字串。

這裡示範的是最簡單的應用，而除了接收伺服器端傳送的資訊，我們也可以將資料傳送至伺服器，很快的來看另外一個範例，示範最普遍的 URL 資料傳遞方式。

範例 23-2 傳送 URL 參數

於文字方塊輸入想要網頁回應你的識別名稱，按一下「取得伺服器資料」按鈕，這個名稱字串將被傳送回伺服器，然後回傳指定的回應訊息。

XMLHttpRequest-get.ashx

```
public void ProcessRequest(HttpContext context)
{
      string sname = context.Request.QueryString[0];
      context.Response.ContentType = "text/plain";
      context.Response.Write("Hello " + sname + " !");
}
```

第一行取得網址列的第一個參數值，最後合併 Hello 形成一個字串回傳。

XMLHttpRequest-get.html

```
<!DOCTYPE html >
<html >
<head>
      <title>傳送 URL 參數</title>
      <script>
          function runRequest() {
              var sname = document.getElementById('name').value;
              try {
                  var client = new XMLHttpRequest();
                  client.open('GET',
                     'XMLHttpRequest-get.ashx?sname='+sname, false);
                  client.send();
                  document.getElementById('message').innerHTML =
                     client.responseText;
              } catch (e) {
                  document.getElementById('message').innerHTML = e;
              }
          }
      </script>
</head>
<body>
<input id="name" type="text" /><button onclick="runRequest()">取得伺服器資料</
button>
<p id="message"></p>
</body>
</html>
```

文字方塊 name 讓使用者輸入要回傳的字串資料，這個資料被合併在調用 open() 所傳入的 URL 參數中。

23.3 XMLHttpRequest 介面成員

經由以上的範例，我們體驗了運用 Ajax 技術的網頁效果，這是 XMLHttpRequest 最基本的應用，具備相關概念，以下進一步分類說明 XMLHttpRequest 介面成員。

23.3.1 介面方法成員與「要求 / 回應」作業

- **開啟連線**

與伺服器連線的開啟作業，由 open() 方法負責，嚴格說來這不是要求的操作，不過它會開啟與伺服器的聯繫，接下來才能進行其它的溝通作業，open() 有數個不同的版本，以下列舉其中最完整的版本：

```
void open(DOMString method,
      DOMString url,
      boolean async,
      DOMString? user,
      DOMString? password);
```

這個版本的方法總共需要五個參數，調用此方法必須小心指定參數，否則會擲出相關的錯誤例外，有兩種狀況可能擲出關於語法錯誤的 SYNTAX_ERR 例外，分別是錯誤的 method 參數，或是無法解析的 url 參數。

method 必須是正確的 HTTP方法，包含OPTIONS、GET、 HEAD、POST、PUT、DELETE、TRACE、CONNECT與 TRACK，其中之一，如果是大小寫的TRACE、CONNECT或是TRACK，會觸發 SECURITY_ERR 例外並且終止所有的步驟。

url 參數必須是 UTF-8 編碼，並且是合法的 URL 字串。

async 參數則是指定同步模式，當這個值被省略或是設定為 true 時，會以非同步方式執行。

最後兩個參數，分別是 user 以及 password ，均可省略，當連結的網頁本身需要授權時，則必須提供這兩個參數，以順利進行存取，沒有正確設定這兩個參數，會觸發 INVALID_ACCESS_ERR 例外。

- **要求**

開啟指定的 URL 連線之後，接下來便可以進一步調用 send() 方法傳送要求與必要的資訊內容，send() 方法有數個不同的版本，根據所需的參數，說明如下頁：

方　法	說　明
send()	無參數傳送。
send(ArrayBuffer data)	傳送原始陣列資料內容。
send(Blob data)	傳送檔案型態資料。
send(Document data)	傳送 mime type 設為 "text/html" 的 HTML 文件或是 "application/xml " 的 XML 文件資料。
send([AllowAny] DOMString? data)	mime type 設為 "text/plain;charset=UTF-8" 的字串資料。
send(FormData data)	mime type 設為 "multipart/form-data" 的表單資料。

- **回應**

根據伺服器回應的資料型態，有三種取得回應資料的屬性，為了方便說明，列舉如下：

```
readonly attribute any response;
readonly attribute DOMString responseText;
readonly attribute Document responseXML;
```

第一個屬性取得任意內容，第二個屬性則用以取得伺服器回應的純文字資料，前述的範例便是透過此屬性的引用取得回傳的資料內容，最後一個屬性，用以取得 XML 格式文件，這特別適用於回傳資料表之類的結構性資料，讀者在後續的討論中將會看到進一步的應用。

23.3.2 HTTP 標頭

你可以透過調用 setRequestHeader() 方法設定傳送至伺服器的標頭內容：

```
void setRequestHeader(DOMString header, DOMString value);
```

其中的 header 為標頭項目名稱，value 則是對應的值。如果要取得伺服器回應標頭，可以考慮調用 getResponseHeader() 或是 getAllResponseHeaders() ，這兩個方法的定義如下：

```
DOMString getResponseHeader(DOMString header);
DOMString getAllResponseHeaders();
```

第一組方法針對特定的標頭欄位值取得其對應的值，header 為所要擷取的欄位名稱，回傳值則是對應此名稱的欄位值；第二組方法則回傳所有的標頭，並且以歸位斷行（\r\n）字元分隔其中每一組欄位資料，合併成為單一字串回傳，而其中的每一組欄位以及欄位值以冒號 : 分隔 。

這兩組方法相當簡單，可以直接調用以檢視其 HTTP 標頭內容。

範例 23-3 解析伺服器回傳標頭檔

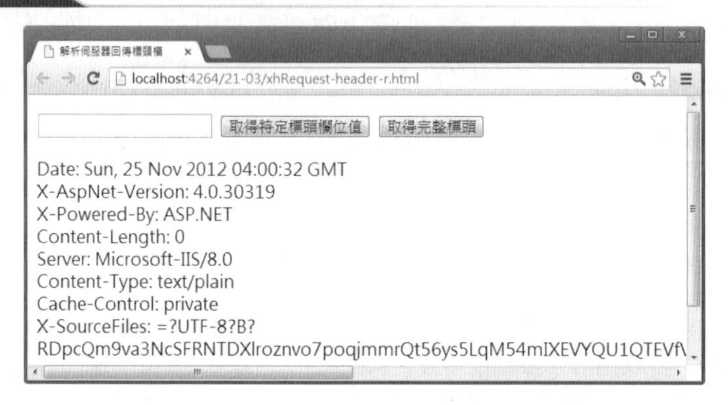

按下右邊「取得完整標頭」按鈕，此時網頁開啟一個指定的連結，傳送要求至伺服器，畫面出現解析完成的 HTTP 標頭資訊。

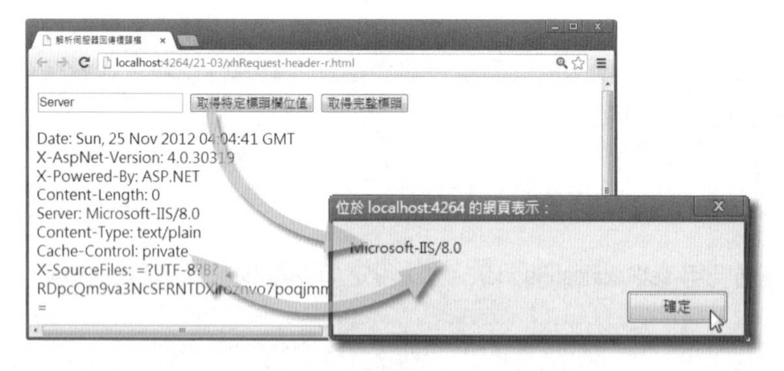

於文字方塊中輸入特定的標頭欄位名稱，例如 Server ，按一下「取得特定標頭欄位值」，對應的欄位值將顯示出來，與下方的完整標頭比對，你可以看到它確實萃取出對應的欄位值。

xhRequest-header-r.html

```
<!DOCTYPE html >
<html>
<head>
      <title> 解析伺服器回傳標頭檔 </title>
```

(續)

```
    <script>
        var client = new XMLHttpRequest();
        client.open('POST', 'xhRequest-header-r.ashx', false);
        client.send();

        function runRequestall() {
            document.getElementById('message').innerHTML = '';
            try {
                var header = client.getAllResponseHeaders();
                var headers = header.split('\r\n');
                for (i = 0; i < headers.length; i++) {
                    document.getElementById('message').innerHTML +=
                    (headers[i] + '<br/>');
                }

            } catch (e) {
                document.getElementById('message').innerHTML = e;
            }
        }
        function runRequest() {
            try {
                var field = document.getElementById('field').value;
                var header = client.getResponseHeader(field);
                alert(header);

            } catch (e) {
                document.getElementById('message').innerHTML = e;
            }
        }
    </script>
</head>
<body>
<p><input id="field" />
<button onclick="runRequest()">取得特定標頭欄位值</button>
<button onclick="runRequestall()">取得完整標頭</button></p>
<p id="message"></p>
</body>
</html>
```

一開始網頁載入時，首先建立 XMLHttpRequest 物件 client ，並且調用 open() 與 send() ，傳送資源要求至網頁。

在 runRequestall() 函式中，透過 client 調用 getAllResponseHeaders() 取得其回傳的標頭內容，這是一個長字串，以 \r\n 串接每個項目，因此進一步調用 split() 並且指定 \r\n 為分割符號，取得分割後的陣列物件，緊接著以一個 for 迴圈，逐一取出其中各欄位內容，並以斷行元素 br 串接，形成比較容易識別的格式，當此按鈕被按下時便將其設定給 p 元素呈現出來。

另外一個 runRequest() 函式取得使用者於文字方塊中指定檢視的欄位名稱，並將其傳入 getResponseHeader() 方法，取得對應的值。

這個範例示範如何取得標頭內容，如果要在送出要求時同時傳送自訂的標頭至伺服器，可以調用上述的 setRequestHeader() 函式，這一部分稍後討論資料傳送時進一步作說明。

23.3.3 其它成員

除了要求與回應，另外 XMLHttpRequest 介面還有幾個重要的方法成員，這裡一併來看看。

- **readyState 屬性**

XMLHttpRequest 物件一旦建立並開始運作，在不同的狀況下會呈現各種狀態，引用 readyState 可以取得目前的狀態，這是一個列舉屬性，可能的狀態值如下表：

狀　態	數 值	說　明
UNSENT	0	物件已經被建立。
OPENED	1	調用 open() 方法，可以執行setRequestHeader() 以及 send() 等方法，對伺服器提出要求。
HEADERS_RECEIVED	2	完成最後回應的所有 HTTP 標頭接收，可以調用回應方法成員。
LOADING	3	完成回應主體內容的接收。
DONE	4	資料轉換完成或是其間發生錯誤

- **status 與 statusText 屬性**

status 與 statusText 這兩個屬性，在伺服器回應的過程中，會回傳一個代表特定 HTTP 狀態的回應碼（HTTP status code），如果這個狀態是 UNSENT 或是 OPENED 則 status 屬性值將是 0 而 statusText 為空字串。

XMLHttpRequest 在不同的狀態下，會有對應的 HTTP 狀態碼，瞭解這些狀態相當重要，下表列舉狀態說明以分便讀者檢視。

分　類	狀態文字	狀態碼	說　明
1xx 狀態資訊	Continue	100	客戶端應該持續傳送此要求，此要求被伺服器端接收且並未拒絕。
	Switching Protocols	101	伺服器端瞭解並準備執行要求。
2xx 成功	OK	200	要求成功。

(續)

分　類	狀態文字	狀態碼	說　明
2xx 成功	Created	201	要求完成並建立新的回應資源。
	Accepted	202	要求程序已經被接受，但是並未完成。
	Non-Authoritative Information	203	回傳的中介資料並非來自於原始伺服器。
	No Content	204	伺服器完成要求並且沒有回應的內容主體。
	Reset Content	205	要求已經完成，瀏覽器應重設文件。
	Partial Content	206	伺服器完成針對特定資源所提出的部分 GET 要求。
3xx 重導	Multiple Choices	300	提供多重要求資源，使用者可以根據需求轉向其中某個特定的要求資源位置。
	Moved Permanently	301	要求的資源被指向一個新的永久性 URI ，任何未來對此資源的參照都會使用此新的 URI 。
	Found	302	要求的資源位置暫時發生異動。
	See Other	303	要求的回應資源被發現在不同的 URI ，應用透過 GET 方法進行回復。
	Not Modified	304	完成條件式的 GET 要求，客戶端文件並未修正。
	User Proxy	305	要求的資源必須透過代理存取。
	（Unused）	360	保留。
	Temporary Redirect	307	要求的資源暫時配置於不同的URI。
4xx 客戶端錯誤	Bad Request	400	因為語法異常導致無法解析的無效要求。
	Unauthorized	401	要求需要使用者的驗證。
	Payment Required	402	保留未來使用。
	Forbidden	403	伺服器瞭解要求但是拒絕完成這個要求。
	Not Found	404	伺服器未發現任何符合的要求 URI 。
	Method Not Allowed	405	要求的方法不允許。
	Not Acceptable	406	不接受要求。
	Proxy Authentication Required	407	與 401 類似，但是客戶端必須先經由代理驗證。
	Request Timeout	408	在指定的時間區間內，客戶端沒有提出要求。
	Conflict	409	因為資源目前的狀態衝突，導致要求無法完成。

(續)

分　類	狀態文字	狀態碼	說　明
4xx 客戶端錯誤	Gone	410	要求的資源在伺服器上不再是有效的。
	Length Required	411	由於沒有事先定義的Content- Length 標頭欄位，伺服器拒絕客戶端的要求。
	Precondition Failed	412	要求無法通過伺服器預先定義的一個或多個條件評估。
	Request Entity Too Large	413	要求的實體內容太大，超過伺服器允許回應的內容限制。
	Request-URI Too Long	414	因為 URI 太長超過伺服器所能解析而拒絕要求。
	Unsupported Media Type	415	不支援的媒體型態。
	Requested Range Not Satisfiable	416	要求的範圍不合適。
	Expectation Failed	417	伺服器無法理解要求的標題欄位。
5xx 伺服器錯誤	Internal Server Error	500	伺服器遭遇不可預期的錯誤。
	Not Implemented	501	伺服器不支援要求的功能。
	Bad Gateway	502	來自上游伺服器的錯誤回應資訊。
	Service Unavailable	503	伺服器因為過載或是維護無法提供服務。
	Gateway Timeout	504	在指定時間內未及時接收來自上游伺服器的回應。
	HTTP Version Not Supported	505	不支援要求訊息中指定的 HTTP 版本。

TIPS

表列的 HTTP 狀態碼屬於 RFC 2616 規格的一部分，完整內容可至以下 W3C 規格文件頁檢視。

```
http://www.w3.org/Protocols/rfc2616/rfc2616-sec10.html
```

- **timeout 屬性**

以毫秒為單位，表示要求被處理到終止的時間，若此值是 0 表示沒有 timeout 的時間。

- **abort() 方法**

如果調用 abort() 方法，瀏覽器會終止調用的 send() 程序與回應作業，切換狀態至 UNSENT 、OPENED 或是 DONE ，並且觸發相關的事件。

針對 XMLHttpRequest 介面的討論，我們已經完成了最基礎的說明與示範實作，接下來本章的內容，針對各種不同格式的資料上傳與下載作業，進一步作討論。

23.4 要求與資料上傳

除了最簡單的純文字格式資料，典型的表單資料還有複雜的陣列資料，甚至檔案等等，XMLHttpRequest 物件均提供內建的上傳作業支援，這一節從標頭檔的資料傳送逐一進行討論。

23.4.1 上傳資料 – 標頭檔

運用 XMLHttpRequest 物件傳送資料最單純的方式，便是透過標頭檔傳送，考慮以下的程式碼：

```
client.setRequestHeader(key,value);
```

client 是一個 XMLHttpRequest 物件，而 setRequestHeader 將參數 key 與 value 這一組資料傳送出去，其中的 key 為識別 value 的鍵值，而 value 則是資料本身。完成這個設定，就可以在伺服器端經由解析檔頭資訊，透過 key 取得資料 value 的內容。

範例 23-4　示範標頭檔資料傳送

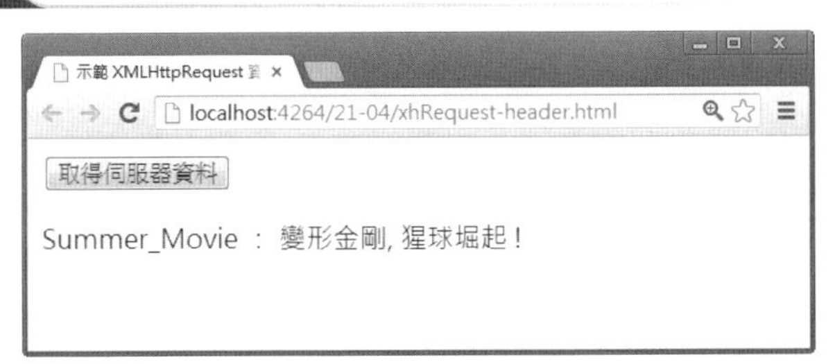

按一下「取得伺服器資料」按鈕，畫面上顯示從伺服器回傳的資料，包含網頁傳遞至伺服器的標頭資訊。

xhRequest-header.ashx

```
public void ProcessRequest(HttpContext context)
{
      string hs = context.Request.Headers["Summer_Movie"];
      context.Response.ContentType = "text/plain";
      context.Response.Write("Summer_Movie ： " + hs + " !");
}
```

引用 Headers 並且指定 key 參數為 Summer_Movie ，取出對應字串資料，最後將其寫入網路資料流。

xhRequest-header.html

```
function runRequest() {
      try {
          var client = new XMLHttpRequest();
          client.open('GET', 'xhRequest-header.ashx', false);
          client.setRequestHeader('Summer_Movie', 'TS');
          client.setRequestHeader('Summer_Movie', 'APE');
          client.send();
          document.getElementById('message').innerHTML = client.
              responseText;
      } catch (e) {
          document.getElementById('message').innerHTML = e;
      }
}
```

open 方法指定了 GET 模式與 xhRequest-header.ashx 為所要開啟的檔案名稱，接下來連續呼叫兩次的 setRequestHeader() 傳送字串，並且以相同的 key 作命名。

結束這個範例的說明之前，要提醒讀者的是，如你在執行結果中所看到的，相同 key 的資料回傳時會連接在一起，並且以 , 作間隔。

23.4.2 上傳資料 – 表單資料物件

將資料傳送至伺服器最典型的作法，是透過 form 元素中的欄位，經由 type 設定為 submit 的 input 元素進行傳送，而 XMLHttpRequest 同樣支援 form 元素資料欄位，就如同前述的範例，當你經由 XMLHttpRequest 物件來傳送資料，就可以避免網頁重新載入，提供更出色的使用者體驗。

傳送表單資料最典型的方法是取得所要傳送的 form 元素物件，然後將其封裝於 FormData 物件之後，隨著 FormData 物件傳送回伺服器，考慮以下的程式碼：

```
var cf = document.getElementById('myform');
```

其中 myform 是網頁上的 Form 表單元素 id ，取得此物件之後，透過以下的程式碼建立一個 FormData 物件：

```
var formdata = new FormData(cf);
```

此時變數 formdata 封裝了所有表單內容，接下來就可以直接以其為參數調用 send() 方法，將表單資料一次上傳至伺服器：

```
client.send(formdata);
```

接下來的範例，示範完整的過程。

範例 23-5 FormData 與表單資料

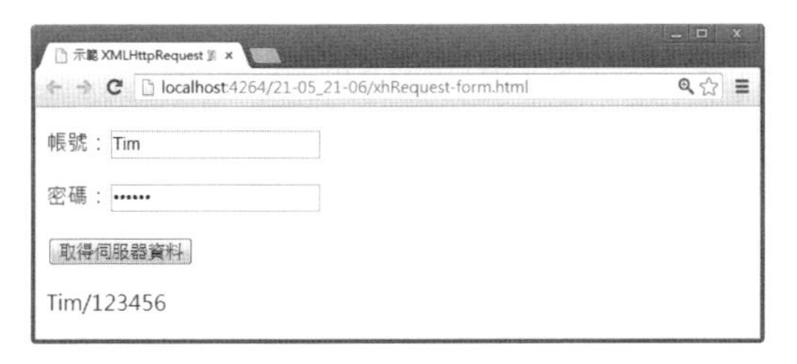

於畫面上的帳號與密碼欄位輸入資料，然後按一下「取得伺服器資料」，這兩個文字方塊裡面的值會被合併以 / 分隔回傳，最後取得此回傳資料，顯示在網頁上。

xhRequest-form.ashx

```
public void ProcessRequest(HttpContext context)
{
      string id = context.Request.Form["idname"];
      string pwd = context.Request.Form["password"];
      context.Response.ContentType = "text/plain";
      context.Response.Write(id + "/"+pwd);
}
```

在伺服器檔案中，取得網頁傳送過來的資料，並且逐一透過欄位名稱引用取出，然後進行合併運算，最後得到一個長字串，將其寫入網路並且回傳至客戶端網頁。

xhRequest-form-data.html

```
<!DOCTYPE html >
<html>
<head>
      <title>FormData 與表單資料 </title>
      <script>
```

(續)

```
        function runRequest() {
            try {
                var cf = document.getElementById('cform');
                var formdata = new FormData(cf);
                var client = new XMLHttpRequest();
                client.open('POST', 'xhRequest-form.ashx', false);
                client.send(formdata);
                document.getElementById('message').innerHTML =
                             client.responseText;
            } catch (e) {
                document.getElementById('message').innerHTML = e;
            }
        }
    </script>
</head>
<body>
<form id="cform"   >
<p>帳號：<input id="idname" type="text"  name="idname" /></p>
<p>密碼：<input id="password" type="password" name="password" /></p>
</form>
<button onclick="runRequest()">取得伺服器資料</button>
<p id="message"></p>
</body>
</html>
```

HTML 的部分配置一個 id 屬性為 cform 的 form 元素，然後以此為參數，建立 FormData 物件，並且調用 send() 方法將其傳送出去。除了整個表單元素的內容，你也可以選擇性的只封裝部分欄位資料進行上傳，我們繼續往下看。

23.4.3 上傳資料 – 表單欄位

如你所見，上一節示範利用 XMLHttpRequest 物件透過 JavaScript 建立 FormData 物件封裝資料內容，進行表單資料欄位的傳送，而事實上，你甚至不需要 form 元素即可完成與伺服器的溝通作業，FormData 支援相關的操作，以下為其定義：

```
interface FormData {
    void append(DOMString name, Blob value);
    void append(DOMString name, DOMString value);
};
```

同樣的，在使用 FormData 之前，必須預先建立其物件，不過這一次不傳入任何參數，如下式：

```
formData = FormData()
```

接下來，就可以透過 formData 變數調用 append() 方法，將資料逐一加入至表單物件，傳送回伺服器，原理與在網頁配置 form 元素相同，只是這裡透過程式化的方式組織表單資料。

append 方法有兩個版本，第一個參數是要傳送的資料識別名稱，第二個參數則是資料格式，Blob 表示傳送的是檔案，DOMString 則是單純的字串，這裡先討論最簡單的字串資料傳送，考慮以下的程式碼：

```
client.send(formData);
```

client 是 XMLHttpRequest 物件，而其中的 formData 物件封裝表單欄位資料，然後以其為參數調用 send() 方法將資料傳送至伺服器。假設在網頁上配置一個 text 型態的 input 元素，並且設定其 id 屬性為 mytext ，如下式：

```
<input id="msg" type="text" />
```

現在建立一個 FormData 物件 formData ，然後調用 append() 封裝 msg 的內容即可，如下式：

```
formdata.append('dataid', document.getElementById('msg').value);
```

第一個參數 dataid 為資料的識別名稱，接下來則是要傳送的值。如果要加入超過一個以上的欄位資料，只須針對每一個欄位持續調用 append() 進行封裝即可。

範例 23-6　示範 XMLHttpRequest 資料傳遞－ Form

執行畫面與所調用的 ashx 檔案，與上述傳遞 FormData 物件的「範例 23-5 」完全相同，這裡直接來看其中 HTML 檔案的 JavaScript 程式碼內容。

xhRequest-form.html

```
<script>
      function runRequest() {
          try {
              var client = new XMLHttpRequest();
              var formdata = new FormData();
              formdata.append(
                  'password',
                  document.getElementById('password').value);
              formdata.append(
                  'idname',
                  document.getElementById('idname').value);
              client.open('POST', 'xhRequest-form.ashx', false);
              client.send(formdata);
              document.getElementById('message').innerHTML =
```

(續)

```
                client.responseText;
        } catch (e) {
            document.getElementById('message').innerHTML = e;
        }
    }
</script>
```

針對畫面上的「帳號」以及「密碼」欄位，調用 append() 方法將其封裝進 formdata 物件當中，最後的 send() 方法將其傳送至伺服器。

到目前為止我們看到了 FormData 的應用，包含完整的表單物件與單一的欄位設定，讀者要注意的是，你也可以建立一個以特定 Form 元素為基礎的 FormData 物件，預先封裝主要的欄位資料，再透過 append() 方法將額外的資料附加進去。

23.4.4 地址資料查詢介面應用

透過表單物件傳送資料是相當常見的設計，這一個小節來看一個常見的應用－透過地址資料串接的郵遞區號查詢介面，你可以在中華郵政的「3+2 郵遞區號查詢」找到這個畫面，如下圖：

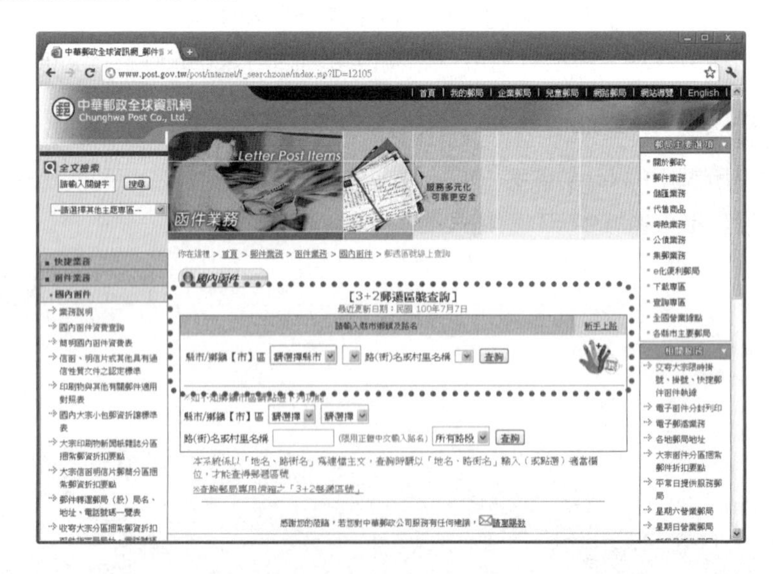

接下來的範例要實作出其中框線標示的功能，只要於下拉選單中選取所要查詢的縣市，接下來就會載入與此縣市有關的區，最後則是載入與指定的區相關的路或是街名等資訊，由於完整資料相當龐大，如果一次將其全部載入相當不經濟，因

此我們可以透過傳送要求，於使用者每一次選取特定的縣市與街道時，動態取得關聯資料。

建立這個範例必須先取得所需的資料樣本，讀者可以自行到中華郵政取得最新的地址資料檔案，為了簡化範例的說明，直接以 XML 格式檔案作說明，原始資料如下：

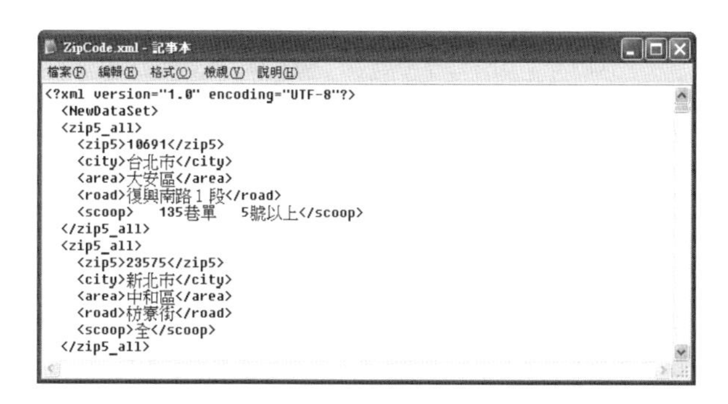

```
<?xml version="1.0" encoding="UTF-8"?>
  <NewDataSet>
  <zip5_all>
    <zip5>10691</zip5>
    <city>台北市</city>
    <area>大安區</area>
    <road>復興南路１段</road>
    <scoop>   135巷單    5號以上</scoop>
  </zip5_all>
  <zip5_all>
    <zip5>23575</zip5>
    <city>新北市</city>
    <area>中和區</area>
    <road>枋寮街</road>
    <scoop>全</scoop>
  </zip5_all>
```

其中每一個 <zip5_all> 節點代表一組獨立的郵遞區號相關地址資料，並且以不同的節點表示資料的各個部分，我們的作法是在伺服端根據傳送進來的要求，取得其關聯的節點集合，進一步拆解其中的節點內容取得地址資料，串接成為長字串回傳至客戶端網頁，由 JavaScript 進一步作解析，並轉換成為下拉式選單的資料項目。

範例 23-7 解析地址資料郵遞區號

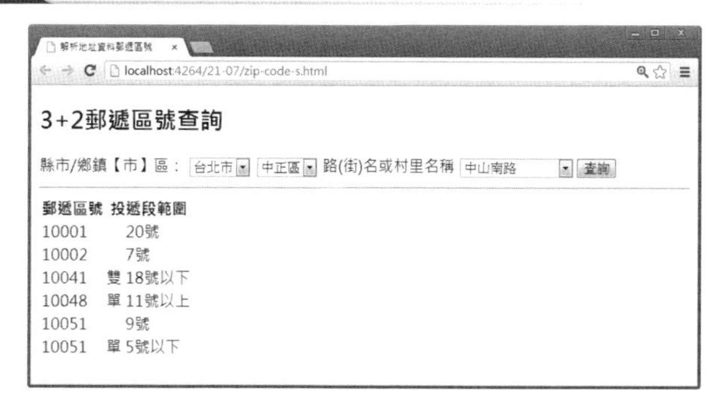

當網頁一載入時，畫面上會載入第一筆關聯的地址資料，按一下「查詢」按鈕，畫面下方會顯示這個路段的相關郵遞區號。讀者請自行開啟網頁測試其它資料的查詢。以下列舉所使用的後端程式，其中利用 LINQ 萃取 XML 檔案的內容資料。

zip-code-s.html

```
public void ProcessRequest(HttpContext context)
{
       try
       {
           XElement xele =
               XElement.Load(context.Server.MapPath("ZipCode.xml"));
           IEnumerable<XElement> enumXMLs = xele.Elements();
           string key="";
           string road_form = context.Request.Form["road"];
           string area_form = context.Request.Form["area"];
           string city_form = context.Request.Form["city"];

           if (road_form != null) { key = "zip5"; }
           else if (area_form != null) { key = "road"; }
           else if (city_form != null){key="area";}
           else{key = "city";}

           var items = from ex in enumXMLs
                       select ex.Element(key)    ;
           IEnumerable<IGrouping<string, XElement>> item_g = null;

           if (key == "city")
           {
               item_g = from c in items
                           group c by c.Value;
           }else if (key == "area")
           {
               item_g = from c in items
                           where c.Parent.Element("city").Value == city_form
                           group c by c.Value;
           }else if (key == "road")
           {
               item_g = from c in items
                           where c.Parent.Element("area").Value == area_form
                           orderby c.Value
                           group c by c.Value;
           }else if (key == "zip5")
           {
               // 由於沒有重複的範圍區，卻需要兩個節點資料，因此直接萃取
               IEnumerable<string> zips  =
                   from ex in enumXMLs
                   where ex.Element("road").Value == road_form &&
                       ex.Element("area").Value == area_form
                   orderby ex.Element("zip5").Value
                   select ex.Element(key).Value + ":" +
                       ex.Element("scoop").Value ;
               foreach (var item in zips)
               {
                   rcity += item + "|";
               }
           }
           if (rcity == "")
           {
               foreach (var item in item_g)
               {
                   rcity += item.Key + "|";
```

(續)

```
                }
            }
            context.Response.ContentType = "text/plain";
            context.Response.Write(rcity.Remove(rcity.Length - 1));
        }
        catch (XmlException xmlEx)
        {
            context.Response.Write(xmlEx.Message);
        }
}
```

一開始取得三個表單欄位的資料，分別代表使用者所選取的縣市（city）、區（area）以及街道路名（road），由於網頁會根據使用者的操作，選擇性的傳送必要的資料，因此根據所取得的資料內容，決定所要萃取的地址資料區段。

在原始的 XML 資料中，除了路段之外，縣市與區資料均包含重複的部分，因此透過 group-by 運算篩選重複的資料，如果查詢的資料是指定路段相關的郵遞區號，也就是使用者按下查詢按鈕要求的查詢，則必須同時判斷是否與指定的路與區資料相同，因為一條道路可能橫跨一個以上的區，另外，因為郵遞區號不會有重複資料，所以直接將取得的資料進行解析即可，不需要再作群組。

最後回傳的資料是以 | 分隔的長字串，我們來看網頁檔案 zip-code-s.htm ，這一部分的 JavaScript 有點長，以下分段作說明，首先是 HTML 的部分：

```
<body  onload="runRequest()">

      <p><h2>3+2 郵遞區號查詢 </h2></p>

縣市 / 鄉鎮【市】區：
<select id="city" onchange="select_city()"></select>
<select id="area" onchange="select_area()"></select>
路（街）名或村里名稱
<select id="road" ></select><button onclick="select_road()" > 查詢 </button>
<hr />
<table>
<tr>
<th> 郵遞區號 </th><th> 投遞段範圍 </th>
</table>
<p id="message"></p>
</body>
```

其中配置了三個 select 控制項，負責動態封裝伺服器回傳的地址資料，而 table 則是用來動態呈現符合 select 控制項選取的地址資料所對應的郵遞區號。

當網頁載入時，首先會執行 runRequest() ，取得伺服器回傳可用的城市資料清單，將其解析之後，轉換成為 option 資料項目，加入 select 控制項：

```
function runRequest()
{
      try
      {
          var client = new XMLHttpRequest();
          client.addEventListener('load', loadcomplete, false);
          client.open('GET', 'zip-code-s.ashx', true);
          client.send();
      } catch (e)
      {
          document.getElementById('message').innerHTML = e;
      }
}
function loadcomplete(event)
{
      var citylist = document.querySelector('#city');
      var xdoc = event.target.responseText;
      var options = xdoc.split('|');
      for (var key in options)
      {
          var item = document.createElement('option');
          item.innerHTML = options[key];
          citylist.appendChild(item);
      }
      select_city();
}
```

開啟伺服器檔案 zip-code-s.ashx ，然後於非同步方法 loadcomplete() 中，取得回傳的文字資料，進行解析作業，請注意最後一行調用了 select_city() 方法，根據目前選單中選取的城市進行所屬區域的資料萃取，原理相同，列舉如下：

```
function select_city()
{
      var v = document.querySelector('#city').value;
      runRequest_city(v);
}
function runRequest_city(city)
{
      try
      {
          var client = new XMLHttpRequest();
          client.addEventListener('load', loadcomplete_city, false);
          var formdata = new FormData();
          formdata.append('city', city);
          client.open('POST', 'zip-code-s.ashx', true);
          client.send(formdata);
      } catch (e)
      {
          document.getElementById('message').innerHTML = e;
      }
}
```

(續)

```
function loadcomplete_city(event)
{
      var list = document.querySelector('#area');
      //先清空所有子元素
      while (list.hasChildNodes()) { list.removeChild(list.lastChild); }
      var xdoc = event.target.responseText;
      var options = xdoc.split('|');
      for (var key in options)
      {
          var item = document.createElement('option');
          item.innerHTML = options[key];
          list.appendChild(item);
      }
      select_area()
}
```

由於這一次必須根據指定的縣市取得關聯的區域資料，因此將其封裝於 FormData() 中一併傳送至後端伺服器中，而 loadcomplete_city() 取得回傳的關聯資料，將其取出解析封裝於 option 合併至 select 控制項中。

最後一行 select_area() 則是根據目前的區域資料，進一步取出關聯的路與街名，原理相同，請讀者自行開啟程式碼進行檢視，最後來看看查詢按鈕執行的 select_road() 函式，其內容如下：

```
function select_road()
{
      var v = document.querySelector('#road').value;
      runRequest_road(v);
}
function runRequest_road(road)
{
      try
      {
          var client = new XMLHttpRequest();
          client.addEventListener('load', loadcomplete_road, false);
          var area = document.querySelector('#area' ).value;
          var formdata = new  ();
          formdata.append('area', area);
          formdata.append('road', road);
          client.open('POST', 'zip-code-s.ashx', true);
          client.send(formdata);
      } catch (e)
      {
          document.getElementById('message').innerHTML = e;
      }
}
function loadcomplete_road(event)
{
```

(續)

```
        var list = document.querySelector('table');
        //先清空所有子元素
        while (list.hasChildNodes())
        {
                list.removeChild(list.lastChild);
        }
        var xdoc = event.target.responseText;
        var options = xdoc.split('|');
        createTitle();
        for (var key in options)
        {
            var tr = document.createElement('tr');
            var td1 = document.createElement('td');
            var td2 = document.createElement('td');
            td1.innerHTML = options[key].split(':')[0];
            td2.innerHTML = options[key].split(':')[1];
            tr.appendChild(td1);
            tr.appendChild(td2);
            list.appendChild(tr);
        }
}
```

當查詢按鈕被按下，必須取得與指定路段關聯的郵遞區號，將其顯示出來，這需要區域以及路段資訊，因此 FormData 物件同時封裝這些資料一併回傳。由於取得的結果是最終查詢資訊，因此最後於 loadcomplete_road() 中，將取得的資料合併表格標籤，併入畫面上的 table 元素當中呈現出來。

讀者從這個範例中，看到如何應用 XMLHttpRequest 從伺服器取得資料，值得注意的是，這個範例本身僅是為了示範目的而設計，其中每一次資料查詢均透過網路來回傳送，同時後端的資料亦非直接進入資料庫進行處理，這對效能的影響並不小，讀者可以嘗試調整程式的寫法以改善這些問題。

23.4.5 上傳陣列資料

你也可以上傳陣列型態的資料，原理完全相同，來看以下的範例。

範例 23-8 示範 XMLHttpRequest 資料傳遞－陣列物件

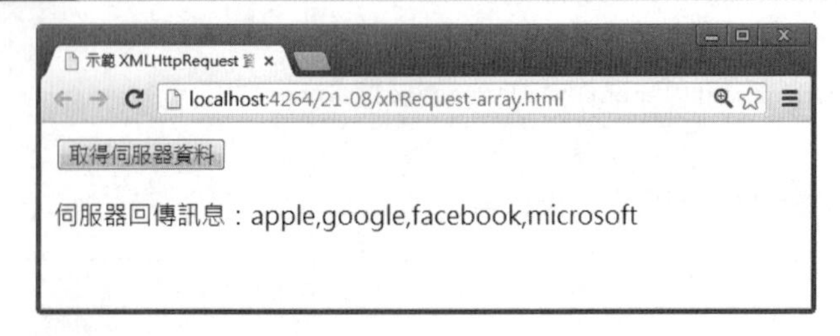

按一下畫面上的按鈕，將一個字串陣列回傳至伺服器，伺服器端程式取得此陣列並且重新回傳，網頁接收回傳的陣列，然後顯示在畫面上。

xhRequest-array.html

```
<!DOCTYPE html >
<html>
<head>
      <title>示範 XMLHttpRequest 資料傳遞 - 陣列物件 </title>
      <script>
          function runRequest()
          {
              try
              {
                  var array = ['apple','google','facebook','microsoft'];
                  var client = new XMLHttpRequest();
                  client.open('POST',
                      'xhRequest-array.ashx', false);
                  client.send(array);
                  document.getElementById('message').innerHTML =
                      client.responseText;
              } catch (e)
              {
                  document.getElementById('message').innerHTML = e;
              }
          }
      </script>
</head>
<body>
<button onclick="runRequest()">取得伺服器資料 </button>
<p id="message"></p>
</body>
</html>
```

按鈕的 onclick 事件屬性 runRequest() 中建立一個陣列 array ，並且於調用 send() 時當作參數傳入，回傳至伺服器，接下來取得回傳結果，並且顯示在畫面上。

xhRequest-array.ashx

```
public void ProcessRequest(HttpContext context)
{
      Stream buffer = context.Request.InputStream ;
      StreamReader reader = new StreamReader(buffer);
      string msg = reader.ReadToEnd();
      context.Response.ContentType = "text/plain";
      context.Response.Write("伺服器回傳訊息："+msg);
}
```

接下來伺服器檔案的部分，直接調用 InputStream 取得客戶端網頁傳送過來的串流資料，由於是字串陣列，將其串接至 StreamReader 物件，然後調用 ReadToEnd()

讀取其中的內容，最後合併訊息字串回傳。

現在修改其中的程式碼，拆解陣列中的內容元素，回到網頁檔案 xhRequest-array.html ，嘗試傳送一個數字陣列如下：

```
var array = [0,1,2,3,4,5,6,7,8,9];
```

重新執行範例，會得到以下的結果：

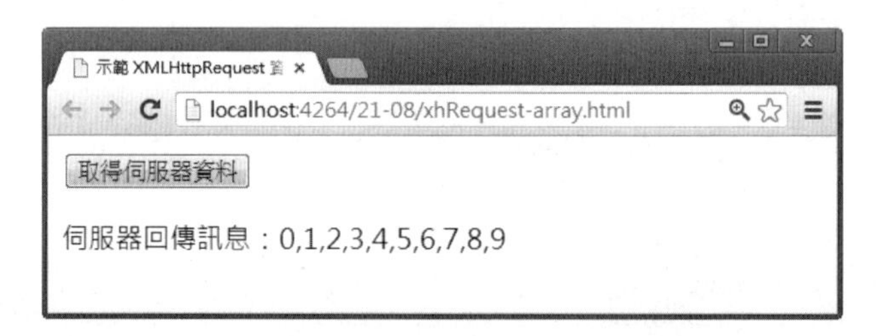

其中回傳的是字串格式的數值資料，如下修改伺服器檔案的程式碼：

```
int r = 0;
string msg = "";
while (r != -1)
{
      r = reader.Read();
      msg += (r.ToString() + ":");
}
msg=msg.Substring(0, msg.Length - 4);
```

原始程式碼調用 ReadToEnd() 取得代表所有陣列元素的字串，透過迴圈逐一調用 read() 讀取個別元素，取得代表此元素的整數，最後合併成為一段長字串進行回傳，此段程式碼的執行結果如下：

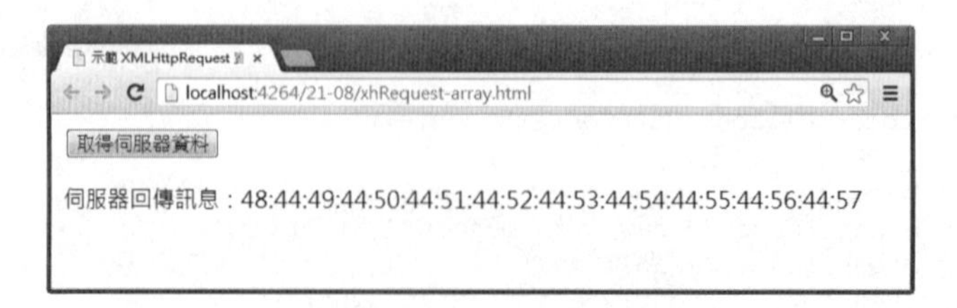

如你所見，其中取得了代表 0 ~ 9 的十個 ASCII 字元碼。

23.4.6 上傳檔案

檔案上傳是相當普遍的功能，HTML5 之前，這種功能通常是利用 Flash 或是

Silverlight 等外掛技術進行實作，而現在有了 XMLHttpRequest ，由於其支援 File 類型物件，因此利用此物件搭配 File API 即可實作出純粹 HTML 介面的檔案上傳功能。

接下來是一個簡單的範例，示範最單純的檔案上傳功能。

範例 23-9 示範 XMLHttpRequest 檔案上傳功能

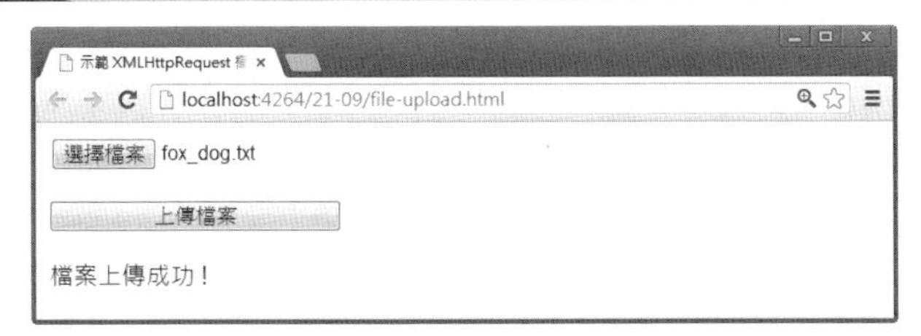

按一下「選擇檔案」按鈕，指定要上傳的檔案，接下來按一下「上傳檔案」的按鈕，此時畫面下方出現「檔案上傳成功」訊息，表示完成檔案上傳。

file-upload.ashx

```
public void ProcessRequest(HttpContext context)
{
      HttpPostedFile file = context.Request.Files["ufile"];
      string fullfileName =
          context.Server.MapPath("\\") + "my_file.txt";
      file.SaveAs(fullfileName);
      context.Response.ContentType = "text/plain";
      context.Response.Write(" 檔案上傳成功 !");
}
```

由於上傳的是檔案，因此其中必須透過引用 context.Request.Files 屬性來取得上傳的檔案內容，這個屬性值可能包含一個以上的檔案，因此以上傳時所指定的名稱 ufile 取得此次上傳檔案，緊接著呼叫 SaveAs() 方法，以指定的名稱將其儲存至目前網站的根目錄下。

file-upload.html

```
<head>
      <title> 示範 XMLHttpRequest 檔案上傳功能 </title>
      <script>
          function uploadFile() {

              try {
                  var ufile = document.getElementById('files').files[0];
                  if (ufile) {
                      var client = new XMLHttpRequest();
                      var formData= new FormData();
                      formData.append('ufile', ufile);
```

(續)

```
                    client.open('POST', "file-upload.ashx", false);
                    client.send(formData);
                    document.getElementById('message').innerHTML =
                         client.responseText;
                } else {
                    alert(" 請選擇上傳檔案 !");
                }
            } catch (e) {
                document.getElementById('message').innerHTML = e;
            }
        }
    </script>
</head>
<body>
<input id="files" type="file" />
<p><button id="ufileButton" onclick="uploadFile()" >
上傳檔案 </button></p>
<p id="message"></p>
</body>
```

這一段程式碼與稍早示範 XMLHttpRequest 資料上傳的範例並沒有太大的差異。在 HTML 的部分，配置了上傳檔案所需的 file 型態元素，而 JavaScript 的部分，取得使用者所選取的檔案 ufile ，然後透過 FormData 物件，調用 append 對此檔案進行封裝，其中指定的名稱 ufile 為上述泛型處理常式檔案中，藉以取出此檔案的名稱，接下來則是將其傳送至伺服器。

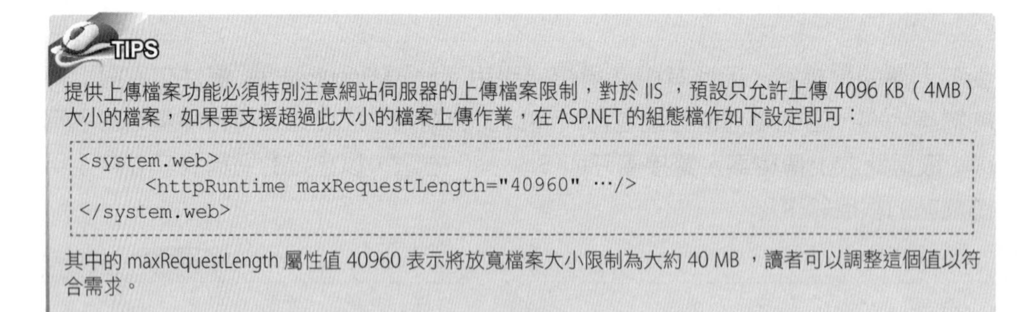

TIPS

提供上傳檔案功能必須特別注意網站伺服器的上傳檔案限制，對於 IIS ，預設只允許上傳 4096 KB (4MB) 大小的檔案，如果要支援超過此大小的檔案上傳作業，在 ASP.NET 的組態檔作如下設定即可：

```
<system.web>
     <httpRuntime maxRequestLength="40960" …/>
</system.web>
```

其中的 maxRequestLength 屬性值 40960 表示將放寬檔案大小限制為大約 40 MB ，讀者可以調整這個值以符合需求。

23.4.7 以拖曳取代 File 控制項

在前述第十三章討論檔案系統作業時，曾經示範了瀏覽器外部的檔案拖曳操作，現在進一步結合這裡所介紹的 XMLHttpRequest 物件，實作檔案拖曳上傳操作。

範例 23-10 圖片檔案拖曳上傳

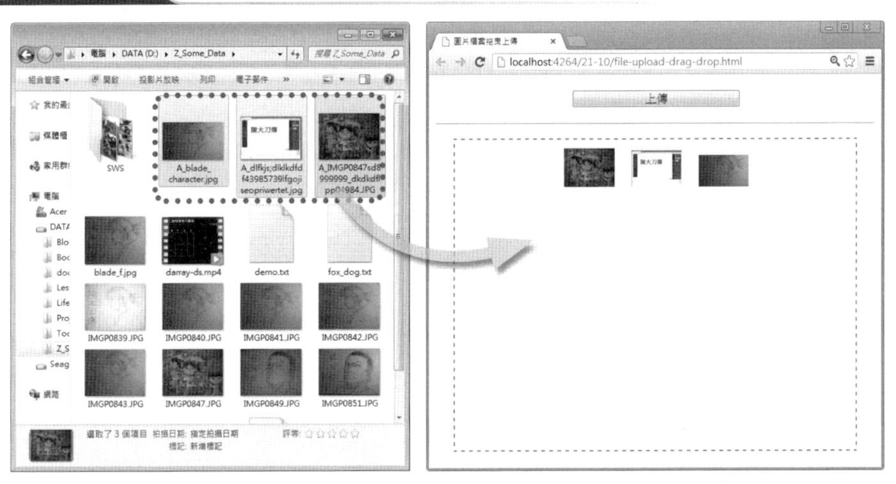

在右邊的執行畫面中，初次載入是一個空白的虛線方框，於左邊的檔案總管中選取上傳的圖片檔案，將其拖曳至右邊的方框裡面，畫面中顯示選取的圖片縮圖，按一下「上傳」按鈕，即可將檔案上傳。

file-upload-drag-drop.html

```
<!DOCTYPE html >
<html >
<head>
      <title> 圖片檔案拖曳上傳 </title>
      <style>
       …
      </style>
      <script>
          var upload_files = new Array();
          function dragoverHandler(event)
          {
              event.preventDefault();
          }
          function dropHandler(event)
          {
              event.preventDefault();
              var files = event.dataTransfer.files;
             for (var i = 0; i < files.length;i++ )
              {
                  if (files[i].type == 'image/jpeg')
                  {
                      var fileReader = new FileReader();
                      fileReader.onload = openfile;
                      fileReader.readAsDataURL(files[i]);
```

(續)

```
                    upload_files.push(files[i]);
                } else
                {
                    alert('目前僅支援 jpg 格式檔案上傳 ! ' );
                }
            }
        }
        function openfile(event)
        {
            var img = event.target.result;
            var imgx = document.createElement('img');
            imgx.style.margin = "10px";
            imgx.src = img;
            document.getElementById('dropZone').appendChild(imgx);
        }
        function uploadImg()
        {
            if (upload_files.length == 0){
                alert('請選擇上傳檔案 !');
            } else{
                for (var key in upload_files)
                {
                    try
                    {
                        var ufile = upload_files[key];
                        var client = new XMLHttpRequest();
                        var formData = new FormData();
                        formData.append('ufile', ufile);
                        client.open('POST',
                            "file-upload-drag-drop.ashx", false);
                        client.send(formData);
                        document.getElementById('message').innerHTML =
                            client.responseText;
                    } catch (e)
                    {
                        document.getElementById('message').innerHTML =
                            "上傳失敗：" + e;
                    }
                }
            }
            upload_files = []; //清空陣列
            var dz = document.getElementById('dropZone');
            while (dz.hasChildNodes()) { dz.removeChild(dz.lastChild); }
        }
    </script>
</head>
<body>
    <p id="P1"><button onclick="uploadImg()">上傳</button><hr/></p>
    <div id="dropZone"
        ondragover="dragoverHandler(event)"
        ondrop="dropHandler(event)">
    </div>
    <p id="message"></p>
</body>
</html>
```

當畫面中使用者拖曳圖片放置於 div 元素所定義的框線區域 dropZone ，函式 dropHandler() 針對選取的檔案進行處理，將其儲存至預先定義的陣列 upload_files 。

一旦使用者按下「上傳」按鈕，函式 uploadImg() 針對 upload_files 陣列透過 for 迴圈逐一取出其中的檔案，並且透過 XMLHttpRequest 將其上傳，最後清空陣列以及上傳區域所顯示的圖片縮圖。

23.5 處理 XMLHttpRequest 相關事件

XMLHttpRequest 傳送與接收資料的過程中，於特定階段會觸發相關的事件，處理這些事件可以讓你更完整的掌控 XMLHttpRequest 物件作業。

23.5.1 XMLHttpRequest 事件成員

XMLHttpRequest 物件與伺服器的溝通作業，由於必須跨越網路，比較典型的方式是以非同步執行，不過 XMLHttpRequest 同時支援同步與非同步作業，而非同步是預設行為，當然你可以透過參數進行設定，這是到目前為此的範例，調用 open() 方法的最後一個參數均設為 false 的原因，這會要求上傳資料作業以同步的方式執行。

我們一開始不直接以非同步模式討論 XMLHttpRequest 的上傳作業，純粹只是因為這樣比較單純，而具備了應該有的概念之後，現在進一步來看看非同步操作，這個過程牽涉相關的事件處理，也是這一節要討論的主題。

XMLHttpRequest 介面有數個事件屬性定義，分別在不同的階段回應特定作業的相關事件，列舉說明如下：

事件屬性	事 件	介 面	說 明
onloadstart	loadstart	ProgressEvent	開始要求程序。
onprogress	progress	ProgressEvent	傳送與載入資料程序。
onabort	abort	ProgressEvent	要求程序中止，通常發生在調用 abort() 方法的情況。
onerror	error	ProgressEvent	發生要求失敗錯誤。
onload	load	ProgressEvent	已經成功完成要求程序。
ontimeout	timeout	ProgressEvent	超過指定的要求完成回應時間。

(續)

事件屬性	事 件	介 面	說 明
onloadend	loadend	ProgressEvent	要求程序完成（無論成功或失敗）。
onreadystatechange	readystatechange	Event	readyState 屬性值改變，觸發狀態改變事件。

其中有一些事件比較複雜，需要獨立討論，例如 progress ，這裡首先要來看的是網頁送出要求之後所觸發的一連串事件，由於過程會導致物件狀態的改變，因此我們可以偵測 readystatechange 以瞭解事件的觸發行為。

範例 23-11 XMLHttpRequest 事件與狀態處理

畫面中顯示兩個按鈕，左邊的「傳送要求」按一下會針對伺服器傳送指定的資源要求，右邊的「中止要求」則是提供中止送出要求的功能。此範例主要討論各種事件的觸發，因此當使用者按下畫面上的按鈕，傳送或是中止要求時，相關的事件處理器會被執行並顯示預先設定的訊息。

xhRequest-event-state.html

```
<!DOCTYPE html >
<html>
<head>
      <title>XMLHttpRequest 事件與狀態處理 </title>
      <script>
          var client = new XMLHttpRequest();
          client.onreadystatechange = function () {
              alert('HTTP 狀態：' + this.status + '\n' +
                    'XMLHttpRequest 狀態：' + this.readyState);
          };
          client.onload = function () {
              alert(' 要求送出 ');
          };
          client.onloadstart = function () {
              alert(' 開始送出要求 ');
```

(續)

```
        };
        client.onabort = function () {
            alert('中止要求');
        };
        client.onerror = function () {
            alert('錯誤');
        };
        function runRequest() {
            try {
                client.open('POST', 'xhRequest-header-r.ashx');
                client.send();
            } catch (e) {
                document.getElementById('message').innerHTML = e;
            }
        }
        function runAbort() {
            client.abort();
        }
    </script>
</head>
<body>
<button onclick="runRequest()">傳送要求</button>
<button onclick="runAbort()">中止要求</button>
<p id="message"></p>
</body>
</html>
```

以灰階標示的部分，設定數個 XMLHttpRequest 物件的事件處理器，其中包含了 onload 、onloadstart 、onabort 以及 onerror 等幾個事件屬性，而一開始的 onreadystatechange 事件屬性，則於每一次傳送或是中止要求，發生狀態改變時觸發 readystatechange 事件執行，顯示目前最新的狀態。

至於另外兩個函式，runRequest() 與 runAbort() ，則分別於使用者按下按鈕時，執行相關的方法，進行伺服器的要求傳送與中止。

在正常的情形下，當使用者按下畫面上的「傳送要求」按鈕，會出現一連串的訊息方塊，以下列舉說明。

首先是 loadstart 事件被觸發，執行 onloadstart 事件處理器對應的內容，顯示下圖的訊息。

接下來，狀態被改變，觸發 readystatechange 狀態改變事件，出現右圖的訊息畫面，其中的 HTTP 狀態為 200 ，表示「OK」要求成功，而 XMLHttpRequest 狀態碼為 2 表示可以進一步調用回應方法以取得伺服器回應。

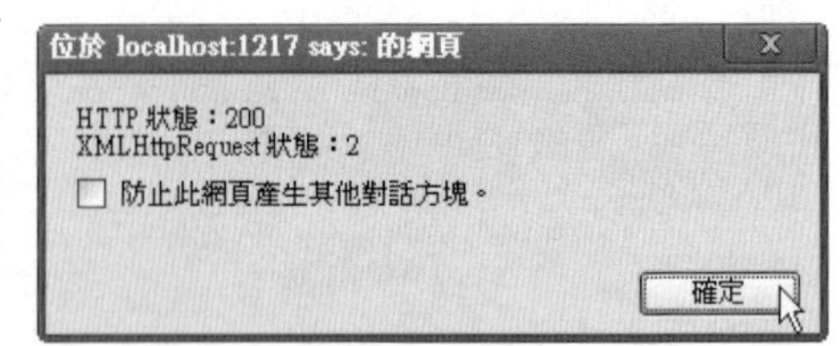

按一下「確定」按鈕，緊接著會出現另外一個訊息畫面，同樣的 HTTP 狀態 200 ，不過 XMLHttpRequest 狀態碼變成了 4 ，表示完成整個程序。

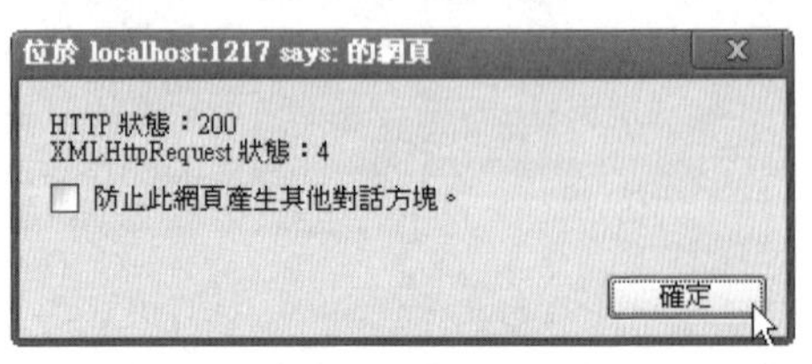

最後觸發的是 onload 事件，出現訊息畫面如右圖表示要求確實成功送出。

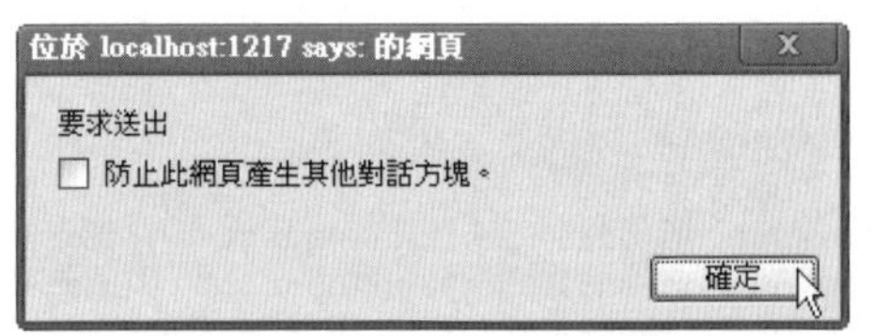

當使用者按下「中止要求」按鈕，觸發 abort 事件，出現如右圖的訊息方塊：

最後測試錯誤的狀況，中斷與伺服器的連線，然後再按下「傳送要求」按鈕，觸發 loadstart 事件，顯示「開始送出要求」訊息方塊之後，將連續出現以下的訊息方塊：

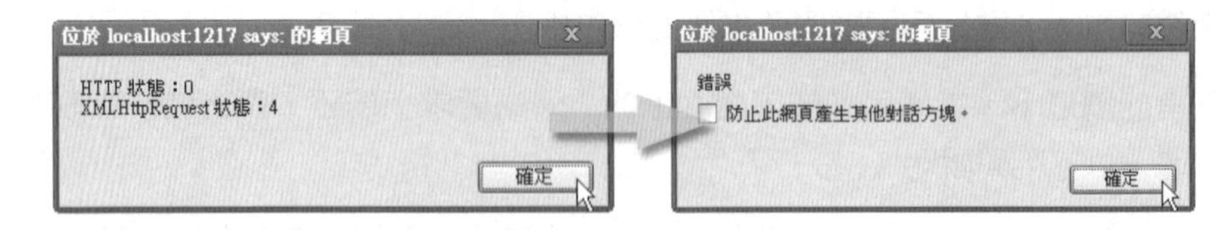

左邊顯示的內容，其中 HTTP 狀態被改變成 0 ，XMLHttpRequest 物件狀態 4 表示發生錯誤，接下來觸發 error 事件，表示錯誤發生，onerror 屬性設定的事件處理器被執行，因此顯示錯誤訊息。

23.5.2 timeout 事件

當你送出要求至伺服器，如果想要設定回應時間，可以透過屬性 timeout 屬性進行設定，語法如下：

```
client.timeout =  3000 ;
```

這一行程式碼表示當 XMLHttpRequest 送出要求之後，將會有 3000 毫秒的時間等待伺服器回應，如果超過這個時間沒有回應，則會中止要求程序，並且觸發 timeout 事件，以下透過設定 ontimeout 事件屬性，提供 timeout 時間到達未收到伺服器回應的訊息。

```
client.ontimeout = function ()
{
      alert('timeout');
};
```

以上兩段程式碼，必須放在調用 open() 方法以及 send() 方法之間。

範例 23-12 設定 timeout

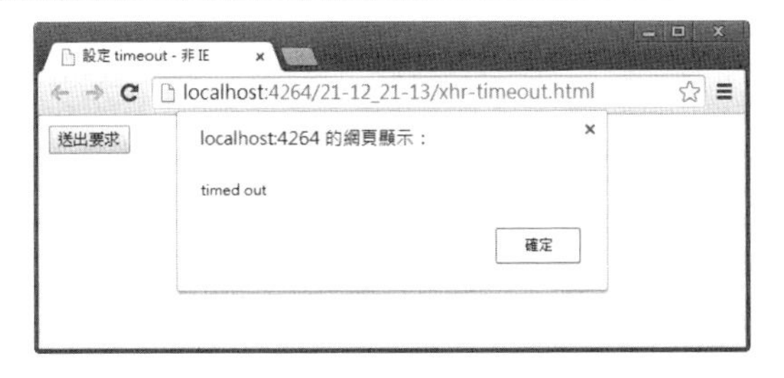

這個網頁以 IE8 進行測試，按一下畫面上的「送出要求」按鈕，網頁會針對指定的網址送出要求，於 timeout 設定的時間期限內未得到回應，即會顯示 timeout 的結果訊息。

xhr-timeout.ashx

```
public class xhr_timeout : IHttpHandler
{
      public void ProcessRequest(HttpContext context)
      {
            Thread.Sleep(10000);
            context.Response.ContentType = "text/plain";
            context.Response.Write("Hello World");
      }
}
```

為了測試 timeout 設定，這個伺服器檔案於進行回應之前，預先調用 Thread 的 Sleep() 方法，讓系統暫停十秒鐘開始回應。

xhr-timeout-ie.html

```
<!DOCTYPE html>
<html >
<head>
      <title>設定 timeout </title>
      <script>
          var client = new XMLHttpRequest();
          function sendServer()
          {
              try{
                  client.open('GET', 'xhr-timeout.ashx', false);
                  client.timeout = 5000;
                  client.ontimeout = function (e)
                  {
                      alert('timeout');
                  };
                  client.send();
                  alert(client.responseText);
              }catch(e)
              {
                  alert('要求回應錯誤：'+e);
              }
          }
      </script>
</head>
<body>
     <button onclick="sendServer()">送出要求</button>
</body>
</html>
```

網頁的部分，於按鈕的 click() 事件中，執行 sendServer() 函式，其中於 open() 之後設定了 timeout 等於五秒，然後指定回應 timeout 事件的函式內容。

如你所見，由於 timeout 的時間長度為五秒，這明顯小於伺服器檔案的暫停時間十秒，因此當五秒時間一到的時候，就會出現 timeout 訊息，要求作業中止並由 catch 捕捉錯誤。

讀者可以自行測試，開啟 xhr-timeout.ashx 這個伺服器檔案，將暫停時間調整小於五秒，例如以下這一行：

```
Thread.Sleep(3000);
```

其中只暫停三秒的時間即會對客戶端網頁作出回應，如此一來，就不會發生 timeout 的情形，執行結果將會顯示一個 Hello World 的訊息方塊。

如果要在其它的瀏覽器中呈現相同的效果，可以考慮以下的程式碼：

```
var to = setTimeout(timeout, 3000);
function timeout()
{
      client.abort();
      alert("timed out");
}
```

其中設定三秒達到 timeout 時間，並且於指定的函式中，中止要求操作並顯示提示訊息，除此之外，你還必須在回應成功時，清除這裡的 timeout 設定，所需的程式碼如下：

```
clearTimeout(to);
```

其中的 to 為上述調用 setTimeout() 所回傳的識別變數。

範例 23-13 設定 timeout －非 IE

在這個範例中設定了 timeout 時間為六秒，於此時間內沒有得到伺服器的回應，則會中止要求，並且顯示預設的 timeout 訊息。

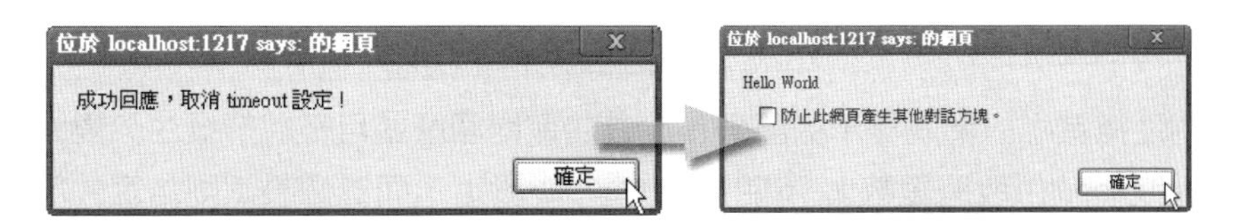

以上是在 timeout 時間內的回傳訊息畫面，按一下「確定」按鈕，出現了接下來的畫面，顯示伺服器的回應訊息。

xhr-timeout-ie.html

```
<!DOCTYPE html>
<html >
<head>
      <title>設定 timeout - 非 IE</title>
      <script>
          var client = new XMLHttpRequest();
          function sendServer()
          {
              try{
                  client.open('GET', 'xhr-timeout.ashx', true);
                  client.onreadystatechange = function ()
                  {
                      if (client.readyState == 4 && client.status == 200)
                      {
                          clearTimeout(to);
                          alert('成功回應，取消 timeout 設定 !');
                      }
                  }
                  client.addEventListener(
                          'load', loadcomplete, false);
                  client.send();
                  function timeout()
                  {
                      client.abort();
                      alert("timed out:6s");
                  }
                  var to = setTimeout(timeout, 6000);
              }catch(e)
              {
                     alert('要求回應錯誤：'+e);
              }
          }
          function loadcomplete()
          {
              alert(client.responseText);
          }
      </script>
</head>
<body>
     <button onclick="sendServer()">送出要求</button>
</body>
</html>
```

請特別注意其中以網底標示的部分，於成功取得回應並且在狀態發生改變時，調用 clearTimeout() 取消變數 to 所關聯的 timeout 設定，而這個設定則是定義於下方的程式中，其中調用 setTimeout() 回傳的結果，timeout 這個函式則是於 timeout 時間結束時未獲得伺服器的回應，因此終止要求程序，並顯示相關的訊息。

23.5.3 progress 事件

當資料開始上傳時，會持續觸發 progress 事件，直到上傳作業結束為止，而透過 onporgress 事件處理器，我們可監控上傳的過程，並且經由設定其事件處理器，呈現動態改變的視覺效果，以表示程序的執行進度。

範例 23-14 示範 XMLHttpRequest 檔案非同步上傳功能

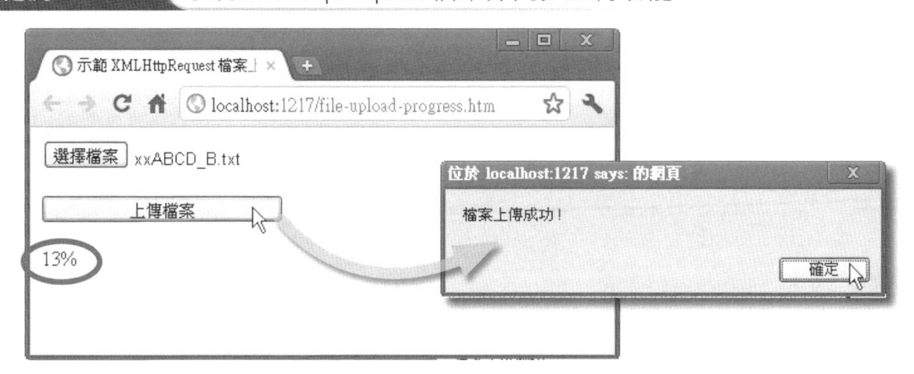

同樣的，這裡還是將重點放在 XMLHttpRequest 的非同步檔案上傳作業，因此介面依然相當簡單，不過這一次上傳檔案的時候，會出現上傳進度的百分比，而當這個百分比達到 100% 時會顯示上傳作業完成的訊息方塊視窗。

此範例上傳的目標網址同樣是上述的 file-upload.ashx ，因此這裡直接來看 HTML 檔案的內容。

file-upload-progress.html

```
<title>示範 XMLHttpRequest 檔案非同步上傳功能</title>
<script>
      function uploadFile() {
          var client = new XMLHttpRequest();
          try {
              var ufile = document.getElementById('files').files[0];
              if (ufile) {
                  client.upload.addEventListener(
                      'progress', file_progress, false);
                  client.addEventListener(
                      'load', file_complete, false);
                  var formData = new FormData();
                  formData.append('ufile', ufile);
                  client.open('POST', "file-upload.ashx", true);
                  client.send(formData);
              } else {
```

(續)

```
                alert("請選擇上傳檔案 !");
            }
        } catch (e) {
            document.getElementById('message').innerHTML = e;
        }
    }
    function file_progress(event) {
        if (event.lengthComputable) {
            var percent = Math.round(event.loaded * 100 / event.total);
            document.getElementById('pmsg').innerHTML =
                                            percent.toString() + '%';
        }
        else {
            document.getElementById('pmsg').innerHTML = '無法監控上傳進度';
        }
    }
    function file_complete(event) {
        alert(event.target.responseText);
    }
</script>
<style type="text/css">
    #ufileButton {
        width: 193px;
    }
</style>
```

其中以灰階標示的程式區塊，是支援非同步事件監控的程式碼，首先來看 uploadFile() 的內容，於建立 XMLHttpRequest 物件之後，分別監聽其 progress 與 load 事件，並設定事件處理器為 file_progress() 與 file_complete() ，調用 open() 方法時，最後一個參數則指定為 true ，如此一來上傳檔案作業將以非同步的方式進行。

file_progress() 回應 progress 事件，在檔案上傳的過程中，這個事件持續被觸發，透過其中的參數，取得目前的上傳進度，並且計算其比例，將結果顯示在畫面上。

file_complete() 則於作業完畢，檔案被完全上載時回應其觸發的 load 事件，其中顯示伺服器回傳的文字訊息。

Chrome 對於 XMLHttpRequest 的 open() 方法指定以非同步傳送 true 時的表現並不好，因此上傳大型檔案時的比例變化並不明顯，如果使用 Firefox 可以得到比較好的效果。

23.5.4 關於要求中止

你可以提供使用者中止傳送要求的機會，並且透過調用 abort() 來完成，現在回到上述的「範例 23-14」，於其中加入中止的功能，使用者將能在上傳結束之前，中止上傳作業。

配置一個按鈕標籤如下：

```
<button onclick="runAbort()" >終止上傳程序</button>
```

建立以下的 runAbort() 內容：

```
function runAbort()
{
      client.abort();
}
client.onabort = function ()
{
      alert('已經終止上傳要求 ! ');
};
```

其中調用 abort() 方法以中止下載程序，另外設定 onabort 事件屬性，以回應中止作業所產生的 abort 事件。

重新執行範例，上傳一個大型檔案，於上傳作業未達到 100% 之前，按一下「終止上傳程序」按鈕，得到以下的結果畫面：

其中 abort 事件被觸發，出現預先設定好的訊息，當這個畫面出現時，上傳程序被終止，檔案不會被上傳至伺服器。

Chrome 雖然支援非同步上傳，但畫面還是會鎖死，沒有辦法進行中止操作，因此無法測試，使用 Firefox 可以測試正常的效果。

23.6 回應與資料下載

客戶端針對伺服器送出要求，並且上傳資料，接下來就是等待伺服器回應，並下載其回應的資料內容，XMLHttpRequest 支援數種不同格式的資料下載，從純文字資料、XML 格式串流到圖檔，這一節針對各種格式資料的下載程序進行討論。

23.6.1 傳送 XML

本章一開始說明 XMLHttpRequest 功能的「範例 23-1」中，簡單的示範了伺服器的回應與字串下載程序，而在實際的應用上，通常下載的資料會複雜許多，不過原理均相同，這裡先討論 XML 格式資料的下載作業。

XML 是相當普遍的資料格式，特別是當你想要處理結構化資料時，以 XML 格式組織資料進行傳送相當方便，而 XMLHttpRequest 的 responseXML 屬性，回傳封裝 XML 內容的 Document 物件，透過 Document 物件，網頁便能夠輕易的解析其中的資料內容，接下來實作一個範例以進行說明。為了測試這個範例，準備了一個 XML 格式文件，內容列舉如下：

xmlsample.xml

```
<?xml version="1.0" encoding="UTF-8"?>
<documents>
    <conetnt>
      <subjcet>Java</subjcet>
      <title>Java 入門第一課 </title>
      <price>60</price>
      <pages>10</pages>
      <comments>討論 Java 的基礎概觀 </comments>
    </conetnt>
    <conetnt>
      <subjcet>C#</subjcet>
      <title>C# 泛型 </title>
      <price>160</price>
      <pages>30</pages>
      <comments>討論 C# 集合與泛型技術 </comments>
    </conetnt>
</documents>
```

其中兩個主要的 content 子節點，分別代表某份特定的文件，其內容描述這份文件所屬的技術主題、售價以及價格等資訊。

範例 23-15 示範 XMLHttpRequest 與 XML 資料傳送

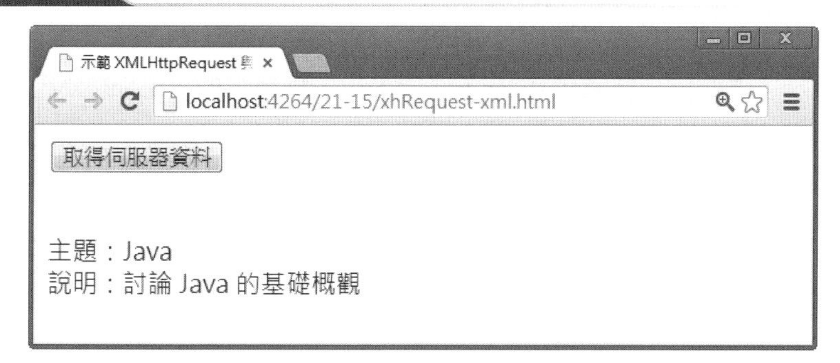

按一下「取得伺服器資料」按鈕，此時畫面下方顯示上述 XML 檔案內容中第一個 content 元素中，第一個子節點與最後一個子節點的內容。

xhRequest-xml.html

```
<head>
      <title>示範 XMLHttpRequest 與 XML 資料傳送</title>
      <script>
          function runRequest() {
              try {
                  var client = new XMLHttpRequest();
                  client.addEventListener('load', loadcomplete, false);
                  client.open('GET', 'xmlsample.xml', true);
                  client.send();
              } catch (e) {
                  document.getElementById('message').innerHTML = e;
              }
          }
          function loadcomplete(event) {
              var xdoc = event.target.responseXML;
              if (xdoc) {
                  var docs = xdoc.getElementsByTagName('conetnt')[0];
                  var subject = docs.getElementsByTagName('subject')[0];
                  var comment = docs.getElementsByTagName('comments')[0];
                  var content = '<br/>主題：' + subject.firstChild.nodeValue;
                  content += ('<br/>說明：' + comment.lastChild.nodeValue);
                  document.getElementById('message').innerHTML = content;
              } else {
                  alert('null');
              }
          }
      </script>
</head>
<body>
<button onclick="runRequest()">取得伺服器資料</button>
<p id="message"></p>
</body>
```

XMLHttpRequest 物件的運用相信讀者已經相當熟悉，請特別注意其中調用 open() 方法的程式碼指定的 url 是一個 XML 檔案。

接下來是 load 事件的處理器函式 loadcomplete() ，其中引用 responseXML 屬性，取得伺服器回傳的 XML 檔案，最後得到的 xdoc 是一個 XML 格式內容的 Document 物件，緊接著透過此物件解析其內容。

如你所見，我們可以透過網路直接下載 XML 文件，並且解析內容結構的相關節點，現在將其中引用 responseXML 屬性的這一行程式碼修改如下：

```
var xdoc = event.target.responseText;
```

然後調整以下這一行程式碼，將 xdoc 的內容直接公開於網頁上：

```
document.getElementById('message').innerHTML = xdoc;
```

經過調整之後，你會看到以下的結果：

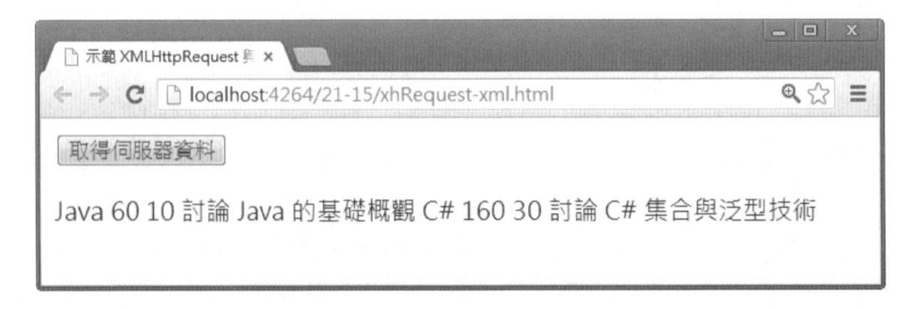

沒有意外的，如你所見，整份 XML 內容文件，其中節點的值全部被取出顯示於網頁上。

23.6.2 下載 XML 串流內容

到目前為止，我們已經可以透過直接指定 URL 來取得 XML 實體檔案內容，並且藉由其調用 Document 物件來解析其中的內容，這樣很好，不過在實際的運用上，單單這樣作是不夠的，並非所有的資料均是實體文字檔，而這種情形更為普遍。

例如從資料庫取出的資料，不可能先轉存成為 XML 實體檔案再進行傳送，這在實作上亦相當不切實際，比較好的作法是在伺服器送出之前，將 XML 的內容轉換成為資料串流進行傳送，以 ASP.NET 而言，我們可以在泛型處理常式檔案中進行轉換的實作，接下來的範例進一步示範說明。

範例 23-16 示範 XMLHttpRequest 與 XML 資料傳送－串流

這個範例的執行結果，與上一個小節示範實體 XML 檔案傳送的範例完全相同，只是 XMLHttpRequest 物件所下載的對象，不再是實體 XML 檔案，我們將其直接寫入串流進行回傳，這裡完全不需要修改 JavaScript ，只是在調用 open() 方法時，將 url 指向新建立的泛型處理常式檔案。

xhRequest-xml-stream.ashx

```
public void ProcessRequest(HttpContext context)
{
      XmlDocument xdoc = new XmlDocument();
      xdoc.Load(context.Server.MapPath("xmlsample.xml"));
      context.Response.ContentType = "text/xml";
      context.Response.Write(xdoc.OuterXml);
}
```

其中建立 XmlDocument 物件，然後調用 Load() 方法指定路徑，載入要傳送的 XML 檔案，封裝其內容，接下來要注意指定 ContentType 為 text/xml 格式，最後調用 XmlDocument 物件的 OuterXml 取得 XML 內容字串進行傳送。另外，HTML 檔案中承接伺服器回應 XML 內容的 JavaScript 檔案，注意要修改其 open 的 url 參數如下：

```
client.open('GET', 'xhRequest-xml-stream.ashx', true);
```

為了避免混淆，另外建立一個檔案 xhRequest-xml-stream.html ，請自行測試。

直接透過串流傳送 XML 文件的技巧相當有用，特別是當你的網頁資料來自於伺服器底層的資料庫系統，針對不同的伺服器技術，無論 PHP 或是 ASP.NET ，將資料庫取得的資料集直接轉換成對應的 XML 格式資料，你甚至不需要實體檔案即可進行傳送。

23.6.3 XML 與伺服器資料庫

網頁的內容通常是動態經由伺服器取得，典型的作法是在伺服器端完成資料的讀取，再將包含資料內容的結果傳送至前端瀏覽器進行解譯，現在利用 XMLHttpRequest 對 XML 格式的傳輸支援，我們可以直接建置網頁內容傳送至瀏覽器進行展現，然後再動態讀取所需的資料，讓資料與 HTML 介面徹底的切割。

接下來實作一個範例，示範從資料庫取得特定資料表資料，轉換成為 XML 之後，經由 XMLHttpRequest 展現於網頁的過程。

範例 23-17 示範 XMLHttpRequest 與資料庫存取

這個範例針對分類資料表 cd_Categories 的內容進行存取，列舉如下：

CategoryID	CategoryName	Description
101001	PC 組裝元件大類（A）	組裝元件A
101002	PC 週邊設備（B）	各種 PC 組裝相關周邊配件、裝置等等
101003	PC 延伸裝置（C）	各種電腦外接裝置
101004	PC 配件（D）	各種 PC 組裝相關周邊配件、裝置等等
101006	各類連接線材	只要線材的，無論消耗品或耐用材都算這一類
101007	雜項百貨	非PC類事務用品
101008	A01-USB3.0機殼	機殼類-適用 USB 3.0 版
101009	A01-一般機殼	機殼類-通用型經齊機殼
101010	A02-POWER（一）	電源供應器1
101011	A02-POWER（二）	電源供應器2
101012	A03-主機版（三）	PC組裝主機板
101013	A04-擴充卡（一）	PC組裝擴充
101014	A04-擴充卡（二）	PC組裝擴充
101015	A05-CPU 風扇	各式主機CPU風扇
101016	A06-顯卡風扇	各式顯示卡冷卻風扇
101064	線材	包含各種消耗類線路包裝或主體
101065	泛用	無法分類的一般商品
101068	書籍	康廷數位電腦圖書

瀏覽此範例網頁，其中擷取資料部分欄位內容，出現結果畫面如下：

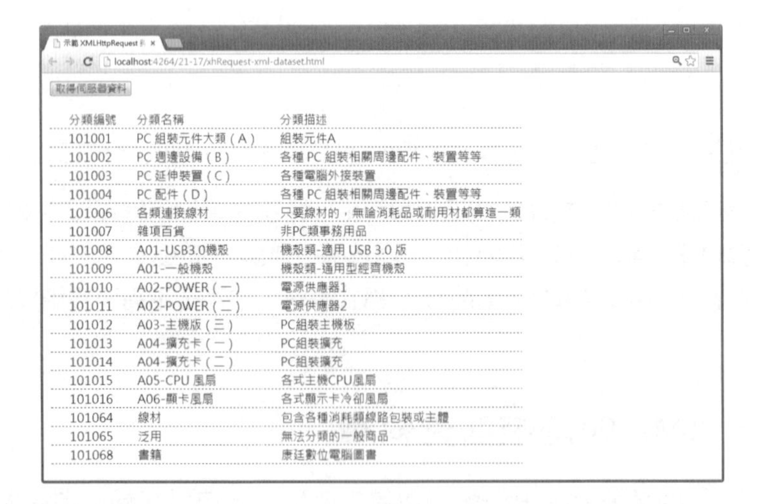

分類編號	分類名稱	分類描述
101001	PC 組裝元件大類（A）	組裝元件A
101002	PC 週邊設備（B）	各種 PC 組裝相關周邊配件、裝置等等
101003	PC 延伸裝置（C）	各種電腦外接裝置
101004	PC 配件（D）	各種 PC 組裝相關周邊配件、裝置等等
101006	各類連接線材	只要線材的，無論消耗品或耐用材都算這一類
101007	雜項百貨	非PC類事務用品
101008	A01-USB3.0機殼	機殼類-適用 USB 3.0 版
101009	A01-一般機殼	機殼類-通用型經齊機殼
101010	A02-POWER（一）	電源供應器1
101011	A02-POWER（二）	電源供應器2
101012	A03-主機版（三）	PC組裝主機板
101013	A04-擴充卡（一）	PC組裝擴充
101014	A04-擴充卡（二）	PC組裝擴充
101015	A05-CPU 風扇	各式主機CPU風扇
101016	A06-顯卡風扇	各式顯示卡冷卻風扇
101064	線材	包含各種消耗類線路包裝或主體
101065	泛用	無法分類的一般商品
101068	書籍	康廷數位電腦圖書

接下來列舉的是這個範例所使用的伺服器檔案。

xhRequest-xml-dataset.ashx

```
public void ProcessRequest(HttpContext context)
{
      string conn = "Server=Tim-PC;Database=KTMS;Trusted_Connection=True;";
      string sql = "SELECT CategoryID,CategoryName,Description  FROM
```

(續)

```
        Categories";
    SqlConnection sqlconn = new SqlConnection(conn);
    SqlCommand sqlCmd = new SqlCommand(sql, sqlconn);
    SqlDataAdapter da = new SqlDataAdapter(sqlCmd);
    DataSet ds = new DataSet();
    da.Fill(ds);
    sqlconn.Close();

    string dsXml = ds.GetXml();
    XmlDocument xmldoc = new XmlDocument();
    xmldoc.LoadXml(dsXml);
    context.Response.ContentType = "text/xml";
    context.Response.Write(xmldoc.OuterXml);
}
```

在這個泛型處理常式中，前半段透過 ADO.NET 與 SQL 敘述取得所需的資料，然後調用 GetXml() 方法，將所取得的資料集轉換成為對應的 XML 格式字串，再將這個字串當作參數傳入 XmlDocument 物件的 LoadXml() 當中，最後以此物件引用 OuterXml 取得所需的 XML 物件寫入 HTTP 資料流。

接下來就是網頁的部分，解析泛型處理常式回傳的 XML 串流資料，以此所使用的資料為例，它回傳的內容格式如下：

```
<NewDataSet>
<Table>
    <CategoryID>1001</CategoryID>
    <XTitle>ASP.NET</XTitle>
    <Description>各種與 ASP.NET 相 …  </Description>
</Table>
<Table>
    <CategoryID>1002</CategoryID>
    <XTitle>C#</XTitle>
    <Description>討論 C# 語法與邏輯元素 …</Description>
</Table>
<Table>
    <CategoryID>1003</CategoryID>
    <XTitle>Java</XTitle>
    <Description>討論 Java 語法與邏輯元素…</Description>
</Table>
<Table>
    <CategoryID>1004</CategoryID>
    <XTitle>C 語言 </XTitle>
    <Description>討論 C 語言的語法與邏輯元素…</Description>
</Table>
</NewDataSet>
```

為了方便檢視，這裡列舉的內容已經過排版，程式所回傳的內容是一個連續無斷行的長字串，根據此格式，接下來於 HTML 網頁透過 JavaScript 進行解析，下頁列舉此範例程式碼。

xhRequest-xml-dataset.html

```
<script>
        var client = new XMLHttpRequest();
        function runRequest() {
            try {

                client.addEventListener('load', loadcomplete, false);
                client.open('GET', 'xhRequest-xml-dataset.ashx', true);
                client.send();

            } catch (e) {
                document.getElementById('message').innerHTML = e;
            }
        }
        function loadcomplete(event) {

            try {
                var xdoc = client.responseXML;
                if (xdoc) {
                    var content = '<table>';
                    content +=
                        '<tr><td><span> 分類編號 </span></td>' +
                        '<td><span> 分類名稱 </span></td>' +
                        '<td><span> 分類描述 </span></td></tr>';
                    var tables = xdoc.getElementsByTagName('Table');
                    for (var i = 0; i < tables.length; i++) {
                        var id = tables[i].getElementsByTagName(
                            'CategoryID')[0].firstChild.nodeValue;
                        var title = tables[i].getElementsByTagName(
                            'CategoryName')[0].firstChild.nodeValue;
                        var desc = tables[i].getElementsByTagName(
                            'Description')[0].firstChild.nodeValue;
                        content += '<tr><td><span>' + id + '</span></td>' +
                            '<td><span>' + title + '</span></td>' +
                            '<td><span>' + desc + '</span></td></tr>';
                    }
                    content += '</table>';
                    document.getElementById('message').innerHTML = content;

                } else {
                    alert('null');
                }
            } catch (e) {
                alert(e);
            }
        }
</script>
```

這段網頁的 JavaScript 程式碼並沒有特別的地方，重點在於解析其中的資料，並且逐一將其配置於 table 元素所構成的表格中。

23.6.4 下載檔案與位元資料

除了 XML ，XMLHttpRequest 物件同樣支援檔案型態的資料傳輸，這一節我們進一步來看看如何將指定的檔案傳輸至瀏覽器，並且結合 File API 針對檔案內容進行剖析。

檔案傳輸比較麻煩，必須借助檔案作業功能進行實作，以下透過範例進行說明。

範例 23-18 示範圖檔傳送

執行畫面的左上角有一個「顯示圖片」按鈕，按一下會依序從伺服器取得不同的圖案，呈現在網頁上，這裡僅設定兩張圖片的轉換。此範例同樣需要配合泛型處理常式檔案，不過這一部分與前述的範例有一些差異，來看看這個檔案的內容。

xhrRequest-file.ashx

```
public void ProcessRequest(HttpContext context)
{
      context.Response.ContentType = "image/jpeg";
      string i = context.Request.Headers["imx"];
      if (i == "1")
      {
          context.Response.WriteFile(
              context.Server.MapPath("beauty1.jpg"));
      }
      else
      {
          context.Response.WriteFile(
              context.Server.MapPath("beauty2.jpg"));
      }
}
```

首先設定回應的資料型態為 image/jpeg ，然後取得標頭欄位 imx 的值，根據這個值，決定所要回傳的圖片檔案，最後取得檔案完整路徑，將其當作參數，調用 context.Response.WriteFile 寫入網路資料流，回應至客戶端網頁。

xhrRequest-file.html

```
<!DOCTYPE html >
<html>
<head>
      <title> 示範圖檔傳送 </title>
      <script>
          var loop = 0;
          function runRequest() {
              if (loop == 0)
                  loop = 1
              else
                  loop = 0;

              var client = new XMLHttpRequest();
              client.addEventListener('load', loadcomplete, false);
              client.open('GET', 'xhrRequest-file.ashx', true);
              client.responseType = 'arraybuffer';
              client.setRequestHeader('imx', loop.toString());
              client.send();
          }
          function loadcomplete(event) {
              window.URL = window.URL || window.webkitURL;
              if (this.status == 200) {
                  var blob = new Blob([event.target.response], { type:
                  'image/jpeg' });
                  var img = document.getElementById('imgx');
                  img.src = window.URL.createObjectURL(blob);
              }
          }
      </script>
</head>
<body>
<button onclick="runRequest()"> 顯示圖片 </button>
<p><img id="imgx" width="220" /></p>
</body>
</html>
```

在按鈕「顯示圖片」的 click 事件回應函式中，建立 XMLHttpRequest 物件，設定其 load 事件處理器 loadcomplete ，並且開啟提供圖檔資源的 xhrRequest-file.ashx ，然後設定回應的資料為 arraybuffer 型態，並且透過調用 setRequestHeader() 方法，同時將所要求的回應檔案其識別資訊透過標頭一併傳送至伺服器。

當 send() 方法被執行，要求送入伺服器，所需的檔案被取出，並且回應給客戶端網頁，load 事件處理器建立 Blob 物件 blob 封裝圖檔。

最後調用 window.URL.createObjectURL 將 blob 物件轉換成為對應的 url 字串，設定給 img 元素的 src 屬性，顯示在畫面上。

另外一方面，我們甚至可以進一步將取得的檔案，儲存至 HTML5 支援的檔案系統，現在利用一個範例進行實作說明。

範例 23-19 圖檔下載與檔案系統儲存

範例畫面的左上角有兩個按鈕，「下載圖片」按鈕按一下會開始從伺服器下載指定的圖片檔，並且直接將其儲存至檔案系統中的根目錄底下，而「讀取圖片」按鈕，則會從根目錄讀取檔案，將其顯示在畫面中。

xhrRequest-file-sb.html

```
<!DOCTYPE html >
<html>
<head>
      <title> 圖檔下載與檔案系統儲存 </title>
      <script>

          function runRequest()
          {
              var client = new XMLHttpRequest();
              client.addEventListener('load', loadcomplete, false);
              client.open('GET', 'xhrRequest-file.ashx', true);
              client.responseType = 'arraybuffer';
              client.setRequestHeader('imx',0);
              client.send();
          }
          function loadcomplete(event)
```

(續)

```
        {
            window.URL = window.URL || window.webkitURL;
            if (this.status == 200)
            {
                var blob = new Blob([event.target.response], { type: 'image/jpeg' });
                saveToFileSystem(blob);
            }
        }
        var error = 0;
        window.requestFileSystem =
            window.requestFileSystem ||
            window.webkitRequestFileSystem;
        function saveToFileSystem(b)
        {
            window.requestFileSystem(
                TEMPORARY,
                5 * 1024 * 1024,
                function (fs)
                {
                    fs.root.getFile('image.jpg', { create: true },
                        function (fileEntry)
                        {
                            fileEntry.createWriter(function (writer)
                            {
                                writer.onwrite =
                                    function (e) {alert('檔案完成儲存！'); };
                                writer.onerror =
                                    function (e) {alert('writer error:' + e);};
                                writer.write(b);
                            }, errorHandler);
                        }, errorHandler);
                }, errorHandler);
        }
        function errorHandler(fe)
        {
            alert(fe.code + ':' + error.toString());
        }
        function readFile()
        {
            window.requestFileSystem(
                TEMPORARY,
                5 * 1024 * 1024,
                function (fs)
                {
                    var file = 'image.jpg';
                    fs.root.getFile(file, {}, function (fileEntry)
                    {
                        fileEntry.file(function (file)
                        {

                            var reader = new FileReader();
                            reader.onloadend = function (e)
                            {
```

(續)

```
                                    var img = document.getElementById('imgx');
                                    img.src = this.result;
                                };
                                reader.readAsDataURL(file);
                            }, errorHandler);
                        }, errorHandler);

                    }, errorHandler);
            }
        </script>
</head>
<body>
<button onclick="runRequest()"> 下載圖片 </button>
<button onclick="readFile()"> 讀取圖片 </button>
<p><img id="imgx" width="180"/></p>
<p id="urlStr"></p>
</body>
</html>
```

這個範例檔案有兩個重點，首先「下載圖片」按鈕調用 runRequest() 向伺服器要求檔案，其中要求連線開啟的伺服器檔案 xhrRequest-file.ashx 在前述的範例中已經作了說明，而當要求的檔案下載完成，執行 saveToFileSystem() 這個函式進行檔案的儲存，並且將封裝檔案的 blob 物件當作參數傳入。

saveToFileSystem() 函式將 blob 型態參數 b ，寫入本地檔案系統中的根目錄。

接下來則是「讀取圖片」按鈕所執行的 readFile() 函式，其中透過 FileReader 讀取檔案，然後於 onload 事件回應函式中，取得圖片檔案的連結位址，設定給預先配置的 img 元素。

另外必須瞭解的是，當我們透過調用 window.URL.createObjectURL 方法取得檔案的 url 位址，它的語法格式如下：

```
objectURL = window.URL.createObjectURL(file);
```

參數 file 是一個 File 型態的檔案物件，這一行程式碼回傳代表此檔案物件的 url 字串，以「範例 23-18」為例，伺服器回傳的圖檔經過轉換之後的位址如下：

```
blob:http://localhost:1217/93444515-9d3b-4308-941e-1e96a345a438
```

這一行字串會連結至圖檔所在的位置。

而調用 window.URL.createObjectURL() 之前，針對現存的 URL 物件資源進行釋放是必要的，調用 window.URL.revokeObjectURL() 可以達到這個目的：

```
window.URL.revokeObjectURL()
```

此方法會告知瀏覽器你不再需要檔案物件的參照了，而除了調用此方法，一旦文件被關閉時，瀏覽器也會自動釋放相關資源。

23.7 於背景執行緒調用 XMLHttpRequest

調用 XMLHttpRequest 的 open() 方法時，如果將非同步參數設定為 false ，則會以同步的方式執行相關作業，如果想要以同步的方式與伺服器進行溝通，又不想影響目前的網頁，可以考慮透過 Worker 機制達到此種效果，將 XMLHttpRequest 物件的相關運算程式，寫在獨立的 JavaScript ，然後以 Worker 調用即可。

範例 23-20 透過 Worker 調用 XMLHttpRequest 物件

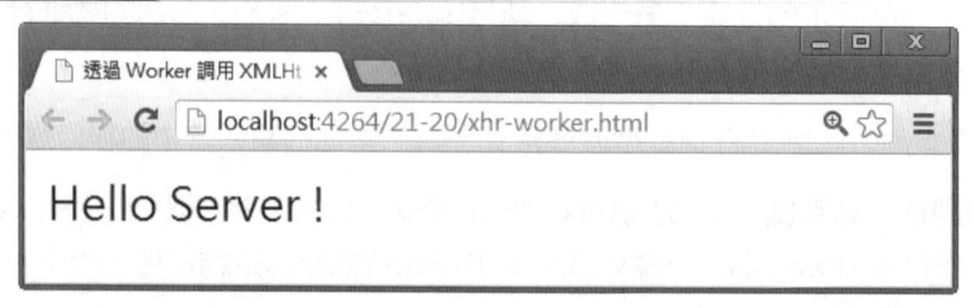

為了方便理解，這裡僅單純的透過 XMLHttpRequest 開啟指定的伺服器檔案，並取得其回傳的訊息文字。

xhr-worker.ashx

```
public void ProcessRequest(HttpContext context)
{
      context.Response.ContentType = "text/plain";
      context.Response.Write("Hello Server ! ");
}
```

這段泛型處理常式的程式相當簡單，只回傳一行指定的訊息文字。

xhr-worker.js

```
try {

      postMessage(sendServer('xhr-worker.ashx')) ;
} catch (e) {
      return ''
}
function sendServer(url){

      var client = new XMLHttpRequest();
      client.open('GET',url, false);
      client.send();
      return client.responseText
}
```

JavaScript 檔案是這個範例比較難理解的部分，它負責調用 XMLHttpRequest 物件，開啟上述的 xhr-worker.ashx 檔案，並且取得其回傳的訊息，相關的程式碼寫在 sendServer() 函式。

由於這個 JavaScript 是在獨立的背景執行緒當中執行，因此在 postMessage() 函式中，呼叫 sendServer() 將取得的結果回傳至調用 Worker 執行此檔案的網頁。

xhr-worker.html

```
<head>
      <title>透過 Worker 調用 XMLHttpRequest 物件</title>
      <script >
          function init() {
              var worker = new Worker("xhr-worker.js");
              worker.onmessage = function (event) {
                  document.getElementById("result").textContent = event.data;
              };
          }
      </script>
</head>
<body onload="init()">
<output id="result"></output>
</body>
```

建立 Worker 物件，並且指定了所要執行的檔案為 xhr-worker.js ，設定 onmessage 事件屬性，於其中取得回傳的結果。

這個範例從網頁背景執行緒中透過 XMLHttpRequest 物件執行伺服器端的特定運算，然後反向取得其回應的資料顯示在網頁上，過程如下：

```
Html  → Worker → XMLHttpRequest → Server（泛型處理常式）
```

在這種情形下，即便以同步方式執行伺服器端的運算，也不會影響網頁的運算。

除了簡單的字串傳遞，檔案上傳等比較複雜的操作同樣是可行的，你可以直接將取得檔案傳送至 Worker 中執行的 Javascript ，以下調整稍早討論的「範例 23-14」，切割上傳檔案的功能程式碼。

範例 23-21 利用 Worker 執行非同步上傳作業

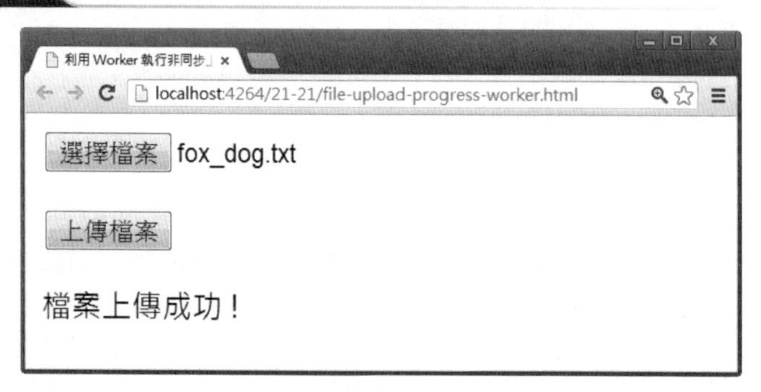

這裡簡化了前述範例中的討論，僅實作上傳並且處理 load 事件的回應，按一下畫面上的「上傳檔案」按鈕，將選取的檔案上傳，並且陸續顯示上傳的結果訊息。

file-upload-progress-worker.ashx

```
public class file_upload_progress_worker : IHttpHandler
{
      public void ProcessRequest(HttpContext context)
      {
          string fullfileName =
              context.Server.MapPath("\\") + "my_file.txt";
          context.Request.SaveAs(fullfileName,false);
          context.Response.ContentType = "text/plain";
          context.Response.Write(" 檔案上傳成功 !");
      }
      ...
}
```

由於這一次是直接透過 javascript 檔案傳送要求，並上傳指定檔案，因此直接將其儲存至指定路徑。

file-upload-progress-worker.js

```
var client = new XMLHttpRequest();
client.addEventListener('load', file_complete, false);
//
onmessage = function (event)
{
```

(續)

```
        var ufile = event.data.input;
        try
        {
            client.open('POST', "file-upload-progress-worker.ashx", true);
            client.send(ufile);
            postMessage('上傳開始…');
        } catch (e)
        {
            postMessage(e.message);
        }
}
function file_complete(event)
{
        postMessage(event.target.responseText);
}
```

HTML 網頁透過 Worker 調用此 Javascript 檔案，其中最重要者是以灰階標示的這一行程式碼，透過 event.data.input 取得網頁傳送過來的檔案物件，最後經由 XMLHttpRequest 上傳。

file-upload-progress-worker.html

```
<!DOCTYPE>
<html >
<head>
        <title>利用 Worker 執行非同步上傳作業</title>
        <script>
            var worker;
            worker = new Worker("file-upload-progress-worker.js");
            worker.onmessage = function (event)
            {
                document.getElementById("pmsg").innerHTML = event.data;
            };
            function uploadFile()
            {
                var ufile = document.getElementById('files').files[0];
                worker.postMessage({ input: ufile });
            }
        </script>
</head>
<body>
<input id="files" type="file" />
<p><button id="ufileButton" onclick="uploadFile()" >上傳檔案</button></p>
<p id="pmsg"></p>
</body>
</html>
```

這個網頁首先建立 Worker 物件，並且指定 file-upload-progress-worker.js 為背景執行檔案，「上傳檔案」按鈕的 click 事件處理程序 uploadFile() 當中，取得使用者選取的檔案 ufile ，將其當作參數調用 postMessage() 傳送進背景執行緒中執行。

23.8 處理 JSON

JSON 是網路上廣泛使用的輕量級資料交換格式，XMLHttpRequest 物件能夠輕易的處理此種格式的資料，進行上傳 / 下載作業，接下來這一節針對 JSON 與 XMLHttpRequest 結合運用進示範說明。

範例 23-22 上傳 JSON 資料

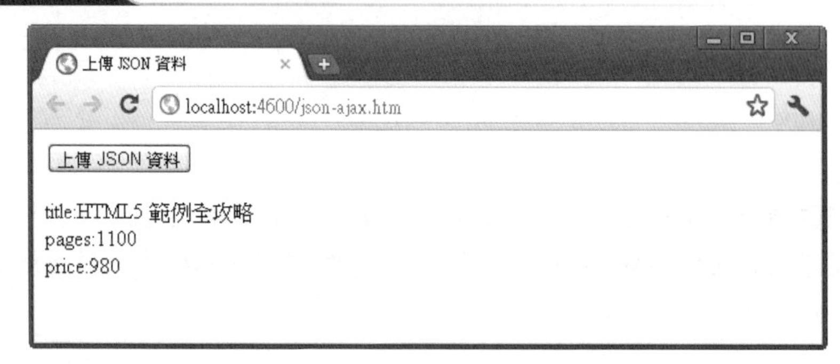

畫面中配置了一個「上傳 JSON 資料按鈕」，按一下會將預先定義的 JSON 資料轉換成為字串，然後透過 XMLHttpRequest 傳送至後端伺服器進行處理，最後取得處理後的結果，回傳至網頁端呈現。

json-ajax.html

```
<!DOCTYPE html >
<html >
<head>
      <title>上傳 JSON 資料</title>
      <script>
          var book = {
              "title" : "HTML5 範例全攻略",
              "pages" : 1100, "price" : 980 }  ;

          function runRequest() {
              try {
                  var json =JSON.stringify(book) ;
                  var client = new XMLHttpRequest();
                  client.open( 'POST' ,
                      'json-ajax.ashx' , false);
                  client.send(json);
                  document.getElementById( 'msg' ).innerHTML =
                      client.responseText;
              } catch (e) {
                  document.getElementById( 'msg' ).innerHTML = e;
              }
```

(續)

```
            }
        </script>
</head>
<body onload=” init()” >
<button onclick=” runRequest()” >上傳 JSON 資料</button>
<p id=” msg” ></p>
</body>
</html>
```

使用者按下按鈕執行 runRequest() 函式，其中調用 stringify() 將預先定義的 book 資料轉換成為字串，最後透過 XMLHttpRequest 物件，調用 send() 將此 JSON 格式字串傳送回指定的伺服器檔案。以下是接收此回傳資料檔案 json-ajax.ashx 的內容：

```
public void ProcessRequest(HttpContext context)
{
      Stream buffer = context.Request.InputStream;
      StreamReader reader = new StreamReader(buffer);
      string msg = reader.ReadToEnd();
      msg = msg.Replace( “}” , “” );
      msg = msg.Replace( “{ “, “” );
      msg = msg.Replace( “\”” , “” );
      msg = msg.Replace( “,” , “<br/>” );
      context.Response.ContentType = “text/plain” ;
      context.Response.Write( msg);
}
```

讀者對於這一部分應該相當熟悉，其中取得 HTML 網頁傳送過來的 JSON 格式字串，然後剖析其內容，最後回傳至網頁顯示出來。

很快的我們繼續來看如何進行反向操作，將伺服器中的資料物件轉換成為 JSON 格式字串，回傳至瀏覽器網頁。

範例 23-23 下載伺服器傳送 JSON 資料

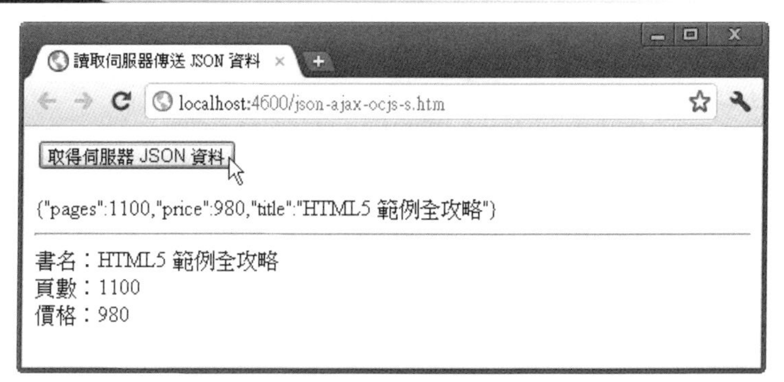

按下「取得伺服器 JSON 資料」按鈕時，將伺服器回傳的 JSON 字串直接輸出，然後再轉換成為物件逐一讀取其中的資料項目。

json-ajax-ocjs-s.html

```
<script>
      function runRequest() {
          try {
              var client = new XMLHttpRequest();
              client.open( 'POST' ,
                  'json-ajax-ocjs-s.ashx' , false);
              client.send();
              var book = client.responseText;
              document.getElementById( 'msg' ).innerHTML = book + "<hr/>" ;
              var o = JSON.parse(book);
              document.getElementById( 'msg' ).innerHTML += (
                  "書名：" +o.title + "<br/>" +
                  "頁數：" + o.pages + "<br/>" +
                  "價格：" + o.price);
          } catch (e) {
              document.getElementById( 'msg' ).innerHTML = e;
          }
      }
</script>
```

這個網頁直接連接伺服器檔案 json-ajax-ocjs-s.ashx ，並取得其回傳的 JSON 格式資料字串，將其顯示在畫面上。緊接著透過 JSON 調用 parse() 轉換字串成為 JSON 物件，逐一取出其中的資料內容。

json-ajax-ocjs-s.ashx

```
public void ProcessRequest(HttpContext context)
{
      DataContractJsonSerializer jsonserializer =
          new DataContractJsonSerializer(typeof(Book));
      Book b = new Book();
      b.title = "HTML5 範例全攻略" ;
      b.pages = 1100 ;
      b.price = 980 ;
      MemoryStream ms = new MemoryStream();
      jsonserializer.WriteObject(ms, b);
      string jsonString = Encoding.UTF8.GetString(ms.ToArray());
      ms.Close();
      context.Response.ContentType = "text/plain" ;
      context.Response.Write(jsonString);
}
```

首先建立一個 Book 物件 book ，然後逐一設定其資料屬性，接下來運用 DataContractJsonSerializer 物件 jsonserializer ，調用 WriteObject() 方法，將 book 這個

物件寫入暫存記憶體資料流，然後轉換成為 UTF8 格式編碼字串，最後寫入網路資料流，回傳至網頁。

與伺服器服務的資料交換，是 Web 應用程式開發最重要的議題，特別是牽涉大量資料運算作業的商業應用程式，而 XMLHttpRequest 物件與 JSON 正是商業應用程式開發最基礎也最重要的入門知識。

SUMMARY

這一章針對 Ajax 技術的核心物件 XMLHttpRequest 作了詳細的討論，同時亦整合了檔案作業，結合伺服器端程式，示範各種網路上傳 / 下載的功能實作，最後觸及了 JSON 格式的資料處理。

完成 Ajax 技術的討論，本書歷經二十三章的內容亦將告一段落，HTML5 是個龐大的議題，也期許讀者能在本書建立的基礎上持續精進，打造屬於自己的網路應用服務。

A.1 HTML5 支援度評比

A.2 技術規格資源文件

- W3C
- WHATWG

A.3 HTML5 與 HTML4 的差異

A.4 特定技術規格文件

- HTML Microdata
- HTML Canvas 2D Context
- The WebSocket API
- HTML5 Web Messaging
- Web Workers
- Server-Sent Events
- Web Storage
- File API: Directories and System
- XMLHttpRequest
- Indexed Database API

A.5 關於常見的問題

附錄 A

HTML5 技術文件

HTML5 相當龐大，此附錄列舉本書討論的各種關鍵 API 介面規格文件連結描述，方便讀者檢視查閱，需要進一步的規格細節，讀者可以至相關網址，查詢線上規格書。

A.1 HTML5 支援度評比

HTML5 技術與瀏覽器都在不斷的演進，因此在書中列舉 HTML5 的支援差異並沒有意義，有興趣的讀者，隨時可以至 THE HTML5 TEST 網站檢視特定瀏覽器對 HTML5 規格支援度的最新狀況，網址如下：

```
http://html5test.com/
```

這個網站同時亦能查詢舊版瀏覽器的支援程度，對於舊式裝置的使用者亦相當方便。

A.2 技術規格資源文件

本書內容資料來源，主要參考 W3C 與 WHATWG 所公開之 HTML5 技術相關文件，以下分別簡述之。

- **W3C**

HTML5 – A vocabulary and associated APIs for HTML and XHTML

```
http://www.w3.org/TR/html5/
```

由於 W3C 是目前 HTML5 正式規格的主要制定者，因此其中 W3C 公開的這一份 HTML5 規格書「HTML5 – A vocabulary and associated APIs for HTML and XHTML」是本書主要的參考來源，這是 W3C 公開最詳盡的 HTML5 規格，其中甚至包含瀏覽器支援 HTML5 實作必須瞭解的技術細節。

- **WHATWG**

1. HTML Living Standard

```
http://www.whatwg.org/specs/web-apps/current-work/multipage/index.html
```

WHATWG 將 HTML5 移交 W3C 制定之後，還是繼續發展整個 HTML 的規格，而其中最完整的規格文件便是「HTML Living Standard」，這份文件的內容相當廣泛，包含各種發展中的技術細節，持續演進的 HTML 技術，而前述提及的 W3C 目前維護制定的文件「HTML：The Living Standard — A vocabulary and associated APIs for HTML and XHTML」即是 HTML Living Standard 中，確認納入 HTML5 版本的規格。

2. HTML: The Living Standard A technical specification for Web developers

```
http://developers.whatwg.org/
```

WHATWG 針對開發人員的閱讀需求，另外整理出一份經過最佳化的版本，也就是「HTML：The Living Standard — A technical specification for Web developers」，它涵蓋了 W3C 納入 HTML5 的精要內容，並且移除了上述規格書中，實作瀏覽器必須瞭解的規格細節，對於運用 HTML5 技術發展 Web 應用程式的開發人員，這一份規格同樣適合開發人員參考。

A.3 HTML5 與 HTML4 的差異

以下的連結，內容是 HTML5 與 HTML4 差異的文件「HTML5 differences from HTML4」。

```
http://www.w3.org/TR/html5-diff/
```

A.4 特定技術規格文件

除了 W3C 確實納入「HTML5-A vocabulary and associated APIs for HTML and XHTML」（http://www.w3.org/TR/html5/）這份規格書中的內容，另外還有其它具有獨立性但是屬於 HTML5 或是衍生的技術被單獨歸納出來，下面列舉這些規格與其關聯的技術文件網址。

- **HTML Microdata**

```
http://www.w3.org/TR/microdata/
```

- **HTML Canvas 2D Context**

```
http://www.w3.org/TR/2dcontext/
```

- **The WebSocket API**

```
http://www.w3.org/TR/websockets/
```

- **HTML5 Web Messaging**

```
http://www.w3.org/TR/webmessaging/
```

- **Web Workers**

```
http://www.w3.org/TR/workers/
```

- **Server-Sent Events**

```
http://www.w3.org/TR/eventsource/
```

- **Web Storage**

```
http://www.w3.org/TR/webstorage/
```

- **File API: Directories and System**

```
http://www.w3.org/TR/file-system-api/
```

- **Geolocation API Specification**

```
http://www.w3.org/TR/geolocation-API/
```

- **XMLHttpRequest**

```
http://www.w3.org/TR/XMLHttpRequest/
```

- **Indexed Database API**

```
http://www.w3.org/TR/IndexedDB/
```

A.5 關於常見的問題

whatwg 有一份探討 HTML5 的 FAQ 精要文件，網址如下：

```
http://www.w3.org/TR/XMLHttpRequest2/
```

讀者可以從這份文件中，看到 HTML5 的概念介紹，以及上述提及各項技術文件的簡要連結列表，還有 WHATWG 與 W3C 的文件比較說明。這份文件有相當多重要的資訊，包含各種閱讀理解並且學習 HTML5 必須瞭解的要項。

教學啟航・知識藍海

藍海文化

Blueocean

www.blueocean.com.tw